KB102139

2021년 최신판

전기(산업)기사 / 전기공사(산업)기사
전기직 공사·공단·공무원 대비

회 로 이 론

기본서+최근 5년간 기출문제

테스트나라 검정연구회 편저

이노books

전기(산업)기사/전기공사(산업)기사/전기직 공사·공단·공무원 대비
2021 회로이론 기본서+최근 5년간 기출문제

초판 1쇄 발행 | 2021년 2월 25일
편저자 | 테스트나라 검정연구회 편저
발행인 | 송주환

발행처 | 이노Books
출판등록 | 301-2011-082
주소 | 서울시 중구 퇴계로 180-15(필동1가 21-9번지 뉴동화빌딩 119호)
전화 | (02) 2269-5815
팩스 | (02) 2269-5816
홈페이지 | www.innobooks.co.kr

ISBN 978-89-97897-97-1 [13560]
정가 15,000원

copyright ⓒ 이노Books
이 책은 저작권자와의 계약에 의해서 본사의 허락 없이 내용을 전재 또는 복사하는 행위는
저작권법 제136조에 의거 적용을 받습니다.

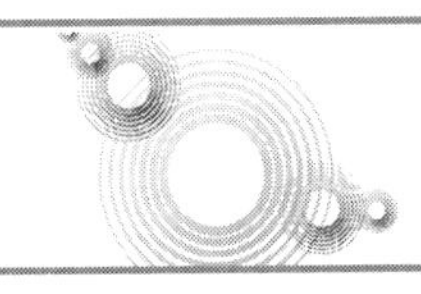

목 차

01 | 회로이론 핵심 요약

02 | 회로이론 본문

Chapter 01 직류회로

Chapter 02 정현파 교류

Chapter 03 기본 교류회로

Chapter 04 교류전력

반복 학습 및 필수 암기가 필요한

회로이론 핵심 요약

핵심 01 직류 회로

(1) 전류

$$I = \frac{Q}{t}[C/s = A],\ i = \int q(t)dt[A]$$

(2) 전압

$$V = \frac{W}{Q}[J/C = V]$$

(3) 옴의 법칙

① 전압 $V = RI[V]$

② 전류 $I = \frac{V}{R}[A]$

③ 저항 $R = \frac{V}{I}[\Omega]$

(4) 저항의 연결

① 직렬연결

합성저항 $R_n = R_1 + R_2 + R_3 + \cdots\cdots + R_n[\Omega]$

② 병렬 연결

합성저항 $R_n = \dfrac{1}{\dfrac{1}{R_1} + \dfrac{1}{R_2} + \dfrac{1}{R_3} + \cdots\cdots + \dfrac{1}{R_n}}[\Omega]$

(5) 전선의 저항 $R = \rho\frac{l}{A} = \rho\frac{l}{\pi r^2} = \rho\frac{4l}{\pi d^2}[\Omega]$

핵심 02 교류 회로

(1) 정현파교류의 표현

① 순시값 : 시간 경과에 따라 그 크기가 변하는 교류의 매 순간 값

순시값 $v(t) = V_m \sin(\omega t \pm \theta)[V]$

순시값 $i(t) = I_m \sin(\omega t \pm \theta)[A]$

여기서, V_m, I_m : 전압, 전류의 최대값

ω : 각 주파수$(=2\pi f[rad/sec]$

θ : 전압, 전류의 위상[°]

② 실효값 $V = \sqrt{\frac{1}{T}\int v(t)^2 dt}[V]$

③ 평균값 $V_a = \frac{1}{T}\int v(t)dt[V]$

④ 파고율 $= \dfrac{\text{최대값}}{\text{실효값}}$

⑤ 파형률 $= \dfrac{\text{실효값}}{\text{평균값}}$

(2) 대표적인 교류 파형

파형	실효값	평균값	파형률	파고율
정현파	$\frac{V_m}{\sqrt{2}}$	$\frac{2V_m}{\pi}$	1.11	1.414
정현반파	$\frac{V_m}{2}$	$\frac{V_m}{\pi}$	1.57	2
삼각파	$\frac{V_m}{\sqrt{3}}$	$\frac{V_m}{2}$	1.15	1.73

파형	실효값	평균값	파형률	파고율
구형 반파	$\frac{V_m}{\sqrt{2}}$	$\frac{V_m}{2}$	1.41	1.41
구형파 (전파)	V_m	V_m	1	1

핵심 03 교류 기본 회로

(1) 회로 기본 소자의 특성

① 저항 회로 $R[\Omega]$: 전압과 전류의 위상이 같다(동상 소자).

② 인덕턴스 회로 $L[H]$: 회로의 인가 전압에 비해 전류의 위상이 90[°] 늦다(지상 소자).

③ 커패시턴스(정전 용량) 회로 $C[F]$: 회로의 인가 전압에 비해 전류의 위상이 90[°] 빠르다(진상 소자).

(2) 직렬 회로

① 저항과 인덕턴스의 직렬회로($R-L$)

㉮ 임피던스 $\dot{Z}=R+j\omega L[\Omega]=|Z|\angle\theta[\Omega]$

- 크기 $|Z|=\sqrt{R^2+X_L^2}=\sqrt{R^2+(\omega L)^2}$
- 위상 $\theta=\tan^{-1}\frac{X_L}{R}$

㉯ 전류 : $i=\frac{v}{Z}=\frac{V_m\sin\omega t}{|Z|\angle\theta}=\frac{V_m}{|Z|}\sin(\omega t-\theta)$

㉰ 위상 : 전류가 전압보다 $\tan^{-1}\frac{\omega L}{R}$ 만큼 뒤진다. (지상 회로).

② 저항과 커패시턴스의 직렬회로($R-C$)

㉮ 임피던스 $\dot{Z}=R-j\frac{1}{\omega C}[\Omega]=|Z|\angle-\theta[\Omega]$

- 크기 $|Z|=\sqrt{R^2+X_C^2}=\sqrt{R^2+\left(\frac{1}{\omega C}\right)^2}$
- 위상 $\theta=\tan^{-1}\frac{-X_C}{R}$

㉯ 전류 : $i=\frac{v}{Z}=\frac{V_m\sin\omega t}{|Z|\angle-\theta}=\frac{V_m}{|Z|}\sin(\omega t+\theta)$

㉰ 위상 : 전류가 전압보다 $\tan^{-1}\frac{1}{RwC}$ 만큼 앞선다(진상 회로).

(3) 병렬 회로

① 저항과 인덕턴스의 병렬회로($R-L$)

㉮ 어드미턴스 $\dot{Y}=\frac{1}{R}+\frac{1}{j\omega L}[℧]=|Y|\angle-\theta[℧]$

- 크기 $|Y|=\sqrt{\left(\frac{1}{R}\right)^2+\left(\frac{1}{X_L}\right)^2}$
- 위상 $\theta=\tan^{-1}\frac{R}{X_L}$

㉯ 전류 : $i=\frac{v}{Z}=\frac{V_m\sin\omega t}{|Z|\angle\theta}=\frac{V_m}{|Z|}\sin(\omega t-\theta)$

㉰ 위상 : 회로의 인가 전압에 비해 전류의 위상이 θ만큼 늦다(지상 회로).

② 저항과 커패시턴스의 직렬회로($R-C$)

㉮ 임피던스 $\dot{Y}=\frac{1}{R}+j\omega C[℧]=|Y|\angle\theta[℧]$

- 크기 $|Y|=\sqrt{\left(\frac{1}{R}\right)^2+\left(\frac{1}{X_C}\right)^2}$
- 위상 $\theta=\tan^{-1}\frac{R}{X_C}$

㉯ 전류 : $i=Yv=|Y|V_m\sin(\omega t+\theta)$

㉰ 위상 : 회로의 인가전압에 비해 전류의 위상이 θ만큼 빠르다(진상 회로).

(4) $R-X$의 직렬 및 병렬회로에서의 역률 과 무효율

① 저항과 리액턴스($R-L$)의 직렬회로

㉮ 역률 $\cos\theta=\frac{R}{|Z|}=\frac{R}{\sqrt{R^2+X^2}}$

㉯ 무효율 $\sin\theta=\frac{X}{|Z|}=\frac{X}{\sqrt{R^2+X^2}}$

② 저항과 리액턴스($R-L$)의 병렬회로

㉮ 역률 $\cos\theta = \dfrac{X}{\sqrt{R^2+X^2}}$

㉯ 무효율 $\sin\theta = \dfrac{R}{\sqrt{R^2+X^2}}$

(5) $R-L-C$ 직렬 및 병렬회로에서의 공진현상

① $R-L-C$ 직렬공진

㉮ 공진조건 $X_L = X_C \rightarrow \omega L = \dfrac{1}{\omega C}$

㉯ 공진주파수 $\omega L = \dfrac{1}{\omega C} \rightarrow 2\pi f_0 L = \dfrac{1}{2\pi f_0 C}$

$\rightarrow f_0 = \dfrac{1}{2\pi\sqrt{LC}}[Hz]$

㉰ 공진전류 : 공진 시에 회로의 전류는 최대로 증가한다. $I=\dfrac{V}{R}$

㉱ 전압확대비(선택도, 첨예도)

$Q=\dfrac{V_L}{V}=\dfrac{V_C}{V}=\dfrac{1}{R}\sqrt{\dfrac{L}{C}}$ [배]

㉲ 공진의 의미

- 허수부가 0이다.
- 전압과 전류가 동상이다.
- 역률이 1이다.
- 임피던스가 최소이다.
- 흐르는 전류가 최대이다.

② $R-L-C$ 병렬 공진

㉮ 공진조건 $X_L = X_C \rightarrow \omega L = \dfrac{1}{\omega C}$

㉯ 공진주파수 $\omega L = \dfrac{1}{\omega C} \rightarrow 2\pi f_0 L = \dfrac{1}{2\pi f_0 C}$

$\rightarrow f_0 = \dfrac{1}{2\pi\sqrt{LC}}[Hz]$

㉰ 공진전류 : 공진 시에 회로의 전류는 최소로 감소한다.

㉱ 전류확대비(선택도, 첨예도)

$Q=\dfrac{I_L}{I}=\dfrac{I_C}{I}=R\sqrt{\dfrac{C}{L}}$ [배]

㉲ 공진의 의미

- 허수부가 0이다.
- 전압과 전류가 동상이다.
- 역률이 1이다.
- 임피던스가 최대이다.
- 흐르는 전류가 최소이다.

핵심 04 교류전력

(1) 단상 교류전력

종류	직렬 로	복소전력
피상전력	$P_a = VI = I^2 Z = \dfrac{V^2 Z}{R^2+X^2}$	$P_a = VI = P + jP_r$ · $P_r > 0$: 용량성 · $P_r < 0$: 유도성
유효전력	$P = VI\cos\theta = I^2 R = \dfrac{V^2 R}{R^2+X^2}$	
무효전력	$P_r = VI\sin\theta = I^2 X = \dfrac{V^2 X}{R^2+X^2}$	

(2) 전력의 측정

① 3전류계법

㉮ 전력 $P=\dfrac{R}{2}(I_1^2-I_2^2-I_3^2)$

㉯ 역률 $\cos\theta = \dfrac{I_1^2-I_2^2-I_3^2}{2I_2I_3}$

② 3전압계법

㉮ 전력 $P=\dfrac{1}{2R}(V_1^2-V_2^2-V_3^2)$

㉯ 역률 $\cos\theta = \dfrac{V_1^2-V_2^2-V_3^2}{2V_2V_3}$

핵심 05 유도 결합 회로

(1) 인덕턴스의 종류

① 자기인덕턴스 $L[H]$: $L=\dfrac{\varnothing}{I}[H]$

② 상호인덕턴스 $M[H]$: $M=\dfrac{\varnothing}{I}[H]$

(2) 유도 결합 회로의 L의 연결

구분	직렬	병렬
가동 결합	$L_0=L_1+L_2+2M$	$L_0=\dfrac{L_1L_2-M^2}{L_1+L_2-2M}$
차동 결합	$L_0=L_1+L_2-2M$	$L_0=\dfrac{L_1L_2-M^2}{L_1+L_2+2M}$

※결합계수 $k=\dfrac{M}{\sqrt{L_1L_2}}$

핵심 06 궤적

(1) 궤적

① 직렬

㉮ Z : 원점을 지나는 직선

㉯ Y : 원점을 지나는 4사분면의 반원

② 병렬

㉮ Y : 원점을 지나는 직선

㉯ Z : 원점을 지나는 4사분면의 반원

핵심 07 선형 회로망

(1) 키르히호프 법칙(Kirchhoff's Law)

① 제1법칙(KCL : 전류법칙) : 임의의 절점(node)에서 유입, 유출하는 전류의 합은 같다.

② 제2법칙 (KVL : 전압법칙) : 임의의 폐루프 내에서 기전력의 합은 전압 강하의 합과 같다.

(2) 테브낭의 정리(Thevenin's theorem)

복잡한 회로를 1개의 직렬 저항으로 변환하여 쉽게 풀이하는 회로 해석 기법

$I=\dfrac{V_{ab}}{Z_{ab}+Z}$

Z_{ab} : 단자 a, b에서 전원을 모두 제거한(전압전원은 단락, 전류전압은 개방)상태에서 단자 a, b 에서 본 합성 임피던스

V_{ab} : 단자 a, b를 개방했을 때 단자 a, b에 나타나는 단자전압

(3) 노턴의 정리

- 데브낭의 회로의 전압원을 전류원으로, 직렬 저항을 병렬 저항으로 등가 변환하여 해석하는 기법
- 테브낭 회로는 전압 전원으로 표시하며 이를 전류 전원으로 바꾸면 노튼의 회로가 된다.

(4) 중첩의 원리

한 회로망 내에 다수의 전원(전류원, 전압원)이 동시에 존재할 때 각 지로에 흐르는 전류는 전원이 각각 단독으로 존재할 때 흐르는 전류의 벡터 합과 같다.

(5) 밀만의 정리

다수의 전압원이 병렬로 접속된 회로를 간단하게 전압원의 등가회로(테브낭의 등가회로)로 대치시키는 방법

(6) 가역 정리

회로의 입력 측 에너지와 출력 측 에너지는 항상 같다는 회로망 이론

$V_1I_1=V_2I_2$

(7) 브리지 평형 회로

브리지회로에서 대각으로의 곱이 같으면 회로가 평형이므로 검류계에는 전류가 흐르지 않는다.

$R_2R_3=R_1R_4$(브리지 평행 조건)

핵심 08 대칭 좌표법

(1) 각상 성분과 대칭분

대칭 성분	영상분 : $V_0 = \frac{1}{3}(V_a + V_b + V_c)$
	정상분 : $V_1 = \frac{1}{3}(V_a + aV_b + a^2V_c)$
	역상분 : $V_2 = \frac{1}{3}(V_a + a^2V_b + aV_c)$

각 상 대칭분	a상 : $V_a = V_0 + V_1 + V_2$
	b상 : $V_b = V_0 + a^2V_1 + aV_2$
	c상 : $V_c = V_0 + aV_1 + a^2V_2$

※영상분은 접지선, 중성선(Y-Y결선의 3상 4선식)에 존재

※a상 기준이면 0, V_a, 0

(2) 발전기 1선 지락 고장 시 흐르는 전류

$$I_g = \frac{3E_a}{Z_0 + Z_1 + Z_2 + 3Z_g}[A]$$

(3) 불평형률

$$\epsilon = \frac{\text{역상분}}{\text{정상분}} \times 100[\%]$$

(4) 발전기 기본식

① $V_0 = -Z_0I_0$

② $V_1 = E_a - Z_1I_1$

③ $V_2 = -Z_2I_2$

핵심 09 다상 교류

(1) 3상 교류의 각 상의 순시값 표현

① $v_a = V_m \sin\omega t$

② $v_b = V_m \sin(\omega t - 120°)$

③ $v_c = V_m \sin(\omega t - 240°)$

(2) 3상 교류의 결선

항목	Y결선	Δ결선
전압	$V_l = \sqrt{3}\,V_P \angle 30$	$V_l = V_p$
전류	$I_l = I_p$	$I_l = \sqrt{3}\,I_P \angle -30$

여기서, V_p, I_p : 상전압, 상전류

V_l, I_l : 선간 전압, 선전류

항목	Y결선	Δ결선
전력	$P_a = 3V_pI_p = \sqrt{3}\,V_lI_l = 3\frac{V_p^2Z}{R^2+X^2}[VA]$	
	$P = 3V_pI_p\cos\theta = \sqrt{3}\,V_lI_l\cos\theta = 3\frac{V_p^2R}{R^2+X^2}[W]$	
	$P_r = 3V_pI_p\sin\theta = \sqrt{3}\,V_lI_l\sin\theta = 3\frac{V_p^2X}{R^2+X^2}[\text{Var}]$	

P_a : 피산전력, P : 유효전력, P_r : 무효전력

(3) n상 교류의 결선

결선	Y(성형 결선)	Δ(환상 결선)
전압	$V_l = 2\sin\frac{\pi}{n}V_p$	$V_l = V_p$
전류	$I_l = I_p$	$I_l = 2\sin\frac{\pi}{n}I_p$
위상	$\theta = \frac{\pi}{2} - \frac{\pi}{n}$ 만큼 선간 전압이 앞선다.	$\theta = \frac{\pi}{2} - \frac{\pi}{n}$ 만큼 선전류가 뒤진다.
전력	$P = nV_pI_p\cos\theta = \frac{n}{2\sin\frac{\pi}{n}}V_lI_l\cos\theta[W]$	

(4) V결선

① V결선 시 변압기 용량(2대의 경우)

$P_v = \sqrt{3}P$

② 이용률 $= \frac{\sqrt{3}P}{2P} = 0.866$

③ 출력비 $= \frac{\sqrt{3}P}{3P} = 0.577$

(5) △를 Y로 하면

전류	전압	전력	임피던스 (R, L)
3배	$\frac{1}{\sqrt{3}}$ 배	$\frac{1}{3}$ 배	$\frac{1}{3}$ 배

예 $I_\triangle = 3I_Y$

(6) 1전력계법(1개의 전력계로 3상 전력 측정)

$P = 2W$ →(W = 전력계의 지시치)

(7) 2전력계법

단상 전력계 2대로 전력 및 역률을 측정하는 방법

① 유효전력 $P = |W_1| + |W_2|$

② 무효전력 $P_r = \sqrt{3}(|W_1 - W_2|)$

③ 피상전력 $P_a = \sqrt{P^2 + P_r^2} = 2\sqrt{W_1^2 + W_1^2 - W_1 W_2}$

④ 역률 $\cos\theta = \frac{P}{P_a} = \frac{W_1 + W_2}{2\sqrt{W_1^2 + W_2^2 - W_1 W_2}}$

(8) 3전압계법

전압계 3개로 단상 전력 및 역률을 측정하는 방법

① 유효전력 $P = \frac{V^2}{R} = \frac{1}{2R}(V_1^2 - V_2^2 - V_3^2)[W]$

② 역률 $\cos\theta = \frac{V_1^2 - V_2^2 - V_3^2}{2V_2 V_3}$

(9) 3전류계법

전류계 3개로 단상 전력 및 역률을 측정하는 방법

① 유효전력 $P = I^2 R = \frac{R}{2}(I_1^2 - I_2^2 - I_3^2)[W]$

② 역률 $\cos\theta = \frac{I_1^2 - I_2^2 - I_3^2}{2I_2 I_3}$

핵심 10 비정현파

1. 비정현파 교류

(1) 비정현파의 전압 및 전류 실효값

① 비정현파의 전류(실효값) 크기 계산 방법

$I = \sqrt{\text{각파의 실효값 제곱의 합}}$

$= \sqrt{I_0^2 + I_1^2 + I_2^2 + \cdots\cdots + I_n^2}$ [A]

② 비정현파의 전압(실효값) 크기 계산 방법

$V = \sqrt{\text{각파의 실효값 제곱의 합}}$

$= \sqrt{V_0^2 + V_1^2 + V_2^2 + \cdots\cdots + V_n^2}$ [V]

(2) 비정현파의 전력 및 역률의 계산

① 유효전력 $P = V_0 I_0 + \sum_{n=1}^{\infty} V_n I_n \cos\theta_n$[W]

② 무효전력 $P_r = \sum_{n=1}^{\infty} V_n I_n \sin\theta_n$[Var]

③ 피상전력

$P_a = \sqrt{V_1^2 + V_2^2 + V_3^2 \cdots} \times \sqrt{I_1^2 + I_2^2 + I_3^2 \cdots}$

$= |V||I|[VA]$

④ 역률 $\cos\theta = \frac{P}{P_a} = \frac{VI\cos\theta}{|V||I|}$

2. 비정현파(왜형파)

(1) 대칭성

항목＼대칭	정현 대칭 (기함수)	여현 대칭 (우함수)	반파 대칭
대칭	$f(t) = -f(-t)$	$f(t) = f(-t)$	$f(t) = -f(t+\pi)$
특징	원점 대칭 (sin대칭)	y축 대칭 (cos대칭)	반주기 마다 파형이 교대로 +, − 값을 갖는다.
존재하는 항	sin항	cos항 직류분	기수항 (홀수항)
존재하지 않는 항	직류분 cos항	sin항	짝수항 직류분

(2) 실효값

$$I=\sqrt{I_0^2+\left(\frac{I_{m1}}{\sqrt{2}}\right)^2+\left(\frac{I_{m2}}{\sqrt{2}}\right)^2+\cdots+\left(\frac{I_{mn}}{\sqrt{2}}\right)^2}$$

$$=\sqrt{I_0^2+I_1^2+I_2^2+\cdots+I_n^2}$$

(3) 왜형률

$$D=\frac{\text{전고조파의 실효값}}{\text{기본파의 실효값}}=\frac{\sqrt{I_2^2+I_3^2+\cdots+I_n^2}}{I_1}$$

핵심 11 2단자 회로망

(1) 2단자 회로망 해석 방법

① 회로망을 2개의 인출 단자로 뽑아내어 해석한 회로망

② 구동점 임피던스 : 어느 회로 소자에 전원을 인가한 상태에서의 임피던스

(2) 영점과 극점

① 영점 : $Z(s)=0$, 회로망 단락 상태

② 극점 : $Z(s)=\infty$, 회로망 개방 상태

(3) 정저항 회로

① 정저항 회로의 정의

$R-L-C$ 직·병렬 2단자 회로망에 있어서 회로망의 동작이 주파수에 관계없이 항상 일정한 회로로 동작하는 회로

② 정저항 회로의 조건

$$R^2=Z_1Z_2=\frac{L}{C}\quad\rightarrow(Z_1=jwL,\ Z_2=\frac{1}{jwC})$$

(4) 역회로

주파수와 무관한 정수

$$K^2=Z_1Z_2=\frac{L}{C}$$

$$K^2=\frac{L_1}{C_1}=\frac{L_2}{C_2}$$

핵심 12 4단자 회로망

(1) 4단자 정수

$$\begin{bmatrix}V_1\\I_1\end{bmatrix}=\begin{bmatrix}A&B\\C&D\end{bmatrix}\begin{bmatrix}V_2\\I_2\end{bmatrix}$$

$$V_1=AV_2+BI_2,\ I_1=CV_2+DI_2$$

$$AD-BC=1$$

① $A=\left.\frac{V_1}{V_2}\right|_{I_2=0}$: 출력을 개방한 상태에서 입력과 출력의 전압비(이득)

② $B=\left.\frac{V_1}{I_2}\right|_{V_2=0}$: 출력을 단락한 상태에서의 입력과 출력의 임피던스[Ω]

③ $C=\left.\frac{I_1}{V_2}\right|_{I_2=0}$: 출력을 개방한 상태에서 입력과 출력의 어드미턴스[℧]

④ $D=\left.\frac{I_1}{I_2}\right|_{V_2=0}$: 출력을 단락한 상태에서 입력과 출력의 전류비(이득)

여기서, $A=$ 전압비, $B=$ 임피던스, $C=$ 어드미턴스
$D=$ 전류비

(2) 영상 파라미터

① 입력 단에서 본 영상 임피던스(1차 영상 임피던스)

: $Z_{01}=\sqrt{\frac{AB}{DC}}$

② 출력 단에서 본 영상 임피던스(2차 영상 임피던스)

: $Z_{02}=\sqrt{\frac{BD}{AC}}$

③ 전달정수 $\theta=\log_e(\sqrt{AD}+\sqrt{BC})$

$=\cosh^{-1}\sqrt{AD}=\sinh^{-1}\sqrt{BC}$

④ 좌우 대칭인 경우 $A=D$ 이므로

$$Z_{01}=Z_{02}=Z_0=\sqrt{\frac{B}{C}}$$

핵심 13 분포 정수 회로

(1) 특성 임피던스(파동 임피던스)

$$Z_0 = \sqrt{\frac{Z}{Y}} = \sqrt{\frac{R+j\omega L}{G+j\omega C}} = \sqrt{\frac{L}{C}}\,[\Omega]$$

(2) 전파 정수

$$\gamma = \sqrt{ZY} = \sqrt{(R+jwL)(G+jwC)} = \alpha + j\beta$$

여기서, α : 감쇠 정수, β : 위상 정수

(3) 무손실 선로 및 무왜형 선로

① 무손실 선로 : 전선의 저항과 누설 컨덕턴스가 극히 작아($R=G\fallingdotseq 0$) 전력 손실이 없는 회로

② 무왜형 선로 : 파형의 일그러짐이 없는 회로 ($LG=RG$ 조건 성립)

구분	무손실 선로	무왜형 선로
조건	$R=0,\ G=0$	$RC=LG$
특성 임피던스	$Z_0=\sqrt{\frac{L}{C}}$	
전파정수	$\gamma = jw\sqrt{LC}$	$\gamma=\sqrt{RG}+jw\sqrt{LC}$
파장	$\lambda = \frac{2\pi}{\beta} = \frac{2\pi}{w\sqrt{LC}} = \frac{1}{f\sqrt{LC}} = \frac{v}{f} = \frac{3\times10^8}{f}\,[m]$	
전파속도	$v = f\lambda = \frac{1}{\sqrt{LC}} = 3\times10^8\,[m/s]$	

(4) 분포 정수 회로의 4단자 정수

① $V_1 = \cosh rl\, V_2 + Z_0 \sinh rl I_2$

② $I_1 = \frac{1}{Z_0} sinh rl V_2 + Z_0 \cosh rl I_2$

핵심 14 라플라스 변환

(1) 라플라스 기본 변환

① 정의 : $F(s) = \mathcal{L}[f(t)] = \int_0^\infty f(t)e^{-at}dt$

② $f(t)$를 라플라스변환하면 $F(s)$가 된다.

	$f(t)$	$F(s)$
임펄스 함수	$\delta(t)$	1
단위 계단 함수	$u(t)$, 1	$\frac{1}{s}$
단위 램프 함수	t	$\frac{1}{s^2}$
n차 램프 함수	t^n	$\frac{n!}{s^{n+1}}$
정현파 함수	$\sin\omega t$	$\frac{\omega}{s^2+\omega^2}$
	$\cos\omega t$	$\frac{s}{s^2+\omega^2}$
지수 감쇠 함수	e^{-at}	$\frac{1}{s+a}$
지수 감쇠 램프 함수 (복소 추이)	$t^n e^{at}$	$\frac{n!}{(S+a)^{n+1}}$
정현파 램프 함수	$t\sin\omega t$	$\frac{2\omega s}{(s^2+\omega^2)^2}$
	$t\cos\omega t$	$\frac{s^2-\omega^2}{(s^2+\omega^2)^2}$
지수 감쇠 정현파 함수	$e^{-at}\sin\omega t$	$\frac{\omega}{(s+a)^2+\omega^2}$
	$e^{-at}\cos\omega t$	$\frac{s+a}{(s+a)^2+\omega^2}$
쌍곡선 함수	$\sinh\omega t$	$\frac{\omega}{s^2-\omega^2}$
	$\cosh\omega t$	$\frac{s}{s^2-\omega^2}$

(2) 라플라스의 성질

선형 정리	$\mathcal{L}[af_1(t)+bf_1(t)] = aF_1(s)+bF_2(s)$
시간 추이 정리	$\mathcal{L}[f(t-a)] = e^{-as}F(s)$
복소 추이 정리	$\mathcal{L}[e^{\mp at}f(t)] = F(s\pm a)$
복소 미분 정리	$\mathcal{L}[t^n f(t)] = (-1)^n \frac{d^n}{ds^n}F(s)$
초기값 정리	$\lim_{t\to 0} f(t) = \lim_{s\to\infty} sF(s)$
최종값 정리	$\lim_{t\to\infty} f(t) = \lim_{s\to 0} sF(s)$

핵심 15 전달 함수

(1) 정의

모든 초기값을 0으로 했을 경우 입력에 대한 출력의 비

$$G(s)=\frac{C(s)}{R(s)}$$

(2) 제어요소

비례 요소	$G(s)=K$
적분 요소	$G(s)=\frac{K}{s}$
미분 요소	$G(s)=Ks$
1차 지연 요소	$G(s)=\frac{K}{1+Ks}$
2차 지연 요소	$G(s)=\frac{\omega_n^2}{s^2+\delta\omega_n s+\omega_n^2}$

(3) 물리계와 대응 관계

직선계	회전계	전기계
m : 질량	J : 관성 모멘트	L : 인덕턴스
B : 마찰	B : 마찰	R : 저항
k : 스프링	k : 비틀림	C : 콘덴서
x : 변위	θ : 각변위	Q : 전기량
V : 속도	ω : 가곡도	I : 전류
F : 힘	T : 토크	V : 전위차

핵심 16 과도 현상

(1) 과도 현상

과도 현상은 시정수가 클수록 오래 지속된다.

시정수는 특성근의 절대값의 역과 같다.

(2) $R-L$ 직렬 회로의 과도 현상

① $t=0$ 초기 상태 : 개방

② $t=\infty$ 정상 상태 : 단락

③ $R-L$ 직렬 회로의 과도 전류

$$i(t)=\frac{E}{R}\left(1-e^{-\frac{R}{L}t}\right)[\mathrm{A}]$$

④ $R-L$ 직렬 회로의 과도 특성

㉮ 특성근 $s=-\frac{1}{\tau}=-\frac{R}{L}$

㉯ 시정수 $\tau=\frac{L}{R}[\sec]$

※시정수 : 전류 $i(t)$가 정상값의 63.2[%]까지 도달하는데 걸리는 시간

(3) $R-C$ 직렬 회로의 과도 현상

① $t=0$ 초기 상태 : 단락

② $t=\infty$ 정상 상태 : 개방

③ $R-C$ 직렬 회로의 과도 전류

$$i(t)=\frac{E}{R}e^{-\frac{1}{RC}t}[\mathrm{A}]$$

④ $R-C$ 직렬 회로의 과도 특성

㉮ 특성근 $s=-\frac{1}{\tau}=-\frac{1}{RC}$

㉯ 시정수 $\tau=RC[\sec]$

※시정수 : 전류 $i(t)$가 정상값의 36.8[%]까지 도달하는데 걸리는 시간

(4) $R-L-C$ 직렬 회로의 과도 현상

① 비진동 조건 $\left(\frac{R}{2L}\right)^2>\frac{1}{LC}\rightarrow R^2>4\frac{L}{C}$

② 진동 조건 $\left(\frac{R}{2L}\right)^2<\frac{1}{LC}\rightarrow R^2<4\frac{L}{C}$

③ 임계 조건 $\left(\frac{R}{2L}\right)^2=\frac{1}{LC}\rightarrow R^2=4\frac{L}{C}$

④ 과도 상태가 나타나지 않는 위상각 $\theta=\tan^{-1}\frac{X}{R}$

02

회로이론

Chapter 01

직류회로

01 전류, 전압

(1) 전류($I[A]$)

① 정의

전하의 이동으로 생김, 즉 전류란 도체 내에 있는 전하가 일정한 방향으로 이동하는 것이다.
전류는 원자의 최외각 궤도에 있는 자유전자가 방향을 갖고 이동하는 현상

② 크기

㉮ 직류전류 $I = \frac{Q}{t}[A] \quad \rightarrow Q = I \cdot t[C]$

㉯ 교류전류 $i(t) = \frac{dq(t)}{dt}[A] = [C/s] \quad \rightarrow q(t) = \int_0^t i(t)dt[C]$

→단위 시간 동안 이동한 전기량

③ 단위 [A] : 1[A]는 1초 동안 1[C]의 전하가 이동했을 때의 전류를 말한다.

(2) 전압 ($V[V]$)

① 정의

두 지점 간의 에너지 차를 전압[V]이라고 한다. 즉, 단위 정전하 (1[C])가 회로의 두 점 사이를 이동할 때 얻는 또는 잃는 에너지
얻거나 잃는 에너지가 1[J]이라고 하면 두 점 사이를 1[V]로 정의한다.

② 크기

㉮ 전압 $V = \frac{W}{Q}[V] \quad \rightarrow W = Q \cdot V[J]$

㉯ 교류전압 $v(t) = \frac{dw(t)}{dq}[V] \quad \rightarrow dw(t) = v(t)dq[J] \quad \therefore w(t) = \int v(t)\,dq$

여기서, ω : 에너지

③ 단위 [V] : 1[V]는 두 점 사이를 1[C]의 전하가 이동하는데 필요한 에너지가 1[J]일 때 전위차

02 전하량 및 전력

(1) 전하량(전기량) (Q[C])

물체가 갖는 전기량을 말하며, 즉 전기를 띄는 알갱이

기호는 Q, 단위는 $[C]$ 또는 $[A \cdot s]$로 표기

① 전자 1개의 전하량은 $e = -1.602 \times 10^{-19}[C]$

② 전자 1개의 질량은 $m = 9.109 \times 10^{-31}[kg]$

③ 직류 시의 전하량 $Q = It[A.\text{sec}]$

④ 교류 시의 전하량 $q = \int_0^t i(t)dt[A \cdot \text{sec}]$

여기서, I, $i(t)$: 직류 및 교류 각각의 전류[A], t : 전류 통전 시간[sec]

(2) 전력($P[W]$)

① 정의 : 전력이란 단위 시간 동안 변환 또는 전송되는 에너지

② 크기

㉮ 전력 $P = \frac{W}{t} \rightarrow W = Pt = VIt = I^2Rt = \frac{V^2}{R}t$

㉯ 교류전력 $p(t) = \frac{dw(t)}{dt} \rightarrow dw(t) = p(t)dt \quad \therefore w(t) = \int_0^t p(t)dt$

③ 단위 [W] : 1[W]란 1초 동안 주고 또는 받는 에너지가 1[J]일 때의 전력

[전압, 전류, 저항의 단위]

	단위	읽는 법	단위의 관계
전압	[kV]	킬로볼트	$1[kV]=1000[V]=10^3[V]$
	[V]	볼트	
	[mV]	밀리볼트	$1[mV]=0.001[V]=10^{-3}[V]$
	[μV]	마이크로볼트	$1[\mu V]=0.000001[V]=10^{-6}[V]$
전류	[A]	암페어	
	[mA]	밀리암페어	$1[mA]=0.001[A]=10^{-3}[A]$
	[μA]	마이크로암페어	$1[\mu A]=0.000001[A]=10^{-6}[A]$
저항	[Ω]	옴	
	[kΩ]	킬로옴	$1[k\Omega]=1000[\Omega]=10^3[\Omega]$
	[MΩ]	메가옴	$1[m\Omega]=1000000[\Omega]=10^6[\Omega]$

핵심기출 【산업기사】 06/3

$i = 3000(2t + 3t^2)[A]$로 표시되는 전류가 어떤 도선을 2초간 지나갔다. 통과한 전 전기량은 몇 [Ah] 인가?

① 3.6 ② 10 ③ 36 ④ 100

정답 및 해설 [전기량] $q = \int_0^t i(t)\,dt = \int_0^2 3000(2t + 3t^2)dt = 3000[t^2 + t^3]_0^2 = 36000[A \cdot \sec] = 10[Ah]$

【정답】 ②

03 옴의 법칙

(1) 전기 회로의 3요소

① 전압

어떤 회로나 부하가 동작하도록 가한 전기 에너지

기호는 V 또는 E, 단위는 [V]

② 전류

어떤 회로나 부하에 전압이 가해졌을 때 그 전압의 크기에 비례한 에너지의 흐름

기호는 I, 단위는 [A]

③ 저항

어떤 회로나 부하에 항상 존재하여 전류의 흐름을 방해하는 요소

기호는 R, 단위는 [Ω]

저항 $R = \rho\frac{l}{A} = \frac{l}{kA}[\Omega]$ → $\rho = \frac{RA}{l}[\Omega \cdot m]$ → $(\rho = \frac{1}{k})$

여기서, ρ : 전선의 고유 저항[$[\Omega \cdot m]$, k : 도전율[℧/m], l : 전선의 길이[m]

A : 전선의 단면적[m^2]

※고유 저항(ρ)의 역수는 도전율(k [$\frac{1}{\Omega m}$ = $\frac{℧}{m}$ = $\frac{A}{m}$])이다.

(2) 옴의 법칙

도체에 흐르는 전류는 가해지는 전압에 비례하고 저항에 반비례한다.

① 전류 $I = \frac{V}{R}[A] = GV$ → (G : 콘덕턴스(저항 R의 역수로서 단위는 [℧] = [Ω^{-1}] = [S]))

② 전압 $V = RI[V]$ ③ 저항 $R = \frac{V}{I}[\Omega]$

핵심기출

【산업기사】 17/1

옴의 법칙은 저항에 흐르는 전류와 전압의 관계를 나타낸 것이다. 회로의 저항이 일정할 때 전류는?

① 전압에 비례한다. ② 전압에 반비례한다.

③ 전압의 제곱에 비례한다. ④ 전압의 제곱에 반비례한다.

정답 및 해설 [옴의 법칙] 오옴의 법칙에서 전류 $I = \frac{V}{R}$

저항이 일정할 때 전류는 전압에 비례 ($I \propto V$) 【정답】 ①

04 저항의 접속

(1) 저항의 직렬접속 (전류 일정)

① 합성 저항 $R = R_1 + R_2 \quad \rightarrow R = \sum_{k=1}^{n} R_k$

② 전류 $I = \frac{E}{R} = \frac{E}{R_1 + R_2} \quad \rightarrow$ (일정)

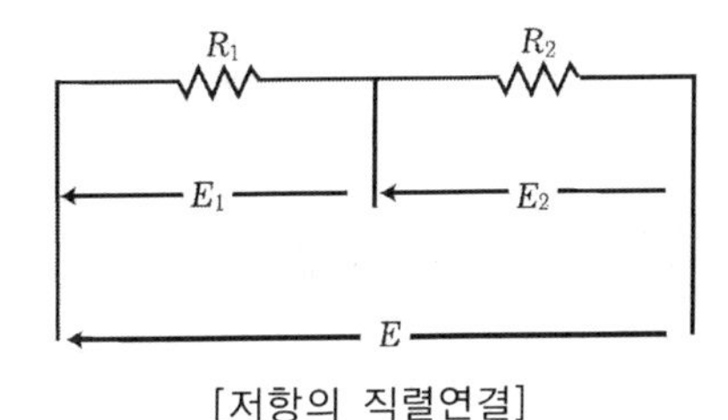

[저항의 직렬연결]

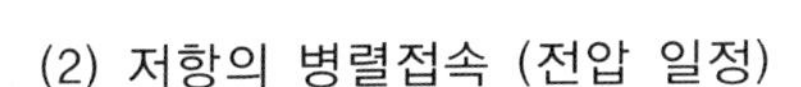

(2) 저항의 병렬접속 (전압 일정)

① 합성 저항 $R[\Omega]$

$$\frac{1}{R} = \frac{1}{R_1} + \frac{1}{R_2} \rightarrow R = \frac{1}{\frac{1}{R_1} + \frac{1}{R_2}} = \frac{R_1 R_2}{R_1 + R_2}$$

② 전류 $I = \frac{E}{R} = \frac{E}{\frac{R_1 R_2}{R_1 + R_2}}$

③ 전압 $E = IR = I_1 R_1 = I_2 R_2 \quad \rightarrow$(일정)

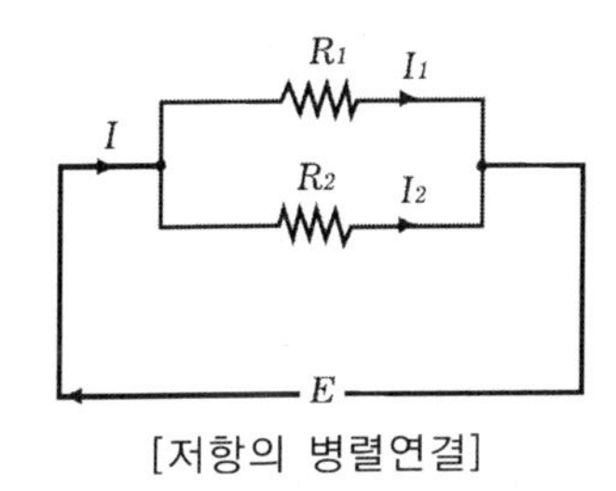

[저항의 병렬연결]

핵심기출

【기사】 13/3

직렬 저항 2[Ω], 병렬 저항 1.5[Ω]인 무한제형 회로(Infinite Ladder)의 입력저항(등가 2단자망의 저항)의 값은 얼마인가?

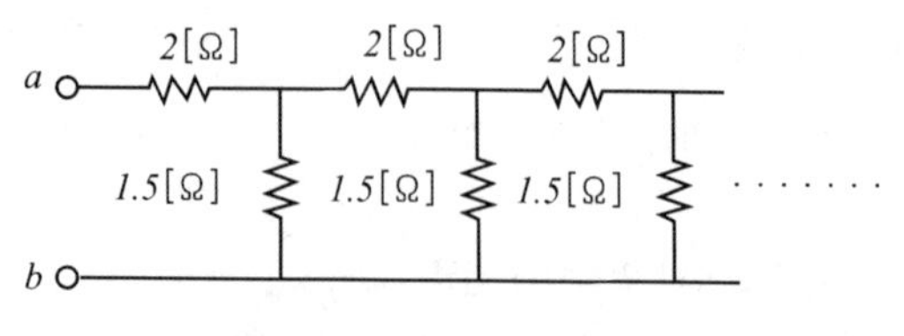

① 6[Ω] ② 5[Ω] ③ 3[Ω] ④ 4[Ω]

정답 및 해설 [저항의 직·병렬 시의 합성 저항] 무한제형 회로(사다리꼴 회로)

단자 a, b에서 본 합성저항 $R = 2 + \dfrac{1.5R}{1.5+R}$

$1.5R + R^2 = 3 + 2R + 1.5R \quad \rightarrow \quad R^2 - 2R - 3 = 0$에서 $(R-3)(R+1) = 0$

$R = 3$, $R = -1$ 저항 R값이 (−)는 없으므로 $R = 3[\Omega]$

※a, b간에 직렬 저항이 3.5이므로 합성저항은 $2 < R < 3.5$이다.

【정답】 ③

05 전압 분배의 법칙과 전류 분배의 법칙

(1) 전압 분배의 법칙

직렬연결 시 전류가 일정하므로 R_1, R_2에 걸리는 전압을 E_1, E_2라 할 때 각 저항에 걸리는 전압은 저항에 비례한다.

① $E_1 = IR_1 = \dfrac{R_1}{R_1 + R_2}E$

② $E_2 = IR_2 = \dfrac{R_2}{R_1 + R_2}E$

(2) 전류 분배의 법칙

병렬연결 시 공급 전압이 일정하므로 각 저항에 흐르는 전류 I_1, I_2는 각 저항에 반비례한다.

① $I_1 = \dfrac{E}{R_1} = \dfrac{RI}{R_1} = \dfrac{R_2}{R_1 + R_2}I$

② $I_2 = \dfrac{E}{R_2} = \dfrac{RI}{R_2} = \dfrac{R_1}{R_1 + R_2}I$

핵심기출 【산업기사】 14/3

그림과 같은 회로에서 $V-i$의 관계식은?

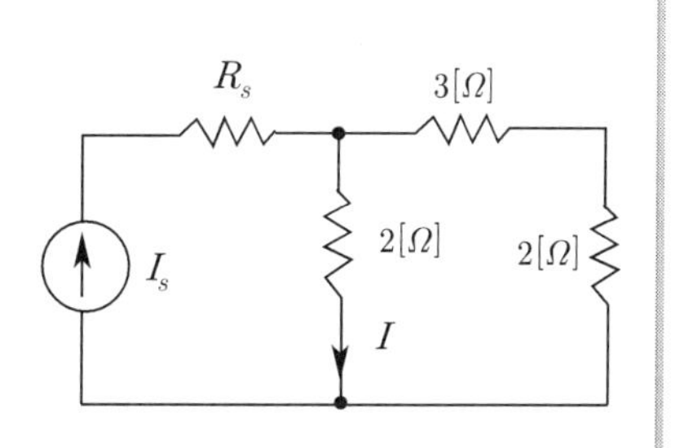

① $V=0.8i$

② $V=i_sR_s-2i$

③ $V=2i$

④ $V=3+0.2i$

정답 및 해설 [전압 분배의 법칙] $E_1=\dfrac{R_1}{R_1+R_2}E$

전압 분배의 법칙을 적용 $E=\dfrac{2}{3+2}\times 2i=\dfrac{4}{5}i=0.8i$ 【정답】 ①

06 콘덕턴스의 접속

(1) 직렬접속

① 합성 콘덕턴스 $G=\dfrac{1}{R}=\dfrac{1}{\dfrac{1}{G_1}+\dfrac{1}{G_2}}=\dfrac{G_1G_2}{G_1+G_2}[℧]$

② 전압 분배 법칙 $E_1=\dfrac{G_2}{G_1+G_2}E,\quad E_2=\dfrac{G_1}{G_1+G_2}E$

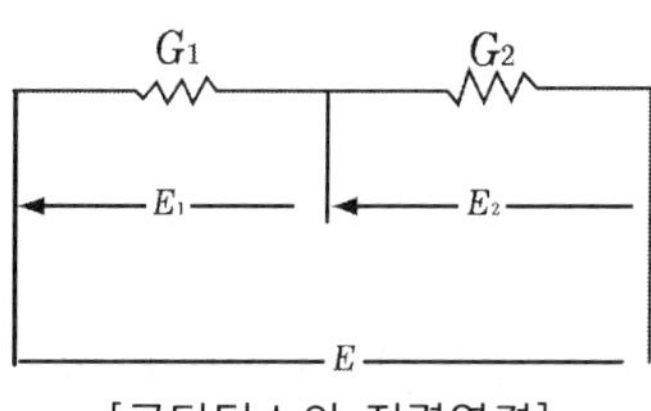

[콘덕턴스의 직렬연결]

(2) 병렬접속

① 합성 콘덕턴스 $G=G_1+G_2[℧]$

② 전류 $I=GE=(G_1+G_2)E$

③ 전류 분배의 법칙 $I_1=\dfrac{G_1}{G_1+G_2}I,\quad I_2=\dfrac{G_2}{G_1+G_2}I$

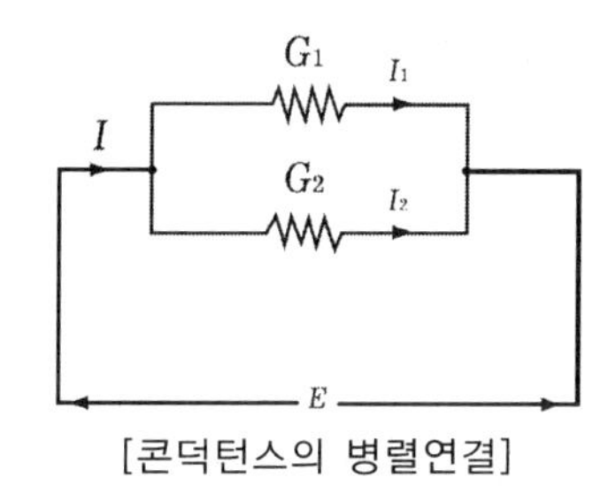

[콘덕턴스의 병렬연결]

07 커패시턴스의 접속 (저항 접속과 반대)

(1) 직렬접속(전하 Q가 일정)

① 합성 커패시턴스 $C=\dfrac{1}{\dfrac{1}{C_1}+\dfrac{1}{C_2}}=\dfrac{C_1C_2}{C_1+C_2}[F]$

② $E_1=IZ_1=\dfrac{C_2}{C_1+C_2}E,\ E_2=IZ_2=\dfrac{C_1}{C_1+C_2}E$

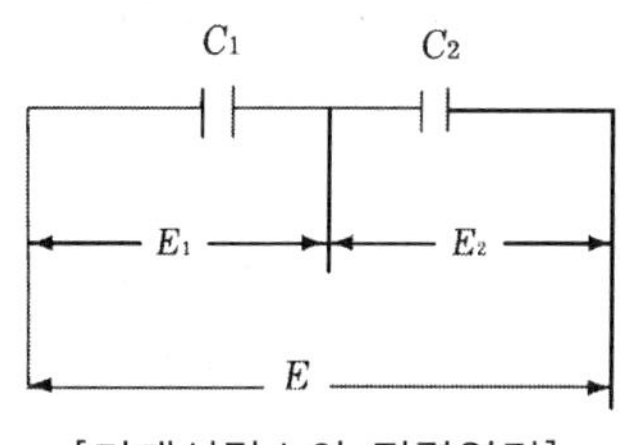

[커패시턴스의 직렬연결]

(2) 병렬접속(전압 E가 일정)

① 합성 커패시턴스 $C = C_1 + C_2[F]$

② $I_1 = Y_1 E = \frac{C_1}{C_1 + C_2} I$, $I_2 = Y_2 E = \frac{C_2}{C_1 + C_2} I$

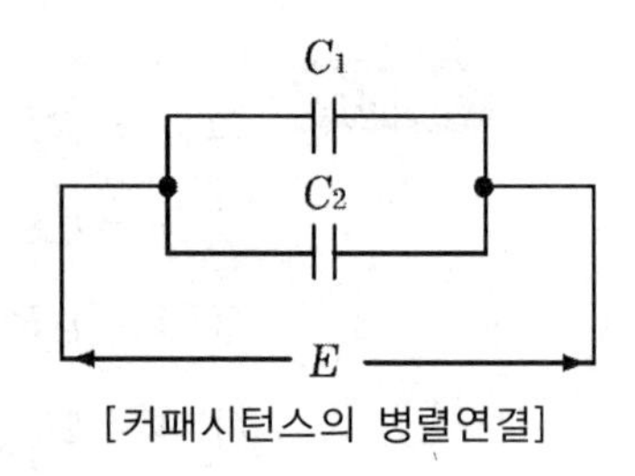

[커패시턴스의 병렬연결]

핵심기출

【산업기사】 14/3

그림과 같은 회로에서 $G_2[℧]$ 양단의 전압강하 $E_2[V]$는?

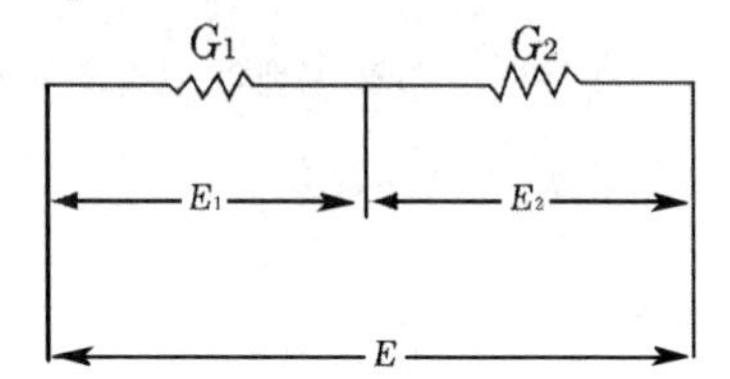

① $\frac{G_2}{G_1 + G_2} E$ ② $\frac{G_1}{G_1 + G_2} E$

③ $\frac{G_1 G_2}{G_1 + G_2} E$ ④ $\frac{G_1 + G_2}{G_1 + G_2} E$

정답 및 해설 [콘덕턴스 전압 분배] $E_1 = \frac{G_2}{G_1 + G_2} E$, $E_2 = \frac{G_1}{G_1 + G_2} E$ 【정답】 ②

08 주울(Joule)의 법칙

(1) 주울 열

$$Q = 0.24 I^2 Rt = 0.24 VIt = 0.24 \frac{V^2}{R} t[\text{cal}]$$

※1[J] = 0.24[cal], 1[cal]=4.2[J]

도체에 흐르는 전류에 의하여 단위 시간에 발생하는 열량은 $I^2 R$에 비례

주울의 법칙은 전기에너지를 열에너지로 변환하여 나타낸 것으로 이 열에너지는 전등, 전기용접, 전열기 등에 자주 이용된다.

09 배율기와 분류기

(1) 배율기

배율기는 전압계의 측정 범위를 넓히기 위한 목적으로 사용하는 것으로서, 회로에 직렬로 접속하는 저항기를 말한다.

① 측정 전압 $V_0 = V\left(\frac{R_m}{r}+1\right)[V]$

여기서, V_0 : 측정할 전압[A], V : 전압계의 눈금[V], R_m : 배율기의 저항[Ω]

r : 전압계의 내부 저항[Ω]

② 배율 $m = \frac{V_0}{V} = \left(\frac{R_m}{r}+1\right)$

(2) 분류기

분류기란 전류계의 측정 범위를 넓히기 위하여 내부 저항인 전류계에 병렬로 접속하는 저항기이다.

① 측정 전류 $I_0 = \left(\frac{r}{R_m}+1\right)I[A]$

② 배율 $m = \frac{I_0}{I} = \left(\frac{r}{R_m}+1\right)$

핵심기출 【산업기사】 12/2

분류기를 사용하여 전류를 측정하는 경우 전류계의 내부저항이 0.12[Ω], 분류기의 저항이 0.03[Ω]이면 그 배율은?

① 6　　② 5　　③ 4　　④ 3

정답 및 해설 [배율기] m(분류기의 배율) $= 1+\frac{r}{R_m}$ 에서 → $m = 1+\frac{0.12}{0.03} ≒ 5$

【정답】 ②

Chapter 01

시험 전 반드시 체크해야 할

단원 핵심 체크

01 도체의 고유 저항(ρ)은 저항(R)에 비례, 길이(l)에 (①), 도전율(k)에 반비례, 단면적(A)에 (②)한다.

02 도체에 흐르는 전류는 가해지는 전압에 (①)하고 저항에 (②)한다.

03 여러 개의 저항을 병렬로 연결하면 할수록 합성 저항값은 ( ) 진다.

04 병렬 연결 시 공급 전압이 일정하므로 각 저항에 흐르는 전류 I_1, I_2는 각 저항(R_1, R_2)에 ( )한다.

05 측정하고자 하는 전압이 전압계의 최대 눈금보다 클 때에 전압계에 직렬로 저항을 접속하여 측정 범위를 넓히는 것은 ( )라고 한다.

06 분류기란 전류계의 측정 범위를 넓히기 위하여 내부 저항인 전류계에 ( )로 접속하는 저항기이다.

정답

(1) ① 반비례, ② 비례 (2) ① 비례, ② 반비례 (3) 작아
(4) 반비례 (5) 배율기 (6) 병렬

Chapter 01

기출문제에서 뽑은 최다 빈출

적중 예상문제

1. 내부 저항 0.1[Ω]인 건전지 10개를 직렬로 접속하고, 이것을 한 조로하여 5조 병렬로 접속하면 합성 내부 저항은?

① 5[Ω] ② 1[Ω]

③ 0.5[Ω] ④ 0.2[Ω]

|정|답|및|해|설|

[직·병렬 연결 시 합성 저항]

·직렬시 합성 저항 $R = R_1 + R_2$

·병렬 시 합성 저항 $R = \dfrac{1}{\dfrac{1}{R_1} + \dfrac{1}{R_2}}$

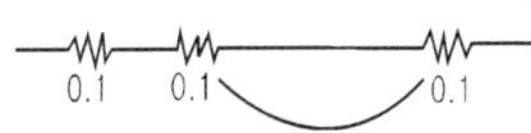

$r = 0.1 \times 10 = 1$ → 5조 병렬이므로

$\dfrac{r}{5} = \dfrac{1}{5}$, $R = \dfrac{1}{5} = 0.2[\Omega]$ 【정답】 ④

2. 그림의 회로에서 a, b사이에 전압 E_{ab}의 값은?

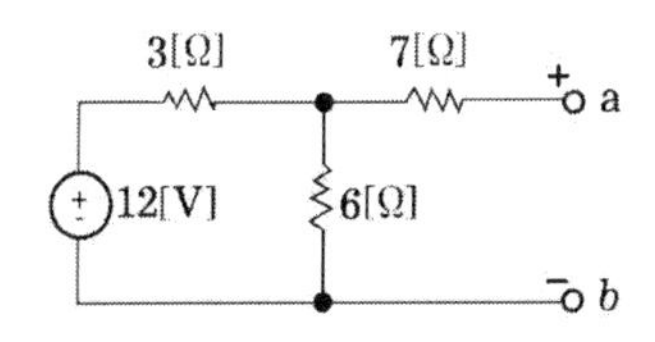

① 8[V] ② 10[V]

③ 12[V] ④ 14[V]

|정|답|및|해|설|

[전압 분배의 법칙] $E_2 = \dfrac{R_2}{R_1 + R_2} E$

개방단자 a, b에는 전류가 흐르지 않는다. 따라서 $6[\Omega]$에 걸리는 전압은

$E_{ab} = \dfrac{6}{3+6} \times 12 = 8[V]$ 【정답】 ①

3. 일정 전압의 직류 전원에 저항을 접속하고 전류를 흘릴 때 이 전류값을 20[%] 증가시키기 위해서는 저항값을 몇 배로 하여야 하는가?

① 1.25배 ② 1.2배

③ 0.83배 ④ 0.8배

|정|답|및|해|설|

[옴의 법칙] 저항 $R = \dfrac{V}{I}[\Omega]$

전류값 20(%)증가, 즉 1.2배

$R' = \dfrac{V}{1.2I}$ $\therefore \dfrac{1}{1.2} \cdot \dfrac{V}{I} = 0.83 \cdot \dfrac{V}{I} = 0.83 \cdot R$

※I와 R이 반비례한다고 생각해서 I가 20[%] 증가하면 R은 20[%] 감소할 것이라고 쉽게 생각하는 것이 함정이다.

【정답】 ③

4. $R = 1[\Omega]$의 저항을 그림과 같이 무한히 연결할 때 a, b간의 합성 저항은 몇[Ω]인가?

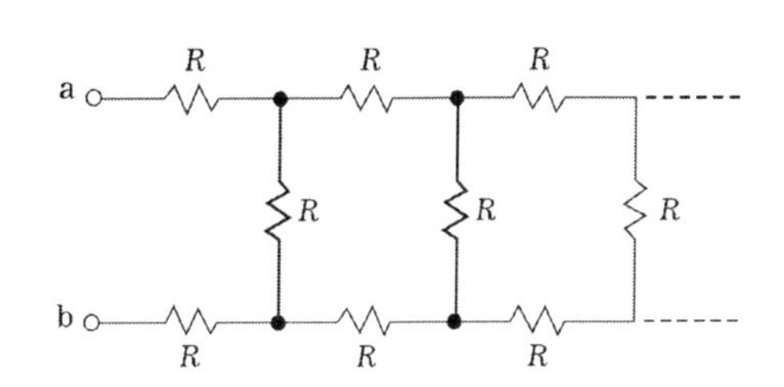

① 0 ② 1

③ ∞ ④ $1 + \sqrt{3}$

|정|답|및|해|설|

[직·병렬 시의 합성 저항]

$R_{ab} = R + R + \dfrac{RR'}{R + R'} = 2R + \dfrac{RR'}{R + R'} \fallingdotseq R'$

$2R(R + R') + RR' = R'(R + R')$

$R=1$ 대입하면, $2+2R' = R'^2$

$R'^2 - 2R' - 2 = 0$의 해를 구하면

$R' = \frac{2 \pm \sqrt{4+8}}{2} = 1 \pm \sqrt{3}$

저항은 양수이므로 $R' = 1+\sqrt{3}[\Omega]$

【정답】 ④

5. 그림과 같은 회로의 합성 콘덕턴스 G_{ab}[m℧]는?

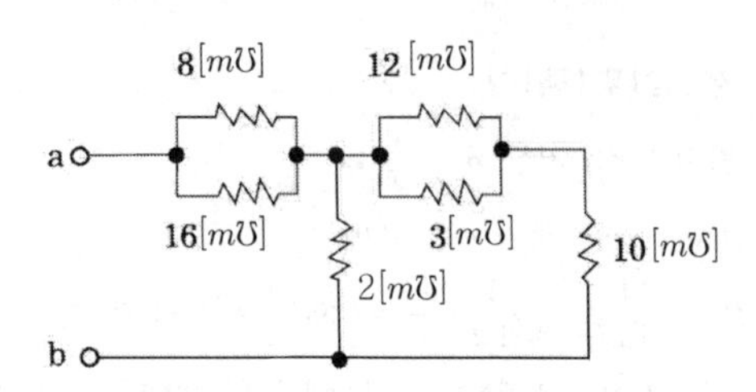

① 2 ② 6

③ 12 ④ 18

|정|답|및|해|설|

[직·병렬 시 합성 콘덕턴스]

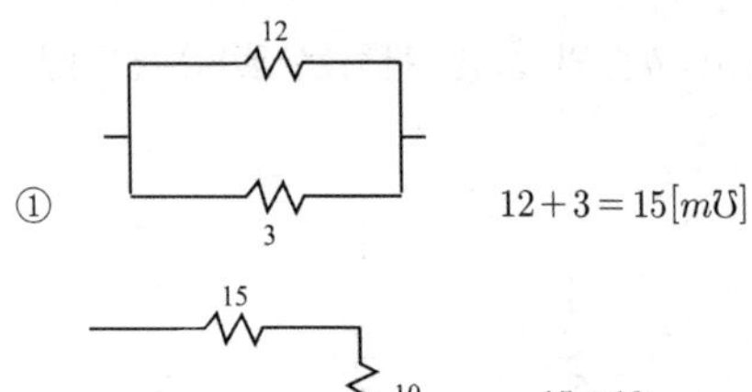

① $12+3=15[m℧]$

② $G_1 = \frac{15 \times 10}{15+10} = 6$

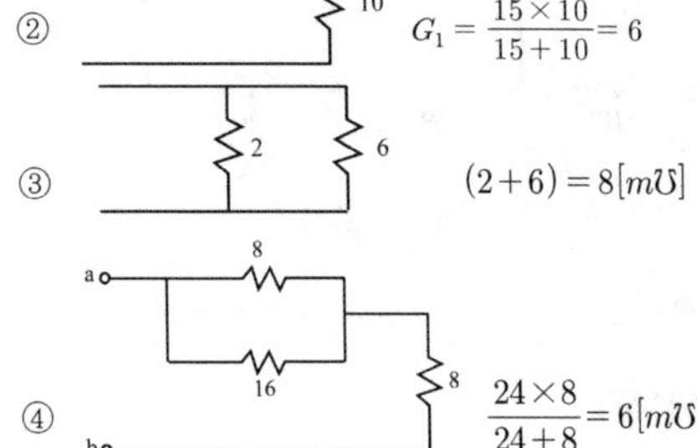

③ $(2+6)=8[m℧]$

④ $\frac{24 \times 8}{24+8} = 6[m℧]$

【정답】 ②

6. $i = 2t^2 + 8t$[A]로 표시되는 전류가 도선에 3[s]동안 흘렀을 때 통과한 전 전기량은 몇[C]인가?

① 18 ② 48

③ 54 ④ 61

|정|답|및|해|설|

[교류 시의 전기량(전하량)] $Q = \int_0^t i(t)dt [A \cdot \sec]$

$Q = \int idt = \int_0^3 (2t^2+8t)dt = \left[\frac{2}{3}t^3 + \frac{8}{2}t^2\right]_0^3$

$= \frac{2}{3} \times 3^3 + 4 \times 3^2 = 18 + 36 = 54[C]$

【정답】 ③

7. 두 전압 전원 E_1과 E_2를 그림과 같이 접속했을 때 흐르는 전류 I[A]는?

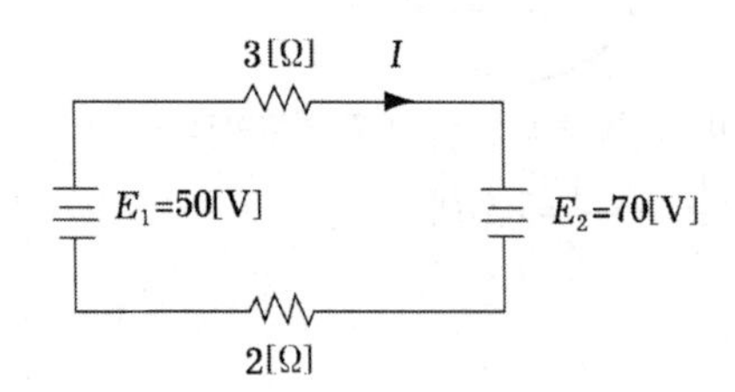

① 4 ② −4

③ 24 ④ −24

|정|답|및|해|설|

[전류] $I = \frac{V}{R} = \frac{50-70}{2+3} = \frac{-20}{5} = -4$ [A]

※극성이 같아서 전위차를 구해야 한다.

【정답】 ②

8. $i(t) = 3000(2t+3t^2)$[A]로 표시되는 전류가 어떤 도선에 2초간 지나갔다. 통과한 전 전기량은 얼마인가?

① 1.33[Ah] ② 10[Ah]

③ 13.3[Ah] ④ 36[Ah]

|정|답|및|해|설|

[교류 시의 전기량] $q=\int_0^t i(t)dt[A\cdot \sec]$

$$Q=\int_0^2 3000(2t+3t^2)\,dt\ \ [C]=[A\cdot s]$$

$$=3000\left[\frac{2}{2}t^2+\frac{3}{3}t^3\right]_0^2$$

$$=3000(2^2+2^3)=36000[A\cdot s]$$

문제에서 [Ah] 단위이므로 → $\frac{36000}{3600}=10$[Ah]

【정답】 ②

합성 저항은 가장 먼 바깥지로부터 구함

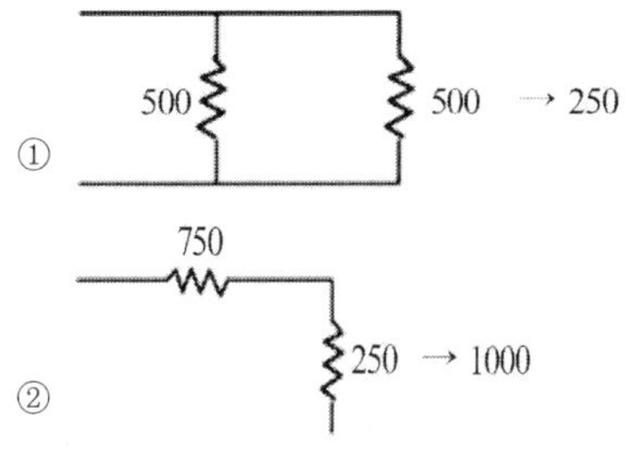

③ 1[MΩ]과 1[MΩ] 병렬이므로 500[kΩ]

④ 500[kΩ]과 500[kΩ] 직렬연결이므로 1000[[kΩ]

【정답】 ④

9. 그림과 같은 회로에서 내부 저항 500[kΩ]의 전압계를 이용하여 단자 a, b 사이의 전압을 측정하니 100[V]였다. 이 전압계를 a, b 사이에 접속하였을 때 전 회로의 합성 저항은 몇 [kΩ]인가?

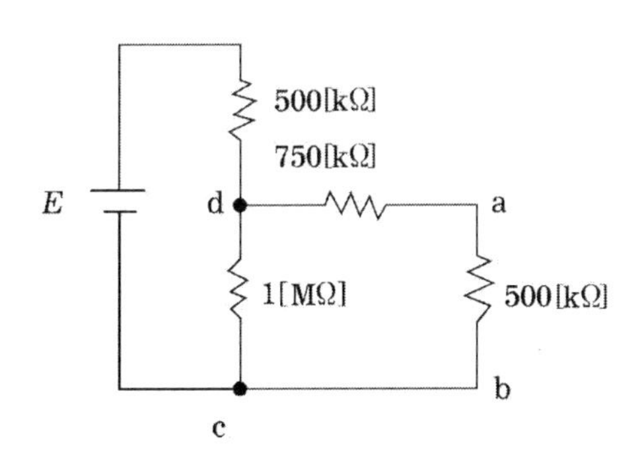

① 250 ② 500

③ 750 ④ 1000

|정|답|및|해|설|

[직·병렬 시의 합성 저항] 전압계 연결 시 등가회로

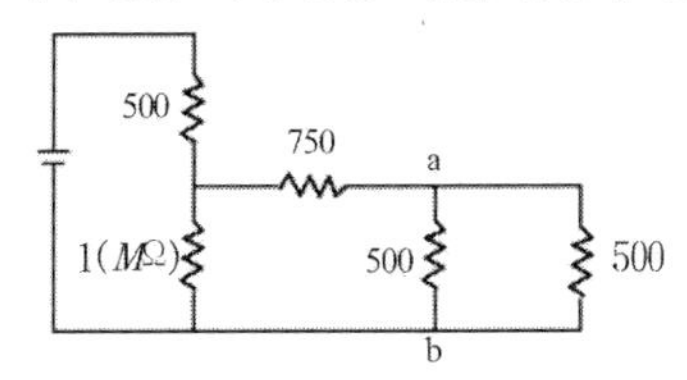

※전압계를 물리면 보이지 않는 전압계 저항(500[kΩ]이 걸리게 된다.

10. 그림과 같은 회로에서 10[Ω]에 흐르는 전류 I를 최소로 하기 위하여 r_1의 값은 몇 [Ω]으로 하면 되는가?

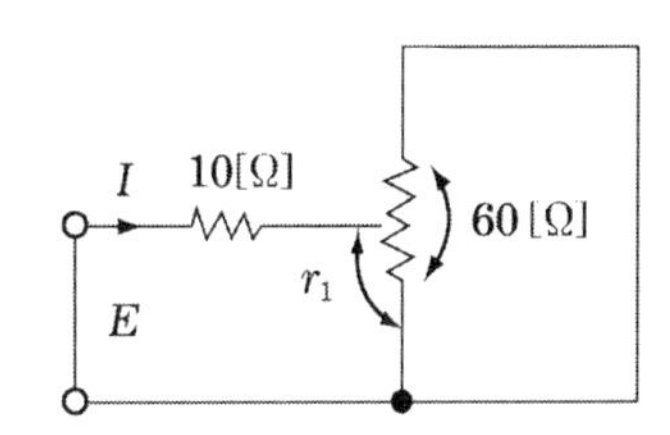

① 10 ② 30

③ 60 ④ 70

|정|답|및|해|설|

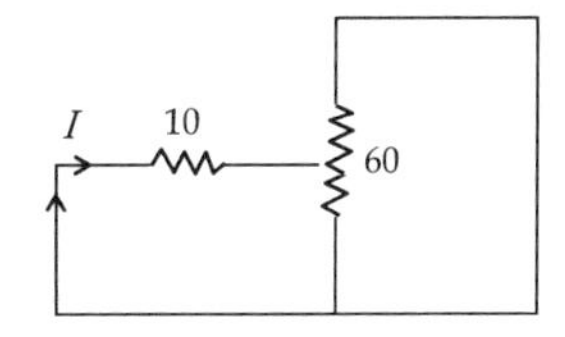

I를 최소 R을 최대로 등가회로

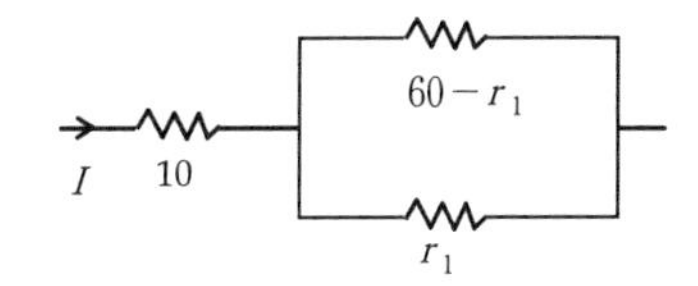

$$R_0=\frac{r_1\cdot(60-r_1)}{r_1+60-r_1}=\frac{60r_1-r_1^2}{60}$$

최대값 : $\frac{dR_0}{dr_1}=0$

$\frac{d}{dr_1} \cdot \left(\frac{60r_1 - r_1^2}{60} \right) = \frac{1}{60}(60 - 2r_1) = 0$

$60 - 2r_1 = 0 \rightarrow 2r_1 = 60$

$\therefore r_1 = 30$ (즉, 절반값) 【정답】 ②

11. 정격전압에서 500[W]의 전력을 소비하는 저항에 정격의 95[%]의 전압을 가할 때의 전력은?

① 390[W] ② 410[W]

③ 430[W] ④ 450[W]

|정|답|및|해|설|

[전력] $P = \frac{V^2}{R}t \rightarrow (P \propto V^2)$

$P' = 0.95^2 \times 500 = 450[W]$ 【정답】 ④

12. a, b간에 25[V]의 전압을 가할 때 5[A]의 전류가 흐른다. r_1및 r_2에 흐르는 전류의 비를 1:3으로 하려면 r_1및 r_2의 저항은 몇[Ω]인가?

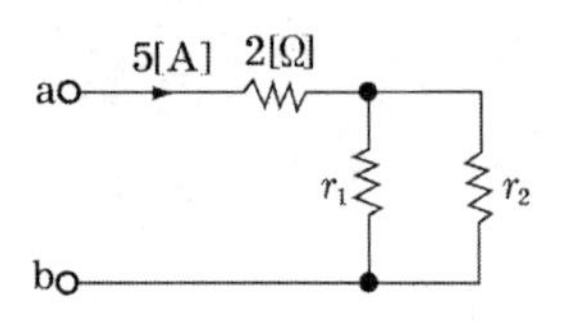

① $r_1 = 12, r_2 = 4$

② $r_1 = 24, r_2 = 8$

③ $r_1 = 6, r_2 = 2$

④ $r_1 = 2, r_2 = 6$

|정|답|및|해|설|

$I_1 : I_2 = 1 : 3$ .... ①

$r_1 : r_2 = 3 : 1$

$r_1 = 3r_2$ .... ②

문제의 조건에서 이 회로의 전체 저항

$R = \frac{V}{I} = \frac{25}{5} = 5$ [Ω]

직렬 저항 2[Ω]과 $r_1 \parallel r_2$의 합성저항이 5[Ω]이 되야.

$2 + r_1 \parallel r_2 = 5$, $r_1 \parallel r_2 = 3$

$\frac{r_1 \cdot r_2}{r_1 + r_2} = 3$ (여기에 ②번 식 대입)

$\frac{3r_2^2}{4r_2} = 3 \rightarrow \frac{3}{4}r_2 = 3$

$r_2 = 4$ [Ω], $r_1 = 12$ [Ω] 【정답】 ①

13. 어떤 전압계의 측정 범위를 20배로 하려면 배율기의 저항 R_s는 전압계의 저항 R_m의 몇 배로 하여야 하는가?

① 30 ② 10

③ 19 ④ 29

|정|답|및|해|설|

[배율기] $m = 1 + \frac{R_s}{R_m} = 20$

$\frac{R_s}{R_m} = 20 - 1 = 19 \rightarrow R_s = 19R_m$

【정답】 ③

14. 3개의 같은 저항 $R[\Omega]$을 그림과 같이 △결선하고, 기전력 V[V], 내부 저항 $r[\Omega]$인 전지를 n개 직렬 접속했다. 이때 전지 내를 흐르는 전류가 I[A]하면 R는 몇 [Ω]인가?

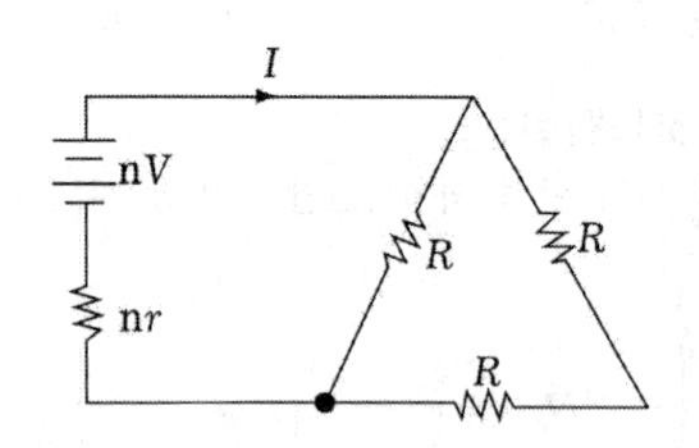

① $\frac{3}{2}n(\frac{V}{I} - r)$ ② $\frac{3}{2}n(\frac{V}{I} + r)$

③ $\frac{2}{3}n(\frac{V}{I} - r)$ ④ $\frac{2}{3}n(\frac{V}{I} + r)$

| 정 | 답 | 및 | 해 | 설 |

[직·병렬 시의 합성 저항]

등가회로

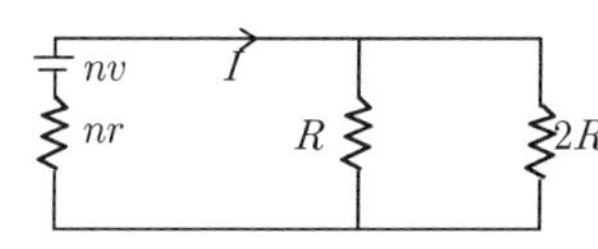

합성저항= $\frac{2R^2}{3R} = \frac{2}{3}R$

$I = \frac{nV}{nr + \frac{2}{3}R} \quad \rightarrow \quad nr + \frac{2}{3}R = \frac{nV}{I}$

$\frac{2}{3}R = \frac{nV}{I} - nr \quad \rightarrow \quad R = \frac{3n}{2}\left(\frac{V}{I} - r\right)$

【정답】 ①

15. 정격 전압에서 1[㎾]의 전력을 소비하는 저항에 정격의 80[%]의 전압을 가할 때의 전력은?

① 320[W] ② 580[W]

③ 640[W] ④ 860[W]

| 정 | 답 | 및 | 해 | 설 |

[정격 전력] $P = \frac{V^2}{R} = 1\,[㎾] = 1000\,[W]$

80[%]의 전압 : 0.8[V] $\rightarrow P' = \frac{(0.8V)^2}{R} = 0.64\frac{V^2}{R}$

$\therefore 0.64 \times 1000 = 640[W]$

【정답】 ③

16. 분류기를 사용하여 전류를 측정하는 경우 전류계의 내부 저항 0.12[Ω], 분류기의 저항이 0.04[Ω]이면 그 배율은?

① 3 ② 4

③ 5 ④ 6

| 정 | 답 | 및 | 해 | 설 |

[분류기의 배율] $m = 1 + \frac{R_0}{R_s}$

$m = 1 + \frac{0.12}{0.04} = 4$

【정답】 ②

17. 그림의 Y_L에서 소비되는 전력은 몇[W]인가?

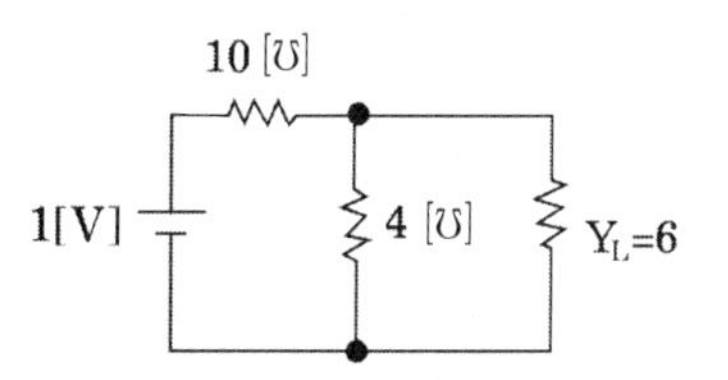

① 0.5 ② 0.6

③ 1.33 ④ 1.5

| 정 | 답 | 및 | 해 | 설 |

[전력] $P = I^2Rt = \frac{V^2}{R}t[W]$

$P_L = I^2 \cdot \frac{1}{Y_L}$ 또는 $Y_L \cdot V^2$

①

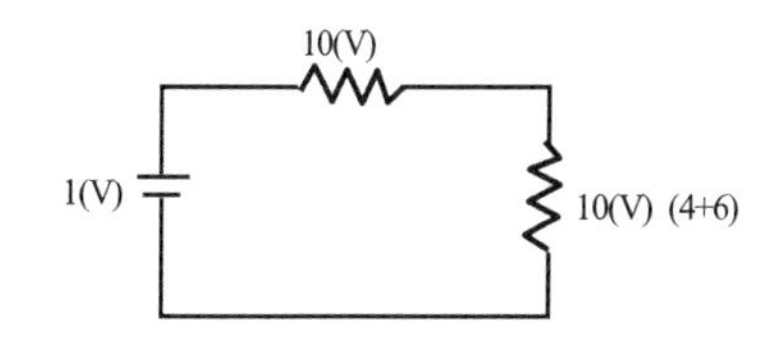

②

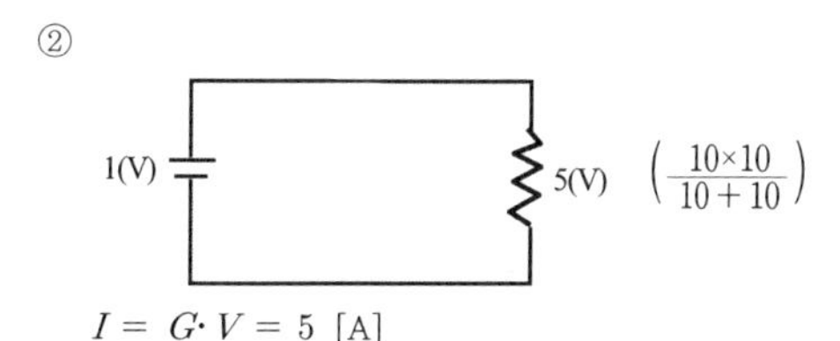

$I = G \cdot V = 5\,[A]$

③ 원래 회로에서

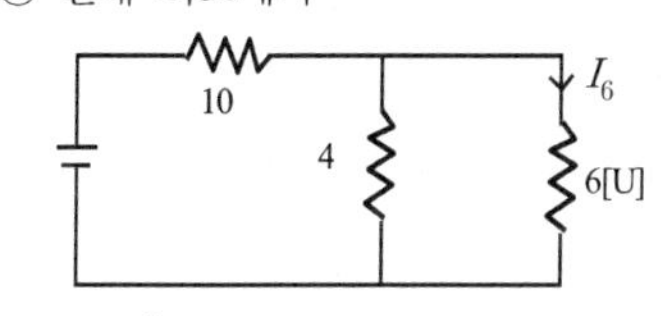

$I_6 = \frac{6}{4+6} \times 5 = 3[A]$

$\therefore P_L = 3^2 \times \frac{1}{6} = \frac{9}{6} = 1.5$

【정답】 ④

18. 그림과 같은 회로에서 $I=10[A]$, $G_1=4[℧]$, $G_2=6[℧]$일 때 G_2에서 소비 전력은 몇 [W]인가?

① 100
② 10
③ 4
④ 6

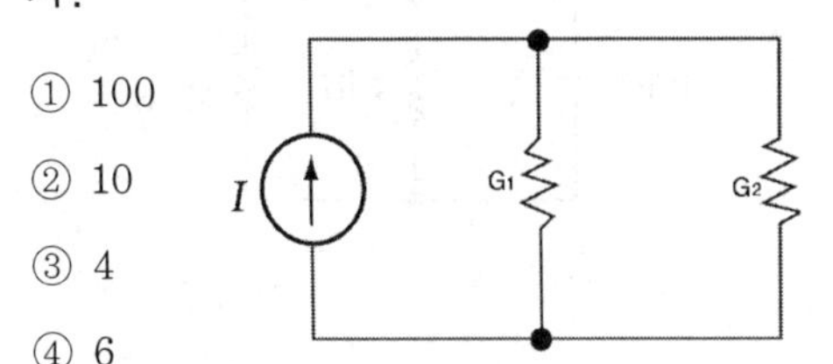

|정|답|및|해|설|

[전력] $P=I^2Rt=\frac{V^2}{R}t$

$I_6 = \frac{6}{4+6}\times 10 = 6[A]$

$P_L = I_6^2\times\frac{1}{G} = 6^2\times\frac{1}{6} = 6[w]$

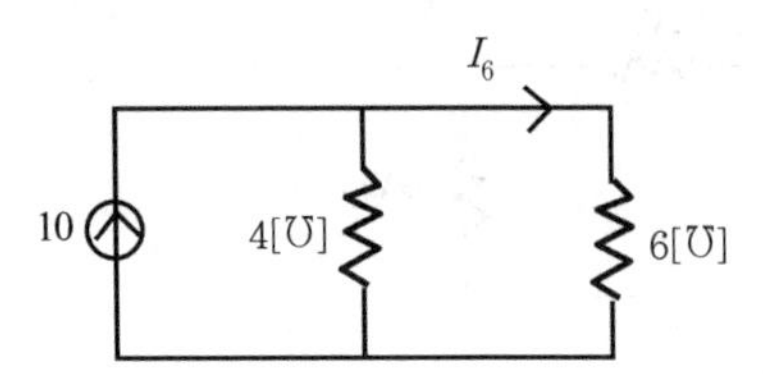

【정답】 ④

19. 어떤 전지의 외부 회로 저항은 5[Ω]이고 전류는 8[A]가 흐른다. 외부 회로에 5[Ω] 대신 15[Ω]의 저항을 접속하면 전류는 4[A]로 떨어진다. 이때 전지의 기전력은 몇[V]인가?

① 80
② 50
③ 15
④ 20

|정|답|및|해|설|

[전지의 기전력] $E=IR[V]$

$E=(5+r)8=(15+r)4 \rightarrow 10+2r=r+15$

$r=5 \rightarrow \therefore E=80[V]$

【정답】 ①

20. 그림과 같은 회로에서 저항 R_4에서 소비되는 전력은 몇[W]인가?

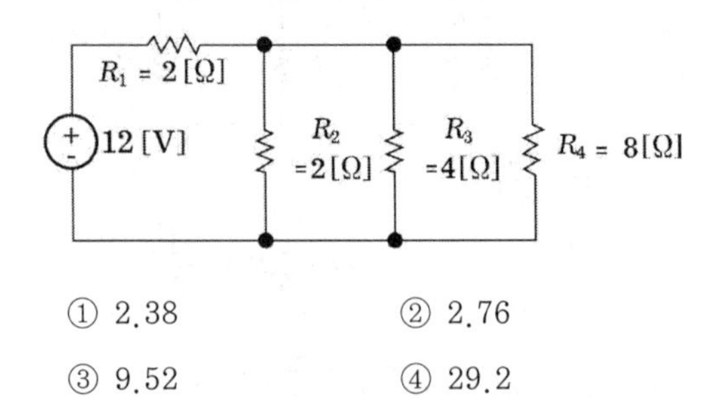

① 2.38
② 2.76
③ 9.52
④ 29.2

|정|답|및|해|설|

[전력] $P=I^2R[W]$

① $R_2//R_3=\frac{2\times4}{2+4}=\frac{8}{6}=\frac{4}{3}[\Omega]$

② $R_2//R_3//R_4=\frac{4}{3}//8=\frac{\frac{4}{3}\times8}{\frac{4}{3}+8}=\frac{8}{7}[\Omega]$

③ $R=2+\frac{8}{7}=\frac{22}{7}[\Omega]$

④ 전체 전류 $I=\frac{V}{R}=\frac{12}{\frac{22}{7}}=\frac{42}{11}[A]$

⑤ $I_4=\frac{R_2//R_3}{R_2//R_3+R_4}\times I=\frac{\frac{4}{3}}{\frac{4}{3}+8}\times\frac{42}{11}=0.545[A]$

$\therefore$ 전력 $P=I^2R=0.545^2\times8=2.376=2.38[W]$

【정답】 ①

21. 그림과 같은 회로에서 a, b 양단의 전압은 몇 [V]인가?

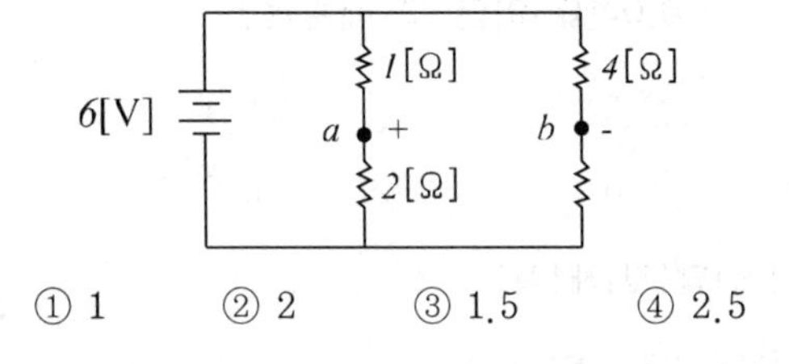

① 1
② 2
③ 1.5
④ 2.5

|정|답|및|해|설|

병렬이므로 모두 6[V]가 걸린다. 저항과 비례하므로 a점에서 1[Ω]은 2[V], 2[Ω]은 4[V]가 걸리고 b점에서는 4[Ω]은 4[V], 2[Ω]은 2[V]가 걸린다. 따라서 a, b점 양단의 전압은 4[V]-2[V]=2[V]가 걸린다.

【정답】 ②

Chapter 02

정현파 교류

01 동기 발전기 정현파 교류

(1) 교류의 특성

시간 t에 따라서 순시치의 크기가 정현적으로 변하는 교류를 정현파 교류라고 한다.

※직류는 보통 대문자(V, I)로, 교류는 보통 소문자($v(t)$, $i(t)$)로 표현하는 것이 일반적이다.

① $v(t) = V_m \sin(wt+\theta)$

여기서, V_m : 최대값 또는 진폭

② 각속도(w) : $w = 2\pi f$[rad/sec] $= \frac{2\pi}{T}$ → (T : 주기)

③ 주파수(f) : 1초 동안에 포함되는 사이클 수($\frac{w}{2\pi}$[Hz])

④ 위상(θ) : 시간의 앞섬 또는 뒤짐, $\theta = \frac{180}{\pi} wt[°]$

⑤ 전기각 $wt = \frac{\theta}{180}\pi$[rad]

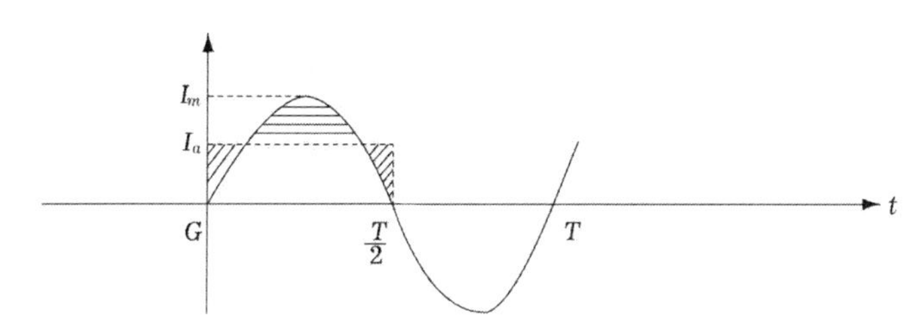

⑥ 주기(T) : 파형이 반복되는 구간, $T = \frac{1}{f}$[sec] →(λ : 파장(1주기의 길이))

> [단위 환산 및 기본량]
>
> ① **교류(AC)** : 시간 변화에 따라 파형이 주기적으로 변화하는 전원
>
> ② **직류(DC)** : 시간 변화에 관계없이 크기가 일정한 전원
>
> ③ **비정현파** : 정현파가 아닌 교류파를 통칭하여 비정현파라 하며, 구형파, 삼각파, 또는 펄스 등을 말한다.
>
> ④ **왜형파** : 모양이 일정하지 않고 일그러진 모양을 가진 파를 말한다.

02 교류의 표현 방법

(1) 순시값

시간의 변화에 따라 순간순간 나타나는 정현파의 값을 의미한다.

① $v(t) = V_m \sin\theta = V_m \sin(wt \pm \theta)[V]$

② $i(t) = I_m \sin(\omega t \pm \theta)[A]$

여기서, V_m, I_m : 전압, 전류의 최대값, ω : 각 주파수(=$2\pi f[rad/\sec]$), θ : 전압, 전류의 위상[°]

(2) 평균값

교류의 순시치를 시간에 대해서 평균한 값으로 가동 코일형 계기로 측정

평균값은 측정 기기(전압계 및 전류계 등)의 지시값으로 주로 적용하는 값이다.

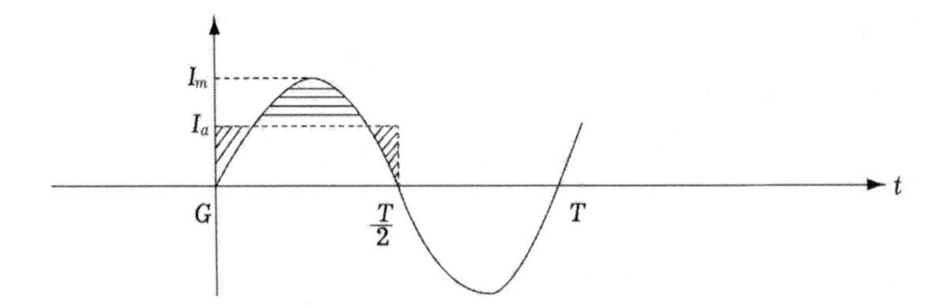

평균값 $V_a = \dfrac{1주기면적}{주기} = \dfrac{1}{T}\displaystyle\int_0^T v(t)dt = \dfrac{1}{T}\int_0^T V_m \sin wt\,dt = \dfrac{1}{\frac{T}{2}}\int_0^{\frac{T}{2}} V_m \sin wt\,dt$

→ (위 부분과 아래 부분의 면적이 같으므로 반주기만을 적분하여야 한다.)

$= \dfrac{V_m}{\frac{\pi}{w}}[-\dfrac{1}{w}\cos wt\,dt]_0^{\frac{\pi}{w}}$ → ($\because w = 2\pi f = \dfrac{2\pi}{T} \Rightarrow \dfrac{2\pi}{w}$)

$= \dfrac{w V_m}{\pi}\dfrac{1}{w}(-\cos w\dfrac{\pi}{w} + \cos 0) = \dfrac{2V_m}{\pi} \fallingdotseq 0.637 V_m$

핵심기출 【기사】 10/3 【산업기사】 11/2

어떤 정현파 전압의 평균값이 150[V]이면 최대값은 약 얼마인가?

① 300[V] ② 236[V]

③ 115[V] ④ 175[V]

정답 및 해설 [평균값] $V_{av} = \dfrac{2}{\pi}V_m[V]$

$V_m = \dfrac{\pi}{2} \times V_{av} = \dfrac{\pi}{2} \times 150 = 236[V]$ 【정답】 ②

(3) 실효값(Effective Value : 실제값, $r.\ m.\ s$값)

주기 파형에서 열 효과의 크고, 작음을 나타내는 값(즉, 주기전류와 동일한 열효과를 나타내는 직류) 일반적으로 교류의 전류, 전압은 실효값을 말하며, 가동 철편형, 유도형, 정전형 계기 등은 실효치 값을 직접 읽을 수 있다. 열선형 계기로 측정

$$\text{실효값 } V = \sqrt{\frac{1}{T}\int_0^T v(t)^2 dt} = \sqrt{\frac{1}{\frac{\pi}{2}}\int_0^{\frac{\pi}{2}} V_m^2 \sin^2 t dt} = \sqrt{\frac{2}{\pi}V_m^2\int_0^{\frac{\pi}{2}}\frac{1}{2}(1-\cos 2t)dt}$$

$$= \sqrt{\frac{1}{\pi}\times V_m^2\left[t-\frac{1}{2}\sin 2t\right]_0^{\frac{\pi}{2}}} = \sqrt{\frac{V_m^2}{2}} = \frac{V_m}{\sqrt{2}} = 0.707\,V_m[V]$$

$$\text{실효값 } I = \frac{I_m}{\sqrt{2}} \fallingdotseq 0.707 I_m[A] \quad \rightarrow (\text{여기서, } V_m,\ I_m : \text{최대값})$$

핵심기출 【기사】 15/2

정현파 교류 전압의 실효값에 어떠한 수를 곱하면 평균값을 얻을 수 있는가?

① $\frac{2\sqrt{2}}{\pi}$ ② $\frac{\sqrt{3}}{2}$

③ $\frac{2}{\sqrt{3}}$ ④ $\frac{\pi}{2\sqrt{2}}$

정답 및 해설 [실효값] $V = \frac{V_m}{\sqrt{2}}$ [평균값] $V_a = \frac{2V_m}{\pi}$

$V_m = \sqrt{2}\,V \rightarrow V_a = \frac{2\times\sqrt{2}\,V}{\pi}$ 그러므로 실효값에 $\frac{2\sqrt{2}}{\pi}$를 곱해야 평균값이 된다.

【정답】 ①

03 파형률과 파고율

(1) 정의

비정현파 파형이 어느 정도 일그러졌는가를 나타내는 척도로써 파형률과 파고율을 사용한다.

① 파형률 : 실효값을 평균값으로 나눈 값으로 비정현파의 파형 평활도를 나타내는 것이다.

$$\text{파형률} = \frac{\text{실효값}}{\text{평균값}} = \frac{V}{V_{av}} = \frac{I}{I_{av}}$$

② 파고율 : 교류 파형에서 최대값을 실효값으로 나눈 값으로 각 종 파형의 날카로움의 정도를 나타내기 위한 것이다.

$$\text{파고율} = \frac{\text{최대값}}{\text{실효값}} = \frac{V_m}{V} = \frac{I_m}{I}$$

(2) 정현파 전압(전파)에 대하여

① 파형률 $= \dfrac{\text{실효값}}{\text{평균값}} = \dfrac{V}{V_a} = \dfrac{\dfrac{V_m}{\sqrt{2}}}{\dfrac{2}{\pi}V_m} = \dfrac{\pi}{2\sqrt{2}} = 1.111$

② 파고율 $= \dfrac{\text{최대값}}{\text{실효값}} = \dfrac{V_m}{V} = \dfrac{V_m}{\dfrac{V_m}{\sqrt{2}}} = \sqrt{2} = 1.414$

(3) 각종 파형의 평균값, 실효값, 파형률, 파고율

명칭	파형	평균값	실효값	파형률	파고율
정현파 (전파)		$\dfrac{2V_m}{\pi}$	$\dfrac{V_m}{\sqrt{2}}$	$\dfrac{\dfrac{V_m}{\sqrt{2}}}{\dfrac{2V_m}{\pi}} = 1.11$	$\dfrac{V_m}{\dfrac{V_m}{\sqrt{2}}} = \sqrt{2}$
정현파 (반파)		$\dfrac{V_m}{\pi}$	$\dfrac{V_m}{2}$	$\dfrac{\dfrac{V_m}{2}}{\dfrac{V_m}{\pi}} = \dfrac{\pi}{2}$	$\dfrac{V_m}{\dfrac{V_m}{2}} = 2$
구형파 (전파)		V_m	V_m	1	1
구형파 (반파)		$\dfrac{V_m}{2}$	$\dfrac{V_m}{\sqrt{2}}$	$\dfrac{\dfrac{V_m}{\sqrt{2}}}{\dfrac{V_m}{2}} = \sqrt{2}$	$\dfrac{V_m}{\dfrac{V_m}{\sqrt{2}}} = \sqrt{2}$
삼각파 (톱니파)		$\dfrac{V_m}{2}$	$\dfrac{V_m}{\sqrt{3}}$	$\dfrac{\dfrac{V_m}{\sqrt{3}}}{\dfrac{V_m}{2}} = \dfrac{2}{\sqrt{3}}$	$\dfrac{V_m}{\dfrac{V_m}{\sqrt{3}}} = \sqrt{3}$

핵심기출

【산업기사】 05/3 08/3

파형의 파형률 값이 잘못된 것은?

① 정현파의 파형률은 1.414이다.
② 구형파의 파형률은 1.0이다.
③ 전파 정류파의 파형률은 1.11이다.
④ 반파 정류파의 파형률은 1.571이다.

정답 및 해설 [정현파의 파형률] 파형률 $= \dfrac{\text{실효값}}{\text{평균값}} = \dfrac{\dfrac{1}{\sqrt{2}}\cdot V_m}{\dfrac{2}{\pi}\cdot V_m} = \dfrac{\pi}{2\sqrt{2}} = 1.11$ 【정답】 ①

04 교류의 벡터 표현

(1) 복소수

실수부와 허수부로 구성되며 $a+jb$로 나타낸다. → $(a,\ b$: 실수)

① 회전 연산자 (j)

- $j=\sqrt{-1}$
- $j^2=-1$
- $j^3=j^2\times j=-1\times j=-j$
- $j^4=j^2\times j^2=-1\times -1=1$

② 공액 복소수

$\overline{A}$ 또는 A^*로 나타낸다.

㉮ $A=a+jb$의 공액 복소수는 $A^*=a-jb$

㉯ $A=A\angle\theta$의 공액 복소수는 $A^*=A\angle-\theta$

㉰ $A\cdot A^*=(a+jb)(a-jb)=a^2+b^2$

㉱ $A\cdot A^*=A\angle\theta\cdot A\angle-\theta=A^2$

(2) 실효값의 표현

① 실효값의 직각좌표 형식 : $A=a+jb$

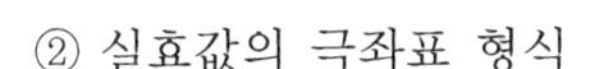

② 실효값의 극좌표 형식

㉮ $A=|A|\angle\pm\theta$

㉯ 크기 $|A|=\sqrt{a^2+b^2}$

㉰ 위상 $\theta=\tan^{-1}\dfrac{b}{a}$

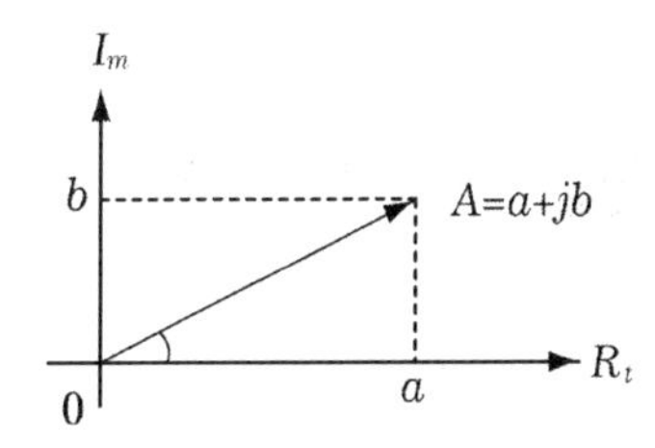

[실효값의 직각좌표 형식]

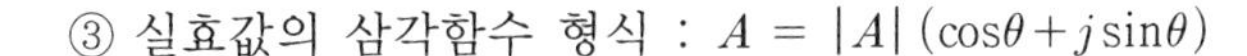

③ 실효값의 삼각함수 형식 : $A=|A|(\cos\theta+j\sin\theta)$

(3) 지수함수 형식 : 오일러의 공식

크기와 위상각을 지수함수 형태로 표시

오일러의 수를 밑으로 하는 지수함수와 코사인 사인 함수 사이의 관계를 서술한 공식

① $e^{j\theta}=\cos\theta+j\sin\theta$

② $e^{-j\theta}=\cos\theta-j\sin\theta$

③ $A^n=|A|^n\angle n\theta$

④ $A^{\frac{1}{n}}=|A|^{\frac{1}{n}}\angle\dfrac{\theta}{n}$

(4) 정현파의 복소수 표현

순시값 $v(t)=\sqrt{2}\,V\sin(wt\pm\theta)=V\angle\pm\theta=V(\cos\theta\pm j\sin\theta)[V]$

(5) 임피던스 및 어드미턴스의 복소수 표시

① 임피던스 $Z=\frac{V}{I}=\frac{V\angle 0}{I\angle -\theta}=\frac{V}{I}\angle\theta=Z\angle\theta=R+jX[\Omega]$

② 어드미턴스 $Y=\frac{1}{Z}=\frac{1}{R+jX}=\frac{R}{R^2+X^2}-j\frac{X}{R^2+X^2}=G-jB=Y\angle -\theta$

핵심기출

【산업기사】 05/3 09/2

어떤 회로를 $i=10\sin\left(314t-\frac{\pi}{6}\right)[A]$의 전류가 흐른다. 이를 복소수로 표시하면?

① $6.12-j3.5[A]$　　② $17.32-5[A]$

③ $3.54-j6.12[A]$　　④ $5-j17.32[A]$

정답 및 해설 [정현파의 벡터 표현] $I=\frac{10}{\sqrt{2}}\angle-\frac{\pi}{6}=7.07(\cos 30^\circ-j\sin 30^\circ)=7.07\left(\frac{\sqrt{3}}{2}-j\frac{1}{2}\right)\fallingdotseq 6.12-j3.5$

【정답】 ①

05 벡터 계산 방법

두 교류 전압의 순시값 $v_1(t)=V_{m1}\sin(\omega t+\theta_1)[V]$, $v_2(t)=V_{m2}\sin(\omega t+\theta_2)[V]$라면 각 실효값으로 구한 연산 방법은 다음과 같다.

(1) 덧셈 계산

$$V_1+V_2=\frac{V_{m1}}{\sqrt{2}}\angle\theta_1+\frac{V_{m2}}{\sqrt{2}}\angle\theta_2$$

$$=\frac{V_{m1}}{\sqrt{2}}(\cos\theta_1+j\sin\theta_1)+\frac{V_{m2}}{\sqrt{2}}(\cos\theta_2+j\sin\theta_2)$$

$$=\left(\frac{V_{m1}}{\sqrt{2}}\cos\theta_1+\frac{V_{m2}}{\sqrt{2}}\cos\theta_2\right)+j\left(\frac{V_{m1}}{\sqrt{2}}\sin\theta_1+\frac{V_{m2}}{\sqrt{2}}\sin\theta_2\right)[V]$$

(2) 뺄셈 계산

$$V_1-V_2=\frac{V_{m1}}{\sqrt{2}}\angle\theta_1-\frac{V_{m2}}{\sqrt{2}}\angle\theta_2$$

$$=\frac{V_{m1}}{\sqrt{2}}(\cos\theta_1+j\sin\theta_1)-\frac{V_{m2}}{\sqrt{2}}(\cos\theta_2+j\sin\theta_2)$$

$$=\left(\frac{V_{m1}}{\sqrt{2}}\cos\theta_1-\frac{V_{m2}}{\sqrt{2}}\cos\theta_2\right)+j\left(\frac{V_{m1}}{\sqrt{2}}\sin\theta_1-\frac{V_{m2}}{\sqrt{2}}\sin\theta_2\right)[V]$$

(3) 곱셈 계산

$$V_1 \times V_2 = \frac{V_{m1}}{\sqrt{2}} \angle\theta_1 \times \frac{V_{m2}}{\sqrt{2}} \angle\theta_2 = \frac{V_{m1}}{\sqrt{2}} \times \frac{V_{m2}}{\sqrt{2}} \angle\theta_1 + \theta_2$$

(4) 나눗셈 계산

$$\frac{V_1}{V_2} = \frac{V_{m1}\angle\theta_1}{V_{m2}\angle\theta_2} = \frac{V_{m1}}{V_{m2}} \angle\theta_1 - \theta_2$$

핵심기출

【산업기사】 11/1

$e_1 = 30\sqrt{2}\, sin\omega t$[V], $e_2 = 40\sqrt{2}\, cos(\omega t - \frac{\pi}{6})$[V]일 때 $e_1 + e_2$의 실효값은 몇 [V]인가?

① 50　　② 70

③ $10\sqrt{7}$　　④ $10\sqrt{37}$

정답 및 해설 [정현파의 덧셈] $e_1 = 30\sqrt{2}\sin\omega t \quad e_2 = 40\sqrt{2}\cos\left(\omega t - \frac{\pi}{6}\right) = 40\sqrt{2}\sin\left(\omega t + \frac{\pi}{3}\right)$

$$e_1 = 30\angle 0°,\ e_2 = 40\angle\frac{\pi}{3}$$

$$|e_1 + e_2| = \sqrt{\left(30 + 40\cos\frac{\pi}{3}\right)^2 + \left(40\sin\frac{\pi}{3}\right)^2} = 10\sqrt{37}\,[V]$$

【정답】 ④

Chapter 02

시험 전 반드시 체크해야 할

단원 핵심 체크

01 정현파 교류 전압의 평균값은 최대값의 약 몇 (   )[%] 이다.

02 정현파 교류 전압의 실효값은 최대값의 약 몇 (   )[%] 정도의 값을 갖는다.

03 교류 파형에서 실효값을 평균값으로 나눈 값으로 비정현파의 파형 평활도를 나타내는 것은 (   ) 이다.

04 각 종 파형의 날카로움의 정도를 나타내기 위한 것인 파고율은 (   )로 표현된다.

05 구형파의 파고율은 (①   )이고, 파형률은 (②   ) 이다.

06 교류의 극좌표 표현에서 크기는 (   )을 의미한다.

07 최대값이 E_m 인 정현파의 파형률은 (   ) 이다.

08 정현파 교류의 평균값에 $\frac{\pi}{2}$를 곱하면 (   )을 얻을 수 있다.

09 삼각파(톱니파)의 파고율은 (   ) 이다.

10 전류 $\sqrt{2}I\sin(\omega t+\theta)[A]$와 기전력 $\sqrt{2}V\cos(\omega t-\phi)[V]$ 사이의 위상차는 (   )[°] 이다.

11 정현반파의 파고율은 ( )이다.

12 계측기 중에서 가동 코일형 계기는 (①)을 지시하고 열선형 계기는 (②)을 지시한다.

정답

(1) 63.7	(2) 71	(3) 파형률
(4) $\frac{\text{최대값}(V_m)}{\text{실효값}(V)}$	(5) ① 1, ② 1	(6) 실효값
(7) 1.11	(8) 최대값	(9) $\sqrt{3}$
(10) $90-(\phi+\theta)$	(11) 2	(12) ① 평균값, ② 실효값

Chapter 02

기출문제에서 뽑은 최다 빈출

적중 예상문제

1. 그림과 같은 파형의 순시값은?

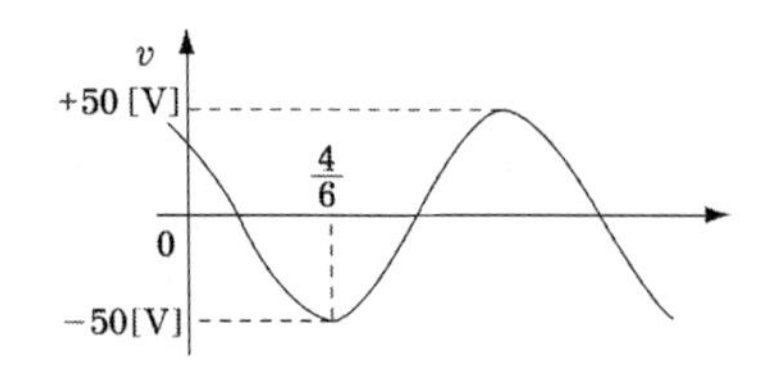

① $70.70\cos(wt+\frac{2\pi}{6})$ ② $50\sin(wt+\frac{5\pi}{6})$

③ $70.70\sin(wt+\frac{2\pi}{6})$ ④ $50\cos(wt+\frac{5\pi}{6})$

|정|답|및|해|설|

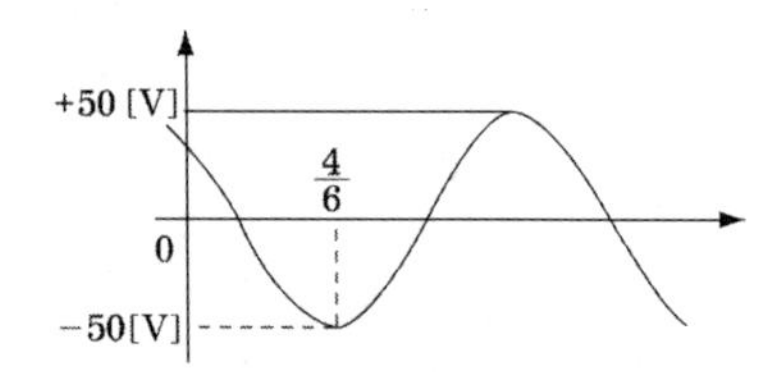

$v(t) = 50\sin(wt+\theta)$

그림에서 최대값이 50[V]이므로 순시값의 최대값이 50[V]

sin파에서 최저점의 위상이 $\frac{3}{2}\pi$이므로

$\frac{3}{2}\pi - \frac{4}{6}\pi$칸 만큼 그림의 위상이 앞선 것이다.

따라서 $\theta = \frac{3}{2}\pi - \frac{4}{6}\pi = \frac{5}{6}\pi$

$V = 50\sin\left(wt + \frac{5}{6}\pi\right)[V]$ 【정답】 ②

2. 그림과 같이 시간축에 대하여 대칭인 3각파 교류 전압의 평균값은 얼마인가?

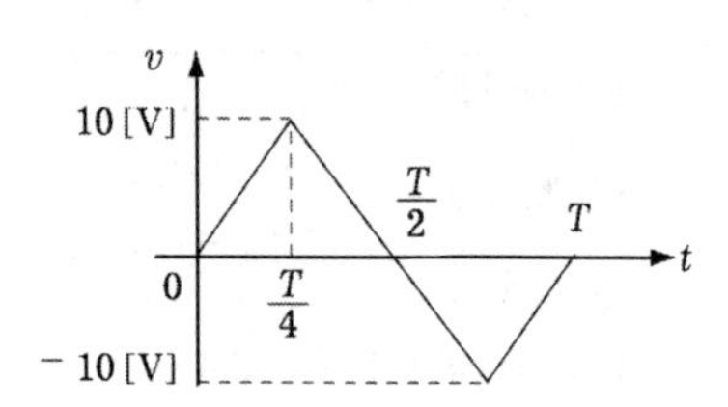

① 5.77[V] ② 5[V]

③ 10[V] ④ 6[V]

|정|답|및|해|설|

[3각파의 실효값] $V = \frac{V_m}{\sqrt{3}}[V]$

평균값 $V_a = \frac{V_m}{2} = \frac{10}{2} = 5[V]$

실효값 $V = \frac{V_m}{\sqrt{3}} = \frac{10}{\sqrt{3}} = 5.77[V]$ 【정답】 ②

3. 어드미턴스 $Y = a + jb$에서 b는?

① 저항이다.

② 콘덕턴스이다.

③ 리액턴스이다.

④ 서셉턴스(Susceptance)이다.

|정|답|및|해|설|

[어드미턴스] $Y = a + jb \rightarrow (Y = \frac{1}{Z})$

여기서, a : 콘덕턴스 (저항의 역수)

b : 서셉턴스 (리액턴스의 역수)

【정답】 ④

4. 그림과 같은 반파 정류파의 평균값은? (단, $0 \le wt \le \pi$ 일 때 $i(t) = \sin wt$이고 $\pi < wt < 2\pi$ 일 때 $i(t) = 0$인 주기함수이다.)

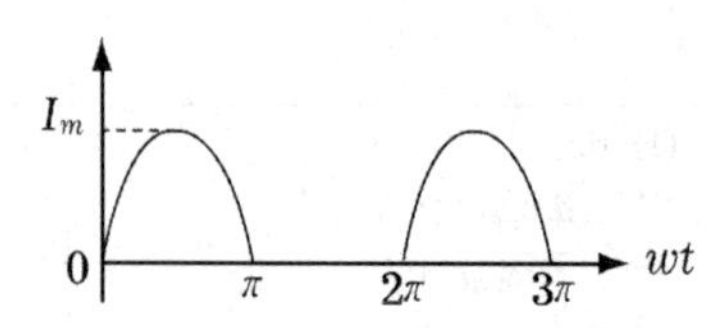

① 약 0.23[A] ② 약 0.31[A]

③ 약 0.42[A] ④ 약 0.52[A]

|정|답|및|해|설|

[정현파(반파)의 평균값] $i_a = \frac{I_m}{\pi}[A]$

$i(t) = \sin\omega t$의 최대값 1, $i_a = \frac{I_m}{\pi} = \frac{1}{\pi} = 0.318$

【정답】 ②

5. 그림과 같은 전류파형의 평균값은 몇[A]인가?

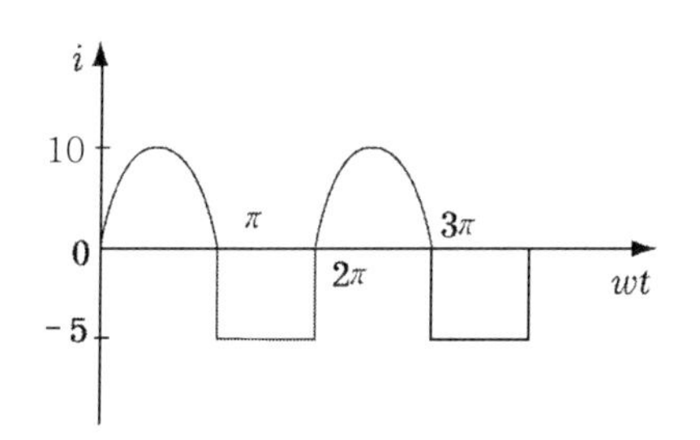

① 3.06 ② 0.342
③ 0.36 ④ 0.685

|정|답|및|해|설|

[정현파(반파)의 평균값] $i_a = \frac{I_m}{\pi}[A]$

i_a = 정현파(반파) − 구형파(반파) $= \frac{V_m}{\pi} - \frac{V_m}{2}$

$= \frac{10}{\pi} - \frac{5}{2} = 0.685[A]$

【정답】 ④

6. 어떤 정현파의 전압의 평균값이 191[V]이면 최대값은?

① 약 150[V] ② 약 250[V]
③ 약 300[V] ④ 약 400[V]

|정|답|및|해|설|

[정현파(전파)의 최대값] $V_m = \frac{\pi}{2} \cdot V_a [V]$

$\rightarrow (V_a = \frac{2}{\pi} V_m)$

$V_m = \frac{\pi}{2} \cdot V_a = \frac{\pi}{2} \times 191$

【정답】 ③

7. 그림과 같은 $v(t) = 100\sin\omega t$인 정현파 교류 전압의 반파 정류파에 있어서 사선 부분의 평균값은?

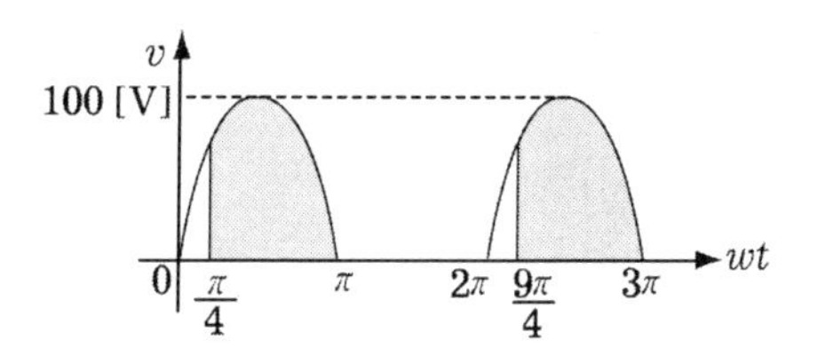

① 27.17[V] ② 37[V]
③ 45[V] ④ 51.7[V]

|정|답|및|해|설|

[정현파 교류의 평균] $V_a = \frac{1}{T}\int_0^T v(t)\,dt$

$V_a' = \frac{1}{2\pi}\int_{\frac{\pi}{4}}^{\pi} 100\sin wt\,dt = \frac{100}{2\pi}[-\cos wt]_{\frac{\pi}{4}}^{\pi}$

$= \frac{50}{\pi}\left(-\cos\pi - \left(-\cos\frac{\pi}{4}\right)\right) = \frac{50}{\pi}\left(1 + \frac{1}{\sqrt{2}}\right) = 27.17[V]$

※정현파 반파의 최대값 $\frac{V_m}{\pi} = \frac{100}{3.14} ≒ 32$

따라서 32보다 작은 답을 찾는다.

【정답】 ①

8. 정현파 전압의 평균값과 최대값과의 관계식 중 옳은 것은?

① $V_{av} = 0.707V_m$ ② $V_{av} = 0.840V_m$
③ $V_{av} = 0.637V_m$ ④ $V_{av} = 0.956V_m$

|정|답|및|해|설|

[정현파(전파)의 평균값] $V_a = \frac{2V_m}{\pi}$ $\rightarrow (\frac{2}{\pi} = 0.6369)$

【정답】 ③

9. 정현파 교류의 실효값을 계산하는 식은?

① $I = \frac{1}{T}\int_0^T i^2 dt$ ② $I^2 = \frac{2}{T}\int_0^T i dt$

③ $I^2 = \frac{1}{T}\int_0^T i^2 dt$ ④ $I = \sqrt{\frac{2}{T}\int_0^T i^2 dt}$

|정|답|및|해|설|

[정현파 교류의 실효값] $I = \sqrt{\frac{1}{T}\int_0^T i(t)^2 dt}$

좌변과 우변은 등식이 성립. ④항은 $\frac{2}{T}\int_0^{\frac{T}{2}}$ 이어야 함

【정답】 ③

10. 그림과 같이 처음 10초간은 50[A]의 전류를 흘리고, 다음 20초간은 40[A]의 전류를 흘리면 전류의 실효값은? (단, 주기는 30초라 한다.)

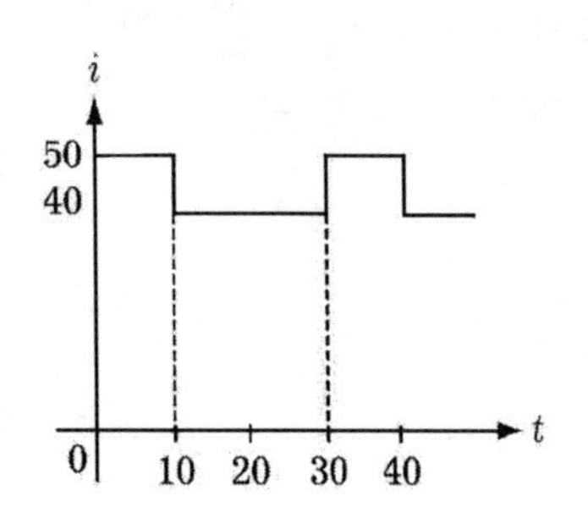

① 38.7[A] ② 43.6[A]

③ 46.8[A] ④ 51.5[A]

|정|답|및|해|설|

[정현파 교류의 실효값] $I = \sqrt{\frac{1}{T}\int_0^T i(t)^2 dt}$

$I = \sqrt{\frac{1}{T}\int_0^T i^2 dt} = \sqrt{\frac{1}{30}\int_0^{10} 50^2 dt + \int_{10}^{30} 40^2 dt} = 43.6[A]$

【정답】 ②

11. 그림과 같이 3t[s]마다 같은 모양이 되풀이 되는 전류의 실효값은 몇[A]인가?

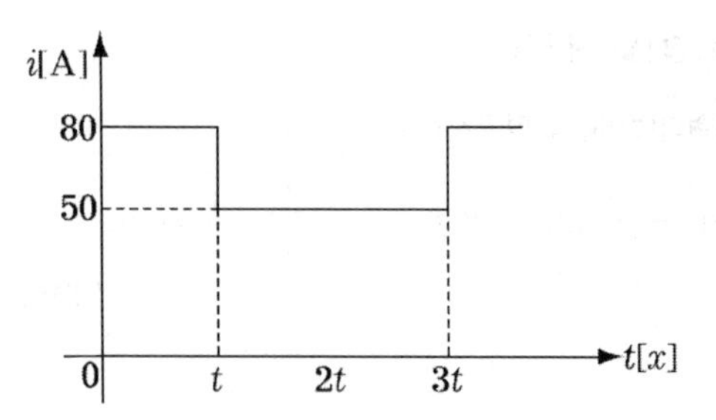

① $20\sqrt{38}$ ② $15\sqrt{38}$

③ $10\sqrt{38}$ ④ $8\sqrt{38}$

|정|답|및|해|설|

[정현파 교류의 실효값] $I = \sqrt{\frac{1}{T}\int_0^T i(t)^2 dt}$

$I^2 = \frac{1}{3t}\int_0^t 80^2 dt + \frac{1}{3t}\int_t^{3t} 50^2 dt$

$= \frac{1}{3t}[6400t]_0^t + \frac{1}{3t}[2500t]_t^{3t}$

$= \frac{6400t + 5000t}{3t} = \frac{11400}{3} = 3800$

$I = \sqrt{3800} = \sqrt{38 \times 100} = 10\sqrt{38}$

【정답】 ③

12. $R = 3[\Omega]$, $X_L = 4[\Omega]$의 직렬 회로에 $v(t) = 60 + 100\sqrt{2}$ [V]를 $\sin(wt - \frac{\pi}{6})$라 할 때 전류의 실효값은 대략 얼마인가?

① 24.2[A] ② 26.3[A]

③ 28.3[A] ④ 30.2[A]

|정|답|및|해|설|

직류 전류 $I_d = \frac{V_d}{R} = \frac{60}{3} = 20[A]$

교류 전류 $i = \frac{V}{|Z|} = \frac{100}{|3+j4|} = \frac{100}{5} = 20[A]$

전류 합성 $I = \sqrt{I_d^2 + i^2} = \sqrt{20^2 + 20^2}$ or $20\sqrt{2} = 28.28$

【정답】 ③

13. 그림과 같은 전압 파형의 실효값은 약 몇 [A]인가?

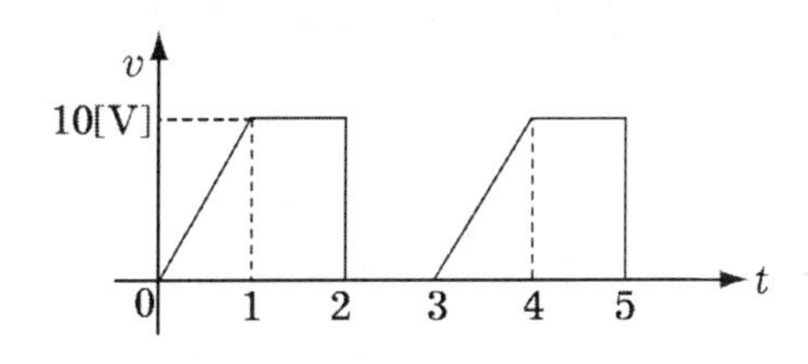

① 5.67 ② 6.67

③ 7.57 ④ 8.57

|정|답|및|해|설|

[실효값] $V=\sqrt{\frac{1}{T}\int_0^T v(t)^2 dt}$

$V_1(t) = 10t \rightarrow (0 \le t \le 1)$

$V_2(t) = 10 \rightarrow (1 \le t \le 2)$

$V^2 = \frac{1}{3}\int_0^1 (10t)^2 dt + \frac{1}{3}\int_1^2 10^2 dt$

$= \frac{100}{3}\left[\frac{t^2}{3}\right]_0^1 + \frac{100}{3}[t]_1^2 = \frac{100}{9} + \frac{100}{3} = \frac{400}{9}$

$V^2 = \frac{400}{9} \rightarrow V=\sqrt{\frac{400}{9}} = \frac{20}{3} = 6.67[V]$

【정답】 ②

14. $i(t) = I_m \sin(wt - 15°)$[A]인 정현파에 있어서 wt가 다음 중 어느 값일 때 순시값이 실효값과 같은가?

① 30° ② 45°

③ 60° ④ 90°

|정|답|및|해|설|

$I_m \sin(wt-150) = \frac{I_m}{\sqrt{2}}$

$\sin(wt-150) = \frac{1}{\sqrt{2}}$, $\sin\theta = \frac{1}{\sqrt{2}}$

$\theta = \sin^{-1}\left(\frac{1}{\sqrt{2}}\right) = 45°$

$wt - 15° = 45° \rightarrow \therefore wt = 60°$

【정답】 ③

15. 그림과 같은 $i(t) = I_m \sin wt$인 정현파 교류의 반파 정류 파형의 실효값은 얼마인가?

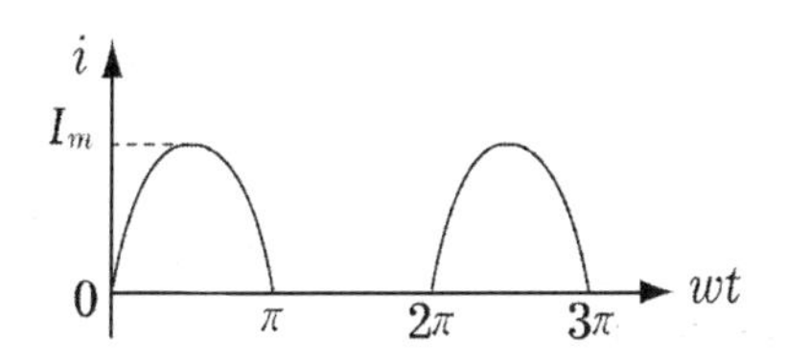

① $\frac{I_m}{\sqrt{2}}$ ② $\frac{I_m}{\sqrt{3}}$

③ $\frac{I_m}{2\sqrt{2}}$ ④ $\frac{I_m}{2}$

|정|답|및|해|설|

[정현파 교류의 반파 정류 파형의 실효값]

정류 반파 실효값$=\frac{I_m}{2}$, 정류 반파 평균값$=\frac{I_m}{\pi}$

【정답】 ④

16. 그림과 같은 파형의 맥동 전류를 열선형 계기로 측정한 결과 10[A]이었다. 이를 가동 코일형 계기로 측정할 때 전류의 값은 몇[A]인가?

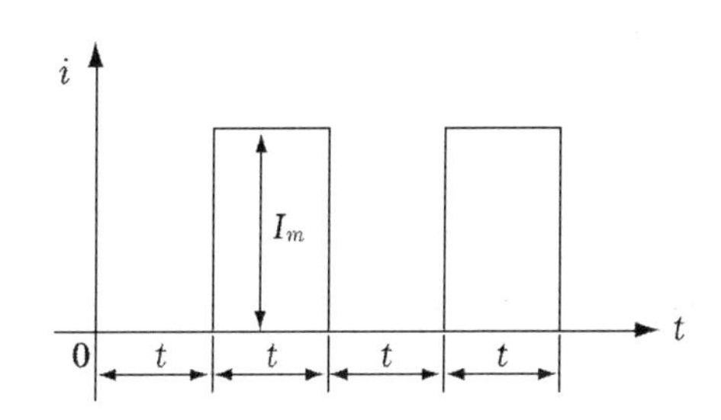

① 7.07 ② 10

③ 14.14 ④ 17.32

|정|답|및|해|설|

·열선형 계기 : 실효치 = 10[A]

·가동 코일형 계기 : 평균값

·평균값 $i_a = \frac{I_m}{2} = \frac{\sqrt{2}I}{2} = \frac{\sqrt{2}\cdot 10}{2} = 7.07$

【정답】 ①

17. 정현파 교류의 평균값에 어떠한 수를 곱하면 실효값을 얻을 수 있는가?

① $\frac{2\sqrt{2}}{\pi}$ ② $\frac{\sqrt{3}}{2}$

③ $\frac{2}{\sqrt{3}}$ ④ $\frac{\pi}{2\sqrt{2}}$

|정|답|및|해|설|

[정현파 교류의 평균값] $V_a = \frac{2V_m}{\pi}$ $\rightarrow (V_m = \sqrt{2}\,V)$

$V_a = \frac{2V_m}{\pi} = \frac{2\sqrt{2}}{\pi}V \quad \rightarrow \quad \therefore V = \frac{\pi}{2\sqrt{2}}V_a$

【정답】 ④

18. 구형파의 파형률과 파고율은?

① 1, 0 ② 1, 2

③ 1, 1 ④ 0, 1

|정|답|및|해|설|

[구형파] 직사각형 펄스≒직류로 간주

∴실효값=평균값=최대값

파형률 $= \frac{실효값}{평균값} = 1$, 파고율 $= \frac{최대값}{실효값} = 1$

【정답】 ③

19. 삼각파의 최대치가 1이라면 실효값, 평균값은 각각 얼마인가?

① $\frac{1}{\sqrt{2}}, \frac{1}{\sqrt{3}}$ ② $\frac{1}{\sqrt{3}}, \frac{1}{2}$

③ $\frac{1}{\sqrt{2}}, \frac{1}{2}$ ④ $\frac{1}{\sqrt{2}}, \frac{1}{3}$

|정|답|및|해|설|

[삼각파] 평균값$=\frac{V_m}{2}$, 실효값$=\frac{V_m}{\sqrt{3}}$

$V_m = 1$이므로 실효값$=\frac{1}{\sqrt{3}}$, 평균값$=\frac{1}{2}$

【정답】 ②

20. 그림과 같은 파형을 가진 맥류 전류의 평균값이 10[A]라면 전류의 실효값은 몇[A]인가?

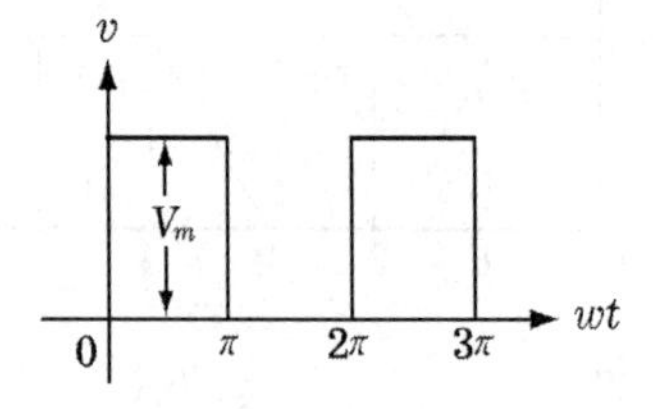

① 10 ② 14

③ 20 ④ 28

|정|답|및|해|설|

[구형 반파의 실효값] $\frac{I_m}{\sqrt{2}}$ $\rightarrow (i_a = \frac{I_m}{2})$

$I = \frac{I_m}{\sqrt{2}} = \frac{2\times i_a}{\sqrt{2}} = \frac{2\times 10}{\sqrt{2}} = 14[A]$

【정답】 ②

21. 교류의 파형률이란?

① $\frac{최대값}{실효값}$ ② $\frac{실효값}{최대값}$

③ $\frac{평균값}{실효값}$ ④ $\frac{실효값}{평균값}$

|정|답|및|해|설|

·파형률$=\frac{실효값}{평균값}$ ·파고율$=\frac{최대값}{실효값}$

【정답】 ④

22. 3각파에서 평균값이 100[V], 파형률이 1.155, 파고율이 1.732일 때 이 3각파의 최대값은 몇 [V]인가?

① 173.2 ② 200.0

③ 186.5 ④ 220.6

|정|답|및|해|설|

[3각파의 최대값] $V_m = V_a \times 2\,[V]$

$$V_a = \frac{V_m}{2} \rightarrow V_m = V_a \times 2 = 100 \times 2 = 200[V]$$

【정답】 ②

23. 그림과 같은 정류 회로에서 부하 R에 흐르는 직류의 크기는 약 몇[A]인가?

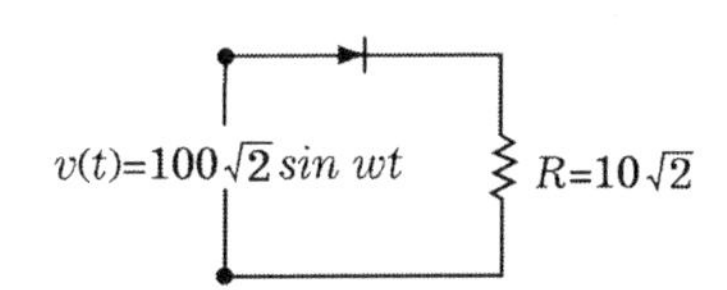

① 5.6　　② 6.4

③ 4.4　　④ 3.2

|정|답|및|해|설|

직류 ≒ 직류분=평균값

$$i_a = \frac{V_a}{R} = \frac{\sqrt{2}\,100/\pi}{10\sqrt{2}} = \frac{10}{\pi} = 3.18$$

【정답】 ④

24. $i_1(t) = I_{m1}\sin wt$ 와

$i_2(t) = I_{m2}\sin(wt+\alpha)$의 두 전류를 합성할 때 다음 중 잘못된 것은?

① 최대값은 $\sqrt{I_{m1}^2 + I_{m2}^2}$ 이다.

② 초기 위상 $\tan^{-1}\dfrac{I_{m2}\sin a}{I_{m1} + I_{m2}\cos a}$ 이다.

③ 주파수는 $\dfrac{w}{2\pi}$ 이다.

④ 파형은 정현파이다.

|정|답|및|해|설|

$\sqrt{I_{m_1}^2 + I_{m_2}^2}$ 은 α가 90° 일 때만 성립

$\alpha \neq 90^\circ$ 일 경우

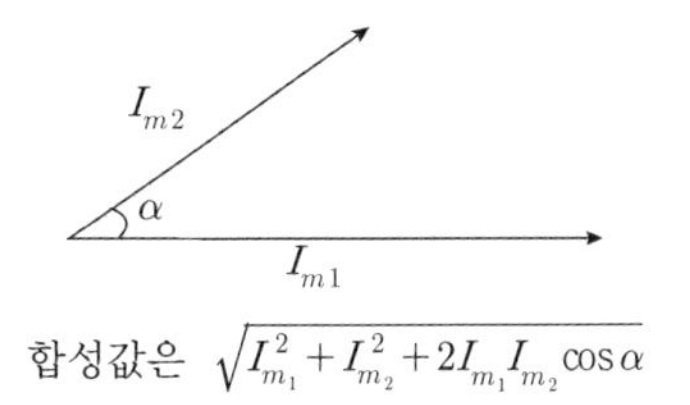

합성값은 $\sqrt{I_{m_1}^2 + I_{m_2}^2 + 2I_{m_1}I_{m_2}\cos\alpha}$

【정답】 ①

25. $v = 100\sqrt{2}\sin(wt + \frac{\pi}{3})$를 복소수로 표시하면?

① $50\sqrt{3} + j\,50\sqrt{3}$　　② $50 + j\,50\sqrt{3}$

③ $50 + j\,50$　　④ $50\sqrt{3} + j\,50$

|정|답|및|해|설|

먼저 실효치의 위상을 읽는다.

$$\dot{V} = 100\angle\frac{\pi}{3} = 100\left(\cos\frac{\pi}{3} + j\sin\frac{\pi}{3}\right)$$

$$= 100\left(\frac{1}{2} + j\frac{\sqrt{3}}{2}\right) = 50 + j50\sqrt{3}$$

또는 극형식에서 바로 직각삼각형을 적용

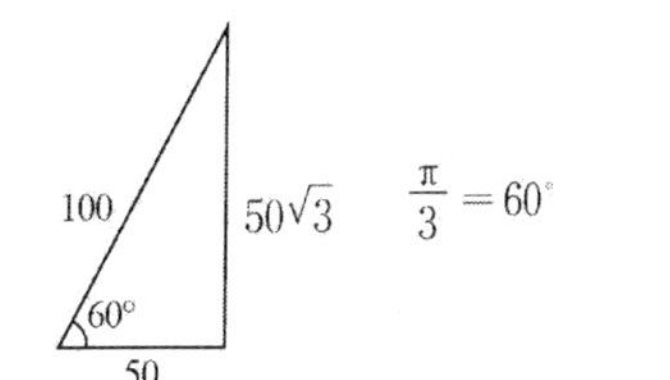

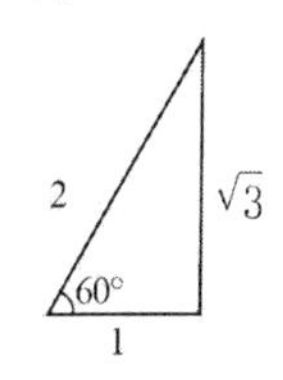

【정답】 ②

26. $v_1 = 10\sin(wt + \frac{\pi}{3})[V]$와 $v_2 = 20\sin(wt + \frac{\pi}{6})[V]$의 합성 전압의 순시값은 약 몇[V]인가?

① $29.1\sin(wt + 40^\circ)$

② $20.6\sin(wt + 40^\circ)$

③ $29.1\sin(wt + 50^\circ)$

④ $20.6\sin(wt + 50^\circ)$

|정|답|및|해|설|

$V_1 = \frac{10}{\sqrt{2}}\angle\frac{\pi}{3}$, $\dot{V}_2 = \frac{20}{\sqrt{2}}\angle\frac{\pi}{6}$

$$V_1 = \frac{10}{\sqrt{2}}\left(\cos\frac{\pi}{3}+j\sin\frac{\pi}{3}\right)$$

$$= \frac{10}{\sqrt{2}}\left(\frac{1}{2}+j\frac{\sqrt{3}}{2}\right) = 3.53+j6.12$$

$$V_2 = \frac{20}{\sqrt{2}}\left(\cos\frac{\pi}{6}+j\sin\frac{\pi}{6}\right)$$

$$= \frac{20}{\sqrt{2}}\left(\frac{\sqrt{3}}{2}+j\frac{1}{2}\right) = 12.24+j7.07$$

$$V_1+V_2 = 15.77+j13.19$$

$$|V| = \sqrt{(15.77)^2+(13.19)^2} = 20.55$$

$\theta = \tan^{-1}\frac{13.19}{15.77} = 39.9$ $\quad\therefore 20.6\angle 40^\circ$ 실효치

순시값 $v(t) = 20.6\times\sqrt{2}\sin(wt+40^\circ)$

$= 29.1\sin(wt+40^\circ)$

【정답】 ①

27. 어떤 회로의 전압 및 전류의 순시값이

$v(t) = 200\sin 314t[V]$

$i(t) = 10\sin(314t-\frac{\pi}{6})$[A]일 때 이 회로의 임피던스를 복소수로 표시하면 어떻게 되는가?

① 약 $17.32+j12$ ② 약 $16.30+j11$

③ 약 $17.32+j10$ ④ 약 $18.30+j9$

|정|답|및|해|설|

[임피던스] $Z=\frac{V}{I}=\frac{V\angle 0}{I\angle-\theta}=\frac{V}{I}\angle\theta=Z\angle\theta=R+jX[\Omega]$

$$Z=\frac{V}{I}=\frac{\frac{200}{\sqrt{2}}\angle 0^\circ}{\frac{10}{\sqrt{2}}\angle-\frac{\pi}{6}}=20\angle 0^\circ-\left(-\frac{\pi}{6}\right)k$$

$$=20\angle\frac{\pi}{6}=20\left(\cos\frac{\pi}{6}+j\sin\frac{\pi}{6}\right)$$

$$=20(0.866+j0.5)=17.32+j10$$

【정답】 ③

28. 다음 설명 중 잘못된 것은?

① 역률 $\cos\phi = \frac{\text{유효전력}}{\text{피상전력}}$

② 파형률 $= \frac{\text{실효값}}{\text{평균값}}$

③ 파고율 $= \frac{\text{실효값}}{\text{최대값}}$

④ 왜형률 $= \frac{\text{전 고조파의 실효값}}{\text{기본파의 실효값}}$

|정|답|및|해|설|

[파교율] 파고율$=\frac{\text{최대값}}{\text{실효값}}$ 【정답】 ③

29. 저항과 리액턴스의 직렬 회로에 $V = 14+j38[V]$인 교류 전압을 가하니 $I = 6+j2$의 전류가 흐른다. 이 회로의 저항 [Ω]과 리액턴스[Ω]는?

① $R=4, X_L=5$ ② $R=5, X_L=4$

③ $R=6, X_L=3$ ④ $R=7, X_L=2$

|정|답|및|해|설|

[임피던스] $Z=\frac{V}{I}=\frac{14+j38}{6+j2}=4+j5$

$\therefore R=4[\Omega]$, $X_L=5[\Omega]$ 【정답】 ①

30. 그림과 같은 회로에서 Z_1의 단자 전압 $V_1 = \sqrt{3}+jy$, Z_2의 단자 전압 $V_2 = |V| \angle 30°$ 일 때, y 및 $|V|$의 값은?

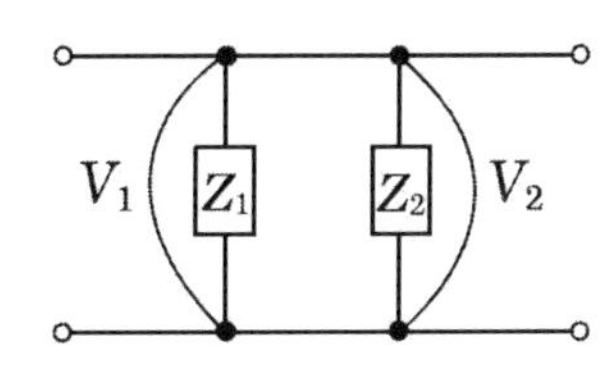

① $y = 1, |V| = 2$

② $y = \sqrt{3}, |V| = 2$

③ $y = 2\sqrt{3}, |V| = 2$

④ $y = 1, |V| = \sqrt{3}$

|정|답|및|해|설|

병렬이므로 $\dot{V_1} = \dot{V_2} \rightarrow \sqrt{3}+jY = |V| \angle 30°$

$\sqrt{3}+jY = V(\cos 30° + j\sin 30°)$

$\sqrt{3}+jY = \frac{\sqrt{3}}{2}V + j\frac{V}{2}$

$\sqrt{3} = \frac{\sqrt{3}}{2}V \rightarrow V = 2$

$Y = \frac{V}{2} \rightarrow Y = \frac{2}{2} = 1$

【정답】 ①

31. 그림과 같은 회로에서 전류 I의 최대값은 몇[A]인가?

(단, $e(t) = \sqrt{2}\,110\sin(wt+10°)[V]$

$R = \sqrt{2}[\Omega]$, $wL = 10[\Omega]$, $\frac{1}{wC} = 10[\Omega]$

이다.)

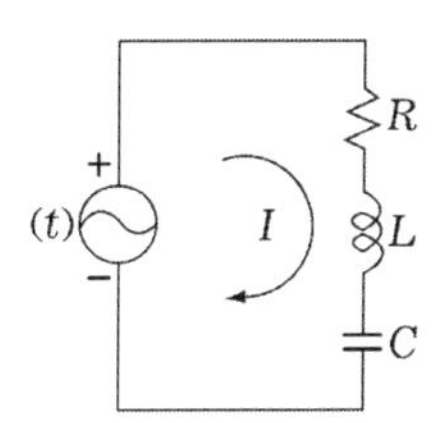

① 55　　② $110\sqrt{2}$

③ 220　　④ 110

|정|답|및|해|설|

[최대값] $i_m = \frac{V_m}{R} = \frac{110\sqrt{2}}{\sqrt{2}} = 110[A]$

【정답】 ④

Chapter 03

기본 교류회로

01 저항회로 (R만의 회로)

(1) 수동 소자란?

외부로부터 전압이나 전류를 공급받아 기능을 수행하는 소자로 저항(R), 인덕터(L), 커패시터(C) 등이 있다.

※능동 소자 : 회로에 전기에너지를 공급할 목적으로 사용되는 것으로 배터리, 전원 장치, 발전기 등이 있다.

(2) 저항회로 (R만의 회로)

① 임피던스 $Z = R$

② 순시전류 $i = \frac{v}{Z} = \frac{V_m \sin wt}{R}$

③ 최대전류 $I_m = \frac{V_m}{R}[A]$

④ 실효전류 $I = \frac{V}{R}[A]$

⑤ 전류 위상 $\theta = 0°$ (전류와 전압의 위상이 같다.)

⑥ 전압의 주파수와 전류의 주파수는 같다.

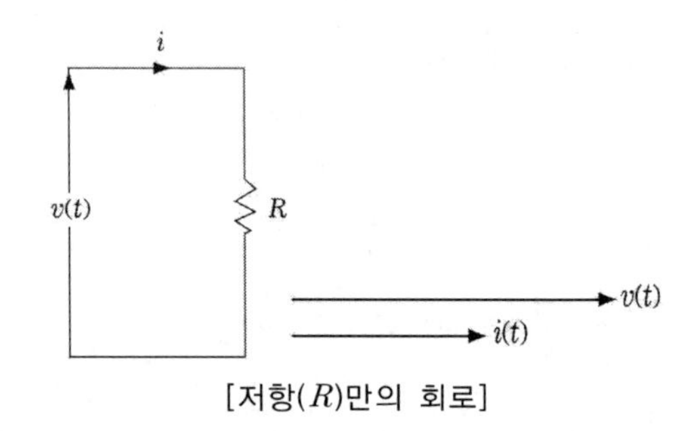

[저항(R)만의 회로]

02 인덕턴스 회로 (L만의 회로)

(1) 리액턴스

① 리액턴스 $\dot{Z} = j\omega L = jX_L$

② 임피던스와 리액턴스와의 차이점

- 임피던스는 벡터
- 리액턴스는 스칼라
- 유도성 리액턴스 $X_L > 0$ $(X_L = \omega L)$
- 용량성 리액턴스 $X_C < 0$ $(X_C = \frac{1}{\omega C})$

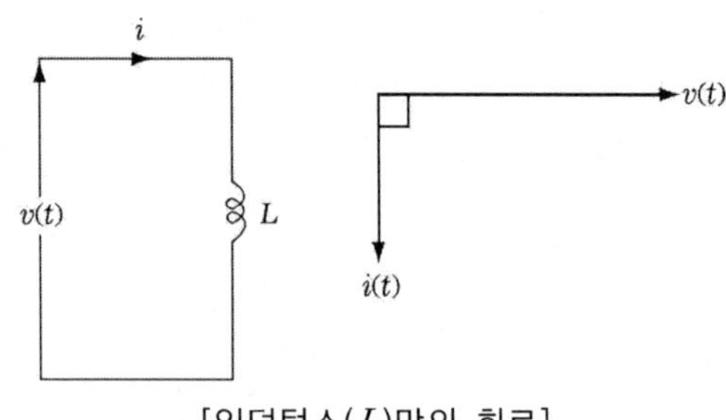

[인덕턴스(L)만의 회로]

(2) 전류

① 순시전류 $i = \frac{v}{Z} = \frac{V_m \sin wt}{jwL} = \frac{V_m \sin wt}{X\angle 90^\circ} = \frac{V_m}{X}\sin(wt - 90^\circ)$

② 최대전류 $I_m = \frac{V_m}{\omega L}[A]$

③ 실효전류 $I = \frac{V}{\omega L}[A]$

④ 전류위상 $\theta = -90^\circ$ (전류가 전압보다 위상이 90도 뒤지므로 L을 지상 소자라고 한다.

(3) 단자전압 및 전류

① $V_L = L\frac{di}{dt} = \frac{d\phi}{dt}$

② $i_L = \frac{1}{L}\int v\,dt$ → (따라서 인덕턴스(L)에서는 전류를 급격하게 변화시킬 수 없다.)

③ 전압의 주파수와 전류의 주파수는 같다.

(4) 축적 에너지

$W_L = \frac{1}{2}LI^2[J]$

03 커패시턴스(정전 용량) 회로 (C만의 회로)

(1) 리액턴스

$\dot{Z} = \frac{1}{jwC} = -j\frac{1}{wC} = -jX_C$

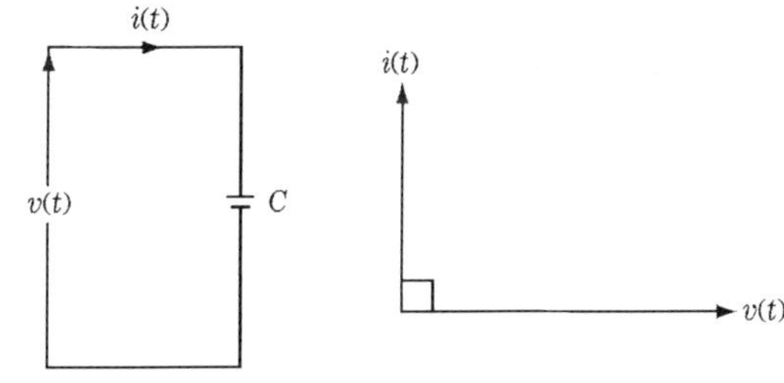

[커패시턴스(정전 용량) 회로 (C만의 회로)]

(2) 전류

① 순시 전류 $i_C = \omega C V_m \sin\left(\omega t + \frac{\pi}{2}\right)[A]$

② 최대 전류 $I_m = \omega C V_m[A]$

③ 실효 전류 $I = \omega C V[A]$

④ 콘덴서에 흐르는 전류 $I_C = C\frac{dv}{dt}[A]$

⑤ 전류 위상 $\theta = 90^\circ$ → (전류 위상이 전압 위상보다 90도 앞섬(진상 소자)

⑥ 전압의 주파수와 전류의 주파수는 같다.

(3) 단자전압 및 교류

① $V_c = \frac{1}{C}\int i\,dt$

② $i_c = C\frac{dv}{dt}$ → (따라서 콘덴서 (C)에서는 전압을 급격하게 변화시킬 수 없다.)

(4) 축적 에너지

$$W_C = \frac{1}{2}CV^2[J]$$

핵심기출 【산업기사】 09/2 11/2 16/1

정전 용량 C만의 회로에서 100[V], 60[Hz]의 교류를 가했을 때 60[mA]의 전류가 흐른다면 C는 몇 [μF]인가?

① 5.26[μF] ② 4.32[μF]

③ 3.59[μF] ④ 1.59[μF]

정답 및 해설 [정전 용량 C만의 회로(실효 전류)] $I = \omega CV[A]$

$I = \omega CV[\text{A}]$ → $60\times10^{-3} = 2\pi f\times C\times 100$

$\therefore C = \frac{60\times10^{-3}}{2\pi\times60\times100} = 1.59[\mu\text{F}]$ 【정답】 ④

04 임피던스 직·병렬 회로

(1) 직렬회로

① 임피던스 $Z = Z_1 + Z_2 + Z_3 + ... + Z_n = (R_1 + R_2 + ... + R_n) + j(X_1 + X_2 + ... + X_n) = R_0 + jX_0$

② 역률 $\cos\theta = \frac{R_0}{Z} = \frac{R_0}{\sqrt{R_0^2 + X_0^2}}$

(2) 병렬회로

① 어드미턴스 $Y = Y_1 + Y_2 + ... + Y_n = (G_1 + G_2 + ... + R_n) + j(B_1 + B_2 + ... + B_n) = G_0 + jB_0$

② 역률 $\cos\theta = \frac{G}{Y}$

05 직렬회로

(1) 저항과 인덕턴스의 직렬회로 ($R-L$ 직렬회로)

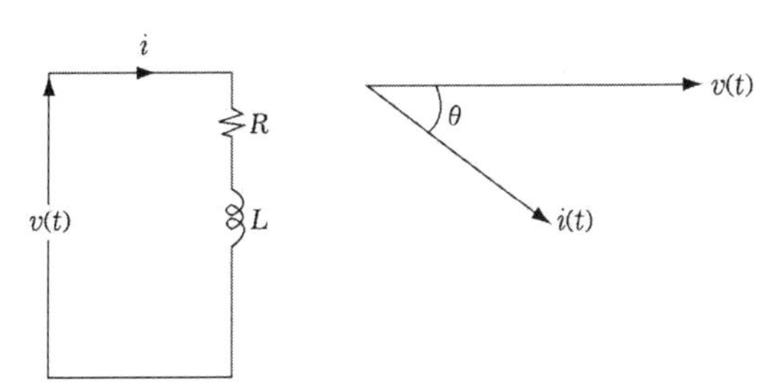

[저항과 인덕턴스의 직렬회로 ($R-L$ 직렬회로)]

① 임피던스

㉮ 임피던스 $Z = R+jwL = R+jX$

㉯ 크기 $|Z| = \sqrt{R^2+X_L^2}$

㉰ 위상 $\theta = \tan^{-1}\frac{X_L}{R}$

② 전류

㉮ 전류 $i(t) = \frac{v}{Z} = \frac{V_m \sin wt}{|Z| \angle\theta} = \frac{V_m}{\sqrt{R^2+X^2}}\sin(wt-\theta)$

㉯ 전류위상(θ) : 전류가 전압보다 위상이 $\theta = \tan^{-1}\frac{\omega L}{R}$ 만큼 뒤진다.

③ 역률과 무효율

㉮ 역률 $\cos\theta = \frac{R}{|Z|} = \frac{R}{\sqrt{R^2+X^2}} = \frac{1}{\sqrt{1+\left(\frac{X}{R}\right)^2}}$

㉯ 무효율 $\sin\theta = \frac{X}{|Z|} = \frac{X}{\sqrt{R^2+X^2}}$

㉰ 시정수 $T = \frac{L}{R}[s]$

핵심기출 【기사】 17/3

$R-L$ 직렬 회로에 $e = 100\sin(120\pi t)[V]$의 전원을 연결하여 $I = 2\sin(120\pi t - 45^\circ)[A]$의 전류가 흐르도록 하려면 저항은 몇 $[\Omega]$인가?

① 25.0 ② 35.4 ③ 50.0 ④ 70.7

정답 및 해설 [$R-L$ 직렬 회로의 임피던스] $Z = \frac{e}{I} = \frac{\frac{100}{\sqrt{2}}\angle 0^\circ}{\frac{2}{\sqrt{2}}\angle -45^\circ} = 50\angle 45^\circ$

$Z = 50(\cos 45^\circ + j\sin 45^\circ) = 35.36 + j35.36$

임피던스 $Z = R + jX \rightarrow R = 35.36[\Omega],\ X = 35.36[\Omega]$ 【정답】 ②

(2) 저항과 커패시턴스의 직렬회로 ($R-C$ 직렬회로)

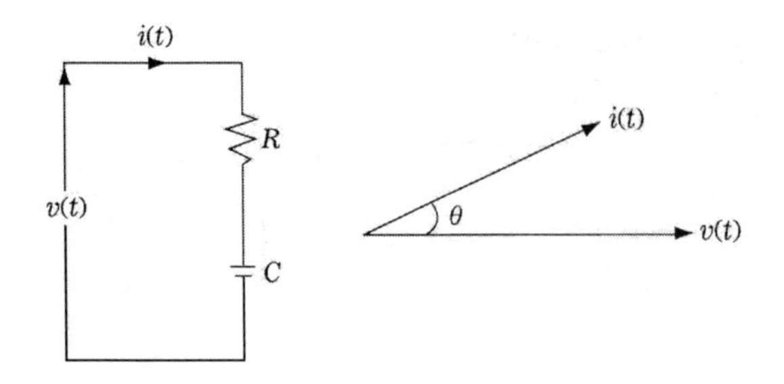

[저항과 커패스턴스의 직렬회로 ($R-C$ 직렬회로)]

① 임피던스

㉮ 임피던스 $Z = R+\frac{1}{jwC} = R-j\frac{1}{wC} = R-jX = |Z| \angle -\theta$

㉯ 크기 $|Z| = \sqrt{R^2+\left(\frac{1}{\omega C}\right)^2} \angle -\tan^{-1}\frac{1}{\omega RC}[\Omega]$

② 전류

㉮ 전류 $i(t) = \frac{v}{Z} = \frac{V_m \sin wt}{|Z| \angle -\theta} = \frac{V_m}{\sqrt{R^2+X^2}} \sin(wt+\theta)$

㉯ 전류 위상(θ) : 전류가 전압보다 위상이 $\theta = \tan^{-1}\frac{1}{wRC}$ 만큼 앞선다.

③ 역률과 무효율

㉮ 역률 $\cos\theta = \frac{R}{|Z|} = \frac{R}{\sqrt{R^2+X^2}}$

㉯ 무효율 $\sin\theta = \frac{X}{|Z|} = \frac{X}{\sqrt{R^2+X^2}}$

㉰ 시정수 $T = RC[s]$

핵심기출 【기사】 11/2

직류를 공급하는 R-C 직렬 회로에서 회로의 시정수 값은?

① $\frac{R}{C}$[sec] ② $\frac{C}{R}$[sec]

③ $\frac{1}{RC}$[sec] ④ RC[sec]

정답 및 해설 [$R-C$ 직렬회로] 시정수 $T = RC[s]$ 【정답】 ④

(3) 저항과 인덕턴스 및 커패시턴스의 직렬회로 ($R-L-C$ 직렬회로)

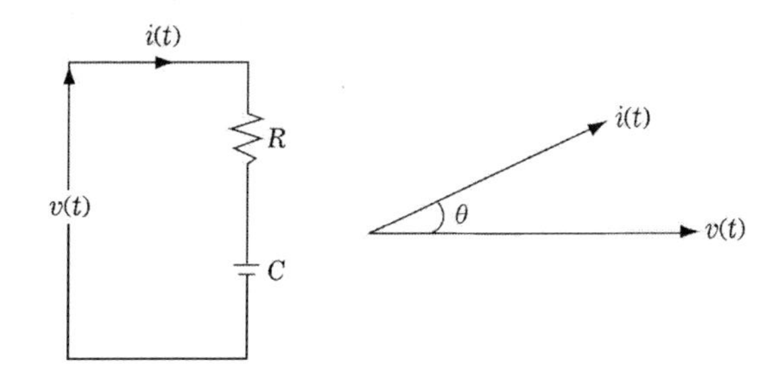

[$R-L-C$ 직렬회로]

① 임피던스

㉮ $Z = R+jwL+\frac{1}{jwC}= R+j\left(\omega L-\frac{1}{\omega C}\right)= R+j(X_L-X_C) = |Z| \angle\theta$

㉯ 크기 $|Z| = \sqrt{R^2+\left(wL-\frac{1}{wC}\right)^2}$

㉰ 위상 $\theta = \tan^{-1}\frac{wL-\frac{1}{wC}}{R}$

② 전류

㉮ 전류 $i(t) = \frac{v}{Z}= \frac{V_m \sin wt}{|Z| \angle\theta} = \frac{V_m \sin wt}{\sqrt{R^2+\left(wL-\frac{1}{wC}\right)^2} \angle\theta} = \frac{V_m}{\sqrt{R^2+\left(wL-\frac{1}{wC}\right)^2}} \sin(wt-\theta)$

㉯ 전류 위상 $\theta = \tan^{-1}\frac{wL-\frac{1}{wC}}{R}$

㉠ $wL > \frac{1}{wC}$: 리액턴스는 유도성이 되므로 전류 위상이 전압 위상보다 뒤진다.

㉡ $wL < \frac{1}{wC}$: 리액턴스는 용량성이 되므로 전류 위상이 전압 위상보다 앞선다.

㉢ $wL = \frac{1}{wC}$: 리액턴스는 0이므로 전류와 전압 위상은 같다.

이때, 회로는 공진 상태가 되므로 공진 전류는 최대가 되며 역률이 1이다(병렬 공진에서는 전류가 최소).

③ 역률과 무효율

㉮ 역률 $\cos\theta = \frac{R}{|Z|}= \frac{R}{\sqrt{R^2+(X_L-X_C)^2}}$

㉯ 무효율 $\sin\theta = \frac{X}{|Z|}= \frac{X_L-X_C}{\sqrt{R^2+(X_L-X_C)^2}}$

핵심기출 【기사】 10/2

R=10[kΩ], L=10[mH], C=1[μF]인 직렬 회로에 크기가 100[V]인 교류 전압을 인가할 때 흐르는 최대 전류는? (단, 교류 전압의 주파수는 0에서 무한대 까지 변화한다.)

① 0.1[mA] ② 1[mA]

③ 5[mA] ④ 10[mA]

정답 및 해설 [$R-L-C$ 직렬 회로(임피던스)] $Z=R+j(X_L-X_C)[\Omega]$

최대 전류는 공진상태인 경우 임피던스 Z가 최소가 되어 전류 I가 최대가 되는 것이다.

$Z=R+jX_L-jX_c$ 이므로 $X_L=X_C$이면 $Z=R$이되어 흐르는 전류

$I=\frac{V}{R}=\frac{100}{10\times10^3}=0.01[A]=10[mA]$ 【정답】 ④

06 병렬회로

(1) 저항과 인덕턴스의 병렬회로 ($R-L$ 병렬회로)

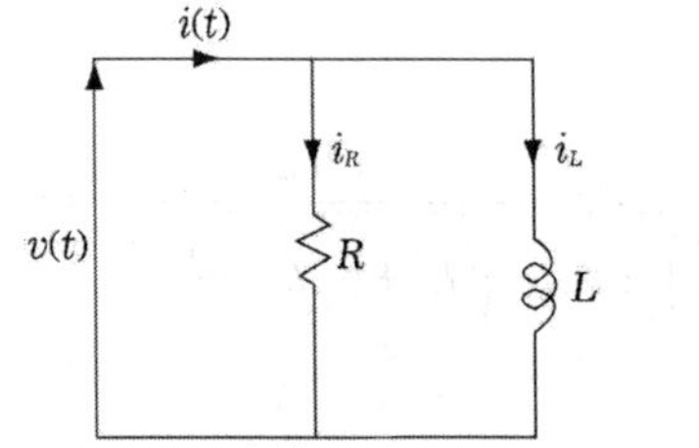

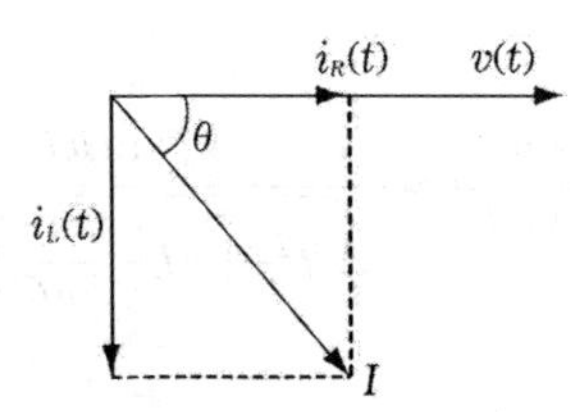

[$R-L$ 병렬회로]

① 어드미턴스

㉮ 어드미턴스 $Y=Y_1+Y_2=\frac{1}{R}+\frac{1}{jwL}=\frac{1}{R}-j\frac{1}{wL}=\frac{1}{R}-j\frac{1}{X}=|Y|\angle-\theta[℧]$

㉯ 크기 $|Y|=\sqrt{\left(\frac{1}{R}\right)^2+\left(\frac{1}{X_L}\right)^2}$

② 전류

㉮ 전류 $i(t)=Yv=|Y|V_m\sin(\omega t-\theta)=\sqrt{\left(\frac{1}{R}\right)^2+\left(\frac{1}{wL}\right)^2}\;V_m\sin(wt-\theta)$

㉯ 전류 위상 $\theta=-\tan^{-1}\frac{R}{X_L}$ → (전류가 전압보다 $\theta=\tan^{-1}\frac{R}{wL}$만큼 늦다.)

③ 역률과 무효율

㉮ 역률 $\cos\theta = \dfrac{X_L}{\sqrt{R^2+X_L^2}}$

㉯ 무효율 $\sin\theta = \dfrac{R}{\sqrt{R^2+X_L^2}}$

핵심기출 【산업기사】 05/3

$30[\Omega]$의 저항과 $40[\Omega]$의 유도성 리액턴스가 병렬 연결되어 있다. 이 $R-L$ 병렬 회로에 $v=220\sqrt{2}\sin 377t[V]$의 전압을 가할 때 전원에 흐르는 전류[A]는 약 얼마인가?

① $i=12.96\sin(377t-36.87^\circ)$　② $i=9.17\sin(377t-36.87^\circ)$

③ $i=12.96\angle-36.87^\circ$　④ $i=10.37+j7.78$

정답 및 해설 $[R-L$ 병렬 회로(전류)$]$ $I_R=\dfrac{E}{R}=\dfrac{220}{30}=7.33[A]$, $I_L=\dfrac{E}{jX_L}=\dfrac{220}{j40}=-j5.5[A]$

$I=7.33-j5.5=9.16\angle-36.87 \quad \rightarrow \quad (\theta=-\tan^{-1}\dfrac{R}{X_L})$

$\therefore i=\sqrt{2}\times 9.16\sin(377t-36.87^\circ)=12.96\sin(377t-36.87^\circ)$ 【정답】 ①

(2) 저항과 커패시턴스의 병렬회로 ($R-C$ 병렬회로)

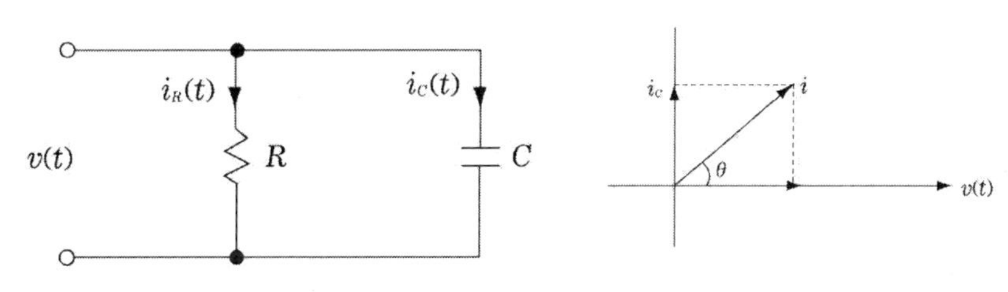

[$R-C$ 병렬회로]

① 어드미턴스

㉮ 어드미턴스 $Y = Y_1+Y_2 = \dfrac{1}{R}+jwC = |Y|\angle\theta[℧]$

㉯ 크기 $|Y| = \sqrt{\left(\dfrac{1}{R}\right)^2+(wC)^2}$

㉰ 위상 $\theta = \tan^{-1}\dfrac{wC}{\dfrac{1}{R}} = \tan^{-1}wCR=\tan^{-1}\dfrac{R}{X_C}$

② 전류

㉮ 전류 $i(t) = Yv = |Y| V_m \sin(\omega t + \theta) = \sqrt{\left(\frac{1}{R}\right)^2 + (wC)^2}\, V_m \sin(\omega t + \theta)$

㉯ 전류 위상 $\theta = \tan^{-1} wCR$ → (전류가 전압보다 위상이 $\theta = \tan^{-1} wCR$만큼 앞선다.)

③ 역률과 무효율

㉮ 역률 $\cos\theta = \frac{G}{|Y|} = \frac{X}{\sqrt{R^2 + X^2}}$

㉯ 무효율 $\sin\theta = \frac{B}{|Y|} = \frac{R}{\sqrt{R^2 + X^2}}$

(3) 저항과 인덕턴스 및 커패시턴스의 병렬회로 ($R-L-C$ 병렬회로)

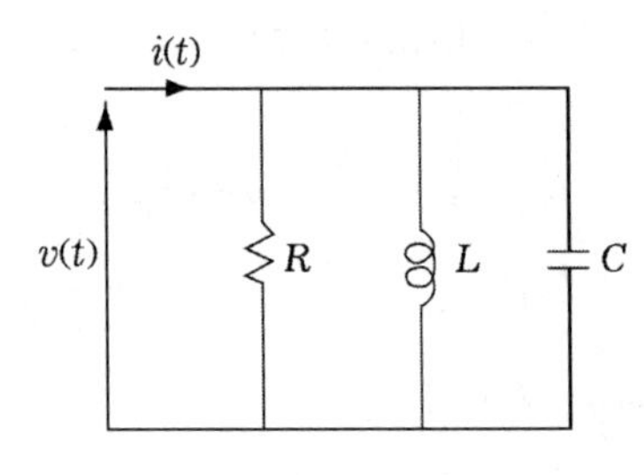

[$R-L-C$ 병렬 회로]

① 어드미턴스

㉮ 어드미턴스 $Y = \frac{1}{R} + j(\omega C - \frac{1}{\omega L}) = |Y| \angle \theta$

㉯ 크기 $|Y| = \sqrt{\left(\frac{1}{R}\right)^2 + \left(wC - \frac{1}{wL}\right)^2}$

㉰ 위상 $\theta = \tan^{-1} R\left(\omega C - \frac{1}{\omega L}\right)^2$

② 전류

㉮ $i(t) = Yv = |Y|\, V_m \sin(\omega t + \theta) = \sqrt{\left(\frac{1}{R}\right)^2 + \left(wC - \frac{1}{wL}\right)^2} \times V_m \sin(\omega t + \theta)$

㉯ 전류 위상 θ

㉠ $wL > \frac{1}{wC}$: 리액턴스는 용량성이 되므로 전류 위상이 전압 위상보다 앞선다.

㉡ $wL < \frac{1}{wC}$: 리액턴스는 유도성이 되므로 전류 위상이 전압 위상보다 뒤진다.

㉢ $wL = \frac{1}{wC}$: 리액턴스는 0 이므로 전류와 전압 위상은 같다. 이때, 회로는 공진상태가 되므로 공진 전류는 최소가 되며 역률이 1이다(직렬 공진에서는 전류가 최대).

③ 역률과 무효율

㉮ 역률 $\cos\theta = \dfrac{\dfrac{1}{R}}{|Y|} = \dfrac{1}{\sqrt{1+R^2\left(wC-\dfrac{1}{wL}\right)^2}}$

㉯ 무효율 $\sin\theta = \dfrac{wC-\dfrac{1}{wL}}{\sqrt{\left(\dfrac{1}{R}\right)^2+\left(wC-\dfrac{1}{wL}\right)^2}}$

핵심기출 【산업기사】 14/2

저항 4[Ω]과 유도 리액턴스 $X_L[\Omega]$이 병렬로 접속된 회로에 12[V]의 교류 전압을 가하니 5[A]의 전류가 흘렀다. 이 회로의 $X_L[\Omega]$은?

① 8 ② 6 ③ 3 ④ 1

정답 및 해설 [$R-C$ 병렬회로] 병렬접속인 경우 전압이 일정하므로 저항에 흐르는 전류

$I_R = \dfrac{V}{R} = \dfrac{12}{4} = 3[A]$, $I_L = \sqrt{I^2 - I_R^2} = \sqrt{5^2-3^2} = 4[A]$

$X_L \cdot I_L = 12[V]$이므로 $X_L = \dfrac{12}{I_L} = \dfrac{12}{4} = 3[\Omega]$ 【정답】 ③

07 $R-L-C$ 직렬회로의 공진 현상

(1) 공진의 정의

특정 진동수를 가진 물체가 같은 진동수의 힘이 외부에서 가해질 때 진폭이 커지면서 에너지가 증가하는 현상

(2) $R-L-C$ 직렬공진

① 임피던스 $Z = R+j(wL-\dfrac{1}{wC})$

공진 조건에 의하여 허수부가 0이어야 하므로 $wL-\dfrac{1}{wC}=0 \rightarrow wL=\dfrac{1}{wC}$

② 공진 주파수 $f_r = \frac{1}{2\pi\sqrt{LC}}[Hz]$

공진이 발생하면 $Z = R$이 되어, 임피던스는 최소가 되므로 공진전류 $I_0 = \frac{V}{Z}$가 되어 공진전류는 최대가 된다.

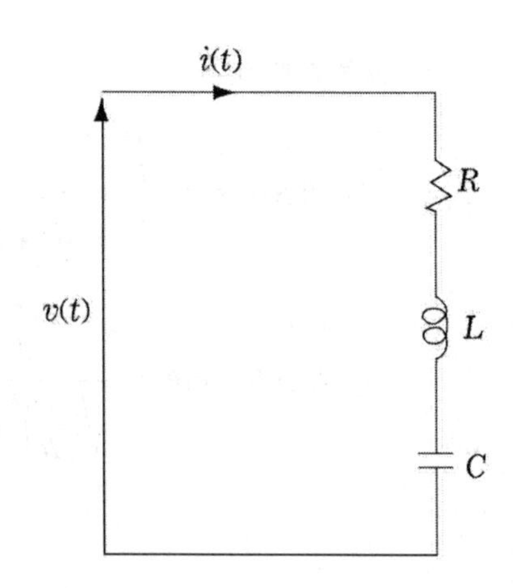

[$R-L-C$ 직렬 공진]

③ 공진 곡선 $I = \frac{V}{Z} = \frac{V_m \sin wt}{R}$

※R이 값이 적을수록 공진 곡선이 뾰족해 진다. ($R_1 < R_2$)

④ 공진도(=전압 확대비(Q))

공진도 = 선택도 = 첨예도(S) = 양호도 = 전압 확대비(Q)

$$Q = \frac{V_L}{V} = \frac{V_C}{V} = \frac{f_0}{f_2 - f_1} = \frac{wL}{R} = \frac{1}{wRC} = \frac{1}{R}\sqrt{\frac{L}{C}}$$

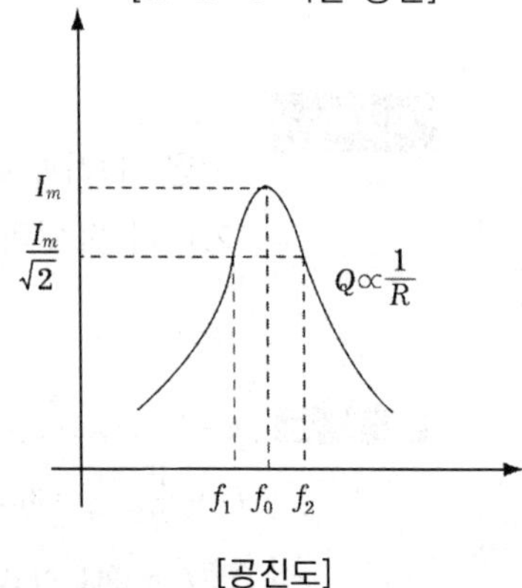

[공진도]

핵심기출 【기사】 05/3 06/2 07/1 09/2

R=2[Ω], L=10[mH], C=4[μF]의 직렬 공진 회로의 Q는?

① 25 ② 45 ③ 65 ④ 85

정답 및 해설 [$R-L-C$ 직렬 회로의 공진(선택도=공진도] $Q = \frac{1}{R}\sqrt{\frac{L}{C}}$

$$Q = \frac{1}{R}\sqrt{\frac{L}{C}} = \frac{1}{2}\sqrt{\frac{10\times10^{-3}}{4\times10^{-6}}} = 25$$

【정답】 ①

(3) $R-L-C$ 병렬 공진

① 공진 조건

유도성 리액턴스(X_L)와 용량성 리액턴스(X_C)가 같아지는 조건

즉, $X_L = X_C \rightarrow \omega L = \frac{1}{\omega C}$

② 어드미턴스

$$Y = \frac{1}{R} + j(wC - \frac{1}{wL})$$

공진 조건에 의하여 허수부가 0이어야 하므로

$$wC = \frac{1}{wL} [\text{Hz}]$$

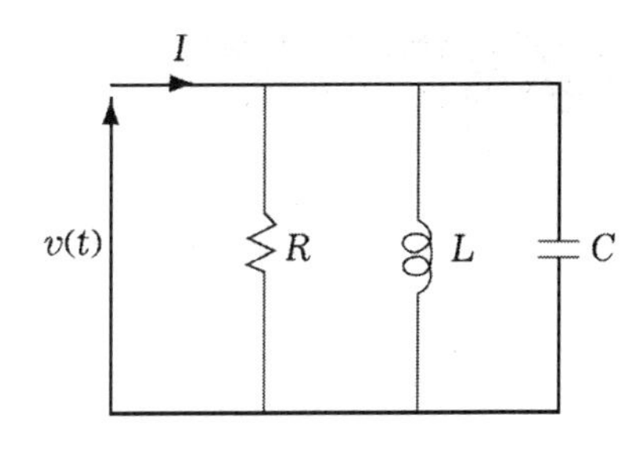

[$R-L-C$ 병렬 공진]

③ 공진 주파수

$$f_r = \frac{1}{2\pi\sqrt{LC}}$$

공진이 발생하면 $Z=R$이 되어 어드미턴스는 최소가 되므로 공진전류 $I_0 = YV$가 되어 공진전류는 최소가 된다.

④ 공진도 = 선택도 = 첨예도(S) = 전류 확대비(Q)

$$Q = \frac{I_L}{I} = \frac{I_C}{I} = \frac{R}{wL} = wCR = R\sqrt{\frac{C}{L}}$$

※$R-L-C$ 병렬회로가 병렬 공진되었을 때 어드미턴스(Y) 최소, 임피던스(Z) 최대, 합성 전류(I)는 최소가 된다.

※$R-L-C$ 직렬회로가 직렬 공진되었을 때 임피던스(Z) 최소, 합성 전류(I)는 최대가 된다.

핵심기출 【기사】 05/3 06/2 07/1 09/2

다음과 같은 회로의 공진 시 어드미턴스는?

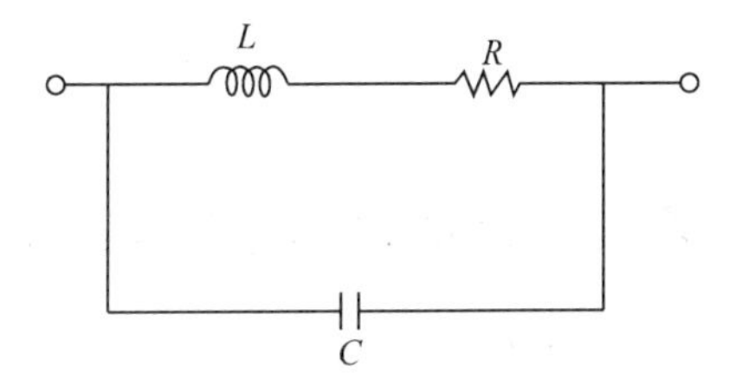

① $\frac{RL}{C}$ ② $\frac{RC}{L}$

③ $\frac{L}{RC}$ ④ $\frac{R}{LC}$

정답 및 해설 [$R-L-C$ 병렬 회로의 공진] 어드미턴스 $Y = \frac{1}{R} + j(wC - \frac{1}{wL})$

합성 어드미턴스 $Y = Y_1 + Y_2 = \frac{1}{R + j\omega L} + j\omega C = \frac{R}{R^2 + (\omega L)^2} + j\left(\omega C - \frac{\omega L}{R^2 + (\omega L)^2}\right)$

병렬 공진 조건인 어드미턴스의 허수부의 값이 0이 되어야 하므로

$\omega C - \frac{\omega L}{R^2 + (\omega L)^2} = 0 \rightarrow \omega C = \frac{\omega L}{R^2 + (\omega L)^2}$, 따라서 $R^2 + \omega^2 L^2 = \frac{L}{C}$

공진 시 어드미턴스는 $Y = \frac{R}{R^2 + \omega^2 L^2}$

$R^2 + \omega^2 L^2 = \frac{L}{C}$를 대입 $\rightarrow$ $Y_r = \frac{R}{R^2 + \omega^2 L^2} = \frac{R}{\frac{L}{C}} = \frac{RC}{L}$ 【정답】 ②

Chapter 03

시험 전 반드시 체크해야 할

단원 핵심 체크

01 저항회로(R만의 회로)에서 전류와 전압의 위상은 (   )이다.

02 커패시턴스(정전 용량) 회로(C만의 회로)에서 전류의 위상이 전압의 위상보다 90[°] (①   ) (②   ) 소자이다.

03 직류를 공급하는 R-C 직렬 회로에서 회로의 시정수 값 T=(   )[sec] 이다.

04 저항 R과 리액턴스 X를 병렬로 연결할 때의 역률 $\cos\theta$=(   ) 이다.

05 $R-L-C$ 직렬회로의 공진 조건은 (   ) 이다.

06 $R-L-C$ 직렬회로가 직렬 공진되었을 때 공진전류는 (①   )가 되며 역률은 (②   ) 이다.

07 직렬회로에서 역률을 양호하게 하는 방법은 회로의 리액턴스를 (   )시키면 된다.

08 $R-L-C$ 병렬회로가 병렬 공진되었을 때 공진 전류는 (①   )가 되며 역률은 (②   ) 이다.

09 R-L-C 병렬회로 에서 L 및 C의 값을 고정시켜 놓고 저항 R의 값만 큰 값으로 변화시킬 때 이 회로의 선택도(Q)는 (   )진다.

10 R–L–C 직렬 공진 회로에서 공진 주파수 $f_r=($ $)$[Hz] 이다.

11 어떤 R–L–C 병렬회로가 병렬 공진되었을 때 합성전류는 ( )가 된다.

12 R–C–L 직렬회로에서 전원전압을 V라고 하고 L, C에 걸리는 전압을 각각 V_L 및 V_C라면 선택도 $Q=($ $)$ 이다.

13 어떤 $R-L-C$ 직렬회로가 공진되었을 때 임피던스(Z) (①), 합성 전류(I)는 (②)가 된다.

14 어떤 $R-L-C$ 병렬회로가 공진되었을 때 어드미턴스(Y) (①), 임피던스(Z) (②), 합성 전류(I)는 (③)가 된다.

정답

(1) 동상	(2) ① 앞선, ② 진상	(3) RC
(4) $\frac{X}{\sqrt{R^2+X^2}}$	(5) $\omega L=\frac{1}{\omega C}$	(6) ① 최대, ② 1
(7) 감소	(8) ① 최소, ② 1	(9) 커
(10) $\frac{1}{2\pi\sqrt{LC}}$	(11) 최소	(12) $\frac{V_C}{V}$
(13) ① 최소, ② 최대	(14) ① 최소, ② 최대, ③ 최소	

Chapter 03

기출문제에서 뽑은 최다 빈출

적중 예상문제

1. $i(t)=I_0e^{st}$[A]로 주어지는 전류가 L에 흐르는 경우 임피던스는?

① $\frac{1}{sL}$　　② sL

③ $\frac{s}{L}$　　④ $\frac{L}{s}$

|정|답|및|해|설|

[L회로] 전류 $i(t)=I_0\cdot e^{st}$

$V_L=L\cdot\frac{di}{dt}=L\cdot\frac{d}{dt}I_0\cdot e^{st}=LI_0\cdot s\cdot e^{st}$

$=sLI_0\cdot e^{st}=sL_i(t)[V]$　　【정답】 ②

2. 어떤 회로에 전압을 가했더니 $90°$ 위상이 뒤진 전류가 흘렀다. 이 회로의 종류는?

① 저항 성분　　② 용량성

③ 무유도성　　④ 유도성

|정|답|및|해|설|

[L만의 회로] 전압이 전류보다 90도 앞선다.

$v(t)=V_m\cos wt=V_m\sin(wt+90°)$

$i(t)=I_m\sin wt$

∴ 전압은 전류보다 90° 진상

전류는 전압보다 90° 지상　　【정답】 ④

3. 어떤 코일에 흐르는 전류가 0.01초 사이에 0[A]로부터 10[A]로 변할 때 20[V]의 기전력이 발생했다. 이 코일의 자기 인덕턴스는?

① 20[mH]　　② 33[mH]

③ 40[mH]　　④ 50[mH]

|정|답|및|해|설|

[자기인덕턴스] $V_L=L\frac{di}{dt}$ → $20=L\cdot\frac{10}{0.01}$

$L=2\times0.01=0.02[\text{H}]=20[\text{mH}]$

【정답】 ①

4. 그림은 커패시터 C_1인 정전 전압계로서 10배의 전압 E_x를 측정하기 위해서 C_2를 연결하였다. 이때 C_2의 값은?

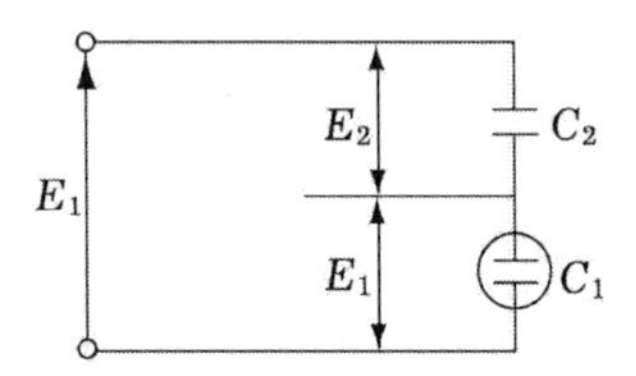

① $C_2=\frac{C_1}{10}$　　② $C_2=\frac{1}{10C_1}$

③ $C_2=\frac{1}{9C_1}$　　④ $C_2=\frac{C_1}{9}$

|정|답|및|해|설|

$C\to9:1,\ V\to1:9$

$C_1=9C_2$ → $C_2=\frac{C_1}{9}$　　【정답】 ④

5. $L=2$[H]인 인덕턴스에 $i(t)=20e^{-2t}$[A]의 전류가 흐를 때 L의 단자 전압은?

① $40e^{-2t}$[V]　　② $-40e^{-2t}$[V]

③ $80e^{-2t}$[V]　　④ $-80e^{-2t}$[V]

|정|답|및|해|설|

$V_L = L\cdot\frac{di}{dt}$ 에서

$V = 2\times\frac{d}{dt}20e^{-2t} = 2\times20\times(-2)\cdot e^{-2t} = -80\cdot e^{-2t}$

【정답】 ④

6. 인덕턴스 L인 코일에 전류 $i(t) = I_m \sin wt$가 흐르고 있다. L에 축적된 에너지의 첨두(peak)값은?

① $\frac{1}{\sqrt{2}}LI_m^2$　　② $\frac{1}{\sqrt{2}}L^2I_m^2$

③ $\frac{1}{2}LI_m^2$　　④ $\frac{1}{2}L^2I_m^2$

|정|답|및|해|설|

[L만의 회로의 축적 에너지] $W_L = \frac{1}{2}LI^2[J]$

$W = Li^2 = \frac{1}{2}\times L\cdot(I_m \sin wt)^2 = \frac{1}{2}\cdot L\cdot I_m^2\cdot\sin^2 wt$

$= \frac{1}{2}LI_m^2\cdot\frac{1-\cos2wt}{2} = \frac{1}{4}LI_m^2(1-\cos2wt)$

만약 $\cos2wt = -1 \rightarrow \frac{1}{4}LI_m^2(1-(-1)) = \frac{1}{2}LI_m^2$

【정답】 ③

7. 정전용량 C[F]의 회로에 기전력 $v(t) = E_m \sin wt$를 가할 때 흐르는 전류 i[A]는?

① $i = \frac{E_m}{wC}\sin(wt+90°)$

② $i = \frac{E_m}{wC}\sin(wt-90°)$

③ $i = wCE_m \sin(wt+90°)$

④ $i = wCE_m \cos(wt+90°)$

|정|답|및|해|설|

전압보다 90° 진상

$I_m = \frac{E_m}{X_c} = \frac{E_m}{\frac{1}{wC}} = wCE_m$

【정답】 ③

8. 0.1[μF]의 정전용량을 가지는 콘덴서에 실효값 1414[V], 주파수 1[kHz], 위상각 0° 인 전압을 가했을 때 순시전류는 약 얼마인가?

① $0.89\sin(wt+90°)$

② $0.89\sin(wt-90°)$

③ $1.26\sin(wt+90°)$

④ $1.26\sin(wt-90°)$

|정|답|및|해|설|

[순시값]

$i_c = wCV = 2\pi fCV$

$= 2\pi\times1000\times0.1\times10^{-6}\times1414 = 0.89$

(0.89에 속으면 안 됨. 0.89는 실효치)

순시치의 최대값은 $0.89\times\sqrt{2} = 1.26$ (위상은 90° 진상)

【정답】 ③

9. 정전용량이 같은 두 개의 콘덴서를 병렬로 연결했을 때의 합성 정전용량은 직렬로 연결했을 때의 합성 정전용량의 몇 배인가?

① $\frac{1}{4}$배　　② $\frac{1}{2}$배

③ 2배　　④ 4배

|정|답|및|해|설|

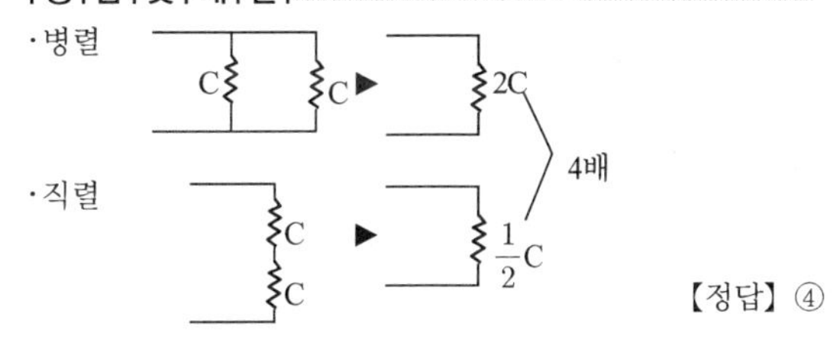

【정답】 ④

10. 60[Hz]에서 3[Ω]의 리액턴스를 갖는 자기 인덕턴스 및 정전용량 값을 구하시오.

① 6[mH], 660[μF]　　② 7[mH], 770[μF]

③ 8[mH], 880[μF]　　④ 9[mH], 990[μF]

|정|답|및|해|설|

$X_L = wL = 2\pi fL = 2\pi\times60\times L = 3$

$L = \dfrac{3}{2\pi\times60} = 8[mH]$

$\dfrac{1}{wC} = 3 \rightarrow C = \dfrac{1}{3\times2\pi\times60} = 880[\mu F]$

【정답】 ③

11. 60[Hz]에서 3[Ω]의 리액턴스를 갖는 정전용량의 값은?

① 564.5[μF] ② 651.5[μF]

③ 884.6[μF] ④ 996.5[μF]

|정|답|및|해|설|

$X_C = \dfrac{1}{wC} = \dfrac{1}{2\pi fC} \rightarrow 3 = \dfrac{1}{2\pi\times60\times C}$

$C = \dfrac{1}{2\pi\times60\times3} = 884.6[\mu F]$

【정답】 ③

12. 콘덴서와 코일에서 실제적으로 급격히 변화할 수 없는 것이 있다. 그것은 다음 중 어느 것인가?

① 코일에서 전압, 콘덴서에서 전류

② 코일에서 전류, 콘덴서에서 전압

③ 코일, 콘덴서 모두 전압

④ 코일, 콘덴서 모두 전류

|정|답|및|해|설|

·콘덴서 $i = C\dfrac{dV}{dt}$ → (전압이 변하기 어렵다.)

·코일 $V = L\dfrac{di}{dt}$ → (전류가 변하기 어렵다.)

【정답】 ②

13. 커패시터 C[F]에 $v = V_m \sin wt$[V]의 교류 전압을 가하였다. 커패시터에 축적되는 에너지의 최대값은 몇 [J]인가?

① $\dfrac{1}{2}CV^2$ ② CV^2

③ $2CV^2$ ④ CV_m^2

|정|답|및|해|설|

[C만의 회로의 축적 에너지] $W_C = \dfrac{1}{2}CV^2[J]$

$W_c = \dfrac{1}{2}CV^2 = \dfrac{1}{2}C\cdot(V_m \sin wt)^2$

$= \dfrac{1}{2}CV_m^2\cdot\sin^2 wt = \dfrac{1}{2}CV_m^2\cdot\left(\dfrac{1-\cos2wt}{2}\right)$

$= \dfrac{1}{4}CV_m^2(1-\cos2wt)$

$\cos2wt = -1$일 때

$\rightarrow \dfrac{1}{4}CV_m^2(1-(-1)) = \dfrac{1}{2}CV_m^2 \quad (V_m = \sqrt{2}V)$

$= \dfrac{1}{2}C\cdot(\sqrt{2}V)^2 = CV^2$

【정답】 ②

14. 저항 1[Ω]의 인덕턴스 1[H]를 직렬로 연결한 후 여기에 60[Hz], 100[V]의 전압을 인가 시 흐르는 전류의 위상은 전압의 위상보다?

① 90° 늦다.

② 같다.

③ 90° 빠르다.

④ 늦지만 90° 이하이다.

|정|답|및|해|설|

[$R-L$ 직렬 회로의 위상] $\theta = \tan^{-1}\dfrac{X_L}{R} = \tan^{-1}\dfrac{\omega L}{R}$

$\theta = \tan^{-1}\dfrac{wL}{R} = \tan^{-1}\dfrac{2\pi\times60\times1}{1} = \tan^{-1}376.8 \fallingdotseq 89.84$

$i = \dfrac{V}{|Z|}\angle-\theta$ (지상)

이 문제는 계산하기 보다는 개념으로 적용

① 90° 늦다 : L만의 회로(지상 소자)

② 같다 : R만의 회로

③ 90° 빠르다 : C만의 회로(진상 소자)

④ 늦지만 90° 이하이다 : R-L

【정답】 ④

15. 다음 그래프에서 기울기는 무엇을 나타내는가?

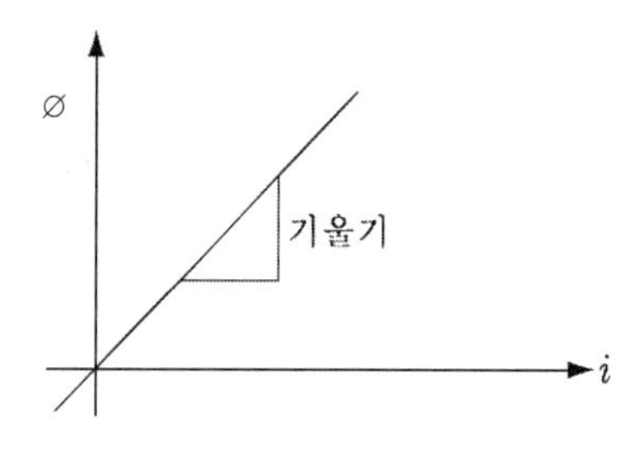

① 저항 R

② 인덕턴스 L

③ 커패시턴스 C

④ 콘덕턴스 G

| 정 | 답 | 및 | 해 | 설 |

[인덕턴스] $\phi = Li \rightarrow L = \frac{\varnothing}{i}$

【정답】 ②

16. $R-L$의 직렬 회로에 60[㎐], 100[V]의 교류 전압을 가했더니 위상이 60° 뒤진 3[A]의 전류가 흘렀다. 이때의 리액턴스는?

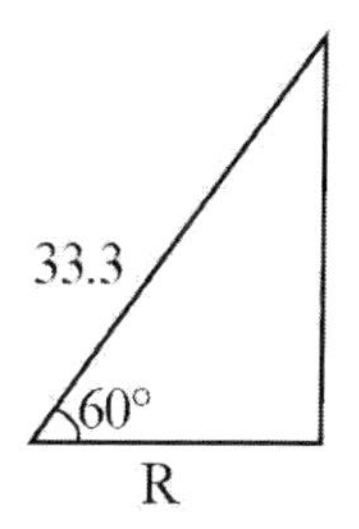

① 21.4[Ω]　　② 27.3[Ω]

③ 28.9[Ω]　　④ 33.3[Ω]

| 정 | 답 | 및 | 해 | 설 |

[$R-L$ 직렬 회로]

$\dot{Z} = \frac{\dot{V}}{\dot{I}} = \frac{100\angle 0°}{3\angle -60°} = 33.3\angle 60°$

$= 33.3 \times (\cos 60° + j\sin 60°)$

$= 33.3 \times \cos 60 + j33.3 \times \sin 60° = 16.65 + j28.9$

$\therefore R = 16.65[\Omega], \quad X_L = 28.9[\Omega]$

【정답】 ③

17. 인덕턴스 L인 유도기에 $i = \sqrt{2} I \sin wt$[A]의 전류가 흐를 때 유도기에 축적되는 에너지는?

① $\frac{1}{2}LI^2 \sin^2 wt$[J]

② $\frac{1}{2}LI^2(1-\cos 2wt)$[J]

③ $\frac{1}{2}LI^2 \cos 2wt$[J]

④ $\frac{1}{2}LI^2 \sin 2wt$[J]

| 정 | 답 | 및 | 해 | 설 |

[L만의 회로의 축적 에너지] $W_C = \frac{1}{2}LI^2[J]$

$W_s = \frac{1}{2}LI^2 = \frac{1}{2}L \times (\sqrt{2} I \sin wt)^2$

$= \frac{1}{2} \times L \times (2 \cdot I^2 \cdot \sin^2 wt) = LI^2 \cdot \frac{1-\cos 2wt}{2}$

$= \frac{1}{2}LI^2(1-\cos 2wt)$

【정답】 ②

[추가 설명]

$\cos(t+t) = \cos t \cos t - \sin t \sin t \rightarrow \cos 2t = \cos^2 t - \sin^2 t$

$\cos^2 t + \sin^2 t = 1$

$\cos 2t = (1-\sin^2 t) - \sin^2 t \rightarrow \cos 2t = 1 - 2\sin^2 t$

$\sin^2 t = \frac{1}{2}(1-\cos 2t)$

18. 정현파 교류 전원 $e = E_m \sin(wt+\theta)$[V]가 R, L, C 직렬회로에 있어서 $wL > \frac{1}{wC}$ 경우 이 회로에 흐르는 전류 i[A]는 인가전압 e[V]보다 위상이 어떻게 되는가?

① $\tan^{-1}\frac{wL - \frac{1}{wC}}{R}$ 앞선다.

② $\tan^{-1}\frac{wL - \frac{1}{wC}}{R}$ 뒤진다.

③ $\tan^{-1}R\left(\frac{1}{wL} - wC\right)$ 앞선다.

④ $\tan^{-1}R\left(\frac{1}{wL} - wC\right)$ 뒤진다.

| 정 | 답 | 및 | 해 | 설 |

[$R-L-C$ 직렬 회로의 위상] $\theta = \tan^{-1}\dfrac{wL-\dfrac{1}{wC}}{R}$

$\omega L > \dfrac{1}{\omega C}$: 유도성

(전류 위상이 전압 위상보다 θ만큼 뒤진다.)

【정답】 ②

19. 그림과 같은 회로에서 E_1과 E_2가 각각 100[V]이면서 60°의 위상차가 있다. 유도 리액턴스의 단자 전압은? (단, $R = 10[\Omega]$, $X_L = 30[\Omega]$이다.)

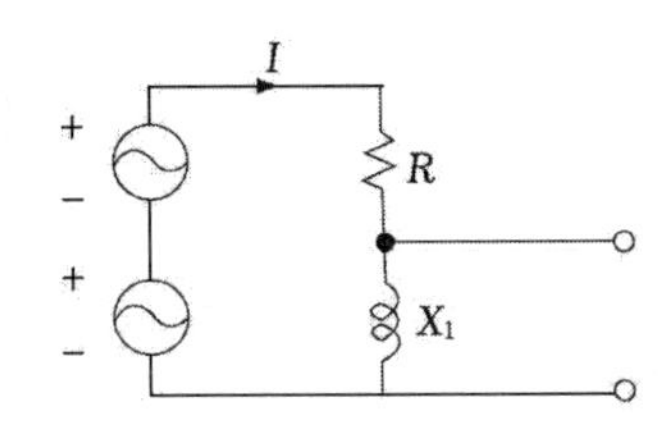

① 164[V]　　② 174[V]

③ 200[V]　　④ 150[V]

| 정 | 답 | 및 | 해 | 설 |

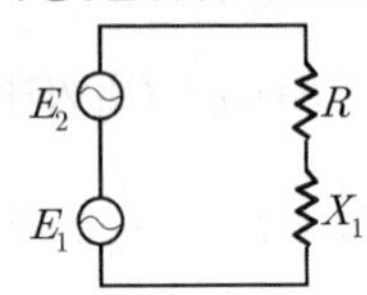

$\dot{E} = \dot{E_1} + \dot{E_2} = 100\angle 0° + 100\angle 60°$

$= 100 + 100(\cos 60 + j\sin 60°)$

$= 100 + 50 + j50\sqrt{3} = 150 + j50\sqrt{3}$

$|\dot{E}| = \sqrt{150^2 + (50\sqrt{3})^2} = \sqrt{22500 + 7500}$

$= \sqrt{30000} = \sqrt{3 \times 10000} = 100\sqrt{3}$

$|Z| = \sqrt{R^2 + X^2} = \sqrt{10^2 + 30^2} = \sqrt{100 + 900}$

$= \sqrt{1000} = 10\sqrt{10}$

전체전류 $i = \dfrac{|\dot{E}|}{|Z|} = \dfrac{100\sqrt{3}}{10\sqrt{10}} = 10\sqrt{\dfrac{3}{10}} = \sqrt{30}$

단자전압 $V_L = i \cdot X_L = \sqrt{30} \times 30 = 164[V]$

【정답】 ①

20. 저항 10[Ω]의 인덕턴스 10[mH]인 인덕턴스에 실효값이 100[V]인 정현파 전압을 인가했을 때 흐르는 전류의 최대값은? (단, 정현파의 각 주파수는 1000[rad/s]이다.)

① 5[A]　　② $5\sqrt{2}$[A]

③ 10[A]　　④ $10\sqrt{2}$[A]

| 정 | 답 | 및 | 해 | 설 |

[$R-L$ 직렬 회로] 문제에서 직·병렬 언급이 없으면 직렬

$I = \dfrac{V}{|Z|}$, $|Z| = \sqrt{R^2 + X^2}$

① $X = wL = 1000 \times 10 \times 10^{-3} = 10\ [\Omega]$

② $|Z| = \sqrt{R^2 + X^2} = \sqrt{10^2 + 10^2} = 14.14$

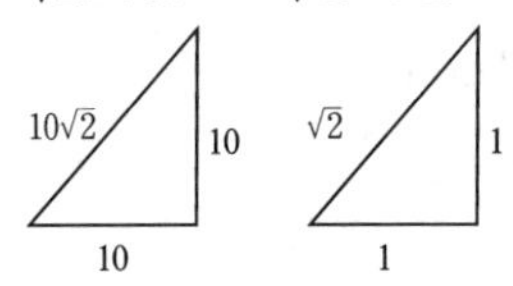

③ $I = \dfrac{V}{|Z|} = \dfrac{100}{10\sqrt{2}} = \dfrac{10}{\sqrt{2}}$

최대값 $I_m = \sqrt{2}I = \sqrt{2} \cdot \dfrac{10}{\sqrt{2}} = 10[A]$

【정답】 ③

21. 최대치가 10[A], 주파수가 10[Hz]이고 $t = 0$인 순시치가 5[A]인 교류 전류식은?

① $10\sin(2\pi t \pm \dfrac{\pi}{3})$

② $10\cos(20\pi t \pm \dfrac{\pi}{3})$

③ $10\sin(20\pi t)$

④ $10\cos(20\pi t)$

| 정 | 답 | 및 | 해 | 설 |

순시 전류 $i(t) = 10\sin(wt + \theta)$

$w = 2\pi t = 2\pi \times 10 = 20\pi$

$i(t) = 10\sin(20\pi t + \theta)$

$t = 0 \rightarrow i(0) = 10\sin\theta = 5$

$\sin\theta = \dfrac{5}{10} = \dfrac{1}{2} \quad \rightarrow \quad \theta = \sin^{-1}\dfrac{1}{2} = 30° = \dfrac{\pi}{6}$

$i(t) = 10\sin\left(20\pi t + \dfrac{\pi}{6}\right) = 10\cos\left(20\pi t + \dfrac{\pi}{6} - \dfrac{\pi}{2}\right)$

$= 10\cos\left(20\pi t - \dfrac{\pi}{3}\right)$

【정답】 ②

22. 저항 R과 리액턴스 X의 직렬 회로에서 $\frac{X}{R} = \frac{1}{\sqrt{2}}$ 일 경우 회로의 역률은?

① $\frac{1}{2}$ ② $\frac{1}{\sqrt{3}}$

③ $\frac{\sqrt{2}}{\sqrt{3}}$ ④ $\frac{\sqrt{3}}{2}$

|정|답|및|해|설|

[$R-L$ 직렬 회로 역률] $\cos\theta = \frac{R}{\sqrt{R^2+X^2}}$

$\frac{X}{R} = \frac{1}{\sqrt{2}} \rightarrow R = \sqrt{2}X$

$\therefore \cos\theta = \frac{\sqrt{2}X}{\sqrt{(\sqrt{2}X)^2+X^2}} = \frac{\sqrt{2}X}{\sqrt{3X^2}} = \sqrt{\frac{2}{3}}$

【정답】 ③

23. $R-L$ 직렬회로에 $v(t) = 100\sin(120\pi t)$[V]의 전원을 연결하여 $i(t) = 2\sin(120\pi t - 45°)$[A]의 전류가 흐르도록 하려면 저항 R[Ω]의 값은?

① 50 ② $\frac{50}{\sqrt{2}}$

③ $50\sqrt{2}$ ④ 100

|정|답|및|해|설|

[$R-L$ 직렬회로의 역률]

임피던스 $\dot{Z} = \frac{\dot{V}}{\dot{I}} = \frac{\frac{100}{\sqrt{2}}\angle 0°}{\frac{2}{\sqrt{2}}\angle -45°} = 50\angle 45°$

$= 50(\cos 45° + j\sin 45°)$

$= 50\left(\frac{1}{\sqrt{2}} + j\frac{1}{\sqrt{2}}\right) = \frac{50}{\sqrt{2}} + j\frac{50}{\sqrt{2}}$

【정답】 ②

24. 회로에서 단자 a, b 사이에 교류전압 200[V]를 가하였을 때 c, d 사이의 전위차는 몇 [V]인가?

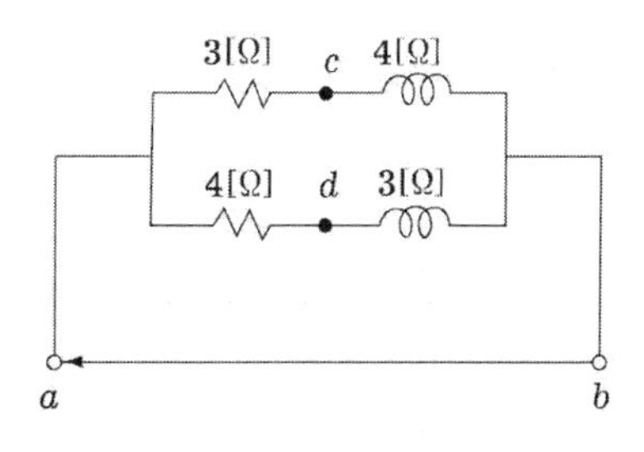

① 46 ② 96

③ 56 ④ 76

|정|답|및|해|설|

[전위차] $V_2 - V_1 = I_2R - I_1R$

$I_1 = \frac{200}{3+j4} = \frac{1}{25}(600 - j800) = 24 - j32$

$I_2 = \frac{200}{4+j3} = \frac{1}{25}(800 - j600) = 32 - j24$

$V_1 = I_1R = (24 - j32) \times 3 = 72 - j96$

$V_2 = I_2R = (32 - j24) \times 4 = 128 - j96$

$\therefore V_2 - V_1 = I_2R - I_1R = 56[V]$

【정답】 ③

25. 그림과 같은 회로의 출력전압의 위상은 입력전압의 위상에 비해 어떻게 되는가?

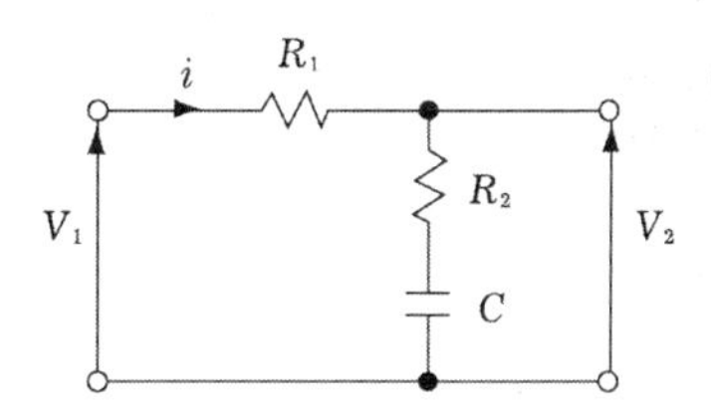

① 앞선다.

② 뒤진다.

③ 같다.

④ 앞설 수도 있고 뒤질 수도 있다.

|정|답|및|해|설|

[위상]

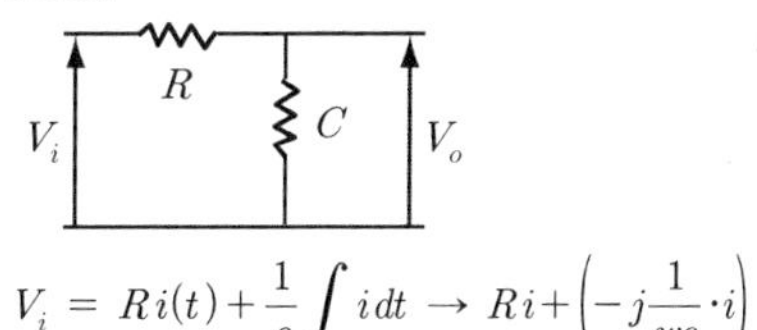

$V_i = Ri(t) + \frac{1}{c}\int i\,dt \rightarrow Ri + \left(-j\frac{1}{wc}\cdot i\right)$

$V_0 = \frac{1}{c}\int i\,dt \;\rightarrow\; -j\frac{1}{wC}\cdot i$

출력

R

입력

$-\frac{1}{wC}$

∴ 입력 전압의 위상보다 출력 전압의 위상은 뒤진다.

【정답】 ②

26. 100[V], 50[Hz]의 교류 전압을 저항 100[Ω], 커패시턴스 10[μF]의 직렬 회로에 가할 때 역률은?

① 0.25　　② 0.27

③ 0.3　　④ 0.35

|정|답|및|해|설|

[$R-C$ 직렬 회로 역률] $\cos\theta = \frac{R}{|Z|} = \frac{R}{\sqrt{R^2+X^2}}$

$X_C = \frac{1}{wC} = \frac{1}{2\pi f C} = \frac{1}{2\pi\times 50\times 10\times 10^{-6}}$

$= \frac{1000000}{1000\pi} = \frac{1000}{\pi} = 318$

$\cos\theta = \frac{100}{\sqrt{100^2+318^2}} = 0.3$　　【정답】 ③

27. 인덕턴스 L = 20[mH]인 코일에 실효값 E = 50[V], 주파수 f = 60[Hz]인 정현파 전압을 인가했을 때 코일에 축적되는 평균 자기 에너지 W_L[J]은?

① 0.44　　② 4.4

③ 0.63　　④ 63

|정|답|및|해|설|

[L회로의 축적 에너지] $W_L = \frac{1}{2}LI^2[J]$

$W_L = \frac{1}{2}LI^2 = \frac{1}{2}\times L\times\left(\frac{V}{2\pi f L}\right)^2 \;\rightarrow\left(I=\frac{V}{\omega L}\right)$

$= \frac{1}{2}\times 20\times 10^{-3}\times\left(\frac{50}{2\pi\times 60\times 20\times 10^{-3}}\right)^2 = 0.44$

【정답】 ①

28. 회로에서 i_c[A] 값을 구하시오.

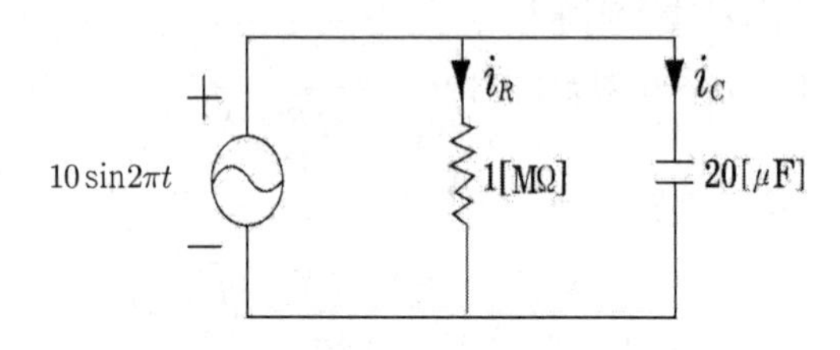

① $4\pi\times 10^{-3}\cos 2\pi t$

② $4\pi\times 10^{-4}\sin 2\pi t$

③ $4\pi\times 10^{-3}\sin 2\pi t$

④ $4\pi\times 10^{-4}\cos 2\pi t$

|정|답|및|해|설|

$i_c = C\frac{dv}{dt} = 20\times 10^{-6}\frac{d}{dt}(10\sin 2\pi t)$

$= 20\times 10^{-6}\times 10\times 2\pi\times\cos 2\pi t$

$= 4\pi\times 10^{-4}\cos 2\pi t$　　【정답】 ④

29. 저항 30[Ω]과 유도 리액턴스 40[Ω]을 병렬로 접속한 회로에 120[V]의 교류 전압을 가할 때의 전 전류는?

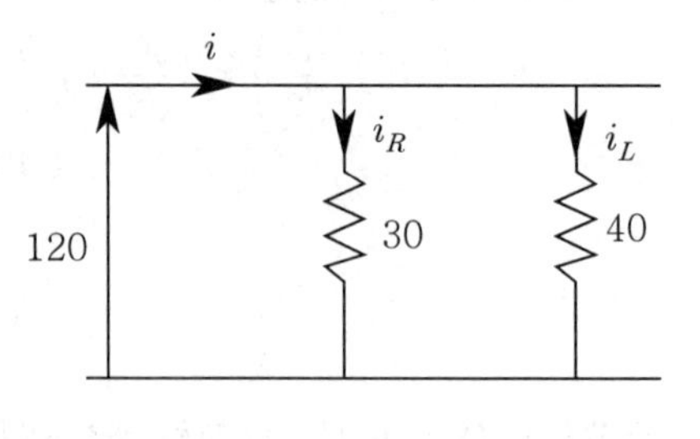

① 5[A]　　② 6[A]

③ 8[A]　　④ 10[A]

|정|답|및|해|설|

$i_R = \frac{V}{R} = \frac{120}{30} = 4[A]$

$i_L = \frac{V}{jX} = \frac{120}{j40} = -j3$ → (늦은 전류이므로)

$\dot{I} = 4-j3$ → $|\dot{I}| = \sqrt{4^2+3^2} = 5[A]$

【정답】 ①

30. 저항 4[Ω]과 인덕턴스 L[mH]의 코일에 100[V], 60[Hz]의 교류를 가하니 20[A]의 전류가 흘렀다. 인덕턴스 L은?

① 약 2.7[mH] ② 약 5.3[mH]

③ 약 6.6[mH] ④ 약 8.0[mH]

|정|답|및|해|설|

[$R-L$ 직렬 회로(임피던스)] $Z = R+jwL = R+jX$

$Z = \frac{V}{I} = \frac{100}{20} = 5[\Omega]$

$R = 4$

$Z = \sqrt{R^2+X^2}$ → $X = \sqrt{Z^2-R^2} = \sqrt{5^2-4^2} = 3$

$X_L = \omega L = 2\pi f L = 3$

$L = \frac{3}{2\pi f} = \frac{3}{2\pi\times 60} = 8[mH]$ 【정답】 ④

31. $R-L$ 병렬 회로의 합성 임피던스는?

① $R\left(1+j\frac{wL}{R}\right)$ ② $R\left(1-\frac{R}{j\frac{1}{wL}}\right)$

③ $R\left(1-j\frac{wL}{R}\right)$ ④ $\frac{R}{1-j\frac{R}{wL}}$

|정|답|및|해|설|

[$R-L$ 병렬 회로의 어드미턴스] $Y = \frac{1}{R}-j\frac{1}{wL}$

$Z = \frac{1}{Y} = \frac{1}{\frac{1}{R}-j\frac{1}{wL}}$ → (분모, 분자에 R을 곱)

$= \frac{R}{1-j\frac{R}{wL}}$ 【정답】 ④

32. 저항 30[Ω]과 유도 리액턴스 40[Ω]을 병렬로 접속하고 120[V]의 교류 전압을 가했을 때 회로의 역률은?

① 0.6 ② 0.7

③ 0.8 ④ 0.9

|정|답|및|해|설|

[$R-L$ 병렬 회로] $\cos\theta = \frac{X_L}{\sqrt{R^2+X_L^2}}$

$\cos\theta = \frac{40}{\sqrt{30^2+40^2}} = 0.8$

【정답】 ③

33. 그림과 같은 회로의 역률은 얼마인가?

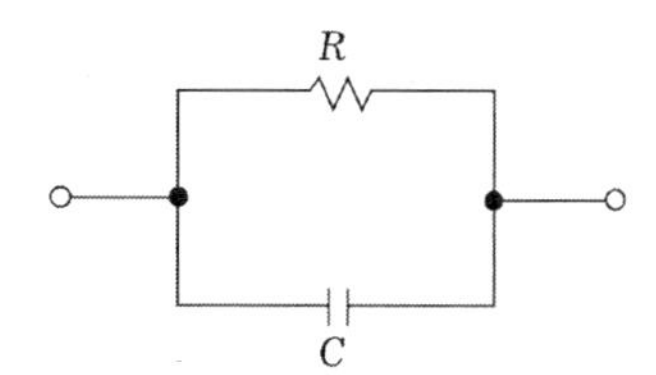

① $1+(wRC)^2$ ② $\sqrt{1+(wRC)^2}$

③ $\frac{1}{\sqrt{1+(wRC)^2}}$ ④ $\frac{1}{1+(wRC)^2}$

|정|답|및|해|설|

[$R-C$ 병렬회로의 역률] $\cos\theta = \frac{X_C}{\sqrt{R^2+X_C^2}}$

$\cos\theta = \frac{X_c}{\sqrt{R^2+X_c^2}} = \frac{\frac{1}{wC}}{\sqrt{R^2+\left(\frac{1}{wC}\right)^2}}$

→ (분모, 분자에 wC를 곱한다.)

$= \frac{1}{\sqrt{(wCR)^2+1}}$ 【정답】 ③

34. 그림과 같은 회로에서 전원에 흘러 들어오는 전류 I[A]는?

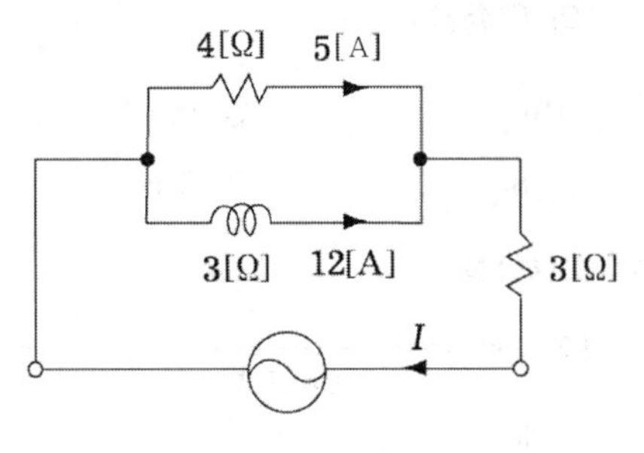

① 7 ② 10

③ 13 ④ 17

|정|답|및|해|설|

[전류] $i = 5 - j12[A]$

$i = \sqrt{5^2 + 12^2} = 13[A]$

【정답】 ③

35. 이 회로의 합성 어드미턴스의 값은 몇[Ω]인가?

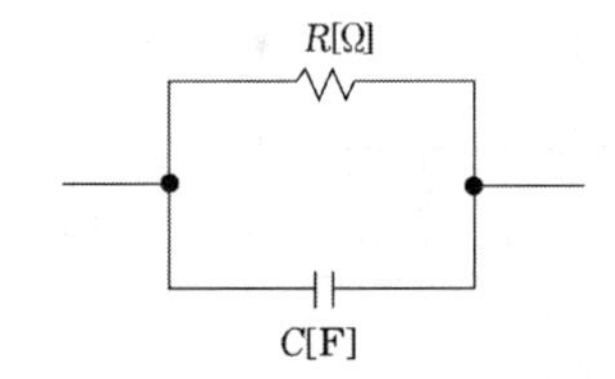

① $\frac{1}{R}(1 + jwCR)$ ② $j\frac{R}{wCR - 1}$

③ $R - j\frac{1}{wC}$ ④ $\frac{1}{R} - j\frac{1}{wC}$

|정|답|및|해|설|

[$R-C$ 병렬 회로의 어드미턴스] $Y = \frac{1}{R} + jwC$ [℧]

$Y = \frac{1}{R} + jwC = \frac{1}{R}(1 + jwCR)$

【정답】 ①

36. $R = 200[Ω]$, $L = 1.59[H]$, $C = 3.315$ [μF]를 직렬로 한 회로에 다음과 같은 전압 $v = 141.4\sin 377t$[V]를 인가할 때 C의 단자 전압은?

① 71[V] ② 212[V]

③ 283[V] ④ 401[V]

|정|답|및|해|설|

[$R-L-C$ 직렬 회로] $V_C = i \cdot X_C$

$i = \frac{V}{Z}$ → 임피던스 $Z = R + jX_L - jX_c$

① $X_L = wL = 377 \times 1.59 \fallingdotseq 600[Ω]$

② $X_c = \frac{1}{wC} = \frac{1}{377 \times 3.315 \times 10^{-6}} \fallingdotseq 800[Ω]$

③ $Z = 200 + j600 - j800 = 200 - j200$

$|Z|$ i) $\sqrt{200^2 + 200^2} \fallingdotseq 282.8$

ii) $\therefore 200\sqrt{2}$

④ $i = \frac{141.4/\sqrt{2}}{200\sqrt{2}} = \frac{100}{200\sqrt{2}} = \frac{1}{2\sqrt{2}}$

⑤ $V_C = i \cdot X_C = \frac{1}{2\sqrt{2}} \cdot 800 = \frac{400}{\sqrt{2}} \fallingdotseq 282.8$

【정답】 ③

37. 그림과 같이 저항 R과 커패시터 C의 병렬 회로에 다음과 같은 전압 $v(t) = V_m \cos wt$를 가할 때 C에 흐르는 전류는?

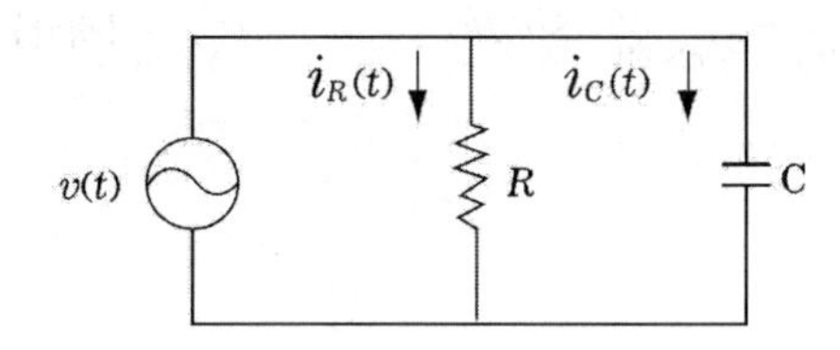

① $\frac{1}{R^2} + (wC)^2 V_m \cos(wt + \phi)$

② $-wCV_m \sin wt$

③ $CV_m \sin wt$

④ $RCV_m \cos wt$

|정|답|및|해|설|

[$R-C$ 병렬 회로]

$i_C(t) = C \cdot \frac{dv}{dt} = C \cdot \frac{d}{dt} V_m \cos wt = C \cdot V_m \cdot (-w\sin wt)$

$= -wCV_m \sin wt$

[참고] C의 전류 $i_C = \frac{V}{X_C} = \frac{V}{\frac{1}{wC}} = wCV$

【정답】 ②

38. 그림과 같은 $R-C$ 병렬회로에 전압원 $e_s(t)$로서 $10e^{-5t}$인 전압을 사용할 때 전류 $i_C(t)$를 구하면?

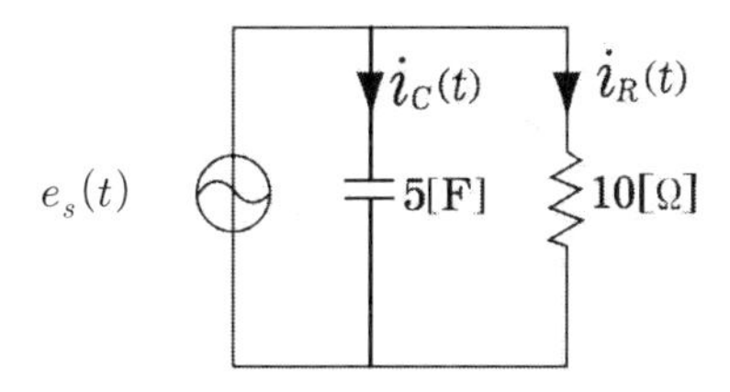

① $-250e^{-5t}$ ② $250wt$

③ $250we^{-5t}$ ④ $250e^{5t}$

|정|답|및|해|설|

[$R-C$ 병렬회로]

$i_C(t) = C \cdot \frac{dv}{dt} = 5 \cdot \frac{d}{dt} 10e^{-5t} = 5 \times 10 \times (-5) \cdot e^{-5t}$

【정답】 ①

39. 그림과 같은 회로에서 전류 $i(t)$의 순시값을 표시하는 식은? (단, $Z_1 = 3+j10$, $Z_2 = 3-j2$, $e = 100\sqrt{2}\sin 120\pi t$이다.)

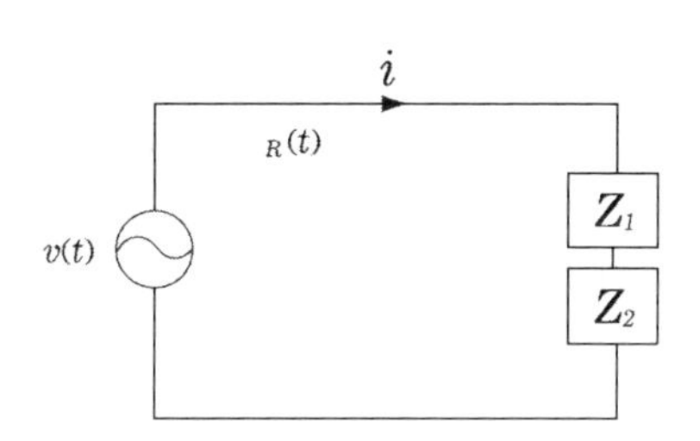

① $10\sqrt{2}\sin(377t + \tan^{-1}\frac{4}{3})$

② $14.1\sin(377t + \tan^{-1}\frac{3}{4})$

③ $14.1\sin(120\pi t - \tan^{-1}\frac{4}{3})$

④ $10\sqrt{2}\sin(120\pi t - \tan^{-1}\frac{3}{4})$

|정|답|및|해|설|

전류 $i = \frac{e}{Z}$

임피던스 합성 $Z = Z_1 + Z_2$

① $\dot{Z} = \dot{Z_1} + \dot{Z_2} = 3+j10+3-j2 = 6+j8$

② $\dot{Z} = |Z|\angle\theta = \sqrt{6^2+8^2}\angle\tan^{-1}\frac{8}{6} = 10\angle\tan^{-1}\frac{4}{3}$

③ $i = \dfrac{100\sqrt{2}\sin 120\pi t\angle 0°}{10\angle\tan^{-1}\frac{4}{3}}$

$= 10\sqrt{2}\sin\left(120\pi t - \tan^{-1}\frac{4}{3}\right)$

【정답】 ③

40. 시불변, 선형 $R-L-C$ 직렬 회로에 $v(t) = V_m \sin wt$인 교류 전압을 가하였다. 정상 상태에 대한 설명 중 옳지 않은 것은?

① 이 회로의 합성 리액턴스는 양 또는 음이 될 수 있다.

② $wL < \frac{1}{wC}$ 이면 용량성 회로이다.

③ $wL > \frac{1}{wC}$ 이면 유도성 회로이다.

④ $wL = \frac{1}{wC}$ 이면 공진 회로이며 인덕턴스 양단에 걸린 전압은 RI_0이다.

|정|답|및|해|설|

[$R-L-C$ 직렬 해석]

임피던스 $Z = R+jwL-j\frac{1}{wc} = R+j\left(wL-\frac{1}{wc}\right)$

① $wL > \frac{1}{wc}$: 유도 리액턴스 X_L이 크므로

$Z = R+jX$로 지상 전류 (유도성 "+")

② $wL < \frac{1}{wc}$: 용량 리액턴스 X_C가 크므로

$Z = R-jX$로 진상 전류 (용량성 "−")

③ $wL = \frac{1}{wc}$: $X_L - X_c = 0$이 되므로

$Z = R$만의 회로로 동상전류 [공진] (인덕턴스 양단의 전압은 $I_0 \cdot X_L = I_0 \cdot wL$)

※$v = RI_0$: 병렬 공진 시

【정답】 ④

41. $R-L-C$ 직렬 공진회로에 대한 설명 중 옳은 것은? (단, 인가전압은 V[V], 실효값은 일정)하다.)

① 어드미턴스의 특성과 전류특성은 같다.
② R의 값이 클수록 공진전류는 증가한다.
③ 공진점에서의 어드미턴스 Y는 $\frac{R}{2}$로 최대가 된다.
④ w에 대한 Y의 궤적은 반원이다.

|정|답|및|해|설|

[$R-L-C$ 직렬 공진 회로]

$I = \frac{V}{Z} = \dot{Y}V$로 언제나 어드미턴스 특성과 전류특성은 같다.

(궤적의 문제도 마찬가지)

단, 직렬 회로는 일반적으로 "Z" 특성, 병렬 회로는 "Y" 특성으로 전류를 해석하는 것이 편리할 뿐이다.

【정답】 ①

42. 저항 R 및 가변 인덕턴스 l의 직렬 회로에 인덕턴스 L과 커패시턴스 C를 병렬로 연결한 회로가 있다. 단자 a, b에 인가한 전압과 전류가 동위상이라면 l의 값은?

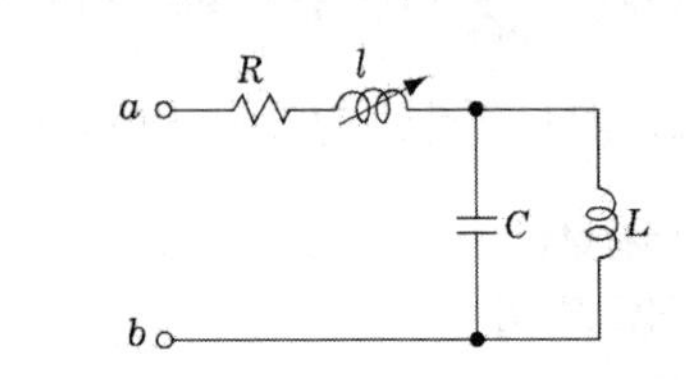

① $\frac{C}{w^2LC-1}$　② $\frac{L}{1-w^2LC}$
③ $\frac{L}{w^2LC-1}$　④ $\frac{C}{1-w^2LC}$

|정|답|및|해|설|

[$R-L-C$ 병렬 해석]

문제의 조건 : 전압과 전류가 동위상 → 공진 (허수부=0)

임피던스 $Z = R+jwl+\dfrac{jwL\cdot\left(-j\frac{1}{wC}\right)}{jwL-j\frac{1}{wC}}$

$= R+jwl+\dfrac{\frac{L}{C}}{j\left(wL-\frac{1}{wC}\right)}$ → (분모, 분자에 j곱)

$= R+jwl-j\dfrac{\frac{L}{C}}{wL-\frac{1}{wC}}$

$= R+j\left(wl-\dfrac{\frac{L}{C}}{wL-\frac{1}{wC}}\right)$ → 공진 (허수부가 "0")

$wl = \dfrac{\frac{L}{C}}{wL-\frac{1}{wC}} = \dfrac{\frac{L}{C}}{\frac{w^2LC-1}{wC}}$

$wl = \dfrac{wL}{w^2LC-1}$ → $l = \dfrac{L}{w^2LC-1}$

【정답】 ③

43. 그림과 같은 병렬 공진회로에서 주파수를 f라 할 때 전압 E가 전류 I보다 앞서는 조건은 다음 중 어느 것인가?

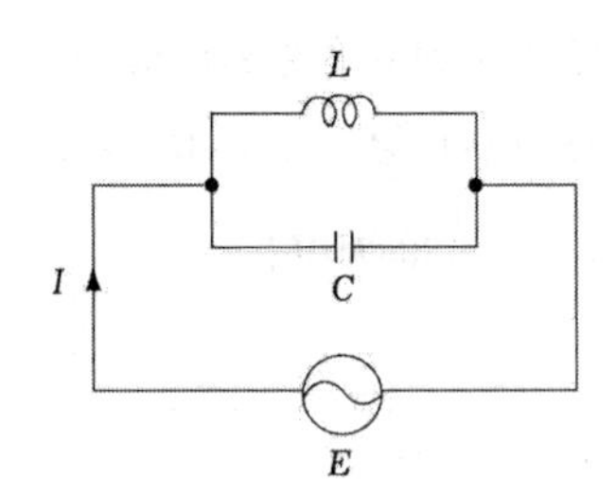

① $f < \frac{1}{2\pi\sqrt{LC}}$　② $f > \frac{1}{2\pi\sqrt{LC}}$
③ $f = \frac{1}{2\pi\sqrt{LC}}$　④ f에 관계없다.

|정|답|및|해|설|

[$R-L-C$ 병렬 공진] 어드미턴스 최소, 임피던스 최대, 전류 최소가 된다.

병렬 공진 해석

$Y = \frac{1}{R}+jwC-j\frac{1}{wL}$ 에서 $wC = \frac{1}{wL}$이면 공진

$w^2LC = 1$ → $w^2 = \frac{1}{LC}$

$w = \frac{1}{\sqrt{LC}}$ → $f = \frac{1}{2\pi\sqrt{LC}}$

① $f < \frac{1}{2\pi\sqrt{LC}}$ 이면 $wC < \frac{1}{wL}$ 이므로 유도성

② $f > \frac{1}{2\pi\sqrt{LC}}$ 이면 $wC > \frac{1}{wL}$ 이므로 용량성

※문제의 조건 : E가 I보다 앞섬(유도성)

【정답】 ①

44. 그림과 같은 임피던스의 병렬회로에서 각 분로에 흐르는 전류의 크기가 같고, 또 $90°$ 의 위상차가 생기게 하는 조건을 구하면?

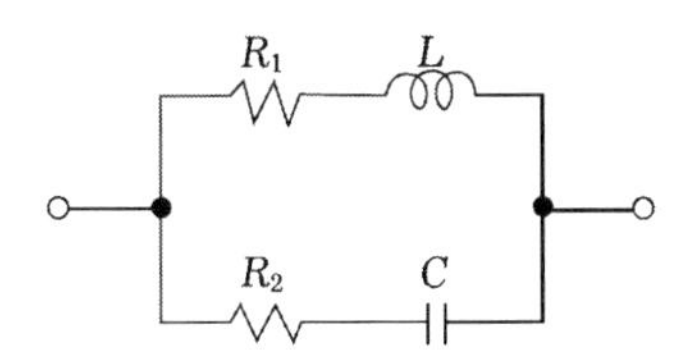

① $R_1 = wL,\ R_2 = \frac{1}{wC}$

② $R_1 = \frac{1}{wC},\ R_2 = wL$

③ $R_1 = -wL,\ R_2 = -\frac{1}{wC}$

④ $R_1 = -\frac{1}{wC},\ R_2 = -wL$

|정|답|및|해|설|

$R-L$ 분로 전류 i_1 : 지상 (전압보다 뒤짐)

$R-C$ 분로 전류 i_2 : 진상 (전압보다 앞섬)

문제의 조건 : 크기가 같고 $90°$ 위상차

$i_2 = ji_1$

$$\frac{V}{R_2 - j\frac{1}{wC}} = \frac{jV}{R_1 + jwL}$$

$$jR_2 + \frac{1}{wC} = R_1 + jwL$$

실수부 $\frac{1}{wC} = R_1$, 허수부 $R_2 = wL$

【정답】 ②

45. 그림과 같은 회로에서 공진 시 임피던스는?

(단, $Q = \frac{wL}{R}$ 임)

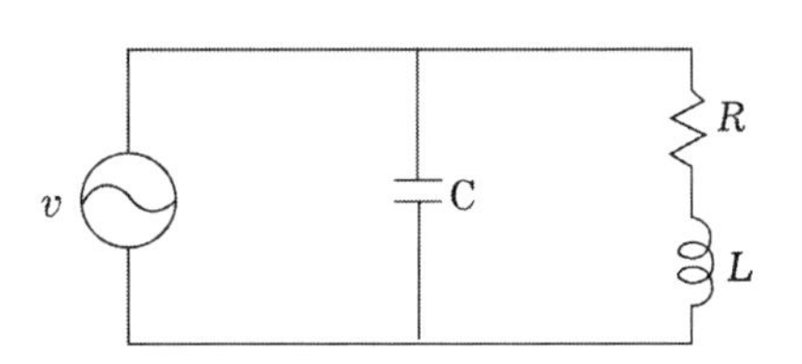

① $R(1+Q^2)$　　② Q^2

③ $R+Q^2$　　④ ∞

|정|답|및|해|설|

[실제적 회로]

$$Y = jwC + \frac{1}{R+jwL} \quad \rightarrow \text{(분모, 분자에 } R-jwL \text{ 곱한다)}$$

$$= jwC + \frac{1\times(R-jwL)}{(R+jwL)(R-jwL)} = jwC + \frac{R-jwL}{R^2+w^2L^2}$$

$$= \frac{R}{R^2+w^2L^2} + j\left(wC - \frac{wL}{R^2+w^2L^2}\right)$$

공진 시 $Y = \frac{R}{R^2+w^2L^2} = \frac{R}{\frac{L}{C}} = \frac{RC}{L}$

이때 $wC = \frac{wL}{R^2+w^2L^2}$

$$Z = \frac{1}{Y} = \frac{R^2+w^2L^2}{R}$$

$$= \frac{R^2}{R} + \frac{w^2L^2}{R} = R + \frac{w^2L^2}{R}$$

$$= R\left(1+\frac{w^2L^2}{R^2}\right) \rightarrow (Q = \frac{wL}{R} \text{ 을 대입})$$

$$= R(1+Q^2)$$

【정답】 ①

46. $R-L-C$ 직렬 공진 회로에서 입력 전압이 V[V]일 때 공진 주파수 f_r에서 L에 걸리는 전압은 얼마인가?

① V　　② $2\pi f_r LV$

③ $\frac{V}{R}2\pi f_r C$　　④ $\frac{V}{R \cdot 2\pi f_r C}$

|정|답|및|해|설|

[$R-L-C$ 직렬 공진]

임피던스 최소, 전류 최대, 공진시 허수부=0

$$V_L = i_0 \cdot wL = \frac{V}{R} \cdot \omega L$$

$$= \frac{V}{R} \cdot \frac{1}{wC} = \frac{V}{R \cdot 2\pi f_r C} \quad \rightarrow (w = 2\pi f_r)$$

【정답】 ④

47. 그림과 같은 $R-L$회로에 교류 전압을 가할 때 주파수의 영향을 받지 않기 위해서 콘덴서 C를 병렬로 R에 연결하였다. 이때 C의 값은? (단, $w^2C^2R^2 \ll 1$이다.)

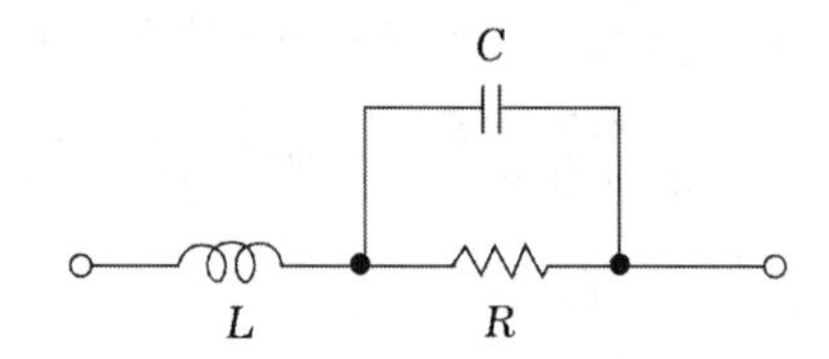

① $C = \frac{L}{R}$　　② $C = \frac{R^2}{L}$

③ $C = \frac{L}{R^2}$　　④ $C = R^2 L$

|정|답|및|해|설|

[$R-L-C$ 병렬 공진]

$$Z = jwL + \frac{R \cdot \left(\frac{1}{jwC}\right)}{R + \frac{1}{jwC}} \rightarrow (\text{분모, 분자에 } jwC\text{를 곱})$$

$$= jwL + \frac{R}{1+jwCR} \rightarrow (\text{분모, 분자에} (1-jwCR)\text{을 곱})$$

$$= jwL + \frac{R - jwCR^2}{1+w^2C^2R^2}$$

$$= \frac{R}{1+w^2C^2R^2} + j\left(wL - \frac{wCR^2}{1+w^2C^2R^2}\right)$$

$$wL = \frac{wCR^2}{1+w^2C^2R^2} \rightarrow (\text{공진 조건(문제에서 } w^2C^2R^2 \ll 1)$$

$$\therefore wL = wCR^2 \rightarrow \quad C = \frac{L}{R^2}$$

【정답】 ③

48. 어떤 $R-L-C$ 병렬 회로가 병렬 공진되었을 때 합성 전류는?

① 최소가 된다.

② 최대가 된다.

③ 전류는 흐르지 않는다.

④ 전류는 무한대가 된다.

|정|답|및|해|설|

[$R-L-C$ 병렬 공진] 어드미턴스 최소, 임피던스 최대, 전류 최소가 된다.

$i = Y \cdot v$ 에서

$i = G \cdot v$로서 Y가 최소값이므로 전류는 최소

【정답】 ①

49. 그림과 같은 회로의 공진시의 어드미턴스는?

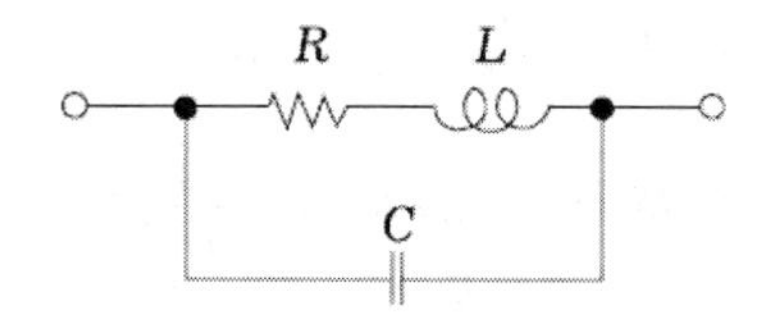

① $\frac{CR}{L}$　　② $\frac{L}{CR}$

③ $\frac{CL}{R}$　　④ $\frac{LR}{C}$

|정|답|및|해|설|

[실제적 회로] $Y = jwC + \frac{1}{R+jwL}$

공진 시 $Y = \frac{R}{R^2+w^2L^2} = \frac{R}{\frac{L}{C}} = \frac{RC}{L}$

$\rightarrow$ ($R-L-C$ 병렬 공진 조건 $R^2+w^2L^2 = \frac{L}{C}$)

【정답】 ①

50. $R-L-C$ 직렬 회로의 선택도 Q는?

① $\sqrt{\frac{L}{C}}$ ② $\frac{1}{R}\sqrt{\frac{L}{C}}$

③ $\sqrt{\frac{C}{L}}$ ④ $R\sqrt{\frac{C}{L}}$

|정|답|및|해|설|

[$R-L-C$ 직렬 공진 회로(선택도)]

$Q=\frac{V_L}{V}=\frac{V_C}{V}=\frac{f_0}{f_2-f_1}=\frac{wL}{R}=\frac{1}{wRC}=\frac{1}{R}\sqrt{\frac{L}{C}}$

【정답】 ②

51. 그림과 같은 $R-L-C$ 병렬 공진 회로에 관한 설명 중 옳지 않은 것은?

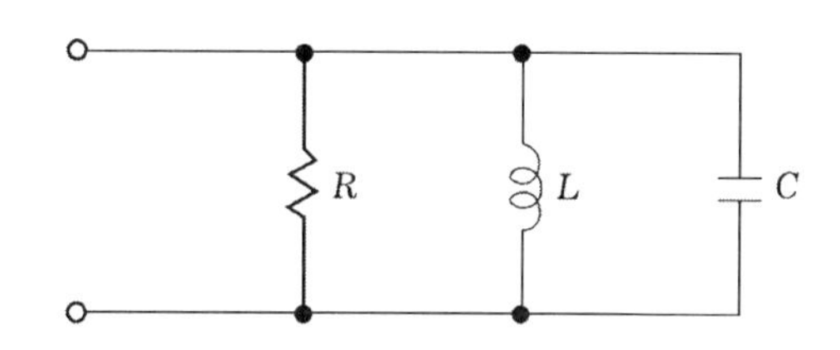

① R이 작을수록 Q가 높다.

② 공진 시 L 또는 C를 흐르는 전류는 압력 전류 크기의 Q배가 된다.

③ 공진 주파수 이하에서의 입력 전류는 전압보다 위상이 뒤진다.

④ 공진 시 입력 어드미턴스는 매우 작아진다.

|정|답|및|해|설|

[$R-L-C$ 병렬 공진(선택도)]

$Q=\frac{I_L}{I}=\frac{I_C}{I}=\frac{R}{wL}=wCR=R\sqrt{\frac{C}{L}}$

$Q=\frac{I_L}{I_R}=\frac{\frac{V}{wL}}{\frac{V}{R}}$ → (병렬일 때 전위가 같으므로)

$=\frac{R}{wL}$ → (w : 공진 각속도$=\frac{1}{\sqrt{LC}}$)

$=R\sqrt{\frac{C}{L}}$ → 그러므로 R이 커지면 Q가 커짐

※직렬 공진 시 $Q=\frac{1}{R}\cdot\sqrt{\frac{L}{C}}$

①항의 내용은 직렬 공진의 설명

【정답】 ①

52. $R=10[\Omega]$, $L=10$[mH], $C=1[\mu$F]인 직렬 회로에 전압 100[V]를 가했을 때 공진 시 선택도 Q는?

① 1 ② 10

③ 100 ④ 1000

|정|답|및|해|설|

[$R-L-C$ 직렬 공진(선택도)]

$Q=\frac{V_L}{V}=\frac{V_C}{V}=\frac{f_0}{f_2-f_1}=\frac{wL}{R}=\frac{1}{wRC}=\frac{1}{R}\sqrt{\frac{L}{C}}$

직렬 $Q=\frac{1}{R}\cdot\sqrt{\frac{L}{c}}=\frac{1}{10}\cdot\sqrt{\frac{10\times10^{-3}}{10^{-6}}}$

$=\frac{1}{10}\cdot\sqrt{10^4}=\frac{1}{10}\times10^2=10$

【정답】 ②

Chapter 04

교류전력

01 단산 교류전력

(1) 교류전력의 종류

직류에서는 전력이 한 가지, 그러나 교류에서는 전력이 다음과 같이 3가지로 나누어진다.

유효전력 (소비전력)	·실제로 소비되는 전력 ·단위는 [W]
무효전력	·발전소에서 생산된 피상 전력을 부하까지 수송하는 도중에 송전 선로에 저장되는 전기 에너지를 의미한다. ·단위는 [Var]
피상전력	·발전소의 교류 발전기에서 공급하는 전기 에너지를 의미한다. ·단위는 [VA]

① 순시전력

저항 R에서만 소비되는 전력의 순시값(p)

$p = vi$

② 유효전력

실제로 사용되는 전력으로 소비전력, 평균전력, 부하전력 등으로 불리며, 역률($\cos\theta$)이 붙는다.

유효전력 $P = VI\cos\theta = I^2R = \frac{V^2}{R}[W]$ → $\frac{V^2}{R}$: 저항 R만 있을 때 사용

→ I^2R : 리액턴스가 함께 있을 때 사용

③ 무효전력

무효분에서 소비되는 전력으로 무효율($\sin\theta$)이 붙는다.

무효전력 $P_r = VI\sin\theta = I^2X = \frac{V^2}{X}$[Var] → ($P_r > 0$: 용량성, $P_r < 0$: 유도성)

④ 피상전력

피상전력은 유효전력에 무효전력을 더한 값으로 복수 평면이다.

피상저력 $P_a = VI = I^2|Z| = \sqrt{P^2 + P_r^2}$ [VA]

핵심기출 【기사】 11/3

어떤 회로에서 전압과 전류가 각각 $e=50\sin(\omega t+\theta)$[V], $i=4\sin(\omega t+\theta-30^\circ)$[A]일 때 무효 전력[Var]은 얼마인가?

① 100 ② 86.6 ③ 70.7 ④ 50

정답 및 해설 [무효전력(P_r)] $P_r=VI\sin\theta=I^2X=\dfrac{V^2}{X}$[Var]

$e=50\sin(\omega t+\theta)$[V], $i=4\sin(\omega t+\theta-30^\circ)$[A]

① 피상전력 $P_a=VI=\dfrac{50}{\sqrt{2}}\cdot\dfrac{4}{\sqrt{2}}=100$[VA]

② 유효전력 $P=VI\cos\theta=\dfrac{50}{\sqrt{2}}\cdot\dfrac{4}{\sqrt{2}}\cos30^\circ=100\times\dfrac{\sqrt{3}}{2}=50\sqrt{3}$[W]

③ 무효전력 $P_r=VI\sin\theta=\dfrac{50}{\sqrt{2}}\cdot\dfrac{4}{\sqrt{2}}\sin30^\circ=100\times\dfrac{1}{2}=50$[Var]

【정답】 ④

(2) 역률과 무효율

① 역률

피상전력과 유효전력과의 각도이다.

역률 $\cos\theta=\dfrac{P}{P_a}=\dfrac{P}{VI}=\dfrac{R}{Z}$

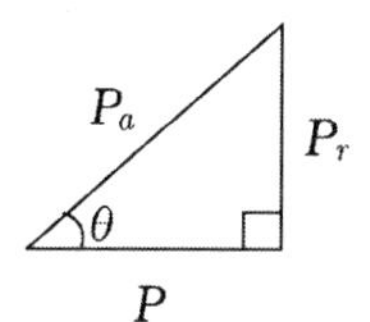

[전력의 벡터 표현]

② 무효율

피상전력과 무효전력의 각도이다.

무효율 $\sin\theta=\dfrac{P_r}{P_a}=\dfrac{P_r}{VI}=\dfrac{X}{Z}$

핵심기출 【산업기사】 09/3

100[V] 전원에 1[kW]의 선풍기를 접속하니 12[A]의 전류가 흘렀다. 선풍기의 무효율은 약 몇[%]인가?

① 50[%] ② 55[%] ③ 83[%] ④ 91[%]

정답 및 해설 [무효율] $\sin\theta=\dfrac{P_r}{P_a}=\dfrac{P_r}{VI}=\dfrac{X}{Z}$

역률 $\cos\theta=\dfrac{P}{VI}=\dfrac{1000}{100\times12}=0.83$

무효율 $\sin\theta=\sqrt{1-\cos^2\theta}=\sqrt{1-0.83^2}=0.55$

【정답】 ②

02 복소전력 (S)

(1) 복소전력의 정의

회로망에 흐르는 유효전력을 실수부로, 무효 전력을 허수부로 하는 복소수를 그 회로의 복소 전력이라고 한다. 그의 표현된 식에서는 피상 전력을 의미한다.

(2) 복소전력의 계산 방법

① $V = V_1 + jV_2$, $I = I_1 + jI_2$일 때

② $P_a = \overline{V}I = (V_1 - jV_2)(I_1 + jI_2) = (V_1I_1 + V_2I_2) + j(V_1I_2 - V_2I_1) = P + jP_r$

㉮ $P_r > 0$: 진상 전류에 의한 진상 무효 전력(C)

㉯ $P_r < 0$: 지상 전류에 의한 지상 무효 전력(L)

여기서, P : 유효 전력, P_r : 무효 전력, P_a : 피상 전력

※전류에 공액을 취해도 같은 값이 나오지만 공액의 위치에 따라서 무효분의 부호가 반대로 나오므로 부호에 따른 진상소자와 지상소자의 결정에 주의를 하여야 한다.

핵심기출 【기사】 10/3 13/3

어떤 회로에 100+j20[V]인 전압을 가했을 때, 8+j6[A]인 전류가 흘렀다면 이 회로의 소비 전력은?

① 800[W] ② 920[W]

③ 1200[W] ④ 1400[W]

정답 및 해설 [복소 전력] $P_a = \overline{V}I = P + jP_r$

$V = 100 + 20j \rightarrow \overline{V} = 100 - j20$, $I = 8 + j6$

$P_a = \overline{V}I = (100 - j20)(8 + j6) = 920 + j440$

유효전력은 $P = 920[W]$, 무효전력 $P_r = 440[Var]$ 【정답】 ②

03 전력의 측정

(1) 2전력계법

단상 전력계 2대로 3상 전력을 계산하는 법

① 유효전력 $P = |W_1| + |W_2|$

② 무효전력 $P_r = \sqrt{3}(|W_1 - W_2|)$

③ 피상전력 $P_a = \sqrt{P^2 + P_r^2} = 2\sqrt{W_1^2 + W_2^2 - W_1W_2}$

④ 역률 $\cos\theta = \dfrac{P}{P_a} = \dfrac{W_1 + W_2}{2\sqrt{W_1^2 + W_2^2 - W_1 W_2}}$

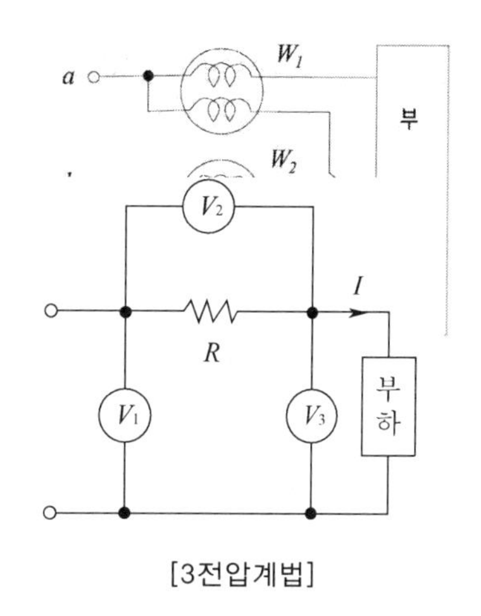

[3전압계법]

(2) 3전압계법

전압계 3대를 이용, 전력과 역률을 측정

① 전압 $\dot{V_1} = \sqrt{V_2^2 + V_3^2 + 2V_2V_3\cos\theta}$

② 역률 $\cos\theta = \dfrac{V_1^2 - V_2^2 - V_3^2}{2V_2V_3}$

③ 전력 $P = VI\cos\theta = \dfrac{1}{2R}(V_1^2 - V_2^2 - V_3^2)$

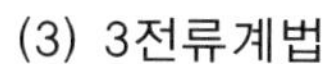

(3) 3전류계법

전류계 3대를 이용, 전력과 역률을 측정

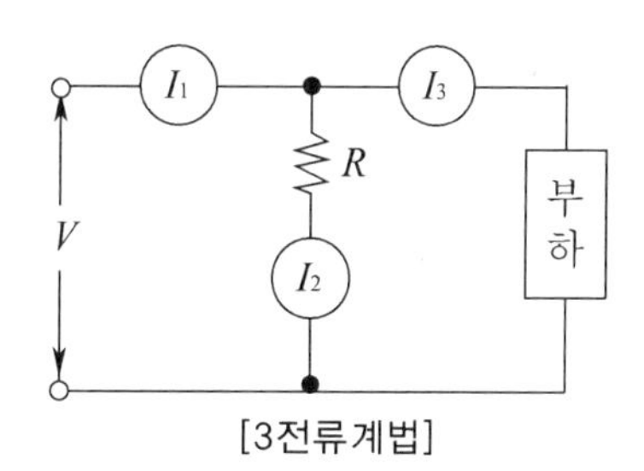

[3전류계법]

① 전류 $I_1 = \sqrt{I_2^2 + I_3^2 + 2I_2I_3\cos\theta}$

② 역률 $\cos\theta = \dfrac{I_1^2 - I_2^2 - I_3^2}{2I_2I_3}$

③ 전력 $P = VI_3\cos\theta = \dfrac{R}{2}(I_1^2 - I_2^2 - I_3^2)$ [W]

핵심기출 【기사】 15/1 18/3 19/2

2전력계법으로 평형 3상 전력을 측정하였더니 한쪽의 지시가 500[W], 다른 한쪽의 지시가 1500[W] 이었다. 피상 전력은 약 몇 [VA]인가?

① 2000　　② 2310　　③ 2646　　④ 2771

정답 및 해설 [2전력계법] 단상 전력계 2대로 3상 전력을 계산하는 법

피상전력 $P_a = \sqrt{P^2 + P_r^2} = 2\sqrt{W_1^2 + W_2^2 - W_1W_2}$

$P_a = 2\sqrt{W_1^2 + W_2^2 - W_1W_2} = 2\sqrt{500^2 + 1500^2 - 500 \times 1500} = 2645.75[VA]$

【정답】 ③

04 최대 전력을 전달하기 위한 조건

(1) $Z_S = R_S$, $Z_L = R_L$인 경우

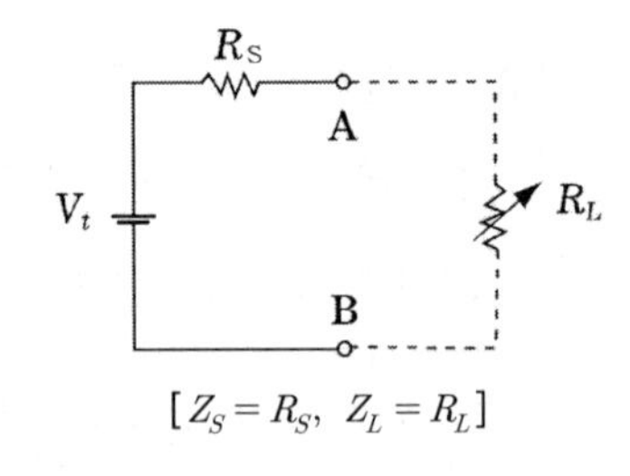

[$Z_S = R_S$, $Z_L = R_L$]

① 전달 전력 $P_L = I^2 R_L = \dfrac{V_S^2 R_L}{(R_L + R_S)^2}$ $\rightarrow (I = \dfrac{V_S}{R_L + R_S})$

② R_L을 변화시켜 최대 출력을 얻기 위한 조건

(R_S가 일정할 경우)

$R_L + R_s - 2R_L = 0 \rightarrow \therefore R_L = R_S$

③ 최대 출력 $P_{\max} = \dfrac{V_S^2}{4R_L} = \dfrac{V_S^2}{4R_S}$[W]

(2) $Z_S = R_S + jX_S$, $Z_L = R_L + jX_L$인 경우

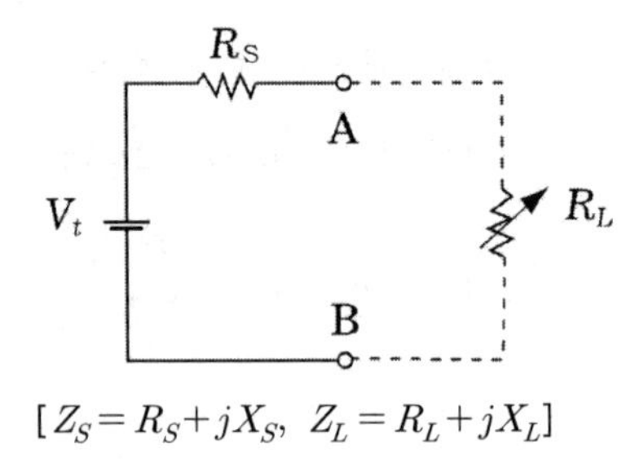

[$Z_S = R_S + jX_S$, $Z_L = R_L + jX_L$]

① R_L을 변화시켜 최대 출력을 얻기 위한 조건

(R_S가 일정할 경우)

· $Z_L = Z_S^*$

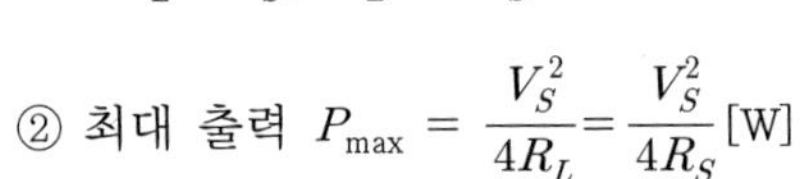

· $R_L = R_S$, $X_L = -X_S$

② 최대 출력 $P_{\max} = \dfrac{V_S^2}{4R_L} = \dfrac{V_S^2}{4R_S}$[W]

※회로의 내부 임피던스가 $Z_o = r + jx$, 부하 임피던스가 $Z_L = R + jX$라면, 내부 임피던스의 공액인 $Z_L = \overline{Z_0}$일 때, 즉 $R = r$, $X = -x$, 따라서 $Z_L = r - jx$에서 부하는 최대 전력을 공급받을 수 있다.

핵심기출 【산업기사】 12/1

그림과 같은 회로에서 부하 R_L에서 소비되는 최대 전력은 몇 [W]인가?

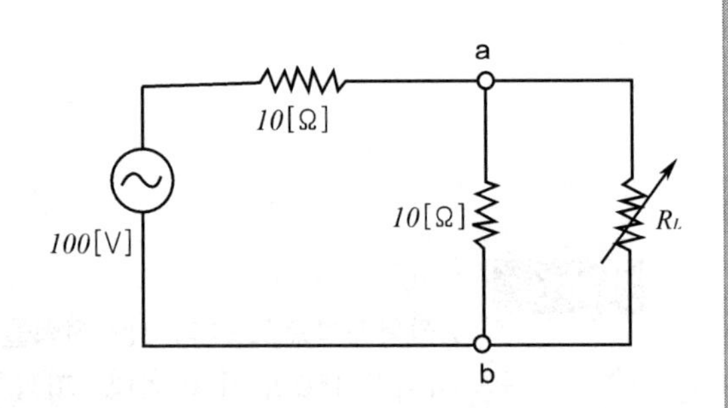

① 50 ② 125

③ 250 ④ 500

정답 및 해설 [최대 전력] $P_m = \dfrac{V^2}{4R}[W]$

합성저항 $R = \dfrac{10+10}{10 \times 10} = 5[\Omega]$, 단자 a, b의 전압은 $V_{ab} = \dfrac{10}{10+10} \times 100 = 50[V]$

최대 전력 전송 조건은 $R_2 = R$이므로 따라서, 최대 전력은 $P_m = \dfrac{V^2}{4R} = \dfrac{50^2}{4 \times 5} = 125[W]$

【정답】 ②

05 역률 개선

(1) 역률 개선이란?

유도성 무효 전력을 상쇄시킴으로써 전체 무효 전력을 감소시켜 역률을 향상시키는 것

(2) 역률 개선에 필요한 콘덴서 용량

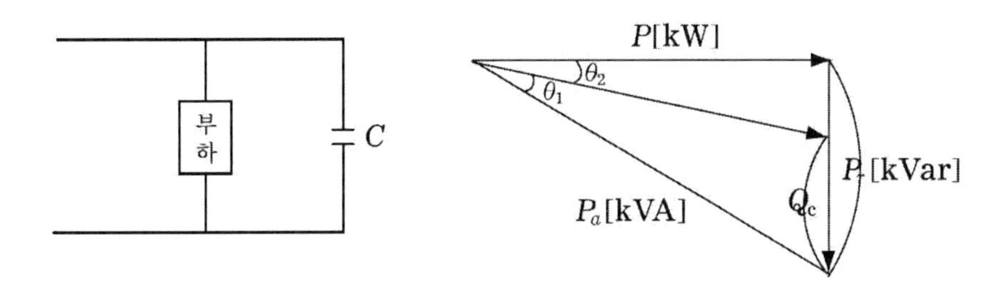

부하의 역률을 $\cos\theta_1$ 에서 $\cos\theta_2$로 개선하기 위한 병렬 콘덴서의 용량 Q[KVA]

$$Q = P\tan\theta_1 - P\tan\theta_2 = P(\tan\theta_1 - \tan\theta_2) = P\left(\frac{\sqrt{1-\cos^2\theta_1}}{\cos\theta_1} - \frac{\sqrt{1-\cos^2\theta_2}}{\cos\theta_2}\right)$$

$$\rightarrow \left(\tan\theta = \frac{\sin\theta}{\cos\theta},\ \sin\theta = \sqrt{1-\cos^2\theta}\right)$$

핵심기출 그림과 같은 회로에서 주파수 50[㎐], 공급전압 500[V], 전력 1000[㎾], 역률 60[%]의 단상 부하에 병렬로 콘덴서를 접속하고 배전선의 합성 역률을 90[%]로 개선하기 위하여 소요 콘덴서의 [KVA]용량은 얼마인가?

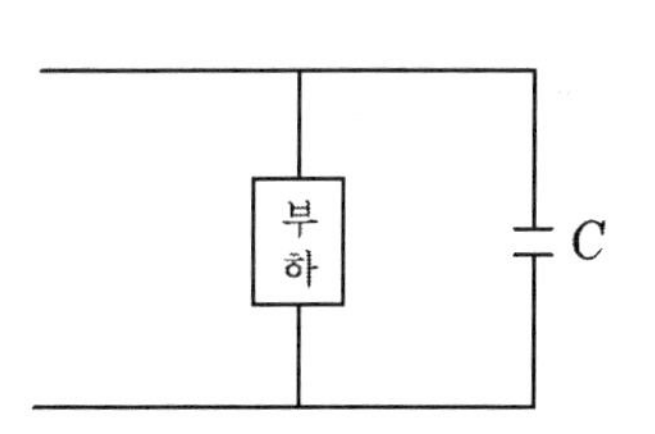

① 849[kVA] ② 675[kVA]

③ 949[kVA] ④ 725[kVA]

정답 및 해설 [역률 개선 시 콘덴서 용량] $Q = P(\tan\theta_1 - \tan\theta_2) = P\left(\frac{\sin\theta_1}{\cos\theta_1} - \frac{\sin\theta_2}{\cos\theta_2}\right)$[kVA]

$$Q = 1000\left(\frac{\sqrt{1-0.6^2}}{0.6} - \frac{\sqrt{1-0.9^2}}{0.9}\right) = 849\ [\text{kVA}]$$

【정답】 ①

Chapter 04

시험 전 반드시 체크해야 할

단원 핵심 체크

01 발전소에서 생산된 피상 전력을 부하까지 수송하는 도중에 송전 선로에 저장되는 전기 에너지를 (①)이라고 하며, 단위는 (②) 이다.

02 실제로 소비되는 전력을 유효전력이라고 하며 P=(①)[W]이라고 나타내며, 전압과 전류는 모두 교류의 (②) 이다.

03 피상전력은 유효전력에 무효전력을 더한 값으로 복수 평면이다. 피상전력을 유효전력과 무효전력으로 표시하면 P_a=( )[VA] 이다.

04 전력에서 역률은 피상전력과 유효전력과의 각도이며, 역률 $\cos\theta$=( )이다.

05 복소전력에 의한 피상전력은 $P_a = P + jP_r$로 표시한다. 여기서 무효전력 $P_r > 0$이라면 ( ) 무효전력(C)을 의미한다.

06 두 대의 전력계를 사용하여 3상 평형 부하의 역률을 측정하려고 한다. 전력계의 지시가 각각 $P_1[W]$, $P_2[W]$라고 할 때 이 회로의 역률 $\cos\theta$=( ) 이다.

07 기전력 E, 내부 저항 R_S인 전원으로부터 부하저항 R_L에 최대 전력을 공급하기 위한 조건은 (①)이며, 이때의 최대전력 P_m=(②) 이다.

08 전원의 내부 임피던스가 순저항 R과 리액턴스 X로 구성되고 외부에 부하 저항 R_L을 연결하여 최대 전력을 전달하려면 $R_L=$(   ) 이다.

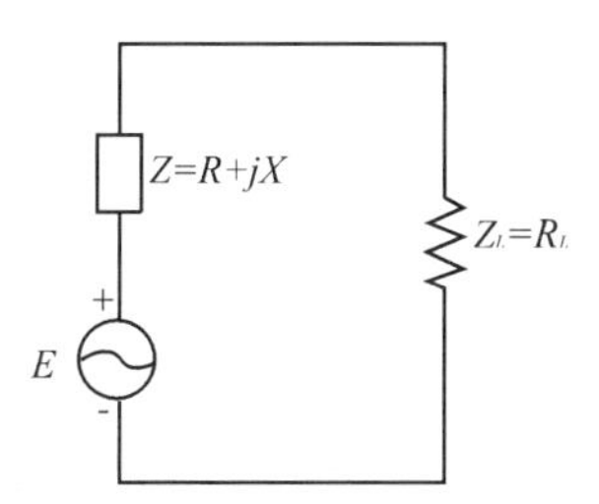

09 $R-L$ 병렬 회로의 양단에 $e=E_m\sin(\omega t+\theta)[V]$의 전압이 가해졌을 때 소비되는 유효 전력 $P=$(   )[W] 이다.

10 평형 3상 저항 부하가 3상 4선식 회로에 접속하여 있을 때 단상 전력계를 그림과 같이 접속하였더니 그 지시값이 W[W]이었다. 이 부하의 3상 전력 $P=$(   ) 이다.

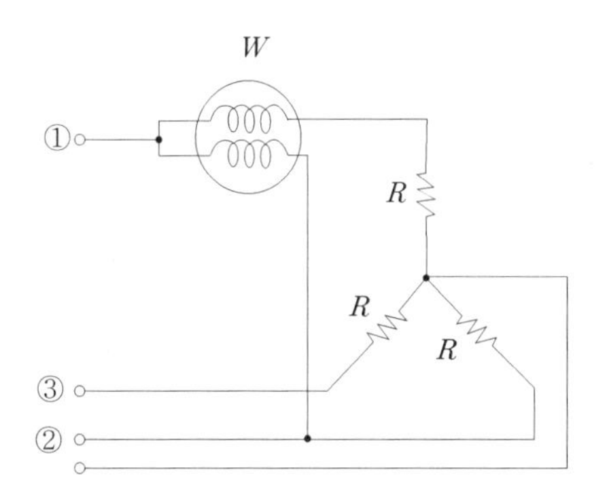

정답

(1) ① 무효전력, ② [Var]
(2) ① $VI\cos\theta$, ② 실효값
(3) $\sqrt{P^2+P_r^2}$
(4) $\dfrac{P}{P_a}$
(5) 진상
(6) $\dfrac{P_1+P_2}{2\sqrt{P_1^2+P_2^2-P_1P_2}}$
(7) ① $R_L=R_S$, ② $\dfrac{E^2}{4R_S}$
(8) $\sqrt{R^2+X^2}$
(9) $\dfrac{E_m^2}{2R}$
(10) $2W$

Chapter 04

기출문제에서 뽑은 최다 빈출

적중 예상문제

1. 어떤 회로에 전압 $v(t) = V_m\cos(wt+\theta)$를 가했더니 다음의 전류 $i(t) = I_m\cos(wt+\theta+\varnothing)$가 흘렀다. 이때 회로에 유입하는 전력은 얼마인가?

① $\frac{1}{4}V_mI_m\cos\varnothing$　② $\frac{1}{2}V_mI_m\cos\varnothing$

③ $\frac{V_mI_m}{\sqrt{2}}$　④ $V_mI_m\sin\varnothing$

|정|답|및|해|설|

[유효 전력] $P = \frac{1}{2}V_mI_m\cos\varnothing = \frac{V_m}{\sqrt{2}}\cdot\frac{I_m}{\sqrt{2}}\cdot\cos\varnothing$

※전력은 실효값으로 계산된다.

① 피상 전력 $P_a = \frac{V_m}{\sqrt{2}}\cdot\frac{I_m}{\sqrt{2}} = \frac{1}{2}V_mI_m[VA]$

② 무효 전력 $P_r = \frac{V_m}{\sqrt{2}}\cdot\frac{I_m}{\sqrt{2}}\sin\varnothing = \frac{1}{2}V_mI_m\sin\varnothing[Var]$

【정답】 ②

2. 역률 0.8, 부하 800[㎾]를 2시간 사용할 때의 소비 전력량은?

① 1,000[㎾h]　② 1,200[㎾h]

③ 1,400[㎾h]　④ 1,600[㎾h]

|정|답|및|해|설|

[전력량] $W = P\cdot t$

소비 전력=부하 전력= 유효 전력

$W = P\cdot t = 800\times 2 = 1600[kWh]$　【정답】 ④

3. $V = 100\angle 60°$ [V], $I = 20\angle 30°$ [A] 일 때 유효전력은 얼마인가?

① $1,000\sqrt{2}$[W]　② $1,000\sqrt{3}$[W]

③ $\frac{2,000}{\sqrt{2}}$[W]　④ 2,000[W]

|정|답|및|해|설|

[유효전력] $P = VI\cos\theta[W]$

여기서, V : 전압의 실효치, I : 전류의 실효치

θ : 전압, 전류의 위상차

유효전력 $P = VI\cos\theta[W]$

$= 100\times 20\times\cos 30° = 2000\times\frac{\sqrt{3}}{2} = 1000\sqrt{3}$

무효전력 $P_r = VI\sin\theta = 100\times 20\times\sin 30° = 1000[Var]$)

피상전력 $P_a = VI = 100\times 20 = 2000[VA]$

【정답】 ②

4. $V = 100\angle\frac{\pi}{3}$[V]의 전압을 가하니 $I = 10\sqrt{3}+j10$[A]의 전류가 흘렀다. 이 회로의 무효전력은 얼마인가?

① 0[Var]　② 1,000[Var]

③ 1,732[Var]　④ 2,000[Var]

|정|답|및|해|설|

[무효전력] $P_r = VI\sin\theta$

$\dot{V} = 100\angle\frac{\pi}{3}$

$\dot{I} = 10\sqrt{3}+j10 = 20\angle 30° = 20\angle\frac{\pi}{6}$

$|\dot{I}| = \sqrt{(10\sqrt{3})^2+10^2} = 20$

$\theta = \tan^{-1}\frac{10}{10\sqrt{3}} = \tan^{-1}\frac{1}{\sqrt{3}} = 30°$

$\therefore P_r = 100\times 20\times\sin\left(\frac{\pi}{3}-\frac{\pi}{6}\right)$

$= 2000\times\sin\frac{\pi}{6} = 1000[Var]$

【정답】 ②

5. 22[KVA]의 부하가 역률 0.8이라면 무효전력은 몇 [kVar]인가?

① 14.5　② 13.2
③ 12.3　④ 11.5

|정|답|및|해|설|

[무효전력] $P_r = VI\sin\theta = P_a \cdot \sin\theta\ [Var]$

$P_a = 22$

$\sin\theta = \sqrt{1-\cos^2\theta} = \sqrt{1-0.8^2} = \sqrt{0.36} \fallingdotseq 0.6$

$P_r = P_a \cdot \sin\theta = 22 \times 0.6 = 13.2$　【정답】 ②

6. 역률 60[%]인 부하의 유효 전력이 120[kW] 일 때 무효 전력은 몇[kVar]인가?

① 40　② 80
③ 120　④ 160

|정|답|및|해|설|

[무효전력] $P_r = P_a \cdot \sin\theta$

피상전력 $P_a = VI = \dfrac{P}{\cos\theta} = \dfrac{120}{0.6} = 200$

$P_r = 200 \times 0.8 = 160\ [\text{kVar}]$　【정답】 ④

7. 어느 회로에 전압과 전류의 실효값이 각각 50[V], 10[A]이고 역률이 0.8이다. 무효전력은?

① 400[Var]　② 300[Var]
③ 200[Var]　④ 100[Var]

|정|답|및|해|설|

[무효전력] $P_r = VI\sin\theta$

$\sin\theta = \sqrt{1-\cos^2\theta} = \sqrt{1-0.8^2} = \sqrt{0.36} = 0.6$

$P_r = 50 \times 10 \times 0.6 = 300[\text{Var}]$

【정답】 ②

8. $R = 40[\Omega]$, $L = 80[\text{mH}]$의 코일이 있다. 이 코일에 100[V], 60[Hz]의 전압을 가할 때 소비되는 전력은?

① 100[W]　② 120[W]
③ 160[W]　④ 200[W]

|정|답|및|해|설|

[$R-L$ 직렬회로의 소비전력]

$P = I^2R = \left|\dfrac{V}{Z}\right|^2 \cdot R = \left(\dfrac{V}{\sqrt{R^2+X^2}}\right)^2 \cdot R = \dfrac{V^2 \cdot R}{R^2+X^2}[\text{W}]$

$X_L = wL = 2\pi fL = 2\pi \times 60 \times 80 \times 15^3 \fallingdotseq 30\ [\Omega]$

$|Z| = \sqrt{R^2+X^2} = \sqrt{40^2+30^2} = 50$

전류 $I = \left|\dfrac{V}{Z}\right| = \left|\dfrac{100}{50}\right| = 2[\text{A}]$

전력 $P = I^2R = 2^2 \times 40 = 160\ [\text{W}]$

【정답】 ③

9. 어느 회로의 전압이 $v(t) = 50\sin(wt+\theta)$[V], 전류가 $i(t) = 4\sin(wt+\theta-30^\circ)$[A] 일 때, 무효 전력은 얼마인가?

① 100[Var]　② 86.6[Var]
③ 70.7[Var]　④ 50[Var]

|정|답|및|해|설|

[무효전력] $P_r = VI\sin\theta$

$P_r = \dfrac{50}{\sqrt{2}} \cdot \dfrac{4}{\sqrt{2}} \cdot \sin 30^\circ = \dfrac{200}{2} \times \dfrac{1}{2} = 50[\text{Var}]$

【정답】 ④

10. 병렬 회로에서 $R=10[\Omega]$, $I_1=2e^{-j\frac{\pi}{3}}[A]$, $I_2=5e^{j\frac{\pi}{3}}$[A], $I_3=1[A]$이다. 이 단상 회로에서의 평균 전력 및 무효 전력은?

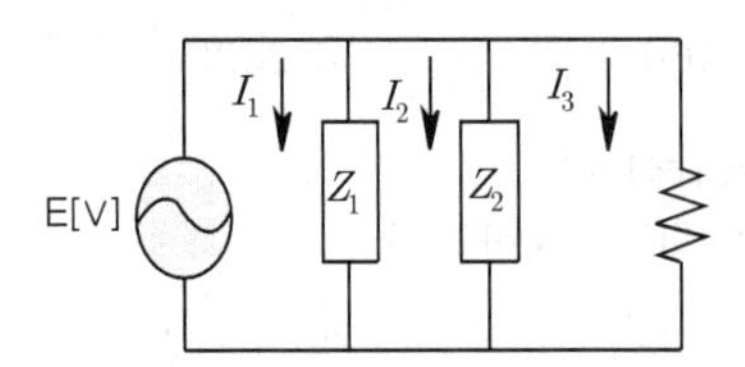

① 10[W], −9.75[Var]

② 20[W], 19.5[Var]

③ 20[W], −19.5[Var]

④ 45[W], 26[Var]

|정|답|및|해|설|

① $V_3=I_3R=1\times10=10[V]$: 병렬회로이므로 전원전압 "R"의 전압으로 위상의 기준

$\dot{P}_3=I_3^2\cdot R=1^2\times10=10[W]$

② I_1에 의한 전력

$$\dot{P}_1=\dot{V}\cdot\dot{I}_1=10\cdot2\cdot e^{-j\frac{\pi}{3}}\rightarrow(2\cdot e^{-j\frac{\pi}{3}}=2\angle-\frac{\pi}{3})$$

$$=20\left(\cos\frac{\pi}{3}-j\sin\frac{\pi}{3}\right)=10-j10\sqrt{3}$$

③ I_2에 의한 전력

$$\dot{P}_2=\dot{V}\cdot\dot{I}_2=10\cdot5e^{j\frac{\pi}{3}}\rightarrow(5\angle\frac{\pi}{3})$$

$$=50\cdot\left(\cos\frac{\pi}{3}+j\sin\frac{\pi}{3}\right)=25+j25\sqrt{3}$$

④ 평균전력 $P=P_1+P_2+P_3=10+25+10=45[W]$

무효전력 $P_r=P_{r_1}+P_{r_2}=-j10\sqrt{3}+j25\sqrt{3}$

$=j15\sqrt{3}$

【정답】 ④

11. 3전류계법에서 전류계 A_1, A_2, A_3, 25[Ω]의 저항 R을 접속하였다. 전류계의 지시는 $A_1=10$[A], $A_2=4$[A], $A_3=7$[A]이다. 부하의 전력 [W]과 역률을 구하면?

① $P=437.5$ $\cos\theta=0.625$

② $P=437.5$ $\cos\theta=0.547$

③ $P=487.5$ $\cos\theta=0.647$

④ $P=507.5$ $\cos\theta=0.747$

|정|답|및|해|설|

[3전류계법] 역률 $\cos\theta=\dfrac{I_1^2-I_2^2-I_3^2}{2I_2I_3}$

전력 $P=\dfrac{R}{2}(I_1^2-I_2^2-I_3^2)[W]$

$$P=\frac{R}{2}(I_1^2-I_2^2-I_3^2)=\frac{25}{2}(10^2-4^2-7^2)=437.5$$

$$\cos\theta=\frac{I_1^2-I_2^2-I_3^2}{2I_2I_3}=\frac{10^2-4^2-7^2}{2\times4\times7}=0.625$$

※전압계법 $P=\dfrac{1}{2R}(V_1^2-V_2^2-V_3^2)$[W]

【정답】 ①

12. 어떤 회로의 전압 E, 전류 I일 때 $P_a=\overline{E}I=P+jP_r$에서 $P_r>0$이다. 이 회로는 어떤 부하인가?

① 유도성　② 무유도성

③ 용량성　④ 정저항

|정|답|및|해|설|

[피상전력] $P_a=P+jP_r$

→(P : 유효전력, P_r : 무효전력)

$P_r>0$: 용량성, $P_r<0$: 유도성

【정답】 ③

13. 어떤 코일의 임피던스를 측정하고자 직류 전압 100[V]를 가했더니 500[W]가 소비되고, 교류 전압 150[V]를 가했더니 720[W]가 소비되었다. 이 코일의 저항[Ω]과 리액턴스 [Ω]는?

① $R=20,\ X=15$

② $R=15,\ X=20$

③ $R=25,\ X=20$

④ $R=30,\ X=25$

|정|답|및|해|설|

[$R-L$ 직렬로 해석]

① 직류

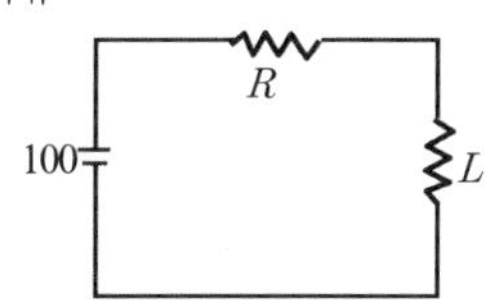

직류 전원에서 L의 정상 상태는 : 단락

$(X_L = 2\pi fL$ 에서 $f = 0$(직류) $X_L = 0\,[\Omega])$

직류에서는 R만의 회로 $P = \dfrac{V^2}{R}$

$\therefore R = \dfrac{V^2}{P} = \dfrac{100^2}{500} = 20[\Omega]$

② 교류

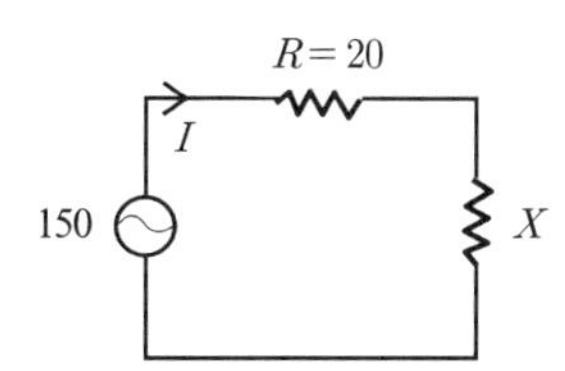

$P = I^2R = 720[\text{W}]$

$I^2 = \dfrac{720}{R} = \dfrac{720}{20} = 36$

$\cdot I = \sqrt{36} = 6[\text{A}]$

$\cdot Z = \dfrac{V}{I} = \dfrac{150}{6} = 25[\Omega]$

$\cdot X = \sqrt{Z^2 - R^2} = \sqrt{25^2 - 20^2} = \sqrt{225} = 15$

【정답】 ①

14. 어떤 회로에 전압 $e(t) = 100 + 50\sin 337t$ [V]를 가했을 때 전류 $i(t) = 10 + 3.54\sin(377t - 45°)$[A]가 흘렀다고 한다. 이 회로에서 소비되는 전력은 몇[W]인가?

① 562.5 ② 1,062.5

③ 1,250.5 ④ 1,385.5

|정|답|및|해|설|

$P_1 = 100 \times 10 = 1000[W]$ → (직류에 의한 소비전력)

$P_2 = \dfrac{50}{\sqrt{2}} \cdot \dfrac{3.54}{\sqrt{2}} \times \cos 45° = 62.5[W]$ → (교류에 의한 값)

$\therefore P = P_1 + P_2 = 1000 + 62.5 = 1062.5$

【정답】 ②

15. 1,000[Hz]인 정현파 교류에서 5[mH]인 유도 리액턴스와 같은 용량 리액턴스를 갖는 C의 값은 얼마인가?

① 5.07[μF] ② 4.07[μF]

③ 3.07[μF] ④ 2.07[μF]

|정|답|및|해|설|

$X_L = X_C,\quad wL = \dfrac{1}{wC} \rightarrow w^2LC = 1$

$C = \dfrac{1}{w^2L} = \dfrac{1}{(2\pi \times 1000)^2 \times 5 \times 10^{-3}} = 5.07$

【정답】 ①

16. 저항 R과 유도 리액턴스 X_L이 병렬로 연결된 회로의 역률은?

① $\dfrac{\sqrt{R^2 + X_L^2}}{R}$ ② $\dfrac{\sqrt{R^2 + X_L^2}}{X_L}$

③ $\dfrac{R}{\sqrt{R^2 + X_L^2}}$ ④ $\dfrac{X_L}{\sqrt{R^2 + X_L^2}}$

|정|답|및|해|설|

[$R-L$ 병렬 회로(역률)] $\cos\theta = \dfrac{X_L}{\sqrt{R^2 + X_L^2}}$

③항은 직렬 회로의 역률

【정답】 ④

17. 부하 저항 R_L이 전원의 내부저항 R_0의 3배가 되면 부하 저항 R_L에서 소비되는 전력 P_L은 최대 전송 전력 P_m의 몇 배인가?

① 0.89 ② 0.75

③ 0.5 ④ 0.3

|정|답|및|해|설|

[최대 전송 전력] $P_m = \dfrac{V^2}{4R_0}$

문제의 조건 : R_0, V, $R_L = 3R_0$

$P_L = I^2 R_L = \left(\dfrac{V}{R_0+3R_0}\right)^2 \cdot 3R_0$

$= \left(\dfrac{V}{4R_0}\right)^2 \cdot 3R_0 = \dfrac{V^2 \cdot 3R_0}{16R_0^2} = \dfrac{3V^2}{16R_0}$

$\therefore \dfrac{P_L}{P_m} = \dfrac{\dfrac{3V^2}{16R_0}}{\dfrac{V^2}{4R_0}} = \dfrac{3}{4}$[배]$= 0.75$

【정답】 ②

18. 그림과 같이 전압 E와 저항 R로 된 회로의 단자 A, B 간에 적당한 저항 R_L을 접속하여 R_L에서 소비되는 전력을 최대로 되게 하고자 한다. 저항 R_L을 어떻게 하면 되는가?

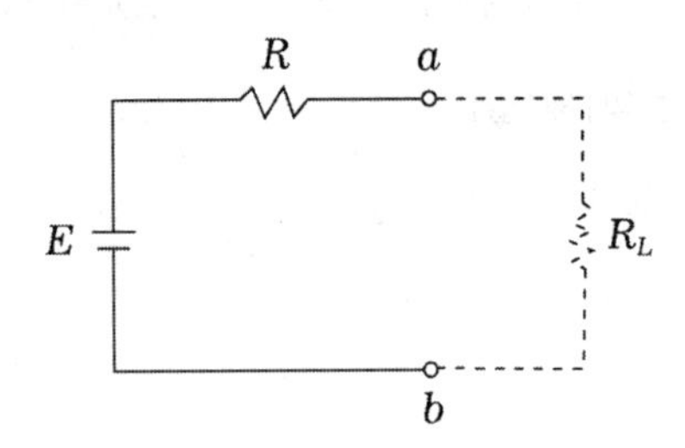

① R　　② $\dfrac{3}{2}R$

③ $\dfrac{1}{2}R$　　④ $2R$

|정|답|및|해|설|

[최대 전력 전달 조건] $R = R_L$

→ (선로 저항과 부하 저항이 같다.)

【정답】 ①

19. 최대값 V_o, 내부 임피던스 $Z_0 = R_0 + jX_0$ $(R_0 > 0)$인 전원에서 공급할 수 있는 최대 전력은?

① $\dfrac{V_0^2}{8R_0}$　　② $\dfrac{V_0^2}{4R_0}$

③ $\dfrac{V_0^2}{2R_o}$　　④ $\dfrac{V_0^2}{2\sqrt{2}\,R_0}$

|정|답|및|해|설|

[최대 전력 전달] $P_{\max} = \dfrac{V_S^2}{4R_L} = \dfrac{V_S^2}{4R_S}$

$\dfrac{V_0^2}{4R_0}$에 속지 말 것! 문제에서 최대값 V_0라 했으므로

$P_m{}' = \dfrac{V^2}{4R_0} = \dfrac{\left(\dfrac{V_0}{\sqrt{2}}\right)^2}{4R_0} = \dfrac{V_0^2}{8R_0}$

【정답】 ①

20. 내부 임피던스 $Z_g = 0.3 + j2[\Omega]$인 발전기에 임피던스 $Z_l = 1.7 + j3[\Omega]$인 선로를 연결하여 부하에 전력을 공급한다. 부하 임피던스 $Z_0[\Omega]$가 어떤 값을 취할 때 부하에 최대의 전력이 전송 되겠는가?

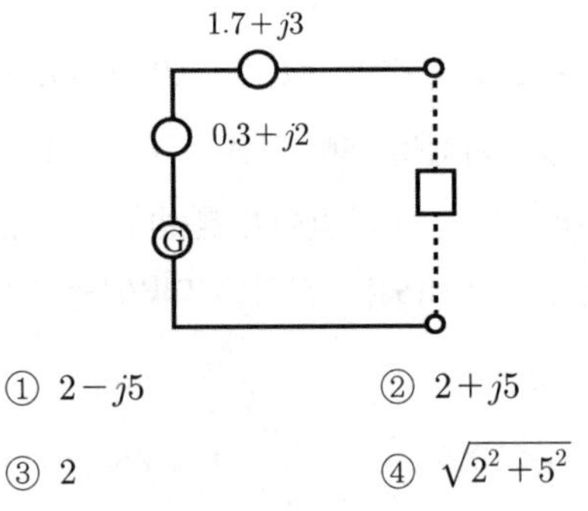

① $2 - j5$　　② $2 + j5$

③ 2　　④ $\sqrt{2^2 + 5^2}$

|정|답|및|해|설|

[최대 전력 전달(임피던스 회로)]

Z_0 =내부 Z의 공액

내부 $Z = 0.3 + j2 + 1.7 + j3 = 2 + j5$

$\therefore Z_0 = 2 - j5$ → (공액이 되어 내부와 부하는 반대)

【정답】 ①

21. 그림과 같은 회로에서 부하 임피던스 Z_L을 얼마로 할 때 이에 최대 전력이 공급되는가?

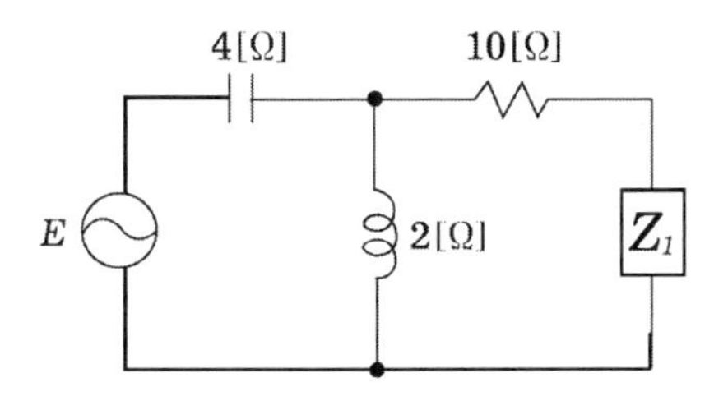

① $4-j10$　　② $4+j10$

③ $10-j4$　　④ $10+j4$

|정|답|및|해|설|

[최대 전력 전달]

① Z_L 개방

② 전원 제거(전압원 단락)

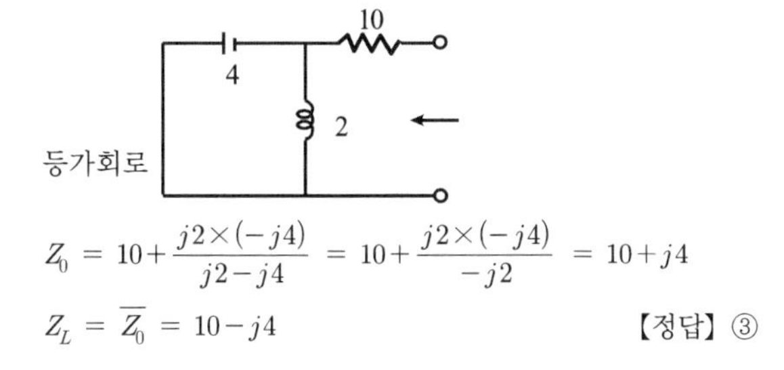

$Z_0 = 10+\frac{j2\times(-j4)}{j2-j4} = 10+\frac{j2\times(-j4)}{-j2} = 10+j4$

$Z_L = \overline{Z_0} = 10-j4$ 【정답】 ③

22. 다음과 같은 회로에서 일정 전압 E_0에 대하여 최대 전력을 공급할 수 있는 조건은?

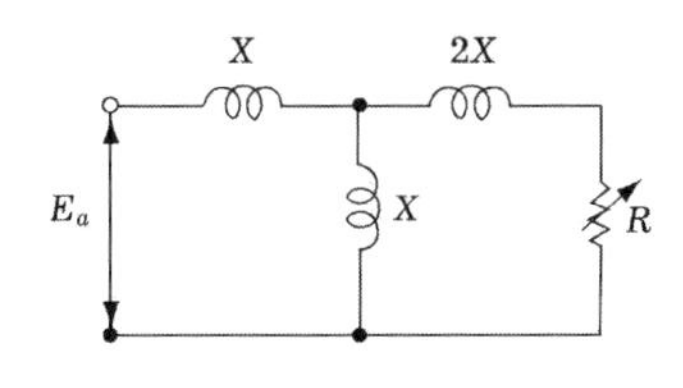

① $2X$　　② $\frac{3}{2}X$

③ $3X$　　④ $\frac{5}{2}X$

|정|답|및|해|설|

[최대 전력 전달]

전원 제거 (전압원 단락) 부하 개방

부하 단자에서 본 내부 리액턴스

$X_0 = 2X+\frac{X}{2} = \frac{5}{2}X$

$\therefore P_L = \frac{5}{2}X$

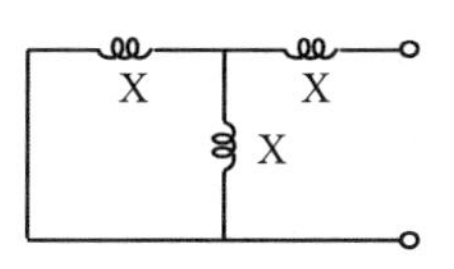

【정답】 ④

23. 그림과 같이 저항 R과 정전용량 C의 병렬회로가 있다. 전 전류를 일정하게 유지할 때 R에서 소비되는 전력을 최대로 하는 R[Ω]의 값은? (단, 전원의 주파수는 f[Hz]이다.)

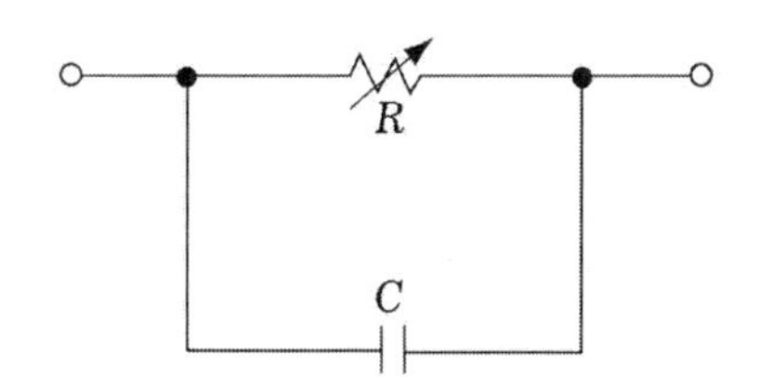

① $\frac{1}{wC}$　　② $R-jwC$

③ wCR　　④ $R+jwC$

|정|답|및|해|설|

[최대 전력 전달]

$R = X_0 = \frac{1}{wC}$

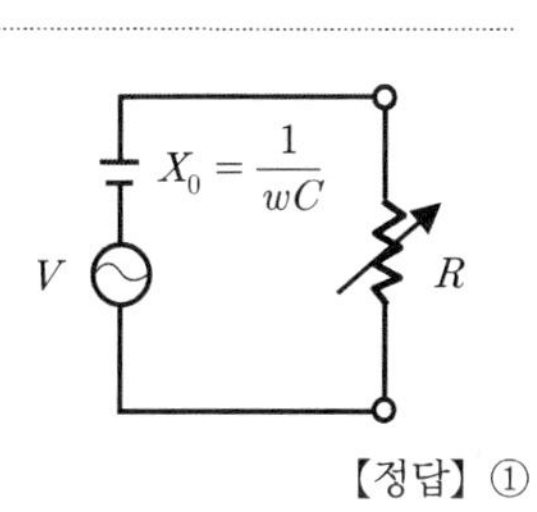

【정답】 ①

24. RC 직렬 회로에 V[V]의 교류 기전력을 가한다. 이때 저항 R을 변화시켜 부하 R에 최대 전력을 공급하고자 한다. R에서 소비되는 최대 전력은 얼마인가?

① $\frac{1}{4}CwV^2$　　② $2w^2CV$

③ Cw^2V^2　　④ $\frac{1}{2}wCV^2$

|정|답|및|해|설|

[최대 전력 전달]

$$P_m = I^2 \cdot R = \left| \frac{V}{R - j\frac{1}{wC}} \right|^2 \cdot \frac{1}{wC} \quad \rightarrow \left(R = \frac{1}{wC} \right)$$

$$= \left| \frac{V}{\frac{1}{wC} - j\frac{1}{wC}} \right|^2 \cdot \frac{1}{wC}$$

$$= \left| \frac{V}{\frac{\sqrt{2}}{wC}} \right|^2 \cdot \frac{1}{wC} = \frac{1}{2} wCV^2$$

【정답】 ④

25. $V = 100 + j30$[V]의 전압을 어떤 회로에 가하니 $I = 16 + j3$[A]의 전류가 흘렀다. 이 회로에서 소비되는 유효 전력[W]과 무효전 력[Var]은 각각 얼마인가?

① 1,690, 180　　② 1,510, 780

③ 1,510, 180　　④ 1,690, 780

|정|답|및|해|설|

[복소 전력] 피상전력 $P_a = \overline{V}I = P + jP_r$

$P_a = \overline{V} \cdot I = (100 - j30) \cdot (16 + j3)$

$= 1600 + j300 - j480 + 90 = 1690 - j180$

【정답】 ①

26. $E = 40 + j30$[V]의 전압을 가하니 $I = 30 + j3$[A] 전류가 흐른다. 이 회로의 역률값은?

① 0.456　　② 0.567

③ 0.854　　④ 0.949

|정|답|및|해|설|

[복소전력] 피상전력 $P_a = \overline{V}I$

[역률] $\cos\theta = \frac{P}{P_a}$ → 피상 전력 $P_a = \overline{V}I = P + jP_r$

복소전력 $P = (40 - j30)(30 + j3) = 1200 + j120 - j900 + 90$

$= 1290 - j780$

$\therefore \cos\theta = \frac{P}{P_a} = \frac{1290}{\sqrt{1290^2 + 780^2}} = 0.854$

【정답】 ③

27. 부하에 전압 $V = 7\sqrt{3} + j7$[V]를 가했을 때 $I = 7\sqrt{3} - j7$[A] 전류가 흐른다. 이때 부하의 역률은?

① 100[%]　　② 86.7[%]

③ 67.7[%]　　④ 50[%]

|정|답|및|해|설|

[부하 역률]

$\dot{V} = 7\sqrt{3} + j7 = 14\angle 30^\circ$

$\dot{I} = 7\sqrt{3} - j7 = 14\angle -30^\circ$

∴ 전압, 전류의 위상차 60°　$\therefore \cos 60^\circ = \frac{1}{2} = 0.5$

【정답】 ④

28. 코일에 단상 100[V]의 전압을 가하면 30[A]의 전류가 흐르고 1.8[kW]의 전력을 소비한다고 한다. 이 코일과 병렬로 콘덴서를 접속하여 회로의 합성 역률을 100[%]로 하기 위한 용량 리액턴스는 대략 몇[Ω]이어야 하는가?

① 1　　② 2

③ 3　　④ 4

|정|답|및|해|설|

[역률 개선 시의 콘덴서 용량]

피상전력 $P_a = 100 \times 30 = 3$[kW]

유효전력 $P = 1800$[W]$=1.8$[kW]

무효전력 $P_r = \sqrt{3000^2 - 1800^2} = 2400$ [Var]

현재 역률 $\cos\theta = \frac{P}{P_a} = \frac{1.8}{3} = 0.6$

문제의 조건 : 역률 100[%]

$\therefore Q_c = P_{r_1} - P_{r_2} = 2400 - 0$

$\therefore P_r' = Q_C = \frac{V^2}{X_C} = 2400$

$X_C = \frac{V^2}{2400} = \frac{100^2}{2400} = 4.16$

【정답】 ④

29. $P_a = 10$[kVA], $\cos\theta = 0.6$(늦음)을 취하는 3상 평형부하에 병렬로 축전기를 접속하여 역률을 90[%]로 개선하려고 한다. 이때 축전기의 용량은?

① 5.1[kVar]　　② 6.1[kVar]

③ 7.1[kVar]　　④ 8.1[kVar]

|정|답|및|해|설|

[역률 개선 시의 콘덴서 용량] $Q = P(\tan\theta_1 - \tan\theta_2)$

$$Q = P\left(\frac{\sin\theta_1}{\cos\theta_2} - \frac{\sin\theta_2}{\cos\theta_2}\right) = P\left(\frac{\sqrt{1-\cos^2\theta_1}}{\cos\theta_1} - \frac{\sqrt{1-\cos^2\theta_2}}{\cos\theta_2}\right)$$

$$= 10 \times 0.6 \times \left(\frac{\sqrt{1-0.6^2}}{0.6} - \frac{\sqrt{1-0.9^2}}{0.9}\right) = 5.1[\text{kVar}]$$

【정답】 ①

30. 그림과 같은 회로에서 각 계기들의 지시값은 다음과 같다. ⓥ는 240[V], Ⓐ는 5[A], Ⓦ는 720[W]이다. 이때의 인덕턴스 L은 얼마인가? (단, 전원 주파수는 60[Hz]라 한다.)

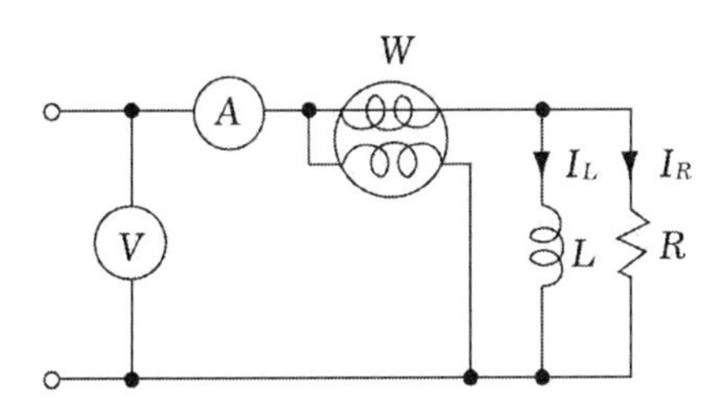

① $\frac{1}{2\pi}$[H]　　② 2π[H]

③ $\frac{1}{3\pi}$[H]　　④ 3π[H]

|정|답|및|해|설|

피상전력 $P_a = VI = 240 \times 5 = 1200[VA]$,

$P_a = P + jP_r$

무효전력 $P_r = \sqrt{P_a^2 - P^2} = \sqrt{1200^2 - 720^2} = 960[Var]$

$P_r = \frac{V^2}{X} = 960 \rightarrow X = \frac{240^2}{960} = 60$

$X = \omega L = 2\pi f L = 60 \rightarrow 2\pi \times 60 \times L = 60$

$\therefore L = \frac{1}{2\pi}[H]$

【정답】 ①

31. 그림과 같은 회로에서 주파수 f[Hz], 단상 교류 전압 V[V]의 전원에 저항 R[Ω]및 인덕턴스 L[H]의 코일을 접속한 회로가 있다. L을 가감해서 R의 전력 손실을 $L = 0$일 때의 $\frac{1}{2}$로 하면 L의 크기는 얼마인가?

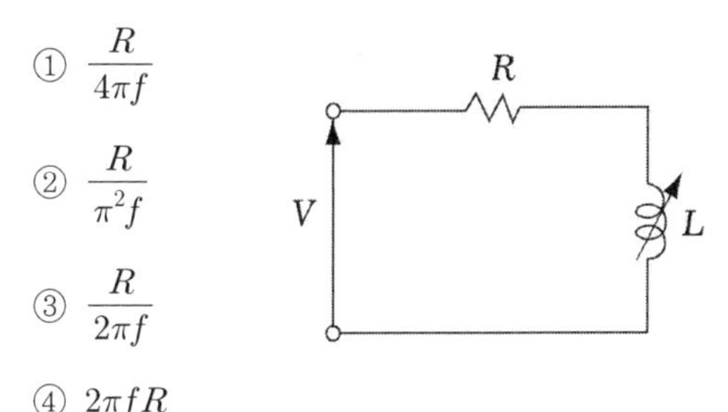

① $\frac{R}{4\pi f}$

② $\frac{R}{\pi^2 f}$

③ $\frac{R}{2\pi f}$

④ $2\pi f R$

|정|답|및|해|설|

① $L = 0$ 일 때 : R만의 회로

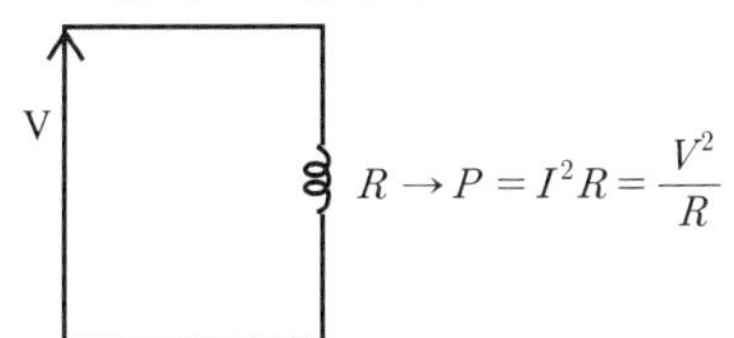

② $L \neq 0$: $R-L$ 직렬

$R \rightarrow P = I'^2 R$

$$= \left|\frac{V}{R}\right|^2 \cdot R = \left|\frac{V}{\sqrt{R^2+X^2}}\right|^2 \cdot R$$

$$= \frac{V^2 \cdot R}{R^2 + X^2}$$

③ 조건 적용 : $\frac{V^2 R}{R^2+X^2} = \frac{1}{2}\frac{V^2}{R}$

$R^2 + X^2 = 2R^2 \rightarrow X^2 = R^2$

$X = R \rightarrow 2\pi f L = R$

$\therefore L = \frac{R}{2\pi f}$

【정답】 ③

32. 100[V], 100[W]의 전구와 100[V], 200[W]의 전구가 그림과 같이 직렬 연결되어 있다면 100[W] 전구와 200[W]의 전구가 실제 소비하는 전력의 비는 얼마인가?

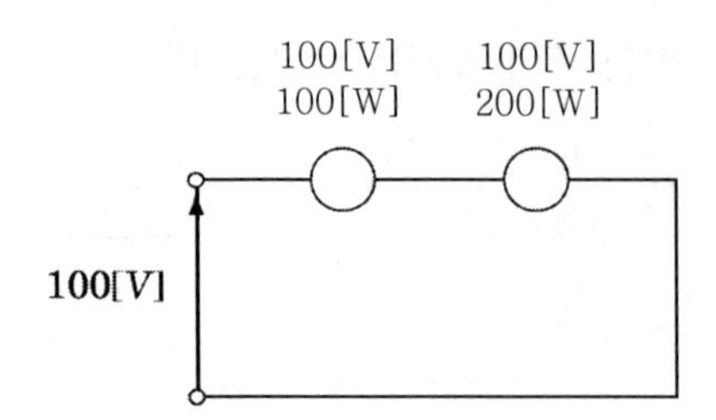

① 4 : 1　　② 1 : 2
③ 2 : 1　　④ 1 : 1

|정|답|및|해|설|

① 정격 100[V], 100[W]

$$P_1 = \frac{V^2}{R_1} \text{에서 } R_1 = \frac{V^2}{P_1} = \frac{100^2}{100} = 100 \ [\Omega]$$

② 정격 100[V], 200[W]

$$P_2 = \frac{V^2}{R_2} \text{에서 } R_2 = \frac{V^2}{P_2} = \frac{100^2}{200} = 50[\Omega]$$

직렬연결 시 : 전류 기호 $P = I^2R$ (전류가 일정할 때)
저항에 비례하므로 $R_1 : R_2 = 2:1$
그러므로 소비되는 전력의 비는 2:1

【정답】 ③

Chapter 05

유도 결합 회로

01 상호 유도 작용

(1) 1, 2차 코일에 유도되는 전압

패러데이 법칙에 의하여 유도전압이 나타난다.

① $v_1 = L_1\frac{di_1}{dt} \pm M\frac{di_2}{dt}$[V]

② $v_2 = L_2\frac{di_2}{dt} \pm M\frac{di_1}{dt}$[V]

여기서, $L_1\frac{di_1}{dt}$, $L_2\frac{di_2}{dt}$: 자기 유도전압

$\pm M\frac{di_2}{dt}$, $\pm M\frac{di_1}{dt}$: 상호 유도전압

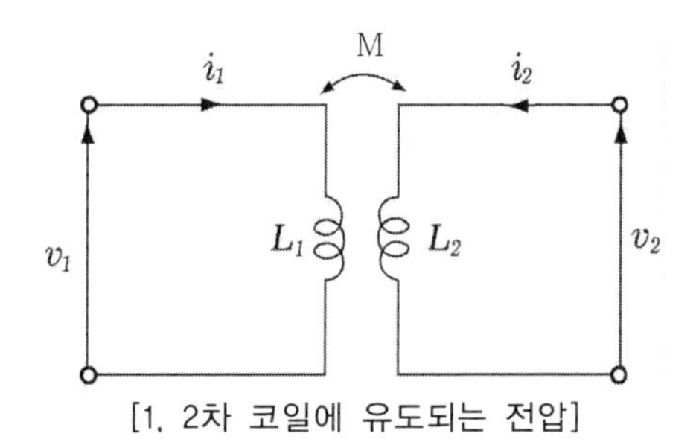

[1, 2차 코일에 유도되는 전압]

(2) 상호 유도전압의 극성

① $+M\frac{di_2}{dt}$: 두 코일에서 생기는 자속이 합쳐지는 방향

② $-M\frac{di_2}{dt}$: 두 코일에서 생기는 자속이 반대 방향

02 인덕턴스의 종류

(1) 자기인덕턴스 ($L[H]$)

전자유도 작용에 의해 발생하는 기전력의 크기는 전류의 시간적인 변화율에 비례

① 유기기전력 $e = -L\frac{dI}{dt} = -N\frac{d\varnothing}{dt}[V]$ → $(L = \frac{N\varnothing}{I})$

여기서, L : 자기인덕턴스, N : 권수, $\varnothing$: 자속, I : 전류, t : 시간

② $N\varnothing = LI$에서

자기(자체) 인덕턴스 $L = \frac{N\varnothing}{I}$[Wb/A] 또는 [H]

(2) 상호인덕턴스

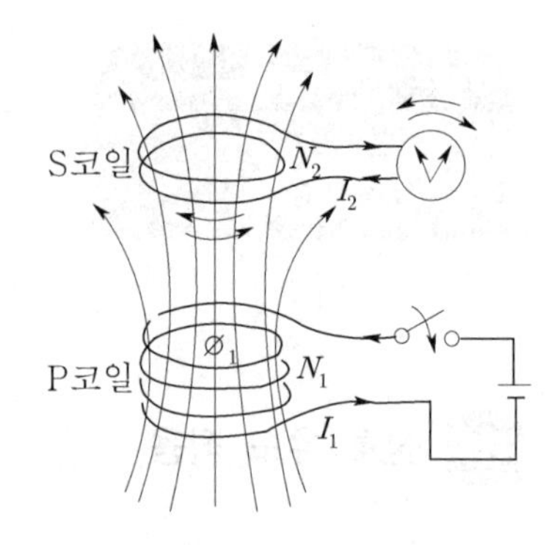

[상호유도 작용]

두 개의 코일 P, S에서 코일 P에 흐르는 전류 $I_1[A]$에 의하여 발생한 자속 $\varnothing_1$가 코일 S를 쇄교하여 코일 S에 유도되는 기전력의 크기를 결정하는 비례상수를 상호 인덕턴스라고 한다.

상호 인덕턴스 $M = L_1\frac{N_2}{N_1} = \frac{N_2\varnothing}{I}[H] \rightarrow (L_1 = \frac{N_1\varnothing}{I})$

(3) 상호인덕턴스(M)와 결합계수(k)

① 상호인덕턴스 $M \propto \sqrt{L_1L_2} = k\sqrt{L_1L_2}$ [H]

② 결합계수 $k = \frac{M}{\sqrt{L_1L_2}} \rightarrow (0 \le k \le 1)$

※결합계수 $k=1$: 코일이 완전 결합(이상적인 결합, 즉 누설 자속이 없다)을 했을 때이다.

$k=0$: 상호 자속이 전혀 없는 경우, 즉 무유도 결합 상태

핵심기출 【산업기사】 08/2 10/2

두 코일의 자기인덕턴스가 $L_1[H]$, $L_2[H]$ 상호인덕턴스가 M일 때 결합계수 k는?

① $\frac{\sqrt{L_1L_2}}{M}$　　② $\frac{M}{\sqrt{L_1L_2}}$

③ $\frac{M^2}{L_1L_2}$　　④ $\frac{L_1L_2}{M^2}$

정답 및 해설 [상호인덕턴스(결합계수)] $M = k\sqrt{L_1 \cdot L_2}$

결합계수 $k = \frac{M}{\sqrt{L_1 \cdot L_2}} \rightarrow (0 < k < 1)$　　【정답】 ②

03 인덕턴스의 접속

(1) 인덕턴스의 직렬접속

① 가극성 결합 (가동 결합, 직렬)

두 개의 코일을 같은 방향으로 직렬 접속한 회로이다.

이때 두 코일에서 나오는 자속이 합해지는 결합 방식이다.

코일의 감는 방법은 보통 점(·)으로 표시한다.

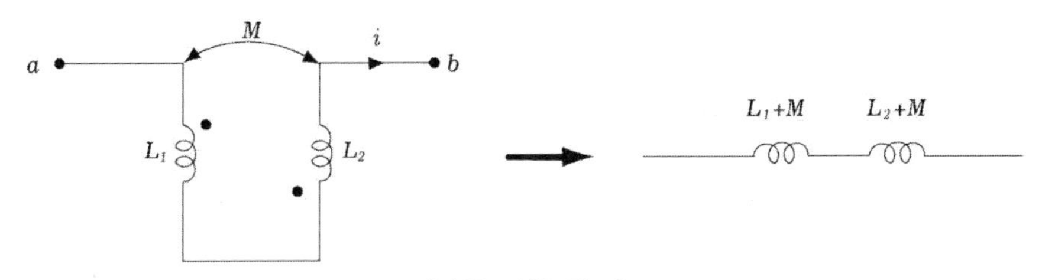

[가동 결합 회로]

합성 인덕턴스 $L = L_1 + M + L_2 + M = L_1 + L_2 + 2M = L_1 + L_2 + 2k\sqrt{L_1 L_2}$

② 감극성 결합 (차동 결합)

두 개의 코일을 반대 방향으로 직렬 접속한 회로이다.

이때 두 코일에서 나오는 자속이 서로 상쇄되는 결합 방식이다.

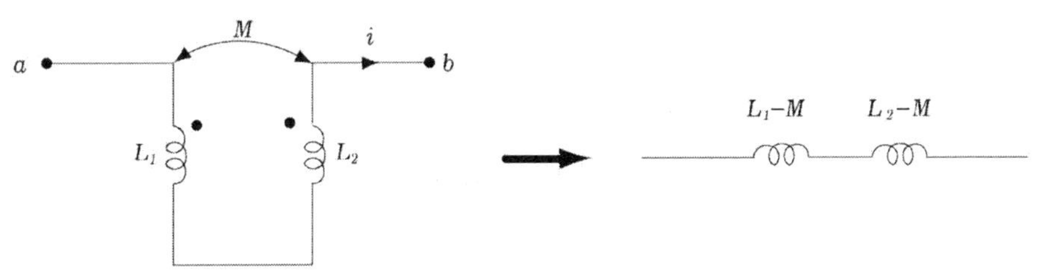

[차동 결합 회로]

합성 인덕턴스 $L = L_1 - M + L_2 - M = L_1 + L_2 - 2M = L_1 + L_2 - 2k\sqrt{L_1 L_2}$

핵심기출 【기사】 14/2

직렬로 유도 결합된 회로이다. 단자 $a-b$에서 본 등가 임피던스 Z_{ab}를 나타낸 식은?

① $R_1 + R_2 + R_3 + jw(L_1 + L_2 - 2M)$

② $R_1 + R_2 + jw(L_1 + L_2 + 2M)$

③ $R_1 + R_2 + R_3 + jw(L_1 + L_2 + 2M)$

④ $R_1 + R_2 + R_3 + jw(L_1 + L_2 + L_3 - 2M)$

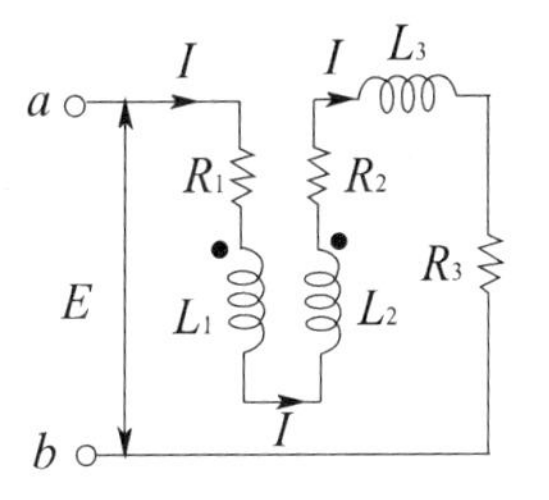

정답 및 해설 [인덕턴스의 직렬 접속]

L1+M L2+M

·가동결합 : $L_0 = L_1 + L_2 + 2M$

L1-M L2-M

·차동결합 : $L_0 = L_1 + L_2 - 2M$

·전류가 다른 방향으로 유입하므로 M의 단위는 (-)

【정답】 ④

(2) 인덕턴스의 병렬접속

① 가극성 결합 (가동 결합)

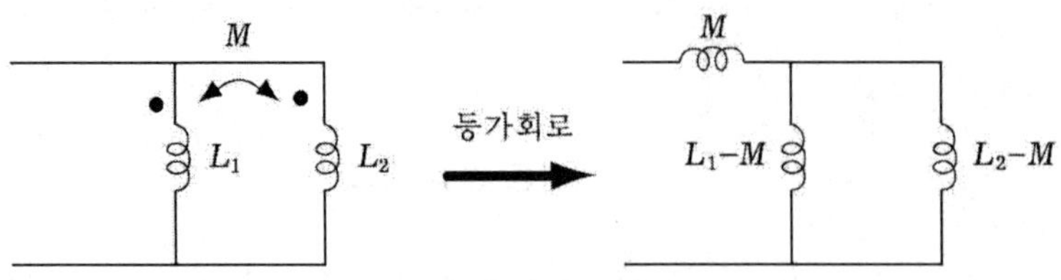

[가극성 결합 회로]

$$\text{합성 인덕턴스 } L = M + \frac{(L_1 - M)\cdot(L_2 - M)}{(L_1 - M) + (L_2 - M)} = \frac{L_1 L_2 - M^2}{L_1 + L_2 - 2M} [H]$$

② 차동 결합 (감극성 결합)

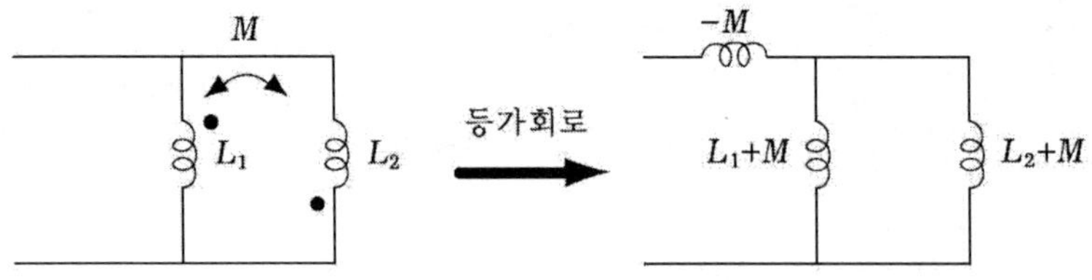

[차동 결합 회로]

$$\text{합성 인덕턴스 } L = -M + \frac{(L_1 + M)\cdot(L_2 + M)}{L_1 + M + L_2 + M} = \frac{L_1 L_2 - M^2}{L_1 + L_2 + 2M} [H]$$

핵심기출 【산업기사】 13/1 14/1

그림과 같은 회로의 합성 인덕턴스는?

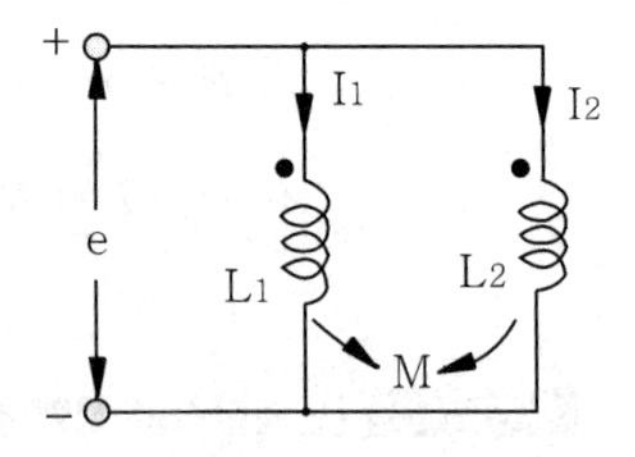

① $\dfrac{L_1 - M^2}{L_1 + L_2 - 2M}$ ② $\dfrac{L_2 - M^2}{L_1 + L_2 - 2M}$

③ $\dfrac{L_1 L_2 + M^2}{L_1 + L_2 - 2M}$ ④ $\dfrac{L_1 L_2 - M^2}{L_1 + L_2 - 2M}$

정답 및 해설 [인덕턴스의 병렬접속(가동결합)]

$$\text{합성 인덕턴스 } L_0 = M + \frac{(L_1 - M)(L_2 - M)}{(L_1 - M) + (L_2 - M)} = \frac{L_1 L_2 - M^2}{L_1 + L_2 - 2M}$$

【정답】 ④

04 권수비 (a)

(1) 권수비란?

변압기의 1차 권선과 2차 권선의 권수의 비율

권수비(변압비) $a = \dfrac{N_1}{N_2} = \dfrac{V_1}{V_2} = \dfrac{I_2}{I_1} = \sqrt{\dfrac{Z_1}{Z_2}} = \sqrt{\dfrac{R_1}{R_2}} = \sqrt{\dfrac{L_1}{L_2}}$

여기서, N_1, N_1 : 변압기의 1차, 2차 권선 횟수, V_1, V_2 : 변압기의 1차, 2차 전압[V]

I_1, I_2 : 변압기의 1차, 2차 전류[A], Z_1, Z_2 : 변압기의 1차, 2차 임피던스[Ω]

R_1, R_2 : 변압기의 1차, 2차 저항[Ω]

핵심기출 【산업기사】 04/2 08/1

그림과 같은 이상변압기에 대하여 성립되지 아니하는 관계식은? (단, N_1, N_2는 1차 및 2차 코일의 권수, a은 권수비 : $a = N_1/N_2$)

① $V_1 I_1 = V_2 I_2$

② $\dfrac{I_2}{I_1} = \dfrac{N_1}{N_2} = a$

③ $\dfrac{V_2}{V_1} = \dfrac{N_2}{N_1} = \dfrac{1}{a}$

④ $a = \sqrt{\dfrac{L_2}{L_1}}$

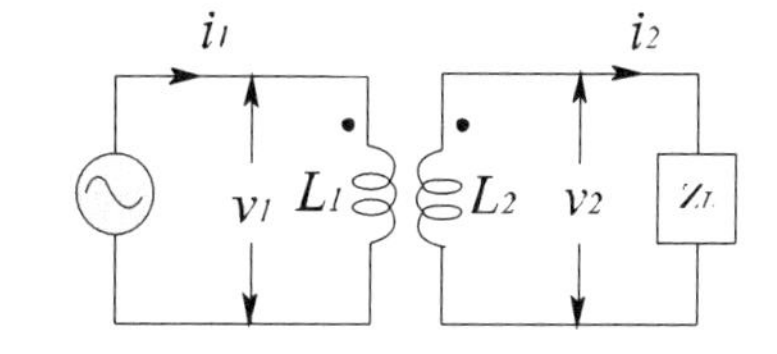

정답 및 해설 [권수비(a)] $a = \dfrac{V_1}{V_2} = \dfrac{N_1}{N_2} = \dfrac{I_2}{I_1} = \sqrt{\dfrac{L_1}{L_2}} = \sqrt{\dfrac{Z_1}{Z_2}}$ 【정답】 ④

05 브리지 회로

(1) 브리지 회로

서로 마주보는 대각으로의 곱이 같으면 회로가 평형

$Z_2 Z_3 = Z_1 Z_4$

이때 그림의 I_G에 흐르는 전류가 0이다. 고장점을 찾는데 이용

① $V_b = \dfrac{E}{Z_1 + Z_3} Z_3$

② $V_d = \dfrac{E}{Z_2 + Z_4} Z_4$

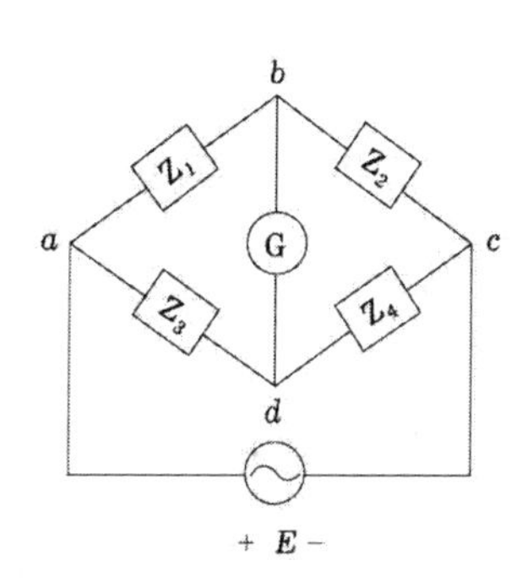

[브리지 회로]

③ $V_b = V_d$를 같다고 하면

$$\frac{E}{Z_1 + Z_3} Z_3 = \frac{E}{Z_2 + Z_4} Z_4 \rightarrow Z_3(Z_2 + Z_4) = Z_4(Z_1 + Z_3)$$

$$Z_2 Z_3 + Z_3 Z_4 = Z_1 Z_4 + Z_3 Z_4 \rightarrow \therefore Z_2 Z_3 = Z_1 Z_4$$

(2) 브리지 회로의 평형 조건

브리지 회로에서 대각으로의 곱이 같으면 회로가 평형이므로 검류계(I_G)에는 전류가 흐르지 않는다. 고장점을 찾는데 이용된다.

핵심기출 【산업기사】 10/2 11/3

다음과 같은 브리지 회로가 평형이 되기 위한 Z_4의 값은?

① 2 +j4

② −2 +j4

③ 4 +j2

④ 4 − j2

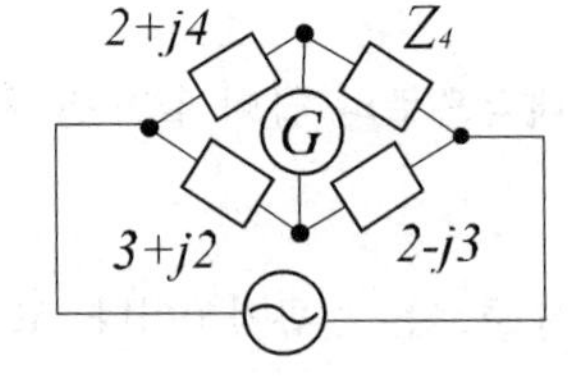

정답 및 해설 [브리지 회로의 평형 조건] 브리지 회로가 평형이면 대각선의 저항을 곱한 것이 같으므로

$Z_4(3+j2) = (2+j4)(2-j3)$

$$\therefore Z_4 = \frac{(2+j4)(2-j3)}{3+j2} = \frac{(16+j2)(3-j2)}{(3+j2)(3-j2)} = 4 - j2$$

【정답】 ④

Chapter **05**

시험 전 반드시 체크해야 할

단원 핵심 체크

01 유도 회로에서 1, 2차 코일에 유도되는 전압은 (　　　　　　)법칙에 의해서 유도 전압이 나타난다.

02 상호인덕턴스 M[H]인 회로의 1차 코일에 I_1[A]의 전류가 t초 동안에 I_2[A]로 변화할 때 2차 유도기전력 $e=($　　　　　　$)$[V] 이다.

03 자기인덕턴스와 상호인덕턴스와의 관계에서 결합계수 k값의 범위는 (　　　　)이다.

04 결합계수 $k=($　　①　　$)$이면 코일이 완전 결합(이상적인 결합, 즉 누설자속이 없다)을 했을 때이고, $k=($　　②　　$)$이면 상호자속이 전혀 없는 경우, 즉 무유도 결합 상태이다.

05 자기인덕턴스가 각각 $L_1[H]$, $L_2[H]$이고 두 코일간의 상호인덕턴스가 $M[H]$라면 결합계수 $k=($　　　　　　$)$ 이다.

06 두 개의 코일을 같은 방향으로 직렬 접속한 회로에서 이때 두 코일에서 나오는 자속이 합해지는 결합 방식을 (　　　　　　)결합이라고 한다.

07 두 개의 코일을 같은 방향으로 병렬 접속한 가극성 결합일 경우의 합성 인덕턴스 $L=($　　　　　　$)$[H] 이다.

08 변압기의 1차 권선과 2차 권선의 권수의 비율을 권수비라고 하며 그의 식은

$a=\frac{N_1}{N_2}=\frac{V_1}{V_2}=($　　　　　　$)=\sqrt{\frac{Z_1}{Z_2}}=\sqrt{\frac{R_1}{R_2}}=\sqrt{\frac{L_1}{L_2}}$ 이다.

단, 전류 I_1, I_2로 표시할 것

09 아래와 같은 교류 브리지 회로에서 Z_0에 흐르는 전류가 0이 되기 위한 각 임피던스의 조건은 (   ) 이다.

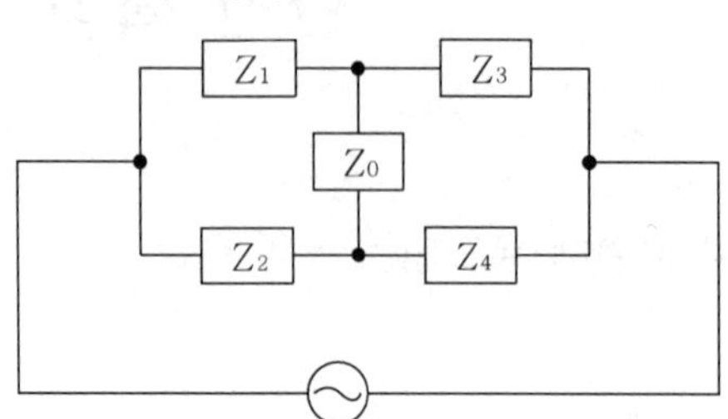

10 그림과 같은 결합 회로에서 등가 합성 인덕턴스는 $L=$(   ) 이다.

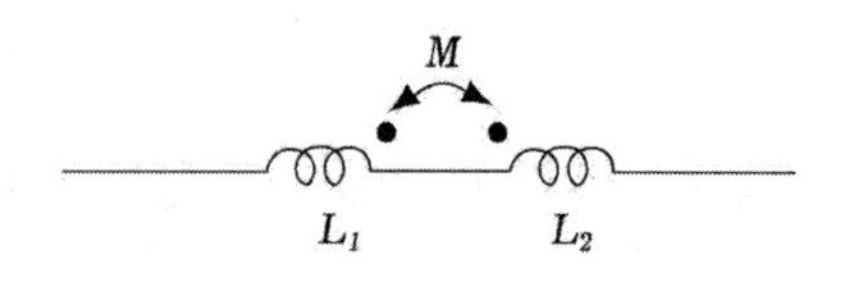

정답

(1) 패러데이 (2) $M\frac{di}{dt}$ (3) $0 \le k \le 1$

(4) ① 1, ② 0 (5) $\frac{M}{\sqrt{L_1L_2}}$ (6) 가극성

(7) $\frac{L_1L_2-M^2}{L_1+L_2-2M}[H]$ (8) $\frac{I_2}{I_1}$ (9) $Z_2Z_3=Z_1Z_4$

(10) L_1+L_2-2M

Chapter
05

기출문제에서 뽑은 최다 빈출

적중 예상문제

1. 한 코일의 전류가 매초 120[A]의 비율로 변화할 때 다른 코일에 15[V]의 기전력이 발생하였다면 두 코일의 상호 인덕턴스는?

① 0.125[H] ② 2.85[H]
③ 0[H] ④ 1.25[H]

|정|답|및|해|설|

[상호 인덕턴스]

기전력 $e = M\frac{di}{dt}$ 에서 $15 = M\frac{120}{1}$

$\therefore M = \frac{15}{120} = 0.125[H]$ 【정답】 ①

2. 그림과 같은 회로에서 $i(t) = I_m \cos wt$일 때 개방된 2차 단자에 나타나는 유기 기전력 e_2는 얼마인가?

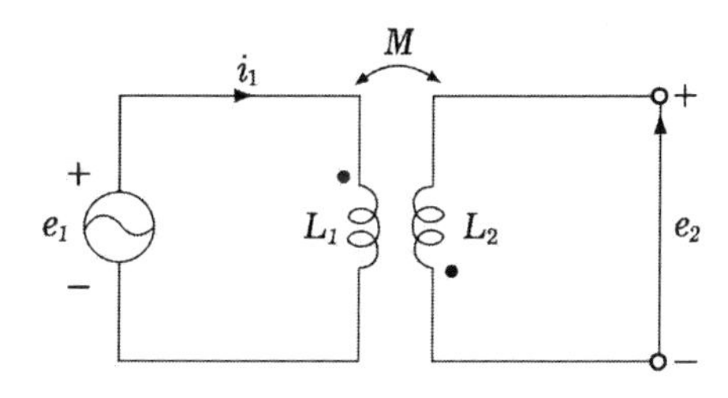

① $wMI_m \cos wt$

② $wMI_m \sin(wt+90°)$

③ $wMI_m \sin(wt-90°)$

④ $wMI_m \sin wt$

|정|답|및|해|설|

[유기 기전력] $e_2 = -M\frac{di}{dt} = -M\frac{d}{dt}I_m \cos wt$

$= -M \cdot I_m(-w\sin wt) = wMI_m \sin wt$

【정답】 ④

3. 그림과 같은 인덕턴스의 전체 자기 인덕턴스 L의 값은?

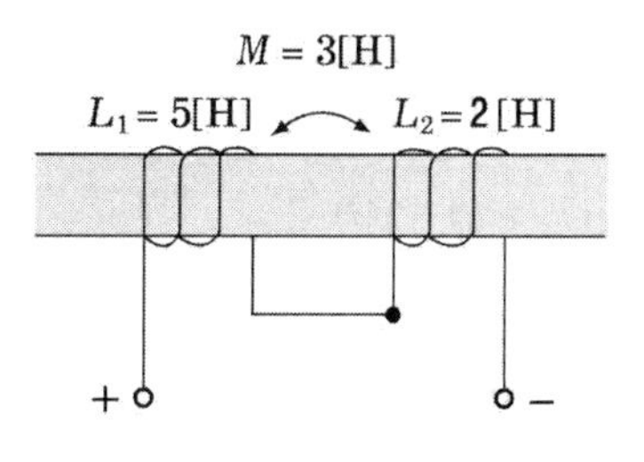

① 1[H] ② 3[H]
③ 7[H] ④ 13[H]

|정|답|및|해|설|

[자기 인덕턴스 가극성 결합] $L = L_1 + L_2 + 2M$

가극성 : 코일의 감긴 방향이 동일

$L = L_1 + L_2 + 2M = 5+2+2\times3 = 13[H]$

【정답】 ④

4. 인덕턴스 L_1, L_2가 각각 3[mH], 6[mH]인 두 코일간의 상호 인덕턴스 M이 4[mH]라고 하면 결합계수 k는?

① 약 0.94 ② 약 0.44
③ 약 0.89 ④ 약 1.12

|정|답|및|해|설|

[결합계수] $k = \frac{M}{\sqrt{L_1 L_2}} = \frac{4}{\sqrt{3\times6}} = 0.94$

【정답】 ①

5. 그림에서 회로의 e_{ab}는?

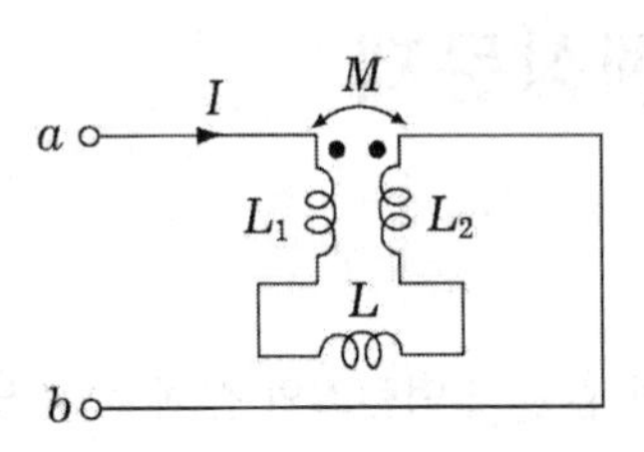

① $(L_1+L_2-2M)\frac{di}{dt}$

② $(L_1+L_2+2M)\frac{di}{dt}$

③ $(L_1+L_2+M)\frac{di}{dt}$

④ $(L_1+L_2-M)\frac{di}{dt}$

|정|답|및|해|설|

[인덕턴스 직렬 감극성 결합] $L = L_1+L_2-2M$

【정답】 ①

6. 5[mH]인 두 개의 자기 인덕턴스가 있다. 결합계수를 0.2로부터 0.8까지 변화시킬 수 있다면 이것을 접속하여 얻을 수 있는 합성 인덕턴스의 최대값과 최소값은 각각 몇[mH]인가?

① 18, 2　　② 18, 8

③ 20, 2　　④ 28, 8

|정|답|및|해|설|

[인덕턴스 직렬 결합]

최대값(가극성) : $L = L_1+L_2+2k\sqrt{L_1L_2}$

$= 5+5+2\times0.8\times\sqrt{5\times5} = 18$

최소값(감극성) : $L' = L_1+L_2-2k\sqrt{L_1L_2}$

$=5+5-2\times0.8\times\sqrt{5\times5}=2$

※최대값, 최소값 모두 결합계수 $k = 0.8$

【정답】 ①

7. 내부 임피던스가 순저항 6[Ω]인 전원과 120[Ω]의 순저항 부하 사이에 임피던스 정합을 위한 이상 변압기의 권선비는?

① $\frac{1}{\sqrt{20}}$　　② $\frac{1}{\sqrt{2}}$

③ $\frac{1}{20}$　　④ $\frac{1}{2}$

|정|답|및|해|설|

[권선비] $a = \frac{n_1}{n_2} = \sqrt{\frac{Z_1}{Z_2}} = \sqrt{\frac{6}{120}} = \sqrt{\frac{1}{20}}$

【정답】 ①

8. 권수 200, 150회의 코일 A, B가 있다. A코일의 자속이 0.2[Wb]인데 이중 80[%]가 B코일과 쇄교한다. A코일의 전류 4[A]라면 두 코일의 상호 인덕턴스는?

① 8[H]　　② 6[H]

③ 7[H]　　④ 5[H]

|정|답|및|해|설|

[상호 인덕턴스] $M=\frac{N\varnothing}{I}[H]$

$N_A = 200,\ N_B = 150,\ \varnothing_A = 0.2$

$\varnothing_{BA} = 0.2\times0.8 = 0.16$

$I_A = 4[A]$

$M = \frac{N_B\cdot\varnothing_{BA}}{I_A} = \frac{150\times0.16}{4}=6[H]$

결합계수 $k=0.8$

【정답】 ②

9. 그림의 회로에서 합성 인덕턴스 L[H]는?

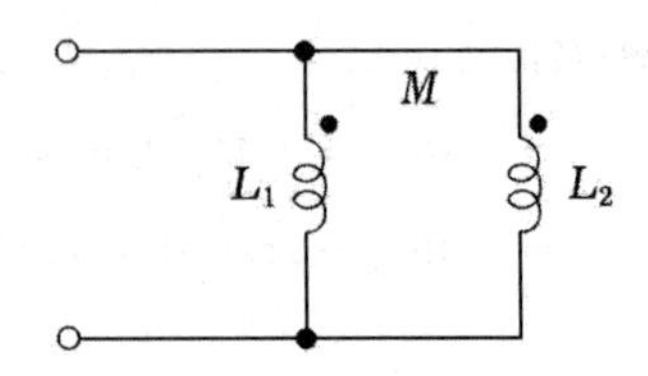

① $\dfrac{L_1L_2+M^2}{L_1+L_2-2M}$

② $\dfrac{L_1L_2-M^2}{L_1+L_2-2M}$

③ $\dfrac{L_1L_2+M^2}{L_1+L_2+2M}$

④ $\dfrac{L_1L_2-M^2}{L_1+L_2+2M}$

|정|답|및|해|설|

[인덕턴스 병렬 가극성 결합의 합성 인덕턴스]

$L=\dfrac{L_1L_2-M^2}{L_1+L_2-2M}[H]$

【정답】②

10. 그림과 같은 이상 변압기의 권선비가 $n_1 : n_2 = 1 : 3$일 때 a, b단자에서 본 임피던스는?

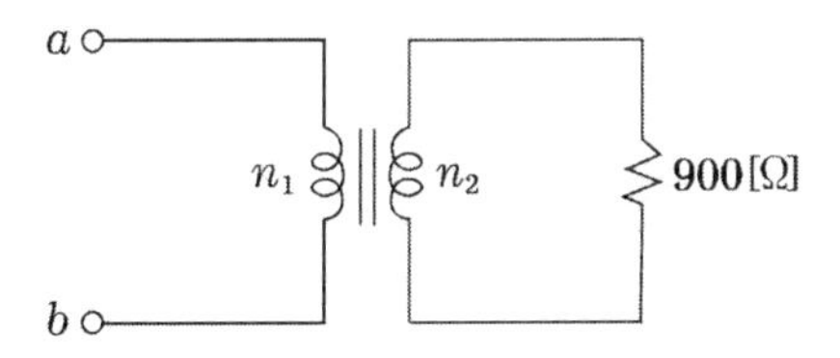

① 50[Ω]　② 100[Ω]

③ 200[Ω]　④ 400[Ω]

|정|답|및|해|설|

[권선비] $a=\dfrac{N_1}{N_2}=\dfrac{V_1}{V_2}=\dfrac{I_2}{I_1}=\sqrt{\dfrac{Z_1}{Z_2}}$

$a=\dfrac{1}{3}=\sqrt{\dfrac{Z_1}{900}}$

양변을 제곱하면 $\dfrac{1}{9}=\dfrac{Z_1}{900}$에서

$9Z_1=900 \rightarrow Z_1=100$

【정답】②

11. 그림과 같은 회로에서 절점 a와 절점 b의 전압이 같을 조건은?

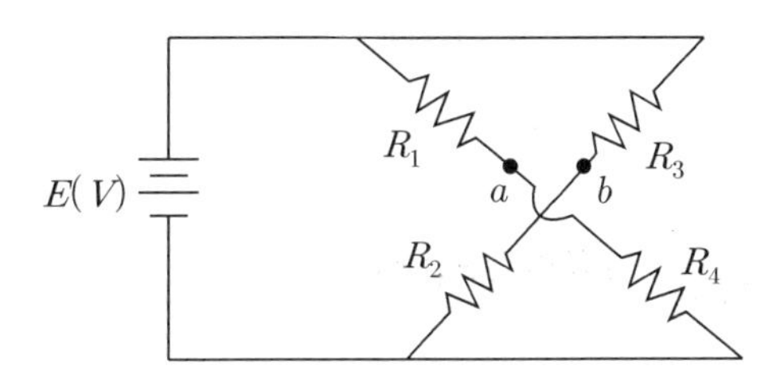

① $R_1R_2=R_3R_4$

② $R_1+R_3=R_2R_4$

③ $R_1R_3=R_2R_4$

④ $R_1R_2=R_3+R_4$

|정|답|및|해|설|

[브리지의 평형조건] 대각 방향의 저항 곱이 같다.

즉, $R_1R_2=R_3R_4$

【정답】①

12. 그림과 같은 회로(브리지 회로)에서 상호 인덕턴스 M을 조정하여 수화기 T에 흐르는 전류를 0으로 할 때 주파수는?

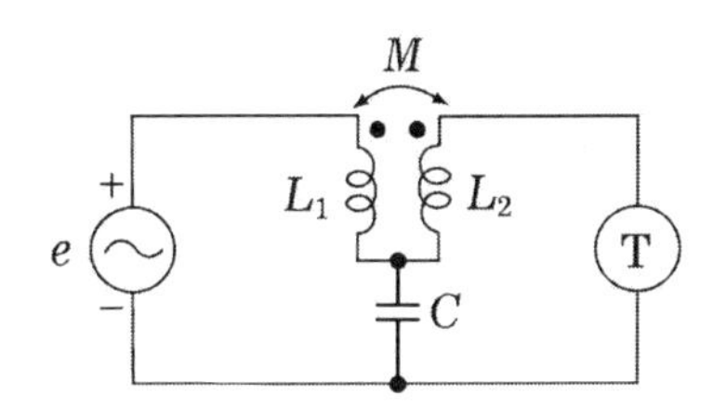

① $\dfrac{1}{2\pi MC}$　② $\sqrt{\dfrac{1}{2\pi MC}}$

③ $2\pi MC$　④ $\dfrac{1}{2\pi}\sqrt{\dfrac{1}{MC}}$

|정|답|및|해|설|

[공진 주파수] $\omega M=\dfrac{1}{\omega C} \rightarrow \omega^2=\dfrac{1}{MC}$

$f=\dfrac{1}{2\pi\sqrt{MC}} \rightarrow (\omega=2\pi f)$

【정답】④

Chapter 06

궤적

01 직렬회로의 궤적

(1) R을 $0 \sim \infty$로 가변 할 때의 Z, Y, I 궤적

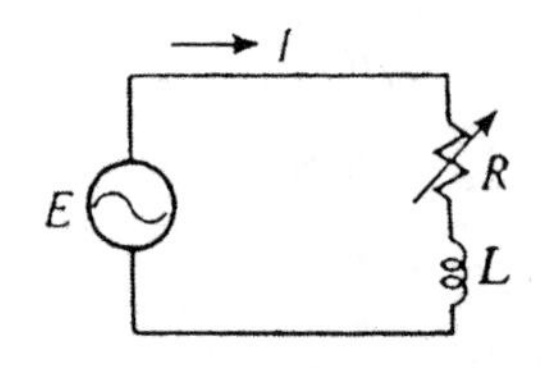

① 임피던스 궤적

임피던스 $Z = R + jwL$

$$R = 0 \rightarrow Z = 0 + jwL$$

$$R = \infty \rightarrow Z = \infty + jwL$$

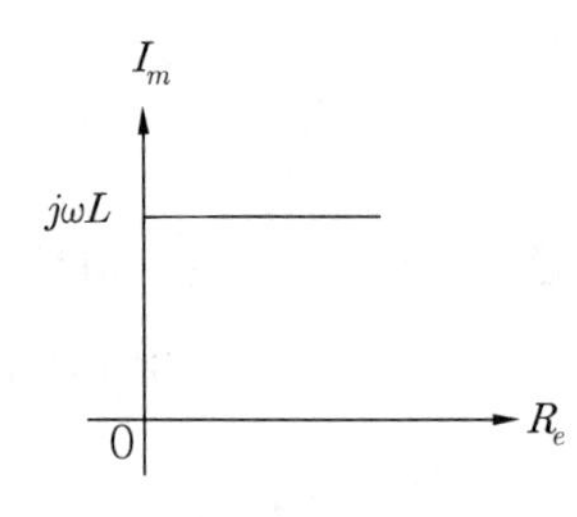

[임피던스 궤적]

② 어드미턴스 궤적

$$\text{어드미턴스 } Y = \frac{1}{Z} = \frac{1}{R + jwL}$$

$$R = 0 \rightarrow Y = -j\frac{1}{wL}$$

$$R = \infty \rightarrow Y = 0$$

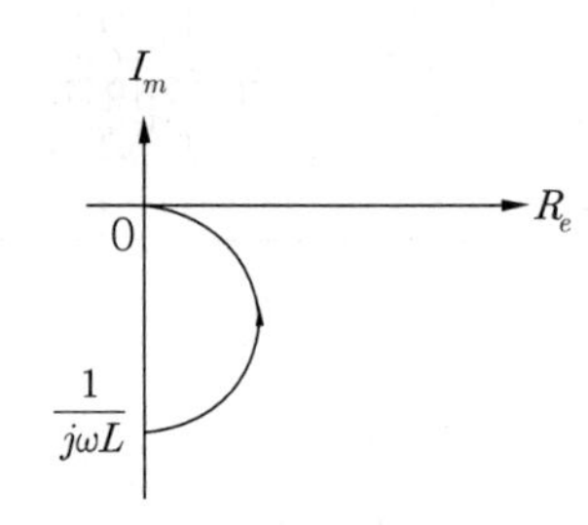

[어드미턴스 궤적]

③ 전류 궤적

$$\text{전류 } I = \frac{V}{Z} = \frac{V}{R + jwL}$$

$$R = 0 \rightarrow I = -j\frac{V}{wL}$$

$$R = \infty \rightarrow I = 0$$

※어드미턴스 궤적과 전류 궤적은 같은 형태(닮은 꼴)를 갖는다.

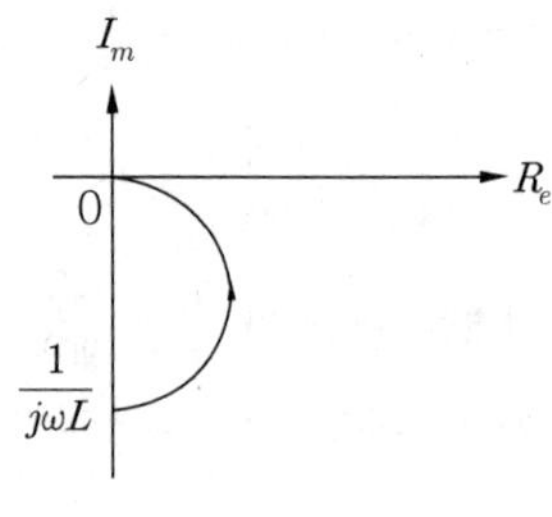

[전류 궤적]

(2) L을 $0 \sim \infty$로 가변할 때의 Z, Y, I 궤적

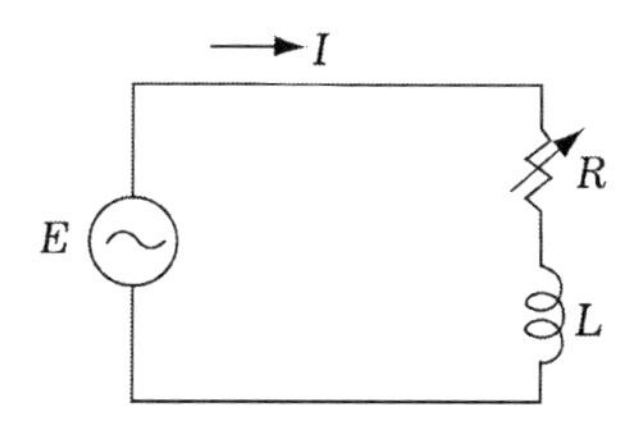

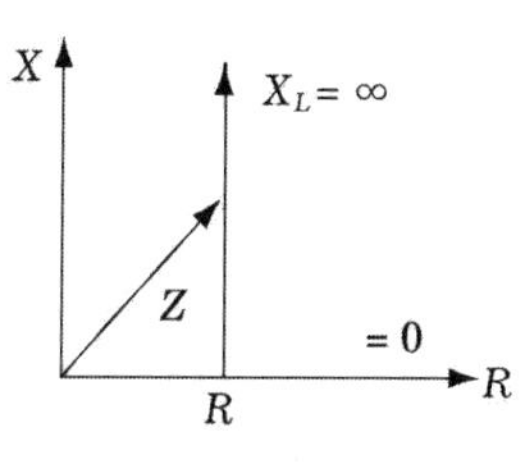

[임피던스 궤적]

① 임피던스 궤적

임피던스 $Z = R + jwL$

$$L = 0 \rightarrow Z = R + j0$$

$$L = \infty \rightarrow Z = R + j\infty$$

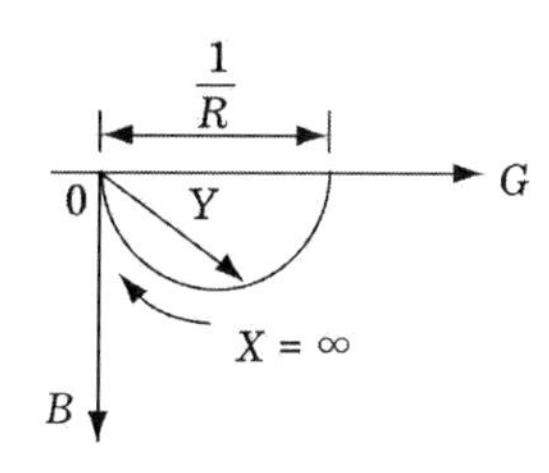

[어드미턴스 궤적]

② 어드미턴스 궤적

어드미턴스 $Y = \dfrac{1}{Z} = \dfrac{1}{R + jwL}$

$$L = 0 \rightarrow Y = \frac{1}{R}$$

$$L = \infty \rightarrow Y = 0$$

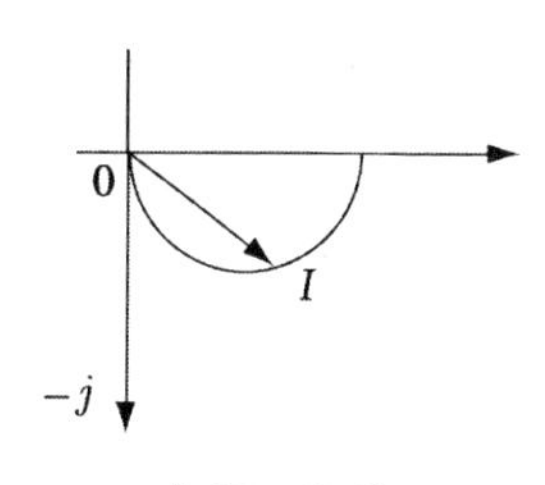

[전류 궤적]

③ 전류 궤적

전류 $I = \dfrac{V}{Z} = \dfrac{V}{R + jwL}$

$$L = 0 \rightarrow I = \frac{V}{R}$$

$$L = \infty \rightarrow I = 0$$

※주파수 f 또는 각 주파수 w를 0부터 ∞까지가 변하더라도 허수 부분이 가변되므로 L을 가변하는 것과 같은 모양의 궤적이 된다.

핵심기출 【기사】 06/1

$R-L$ 직렬 회로에서 주파수가 변할 때 임피던스 궤적은?

① 4사분면 내의 직선 ② 1사분면 내의 반원

③ 2사분면 내의 직선 ④ 1사분면 내의 직선

정답 및 해설 [$R-L$ 직렬 회로] $Z_0 = R_0 + jX_L = R_0 + j2\pi fL$에서 $f = 0$일 때 $X_L = 0$

따라서 $Z_0 = R_0$가 되며 임피던스 궤적은 그림과 같다.

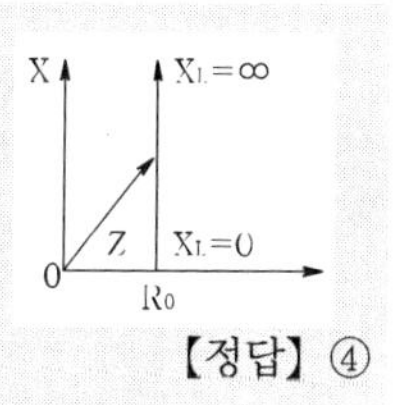

【정답】 ④

02 역궤적

(1) 역궤적

·원점을 지나는 궤적의 역궤적은 원점을 지나지 않는다.

·직선의 역궤적은 원이며 원의 역궤적은 직선이다.

·1상한에 존재하는 궤적의 역궤적은 4상한에 존재하며 그 역도 성립한다.

※궤적은 좌표의 1상한과 4상한에 존재한다.

03 병렬회로의 궤적

(1) G를 $0 \sim \infty$로 가변할 때의 Z, Y궤적

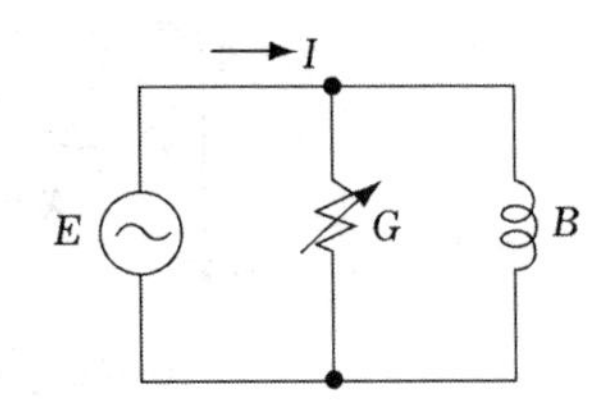

① 임피던스 궤적

임피던스 $Z = \dfrac{1}{Y} = \dfrac{1}{G - jB}$

$G = 0 \rightarrow Z = j\dfrac{1}{B}$

$G = \infty \rightarrow Z = 0$

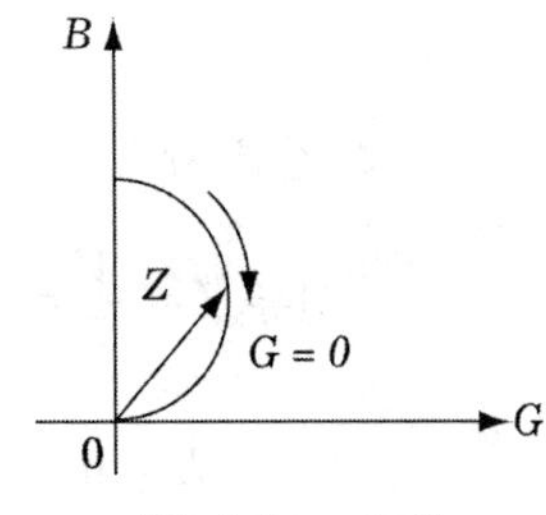

[임피던스 궤적]

② 어드미턴스 궤적

어드미턴스 $Y = G - jB$

$G = 0 \rightarrow Y = -jB$

$G = \infty \rightarrow Y = \infty - jB$

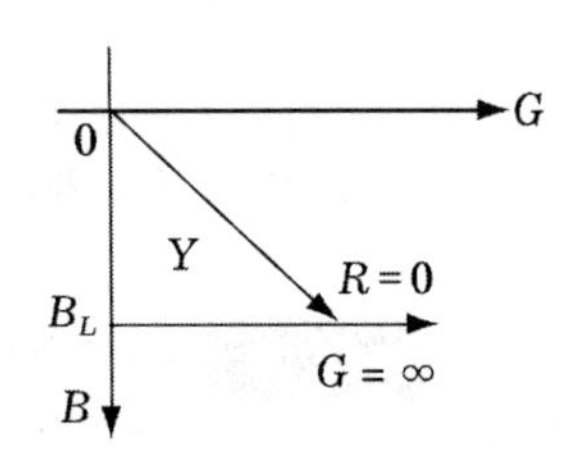

[어드미턴스 궤적]

(2) B를 $0 \sim \infty$로 가변할 때의 Z, Y 궤적

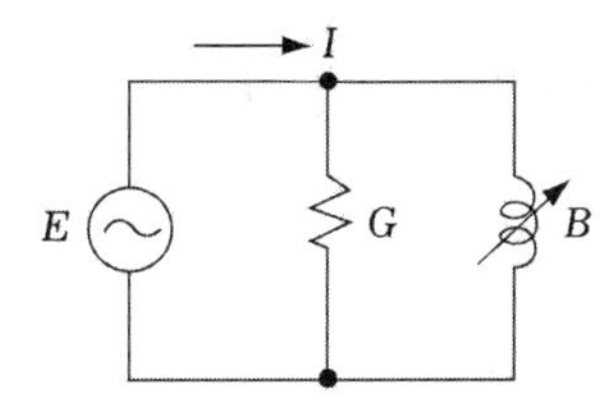

① 임피던스 궤적

임피던스 $Z = \dfrac{1}{Y} = \dfrac{1}{G - jB}$

$$B = 0 \rightarrow Z = \frac{1}{G}$$

$$B = \infty \rightarrow Z = 0$$

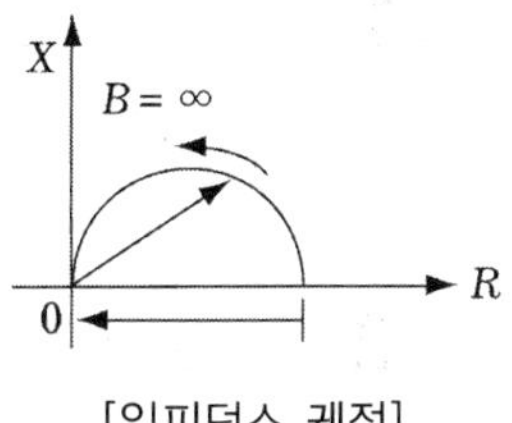

[임피던스 궤적]

② 어드미턴스 궤적

어드미턴스 $Y = G - jB$

$$B = 0 \rightarrow Y = G$$

$$B = \infty \rightarrow Y = G - j\infty$$

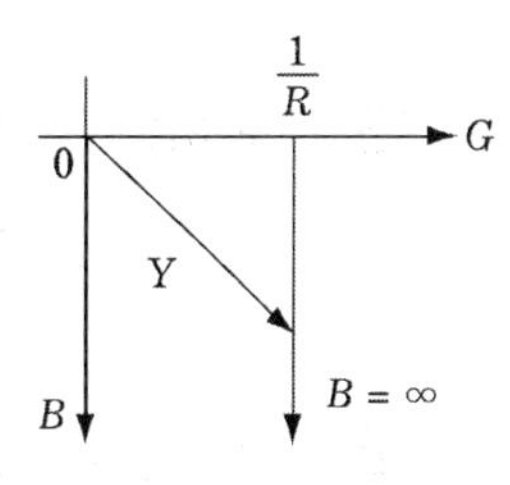

[어드미턴스 궤적]

Chapter 06

시험 전 반드시 체크해야 할

단원 핵심 체크

01 $R-L$ 직렬 회로에서 주파수가 변할 때 임피던스 궤적은 (①) 내의 (②) 이다.

02 저항 R, 커패턴스 C의 병렬 회로에서 전원 주파수가 변할 때 임피던스 궤적은 (①) 내의 (②) 이다.

03 임피던스 궤적이 직선일 때 이의 역수인 어드미턴스 궤적은 원점을 통하는 ( ) 이다.

04 $R-L-C$ 직렬 회로에서 각주파수 ω를 변화시켰을 때 어드미턴스의 궤적은 원점을 지나는 ( ) 이다.

정답 (1) ① 1사분면, ② 직선 (2) ① 제4상한, ② 반원 (3) 원
(4) 원

Chapter 06

기출문제에서 뽑은 최다 빈출

적중 예상문제

1. 저항 R과 인덕턴스 L의 직렬 회로에서 전원 주파수 f가 변할 때 전류 궤적은?

① 원점을 지나는 반원

② 1상한 내의 직선

③ 원점을 지나는 직선

④ 1상한과 4상한을 지나는 직선

|정|답|및|해|설|

[궤적] 전류 궤적 ≒ 어드미턴스 궤적

전류 $I = \dfrac{V}{R+jwL}$

어드미턴스 $Y = \dfrac{1}{R+jwL}$

f가 변할 때 ≒ w가 변할 때

① $w=0 \rightarrow Y = \dfrac{1}{R}\angle 0°$

② $w=\infty \rightarrow Y = \dfrac{1}{R+j\infty} = \dfrac{1}{j\infty} = 0\angle -90°$

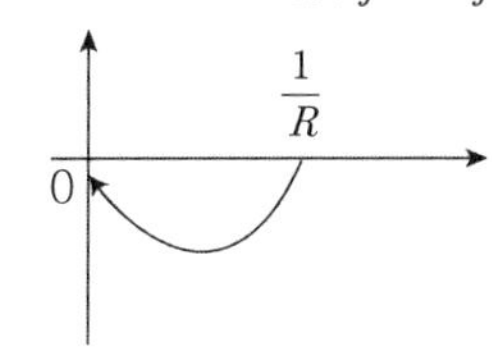

※ R고정, X가 변할 때 4사분면내의 반원

【정답】 ①

2. 임피던스 궤적이 직선일 때 이의 역수인 어드미턴스의 궤적은?

① 원점을 통하는 직선

② 원점을 통하지 않는 직선

③ 원점을 통하는 원

④ 원점을 통하지 않는 원

|정|답|및|해|설|

[궤적]

임피던스(Z)	어드미턴스(Y)
직선	원
$R-L$ $R-C$	반원
$R-L-C$	원

【정답】 ③

3. $R-L$ 직렬 회로에 일정 전압 V, 일정 주파수 f의 전원이 접속되어 있다. L, w가 일정하고 R이 0에서 ∞까지 변화할 때 전류 벡터 궤적을 구하여라.

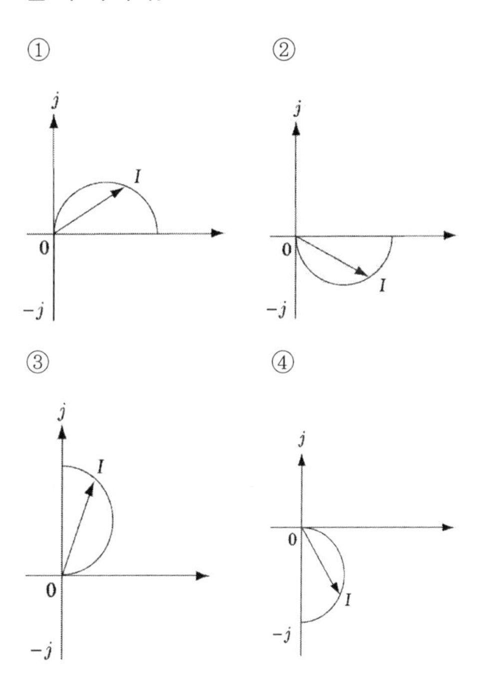

|정|답|및|해|설|

[직렬 회로의 궤적]

$I \fallingdotseq Y = \dfrac{1}{R + jwL}$

① $R = 0 \to \dfrac{1}{jwL} = -j\dfrac{1}{wL}$

② $R = \infty \to \dfrac{1}{\infty + jwL} = \dfrac{1}{\infty} = 0$

$-j$

【정답】 ④

4. 저항 R, 커패시턴스 C의 병렬 회로에서 전원 주파수가 변할 때 임피던스의 궤적은?

① 제1상한 내의 반직선

② 제1상한 내의 반원

③ 제4상한 내의 반원

④ 제4상한 내의 반직선

|정|답|및|해|설|

[$R-C$ 병렬] $Y = \dfrac{1}{R} + jwC$, $Z = \dfrac{1}{\dfrac{1}{R} + jwC}$

$R-L$ 직렬의 어드미턴스 궤적과 같은 상태 $\because$ $C \leftrightarrow L$

병렬 $\leftrightarrow$ 직렬, $Z \leftrightarrow Y$

쌍대관계 역궤적

【정답】 ③

5. 그림과 같은 R과 C의 병렬 회로에서 C가 변화할 때의 임피던스 Z의 벡터 궤적은 어떻게 되는가?

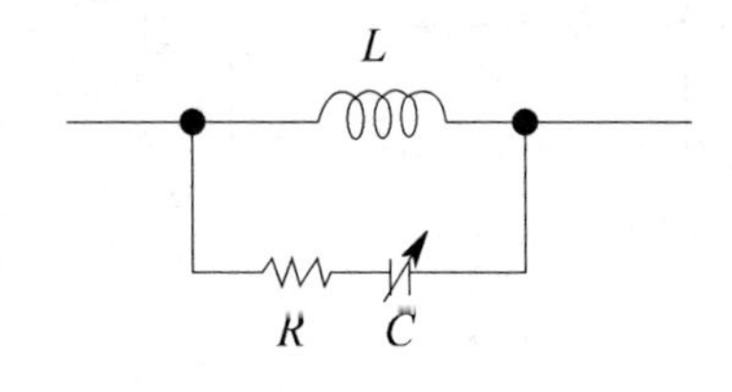

① 원점을 통하는 반원

② 원점을 통하지 않는 반원

③ 원점을 지나는 직선

④ 원점을 통하지 않는 직선

|정|답|및|해|설|

문제의 조건 : "C"가 변화할 때

$I = I_{RC} + I_L$이므로

원점을 지나지 않는 반원

※허수부가 변한다는 조건으로 문제 4번의 내용과 같다.

【정답】 ②

6. $R-L-C$ 직렬 회로에서 각주파수 w를 변화 시켰을 때 어드미턴스 Y의 궤적은?

① 원점을 지나는 반원

② 원점을 지나는 원

③ 원점을 지나지 않는 직선

④ 원점을 지나지 않는 원

|정|답|및|해|설|

[궤적]

·$R-L$, $R-C$회로는 반원

·$R-L-C$ 회로는 원

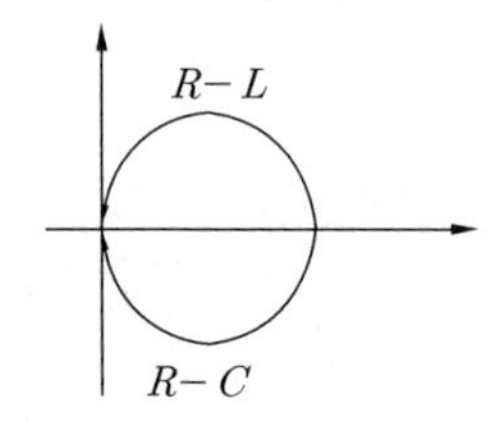

【정답】 ②

Chapter 07

선형 회로망

01 선형 회로망

(1) 선형 회로망이란?

R, L, C, M 등의 회로 소자가 전압, 전류에 따라 그 본래의 값이 변화하지 않은 것을 선형소자라 하며, 이들 선형 소자로 구성된 회로를 선형 회로망이라고 한다.

(2) 선형 회로망의 용어

① 마디(node) : 절점 또는 접속점이라고도 하며, a_1, a_2, ..., a_5와 같이 가지가 접속되는 점

② 가지(branch) : 지로라고도 하며, b_1, b_2, ..., b_8과 같이 두 마디를 연결하는 선

③ 나무(tree) : 모든 마디를 연결하며 폐로를 만들지 않는 가지의 결합. 마디의 수를 n, 가지의 수를 b라고 하면 나무를 만드는 가지의 수(나무 수)는 $n-1$이 되며 $K \cdot C \cdot L$의 독립 방정식 수와 같다.

④ 보목(link 또는 cotree) : 나무가 아닌 가지들을 말하며, 보목 수는 $b-(n-1)=b-n+1$이 되며 $K \cdot L \cdot V$의 독립 방정식 수와 같다.

⑤ 폐로(loop) : 몇 개의 가지로 이루어지는 폐회로

⑥ 커트 세트(cut set) : 마디를 한 개 이상 포함하여 그래프를 두 부분으로 나누는 가지의 결합

02 전원의 등가 변환

(1) 전압원

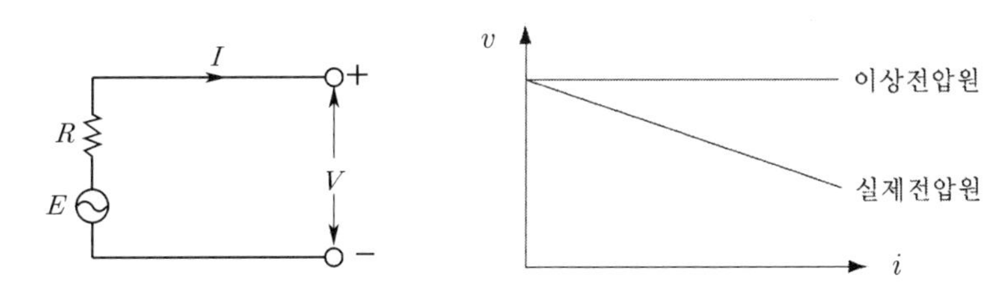

① 이상적인 전압원

내부 저항 R이 0이므로($I=\frac{V}{0}=\infty$) 전압 전원을 제거할 때에는 전압 전원을 단락(shorts)시켜야 한다.

이 경우 내부 저항 R에서 전압강하가 없으므로 위 그림에서 보는 것처럼 전류의 크기에 관계없이 전압의 크기가 일정한 특성을 보인다.

② 실제적인 전압원

전원과 내부저항 R이 직렬로 존재하는 경우를 말한다.

이 경우 내부 저항 R에서 전압강하가 발생하므로 위 그림에서 보는 것처럼 전류의 크기에 비례하여 전압의 크기가 점차 감소하는 특성을 보인다.

(2) 전류원

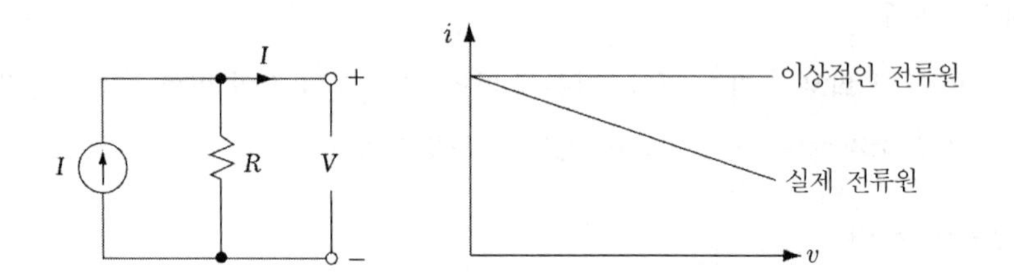

① 이상적인 전류원

내부 저항 R이 ∞ (클수록 좋다)이므로($I=\dfrac{V}{\infty}=0$) 전류 전원을 제거할 때에는 전류 전원을 개방(open)시켜야 한다.

이 경우 전류원 내부에 전류의 분류가 없으므로 그림과 같이 전압의 크기에 상관없이 전류의 크기가 일정한 특성을 보인다.

② 실제적인 전류원

전원과 내부저항 R이 병렬로 존재하는 경우를 말한다.

이 경우 내부저항 R에서 전류의 분류가 이루어지므로 위 그림과 같이 전압의 크기에 비례하여 전류의 크기가 점차 감소하는 특성을 보인다.

핵심기출 【산업기사】 09/1 10/3

이상적인 전압원과 전류원의 내부저항[Ω]은 각각 얼마인가?

① 전압원과 전류원의 내부저항은 모두 0이다.

② 전압원의 내부저항은 ∞이고, 전류원의 내부저항은 0이다.

③ 전압원과 전류원의 내부저항은 모두 ∞이다.

④ 전압원의 내부저항은 0이고, 전류원의 내부저항은 ∞이다.

정답 및 해설 [이상적인 전압원, 전류원]

・이상적인 전압원은 내부저항이 적을수록 좋다. ($r=0$) 단락 상태

・이상적인 전류원은 내부저항이 클수록 좋다. ($r=\infty$) 개방 상태

【정답】 ④

03 등가 회로

(1) 전원 전압

① 직렬

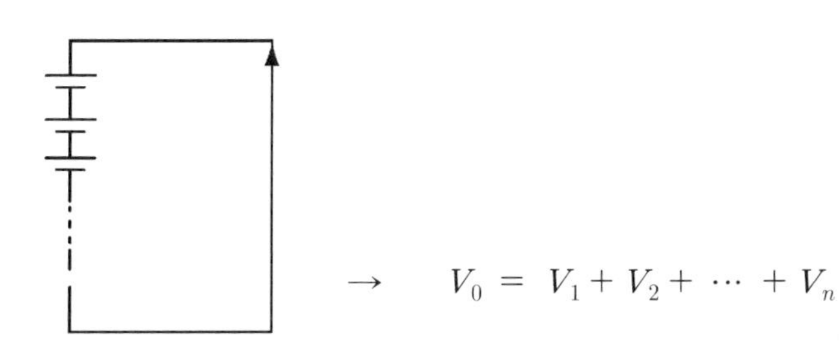

② 병렬 (단 $V_1 > V_2$)

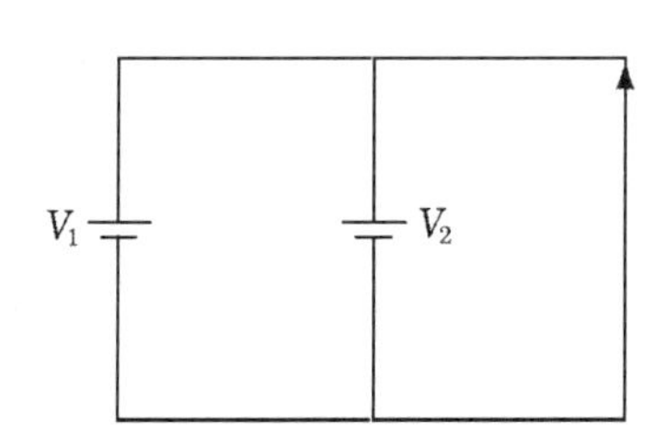

→ $V_1 = V_2$

(2) 전원 전류

① 직렬 (단 $I_1 > I_2$)

그림(a)의 두 전류원 사이의 0점에서 KCL을 적용하면 $i_1 = i_2$가 성립하여야 하므로 $i_1 \neq i_2$인 경우에는 그림(b)와 같이 등가변환 될 수 없다.
($i_0 = i_1 = i_2$)

I_1
I_2

(a) (b)

② 병렬

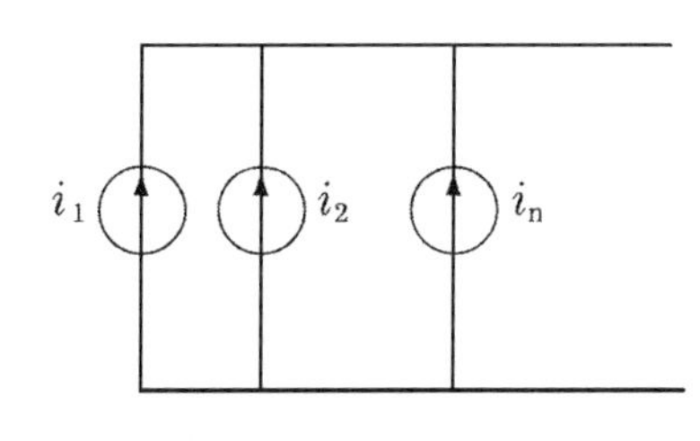

→ $i_0 = i_1 + i_2 + \cdots + i_n$

③ 전압 전원과 전류 전원의 등가 회로

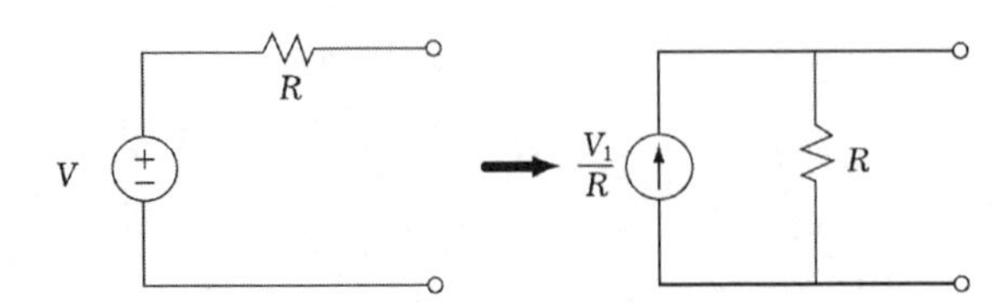

04 회로망의 재정리

(1) 키르히호프 법칙(Kirchhoff's Law)

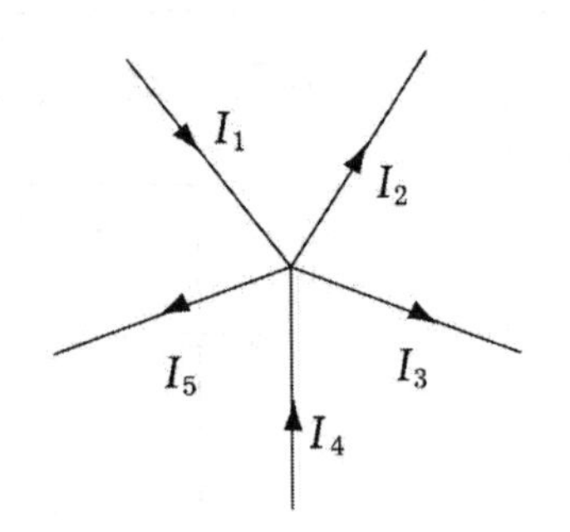

① 제1법칙 (KCL : 전류 법칙)

임의의 절점(node)에서 유입, 유출하는 전류의 합은 같다.

따라서 회로에 흐르는 전하량은 항상 일정하다.

즉, $\sum_{k=1}^{n} I_k = 0$

$I_1 + I_4 = I_2 + I_3 + I_5 \ \rightarrow \ I_1 + I_4 - I_3 - I_3 - I_5 = 0$

② 제2법칙 (KVL : 전압 법칙)

임의의 폐루프 내에서 기전력의 합은 전압강하의 합과 같다.

이 법칙은 회로소자의 선형, 비선형에는 관계를 받지 않고 적용된다.

이 법칙은 회로소자의 시변, 시불변성에 구애를 받지 아니 한다.

$\cdot \sum_{k=1}^{n} V_k = \sum_{k=1}^{m} I_k R_k$ $\qquad \cdot E = IR_1 + IR_2$

핵심기출 【산업기사】 15/1

그림에서 전류 I_5의 크기는?

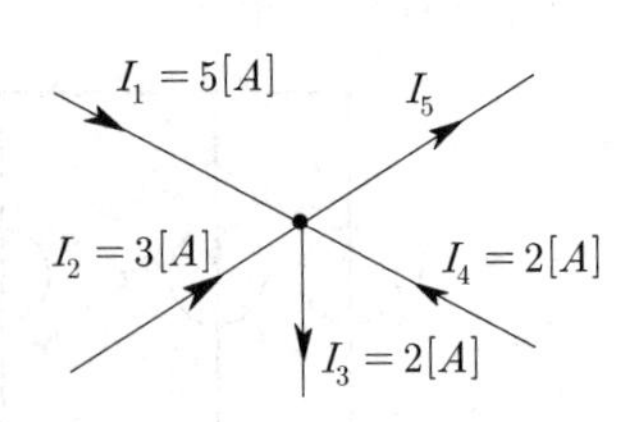

① 3[A] ② 5[A]

③ 8[A] ④ 12 A

정답 및 해설 [키르히호프의 제1법칙] 제1법칙은 회로상의 한 교차점으로 들어오는 전류(전 전류 I)의 합은 나가는 전류(유출 전류)의 합과 같은 것으로, 이는 다음과 같이 나타낸다.

$I_1 + I_2 + I_4 = I_3 + I_5 \rightarrow 5+3+2 = 2+I_5 \ \rightarrow \ \therefore I_5 = 8[A]$ 【정답】 ③

(2) 중첩의 원리 (선형 회로에서만 성립한다.)

한 회로망 내에 다수의 전원(전류원, 전압원)이 동시에 존재할 때 각 지로에 흐르는 전류는 전원이 각각 단독으로 존재할 때 흐르는 전류의 벡터 합과 같다.

중첩의 원리는 선형회로에서만 성립한다.

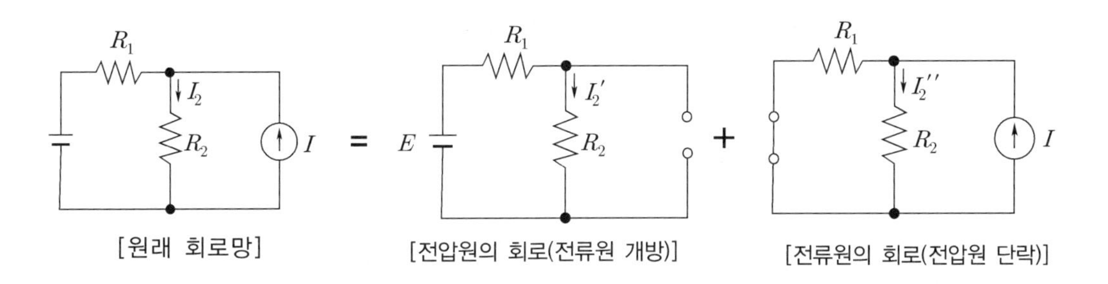

[원래 회로망]　　[전압원의 회로(전류원 개방)]　　[전류원의 회로(전압원 단락)]

① 전류원은 개방(open) $\rightarrow$ $I_2' = \dfrac{E}{R_1+R_2}[A]$

② 전압원은 단락(shorts) $\rightarrow$ $I_2'' = \dfrac{R_1}{R_1+R_2}I[A]$

③ 실제 R_2에 흐르는 전류 $I_2 = I_2' + I_2''[A]$

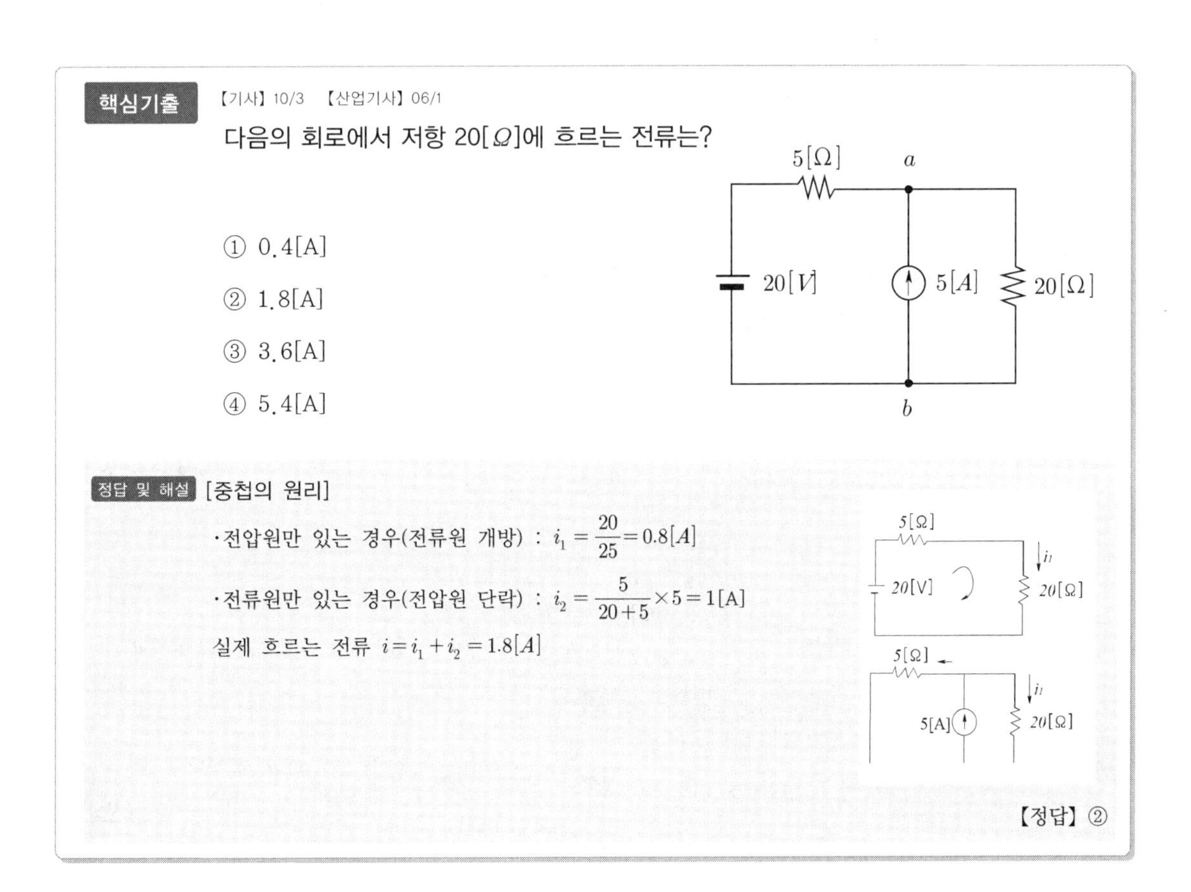

핵심기출 【기사】 10/3 【산업기사】 06/1

다음의 회로에서 저항 20[Ω]에 흐르는 전류는?

① 0.4[A]

② 1.8[A]

③ 3.6[A]

④ 5.4[A]

정답 및 해설 [중첩의 원리]

·전압원만 있는 경우(전류원 개방) : $i_1 = \dfrac{20}{25} = 0.8[A]$

·전류원만 있는 경우(전압원 단락) : $i_2 = \dfrac{5}{20+5} \times 5 = 1[A]$

실제 흐르는 전류 $i = i_1 + i_2 = 1.8[A]$

【정답】 ②

(3) 테브난의 정리

복잡한 회로를 1개의 전압원과 1개의 직렬 저항으로 한 실제적인 전압원 회로로 바꾸어 쉽게 풀이하는 회로 해석 기법 중의 하나이다.

부하저항(R_L)을 제거(개방)하여 회로의 a, b 단자를 개방 상태로 둔다.

a, b 단자에서 본 테브난 등가저항과 등가전압을 구한다.

a, b 단자에 부하저항(R_L)을 연결하여 회로를 해석한다.

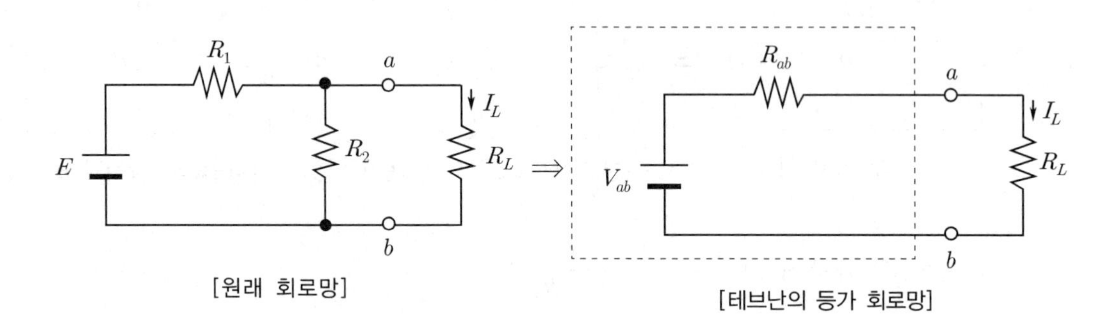

[원래 회로망]　　　　　　[테브난의 등가 회로망]

① $R_{ab} = \dfrac{R_1 \times R_2}{R_1 + R_2}[\Omega]$

② $V_{ab} = \dfrac{R_2}{R_1 + R_2}E[V]$

※ 테브난의 회로는 전압원으로 표시하며 이를 전류원으로 바꾸면 노튼의 회로가 된다.
(노튼의 정리와 데브난의 정리는 쌍대 관계)

핵심기출 【기사】 10/1

다음 회로를 테브난(Thevenin)의 등가 회로로 변환할 때 테브난의 등가저항 $R_T[\Omega]$와 등가전압 $V_T[V]$는?

4[Ω], 2[A], 8[Ω], a, b

① $R_T = \dfrac{8}{3}$, $V_T = 8$　　② $R_T = 8$, $V_T = 12$

③ $R_T = 8$, $V_T = 16$　　④ $R_T = \dfrac{8}{3}$, $V_T = 16$

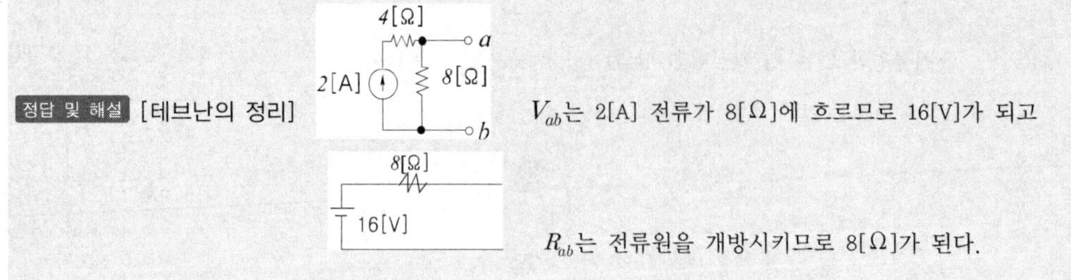

정답 및 해설 [테브난의 정리] V_{ab}는 2[A] 전류가 8[Ω]에 흐르므로 16[V]가 되고

R_{ab}는 전류원을 개방시키므로 8[Ω]가 된다.

【정답】 ③

(4) 노튼의 정리

테브난 회로의 전압원을 전류원으로, 직렬 저항을 병렬 저항으로 등가 변환하여 해석하는 기법이다. 테브난 저항(R_t)과 노튼 저항(R_n)의 저항 값은 같다.

- $R_t = R_n$
- $V_t = I_n R_n$

[노튼 회로(전류원)] ⇔ [테브난 회로(전압원)]

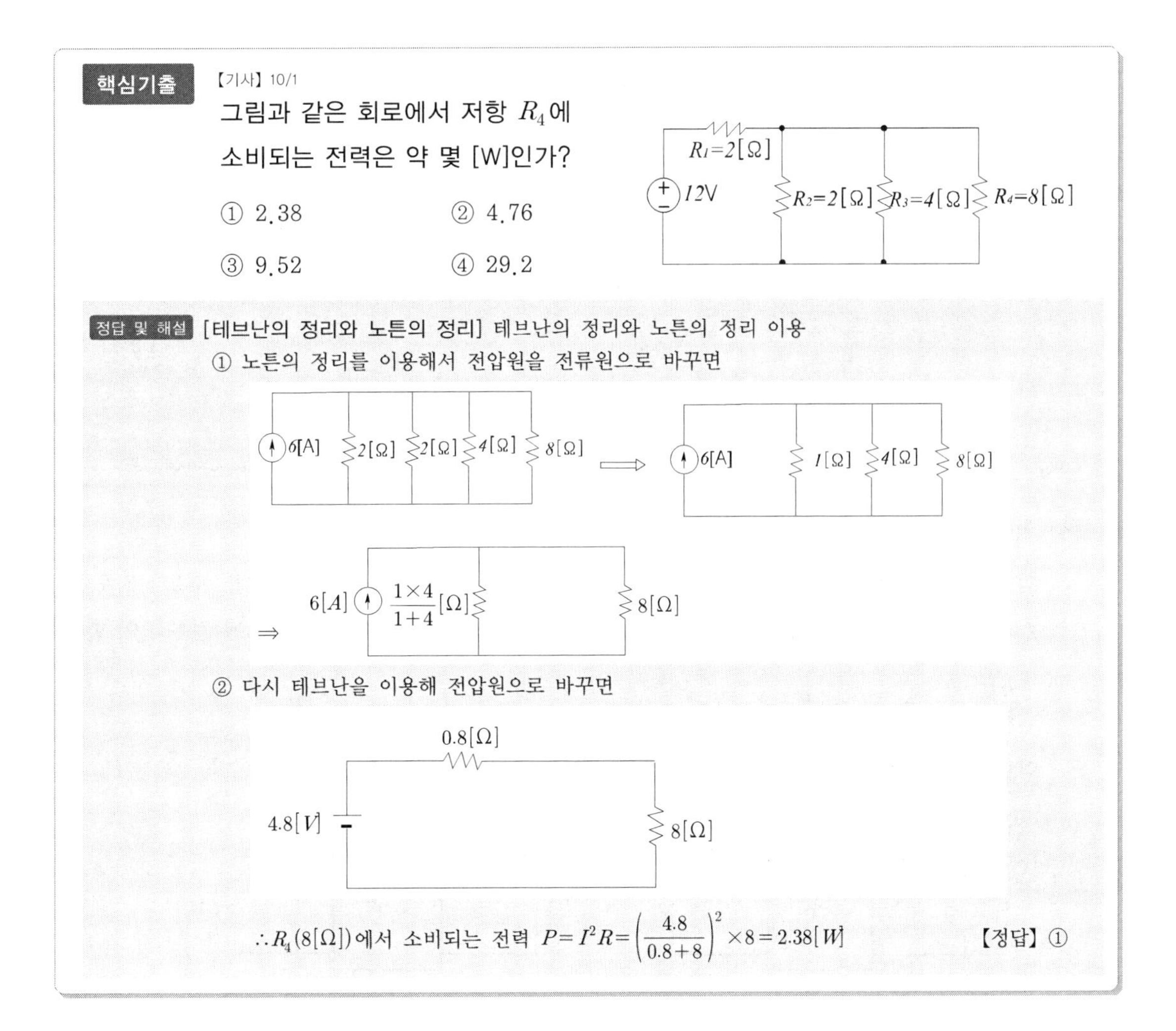

핵심기출 【기사】 10/1

그림과 같은 회로에서 저항 R_4에 소비되는 전력은 약 몇 [W]인가?

① 2.38　　② 4.76

③ 9.52　　④ 29.2

정답 및 해설 [테브난의 정리와 노튼의 정리] 테브난의 정리와 노튼의 정리 이용

① 노튼의 정리를 이용해서 전압원을 전류원으로 바꾸면

② 다시 테브난을 이용해 전압원으로 바꾸면

$\therefore R_4(8[\Omega])$에서 소비되는 전력 $P = I^2R = \left(\frac{4.8}{0.8+8}\right)^2 \times 8 = 2.38[W]$ 【정답】 ①

(5) 밀만의 정리

다수의 전압원이 병렬로 접속된 회로를 간단하게 전압원의 등가회로(테브난의 등가회로)로 대치시키는 방법

$$V_{ab} = IZ = \frac{\sum_{k=1}^{m} I_k}{\sum_{k=1}^{n} Y_k} = \frac{\frac{V_1}{Z_1} + \frac{V_2}{Z_2} + \cdots + \frac{V_n}{Z_n}}{\frac{1}{Z_1} + \frac{1}{Z_2} + \cdots + \frac{1}{Z_n}}$$

$$= \frac{I_1 + I_2 + \ldots + I_n}{Y_1 + Y_2 + \ldots + Y_n} [V]$$

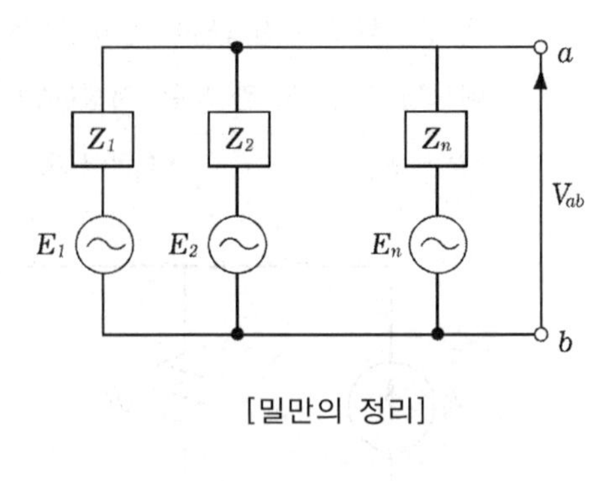

[밀만의 정리]

※전원의 방향이 반대 방향이면 지로에 흐르는 전류는 벡터이므로 해당 전원에 (−)를 붙여야 한다.

핵심기출 【기사】 10/2 12/2 13/1 【산업기사】 07/1

다음의 회로 단자 a, b에 나타나는 전압은?

① 3.6[V] ② 8.4[V]

③ 10[V] ④ 16[V]

3[Ω] 2[Ω] 6[V] 10[V] a b

정답 및 해설 [밀만의 정리] 밀만의 정리로 중성점 전위를 구한다.

$$V_{ab} = \frac{\frac{V_1}{Z_1} + \frac{V_2}{Z_2}}{\frac{1}{Z_1} + \frac{1}{Z_2}} = \frac{\frac{6}{3} + \frac{12}{2}}{\frac{1}{3} + \frac{1}{2}} = 8.4[V]$$

【정답】 ②

(6) 가역 정리 (상반 정리)

임의의 회로망에서 1차 지로에 전압 전원 V_1이 존재하고 2차 지로를 단락하였을 때 2차 지로에 전류 I_2가 흐르며, 2차 지로에 V_2가 존재하고 1차 지로를 단락하였을 때 1차 지로에 전류 I_1이 흐른다면

$$\frac{I_2}{V_1} = \frac{I_1}{V_2} \rightarrow V_1 I_1 = V_2 I_2$$

회로 입력 측 에너지(P_1)와 출력 측 에너지(P_2)는 항상 같다는 회로망 이론이다. $P_1 = P_2$

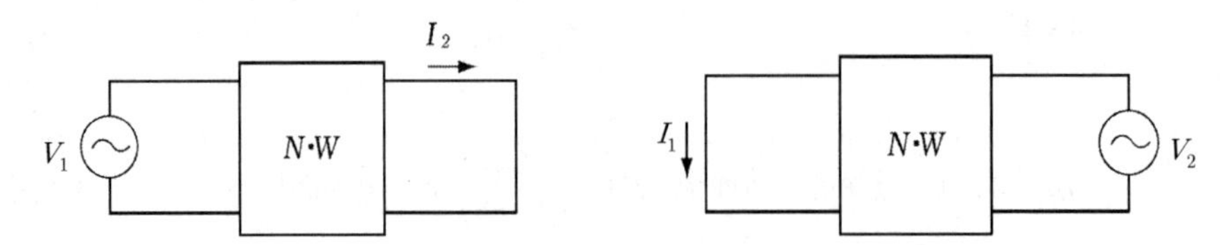

(7) 쌍대 회로

회로망에서 서로 대치될 수 있는 성질을 이용하여 회로망을 바꿀 수 있다는 회로망 이론이다.

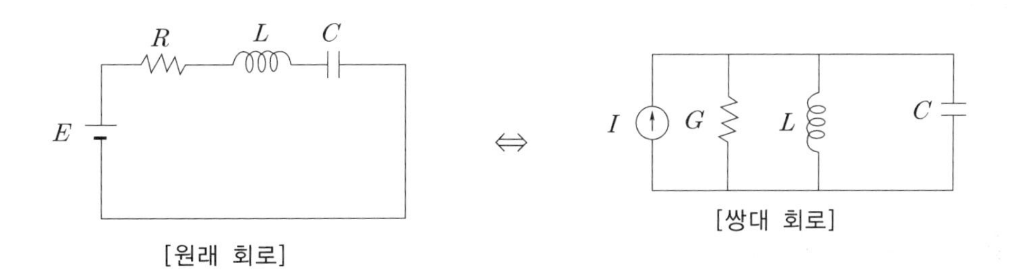

[원래 회로]　　　　[쌍대 회로]

[쌍대 회로 변환]

전압원	전류원
직렬회로	병렬회로
저항(R)	컨덕턴스(G)
리액턴스(X)	서셉턴스(B)
임피던스(Z)	어드미턴스(Y)
인덕턴스(L)	커패시턴스(C)

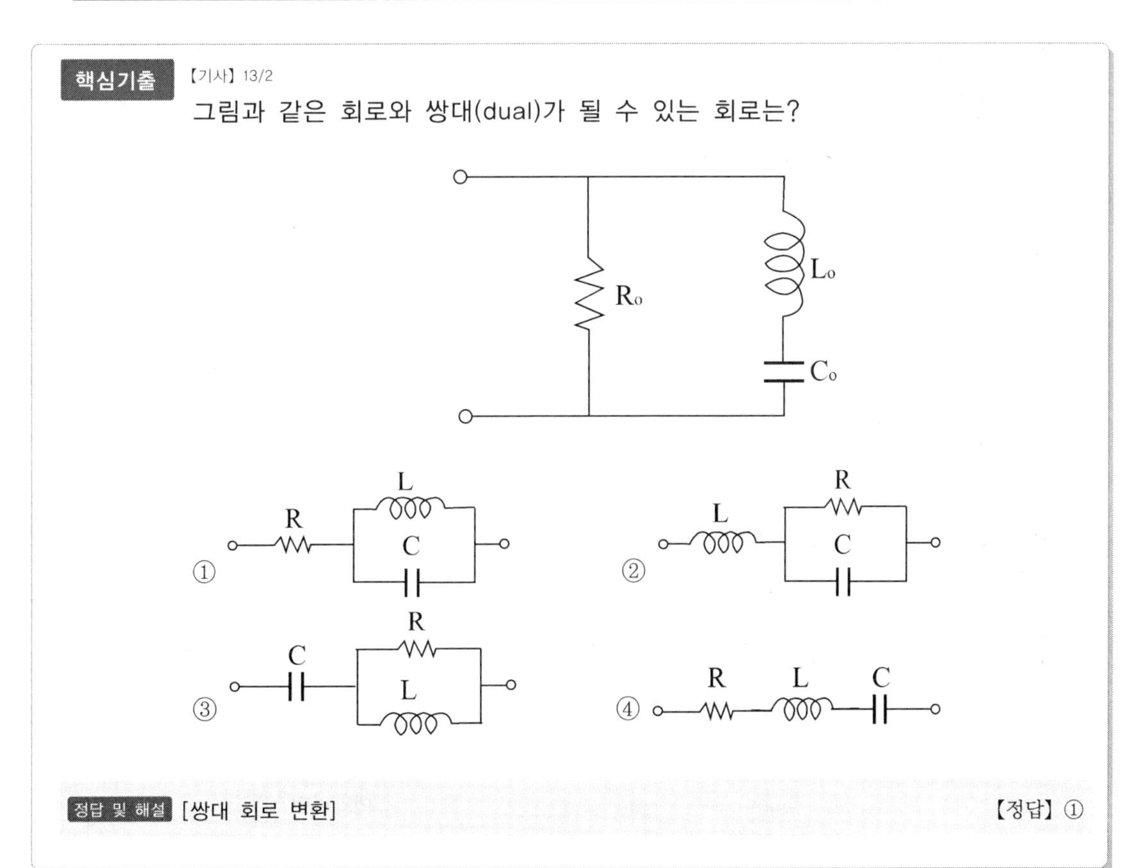

핵심기출 【기사】 13/2

그림과 같은 회로와 쌍대(dual)가 될 수 있는 회로는?

정답 및 해설 [쌍대 회로 변환] 【정답】 ①

Chapter
07

시험 전 반드시 체크해야 할

단원 핵심 체크

01 이상적 전압원은 내부저항이 (　　　　　　)수록 좋다.

02 이상적 전류원은 내부저항이 (　　　　　　)수록 좋다.

03 키르히호프의 전압 법칙은 회로 소자의 (　　①　　), (　　②　　)에는 관계를 받지 않고 적용된다.

04 전기 회로의 한 접속점에서 유입하는 전류는 유출하는 전류와 같으므로 회로에 흐르는 (　　　　　　)은 항상 일정하다.

05 "여러 개의 전압원과 전류원이 동시에 존재하는 회로망에서 회로 전류는 각 전압원이나 전류원이 각각 단독으로 인가될 때 흐르는 전류를 합한 것과 같다."라는 것은 (　　　　　　)에 대한 설명이다.

06 중첩의 원리는 (　　　　　　)회로인 경우에만 적용한다.

07 복잡한 회로를 1개의 전압원과 1개의 직렬 저항으로 한 실제적인 전압원 회로로 바꾸어 쉽게 풀이하는 회로 해석 기법은 (　　　　　　)의 정리이다.

08 테브난의 정리와 쌍대의 관계가 있는 것은 (　　　　　　)의 정리이다.

09 회로망에서의 쌍대 회로의 변환은 다음과 같다. (　)에 알맞은 것은?

전압원	전류원
직렬회로	(　　①　　)
(　　②　　)	어드미턴스(Y)
인덕턴스(L)	(　　③　　)

10 다수의 전압원이 병렬로 접속된 회로를 간단하게 전압원의 등가회로(테브난의 등가회로)로 대치시키는 방법을 (　　　　　　)의 정리라고 한다.

11 (　　　　　　)란 회로 입력 측 에너지와 출력 측 에너지는 항상 같다는 회로망 이론으로 $\frac{I_2}{V_1} = \frac{I_1}{V_2} \rightarrow V_1 I_1 = V_2 I_2$로 표현된다.

정답

(1) 적을($r=0$)　(2) 클($r=\infty$)　(3) ① 선형, ② 비선형
(4) 전하량　(5) 중첩의 원리　(6) 선형 회로
(7) 테브난의 정리　(8) 노튼의 정리　(9) ① 병렬회로 ② 임피던스(Z) ③ 커패시턴스(C)
(10) 말만의 정리　(11) 가역정리

적중 예상문제

1. 실제적인 전압원을 나타내는 전압-전류 특성 곡선은?

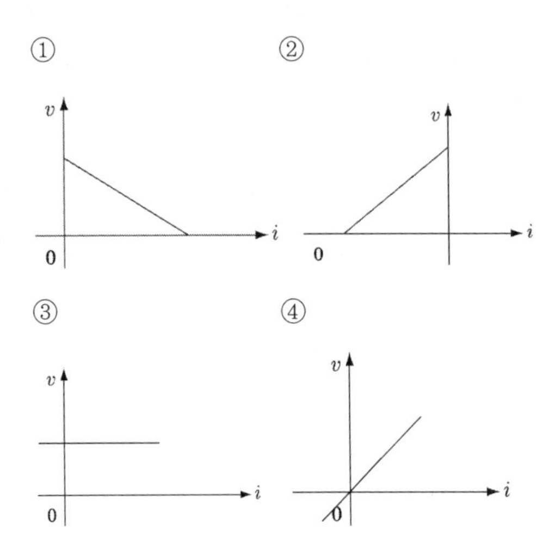

|정|답|및|해|설|

[실제적인 전압원, 전류원]

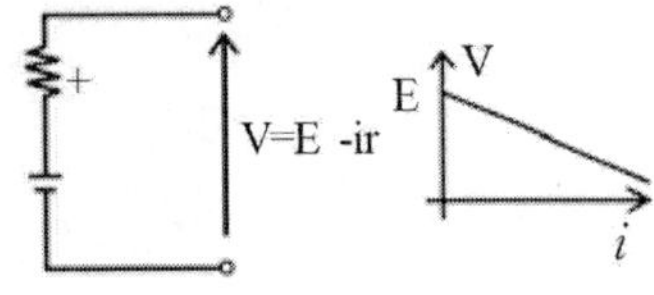

부하전류가 클수록 내부저항에서의 전압강하가 커져 단자전압은 점점 떨어진다. 【정답】 ①

2. 그림 (a), (b)와 같은 특성을 갖는 전압원은 다음 중 어느 것에 속하는가?

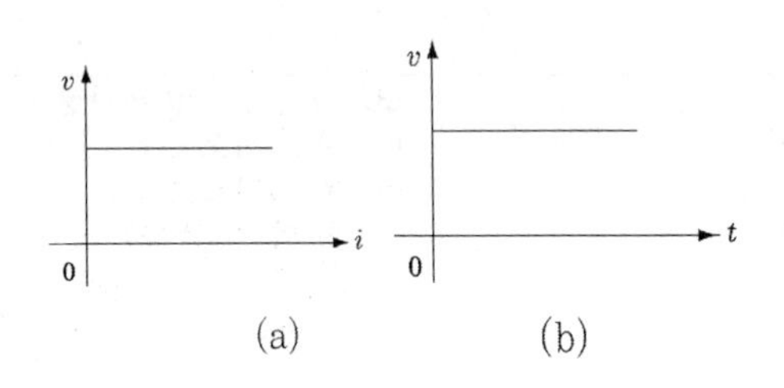

① 시변, 선형 소자

② 시불변, 선형소자

③ 시변, 비선형 소자

④ 비선형 소자, 시불변

|정|답|및|해|설|

[전압 법칙] 키르히호프 제2법칙

ⓐ 비선형, ⓑ 시불변 【정답】 ④

3. 키르히호프의 전압 법칙의 적용에 대한 서술 중 옳지 않은 것은?

① 이 법칙은 집중 정수회로에 적용된다.

② 이 법칙은 회로소자의 선형, 비선형에는 관계를 받지 않고 적용된다.

③ 이 법칙은 회로소자의 시변, 시불변성에 구애를 받지 않는다.

④ 이 법칙은 선형소자로만 이루어진 회로에 적용된다.

|정|답|및|해|설|

[키르히호프의 전압 법칙]

※선형소자로만 이루어진 회로에 적용되는 것은 중첩의 원리

【정답】 ④

4. 여러 개의 기전력을 포함하는 선형 회로망 내의 전류 분포는 각 기전력이 단독으로 그 위치에 있을 때 흐르는 전류 분포의 합과 같다는 것은?

① 키르히호프(Kirchhoff) 법칙이다.

② 중첩의 원리이다.

③ 테브난(Thevnin)의 정리이다.

④ 노튼(Norton)의 정리이다.

|정|답|및|해|설|

[중첩의 원리]

※키르히호프법칙과 혼동하지 말 것

KCL : 임의 절점에서 유입, 유출하는 전류의 합은 같다.

【정답】 ②

5. 이상적인 전압원, 전류원에 관하여 옳은 것은?

① 전압원의 내부 저항은 ∞이고 전류원의 내부저항은 0이다.

② 전압원의 내부저항은 0이고 전류원의 내부 저항은 ∞이다.

③ 전압원, 전류원의 내부저항은 흐르는 전류에 따라 변한다.

④ 전압원의 내부저항은 일정하고 전류원의 내부저항은 일정하지 않다.

|정|답|및|해|설|

[이상적인 전압원, 전류원] 전압원과 전류원은 쌍대 관계에 있으며 전압원은 직렬 등가이기 때문에 내부저항은 물론 "0"

【정답】 ②

6. 그림과 같은 회로에서 저항 15[Ω]에 흐르는 전류는 몇[A]인가?

① 0.5

② 2

③ 4

④ 6

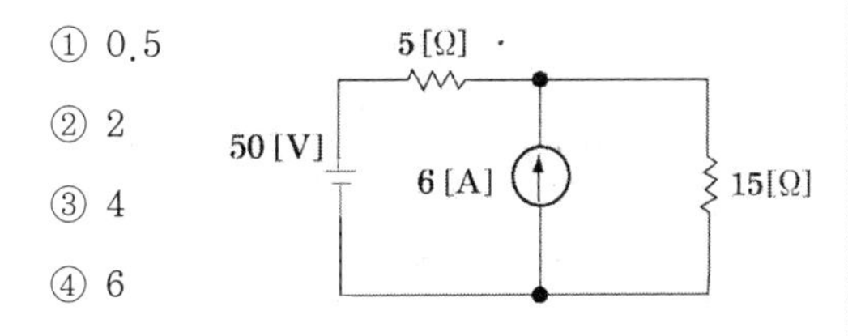

|정|답|및|해|설|

[중첩의 원리]

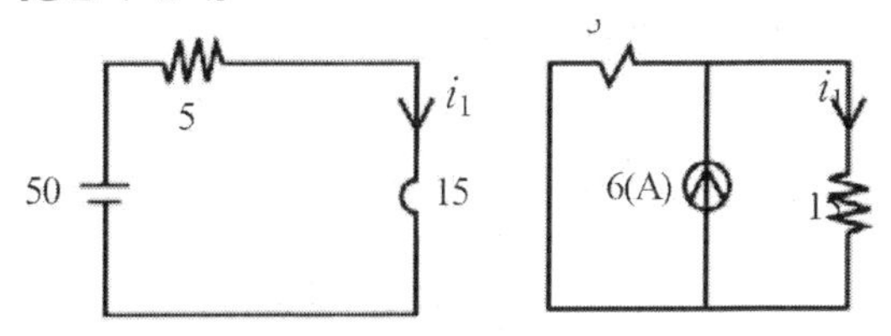

① 전압원만의 회로 (전류원 개방)

$$i_1 = \frac{50}{5+15} = \frac{50}{20} = 2.5[A]$$

② 전류원만의 회로 (전압원 단락)

$$i_2 = \frac{5}{5+15} \times 6 = 1.5[A]$$

$$i_1 + i_2 = \frac{50}{20} + \frac{30}{20} = \frac{80}{20} = 4[A]$$

【정답】 ③

7. 그림과 같은 회로에서 저항 10[Ω]에 흐르는 전류는 몇[A]인가?

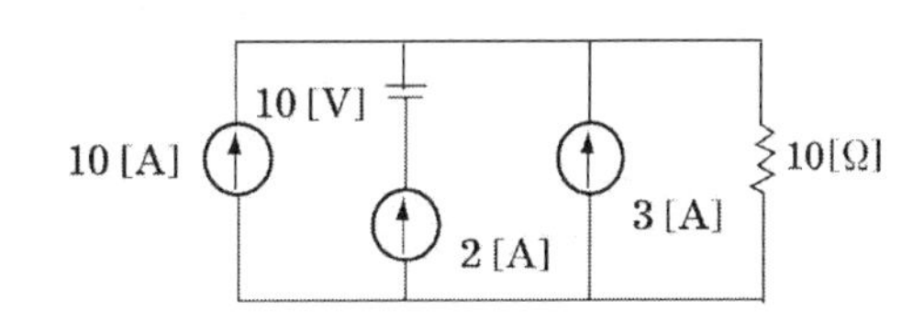

① 16 ② 15

③ 14 ④ 13

|정|답|및|해|설|

[중첩의 원리] 문제에서 전압원 1개, 전류원 3개, 저항 10[Ω]

① 그림의 첫번째 전류원이 있을 때, 2번째, 3번째 전류원 개방 : 10[A]

② 전압원이 있을 때 모든 전류원 개방 : 0[A]

③ 2번째 전류원이 있을 때, 첫 번째와 3번째 전류원 개방 : 2[A]

④ 3번째 전류원 있을 때, 첫 번째와 2번째 전류원 개방 : 3[A]

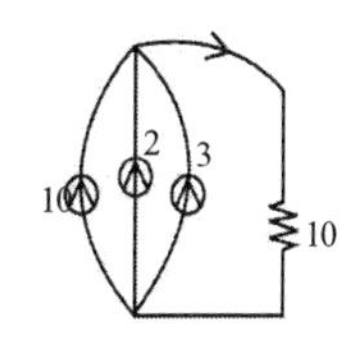

∴ 전류 $I = 10 + 2 + 3[A]$

【정답】 ②

8. 그림과 같은 회로에서 저항 20[Ω]에 흐르는 전류는 몇[A]인가?

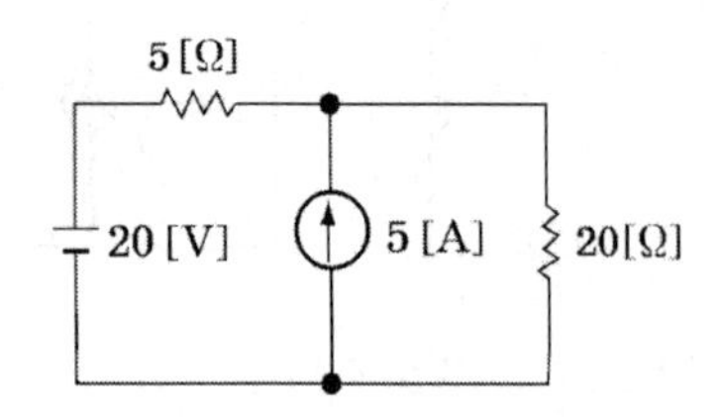

① 0.4　　　② 1.8

③ 3　　　④ 3.4

|정|답|및|해|설|

[중첩의 원리] 문제에서 전압원 1개, 전류원 1개

① 전압원만의 회로 (전류원 개방)

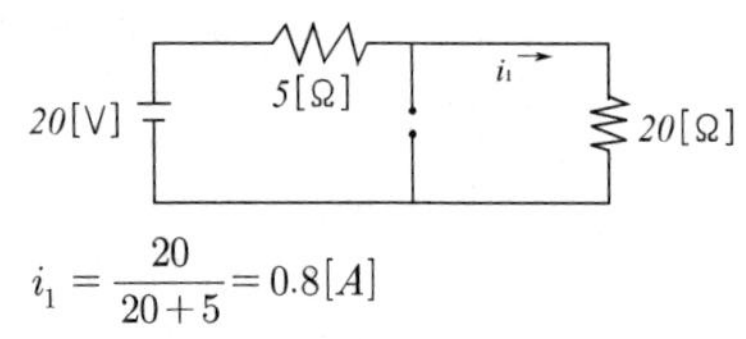

$i_1 = \frac{20}{20+5} = 0.8[A]$

② 전류원만의 회로 (전압원 단락)

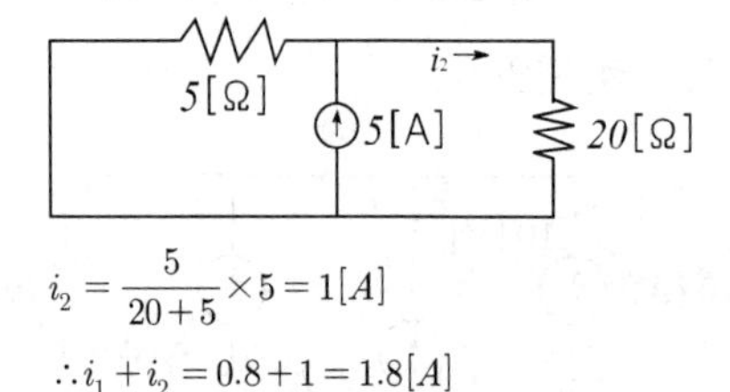

$i_2 = \frac{5}{20+5} \times 5 = 1[A]$

$\therefore i_1 + i_2 = 0.8 + 1 = 1.8[A]$

【정답】 ②

9. 그림과 같은 회로에서 전류 I[A]를 구하면?

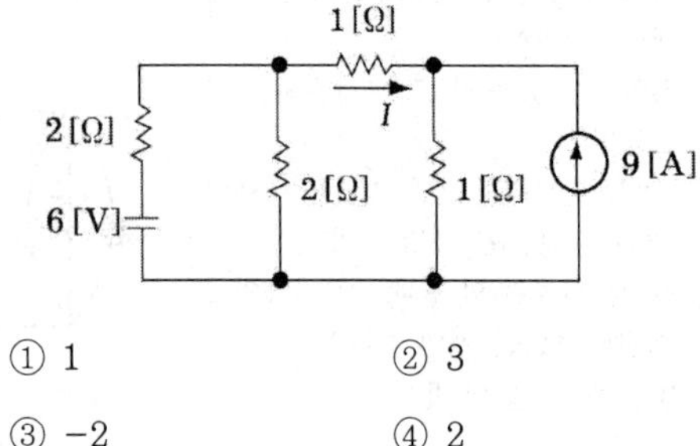

① 1　　　② 3

③ -2　　　④ 2

|정|답|및|해|설|

[중첩의 원리]

① 전압원만 존재 (전류원 개방)

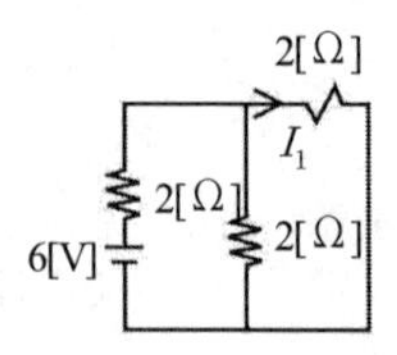

·합성저항 $R = 2 + \frac{2 \times 2}{2+2} = 3[\Omega]$

·전체전류 $I = \frac{6}{3} = 2[A]$

·$I_1 = \frac{2}{2+2} \times 2 = 1[A]$

④ 전류원만 존재시 (전압원 단락)

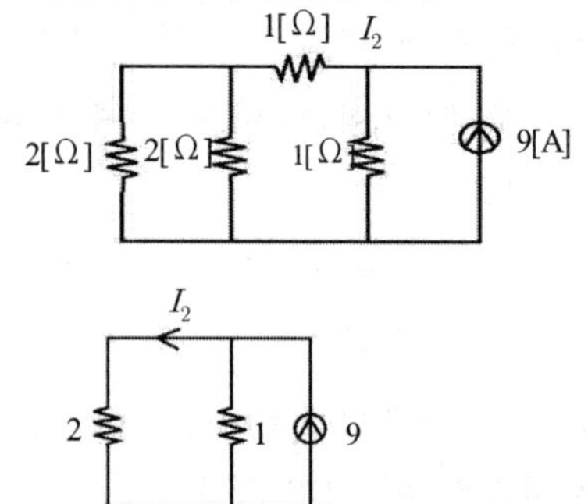

$I_2 = \frac{1}{2+1} \times 9 = 3[A]$ → (방향이 반대이므로 -3[A])

⑤ 종합 $I = I_1 - I_2 = 1 - 3 = -2[A]$

※전류원에 의한 전류는 문제의 전류 방향과 반대이면 -2

【정답】 ③

10. 그림과 같은 회로에서 미지의 저항 R의 값은 몇[Ω]인가?

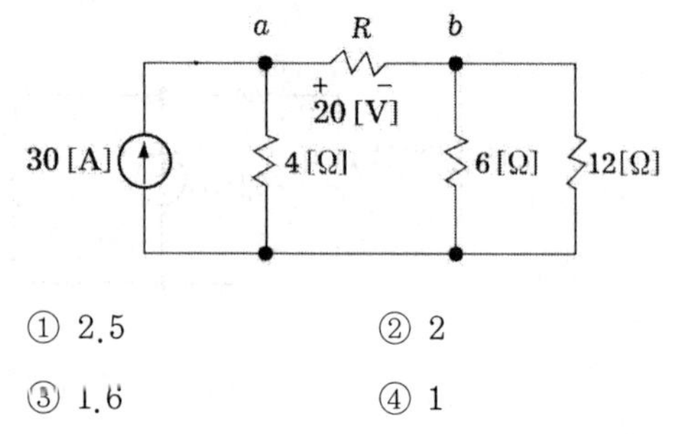

① 2.5　　　② 2

③ 1.6　　　④ 1

|정|답|및|해|설|

[테브난의 정리] $V_{ab}=\dfrac{R_2}{R_1+R_2}E[V]$

전압원으로 정리 :

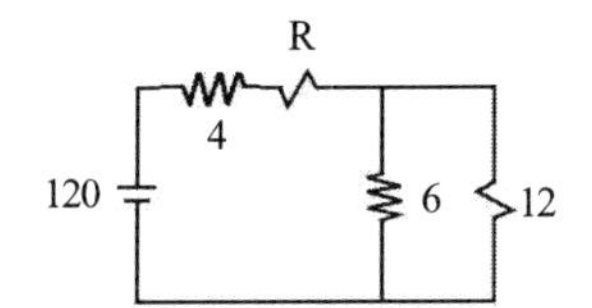

$6 \parallel 12=\dfrac{6\times 12}{6+12}=\dfrac{72}{18}=4$

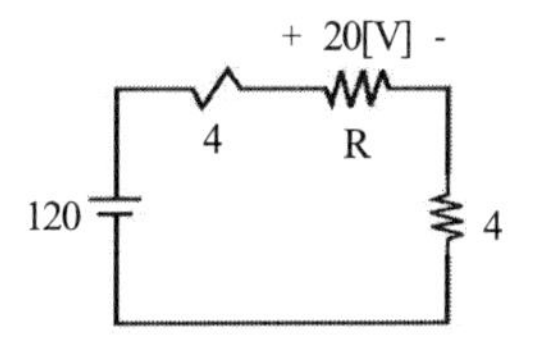

$V_R=\dfrac{R}{4+R+4}\times 120=20$

$120R=160+20R \rightarrow 100R=160$

$\therefore R=1.6[\Omega]$ 【정답】 ③

11. 그림과 같은 회로에서 선형 저항 3[Ω] 양단의 전압은?

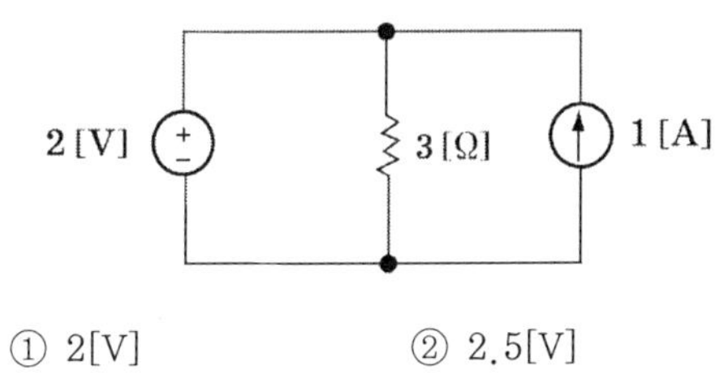

① 2[V] ② 2.5[V]

③ 3[V] ④ 4.5[V]

|정|답|및|해|설|

[테브난의 정리]

2[V] 전압원만 고려한다.

※만약, 1[A]만 고려 시에는 모든 전류가 전압원 단락지로로 만 흐름 【정답】 ①

12. 선형회로에 가장 관계가 있는 것은?

① 키르히호프의 법칙

② 중첩의 원리

③ $V=RI^2$

④ 페러데이의 전자유도 법칙

|정|답|및|해|설|

[중첩의 원리] 선형회로에서만 성립한다.

【정답】 ②

13. 그림에서 a, b단자의 전압 V_{ab}는?

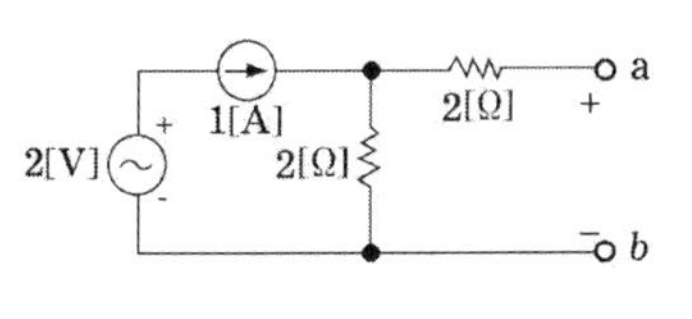

① 2[V] ② −2[V]

③ −4[V] ④ 4[V]

|정|답|및|해|설|

[테브난의 정리]

1[A] 전류원만 고려(전압원 고려 시 전류원 개방으로 회로 성립 불가)

$\therefore V_{ab}=1\times 2=2[V]$ 【정답】 ①

14. 그림과 같은 회로에서 7[Ω]의 저항 양단의 전압은?

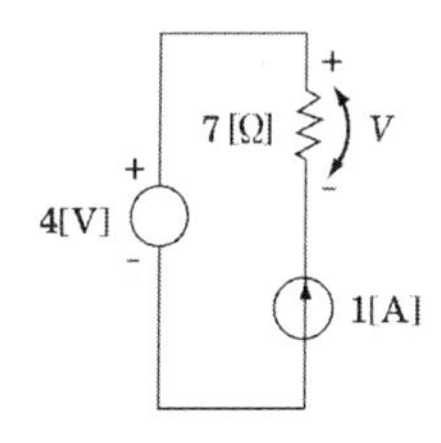

① 4[V]

② −4[V]

③ 7[V]

④ −7[V]

|정|답|및|해|설|

1[A] 전류원만 고려(전압원 고려시, 전류원 개방으로 회로성립 불가)

1[A] 방향과 7[Ω] 양단의 극성이 반대이므로 (−)

【정답】 ④

15. 그림의 회로에서 a, b사이의 전압 E_{ab}값은?

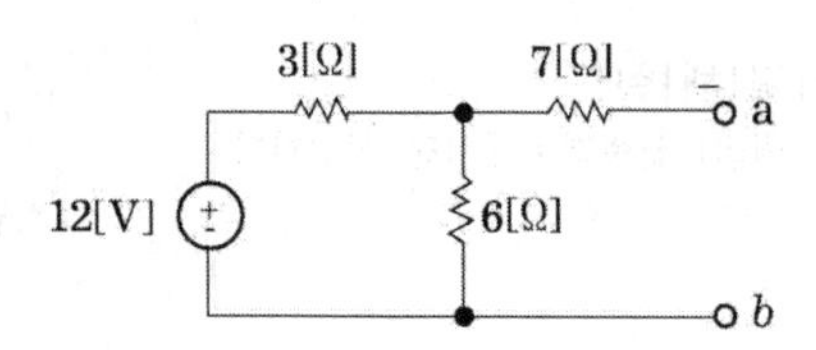

① 8[V]　　② 10[V]
③ 12[V]　　④ 14[V]

|정|답|및|해|설|

[테브난의 정리] $E_{ab} = \frac{R_2}{R_1 + R_2} E[V]$

$E_{ab} = \frac{6}{3+6} \times 12 = 8$ 【정답】 ①

16 그림의 회로에서 a, b사이의 단자 전압은?

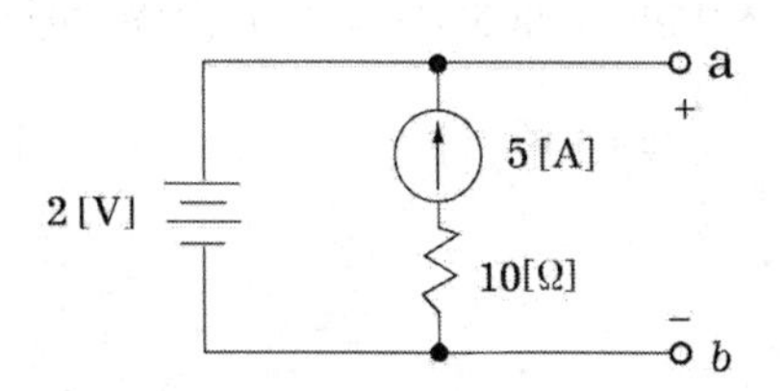

① 2[V]　　② -2[V]
③ 5[V]　　④ -5[V]

|정|답|및|해|설|

[테브난의 정리]

전압원 2[V]만 고려, 전류원 개방 → 2[V]

전류원 고려 시 전압원 단락으로

【정답】 ①

17 그림과 같은 회로망에서 키르히호프의 법칙을 사용하여 마디 전압 방정식을 세우려고 한다. 최소 몇 개의 독립 방정식이 필요한가?

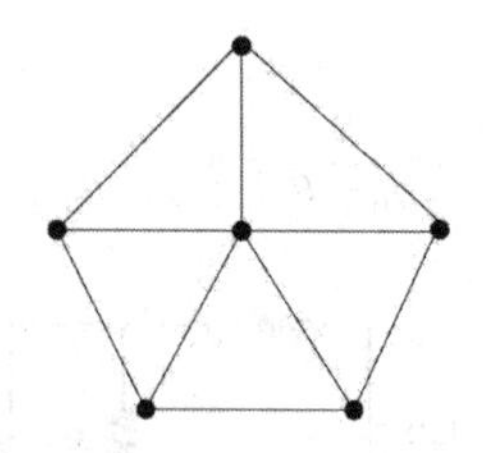

① 5　　② 6
③ 7　　④ 8

|정|답|및|해|설|

[나무(tree)] 마디의 수를 n, 가지의 수를 b라고 하면 나무를 만드는 가지의 수(나무 수)는 $n-1$이 되며 KCL의 독립 방정식 수와 같다. 즉, N=6-1= 5개

【정답】 ①

18 그림의 회로망 (a)와 (b)는 등가이다. (b)회로의 저항 R값은?

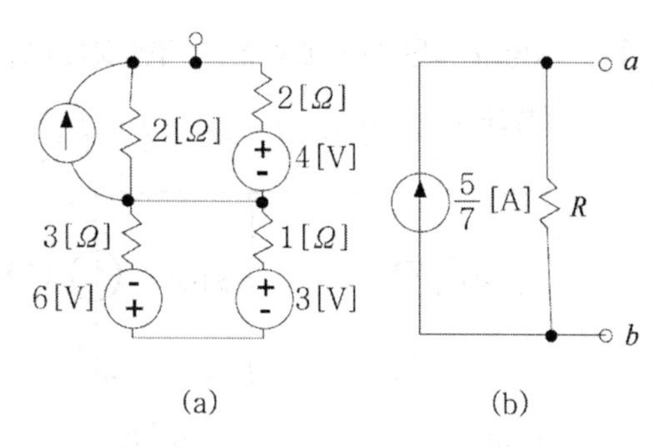

① $\frac{7}{15}[\Omega]$　　② $\frac{4}{7}[\Omega]$
③ $\frac{7}{4}[\Omega]$　　④ $\frac{15}{7}[\Omega]$

|정|답|및|해|설|

전류원은 개방, 전압원 단락하고 등가회로 그림

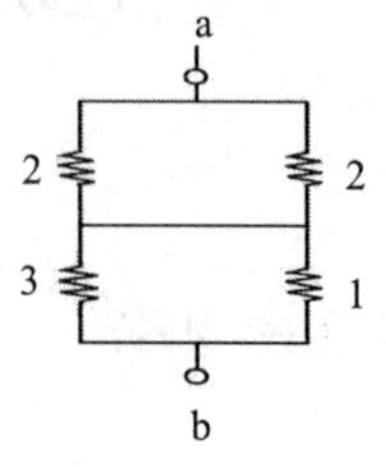

$R_{ab} = 1 + \frac{3 \times 1}{4} = \frac{7}{4}$ 【정답】 ④

19 그림과 같은 회로는 전류 제어 전압원, 독립 전류원 및 전압원을 포함한다. i_x는 몇[A]인가?

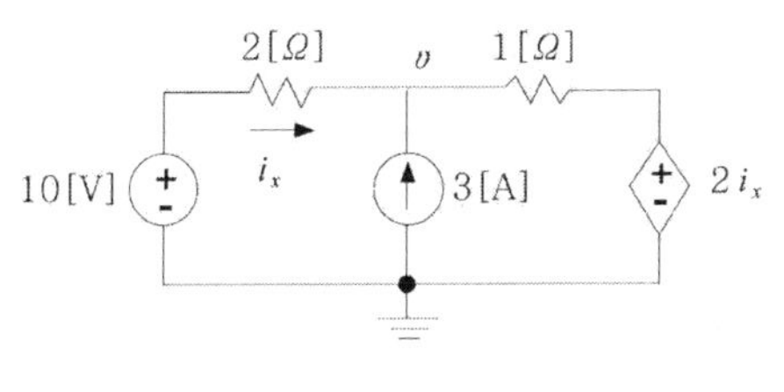

① 2　　② −0.6

③ 0.6　　④ 1.4

|정|답|및|해|설|

[키르히호프 제2법칙(KVL : 전압 법칙)] $\sum_{k=1}^{n} V_k = \sum_{k=1}^{m} I_k R_k$

바깥 폐회로에서

$KVL \rightarrow \ 10-2i_x = 2i_x + 1\times(i_x+3)$

$-5i_x = -7 \quad \rightarrow \quad i_x = \frac{7}{5} = 1.4[A]$

【정답】 ④

20 다음 회로의 a, b단자에서 본 임피던스 값은?

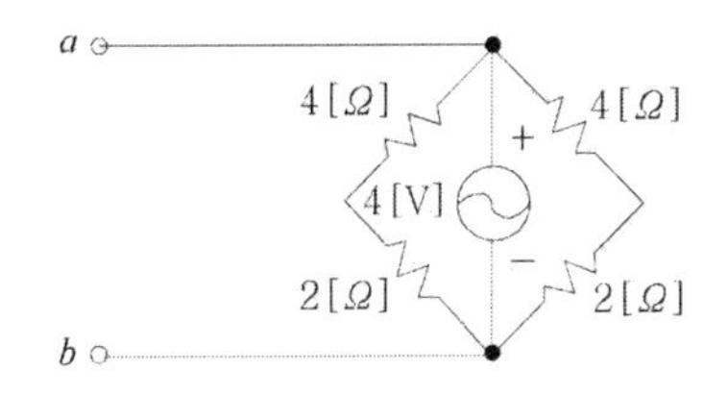

① 0[Ω]　　② 2[Ω]

③ 3[Ω]　　④ 4[Ω]

|정|답|및|해|설|

전압원 단락

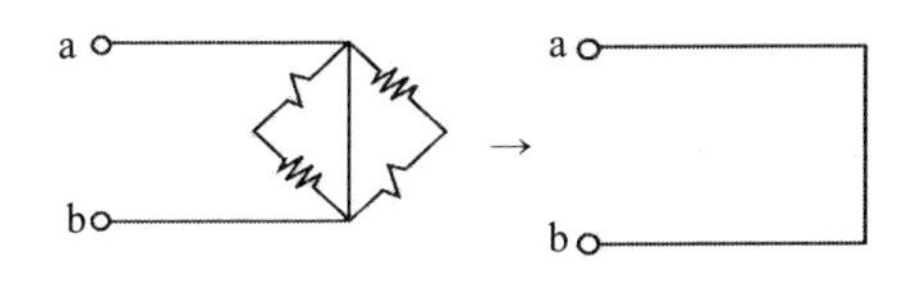

$R_{ab}=0 \ \rightarrow$ 임피던스(Z)=0

【정답】 ①

21 그림과 같은 회로에서 테브난 정리를 이용하기 위해 단자 a, b에서 본 저항 R_{ab}은?

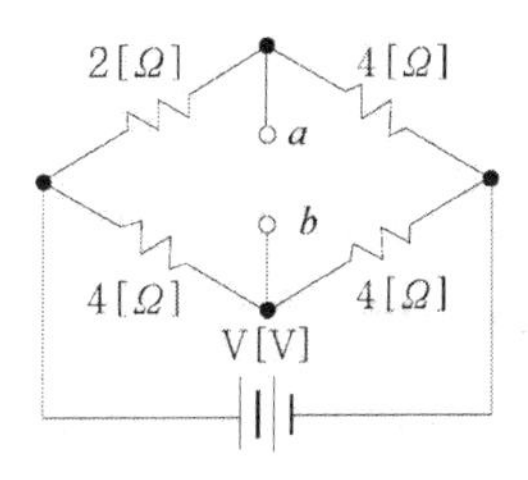

① $\frac{24}{7}[\Omega]$　　② $\frac{10}{3}[\Omega]$

③ 14[Ω]　　④ 24[Ω]

|정|답|및|해|설|

[테브난의 정리] $R_{ab} = \frac{R_1 \times R_2}{R_1 + R_2}[\Omega]$

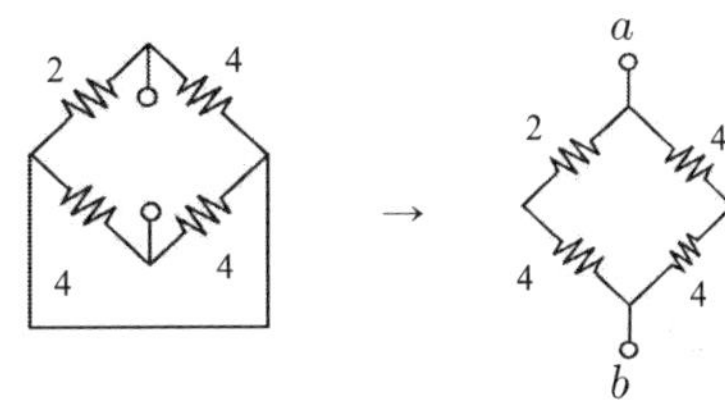

$R_{ab} = \frac{2\times4}{2+4} + \frac{4\times4}{4+4} = \frac{8}{6} + \frac{16}{8} = \frac{4}{3} + 2 = \frac{10}{3}$

【정답】 ②

22 그림과 같은 회로 (a), (b)가 등가일 때 I_0, R_s의 값은 각각 얼마인가?

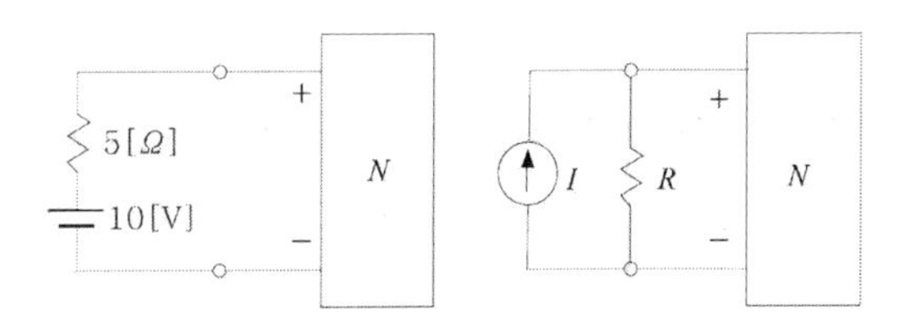

① 2[A], 0.2[Ω]　　② 2[A], 5[Ω]

③ 10[A], 5[Ω]　　④ 5[A], 10[Ω]

|정|답|및|해|설|

[테브난의 정리와 노튼의 정리]

내부 저항은 그대로 $I_0 = \frac{E}{R_0} = \frac{10}{5} = 2[A]$

【정답】 ②

23 그림과 같은 회로망에서 a, b간의 단자 전압이 50[V], a, b에서 본능동 회로망쪽의 임피던스가 $6+j8[\Omega]$일 때 a, b단자에 새로운 임피던스 $Z = 2-j2[\Omega]$을 연결할 때 a, b에 흐르는 전류의 크기는?

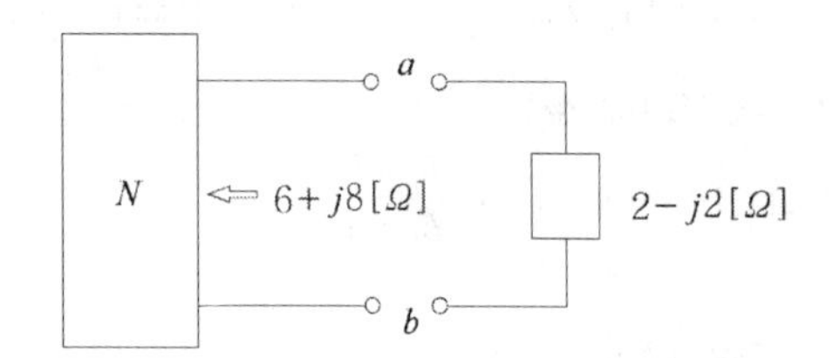

① 10[A] ② 8[A]

③ 5[A] ④ 2.5[A]

|정|답|및|해|설|

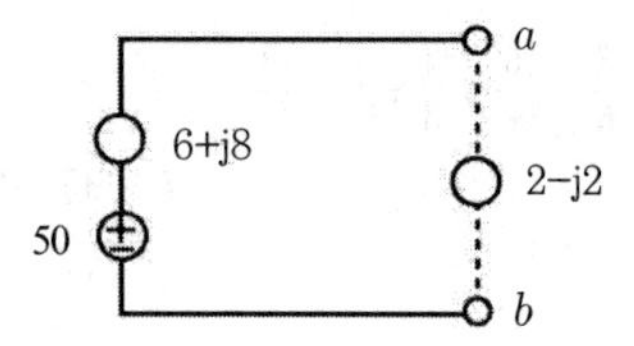

직렬등가 Z= 6 + j8+2−j2=8+j6

$|Z| = |8+j6| = \sqrt{64+36} = 10$

$I = \frac{50}{|Z|} = \frac{50}{10} = 5[A]$

【정답】 ③

24 그림과 같은 회로에서 a, b단자에 나타나는 전압 V_{ab}는 몇[V]인가?

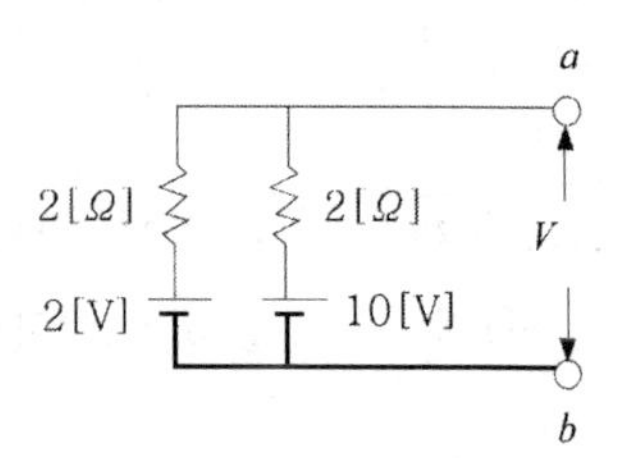

① 10 ② 12

③ 8 ④ 6

|정|답|및|해|설|

[밀만의 정리] $V_{ab} = \dfrac{\frac{V_1}{Z_1} + \frac{V_2}{Z_2} + \cdots + \frac{V_n}{Z_n}}{\frac{1}{Z_1} + \frac{1}{Z_2} + \cdots + \frac{1}{Z_n}}$

$V_{ab} = \dfrac{\frac{2}{2} + \frac{10}{2}}{\frac{1}{2} + \frac{1}{2}} = \frac{1+5}{1} = 6[V]$

【정답】 ④

25 두 개의 N_1과 N_2가 있다. a, b단자, a', b'단자의 각각의 전압은 50[V], 30[V]이다. 또 양 단자에서 N_1과 N_2를 본 임피던스가 15[Ω]과 25[Ω]이다. a와 a', b와 b'를 연결하면 흐르는 전류는?

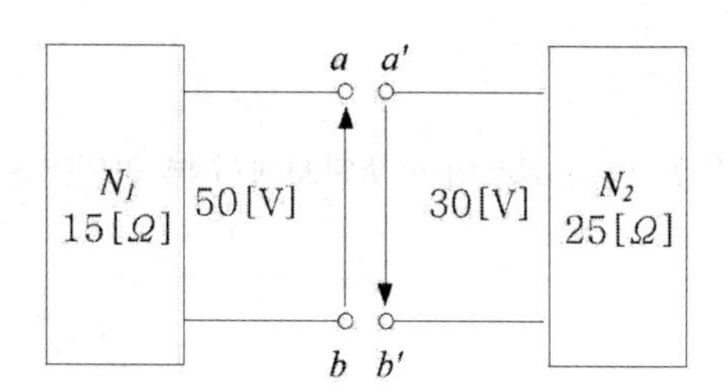

① 0.5[A] ② 1[A]

③ 2[A] ④ 4[A]

|정|답|및|해|설|

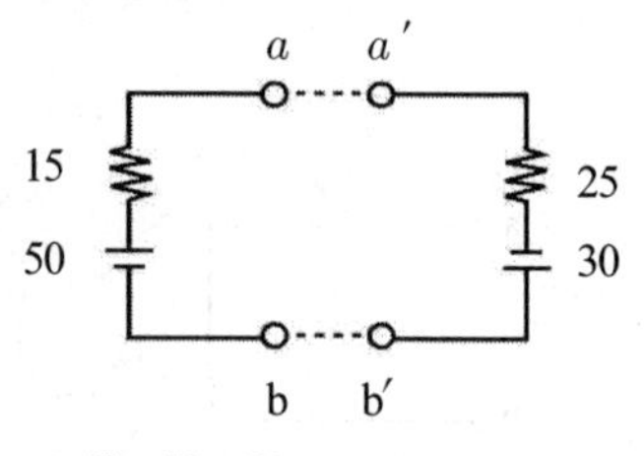

$I = \frac{V}{R} = \frac{50+30}{15+25} = \frac{80}{40} = 2[A]$

※화살표 방향에 주의할 것. 만약 화살표 방향이 ↕↕ 라면 전압 $V = 50-30 = 20[V]$, $R = 40[\Omega]$이 된다.

【정답】 ③

26 그림과 같은 회로에 공급되는 전력은?

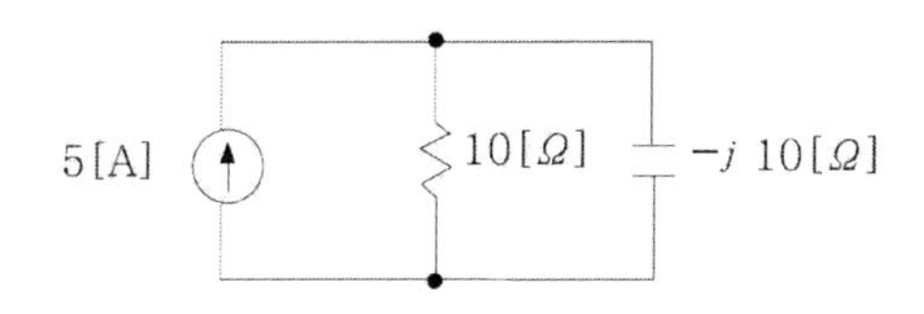

① 250[W] ② 125[W]

③ 100[W] ④ 75[W]

|정|답|및|해|설|

전력 $P = I^2 R$[W] → (문제에서 전류원 나옴)

10[Ω]에 흐르는 전류 $i = \frac{-j10}{10+(-j10)} \times 5 = \frac{5}{\sqrt{2}}$

$P = I'^2 \cdot R = (\frac{5}{\sqrt{2}})^2 \times 10 = 125[W]$ 【정답】 ②

27 다음 회로의 a, b단자에서 $v-i$ 특성을 옳게 나타낸 것은?

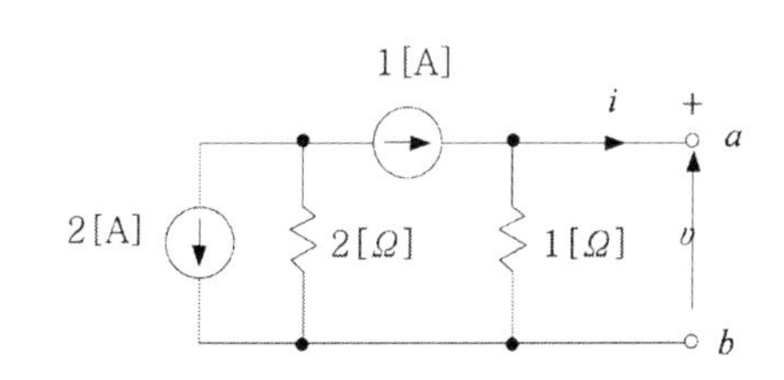

① $v = i+1$ ② $v = 1-i$

③ $v = i+2$ ④ $v = i-\frac{1}{2}$

|정|답|및|해|설|

맨 오른쪽 절점만 고려

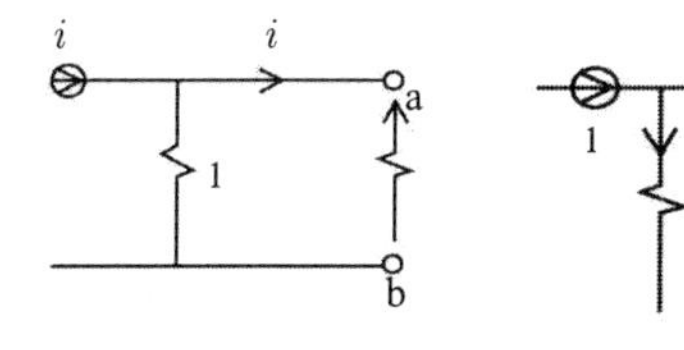

$V_{ab} = 1[\Omega]$ 양단의 전압강하

1[Ω]에 흐르는 전류를 i_x라 하면

KCL : $i_x + i = 1 \rightarrow i_x = 1-i$

$V_{ab} = R \cdot i_x = 1 \cdot (1-i)$

【정답】 ②

28 그림과 같은 회로에서 $V-i$ 관계식은?

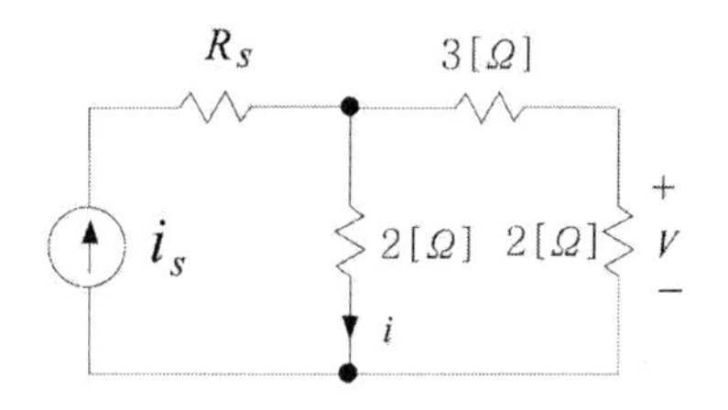

① $V = 0.8i$ ② $V = i_s R_s - 2i$

③ $V = 3+0.2i$ ④ $V = 2i$

|정|답|및|해|설|

[전압 분배의 법칙] $E_1 = \frac{R_1}{R_1+R_2} E$ [V]

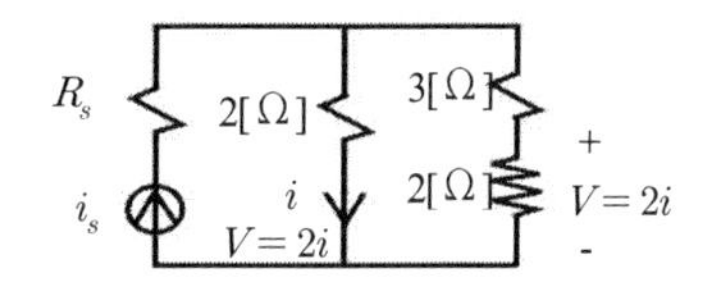

문제에서 요구한 $V-i$ 계식은 두 번째 지로의 전류 i와 맨 오른쪽 지로의 $2(\Omega)$ 양당의 전압의 관계 (전류 i_s 개방) 병렬일 때 전위가 같으므로

$V = \frac{2}{3+2} \times 2i = \frac{4}{5} i = 0.8i$ 【정답】 ①

29 테브난(Thevenin)의 정리를 사용하여 그림 (a)의 회로를 (b)와 같은 등가 회로로 바꾸려 한다. E[V]와 $R[\Omega]$의 값은?

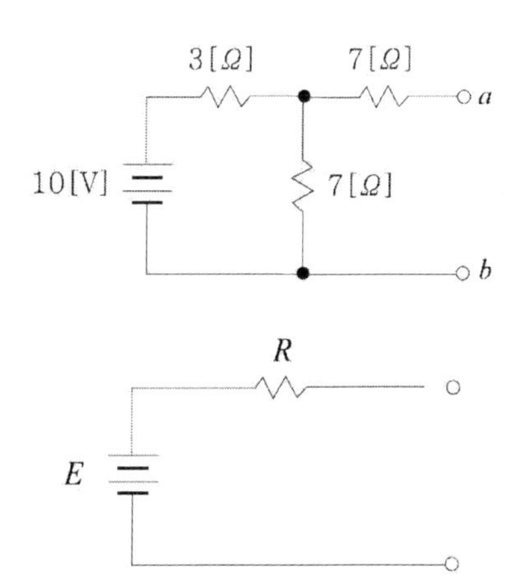

① 7, 9.1　　② 10, 9.1
③ 6, 6.5　　④ 10, 6.5

|정|답|및|해|설|

[테브난의 정리] $R_{ab} = \dfrac{R_1 \times R_2}{R_1 + R_2}[\Omega]$, $V_{ab} = \dfrac{R_2}{R_1 + R_2}E[V]$

① 테브난 등가전압

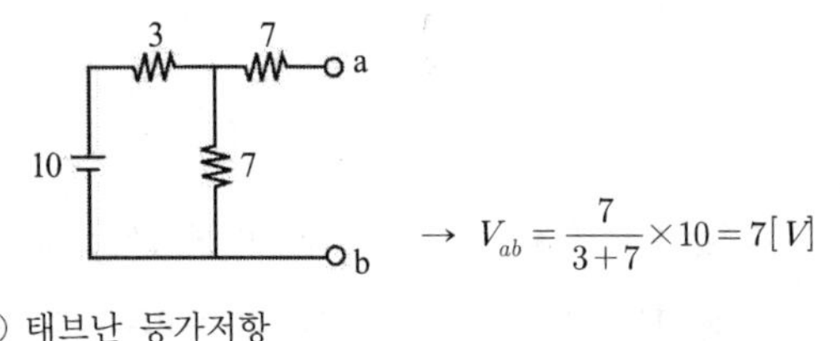

$\rightarrow V_{ab} = \dfrac{7}{3+7} \times 10 = 7[V]$

② 태브난 등가저항

전원제거(전압원 단락)하고, a, b에서 본 등가 Z 구함

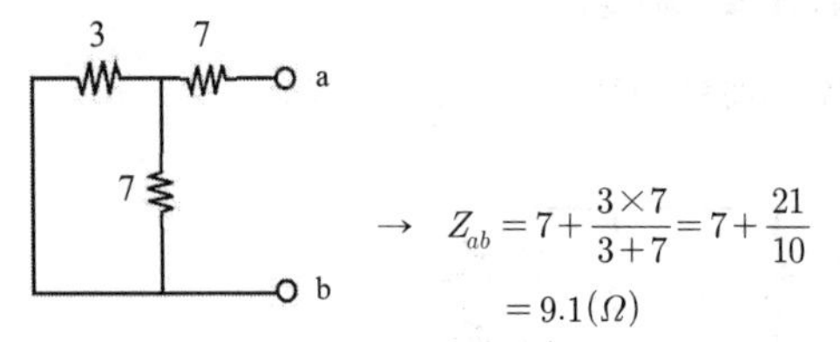

$\rightarrow Z_{ab} = 7 + \dfrac{3 \times 7}{3+7} = 7 + \dfrac{21}{10} = 9.1(\Omega)$

③ 테브난 등가 전압원 등가

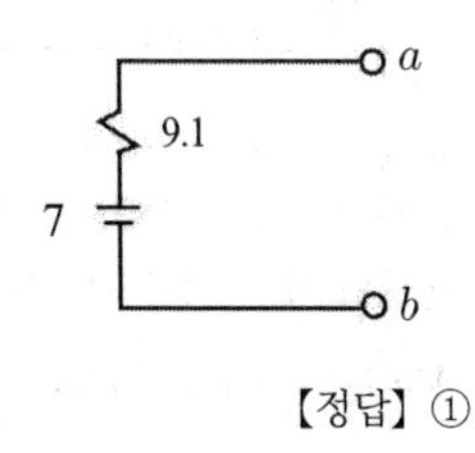

【정답】 ①

30 다음 회로의 단자 a, b에 나타나는 전압은 얼마인가?

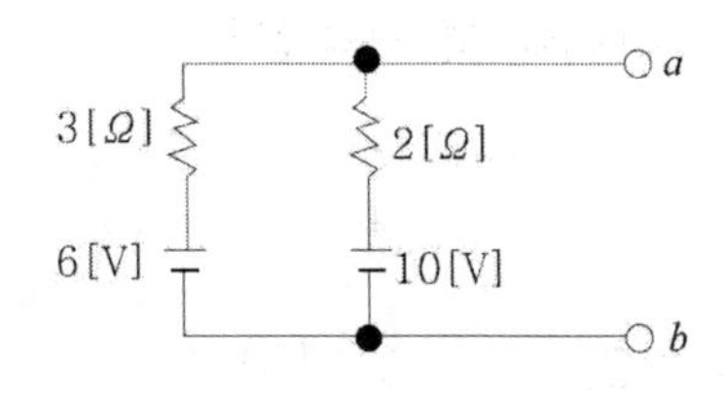

① 8.4[V]　　② 10[V]
③ 12[V]　　④ 3[V]

|정|답|및|해|설|

[밀만의 정리]

$$V_{ab} = IZ = \frac{\sum_{k=1}^{m} I_k}{\sum_{k=1}^{n} Y_k} = \frac{\frac{V_1}{Z_1} + \frac{V_2}{Z_2} + \cdots + \frac{V_n}{Z_n}}{\frac{1}{Z_1} + \frac{1}{Z_2} + \cdots + \frac{1}{Z_n}}$$

$$V_{ab} = \frac{\frac{6}{3} + \frac{10}{2}}{\frac{1}{3} + \frac{1}{2}} = \frac{7}{\frac{5}{6}} = \frac{42}{5} = 8.4[V]$$

【정답】 ①

31 그림과 같은 회로에서 15[Ω]의 저항에 흐르는 전류는 몇 [A]인가?

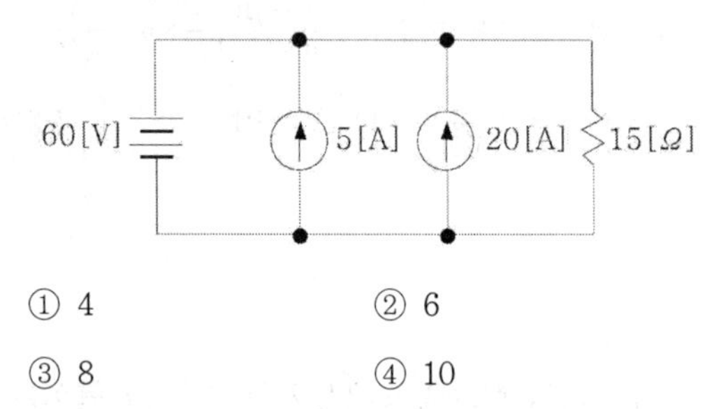

① 4　　② 6
③ 8　　④ 10

|정|답|및|해|설|

① 전압원만 고려 (전류원 개방)

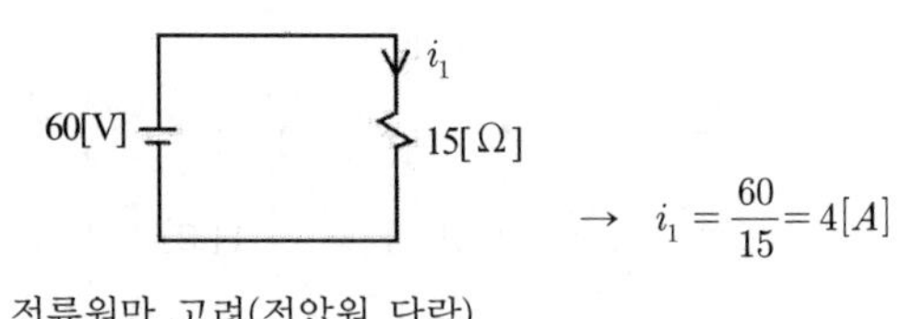

$\rightarrow i_1 = \dfrac{60}{15} = 4[A]$

② 전류원만 고려(전압원 단락)

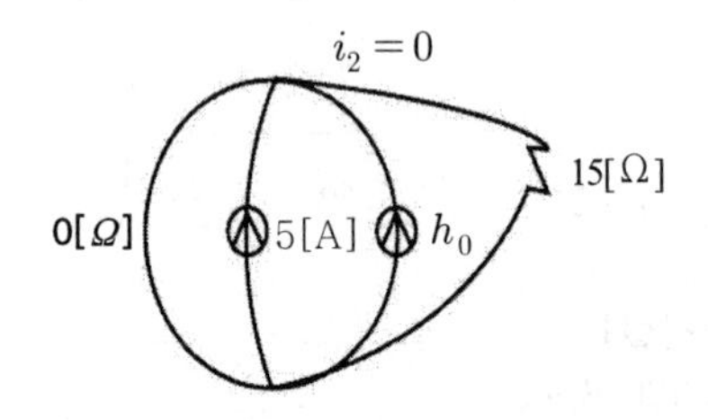

이때 모든 전류는 단락 지로로만 흐름

$i_2 = \dfrac{0}{0+15} \times 25 = 0[A]$

③ 중첩　$i_1 + i_2 = 4 + 0 = 4[A]$

【정답】 ①

32 120[V]의 전원에 20[Ω]의 저항을 가진 2개의 전압계 A , B를 직렬로 연결하여 사용하였다. 이때 A와 B에서 소모되는 전기적 에너지의 양은 A만을 단독으로 사용할 때와 비교하면 어떻게 되는가?

① A만을 사용할 때의 소비전력과 같다.

② A만을 사용할 때의 소비전력의 2배이다.

③ A만을 사용할 때의 소비전력의 $\frac{1}{2}$ 배이다.

④ A만을 사용할 때의 소비전력의 4배이다.

|정|답|및|해|설|

① A만 사용 시

$i=\frac{120}{20}6[A]$, $P=I^2 R=6^2\times20=720[W]$

② A, B직렬 시

$i=\frac{120}{40}=3[A]$, $P=I^2R=3^2\times20+3^2\times20=360[W]$

$P_B=360[W] \rightarrow \therefore \frac{1}{2}$배

【정답】 ③

33 그림에서 전지 E_1 및 E_2를 흐르는 전류가 0일 때 기전력 E_1, E_2 및 R_1, R_2의 관계는?

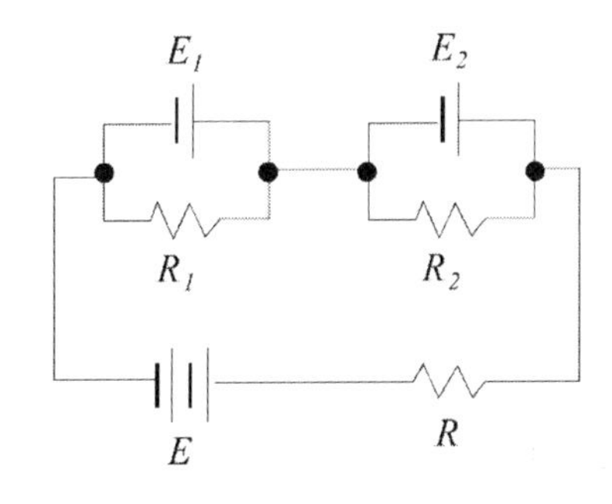

① $E_1E_2 = R_1R_2$

② $E_1R_1 = E_2R_2$

③ $E_1R_2 = E_2R_1$

④ $E_1^2E_2 = R_1^2R_2$

|정|답|및|해|설|

$E_1 = IR_1 \rightarrow E_2 = IR_2$

$I=\frac{E_1}{R_1}=\frac{E_2}{R_2}$

$E_1R_2 = E_2R_1$

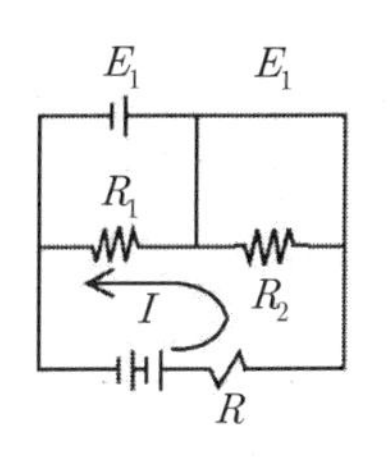

【정답】 ③

34 그림과 같은 회로망을 테브난의 등가 회로로 변환할 때 a, b 단자에서 본 등가 전압원의 값은?

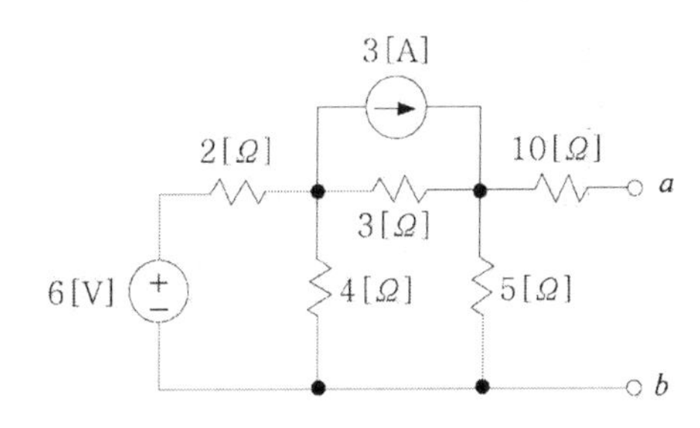

① 6.96[V]
② 7.25[V]
③ 12.32[V]
④ 13.92[V]

|정|답|및|해|설|

[테브난의 정리] $R_{ab}=\frac{R_1\times R_2}{R_1+R_2}[\Omega]$, $V_{ab}=\frac{R_2}{R_1+R_2}E[V]$

문제에서 등가 전압원의 값을 물어봤으므로 전류원 등가를 전압원 등가로 변환

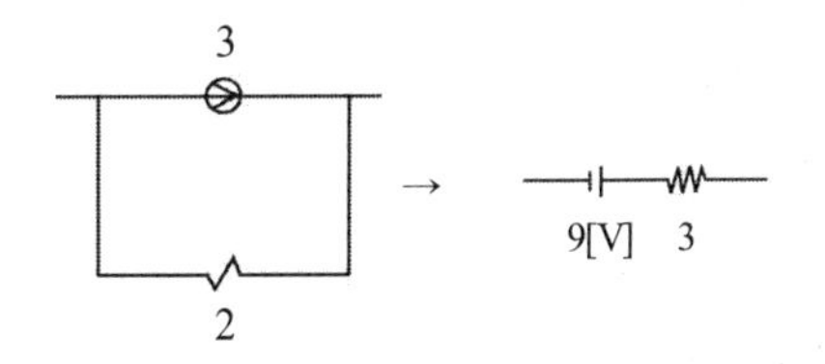

〈등가회로〉

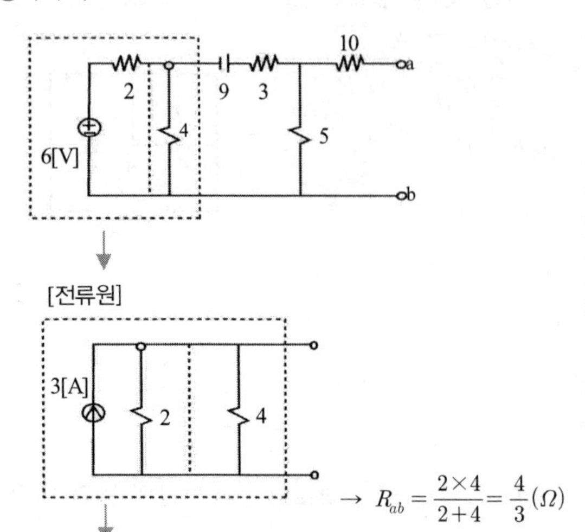

$\rightarrow R_{ab} = \frac{2 \times 4}{2+4} = \frac{4}{3}(\Omega)$

[전압원]

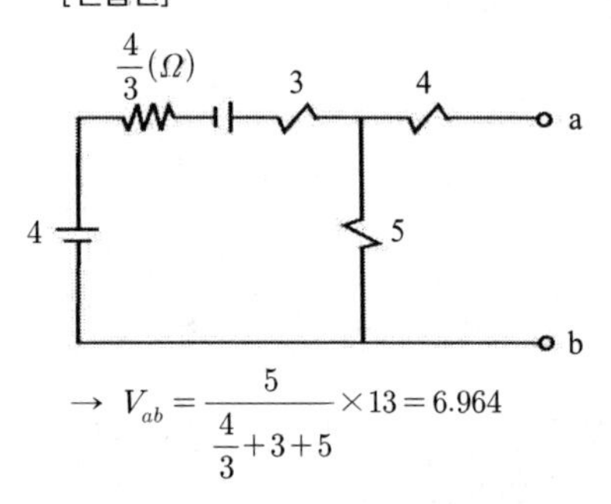

$\rightarrow V_{ab} = \frac{5}{\frac{4}{3}+3+5} \times 13 = 6.964$

【정답】 ①

35 테브난의 정리와 쌍대의 관계가 있는 것은 다음 중 어느 것인가?

① 밀만의 정리　　② 중첩의 원리

③ 노튼의 정리　　④ 보상의 정리

|정|답|및|해|설|

[쌍대의 관계]

·테브난의 정리 : 전압원 등가

↕ 쌍대

·노튼의 정리 : 전류원 등가

【정답】 ③

36 다음 그림에서 전류 i_5는?

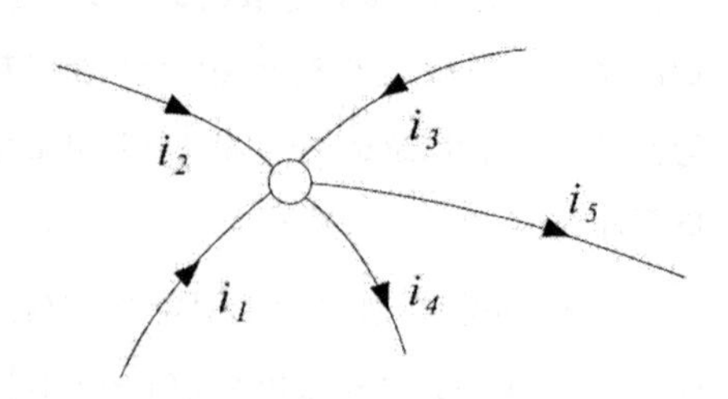

$I_1 = 40[A]$, $I_2 = 12[A]$

$I_3 = 15[A]$, $I_4 = 10[A]$

① 37[A]　　② 47[A]

③ 57[A]　　④ 67[A]

|정|답|및|해|설|

[키르히호프 제1법칙 (KCL : 전류 법칙)]

$i_1 + i_2 + i_3 = i_4 + i_5 \rightarrow 40+12+15 = 10 + i_5$

$i_5 = 67 - 10 = 57[A]$

【정답】 ③

37 그림과 같은 회로에서 단자 b, c에 걸리는 전압 V_{bc}는 몇 [V]인가?

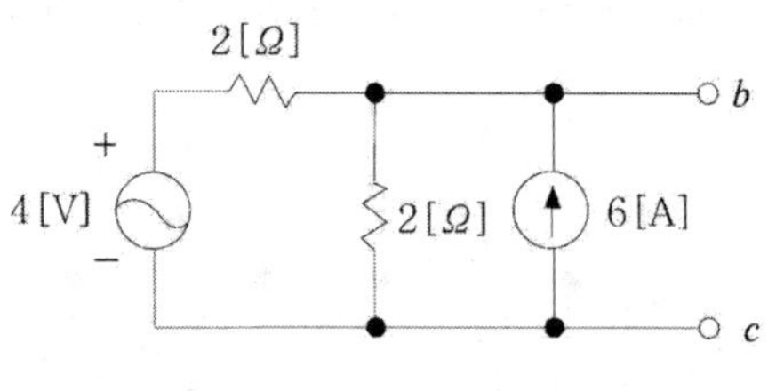

① 4　　② 6

③ 8　　④ 10

|정|답|및|해|설|

[테브난의 정리] $R_{ab} = \frac{R_1 \times R_2}{R_1 + R_2}[\Omega]$, $V_{ab} = \frac{R_2}{R_1+R_2}E[V]$

① 전압원만의 회로(전류원 개방)

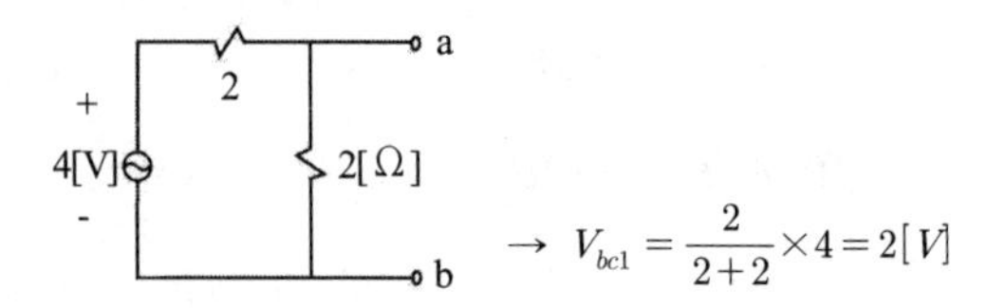

$\rightarrow V_{bc1} = \frac{2}{2+2} \times 4 = 2[V]$

② 전류원만의 회로(전압원 단락)

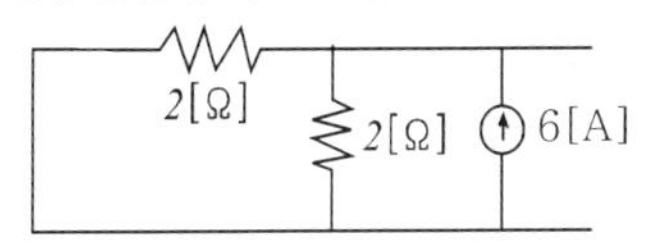

2[Ω]에 흐르는 전류는 $I=6\times\frac{2}{2+2}=3[A]$

$V_{bc2}=3[A]\times2[\Omega]=6[V]$

$\therefore V_{bc1}+V_{bc2}=2+6=8[V]$

【정답】 ③

38 그림과 같은 회로에서 테브난의 등가 저항 R_{ab}는 몇 [Ω]인가?

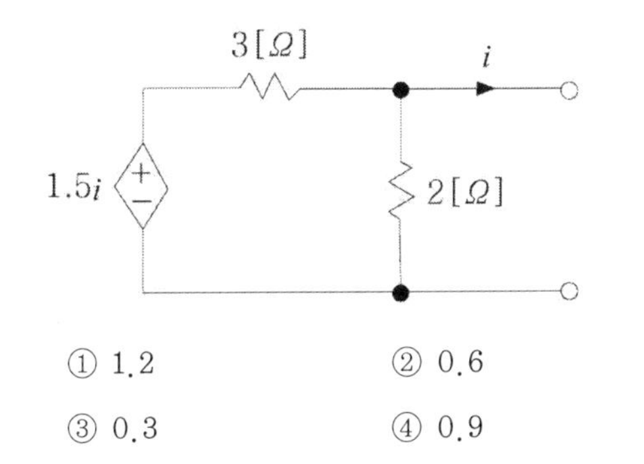

① 1.2 ② 0.6

③ 0.3 ④ 0.9

|정|답|및|해|설|

[테브난의 정리] $R_{ab}=\frac{R_1\times R_2}{R_1+R_2}[\Omega]$, $V_{ab}=\frac{R_2}{R_1+R_2}E[V]$

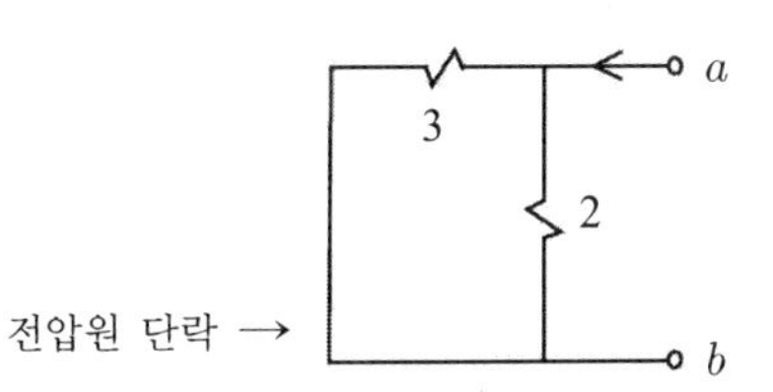

$R_{ab}=\frac{2\times3}{2+3}=\frac{6}{5}=1.2[\Omega]$ 【정답】 ①

39 그림과 같은 회로의 콘덕턴스 G_2에 흐르는 전류는?

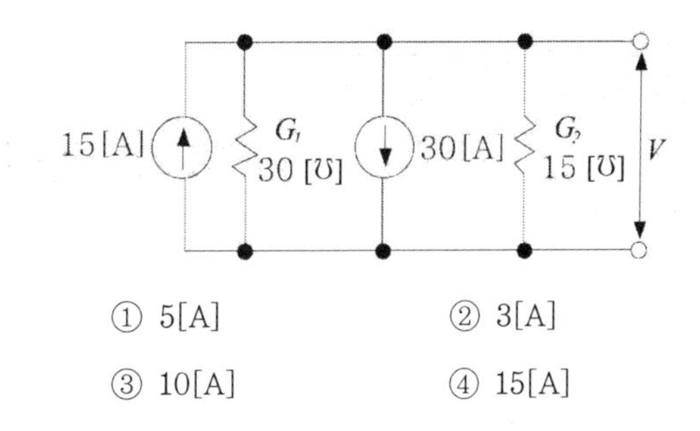

① 5[A] ② 3[A]

③ 10[A] ④ 15[A]

|정|답|및|해|설|

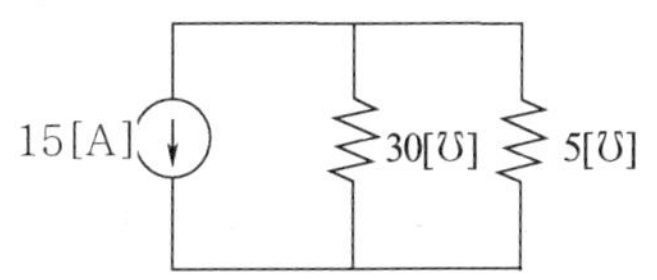

$I=\frac{V}{R}=GV=5[A]$ → (G : 콘덕턴스)

※전류원의 방향이 같을 때 : i_1+i_2

전류원의 방향이 다를 때 : i_1-i_2

【정답】 ①

40 그림과 같은 회로망에서 Z_a 지로에 300[V]의 전압을 가할 때 Z_b지로에 30[A]의 전류가 흘렀다. Z_b 지로에 200[V]의 전압을 가할 때 Z_a 지로에 흐르는 전류를 구하면?

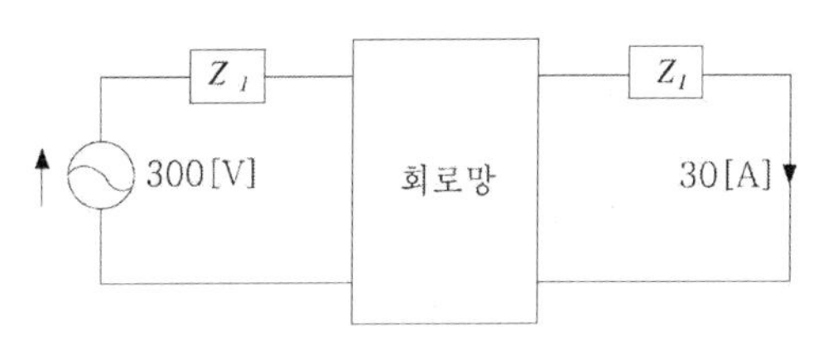

① 10[A] ② 20[A]

③ 30[A] ④ 40[A]

|정|답|및|해|설|

[가역 정리] $V_aI_a=V_b\chi$

$300\times\chi=200\times30$ → $\chi=20[A]$

【정답】 ②

Chapter 08

대칭 좌표법

01 대칭 전압

(1) 대칭 좌표법의 정의

사고 성분을 영상분(V_0, I_0), 정상분(V_1, I_1), 역상분(V_2, I_2)으로 나누어 따로따로 계산하는 방법이다. 비대칭 3상은 2개의 대칭분(정상분, 역상분)과 각상에 동일 위상을 갖는 성분(영상분)으로 표시된다.

(2) 대칭 전압

① 벡터 연산자

㉮ $a^0 = 1\angle 120° \times 0 = 1\angle 0° = 1$

㉯ $a^1 = a = 1\angle 120° \times 1 = 1\angle 120°$

$= -\dfrac{1}{2} + j\dfrac{\sqrt{3}}{2}$

㉰ $a^2 = 1^2\angle 120° \times 2 = 1\angle 240°$

$= -\dfrac{1}{2} - j\dfrac{\sqrt{3}}{2}$

㉱ $1 + a + a^2 = 0$

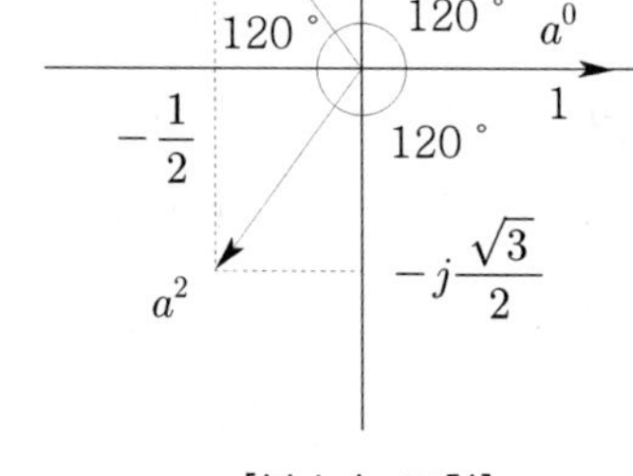

[복소수 표현]

② 대칭 성분

㉮ 영상분(V_0)

- 3상 전압의 공통 선분
- 접지선 중성점에 존재한다.
- 전압의 크기가 같고 위상이 동상인 성분

㉯ 정상분(V_1) : 상순은 $a-b-c$로 120°의 위상차를 갖는 전압

㉰ 역상분(V_2) : 상순은 $a-c-b$로 120°의 위상차를 갖는 전압

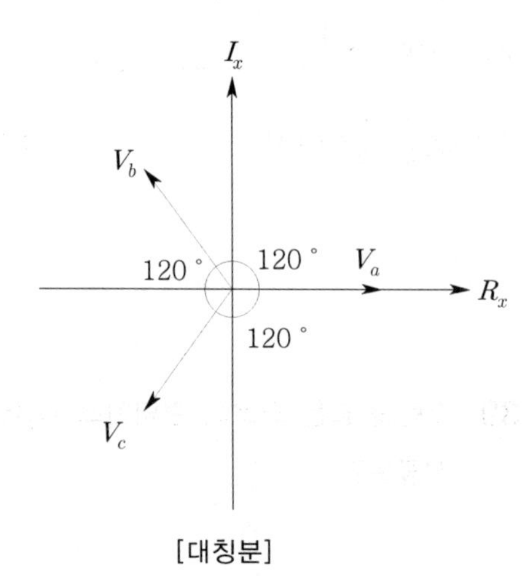

[대칭분]

(3) 3상 전원의 대칭분 표현

$$\begin{bmatrix} V_a \\ V_b \\ V_c \end{bmatrix} = \begin{bmatrix} 1 & 1 & 1 \\ 1 & a^2 & a \\ 1 & a & a^2 \end{bmatrix} \begin{bmatrix} V_0 \\ V_1 \\ V_2 \end{bmatrix}$$

① $V_a = V_0 + V_1 + V_2$

② $V_b = V_0 + a^2 V_1 + a V_2$

③ $V_c = V_0 + a V_1 + a^2 V_2$

(4) 대칭 성분

① 영상분 $V_0 = \frac{1}{3}(V_a + V_b + V_c)$

② 정상분 $V_1 = \frac{1}{3}(V_a + a V_b + a^2 V_c)$

③ 역상분 $V_2 = \frac{1}{3}(V_a + a^2 V_b + a V_c)$

위 식들을 행렬로 이용하여 다시 정리하면 다음과 같다.

$$\begin{bmatrix} V_0 \\ V_1 \\ V_2 \end{bmatrix} = \frac{1}{3} \begin{bmatrix} 1 & 1 & 1 \\ 1 & a & a^2 \\ 1 & a^2 & a \end{bmatrix} \begin{bmatrix} V_a \\ V_b \\ V_c \end{bmatrix}$$

※ 위의 식은 전압(V) 대신 전류(I), 임피던스(Z), 어드미턴스(Y)를 대입하여도 성립한다.

핵심기출 【기사】 05/1 07/1 14/2 18/1

대칭 좌표법에서 대칭분을 각 상전압으로 표시한 것 중 틀린 것은?

① $E_0 = \frac{1}{3}(E_a + E_b + E_c)$

② $E_1 = \frac{1}{3}(E_a + aE_b + a^2 E_c)$

③ $E_3 = \frac{1}{3}(E_a^2 + E_b^2 + E_c^2)$

④ $E_2 = \frac{1}{3}(E_a + a^2 E_b + aE_c)$

정답 및 해설 [대칭 성분] $E_0 = \frac{1}{3}(E_a + E_b + E_c)$: 영상전압

$E_1 = \frac{1}{3}(E_a + aE_b + a^2 E_c)$: 정상전압

$E_2 = \frac{1}{3}(E_a + a^2 E_b + aE_c)$: 역상전압

【정답】 ③

(5) 3상 교류 발전기의 기본식

① 영상분 $V_0 = E_0 - I_0 Z_0 = -I_0 Z_0$

② 정상분 $V_1 = E_1 - I_1 Z_1 = E_a - I_1 Z_1$

③ 역상분 $V_2 = E_2 - I_2 Z_2 = -I_2 Z_2$

여기서, E_0 : a상의 유기기전력, Z_0 : 영상 임피던스, Z_1 : 정상 임피던스

Z_2 : 역상 임피던스

핵심기출 【기사】 05/3 13/2 18/3 【산업기사】 04/1

전류의 대칭분을 I_0, I_1, I_2 유기 기전력 및 단자 전압의 대칭분을 E_a, E_b, E_c 및 V_0, V_1, V_2라 할 때 3상 교류 발전기의 기본식 중 정상분 V_1 값은? (단, Z_0, Z_1, Z_2는 영상, 정상, 역상 임피던스이다.)

① $-Z_0 I_0$　　② $-Z_2 I_2$

③ $E_a - Z_1 I_1$　　④ $E_b - Z_2 I_2$

정답 및 해설 [3상 교류 발전기의 기본식] ·영상전압 $V_0 = -Z_0 I_0$, ·정상전압 $V_1 = E_a - Z_1 I_1$, ·역상전압 $V_2 = -Z_2 I_2$ 【정답】 ③

(6) 고장 종류에 따른 대칭분의 종류

고장의 종류	대칭분
1선지락	V_0, V_1, V_2 존재
선간단락	$V_0 = 0$, V_1, V_2 존재
2선지락	$V_0 = V_1 = V_2 \neq 0$
3선단락	정상분(V_1)만 존재
비접지 회로	영상분(V_0)이 없다.
a상 기준	영상(V_0)과 역상(V_2)이 없고 정상(V_1)만 존재한다.

※지락 : 누전, 즉 전기가 접지선을 따라 땅으로 나간다.
단락 : 쇼트, 즉 합선

02 대칭분에 의한 3상 전력 표시법

(1) 3상 전력 표시법

$$P_a = 3\overline{V}I = 3(\overline{V_0}I_0 + \overline{V_1}I_1 + \overline{V_2}I_2)$$

(2) 불평형률

불평형 회로의 전압과 전류에는 반드시 영상분, 정상분, 역상분이 존재한다.

따라서 회로의 불평형 정도를 나타내는 척도로서 불평형률이 사용된다.

$$\text{불평형률} = \frac{\text{역상분}}{\text{정상분}} \times 100[\%] = \frac{V_2}{V_1} \times 100[\%] = \frac{I_2}{I_1} \times 100[\%]$$

※ 3상이 평형일 경우 : $I_a + I_b + I_c = 0$이다.

핵심기출 【기사】 06/3 07/2 15/1 16/2 【산업기사】 06/1 08/2 08/3 09/3 10/1 13/1 14/2 18/2

3상 불평형 전압에서 역상 전압 50[V], 정상 전압 250[V] 및 영상 전압 20[V]이면, 전압 불평형률은 몇 [%]인가?

① 10 ② 15 ③ 20 ④ 25

정답 및 해설 [3상 불평형률] $\text{불평형률} = \frac{\text{역상분}}{\text{정상분}} \times 100[\%] = \frac{V_2}{V_1} \times 100[\%] = \frac{I_2}{I_1} \times 100[\%]$

$\text{불평형률} = \frac{50}{250} \times 100 = 20[\%]$ 【정답】 ③

Chapter 08

시험 전 반드시 체크해야 할

단원 핵심 체크

01 대칭 좌표에서 사용되는 용어 중 각 상에 공통의 성분을 표시하는 것은 ( ) 이다.

02 대칭분을 I_0, I_1, I_2라 하고, 선전류를 I_a, I_b, I_c라 할 때, 영상분 전류 $I_0 = \frac{1}{3}(I_a + I_b + I_c)$, 정상분 전류 $I_1 = \frac{1}{3}(I_a + aI_b + a^2 I_c)$, 역상분 전류 $I_2 =$( ) 이다.

03 3상 회로의 영상분, 정상분, 역상분을 각각 I_0, I_1, I_2라 하고 선전류를 I_a, I_b, I_c라 할 때 $I_a = I_0 + I_1 + I_2$, $I_b =$( ), $I_c = I_0 + aI_1 + a^2 I_2$ 이다.
(단, $a = -\frac{1}{2} + j\frac{\sqrt{3}}{2}$ 이다.)

04 단자 전압의 각 대칭분 $\dot{V}_0$, $\dot{V}_1$, $\dot{V}_2$가 0이 아니라 같게 되는 고장의 종류는 ( ) 이다.

05 3상 △부하에서 각 선전류를 I_a, I_b, I_c라 하면 전류의 영상분 $I_0 =$( ) 이다. (단, 회로 평형 상태임)

06 전류의 대칭분을 I_0, I_1, I_2 유기 기전력 및 단자 전압의 대칭분을 E_a, E_b, E_c 및 V_0, V_1, V_2라 할 때 3상 교류 발전기의 기본식 중 정상분 $V_1 =$( ) 이다. (Z_0 : 영상 임피던스, Z_1 : 정상 임피던스, Z_2 : 역상 임피던스)

07 대칭 좌표법에서 불평형률을 나타내는 것은 ( ) 이다.

정답

(1) 영상분　(2) $\frac{1}{3}(I_a + a^2 I_b + aI_c)$　(3) $I_0 + a^2 I_1 + aI_2$
(4) 2선 지락　(5) 0　(6) $E_a - Z_1 I_1$
(7) $\frac{\text{역상분}}{\text{정상분}} \times 100$

기출문제에서 뽑은 최다 빈출

적중 예상문제

1. I_a, I_b, I_c가 3상 평형 전류이면 $I_a - I_b$ 는? (단, $I_a = I$ 라고 한다.)

① $\frac{I_a}{\sqrt{3}}$　② $\sqrt{3}\,I_a$

③ $\sqrt{3}\,I_a{}^{j30°}$　④ $\sqrt{3}\,I_a{}^{-j30°}$

|정|답|및|해|설|

[3상 평형] $I_a + I_b + I_c = 0$

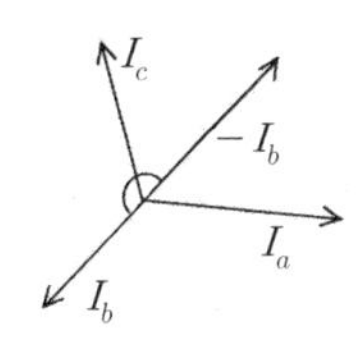

$I_a - I_b$

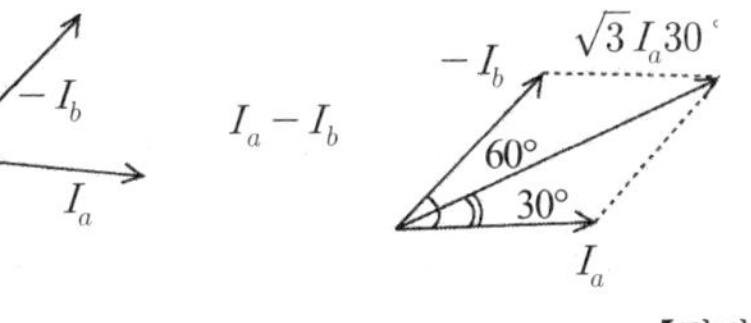

【정답】 ③

2. 대칭 3상 전압이 V_a, $V_b = a^2 V_a$ $V_c = a V_a$일 때, a상을 기준으로 한 각 대칭분 V_0, V_1, V_2은?

① 0, V_a, 0

② $a^2 V_a$, $a V_a$, V_a

③ $\frac{1}{3}(V_a + V_b + V_c)$, $\frac{1}{3}(V_a + a^2 V_b + a V_c)$

$\frac{1}{3}(V_a + a V_b + a^2 V_c)$

④ $\frac{1}{3}(V_a + V_b + V_c)$, $\frac{1}{3}(V_a + a V_b + a^2 V_c)$

$\frac{1}{3}(V_a + a^2 V_b + a V_c)$

|정|답|및|해|설|

[a상 기준] 영상(V_0)과 역상(V_2)이 없고 정상(V_1)만 존재한다.

【정답】 ①

3. 대칭 좌표법에서 사용되는 용어 중 3상에 공통인 성분을 표시하는 것은?

① 정상분　② 영상분

③ 역상분　④ 공통분

|정|답|및|해|설|

[대칭 좌표법(영상분)] 3상에 공통인 성분을 표시

【정답】 ②

4. 대칭 좌표법에 관한 설명 중 잘못된 것은?

① 불평형 3상 회로 비접지식 회로에서는 영상분이 존재한다.

② 대칭 3상 전압에서 영상분은 0이 된다.

③ 대칭 3상 전압은 정상분만 존재한다.

④ 불평형 3상 회로의 접지식 회로에서는 영상분이 존재한다.

|정|답|및|해|설|

[비접지식 회로] 영상분이 존재하지 않는다.

【정답】 ①

5. 3상 △부하에서 각 선전류를 I_0, I_1, I_2라 하면 전류의 영상분은?

① ∞　② −1　③ 1　④ 0

|정|답|및|해|설|

[비접지 회로] 영상분이 존재하지 않는다.

【정답】 ④

6. 비접지 3상 Y부하에서 각 선전류를 I_a, I_b, I_c 라 할 때, 전류의 영상분 I_0는?

① 1　② 0　③ −1　④ $\sqrt{3}$

|정|답|및|해|설|

[비접지 회로] 영상분이 존재하지 않는다.

【정답】 ②

7. 불평형 회로에서 영상분이 존재하는 3상 회로 구성은?

① $\Delta-\Delta$ 결선의 3상 3선식

② $\Delta-Y$ 결선의 3상 3선식

③ $Y-Y$ 결선의 3상 3선식

④ $Y-Y$ 결선의 3상 4선식

|정|답|및|해|설|

[3상 4선식] 중성선이 존재한다는 뜻

※영상분 존재 : 접지선

【정답】 ④

8. 그림과 같은 회로에서 E_1, E_2, E_3를 대칭 3상 전압이라 할 때 전압 E_0는?

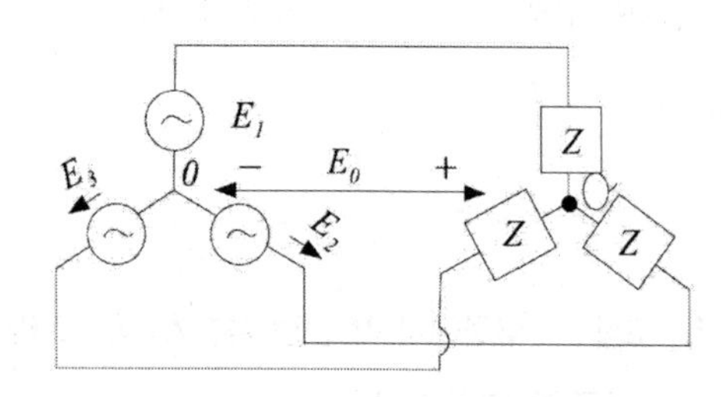

① 0　② $\frac{E_1}{3}$

③ $\frac{2}{3}E_1$　④ E_1

|정|답|및|해|설|

[비접지 회로] 영상분이 존재하지 않는다.

문제의 조건 : 대칭

∴중성점의 전위는 "0"이 된다.

【정답】 ①

9. $V_a=3[V]$, $V_b=2-j3[V]$, $V_c=4+j3[V]$를 3상 불평형 전압이라고 할 때 영상전압은?

① 3[V]　② 9[V]

③ 27[V]　④ 0[V]

|정|답|및|해|설|

[영상 전압] $V_0=\frac{1}{3}(V_a+V_b+V_c)$

$V_0=\frac{1}{3}(3+2-j3+4+j3)=\frac{1}{3}\times 9=3[V]$

【정답】 ①

10. 각 상전압이 $V_a=40\sin(wt+90°)$, $V_b=40\sin wt$, $V_c=40\sin(wt-90°)$ 라 하면 영상 대칭분의 전압은?

① $40\sin wt$

② $\frac{40}{3}\sin wt$

③ $\frac{40}{3}\sin(wt-90°)$

④ $\frac{40}{3}\sin(wt+90°)$

|정|답|및|해|설|

[영상 전압] $V_0=\frac{1}{3}(V_a+V_b+V_c)$

여러 가지 방법이 있으나 페이저 표현이 가장 좋다.

V_b와 V_c는 크기가 같고 위상차 180° 이므로

$\dot{V}_b+\dot{V}_c=0$

$\therefore V_0=\frac{1}{3}(V_a+0)=\frac{1}{3}V_a=\frac{40}{3}\sin wt$

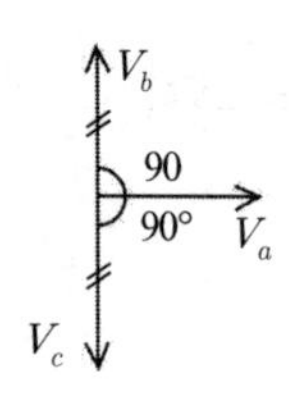

【정답】 ②

11. 3상 부하가 Y결선 되었다. 각 상의 임피던스 $Z_a = 3[\Omega]$, $Z_b = 3[\Omega]$, $Z_c = j3[\Omega]$이다. 이 부하의 영상 임피던스는?

① $2+j[\Omega]$ ② $3+j3[\Omega]$
③ $3+j6[\Omega]$ ④ $6+j3[\Omega]$

|정|답|및|해|설|

[영상 임피던스] $Z_0 = \frac{1}{3}(Z_a+Z_b+Z_c)$

$Z_0 = \frac{1}{3}(3+3+j3) = \frac{1}{3}(b+j3) = 2+j1$

【정답】①

12. 불평형 3상 전류 $I_a = 25+j4$[A], $I_b = -18-j16$[A], $I_c = 7+j15$[A]일 때의 영상전류 I_0는?

① $3.66+j$ ② $4.66+j23$
③ $4.66+j$ ④ $2.67+j0.2$

|정|답|및|해|설|

[영상 전류] $I_0 = \frac{1}{3}(\dot{I_a}+\dot{I_b}+\dot{I_c})$

$I_0 = \frac{1}{3}(25+j4-18-j16+7+j15)$

$= \frac{1}{3}(14+j3) = 4.66+j1$

【정답】③

13. 3상 부하가 △결선으로 되어 있다. 콘덕턴스가 a상에 0.3[℧], b상에 0.3[℧]이고 유도 서셉턴스가 c상에 0.3[℧]가 연결되어 있을 때 이 부하의 영상 어드미턴스는 몇[℧]인가?

① $0.2+j0.1$ ② $0.2-j0.1$
③ $0.6-j0.3$ ④ $0.6+j0.3$

|정|답|및|해|설|

[영상 어드미턴스] $Y_0 = \frac{1}{3}(Y_a+Y_b+Y_c)$

$Y_0 = \frac{1}{3}(Y_a+Y_b+Y_c) = \frac{1}{3}(0.3+0.3-j0.3)$

→ (유도 서셉턴스는 $-j0.3$)

$= \frac{1}{3}(0.6-j0.3) = 0.2-j0.1$

※ $Z = R+jX$: 유용성(+), 용량성(−)
$Y = G+jB$: 유용성(−), 용량성(+)

【정답】②

14. 3상 3선식 회로에서 $V_a = -j6$[V], $V_b = -8+j6$[V], $V_c = 8$[V] 일 때 정상분 전압은 몇[V]가 되는가?

① 0
② $0.33\angle 37°$
③ $2.37\angle 43°$
④ $7.80\angle 257°$

|정|답|및|해|설|

[정상 전압] $V_1 = \frac{1}{3}(\dot{V_a}+a\dot{V_b}+a^2\dot{V_c})$

$V_1 = \frac{1}{3}\left(-j6+\left(-\frac{1}{2}+j\frac{\sqrt{3}}{2}\right)(-8+j6)+\left(-\frac{1}{2}-j\frac{\sqrt{3}}{2}\right)8\right)$

$= \frac{1}{3}(-j6+4-j3-j4\sqrt{3}-3\sqrt{3}-4-j4\sqrt{3})$

$= \frac{1}{3}(-3\sqrt{3}-j(9+8\sqrt{3}))$

$= -\sqrt{3}-j\left(3+\frac{8}{\sqrt{3}}\right) \doteqdot -\sqrt{3}-j7.61$

$|V_1| = \sqrt{(\sqrt{3})^2+7.61^2} = 7.804$

【정답】④

15. V_a, V_b, V_c가 3상 전압일 때 역상 전압은? (단, $a = e^{j\frac{2}{3}\pi}$ 이다.)

① $\frac{1}{3}(V_a + aV_b + a^2 V_c)$

② $\frac{1}{3}(V_a + a^2 V_b + aV_c)$

③ $\frac{1}{3}(V_a + V_b + V_c)$

④ $\frac{1}{3}(V_a + a^2 V_b + V_c)$

|정|답|및|해|설|

[역상 전압] $\frac{1}{3}(V_a + a^2 V_b + aV_c)$

① 정상전압, ② 역상전압, ③ 영상전압, ④ 의미 없음

【정답】 ②

16. 3상 불평형 전압에서 불평형이란?

① $\frac{\text{역상전압}}{\text{영상전압}} \times 100$　② $\frac{\text{정상전압}}{\text{역상전압}} \times 100$

③ $\frac{\text{역상전압}}{\text{정상전압}} \times 100$　④ $\frac{\text{영상전압}}{\text{정상전압}} \times 100$

|정|답|및|해|설|

불평형률 $= \frac{\text{역상전압}}{\text{정상전압}} \times 100[\%]$

【정답】 ③

17. 3상 불평형 전압에서 역상 전압이 25[V]이고, 정상 전압이 100[V], 영상 전압이 10]V]라 할 때, 전압의 불평형률은?

① 0.25　② 0.4

③ 4　④ 10

|정|답|및|해|설|

불평형률 $= \frac{\text{역상전압}}{\text{정상전압}} \times 100[\%]$

불평형률 $= \frac{25}{100} \times 100[\%] = 25[\%]$

【정답】 ①

18. 그림과 같이 중성점을 접지한 3상 교류 발전기의 a상이 지락 되었을 때의 조건으로 맞는 것은?

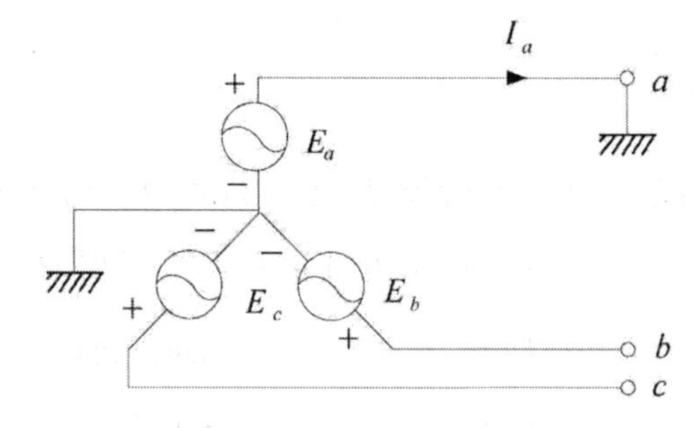

① $I_0 = I_1 = I_2$　② $V_0 = V_1 = V_2$

③ $I_1 = -I_2$, $I_0 = 0$　④ $V_1 = -V_2$, $V_0 = 0$

|정|답|및|해|설|

[1선지락] 1선지락 사고 해석 (a상이 자락일 때 b, c상은 개방이므로 $I_b = I_c = 0$)

$$I_0 = \frac{1}{3}(I_a + I_b + I_c) = \frac{1}{3}I_a$$

$$I_1 = \frac{1}{3}(I_a + aI_b + a^2 I_c) = \frac{1}{3}I_a$$

$$I_2 = \frac{1}{3}(I_a + a^2 I_b + aI_c) = \frac{1}{3}I_a$$

① $I_0 = I_1 = I_2 = \frac{1}{3}I_a$: 세 대칭분 전류는 같으며 "0"이 아니다. $I_a = 3I_0$

② 지락상의 전위 $V_a = 0$

$V_0 + V_1 + V_2 = 0$에서 발전기 기본식 대입

$-Z_0 I_0 + E_a - Z_1 I_1 - Z_2 I_2 = 0$

$-(Z_0 + Z_1 + Z_2)I_0 = -E_a$

$$I_0 = \frac{E_a}{Z_0 + Z_1 + Z_2}$$

③ 지락전류 $I_g = I_a = 3I_0 = \frac{3E_a}{Z_0 + Z_1 + Z_2}$

【정답】 ①

19. 대칭전압의 각 대칭분 V_0, V_1, V_2가 0이 아니고 같게 되는 고장의 종류는?

① 선간단락　　② 3상 단락
③ 1선 지락　　④ 2선 지락

|정|답|및|해|설|

[2선 지락] b, c 상이 지락일 때 지락상의 전위

$V_b = V_c = 0$

$V_0 = \frac{1}{3}(V_a + V_b + V_c) = \frac{1}{3}V_a$

$V_1 = \frac{1}{3}(V_a + aV_b + a^2V_c) = \frac{1}{3}V_a$

$V_2 = \frac{1}{3}(V_a + a^2V_b + aV_c) = \frac{1}{3}V_a$

$\therefore V_0 = V_1 = V_2 = \frac{1}{3}V_a$

(세 대칭분 전압이 같으며 "0"이 아니다.)

【정답】 ④

20. 그림과 같이 평형 3상 교류발전기의 b, c상이 선간 단락되었을 때의 단락전류 I_b의 값은? (단, Z_0는 영상 임피던스, Z_1는 정상 임피던스, Z_2는 역상 임피던스이다.)

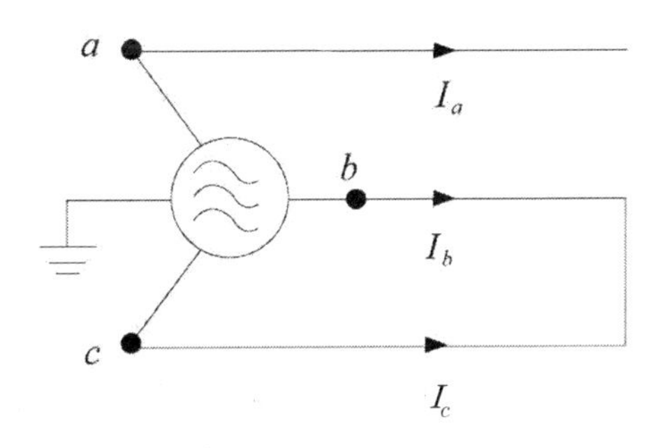

① $\frac{(a^2-a)E_a}{Z_1+Z_2}$　　② $\frac{3E_a}{Z_0+Z_1+Z_2}$

③ $\frac{3E_a}{Z_0+Z_1+Z_2+3Z}$　　④ $\frac{aE_a}{Z_1+Z_2}$

|정|답|및|해|설|

[선간지락]

조건 : $I_a = 0$, $V_b = V_c$, $I_b = -I_c$

$I_0 = \frac{1}{3}(I_a + I_b + I_c) = 0[A]$, $I_b = -I_c$에서

$I_0 + a^2I_1 + aI_2 = -(I_0 + aI_1 + a^2I_2)$

$(a^2-a)I_1 = -(a^2-a)I_2$

① $I_1 = -I_2 \rightarrow (I_0 = 0)$

② 단락점의 전위

$V_b = V_c$에서 $V_0 + a^2V_1 + aV_2 = V_0 + aV_1 + a^2V_2$

$(a^2-a)V_1 = (a^2-a)V_2$

$V_1 = V_2 \rightarrow$ (발전기 기본식 대입)

$E_a - ZI_1 = -Z_2I_2$

$-(Z_1+Z_2)I_1 = -E_a \rightarrow I_1 = \frac{E_a}{Z_1+Z_2}$

③ 단락 전류 $I_s = I_b = I_0 + a^2I_1 + aI_2$에서

$(I_0 = 0,\ I_1 = -I_2)$이므로 $(a^2-a)I_1 = \frac{(a^2-a)E_a}{Z_1+Z_2}$

【정답】 ①

21. 3상 회로에 있어서 대칭분 전압이 $V_a = -8+j3$[V], $V_1 = 6-j8$[V], $V_2 = 8+j12$[V]일 때 a상의 전압은?

① $6+j7$[V]　　② $-32.3+j2.73$[V]
③ $2.3+j0.73$[V]　　④ $2.3-j0.73$[V]

|정|답|및|해|설|

[a상 전압] $V_a = V_0 + V_1 + V_2$

$= -8+j3+b-j8+8+j12 = 6+j7$

【정답】 ①

22. 3상 3선식에서는 회로의 평형, 불평형 또는 부하의 △, Y에 불구하고, 세 선전류의 합은 0이므로 선전류 (　)은 0이다. 다음에서 (　)에 들어갈 말은?

① 영상분　　② 정상분
③ 역상분　　④ 상전압

|정|답|및|해|설|

3상3선식은 비접지식이므로 영상분이 없다.

【정답】 ①

Chapter 09

3상교류

01 3상 대칭 기전력의 발생원리

(1) 3상기전력 교류 파형

3상 대칭 기전력은 발전소에 설치되어 있는 3상 동기 발전기에서 발생시킨다.

3상 발전기는 3개의 권선을 공간적으로 120[°] 간격으로 배치하여 회전자에 감은 구조로 120[°]의 위상차를 갖는 교류 정현파 v_a, v_b, v_c가 발생한다.

(2) 3상 교류의 성질

3상 기전력은 항상 0° → -120° → -240° 의 순서로 발생한다.

3상 교류의 각 상의 순시값은 다음과 같이 표현한다.

① $v_a = V_m \sin\omega t$

② $v_b = V_m \sin(\omega t - 120°)$

③ $v_c = V_m \sin(\omega t - 240°)$

④ $\dot{v_a} + \dot{v_b} + \dot{v_c} = 0$ → (3상 교류에서 순시값의 벡터 합은 0이다.)

02 3상 결선의 종류

(1) Y결선 (와이결선=성형결선=성상결선=스타결선)

중성점 결선, 송전에 용이하다.

① $I_l = I_p$

② $V_l = \sqrt{3}\, V_p \angle 30°$

③ $P = 3V_pI_p\cos\theta$

$$= 3\frac{V_l}{\sqrt{3}} I_l \cos\theta = \sqrt{3}\ V_l I_l \cos\theta$$

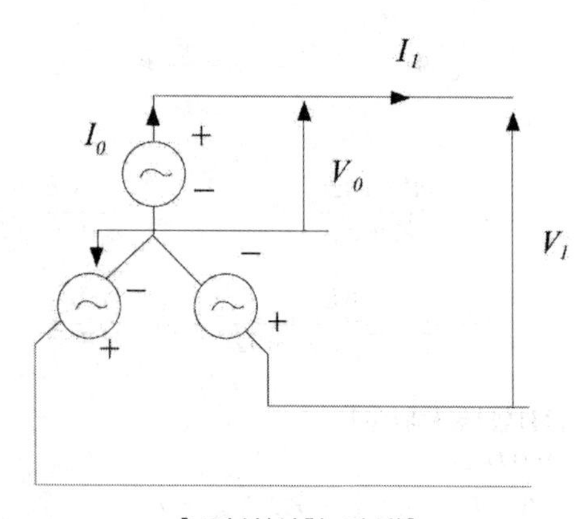

[Y결선(성형 결선)]

④ 대칭 n상에서 선간전압은 상전압보다 $\frac{\pi}{2}\left(1-\frac{2}{n}\right)[rad]$만큼 위상이 앞선다.

여기서, V_l : 선간전압, I_l : 선전류

V_p : 상전압, I_p : 상전류, $\cos\theta$: 역률

※n상인 경우, 위상차 $\theta = \frac{\pi}{2}\left(1-\frac{2}{n}\right)[rad]$

전압차 $V_l = 2V_p \sin\left(\frac{\pi}{n}\right)$ → (n : 상수)

(2) △결선 (델타결선=환상결선=삼각결선)

중성점 결선, 배전에 용이하다.

① $I_l = \sqrt{3} I_p \angle -30°$,

② $V_l = V_p$

③ 전력 $P = 3V_pI_p\cos\theta$

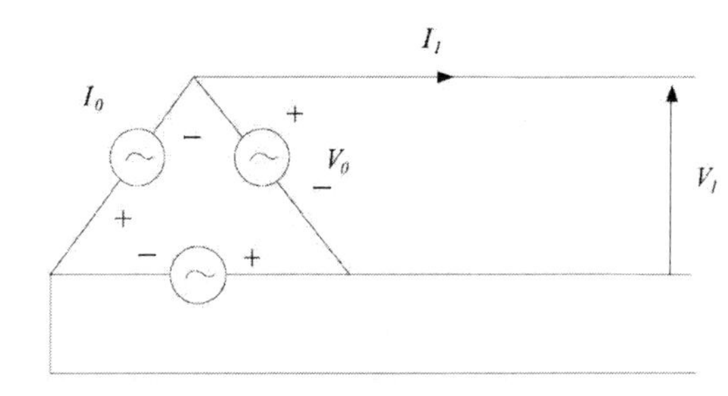

[△결선(델타 결선)]

$$= 3V_l\frac{I_l}{\sqrt{3}}\cos\theta = \sqrt{3}\ V_lI_l\cos\theta$$

④ 대칭 n상에서 선전류는 상전류보다 $\frac{\pi}{2}\left(1-\frac{2}{n}\right)[rad]$ 만큼 위상이 뒤진다.

여기서, V_l : 선간전압, I_l : 선전류, V_p : 상전압, I_p : 상전류, $\cos\theta$: 역률

※Y결선, △결선 모두 3상 전력식은 $\sqrt{3}\ VI\cos\theta$이며, 이때 V, I는 선간 전압, 선전류이며 θ는 전압과 전류의 위상차이다.

핵심기출 【기사】 19/1 【산업기사】 04/2 05/1 07/2 08/3 10/3 14/1

전원과 부하가 다같이 △결선된 3상 평형회로가 있다. 전원 전압이 200[V], 부하 임피던스가 6+$j8[\Omega]$인 경우 선전류[A]는?

① 20　② $\frac{20}{\sqrt{3}}$　③ $20\sqrt{3}$　④ $10\sqrt{3}$

정답 및 해설 [△결선] $I_l = \sqrt{3}I_p$, $V_l = V_p$

문제에서 1상에 대한 임피던스가 주어졌으므로 상전류를 먼저 구한다.

상전류 $I_p = \frac{V_p}{Z} = \frac{200}{\sqrt{6^2+8^2}} = 20[A]$ → (△결선시 $V_l = V_p$)

∴선전류 $I_l = \sqrt{3}I_p = 20\sqrt{3}[A]$

※전원 전압은 선간전압이다.

【정답】 ③

03 $Y-\triangle$ 및 $\triangle-Y$ 등가 변환

(1) $\triangle$, Y회로

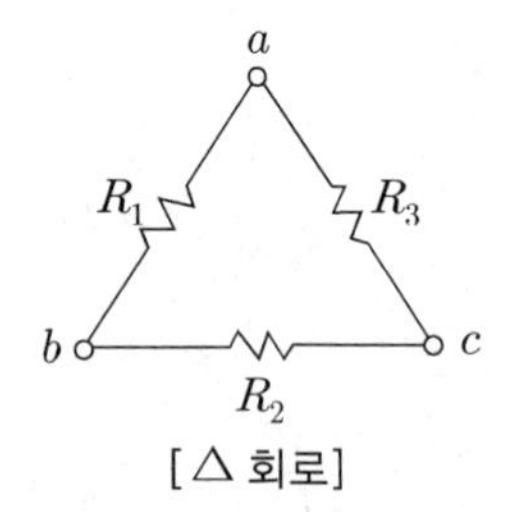

[$\triangle$ 회로]

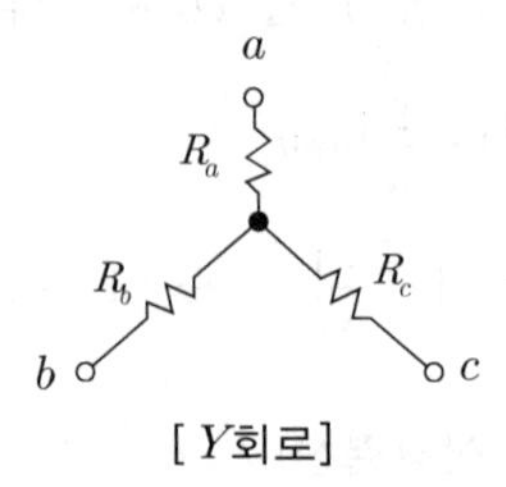

[Y회로]

(2) Y회로 및 $\triangle$회로의 합성 저항

① $R_{a-b}=R_a+R_b=\dfrac{(R_2+R_3)R_1}{(R_2+R_3)+R_1}[\Omega]$

② $R_{b-c}=R_b+R_c=\dfrac{(R_1+R_3)R_2}{(R_1+R_3)+R_2}[\Omega]$

③ $R_{c-a}=R_c+R_a=\dfrac{(R_1+R_2)R_3}{(R_1+R_2)+R_3}[\Omega]$

(3) $Y-\triangle$로 등가 변환

① R_a, R_b, R_c의 저항이 모두 다를 경우

㉮ $R_1=\dfrac{R_aR_b+R_bR_c+R_cR_a}{R_c}[\Omega]$

㉯ $R_2=\dfrac{R_aR_b+R_bR_c+R_cR_a}{R_a}[\Omega]$

㉰ $R_3=\dfrac{R_aR_b+R_bR_c+R_cR_a}{R_b}[\Omega]$

② R_a, R_b, R_c의 저항이 모두 같을 경우

만약 $R_a=R_b=R_c$라면, $Y-\triangle$ 변환에서 $R_1=R_2=R_3=3R_a=3R_b=3R_c \rightarrow R_\triangle=3R_Y$가 된다.

핵심기출 【기사】 14/1

세 변의 저항 $R_a=R_b=R_c=15[\Omega]$인 Y결선 회로가 있다. 이것과 등가인 $\triangle$결선 회로의 각 변의 저항[Ω]은?

① 135　② 45　③ 15　④ 5

정답 및 해설 [$Y-\triangle$로 등가 변환(R_a, R_b, R_c의 저항이 모두 같을 경우)] $R_\triangle=3R_Y$

$R_\triangle=3R_Y \rightarrow R_\triangle=3\times15=45[\Omega]$

【정답】 ②

(4) $\Delta - Y$로 등가 변환

① R_1, R_2, R_3의 저항이 모두 다를 경우

㉮ $R_a = \dfrac{R_1 R_3}{R_1 + R_2 + R_3}[\Omega]$

㉯ $R_b = \dfrac{R_1 R_2}{R_1 + R_2 + R_3}[\Omega]$

㉰ $R_c = \dfrac{R_3 R_2}{R_1 + R_2 + R_3}[\Omega]$

② R_1, R_2, R_3의 저항이 모두 같을 경우

※ 만약 $R_1 = R_2 = R_3$라면, $\Delta - Y$변환에서 $R_a = R_b = R_c = \frac{1}{3}R_1 = \frac{1}{3}R_2 = \frac{1}{3}R_3 \rightarrow R_Y = \frac{1}{3}R_\Delta$가 된다.

핵심기출 【기사】 04/3 08/2 19/2 【산업기사】 15/2

그림과 같은 순저항 회로에서 대칭 3상 전압을 가할 때 각 선에 흐르는 전류가 같으려면 R의 값은 몇 $[\Omega]$인가?

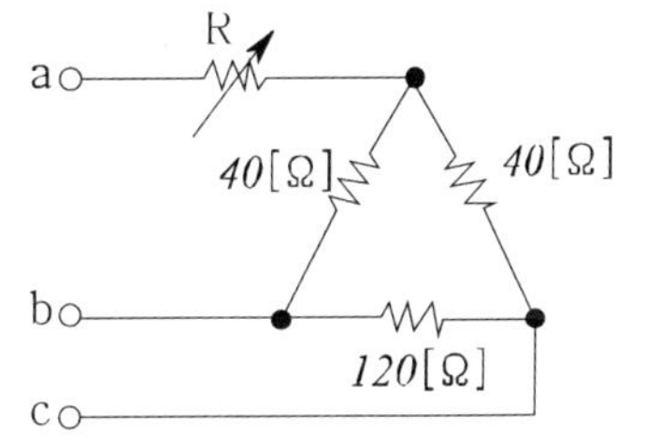

① 4

② 8

③ 12

④ 16

정답 및 해설 [$\Delta - Y$ 등가 변환]

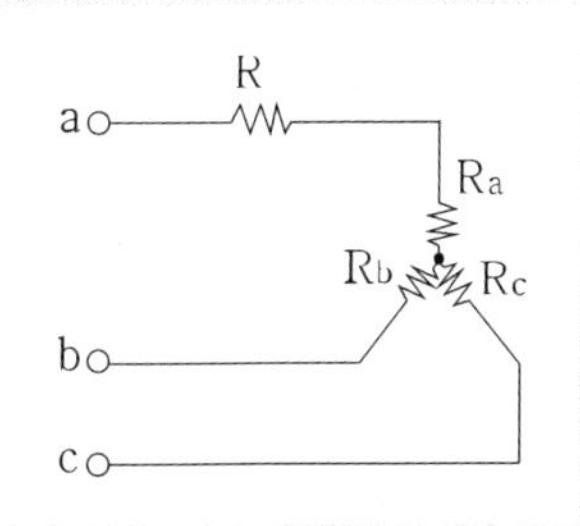

$$R_a = \frac{R_{ca}R_{ab}}{R_{ab} + R_{bc} + R_{ca}} = \frac{R_{ab}R_{ca}}{R_\Delta} = \frac{40 \times 40}{40 + 120 + 40} = 8[\Omega]$$

$$R_b = \frac{R_{ab}R_{bc}}{R_\Delta} = \frac{400 \times 120}{200} = 24[\Omega]$$

$$R_c = \frac{R_{bc}R_{ca}}{R_\Delta} = \frac{120 \times 40}{200} = 24[\Omega]$$

각 선의 전류가 같으려면 각 상의 저항이 같아야 하므로

$R = 24 - R_a = 24 - 8 = 16[\Omega]$

【정답】 ④

04 기타 특수한 결선법

(1) V 결선

3상 전원을 △ 결선으로 운전하던 중 그 중 한 상의 전원 측에 고장이 발생하였을 때 나머지 2상의 전원으로 운전하는 결선법을 말한다.

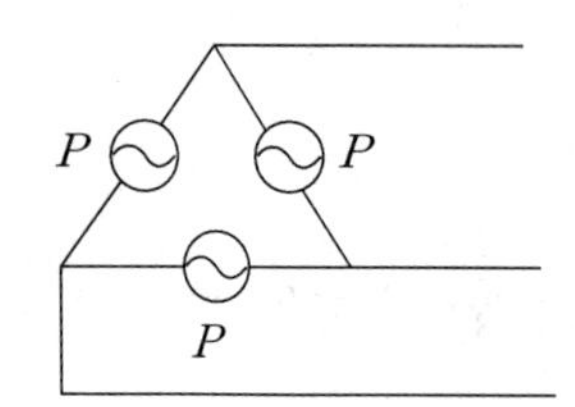

[고장 전(△결선)]

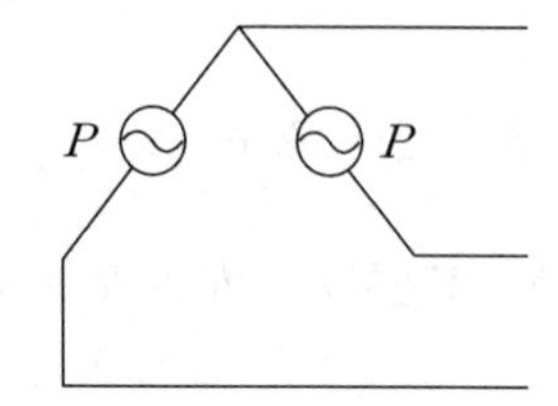

[고장 후(V결선)]

① 출력 $P = \sqrt{3}P_1 = \sqrt{3}V_1 I_1 \cos\theta \quad \rightarrow (P_\triangle = 3P)$

② 출력비 $\frac{P_V}{P_\triangle} = \frac{\text{고장후출력}}{\text{고장전출력}} = \frac{\sqrt{3}P_1}{3P_1} = \frac{1}{\sqrt{3}} = 0.577 = 57.7[\%]$

③ 변압기 이용률 $= \frac{\text{3상출력}}{\text{설비용량}} = \frac{\sqrt{3}P_1}{2P_1} = \frac{\sqrt{3}}{2} = 0.866 = 86.6[\%]$

[V결선, Y결선 및 △ 결선과의 비교]

결선법	선간전압(V_l)	선전류(I_l)	출력	
Y결선	$\sqrt{3}V_p$	I_p	$\sqrt{3}V_l I_l$	$3V_p I_p$
△결선	V_p	$\sqrt{3}I_p$	$\sqrt{3}V_l I_l$	$3V_p I_p$
V결선	V_p	I_p	$\sqrt{3}V_l I_l$	$\sqrt{3}V_p I_p$

핵심기출 【산업기사】 07/3 14/2 17/3

3대의 단상 변압기를 △결선으로 하여 운전하던 중 변압기 1대가 고장으로 제거하여 V결선으로 한 경우 공급할 수 있는 전력과 고장 전 전력과의 비율[%]은 약 얼마인가?

① 57.7 ② 50 ③ 60 ④ 67

정답 및 해설 [출력비] 출력비$= \frac{P_V}{P_\triangle} = \frac{\sqrt{3}P}{3P} = \frac{\sqrt{3}}{3} \fallingdotseq 0.577 = 57.7[\%]$

【정답】 ①

(2) 3상 회로의 전력

① 상전압, 상전류 기준

㉮ 유효전력 $P = 3P_1 = 3V_pI_p\cos\theta = 3I_p^2R[W]$

㉯ 무효전력 $P_r = 3P_{1r} = 3V_pI_p\sin\theta = 3I_p^2X[Var]$

㉰ 피상전력 $P_a = 3P_{a1} = 3V_pI_p = 3I_p^2|Z|[VA]$

㉱ 역률 $\cos\theta = \dfrac{P}{P_a}$

② 선간전압, 선전류 기준

㉮ 유효전력 $P = \sqrt{3}\,V_lI_l\cos\theta[W]$

㉯ 무효전력 $P_r = \sqrt{3}\,V_lI_l\sin\theta[\text{Var}]$

㉰ 피상전력 $P_a = \sqrt{3}\,V_lI_l[\text{VA}]$

(3) n상 회로의 전력

유효전력 $P = \dfrac{n}{2\sin\dfrac{\pi}{n}} V_lI_l\cos\theta = nI_p^2R[\text{W}]$

핵심기출 【기사】 06/3 08/1

한 상의 임피던스가 $Z = 6+j8[\Omega]$인 △부하에 대칭 선간전압 200[V]를 인가한 경우의 3상 전력은 몇 [W] 인가?

① 2400　　② 3600

③ 7200　　④ 10800

정답 및 해설 [n상 회로의 전력] $P = 3I^2R[W]$

$I = \dfrac{E}{Z} = \dfrac{200}{\sqrt{6^2+8^2}} = 20[A] \quad \rightarrow \quad \therefore P = 3I^2R = 3\times 20^2\times 6 = 7200[W]$

【정답】 ③

05 불평형 $Y-Y$결선의 중성점 전위

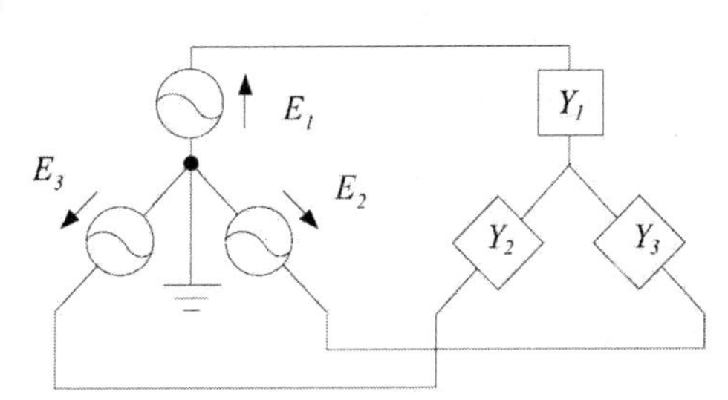

밀만의 정리에 의해 $V_n = \dfrac{Y_1E_1 + Y_2E_2 + Y_3E_3}{Y_1 + Y_2 + Y_3 + Y_n}$

06 전력의 측정

(1) 2전력계법

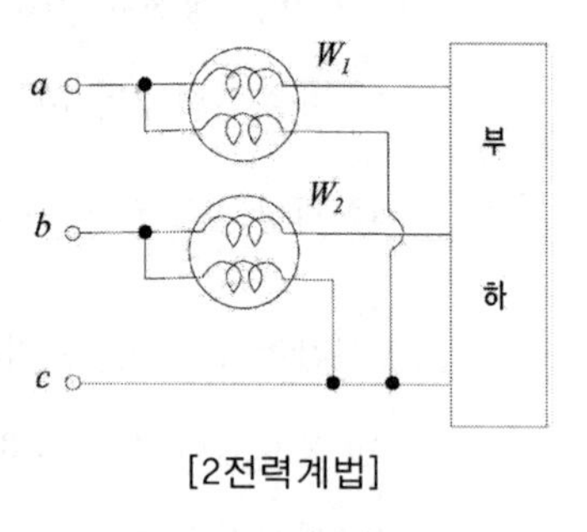

[2전력계법]

단상 전력계 2대로 3상 전력을 계산하는 법

① 유효 전력 $P = |W_1| + |W_2|$

② 무효 전력 $P_r = \sqrt{3}(|W_1 - W_2|)$

③ 피상 전력 $P_a = \sqrt{P^2 + P_r^2} = 2\sqrt{W_1^2 + W_2^2 - W_1 W_2}$

④ 역률 $\cos\theta = \dfrac{P}{P_a} = \dfrac{W_1 + W_2}{2\sqrt{W_1^2 + W_2^2 - W_1 W_2}}$

(2) 3전압계법

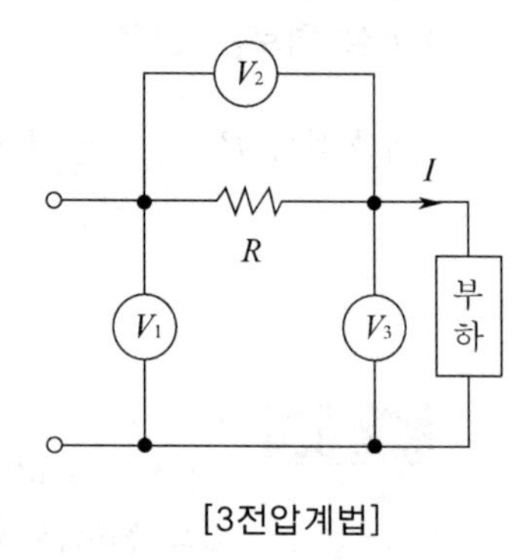

[3전압계법]

전압계 3대를 이용, 전력과 역률을 측정

① 전압 $\dot{V_1} = \sqrt{V_2^2 + V_3^2 + 2V_2 V_3 \cos\theta}$

② 역률 $\cos\theta = \dfrac{V_1^2 - V_2^2 - V_3^2}{2V_2 V_3}$

③ 전력 $P = VI\cos\theta = \dfrac{1}{2R}(V_1^2 - V_2^2 - V_3^2)$

(3) 3전류계법

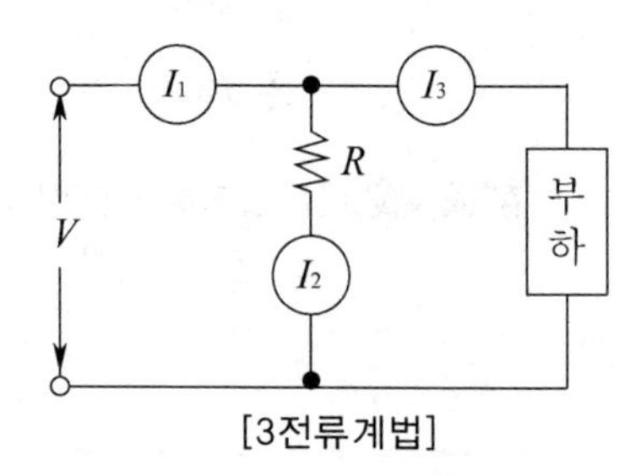

[3전류계법]

전류계 3대를 이용, 전력과 역률을 측정

① 전류 $I_1 = \sqrt{I_2^2 + I_3^2 + 2I_2 I_3 \cos\theta}$

② 역률 $\cos\theta = \dfrac{I_1^2 - I_2^2 - I_3^2}{2I_2 I_3}$

③ 전력 $P = VI_3\cos\theta = \dfrac{R}{2}(I_1^2 - I_2^2 - I_3^2)$[W]

핵심기출 【기사】 15/1 18/3 19/2

2전력계법으로 평형 3상 전력을 측정하였더니 한쪽의 지시가 500[W], 다른 한쪽의 지시가 1500[W] 이었다. 피상 전력은 약 몇 [VA]인가?

① 2000 ② 2310 ③ 2646 ④ 2771

정답 및 해설 [2전력계법] 단상 전력계 2대로 3상 전력을 계산하는 법

피상전력 $P_a = \sqrt{P^2 + P_r^2} = 2\sqrt{W_1^2 + W_2^2 - W_1 W_2}$

$P_a = 2\sqrt{W_1^2 + W_2^2 - W_1 W_2} = 2\sqrt{500^2 + 1500^2 - 500 \times 1500} = 2645.75[VA]$

【정답】 ③

Chapter 09

시험 전 반드시 체크해야 할

단원 핵심 체크

01 3상 교류의 각 상의 순시값은 $v_a = V_m \sin \omega t$, $v_b = V_m \sin(\omega t - 120°)$, $v_c =$(　　　　　　) 이다.

02 3상 교류에서 순시값의 벡터 합 $\dot{v_a} + \dot{v_b} + \dot{v_c} =$(　　　　　　) 이다.

03 성형 결선(Y 결선)에서 선간전압과 상전압과의 위상차 $\theta =$(　　　　　　)[rad] 이다. (단, n=상수)

04 Y결선에서는 선전류(I_l)과 상전류(I_p)는 같고, 선간 전압(V_l)은 상전압(V_p)에 비하여 크기가 (　　　　　　)배 이다.

05 대칭 6상 성형(Y) 결선에서 선간전압 크기와 상전압 크기의 관계 $V_l =$(　　　　　　) 이다. (단, V_l : 선간전압 크기, V_P : 상전압 크기)

06 △결선에서는 선전류(I_l)은 상전류(I_p)의 (　　　　　　)배 이고, 선간 전압(V_l)과 상전압(V_p)은 같다.

07 환상(△) 결산에서 대칭 n상에서 선전류는 상전류보다 $\frac{\pi}{2}\left(1-\frac{2}{n}\right)[rad]$ 만큼 위상이 (　　　　　　)다.

08 세 변의 저항 $R_a = R_b = R_c$인 Y결선 회로가 있다. 이것과 등가인 △결선 회로의 각 변의 저항[Ω] $R_\triangle =$ (　　　　　　) 이다.

09 △결선 변압기의 한 대가 고장으로 제거되어 V결선으로 공급할 때 공급할 수 있는 전력은 고장 전 전력에 대하여 (　　　　　　)[%] 이다.

10 2대의 변압기로 V결선하여 3상 변압하는 경우 변압기 이용률 ( )[%] 이다.

11 n상 회로의 유효전력 P=( )[W] 이다.

12 2대의 전력계를 사용하여 3상 평형 부하의 역률을 측정하려고 한다. 전력계의 지시가 각각 $P_1[W]$, $P_2[W]$라고 할 때 이 회로의 역률 $\cos\theta$=( ) 이다.

13 2대의 전력계에 의한 3상 전력 측정 시 전 3상전력 W=( )[W] 이다.

정답

(1) $V_m \sin(\omega t - 240°)$	(2) 0	(3) $\frac{\pi}{2}(1-\frac{2}{n})$
(4) $\sqrt{3}$	(5) V_P	(6) $\frac{1}{\sqrt{3}}$
(7) 뒤진	(8) $3R_Y$	(9) 57.7
(10) 86.6	(11) $\frac{1}{2\sin\frac{\pi}{n}} V_l I_l \cos\theta$	(12) $\frac{P_1 + P_2}{2\sqrt{P_1^2 + P_2^2 - P_1 P_2}}$
(13) $\lvert W_1 \rvert + \lvert W_2 \rvert$		

Chapter 09

기출문제에서 뽑은 최다 빈출

적중 예상문제

1. 그림에서 (a)의 3상 △부하와 등가인 (b)의 3상 Y부하 사이에 Z_Y와 $Z_\triangle$의 관계는 어느 것이 옳은가?

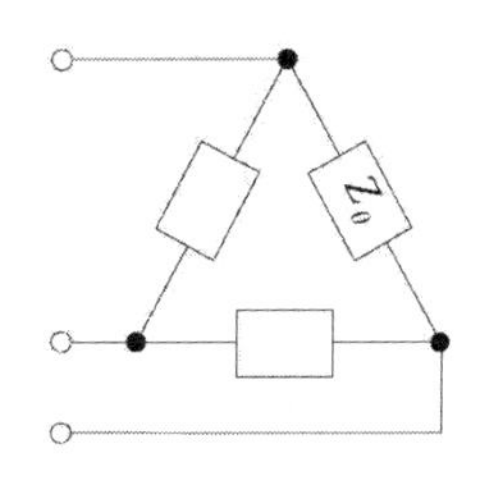

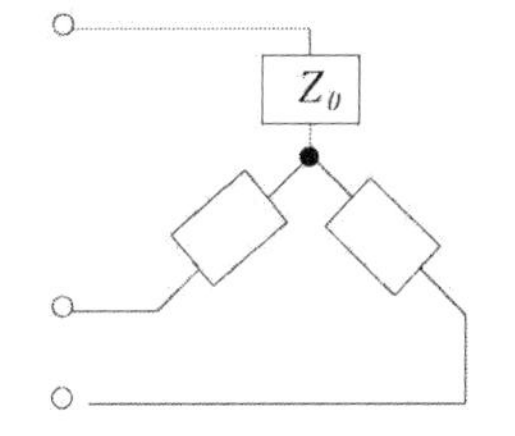

① $Z_\triangle = Z_Y$ ② $Z_\triangle = 3Z_Y$

③ $Z_Y = 3Z_\triangle$ ④ $Z_Y = 6Z_\triangle$

| 정 | 답 | 및 | 해 | 설 |

[$\triangle - Y$로 등가 변환(R_1, R_2, R_3의 저항이 모두 같을 경우)]

$Z_\triangle = 3Z_Y$ 【정답】 ②

2. 대칭 6상 전원이 있다. 환상 결선으로 권선에 120[A]의 전류를 흘린다고 하면 선전류는 몇 [A]인가?

① 60 ② 90

③ 120 ④ 150

| 정 | 답 | 및 | 해 | 설 |

[6상 전원] $V_l = V_p$, $I_l = I_p$, $\theta = 60°$

$I_l = 2 \cdot \sin\frac{\pi}{n} \cdot I_p = 2 \cdot \sin\frac{\pi}{6} \times 120 = 2 \times \frac{1}{2} \times 120 = 120[A]$

(6상일 때 선전류 = 상전류)

(3상일 때 $I_l = \sqrt{3} I_p$, 위상차=30°)

※6상보다 상수가 커지면 선전류는 상전류보다 작아짐

【정답】 ③

3. 대칭 n상 성상 결선에서 선간전압의 크기는 성상전압의 몇 배인가?

① $\sin\frac{\pi}{n}$ ② $\cos\frac{\pi}{n}$

③ $2\sin\frac{\pi}{n}$ ④ $2\cos\frac{\pi}{n}$

| 정 | 답 | 및 | 해 | 설 |

[Y결선(성상결선=스타결선)] $V_l = 2\sin\frac{\pi}{n} V_p$

예를 들어 $n = 3$(상) 일 때

$V_l = 2\sin\frac{\pi}{3} = 2 \cdot \frac{\sqrt{3}}{2} = \sqrt{3}$ 【정답】 ③

4. 대칭 n상에서 선전류와 상전류 사이의 위상차는 어떻게 되는가?

① $\frac{\pi}{2}\left(1-\frac{2}{n}\right)$ ② $2\left(1-\frac{2}{n}\right)$

③ $\frac{n}{2}\left(1-\frac{2}{\pi}\right)$ ④ $\frac{\pi}{2}\left(1-\frac{n}{2}\right)$

| 정 | 답 | 및 | 해 | 설 |

[n상 결선(위상차)] $\theta = \frac{\pi}{2}\left(1-\frac{2}{n}\right)[rad]$

예를 들어 $n = 3$일 때

$\theta = \frac{\pi}{2}\left(1-\frac{2}{3}\right) = \frac{\pi}{2} \times \left(\frac{1}{3}\right) = \frac{\pi}{6}[rad] \rightarrow 30°$

【정답】 ①

5. 12상 Y결선 상전압이 100[V]일 때 단자 전압은?

① 75.88[V] ② 25.88[V]

③ 100[V] ④ 51.76[V]

|정|답|및|해|설|

[n상 Y결선] $V_l = 2 \cdot \sin\frac{\pi}{n} \cdot V_p[V]$

$V_l = 2 \cdot \sin\frac{\pi}{12} \times 100 = 51.76[V]$ 【정답】④

6. △결선의 상전류가 각각 $I_{ab} = 4\angle -36°$, $I_{bc} = 4\angle -156°$, $I_{ca} = 4\angle -276°$이다. 선전류 I_c는 약 얼마인가?

① $4\angle -306°$ ② $6.93\angle -306°$

③ $6.93\angle -276°$ ④ $4\angle -276°$

|정|답|및|해|설|

[△결선] $I_l = \sqrt{3} I_p \angle -30°$

문제의 조건 : 3상 평형 상태(크기가 같고 위상차가 120°)

$I_c = \sqrt{3} \cdot I_{ca} \angle -30° = \sqrt{3} \times 4\angle -276 - 30°$

$= 6.93\angle -306°$ 【정답】②

7. 두 개의 교류전압 $e_1 = 141\sin(120\pi t - 30°)$과 $e_2 = 150\cos(120\pi t - 30°)$의 위상차를 시간으로 표시하면 몇 초인가?

① $\frac{1}{60}$ ② $\frac{1}{120}$

③ $\frac{1}{240}$ ④ $\frac{1}{360}$

|정|답|및|해|설|

[위상차]

문제의 조건 : sin과 cos함수의 위상차 90°

$w = 120\pi$에서 $120\pi = 2\pi f$로 주파수 60[Hz]

즉, 주기 $T = \frac{1}{60}$초 $\rightarrow (T = \frac{1}{f})$

$T' = \frac{1}{60}[s] \times \frac{1}{4} = \frac{1}{240}$[초] → (위상차가 90° 이므로 $\frac{1}{4}$)

【정답】③

8. 그림과 같은 대칭 3상 회로가 있다. I_a의 크기 및 I_c위 위상각은? (단, $E_a = 120\angle 0°$, $Z_l = 4 + j6[\Omega]$, $Z = 20 + j12[\Omega]$ 이다.)

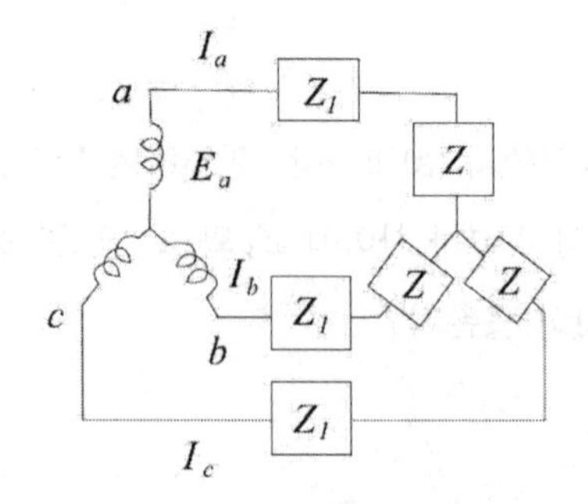

① 4, $\tan^{-1}\frac{3}{4}$ ② 4, $-\tan^{-1}\frac{3}{4} + 120°$

③ 8, $-\tan^{-1}\frac{4}{3}$ ④ 8, $\tan^{-1}\frac{4}{3} - 120°$

|정|답|및|해|설|

[Y결선] 전원과 부하가 모두 $Y \rightarrow$직렬 등가

$Z' = Z_l + Z = 4 + j6 + 20 + j12 = 24 + j18$

$\dot{Z'} = \sqrt{24^2 + 18^2} \angle \tan^{-1}\frac{18}{24} = 30\angle \tan^{-1}\frac{3}{4}$

① $I_a = \frac{E_a}{Z'} = \frac{120\angle 0°}{30\angle \tan^{-1}\frac{3}{4}} = 4 \angle \frac{1}{\tan^{-1}\frac{3}{4}}$[A]

② $|I_a| = 4$

③ I_c의 위상각 $\theta = -\tan^{-1}\frac{3}{4} + 120°$

【정답】②

9. 3상 유도 전동기의 출력이 5[Hp], 전압이 220[V], 효율 80[%], 역률 85[%]일 때 전동기의 선전류는 몇 [A]인가?

① 14.4 ② 13.1

③ 12.24 ④ 11.52

|정|답|및|해|설|

[3상 유도 전동기의 출력] $P = \sqrt{3}\, VI\cos\theta \cdot \eta$

$I = \frac{P}{\sqrt{3}\, V\cos\theta \cdot \eta} = \frac{5 \times 746}{\sqrt{3} \times 220 \times 0.85 \times 0.8} = 14.41$

※1[Hp] = 746[W] 【정답】①

10. 대칭 3상 전압을 그림과 같은 평형 부하에 가할 때의 부하의 역률은 얼마인가? (단, $R=9[\Omega]$ $\frac{1}{wC}=4[\Omega]$이다.)

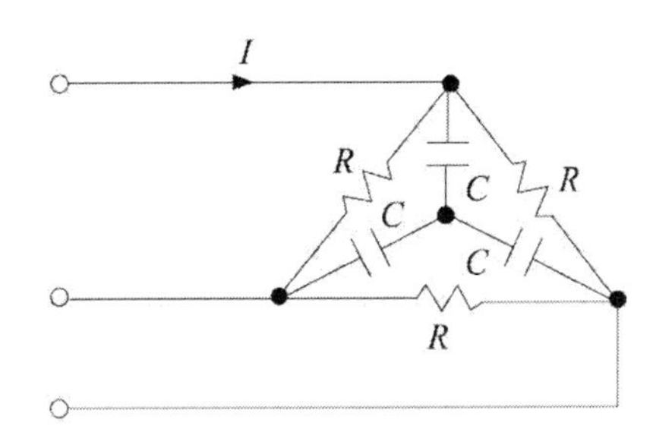

① 1　　② 0.96

③ 0.8　　④ 0.6

|정|답|및|해|설|

[$\triangle - Y$ 등가 변환]

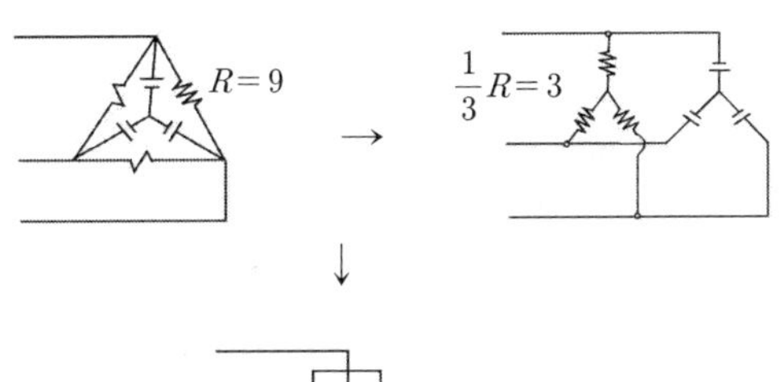

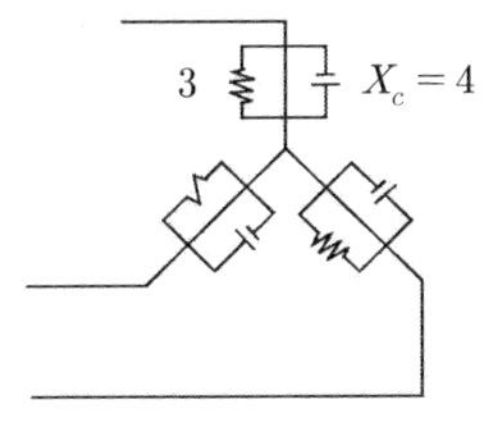

$\therefore \cos\theta = \frac{X_c}{\sqrt{R^2+X_c^2}} = \frac{4}{\sqrt{3^2+4^2}} = \frac{4}{5} = 0.8$

※3상평형 부하이므로 한 상의 역률이 그대로 2상부하의 역률이 됨)

【정답】 ③

11. 전압 200[V]의 3상 회로에 그림과 같은 평형 부하를 접속하였을 때 선전류 I는? (단, $R = 9[\Omega]$, $\frac{1}{wC} = 4[\Omega]$이다.)

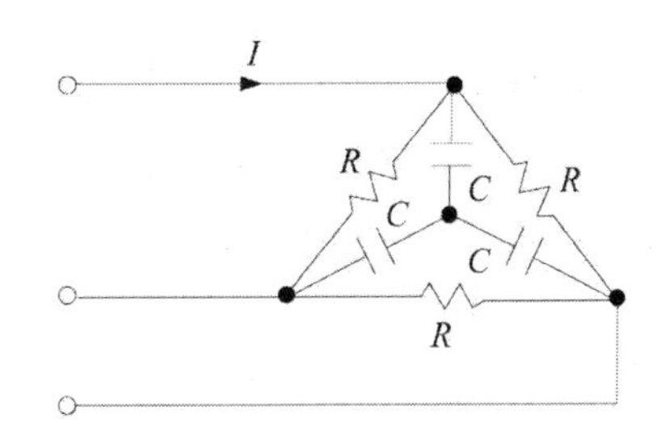

① 48.1[A]　　② 38.5[A]

③ 28.9[A]　　④ 115.5[A]

|정|답|및|해|설|

[$\triangle - Y$ 등가 변환]

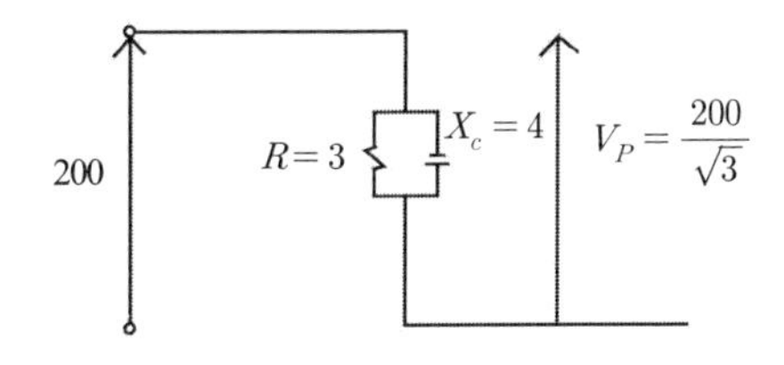

전선류 $I = I_p(Y$결선$)$

$I_p = \frac{V_p}{Z_p} = V_p \cdot Y_p$

$= \frac{200}{\sqrt{3}}\left|\frac{1}{3}+j\frac{1}{4}\right| = \frac{200}{\sqrt{3}}\times\frac{1}{12}|4+j3|$

$= \frac{200}{\sqrt{3}}\times\frac{5}{12} = 48.1[A]$　　【정답】 ①

12. 각 상의 임피던스가 $Z = 16+j12[\Omega]$인 평형 3상 Y부하가 정현파 상전류가 10[A]가 흐를 때, 이 부하의 선간 전압의 크기는?

① 200[V]　　② 600[V]

③ 220[V]　　④ 346[V]

|정|답|및|해|설|

[Y결선] $V_l = \sqrt{3}\,V_p \angle 30^\circ$

※임피던스나 어드미턴스라면 상전압을 구한다.

$|Z_p| = \sqrt{16^2+12^2} = 20$

$V_P = I_P \cdot Z_P = 10\times 20 = 200[V]$

$\therefore V_l = \sqrt{3}\times 200 = 346[V]$

【정답】 ④

13. 전원과 부하가 다같이 △ 결선된 3상 평형 회로가 있다. 전원 전압이 200[V], 부하 임피던스가 $6+j8[\Omega]$인 경우 선전류는?

① $20[A]$　② $\frac{20}{\sqrt{3}}[A]$

③ $20\sqrt{3}[A]$　④ $10\sqrt{3}[A]$

|정|답|및|해|설|

[△결선] $I_l = \sqrt{3}I_p \angle -30°$

$|Z_P| = \sqrt{6^2+8^2} = 10$

$I_P = \frac{V_P}{Z_P} \rightarrow I_P = \frac{200}{10} = 20[A]$

$I_l = \sqrt{3}I_P = \sqrt{3}\times 20$

【정답】 ③

14. $Z = 8+j6[\Omega]$인 평형 Y부하에 선간전압 220[V]인 대칭 3상 전압을 인가할 때 선전류는?

① 11.5[A]　② 10.5[A]

③ 7.5[A]　④ 5.5[A]

|정|답|및|해|설|

[Y결선] $I_l = I_p$

상전압 $I_P = \frac{V_P}{Z_P}$, $|Z_p| = \sqrt{8^2+6^2} = 10$

$I_l = I_P = \frac{\frac{220}{\sqrt{3}}}{10} = \frac{22}{\sqrt{3}} = 11.5[A]$

※아무 언급이 없으면 상전압

【정답】 ①

15. 선간전압 100[V], 역률 60[%]인 평형 3상 부하에서 소비전력 $P=10[kW]$일 때 선전류는?

① 99.6[A]　② 96.2[A]

③ 86.2[A]　④ 76.2[A]

|정|답|및|해|설|

[3상 전력] $P = \sqrt{3}VI\cos\theta$

$I = \frac{P}{\sqrt{3}V\cos\theta} = \frac{10\times 10^3}{\sqrt{3}\times 100\times 0.6} = 96.2[A]$

【정답】 ②

16. 평형 3상 3선식 회로가 있다. 부하는 Y결선이고 $V_{ab} = 100\sqrt{3}\angle 0°[V]$일 때 $I_a = 20\angle -120°[A]$이었다. Y결선된 부하 한 상의 임피던스는 몇 $[\Omega]$인가?

① $5\angle 60°$　② $5\sqrt{3}\angle 60°$

③ $5\angle 90°$　④ $5\sqrt{3}\angle 90°$

|정|답|및|해|설|

[Y결선] $Z = \frac{V_p}{I_p}$

$Z_P = \frac{V_P}{I_P} = \frac{100\angle -30°}{20\angle -120°}$

$= 5\angle -30° - (-120°) = 5\angle 90°$

$\rightarrow (V_{ab}(선간) = 100\sqrt{3}\angle 0° \rightarrow V_a(상) = 100\angle -30°)$

【정답】 ③

17. 전원과 부하가 △ − △ 결선인 평형 3상회로의 선간 전압이 220[V], 선전류가 30[A]이라면 부하 1상의 임피던스는?

① $9.7[\Omega]$　② $10.7[\Omega]$

③ $11.7[\Omega]$　④ $12.7[\Omega]$

|정|답|및|해|설|

[△결선] $Z_P = \frac{V_P}{I_P}[\Omega]$

$Z_P = \frac{V_P}{I_P} = \frac{220}{\frac{30}{\sqrt{3}}} = 12.7[\Omega]$　$\rightarrow (I_p = \frac{1}{\sqrt{3}}I_l)$

【정답】 ④

18. 3상 4선식에서 중성선이 필요하지 않는 조건은? (단, 각 상의 전류는 I_1, I_2, I_3이다.)

① 평형 3상 : $I_1 + I_2 + I_3 = 0$

② 불평형 3상 : $I_1 + I_2 + I_3 = \sqrt{3}$

③ 불평형 3상 : $I_1 + I_2 + I_3 = 0$

④ 평형 3상 : $I_1 + I_2 + I_3 = \sqrt{3}$

|정|답|및|해|설|

[중성선이 필요하지 않는 조건] 평형, $I_1 + I_2 + I_3 = 0$

$I_1 + I_2 + I_3 = 0$이면 중성선이 필요하지 않다.

【정답】 ①

19. 부하 단자 전압이 220[V]인 15[kW]의 3상 대칭부하에 3상 전력을 공급하는 선로 임피던스가 $3 + j2$[Ω]일 때, 부하가 뒤진 역률 80[%]이면 선전류는?

① 약 $26.2 - j19.7$[A]

② 약 $39.36 - j52.48$[A]

③ 약 $39.36 - j29.52$[A]

④ 약 $19.7 - j26.4$[A]

|정|답|및|해|설|

[3상 전력] $P = \sqrt{3}\, VI\cos\theta$

$I = \frac{P}{\sqrt{3}\, VI\cos\theta} = \frac{15 \times 10^3}{\sqrt{3} \times 220 \times 0.8} = 49.2[A]$

뒤진 역률 80{%}이므로

$49.2(0.8 - j0.6) = 39.36 - j29.52$

【정답】 ③

20. 선간전압이 200[V]인 10[kW]의 3상 대칭부하에 3상 전력을 공급하는 선로 임피던스가 $4 + 3j$[Ω]일 때 부하가 뒤진 역률이 80[%]이면 선전류는 몇[A]인가?

① $18.8 + j21.6$ ② $28.8 - j21.6$

③ $35.7 - j4.3$ ④ $14.1 - j33.1$

|정|답|및|해|설|

[3상 전력] $P = \sqrt{3}\, VI\cos\theta$

$I = \frac{P}{\sqrt{3}\, V\cos\theta} = \frac{10 \times 10^3}{\sqrt{3} \times 200 \times 0.8} \fallingdotseq 36.06$

$\dot{I} = 36.06 \times (\cos\theta - j\sin\theta)$ → (뒤진 역률 : 지상)

$\dot{I} = 36.06 \times (0.8 - j0.6) = 28.8 - j21.6$

→ $(\sin\theta = \sqrt{1 - \cos^2\theta})$

【정답】 ②

21. 용량 30[kVA]의 단상 변압기 2대를 V결선하여 역률 0.8, 전력 20[kW]의 평형 3상 부하에 전력을 공급할 때 변압기 1대가 부담하는 피상 전력은 얼마인가?

① 14.4[kVA] ② 15[kVA]

③ 20[kVA] ④ 30[kVA]

|정|답|및|해|설|

[V 결선] $P = \sqrt{3} P_1 = \sqrt{3}\, V_1 I_1 \cos\theta$

$P_V = \sqrt{3} P_1 = \frac{20}{0.8}$

$P_1 = \frac{20}{0.8 \times \sqrt{3}} = 14.4[kVA]$

【정답】 ①

22. R[Ω]인 3개의 저항을 같은 전원에 △결선으로 접속시킬 때와 Y결선으로 접속시킬 때 선전류의 크기비 $\frac{I_\triangle}{I_Y}$는?

① $\frac{1}{3}$ ② $\sqrt{6}$

③ $\sqrt{3}$ ④ 3

|정|답|및|해|설|

[△ $-$ Y로 등가 변환] $R_\triangle = 3R_Y$, $\frac{I_\triangle}{I_Y} = 3$배

① △결선시

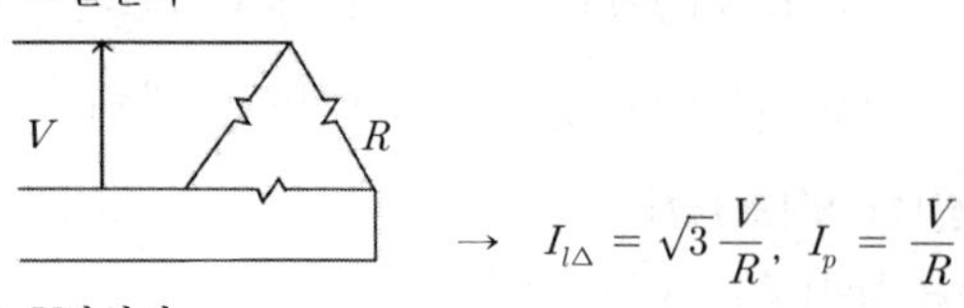

$$\rightarrow \quad I_{l\Delta} = \sqrt{3}\frac{V}{R}, \; I_p = \frac{V}{R}$$

② Y결선시

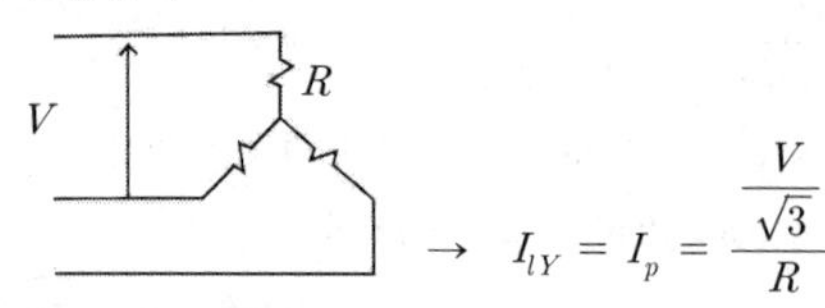

$$\rightarrow \quad I_{lY} = I_p = \frac{\frac{V}{\sqrt{3}}}{R}$$

③ $\dfrac{I_{l\Delta}}{I_{lY}} = \dfrac{\sqrt{3}\frac{V}{R}}{\frac{\frac{V}{\sqrt{3}}}{R}} = \dfrac{\sqrt{3}}{\frac{1}{\sqrt{3}}} = 3$

【정답】 ④

23. 10[kV], 3[A]의 3상 교류 발전기는 Y결선이다. 이것을 △결선으로 변경하면 그 정격 전압 및 전류는 얼마인가?

① $\dfrac{10}{\sqrt{3}}$[kV], $3\sqrt{3}$[A]

② $10\sqrt{3}$[kV], $3\sqrt{3}$[A]

③ $10\sqrt{3}$[kV], $\sqrt{3}$[A]

④ $\dfrac{10}{\sqrt{3}}$[kV], $\sqrt{3}$[A]

|정|답|및|해|설|

[$Y-\Delta$ 변환] 전력은 동일

10[kv], 3[A] : 발전기 정격(Y결선 선간전압, 선전류)

△결선 상전압 : $\dfrac{10}{\sqrt{3}}$[kv]

△결선 상전류 : $3\sqrt{3}$[A]

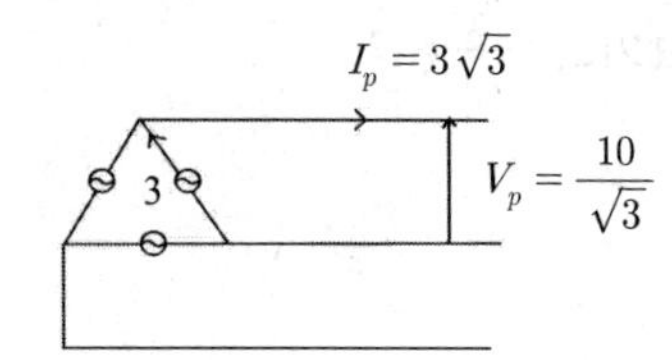

【정답】 ①

24. 그림과 같은 부하에 전압 $V = 100$[V]의 대칭 3상 전압을 가할 때 선전류 I는?

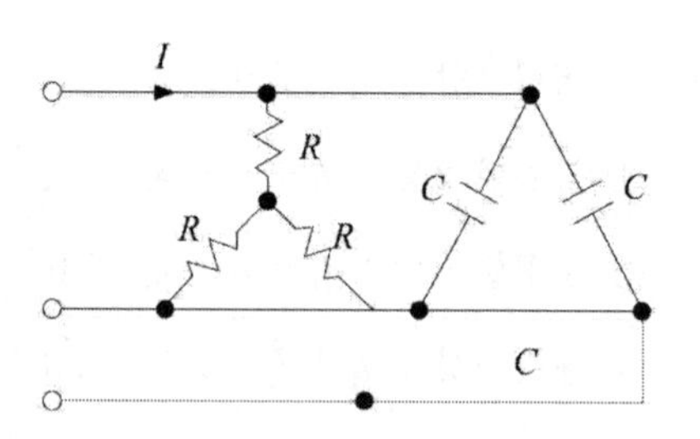

① $\dfrac{100}{\sqrt{3}}(\dfrac{1}{R}+j3wC)$[A]

② $100(\dfrac{1}{R}+j3wC)$[A]

③ $\dfrac{100}{\sqrt{3}}(\dfrac{1}{R}+j3wC)$[A]

④ $100(\dfrac{1}{R}+j\,wC)$[A]

|정|답|및|해|설|

[Y 결선] $I_l = I_p$

이 문제는 △결선된 "C"를 Y로 변환

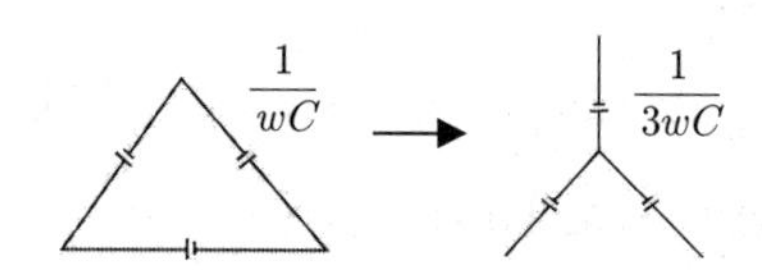

$$I_l = I_P = \frac{V_P}{Z_P} = V_P \cdot Y_P = \frac{100}{\sqrt{3}}\left(\frac{1}{R}+j3wC\right)$$

【정답】 ①

25. 전압비 30 : 1의 단상 변압기 3개를 1차는 △, 2차는 Y로 결선하고 1차 선간에 3000[V]를 가할 때의 무부하 2차 선간전압은 몇 [V]인가?

① 100 ② 141.4

③ 173.2 ④ 200

| 정 | 답 | 및 | 해 | 설 |

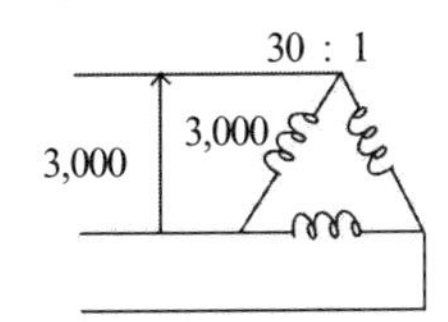

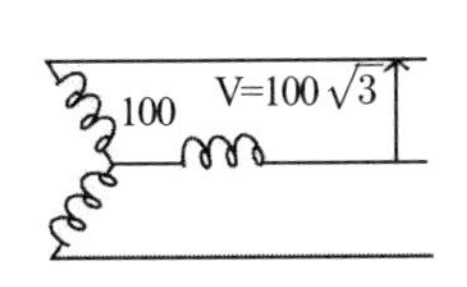

$E_{P_2} = \frac{E_{P_1}}{a} = \frac{3000}{30} = 100$

$V_{l_2} = \sqrt{3}\,E_{P_2} = \sqrt{3} \times 100$ 【정답】 ③

26. 그림과 같이 6개의 저항 r[Ω]을 접속한 것에 평형 3상 전압 V를 인가하였을 때 전류 I는?

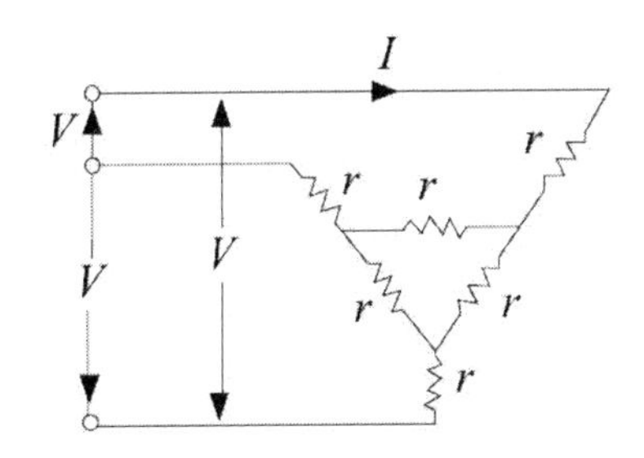

① $\frac{V}{5r}$[A] ② $\frac{V}{4r}$[A]

③ $\frac{V}{3r}$[A] ④ $\frac{\sqrt{3}\,V}{4r}$[A]

| 정 | 답 | 및 | 해 | 설 |

[Δ－Y로 등가 변환(저항이 모두 같을 경우)]

$R_Y = \frac{1}{3} R_\Delta$

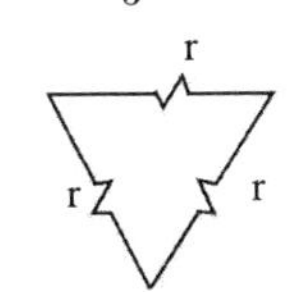

을 Y로 변환

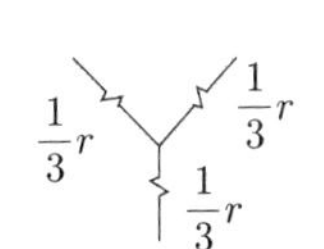

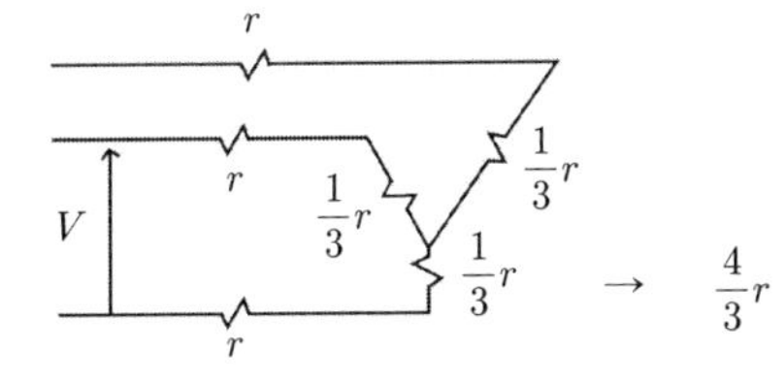

$I_l = I_P = \frac{\frac{V}{\sqrt{3}}}{\frac{4}{3}r} = \frac{3V}{4\sqrt{3}\,r} = \frac{\sqrt{3}\,V}{4r}$

【정답】 ④

27. $R = 6[\Omega]$, $X_L = 8[\Omega]$이 직렬인 임피던스 3개로 Δ 결선된 대칭 부하 회로에 선간전압 100[V]인 대칭 3상 전압을 가하면 선전류는 몇 [A]인가?

① $\sqrt{3}$ ② $3\sqrt{3}$

③ 10 ④ $10\sqrt{3}$

| 정 | 답 | 및 | 해 | 설 |

[Δ 결선] $I_l = \sqrt{3}\,I_p \angle -30°$

$|Z| = |6 + j8| = 10$

$I_P = \frac{100}{10} = 10[A]$

$I_l = \sqrt{3}\,I_P = \sqrt{3} \times 10$

【정답】 ④

28. 평형 3상 회로에 그림과 같이 변류기를 접속하고 전류계 Ⓐ를 연결하였을 때 Ⓐ에 흐르는 전류는 몇[A]인가?

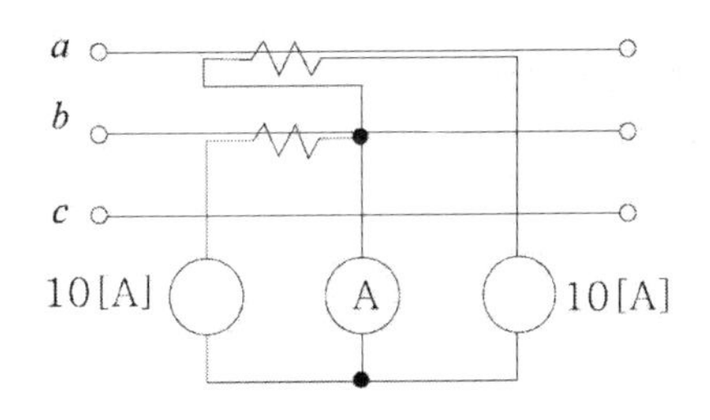

① 10 ② 5

③ 17.3 ④ 20

| 정 | 답 | 및 | 해 | 설 |

Ⓐ에 흐르는 전류는 두 상전류의 벡터 차이다.

즉, $I_{Ⓐ} = I_a - I_b = \sqrt{3}\,I = \sqrt{3} \times 10$

【정답】 ③

29. $(R+jX)$[Ω]인 3개의 임피던스를 전압 $|E|$[V]의 대칭 3상 교류선간에 접속하는데 있어서 Y결선을 할 때의 선전류는?

① $\dfrac{|E|}{\sqrt{2(R^2+X^2)}}$[A] ② $\dfrac{\sqrt{2}|E|}{\sqrt{R^2+X^2}}$[A]

③ $\dfrac{\sqrt{3}|E|}{\sqrt{R^2+X^2}}$[A] ④ $\dfrac{|E|}{\sqrt{3(R^2+X^2)}}$[A]

|정|답|및|해|설|

[Y 결선] $I_l = I_p$, $V_l = \sqrt{3}V_p \angle 30°$

$$I_l = I_P = \frac{V_P}{|Z_P|} = \frac{\frac{E}{\sqrt{3}}}{\sqrt{R^2+X^2}} = \frac{E}{\sqrt{3(R^2+X^2)}}\text{[A]}$$

【정답】 ④

30. 3상 평형 부하에 선간전압 200[V]의 평형 3상 정현파 전압을 인가했을 때 선전류는 8.6[A]가 흐르고 무효전력 1,788[Var]이었다. 이때 역률은 얼마인가?

① 0.6 ② 0.7

③ 0.8 ④ 0.9

|정|답|및|해|설|

[무효 전력] $P_r = \sqrt{3}VI\sin\theta$

$$\sin\theta = \frac{P_r}{\sqrt{3}VI} = \frac{1.788}{\sqrt{3}\times 200\times 8.6} \fallingdotseq 0.6$$

$$\cos\theta = \sqrt{1-\sin^2\theta} = \sqrt{1-0.6^2} = \sqrt{0.64} = 0.8$$

【정답】 ③

31. 3상 평형 부하가 있을 때 선전류가 20[A]이고 부하의 소비전력이 4[㎾]이다. 이 부하의 등가 Y회로에 대한 각 상의 저항은?

① 10[Ω] ② $10\sqrt{3}$[Ω]

③ $\dfrac{10}{3}$[Ω] ④ $\dfrac{10}{\sqrt{3}}$[Ω]

|정|답|및|해|설|

[Y 결선]

$P_Y = 3I_P^2 \cdot R = 4000$

$$R = \frac{4000}{3\cdot I^2} = \frac{4000}{3\times 20^2} = \frac{10}{3}$$

【정답】 ③

32. 그림과 같은 불평형 Y형 회로에 평형 3상 전압을 가할 경우 중성점 V_n의 전위는?

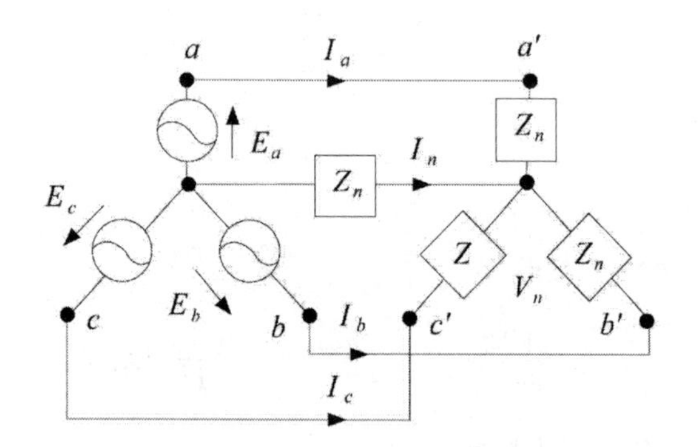

① $\dfrac{E_a+E_b+E_c}{Z_a+Z_b+Z_c}$[V]

② $\dfrac{E_a+E_b+E_c}{Z_a+Z_b+Z_c+Z_n}$[V]

③ $\dfrac{\frac{E_a}{Z_a}+\frac{E_b}{Z_b}+\frac{E_c}{Z_c}}{\frac{1}{Z_a}+\frac{1}{Z_b}+\frac{1}{Z_c}}$[V]

④ $\dfrac{\frac{E_a}{Z_a}+\frac{E_b}{Z_b}+\frac{E_c}{Z_c}}{\frac{1}{Z_a}+\frac{1}{Z_b}+\frac{1}{Z_c}+\frac{1}{Z_n}}$[V]

|정|답|및|해|설|

[등가회로]

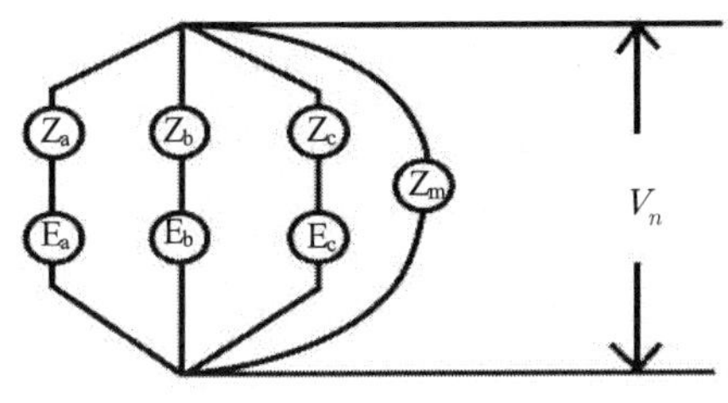

밀만의 정리 $V_m = \dfrac{\dfrac{E_a}{Z_a}+\dfrac{E_b}{Z_b}+\dfrac{E_c}{Z_c}}{\dfrac{1}{Z_a}+\dfrac{1}{Z_b}+\dfrac{1}{Z_c}+\dfrac{1}{Z_m}}$

【정답】 ④

33. 비대칭 다상 교류가 만드는 회전자계는?

① 교번자계 ② 타원 회전자계

③ 원형 회전자계 ④ 포물선 회전자계

|정|답|및|해|설|

[회전자계] 대칭 → 원형, 비대칭 → 타원

【정답】 ②

34. 그림과 같은 성형 평형 부하가 선간전압 210[V]의 대칭 3상 전원에 접속되어 있다. 이 접속선 중의 한 선이 ×점에서 단선되었다고 하면 이 단선점 ×의 양단에 나타나는 전압은?

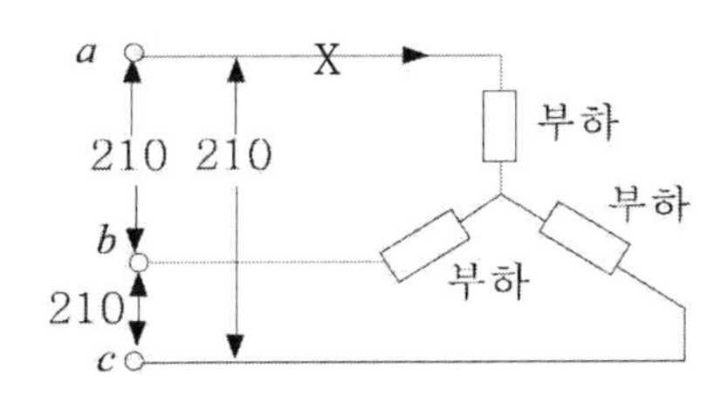

① $105\sqrt{3}$[V] ② 105[V]

③ $210\sqrt{3}$[V] ④ 210[V]

|정|답|및|해|설|

[Y 결선]

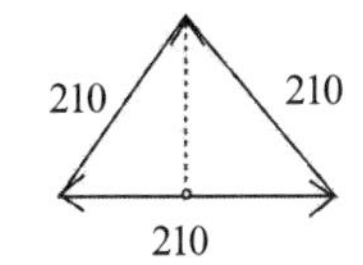

$210 \times \sin 60° = 105\sqrt{3}[V]$

【정답】 ①

35. 그림과 같은 회로에 대칭 3상 전압 220[V]를 가할 때 a, a'선이 ×점에서 단선되었다고 하면 선전류는 얼마인가?

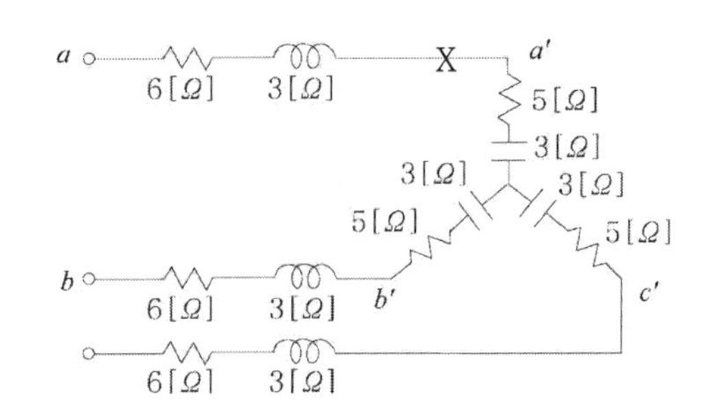

① 5[A] ② 10[A]

③ 15[A] ④ 20[A]

|정|답|및|해|설|

a, a' 선단선 → 전류, 전압이 공급되지 않음

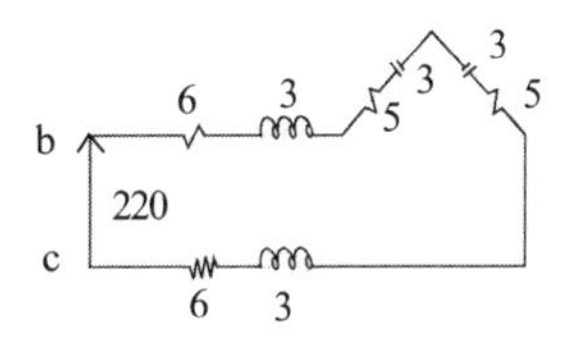

a상 단선 시 3ϕ 회로로 볼 수 없기 때문에 단상 회로로 해석

즉, $I = \dfrac{V}{Z} = \dfrac{220}{6+j3+5-j3+5-j3+6+j3} = \dfrac{220}{22} = 10[A]$

【정답】 ②

36. 5[Ω]의 저항 세 개를 그림처럼 △결선하여 200[V]의 3상 평형 전원에 연결하였다. P점에서 단선 되었다면 선전류 I_b는 단선되기 전의 몇[%]로 되는가?

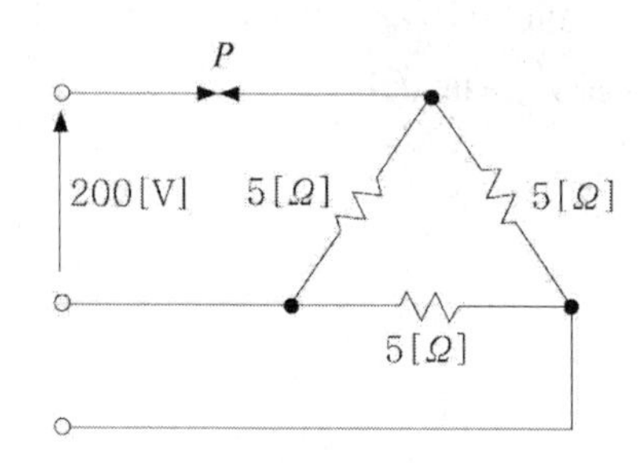

① 50　　② 86.6
③ 66.6　　④ 57.7

|정|답|및|해|설|

[△결선] $I_l = \sqrt{3}I_p \angle -30°$, $V_l = V_p$

① 단선 전 $I_p = \frac{200}{5} = 40[A]$

$I_l = \sqrt{3}I_P = 40\sqrt{3}[A]$

② 단선 후

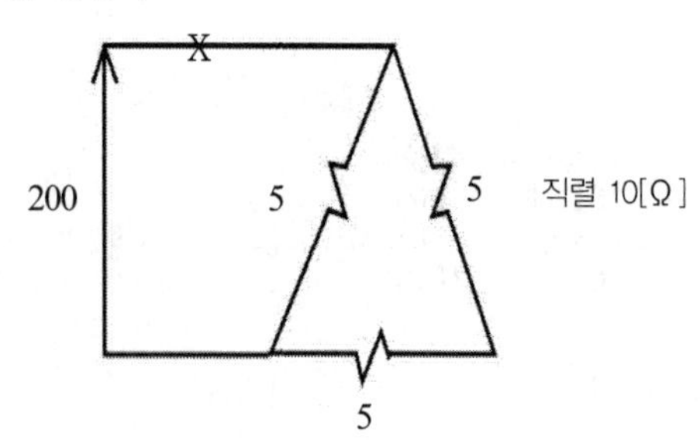

$R = \frac{5 \times 10}{5+10} = \frac{50}{15} = \frac{10}{3}[Ω]$

$I = \frac{V}{R} = \frac{200}{\frac{10}{3}} = 60[A]$

$\therefore \frac{단선후 I}{단선전 I_l} = \frac{60}{40\sqrt{3}} = \frac{3}{2\sqrt{3}} = \frac{\sqrt{3}}{2} = 0.866 = 86.6[\%]$

【정답】 ②

37. 역률이 50[%]이고 1상의 임피던스가 60[Ω]인 유도부하를 △로 결선하고 여기에 병렬로 저항 20[Ω]을 Y결선으로 하여 3상 선간전압 200[V]를 가할 때의 소비전력은?

① 약 2,000[W]　　② 약 2,200[W]
③ 약 2,500[W]　　④ 약 3,000[W]

|정|답|및|해|설|

[전력] $P = 3I^2R$

$\cos\theta = \frac{R}{|Z|} \rightarrow 0.5 = \frac{R}{60} \rightarrow R = 30[\Omega]$

소비전력 $P_\triangle = 3I_P^2 \cdot R = 3 \cdot \left|\frac{V_P}{Z_P}\right|^2 \cdot R$

$= 3 \cdot \left|\frac{200}{60}\right|^2 \times 30 = 3 \times \frac{40000}{3600} \times 30 = \frac{40000}{40}$

$= 1000[W]$

$P_Y = 3\frac{V_P^2}{R} = 3 \cdot \frac{\left(\frac{200}{\sqrt{3}}\right)^2}{20} = 3 \times \frac{\frac{40000}{3}}{20} = 2000[W]$

$\therefore P = 1000 + 2000 = 3000[W]$

【정답】 ④

38. 다상 교류 회로의 설명 중 잘못된 것은? (단, n = 상수이다.)

① 평행 3상 교류에서 △결선의 상전류는 선전류의 $\frac{1}{\sqrt{3}}$과 같다.

② n상 전력 $P = \frac{1}{2\sin\frac{\pi}{n}} V_l I_l \cos\theta$이다.

③ 성형 결선에서 선간 전압과의 위상차는 $\frac{\pi}{2}(1 - \frac{2}{n})$[rad] 이다.

④ 비대칭 다상 교류가 만드는 회전 자계는 타원 회전 자계이다.

|정|답|및|해|설|

[n상 전력] $P = \frac{n}{2 \cdot \sin\frac{\pi}{n}} V_l I_l \cos\theta$

【정답】 ②

39. 공간적으로 서로 $\frac{2\pi}{n}$[rad]의 각도를 두고 배치한 n개의 코일에 대칭 n상 교류를 흘리면 그 중심에 생기는 회전 자계의 모양은?

① 원형 회전 자계 ② 타원 회전 자계
③ 원통 회전 자계 ④ 원추형 회전 자계

|정|답|및|해|설|

[n상 회로] 원형 회전 자계가 가능하므로 3상 유도 전동기를 만들 수 있다.

·대칭 → 원형 ·비대칭 → 타형

【정답】 ①

40. 다음의 대칭 다상 교류에 의한 회전 자계 중 잘못된 것은?

① 대칭 3상 교류에 의한 회전 자계는 원형 회전 자계이다.
② 대칭 2상 교류에 의한 회잔 자계는 타원형 회전 자계이다.
③ 3상 교류에서 어느 두 코일의 전류는 상순을 바꾸면 회전 자계의 방향도 바뀐다.
④ 회전 자계의 회전 속도는 일정 각속도 ω이다.

|정|답|및|해|설|

[n상 회로] 대칭은 원형 회전자계이다.

【정답】 ②

41. 평형 다상 교류 회로에서 대칭 평형 부하에 공급되는 총전력의 순시값은?

① 시간에 관계없이 모든 다상 부하 회로에서 항상 일정하다.
② 시간에 따라 불규칙적으로 변화한다.
③ 3상 부하 회로에 한해서 일정하다.
④ 시간에 따라 정현적으로 변화한다.

|정|답|및|해|설|

대칭 평형 부하에 공급되는 총전력 순시값은 일정하다.

【정답】 ①

42. $Z = 24 + j7[\Omega]$의 임피던스 3개를 그림과 같이 성형으로 접속하여 a, b, c단자에 200[V]의 대칭 3상 전압을 가했을 때 흐르는 전류와 전력은?

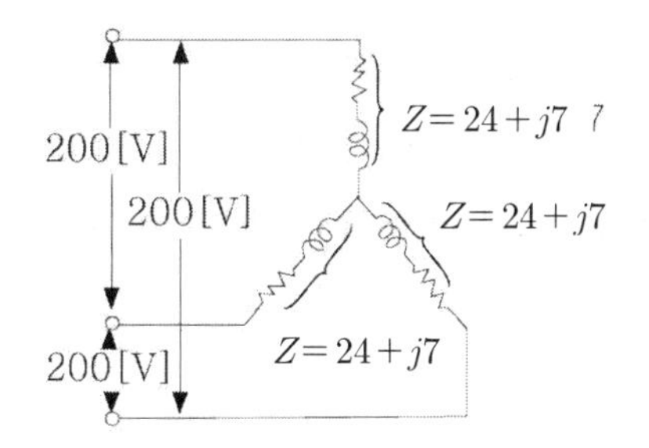

① $I ≒ 4.6[A]$, $P = 1,536[W]$
② $I ≒ 6.4[A]$, $P = 1,636[W]$
③ $I ≒ 5.0[A]$, $P = 1,500[W]$
④ $I ≒ 6.4[A]$, $P = 1,346[W]$

|정|답|및|해|설|

[Y 결선] $P = 3I_P^2 \cdot R$

$$I_l = I_P = \frac{V_P}{|Z_P|} = \frac{\frac{200}{\sqrt{3}}}{\sqrt{24^2 + 7^2}}[A]$$

$$= \frac{\frac{200}{\sqrt{3}}}{25} = \frac{8}{\sqrt{3}} = 4.61$$

$P = 3I_P^2 \cdot R = 3 \times 4.61^2 \times 24 = 1536[W]$

【정답】 ①

43. 평형 3상 회로에서 임피던스를 Y결선에서 $\triangle$결선으로 하면, 소비전력은 몇 배가 되는가?

① 3배 ② $\sqrt{3}$ 배
③ $\frac{1}{\sqrt{3}}$ 배 ④ $\frac{1}{3}$ 배

| 정 | 답 | 및 | 해 | 설 |

$\begin{pmatrix} P_\triangle = 3I_{p\triangle}^2 R \\ P_Y = 3I_{PY}^2 R \end{pmatrix}$ 에서

$\begin{pmatrix} I_{P\triangle} = \dfrac{V}{Z} \\ I_{PY} = \dfrac{\frac{V}{\sqrt{3}}}{Z} \end{pmatrix}$ 이기 때문에 $\dfrac{1}{\left(\frac{1}{\sqrt{3}}\right)^2} = 3$[배]

【정답】 ①

44. 평형 3상 부하에 전력을 공급할 때 선전류 값이 10[A]이고 부하의 소비전력이 3[kW]이다. 이 부하의 등가 Y회로에 대한 각 상의 저항은?

① $\frac{10}{3}[\Omega]$ ② $\frac{10}{\sqrt{3}}[\Omega]$
③ $10[\Omega]$ ④ $10\sqrt{3}[\Omega]$

| 정 | 답 | 및 | 해 | 설 |

[Y 결선] $P = 3I_P^2 \cdot R$

$P_Y = 3I_P^2 R = 3000$

$R = \dfrac{3000}{3I^2} = \dfrac{3000}{3\times 10^2} = 10[\Omega]$ 【정답】 ③

45. 한 상의 임피던스가 $3+j4[\Omega]$인 평형 $\triangle$부하에 대칭인 선간전압 200[V]를 가할 때 3상 전력은 몇[kW]인가?

① 9.6 ② 12.5
③ 14.4 ④ 20.5

| 정 | 답 | 및 | 해 | 설 |

[$\triangle$ 결선] $P = 3I_P^2 R$

$P = 3\cdot\left|\dfrac{V_P}{Z_P}\right|^2 \cdot R \quad \rightarrow (|Z_P| = |3+j4| = 5)$

$= 3\cdot\left|\dfrac{200}{5}\right|^2 \times 3 = 3\times 40^2 \times 3 = 4800\times 3 = 14400$

$= 14.4[\text{kW}]$

【정답】 ③

274

46. 3상 평형 부하의 전압이 100[V]이고, 전류가 10[A]이다. 이때 소비전력은? (단, 역률은 0.8이다.)

① 1,385[W] ② 1,732[W]
③ 2,405[W] ④ 2,800[W]

| 정 | 답 | 및 | 해 | 설 |

[3상 소비전력] $P = \sqrt{3}\,VI\cos\theta$

$P = \sqrt{3}\times 100\times 10\times 0.8[W]$ 【정답】 ①

47. 1상의 임피던스가 $14+j48[\Omega]$인 $\triangle$부하에 대칭 선간 전압 200[V]를 인가한 경우의 3상 전력은 몇 [W]인가?

① 672 ② 692
③ 712 ④ 732

| 정 | 답 | 및 | 해 | 설 |

[3상 소비전력] $P = 3I_P^2 \cdot R$

$P = 3\cdot\left|\dfrac{V_P}{Z_P}\right|^2 \cdot R \rightarrow (|Z_P| = \sqrt{14^2+48^2} = 50)$

$= 3\cdot\left|\dfrac{200}{50}\right|^2 \times 14$

$= 3\times 4^2\times 14 = 48\times 14 = 712[W]$

【정답】 ③

48. 1상의 임피던스가 $Z = 20+j10[\Omega]$인 Y부하에 대칭 3상 전압 200[V]를 인가한 경우 회로의 소비전력은 몇 [W]인가?

① 800 ② 1,200
③ 1,600 ④ 2,400

| 정 | 답 | 및 | 해 | 설 |

[3상 소비전력] $P = 3I_p^2 \cdot R = 3\cdot\left|\dfrac{V_P}{Z_P}\right|^2 \cdot R$

$|Z_P| = \sqrt{20^2+10^2} = \sqrt{500} = 10\sqrt{5}$

$$P = 3 \cdot \left| \frac{\frac{200}{\sqrt{3}}}{10\sqrt{5}} \right|^2 \times 20 = 3 \times \frac{\frac{40000}{3}}{500} \times 20 = 1600[\text{W}]$$

【정답】 ③

49. 그림에서 저항 R이 접속되고, 여기에 3상 평형 전압 V가 가해져 있다. 지금 ×표의 곳에서 1선이 단선되었다고 하면 소비전력은 몇 배로 되는가?

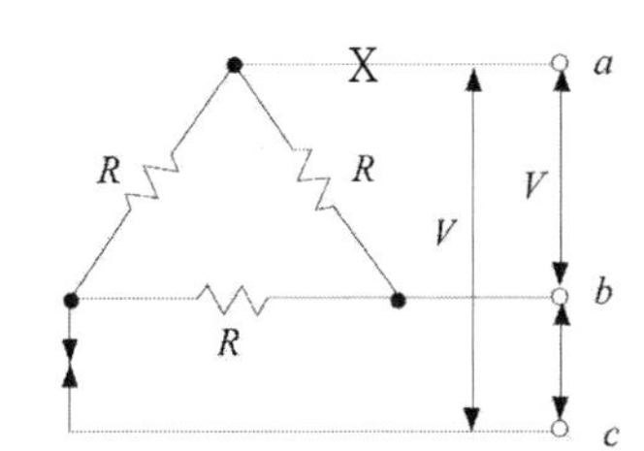

① 1　　② 0.5

③ $\frac{1}{4}$　　④ $\frac{1}{\sqrt{2}}$

|정|답|및|해|설|

[3상 소비전력] $P = 3I_p^2 \cdot R = 3\frac{V^2}{R}$

① 단선 전 $P = 3 \cdot \frac{V^2}{R}$

② 단선 후

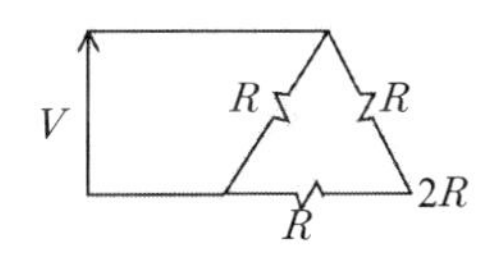

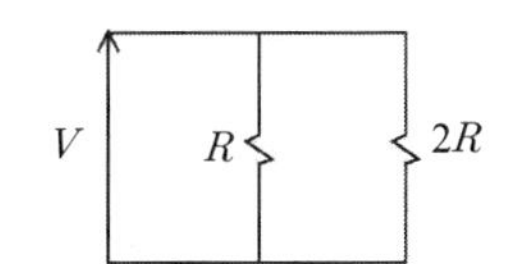

$$P' = \frac{V^2}{R} + \frac{V^2}{2R} = \frac{3V^2}{2R}$$

③ $\frac{단선후}{단선전} = \frac{\frac{3V^2}{2R}}{3 \cdot \frac{V^2}{R}} = \frac{1}{2}$[배]

【정답】 ②

50. 1상 임피던스가 $14+j48[\Omega]$인 △부하에 대칭 3상 전압 200[V]를 인가한 경우 이 회로의 피상전력은 몇 [VA]인가?

① 800　　② 1,200

③ 1,384　　④ 2,400

|정|답|및|해|설|

[피상 전력(상전압, 상전류)] $P_a = 3 \cdot \frac{V_p^2}{|Z|}$

$$P_a = 3 \cdot \frac{V_P^2}{|Z|} = 3 \cdot \frac{200^2}{50} = 2400[\text{VA}]$$

【정답】 ④

51. 어떤 3상회로에서 선간전압 200[V], 선전류 25[A], 3상전력 7[㎾]였다. 이때의 역률은?

① 50.4[%]　　② 61.4[%]

③ 72.6[%]　　④ 80.0[%]

|정|답|및|해|설|

[역률(선간 전압, 선전류] $\cos\theta = \frac{P}{P_a}$

피상전력 $P_a = \sqrt{3}V_l I_l$

$$\cos\theta = \frac{P}{\sqrt{3}V_l I_l} = \frac{7 \times 10^3}{\sqrt{3} \times 200 \times 25} = 0.8$$

【정답】 ④

52. 두 대의 전력계를 사용하여 평형 부하의 3상 회로의 역률을 측정하려고 한다. 전력계의 지시가 각각 P_1, P_2라 할 때 이 회로의 역률은?

① $\frac{\sqrt{P_1+P_2}}{P_1+P_2}$

② $\frac{P_1+P_2}{P_1^2+P_2^2-2P_1P_2}$

③ $\frac{P_1+P_2}{2\sqrt{P_1^2+P_2^2-P_1P_2}}$

④ $\frac{2P_1+P_2}{\sqrt{P_1^2+P_2^2-P_1P_2}}$

|정|답|및|해|설|

[2전력계법] $P = P_1 + P_2$, $P_r = \sqrt{3}|P_1 - P_2|$

$\cos\theta = \frac{P}{P_a} = \frac{P}{\sqrt{P^2 + P_r^2}}$ 로서

$= \frac{P_1 + P_2}{\sqrt{(P_1+P_2)^2 + \left(\sqrt{3}(P_1 - P_2)\right)^2}}$

$= \frac{P_1 + P_2}{\sqrt{P_1^2 + 2P_1P_2 + P_2^2 + 3\left(P_1^2 - 2P_1P_2 + P_2^2\right)}}$

$= \frac{P_1 + P_2}{\sqrt{4\left(P_1^2 + P_2^2 - P_1P_2\right)}} = \frac{P_1 + P_2}{2\sqrt{P_1^2 + P_2^2 - P_1P_2}}$

【정답】 ③

53. 2전력계법을 써서 3상 전력을 측정하였더니 각 전력계가 +500[W], +300[W]를 지시하였다. 전 전력은?

① 800[W] ② 200[W]
③ 500[W] ④ 300[W]

|정|답|및|해|설|

[2전력계법] $P = P_1 + P_2$

$P = P_1 + P_2 = 500 + 300 = 800[W]$

【정답】 ①

54. 2전력계법으로 평형 3상 전력을 측정하였더니 한쪽의 지시가 800[W], 다른 쪽의 지시가 1,600[W]이었다. 피상전력은 얼마인가?

① 2,971[VA] ② 2,871[VA]
③ 2,771[VA] ④ 2,671[VA]

|정|답|및|해|설|

[2전력계법] $P_a = 2\sqrt{P_1^2 + P_2^2 - P_1P_2}$

$P_a = 2\sqrt{P_1^2 + P_2^2 - P_1P_2}$

$= 2\sqrt{800^2 + 1600^2 - 800 \times 1600} = 2771[VA]$

【정답】 ③

55. 대칭 3상 전압을 공급한 3상 유도 전동기에서 각 계기의 지시는 다음과 같다. 유도 전동기의 역률은? (단, $W_1 = 2.36$[㎾], $W_2 = 5.95$[㎾], $V = 200$[V], $I = 30$[A]이다.)

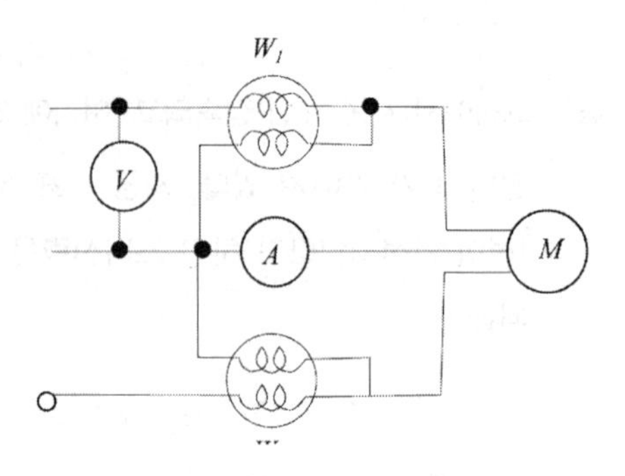

① 0.60 ② 0.80
③ 0.65 ④ 0.86

|정|답|및|해|설|

[2전력계법] 역률 $\cos\theta = \frac{P}{P_a}$

$\cos\theta = \frac{P}{P_a} = \frac{W_1 + W_2}{\sqrt{3}\,VI} = \frac{(2360 + 5950)}{\sqrt{3} \times 200 \times 30} = 0.8$

【정답】 ②

56. 2개의 전력계로 평행 3상 부하의 전력을 측정하였더니 한쪽의 지시가 다른 쪽 전력계 지시의 3배였다면 부하의 역률 $\cos\theta$는?

① 0.75 ② 1
③ 3 ④ 0.4

|정|답|및|해|설|

[2전력계법] 역률 $\cos\theta = \frac{P}{P_a} = \frac{P_1 + P_2}{2\sqrt{P_1^2 + P_2^2 - P_1P_2}}$

$P_2 = 3P_1$

$\cos\theta = \frac{1+3}{2\sqrt{1^2 + 3^2 - 1 \times 3}} = \frac{4}{2\sqrt{7}} = 0.75$

【정답】 ①

57. 3상 전력을 측정하는데 두 전력계 중에서 하나가 0이었다. 이때의 역률은 어떻게 되는가?

① 0.5　　② 0.84
③ 0.6　　④ 0.4

|정|답|및|해|설|

[2전력계법] 역률 $\cos\theta = \frac{P}{P_a} = \frac{P_1+P_2}{2\sqrt{P_1^2+P_2^2-P_1P_2}}$

$P_2 = 0$을 대입

$\cos\theta = \frac{P_1}{2\sqrt{P_1^2}} = \frac{1}{2} = 0.5$

【정답】 ①

58. 선간전압 V[V]의 3상 평형 전원에 대칭 3상 저항 부하 R[Ω]이 그림과 같이 접속되었을 때 a, b 두 상간에 전력계의 지시값이 W[W]라 하면 C상의 전류는?

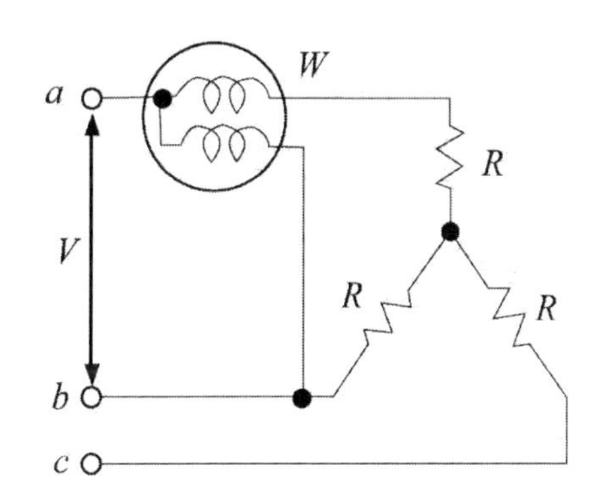

① $\frac{\sqrt{3}W}{V}$[A]　　② $\frac{3W}{V}$[A]
③ $\frac{W}{\sqrt{3}V}$[A]　　④ $\frac{2W}{\sqrt{3}V}$[A]

|정|답|및|해|설|

R만의 부하 : $\cos\theta = 1$

$P = \sqrt{3}VI = W+W$

$\sqrt{3}VI = 2W \rightarrow I = \frac{2W}{\sqrt{3}V}$

【정답】 ④

59. V결선 변압기의 이용률은?

① 57.7[%]　　② 86.6[%]
③ 80[%]　　④ 100[%]

|정|답|및|해|설|

[변압기 이용률] 이용률 $= \frac{3\text{상출력}}{\text{설비용량}}$

$= \frac{\sqrt{3}P_1}{2P_1} = \frac{\sqrt{3}}{2} = 0.866 = 86.6[\%]$

【정답】 ②

60. 그림과 같이 2전력계법으로 평형 3상회로의 전력을 측정할 때 $\frac{P_2}{P_1} = n$이라 하면 역률은?

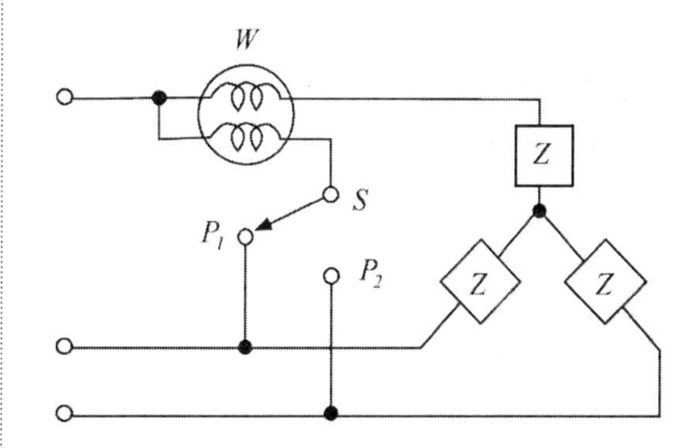

① $\cos\varnothing = \frac{1}{\sqrt{1+2\left(\frac{1-n}{1+n}\right)^2}}$

② $\cos\varnothing = \frac{1}{\sqrt{1+3\left(\frac{1-n}{1+n}\right)^2}}$

③ $\cos\varnothing = \frac{1}{\sqrt{1+2\left(\frac{1-n}{1+n}\right)}}$

④ $\cos\varnothing = \frac{1}{\sqrt{1+3\left(\frac{1-n}{1+n}\right)}}$

|정|답|및|해|설|

[2전력계법] 역률 $\cos\theta = \dfrac{P}{\sqrt{P^2+P_r^2}}$

$$\cos\theta = \frac{P}{\sqrt{P^2+P_r^2}} = \frac{P_1+P_2}{\sqrt{(P_1+P_2)^2+\left(\sqrt{3}(P_1-P_2)\right)^2}}$$

→ (분모, 분자를 P_1+P_2로 나눔)

$$= \frac{1}{\sqrt{1+3\cdot\left(\dfrac{P_1-P_2}{P_1+P_2}\right)^2}}$$

→ ( )의 분모, 분자를 P_1로 나눔

$$= \frac{1}{\sqrt{1+3\left(\dfrac{1-\dfrac{P_2}{P_1}}{1+\dfrac{P_2}{P_1}}\right)^2}} = \frac{1}{\sqrt{1+3\left(\dfrac{1-n}{1+n}\right)^2}}$$

【정답】 ②

61. V결선의 출력은 $P=\sqrt{3}\,VI\cos\theta$로 표시된다. 여기서 V, I는?

① 선간전압, 상전류

② 상전압, 선간전류

③ 선간전압, 선전류

④ 상전압, 상전류

|정|답|및|해|설|

[3상 회로의 전력(선간 전압, 선전류 기준)]

① 유효 전력 $P=\sqrt{3}\,V_lI_l\cos\theta[W]$

② 무효 전력 $P_r=\sqrt{3}\,V_lI_l\sin\theta[\text{Var}]$

㉰ 피상 전력 $P_a=\sqrt{3}\,V_lI_l[\text{VA}]$

【정답】 ③

62. 10[kVA]의 변압기 2대로 공급할 수 있는 최대 3상 전력은?

① 20[kVA]　　② 17.3[kVA]

③ 14.1[kVA]　　④ 10[kVA]

|정|답|및|해|설|

[V 결선] 출력 $P=\sqrt{3}P_1=\sqrt{3}V_1I_1\cos\theta$

$P'=\sqrt{3}P_1=\sqrt{3}\times 10=17.3[kVA]$

【정답】 ②

63. 그림과 같은 순저항으로 된 회로에 대칭 3상 전압을 가했을 때 각선에 흐르는 전류가 같으면 R의 값은?

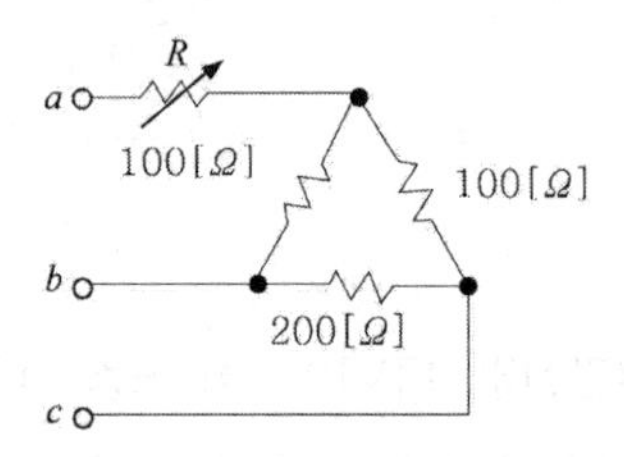

① 20[Ω]　　② 25[Ω]

③ 30[Ω]　　④ 35[Ω]

|정|답|및|해|설|

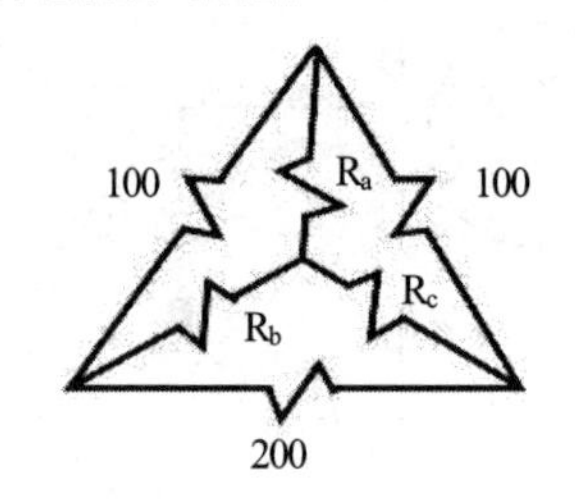

[△－Y 등가변환]

$$R_a = \frac{100\times 100}{100+100+200} = 25[\Omega]$$

$$R_b = R_c = \frac{100\times 200}{100+100+200} = \frac{20000}{400} = 50$$

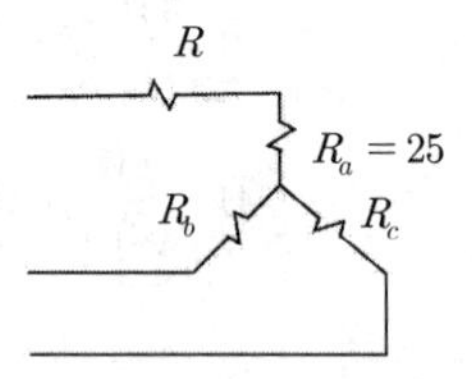

b, c 상의 저항이 50[Ω]

$R+R_a=50$, $\therefore R=25$

【정답】 ②

Chapter
10

비정현파 교류

01 푸리에 급수

(1) 푸리에 급수의 정의

푸리에 급수는 주파수와 진폭을 달리하는 무수히 많은 성분을 갖는 비정현파를 무수히 많은 정현항과 여현항의 합으로 표현하는 것을 의미한다.

투자율은 자속밀도에 비례하고 자계의 세기에 반비례한다.

(2) 푸리에 급수 표현식

① $f(t) = a_0 + \sum_{n=1}^{\infty} a_n \cos nwt + \sum_{n=1}^{\infty} b_n \sin nwt$

② 비정현파 교류=직류분+기본파+고조파

여기서, a_0 : 직류분(평균값), $n=1$ → $\cos\omega t$, $\sin\omega t$: 기본파, $n=2$, $n=3$, $n=4$,... : n고조파

02 비정현파 푸리에 급수에 의한 분석

(1) 비정현파란?

비정현파란 정형파로부터 일그러진 파형을 총칭한다.

비정현 주기파를 여러 개의 정현파의 합으로 표시하는 방법을 푸리에 급수에 의한 분석

비정현파 교류=직류분+기본파+고조파

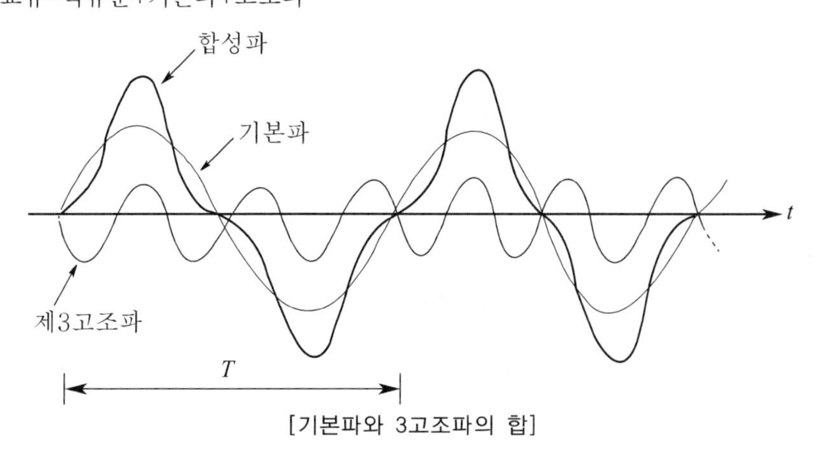

[기본파와 3고조파의 합]

(2) 비정현파의 발생원인

- 전기자 반작용의 의한 일그러짐
- 철심의 자기포화
- 히스테리시스 현상에 의한 여자 전류의 일그러짐
- 다이오드의 비직선성에 의한 전류의 일그러짐

(3) 비정현파가 포함된 전원의 순시값 표현

$v(t) = V_0 + \sqrt{2}\,V_1 \sin\omega t + \sqrt{2}\,V_3 \sin 3\omega t[V]$

여기서, V_0 : 직류 실효값(직류는 실효값, 평균값, 최대값이 모두 같다.)

V_1 : 정현파(기본파) 실효값, V_3 : 제3고조파 실효값

핵심기출 【기사】 06/1 【산업기사】 04/3 06/2 08/1 12/2 19/1

비정현파를 구성하는 일반적인 성분이 아닌 것은?

① 기본파 ② 고조파

③ 직류분 ④ 삼각파

정답 및 해설 [비정현파] 비정현파=직류분+기본파+고조파 【정답】 ④

---

03 비정현파의 대칭식

(1) 여현 대칭파 (우함수파 : Y축 대칭)

① 대칭 조건 : $f(t) = f(-t)$ → cos파 (cos항만 존재)

② 함수식 : $f(t) = a_0 + \sum_{n=1}^{\infty} a_n \cos nwt$

$b_n = 0$(sin항) 이므로 직류성분 a_0와 cos항 계수 a_n만 존재

예) $\cos 60° = \cos(-60°)$

[여현 대칭파의 파형]

(2) 정현 대칭파 (기함수파 : 원점 대칭)

① 대칭 조건 $f(t) = -f(-t)$ → (sin항만 존재)

② 함수식 $f(t) = \sum_{n=1}^{\infty} b_n \sin nwt$

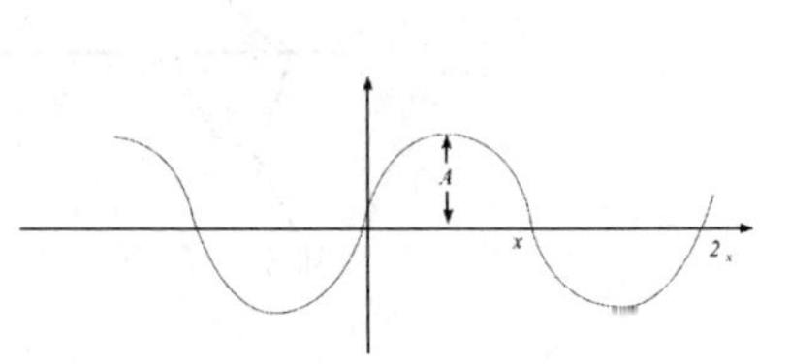

[정현 대칭파의 파형]

a_0(직류 성분) $= a_n$(cos항) $= 0$ 이므로 sin항의 계수 b_n만 존재한다.

예) $\sin 60° = -\sin(-30°)$

(3) 반파 대칭파 (짝수파는 상쇄되므로 홀수파만 남는다.)

① 대칭 조건 : $f(t) = -f(t+\pi)$

→ 반주기마다 반대 부호의 파형이 반복된다.

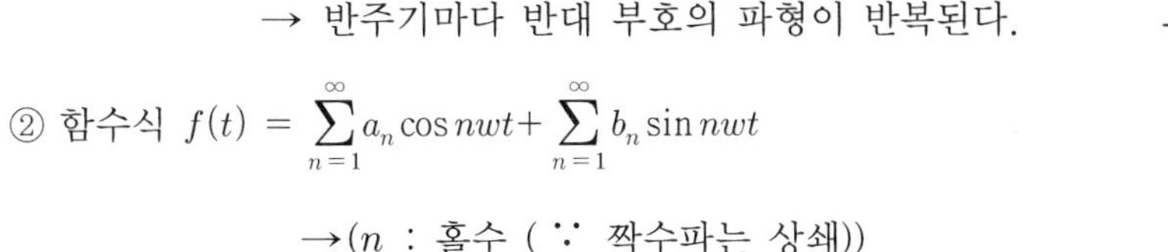

② 함수식 $f(t) = \sum_{n=1}^{\infty} a_n \cos nwt + \sum_{n=1}^{\infty} b_n \sin nwt$

→(n : 홀수 (∵ 짝수파는 상쇄))

[반파 대칭파의 파형]

a_0(직류성분) = 0 이고 cos항과 sin항의 계수 a_n과 b_n이 존재한다.

예) $\sin 30° = -\sin(-30°)$

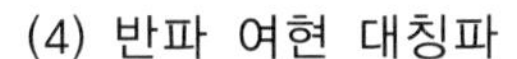

(4) 반파 여현 대칭파

여현 대칭파와 반파 대칭파의 특성을 모두 가지고 있으므로 a_0, a_n와 a_n, b_n의 공통 부분(∵ AND : 논리 곱)인 a_n만 존재한다.

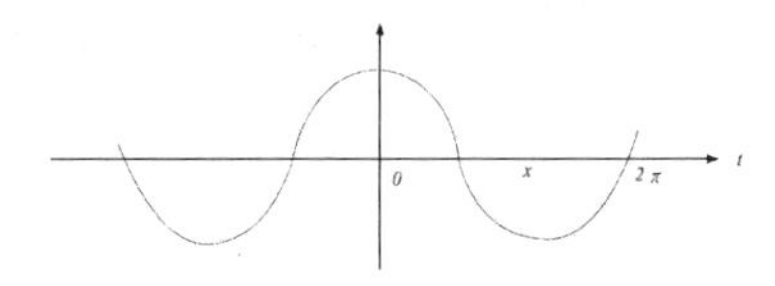

[반파 여현 대칭파의 파형]

① 대칭 조건 : $f(t) = f(-t)$ and $f(t) = -f(t+\pi)$

② 함수식 $f(t) = \sum_{n=1}^{\infty} a_n \cos nwt$ → (단, n은 홀수)

(5) 반파 정현 대칭파

정현 대칭파와 반파 대칭파의 특성을 모두 가지고 있으므로 b_n와 a_n, b_n의 공통부분 (∵ And : 논리 곱)인 b_n만 존재한다.

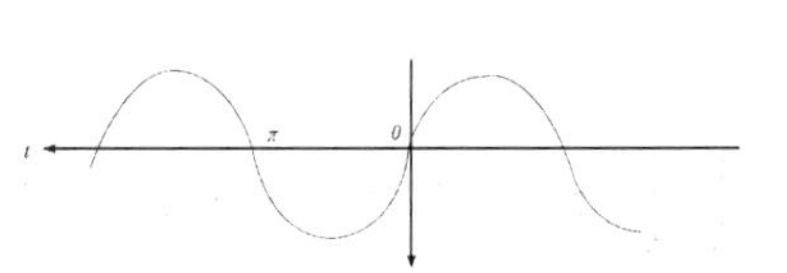

[반파 정현 대칭파의 파형]

① 대칭 조건 : $f(t) = -f(-t)$ and $f(t) = -f(t+\pi)$

② 함수식 $f(t) = \sum_{n=1}^{\infty} b_n \sin nwt$ → (단, n은 홀수)

핵심기출 【산업기사】 14/1

비정현파에서 여현 대칭의 조건은 어느 것인가?

① $f(t) = f(-t)$ ② $f(t) = -f(-t)$

③ $f(t) = -f(t)$ ④ $f(t) = -f\left(t + \frac{T}{2}\right)$

정답 및 해설 [여현 대칭파] 대칭 조건 : $f(t) = f(-t)$ 【정답】 ①

04 비정현파 교류의 실효값

(1) 비정현파 교류의 실효값(전류)

각 고조파의 실효값의 제곱의 합의 제곱근

$$i(t) = \sqrt{I_0^2 + \left(\frac{I_{m1}}{\sqrt{2}}\right)^2 + \left(\frac{I_{m2}}{\sqrt{2}}\right)^2 + \cdots + \left(\frac{I_{mn}}{\sqrt{2}}\right)^2} = \sqrt{I_0^2 + I_1^2 + I_2^2 + \ldots\ldots}\ [\mathrm{A}]$$

(2) 비정현파 교류의 실효값(전압)

$$v(t) = \sqrt{V_0^2 + V_1^2 + V_2^2 + \ldots..}\ [\mathrm{V}]$$

※ 비정현파의 교류의 실효값은 직류분, 기본파 및 고조파의 제곱 합의 평방근으로 나타낸다.

핵심기출 【기사】 05/1 05/3 07/1 08/3 16/2 【산업기사】 10/1 17/3

전압의 순시값이 $e = 3 + 10\sqrt{2}\sin\omega t + 5\sqrt{2}\sin(3\omega t - 30^\circ)[\mathrm{V}]$일 때 실효값은 약 몇 [V]인가?

① 20.1 ② 16.4 ③ 13.2 ④ 11.6

정답 및 해설 [비정현파의 실효값] $E = \sqrt{E_0^2 + E_1^2 + E_3^2}\,[V]$ → (E_0 : 직류분 실효값, E_1, E_3 : 각 파의 실효값)

$E = \sqrt{3^2 + 10^2 + 5^2} \fallingdotseq 11.6[V]$

【정답】 ④

05 비정현파의 교류의 전력 계산

(1) 비정현파 교류의 순시값

비정현파 교류의 순시값은 다음과 같다.

① $v(t) = V_0 + \sqrt{2}\,V_1\sin\omega t + \sqrt{2}\,V_3\sin3\omega t[V]$

② $i(t) = I_0 + \sqrt{2}\,I_1\sin\omega t + \sqrt{2}\,I_2\sin2\omega t + \sqrt{2}\,I_3\sin3\omega t[A]$

(2) 유효전력

비정현파 교류 전력은 직류분과 각 고조파 전력의 합으로 나타낸다.

(단, 주파수가 다르면 전력은 존재하지 않는다)

유효 전력 $P = VI\cos\theta = V_0I_0 + V_1I_1\cos\theta_1 + V_3I_3\cos\theta_3[W]$

→ (전압에 제2고조파 성분이 없다.)

(3) 무효전력

비정현파 전압과 전류가 주어지는 경우 전력은 같은 고조파 성분으로 구한다.

무효 전력 $P_r = VI\sin\theta = V_1 I_1 \sin\theta_1 + V_3 I_3 \sin\theta_3 [Var]$

(4) 피상전력

피상 전력 $P_a = |V||I| = \sqrt{V_0^2 + V_1^2 + V_3^2} \times \sqrt{I_0^2 + I_1^2 + I_2^2 + I_3^2} [VA]$

핵심기출 【기사】 19/1

다음과 같은 비정현파 기전력 및 전류에 의한 평균 전력을 구하면 몇 [W]인가? (단, 전압 및 전류의 순시식은 다음과 같다.)

$$e = 100\sin wt - 50\sin(3wt + 30^\circ) + 20\sin(5\omega t + 45^\circ)[V]$$
$$i = 20\sin wt + 10\sin(3wt - 30^\circ) + 5\sin(5\omega t - 45^\circ)[A]$$

① 825 ② 875 ③ 925 ④ 1175

정답 및 해설 [비정현파 유효전력] $P = VI\cos\theta[W]$

유효 전력은 1고조파+3고조파+5고조파의 전력을 합한다.

즉, $P = V_1 I_1 \cos\theta_1 + V_3 I_3 \cos\theta_3 + V_5 I_5 \cos\theta_5 [W]$ → (전압과 전류는 실효값으로 한다.)

$$P = V_1 I_1 \cos\theta_1 + V_3 I_3 \cos\theta_3 + V_5 I_5 \cos\theta_5$$
$$= \left(\frac{100}{\sqrt{2}} \times \frac{20}{\sqrt{2}} \cos 0^\circ\right) + \left(-\frac{50}{\sqrt{2}} \times \frac{10}{\sqrt{2}} \cos(30 - (-30))\right) + \left(\frac{20}{\sqrt{2}} \times \frac{5}{\sqrt{2}} \cos(45 - (-45))\right)$$
$$= \frac{1}{2}(2000\cos 0 - 500\cos 60 + 100\cos 90) = 875[W]$$

【정답】 ②

06 비정현파의 역률 및 왜형률

(1) 왜형률

왜형률이란 비정현파가 기본파(V_1)에 비해 어느 정도 일그러져 있는지를 나타내는 척도이다.

$$\text{왜형률 } D = \frac{\text{전 고조파의 실효값}}{\text{기본파의 실효값}} = \frac{\sqrt{V_2^2 + V_3^2 + \cdots}}{V_1} = \sqrt{\frac{V_2^2 + V_3^2 + \cdots}{V_1^2}} = \sqrt{\left(\frac{V_2}{V_1}\right)^2 + \left(\frac{V_3}{V_1}\right)^2 + \cdots}$$

여기서, D : 왜형률(파형의 일그러진 정도)

(2) 역률

$$\text{역률 } \cos\theta = \frac{P}{P_a} = \frac{VI\cos\theta}{|V|\,|I|}$$

핵심기출 【기사】 04/3 07/3 11/1 14/2 19/3 【산업기사】 18/2

비정현파 전류 $i(t)=56\sin wt+25\sin\ 2wt+30\sin(3wt+30^\circ)+40\sin(4wt+60^\circ)$로 주어질 때 왜형률(歪形率)은 어느 것으로 표시되는가?

① 약 1.414 ② 약 1 ③ 약 0.8 ④ 약 0.5

정답 및 해설 [비정현파의 왜형률] 왜형률 $D=\dfrac{\text{전 고조파의 실효값}}{\text{기본파의 실효값}}$

$$D=\frac{\sqrt{\left(\frac{25}{\sqrt{2}}\right)^2+\left(\frac{30}{\sqrt{2}}\right)^2+\left(\frac{40}{\sqrt{2}}\right)^2}}{\frac{56}{\sqrt{2}}}=0.96$$

[정답] ②

07 고조파에 의한 임피던스의 변화

(1) $R-L$ 직렬회로

① 기본파 임피던스 : $Z_1=R+j\omega L[\Omega]$

② 제2고조파 임피던스 : $Z_2=R+j2\omega L[\Omega]$

③ 제3고조파 임피던스 : $Z_3=R+j3\omega L[\Omega]$

※$R-L$ 직렬회로에서는 주파수가 증가할수록 임피던스 값이 증가한다.

(2) $R-C$ 직렬회로

① 기본파 임피던스 : $Z_1=R-j\dfrac{1}{\omega C}[\Omega]$

② 제2고조파 임피던스 : $Z_2=R-j\dfrac{1}{2\omega C}[\Omega]$

③ 제3고조파 임피던스 : $Z_3=R-j\dfrac{1}{3\omega C}[\Omega]$

※$R-C$ 직렬회로에서는 주파수가 증가할수록 임피던스 값이 감소한다.

핵심기출 【기사】 13/3

$e=100\sqrt{2}\sin wt+100\sqrt{2}\sin 3wt+50\sqrt{2}\sin 5wt[V]$인 전압을 R-L 직렬 회로에 가할 때 제3고조파 전류의 실효치는? (단, R=8[Ω], ωL=2[Ω]이다.)

① 10[A] ② 14[A] ③ 20[A] ④ 28[A]

정답 및 해설 [$R-L$ 직렬 회로] 제3고조파 리액턴스 $X_{L3}=3\times 2\pi fL=6[\Omega]$, 제3고조파 임피던스 $Z_3=8+j6[\Omega]$

$$\therefore I_3=\frac{V_3}{Z_3}=\frac{V_3}{8+j6}=\frac{100}{\sqrt{8^2+6^2}}=10[A]$$

【정답】 ①

Chapter 10

시험 전 반드시 체크해야 할

단원 핵심 체크

01 주파수의 진폭을 달리하는 무수히 많은 성분을 갖는 비정현파를 많은 정현항과 여현항의 합으로 표현하는 것을 (   )라고 한다.

02 비정현파란 정형파로부터 일그러진 파형을 총칭한다.
비정현파 교류=(①   )+(②   )+(③   )의 합이다.

03 비정현파에서 여현대칭의 조건 $f(t)=$(   ) 이다.

04 비정현파에서 정현대칭의 조건 $f(t)=$(   ) 이다.

05 반파 대칭 및 정현 대칭인 왜형파의 푸리에 급수의 전개에서 b_n의 (   )항만 존재한다. (단, $f(t)=a_o+\sum_{n=1}^{\infty}a_n\cos nwt+\sum_{n=1}^{\infty}b_n\sin nwt$ 임)

06 비정현파의 교류의 실효값은 직류분, 기본파 및 고조파의 제곱 합의 (   )으로 나타낸다.

07 비정현파 교류에서 $v(t)=\sqrt{V_0^2+V_1^2+V_2^2+\cdots\cdots}$ [V]로 표현하는 것은 비정현파의 (   ) 이다.

08 비정현파가 기본파(V_1)에 비해 어느 정도 일그러져 있는지를 나타내는 척도를 왜형률이라고 한다. 왜형률 $D=$(   ) 이다.

09 $R-L$ 직렬회로에서 제3고조파 임피던스 Z_3 =(　　　　　　　　)[Ω] 이다.

10 $R-C$ 직렬회로에서는 주파수가 증가할수록 고조파 임피던스 값은 (　　　　　　)한다.

정답

(1) 푸리에 급수	(2) ① 직류분, ② 기본파, ③ 고조파	(3) $f(-t)$
(4) $-f(-t)$	(5) 기수	(6) 제곱근(평방근)
(7) 실효값	(8) $\dfrac{\text{전고조파의 실효값}}{\text{기본파의 실효값}}$	(9) $R+j3\omega L$
(10) 감소		

Chapter
10

기출문제에서 뽑은 최다 빈출

적중 예상문제

1. 주기적인 구형파의 신호는 그 주파수 성분이 어떻게 되는가?

① 무수히 많은 주파수의 성분을 가진다.
② 주파수 성분만 갖지 않는다.
③ 직류분만으로 구성된다.
④ 교류 합성을 갖지 않는다.

|정|답|및|해|설|
[구형파] 사각파
기본파에 대해 무수히 많은 고조파의 합성으로 이루어 진다.
【정답】 ①

2. 비정현파 교류를 나타내는 식은?

① 기본파 + 고조파 + 직류분
② 기본파 + 직류분 - 고조파
③ 직류분 + 고조파 - 기본파
④ 교류분 + 기본파 + 고조파

|정|답|및|해|설|
[비정현파] 비정현파=직류분+고조파+기본파의 합성
【정답】 ①

3. 비정현파를 여러 개의 정현파의 합으로 표시하는 방법은?

① 키르히호프의 법칙 ② 노튼의 정리
③ 푸리에의 분석 ④ 테일러의 분석

|정|답|및|해|설|
[푸리에의 분석] 주파수와 진폭을 달리하는 무수히 많은 성분을 갖는 비정현파를 무수히 많은 정현항과 여현항의 합으로 표현하는 것을 의미한다.
【정답】 ③

4. 다음 중 푸리에(Fourier) 급수로 비정현파 교류를 해석하는 데 적당하지 않은 것은?

① 반파 대칭인 경우 직류분은 없다.
② 우함수인 비정현파에서는 사인(sin) 항이 없다.
③ 기함수인 경우 사인항을 구할 때 반 주기간만 적분하여 2배한다.
④ 반파 대칭에서는 반주기마다 동일한 파형이 반복되나 부호의 변화가 없다.

|정|답|및|해|설|
[반파 대칭] 반주기마다 동일한 파형이 반복되나 부호의 변화가 있다.
【정답】 ④

5. 다음의 3상 교류 대칭 전압 중에 포함되는 고조파에서 상순이 기본파와 같은 것은?

① 제3고조파 ② 제5고조파
③ 제7고조파 ④ 제9고조파

|정|답|및|해|설|
[3상의 고조파]
① $3n$ $(n = 1, 2, 3 \cdots)$: 3, 6, 9 고조파 : 각 상 동 (위상)
② $3n+1$: 4, 7, 10, 13 고조파 : 기본파와 상순이 같다.
③ $3n-1$: 2, 5, 8, 11 고조파 : 기본파와 상회전 방향이 반대
【정답】 ③

6. 다음의 비정현 주기파 중 고조파의 감소율이 가장 적은 것은? (단, 정류파는 정현파의 정류파를 뜻한다.)

① 구형파 ② 삼각파
③ 반파 정류파 ④ 전파 정류파

|정|답|및|해|설|

[고조파의 감소율] 구형파의 감소율은 $\frac{1}{n}$

3고조파는 $\frac{1}{3}\sin 3wt$, 나머지 파형은 $\frac{1}{n^2}$

【정답】 ①

7. 3상 교류 대칭 전압에 포함되는 고조파 중에서 상회전이 기본파에 대하여 반대인 것은?

① 제3고조파 ② 제5고조파
③ 제7고조파 ④ 제9고조파

|정|답|및|해|설|

[$3n-1$] 2, 5, 8, 11 고조파, 기본파와 상회전 방향이 반대

【정답】 ②

8. 반파 대칭의 왜형파에서 성립되는 식은?

① $y(x) = y(\pi - x)$
② $y(x) = y(\pi + x)$
③ $y(x) = -y(\pi + x)$
④ $y(x) = y(2\pi - x)$

|정|답|및|해|설|

[반파 대칭] 대칭 조건 : $f(t) = -f(t+\pi)$
반파 정류파는 (-)가 없으므로 직류분 존재
$a_0 = \frac{1}{T}\int_0^T f(t)\,dt$ 이므로 평균값과 같은 결과가 나옴

【정답】 ③

9. 다음 우함수의 주기 구형파의 푸리에 전개에서 맞는 것은?

① 직류성분, cos 성분만 존재
② sin 성분만 존재
③ 직류, sin 성분만 존재
④ sin, cos 다 같이 존재

|정|답|및|해|설|

[여현 대칭파] 우함수파, Y축 대칭, cos항만 존재

【정답】 ①

10. 그림과 같은 반파 정류파를 푸리에 급수로 전개할 때 직류분은?

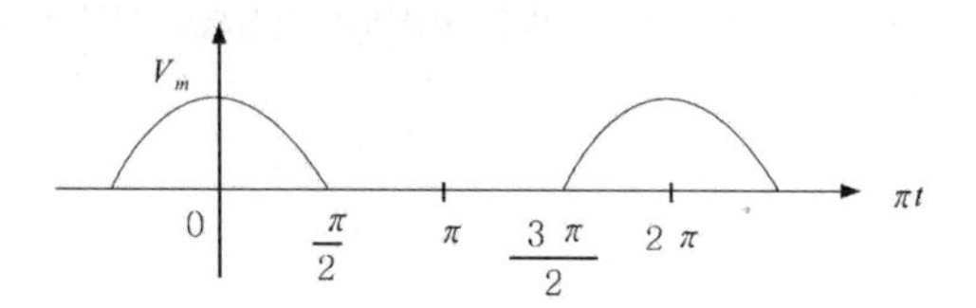

① V_m ② $\frac{V_m}{2}$
③ $\frac{\pi}{2}$ ④ $\frac{V_m}{\pi}$

|정|답|및|해|설|

[반파 평균] $\frac{V_m}{\pi}$ 【정답】 ④

11. 반파 대칭의 왜형파 푸리에 급수에서 옳게 표현된 것은?

① $a_0 = 0$, $b_n = 0$이고, 홀수항 a_n만 남는다.
② $a_n = 0$이고, a_0및 홀수항 b_n만 남는다.
③ $a_0 = 0$이고, 홀수항의 a_n, b_n만 남는다.
④ $a_0 = 0$이고, 모든 고조파분의 a_n, b_n 만 남는다.

| 정 | 답 | 및 | 해 | 설 |

[반파 대칭] 반파 대칭이기 때문에 기수차(홀수차)항만 남으며, 정현대칭이므로 sin항만 남음

【정답】 ③

12. 반파 및 정현 대칭인 비정현파 전압의 표시식으로 옳은 것은?

① $a_1 \sin wt + a_2 \sin 2wt + a_3 \sin 3wt + \cdots$

② $b_0 + b_1 \cos wt + b_2 \cos 2wt + b_3 \cos 3wt + \cdots$

③ $a_1 \sin wt + a_3 \sin 3wt + a_5 \sin 5wt + \cdots$

④ $b_1 \cos wt + b_3 \sin 3wt + b_5 \sin 5wt + \cdots$

| 정 | 답 | 및 | 해 | 설 |

[반파 정현 대칭파] $f(t) = \sum_{n=1}^{\infty} a_n \sin nwt \rightarrow (n : 홀수)$

【정답】 ③

13. 비정현파 $y(x)$가 반파 및 정현 대칭일 때 옳은 식은?

① $y(-x) = -y(x),\ y(2\pi - x) = y(x)$

② $y(-x) = y(x),\ y(2\pi - x) = y(x)$

③ $y(-x) = -y(x),\ y(\pi - x) = -y(x)$

④ $y(-x) = y(x),\ y(\pi - x) = y(-x)$

| 정 | 답 | 및 | 해 | 설 |

[반파 정현 대칭파]

대칭 조건 : $f(t) = -f(-t)$ and $f(t) = -f(t+\pi)$

【정답】 ③

14. $i(t) = \dfrac{4I_n}{\pi}(\cos t + \dfrac{1}{3}\cos 3t + \dfrac{1}{5}\cos 5t$ $\cdots$)를 표시하는 파형은?

①
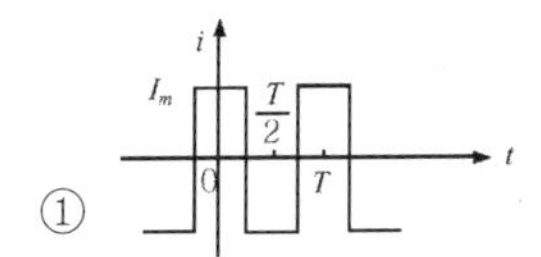

②
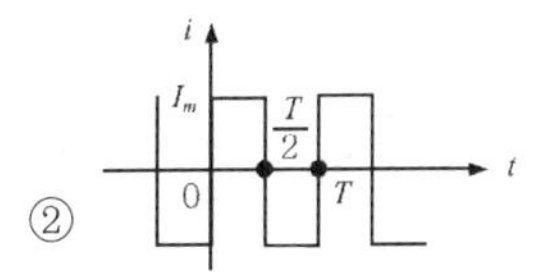

③
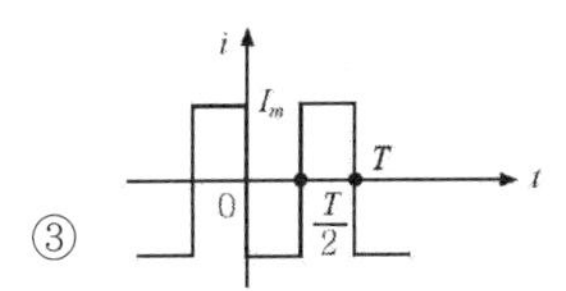

④
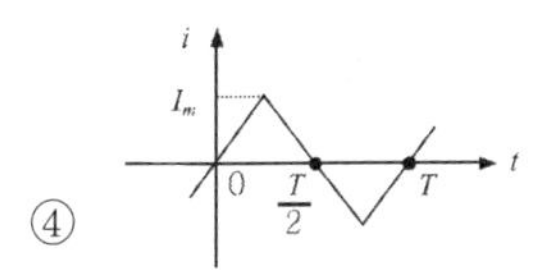

| 정 | 답 | 및 | 해 | 설 |

여현(cos) 대칭과 기수차 항으로 반파 대칭성이 있어야 함

【정답】 ①

15. 그림과 같은 파형을 실수 푸리에 급수로 전개할 때에는?

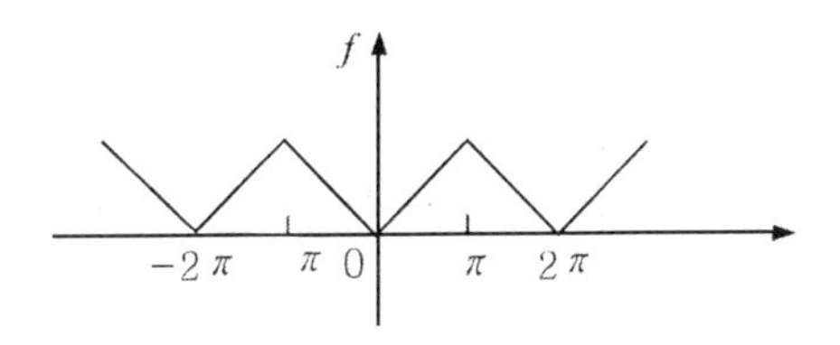

① sin항은 없다.

② cos항은 없다.

③ sin항, cos항 모두 있다.

④ sin항, cos항을 쓰면 유한수의 항으로 전개된다.

| 정 | 답 | 및 | 해 | 설 |

[여현 대칭파] 우함수파, Y축 대칭, cos항만 존재

여현 대칭성만 있음

【정답】 ①

16. 다음의 왜형파 주기 함수를 보고 아래의 서술 중 잘못된 것은?

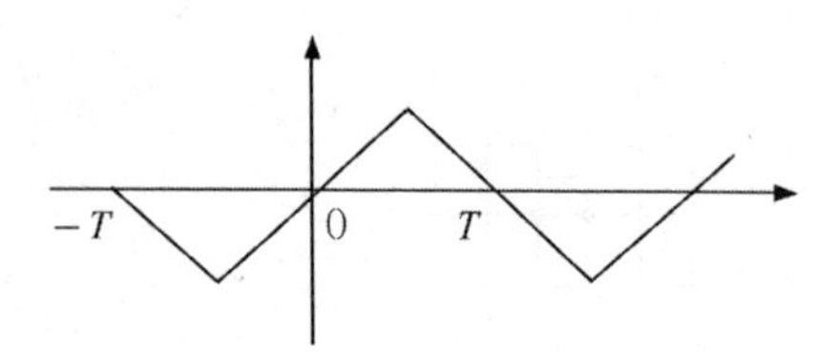

① 기수차의 정현항 계수는 0이다.

② 기함수파이다.

③ 반파 대칭파이다.

④ 직류 성분은 존재하지 않는다.

|정|답|및|해|설|

[정현 대칭] 기수차의 정현항 계수만 존재

【정답】 ①

17. wt가 0에서 π까지 $i = 10$[A], π에서 2π까지는 $i = 0$[A]인 파형을 푸리에 급수로 전개하면 a_0는?

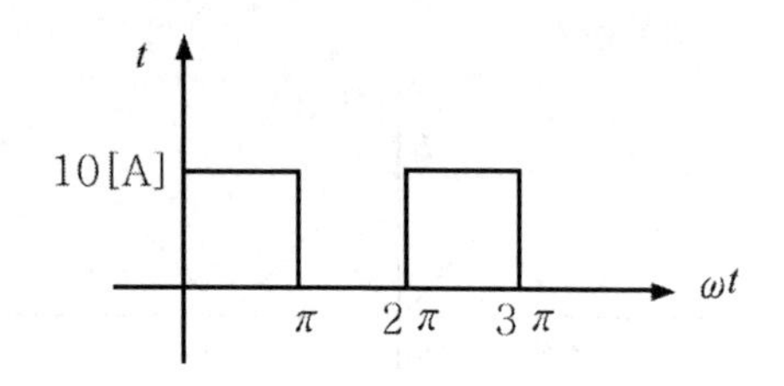

① 14.14 ② 10

③ 7.05 ④ 5

|정|답|및|해|설|

[구형 반파] a_0 : 직류분 (반구형파는 (−)부분이 없다)

∴ 직류분 a_0가 존재하는데

$a_0 = \frac{1}{T}\int_0^T f(t)\,dt$로서 평균값과 같은 결과가 나온다.

즉, 반구형파의 평균값인 $\frac{I_m}{2}$이 되는 것이다.

$a_0 = \frac{10}{2} = 5[A]$

【정답】 ④

18. 그림과 같은 파형을 푸리에 급수로 전개할 때 다음 계수 중 어느 것만 남게 되는가?

$$y(t) = \sum_{n=1}^{\infty} a_n \sin nwt + b_0 + \sum_{n=1}^{\infty} b_n \cos nwt$$

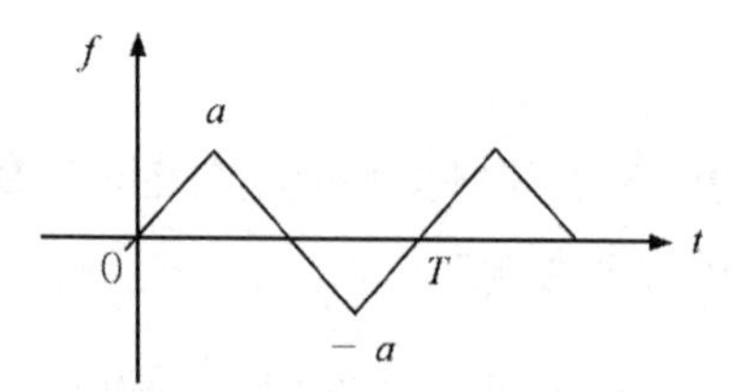

① a_1, a_3, a_5 ⋯ ② b_0, b_1, b_2 ⋯

③ a_2, a_4, a_6 ⋯ ④ a_1, a_2, a_3 ⋯

|정|답|및|해|설|

[정현 대칭파] 기수파의 정현항 계수만 남음

문제에서 sin항의 계수가 a_n으로 주어졌기 때문에 조심해야 함

【정답】 ①

19. $i(t) = \frac{4I_m}{\pi}(\sin wt + \frac{1}{3}\sin 3wt + \frac{1}{5}\sin 5wt + \cdots)$를 표기하는 파형은 어떻게 되는가?

①

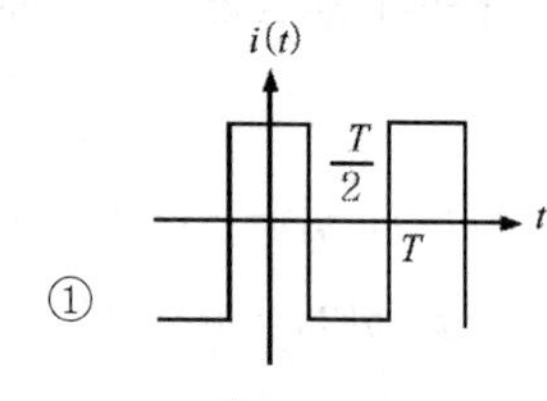

②

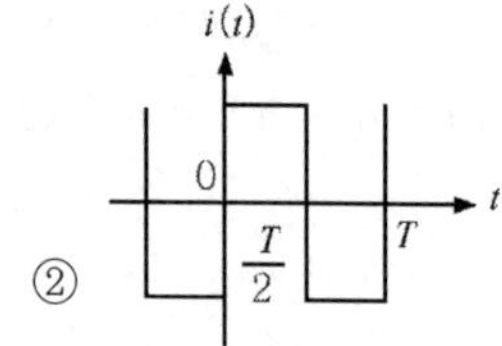

③

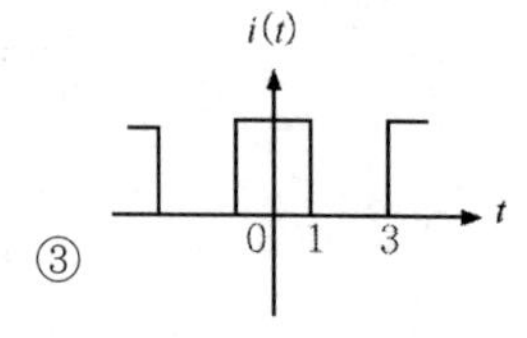

④

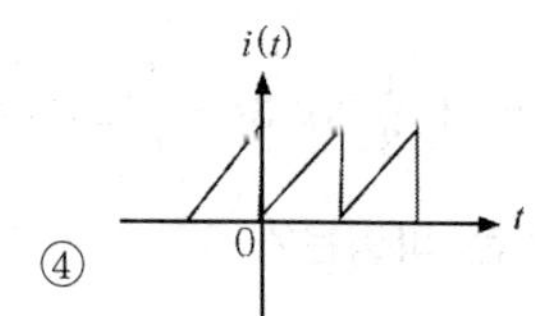

|정|답|및|해|설|

[정현 대칭파] sin항만 존재

① 여현 and 반파대칭 → 기수차의 여현(cos)항만 남음

③ 여현 대칭만 → 기수, 우수의 여현(cos)항만 남음

④ 대칭성이 없음 → 모든 계수가 다 존재

【정답】 ②

20. 비정현파의 전압 $v = \sqrt{2}\,100\sin wt + \sqrt{2}\,50\sin 2wt + \sqrt{2}\,30\sin 3wt$ [V]일 때 실효 전압[V]은?

① $100+50+30 = 180$

② $\sqrt{100+50+30} = 13.4$

③ $\sqrt{100^2+50^2+30^2} = 115.8$

④ $\dfrac{\sqrt{100^2+50^2+30^2}}{3} = 38.6$

|정|답|및|해|설|

[실효값] $v(t) = \sqrt{V_0^2+V_1^2+V_2^2+.....}$ [V]

각 성분 실효치의 제곱의 합의 제곱근

【정답】 ③

21. 그림과 같은 왜형파를 푸리에 급수로 전개할 때 옳은 것은?

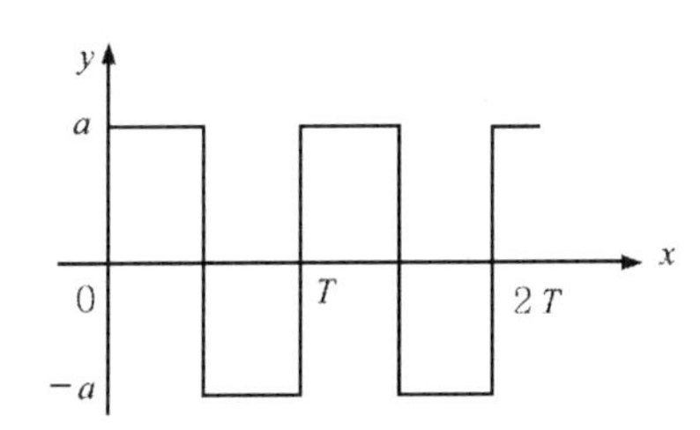

① 우수파만 포함한다.

② 기수파만 포함한다.

③ 우수파, 기수파 모두 포함한다.

④ 푸리에 급수로 전개할 수 없다.

|정|답|및|해|설|

[정현 대칭파] 기함수파, 원점 대칭, sin항만 존재

주기 구형파는 반파 대칭, 주어진 문제는 정현 대칭 and 반파 대칭 → 기수차의 정현항만 남음

【정답】 ②

22. 전압 $v(t) = 10+10\sqrt{2}\sin wt+10\sqrt{2}\sin 3wt+10\sqrt{2}\sin 5wt$[V]일 때 실효값은?

① 10[V] ② 14.14[V]

③ 17.32[V] ④ 20[V]

|정|답|및|해|설|

[실효값] $v(t) = \sqrt{V_0^2+V_1^2+V_2^2+.....}$ [V]

$v(t) = \sqrt{10^2+10^2+10^2+10^2} = \sqrt{400} = 20$

【정답】 ④

23. 다음에서 $f_e(t)$는 우함수 $f_0(t)$는 기함수를 나타낸다. 주기 함수 $f(t) = f_e(t)+f_0(t)$에 대한 다음의 식 중에서 옳지 못한 것은?

① $f_e(t) = f_e(-t)$

② $f_0(t) = -f_0(-t)$

③ $f_0(t) = \dfrac{1}{2}[f(t)+f(-t)]$

④ $f_0(t) = \dfrac{1}{2}[f(t)-f(-t)]$

|정|답|및|해|설|

① 변수의 부호가 바뀌어도 출력은 변화 없다. : 우함수의 특징 $\cos wt$

② 변수의 부하가 바뀌면 출력의 부호도 바뀜 : 기함수의 특징 $\sin wt$

④ $f(t) = f_e(t)+f_0(t)$ ....①

$f(-t) = f_e(-t)+f_0(-t)$ $\rightarrow (f_e(-t) = f_e(t))$

$f(-t) = f_e(t)-f_0(t)$........②

①-②, 즉 $f(t)-f(-t)$

$f(t)-f(-t) \rightarrow [f_e(t)+f_0(t)]-[f_e(t)-f_0(t)] = 2f_0(t)$

$[f(t)-f(-t)] = 2f_0(t) \rightarrow f_0(t) = \dfrac{1}{2}[f(t)-f(-t)]$

【정답】 ③

24. 그림과 같은 회로에서 $E_d = 14$[V], $E_m = 48\sqrt{2}$ [V], $R = 20$[Ω]인 전류의 실효값은?

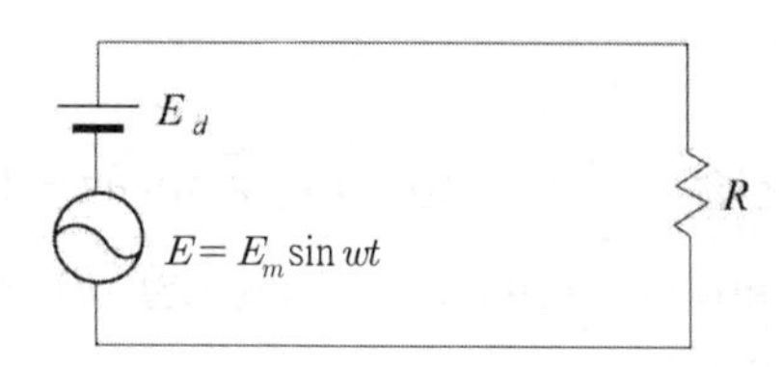

① 2.5[A]　② 2.2[A]
③ 2.0[A]　④ 1.5[A]

|정|답|및|해|설|

[실효값] $v(t) = \sqrt{V_0^2 + V_1^2 + V_2^2 + ...}$ [V]

$|E| = \sqrt{14^2 + 48^2} = 50$[V]

$I = \frac{|E|}{R} = \frac{50}{20} = 2.5$[A]　【정답】 ①

25. $|E_1| = 4$[V]인 전압보다 위상이 90° 앞선 실효전압 $|E_2| = 3$[V]인 합성 전압의 실효값 $|E|$는?

① 5[V]　② 7[V]
③ 10[V]　④ 15[V]

|정|답|및|해|설|

[실효값] $v(t) = \sqrt{V_0^2 + V_1^2 + V_2^2 + ...}$ [V]

$|E| = \sqrt{4^2 + 3^2} = 5$　【정답】 ①

26. $R-L$ 직렬 회로에 $v(t) = 10 + 100\sqrt{2}\sin wt + 50\sqrt{2}\sin(3wt + 60°) + 60\sqrt{2}\sin(5wt + 30°)$[V]인 전압을 가할 때 제3고조파 전류의 실효값은? (단, $R = 8$[Ω], $wL = 2$[Ω]이다.)

① 1[A]　② 3[A]
③ 5[A]　④ 7[A]

|정|답|및|해|설|

[실효값] $v(t) = \sqrt{V_0^2 + V_1^2 + V_2^2 + ...}$ [V]

$i_3 = \frac{V_3}{|Z_3|}$

V_3 : 3고조파 전압의 실효치

3고조파 임피던스 $Z_3 = R + j3wL = 8 + j3\times 2 = 8 + j6$

$|Z_3| = |8 + j6| = 10$

$|i_3| = \frac{50\sqrt{2}/\sqrt{2}}{10} = 5$[A]　【정답】 ③

27. 왜형파 전압 $v(t) = 100\sqrt{2}\sin wt + 50\sqrt{2}\sin 2wt + 30\sqrt{2}\sin 3wt$의 왜형률을 구하면?

① 1.0　② 0.8
③ 0.5　④ 0.3

|정|답|및|해|설|

[왜형률(D)] 일그러짐률

$D = \frac{\text{고조파들의 실효치}}{\text{기본파 실효치}} = \frac{\sqrt{50^2 + 30^2}}{100} = 0.58$

【정답】 ③

28. 가정용 전원의 전압이 기본파가 100[V]이고 제7고조파가 기본파의 4[%], 제11고조파가 기본파의 3[%]이었다면, 이 전원의 일그러짐률은 몇 [%]인가?

① 11　② 10
③ 7　④ 5

|정|답|및|해|설|

[왜형률] $D = \frac{\text{고조파들의 실효치}}{\text{기본파 실효치}} = \frac{\sqrt{V_2^2 + V_3^2 + \cdots}}{V_1}$

$D = \frac{\sqrt{4^2 + 3^2}}{100} \times 100[\%] = 5[\%]$

【정답】 ④

29. C[F]인 용량을 $v(t) = V_1 \sin(wt+\theta_1) + V_3 \sin(3wt+\theta_3)$인 전압으로 충전할 때 몇 [A]의 전류(실효값)가 필요한가?

① $\frac{1}{\sqrt{2}}\sqrt{V_1^2+9V_3^2}$

② $\frac{1}{\sqrt{2}}\sqrt{V_1^2+V_3^2}$

③ $\frac{wC}{\sqrt{2}}\sqrt{V_1^2+9V_3^2}$

④ $\frac{wC}{\sqrt{2}}\sqrt{V_1^2+V_3^2}$

|정|답|및|해|설|

[실효값] $i(t) = \sqrt{I_0^2+I_1^2+I_2^2+\cdots}$ [A]

$$i_1 = \frac{\frac{V_1}{\sqrt{2}}}{X_1} = \frac{\frac{V_1}{\sqrt{2}}}{\frac{1}{wC}} = \frac{wCV_1}{\sqrt{2}}$$

$$i_3 = \frac{\frac{V_3}{\sqrt{2}}}{X_3} = \frac{\frac{V_3}{\sqrt{2}}}{\frac{1}{3wC}} = \frac{3wCV_3}{\sqrt{2}}$$

$$|i| = \sqrt{i_1^2+i_3^2} = \sqrt{\left(\frac{wCV_1}{\sqrt{2}}\right)^2+\left(\frac{3wCV_3}{\sqrt{2}}\right)^2}$$

$$= \frac{wC}{\sqrt{2}}\cdot\sqrt{V_1^2+9V_3^2}$$

【정답】 ③

30. 비정현파의 전력식에서 잘못된 것은?

① $P_a = VI$[VA]

② $P = V_0I_0[\text{W}] + \sum_{n=1}^{\infty} V_nI_n\cos\theta_n$

③ $\cos\theta = \frac{P}{VI}$

④ $P_r = V_nI_n + \sum_{n=1}^{\infty} V_nI_n\cos\theta_n[\text{Var}]$

|정|답|및|해|설|

[비정현파의 교류의 전력 계산] 무효 전력(P_r)

$P_r = VI\sin\theta = V_1I_1\sin\theta_1 + V_3I_3\sin\theta_3[Var]$

【정답】 ④

31. 기본파의 80[%]인 제3고조파와 60[%]인 제5 고조파를 포함하는 전압파의 왜형률은 다음 어느 것인가?

① 10 ② 5

③ 0.5 ④ 1

|정|답|및|해|설|

[왜형률] $D = \frac{\text{고조파들의 실효치}}{\text{기본파 실효치}} = \frac{\sqrt{V_2^2+V_3^2+\cdots}}{V_1}$

$D = \frac{\sqrt{80^2+60^2}}{100} = \frac{100}{100} = 1$

【정답】 ④

32. 다음의 전류와 전압의 짝(pair)들 중에서 유효 전력(평균전력) P가 가장 적은 것은?

① $v = 100\sin wt$
$i = 5\sin(wt+30°)$

② $v = 200\sin(120\pi t+60°)$
$i = 0.5\sin(120\pi t+\frac{\pi}{6})$

③ $v = 200\sin(377t+45°)$
$i = 4\sin(250t-15°)$

④ $v = 50\sqrt{3}+j50$
$i = 10+j100$

|정|답|및|해|설|

[비정현파의 유효 전력] 주파수가 다르면 전력은 존재하지 않는다.

전압(v)은 $\omega=377$, 전류(i)는 $\omega=250$으로 주파수가 서로 다르기 때문에 유효전력(평균전력)은 "0"이 된다. ($\omega=2\pi f$)

【정답】 ③

33. 비정현파 기전력 및 전류의 값이 $v(t) = 100\sin wt - 50\sin(3wt + 30°) + 20\sin(5\omega t + 45°)[V]$, $i(t) = 20\sin(wt + 30°) + 10\sin(3wt - 30°) + 5\cos 5wt[A]$라면 전력은?

① 763.2[W] ② 776.4[W]
③ 705.8[W] ④ 725.6[W]

|정|답|및|해|설|

[비정현파의 유효 전력]

$P = VI\cos\theta = V_0 I_0 + V_1 I_1 \cos\theta_1 + V_3 I_3 \cos\theta_3 [W]$

전력[W]은 해당되는 같은 주파수에서만 구할 수 있다.

$P = V_1 I_1 \cos\theta_1 + V_2 I_2 \cos\theta_2 + V_3 I_3 \cos\theta_3$

$= \frac{100}{\sqrt{2}} \cdot \frac{20}{\sqrt{2}} \times \cos 30° + \left(-\frac{50}{\sqrt{2}} \cdot \frac{10}{\sqrt{2}} \times \cos 60°\right) + \frac{20}{\sqrt{2}} \cdot \frac{5}{\sqrt{2}} \times \cos 45° = 776.4[W]$

【정답】 ②

34. 전압 $v(t) = V(\sin wt - \sin 3wt)$, 전류 $i(t) = I\sin wt$인 교류의 평균 전력[W]은?

① $\int_0^{2\pi} vi\,dt$ ② $\frac{1}{2}VI$
③ $\frac{1}{2}VI\sin wt$ ④ $\frac{2}{\sqrt{3}}VI$

|정|답|및|해|설|

[비정현파의 유효 전력]

$P = VI\cos\theta = V_0 I_0 + V_1 I_1 \cos\theta_1 + V_3 I_3 \cos\theta_3 [W]$

$P = V_1 I_1 \cos\theta_1 = \frac{V}{\sqrt{2}} \cdot \frac{I}{\sqrt{2}} \cos 0° = \frac{1}{2} VI$

【정답】 ②

35. $v(t) = 10\sin 100\pi t + 4\sin\left(300\pi t - \frac{\pi}{2}\right)[V]$, $i(t) = 2\sin(100\pi t - \frac{\pi}{3}) + \sin(300\pi t - \frac{\pi}{4})[A]$ 라고 하면 이 사이의 전력을 얼마인가?

① 12.828[W] ② 6.414[W]
③ 24[W] ④ 8.586[W]

|정|답|및|해|설|

[비정현파의 유효 전력]

$P = V_1 I_1 \cos\theta_1 + V_2 I_2 \cos\theta_2$

$= \frac{10}{\sqrt{2}} \cdot \frac{2}{\sqrt{2}} \cos\frac{\pi}{3} + \frac{4}{\sqrt{2}} \cdot \frac{1}{\sqrt{2}} \cos\frac{\pi}{4}$

$= 10 \times \frac{1}{2} + 2 \times \frac{1}{\sqrt{2}} = 5 + \sqrt{2} = 6.414[W]$

【정답】 ②

36. 10[Ω]의 저항에 흐르는 전류가 $i(t) = 5 + 14.14\sin t + 7.07\sin 2t$일 때 저항에서 소비되는 평균 전력은?

① 2,000[W] ② 1,500[W]
③ 1,000[W] ④ 750[W]

|정|답|및|해|설|

[유효 전력] $P = I^2 R[W]$

$I = \sqrt{5^2 + 10^2 + 5^2} = \sqrt{150}$

$P = I^2 R = \sqrt{150}^2 \times 10 = 1500[W]$

【정답】 ②

37. 전압 $v(t) = 20\sin wt + 30\sin 3wt[V]$이고, 전류 $i(t) = 30\sin wt + 20\sin 3wt[V]$인 왜형파 교류 전압과 전류간의 역률은 얼마인가?

① 0.92 ② 0.86
③ 0.46 ④ 0.43

|정|답|및|해|설|

[비정현파의 역률] $\cos\theta = \frac{P}{P_a} = \frac{VI\cos\theta}{|V||I|}$

$\cos\theta = \frac{P}{P_a}$

$= \frac{\frac{20}{\sqrt{2}} \cdot \frac{30}{\sqrt{2}} \cdot \cos 0° + \frac{30}{\sqrt{2}} \cdot \frac{20}{\sqrt{2}} \cdot \cos 0°}{\frac{1}{\sqrt{2}} \cdot \sqrt{20^2 + 30^2} \cdot \frac{1}{\sqrt{2}} \sqrt{30^2 + 20^2}}$

$= \frac{300 + 300}{\frac{1}{2} \times 1300} = \frac{600}{650} = 0.92$

【정답】 ①

38. 그림과 같은 파형의 교류전압 v와 전류 i간의 등가 역률은? (단, $v = V_m \sin wt$, $i = I_m(\sin wt - \frac{1}{\sqrt{3}} \sin 3wt)$이다.)

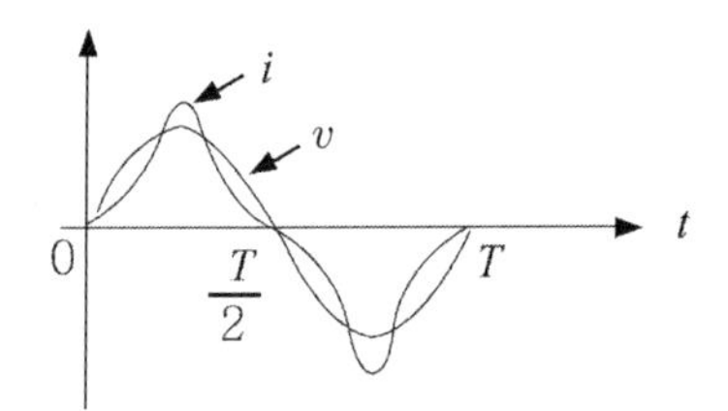

① 0.8　　② 0.9

③ $\frac{1}{2}$　　④ $\frac{\sqrt{3}}{2}$

|정|답|및|해|설|

[비정현파의 역률] $\cos\theta = \frac{P}{P_a} = \frac{VI\cos\theta}{|V||I|}$

$$\cos\theta = \frac{V_1 I_1 \cos\theta_1}{VI}$$

$$= \frac{\frac{V_m}{\sqrt{2}} \cdot \frac{I_m}{\sqrt{2}} \cdot \cos 0°}{\frac{V_m}{\sqrt{2}} \cdot \sqrt{\left(\frac{I_m}{\sqrt{2}}\right)^2 + \left(\frac{\frac{I_m}{\sqrt{3}}}{\sqrt{2}}\right)^2}}$$

$$= \frac{\frac{V_m}{\sqrt{2}} \cdot \frac{I_m}{\sqrt{2}}}{\frac{V_m}{\sqrt{2}} \cdot \frac{I_m}{\sqrt{2}} \cdot \sqrt{1 + \frac{1}{3}}} = \frac{1}{\sqrt{\frac{4}{3}}} = \frac{\sqrt{3}}{2}$$

【정답】 ④

39. 그림과 같은 Y결선에서 기본파와 제3고조파 전압만이 존재한다고 할 때 전압계의 눈금이 $V_p = 150$[V], $V_l = 220$[V]로 나타났다면 제3고조파 전압은?

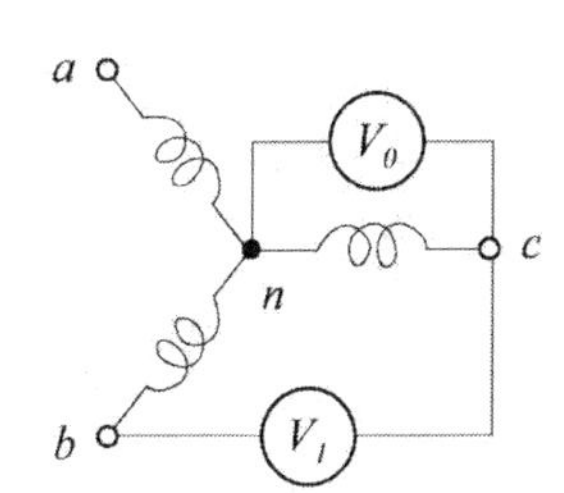

① 약 79.9[V]　　② 약 127.2[V]

③ 약 150.4[V]　　④ 약 350[V]

|정|답|및|해|설|

$V_p = 150 = \sqrt{V_1^2 + V_3^2}$ ....①

$V_l = 220 = \sqrt{3}\, V_1$ ....②

$V_1 = \frac{220}{\sqrt{3}} = 127$[V]...............③

V_1 : 기본파 실효치, V_3 : 3고조파 실효치

∴③ $V_1 = 127$을 ①에 대입

$\sqrt{127^2 + V_3^2} = 150 \rightarrow 127^2 + V_3^2 = 150^2$

$V_3^2 = 150^2 - 127^2 \rightarrow V_3 = \sqrt{150^2 - 127^2} = 79.9$[V]

【정답】 ①

40. 대칭 3상 전압이 있다. 1상의 Y전압의 순시값이 $v_s(t) = 1000\sqrt{2}\sin wt + 500\sqrt{2}\sin(3\omega t + 20°) + 100\sqrt{2}\sin(5wt + 30°)$일 때 성상 및 선간전압과의 비는 얼마인가?

① 0.55　　② 0.65

③ 0.75　　④ 0.85

|정|답|및|해|설|

[Y결선] $V_l = \sqrt{3}\, V_p$

※ Y의 선간전압에는 3고조파 성분이 없다.

$$\frac{V_P}{V_l} = \frac{\sqrt{1000^2 + 500^2 + 100^2}}{\sqrt{3} \bullet \sqrt{1000^2 + 100^2}} = 0.65$$

【정답】 ②

41. 비정현파 교류의 제n사 고조파의 직렬 공진을 일으킬 조건은?

① $C = \frac{1}{n^2w^2L}$　　② $C = \frac{1}{nwC}$

③ $C = \frac{1}{n^2wL}$　　④ $C = \frac{1}{n^2wC}$

|정|답|및|해|설|

n차 공진

$nwL = \frac{1}{nwC}$에서 $n^2w^2LC = 1$

$C = \frac{1}{n^2w^2L}$

【정답】 ①

Chapter 11

2단자 회로망

01 2단자 회로망의 해석

(1) 2단자 회로망의 의미

회로망을 2개의 인출 단자로 뽑아내어 해석한 회로망이다.

(2) 구동점 임피던스 ($Z(S)$)

어느 회로 소자에 전원을 인가한 상태에서의 임피던스를 의미한다.

구동점 임피던스 $Z(jw)$를 $Z(s)$로 표시하고, L과 C의 임피던스를 sL, $\frac{1}{sC}$로 표시한다.

즉, $L = sL$, $C = \frac{1}{sC}$

① 직렬회로의 구동점 임피던스 $Z_s(s) = R + L + C = R + sL + \frac{1}{sC}$

② 병렬회로의 구동점 임피던스 $Z_p(s) = \frac{1}{\frac{1}{R} + \frac{1}{L} + \frac{1}{C}} = \frac{1}{\frac{1}{R} + \frac{1}{sL} + sC}$

(3) 회로 소자의 임피던스 ($Z[\Omega]$)

① 저항 : $Z = R[\Omega]$

② 인덕턴스 L회로 : $Z = j\omega L = sL[\Omega]$

③ 정전 용량 C회로 : $Z = \frac{1}{j\omega C} = \frac{1}{sC}[\Omega]$

핵심기출 【기사】 17/1

그림과 같은 회로의 구동점 임피던스 Z_{ab}는?

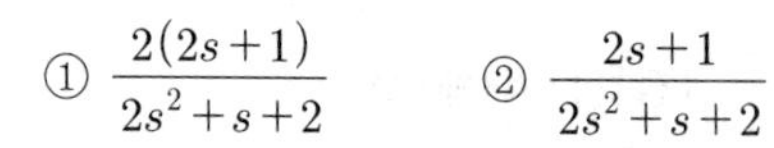

① $\frac{2(2s+1)}{2s^2+s+2}$ ② $\frac{2s+1}{2s^2+s+2}$

③ $\frac{2(2s-1)}{2s^2+s+2}$ ④ $\frac{2s^2+s+2}{2(2s+1)}$

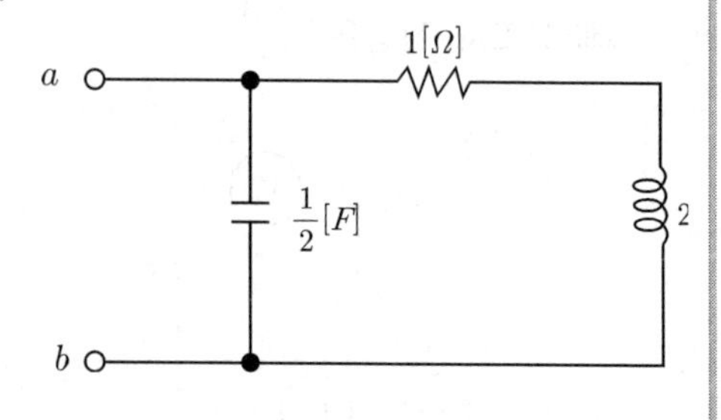

정답 및 해설 [구동점 임피던스(병렬)] 구동점 임피던스는 $j\omega$ 또는 s로 치환하여 나타낸다.

$$Z_p(s) = \frac{1}{\frac{1}{R}+\frac{1}{L}+\frac{1}{C}} = \frac{1}{\frac{1}{R}+\frac{1}{sL}+sC}$$

① 저항 $R \rightarrow Z_R(s) = R$

② 인덕턴스 $L \rightarrow Z_L(s) = j\omega L = sL$

③ 정전 용량 $C \rightarrow Z_c(s) = \frac{1}{j\omega C} = \frac{1}{sC}$

$$Z_{ab}(s) = \frac{(1+2s)\cdot\frac{2}{s}}{1+2s+\frac{2}{s}} = \frac{2(2s+1)}{2s^2+s+2}$$

【정답】 ①

(4) 구동점 임피던스의 영점과 극점

① 영점(zero)

- $Z(s) = 0$이 되는 S의 근
- 분자항=0이 되는 근으로 회로의 단락
- 기호 ○

② 극(pole)

- $Z(s) = \infty$가 되는 S의 근
- 분모항=0이 되는 근으로 회로의 개방
- 기호 ×

핵심기출 【기사】 06/2

2단자 임피던스 함수 $Z(s) = \frac{(s+3)}{(s+4)(s+5)}$ 일 때 영점은?

① 4, 5 ② −4, −5

③ 3 ④ −3

정답 및 해설 [영점] 분자항=0이 되는 근으로 회로의 단락

$(s+3) = 0 \rightarrow \therefore s = -3$

※극점은, $Z(s) = \infty$(분모가 0인 경우)

【정답】 ④

02 역회로

(1) 역회로의 정의

구동점 임피던스가 Z_1, Z_2인 2단자 회로망에서 $Z_1 Z_2 = K^2$의 관계가 성립할 때 Z_1, Z_2는 K에 대해 역회로라고 한다.

(2) 역회로의 표현

① $Z_1 Z_2 = K^2$ 또는 $\frac{Y_1}{Y_2}$ → (K는 실정수)

② $Z_1 = jwL_1$, $Z_2 = \frac{1}{jwC_2}$ 라면

$Z_1 Z_2 = \frac{jwL_1}{jwC_2} = \frac{L_1}{C_2} = K^2$의 관계가 있을 때 L과 C는 역회로가 된다.

이때는 반드시 쌍대의 관계가 있다.

※ 쌍대성 : ·저항(R) ↔ 콘덕턴스(G)　　·인덕턴스(L) ↔ 정전용량(C)
　·임피던스(Z) ↔ 어드미턴스(Y)　　·전류 ↔ 전압
　·직렬 ↔ 병렬

핵심기출 【기사】 11/3

그림과 같은 (a), (b)회로가 서로 역회로의 관계가 있으려면 C[μF]의 값은?

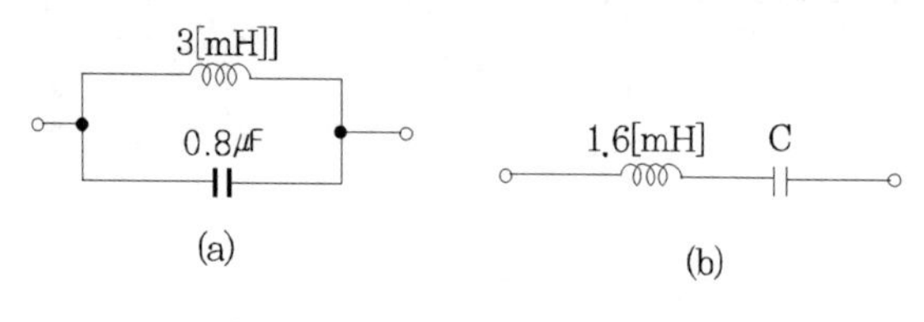

① 0.9　　② 1.2　　③ 1.5　　④ 1.8

정답 및 해설 [역회로]

·역회로가 되면 직렬 회로 ↔ 병렬 회로

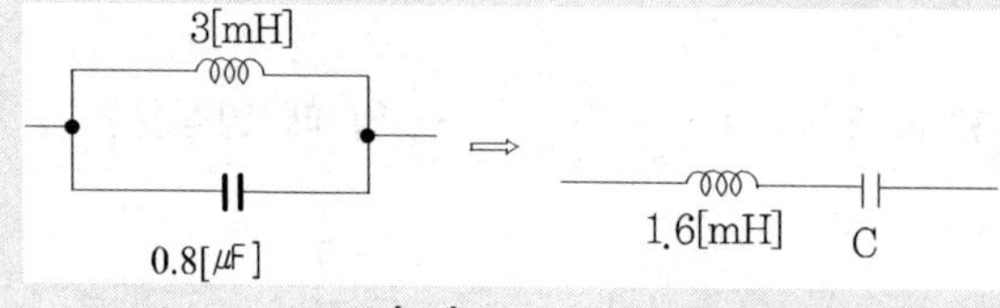

·$L \leftrightarrow C$ 이므로 → 0.8[μF]가 1.6[mH]로 변환되었다.

$R^2 = \frac{L}{C} = \frac{1.6 \times 10^{-3}}{0.8 \times 10^{-6}} = 2 \times 10^3$ 이므로

3[mH]를 C로 변환시킬 때 $C = \frac{L}{R^2} = \frac{3 \times 10^{-3}}{2 \times 10^3} = 1.5 \times 10^{-6} = 1.5[\mu F]$

【정답】 ③

03 정저항 회로

(1) 정저항 회로의 정의

$R-L-C$ 직·병렬 2단자 회로망에서 주파수에 관계없이 2단자 임피던스의 허수부가 항상 0이고 실수부도 항상 일정한 회로

$$Z_1 Z_2 = R^2 = \frac{L}{C} \quad \rightarrow (Z_1 = jwL_1, \quad Z_2 = \frac{1}{jwC})$$

핵심기출 【기사】 10/2 【산업기사】 09/3 10/1 14/3

다음과 같은 회로가 정저항 회로가 되기 위한 저항 R의 값은?

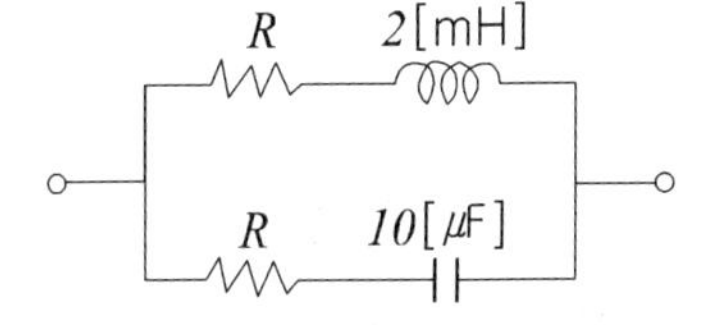

① 8.2[Ω] ② 14.1[Ω]

③ 20[Ω] ④ 28[Ω]

정답 및 해설 [정저항 회로] $R^2 = \frac{L}{C}$

$$R = \sqrt{\frac{L}{C}} = \sqrt{\frac{2\times10^{-3}}{10\times10^{-6}}} = \sqrt{200} = 10\sqrt{2} = 14.1[\Omega]$$

$R = 14.1[\Omega]$이면 주파수에 무관한 정저항 회로가 된다. 【정답】 ②

Chapter 11

시험 전 반드시 체크해야 할

단원 핵심 체크

01 인덕턴스 L회로에서 인덕턴스를 복소 함수로 표현한 임피던스 Z=( )[Ω] 이다.

02 정전 용량 C회로에서 정전 용량을 복소 함수로 표현한 임피던스 Z=( )[Ω] 이다.

03 구동점 임피던스(driving point impedance) $Z(s)$에 있어서 영점(zero)은 ( ) 회로 상태를 나타낸다.

04 다음과 같은 함수 $G(S) = \dfrac{S+2}{S^2+1}$의 극점은 (①)이고 영점은 (②) 이다.

05 어느 회로 소자에 전원을 인가한 상태에서의 임피던스를 ( ) 임피던스라고 한다.

06 다음과 같은 회로의 구동점 임피던스 $Z(j\omega)$=( )[Ω] 이다.

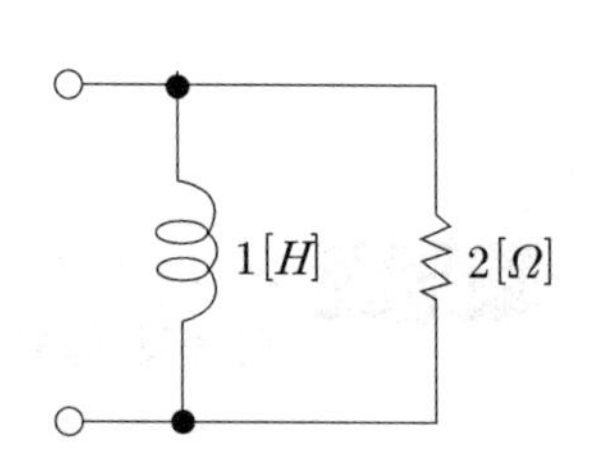

07 $R-L-C$ 직·병렬 2단자 회로망에서 주파수에 관계없이 2단자 임피던스의 허수부가 항상 0이고 실수부도 항상 일정한 회로를 ( )회로라 한다.

08 정저항 회로의 조건은 ( ) 이다.

09 그림과 같은 회로가 정저항 회로가 되기 위한 $L[H]$=(　　　　　　　　)$[H]$ 이다.

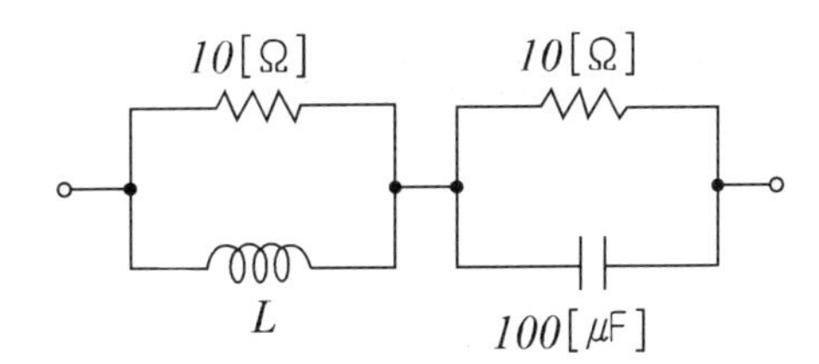

정답

(1) sL　　(2) $\frac{1}{sC}$　　(3) 단락

(4) ① $\pm j$, ② -2　　(5) 구동점　　(6) $\frac{2\omega^2 + j4\omega}{4+\omega^2}$

(7) 정저항　　(8) $R^2 = \frac{L}{C}$　　(9) 0.01

적중 예상문제

1. 그림에서 $Z(s)$를 구하면?

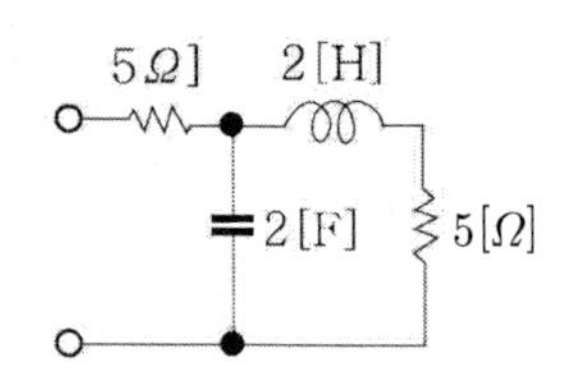

① $\dfrac{20s^2+52s+10}{4s^2+10s+1}$　② $\dfrac{s+20}{(s+1)(s+2)}$

③ $\dfrac{s+10}{s^2+4}$　④ $\dfrac{s+2}{s(s+5)}$

|정|답|및|해|설|

[구동점 임피던스] $L=sL,\ C=\dfrac{1}{sC}$

$$Z(s)=5+\frac{\frac{1}{2s}\times(2s+5)}{\frac{1}{2s}+(2s+5)}=5+\frac{2s+5}{1+4s^2+10s}$$

$$=\frac{5+20s^2+50s+2s+5}{1+4s^2+10s}=\frac{20s^2+52s+10}{4s^2+10s+1}$$

【정답】 ①

2. 그림과 같은 회로의 2단자 임피던스 $Z(s)$는? (단, $s=jw$라 한다.)

① $\dfrac{s^3+1}{3s^2(s+1)}$

② $\dfrac{3s^2(s+1)}{s^3+1}$

③ $\dfrac{s(3s^2+1)}{3s^4+2s^2+1}$

④ $\dfrac{s^4+4s^2+1}{s(3s^2+1)}$

|정|답|및|해|설|

[구동점 임피던스] $L=sL,\ C=\dfrac{1}{sC}$

$$Z(s)=\frac{1}{s}+\frac{\left(\frac{1}{2}s+\frac{1}{2s}\right)\times s}{\left(\frac{1}{2}s+\frac{1}{2s}\right)+s}=\frac{1}{s}+\frac{\left(\frac{s^2+1}{2s}\right)\times s}{\left(\frac{s^2+1}{2s}\right)+s}$$

$$=\frac{1}{s}+\frac{s^3+s}{s^2+1+2s^2}=\frac{1}{s}+\frac{s^3+s}{3s^2+1}$$

$$=\frac{3s^2+1+s^4+s^2}{s(3s^2+1)}$$

【정답】 ④

3. 그림과 같은 회로의 임피던스 함수는?

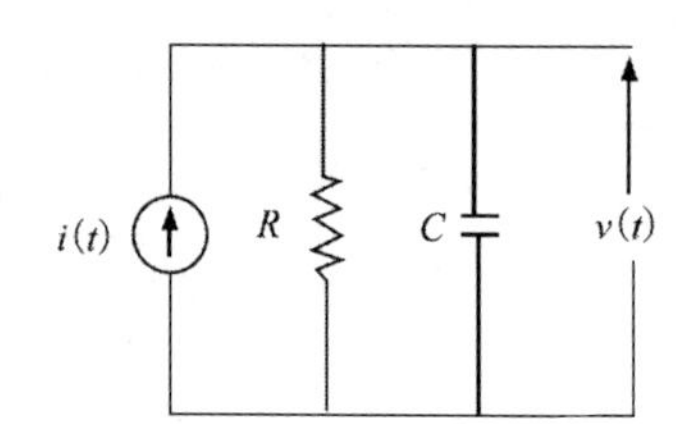

① $\dfrac{1}{\frac{1}{R}+Cs}$　② $\dfrac{1}{R+Cs}$

③ $\dfrac{1}{R+\frac{1}{Cs}}$　④ $R+\dfrac{1}{Cs}$

|정|답|및|해|설|

[구동점 임피던스] $L=sL,\ C=\dfrac{1}{sC}$

문제에서는 임피던스 함수를 물어봤으나 병렬 회로이므로 $Y(s)$를 먼저 구함

$$Y(s)=\frac{1}{R}+Cs$$

$$Z(s)=\frac{1}{Y(s)}=\frac{1}{\frac{1}{R}+Cs}$$

【정답】 ①

4. 그림과 같은 회로의 구동점 임피던스 Z_{ab}는?

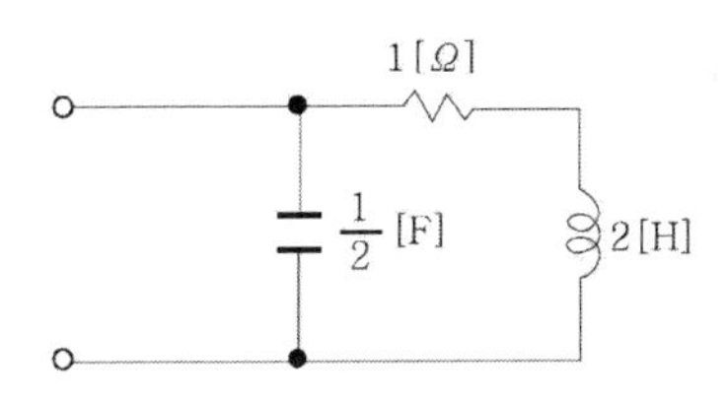

① $\dfrac{2(2s+1)}{2s^2+s+2}$ ② $\dfrac{2s+1}{2s^2+s+2}$

③ $\dfrac{2(2s-1)}{2s^2+s+2}$ ④ $\dfrac{2s^2+s+2}{2(2s+1)}$

|정|답|및|해|설|

[구동점 임피던스] $L=sL,\ C=\dfrac{1}{sC}$

$$Z_{ab}=\frac{\dfrac{1}{\frac{1}{2}s}\times(2s+1)}{\dfrac{1}{\frac{1}{2}s}+(2s+1)}=\frac{\dfrac{2}{s}\times(2s+1)}{\dfrac{2}{s}+(2s+1)}$$

$$=\frac{2(2s+1)}{2+2s^2+s}=\frac{4s+2}{2s^2+s+2}$$

【정답】 ①

5. 구동점 임피던스에 있어서 영점(zero)은?

① 전류가 흐르지 않는 경우이다.

② 회로를 개방한 것과 같다.

③ 회로를 단락한 것과 같다.

④ 전압이 가장 큰 상태이다.

|정|답|및|해|설|

[구동점 임피던스(영점)] 분자항=0이 되는 근으로 회로의 단락

【정답】 ③

6. 그림과 같은 2단자 망에서 구동점 임피던스를 구하면?

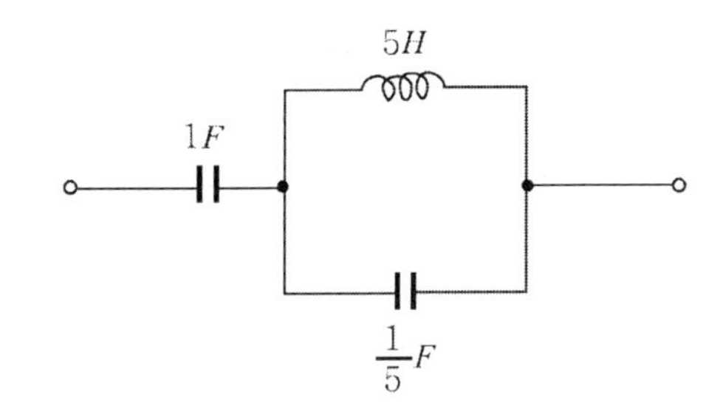

① $\dfrac{6s^2+1}{s(s^2+1)}$ ② $\dfrac{6s+1}{6s^2+1}$

③ $\dfrac{6s^2+1}{(s+1)(s+2)}$ ④ $\dfrac{s+2}{6s(s+1)}$

|정|답|및|해|설|

[구동점 임피던스] $L=sL,\ C=\dfrac{1}{sC}$

$$Z(s)=\frac{1}{s}+\frac{5s\cdot\dfrac{1}{\frac{1}{5}s}}{5s+\dfrac{1}{\frac{1}{5}s}}=\frac{1}{s}+\frac{5s\cdot\dfrac{5}{s}}{5s+\dfrac{5}{s}}$$

$$=\frac{1}{s}+\frac{25s}{5s^2+5}$$

$$=\frac{1}{s}+\frac{5s}{s^2+1}=\frac{s^2+1+5s^2}{s(s^2+1)}=\frac{6s^2+1}{s(s^2+1)}$$

【정답】 ①

7. 2단자 임피던스 함수 $Z(s)$가 $Z(s)=\dfrac{s+3}{(s+4)(s+5)}$일 때의 영점은?

① 4, 5 ② −4, −5

③ 3 ④ −3

|정|답|및|해|설|

[구동점 임피던스의 영점] 분자항=0이 되는 근으로 회로의 단락

$s+3=0$일 때, 즉 $s=-3$

【정답】 ④

8. 구동점 임피던스 함수에 있어서 극(pole)은?

① 단락 회로 상태를 의미한다.

② 개방회로 상태를 의미한다.

③ 아무 상태도 아니다.

④ 전류가 많이 흐르는 상태를 의미한다.

|정|답|및|해|설|

[구동점 임피던스의 극점] 분모항=0이 되는 근으로 회로의 개방 【정답】 ②

9. 임피던스 함수가 $Z(\lambda) = \dfrac{3\lambda}{\lambda^2+15}$ 로 표시되는 리액턴스 2단자망은 어느 것인가?

① 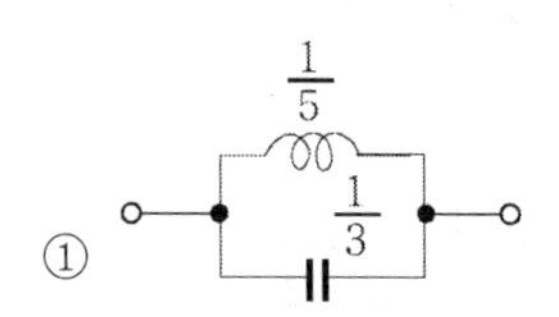

② 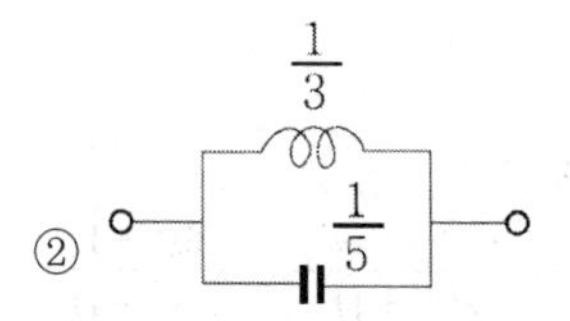

③ $\frac{1}{3}$ (L) $\frac{1}{5}$ (C) 직렬

④ $\frac{1}{3}$ (C) $\frac{1}{5}$ (L) 직렬

|정|답|및|해|설|

[구동점 임피던스] $L = sL,\ C = \dfrac{1}{sC}$

$Z(\lambda) = \dfrac{3\lambda}{\lambda^2+15}$ → 분자, 분모를 3λ로 나눔

$= \dfrac{1}{\dfrac{\lambda}{3}+\dfrac{5}{\lambda}} = \dfrac{1}{\dfrac{1}{3}\lambda+\dfrac{1}{\dfrac{1}{5}\lambda}} = \dfrac{1}{Y(\lambda)}$

$\dfrac{1}{3} = C,\ \dfrac{1}{5} = L$ (병렬)

【정답】 ①

10. 임피던스 $Z(s) = \dfrac{8s+7}{s}$ 로 표시되는 2단자 회로는?

① $8[\Omega]$ $1[H]$ $\frac{1}{7}[F]$ (직렬)

② $\frac{8}{7}[\Omega]$ $\frac{8}{7}[H]$ (직렬)

③ $8[H]$ $7[F]$ (직렬)

④ $8[\Omega]$ $\frac{1}{7}[F]$ (직렬)

|정|답|및|해|설|

[구동점 임피던스] $L = sL,\ C = \dfrac{1}{sC}$

$Z(s) = \dfrac{8s+7}{s} = \dfrac{8s}{s}+\dfrac{7}{s}$

$= 8+\dfrac{1}{\dfrac{1}{7}\cdot s}$

$\left(R+\dfrac{1}{Cs}\right)$ → $R=8,\ C=\dfrac{1}{7}$ → (직렬)

【정답】 ④

11. 임피던스 $Z(s)$가 $Z(s) = \dfrac{s+30}{s^2+2RLs+1}$ $[\Omega]$으로 주어지는 2단자 회로망에 직류 전류원 30[A]를 가할 때, 이 회로의 단자전압은? (단, $s=jw$이다.)

① 30[V] ② 90[V]

③ 300[V] ④ 900[V]

|정|답|및|해|설|

직류 → $f=0,\ s=jw=j2\pi f=0$

※직류에서는 주파수가 없다.

$\therefore Z(s) = \dfrac{0+30}{0^2+2RL\cdot 0+1} = 30[\Omega]$

단자전압 $V = I\cdot Z = 30\times 30 = 900[V]$

【정답】 ④

12. 임피던스 함수 $Z(s) = \dfrac{s+50}{s^2+3s+2}[\Omega]$으로 주어진 2단자 회로망에 직류 100[V]의 전압을 가했다면 회로의 전류는 몇인가?

① 4[A] ② 6[A]
③ 8[A] ④ 10[A]

|정|답|및|해|설|

직류 → $f=0$, $s=jw=j2\pi f=0$

※직류에서는 주파수가 없다.

$Z(0) = \dfrac{0+50}{0^2+3\cdot 0+2} = \dfrac{50}{2} = 25[\Omega]$

$I = \dfrac{V}{Z} = \dfrac{100}{25} = 4[A]$ 【정답】 ①

13. 리액턴스 구동점 임피던스 $Z(s)$가 리액턴스 2단자망의 구동점 임피던스가 되기 위한 필요 충분조건이 아닌 것은?

① $Z(s)$의 극은 항상 실수 축 상에 존재한다.
② $Z(s)$의 영점은 단순극이다.
③ $Z(s)$는 s의 정의 실수계 유리함수이다.
④ $\dfrac{dZ(s)}{ds}$는 항상 실수이다.

|정|답|및|해|설|

[구동점 임피던스 ($Z(s)$)] 항상 허수 축 상에 존재

【정답】 ①

14. 그림과 같은 (a), (b)의 회로가 서로 역회로의 관계가 있으려면 L의 값은?

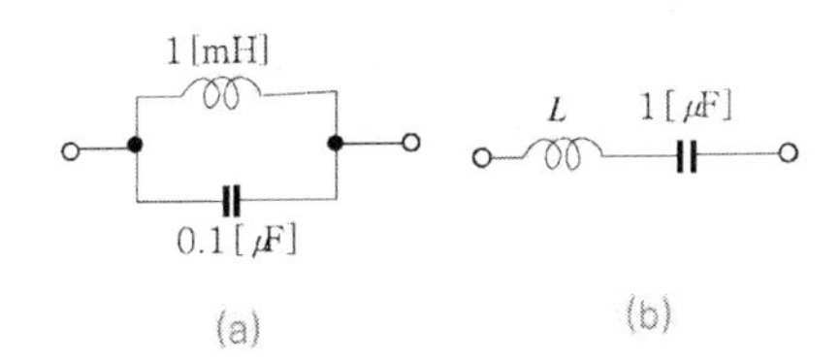

① 0.001[mH] ② 0.01[mH]
③ 0.1[mH] ④ 1[mH]

|정|답|및|해|설|

[역회로] $R^2 = \dfrac{L_1}{C_1} = \dfrac{L_2}{C_2}$

$\dfrac{10^{-3}}{10^{-6}} = \dfrac{L_2}{0.1\times 10^{-6}}$ → $\therefore L_2 = 0.1\times 10^{-3}$

【정답】 ③

15. 2단자 임피던스의 허수부가 어떤 주파수에 관해서도 항상 0이 되고 실수부도 주파수에 무관하게 항상 일정하게 되는 회로는?

① 정 인덕턴스 회로 ② 정 임피던스 회로
③ 정 리액턴스 회로 ④ 정 저항 회로

|정|답|및|해|설|

[정(定)저항 회로] $R-L-C$ 직·병렬 2단자 회로망에서 주파수에 관계없이 2단자 임피던스의 허수부가 항상 0이고 실수부도 항상 일정한 회로

$Z_1 Z_2 = R^2 = \dfrac{L}{C}$ 【정답】 ④

16. 다음 회로에서 주파수에 무관한 정저항 회로로 되기 위한 R의 값은?

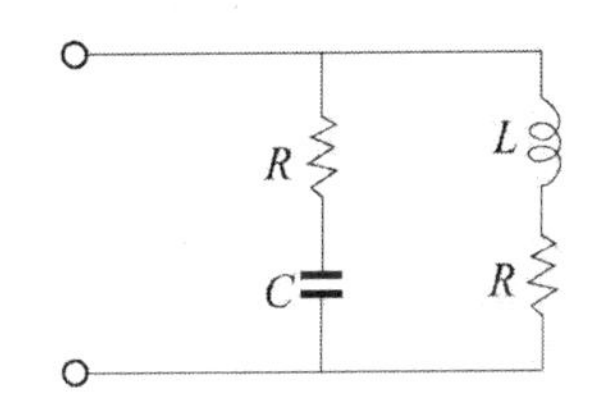

① $\dfrac{1}{\sqrt{LC}}$ ② $\sqrt{LC}$
③ $\sqrt{\dfrac{L}{C}}$ ④ $\sqrt{\dfrac{C}{L}}$

|정|답|및|해|설|

[정저항 회로 조건] $R^2 = Z_1 \cdot Z_2$

$Z_1 = jwL,\ Z_2 = \dfrac{1}{jwC}$

$R^2 = jwL\cdot\dfrac{1}{jwC} = \dfrac{L}{C}$ → $\therefore R = \sqrt{\dfrac{L}{C}}$

【정답】 ③

17. 다음 회로에서 정저항 회로로 되기 위한 R의 값은?

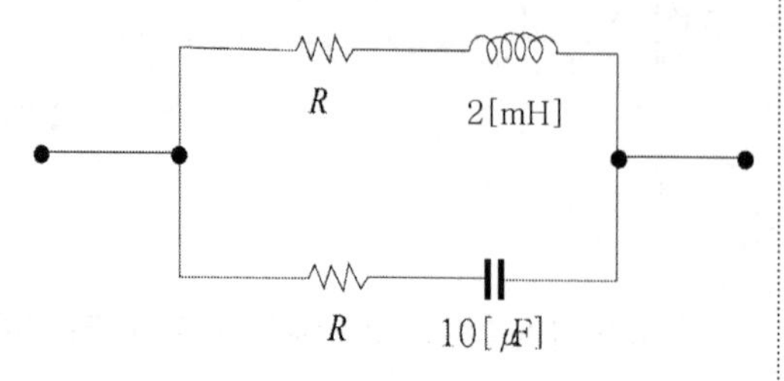

① 8[Ω] ② 14[Ω]
③ 20[Ω] ④ 28[Ω]

|정|답|및|해|설|

[정(定)저항 회로] $Z_1Z_2 = R^2 = \frac{L}{C}$

$R = \sqrt{\frac{L}{C}} = \sqrt{\frac{2\times10^{-3}}{10\times10^{-6}}} = \sqrt{200} = 14.14[\Omega]$

【정답】 ②

18. 그림의 회로가 주파수에 관계없이 일정한 임피던스를 갖도록 C의 값을 결정하면?

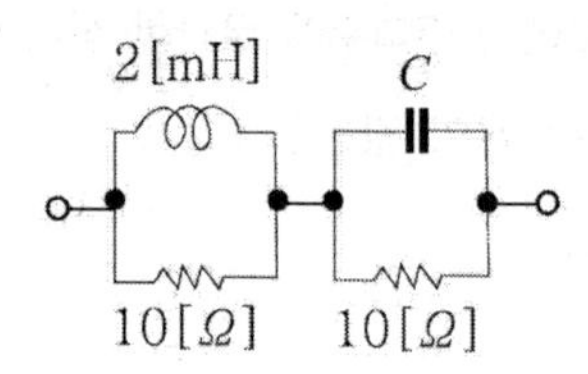

① 20[μF] ② 10[μF]
③ 2.454[μF] ④ 0.24[μF]

|정|답|및|해|설|

[정(定)저항 회로] $Z_1Z_2 = R^2 = \frac{L}{C}$

$C = \frac{L}{R^2} = \frac{2\times10^{-3}}{10^2} = 2\times10^{-5}[\text{F}] = 20[\mu\text{F}]$

【정답】 ①

19. 그림과 같은 회로가 정저항 회로가 되기 위한 L의 값은? (단, $R = 10[\Omega]$, $C = 100[\mu\text{F}]$이다.)

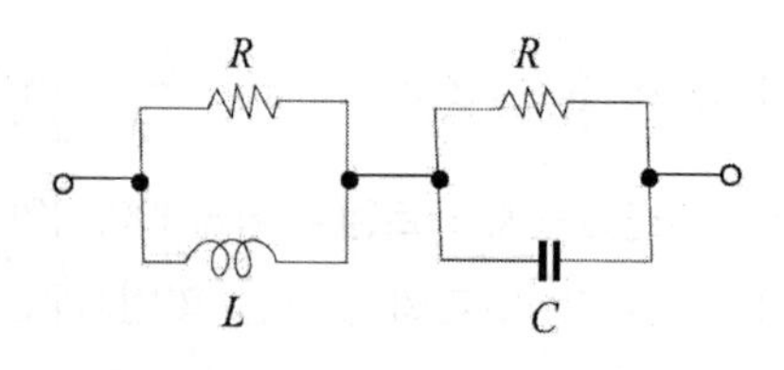

① 10[H] ② 2[H]
③ 0.1[H] ④ 0.01[H]

|정|답|및|해|설|

[정(定)저항 회로] $Z_1Z_2 = R^2 = \frac{L}{C}$

$L = R^2\cdot C = 10^2\times100\times10^{-6} = 10^{-2} = 0.01[\text{H}]$

【정답】 ④

20. 그림과 같이 유한 영역에서 극(pole), 영(zero)점 분포를 가진 2단자 회로망의 구동점 임피던스는?

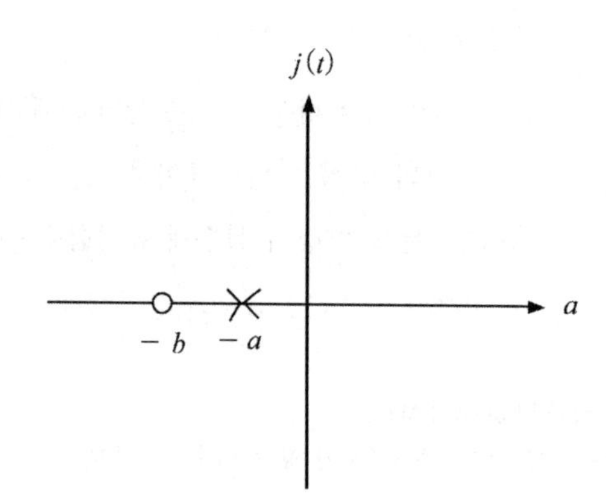

① $\frac{Hs(s+b)}{(s+a)}$ ② $\frac{H(s+a)}{s(s+b)}$

③ $\frac{s(s+b)}{H(s+a)}$ ④ $\frac{s+a}{Hs(s+b)}$

|정|답|및|해|설|

[구동점 임피던스의 영점과 극점]

·영점 : 분자항=0이 되는 근으로 회로의 단락
영점은 0을 포함해 두 개 이므로 $(s(s+b)$

·극점 : 분모항=0이 되는 근으로 회로의 개방
$s+a$

$\therefore \frac{Hs(s-b)}{s+a}$

【정답】 ①

Chapter 12

4단자 회로망

01 4단자 회로망의 해석 방법

(1) 4단자 회로망의 정의

전기회로망은 송신과 수신을 위한 단자쌍, 즉 입력과 출력을 위해 각각 2개씩의 단자를 갖는다. 4단자 회로망이란 2개의 단자쌍으로 이루어져 있으므로 4단자 회로망이라고 말한다.

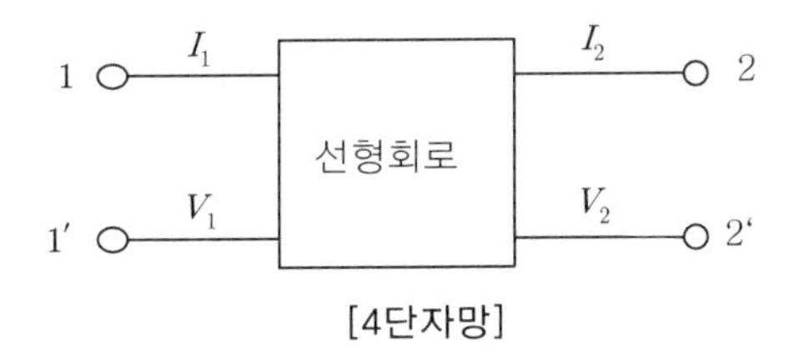

[4단자망]

(2) 4단자 회로망의 종류

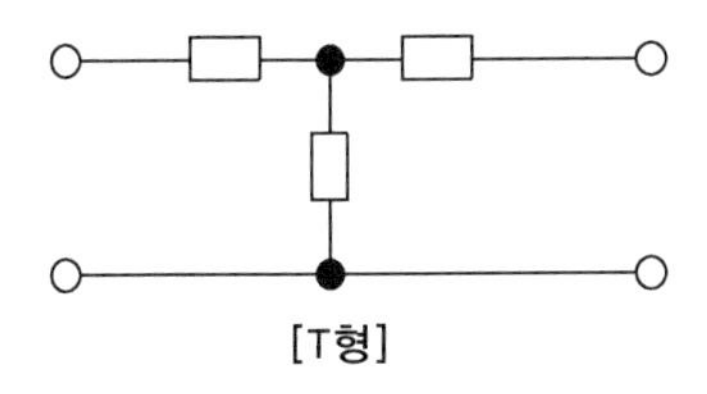

[T형]

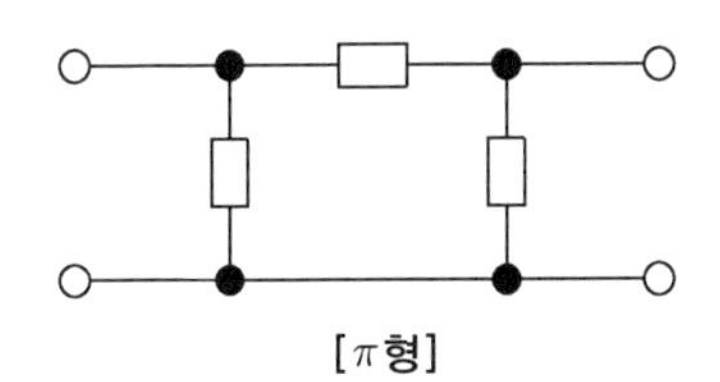

[π형]

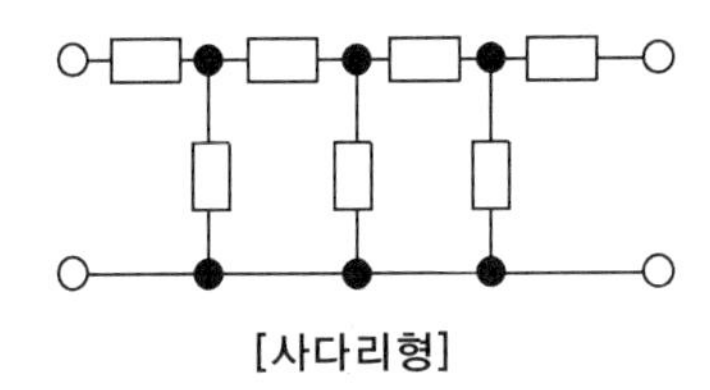

[사다리형]

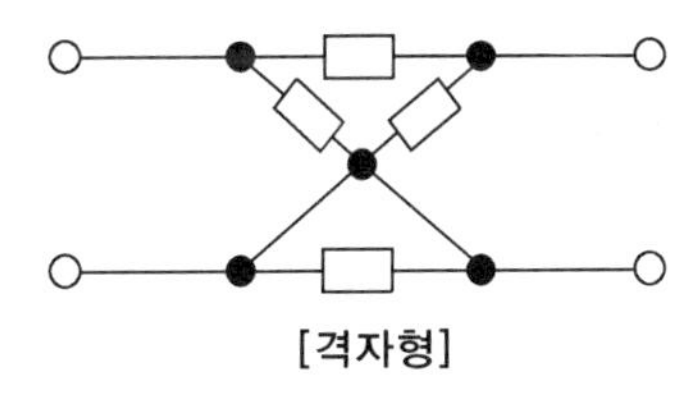

[격자형]

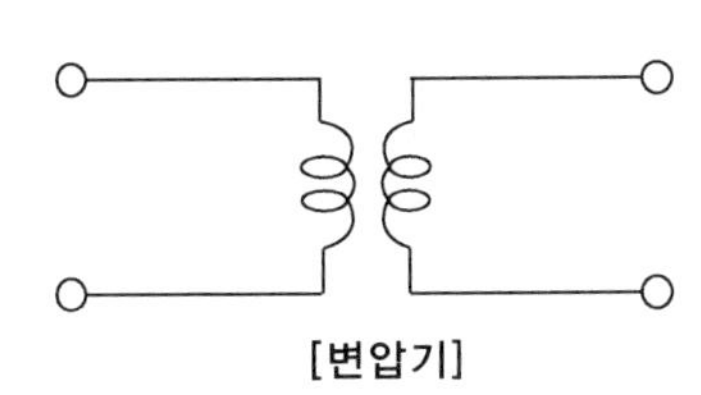

[변압기]

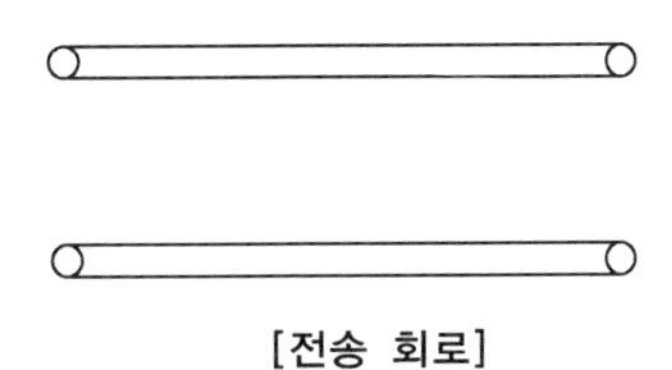

[전송 회로]

02 4단자 방정식 및 파라미타

(1) 임피던스(Z) 파라미터

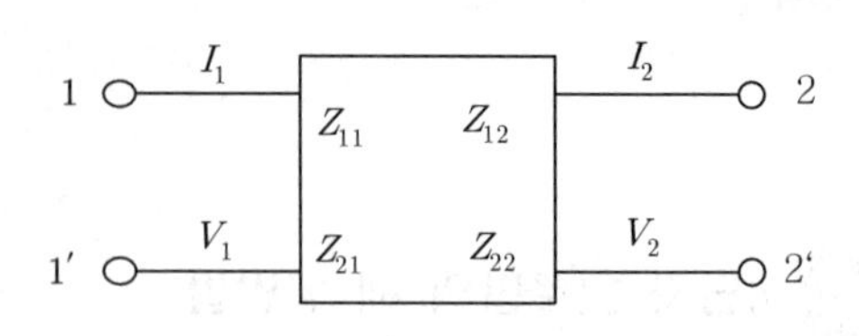

[임피던스(Z) 파라미터]

① 행렬식 $\begin{bmatrix} V_1 \\ V_2 \end{bmatrix} = \begin{bmatrix} Z_{11} & Z_{12} \\ Z_{21} & Z_{22} \end{bmatrix} \begin{bmatrix} I_1 \\ I_2 \end{bmatrix}$

② $V_1 = Z_{11}I_1 + Z_{12}I_2$

③ $V_2 = Z_{21}I_1 + Z_{22}I_2$

④ 단자 1-1′에서 개방 구동점 임피던스

$$Z_{11} = \left.\frac{V_1}{I_1}\right|_{I_2=0} = Z_1 + Z_3[\Omega]$$

⑤ 개방 역방향 전달 임피던스 $Z_{12} = \left.\frac{V_2}{I_2}\right|_{I_1=0} = Z_3[\Omega]$

⑥ 개방 순방향 전달 임피던스 $Z_{21} = \left.\frac{V_2}{I_1}\right|_{I_2=0} = Z_3[\Omega]$

⑦ 단자 2-2′에서개방 구동점 임피던스 $Z_{22} = \left.\frac{V_2}{I_2}\right|_{I_1=0} = Z_2 + Z_3[\Omega]$

※ 임피던스 파라미터는 차원이 [Ω]이므로 항상 $\frac{V}{I}$의 꼴이 되어야 한다.

핵심기출 【기사】 09/2

다음과 같은 4단자 회로에서 임피던스 파라미터 Z_{11}의 값은?

① 8[Ω]

② 5[Ω]

③ 3[Ω]

④ 2[Ω]

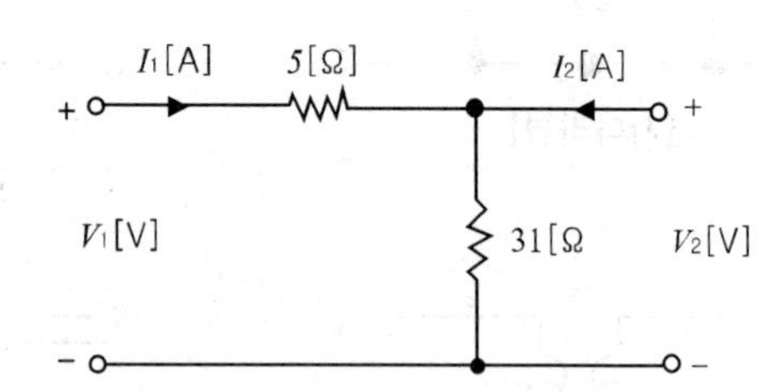

정답 및 해설 [임피던스(Z) 파라미터] $Z_{11} = \left.\frac{V_1}{I_1}\right|_{I_2=0} = Z_1 + Z_2$

$Z_{11} = Z_1 + Z_2 = 3 + 5 = 8[\Omega]$

【정답】 ①

(2) 어드미턴스(Y) 파라미터

[어드미턴스(Y) 파라미터]

① 행렬식 $\begin{bmatrix} I_1 \\ I_2 \end{bmatrix} = \begin{bmatrix} Y_{11} & Y_{12} \\ Y_{21} & Y_{22} \end{bmatrix} \begin{bmatrix} V_1 \\ V_2 \end{bmatrix}$

② 전류 $I_1 = Y_{11} V_1 + Y_{12} V_2$, $I_2 = Y_{21} V_1 + Y_{22} V_2$

③ 어드미턴스

㉮ 단자 1-1′에서 개방 구동점 어드미턴스 $Y_{11} = \left.\frac{I_1}{V_1}\right|_{V_2=0} = Y_1 + Y_2[\mho]$

㉯ 단자 순방향 전달 어드미턴스 $Y_{12} = \left.\frac{I_2}{V_1}\right|_{V_2=0} = -Y_2[\mho]$

㉰ 개방 역방향 전달 어드미턴스 $Y_{21} = \left.\frac{I_1}{V_2}\right|_{V_1=0} = -Y_2[\mho]$

㉱ 단자 2-2′에서개방 구동점 어드미턴스 $Y_{22} = \left.\frac{I_2}{V_2}\right|_{V_1=0} = Y_2 + Y_3[\mho]$

※어드미턴스 파라미터는 차원이 [℧]이므로 항상 $\frac{I}{V}$의 꼴이 되어야 한다.

핵심기출 【기사】 13/2

그림과 같은 π형 회로에 있어서 어드미턴스 파라미터 중 Y_{21}은 어느 것인가?

① Y_a

② $-Y_b$

③ $Y_a + Y_b$

④ $Y_b + Y_c$

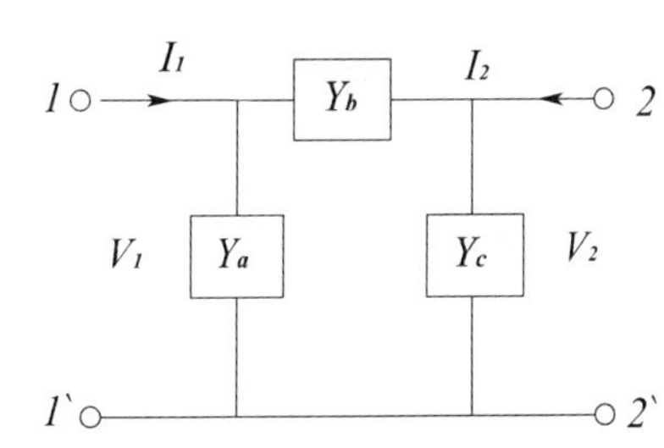

정답 및 해설 [어드미턴스(Y) 파라미터] $Y_{12} = Y_{21}$ → $\begin{bmatrix} I_1 \\ I_2 \end{bmatrix} = \begin{vmatrix} Y_{11} & Y_{12} \\ Y_{21} & Y_{22} \end{vmatrix} \begin{bmatrix} V_1 \\ V_2 \end{bmatrix}$

$I_2 = Y_{21} V_1 + Y_{22} V_2$ → $Y_{21} = \left.\frac{I_2}{V_1}\right|_{V_2=0}$

$V_2 = 0$ 이면 Y_a와 Y_b가 병렬, 그러므로 $I_2 = Y_b(-V_1)$

대입하면 $Y_{21} = -Y_b$

【정답】 ②

(3) A, B, C, D 파라미터 : 4단자 정수

[A, B, C, D 파라미터]

① 행렬식 $\begin{bmatrix} V_1 \\ I_1 \end{bmatrix} = \begin{bmatrix} A & B \\ C & D \end{bmatrix} \begin{bmatrix} V_2 \\ I_2 \end{bmatrix}$

② $V_1 = AV_2 + BI_2$

③ $I_1 = CV_2 + DI_2$

→ (단, AD−BC=1 (4단자 검증법))

④ $A = \left.\dfrac{V_1}{V_2}\right|_{I_2=0}$: 출력을 개방한 상태에서 입력과 출력의 전압비(이득)

⑤ $B = \left.\dfrac{V_1}{I_2}\right|_{V_2=0}$: 출력을 단락한 상태에서의 입력과 출력의 임피던스[Ω]

⑥ $C = \left.\dfrac{I_1}{V_2}\right|_{I_2=0}$: 출력을 개방한 상태에서 입력과 출력의 어드미턴스[℧]

⑦ $D = \left.\dfrac{I_1}{I_2}\right|_{V_2=0}$: 출력을 단락한 상태에서 입력과 출력의 전류비(이득)

※대칭 회로($R_1 = R_2$, 즉 좌우가 같은 회로)인 경우에는 A=D 이다.

핵심기출 【기사】 10/1 16/2 【산업기사】 06/1

4단자 정수 A, B, C, D 중에서 어드미턴스 차원을 가진 정수는?

① A ② B ③ C ④ D

정답 및 해설 [A, B, C, D 파라미터] $A = \left.\dfrac{V_1}{V_2}\right|_{I_2=0}$: 전압비, $B = \left.\dfrac{V_1}{I_2}\right|_{V_2=0}$: 임피던스

$C = \left.\dfrac{I_1}{V_2}\right|_{I_2=0}$: 어드미턴스 , $D = \left.\dfrac{I_1}{I_2}\right|_{V_2=0}$: 전류비

【정답】 ③

(4) A, B, C, D 파라미터 산출 방법

① 직렬 임피던스 회로

$$\begin{vmatrix} A & B \\ C & D \end{vmatrix} = \begin{vmatrix} 1 & Z \\ 0 & 1 \end{vmatrix}$$

[직렬 임피던스 회로]

② 병렬 어드미턴스 회로

$$\begin{vmatrix} A & B \\ C & D \end{vmatrix} = \begin{vmatrix} 1 & 0 \\ Y & 1 \end{vmatrix}$$

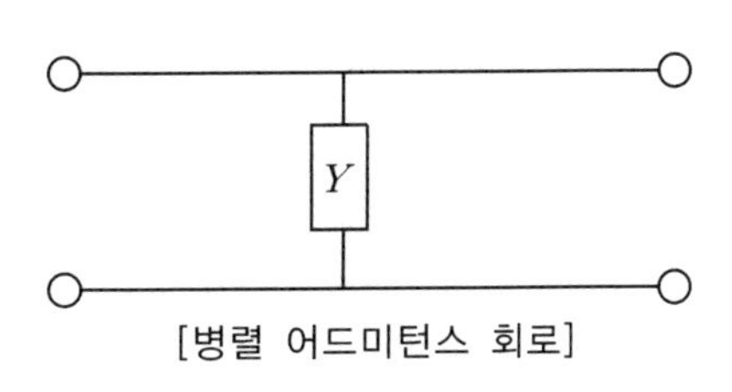

[병렬 어드미턴스 회로]

③ T형 회로의 A, B, C, D

$$\begin{vmatrix} A & B \\ C & D \end{vmatrix} = \begin{vmatrix} 1+\dfrac{Z_1}{Z_3} & Z_1+Z_2+\dfrac{Z_1Z_2}{Z_3} \\ \dfrac{1}{Z_3} & 1+\dfrac{Z_2}{Z_3} \end{vmatrix}$$

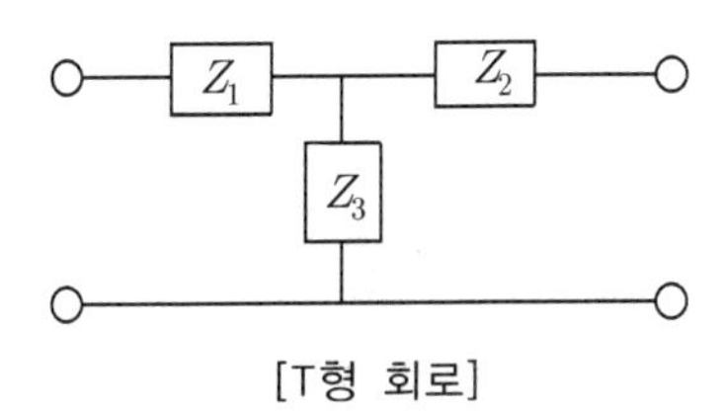

[T형 회로]

④ π형 회로의 A, B, C, D

$$\begin{vmatrix} A & B \\ C & D \end{vmatrix} = \begin{vmatrix} 1+\dfrac{Z_3}{Z_2} & Z_3 \\ \dfrac{Z_1+Z_2+Z_3}{Z_1Z_2} & 1+\dfrac{Z_3}{Z_1} \end{vmatrix}$$

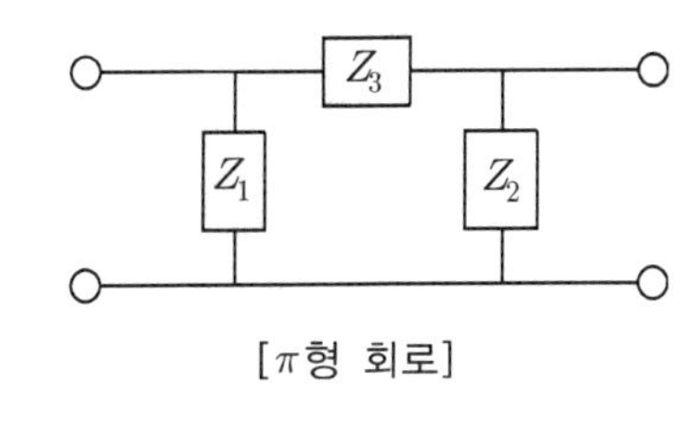

[π형 회로]

[행렬식의 곱셈 법]

$$\begin{bmatrix} a & b \\ c & d \end{bmatrix}\begin{bmatrix} e & f \\ g & h \end{bmatrix} = \begin{bmatrix} ae+bg & af+bh \\ ce+dg & cf+dh \end{bmatrix}$$

핵심기출 【산업기사】 06/3 10/1 15/2

그림과 같은 π 형 회로의 4단자 정수 중 D 의 값은?

① Z_2

② $1+\frac{Z_2}{Z_1}$

③ $\frac{1}{Z_1}+\frac{1}{Z_2}$

④ $1+\frac{Z_2}{Z_3}$

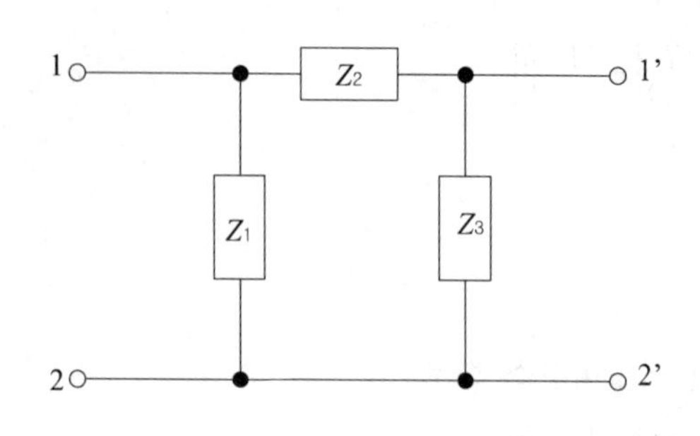

정답 및 해설 [π형 회로의 4단자 정수] $\begin{vmatrix} A & B \\ C & D \end{vmatrix} = \begin{vmatrix} 1+\frac{Z_3}{Z_2} & Z_2 \\ \frac{Z_1+Z_2+Z_3}{Z_1 Z_3} & 1+\frac{Z_2}{Z_1} \end{vmatrix}$

【정답】 ②

(5) 이상 변압기의 4단자 정수

손실이 없는 입출력이 같은 변압기

권수비 $a = \frac{N_1}{N_2} = \frac{V_1}{V_2} = \frac{I_2}{I_1} = \sqrt{\frac{Z_1}{Z_2}}$

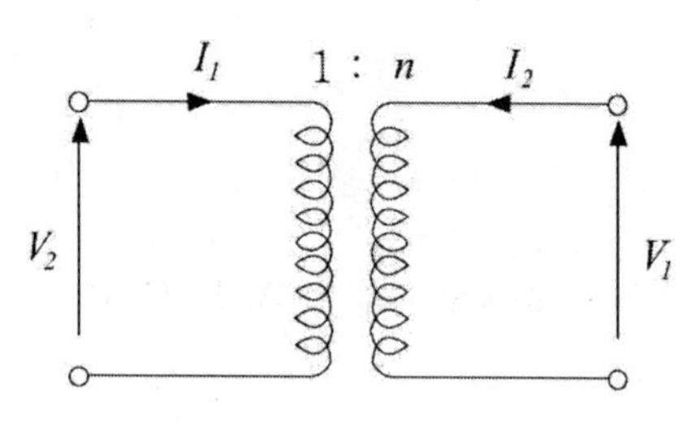

[이상 변압기의 4단자 정수]

① $A = \left.\frac{V_1}{V_2}\right|_{I_2=0} = \frac{1}{n}$

② $B = \left.\frac{V_1}{I_2}\right|_{V_1=0} = \frac{0}{I_2} = 0$

③ $C = \left.\frac{I_1}{V_2}\right|_{I_2=0} = \left.\frac{I_2}{V_1}\right|_{I_2=0} = \frac{0}{V_1} = 0$

④ $D = \left.\frac{I_1}{I_2}\right|_{V_2=0} = n$

$\therefore$승압 변압기의 4단자 정수 $\begin{bmatrix} A & B \\ C & D \end{bmatrix} = \begin{bmatrix} \frac{1}{n} & 0 \\ 0 & n \end{bmatrix}$

핵심기출 【산업기사】 12/2

그림과 같은 이상적인 변압기로 구성된 4단자 회로에서 정수 A와 C는 어떻게 되는가?

① A = 0, C = n

② A = 0, C = $\frac{1}{n}$

③ A = n, C = 0

④ A = $\frac{1}{n}$, C = 0

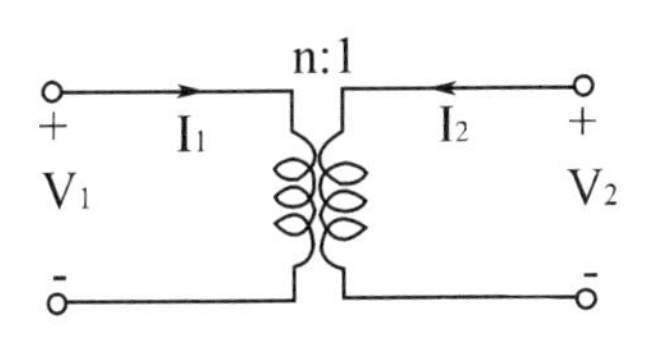

정답 및 해설 [이상 변압기의 4단자 정수] 변압기의 4단자 정수는 $\begin{bmatrix} a & 0 \\ 0 & \frac{1}{a} \end{bmatrix}$이므로

$\begin{bmatrix} a & 0 \\ 0 & \frac{1}{a} \end{bmatrix} = \begin{vmatrix} n & 0 \\ 0 & \frac{1}{n} \end{vmatrix} \rightarrow A=n \quad C=0$ 【정답】 ③

03 4단자 회로망에서의 A, B, C, D 작용

(1) 영상 임피던스(Z_{01}, Z_{02})

4단자의 각 쌍의 단자에서의 영상 임피던스는 그 단자에서의 개방 및 단락입력 임피던스의 기하학적 평균치와 같다.

차원은 [Ω]이어야 한다.

① $Z_{01} = \sqrt{\frac{AB}{CD}}[\Omega]$

② $Z_{02} = \sqrt{\frac{BD}{AC}}[\Omega]$

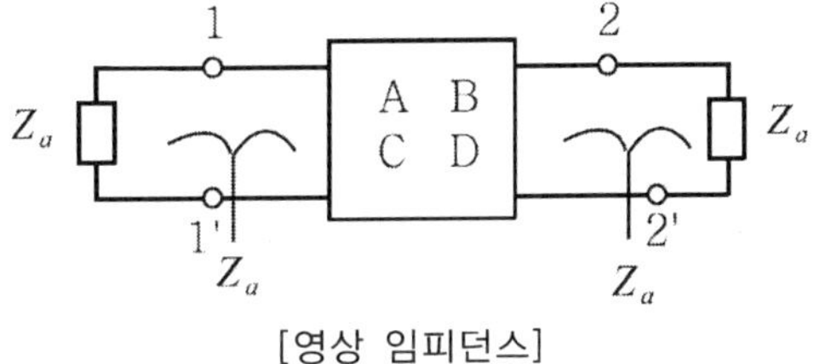

[영상 임피던스]

※대칭 회로에서는 $A=D$이므로 영상 임피던스 $Z_{01}=Z_{02}=\sqrt{\frac{B}{C}}[\Omega[$

(2) 전달 정수(θ)

4단자 회로망의 입력 측과 출력 측의 특성 관계를 나타내는 정수를 말한다.

$e^{\theta} = \sqrt{AD}+\sqrt{BC}$

$\therefore \theta = \log_e(\sqrt{AD}+\sqrt{BC}) = \cos h^{-1}\sqrt{AD} = \sin h^{-1}\sqrt{BC}$

(3) 4단자 정수와 영상 파라미터와의 관계

① $A = \sqrt{\dfrac{Z_{01}}{Z_{02}}}\cosh\theta$　　② $B = \sqrt{Z_{01}Z_{02}}\sinh\theta$

③ $C = \dfrac{1}{\sqrt{Z_{01}Z_{02}}}\sinh\theta$　　④ $D = \sqrt{\dfrac{Z_{02}}{Z_{01}}}\cosh\theta$

핵심기출 【기사】 04/1 09/1

4단자 정수가 각각 $\dot{A} = \dfrac{5}{3}$, $\dot{B} = 800$, $\dot{C} = \dfrac{1}{450}$, $\dot{D} = \dfrac{5}{3}$ 일 때, 전달 정수 θ 는 얼마인가?

① $\log_e 5$　② $\log_e 4$　③ $\log_e 3$　④ $\log_e 2$

정답 및 해설 [4단자 정수의 영상 전달 정수(θ)] $\theta = \log_e(\sqrt{AD} + \sqrt{BC}) = \cosh^{-1}\sqrt{AD} = \sinh^{-1}\sqrt{BC}$

$\theta = \log_e(\sqrt{AD} + \sqrt{BC}) = \log_e\left(\sqrt{\dfrac{5}{3} \times \dfrac{5}{3}} + \sqrt{\dfrac{800}{450}}\right) = \log_e 3$　【정답】 ③

04 자이레이터의 4단자 정수

(1) 자이레이터의 관계식

① $V_1 = I_1 R_1 = aI_2 \rightarrow \dfrac{V_1}{I_2} = a$　② $V_2 = I_2 R_2 = aI_1 \rightarrow \dfrac{I_1}{V_2} = \dfrac{1}{a}$

(2) 자이레이터의 4단자 정수(위의 관계식 이용)

① $A = \left.\dfrac{V_1}{V_2}\right|_{I_2=0} = \left.\dfrac{I_2}{I_1}\right|_{I_2=0} = \dfrac{0}{I_1} = 0$

② $B = \left.\dfrac{V_1}{I_2}\right|_{V_2=0} = a$

③ $C = \left.\dfrac{I_1}{V_2}\right|_{I_2=0} = \dfrac{1}{a}$

④ $D = \left.\dfrac{I_1}{I_2}\right|_{V_2=0} = \left.\dfrac{V_2}{V_1}\right|_{V_2=0} = \dfrac{0}{V_1} = 0$

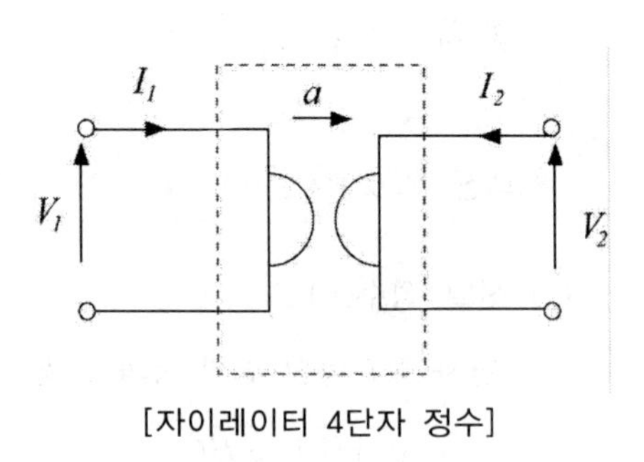

[자이레이터 4단자 정수]

$\therefore$ 자이레이터의 4단자 정수 $\begin{bmatrix} A & B \\ C & D \end{bmatrix} = \begin{bmatrix} 0 & a \\ \dfrac{1}{a} & 0 \end{bmatrix}$

05 정 K형 여파기 (필터 회로)

(1) 여파기의 정의

Z_1, Z_2가 서로 역관계가 있는 여파기로서 $Z_1 \cdot Z_2 = K^2$의 관계를 가지며, 이때 K를 공칭 임피던스라고 하며 차원은 $[\Omega]$이다.

(2) 저역 여파기(필터)

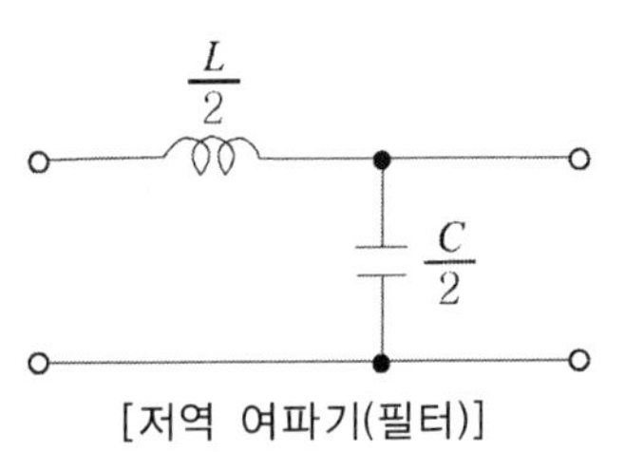

[저역 여파기(필터)]

① $L = \dfrac{K}{\pi f_c}$ [H]

② $C = \dfrac{1}{\pi f_c K}$ [F]

단, f_c는 차단 주파수이다.

(3) 고역 여파기(필터)

① $L = \dfrac{K}{4\pi f_c}$ [H]

② $C = \dfrac{1}{4\pi f_c K}$ [F]

③ $f_c = \dfrac{1}{4\pi KC} = \dfrac{1}{4\pi KL}$ [Hz]

[고역 여파기(필터)]

핵심기출 【기사】 09/3

정 K형 필터(여파기)에 있어서 임피던스 Z_1, Z_2는 공칭 임피던스 K와는 어떤 관계가 있는가?

① $Z_1 Z_2 = K$

② $\dfrac{Z_1}{Z_2} = K$

③ $\sqrt{\dfrac{Z_1}{Z_2}} = K^2$

④ $Z_1 Z_2 = K^2$

정답 및 해설 [정 K형 여파기] 정 K형 여파기 임피던스 Z_1과 Z_2가 역회로 관계, 즉 $Z_1 Z_2 = K^2$

【정답】 ④

Chapter 12

시험 전 반드시 체크해야 할

단원 핵심 체크

01 다음과 같은 T형 회로의 임피던스 파라미터 $Z_{22}=($ $)[\Omega]$ 이다.

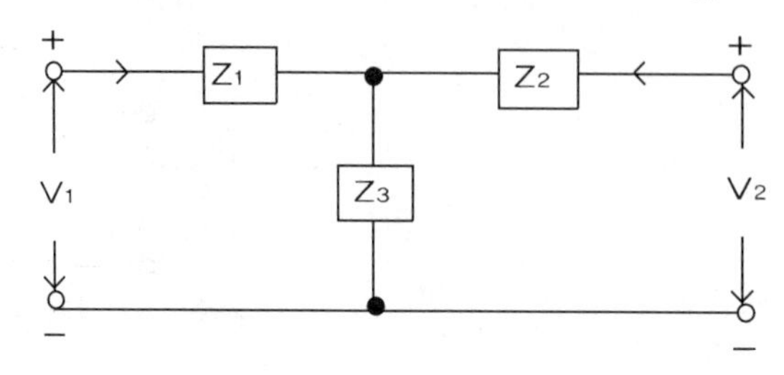

02 그림과 같은 π형 4단자 회로의 어드미턴스 파라미터 중 $Y_{11}=($ $)[℧]$ 이다.

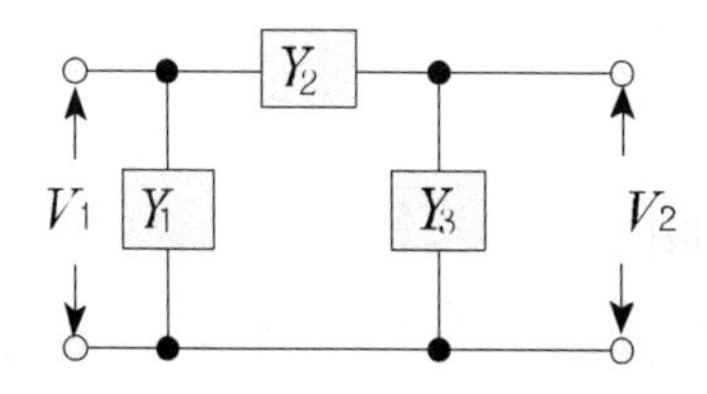

03 4단자 정수 A, B, C, D 중에서 임피던스 차원을 가지는 것은 ( ) 이다.

04 4단자 회로에서 4단자 정수를 A, B, C, D라 하면 영상 임피던스 $\dfrac{Z_{01}}{Z_{02}}=($ $)$ 이다.

05 병렬 어드미턴스 회로를 행렬식으로 표현하면 $\begin{bmatrix} A & B \\ C & D \end{bmatrix}=\left(\begin{bmatrix} & \\ & \end{bmatrix} \right)$ 이다.

06 다음과 같은 π형 회로의 4단자 정수에서

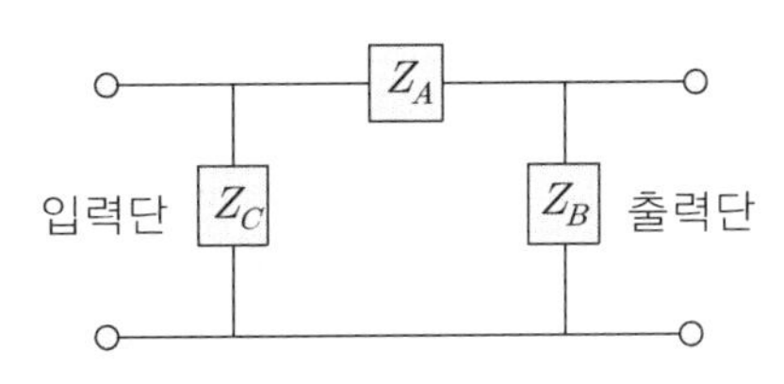

A=(①), $B=Z_A$, $C=\dfrac{Z_A+Z_B+Z_C}{Z_BZ_C}$, D=(②) 이다.

07 4단자 회로에서 4단자정수를 A, B, C, D라 할 때 전달정수 $\theta=\ln($ ① $)=\cosh^{-1}\sqrt{AD}=\sinh^{-1}($ ② $)=\tanh^{-1}\sqrt{\dfrac{BC}{AD}}$ 이다.

08 A, B, C, D 파라미터는 4단자 망의 입력과 ( )의 관계를 나타내는 계수이다.

09 다음과 같은 회로에서 정 K형 저역 여파기(filter)에서 Z_1 =(①), Z_2 =(②) 이다. (단, 인덕턴스는 L, 캐피시턴스는 C이다.)

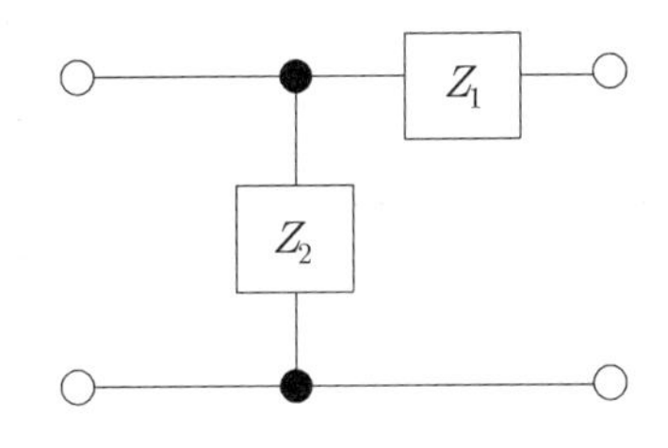

정답

(1) Z_2+Z_3 (2) Y_1+Y_2 (3) B

(4) $\dfrac{A}{D}$ (5) $\begin{vmatrix}1 & 0\\ Y & 1\end{vmatrix}$ (6) ① $1+\dfrac{Z_A}{Z_B}$, ② $1+\dfrac{Z_A}{Z_C}$

(7) ① $\sqrt{AD}+\sqrt{BC}$, ② $\sqrt{BC}$ (8) 출력 (9) ① L, ② C

Chapter 12

기출문제에서 뽑은 최다 빈출

적중 예상문제

1. 4단자망의 기술에서 옳지 않은 것은?

① 2단자 쌍망이라고도 한다.

② 4개의 단자를 갖는다.

③ 각 단자쌍의 출입전류는 같다.

④ 관심의 대상은 4단자망 자체의 회로 구성이다.

|정|답|및|해|설|

[4단자망] 4단자망 자체의 회로 구성이라기 보다는 외부단자 양단에서의 Z, Y, 전압비, 전류비를 구함이 목적

【정답】 ④

2. 그림과 같은 $Z-$파라미터로 표시되는 4단자망의 $1-1'$단자 간에 4[A], $2-2'$단자 간에 1[A]의 정전류원을 연결하였을 때의 $1-1'$단자간의 전압 V_1과 $2-2'$단자간의 전압 V_2가 바르게 구하여진 것은? (단, $Z-$파라미터는 [Ω]단위이다.)

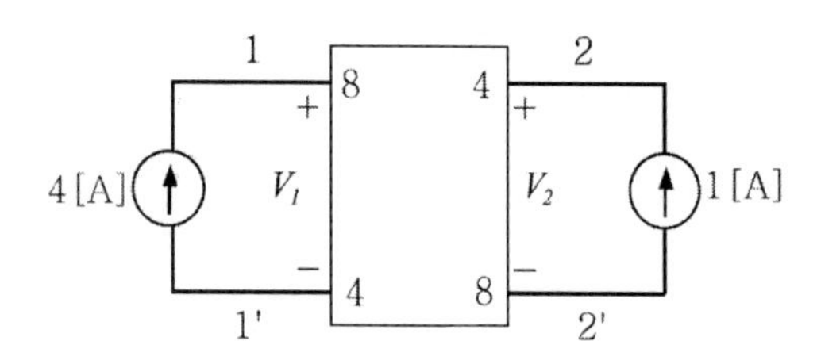

① 18[V], 12[V] ② 36[V], 12[V]

③ 36[V], 24[V] ④ 24[V], 36[V]

|정|답|및|해|설|

[4단자 방정식 및 파라미타]

$$\begin{bmatrix} V_1 \\ V_2 \end{bmatrix} = \begin{bmatrix} Z_{11} & Z_{12} \\ Z_{21} & Z_{22} \end{bmatrix} \begin{bmatrix} I_1 \\ I_2 \end{bmatrix}$$ 에서

$$\begin{bmatrix} V_1 \\ V_2 \end{bmatrix} = \begin{bmatrix} 8 & 4 \\ 4 & 8 \end{bmatrix} \begin{bmatrix} 4 \\ 1 \end{bmatrix}$$

$V_1 = Z_{11}I_1 + Z_{12}I_2 = 8 \times 4 + 4 \times 1 = 36$[V]

$V_2 = Z_{21}I_1 + Z_{22}I_2 = 4 \times 4 + 8 \times 1 = 24$[V]

【정답】 ③

3. 그림의 $1-1'$에서 본 구동점 임피던스 Z_{11}의 값은?

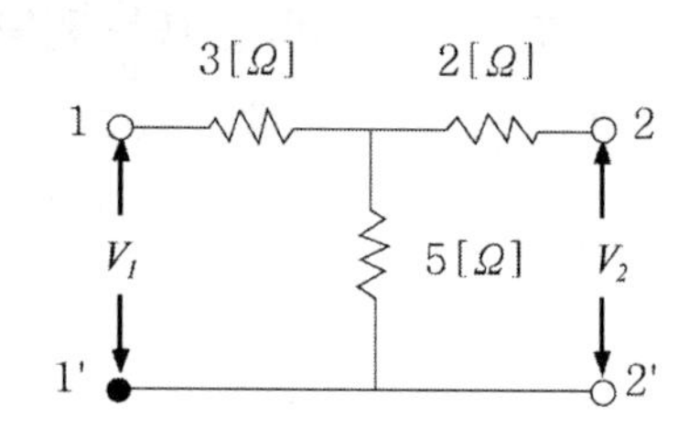

① 5[Ω] ② 8[Ω]

③ 10[Ω] ④ 4.4[Ω]

|정|답|및|해|설|

[임피던스(Z) 파라미터]

$Z_{11} = \frac{V_1}{I_1}|_{I_2=0}$에서 〈등가회로〉

$Z_{11} = 3+5 = 8$, $Z_{22} = 2+5 = 7$, $Z_{12} = Z_{21} = 5$

【정답】 ②

4. 그림의 회로에서 임피던스 파라미터는?

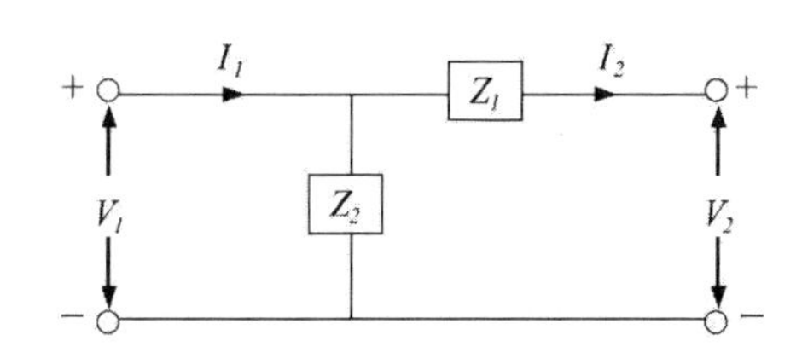

① $Z_{11} = Z_1 + Z_2,\ Z_{12} = Z_1$
$Z_{21} = Z_1,\ Z_{22} = Z_1$

② $Z_{11} = Z_1,\ Z_{12} = Z_2$
$Z_{21} = -Z_2,\ Z_{22} = Z_2$

③ $Z_{11} = Z_2,\ Z_{12} = Z_2$
$Z_{21} = Z_2,\ Z_{22} = Z_1 + Z_2$

④ $Z_{11} = Z_2,\ Z_{12} = Z_1 + Z_2$
$Z_{21} = Z_1 + Z_2,\ Z_{22} = Z_1$

|정|답|및|해|설|

[임피던스(Z) 파라미터]

$Z_{11} = Z_{12} = Z_{21} = Z_2$, $Z_{22} = Z_1 + Z_2$

【정답】 ③

5. 그림과 같은 4단자 회로의 어드미턴스 파라미터 중 Y_{11}는 어느 것인가?

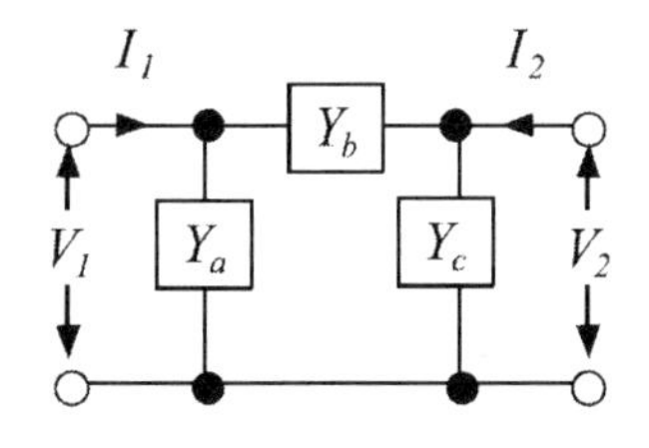

① Y_a ② $-Y_b$

③ $Y_a + Y_b$ ④ $Y_b + Y_c$

|정|답|및|해|설|

[어드미턴스(Y) 파라미터]

$Y_{11} = \left. \frac{I_1}{V_1} \right|_{V_2 = 0}$ 에서

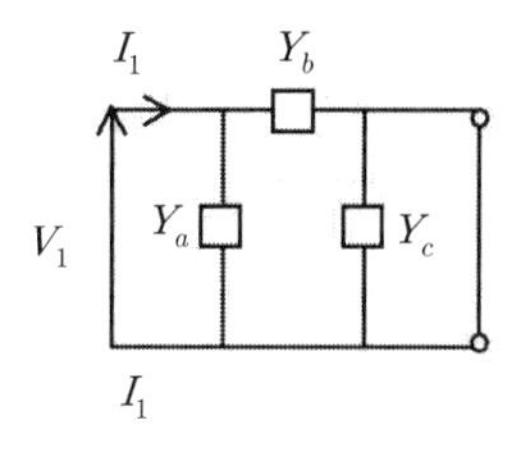

[등가회로]

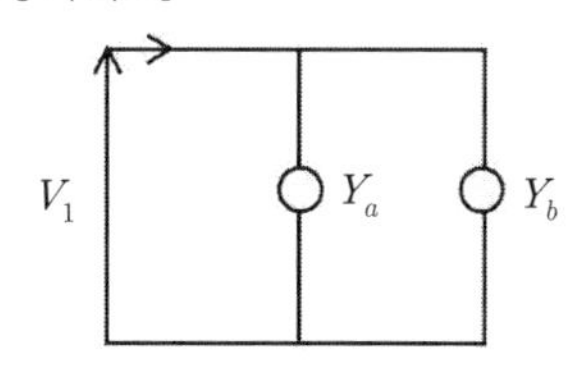

$\therefore Y_{11} = Y_a + Y_b,\ \ Y_{22} = Y_b + Y_c,\ \ Y_{12} = Y_{21} = -Y_b$

【정답】 ③

6. 그림과 같은 역 L형 회로에서 임피던스 파라미터 중 Z_{22}은?

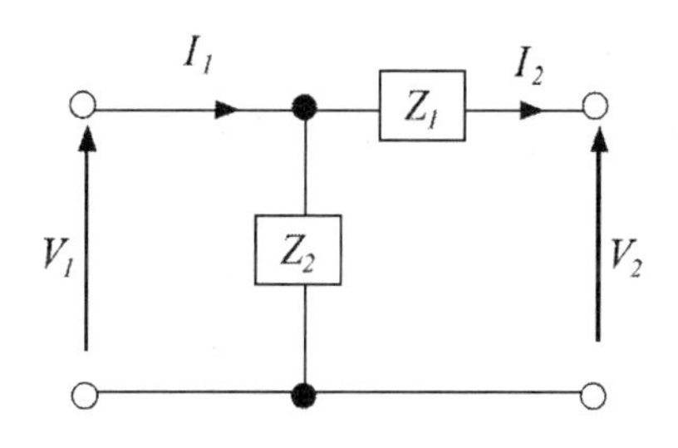

① Z_2 ② $-Z_2$

③ $Z_1 - Z_2$ ④ $Z_1 + Z_2$

|정|답|및|해|설|

[어드미턴스(Y) 파라미터] $Z_{22} = Z_1 + Z_2$

$Z_{12} = Z_{21} = Z_{11} = Z_2$

【정답】 ④

7. 그림과 같은 π형 회로에 있어서 어드미턴스 파라미터 중 Y_{21}은 어느 것인가?

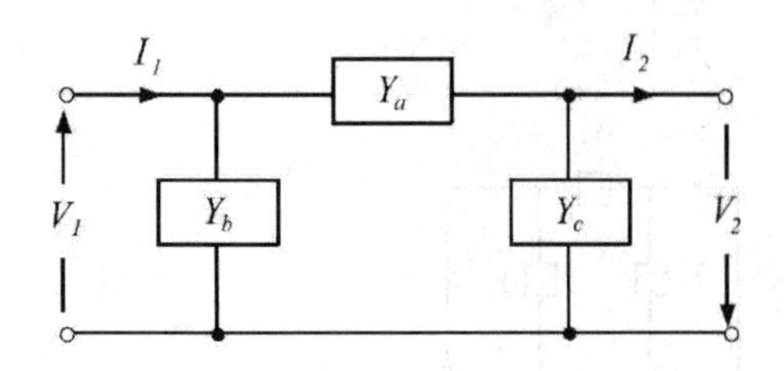

① $Y_a + Y_b$ ② $Y_a + Y_c$

③ Y_b ④ Y_a

|정|답|및|해|설|

[어드미턴스(Y) 파라미터]

$$Y_{21} = \left.\frac{I_2}{V_1}\right|_{V_2=0}$$

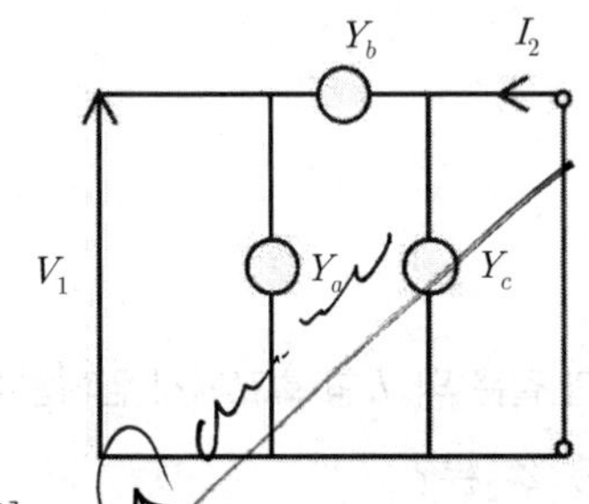

[등가회로]

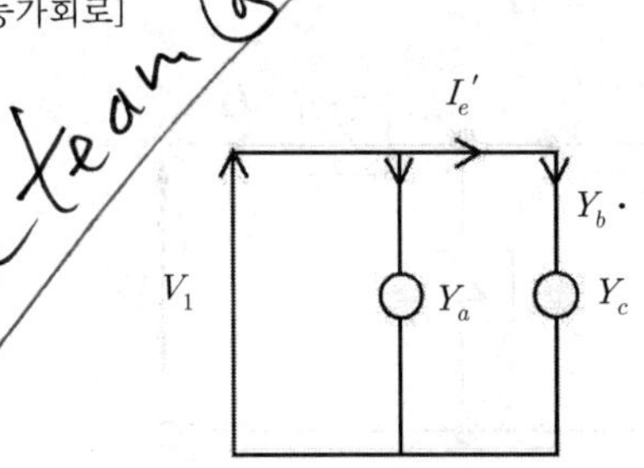

$$\therefore Y_{21} = \frac{Y_b \cdot V_1}{V_1} = Y_b$$

【정답】 ③

8. 그림에서 4단자망의 개방 순방향 전달 임피던스 $Z_{21}[\Omega]$과 단락 순방향 전달 어드미턴스 $Y_{21}[℧]$은?

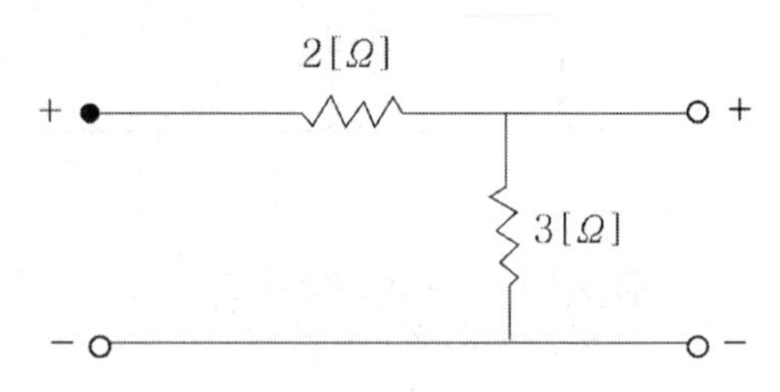

① $Z_{21} = 5,\ Y_{21} = -\frac{1}{2}$

② $Z_{21} = 3,\ Y_{21} = -\frac{1}{3}$

③ $Z_{21} = 3,\ Y_{21} = -\frac{1}{2}$

④ $Z_{21} = 3,\ Y_{21} = -\frac{5}{6}$

|정|답|및|해|설|

① 전달 임피던스 → $Z_{21} = \left.\frac{V_2}{I_1}\right|_{I_1=0} = \frac{3I_1}{I_1} = 3[\Omega]$

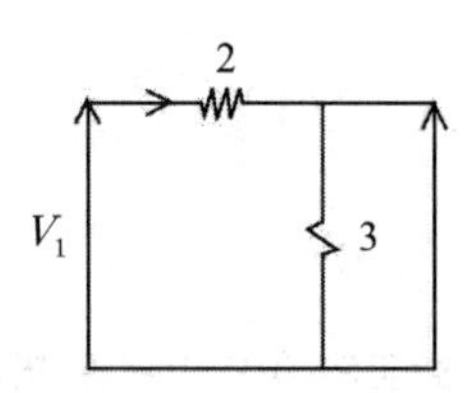

② 전달 어드미턴스 → $Y_{21} = \left.\frac{I_2}{V_1}\right|_{V_2=0}$

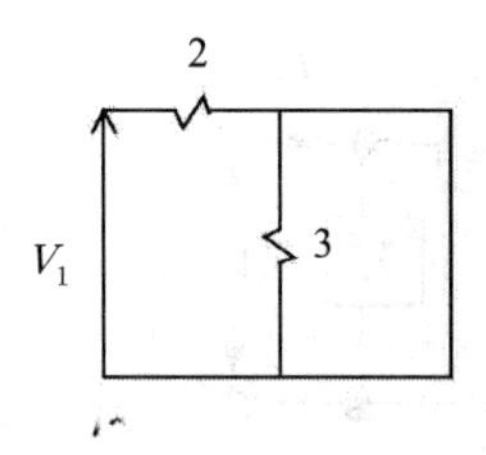

③ 등가회로 →

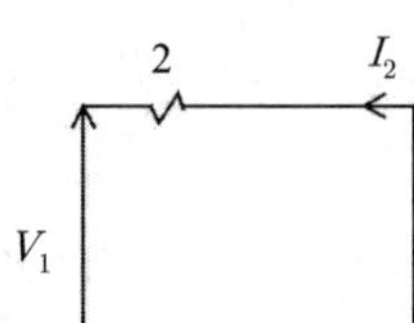

$$\therefore Y_{21} = \frac{-\frac{V_1}{2}}{V_1} = -\frac{1}{2}$$

【정답】 ③

9. 그림과 같은 4단자 회로망에서 어드미턴스 파라미터 중 Y_{11}, Y_{12}의 값은 얼마인가?

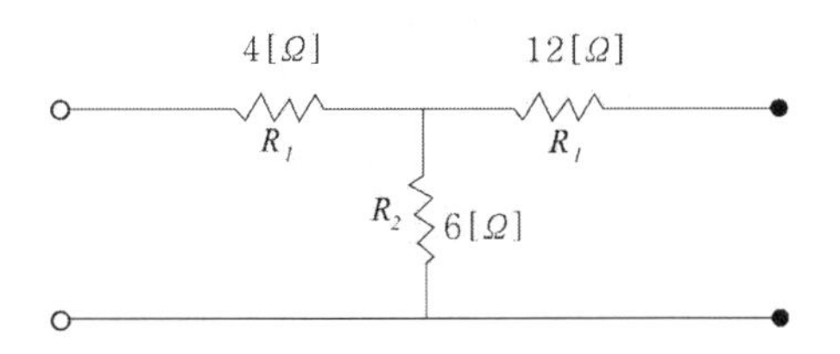

① 10, 18 ② 22, −12

③ $\frac{1}{8}, \frac{1}{24}$ ④ $\frac{5}{12}, \frac{1}{4}$

|정|답|및|해|설|

[임피던스(Z) 파라미터] $Y_{11} = \left.\frac{I_1}{V_1}\right|_{V_2=0}$

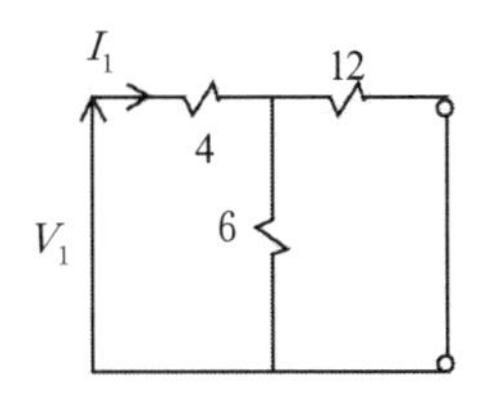

$R = 4+6 \parallel 12 = 4+\frac{6\times 12}{6+12} = 4+\frac{72}{18} = 8$

$\therefore Y_{11} = \frac{\frac{V_1}{R}}{V_1} = \frac{1}{R} = \frac{1}{8}$

$Y_{12} = \left.\frac{I_1}{V_2}\right|_{V_1=0}$

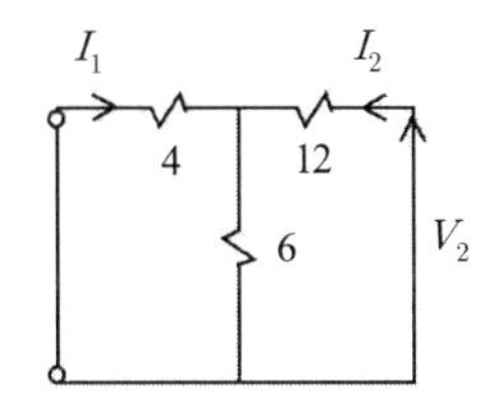

V_2 기준의 합성저항

$R' = 12+4 \parallel 6 = 12+\frac{4\times 6}{4+6} = \frac{144}{10}$

$I_2 = \frac{V_2}{R'} = \frac{V_2}{\frac{144}{10}}$

I_1은 4[Ω]으로 갈라진 전류

$I_1 = \frac{6}{4+6}\times\frac{V_2}{\frac{144}{10}} = \frac{V_2}{24}$

$\therefore Y_{12} = \left.\frac{I_1}{V_2}\right|_{V_1=0} = \frac{\frac{V_2}{24}}{V_2} = \frac{1}{24}$ 【정답】 ③

10. 그림과 같은 4단자망을 어드미턴스 파라미터로 나타내면 어떻게 되는가?

$$1 \overset{+}{\circ}\text{——}10[\Omega]\text{——}\overset{+}{\circ}\, 2$$

$$1' \underset{-}{\circ}\text{————————}\underset{-}{\circ}\, 2'$$

① $Y_{11} = 10$, $Y_{21} = 10$, $Y_{22} = 10$

② $Y_{11} = \frac{1}{10}$, $Y_{21} = -\frac{1}{10}$, $Y_{22} = \frac{1}{10}$

③ $Y_{11} = 10$, $Y_{21} = \frac{1}{10}$, $Y_{22} = 10$

④ $Y_{11} = \frac{1}{10}$, $Y_{21} = 10$, $Y_{22} = \frac{1}{10}$

|정|답|및|해|설|

[어드미턴스(Y) 파라미터]

Y값이므로 $Y = \frac{1}{Z}$꼴이라야 한다.

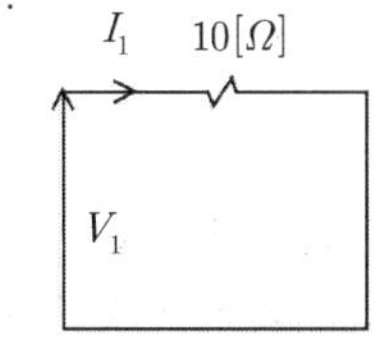

$Y_{11} = \left.\frac{I_1}{V_1}\right|_{V_2=0}$

$Y_{11} = \frac{\frac{V_1}{10}}{V_1} = \frac{1}{10}$[V]

$Y_{22} = \frac{1}{10}$

$Y_{12} = Y_{21} = -\frac{1}{10}$ → (전류의 방향이 반대이므로 (−))

【정답】 ②

11. 그림과 같은 4단자 회로망에서 정수 $A = \left.\frac{V_1}{V_2}\right|_{I_2=0}$의 값은?

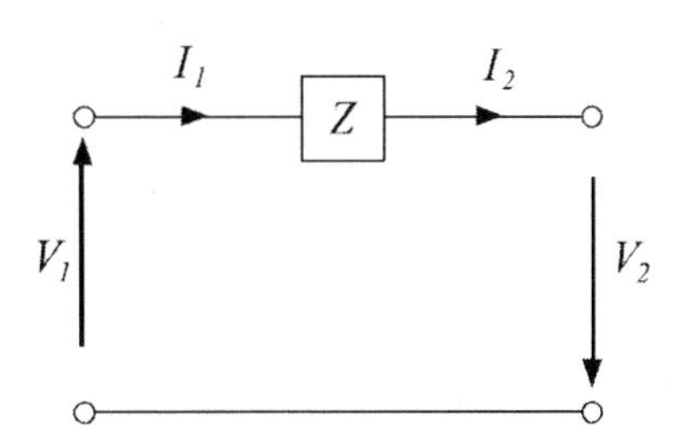

① 0 ② 1

③ Z ④ −1

|정|답|및|해|설|

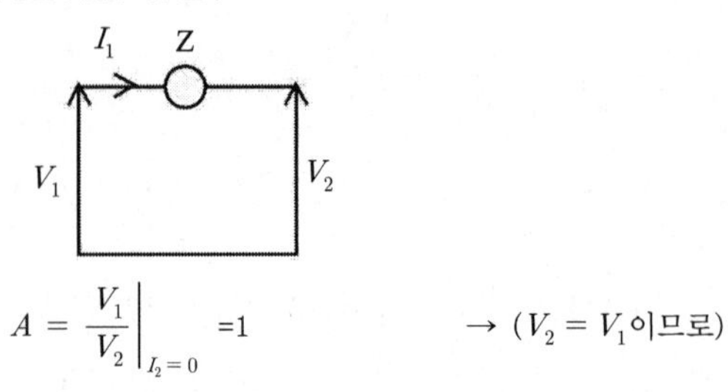

$A = \left.\frac{V_1}{V_2}\right|_{I_2=0}$ =1 → ($V_2 = V_1$이므로)

【정답】 ②

12. 4단자 정수 A, B, C, D중에서 전압 이득의 차원을 가진 정수는?

① D ② C

③ B ④ A

|정|답|및|해|설|

[4단자 정수 A, B, C, D]

① D : 전류비

② C : 어드미턴스

③ B : 임피던스

【정답】 ④

13. 그림과 같은 4단자망의 4단자 정수(선로정수) A, B, C, D를 접속법에 의하여 구하면 어떻게 표현이 되는가?

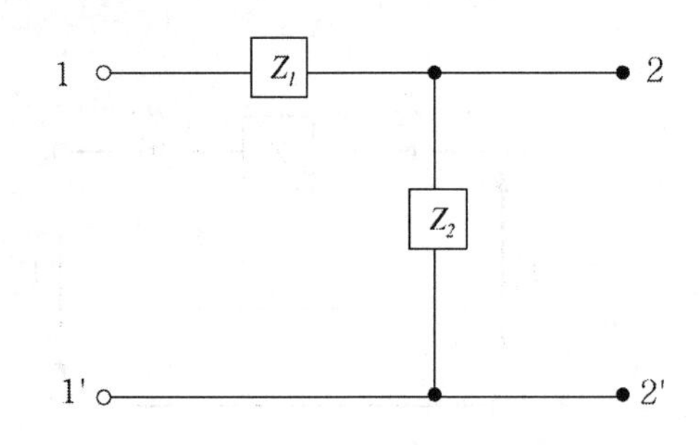

① $\begin{bmatrix} A & B \\ C & D \end{bmatrix} = \begin{bmatrix} 1 & Z_1 \\ 0 & 1 \end{bmatrix} \begin{bmatrix} 1 & 0 \\ \frac{1}{Z_2} & 1 \end{bmatrix}$

② $\begin{bmatrix} A & B \\ C & D \end{bmatrix} = \begin{bmatrix} 1 & Z_1 \\ 0 & 1 \end{bmatrix} \begin{bmatrix} 1 & 0 \\ Z_2 & 1 \end{bmatrix}$

③ $\begin{bmatrix} A & B \\ C & D \end{bmatrix} = \begin{bmatrix} 1 & 0 \\ Z_1 & 1 \end{bmatrix} \begin{bmatrix} 1 & \frac{1}{Z_2} \\ 0 & 1 \end{bmatrix}$

④ $\begin{bmatrix} A & B \\ C & D \end{bmatrix} = \begin{bmatrix} 1 & 0 \\ Z_1 & 1 \end{bmatrix} \begin{bmatrix} 1 - \frac{1}{Z_2} \\ 0 & 1 \end{bmatrix}$

|정|답|및|해|설|

[4단자 정수(선로정수)]

$\begin{bmatrix} A & B \\ C & D \end{bmatrix} = \begin{bmatrix} 1 & Z_1 \\ 0 & 1 \end{bmatrix} \begin{bmatrix} 1 & 0 \\ \frac{1}{Z_2} & 1 \end{bmatrix}$

→ $A = 1 + \frac{Z_1}{Z_2}$, $B = Z_1$, $C = \frac{1}{Z_2}$, $D = 1$

$Z_{11} = Z_1 + Z_2$, $Z_{12} = Z_{21} = Z_2$

【정답】 ①

14. 그림과 같은 L형 회로의 4단자 정수는 어떻게 되는가?

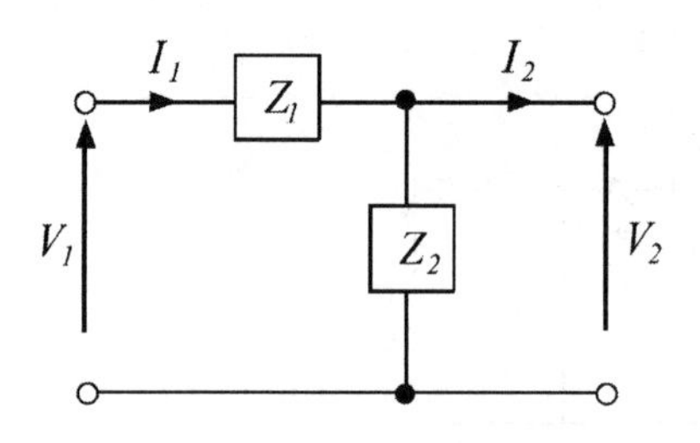

① $A = Z_1, B = 1 + \frac{Z_1}{Z_2}, C = \frac{1}{Z_2}, D = 1$

② $A = 1, B = \frac{1}{Z_2}, C = 1 + \frac{1}{Z_2}, D = Z_1$

③ $A = 1 + \frac{Z_1}{Z_2}, B = Z_1, C = \frac{1}{Z_2}, D = 1$

④ $A = \frac{1}{Z_2}, B = 1, C = Z_1, D = 1 + \frac{Z_1}{Z_2}$

|정|답|및|해|설|

[4단자 정수(선로정수)]

$$\begin{bmatrix} A & B \\ C & D \end{bmatrix} = \begin{bmatrix} 1 & Z_1 \\ 0 & 1 \end{bmatrix} \begin{bmatrix} 1 & 0 \\ \frac{1}{Z_2} & 1 \end{bmatrix}$$

$\rightarrow \quad A = 1 + \frac{Z_1}{Z_2},\ B = Z_1,\ C = \frac{1}{Z_2},\ D = 1$

【정답】 ③

15. 그림과 같은 T형 회로에서 4단자 정수가 아닌 것은?

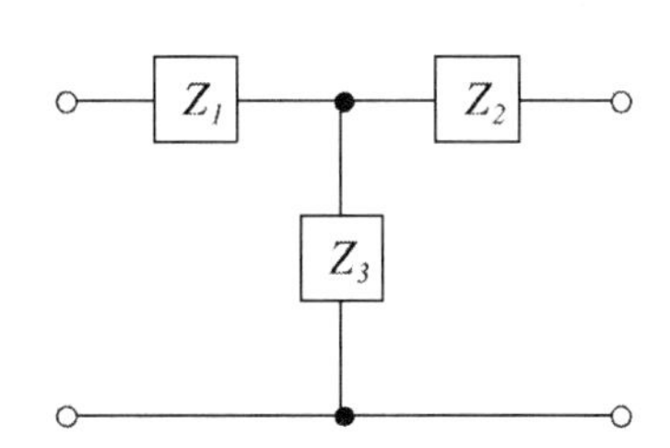

① $1 + \frac{Z_1}{Z_3}$ ② $1 + \frac{Z_2}{Z_3}$

③ $\frac{Z_1 Z_2}{Z_3} + Z_2 + Z_1$ ④ $1 + \frac{Z_3}{Z_2}$

|정|답|및|해|설|

[4단자 정수(선로정수)]

① $A = 1 + \frac{Z_1}{Z_3}$ ② $D = 1 + \frac{Z_2}{Z_3}$ ③ $B = \frac{Z_1 Z_2}{Z_3} + Z_2 + Z_1$

※ $C = \frac{1}{Z_3}$

【정답】 ④

16. 그림과 같은 회로의 4단자 정수 A, B, C, D를 구하면?

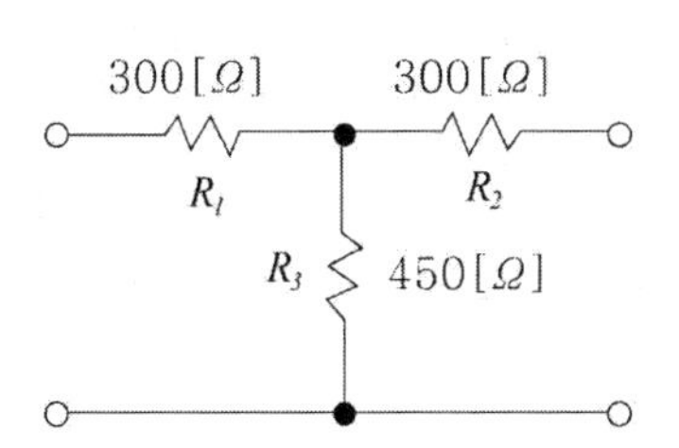

① $A = \frac{5}{3}$, $B = 800$, $C = \frac{1}{450}$, $D = \frac{5}{3}$

② $A = \frac{3}{5}$, $B = 600$, $C = \frac{1}{350}$, $D = \frac{3}{5}$

③ $A = 800$, $B = \frac{5}{3}$, $C = \frac{5}{3}$, $D = \frac{1}{450}$

④ $A = 600$, $B = \frac{3}{5}$, $C = \frac{3}{5}$, $D = \frac{1}{350}$

|정|답|및|해|설|

[4단자 정수(선로정수)]

$A = D = 1 + \frac{300}{450} = 1 + \frac{2}{3} = \frac{5}{3}$

$B = 300 + 300 + \frac{300 \times 300}{450} = 800[\Omega]$

$C = \frac{1}{450}[V] \quad \rightarrow$ (병렬 Y)

【정답】 ①

17. 그림과 같은 T형 회로의 A, B, C, D파라미터 중 C의 값을 구하면?

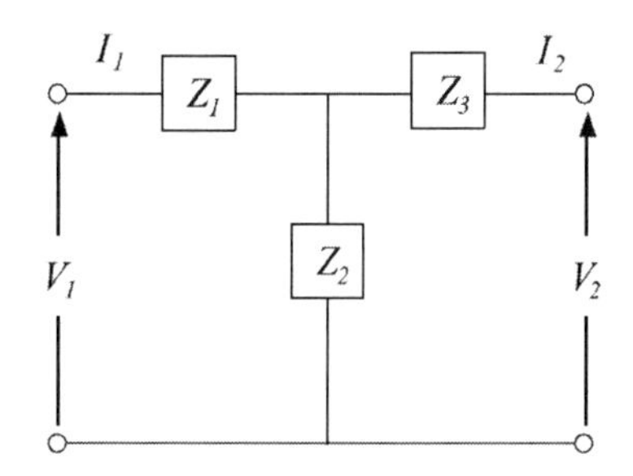

① $\frac{Z_3}{Z_2} + 1$ ② $\frac{1}{Z_2}$

③ $1 + \frac{Z_1}{Z_2}$ ④ Z_2

|정|답|및|해|설|

[4단자 정수(선로정수)]

$A = 1 + \frac{Z_1}{Z_2}$ $B = \frac{Z_1 Z_2 + Z_2 Z_3 + Z_3 Z_1}{Z_2}$

$C = \frac{1}{Z_2}$ $D = 1 + \frac{Z_3}{Z_2}$

【정답】 ②

18. 그림과 같은 4단자 회로의 정수 중 D의 값은?

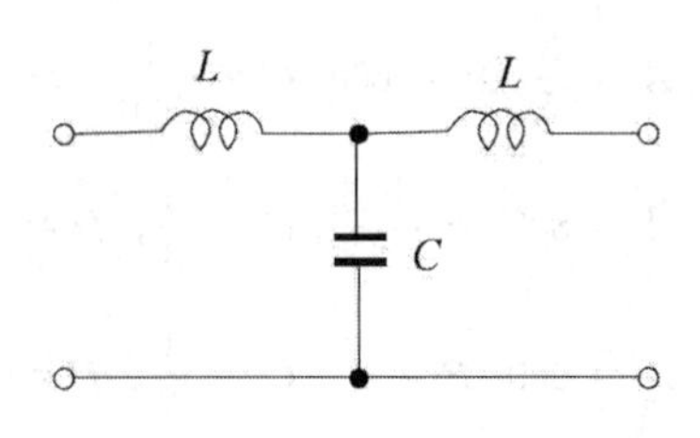

① $1-w^2LC$ ② $jwL(2-w^2LC)$

③ jwC ④ jwL

|정|답|및|해|설|

[4단자 정수(선로정수)] 대칭 $A=D$

$$A = D = 1+\frac{jwL}{\frac{1}{jwC}} = 1+jwL\times jwC = 1-w^2LC$$

【정답】 ④

19. 그림과 같은 4단자망의 4단자 정수 B는?

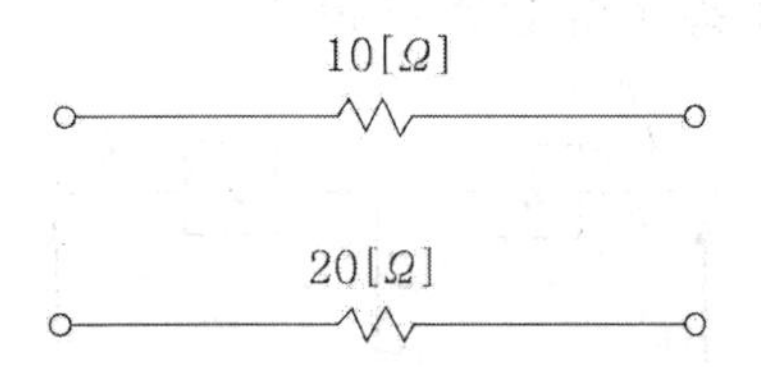

① $\frac{20}{3}$ ② $\frac{2}{3}$

③ 1 ④ 30

|정|답|및|해|설|

[4단자 정수(선로정수)] $V_1 = AV_2 + BI_2$

B : 직렬 임피던스

$$B = \left.\frac{V_1}{I_2}\right|_{V_2=0}$$

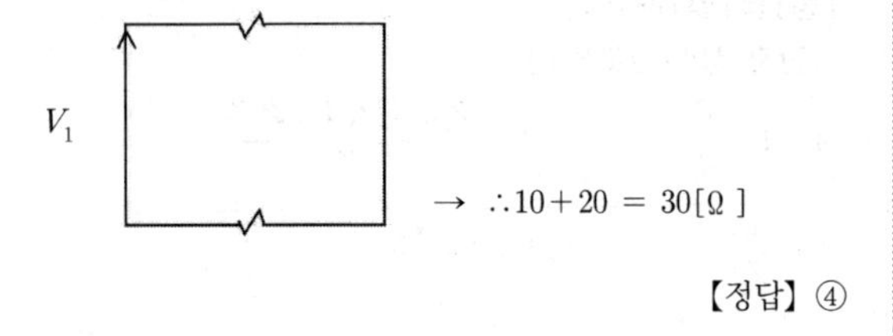

$\rightarrow \therefore 10+20 = 30[\Omega]$

【정답】 ④

20. 그림에서 4단자 회로정수 A, B, C, D중 출력단자 3, 4가 개방되었을 때의 $\frac{V_1}{V_2}$인 A의 값은?

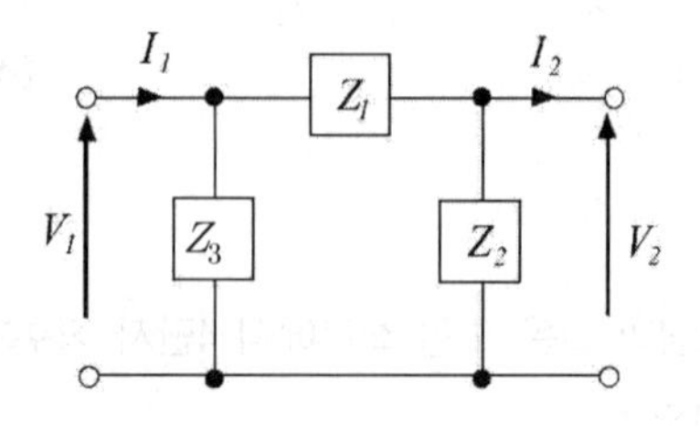

① $1+\frac{Z_2}{Z_1}$ ② $\frac{Z_1+Z_2+Z_3}{Z_1Z_3}$

③ $1+\frac{Z_2}{Z_3}$ ④ $1+\frac{Z_3}{Z_2}$

|정|답|및|해|설|

[4단자 정수(선로정수)] $A=1+\frac{Z_3}{Z_2}$, $D=1+\frac{Z_3}{Z_1}$, $B=Z_3$

【정답】 ④

21. 그림의 4단자 회로망에서 $\frac{n_1}{n_2}=a$일 때, 4단자 정수 파라미터 행렬은?

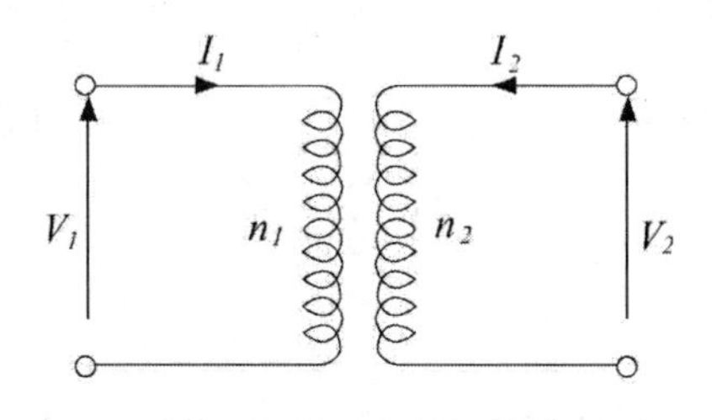

① $\begin{bmatrix} a & 0 \\ 0 & \frac{1}{a} \end{bmatrix}$ ② $\begin{bmatrix} \frac{1}{a} & 0 \\ 0 & a \end{bmatrix}$

③ $\begin{bmatrix} 0 & \frac{1}{a} \\ a & 0 \end{bmatrix}$ ④ $\begin{bmatrix} 0 & a \\ \frac{1}{a} & 0 \end{bmatrix}$

|정|답|및|해|설|

[이상 변압기의 4단자 정수]

이상변압기의 권수비 $a = \frac{n_1}{n_2} = \frac{V_1}{V_2} = \frac{I_2}{I_1}$에서

$A = \left.\frac{V_1}{V_2}\right|_{I_2=0} = a$

$D = \left.\frac{I_2}{I_1}\right|_{V_2=0} = \frac{1}{a}$

$\therefore F = \begin{bmatrix} a & 0 \\ 0 & \frac{1}{a} \end{bmatrix}$

※이상 변압기의 직렬 Z의 병렬 Y는 "0"

【정답】 ①

22. 그림과 같은 회로에서 4단자 정수는 어떻게 되는가?

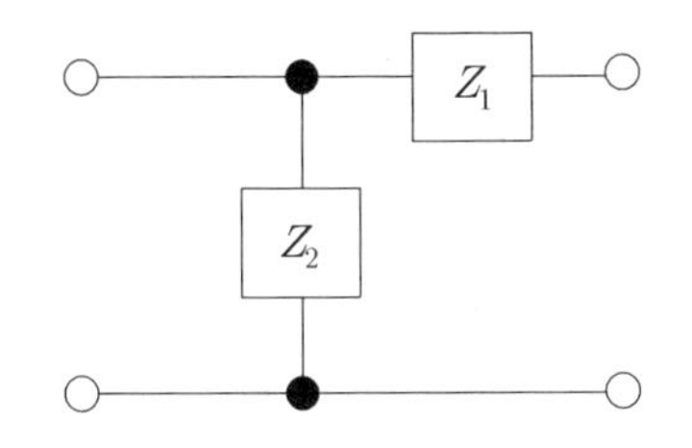

① $A=2,\ B=\frac{1}{Z_1},\ C=Z_1,\ D=1+\frac{Z_2}{Z_3}$

② $A=3,\ B=\frac{1}{Z_2},\ C=Z_3,\ D=2+\frac{Z_2}{Z_3}$

③ $A=1,\ B=Z_1,\ C=\frac{1}{Z_2},\ D=1+\frac{Z_1}{Z_2}$

④ $A=4,\ B=Z_4,\ C=\frac{Z_3}{Z_3+Z_4},\ D=Z_2+Z_3$

|정|답|및|해|설|

[4단자 정수(선로정수)]

$A=1,\ B=Z_1,\ \ C=\frac{1}{Z_2},\ \ D=1+\frac{Z_1}{Z_2}$

【정답】 ③

23. 그림과 같은 상호 인덕턴스 M인 4단자 회로에서 4단자 정수 중 D의 값은?

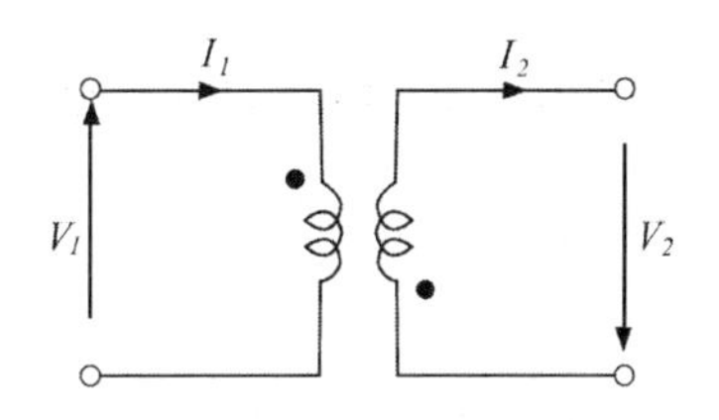

① $\frac{L_2}{M}$ ② $\frac{1}{wM}$

③ $-\frac{L_2}{M}$ ④ $\frac{L_1L_2-M^2}{M}$

|정|답|및|해|설|

[이상 변압기의 4단자 정수] 가극성 변압기

변수비 $a=\frac{V_1}{V_2}=\frac{N_1}{N_2}=\frac{I_2}{I_1}=\frac{L_1}{M}=\frac{M}{L_2}$

$D=1+\frac{L_2-M}{M}=\frac{M+L_2-M}{M}=\frac{L_2}{M}$

가극성이므로 $\frac{L_2}{M}$ → (감극성일 경우 $-\frac{L_2}{M}$)

【정답】 ①

24. 그림과 같은 이상 변압기의 4단자 정수 $A,\ B,\ C,\ D$는 어떻게 표시되는가?

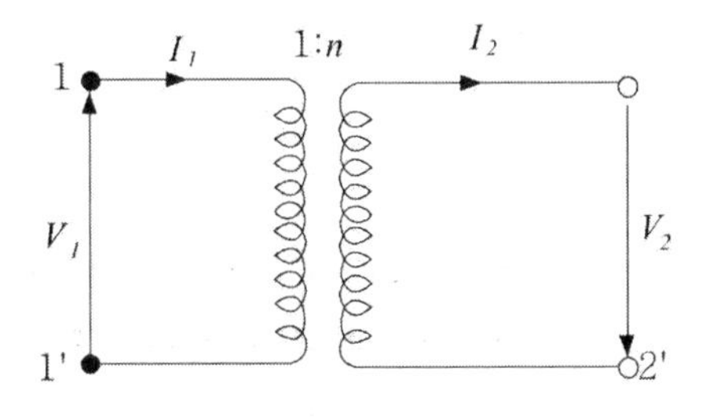

① $n,\ 0,\ 0,\ \frac{1}{n}$ ② $\frac{1}{n},\ 0,\ 0,\ \frac{1}{n}$

③ $\frac{1}{n},\ 0,\ 0,\ n$ ④ $n,\ 0,\ 1,\ \frac{1}{n}$

|정|답|및|해|설|

[이상 변압기의 4단자 정수]

권수비가 1:n 으로

$a = \frac{1}{n}$, 즉 승압용 변압기

$\frac{V_1}{V_2} = \frac{1}{n},\ \frac{I_1}{I_2} = n \qquad \therefore F = \begin{bmatrix} \frac{1}{n} & 0 \\ 0 & n \end{bmatrix}$

【정답】 ③

25. 이상 변압기를 포함하는 그림과 같은 회로의 4단자 정수 $\begin{bmatrix} A & B \\ C & D \end{bmatrix}$는?

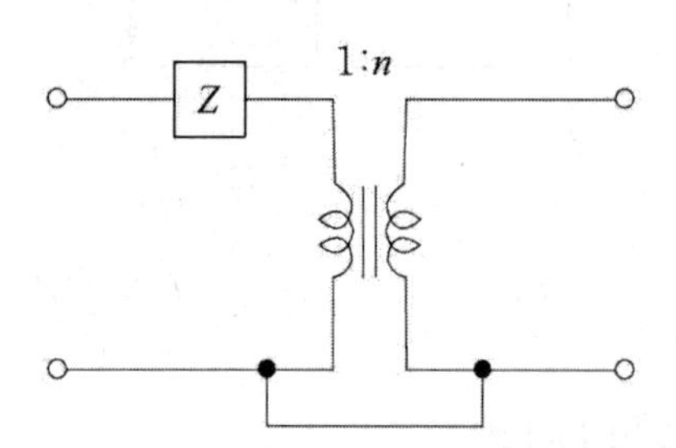

① $\begin{bmatrix} n & 0 \\ Z & \frac{1}{n} \end{bmatrix}$ ② $\begin{bmatrix} 0 & \frac{1}{n} \\ nZ & 0 \end{bmatrix}$

③ $\begin{bmatrix} \frac{1}{n} & nZ \\ 0 & n \end{bmatrix}$ ④ $\begin{bmatrix} n & 0 \\ \frac{Z}{n} & Z \end{bmatrix}$

|정|답|및|해|설|

[이상 변압기의 4단자 정수]

$$F = \begin{bmatrix} 1 & Z \\ 0 & 1 \end{bmatrix}\begin{bmatrix} \frac{1}{n} & 0 \\ 0 & n \end{bmatrix} = \begin{bmatrix} \frac{1}{n} & nZ \\ 0 & n \end{bmatrix}$$

【정답】 ③

※ $\begin{bmatrix} a & b \\ c & d \end{bmatrix}\begin{bmatrix} e & f \\ g & h \end{bmatrix} \rightarrow \begin{bmatrix} ae+bg & af+bh \\ ce+dg & cf+dh \end{bmatrix}$

26. 그림과 같은 종속 접속으로 된 4단자 회로망의 합성 4단자망의 4단자 정수의 표시 중 틀린 것은 어느 것인가?

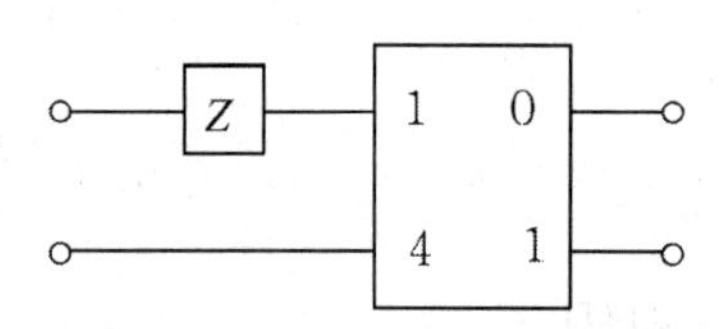

① $A = 1+4Z$ ② $B = Z$

③ $C = 4$ ④ $D = 1+Z$

|정|답|및|해|설|

$$F = \begin{bmatrix} 1 & Z \\ 0 & 1 \end{bmatrix}\begin{bmatrix} 1 & 0 \\ 4 & 1 \end{bmatrix} = \begin{bmatrix} 1+4Z & Z \\ 4 & 1 \end{bmatrix}$$

【정답】 ④

27. 그림과 같이 종속 접속된 4단자 회로의 합성 4단자 정수 중 D의 값은?

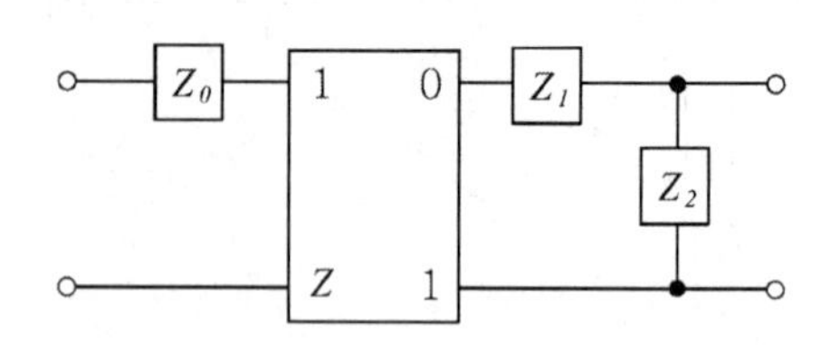

① ZZ_1+1

② $Z_1+Z_0ZZ_1+Z_0$

③ $Z+\frac{ZZ_1}{Z_1}+\frac{1}{Z_2}$

④ $Z_1+Z_0ZZ_1$

|정|답|및|해|설|

[4단자 회로의 합성 4단자 정수]

$$F = \begin{bmatrix} 1 & Z_0 \\ 0 & 1 \end{bmatrix}\begin{bmatrix} 1 & 0 \\ Z & 1 \end{bmatrix}\begin{bmatrix} 1 & Z_1 \\ 0 & 1 \end{bmatrix}\begin{bmatrix} 1 & 0 \\ \frac{1}{Z_2} & 1 \end{bmatrix}$$

$$= \begin{bmatrix} 1+Z_0Z & Z_0 \\ Z & 1 \end{bmatrix}\begin{bmatrix} 1 & Z_1 \\ 0 & 1 \end{bmatrix}\begin{bmatrix} 1 & 0 \\ \frac{1}{Z_2} & 1 \end{bmatrix}$$

$$= \begin{bmatrix} 1+Z_0Z & Z_1+Z_0ZZ_1+Z_0 \\ Z & ZZ_1+1 \end{bmatrix}\begin{bmatrix} 1 & 0 \\ \frac{1}{Z_2} & 1 \end{bmatrix}$$

$$= \begin{bmatrix} 1+Z_0Z & \frac{Z_1+Z_0ZZ_1+Z_0}{Z_2} \\ Z+\frac{ZZ_1+1}{Z_2} & ZZ_1+1 \end{bmatrix}$$

【정답】 ①

28. 그림과 같은 H형 회로의 4단자 정수 중 A의 값은 얼마인가?

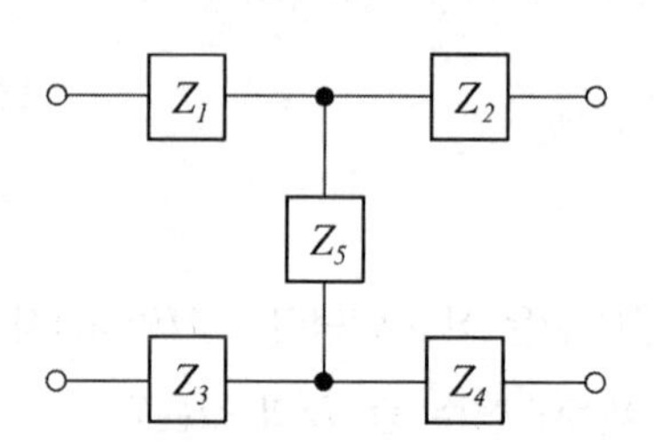

① Z_5　　② $\dfrac{Z_5}{Z_2+Z_4+Z_5}$

③ $\dfrac{1}{Z_5}$　　④ $\dfrac{Z_1+Z_3+Z_5}{Z_5}$

|정|답|및|해|설|

$$A = \left.\frac{V_1}{V_2}\right|_{I_2=0} \quad \rightarrow (V_1 = AV_2 + BI_2)$$

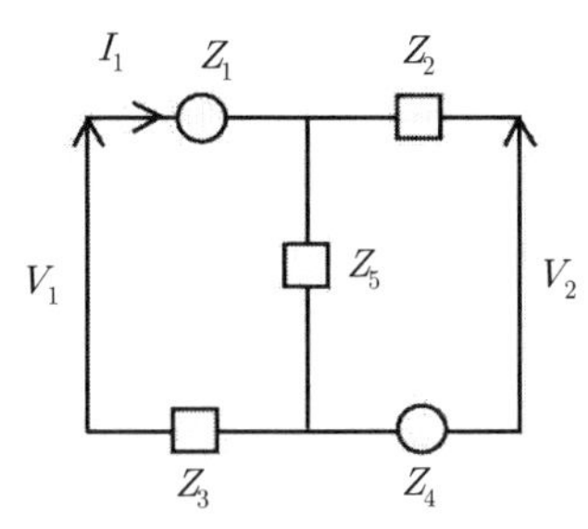

$$A = \frac{Z_1I_1+Z_5I_1+Z_3I_1}{Z_5I_1} = \frac{Z_1+Z_3+Z_5}{Z_5}$$

【정답】 ④

29. 그림의 대칭 T회로의 일반 4단자 정수가 다음과 같았다. $A=D=1.2$, $B=44[\Omega]$, $C=0.01[℧]$이다. 이때 임피던스 Z의 값을 구하면?

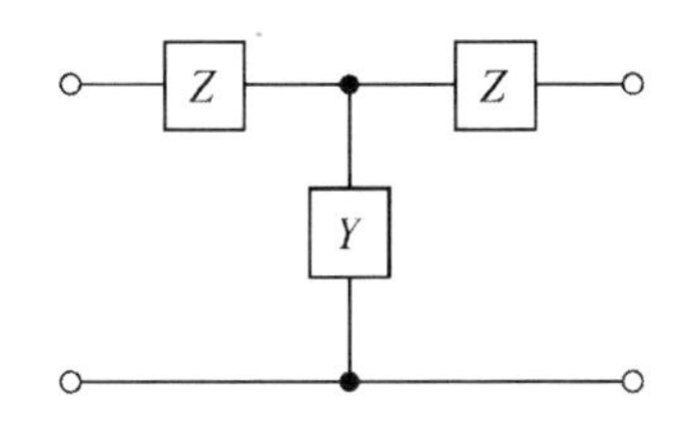

① 1.2　　② 12

③ 20　　④ 40

|정|답|및|해|설|

$A = D = 1+ZY = 1.2$ ....①

$C = Y = 0.1$.............................②

②번 값을 ①번식에 대입 $1+0.01Z = 1.2$

$0.01Z = 0.2 \quad \rightarrow \quad Z = \dfrac{2}{0.01} = 20$

【정답】 ③

30. 다음 그림은 이상적인 자이레이터(gyrator)로서 4단자 정수 A, B, C, D파라미터 행렬은? (단, 저항은 r이다.)

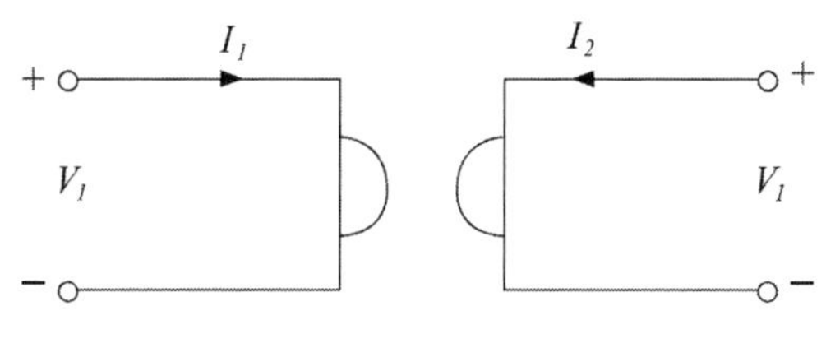

① $\begin{bmatrix} 0 & r \\ -r & 1 \end{bmatrix}$　　② $\begin{bmatrix} 0 & r \\ -\frac{1}{r} & 0 \end{bmatrix}$

③ $\begin{bmatrix} 0 & r \\ \frac{1}{r} & 0 \end{bmatrix}$　　④ $\begin{bmatrix} 1 & r \\ -r & 0 \end{bmatrix}$

|정|답|및|해|설|

[자이레이터 4단자 정수] $\begin{bmatrix} A & B \\ C & D \end{bmatrix} = \begin{bmatrix} 0 & a \\ \frac{1}{a} & 0 \end{bmatrix}$

$V_1 = I_1R_1 = aI_2 \rightarrow a = \dfrac{V_1}{I_2}$

【정답】 ③

31. 내부 임피던스가 순저항 6[Ω]인 전원과 120[Ω]의 순저항 부하 사이에 임피던스 정합을 위한 이상 변압기의 권선비는?

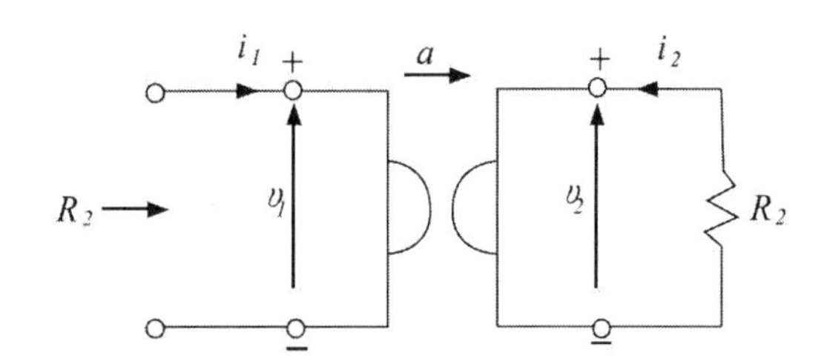

① $\dfrac{1}{\sqrt{20}}$　　② $\dfrac{1}{\sqrt{2}}$

③ $\dfrac{1}{20}$　　④ $\dfrac{1}{2}$

|정|답|및|해|설|

[권수비] $a = \frac{n_1}{n_2} = \sqrt{\frac{Z_1}{Z_2}} = \sqrt{\frac{6}{120}} = \sqrt{\frac{1}{20}}$

【정답】 ①

32. L형 4단자 회로망에서 4단자 정수가 $B=\frac{5}{3}$, $C=1$이고 영상 임피던스 $Z_{01}=\frac{20}{3}[\Omega]$일 때 영상 임피던스 $Z_{02}[\Omega]$의 값은?

① $\frac{1}{4}$　② $\frac{100}{9}$

③ 0　④ $\frac{9}{100}$

|정|답|및|해|설|

[4단자 회로망의 영상 임피던스(Z_{01}, Z_{02})]

$Z_{01} = \sqrt{\frac{AB}{CD}}$, $Z_{02} = \sqrt{\frac{DB}{CA}}$

$Z_{01} \times Z_{02} = \sqrt{\frac{AB}{CD}} \times \sqrt{\frac{DB}{CA}} = \frac{B}{C}$

$Z_{02} = \frac{B}{C} \times \frac{1}{Z_{01}} = \frac{5}{3} \times \frac{3}{20} = \frac{1}{4}$　【정답】 ①

33. L형 4단자 회로에서 4단자 정수가 $A=\frac{15}{4}$, $D=1$이고 영상 임피던스 $Z_{02}=\frac{12}{5}[\Omega]$일 때 영상 임피던스 $Z_{01}[\Omega]$의 값은?

① 12　② 9

③ 8　④ 6

|정|답|및|해|설|

[4단자 영상 임피던스]

$\frac{Z_{01}}{Z_{02}} = \frac{\sqrt{\frac{AB}{CD}}}{\sqrt{\frac{DB}{CA}}} = \frac{A}{D}$

$Z_{01} = \frac{A}{D} \times Z_{02} = \frac{15}{4} \times \frac{12}{5} = 9$　【정답】 ②

34. 어떤 4단자망의 입력 단자 1, 1′ 사이의 영상 임피던스 Z_{01}과 출력단자 2, 2′ 사이의 영상 임피던스 Z_{02}가 같게 되려면 4단자 사이에 어떠한 관계가 있어야 하는가?

① $AD=BC$　② $AB=CD$

③ $A=D$　④ $B=C$

|정|답|및|해|설|

[4단자 영상 임피던스] 대칭 회로에서는 $A=D$

$Z_{01}=Z_{02}$ 대칭 $A=D \rightarrow Z_{01}=Z_{02}=\sqrt{\frac{B}{C}}$

【정답】 ③

35. 대칭 4단자 회로에서 특성 임피던스는?

① $\sqrt{\frac{AB}{CD}}$　② $\sqrt{\frac{DB}{CA}}$

③ $\sqrt{\frac{B}{C}}$　④ $\sqrt{\frac{A}{D}}$

|정|답|및|해|설|

[대칭 4단자 회로에서 특성 임피던스] 대칭 회로는 A=D

$Z_{01} = \sqrt{\frac{AB}{CD}}$, $Z_{02} = \sqrt{\frac{DB}{CA}}$

$\therefore Z_{01} = Z_{02} = \sqrt{\frac{B}{C}}$　【정답】 ③

36. 그림과 같은 회로의 영상 임피던스 Z_{01}, Z_{02}는?

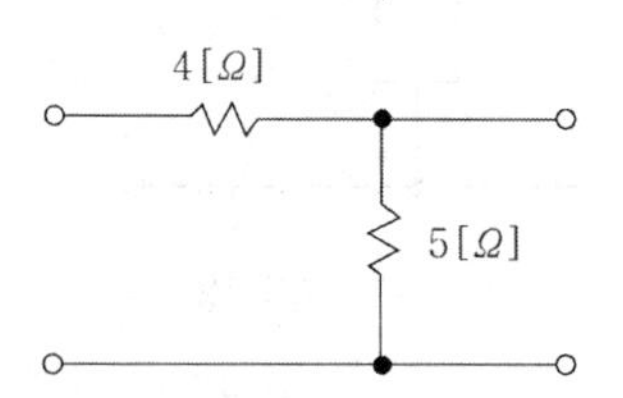

① $Z_{01}=9[\Omega]$, $Z_{02}=5[\Omega]$

② $Z_{01}=4[\Omega]$, $Z_{02}=5[\Omega]$

③ $Z_{01}=4[\Omega]$, $Z_{02}=\frac{20}{9}[\Omega]$

④ $Z_{01}=6[\Omega]$, $Z_{02}=\frac{10}{3}[\Omega]$

|정|답|및|해|설|

[영상 임피던스]

$A = 1+\frac{4}{5} = \frac{9}{5}$, $B = 4$, $C = \frac{1}{5}$, $D = 1$

$$Z_{01} = \sqrt{\frac{AB}{CD}} = \sqrt{\frac{\frac{9}{5}\times 4}{\frac{1}{5}\times 1}} = \sqrt{36} = 6$$

$$Z_{02} = \sqrt{\frac{DB}{CA}} = \sqrt{\frac{1\times 4}{\frac{1}{5}\times\frac{5}{9}}} = \sqrt{\frac{100}{9}} = \frac{10}{3}$$

【정답】 ④

37. 그림과 같은 L형 회로의 영상 임피던스 Z_{02}를 구하면 다음 어느 것이 되겠는가?

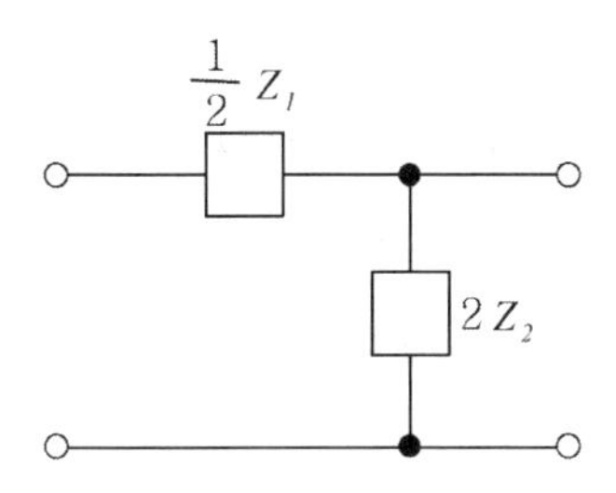

① $\sqrt{1+\frac{Z_1}{4Z_2}}$ ② $\sqrt{\frac{Z_1}{4Z_2}}$

③ $\sqrt{Z_1 Z_2 (1+\frac{Z_1}{4Z_2})}$ ④ $\sqrt{\frac{Z_1 Z_2}{1+\frac{Z_1}{4Z_2}}}$

|정|답|및|해|설|

[영상 임피던스] $Z_{02} = \sqrt{\frac{DB}{CA}}$

$A = 1+\frac{\frac{1}{2}Z_1}{2Z_2} = 1+\frac{Z_1}{4Z_2}$, $B = \frac{1}{2}Z_1$

$C = \frac{1}{2Z_2}$, $D = 1$

$$Z_{02} = \sqrt{\frac{DB}{CA}} = \sqrt{\frac{1\times\frac{1}{2}Z_1}{\frac{1}{2Z_2}\left(1+\frac{Z_1}{4Z_2}\right)}} = \sqrt{\frac{Z_1 Z_2}{1+\frac{Z_1}{4Z_2}}}$$

【정답】 ④

38. 다음과 같은 4단자 망에서 영상 임피던스는 몇[Ω]인가?

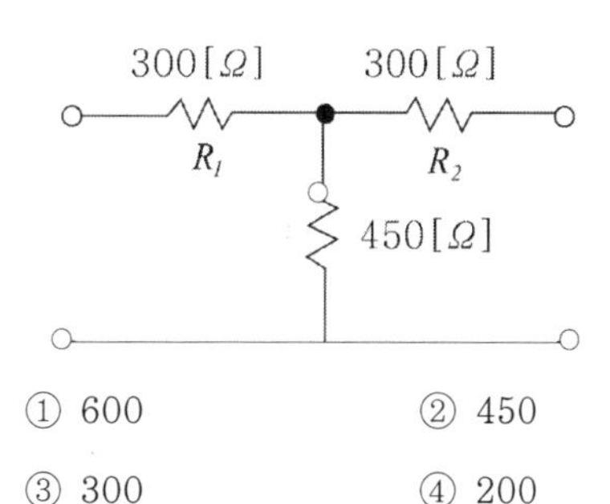

① 600 ② 450

③ 300 ④ 200

|정|답|및|해|설|

[대칭 회로] $A = D$

$A = D = 1+\frac{300}{450} = 1+\frac{2}{3} = \frac{5}{3}$

$B = 300+300+\frac{300\times 300}{450} = 800$

$C = \frac{1}{450}$

$$Z_{01} = Z_{02} = \sqrt{\frac{B}{C}} = \sqrt{\frac{800}{\frac{1}{450}}} = \sqrt{360000} = 600$$

【정답】 ①

39. 4단자 회로에서 4단자 정수를 A, B, C, D라 할 때 전달정수 θ는 어떻게 되는가?

① $\log_e(\sqrt{AB}+\sqrt{CD})$

② $\log_e(\sqrt{AB}-\sqrt{CD})$

③ $\log_e(\sqrt{AD}+\sqrt{BC})$

④ $\log_e(\sqrt{AD}-\sqrt{BC})$

|정|답|및|해|설|

[전달 정수] $\theta = \ln(\sqrt{AD}+\sqrt{BC}) = \cosh^{-1}\sqrt{AD}$

【정답】 ③

40. 그림과 같은 4단자 망의 영상 전달 정수 θ는?

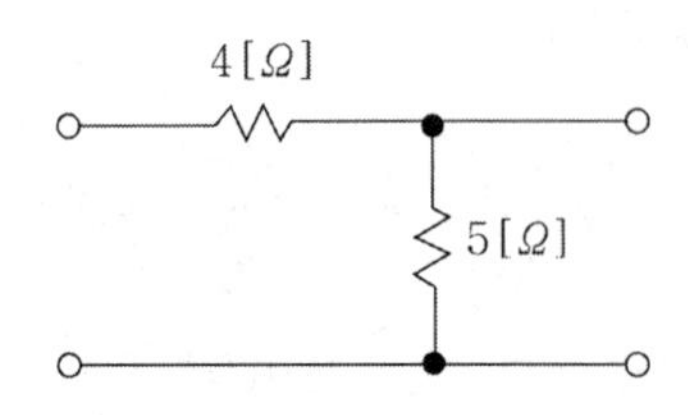

① $\sqrt{5}$　　② $\log_e \sqrt{5}$

③ $\log_e \frac{1}{\sqrt{5}}$　　④ $5\log_e \sqrt{5}$

|정|답|및|해|설|

[4단자 망의 영상 전달 정수]

$A = 1 + \frac{4}{5} = \frac{9}{5}, \quad B = 4, \quad C = \frac{1}{5}, \quad D = 1$

$\theta = \log_e(\sqrt{AD} + \sqrt{BC})$

$= \log_e\left(\sqrt{\frac{9}{5} \times 1} + \sqrt{4 \times \frac{1}{5}}\right)$

$= \log_e\left(\frac{3}{\sqrt{5}} + \frac{2}{\sqrt{5}}\right)$

$= \log_e\left(\frac{5}{\sqrt{5}}\right) = \log_e \sqrt{5}$

【정답】 ②

41. 전달정수 θ가 4단자 정수 A, B, C, D로 표시할 때 올바르게 표시된 것은?

① $\cosh\theta = \sqrt{BC}$

② $\sinh\theta = \sqrt{BC}$

③ $\cosh\theta = \sqrt{\frac{AD}{BC}}$

④ $\sinh\theta = \sqrt{AD}$

|정|답|및|해|설|

[4단자 망의 영상 전달 정수]

$\theta = \log_e(\sqrt{AD} + \sqrt{BC}) = \cosh^{-1}\sqrt{AD} = \sinh^{-1}\sqrt{BC}$

$\cosh\theta = \sqrt{AD}$

$\sinh\theta = \sqrt{BC}$

【정답】 ②

42. 4단자 정수 $A = \frac{5}{3}$, $B = 800[\Omega]$, $C = \frac{1}{450}[\mho]$, $D = \frac{5}{3}$일 때, 전달정수 θ는 얼마인가?

① $\log 5$　　② $\log 4$

③ $\log 3$　　④ $\log 2$

|정|답|및|해|설|

[4단자 망의 영상 전달 정수] $\theta = \log_e(\sqrt{AD} + \sqrt{BC})$

$\theta = \log_e\left(\sqrt{\frac{5}{3} \times \frac{5}{3}} + \sqrt{800 \times \frac{1}{450}}\right)$

$= \log_e\left(\frac{5}{3} + \frac{4}{3}\right) = \log_e\left(\frac{9}{3}\right) = \log_e 3$

【정답】 ③

43. T형 4단자 회로망에서 영상 임피던스 $Z_{01} = 75]\Omega]$, $Z_{02} = 3[\Omega]$이고 전달정수가 0일 때 이 회로의 4단자 정수 A의 값은?

① 2　　② 3

③ 4　　④ 5

|정|답|및|해|설|

[4단자 망의 영상 전달 정수]

$\frac{Z_{01}}{Z_{02}} = \frac{\sqrt{\frac{AB}{CD}}}{\sqrt{\frac{DB}{AC}}} = \frac{A}{D}$

$\frac{Z_{01}}{Z_{02}} = \frac{75}{3} = \frac{A}{D}, \quad \frac{A}{D} = 25$

$A = 25$ .... ①

$\cosh\theta = \sqrt{AD}$에서

$\theta = 0 \rightarrow \cosh\theta = \sqrt{AD}$

$1 = \sqrt{AD}$, $1 = AD$ .... ②

①번식을 ②번에 대입 $25D \cdot D = 1$

$25D^2 = 1 \rightarrow D^2 = \frac{1}{25} \rightarrow D = \frac{1}{5}$

$\therefore A = 5$

【정답】 ④

44. 영상 임피던스 및 전달정수 Z_{01}, Z_{02}, θ와 4단자 회로망의 정수 A, B, C, D와의 관계식 중 옳지 않은 것은?

① $A = \sqrt{\dfrac{Z_{01}}{Z_{02}}}\cosh\theta$

② $B = \sqrt{Z_{01}Z_{02}}\sinh\theta$

③ $C = \dfrac{1}{\sqrt{Z_{01}Z_{02}}}\cosh\theta$

④ $D = \sqrt{\dfrac{Z_{02}}{Z_{01}}}\cosh\theta$

|정|답|및|해|설|

[4단자 정수와 영상 파라미터와의 관계]

$A = \sqrt{\dfrac{Z_{01}}{Z_{02}}}\cdot\cosh\theta$, $B = \sqrt{Z_{01}\cdot Z_{02}}\cdot\sinh\theta$

$C = \dfrac{1}{\sqrt{Z_{01}Z_{02}}}\sinh\theta$, $D = \sqrt{\dfrac{Z_{02}}{Z_{01}}}\cdot\cosh\theta$

【정답】 ③

45. 정 K형 필터(여파기)에 있어서 임피던스 Z_1, Z_2는 공칭 임피던스 K와 어떤 관계가 있는가?

① $Z_1Z_2 = K$ ② $\dfrac{Z_1}{Z_2} = K$

③ $\sqrt{\dfrac{Z_2}{Z_1}} = K$ ④ $Z_1Z_2 = K^2$

|정|답|및|해|설|

[정 K형 필터(여파기)] $Z_1\cdot Z_2 = K^2$

【정답】 ④

46. 그림과 같은 정 K형 필터에서 공칭 임피던스 600[Ω]이고 차단 주파수가 40[kHz]일 때 L[mH]와 C[μF]는?

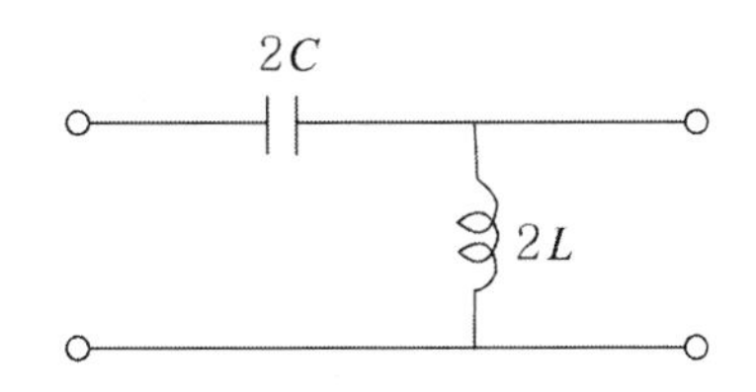

① $L = 1.119$, $C = 0.003$

② $L = 11.9$, $C = 0.033$

③ $L = 11.9$, $C = 0.0033$

④ $L = 1.19$, $C = 0.0033$

|정|답|및|해|설|

[정 K형 필터(고역 필터)]

$L = \dfrac{K}{4\pi f_c} = \dfrac{600}{4\pi\times 40\times 10^3} = 1.19$

$C = \dfrac{1}{4\pi f_c K} = \dfrac{1}{4\pi\times 40\times 10^3\times 600} = 0.0033$

【정답】 ④

47. 공칭 임피던스 $R = 600$[Ω], 차단 주파수 $f_h = 60$[kHz]인 정 K형 고역 필터에서 L값은?

① 1.592[mH] ② 0.796[mH]

③ 6.96[mH] ④ 0.0044[mH]

|정|답|및|해|설|

[정 K형 필터(고역 필터)] $C = \dfrac{1}{4\pi f_c K}$, $L = \dfrac{K}{4\pi f_c}$

$\dfrac{1}{2\omega C} = K$

$C = \dfrac{1}{4\pi f_c K} = \dfrac{1}{4\pi\times 40\times 10^3\times 600} = 0.0033\times 10^{-6}$

$2\omega L = K$

$L = \dfrac{K}{4\pi f_c} = \dfrac{600}{4\pi\times 40\times 10^3} = 1.19\times 10^{-3}$

$K = 600$

$2\omega L = K \rightarrow L = \dfrac{K}{4\pi f_c} = \dfrac{600}{4\pi\times 60\times 10^3} = 0.796[mH]$

【정답】 ②

48. 그림과 같은 회로망에서 Z_1을 4단자 정수에 의해 표시하면 어떻게 되는가?

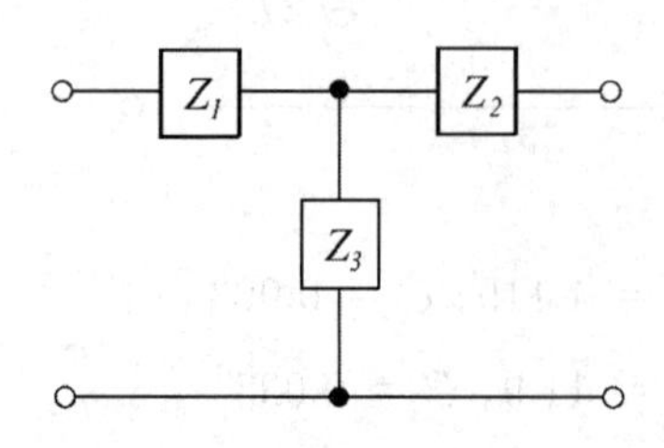

① $\frac{1}{C}$ ② $\frac{D-1}{C}$

③ $\frac{B-1}{C}$ ④ $\frac{A-1}{C}$

|정|답|및|해|설|

$A = 1 + \frac{Z_1}{Z_3} = 1 + CZ_1 \rightarrow \therefore Z_1 = \frac{A-1}{C}$,

【정답】 ④

Chapter 13

분포정수 회로

01 분포 정수 회로

(1) 분포 정수 회로

장거리 송전선로인 경우 선로정수를 집중정수로 해석하면 많은 오차가 발생하므로 아래 그림과 같이 전선로에 걸쳐서 골고루 분산되어 있는 분포정수로 선로를 해석하여야 오차를 줄일 수 있다.

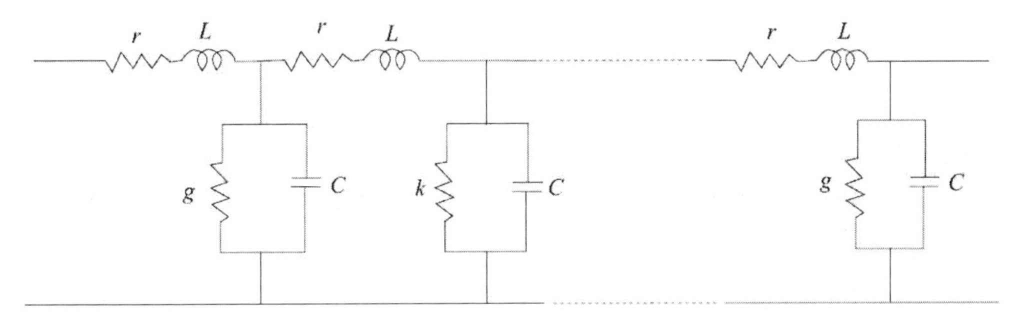

① 직렬 임피던스 : $Z = R + jwL = R + jX[\Omega]$

② 병렬 어드미턴스 : $Y = G + jwC = G + jB[℧]$

(2) 분포정수 회로의 4단자 정수

① $A = D = \cosh\gamma l$

② $B = Z_0 \sinh\gamma l$

③ $C = \frac{1}{Z_0}\sinh\gamma l$

(3) 장거리 송전 선로의 전압, 전류식(전파 방정식)

① 송전단 전압 : $E_s = \cosh\gamma l\, E_r + Z_0 \sinh\gamma l\, I_r$

② 송전단 전류 : $I_s = \frac{1}{Z_0}\sinh\gamma l\, E_r + \cosh\gamma l\, I_r$

02 특성(파동) 임피던스(Z_0)와 전파 정수(γ)

(1) 파동(특성) 임피던스 : Z_0

송전선을 이동하는 진행파에 대한 전압과 전류의 비로 그 송전선 특유의 값이다.

$$Z_0 = \sqrt{\frac{Z}{Y}} = \sqrt{\frac{R+jwL}{G+jwC}} = \sqrt{\frac{L}{C}}[\Omega]$$

여기서, Z : 단락 시 임피던스, Y : 개방 시 어드미턴스

(2) 전파 정수 : γ

$$\gamma = \sqrt{ZY} = \sqrt{(R+j\omega L)(G+j\omega C)} = \sqrt{RG} + j\omega\sqrt{LC} = a + j\beta$$

여기서, a : 감쇄 정수(송전단에서 수전단으로 갈수록 전압이 감쇠되는 특성 정수)

β : 위상 정수(송전단에서 수전단으로 갈수록 위상이 지연되는 특성 정수)

핵심기출 【기사】 04/3 06/1 08/1 08/2 12/1 19/3 【산업기사】 04/1 09/3 10/2

전송 선로에서 무손실일 때 L=96[mH], C=0.6[μF]이면 특성 임피던스는 몇 [Ω]인가?

① 400 ② 500 ③ 600 ④ 700

정답 및 해설 [특성 임피던스(Z_0)] $Z_0 = \sqrt{\frac{Z}{Y}} = \sqrt{\frac{12+j\omega L}{G+j\omega C}} = \sqrt{\frac{L}{C}}$

$Z_0 = \sqrt{\frac{L}{C}} = \sqrt{\frac{96\times 10^{-3}}{0.6\times 10^{-6}}} = 400[\Omega]$ → (무손실이므로 $R=G=0$)

【정답】 ①

03 무손실 선로(손실이 없는 선로)와 무왜형 선로

(1) 무손실 선로 (손실이 없는 선로)

전선의 저항과 누설 컨덕턴스가 극히 작아($R=G\fallingdotseq 0$) 전력 손실이 없는 회로

① 조건 : $R=0$, $G=0$

② 특성 임피던스 : $Z_0 = \sqrt{\frac{Z}{Y}} = \sqrt{\frac{L}{C}}[\Omega]$

③ 전파 정수 : $\gamma = a + j\beta = j\omega\sqrt{LC}$ → $C = \frac{\gamma^2}{(j\omega)^2 L}$

$\therefore \alpha = 0$, $\beta = \omega\sqrt{LC}$

④ 파장 : $\lambda = \frac{2\pi}{\beta} = \frac{2\pi}{\omega\sqrt{LC}} = \frac{1}{f\sqrt{LC}}[m]$

⑤ 전파 속도 : $v = \frac{\omega}{\beta} = \frac{\omega}{\omega\sqrt{LC}} = \frac{1}{\sqrt{LC}}$ [m/sec]

핵심기출 【기사】 13/3 19/2 【산업기사】 04/1 09/3 10/2

1[km]당의 인덕턴스 30[mH], 정전용량 0.007[μF]의 선로가 있을 때 무손실 선로라고 가정한 경우의 위상속도[km/sec]는?

① 약 6.9×10^3　② 약 6.9×10^4

③ 약 6.9×10^2　④ 약 6.9×10^5

정답 및 해설 [무손실 선로(전파(위상) 속도] $v = \frac{\omega}{\beta} = \frac{\omega}{\omega\sqrt{LC}} = \frac{1}{\sqrt{LC}}$ [m/sec]

$$v = \frac{1}{\sqrt{LC}} = \frac{1}{\sqrt{30\times10^{-3}\times0.007\times10^{-6}}} = \frac{1}{\sqrt{2.1\times10^{-10}}} = 6.9\times10^4[km/sec]$$

【정답】 ②

(2) 무왜형 선로

파형의 일그러짐이 없는 회로 ($LG=RC$ 조건 성립)

① 조건 : $\frac{R}{L} = \frac{G}{C} \rightarrow LG = RC$

② 특성 임피던스 : $Z_0 = \sqrt{\frac{R+jwL}{G+jwC}} = \sqrt{\frac{L}{C}}[\Omega]$

③ 전파정수 : $\gamma = a + j\beta = \sqrt{RG} + jw\sqrt{LC}$

$\therefore$ a(감쇄정수)=$\sqrt{RG}$, β(위상정수)=$\omega\sqrt{LC}$

④ 파장 : $\lambda = \frac{2\pi}{\beta} = \frac{2\pi}{w\sqrt{LC}} = \frac{1}{f\sqrt{LC}}$ [m]

⑤ 전파속도 : $v = \frac{w}{\beta} = \frac{w}{w\sqrt{LC}} = \frac{1}{\sqrt{LC}}$ [m/sec]

[무손실 회로와 무왜형 회로의 비교]

	무손실 선로	무왜형 선로
조건	$R=0,\ G=0$	$\frac{R}{L}=\frac{G}{C}$
특성 임피던스	$Z_0=\sqrt{\frac{Z}{Y}}=\sqrt{\frac{L}{C}}$	$Z_0=\sqrt{\frac{Z}{Y}}=\sqrt{\frac{L}{C}}$
전파정수	$\gamma=\sqrt{ZY},\ \alpha=0,\ \beta=\omega\sqrt{LC}$	$\gamma=\sqrt{ZY},\ \alpha=\sqrt{RG},\ \beta=\omega\sqrt{LC}$
위상속도	$v=\frac{\omega}{\beta}=\frac{\omega}{\omega\sqrt{LC}}=\frac{1}{\sqrt{LC}}$	$v=\frac{\omega}{\beta}=\frac{\omega}{\omega\sqrt{LC}}=\frac{1}{\sqrt{LC}}$

핵심기출 【기사】 09/1 10/2

분포 정수 회로에서 저항 0.5[Ω/km], 인덕턴스 1[μH/km], 정전용량 6[μF/km], 길이 250[km]의 송전선로가 있다. 무왜형 선로가 되기 위해서는 컨덕턴스[℧/km]는 얼마가 되어야 하는가?

① 1 ② 2 ③ 3 ④ 4

정답 및 해설 [무왜형 회로] 조건 $\frac{R}{L} = \frac{G}{C} \rightarrow LG = RC$

$G = \frac{RC}{L} = \frac{0.5 \times 6 \times 10^{-6}}{1 \times 10^{-6}} = 3[℧/km]$ 【정답】 ③

04 반사계수(ρ), 투과계수(σ) 및 정재파 비(S)

(1) 반사계수(ρ)

① 반사파 전압 $e_r = \frac{Z_2 - Z_1}{Z_2 + Z_1} e_i$ → (e_i : 입사파 전압)

② 전압 반사계수 $\rho = \frac{\text{반사파}}{\text{입사파}} = \frac{Z_L - Z_0}{Z_L + Z_0}$

③ 전류 반사계수 $\rho = \frac{I_2}{I_1} = \frac{Z_0 - Z_L}{Z_0 + Z_L}$

여기서, Z_0 : 특성 임피던스, Z_L : 부하 임피던스

※무한장 선로의 경우에는 $Z_L = Z_0$이므로 반사계수 $\rho = 0$이다.

(2) 투과계수(σ)

① 투과파 전압 $e_t = \frac{2Z_2}{Z_2 + Z_1} e_i$ → (e_i : 입사파 전압)

② 전압 투과계수 $\sigma = \frac{\text{투과파}}{\text{입사파}} = \frac{2Z_L}{Z_L + Z_0} = 1 + \rho$

③ 전류 투과계수 $\sigma = \frac{\text{투과파}}{\text{입사파}} = \frac{2Z_0}{Z_L + Z_0} = 1 + \rho$

(3) 정재파비(S)

① 정재파

자유 공간에서 전계와 자계는 모든 z에 대하여 90° 의 위상차를 가지고 있으며, 파형은 일정한 점에서 정지한 채로 진행하지 않고 진폭만 시간에 다라 변화하고 있는 것처럼 보이는 데 이러한 파를 정재파라 한다.

② 정재파 비

정재파의 최소값과 최대값의 비이다.

정재파비 $S=\dfrac{1+\text{반사계수}}{1-\text{반사계수}}=\dfrac{1+|\rho|}{1-|\rho|}$

핵심기출 【기사】 05/1 09/2 16/3

전송 선로의 특성 임피던스가 100[Ω]이고, 부하저항이 400[Ω]일 때 전압 정재파비 S는 얼마인가?

① 0.25　② 0.6　③ 1.67　④ 4

정답 및 해설 [정재파 비] $S=\dfrac{1+\text{반사계수}}{1-\text{반사계수}}=\dfrac{1+|\rho|}{1-|\rho|}$

반사계수 $\rho=\dfrac{Z_R-Z_0}{Z_R+Z_0}=\dfrac{400-100}{400+100}=\dfrac{3}{5}=0.6$

정재파 비 $S=\dfrac{1+|\rho|}{1-|\rho|}=\dfrac{1+0.6}{1-0.6}=4$ 【정답】 ④

Chapter 13

시험 전 반드시 체크해야 할

단원 핵심 체크

01 분포 정수 회로에서 직렬 임피던스를 Z, 병렬 어드미턴스를 Y라 할 때, 선로의 특성 임피던스 $Z_0 =$(   )[Ω] 이다.

02 송전 선로의 특성 임피던스를 Z_0[Ω], 전파 정수를 α라 할 때 이 선로의 직렬 임피던스 $Z =$(   )[Ω] 이다.

03 특성 임피던스 $Z_0 = \sqrt{\frac{Z}{Y}}$ 에서 Z는 (①   ) 시 임피던스, Y는 (②   ) 시 어드미턴스를 의미한다.

04 단위 길이당 직렬 임피던스 및 병렬 어드미턴스가 각각 Z 및 Y 인 전송 선로의 전파 정수 $\lambda =$(   ) 이다.

05 무손실 선로에 있어서 감쇠 정수 α , 위상 정수를 β 라 하면 $\alpha =$(①   ), $\beta =$(②   ) 이다. (단, R, G, L, C는 선로 단위 길이당의 저항, 콘덕턴스, 인덕턴스, 커패시턴스이다.)

06 무손실 분포 정수 선로의 인덕턴스가 1[$\mu H/m$]이고 정전 용량이 400[pF/m]일 때 특성 임피던스 $Z_0 =$(   )[Ω] 이다.

07 분포정수 선로에서 위상 정수를 $\beta[rad/m]$라 할 때 파장 $\lambda =$(   ) 이다.

08 어떤 송전 선로가 무손실 선로일 때 감쇠 정수 $\alpha =$(   ) 이다.

09 분포 정수 회로에서 무왜형 조건이 성립하면 감쇠량 α가 (   )로 된다.

10 분포 정수 회로에서 선로 정수가 R, L, C, G 이고 무왜형 조건이 $RC = GL$과 같은 관계가 성립될 때 선로의 특성 임피던스 Z_0 =(   ) 이다.

11 분포 정수 회로에서 저항 0.5[Ω/km], 인덕턴스 1[μH/km], 정전 용량 6[μF/km], 길이 250[km]의 송전 선로가 있다. 무왜형 선로가 되기 위해서는 컨덕턴스 G=(   )[℧/km] 이다.

12 반사 계수 $\rho = \dfrac{Z_R - Z_0}{Z_R + Z_0}$일 때, 정재파 비 S=(   )로 구할 수 있다.

정답

(1) $\sqrt{\dfrac{Z}{Y}}$	(2) $Z_0 \cdot \alpha$	(3) ① 단락, ② 개방
(4) $\sqrt{YZ}$	(5) ① 0, ② $\omega\sqrt{LC}$	(6) 50
(7) $\dfrac{2\pi}{\beta}$	(8) 0	(9) 최소
(10) $\sqrt{\dfrac{L}{C}}$	(11) 3	(12) $\dfrac{1+\lvert\rho\rvert}{1-\lvert\rho\rvert}$

Chapter 13

기출문제에서 뽑은 최다 빈출

적중 예상문제

1. 선로의 단위 길이의 분포 인덕턴스, 저항, 정전용량, 누설 콘덕턴스를 각각 L, r, C 및 g로 할 때 특성 임피던스는?

① $(r+jwL)(g+jwC)$

② $\sqrt{(r+jwL)(g+jwC)}$

③ $\sqrt{\frac{r+jwL}{g+jwC}}$

④ $\sqrt{\frac{g+jwC}{r+jwL}}$

|정|답|및|해|설|

[특성 임피던스] $Z_0 = \sqrt{Z_{ss} \cdot Z_{so}} = \sqrt{\frac{Z}{Y}} = \sqrt{\frac{r+jwL}{g+jwC}}$

【정답】 ③

2. 단위 길이 당 임피던스 및 어드미턴스가 각각 Z 및 Y인 전송 선로의 특성 임피던스는?

① $\sqrt{ZY}$ ② $\sqrt{\frac{Z}{Y}}$

③ $\sqrt{\frac{Y}{Z}}$ ④ $\frac{Y}{Z}$

|정|답|및|해|설|

[특성 임피던스] $Z_0 = \sqrt{\frac{Z}{Y}} = \sqrt{\frac{R+jwL}{G+jwC}}$

【정답】 ②

3. 선로의 1차 상수를 1[m]로 환산했을 때, $L = 2$ [μH/m], $C = 6$[pF/m]으로 되는 무손실 선로가 있다. 주파수 800[MHz]의 전류가 가해진다고 하면 특성 임피던스는 약 얼마인가?

① 257[Ω] ② 367[Ω]

③ 476[Ω] ④ 577[Ω]

|정|답|및|해|설|

[특성 임피던스] $Z_0 = \sqrt{\frac{L}{C}}$

→ ($R = G = 0$인 무손실 일 때)

$Z_0 = \sqrt{\frac{2\times 10^{-6}}{6\times 10^{-12}}} = 577[\Omega]$

【정답】 ④

4. 단위 길이 당 인덕턴스 L[H], 커패시턴스 C [μF]의 가공선의 특성 임피던스는?

① $\sqrt{\frac{C}{L}}\times 10^2[\Omega]$ ② $\sqrt{\frac{C}{L}}\times 10^3[\Omega]$

③ $\sqrt{\frac{L}{C}}\times 10^3[\Omega]$ ④ $\sqrt{\frac{1}{LC}}\times 10^2[\Omega]$

|정|답|및|해|설|

[특성 임피던스] $Z_0 = \sqrt{\frac{L}{C}}$

$Z_0 = \sqrt{\frac{L}{C\times 10^{-6}}} = \sqrt{\frac{L}{C}}\times 10^3$

【정답】 ③

5. 그림과 같은 회로에서 특성 임피던스 Z_0는?

2[Ω] 2[Ω]

Z_0 → 3[Ω]

① $1[\Omega]$　　② $2[\Omega]$
③ $3[\Omega]$　　④ $4[\Omega]$

|정|답|및|해|설|

[특성 임피던스] $Z_0 = \sqrt{Z_{ss} \cdot Z_{so}}$

① Z_{ss} : 수전단 단락(short)시키고 송전단에서 본 Z
〈등가회로〉

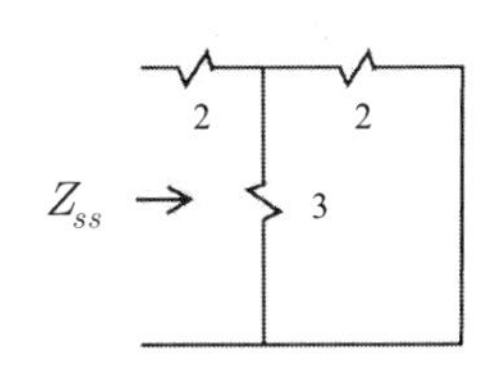

$\rightarrow Z_{ss} = 2 + (3 \| 2) = 2 + \frac{3 \times 2}{3+2} = 2 + 1.2 = 3.2[\Omega]$

② Z_{so} : 수전단 개방 (open)시키고 송전단에서 본 Z
〈등가회로〉

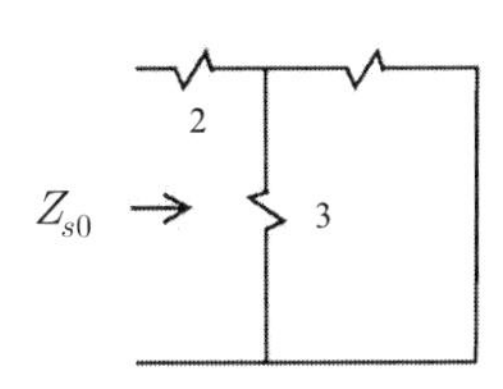

$\rightarrow Z_{so} = 2 + 3 = 5[\Omega]$

③ $Z_o = \sqrt{3.2 \times 5} = \sqrt{16} = 4[\Omega]$

【정답】 ④

6. 유한장의 송전 선로가 있다. 수전단을 단락시키고 송전단에서 측정한 임피던스는 $j250[\Omega]$, 또 수전단을 개방시키고 송전단에 측정한 어드미턴스는 $j1.5 \times 10^{-3}[\mho]$이다. 이 송전선로의 특성 임피던스는 약 얼마인가?

① $2.45 \times 10^{-3}[\Omega]$　　② $408.25[\Omega]$
③ $j0.612[\Omega]$　　④ $6 \times 10^{-6}[\Omega]$

|정|답|및|해|설|

[특성 임피던스] $Z_o = \sqrt{Z_{ss} \cdot Z_{so}} = \sqrt{\frac{Z}{Y}}$

$Z_o = \sqrt{\frac{Z}{Y}} = \sqrt{\frac{j250}{j1.5 \times 10^{-3}}} = 408.25[\Omega]$

【정답】 ②

7. 통신선로의 종단을 개방했을 때의 입력 임피던스를 Z_f, 종단을 단락했을 때의 입력 임피던스를 Z_s라고 하면 특성 임피던스 Z_0를 표시하는 것은?

① $\frac{Z_f}{Z_s}$　　② $\sqrt{\frac{Z_s}{Z_f}}$
③ $Z_f Z_s$　　④ $\sqrt{Z_f Z_s}$

|정|답|및|해|설|

[특성 임피던스] $Z_o = \sqrt{Z_{ss} \cdot Z_{so}} = \sqrt{\frac{Z}{Y}}$

$Z_0 = \sqrt{\frac{Z}{Y}} = \sqrt{\frac{Z_s}{\frac{1}{Z_f}}} = \sqrt{Z_f Z_s}$

【정답】 ④

8. 무손실 분포 정수 선로에 대한 설명 중 옳지 않은 것은?

① 전파 정수 r는 $jw\sqrt{LC}$이다.
② 진행파의 전파 속도는 $\sqrt{LC}$이다.
③ 특성 임피던스는 $\sqrt{\frac{L}{C}}$이다.
④ 파장은 $\frac{1}{f\sqrt{LC}}$이다.

|정|답|및|해|설|

[무손실 분포 정수 선로]

특성 임피던스에서 무손실은 $\sqrt{\frac{L}{C}}$

진행파의 전파속도 $v = \frac{1}{\sqrt{LC}}$

【정답】 ②

9. 다음 분포정수 전송 회로에 대한 서술에서 옳지 않은 것은?

① $\frac{R}{L}=\frac{G}{C}$인 회로를 무왜형 회로라 한다.

② $R=G=0$인 회로를 무손실 회로라 한다.

③ 무손실 회로, 무왜형 회로의 감쇠 정수는 $\sqrt{RG}$이다.

④ 무손실 회로, 무왜형 회로에서의 위상 속도는 $\frac{1}{\sqrt{LC}}$이다.

|정|답|및|해|설|

[무손실 분포정수 선로] 조건 $R=G=0$

【정답】 ③

10. 위상정수 $\beta=2.5$[rad/km], 각주파수 $w=20$[rad/s]일 때의 위상속도는 몇 [m/s]인가?

① 8 ② 80

③ 800 ④ 8,000

|정|답|및|해|설|

[위상속도] $v=\frac{w}{\beta}$

$v=\frac{w}{\beta}=\frac{20[rad/s]}{2.5[rad/1000m]}=\frac{20000}{2.5}=8000[\text{m/s}]$

【정답】 ④

11. 분포정수 회로에서 위상정수가 β라 할 때 파장 λ는?

① $2\pi\beta$ ② $\frac{2\pi}{\beta}$

③ $4\pi\beta$ ④ $\frac{4\pi}{\beta}$

|정|답|및|해|설|

[파장] $\lambda=\frac{2\pi}{\beta}$

【정답】 ②

12. 선로의 저항 R과 콘덕턴스 G가 동시에 0이 되었을 때 전파 정수 γ과 관계있는 것은?

① $\gamma=jw\beta\sqrt{LC}$ ② $L=jwL\sqrt{\frac{C}{\gamma}}$

③ $C=\frac{\gamma^2}{(jw)^2L}$ ④ $\beta=jw\gamma\sqrt{LC}$

|정|답|및|해|설|

[전파 정수] $\gamma=\sqrt{Z\cdot Y}=\sqrt{(R+jwL)(G+jwC)}$

무손실 → $\gamma=jw\sqrt{LC}$ → (양변 제곱)

$\gamma^2=(jw)^2\cdot LC$ → $\therefore C=\frac{\gamma^2}{(jw)^2\cdot L}$

【정답】 ③

13. 분포정수 회로에서 선로의 특성 임피던스 Z_0, 전파 정수를 γ라 할 때 선로의 직렬 임피던스는?

① $\frac{Z_0}{\gamma}$ ② $\frac{\gamma}{Z_0}$

③ $\sqrt{\gamma Z_0}$ ④ γZ_0

|정|답|및|해|설|

[직렬 임피던스] $\gamma Z_0=\sqrt{Z\cdot Y}\cdot\sqrt{\frac{Z}{Y}}=Z$

【정답】 ④

14. 무손실 선로에서 다음 중 옳지 않은 것은?

① $G=0$ ② $\alpha=0$

③ $Z=\sqrt{\frac{L}{C}}$ ④ $\beta=\sqrt{LC}$

|정|답|및|해|설|

[무손실 선로] 전파정수 $\gamma=jw\sqrt{LC}$

【정답】 ④

15. 무손실 선로가 되기 위한 조건 중 옳지 않은 것은?

① $Z_0 = \sqrt{\frac{L}{C}}$　　② $\gamma = \sqrt{ZY}$

③ $\alpha = w\sqrt{LC}$　　④ $v = \frac{1}{\sqrt{LC}}$

|정|답|및|해|설|

[무손실 선로] 조건

α : 감쇠 정수 = 0 → $(R = G = 0)$

【정답】 ③

16. 전송선로에 무손실일 때 $L = 96$[mH], $C = 0.6$[μF]이면 특성 임피던스는 얼마인가?

① 500[Ω]　　② 400[Ω]

③ 300[Ω]　　④ 200[Ω]

|정|답|및|해|설|

[특성 임피던스(무손실)] $Z_0 = \sqrt{\frac{L}{C}}$

$Z_0 = \sqrt{\frac{L}{C}} = \sqrt{\frac{96 \times 10^{-3}}{0.6 \times 10^{-6}}} = 400[\Omega]$

【정답】 ②

17. 무손실 선로의 분포 정수 회로에서 감쇠 정수 α와 β의 값은?

① $\alpha = \sqrt{RG}, \beta = w\sqrt{LC}$

② $\alpha = 0, \beta = w\sqrt{LC}$

③ $\alpha = \sqrt{RG}, \beta = 0$

④ $\alpha = 0, \beta = \frac{1}{\sqrt{LC}}$

|정|답|및|해|설|

[무손실 선로의 분포 정수] $\alpha = 0,\ \beta = \omega\sqrt{LC}$

【정답】 ②

18. 무한장 무손실 전송선로에서 어느 지점의 전압이 10[V]이었다. 이 선로의 인덕턴스가 4[μH/m]이고, 커패시턴스가 0.01[μF/m]일 때, 이 지점에서의 전류는 몇 [A]인가?

① 0.1　　② 0.5

③ 1　　④ 2

|정|답|및|해|설|

[무손실 선로] 특성 임피던스 $Z_0 = \sqrt{\frac{Z}{Y}} = \sqrt{\frac{L}{C}}[\Omega]$

$Z_o = \sqrt{\frac{L}{C}} = \sqrt{\frac{4 \times 10^{-6}}{0.01 \times 10^{-6}}} = \sqrt{400} = 20$

$i = \frac{V}{Z_0} = \frac{10}{20} = 0.5[A]$

【정답】 ②

19. 수전단 개방의 무손실 선로에 있어서 입력 임피던스의 절대값을 특성 임피던스와 같게 하려면 선로의 길이를 파장의 몇 배로 하면 되는가?

① $\frac{1}{2}\lambda$　　② $\frac{1}{4}\lambda$

③ $\frac{1}{6}\lambda$　　④ $\frac{1}{8}\lambda$

|정|답|및|해|설|

[무손실 선로] 파장 : $\lambda = \frac{2\pi}{\beta} = \frac{2\pi}{\omega\sqrt{LC}} = \frac{1}{f\sqrt{LC}}[m]$

입력 임피던스=Z_0 → $Z = Z_0 \coth j\beta$

$\gamma = j\omega\sqrt{LC} = j\beta$

$Z_0 = \sqrt{\frac{L}{C}} \coth j\beta = \sqrt{\frac{L}{C}}$

$\coth j\beta = 1 \rightarrow \cot\beta l = 1$

$\beta l = \frac{\pi}{4} \quad \rightarrow \quad l = \frac{\pi}{4\beta} = \frac{\pi}{4\frac{2\pi}{\lambda}} = \frac{\lambda}{8}$

【정답】 ④

20. 전송선로의 단위 길이에 대한 저항을 R, 인덕턴스를 L, 콘덕턴스를 G, 정전 용량을 C라고 할 때 송전단에 보낸 신호와 수전단에 나타나는 신호가 파형이 같으려면 다음의 어떤 관계가 성립하여야 하는가?

① $\frac{R}{L} > \frac{G}{C}$　　② $\frac{R}{L} = \frac{G}{C}$

③ $\frac{R}{L} < \frac{G}{C}$　　④ $\frac{R}{L} \neq \frac{G}{C}$

|정|답|및|해|설|

[무왜형 조건] $LG = RC$

$\therefore \frac{R}{L} = \frac{G}{C}$ 【정답】 ②

21. 무왜형 선로를 설명하는 것 중 맞는 것은?

① 특성 임피던스가 주파수의 함수이다.

② 감쇠정수는 0이다.

③ $LR = GC$의 관계가 있다.

④ 위상속도 v는 주파수에 관계가 없다.

|정|답|및|해|설|

[무왜형 선로] $v = \frac{1}{\sqrt{LC}}$ 이므로 주파수에 무관하다.

① 특성 임피던스 $Z_0 = \sqrt{\frac{L}{C}}[\Omega]$

② 감쇠정수 $\alpha = \sqrt{RG}$

③ $LG = RC$

【정답】 ④

22. 분포정수 회로에 있어서 선로의 단위 길이 당 저항을 10[Ω], 인덕턴스 0.5[H], 누설 콘덕턴스 0.2[℧]라 할 때 일그러짐이 없는 조건을 만족하기 위한 정전용량은 몇 [F]인가?

① 0.01　　② 0.04

③ 0.1　　④ 0.25

|정|답|및|해|설|

[무왜형 조건] 일그러짐이 없는 조건 : $\frac{R}{L} = \frac{G}{C}$ 또는 $LG = RC$

$C = \frac{LG}{R} = \frac{0.5 \times 0.2}{10} = 0.01$ 【정답】 ①

23. 위상 정수 β = 6.28[rad/km]일 때 파장은?

① 1[km]　　② 2[km]

③ 3[km]　　④ 4[km]

|정|답|및|해|설|

[파장] $\lambda = \frac{2\pi}{\beta} = \frac{2\pi\,[rad]}{6.28\,[rad/1000m]} = 1000[m] = 1[km]$

【정답】 ①

24. 위상 정수가 $\frac{\pi}{8}$[rad/m]인 선로의 1[MHz]에 대한 전파 속도는?

① 1.6×10^7[m/s]　　② 9×10^7[m/s]

③ 10×10^7[m/s]　　④ 11×10^7[m/s]

|정|답|및|해|설|

[전파 속도] $v = \frac{\omega}{\beta}$, $\beta = \frac{\pi}{8}$

$v = \frac{w}{\beta} = \frac{2\pi \times 10^6}{\frac{\pi}{8}} = 16 \times 10^6 = 1.6 \times 10^7[m/s]$

【정답】 ①

25. 분포 정수 회로에서 A, B, C, D 사이의 관계식은?

① $AD - BC = 1$　　② $AD - BC = 0$

③ $AB - BC = 1$　　④ $AB - DC = 1$

|정|답|및|해|설|

[분포정수 회로] $AD - BC = 1$ 【정답】 ①

26. 분포정수 회로에서 4단자 정수 중 B값은?

① $\cosh\gamma l$　　② $\frac{1}{Z_0}\sinh\gamma l$

③ $Z_0\sinh\gamma l$　　④ $\sinh\lambda l$

|정|답|및|해|설|

[분포정수 회로의 4단자 정수]

① $A=D=\cosh\gamma l$　　② $B=Z_0\sinh\gamma l$

③ $C=\frac{1}{Z_0}\sinh\gamma l$

【정답】 ③

27. 전송 선로의 특성 임피던스가 50[Ω]이고 부하 저항이 150[Ω]이면 부하에서의 반사계수는?

① 0　　② 0.5

③ 0.7　　④ 1

|정|답|및|해|설|

[반사계수(ρ)] $\rho=\frac{Z_L-Z_O}{Z_L+Z_O}$

$\rho=\frac{150-50}{150+50}=\frac{100}{200}=0.5$

【정답】 ②

28. 특성 임피던스 400[Ω]의 회로 말단에 1,200[Ω]의 부하가 연결되어 있다. 전원측에 10[kV]의 전압을 인가할 때 반사파의 크기는? (단, 선로에서의 전압 감쇠는 없는 것으로 간주한다.)

① 3.3[kV]　　② 5[kV]

③ 10[kV]　　④ 33[kV]

|정|답|및|해|설|

[반사파 전압] $e_r=\frac{Z_2-Z_1}{Z_2+Z_1}e_i$

$e_r=\frac{Z_2-Z_1}{Z_2+Z_1}\cdot e_i=\frac{1200-400}{1200+400}\times 10[\text{kV}]=5[\text{kW}]$

【정답】 ②

29. 무한히 긴 전송 회로의 반사 계수는?

① 0　　② 0.2

③ 0.3　　④ 1

|정|답|및|해|설|

[반사계수(ρ)] $\rho=\frac{Z_L-Z_O}{Z_L+Z_O}$

무한히 긴 전송회로 : $Z_L=Z_O$ →(반사가 없다.)

【정답】 ①

30. $Z_L=3Z_0$인 선로의 반사 계수 ρ 및 전압 정재파비 s를 구하면? (단, Z_L : 부하 임피던스, Z_0 : 선로의 특성 임피던스이다.)

① $\rho=0.5,\ s=3$

② $\rho=-0.5,\ s=-3$

③ $\rho=3,\ s=0.5$

④ $\rho=-3,\ s=0.5$

|정|답|및|해|설|

[정재파비] $S=\frac{1+\text{반사계수}}{1-\text{반사계수}}=\frac{1+|\rho|}{1-|\rho|}$

$\rho=\frac{3Z_0-Z_0}{3Z_0+Z_0}=0.5$

$s=\frac{1+\rho}{1-\rho}=\frac{1+0.5}{1-0.5}=3$

【정답】 ①

Chapter 14

라플라스 변환

01 라플라스 변환의 기본

(1) 라플라스 변환과 필요성

제어장치는 시간함수 $f(t)$를 인식하지 못하므로 제어장치가 받아들일 수 있는 주파수함수 $F(j\omega)=F(s)$로 변환해야 한다.

이처럼 복잡한 시간함수나 주파수함수를 간단한 복소함수로 변환하는 것

정의식 $F(s)=\mathcal{L}[f(t)]=\int_0^\infty f(t)e^{-st}dt$

※ 라플라스 역변환 : $F(s)$함수로부터 $f(t)$를 구하는 것으로 $\mathcal{L}^{-1}[F(s)]$로 표시한다.

$$f(t)=\mathcal{L}^{-1}[F(s)]=\frac{1}{2\pi j}\int_{c-j\infty}^{c+j\infty} f(t)e^{-st}ds$$

핵심기출 【기사】 18/1

함수 $f(t)$의 라플라스 변환은 어떤 식으로 정의되는가?

① $\int_o^\infty f(t)e^{st}dt$

② $\int_o^\infty f(t)e^{-st}dt$

③ $\int_o^\infty f(-t)e^{st}dt$

④ $\int_{-\infty}^\infty f(-t)e^{-st}dt$

정답 및 해설 [라플라스 변환 정의식] $F(s)=\mathcal{L}[f(t)]=\int_o^\infty f(t)e^{-st}dt$ 【정답】 ②

(2) 주요 라플라스 변환 공식

함수명	시간 함수 $f(t)$	주파수 함수 $F(s)$	함수명	시간 함수 $f(t)$	주파수 함수 $F(s)$
단위 임펄스	$\delta(t)$	1	지수 감쇠 n차 램프	$t^n e^{-at}$	$\frac{n!}{(s+a)^{n+1}}$
단위 인디셜 (계단)	$u(t)=1$	$\frac{1}{s}$	정현파 (삼각 함수)	$\sin wt$	$\frac{w}{s^2+w^2}$

함수명	시간 함수 $f(t)$	주파수 함수 $F(s)$	함수명	시간 함수 $f(t)$	주파수 함수 $F(s)$
단위 램프 (속도 함수)	t	$\frac{1}{s^2}$	여현파 (삼각 함수)	$\cos wt$	$\frac{s}{s^2+w^2}$
n차 램프	t^n	$\frac{n!}{s^{n+1}}$	지수 감쇠 정현파	$e^{-at}\sin wt$	$\frac{w}{(s+a)^2+w^2}$
지수 감쇠	e^{-at}	$\frac{1}{s+a}$	지수 감쇠 여현파	$e^{-at}\cos wt$	$\frac{s+a}{(s+a)^2+w^2}$
지수 함수	e^{at}	$\frac{1}{s-a}$	가속도 함수	t^2	$\frac{2!}{s^{2+1}}=\frac{2}{s^3}$
지수 감쇠 램프	te^{-at}	$\frac{1}{(s+a)^2}$	쌍곡 정현파	$\sinh at$	$\frac{a}{s^2-a^2}$
지수 감쇠 포물선	t^2e^{-at}	$\frac{2}{(s+a)^3}$	쌍곡 여현파	$\cosh at$	$\frac{s}{s^2-a^2}$

핵심기출 【기사】 08/2

어느 함수가 $f(t)=1-e^{-at}$인 것을 라플라스 변환하면?

① $\frac{1}{s^2(s+a)}$ ② $\frac{a}{s(s-a)}$

③ $\frac{1}{s(s+a)}$ ④ $\frac{a}{s(s+a)}$

정답 및 해설 [라플라스 변환] $\mathcal{L}[f(t)]=\mathcal{L}[1-e^{-at}]=\mathcal{L}[1]-\mathcal{L}[e^{-at}]=\frac{1}{s}-\frac{1}{s+a}=\frac{a}{s(s+a)}$ 【정답】 ④

핵심기출 【기사】 09/2

$\sin\omega t$ 의 라플라스 변환은?

① $\frac{s}{s^2+\omega^2}$ ② $\frac{\omega}{s^2+\omega^2}$

③ $\frac{s}{s^2-\omega^2}$ ④ $\frac{\omega}{s^2-\omega^2}$

정답 및 해설 [정현파(삼각 함수)의 라플라스 변환] $\mathcal{L}[\sin wt]=\frac{w}{s^2+w^2}$ 【정답】 ②

02 기본 함수의 라플라스 변환

(1) 상수 함수 (계단 함수)

$f(t)=K$

$$\mathcal{L}[K]=\int_0^\infty Ke^{-st}dt=K\int_0^\infty e^{-st}dt=\frac{K}{s} \quad \rightarrow \quad \therefore \mathcal{L}[K]=\frac{K}{s}$$

(2) 단위 계단 함수(인디셜 함수($u(t)$))

① 단위 계단 함수

㉮ $u(t)=1 \quad \rightarrow \ t>0$

㉯ $u(t)=0 \quad \rightarrow \ t<0$

㉰ $S>0$의 범위에서 $u(t)$를 라플라스 변환하면

$$\mathcal{L}[u(t)]=\int_0^\infty u(t)e^{-st}dt=\frac{1}{s}$$

※[참고] $\frac{d}{dt}e^{-st}=-se^{-st}$, $\int e^{-st}dt=\frac{1}{s}e^{-st}$,

[① 단위 계단 함수]

② 단위 계단 함수가 시간 이동하는 경우

㉮ $u(t-a)=1 \rightarrow \ t \geq a$

㉯ $u(t-a)=0 \rightarrow \ t<a$

㉰ $u(t-a)$를 라플라스 변환하면 $\mathcal{L}[u(t-a)]=\frac{1}{s}e^{-as}$

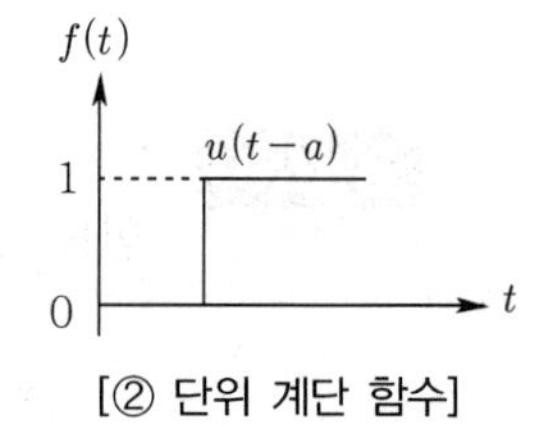

[② 단위 계단 함수]

핵심기출 【기사】 19/3

제어시스템에서 출력이 얼마나 목표값을 잘 추정하는지를 알아볼 때 시험용으로 많이 사용되는 신호로 다음 식의 조건을 만족하는 것은?

$$u(t-a)=\begin{cases}0, & t<a \\ 1, & t \geq a\end{cases}$$

① 사인 함수 ② 임펄스 함수

③ 램프 함수 ④ 단위 계단 함수

정답 및 해설 [단위 계단 함수] ① 단위 계단 함수 : $\cdot u(t)=1 \rightarrow (t \geq 0)$ $\cdot u(t)=0 \rightarrow (t<0)$

② 단위계단 함수(시간이 a만큼 이동하는 경우) : $u(t-a)=\begin{cases}0, & t<a \\ 1, & t \geq a\end{cases}$ 【정답】 ④

(3) 단위 임펄스 함수 ($\delta(t)$: 하중함수, 충격파함수)

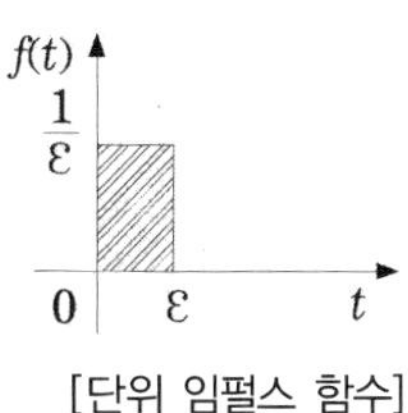

[단위 임펄스 함수]

$$\delta(t) = \lim_{\epsilon \to 0} \frac{1}{\epsilon}[u(t) - u(t-\epsilon)]$$

$$\mathcal{L}[\delta(t)] = \int_0^\infty \delta(t)e^{-st}dt = \lim_{\epsilon \to 0}\frac{1}{\epsilon}\int_0^\infty [u(t)-u(t-\epsilon)]e^{-st}dt = 1$$

※[참고] L'Hospital의 정리 : $\lim_{x \to a}\frac{f(x)}{g(x)} \to \frac{0}{0},\ \frac{\infty}{\infty}(g'(x) \fallingdotseq 0)$

$$\lim_{x \to a}\frac{f(x)}{g(x)} = \lim_{x \to a}\frac{f'(x)}{g'(x)}$$

(4) 단위 경사 함수 (램프함수)

① 기울기가 1인 함수 $f(t) = tu(t)$

② 램프함수 $\mathcal{L}[t\,u(t)] = \int_0^\infty t \cdot e^{-st}dt = -\frac{t}{s}e^{-st} - \int_0^\infty \left(-\frac{1}{s}\right)e^{-st}dt = \frac{1}{s^2}$

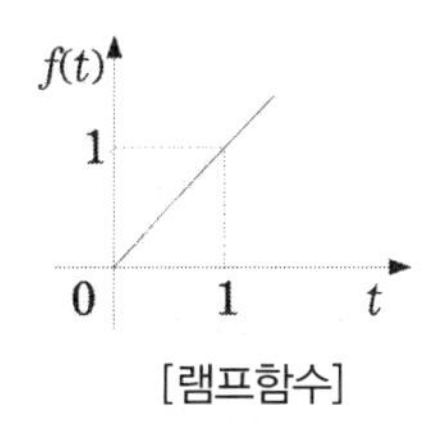

[램프함수]

※[참고] $f(t)g(t) = \int f'(t)g(t)dt + \int f(t)g'(t)dt - \frac{t}{s}\cdot e^{-st}$

$$= \int\left(-\frac{1}{s}\right)e^{-st}dt + \int -\frac{t}{s}\cdot(-se^{-st})dt$$

(5) 시간함수 (t^n)

$$\mathcal{L}[t^n] = \int_0^\infty t^n e^{-st}dt = \frac{n!}{s^{n+1}}$$

※[참고] n! = $n \times (n-1) \times (n-2) \times ... \times 3 \times 2 \times 1 \ \rightarrow\ \mathcal{L}[t^2] = \frac{2!}{s^3},\ \mathcal{L}[t^3] = \frac{3!}{s^4}$

(6) 지수감쇠함수 ($e^{\pm at}$)

$f(t) = e^{\pm at}$의 라플라스 변환

$$\mathcal{L}[e^{\pm at}] = \int_0^\infty e^{\pm at}e^{-st}dt = \int_0^\infty e^{-(s \pm a)t}dt = \frac{1}{s \mp a}$$

핵심기출 【기사】 10/1 19/2

e^{jwt}의 라플라스 변환은?

① $\frac{1}{s-jw}$ ② $\frac{1}{s+jw}$

③ $\frac{1}{s^2+w^2}$ ④ $\frac{w}{s^2+w^2}$

정답 및 해설 [지수감쇠함수] $\mathcal{L}[e^{\pm at}] = \frac{1}{s \mp a}$에서 $F(s) = \mathcal{L}[e^{jwt}] = \frac{1}{s-jw}$ 【정답】 ①

(7) 삼각함수

① 오일러의 정리

㉮ $e^{j\theta} = \cos\theta + j\sin\theta \quad \rightarrow \quad \sin\theta = \frac{1}{2j}(e^{j\theta} - e^{-j\theta})$

㉯ $e^{-j\theta} = \cos\theta - j\sin\theta \quad \rightarrow \quad \cos\theta = \frac{1}{2}(e^{j\theta} + e^{-j\theta})$

② $\sin\omega t = \frac{1}{2j}(e^{j\omega t} - e^{-j\omega t})$

$$\mathcal{L}[\sin\omega t] = \int_0^\infty \frac{1}{2j}(e^{j\omega t} - e^{j\omega t})e^{-st}dt = \frac{1}{2j}\left[\frac{1}{s-j\omega} - \frac{1}{s+j\omega}\right] = \frac{\omega}{s^2+\omega^2}$$

③ $\cos\omega t = \frac{1}{2}(e^{j\omega t} + e^{-j\omega t})$

$$\mathcal{L}[\cos\omega t] = \int_0^\infty \frac{1}{2}(e^{j\omega t} + e^{-j\omega t})e^{-st}dt = \frac{1}{2}\left[\frac{1}{s-j\omega} + \frac{1}{s+j\omega}\right] = \frac{s}{s^2+\omega^2}$$

(8) 쌍곡선함수

쌍곡선함수에서 $\sinh\omega t$, $\cosh\omega t$를 지수함수로 고치면 라플라스 변환을 쉽게 할 수 있다.

$\sinh\omega t = \frac{1}{2}(e^{\omega t} - e^{-\omega t})$, $\quad \cosh\omega t = \frac{1}{2}(e^{\omega t} + e^{-\omega t})$

① $\sinh\omega t = \frac{1}{2}(e^{\omega t} - e^{-\omega t})$

$$\mathcal{L}[\sinh\omega t] = \int_0^\infty \frac{1}{2}(e^{\omega t} - e^{-\omega t})e^{-st}dt = \frac{1}{2}\left[\frac{1}{s-\omega} - \frac{1}{s+\omega}\right] = \frac{\omega}{s^2-\omega^2}$$

② $\cosh\omega t = \frac{1}{2}(e^{\omega t} + e^{-\omega t})$

$$\mathcal{L}[\cosh\omega t] = \int_0^\infty \frac{1}{2}(e^{\omega t} + e^{-\omega t})e^{-st}dt = \frac{1}{2}\left[\frac{1}{s-\omega} + \frac{1}{s+\omega}\right] = \frac{s}{s^2-\omega^2}$$

핵심기출 【기사】 12/3

다음 쌍곡선 함수의 라플라스 변환은?

$$f(t) = \sinh at$$

① $\frac{s}{s^2-a}$ ② $\frac{s}{s^2+a}$

③ $\frac{a}{s^2+a^2}$ ④ $\frac{a}{s^2-a^2}$

정답 및 해설 [쌍곡선함수] $\sinh at = \frac{1}{2}(e^{at} - e^{-at}) \rightarrow \therefore \mathcal{L}|\sinh at| = \frac{1}{2}\mathcal{L}[e^{at} - e^{-at}] = \frac{a}{s^2-a^2}$

【정답】 ④

03 라플라스 변환의 재정리

(1) 시간 추이(지연) 정리

$f(t)$를 시간 t의 양의 방향으로 a만큼 이동한 함수 $f(t-a)$에 대한 라플라스 변환

$\mathcal{L}[f(t \pm a)] = F(s)e^{\pm as}$

【보기1】

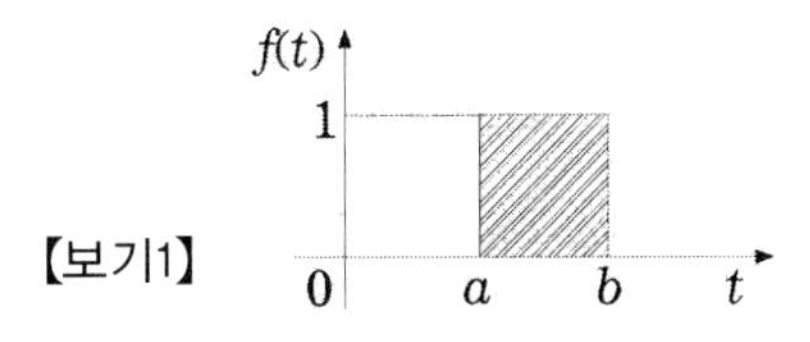

$$f(t) = u(t-a) - u(t-b) \;\rightarrow\; \mathcal{L}[u(t-a) - u(t-b)] = \frac{1}{s}(e^{-as} - e^{-bs})$$

【보기2】

$$f(t) = \frac{E}{T}tu(t) - \frac{E}{T}(t-T)u(t-T) - Eu(t-T)$$

$$\rightarrow \; \mathcal{L}[\frac{E}{T}tu(t) - \frac{E}{T}(t-T)u(t-T) - Eu(t-T)]$$

$$= \frac{E}{Ts^2}[1-(Ts+1)e^{-Ts}]$$

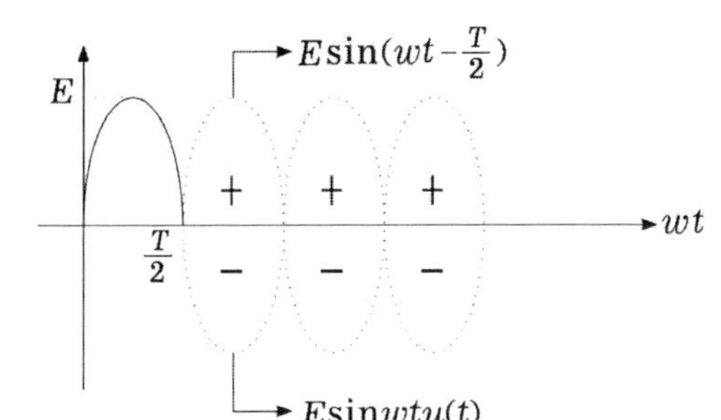

【보기3】

$$f(t) = E\sin\omega tu(t) + E\sin\omega\left(t - \frac{1}{2}T\right)u\left(t - \frac{1}{2}T\right)$$

$$\rightarrow \; \mathcal{L}\left[E\sin\omega tu(t) + E\sin\omega\left(t - \frac{1}{2}\right)u\left(t - \frac{1}{2}T\right)\right] = \frac{E\omega}{s^2+\omega^2}\left(1 + e^{-\frac{1}{2}Ts}\right)$$

핵심기출 【산업기사】 15/1

그림과 같은 파형의 라플라스 변환은?

① $\frac{E}{Ts}(1-e^{-Ts})$

② $\frac{E}{Ts^2}(1-e^{-Ts})$

③ $\frac{E}{Ts}(1-e^{-Ts}-Ts\cdot e^{-Ts})$

④ $\frac{E}{Ts^2}(1-e^{-Ts}-Ts\cdot e^{-Ts})$

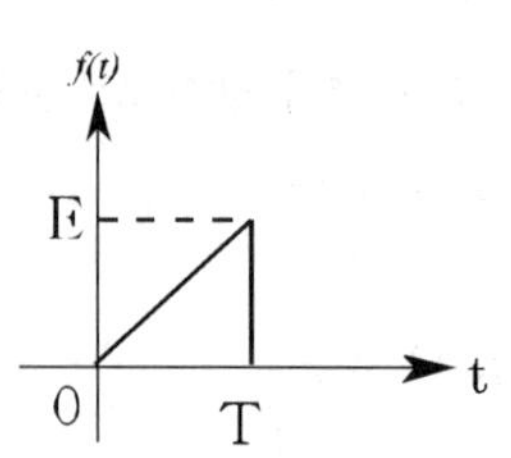

정답 및 해설 [시간 지연 정리] 문제의 그림의 파형을 시간함수로 표현하면

$f(t)=\frac{E}{T}tu(t)-Eu(t-T)-\frac{E}{T}(t-T)u(t-T)$

이것을 라플라스 변환하면 $F(s)=\frac{E}{Ts^2}-\frac{Ee^{-Ts}}{s}-\frac{Ee^{-Ts}}{Ts^2}=\frac{E}{Ts^2}[1-(Ts+1)e^{-Ts}]$

【정답】 ④

(2) 복소 추이 정리

① $\mathcal{L}[f(t)]=F(s)$일 때

$e^{\pm at}f(t)$에 대한 라플라스 변환 → $\mathcal{L}[f(t)\cdot e^{\pm at}]=F(s\mp a)$

② $\mathcal{L}[f(t)]=F(s)$일 때

$tf(t)$에 대한 라플라스 변환 → $\mathcal{L}[tf(t)]=F(s)^2$

【보기1】 $\mathcal{L}[t\cdot e^{-at}]=\left.\frac{1}{s^2}\right|_{s=s+a}=\frac{1}{(s+a)^2}$

【보기2】 $\mathcal{L}[\sin\omega t\cdot e^{-at}]=\left.\frac{\omega}{s^2+\omega^2}\right|_{s=s+a}=\frac{\omega}{(s+a)^2+\omega^2}$

【보기3】 $\mathcal{L}[\cos\omega t\cdot e^{at}]=\left.\frac{s}{s^2+\omega^2}\right|_{s=s-a}=\frac{s-a}{(s+a)^2+\omega^2}$

핵심기출 【산업기사】 13/3

$e^{-at}\cos\omega t$의 라플라스 변환은?

① $\frac{s-a}{(s-a)^2+\omega^2}$ ② $\frac{s+a}{(s+a)^2+\omega^2}$

③ $\frac{s+a}{(s^2+\omega^2)^2}$ ④ $\frac{s-a}{(s^2-\omega^2)^2}$

정답 및 해설 [복소 추이 정리] $\mathcal{L}[e^{-at}\cos\omega t]=\mathcal{L}[\cos\omega t]_{s=s+a}=\left[\frac{s}{s^2+\omega^2}\right]_{s=s+a}=\frac{s+a}{(s+a)^2+\omega^2}$

【정답】 ②

(3) 복소 미분 정리

$f(t)$가 n회 미분 가능하면 t영역에 있어서 미분 $f'(t)$, $f''(t)$의 라플라스 변환

$$\mathcal{L}\left[\frac{d}{dt}f(t)\right]=sF(s)$$

$$\mathcal{L}\left[\frac{d^2}{dt^2}f(t)\right]=s^2F(s)$$

※[참고] $\frac{d}{ds}\frac{f(s)}{g(s)}=\frac{f'(s)g(s)-f(s)g'(s)}{[g(s)]^2}$

【보기1】 $\mathcal{L}[t\cdot e^{-at}]=(-1)^1\frac{d}{ds}\frac{1}{s+a}=\frac{0\times(s+a)-1\times 1}{(s+a)^2}=\frac{1}{(s+a)^2}$

【보기2】 $\mathcal{L}[t\cdot \sin\omega t]=(-1)^1\frac{d}{ds}\frac{\omega}{s^2+\omega^2}=-\frac{0\times(s^2+\omega^2)-\omega\times 2s}{(s^2+\omega^2)^2}=\frac{2\omega s}{(s^2+\omega^2)^2}$

【보기3】 $\mathcal{L}[t\cdot \cos\omega t]=(-1)^1\frac{d}{ds}\frac{s}{s^2+\omega^2}=-\frac{0\times(s^2+\omega^2)-s\times 2s}{(s^2+\omega^2)^2}=\frac{s^2-\omega^2}{(s^2+\omega^2)^2}$

(4) 복소 적분 정리

$\mathcal{L}[f(t)]=F(s)$일 때, 정적분 $\int_0^1 f(t)dt$의 라플라스 변환

$$\mathcal{L}\left[\int_0^1 f(t)dt\right]=\frac{1}{s}F(s)$$

※[참고] $\int_a^b\int_c^d f(x)g(y)dy\,dx=\int_c^d\int_a^b f(x)f(y)dy\,dx$

【보기】

$$\mathcal{L}\left[\frac{e^{-at}}{t}\right]=\int_s^\infty\frac{1}{s+a}ds=[\ln(s+a)]_s^\infty=-\ln(s+a)$$

(5) 실미분 정리

① $\mathcal{L}\left[\frac{d^n}{dt^n}f(t)\right]=s^nF(s)-s^{n-1}f(0_+)$ → (단, $f(0_+)=\lim_{t\to 0}f(t)$로서 상수인 경우)

② $\mathcal{L}\left[\frac{d^n}{dt^n}f(t)\right]=s^nF(s)$ → (단, $f(0_+)=\lim_{t\to 0}f(t)=0$인 경우)

【보기1】

$\mathcal{L}\left[\frac{d}{dt}x(t)+x(t)=2\right]$ → $(x(0)=0)$

$sX(s)+X(s)=\frac{2}{s}$ → $\therefore X(s)=\frac{2}{s(s+1)}$

【보기2】

$$\mathcal{L}\left[\frac{d^2}{dt^2}y(t)+3\frac{d}{dt}y(t)+2y(t)=4u(t)\right] \quad \to (y(0)=1)$$

$$s^2Y(s)-s'y(0)+3[sY(s)-y(0)]+2Y(s)=\frac{4}{s} \quad \to \quad s^2Y(s)-s+3sY(s)-3+2Y(s)=\frac{4}{s}$$

$$\therefore Y(s)=\frac{s^2+3s+4}{s(s^2+3s+2)}$$

핵심기출 【산업기사】 09/1

$f(t)=\dfrac{d}{dt}\cos wt$를 라플라스 변환하면?

① $\dfrac{\omega^2}{s^2+\omega^2}$ ② $\dfrac{-s^2}{s^2+\omega^2}$

③ $\dfrac{s}{s^2+\omega^2}$ ④ $-\dfrac{\omega^2}{s^2+\omega^2}$

정답 및 해설 [실미분의 정리] $\mathcal{L}[f'(t)]=sF(s)-f(0)$

$$\mathcal{L}\left[\frac{d}{dt}\cos wt\right]=s\cdot\frac{s}{s^2+w^2}-1=\frac{-w^2}{s^2+w^2}$$

【정답】 ④

(6) 실적분 정리

$$\mathcal{L}[\int f(t)dt]=\frac{1}{s}F(s)+\frac{1}{s}f^{(-1)}(0_+)$$

$$\mathcal{L}[\int\int\cdots\int f(t)dt^n]=\frac{1}{s}F(s) \quad \to (\text{단, } f(0_+)=\lim_{t\to 0}f(t)=0\text{인 경우})$$

【보기】 $e(t)=Ri(t)+L\dfrac{d}{dt}i(t)+\dfrac{1}{C}\int i(t)dt$에서 $I(s)$를 구하시오. (단, 모든 초기값은 0이다)

$$E(s)=RI(s)+LsI(s)+\frac{1}{Cs}I(s) \quad \to \quad \therefore I(s)=\frac{E(s)}{R+Ls+\frac{1}{Cs}}=\frac{Cs}{LCs^2+RCs+1}E(s)$$

※실미분, 실적분 정리(초기값 0)의 라플라스 변환

$$\frac{d}{dt}\to s,\ \int dt \to \frac{1}{s},\ f(t)\to F(s),\ K\to\frac{K}{s}$$

(7) 초기값 정리

함수 $f(t)$에 대해서 시간 t가 0에 가까워지는 경우 $f(t)$의 극한값을 초기값이라 한다.

$$f(0^+)=\lim_{t\to 0}f(t)=\lim_{s\to\infty}sF(s)$$

【보기】 $I(s)=\dfrac{2(s+1)}{s^2+2s+5}$ 일 때 $i(t)$의 초기값은?

$$\lim_{t\to 0} i(t)=\lim_{s\to\infty} sI(s)=\lim_{s\to\infty} s\cdot\frac{2(s+1)}{s^2+2s+5}=\lim_{s\to\infty}\frac{2+\frac{2}{s}}{1+\frac{2}{s}+\frac{s}{s^2}}=2$$

핵심기출 【기사】 13/3 【산업기사】 04/3 19/1

다음과 같은 전류의 초기값 $I(0_+)$은?

$$I(s)=\frac{12}{2s(s+6)}$$

① 6 ② 2 ③ 1 ④ 0

정답 및 해설 [초기값 정리] 초기값 정리를 이용하면 s가∞ 이므로

$\lim_{s\to\infty} sI(s)=\lim_{s\to\infty} s\dfrac{12}{2s(s+6)}=\lim_{s\to\infty}\dfrac{12}{2(s+6)}=0$ 【정답】 ④

(8) 최종값(정상값) 정리

함수 $f(t)$에 대해서 시간 t가 ∞에 가까워지는 경우 $f(t)$의 극한값을 최종값(정상값)이라 한다.

$f(\infty)=\lim_{t\to\infty} f(t)=\lim_{s\to 0} sF(s)$

【보기】 $C(s)=\dfrac{5}{s(s^2+s+2)}$ 일 때 $c(t)$의 최종값은?

$$\lim_{t\to\infty} c(t)=\lim_{s\to 0} s\frac{5}{s(s^2+s+2)}=\frac{5}{2}$$

핵심기출 【기사】 04/3 15/2 16/1 19/1 【산업기사】 05/1 07/2 11/2 11/3 14/2 16/1 17/2 18/3 19/3

$F(s)=\dfrac{2s+15}{s^3+s^2+3s}$ 일 때 $f(t)$의 최종값은?

① 15 ② 5 ③ 3 ④ 2

정답 및 해설 [최종값 정리] $\lim_{t\to\infty} f(t)=\lim_{s\to 0} sF(s)=\lim_{s\to 0} s\cdot\dfrac{2s+15}{s(s^2+s+3)}=\dfrac{15}{3}=5$

【정답】 ②

04 역라플라스 변환

(1) 역라플라스 변환의 정의

$$\mathcal{L}^{-1}[F(s)] = f(t)$$

(2) 라플라스 변환 공식을 이용하는 방법

① $\mathcal{L}^{-1}\left[\frac{s}{s+b}\right] = \mathcal{L}^{-1}\left[1-\frac{b}{s+b}\right] = \delta(t) - be^{-bt}$

② $\mathcal{L}^{-1}\left[\frac{1}{(s+a)^2}\right] = \mathcal{L}^{-1}\left[\frac{1}{s^2}\Big|_{s=s+a}\right] = t \cdot e^{-at}$

③ $\mathcal{L}^{-1}\left[\frac{s}{(s+a)^2+b^2}\right] = \mathcal{L}^{-1}\left[\frac{s+a-a}{(s+a)^2+b^2}\right] = \mathcal{L}^{-1}\left[\frac{s+a}{(s+a)^2+b^2} - \frac{a}{(s+a)^2+b^2}\right]$

$$= \mathcal{L}^{-1}\left[\frac{s}{s^2+b^2} - \frac{a}{b}\frac{b}{s^2+b^2}\Big|_{s=s+a}\right] = \cos bt\, e^{-at} - \frac{a}{b}\sin bt\, e^{-at}$$

(3) 부분 분수 전개법에 의한 경우 (분모가 인수 분해가 되는 경우)

① 실수 단근인 경우

$$F(s) = \frac{1}{s+1} + \frac{1}{s+2} \rightarrow \mathcal{L}^{-1}[F(s)] = e^{-t} + e^{-2t}$$

【보기】 $F(s) = \frac{2s+3}{s^2+3s+2} = \frac{K_1}{s+1} + \frac{K_2}{s+2}$

$$K_1 = \frac{2s+3}{s+2}\Big|_{s=-1} = 1, \quad K_2 = \frac{2s+3}{s+1}\Big|_{s=-2} = 1$$

$$\therefore F(s) = \frac{1}{s+1} + \frac{1}{s+2} \rightarrow \mathcal{L}^{-1}[F(s)] = e^{-t} + e^{-2t}$$

② 중근인 경우

$$F(s) = \frac{1}{(s+1)^2} - \frac{1}{s+1} + \frac{1}{s+2} \rightarrow te^{-t} - e^{-t} + e^{-2t}$$

【보기】 $F(s) = \frac{1}{(s+1)^2(s+2)} = \frac{K_1}{(s+1)^2} + \frac{K_2}{s+1} + \frac{K_3}{s+2}$

$$K_1 = \frac{1}{s+2}\Big|_{s=-1} = 1$$

$$K_2 = \frac{d}{ds}\frac{1}{s+2}\Big|_{s=-1} = \frac{0\times(s+2) - 1\times 1}{(s+2)^2}\Big|_{s=-1} = \frac{-1}{(s+2)^2}\Big|_{s=-1} = -1$$

$$\therefore F(s) = \frac{1}{(s+1)^2} - \frac{1}{s+1} + \frac{1}{s+2} \rightarrow te^{-t} - e^{-t} + e^{-2t}$$

(4) 완전 제곱형에 의한 경우 (분모가 인수분해가 되지 않는 경우)

【보기1】 $F(s)=\dfrac{3}{s^2+4s+5}=\dfrac{3}{(s+2)^2+1^2}=3\cdot\dfrac{1}{s^2+1^2}\Bigg|_{s=s+2}=3\sin te^{-2t}$

【보기2】 $F(s)=\dfrac{s+5}{s^2+6s+7}=\dfrac{s+3+2}{(s+3)^2-2}=\dfrac{s+3}{(s+3)^2-(\sqrt{2})^2}+\dfrac{\sqrt{2}\cdot\ \sqrt{2}}{(s+3)^2-(\sqrt{2})^2}$

$$=\frac{s}{s^2-(\sqrt{2})^2}\Bigg|_{s=s+3}+\frac{\sqrt{2}\sqrt{2}}{s^2-(\sqrt{2})^2}\Bigg|_{s=s+3}$$

$$=\cosh\sqrt{2}\,t\cdot e^{-3t}+\sqrt{2}\sinh\sqrt{2}\,te^{-3t}$$

핵심기출 【기사】 18/2

$F(s)=\dfrac{1}{s(s+a)}$ 의 라플라스 역변환은?

① e^{-at} ② $1-e^{-at}$

③ $a(1-e^{-at})$ ④ $\dfrac{1}{a}(1-e^{-at})$

정답 및 해설 [라플라스 역변환] 변환된 함수가 유리수인 경우

① 분모가 인수 분해 되는 경우 : 부분 분수 전개

② 분모가 인수 분해 되는 않는 경우 : 완전 제곱형

$$F(s)=\frac{1}{s(s+a)}=\frac{k_1}{s}+\frac{k_2}{s+a}$$

$$k_1=\lim_{s\to 0}\frac{1}{s+a}=\frac{1}{a},\ \ k_2=\lim_{s\to -a}\frac{1}{a}=-\frac{1}{a}$$

$$\therefore \mathcal{L}^{-1}\left[\frac{1}{a}\frac{1}{s}-\frac{1}{a}\frac{1}{s+a}\right]=\frac{1}{a}-\frac{1}{a}e^{-at}=\frac{1}{a}(1-e^{-at})$$

【정답】 ④

Chapter 14

시험 전 반드시 체크해야 할

단원 핵심 체크

01 단위 임펄스 $\delta(t)$의 라플라스 변환은 ( ) 이다.

02 e^{jwt}의 라플라스 변환은 ( ) 이다.

03 함수 $f(t)$의 라플라스 변환 $\mathcal{L}[f(t)] = \int_{o}^{\infty}($ $)dt$ 이다.

04 함수 $f(t) = e^{-2t}\cos 3t$의 라플라스 변환은 ( ) 함수 이다.

05 제어 시스템에서 출력이 얼마나 목표값을 잘 추정하는지를 알아볼 때 시험용으로 많이 사용되는 신호로 $u(t-a) = 1 \rightarrow t \geqq a$, $u(t-a) = 0 \rightarrow t < a$ 식의 조건을 만족하는 것은 ( )이다.

06 단위 계단 함수 $u(t)$의 라플라스 변환은 ( ) 이다.

07 $f(t) = \delta(t-T)$의 라플라스 변환 $F(s) =$( ) 이다.

08 $f(t) = 3t^2$의 라플라스 변환은 ( ) 이다.

09 a가 상수, $t > 0$ 일 때 $f(t) = e^{at}$의 라플라스 변환은 ( ) 이다.

10 $I(s) = \dfrac{12(s+8)}{4s(s+6)}$과 같은 전류의 초기값 $I(0^+)$은 ( ) 이다.

11 출력이 $F(s) = \dfrac{3s+2}{s(s^2+2s+6)}$ 로 표시되는 제어계가 있다. 이 계의 시간 함수 $f(t)$의 정상값은 (   ) 이다.

12 라플라스 변환 함수 $\dfrac{1}{s(s+1)}$ 에 대한 역라플라스 변환은 (   ) 이다.

정답

(1) 1	(2) $\dfrac{1}{s-jw}$	(3) $f(t)e^{-st}$
(4) $\dfrac{s+a}{(s+a)^2+w^2}$	(5) 단위 계단	(6) $\dfrac{1}{s}$
(7) e^{-Ts}	(8) $\dfrac{6}{s^3}$	(9) $\dfrac{1}{s-a}$
(10) 3	(11) $\dfrac{1}{3}$	(12) $1-e^{-t}$

Chapter 14

기출문제에서 뽑은 최다 빈출

적중 예상문제

1. 함수 $f(t)$의 라플라스 변환은 어떤 식으로 정의 되는가?

① $\int_{\infty}^{\infty} f(t)e^{-st}dt$ ② $\int_{-\infty}^{\infty} fF(t)e^{st}dt$

③ $\int_{0}^{\infty} f(t)e^{-st}dt$ ④ $\int_{0}^{\infty} f(t)e^{st}dt$

|정|답|및|해|설|

[라플라스 변환의 정의] $\mathcal{L}[f(t)] = \int_{0}^{\infty} e^{-st}f(t)dt$

【정답】 ③

2. 단위 임펄스 함수 $\delta(t)$의 라플라스 변환은?

① 0 ② 1

③ $\frac{1}{s}$ ④ $\frac{1}{s+a}$

|정|답|및|해|설|

[단위 임펄스 함수] $\mathcal{L}[(\delta(t)] = 1$

$\delta(t)$: 임펄스 함수(충격함수) 또는 하중 함수(Weight Function)라 한다. 라플라스 변환하면 1이 된다.

【정답】 ②

3. $f(t) = 3t^2$의 라플라스 변환은?

① $\frac{3}{s^2}$ ② $\frac{3}{s^3}$

③ $\frac{6}{s^2}$ ④ $\frac{6}{s^3}$

|정|답|및|해|설|

[n차 램프 함수] $t^n = \frac{n!}{s^{n+1}}$

$3t^2 = 3 \times \frac{2!}{s^3} = \frac{6}{s^3}$

【정답】 ④

4. e^{jwt}의 라플라스 변환은?

① $\frac{1}{s-jw}$ ② $\frac{1}{s+jw}$

③ $\frac{1}{s^2+w^2}$ ④ $\frac{w}{s^2+w^2}$

|정|답|및|해|설|

[지수감쇠 함수] $e^{jwt} = \frac{1}{s-jw}$

$\mathcal{L}[e^{jwt}] = \int_{0}^{\infty} e^{iwt}e^{st}at = \int_{0}^{\infty} e^{-(s-jw)t}at$

$= \left[-\frac{1}{s-jw}e^{-(s-jw)t}\right]_{0}^{\infty} = \frac{1}{s-jw}$

【정답】 ①

5. $f(t) = \delta(t) - be^{-bt}$의 라플라스 변환은? (단, $\delta(t)$는 임펄스 함수이다.)

① $\frac{b}{s+b}$ ② $\frac{s(1-b)+5}{s(s+b)}$

③ $\frac{b}{(s+b)}$ ④ $\frac{s}{s+b}$

|정|답|및|해|설|

[임펄스 함수] $f(t) = \delta(f) - be^{-bt}$

$\mathcal{L}[f(t)] = 1 - \frac{b}{s+b} = \frac{s}{s+b}$

【정답】 ④

6. $f(t)=1-e^{-at}$ 의 라플라스 변환은? (단, a는 상수이다.)

① $U(s)-e^{-as}$ ② $\frac{2s+a}{s(s+a)}$

③ $\frac{a}{s(s+a)}$ ④ $\frac{a}{s(s-a)}$

|정|답|및|해|설|

[라플라스 변환] $f(t)=1-e^{-at}$

$\mathcal{L}[f(t)]=\frac{1}{s}-\frac{1}{s+a}=\frac{s+a-s}{s(s+a)}=\frac{a}{s(s+a)}$

【정답】 ③

7. 함수 $f(t)=te^{at}$ 를 옳게 라플라스 변환시킨 것은?

① $F(s)=\frac{1}{(s-a)^2}$ ② $F(s)=\frac{1}{s-a}$

③ $F(s)=\frac{1}{s(s-a)}$ ④ $F(s)=\frac{1}{s(s-a)^2}$

|정|답|및|해|설|

[지수 함수] $f(t)=te^{at}$

$\mathcal{L}[f(t)]=-\frac{d}{ds}\frac{1}{(s-a)}=\frac{1}{(s-a)^2}$

【정답】 ①

8. $\mathcal{L}[\sin t]=\frac{1}{s^2+1}$을 이용하여 ① $\mathcal{L}[\cos wt]$ ② $\mathcal{L}[\sin at]$를 구하면?

① ① $\frac{1}{s^2+a^2}$, ② $\frac{1}{s^2-w^2}$

② ① $\frac{1}{s+a}$, ② $\frac{s}{s+w}$

③ ① $\frac{s}{s^2+w^2}$, ② $\frac{a}{s^2+a^2}$

④ ① $\frac{1}{s+a}$, ② $\frac{1}{s-w}$

|정|답|및|해|설|

[삼각 함수] $\cos wt=\frac{s}{s^2+w^2}$, $\sin \alpha t=\frac{\alpha}{s^2+\alpha^2}$

【정답】 ③

9. $\mathcal{L}[u(t-a)]$는?

① $\frac{a^{as}}{s^2}$ ② $\frac{e^{-as}}{s^2}$

③ $\frac{e^{as}}{s}$ ④ $\frac{e^{-as}}{s}$

|정|답|및|해|설|

[시간 지연 소요] $u(t-a)$: $u(t)$를 a만큼 평행 이동 제어계에서 t는 a초만큼 늦다.

$\mathcal{L}(u(t-a))=\frac{1}{s}e^{-as}$

【정답】 ④

10. $\mathcal{L}[f(t-L)u(t-L)]$의 값은? 단, L은 지연 시간이고, $L[f(t)]=F(s)$이다.

① $e^{LS}F(s)$ ② $e^{LS}F(s-a)$

③ $e^{-LS}F(s)$ ④ $e^{-LS}F(s-a)$

|정|답|및|해|설|

[시간 지연 소요] $\mathcal{L}[f(t-L)u(t-L)]$란

$f(t)$함수를 원점에서 L만큼 이동한 것에 대해서 출발점을 L로 정하는 것이다. 【정답】 ③

11. $f(t)=\frac{e^{at}+e^{-at}}{2}$ 의 라플라스 변환은?

① $\frac{s}{s^2+a^2}$ ② $\frac{s}{s^2-a^2}$

③ $\frac{as}{s^2+a^2}$ ④ $\frac{a}{s^2-a^2}$

|정|답|및|해|설|

[지수 함수] $e^{\pm at}=\frac{1}{s\mp a}$

$f(t)=\frac{e^{at+}+a^{-at}}{2}$

$\mathcal{L}[f(t)]=\frac{1}{2}\left(\frac{1}{s-a}+\frac{1}{s+a}\right)=\frac{1}{2}\frac{2s}{(s-a)(s+a)}=\frac{s}{s^2-a^2}$

【정답】 ②

12. $f(t)=\sin t+2\cos t$ 를 라플라스 변환하면?

① $\frac{2s}{s^2+1}$ ② $\frac{2s+1}{(s+1)^2}$

③ $\frac{2s+1}{s^2+1}$ ④ $\frac{2s}{(s+1)^2}$

|정|답|및|해|설|

[삼각 함수] $\sin wt=\frac{w}{s^2+w^2}$, $\cos wt=\frac{s}{s^2+w^2}$

$f(t)=\sin t+2\cos t \rightarrow \mathcal{L}[f(t)]=\frac{1}{s^2+1}+\frac{2s}{s^2+1}=\frac{2s+1}{s^2+1}$

【정답】 ③

13. $e^{-2t}\cos 3t$ 의 라플라스 변환은?

① $\frac{s+2}{(s+2)^2+3^2}$ ② $\frac{s-2}{(s-2)^2+3^2}$

③ $\frac{s}{(s+2)^2+3^2}$ ④ $\frac{s}{(s-2)^2+3^2}$

|정|답|및|해|설|

$e^{-2t}\cos 3t=\frac{(s+2)}{(s+2)^2+3^2}$

우선 $e^{-2t}\cos 3t \rightarrow \frac{s}{s^2+3^2}$ 에서 $\frac{(\quad)}{(\quad)^2+3^2}$ 처럼 해놓고

$e^{-2t}\rightarrow\frac{1}{s+2}$ 로 변환함을 이용해서 (　　)안에 $s+2$를 넣으면 된다.

【정답】 ①

14. 감쇠 지수 함수 $Ae^{-at}\sin wt$ 의 라플라스 변환은?

① $\frac{Aw}{(s-a)^2+w^2}$ ② $\frac{Aw}{(s+a)^2+w^2}$

③ $\frac{Aw}{s^2+w^2}$ ④ $\frac{As}{(s+a)^2+w^2}$

|정|답|및|해|설|

[감쇠 지수 함수] $e^{-at}\rightarrow\frac{1}{s+a}$

$Ae^{-at}\sin wt$

① $\sin wt=\frac{w}{s^2+w^2}$

② e^{-at}에서 $(s+a)$를 1의 s 대신에 넣고

③ A를 곱한다.

$Ae^{-at}\sin wt=\frac{Aw}{(s+a)^2+w^2}$

【정답】 ②

15. $f(t)=t\cos wt$ 를 라플라스 변환하면?

① $\frac{2ws}{(s^2+w^2)^2}$ ② $\frac{s^2+u^2}{(s^2+w^2)^2}$

③ $\frac{s^2-w^2}{(s^2+w^2)^2}$ ④ $\frac{2ws}{(s^2-w^2)^2}$

|정|답|및|해|설|

$t\cos wt$ 복소 미분이다.

라플라스 변환 후 미분

$t\cos wt=-\frac{d}{ds}\frac{s}{s^2+w^2}$

$=-\frac{d}{ds}\frac{(s^2+w^2)-s\cdot 2s}{(s^2+w^2)^2}=\frac{s^2-w^2}{(s^2+w^2)^2}$

※복수미분 : $\left\{\frac{f(t)}{g(t)}\right\}=\frac{f'(t)g(t)-g'(t)f(t)}{[g(t)^2]}$

【정답】 ③

16. $f(t) = \sin(wt+\theta)$의 라플라스 변환은?

① $\dfrac{w\sin\theta}{s^2+w^2}$　② $\dfrac{w\cos\theta}{s^2+w^2}$

③ $\dfrac{\cos\theta+\sin\theta}{s^2+w^2}$　④ $\dfrac{w\cos\theta+s\sin\theta}{s^2+w^2}$

|정|답|및|해|설|

[위상이 있는 삼각 함수] $f(t)=\sin(wt+\theta)$

→ $\sin(wt+\theta)=\sin w\cos\theta+\cos wt\sin\theta$의 라플라스 변환

→ $\dfrac{w\cdot\cos\theta+w\cdot\sin\theta}{s^2+w^2}$　【정답】④

17. $\mathcal{L}[\dfrac{d}{dt}\cos wt]$ 의 값은?

① $\dfrac{s^2}{s^2+w^2}$　② $-\dfrac{s^2}{s^2+w^2}$

③ $\dfrac{w^2}{s^2+w^2}$　④ $-\dfrac{w^2}{s^2+w^2}$

|정|답|및|해|설|

[실미분]

$\dfrac{d}{dt}\cos wt$ 실미분, 미분해서 라플라스 변환

$\mathcal{L}\left[\dfrac{d}{dt}\cos wt\right]=\mathcal{L}[-w\sin wt]=-w\cdot\dfrac{w}{s^2+w^2}=-\dfrac{w^2}{s^2+w^2}$

또는

$\mathcal{L}\left[\dfrac{d}{dt}\cos wt\right]=sF(s)-f(0)$를 이용하면 $\cos wt$의 초기값이

1이므로 → $\dfrac{s^2}{s^2+w^2}-1$과 같이 되어

→ $\dfrac{-w^2}{s^2+w^2}$ 결과가 같다.

【정답】④

18. $f(t)=\sin t\cos t$ 라플라스 변환하면?

① $\dfrac{1}{s^2+4}$　② $\dfrac{1}{s^2+2}$

③ $\dfrac{1}{(s+2)^2}$　④ $\dfrac{1}{(s+4)^2}$

|정|답|및|해|설|

[삼각 함수] $\sin wt=\dfrac{w}{s^2+w^2}$, $\cos wt=\dfrac{s}{s^2+w^2}$

$f(t)=\sin t\cos t$

$\sin(t+t)=\sin t\cos t+\cos t\sin t$에서

$\sin 2t=2\sin t\cos t$ → $\sin t\cos t=\dfrac{1}{2}\sin 2t$

$\mathcal{L}[\cos t\sin t]=\dfrac{1}{2}\cdot\dfrac{2}{s^2+s^2}=\dfrac{1}{s^2+4}$

【정답】①

19. $\mathcal{L}[\cos(10t-30°)\cdot u(t)]$ 는?

① $\dfrac{s+1}{s^2+100}$　② $\dfrac{s+30}{s^2+100}$

③ $\dfrac{0.866s}{s^2+100}$　④ $\dfrac{0.866s+5}{s^2+100}$

|정|답|및|해|설|

[위상이 있는 삼각 함수] $f(t)=\cos(t+t)$

→ $\cos t\cos t-\sin t\sin t$

$\cos(10t-30°)u(t)$

$\cos(10t-30°)u(t)=\cos 10t\cos 30°+\sin 10t\sin 30°$

$=\dfrac{s\cdot\dfrac{\sqrt{3}}{2}+10\cdot\dfrac{1}{2}}{s^2+10^2}=\dfrac{0.866s+5}{s^2+10^2}$

【정답】④

20. 다음 식 중 옳지 않은 것은?

① $\mathcal{L}[f_1(t)\pm f_2(t)]=F_1(s)\pm F_2(s)$

② $\lim_{t\to\infty}f(t)=\lim_{s\to\infty}F(s)$

③ $\mathcal{L}\left[\dfrac{d}{dt}f(t)\right]=sF(s)-f(0)$

④ $\int_0^\infty f(t)e^{-st}dt=F(s)$

|정|답|및|해|설|

[최종값 정리] $\lim_{s\to\infty}f(t)=\lim_{s\to 0}sf(s)$

[초기값 정리] $\lim_{t\to 0}f(t)=\lim_{s\to\infty}sf(s)$

【정답】②

21. 다음 관계식 중 옳지 않은 것은?

① $\mathcal{L}[af_1(t)+bf_2(t)]=aF_1(s)+bF_2(s)$

② $\mathcal{L}[f_1(t-a)]=eF(s)$

③ $\mathcal{L}[e^{-at}f(t)]=F(s+a)$

④ $\mathcal{L}[f(\frac{t}{a})]=aF(as)\ \ (a>0)$

|정|답|및|해|설|

[시간 추이(지연)] $\mathcal{L}[f(t-a)]=e^{-as}F(s)$

【정답】 ②

22. $F(s)=\dfrac{3s+10}{s^3+2s^2+5s}$ 일때 $f(t)$의 최종값은?

① 0 ② 1

③ 2 ④ 8

|정|답|및|해|설|

[최종값 정리] $\lim\limits_{s\to\infty}f(t)=\lim\limits_{s\to 0}sf(s)$

$\lim\limits_{s\to 0}sF(s)=\lim\limits_{s\to 0}s\cdot\dfrac{3s+10}{s(s^2+2s+5)}=\dfrac{10}{5}=2$

【정답】 ③

23. 어떤 제어계의 출력이 $C(s)=\dfrac{s+0.5}{s(s^2+s+2)}$로 주어질 때 정상값은?

① 4 ② 2

③ 0.5 ④ 0.25

|정|답|및|해|설|

[최종값(정상값) 정리] $\lim\limits_{s\to\infty}f(t)=\lim\limits_{s\to 0}sf(s)$

$\lim\limits_{s\to 0}f(t)=\lim\limits_{s\to 0}s\cdot\dfrac{s+5}{s(s^2+s+2)}=\dfrac{5}{2}=2.5$

【정답】 ④

24. 주어진 회로에서 전류 $i(t)$의 라플라스 변환을 구하였더니 $I(s)=\dfrac{2s+5}{s(s+1)(s+2)}$로 주어졌다. $t=\infty$에서의 $i=(\infty)$의 값을 구하면?

① 2.5 ② 0

③ 5 ④ ∞

|정|답|및|해|설|

[최종값 정리] $\lim\limits_{s\to\infty}f(t)=\lim\limits_{s\to 0}sf(s)$

$t=\infty$ 최종값 정리

$\mathrm{Lim}_{t\to\infty}f(t)=\mathrm{Lim}_{s\to 0}F(s)=\mathrm{Lim}_{s\to 0}s\dfrac{2s+5}{s(s+1)(s+2)}=\dfrac{5}{2}=2.5$

【정답】 ①

25. 다음과 같은 2개의 전류의 초기값 $i_1(0_+)$, $i_2(0_+)$가 옳게 구해진 것은?

$$I_1(s)=\frac{12(s+8)}{4s(s+6)},\ I_2(s)=\frac{12}{s(s+6)}$$

① 3, 0 ② 4, 0

③ 4, 2 ④ 3, 4

|정|답|및|해|설|

[초기값 정리] $\lim\limits_{t\to 0}f(t)=\lim\limits_{s\to\infty}sf(s)$

$\mathrm{Lim}_{t\to 0}f(t)=\mathrm{Lim}_{s\to\infty}sF(s),\ I_1(s)=\dfrac{12(s+8)}{4s(s+6)}$

$\mathrm{Lim}_{s\to\infty}s\left(\dfrac{12(s+8)}{4s(s+6)}\right)=\mathrm{Lim}_{s\to\infty}\dfrac{3s+24}{s+6}=\mathrm{Lim}_{s\to\infty}\dfrac{3+\frac{24}{s}}{1+\frac{6}{s}}=3$

$I_2(s)=\dfrac{12}{s(s+6)}$

$\mathrm{Lim}_{s\to\infty}s\left(\dfrac{12}{s(s+6)}\right)=\mathrm{Lim}_{s\to\infty}\dfrac{12}{s+6}=0$

※ 최고차 항의 계수가 된다.

【정답】 ①

26. $f(t) = u(t-a) - u(t-b)$ 식으로 표시되는 4각파의 라플라스는?

① $\dfrac{1}{s^2}(e^{as} + e^{bs})$ ② $\dfrac{1}{s^2}(e^{-as} - e^{-bs})$

③ $\dfrac{1}{s}(e^{as} + e^{bs})$ ④ $\dfrac{1}{s}(e^{-as} - e^{-bs})$

|정|답|및|해|설|

[시간 추이(지연)]

$f(t) = u(t-a) - u(t-b)$

$\rightarrow u(t-a) - u(t-b) = \dfrac{1}{s}e^{-as} - \dfrac{1}{s}e^{-bs}$

$= \dfrac{1}{s}(e^{-as} - e^{-bs})$

【정답】 ④

27. 다음 파형의 라플라스 변환은?

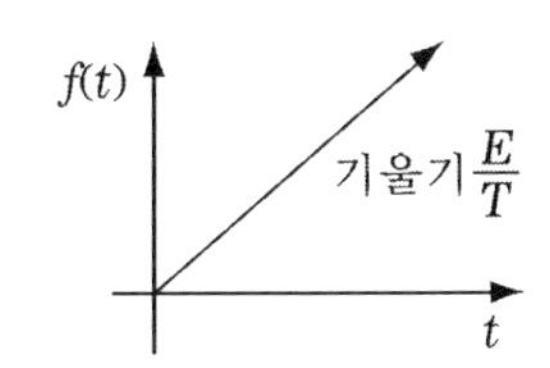

① $\dfrac{E}{s^2}$ ② $\dfrac{E}{Ts^2}$

③ $\dfrac{E}{s}$ ④ $\dfrac{E}{Ts}$

|정|답|및|해|설|

[시간 추이(지연)]

$f(t) = \dfrac{E}{T}tu(t)$이므로 $\mathcal{L}[f(t)] = \dfrac{E}{T} \cdot \dfrac{1}{s^2}$

【정답】 ②

28. 그림과 같은 구형파의 라플라스 변환을 구하면?

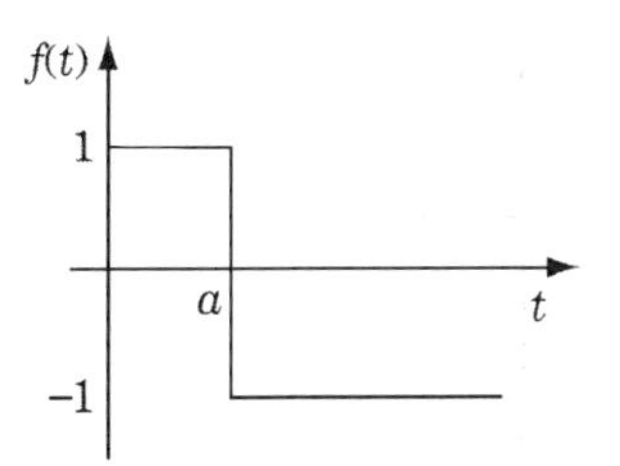

① $\dfrac{1}{s}$ ② $\dfrac{e^{-as}}{s}$

③ $\dfrac{1+e^{-as}}{s}$ ④ $\dfrac{1-2e^{-as}}{s}$

|정|답|및|해|설|

[구형파의 라플라스 변환]

$f(t) = u(t) - 2u(t-a)$ →(-2는 두 단 떨어짐을 의미)

$\mathcal{L}[f(t)] = \dfrac{1}{s} - \dfrac{2}{s}e^{-as} = \dfrac{1-2e^{-as}}{s}$

【정답】 ④

29. 그림의 파형을 단위 함수(unit step function) $v(t)$로 표시하면?

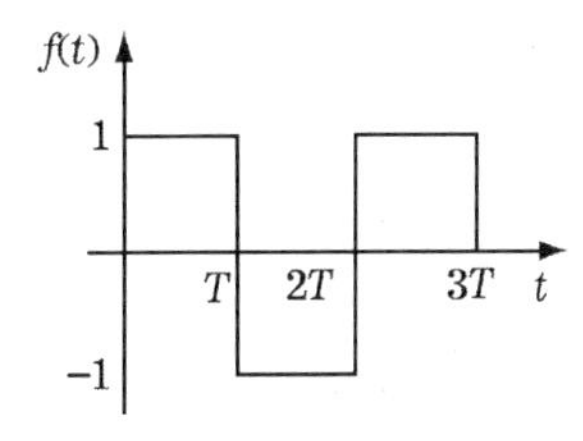

① $v(t) = u(t) - u(t-T) + u(t-2T) - u(t-3T)$

② $v(t) = u(t) - 2u(t-T) + 2u(t-2T) - u(t-3T)$

③ $v(t) = u(t-T) - u(t-2T) + u(t-3T)$

④ $v(t) = u(t-T) - 2u(t-2T) + 2u(t-3T)$

|정|답|및|해|설|

처음에 $u(t)$, $t=T$에서 2만큼 − 되어 $-2u(t-T)$가 되고, $t=2T$에서는 2만큼 +되어 $+2u(t-2T)$가 되어 있고, $t=3T$에서는 1만큼 되어 $-u(t-3T)$이 된다.

따라서

$v(t) = u(t) - 2u(t-T) + 2u(t-2T) - u(t-3T)$

$V(s) = \dfrac{1}{s} - \dfrac{2}{s}e^{-TS} + \dfrac{2}{s}e^{-2TS} - \dfrac{1}{s}e^{-3TS}$

【정답】 ②

30. 그림과 같은 펄스의 라플라스 변환은?

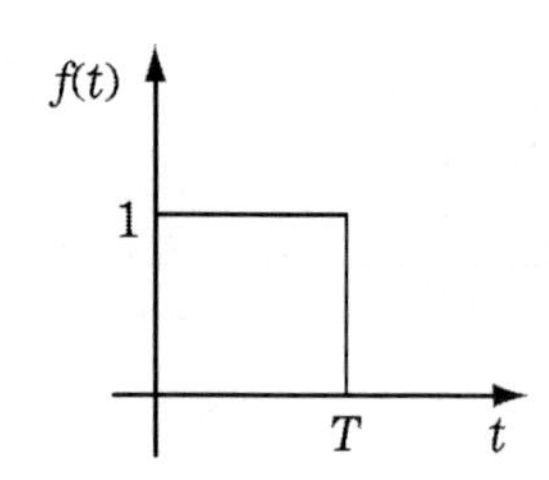

① $\frac{1}{T}\left(\frac{1-e^{TS}}{s}\right)^2$ ② $\frac{1}{T}\left(\frac{1+e^{TS}}{s}\right)^2$

③ $\frac{1}{s}(1-e^{-TS})$ ④ $\frac{1}{s}(1+e^{TS})$

|정|답|및|해|설|

[펄스파의 라플라스 변환]

$f(t)=u(t)-u(t-T)$

$\mathcal{L}[(f(t)]=\frac{1}{s}-\frac{1}{s}e^{-TS}=\frac{1}{s}(1-e^{-TS})$

【정답】 ③

31. 그림과 같은 계단 함수의 라플라스 변환은?

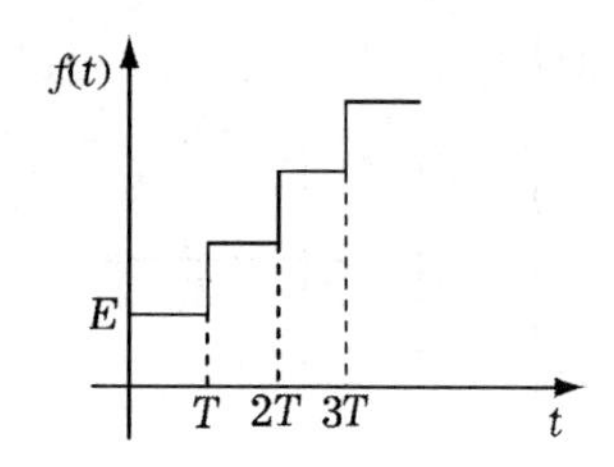

① $\frac{E}{1-e^{-TS}}$ ② $\frac{E}{s(1-e^{-TS})}$

③ $E(1-e^{-TS})$ ④ $\frac{E}{s}(1-e^{-TS})$

|정|답|및|해|설|

[연속 함수] $f(t)=Eu(t)+Eu(t-T)+Eu(t-2T)....$

$\mathcal{L}[F(t)]=\frac{E}{S}+\frac{E}{S}e^{-TS}+\frac{E}{S}e^{-2TS}....$

$=\frac{E}{S}(1+e^{-TS}+e^{-2TS}+....)$

$=\frac{E}{S}\cdot\frac{1}{1-e^{-TS}}$

【정답】 ②

32. 그림과 같은 톱니파를 라플라스 변환하면?

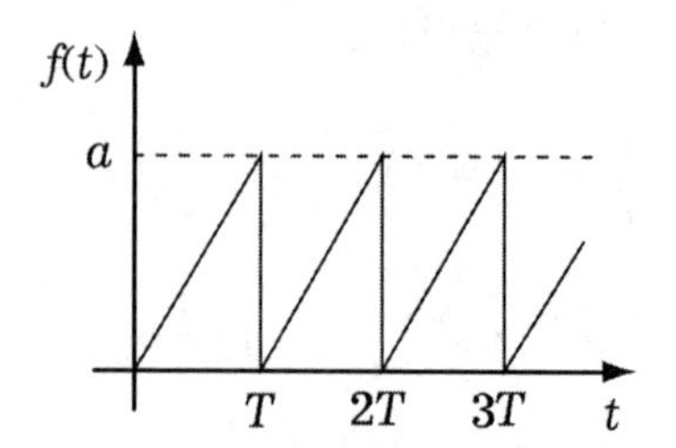

① $\frac{a}{s}(\frac{1}{Ts}-\frac{e^{-TS}}{1-e^{-TS}})$

② $\frac{a}{s}(\frac{1-e^{-TS}}{Ts})$

③ $\frac{a}{s}(\frac{e^{-TS}}{Ts}-\frac{1}{1-e^{-TS}})$

④ $\frac{a}{s}(1-\frac{e^{-TS}}{1-e^{-TS}})$

|정|답|및|해|설|

[톱니파의 라플라스 변환]

$f(t)=\frac{a}{T}tu(t)-au(t-T)-au(t-2T)-au(t-3T)...$

$\mathcal{L}[f(t)]=\frac{a}{T}\cdot\frac{1}{s^2}-\frac{a}{s}e^{-TS}-\frac{a}{s}e^{-2TS}-\frac{a}{s}e^{-3TS}....$

$=\frac{a}{T}\cdot\frac{1}{S^2}-\frac{a}{s}e^{-TS}(1+e^{-TS}+e^{-3TS+}....)$

$=\frac{a}{T}\cdot\frac{1}{s^2}-\frac{a}{s}e^{-TS}\cdot\frac{1}{1-e-^{TS}}$

$=\frac{a}{s}\left(\frac{1}{TS}-\frac{e^{-TS}}{1-e^{-TS}}\right)$

【정답】 ①

33. 그림과 같은 게이트 함수의 라플라스 변환을 구하면?

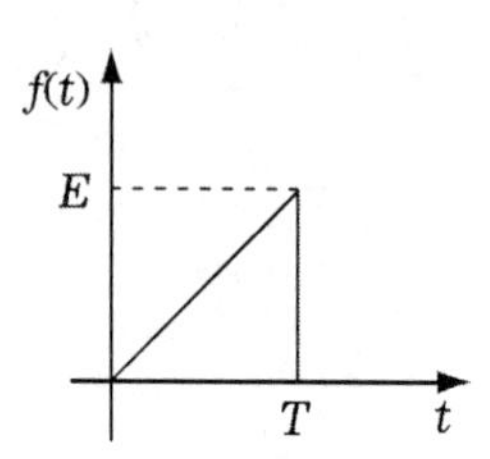

① $\dfrac{E}{Ts^2}[1-(Ts+1)e^{-TS}]$

② $\dfrac{E}{Ts^2}[1+(Ts+1)e^{-TS}]$

③ $\dfrac{E}{Ts^2}(Ts+1)e^{-TS}$

④ $\dfrac{E}{Ts^2}(Ts-1)e^{-TS}$

|정|답|및|해|설|

[톱니파] $f(t)=\dfrac{E}{T}tu(t)-\dfrac{E}{T}(t-T)u(t-T)-Eu(t-T)$

$\mathcal{L}[f(t)]=\dfrac{E}{T}\cdot\dfrac{1}{s^2}-\dfrac{E}{T}\dfrac{1}{s^2}e^{-TS}-\dfrac{E}{s}e^{-TS}$

$=\dfrac{E}{TS^2}(1-E^{-TS}-Tse^{-TS})$

【정답】 ①

34. 그림과 같은 반파 정현파의 라플라스 변환은?

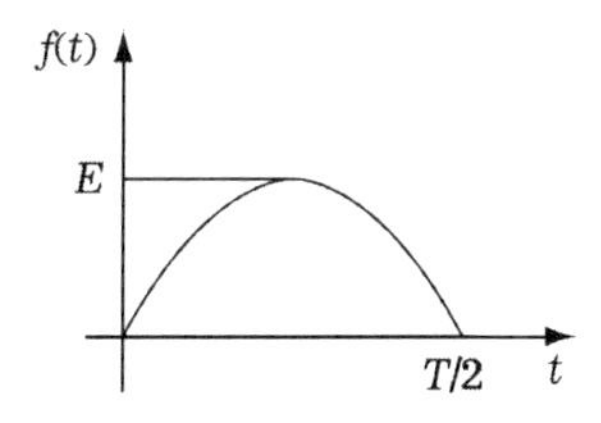

① $\dfrac{Ew}{s^2+w^2}\left(1-e^{-\frac{1}{2}TS}\right)$

② $\dfrac{Es}{s^2+w^2}\left(1-e^{-\frac{1}{2}TS}\right)$

③ $\dfrac{Ew}{s^2+w^2}\left(1+e^{-\frac{1}{2}TS}\right)$

④ $\dfrac{Es}{s^2+w^2}\left(1\pm e^{-\frac{1}{2}TS}\right)$

|정|답|및|해|설|

[반파 정현파의 라플라스 변환]

$f(t)=E\sin wtu(t)+E\sin w(t-\dfrac{T}{2})u(t-\dfrac{T}{2})$

$=\dfrac{Ew}{s^2+w^2}+\dfrac{Ew}{s^2+w^2}e^{\frac{-T}{2}s}$ 【정답】 ③

35. 그림과 같은 주기 구형파의 라플라스 변환은?

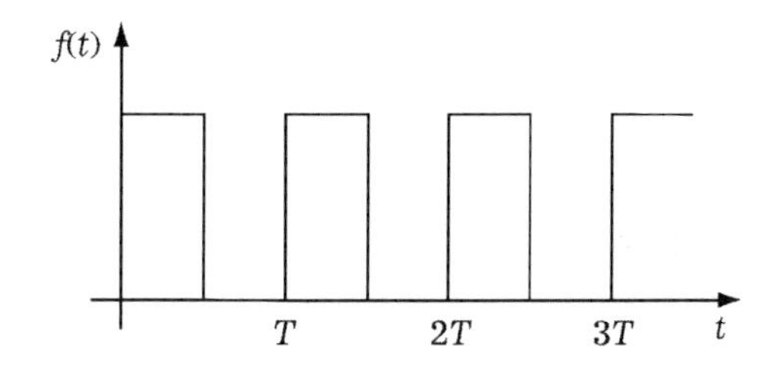

① $\dfrac{1}{s(1-e^{-TS})}$ ② $\dfrac{1}{s(1+e^{-TS})}$

③ $s\left(1+e^{-\frac{TS}{2}}\right)$ ④ $\dfrac{1}{s\left(1+e^{-\frac{TS}{2}}\right)}$

|정|답|및|해|설|

[구형파의 라플라스 변환]

$f(t)=u(t)-u(t-\dfrac{T}{2})+U(t-T)-u(t-\dfrac{3}{2}T)+\cdots\cdots$

$\mathcal{L}[f(t)]=\dfrac{1}{s}-\dfrac{1}{s}e^{-\frac{T}{2}s}+\dfrac{1}{s}e^{-TS}-\dfrac{1}{s}e^{-\frac{3}{2}TS}\cdots\cdots$

$=\dfrac{1}{s}\left(1-e^{-\frac{T}{2}s}+e^{-TS}-e^{-\frac{3}{2}TS}+e^{-2TS}\right)$

$=\dfrac{1}{s}\dfrac{1}{1+e^{\frac{-T}{2}s}}$

【정답】 ④

36. $F(s)=\dfrac{A}{a+s}$ 라 하면 이의 역변환은?

① ae^{At} ② Ae^{at}

③ ae^{-At} ④ Ae^{-at}

|정|답|및|해|설|

[역변환] $F(s)=\dfrac{A}{a+s}$ $\rightarrow$ $\mathcal{L}^{-1}[F(s)]=Ae^{-at}$

【정답】 ④

37. $F(s) = \dfrac{e^{-bs}}{s+a}$ 의 역라플라스 변환은?

① $e^{-a(t-b)}$ ② $e^{-a(t+b)}$

③ $e^{a(t-b)}$ ④ $e^{a(t+b)}$

|정|답|및|해|설|

[역라플라스 변환]

$F(s) = \dfrac{e^{-as}}{s+a}$는 $\dfrac{1}{s+a} \rightarrow e^{-at}$와

시간 늦음 $-b$에 의해 t대신 $t-b$를 대입해야 하므로

$\mathcal{L}^{-1}[F(s)] = e^{-a(t-b)}$ 【정답】 ①

38. 어떤 회로의 전류에 대한 라플라스 변환이 다음과 같을 때의 시간 함수는?

$$I(s) = \frac{1}{s^2+2s+2}$$

① $i(t) = 5e^{-t}$

② $i(t) = 2\sin t\, u(t)$

③ $i(t) = e^{-t}\sin t\, u(t)$

④ $i(t) = e^{-t}\cos t\, u(t)$

|정|답|및|해|설|

[역라플라스 변환]

$I(s) = \dfrac{1}{s^2+2s+2} = \dfrac{1}{(s+1)^2+1}$

$\mathcal{L}^{-1}[I(s)] = e^{-t}\sin t$ 【정답】 ③

39. 다음 함수의 역라플라스 변환을 구하면?

$$F(s) = \frac{3s+8}{s^2+9}$$

① $3\cos 3t - \dfrac{8}{3}\sin 3t$

② $3\sin 3t + \dfrac{8}{3}\cos 3t$

③ $3\cos 3t + \dfrac{8}{3}\sin t$

④ $3\cos 3t + \dfrac{8}{3}\sin 3t$

|정|답|및|해|설|

[역라플라스 변환]

$F(s) = \dfrac{3s+8}{s^2+9} = \dfrac{3s}{s^2+9} + \dfrac{8}{3}\dfrac{3}{s^2+9}$

$\mathcal{L}^{-1}[F(s)] = 3\cos 3t + \dfrac{8}{3}\sin 3t$ 【정답】 ④

40. $f(t) = \mathcal{L}^{-1}\left[\dfrac{1}{s^2+6s+10}\right]$ 의 값은 얼마인가?

① $e^{-3t}\sin t$ ② $e^{-3t}\cos t$

③ $e^{-t}\sin 5t$ ④ $e^{-t}\sin 5wt$

|정|답|및|해|설|

[역라플라스 변환]

$\mathcal{L}^{-1}\left[\dfrac{1}{s^2+6s+10}\right] = \mathcal{L}^{-1}\left[\dfrac{1}{(s+3)^2+1}\right] = e^{-3t}\sin t$

【정답】 ①

41. $\dfrac{s\sin\theta + w\cos\theta}{s^2+w^2}$ 의 역라플라스 변환을 구하면?

① $\sin(wt-\theta)$ ② $\sin(wt+\theta)$

③ $\cos(wt-\theta)$ ④ $\cos(wt+\theta)$

|정|답|및|해|설|

[역라플라스 변환]

$\dfrac{s\sin\theta + w\cos\theta}{s^2+w^2} = \cos wt\sin\theta + \sin wt\cos\theta = \sin(wt+\theta)$

【정답】 ②

42. $F(s)=\dfrac{1}{s(s-1)}$ 의 라플라스 역변환은?

① $(1-e^{t})$　② $(1-e^{-t})$

① $(e^{t}-1)$　② $(e^{-t}-1)$

|정|답|및|해|설|

[역라플라스 변환]

$F(s)=\dfrac{1}{s(s-1)}=\dfrac{1}{s-1}-\dfrac{1}{s}$

$\mathcal{L}^{-1}[F(s)]=e^{t}-1$　【정답】 ③

43. $F(s)=\dfrac{1}{s(s+a)}$ 의 라플라스 역변환을 구하면?

① $1-e^{-at}$　② $a(1-e^{-at})$

③ $\dfrac{1}{a}(1-e^{-at})$　④ e^{-at}

|정|답|및|해|설|

[역라플라스 변환]

$F(s)=\dfrac{1}{s(s+a)}=\dfrac{1}{a}\left(\dfrac{1}{s}-\dfrac{1}{s+a}\right)$

→(a만큼 차이가 날 경우에는 a로 나누어 준다.)

$\mathcal{L}^{-1}[F(s)]=\dfrac{1}{a}(1-e^{-at})$　【정답】 ③

44. $F(s)=\dfrac{s}{(s+1)(s+2)}$ 일 때 $f(t)$를 구하면?

① $1-2e^{-2t}+e^{-t}$　② $e^{-2t}-2e^{-t}$

③ $2e^{-2t}+e^{-t}$　④ $2e^{-2t}-e^{-t}$

|정|답|및|해|설|

[역라플라스 변환(실수 단근)]

$F(s)=\dfrac{s}{(s+1)(s+2)}$

$\dfrac{s}{(s+1)(s+2)}=\dfrac{A}{(s+1)}+\dfrac{B}{(s+2)}$ 형태로 나눈다.

A를 구하면

양변에 $(s+1)$을 곱한 후 , s에 -1을 대입.

$A=\dfrac{s}{(s+2)}\Big|_{s=-1}$ → $A=-1$이 된다.

B를 구하려면

양변에 $(s+2)$를 곱한 후 s에 -2를 대입한다.

$B=\dfrac{s}{s+1}\Big|_{s=-2}$ → $B=2$

$\dfrac{s}{(s+1)(s+2)}=\dfrac{A}{s+1}+\dfrac{B}{S+2}=\dfrac{-1}{s+1}+\dfrac{2}{s+2}$

$\mathcal{L}[F(s)]^{-1}=-e^{-t}+2e^{-2t}$

【정답】 ④

45. $F(t)=\mathcal{L}^{-t}\left[\dfrac{2s+3}{(s+1)(s+2)}\right]$ 를 구하면?

① $e^{-t}+e^{-2t}$　② $e^{-t}-e^{-2t}$

③ $e^{-t}-2e^{-2t}$　④ $e^{-t}+2e^{-2t}$

|정|답|및|해|설|

[역라플라스 변환]

$\dfrac{2s+3}{(s+1)(s+2)}$ 역변환이면 $\dfrac{2s+3}{(s+1)(s+2)}=\dfrac{A}{s+1}+\dfrac{B}{s+2}$

$A=\dfrac{2s+3}{s+2}\Big|_{s=-1}$ → $A=1$

$B=\dfrac{2s+3}{s+1}\Big|_{s=-2}$ → $B=1$

$\therefore \dfrac{2s+3}{(s+1)(s+2)}=\dfrac{1}{s+1}+\dfrac{1}{s+2}$

$\mathcal{L}^{-1}[F(s)]=\mathcal{L}^{-1}\left(\dfrac{1}{s+1}+\dfrac{1}{s+2}\right)=e^{-t}+e^{-2t}$

【정답】 ①

46. 다음 함수 $F(s)=\dfrac{5s+3}{s(s+1)}$ 의 역라플라스 변환은 어떻게 되는가?

① $2+3e^{-t}$　② $3+2e^{-t}$

③ $3-2e^{-t}$　④ $2-3e^{-t}$

|정|답|및|해|설|

[역라플라스 변환]

$F(s)=\frac{5s+3}{s(s+1)}=\frac{A}{s}+\frac{B}{s+1}$

$A=\frac{5s+3}{s+1}\Big|_{s=0} \rightarrow A=3$

$B=\frac{5s+3}{s}\Big|_{s=-1} \rightarrow B=2$

$\therefore \mathcal{L}^{-1}[F(s)]=3+2e^{-t}$ 【정답】 ②

47. $\frac{6s+2}{s(6s+1)}$ 의 역라플라스 변환은?

① $4-e^{-\frac{1}{6}t}$ ② $2-e^{-\frac{1}{6}t}$

③ $4-e^{-\frac{1}{3}t}$ ④ $2-e^{-\frac{1}{3}t}$

|정|답|및|해|설|

[역라플라스 변환]

$\frac{6s+2}{s(6s+1)}=\frac{s+\frac{1}{3}}{s(s+\frac{1}{6})}=\frac{A}{s}+\frac{B}{s+\frac{1}{6}}$

$A=\frac{s+\frac{1}{3}}{s+\frac{1}{6}}\Bigg|_{s=0} \rightarrow A=2$

$B=\frac{s+\frac{1}{3}}{s}\Bigg|_{s=-\frac{1}{6}} \rightarrow B=\frac{-\frac{1}{6}+\frac{1}{3}}{-\frac{1}{6}}=-1$

$\therefore \mathcal{L}^{-1}[F(s)]=2-e^{-\frac{1}{6}t}$

【정답】 ②

48. $F(s)=\frac{s+2}{s(s+1)^2}$ 의 라플라스 역변환은?

① $e^{-t}-te^{-t}$ ② $e^{-t}+te^{-t}$

③ $1-te^{-t}$ ④ $1+te^{-t}$

|정|답|및|해|설|

[역라플라스 변환(중근인 경우)]

$\frac{s+2}{(s+1)^2}=\frac{A}{(s+1)^2}+\frac{B}{s+1}$ 로 항을 나눈다.

$A=s+2|_{s=-1} \rightarrow A=1$

$A=1$

$B=1 \longrightarrow (s+2$를 미분한다)

$\therefore \mathcal{L}^{-1}[F(s)]=te^{-t}+e^{-t}$ 【정답】 ②

49. 출력 $Y(s)=\frac{K_1}{s^2}+\frac{K_2}{(s+3)^2}$ 일 때 $y(t)$는?

① $2K_1+2K_2t$ ② K_1t-3K_2t

③ $K_1t+K_2te^{-3t}$ ④ $K_1t-3K_2e^{-2t}$

|정|답|및|해|설|

[역라플라스 변환]

$\mathcal{L}^{-1}[Y(s)]=tK_1+e^{-3t}tK_2$ 【정답】 ③

50. $F(s)=\frac{\pi}{(s^2+\pi^2)}\cdot e^{-2s}$ 함수를 역변환할 때의 그림은?

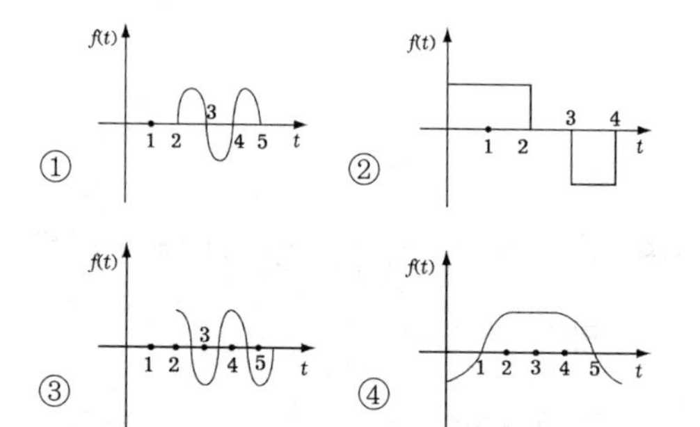

|정|답|및|해|설|

$\frac{\pi}{s^2+\pi^2}$가 역변환 하면 $\sin\pi t$

e^{-2s}는 2초 지연을 의미하므로

【정답】 ①

51. $F(t) = \mathcal{L}^{-1}\left[\frac{s^2+3s+10}{(s^2+2s+5)}\right]$ 는?

① $\delta(t)+e^{-t}(\cos 2t - \sin 2t)$

② $\delta(t)+e^{-t}(\cos 2t + 2\sin 2t)$

③ $\delta(t)+e^{-t}(\cos 2t - 2\sin 2t)$

④ $\delta(t)+e^{-t}(\cos 2t + \sin 2t)$

|정|답|및|해|설|

[역라플라스 변환]

$\frac{s^2+3s+10}{s^2+2s+5} = 1+\frac{s+5}{s^2+2s+5} = 1+\frac{s+1+4}{(s+1)^2+2^2}$

역변환 하면

$1+\frac{s+1}{(s+1)^2+2^2}+\frac{4}{(s+1)^2+2^2}$

$\rightarrow \delta(t)+e^{-t}\cos 2t+2e^{-t}\sin 2t$ 【정답】 ②

52. $\mathcal{L}^{-1}\left[\frac{1}{(s^2+a^2)}\right]$ 은 어느 것인가?

① $\sin at$ ② $\frac{1}{a}\sin at$

③ $\cos at$ ④ $\frac{1}{a}\cos at$

|정|답|및|해|설|

[역라플라스 변환]

$\frac{1}{s^2+a^2} = \frac{1}{a}\cdot\frac{a}{s^2+a^2} \rightarrow \frac{1}{a}\sin at$

※원하는 식이 나올 수 있도록 만들어 준다.

【정답】 ②

53. 다음 함수들의 라플라스 역변환에 관하여 옳지 않은 것은?

(1) $\frac{s}{(2s+1)(s+1)}$ (2) $\frac{s+2}{(s+1)^2}$ (3) $\frac{s^2+3s+1}{s+1}$

① (1)은 e^{-t}, $e^{-\frac{t}{2}}$ 항을 가질 것이다.

② (2)는 2중근을 가지므로 te^{-t} 항을 가진다.

③ (3)은 분자가 분모보다 차수가 높으므로 $\delta(t)$를 포함한다.

④ (3)은 $s\rightarrow\infty$ 일 때 ∞가 되므로 역변환 적분은 불가능하다.

|정|답|및|해|설|

[역라플라스 변환]

(3)은 $\frac{s+1}{s^2+3s+1}$ 을 역변환하여 역수를 취하면 된다.

【정답】 ④

54. $\mathcal{L}^{-1}\left[\frac{s}{(s+a)^2}\right]$ 는?

① $e^{-t}-te^{-t}$ ② $e^{-t}+2te^{-t}$

③ $e^{t}-te^{-t}$ ④ $e^{-t}+te^{-t}$

|정|답|및|해|설|

[역라플라스 변환(중근)] $\frac{s}{(s+1)^2} = \frac{A}{(s+1)^2}+\frac{B}{s+1}$

$A=s$에서 A는 양변에 $(s+1)^2$을 곱하고 $s=-1$을 대입해서 구하면 $A=-1$

B는 $A=s$에서 s를 미분해서 구한다. $B=1$

$\frac{-1}{(s+1)^2}+\frac{1}{s+1} \rightarrow -e^{-t}-te^{-t}$ 【정답】 ①

55. $F(s) = \frac{s}{(s-1)^2-4}$ 의 역라플라스 변환은?

① $-\frac{e^t}{2}(\sinh 2t+2\cosh 2t)$

② $\frac{e^t}{2}(-\sinh 2t+2\cosh 2t)$

③ $\frac{e^t}{2}(\sinh 2t+2\cosh 2t)$

④ $\frac{e^t}{2}(\sinh 2t+2\cosh 2t)$

|정|답|및|해|설|

[역라플라스 변환(중근)]

$$\frac{s}{(s-1)^2-4}=\frac{s-1+1}{(s-1)^2-2^2}$$

$$=\frac{s-1}{(s-1)^2-4}+\frac{1}{(s-1)^2-4}$$

$\rightarrow e^t\cosh 2t+\frac{1}{2}e^t\sinh 2t$ 【정답】 ③

56. $\frac{dx}{dt}+x=1$ 의 라플라스 변환 $X(s)$의 값은?

① $s(s+1)$ ② $s+1$

③ $\frac{1}{s}(s+1)$ ④ $\frac{1}{s(s+1)}$

|정|답|및|해|설|

$\frac{dx}{dt}+x=1 \quad \rightarrow\left(\frac{d}{dt}=s,\ \int=\frac{1}{s}\right)$

라플라스 변환 $sX(s)+X(s)=\frac{1}{s}$

$X(s)=\frac{1}{s(s+1)}$ 【정답】 ④

57. 라플라스 변환을 이용하여 미분 방정식을 푸시오.

$$\frac{d^2y}{dt^2}+3y=0\ (\text{단},\ y(0)=3,\ y'(0)=4)$$

① $3\cos\sqrt{3t}+\frac{4\sqrt{3}}{3}\sin\sqrt{3t}$

② $3\cos\sqrt{3t}+\frac{4}{3}\sin\sqrt{3t}$

③ $3\cos\sqrt{3t}+4\sin\sqrt{3t}$

④ $3\cos 3t+\frac{4}{\sqrt{3}}\sin 3t$

|정|답|및|해|설|

$\frac{d^2y}{dt^2}+3y=0,\ y(0)=3,\ y'(0)=4$

$\{f(t)'\}=sF(s)-f(0)-f'(0)$

$\frac{d^2y}{dt^2}+3y=0$

라플라스 변환 시키면

$s^2Y(s)-sy(0)-y'(0)+3Y(s)=0$

$s^2Y(S)-3s-4+3Y(s)=0$

$(s^2+3)Y(s)=3s+4$

$Y(s)=\frac{3s+4}{s^2+3}=\frac{3s}{s^2+3}+\frac{4}{s^2+3}$

역변환 하면 $\rightarrow 3\cos\sqrt{3}t+\frac{4}{\sqrt{3}}\sin\sqrt{3t}$

【정답】 ①

58. $\frac{di(t)}{dt}+4i(t)+4\int i(t)dt=50u(t)$ 를 라플라스 변환하여 풀면 전류는? (단, $t=0$에서 $i(0)=0,\ \int_{-\infty}^{0} i(t)=0$ 이다.)

① $50e^{2t}(1+t)$ ② $e^t(1+5t)$

③ $\frac{1}{4}(1-e^t)$ ④ $50te^{-2t}$

|정|답|및|해|설|

[라플라스 변환]

$\frac{di(t)}{dt}+4i(t)+4\int i(t)dt=50u(t)$

$\rightarrow\left(\frac{d}{dt}=s,\ \int=\frac{1}{s}\right)$

라플라스 변환하면 $SI(s)+4I(s)+\frac{4}{s}I(s)=\frac{50}{5}$

$I(s)=\frac{50}{(s+4+\frac{4}{5})s}=\frac{50}{s^2+4s+4}=\frac{50}{(s+2)^2}$

$i(t)=50e^{-2t}$

【정답】 ④

59. $\dfrac{d^2x(t)}{dt^2}+2\dfrac{dx(t)}{dt}+x(t)=1$ 에서 $x(t)$는 얼마인가? (단, $x(0)=x'(0)=0$ 이다.)

① $te^{-t}-e^{-t}$ ② $te^{-t}+e^{-t}$

③ $1-te^{-t}-e^{-t}$ ④ $1+te^{-t}+e^{-t}$

|정|답|및|해|설|

$\dfrac{d^2x(t)}{dt^2}+2\dfrac{dx(t)}{dt}+x(t)=1$

라플라스 변환시키면 $s^2X(s)+2sX(S)+X(s)=\dfrac{1}{s}$

$X(s)=\dfrac{1}{(s^2+2s+1)s}=\dfrac{1}{(s+1)^2s}$

$=\dfrac{A}{(s+1)^2}+\dfrac{B}{s+1}+\dfrac{C}{s}$ → (역변환 하면)

$\dfrac{A}{(s+1)^2}+\dfrac{B}{s+1}+\dfrac{C}{s}=\dfrac{-1}{(s+1)^2}+\dfrac{-1}{s+1}+\dfrac{1}{s}$

$A=\dfrac{1}{s}\Big|_{s=-1}$ → $A=-1$

$B=\dfrac{d}{ds}\dfrac{1}{s}=-\dfrac{1}{s^2}\Big|_{s=-1}$ → $B=-1$

$C=\dfrac{1}{(s+1)^2}\Big|_{s=0}$ → $C=1$

역변환 시키면 $f(t)=-te^{-1}-e^{-t}+1$

【정답】 ③

60. $5\dfrac{d^2q}{dt^2}+\dfrac{dq}{dt}=10\sin t$ 에서 초기 조건을 0으로 하고 라플라스 변환하면?

① $Q(s)=\dfrac{10}{(5s+1)(s^2+1)}$

② $Q(s)=\dfrac{10}{(5s^2+s)(s^2+1)}$

③ $Q(s)=\dfrac{10}{2(s^2+1)}$

④ $Q(s)=\dfrac{10}{(s^2+5)(s^2+1)}$

|정|답|및|해|설|

$5\dfrac{d^2q}{dt}+\dfrac{dq}{dt}=10\sin t$

라플라스 변환하면 $5s^2Q(s)+sQ(s)=\dfrac{10}{s^2+1}$

$\therefore Q(s)=\dfrac{10}{(5s^2+s)(s^2+1)}$

【정답】 ②

61. 어떤 회로의 입력 전압이 $e(t)=e^{-t}$ 일 때 회로를 흐르는 전류가 $i(t)=2e^{-t}+e^{-0.5t}$ 이었다. 구하는 회로는?

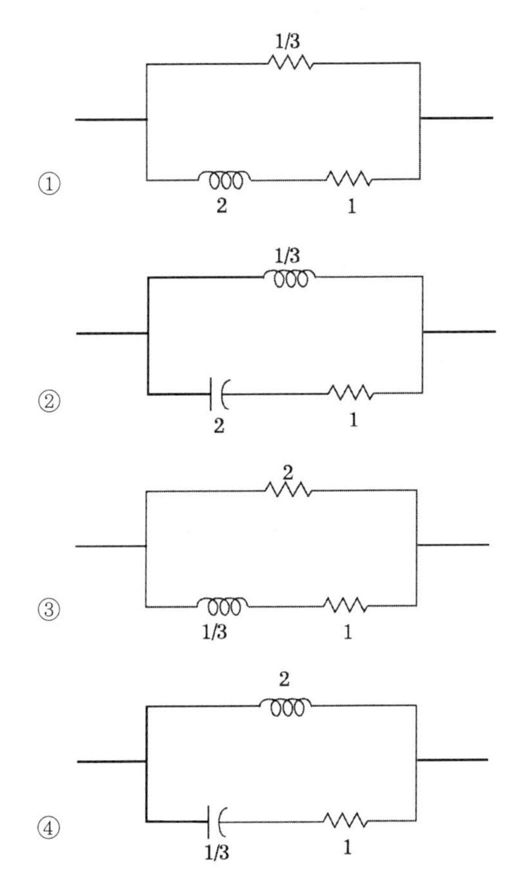

|정|답|및|해|설|

$$Z=\frac{E}{I}=\frac{e^{-t}}{2e^{-t}+e^{-0.5t}} \rightarrow \frac{\frac{1}{s+1}}{\frac{2}{s+1}+\frac{1}{s+0.5}}=\frac{2s+1}{6s+4}$$

$$\rightarrow \frac{1}{\frac{6s+4}{2s+1}}=\frac{1}{3+\frac{1}{2s+1}}=\frac{1}{\frac{1}{\frac{1}{3}}+\frac{1}{2s+1}}$$

$\rightarrow \frac{1}{3}$의 저항과 $2s+1$의 저항이 병렬

【정답】 ①

62. $Ri(t)+L\frac{di(t)}{dt}=E$ 에서 모든 초기값을 0으로 하였을 때의 $i(t)$의 값은?

① $\frac{E}{R}\left(1-e^{-\frac{R}{L}t}\right)$ ② $\frac{E}{R}\left(1-e^{-\frac{L}{R}t}\right)$

③ $\frac{E}{R}e^{-\frac{R}{L}t}$ ④ $\frac{E}{R}e^{-\frac{L}{R}t}$

|정|답|및|해|설|

$$Ri(t)+L\frac{di(t)}{dt}=E$$

라플라스 변환하면 $RI(s)+LSI(s)=\frac{E}{s}$

$$I(s)=\frac{E}{(R+Ls)s}=\frac{\frac{E}{L}}{s(s+\frac{R}{L})}$$

$$=\frac{E}{L}\cdot\frac{L}{R}\left(\frac{1}{s}-\frac{1}{s+\frac{R}{L}}\right)=\frac{E}{R}\left(\frac{1}{s}-\frac{1}{s+\frac{R}{L}}\right)$$

$$i(t)=\frac{E}{R}\left(1-e^{-\frac{R}{L}t}\right)$$

【정답】 ①

63. 그림과 같은 회로에서 $t=0$의 시각에 스위치 S를 닫았을 때 전류 $i(t)$의 라플라스 변환 $I(s)$는? (단, $v_c(0)=1[V]$이다.)

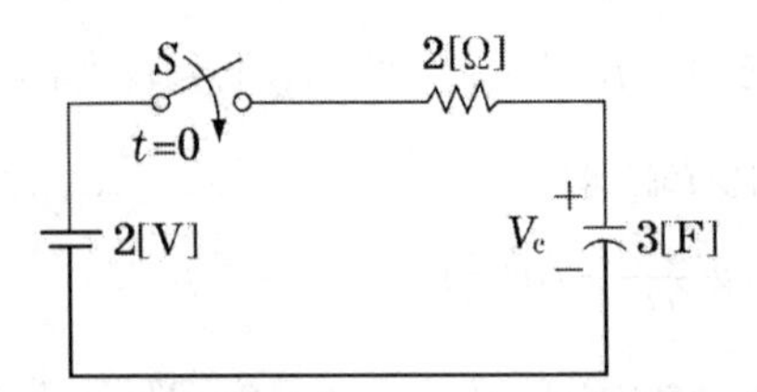

① $\frac{3s}{6s+1}$ ② $\frac{3}{6s+1}$

③ $\frac{6}{6s+1}$ ④ $-\frac{s}{6s+1}$

|정|답|및|해|설|

$$Ri+\frac{1}{c}\int idt=V$$

$V_0(0)=1[V]$이므로 전원 $2[V]$와의 전위차 $1[V]$

$$RI(s)+\frac{1}{Cs}I(s)=\frac{V}{s}$$

$$I(s)=\frac{V}{(R+\frac{1}{Cs})s}=\frac{V}{Rs+\frac{1}{C}}=\frac{V}{R}\cdot\frac{1}{s+\frac{1}{RC}}$$

$R=2,\ C=3,\ V=1$을 대입하면

$$I(s)=\frac{1}{2}\cdot\frac{1}{s+\frac{1}{6}}=\frac{1}{2s+\frac{1}{3}}=\frac{3}{6s+1}[A]$$

【정답】 ②

Chapter

15

전달 함수

01 전달 함수

(1) 전달 함수의 정의

입력 신호와 출력 신호의 관계를 수직적으로 표현한 것을 전달 함수라 한다.

모든 초기값을 0으로 한 상태에서 입력신호의 라플라스 변환에 대한 출력 신호의 라플라스 변환과의 비

$$G(s) = \frac{Y(s)}{X(s)} = \frac{\text{라플라스 변환시킨 출력}}{\text{라플라스 변환시킨 입력}}$$

제어계
입력 $x(t)$ → $G(s)$ → $y(t)$ 출력
$X(s)$ $Y(S)$

[제어 시스템의 전달 함수]

(2) 전달 함수의 성질

- 비선형 시스템에서는 정의되지 않는다.
- 임펄스 응답의 라플라스 변환으로 정의된다.
- 시스템의 초기 조건은 0으로 한다.
- 전달 함수는 시스템의 입력과는 무관하다.
- 전달 함수는 s만의 함수로 표시된다.

핵심기출 【산업기사】 08/3

전달함수의 성질 중 틀린 것은?

① 어떤 계의 전달함수는 그 계에 대한 임펄스 응답의 라플라스 변환과 같다.

② 전달함수 $P(s)$인 계의 입력이 임펄스함수(δ함수)이고 모든 초기값이 0이면 그 계의 출력 변환은 $P(s)$와 같다.

③ 계의 전달함수는 계의 미분방정식을 라플라스 변환하고 초기값에 의하여 생긴 항을 무시하면 $P(s) = \mathcal{L}^{-1}\left[\frac{Y^2}{X^2}\right]$와 같이 얻어진다.

④ 어떤 계의 전달함수의 분모를 0으로 놓으면 이것이 곧 특성 방정식이 된다.

정답 및 해설 [전달 함수의 성질] 전달함수는 모든 초기값을 0으로 했을 때, 출력신호의 라플라스변환과 입력신호 라플라스 변환의 비를 말한다.

【정답】 ③

02 시스템의 출력 응답

(1) 임펄스 응답 (하중 응답)

전달함수는 단위 임펄스 함수를 입력했을 때 출력의 라플라스 변환이 된다.
이 출력 응답을 임펄스 응답이라고 한다.

임펄스 응답 $c(t) = \mathcal{L}^{-1}[G(s)R(s)] = \mathcal{L}^{-1}[G(s)]$

(2) 인디셜 응답 (단위 계단 응답)

자동 제어계나 요소의 과도적 동특성을 살피기 위하여 사용하는 단위계단입력이 가해졌을 때의 응답을 인디셜 응답이라고 한다.

인디셜 응답 $c(t) = \mathcal{L}^{-1}[G(s)R(s)] = \mathcal{L}^{-1}\left[\frac{1}{s}G(s)\right]$

03 제어 요소의 전달 함수

(1) 비례 요소

전위 차계, 습동 저항, 전자 증폭관, 지렛대 등이 해당된다.
입력신호 $x(t)$와 출력신호 $y(t)$의 관계

① 전달함수 $G(s) = \dfrac{Y(s)}{X(s)} = K$ → (K : 이득상수)

② 이득상수(K) : 시간 지연이 없다고 해서 비례요소, 0차 지연요소라 한다.

(2) 미분 요소 (L)

인덕턴스 회로, 미분 회로, 속도 발전기가 여기에 해당된다.
미분 요소의 인디셜 응답은 임펄스로 된다.
입력신호 $x(t)$와 출력신호 $y(t)$의 관계

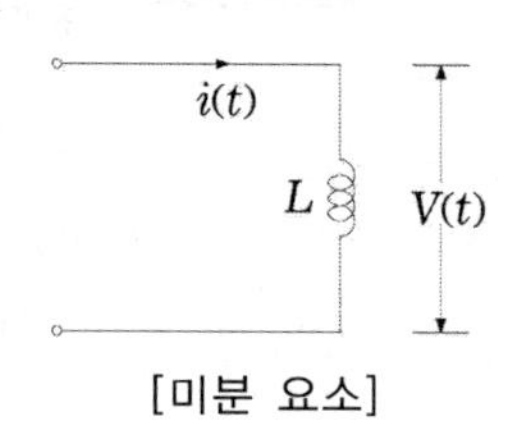

[미분 요소]

① 전달함수 $G(s) = \dfrac{Y(s)}{X(s)} = Ks$

② 전달함수 $G(s) = \dfrac{V(s)}{I(s)} = Ls$

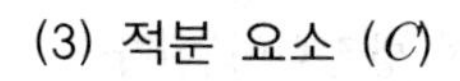

(3) 적분 요소 (C)

수위계, 적분회로, 가열기 등이 여기에 해당된다.
입력신호 $x(t)$와 출력신호 $y(t)$의 관계

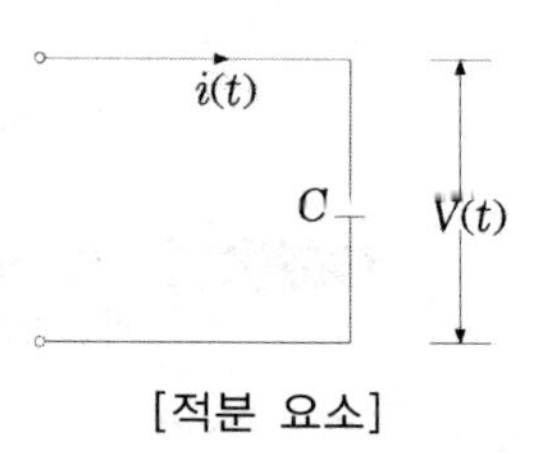

[적분 요소]

① 전달 함수 $G(s)=\dfrac{Y(s)}{X(s)}=\dfrac{K}{s}$

② 전달 함수 $G(s)=\dfrac{V(s)}{I(s)}=\dfrac{1}{Cs}$

(4) 1차 지연 요소

1차 지연 요소의 시간 함수로서 입력 신호 $x(t)$와 출력 신호 $y(t)$의 관계

전달 함수 $G(s)=\dfrac{Y(s)}{X(s)}=\dfrac{a_0}{b_1s+b_0}=\dfrac{K}{1+Ts}$

여기서, $\dfrac{a_0}{b_0}=K,\ \dfrac{b_1}{b_0}=T$ → (T : 시정수)

(5) 2차 지연 요소

입력신호 $x(t)$와 출력신호 $y(t)$의 관계

전달함수 $G(s)=\dfrac{Y(s)}{X(s)}=\dfrac{a_0}{b_2s^2+b_1s+b_0}=\dfrac{K}{T^2s^2+2\delta Ts+1}=\dfrac{K\omega_n^2}{s^2+2\delta w_n s+w_n^2}$

여기서, $\dfrac{a_0}{b_0}=K,\ \dfrac{b_2}{b_0}=T^2,\ \dfrac{b_1}{b_0}=2\delta T,\ \delta$: 제동비 또는 감쇠 계수, $\dfrac{1}{T}=\omega_n$: 고유 각주파수

(6) 부동작 시간요소

t=0에서 입력의 변화가 생겨도 $t=\tau$까지 출력 측에 어떠한 영향도 나타나지 않은 요소를 부동작 요소라 한다.

전달함수 $G(s)=\dfrac{Y(s)}{X(s)}=K\cdot e^{-\tau s}$

핵심기출 【기사】 06/3 09/1 13/2 17/3

그림과 같은 요소는 제어계의 어떤 요소인가?

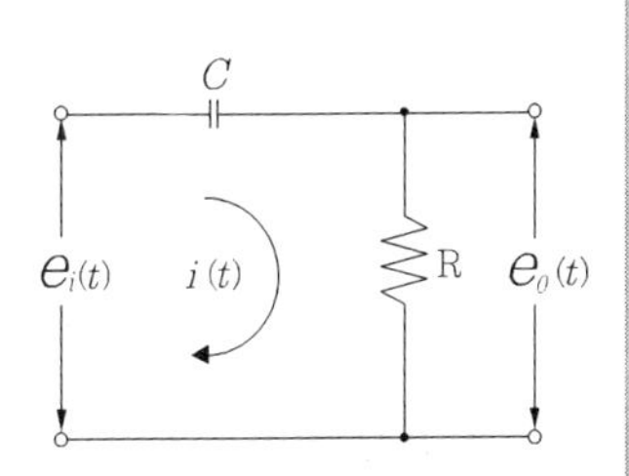

① 적분 요소 ② 미분 요소
③ 1차 지연 요소 ④ 1차 지연 미분 요소

정답 및 해설 [1차 지연 미분 요소] 비례 요소 : K, 미분 요소 : Ks, 적분 요소 : $\dfrac{K}{s}$, 1차 지연 요소 : $\dfrac{K}{Ts+1}$

$E_i(s)=\dfrac{1}{Cs}I(s)+RI(s)=\left(\dfrac{1}{Cs}+R\right)I(s),\quad E_0(s)=RI(s)$

전달함수 $G(s)=\dfrac{E_0(s)}{E_i(s)}=\dfrac{R}{\dfrac{1}{Cs}+R}=\dfrac{RCs}{1+RCs}=\dfrac{Ts}{1+Ts}$ → $(T=RC)$

그러므로 1차 지연 요소를 포함한 미분 요소이다. 【정답】 ④

04 전기 회로의 전달 함수

(1) R만의 회로

① 출력전압 $V_0 = \dfrac{R_2}{R_1 + R_2} \times V_i$

② 전달함수 $G(s) = \dfrac{V_0(s)}{V_i(s)} = \dfrac{R_2}{R_1 + R_2}$

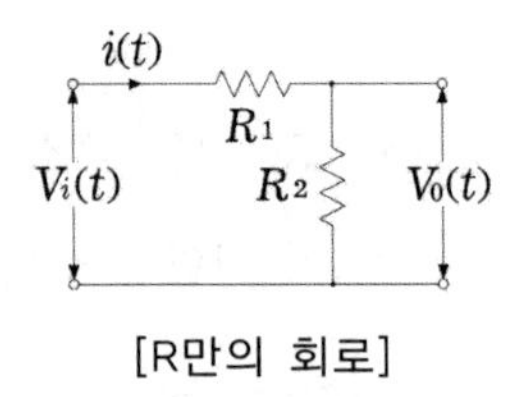

[R만의 회로]

(2) RC 직렬 회로

전달함수 $G(s) = \dfrac{V_0(s)}{V_i(s)} = \dfrac{\dfrac{1}{Cs}}{R + \dfrac{1}{Cs}} = \dfrac{1}{RCs + 1} = \dfrac{1}{Ts + 1}$

[RC 직렬회로]

(3) RC 병렬 회로

전달함수 $G(s) = \dfrac{V_0(s)}{I(s)} = \dfrac{1}{\dfrac{1}{R} + Cs} = \dfrac{R}{1 + RCs}$

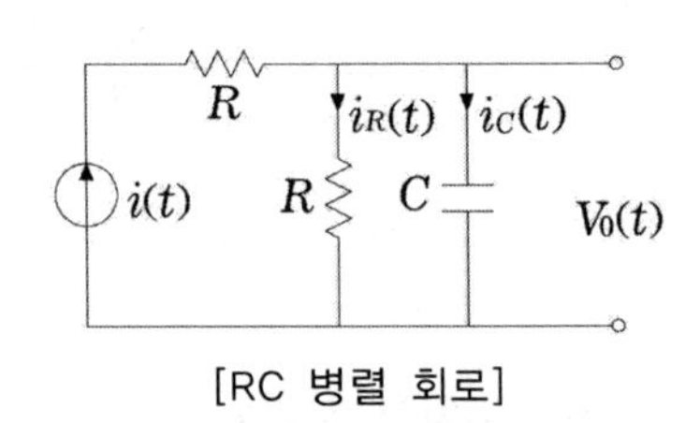

[RC 병렬 회로]

핵심기출 【기사】 04/3 【산업기사】 12/1 15/2

회로에서의 전압비 전달 함수 $\dfrac{E_0(s)}{E_i(s)}$ 는?

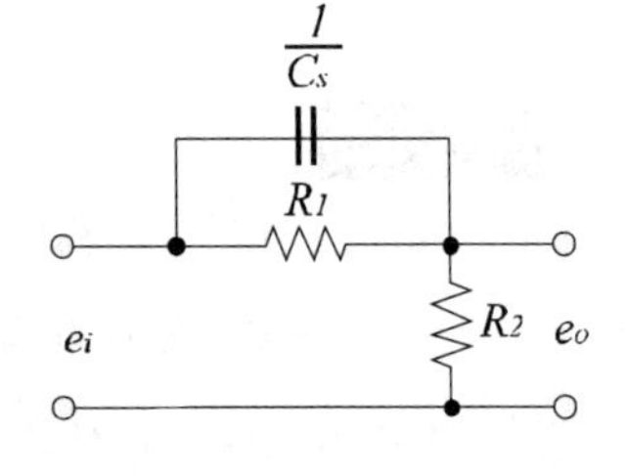

① $\dfrac{R_1 Cs}{R_1 + R_2 + Cs}$ ② $\dfrac{R_2 + Cs}{R_1 + R_2 + Cs}$

③ $\dfrac{R_1 + R_1 R_2 Cs}{R_1 + R_2 + R_1 R_2 Cs}$ ④ $\dfrac{R_2 + R_1 R_1 Cs}{R_1 + R_2 + R_1 R_2 Cs}$

정답 및 해설 [$R-C$만의 회로] R_1과 C의 합성 임피던스 등가 회로는 그림과 같다.

$$V_i(s) = \left\{\left(\frac{R_1}{1 + CsR_1}\right) + R_2\right\} I(s), \qquad V_0(s) = R_2 I(s)$$

$$\therefore G(s) = \frac{V_0(s)}{V_i(s)} = \frac{R_2}{\dfrac{R_1}{1 + CsR_1} + R_2} = \frac{R_2 + R_1 R_2 Cs}{R_1 + R_2 + R_1 R_2 Cs}$$

【정답】 ④

05 직렬 보상 회로

(1) 보상법의 정의

제어계의 순방향 전달 함수에 보상 요소를 직렬로 삽입하여 계 전체의 특성을 개선하는 것

(2) 진상 보상 회로

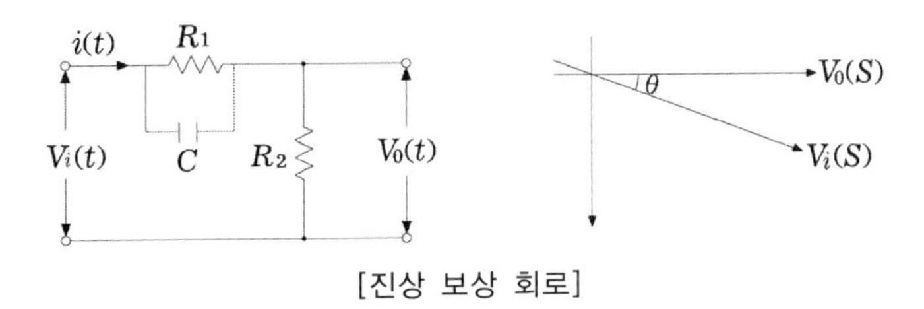

[진상 보상 회로]

출력 신호의 위상이 입력 신호 위상보다 앞서도록 하는 보상 회로

안정도의 속응성의 계산을 목적으로 함

$$G(s)=\frac{V_0(s)}{V_i(s)}=\frac{Cs+\frac{1}{R_1}}{Cs+\frac{1}{R_1}+\frac{1}{R_2}}=\frac{s+a}{s+b} \qquad \rightarrow \left(a=\frac{1}{R_1C},\ b=\frac{1}{R_1C}+\frac{1}{R_2C}\right)$$

∴ 진상 보상 회로 $a>b$

(3) 지상 보상 회로

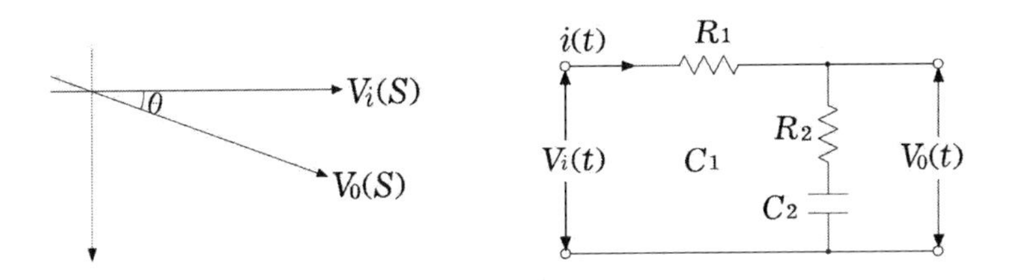

[지상 보상 회로]

- 출력 신호의 위상이 입력 신호의 위상보다 뒤지도록 하는 보상회로
- 과도 특성을 해치지 않고 정상 편차 개선

$$G(s)=\frac{V_0(s)}{V_i(s)}=\frac{\frac{1}{Cs}+R_2}{R_1+\frac{1}{Cs}+R_2}=\frac{a(s+b)}{b(s+a)} \qquad \rightarrow \left(a=\frac{1}{(R_1+R_2)C},\ b=\frac{1}{R_2C}\right)$$

∴ 지상 보상 회로 $a<1,\ a<b$

(4) 진·지상 보상 회로

$$G(s)=\frac{V_0(s)}{V_i(s)}=\frac{\left(s+\frac{1}{R_1C_1}\right)\left(s+\frac{1}{R_2C_2}\right)}{s^2+\left(\frac{1}{R_2C_2}+\frac{1}{R_2C_1}+\frac{1}{R_1C_1}\right)s+\frac{1}{R_1C_1R_2C_2}}$$

$$=\frac{(s+a_1)(s+b_2)}{(s+b_1)(s+a_2)}$$

[진·지상 보상 회로]

단, $a_1=\frac{1}{R_1C_1}$, $b_1a_2=a_1b_2$, $b_1+a_2=a_1+b_2+\frac{1}{R_2C_1}$, $b_2=\frac{1}{R_2C_2}$

- 이 보상기는 2개의 0점과 극점을 가진다.
- 진상·지상 보상기로 동작하기 위한 조건은 $b_1>a_1$, $b_2>a_2$이다.
- 속응성과 안정도 및 정상 편차를 동시에 개선한다.

핵심기출 【기사】 04/2

다음의 전달함수를 갖는 회로가 진상 보상 회로의 특성을 가지려면 그 조건은 어떠한가?

$$G(s)=\frac{s+b}{s+a}$$

① $a>b$ ② $a<b$ ③ $a>1$ ④ $b>1$

정답 및 해설 [지상 보상 회로] · 지상 보상 조건 : $a<b$, $a<1$
· 진상 보상 조건 : $a>b$ 【정답】 ①

06 질량-스프링-마찰계와 힘의 평형 방정식

(1) 전달 함수

$$G(s)=\frac{Y(s)}{F(s)}=\frac{1}{Ms^2+Bs+K}$$

여기서, K : 스프링 상수, B : 마찰 제동 계수, M : 질량, $y(t)$: 상태 변수, $f(t)$: 힘

(2) $R-L-C$ 직렬 회로와 비교

$$G(s)=\frac{Q(s)}{V(s)}=\frac{1}{Ls^2+Rs+\frac{1}{C}}$$

(3) 기계 운동계와 전기계와 회전 운동계와의 비교

기계 운동계	전 기 계	회전 운동계
질량 M	인덕턴스 L	관성 모멘트 J
마찰 제동 계수 B	저항 R	회전 점성 저항 B
스프링 상수 K	콘덴서 $\frac{1}{C}$	비틀림 강도 K
속도 ν	전류 I	각속도 ω

Chapter 15

시험 전 반드시 체크해야 할

단원 핵심 체크

01 모든 초기 값을 0으로 한 상태에서 입력 신호의 라플라스 변환에 대한 출력 신호의 라플라스 변환과의 비를 (　　　　　　)라고 한다.

02 어떤 계의 전달함수는 그 계에 대한 (　　　　　　)의 라플라스 변환과 같다.

03 자동 제어계에서 중량함수(Weight function)라고 불리어지는 것은 (　　　　　　) 함수이다.

04 제어계의 입력이 단위 계단 신호일 때 출력 응답은 (　　　　　　) 응답이다.

05 다음 각 요소를 나타내는 전달 함수는? (단, K : 이득상수, T : 시정수)

- 비례요소의 전달함수 $G(s) = K$
- 미분요소의 전달함수 $G(s) =$(①) 이다.
- 적분요소의 전달함수 $G(s) =$(②) 이다.
- 1차 지연요소의 전달함수 $G(s) =$(③) 이다.

06 그림과 같은 요소는 제어계의 (　　　　　　) 요소 이다.

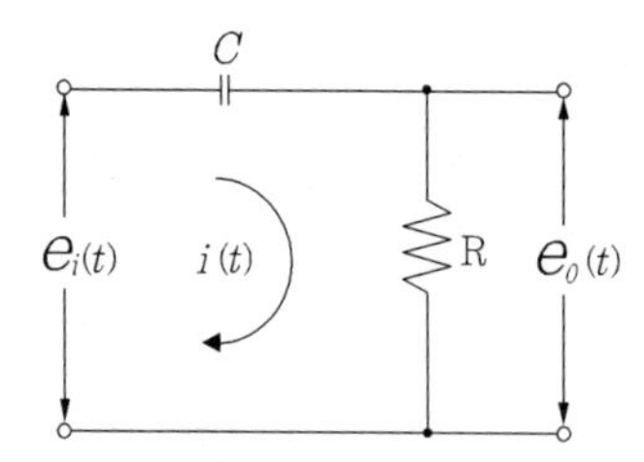

07 t=0에서 입력의 변화가 생겨도 $t=\tau$까지 출력 측에 어떠한 영향도 나타나지 않은 요소를 (   )라고 한다.

08 다음의 전달 함수를 갖는 회로가 지상 보상 회로의 특성을 가지려면 a와 b의 관계는 (   ) 이다.

$$G(s)=\frac{a(s+b)}{b(s+a)}$$

09 과도 특성을 해치지 않고 보상하는 것은 (   ) 보상기이다.

정답

(1) 전달함수 (2) 임펄스 응답 (3) 임펄스

(4) 인디셜 (5) ① Ks, ② $\frac{K}{s}$, ③ $\frac{K}{Ts+1}$ (6) 1차 지연 미분

(7) 부동작 시간 요소 (8) $a<b$ (9) 지상

Chapter 15

기출문제에서 뽑은 최다 빈출

적중 예상문제

1. 전달 함수를 정의할 때 옳게 나타낸 것은?

① 모든 초기값을 0으로 한다.

② 모든 초기값을 고려한다.

③ 입력만을 고려한다.

④ 주파수 특성만을 고려한다.

|정|답|및|해|설|

[전달 함수의 정의] 전달함수는 모든 초기 값을 0으로 하고 $G(s)=\dfrac{Y(s)}{X(s)}$ 출력과 입력의 비를 말한다.

【정답】 ①

2. 전달 함수의 성질 중 옳지 않은 것은?

① 어떤 계의 전달 함수는 그 계에 대한 임펄스 응답의 라플라스 변환과 같다.

② 전달 함수 $P(s)$인 계의 입력이 임펄스 함수(δ함수)이고 모든 초기값이 0이면 그 계의 출력 변환은 $P(s)$와 같다.

③ 계의 전달 함수는 계의 미분 방정식을 라플라스 변환하고 초기값에 의하여 생긴 항을 무시하면 $P(s)=\mathcal{L}^{-1}\left[\dfrac{Y^2}{X^2}\right]$와 같이 얻어진다.

④ 계 전달 함수의 분모를 0으로 놓으면 이것이 특성 방정식이 된다.

|정|답|및|해|설|

[전달 함수의 성질] 전달함수는 모든 초기값을 0으로 했을 때, 출력신호의 라플라스변환과 입력신호 라플라스 변환의 비를 말한다.

$G(t)=\mathcal{L}^{-1}\left[\dfrac{Y(s)}{X(s)}\right]$

【정답】 ③

3. 그림에서 전달 함수 $G(s)$는?

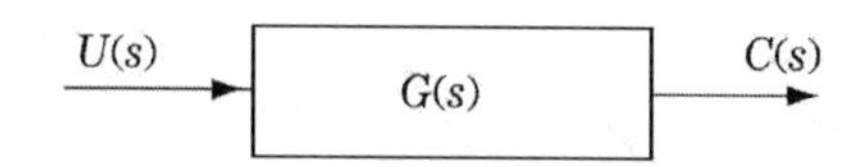

① $\dfrac{U(s)}{C(s)}$ ② $\dfrac{C(s)}{U(s)}$

③ $U(s)\cdot C(s)$ ④ $\dfrac{C^2(s)}{U(s)}$

|정|답|및|해|설|

[전달 함수] $G(s)=\dfrac{C(s)}{U(s)}=\dfrac{\text{출력}}{\text{입력}}$

【정답】 ②

4. 다음 회로의 전압비 전달함수 $\dfrac{V_2(s)}{V_1(s)}$는?

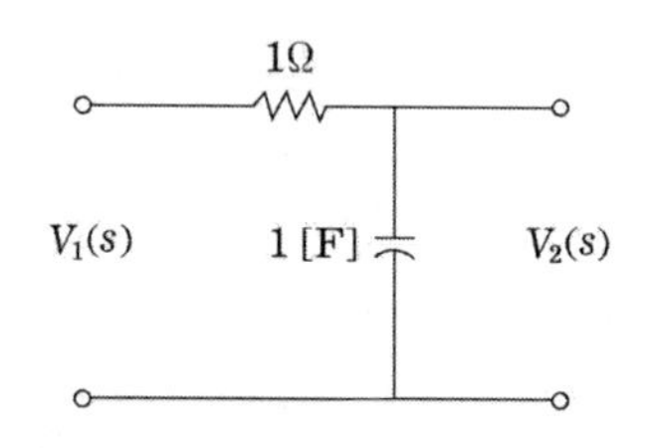

① $\dfrac{s+1}{s}$ ② $\dfrac{1}{s+1}$

③ $\dfrac{s}{s+1}$ ④ $\dfrac{1}{s-1}$

|정|답|및|해|설|

[전달 함수] 적분기

$\dfrac{\text{2차측임피던스}}{\text{1차측임피던스}}=\dfrac{\dfrac{1}{Cs}}{R+\dfrac{1}{Cs}}=\dfrac{1}{RCs+1}=\dfrac{1}{s+1}$

$R=1,\ C=1$대입하면

【정답】 ②

5. 그림과 같은 회로에서 전달 함수 $\dfrac{V_2(s)}{V_1(s)}$를 구하면?

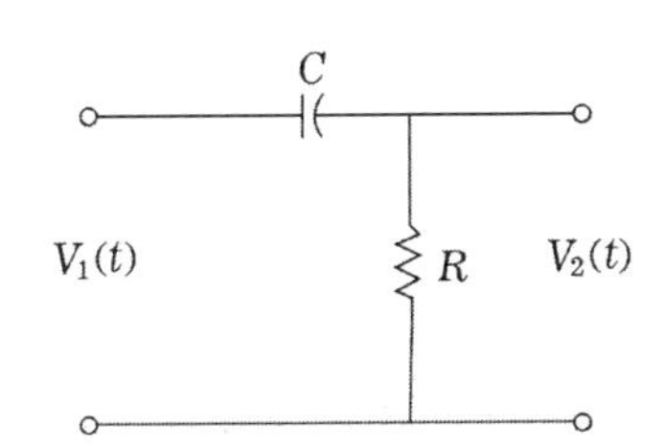

① $\dfrac{RCs}{1+RCs}$ ② $\dfrac{1}{1+RCs}$

③ $\dfrac{Cs}{R+Cs}$ ④ $\dfrac{R}{R+Cs}$

|정|답|및|해|설|

[전달 함수] 미분기

$$\frac{V_2(s)}{V_1(s)}=\frac{R}{R+\dfrac{1}{Cs}}=\frac{RCs}{1+RCs}$$

【정답】 ①

6. 그림과 같은 회로의 전달 함수는? (단, $T=RC$이다.)

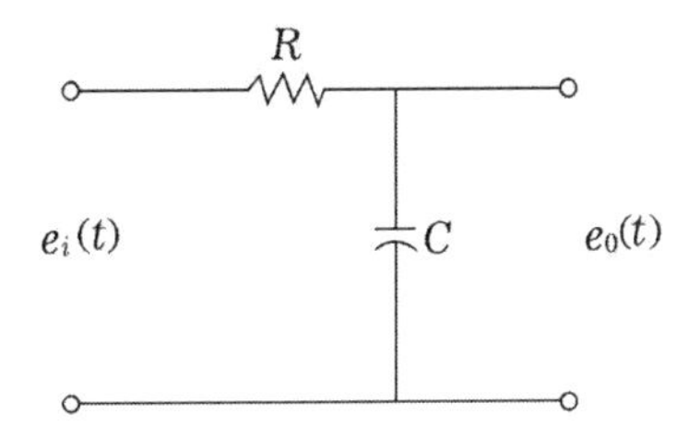

① $\dfrac{1}{Ts^2+1}$ ② $\dfrac{1}{Ts+1}$

③ Ts^2+1 ④ $Ts+1$

|정|답|및|해|설|

[전달 함수] 적분기

$$G(s)=\frac{\dfrac{1}{Cs}}{R+\dfrac{1}{Cs}}=\frac{1}{RCs+1}=\frac{1}{Ts+1}$$ → (시정수 $T=RC$)

【정답】 ②

7. 그림과 같은 전달 함수는 어느 것인가?

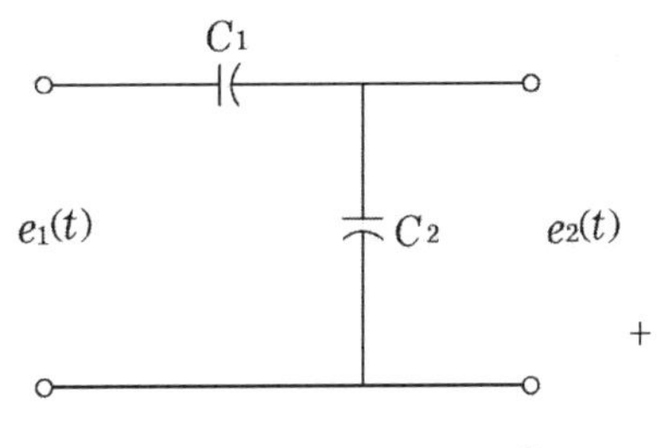

① C_1+C_2 ② $\dfrac{C_2}{C_1}$

③ $\dfrac{C_1}{C_1+C_2}$ ④ $\dfrac{C_2}{C_1+C_2}$

|정|답|및|해|설|

[전달 함수] $G(s)=\dfrac{\dfrac{1}{C_2S}}{\dfrac{1}{C_1S}+\dfrac{1}{C_2S}}=\dfrac{C_1}{C_1+C_2}$

【정답】 ③

8. 그림과 같은 회로에서 i를 입력, e_0를 출력으로 할 경우 전달 함수 $\dfrac{E_0(s)}{I(s)}$는?

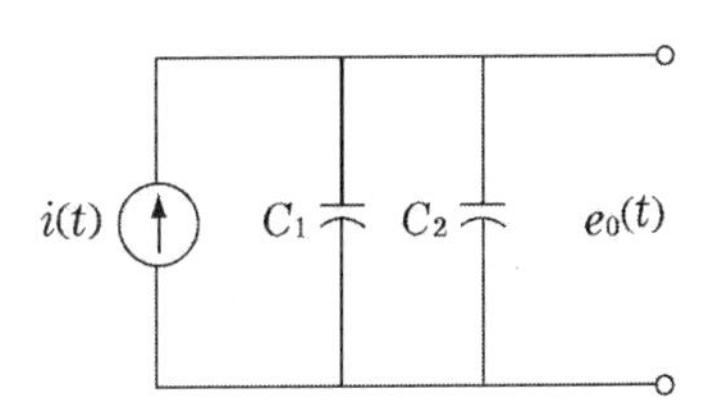

① $\dfrac{1}{C_1+C_2}$ ② $\dfrac{C_1}{C_1s+C_2s}$

③ $\dfrac{C_2}{C_1s+C_2s}$ ④ $\dfrac{1}{C_1s+C_2s}$

|정|답|및|해|설|

$\dfrac{E(s)}{I(s)}=Z(s)$

병렬이므로 $C=C_1+C_2$ → $\dfrac{1}{Cs}=\dfrac{1}{C_1s+C_2s}$

【정답】 ④

9. 그림과 같은 회로의 전압비 전달 함수 $\dfrac{V_2(s)}{V_1(s)}$ 는?

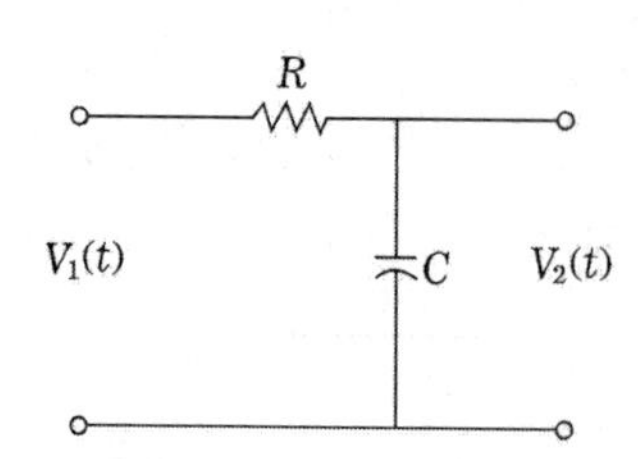

① $\dfrac{\frac{1}{RC}}{s+\frac{1}{RC}}$　　② $\dfrac{RC}{s+RC}$

③ $\dfrac{RC}{s+\frac{1}{RC}}$　　④ $\dfrac{\frac{1}{RC}}{s+RC}$

|정|답|및|해|설|

[전달 함수] 적분기

$$G(s)=\frac{\frac{1}{Cs}}{R+\frac{1}{Cs}}=\frac{1}{RCs+1} \rightarrow RC\text{로 나누면}$$

$$=\frac{\frac{1}{RC}}{s+\frac{1}{RC}}$$

【정답】①

10. 그림과 같은 회로의 전달 함수 $\dfrac{E_0(s)}{I(s)}$ 는?

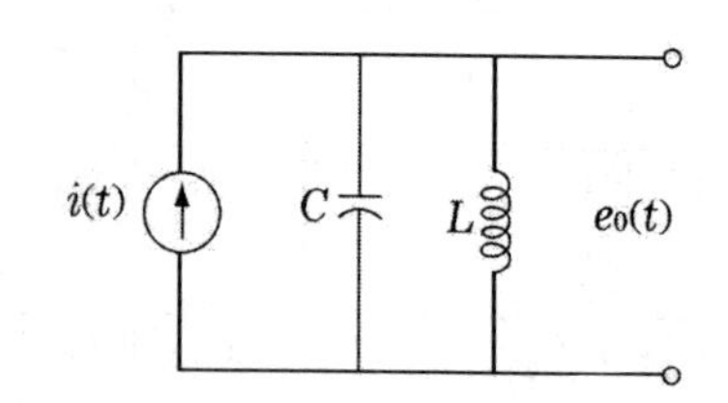

① $\dfrac{1}{LCs^2+1}$　　② $\dfrac{Cs}{Ls^2+1}$

③ $\dfrac{LC}{L+C}$　　④ $\dfrac{Ls}{LCs^2+1}$

|정|답|및|해|설|

전달함수 $G(s)=\dfrac{\frac{1}{Cs}\cdot LS}{\frac{1}{Cs}+LS}=\dfrac{LS}{1+LCS^2}$

【정답】④

11. 그림에서 회로의 전달 함수는?

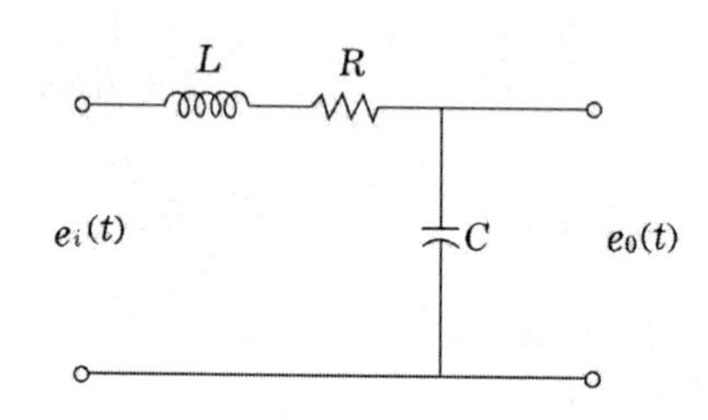

① $\dfrac{1}{Ls^2+Cs+1}$

② $LCs^2+RCs+1$

③ $\dfrac{1}{LCs^2+RCs+1}$

④ $\dfrac{1}{LRs^2+RCs+1}$

|정|답|및|해|설|

$$G(s)=\frac{\frac{1}{Cs}}{Ls+R+\frac{1}{Cs}}=\frac{1}{LCs^2+RCs+1}$$

【정답】③

12. 그림과 같은 회로의 전달 함수는? (단, 초기값은 0이다.)

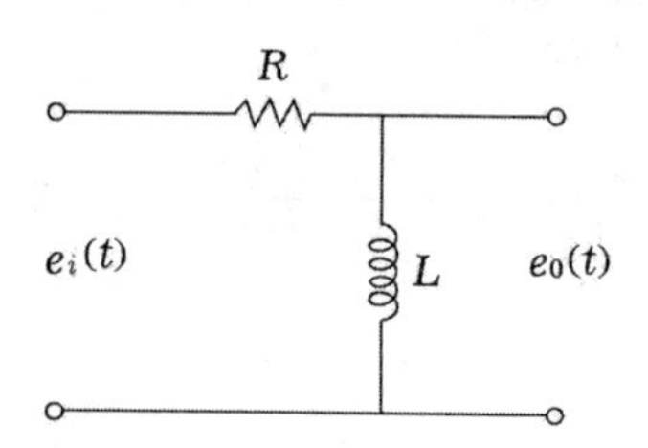

① $\dfrac{s}{R+Ls}$　② $\dfrac{1}{s+\dfrac{R}{L}}$

③ $\dfrac{1}{R+Ls}$　④ $\dfrac{s}{s+\dfrac{R}{L}}$

|정|답|및|해|설|

$$G(s)=\frac{Ls}{R+Ls}=\frac{s}{s+\dfrac{R}{L}}$$

【정답】 ④

13. 그림과 같은 $R-C$ 병렬회로의 전달함수 $\dfrac{E_0(s)}{I(s)}$ 는?

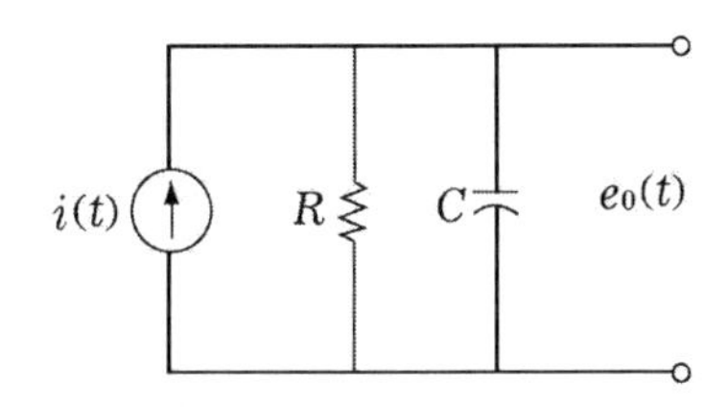

① $\dfrac{R}{RCs+1}$　② $\dfrac{C}{RCs+1}$

③ $\dfrac{RC}{RCs+1}$　④ $\dfrac{RCs}{RCs+1}$

|정|답|및|해|설|

$$G(s)=\frac{R\cdot\dfrac{1}{CS}}{R+\dfrac{1}{CS}}=\frac{R}{RCs+1}$$

조금 더 해보면 $\dfrac{R}{RCs+1}=\dfrac{\dfrac{1}{C}}{s+\dfrac{1}{RC}}\ =\dfrac{1}{C}e^{-\frac{1}{RC}t}$

【정답】 ①

14. 그림과 같은 LC 브리지 회로의 전달 함수는?

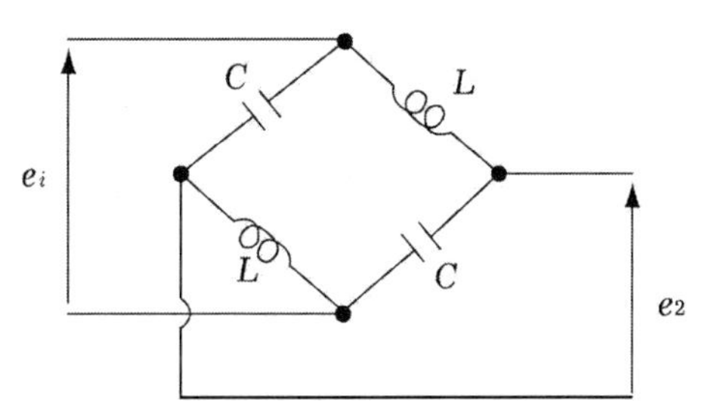

① $\dfrac{1}{1+LCs^2}$　② $\dfrac{Ls}{1+LCs^2}$

③ $\dfrac{LCs}{1+LCs^2}$　④ $\dfrac{1-LCs^2}{1+LCs^2}$

|정|답|및|해|설|

[브리지 회로]

1차측 : $\dfrac{1}{Cs}+Ls$, 2차측 : $\dfrac{1}{Cs}-Ls$

$$G(s)=\frac{2차측}{1차측}=\frac{\dfrac{1}{Cs}-Ls}{\dfrac{1}{Cs}+Ls}=\frac{1-LCs^2}{1+LCs^2}$$

【정답】 ④

15. 그림과 같은 RC 브리지 회로의 전달 함수 $\dfrac{E_0(s)}{E_i(s)}$ 는?

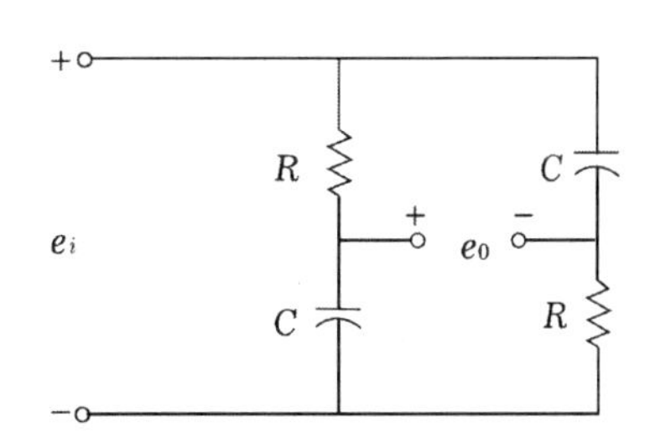

① $\dfrac{1}{1+RCs}$　② $\dfrac{Rc}{1+RCs}$

③ $\dfrac{1+RCs}{1-RCs}$　④ $\dfrac{RCs-1}{RCs+1}$

|정|답|및|해|설|

$$G(s)=\frac{R-\dfrac{1}{Cs}}{R+\dfrac{1}{Cs}}=\frac{RCs-1}{RCs+1}$$

【정답】 ④

16. 그림과 같은 회로의 전달 함수는?

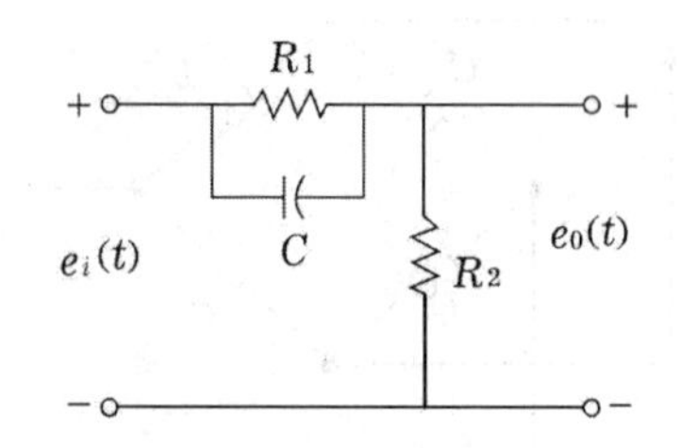

① $\dfrac{\dfrac{1}{R_1}}{\dfrac{1}{R_1}+\dfrac{1}{R_2}+Cs}$ ② $\dfrac{Cs}{\dfrac{1}{R_1}+\dfrac{1}{R_2}+Cs}$

③ $\dfrac{R_1+\dfrac{1}{Cs}}{\dfrac{1}{R_1}+\dfrac{1}{R_2}+Cs}$ ④ $\dfrac{\dfrac{1}{R_1}+Cs}{\dfrac{1}{R_1}+\dfrac{1}{R_2}+Cs}$

|정|답|및|해|설|

[전달 함수] 미분기

$$G(s)=\frac{R_2}{\dfrac{R_1\cdot\dfrac{1}{Cs}}{R_1+\dfrac{1}{Cs}}+R_2}=\frac{R_2(R_1Cs+1)}{R_1+R_2(R_1Cs+1)}$$

$R_1\cdot R_2$로 나누면 $=\dfrac{\dfrac{1}{R_1}+Cs}{\dfrac{1}{R_1}+\dfrac{1}{R_2}+Cs}$

【정답】 ④

17. 그림과 같은 $R-C$ 회로의 전달 함수는? (단, $T_1=R_2C,\quad T_2=(R_1+R_2)C$ 이다.)

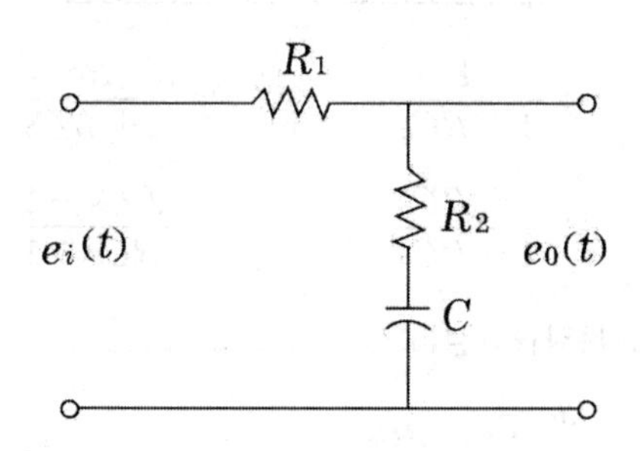

① $\dfrac{T_1}{T_2s+1}$ ② $\dfrac{T_2s}{T_1s+1}$

③ $\dfrac{T_1s+1}{T_2s+1}$ ④ $\dfrac{T_1(T_1s+1)}{T_2(T_2s+1)}$

|정|답|및|해|설|

[전달 함수] 적분기(지상)

$$G(s)=\frac{R_2+\dfrac{1}{Cs}}{R_1+R_2+\dfrac{1}{Cs}}=\frac{R_2Cs+1}{(R_1+R_2)Cs+1}=\frac{T_1s+1}{T_2s+1}$$

【정답】 ③

18. 그림과 같은 회로의 전달 함수는?

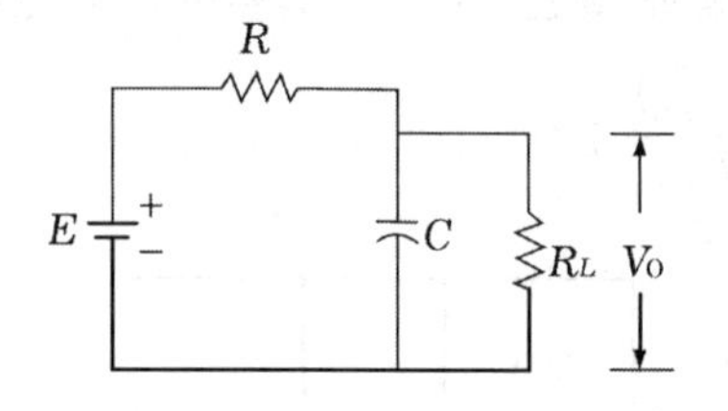

① $\dfrac{1}{CRs+1+\dfrac{R}{R_L}}$ ② $\dfrac{1}{CRs+\dfrac{R}{R_L}}$

③ $\dfrac{1}{\dfrac{1}{CRs}+1+\dfrac{R}{R_L}}$ ④ $\dfrac{1}{\dfrac{1}{CRs}+\dfrac{R}{R_L}}$

|정|답|및|해|설|

$$G(s)=\frac{\dfrac{\dfrac{1}{Cs}\cdot R_L}{\dfrac{1}{Cs}+R_L}}{R+\dfrac{\dfrac{1}{Cs}\cdot RC}{\dfrac{1}{Cs}+RC}}=\frac{\dfrac{R_L}{1+R_LCs}}{R+\dfrac{R_L}{1+R_LCs}}$$

$$=\frac{R_L}{R(1+R_LCs)+R_L}=\frac{1}{CRs+1+\dfrac{R}{R_L}}$$

【정답】 ①

19. 그림의 회로에서 스위치를 닫을 때, 콘덴서의 초기 전하를 무시하고 회로에 흐르는 전류를 구하면?

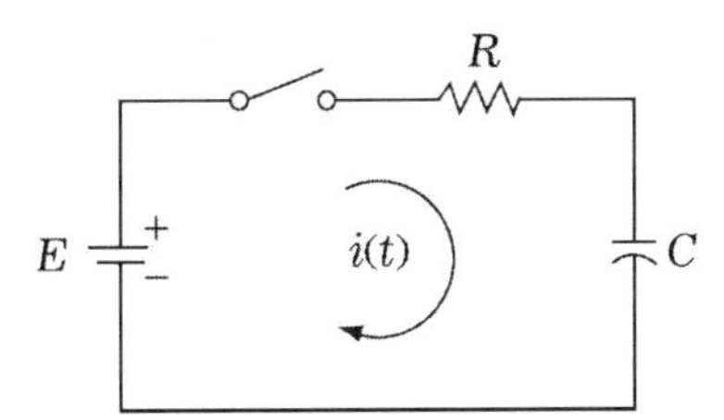

① $\frac{E}{R}e^{-\frac{C}{R}t}$　　② $\frac{E}{R}e^{\frac{C}{R}t}$

③ $\frac{E}{R}e^{-\frac{1}{RC}t}$　　④ $\frac{E}{R}e^{\frac{1}{RC}t}$

|정|답|및|해|설|

$R_1 + \frac{1}{Cs}I(s) = \frac{E}{s}$

$I(s) = \frac{E}{(R+\frac{1}{Cs})s} = \frac{E}{Rs+\frac{1}{C}} = \frac{E}{R}\cdot\frac{1}{s+\frac{1}{RC}}$

역변환 하면 $i(t) = \frac{E}{R}e^{-\frac{1}{RC}t}$　【정답】 ③

20. RC 저역 필터 회로의 전달 함수 $G(jw)$ 는 $\omega = 0$ 에서 얼마인가?

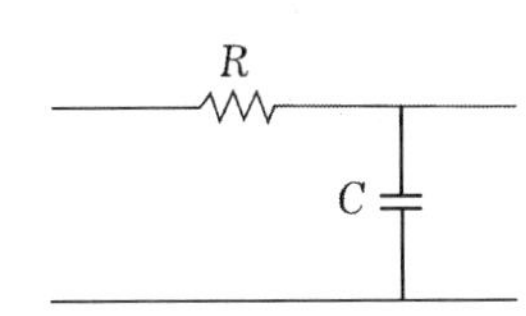

① 0　　② 0.5

③ 1　　④ 0.707

|정|답|및|해|설|

[전달 함수] 적분기(지상)

전달함수 $G(s) = \frac{\frac{1}{Cs}}{R+\frac{1}{Cs}} = \frac{1}{RCs+1}$

$G(j\omega) = \frac{1}{j\omega Cs+1}$ → $w = 0$이면 $G(0) = 1$

【정답】 ③

21. 그림과 같은 회로에 $t = 0$ 일 때 스위치 K를 닫았다면, 라플라스 변환된 전류는? (단, 초기 조건은 $i(0_+) = 0$ 이다.)

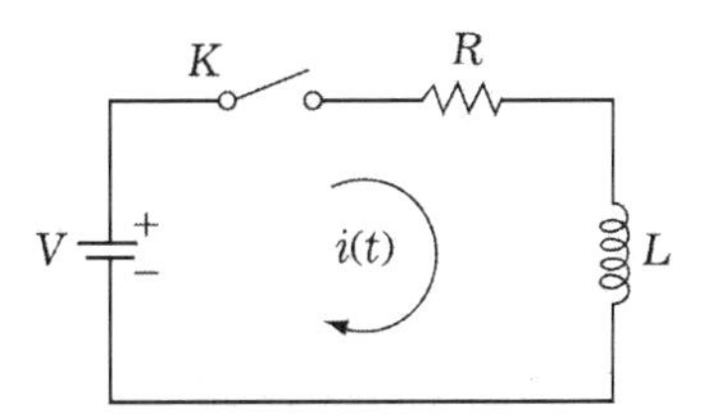

① $I(s) = \frac{V}{R}\cdot\frac{1}{s}$

② $I(s) = \frac{V}{R}\cdot\frac{1}{s-\frac{R}{L}}$

③ $I(s) = \frac{V}{R}\cdot\frac{1}{s+\frac{R}{L}}$

④ $I(s) = \frac{V}{R}\cdot\frac{1}{s(s+\frac{R}{L})}$

|정|답|및|해|설|

$Ri + L\frac{di}{dt} = V$

$RI(s) + LsI(s) = \frac{V}{s}$

$I(s) = \frac{V}{(R+Ls)s} = \frac{V}{L}\cdot\frac{1}{s(s+\frac{R}{L})}$

$= \frac{V}{L}\cdot\frac{L}{R}\cdot\left(\frac{1}{s}-\frac{1}{s+\frac{R}{L}}\right) = \frac{V}{R}\left(\frac{1}{s}-\frac{1}{s+\frac{R}{L}}\right)$

역변환 하면 $i(t) = \frac{V}{R}(1-e^{-\frac{R}{L}t})$

【정답】 ④

22. 1차 지연 요소의 전달 함수는?

① K　　② $\frac{K}{1+Ts}$

③ $\frac{1}{Ts}$　　④ Ts

|정|답|및|해|설|

[1차 지연 요소의 전달 함수] 비례요소 K, 미분요소 Ks

적분요소 $\frac{K}{s}$, 1차지연 요소 $\frac{K}{Ts+1}$

※1차 지연 요소 : 분모가 1차식

【정답】 ②

23. 다음 중 부동작 시간(dead time) 요소의 전달 함수는?

① Ks ② $1+Ks^{-1}$

③ $\frac{K}{e^{Ls}}$ ④ $\frac{T}{1+Ts}$

|정|답|및|해|설|

[부동작 시간 요소] $G(s)=Ke^{-LS}=\frac{K}{e^{Ls}}$

【정답】 ③

24. 그림과 같은 요소는 제어계의 어떤 요소의 변화인가?

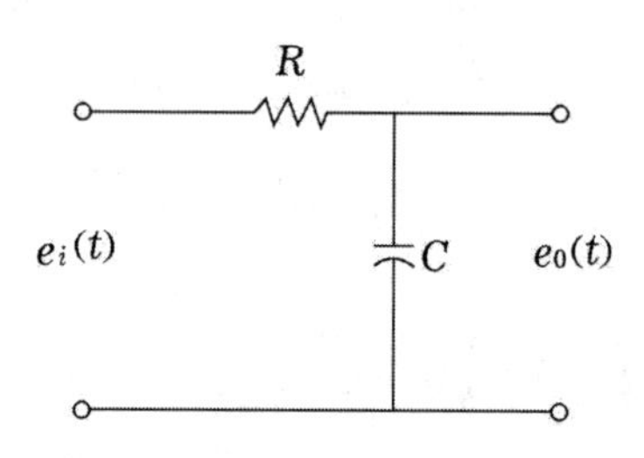

① 순적분 요소 ② 순미분 요소

③ 1차 지연 요소 ④ 2차 지연 요소

|정|답|및|해|설|

[전달 함수] 적분기

$G(s)=\frac{1}{RCs+1}=\frac{1}{Ts+1}$ →(1차 지연 요소)

【정답】 ③

25. 그림과 같은 회로에 대한 서술 중 옳지 못한 것은?

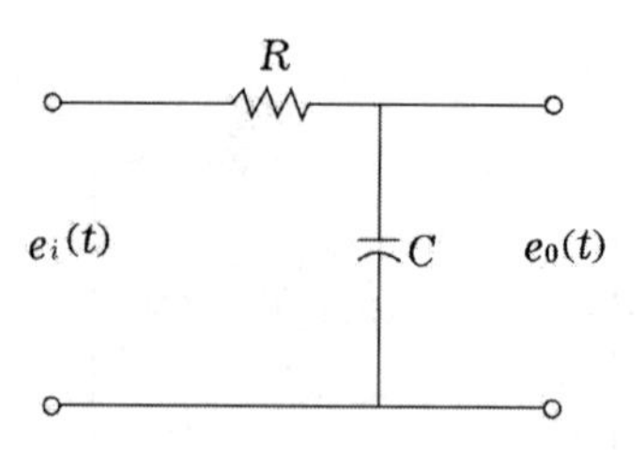

① 1차 지연 요소

② 전달 함수 $\frac{E_0}{E_i}=\frac{1}{(1+CRs)}$ 이다.

③ 1차 전기 회로이다.

④ $|CRs| \gg 1$일 때 미분 회로로 동작한다.

|정|답|및|해|설|

[전달 함수] 적분기

C가 2차축에 걸리면 적분회로로 동작한다.

$$G(s)=\frac{\frac{1}{Cs}}{R+\frac{1}{Cs}}=\frac{1}{RCs+1}$$

RC가 크면 $G(s) \fallingdotseq \frac{1}{RCs}$

적분기, 저역 필터 회로(낮은 주파수 대역만 통과시킨다.)

【정답】 ④

26. 그림과 같은 액면계에서 $q(t)$를 입력, $h(t)$를 출력으로 본 전달 함수는?

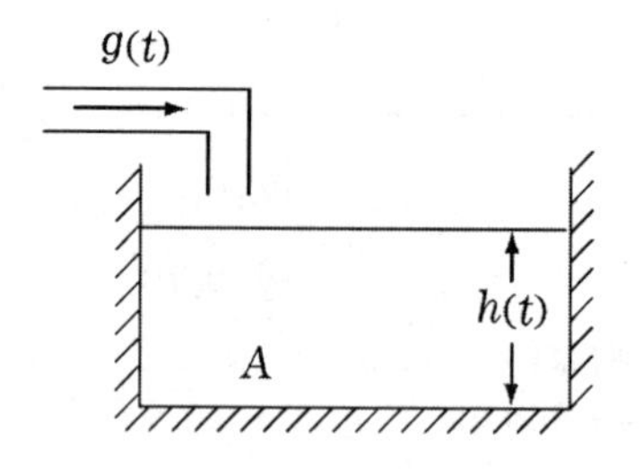

① $\frac{K}{s}$ ② Ks

③ $1+Ks$ ④ $\frac{K}{1+s}$

|정|답|및|해|설|

[전달 함수] 적분기 $h=\frac{1}{A}\int Q(t)dt$

$H(s)=\frac{1}{As}Q(s) \quad \rightarrow \quad \therefore G(s)=\frac{H(s)}{Q(s)}=\frac{1}{As}=\frac{K}{s}$

【정답】 ①

27. 단위 계단함수를 어떤 제어요소에 입력으로 넣었을 때 그 전달함수가 그림과 같은 불럭선도로 표시될 수 있다면 이것은? (단, δ : 제동비, ω_n : 고유주파수)

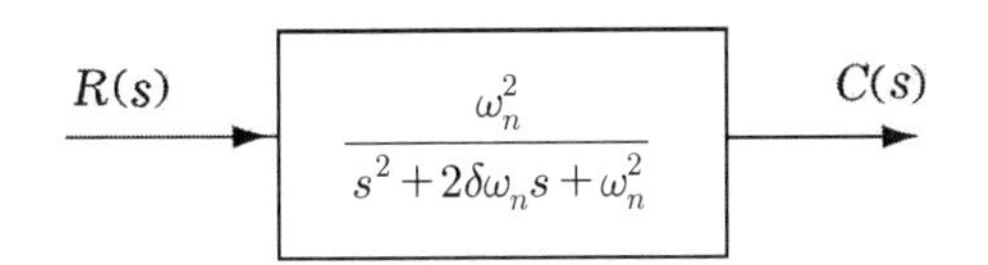

① 1차 지연 요소 ② 2차 지연요소

③ 미분 요소 ④ 적분 요소

|정|답|및|해|설|

[2차 지연 요소] $\frac{{\omega_n}^2}{s^2+2\delta\omega_n S+{\omega_n}^2}$

분모가 2차 지연 요소가 된다.

※시정수 $T=\frac{1}{\delta\omega_n}$

【정답】 ②

28. 그림과 같은 회로가 가지는 기능 중 가장 적합한 것은?

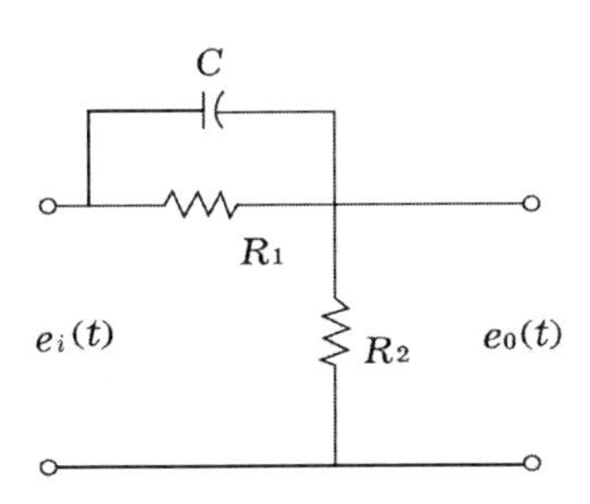

① 적분 기능 ② 진상 보상

③ 지연 보상 ④ 지-진상 보상

|정|답|및|해|설|

[전달 함수] 미분기(진상 보상)

C가 1차측에 있으면 진상 보상(미분기)

【정답】 ②

29. 보상기의 전달함수가 $G_c(s)=\frac{1+\alpha Ts}{1+Ts}$ 일 때 진상 보상기가 되기 위한 조건은?

① $\alpha > 1$ ② $\alpha < 1$

③ $\alpha = 1$ ④ $\alpha = 0$

|정|답|및|해|설|

[진상 보상기] 진상 보상기는 $\alpha > 1$

【정답】 ①

30. 그림과 같은 기계계의 화로를 전기 회로로 옳게 표시한 것은? (단, K : 스프링 상수, B : 마찰 제동 계수, M : 질량이다.)

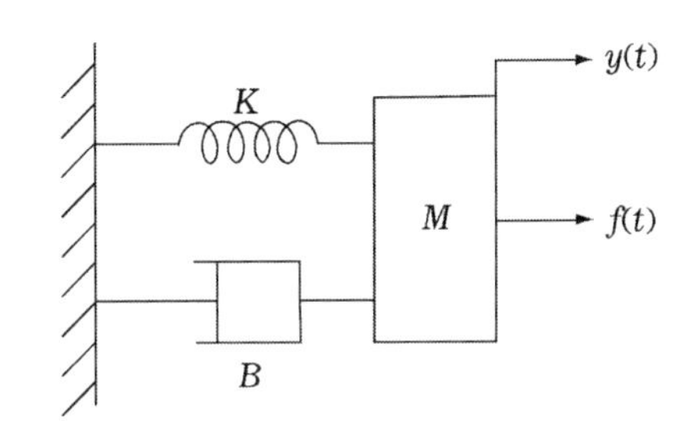

①
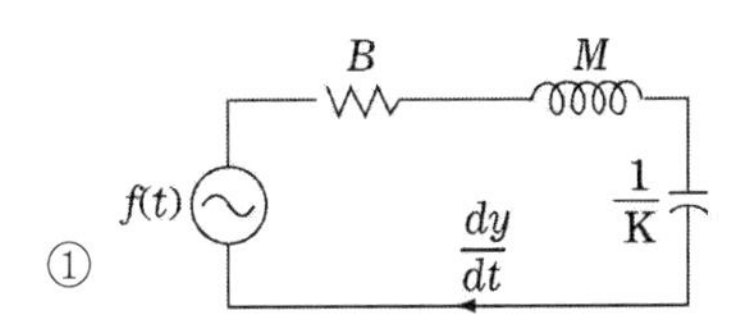

②
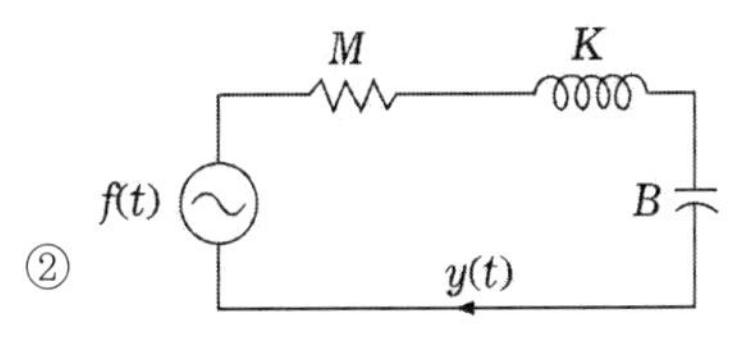

③
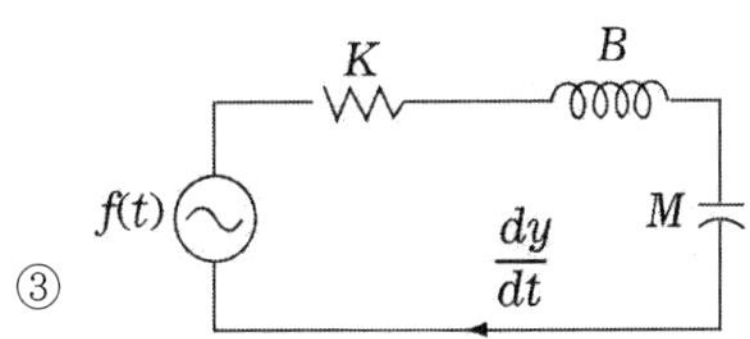

④
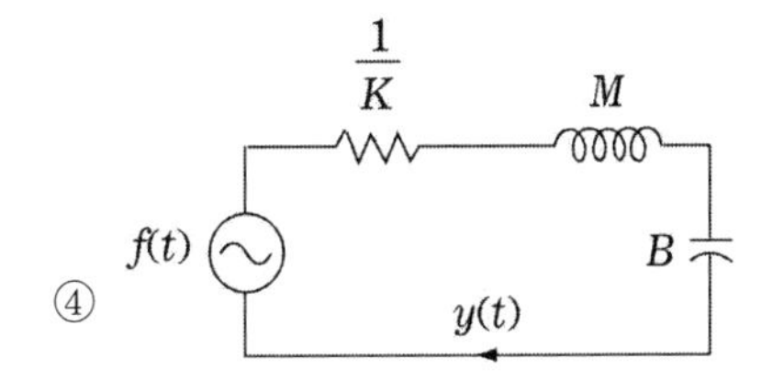

| 정 | 답 | 및 | 해 | 설 |

기계 운동계	전 기 계	회전 운동계
질량 M	인덕턴스 L	관성 모멘트 J
마찰 제동 계수 B	저항 R	회전 점성 저항 B
스프링 상수 K	콘덴서 $\frac{1}{C}$	비틀림 강도 K
속도 ν	전류 I	각속도 ω

【정답】 ①

31. 그림과 같은 질량-스프링-마찰계의 전달 함수 $G(s)=\dfrac{X(s)}{F(s)}$는 어느 것인가?

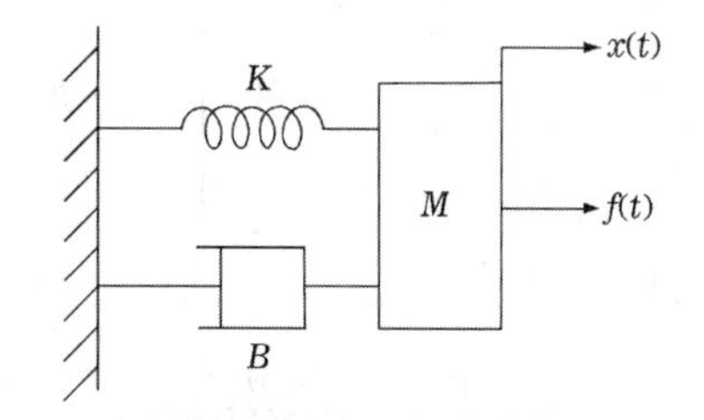

① $\dfrac{1}{Ms^2+Bs+K}$　② $\dfrac{1}{Ms^2-Bs-K}$

③ $\dfrac{1}{Ms^2-Bs+K}$　④ $\dfrac{1}{Ms^2+Bs-K}$

| 정 | 답 | 및 | 해 | 설 |

전기계 전달함수 $\dfrac{Q(s)}{V(s)}=\dfrac{1}{Ls^2+Rs+\dfrac{1}{C}}$

기계계 전달함수 $\dfrac{Y(s)}{F(s)}=\dfrac{1}{Ms^2+BS+K}$

회전계의 전달함수 $\dfrac{Q(s)}{T(s)}=\dfrac{1}{Js^2+Bs+K}$

【정답】 ①

32. 관성이 J이고 점성 마찰이 B일 때 부하에 연결된 모터는 입력 전류 i에 비례하는 토크를 발생시킨다. 모터와 부하에 대한 미분 방정식이 $J\dfrac{d^2\theta}{dt^2}+B\dfrac{d\theta}{dt}=Ki$ 일 때 입력 전류와 전동기측 위치(각변위) θ간의 전달함수를 구하면?

① $KJs+B$　② s^2+KJs

③ $\dfrac{s}{K(J+B)}$　④ $\dfrac{K}{s(Js+B)}$

| 정 | 답 | 및 | 해 | 설 |

$J\dfrac{d^2\theta}{dt^2}+B\dfrac{d\theta}{dt}=Ki$ → 라플라스 변환시키면

$Js^2\theta(s)+Bs\theta(s)=KI(s)$

$\dfrac{\theta(s)}{I(s)}=\dfrac{K}{Js^2+Bs}=\dfrac{K}{s(Js+B)}$

【정답】 ④

33. 다음과 같은 계통 방정식을 갖는 제어계의 시정수는? (단, J : 관성(능률), f : 마찰 제동 계수, T : 회전력, w : 각속도이다.)

$$J\frac{dw}{dt}+fw=T$$

① $\dfrac{f}{J}$　② $\dfrac{T}{J}$

③ $\dfrac{J}{f}$　④ $\dfrac{w}{f}$

| 정 | 답 | 및 | 해 | 설 |

$J\dfrac{d\omega}{dt}+f\omega=T$

라플라스 변환시키면 $Js\omega(s)+f\omega(s)=\dfrac{T}{S}$

$\omega(s)=\dfrac{T}{(Js+f)s}=\dfrac{T}{J}\dfrac{1}{s\left(s+\dfrac{f}{J}\right)}$

시정수 : 특성조의 절대 값의 역 $\dfrac{J}{f}$

【정답】 ③

34. 그림과 같은 기계적인 회전 운동계에서 토크 $T(t)$를 입력으로, 변위 $\theta(t)$를 출력으로 하였을 때의 전달함수는?

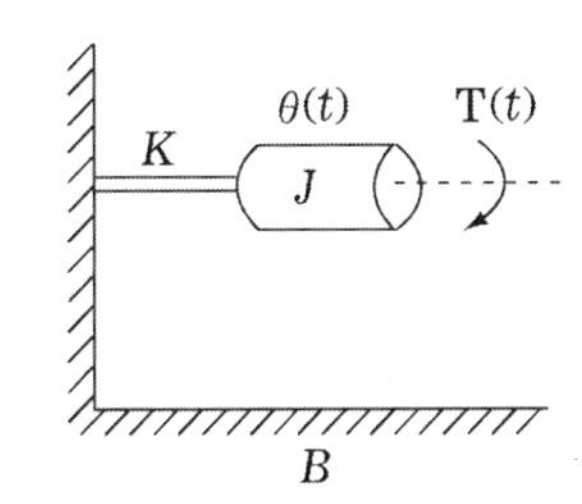

① $\dfrac{1}{Js^2+Bs+K}$　② Js^2+Bs+K

③ $\dfrac{s}{Js^2+Bs+K}$　④ $\dfrac{Js^2+Bs+K}{s}$

|정|답|및|해|설|

전기계 전달함수 $\dfrac{Q(s)}{V(s)}=\dfrac{1}{Ls^2+Rs+\dfrac{1}{C}}$

기계계 전달함수 $\dfrac{Y(s)}{F(s)}=\dfrac{1}{Ms^2+BS+K}$

회전계의 전달함수 $\dfrac{Q(s)}{T(s)}=\dfrac{1}{Js^2+Bs+K}$

【정답】 ①

35. 회전 운동계의 각속도를 전기적 요소로 변환하면?

① 전압　② 전류

③ 정전 용량　④ 인덕턴스

|정|답|및|해|설|

기계 운동계	전 기 계	회전 운동계
질량 M	인덕턴스 L	관성 모멘트 J
마찰 제동 계수 B	저항 R	회전 점성 저항 B
스프링 상수 K	콘덴서 $\dfrac{1}{C}$	비틀림 강도 K
속도 ν	전류 I	각속도 ω

【정답】 ②

36. 그림과 같은 회로에서 입력전압의 위상을 출력 전압의 위상과 비교하여 어떠한가?

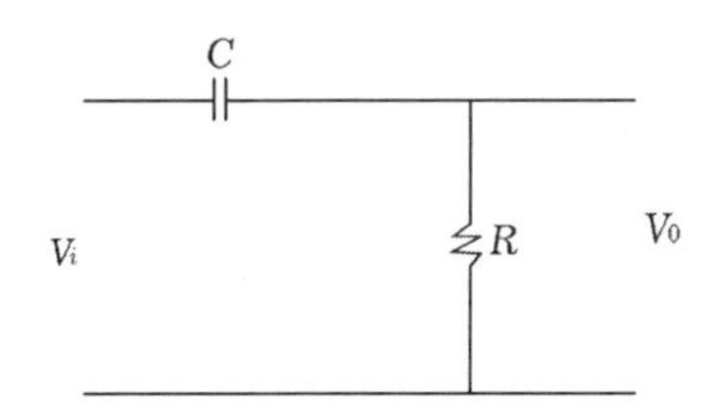

① 앞선다.

② 뒤진다.

③ 동상이다.

④ 앞설 수도 있고 뒤질 수도 있다.

|정|답|및|해|설|

[미분기(진상 보상)] 미분기이므로 진상 보상이다.
입력보다 출력의 위상이 앞선다.

【정답】 ②

37. 회전 운동 물리계의 관성 모멘트, 비틀림 강도, 회전 점성 저항을 전기계로 유추하는 경우 옳은 것은?

① 전기 저항, 정전 용량, 인덕턴스

② 인덕턴스, 정전 용량, 전기 저항

③ 정전 용량, 인덕턴스, 전기 저항

④ 정전 용량, 전기 저항, 인덕턴스

|정|답|및|해|설|

기계 운동계	전 기 계	회전 운동계
질량 M	인덕턴스 L	관성 모멘트 J
마찰 제동 계수 B	저항 R	회전 점성 저항 B
스프링 상수 K	콘덴서 $\dfrac{1}{C}$	비틀림 강도 K
속도 ν	전류 I	각속도 ω

전기계의 인덕턴스를 기계계의 질량, 회전계의 관성 모멘트에 각각 유추할 수 있다.

【정답】 ②

38. $\frac{X(s)}{R(s)} = \frac{1}{s+4}$ 의 전달함수를 미분 방정식으로 표시하면?

① $\frac{d}{dt}r(t) + 4r(t) = x(t)$

② $\int r(t)dt + 4r(t) = x(t)$

③ $\frac{d}{dt}x(t) + 4x(t) = r(t)$

④ $\int x(t)dt + 4x(t) = r(t)$

|정|답|및|해|설|

$\frac{X(s)}{R(s)} = \frac{1}{s+4} \rightarrow (s+4)X(s) = R(s)$

$sX(s) + 4X(s) = R(s) \rightarrow \frac{d}{dt}x(t) + 4x(t) = r(t)$

【정답】 ③

39. $\frac{E_0(s)}{E_1(s)} = \frac{1}{s^2+3s+1}$ 의 전달함수를 미분 방정식으로 표시하면?

① $\frac{d^2}{dt^2}e_0(t) + 3\frac{d}{dt}e_0(t) + e_0(t) = e_i(t)$

② $\frac{d^2}{dt^2}e_i(t) + 3\frac{d}{dt}e_i(t) + e_i(t) = e_0(t)$

③ $\frac{d^2}{dt^2}e_i(t) + 3\frac{d}{dt}e_i(t) + \int e_i(t)dt = e_0(t)$

④ $\frac{d^2}{dt^2}e_0(t) + 3\frac{d}{dt}e_0(t) + \int e_0(t)dt = e_i(t)$

|정|답|및|해|설|

$\frac{E_0(s)}{E_i(s)} = \frac{1}{s^2+3s+1} \rightarrow (s^2+3s+1)E_0(s) = E_i(s)$

$\frac{d^2}{dt^2}e_0(t) + 3\frac{d}{dt}e_0(t) + e_0(t) = e_i(t)$

【정답】 ①

40. 전달함수가 $G(s) = \frac{Y(s)}{X(s)} = \frac{10}{(s+1)(s+2)}$ 인 계를 미분 방정식으로 나나낸 것은?

① $\frac{d^2}{dt^2}x(t) + 3\frac{d}{dt}x(t) + 2x(t) = 10g(t)$

② $\frac{d^2}{dt^2}x(t) + 3\frac{d}{dt}x(t) + 2x(t) = 10(t)$

③ $\frac{d^2}{dt^2}y(t) + 3\frac{d}{dt}y(t) + 2y(t) = 10x(t)$

④ $\frac{d^2}{dt^2}y(t) + 3\frac{d}{dt}y(t) + 2y(t) = 10$

|정|답|및|해|설|

$\frac{Y(s)}{X(s)} = \frac{10}{(s+1)(s+2)} = \frac{10}{s^2+3s+2}$

$(s^2+3s+2)Y(s) = 10X(s)$

$\frac{d^2}{dt^2}y(t) + 3\frac{d}{dt}y(t) + 2y(t) = 10x(t)$

【정답】 ③

41. 다음 방정식에서 $\frac{X_1(s)}{X_3(s)}$ 를 구하면? (단 초기값은 모두 0이다.)

$$x_2(t) = 3\frac{d}{dt}x_1(t)$$
$$x_3(t) = x_2(t) + 2\frac{d}{dt}x_2 + 5\int x_3(t)dt - 2x_1(t)$$

① $\frac{s-5}{6s^2+3s-2}$ ② $\frac{s+5}{6s^2-3s+2}$

③ $\frac{s-5}{6s^3+3s^2-2s}$ ④ $\frac{s+5}{6s^3+3s^2+2s}$

|정|답|및|해|설|

$X_2(s) = 3sX_1(s)$

$X_3(s) = X_2(s) + 2sX_2(s) + 5\frac{1}{s}X_3(s) - 2X_1(s)$

$= 3sX_1(s) + 2s(3sX_1(s)) + \frac{5}{s}X_3(s) - 2X_1(s)$

$X_3(s) - \frac{5}{s}X_3(s) = 6s^2X_1(s) + 3sX_1(s) - 2X_1(s)$

$\therefore \frac{x_1(s)}{X_3(s)} = \frac{1-\frac{5}{s}}{6s^2+3s-2} = \frac{s-5}{s(6s^2+3s-2)}$

【정답】 ③

42. 시간 지연 요인을 포함한 어떤 특정계가 다음 미분 방정식으로 표현된다. 이계의 전달 함수를 구하면?

$$\frac{dy(t)}{dt}+y(t)=x(t-T)$$

① $P(s)=\frac{Y(s)}{X(s)}=\frac{e^{-sT}}{s+1}$

② $P(s)=\frac{X(s)}{Y(s)}=\frac{e^{sT}}{s-1}$

③ $P(s)=\frac{X(s)}{Y(s)}=\frac{s+1}{e^{sT}}$

④ $P(s)=\frac{Y(s)}{X(s)}=\frac{s^{-2sT}}{s+1}$

|정|답|및|해|설|

$\frac{dy(t)}{dt}+y(t)=x(t-T) \rightarrow sY(s)+Y(s)=X(s)e^{-Ts}$

$\frac{Y(s)}{X(s)}=\frac{1}{s+1}e^{-sT}$

【정답】 ①

43. $R-L-C$ 회로와 역학계의 등가회로에서 그림과 같이 스프링 달린 질량 M의 물체가 바닥에 닿아 있을 때 힘 F를 가하는 경우로 L은 M에, $\frac{1}{C}$는 K에, R은 f에 해당한다. 이 역학계에 대한 운동방정식은?

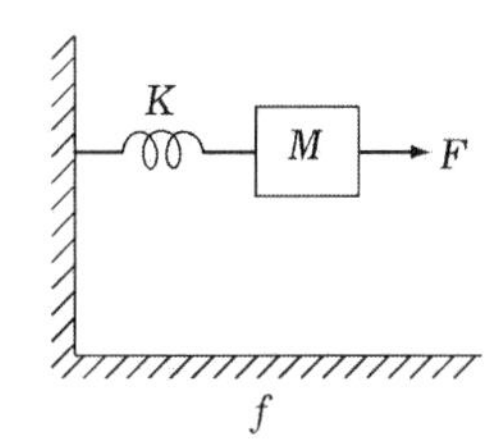

① $F=Mx+f\frac{dx}{dt}+K\frac{d^2x}{dt^2}$

② $F=M\frac{dx}{dt}+fx+K$

③ $F=M\frac{d^2x}{dt^2}+f\frac{dx}{dt}+Kx$

④ $F=M\frac{dx}{dt}+f\frac{d^2x}{dt^2}+K$

|정|답|및|해|설|

$Ri+L\frac{di}{dt}+\frac{1}{C}\int idt=V$

$RI(s)+LSI(s)+\frac{1}{Cs}I(s)=\frac{V}{s}$

$R\frac{dg}{dt}+L\frac{d^2g}{dt^2}+\frac{1}{C}g=V$

$F=M\frac{d^2x}{dt^2}+f\frac{dx}{dt}+Kx$

【정답】 ③

44. 미분 방정식 $\frac{d^2y}{dt^2}+3\frac{dy}{dt}+2y=x+\frac{dx}{dt}$로 나타낼 수 있는 선형계(liner system)의 전달 함수는? (단, $y=y(t)$는 계의 출력, $x=x(t)$는 계의 입력이다.)

① $\frac{s+2}{3s^2+s+1}$　② $\frac{s+1}{2s^2+s+3}$

③ $\frac{s+1}{s^2+3s+2}$　④ $\frac{s+1}{s^2+s+3}$

|정|답|및|해|설|

$\frac{d^2y}{dt^2}+3\frac{dy}{dt}+2y=x+\frac{dx}{dt}$

$s^2Y(s)+3sY(s)+2Y(s)=X(s)+sX(s)$

$\frac{Y(s)}{X(s)}=\frac{s+1}{s^2+3s+2}$

【정답】 ③

45. 어떤 계의 임펄스 응답(impulse response)이 정현파 신호 $\sin t$ 일 때 이 계의 전달 함수와 미분 방정식을 구하면?

① $\frac{1}{s^2+1}$, $\frac{d^2y}{dt^2}+y=x$

② $\frac{1}{s^2-1}$, $\frac{d^2y}{dt^2}+2y=2x$

③ $\frac{1}{2s+1}$, $\frac{d^2y}{dt^2}-y=x$

④ $\frac{1}{2s^2-1}$, $\frac{d^2y}{dt^2}-2y=2x$

|정|답|및|해|설|

[임펄스응답] $\mathcal{L}\sin t \rightarrow \frac{1}{s^2+1}$, $\frac{Y(s)}{X(s)}=\frac{1}{s^2+1}$

$(s^2+1)Y(s)=X(s)$, $\frac{d^2y(t)}{dt^2}+3\frac{dy}{dt}+y(t)=x(t)$

【정답】 ①

Chapter

16

과도현상

01 $R-L$ 직렬회로의 과도현상

(1) $R-L$ 직렬회로의 과도 전류 방정식 $(i(t))$

회로의 전압 방정식(KVL)에 의하여 (초기값 $i(0)=0$)

$$E = R\cdot i(t) + L\frac{di(t)}{dt}$$

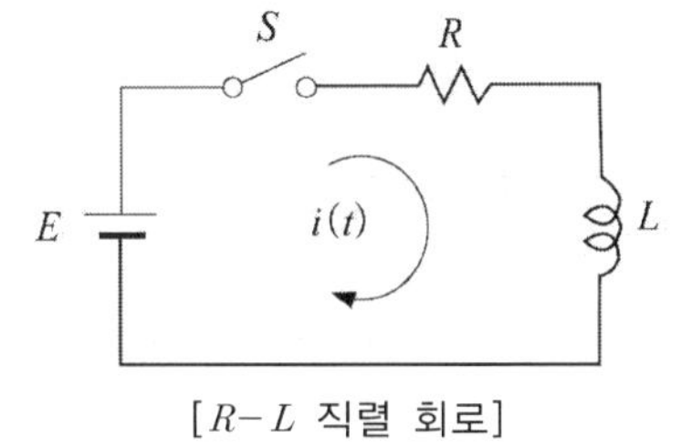

[$R-L$ 직렬 회로]

(2) 미분 방정식을 라플라스 변환

$$\frac{E}{s} = RI(s) + Ls\cdot I(s)$$

$$I(s) = \frac{\frac{E}{L}}{s\left(s+\frac{R}{L}\right)} = \frac{\frac{E}{R}}{s} + \frac{-\frac{E}{R}}{s+\frac{R}{L}} = \frac{E}{R}\left(\frac{1}{s} - \frac{1}{s+\frac{R}{L}}\right)$$

(3) 전류 방정식

① 직류 기전력 인가 시 (S/W on 시) : $i(t) = \frac{E}{R}\left(1-e^{-\frac{R}{L}t}\right)$[A]

스위치 인가 후의 정상 전류 $I_s = \frac{E}{R}[A]$

② 직류 기전력 제거 시 (S/W off 시) : $i(t) = \frac{E}{R}e^{-\frac{R}{L}t}$[A]

※L, C는 역회로 관계를 가지므로 C는 $t=0$에서 단락, $t=\infty$에서 개방된다.

(4) 시정수(τ)

전류 $i(t)$가 정상값의 63.2[%]까지 도달하는데 걸리는 시간으로 단위는 [sec]이다.

따라서 위의 전류 방정식에 정상값의 63.2[%]를 대입하면 시정수 τ를 구할 수 있다.

$$\frac{E}{R}\left(1-e^{-\frac{R}{L}t}\right) = 0.632\frac{E}{R} \quad \rightarrow \quad \therefore \text{시정수 } \tau = \frac{L}{R}\text{[sec]}$$

전류 방정식의 접선 각도 θ를 알았다면 시정수 τ는 다음 식으로 구할 수 있다.

$$\tan\theta = \frac{\frac{E}{R}}{\tau} \quad \rightarrow \quad \therefore \text{시정수} \ \ \tau = \frac{\frac{E}{R}}{\tan\theta} = \frac{I}{\tan\theta}$$

※시정수의 정의에 의하여 시정수가 길면 길수록 정상값의 63.2[%]까지 도달하는데 걸리는 시간이 오래 걸리므로 과도현상은 오래 지속된다.

(5) 특성근(s)

시정수(τ)의 음(-)의 역수($-\frac{1}{\tau}$) 이다.

특성근 $s = -\frac{1}{\tau} = -\frac{R}{L}$

(6) 단자전압

① 저항의 단자전압 : $v_R = E\left(1-e^{-\frac{R}{L}t}\right)[\mathrm{V}]$

② 리액턴스의 단자전압 : $v_L = Ee^{-\frac{R}{L}t}[\mathrm{V}]$

핵심기출 【기사】 16/2

인덕턴스 0.5[H], 저항 2[Ω]의 직렬 회로에 30[V]의 직류 전압을 급히 가했을 때 스위치를 닫은 후 0.1초 후의 전류의 순시값 $i[A]$와 회로의 시정수 $\tau[s]$는?

① $i=4.95,\ \tau=0.25$ ② $i=12.75,\ \tau=0.35$

③ $i=5.95,\ \tau=0.45$ ④ $i=13.95,\ \tau=0.25$

정답 및 해설 [RL 직렬회로의 시정수]

① 순시값 $i(t)=\frac{E}{R}\left(1-e^{-\frac{R}{L}t}\right)=\frac{30}{2}\left(1-e^{-\frac{2}{0.5}\times 0.1}\right)\fallingdotseq 4.95[A]$

② 시정수 $\tau=\frac{L}{R}=\frac{0.5}{2}=0.25[s]$

【정답】 ①

---

02 $R-C$ 직렬회로의 과도현상

(1) $R-C$ 직렬회로의 과도 전류 방정식 ($i(t)$)

회로의 전압 방정식(키르히호프의 전압 방정식(KVL))에 의하여

$$E = Ri(t) + \frac{1}{C}\int i(t)\,dt$$

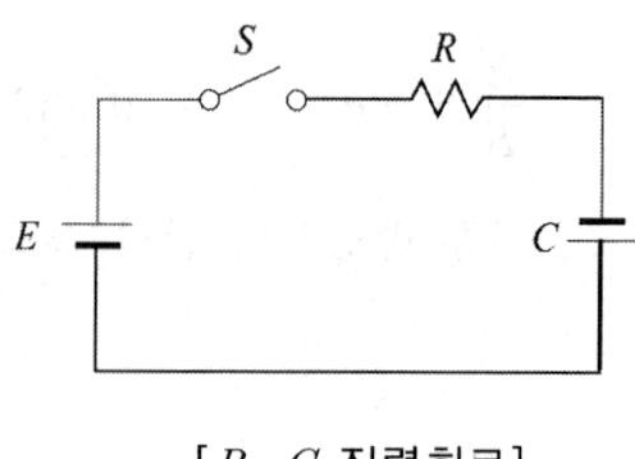

[$R-C$ 직렬회로]

(2) 미분 방정식을 라플라스 변환

라플라스 변환을 하면 다음과 같다.

$$\frac{E}{s} = RI(s) + \frac{1}{Cs}I(s) = (R + \frac{1}{Cs})I(s) \quad \rightarrow \quad \therefore I(s) = \frac{E}{s(R + \frac{1}{Cs})} = \frac{\frac{E}{R}}{s + \frac{1}{RC}}$$

(3) 전류 방정식

① 직류 기전력 인가 시 (S/W on 시) : 전류 $i(t) = \frac{E}{R}e^{-\frac{1}{RC}t}$[A]

② 직류 기전력 제거 시 (S/W off 시) : 전류 $i(t) = -\frac{E}{R}e^{-\frac{1}{RC}t}[A]$

※L, C는 역회로 관계를 가지므로 L은 $t=0$에서 개방, $t=\infty$에서 단락된다.

(4) 시정수 (τ)

시정수 $\tau = RC$[sec]

(5) 특성근(s)

시정수(τ)의 음(-)의 역수 $(-\frac{1}{\tau})$이다.

특성근 $s = -\frac{1}{\tau} = -\frac{1}{RC}$

(6) 단자전압

① 저항의 단자전압 : $v_R = Ri = Ee^{-\frac{1}{RC}t}$[V]

② 캐패시턴스의 단자전압 : $v_C = \frac{q}{C} = E\left(1 - e^{-\frac{1}{RC}t}\right)$[V]

핵심기출 【산업기사】 11/2 15/3

$R-C$ 직렬 회로의 과도 현상에 대하여 옳게 설명한 것은?

① $\frac{1}{RC}$의 값이 클수록 전류값은 천천히 사라진다.

② RC값이 클수록 과도 전류값은 빨리 사라진다.

③ 과도 전류는 RC값에 관계가 없다.

④ RC값이 클수록 과도 전류값은 천천히 사라진다.

정답 및 해설 [$R-C$ 직렬 회로 과도 현상] RC 직렬회로에서 시정수 $\tau = RC$[s]
시정수가 크면 응답이 늦다. 즉, 과도 전류가 천천히 사라진다. 【정답】 ④

03 $R-L-C$ 직렬 회로의 과도 현상

(1) 전류 방정식

회로의 전압방정식(키르히호프의 전압방정식(KVL))에 의하여

$$E = Ri(t) + L\frac{di(t)}{dt} + \frac{1}{C}\int i(t)\,dt$$

(2) 미분 방정식을 라플라스 변환

Laplace 변환을 하면 다음과 같다.

$$\frac{E}{s} = RI(s) + LsI(s) + \frac{1}{Cs}I(s) \quad = (R + Ls + \frac{1}{Cs})I(s)$$

(3) 전류 방정식

$$i(t) = \frac{E}{\beta L}e^{-\alpha t}\sinh\beta t \quad \rightarrow (\alpha = \frac{R}{2L}, \quad \beta = \sqrt{\left(\frac{R}{2L}\right)^2 - \frac{1}{LC}} \ )$$

자유 진동 각 주파수 $\omega_n = \beta = \sqrt{\left(\frac{R}{2L}\right)^2 - \frac{1}{LC}}$

(4) 자유 진동 각 주파수 ω_n에 따른 회로의 진동관계 조건

자유 진동 각 주파수 $\omega_n = \beta = \sqrt{\left(\frac{R}{2L}\right)^2 - \frac{1}{LC}}$

① 비 진동 조건 : $R^2 > 4\frac{L}{C}$

② 진동 조건 : $R^2 < 4\frac{L}{C}$

③ 임계 조건 : $R^2 = 4\frac{L}{C}$

핵심기출 【산업기사】 07/1

$R-L-C$ 직렬 회로에서 진동 조건은 어느 것인가?

① $R < 2\sqrt{\frac{L}{C}}$　　② $R < 2\sqrt{\frac{C}{L}}$

③ $R < 2\sqrt{LC}$　　④ $R < \frac{1}{2\sqrt{LC}}$

정답 및 해설 [$R-L-C$ 직렬 회로 과도 현상] 진동적 조건 $\left(\frac{R}{2L}\right)^2 - \frac{1}{LC} < 0 \quad \rightarrow \quad R < 2\sqrt{\frac{L}{C}}$

【정답】 ①

04 $L-C$ 직렬회로의 과도 현상

(1) 전류 방정식

$$i(t) = \frac{E}{\sqrt{\frac{L}{C}}}\sin\frac{1}{\sqrt{LC}}t[A]$$

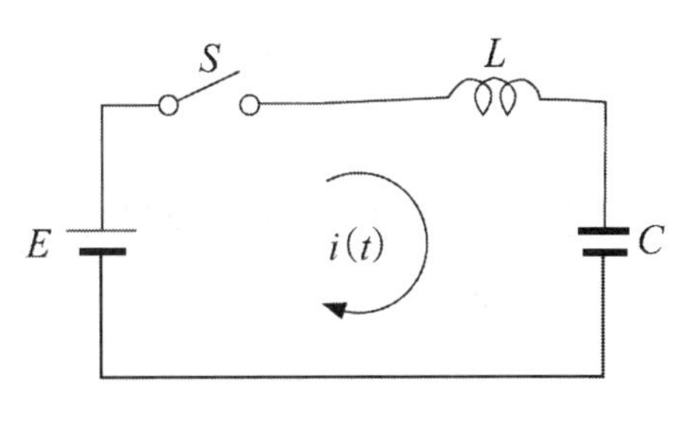

[$L-C$ 직렬회로]

(2) 방전 전류는 불변의 진동 전류

(3) C 양단의 전압

① $v_{L\ \max} = E$

② $v_{L\ \min} = -E$

③ $v_{C\ \max} = 2E$

Chapter 16

시험 전 반드시 체크해야 할

단원 핵심 체크

01 다음의 $R-L$ 회로에서 스위치를 S를 닫을 때의 전류 $i(t)=($　　　　　　　　$)$[A] 이다.

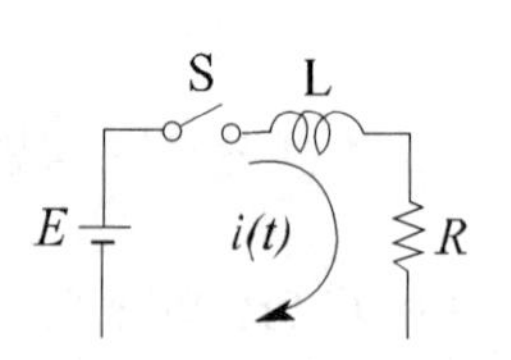

02 직류를 공급하는 $R-L$ 직렬 회로에서 회로의 시정수 $\tau=($　　　　　　　　$)$[s] 이다.

03 $R-L$ 직렬 회로에서 $L=30$[mH], $R=10[\Omega]$ 일 때 이 회로의 시정수 $\tau=($　　　　　　　　$)$[ms] 이다.

04 시정수 (τ)란 전류 $i(t)$가 정상값의 (　　　　　　　　)[%]까지 도달하는데 걸리는 시간으로 단위는 [sec]이다.

05 시정수가 길면 길수록 정상 상태에 (　　　　　　　　) 도달한다.

06 그림과 같은 회로에서

시정수 $\tau=($　　①　　$)$[s]

특성근 $s=($　　②　　$)$

정상 전류 $I=($　　③　　$)$[A] 이다.

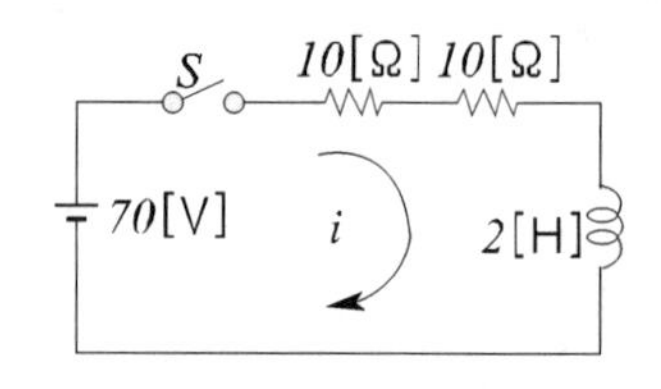

07 $R-L$ 직렬회로에 V인 직류 전압원을 갑자기 연결하였을 때 $t=($　　　　　　　　$)$인 순간 이 회로에는 전류가 흐르지 않는다.

08 $R-C$ 직렬회로에서 회로의 시정수 $\tau=($　　　　　　　　$)$[s] 이다.

09 $R-C$ 회로에서 콘덴서가 방전될 때는 시정수 타임에서 크기가 최소값의 (　　　)배가 되면서 감소한다.

10 $R-C$ 직렬회로에서 RC값이 (　　　　　　　) 과도 전류값은 천천히 사라진다.

11 $R-L-C$ 직렬회로에서 시정수의 값이 작을수록 과도 현상이 소멸되는 시간은 (　　　　) 진다.

12 $R-L-C$ 직렬회로에 $t=0$에서 교류 전압 $e=E_m \sin(wt+\theta)$를 가할 때 $R^2-4\frac{L}{C}>0$ 이면 이 회로는 (　　　　　　　　　　)적이다.

13 $R-L-C$ 직렬회로에서 $R=100[\Omega]$, L=5[mH], $C=2[\mu F]$일 때 이 회로는 (　　　　) 진동 이다.

정답

(1) $\frac{E}{R}\left(1-e^{-\frac{R}{L}t}\right)$	(2) $\frac{L}{R}$	(3) 3
(4) 63.2	(5) 늦게	(6) ① 0.1, ② −10, ③ 3.5
(7) 0	(8) RC	(9) 0.368
(10) 클수록	(11) 짧아	(12) 비진동
(13) 임계		

적중 예상문제

1. 그림에서 스위치 S를 닫을 때의 전류 $i(t)$[A]는 얼마인가?

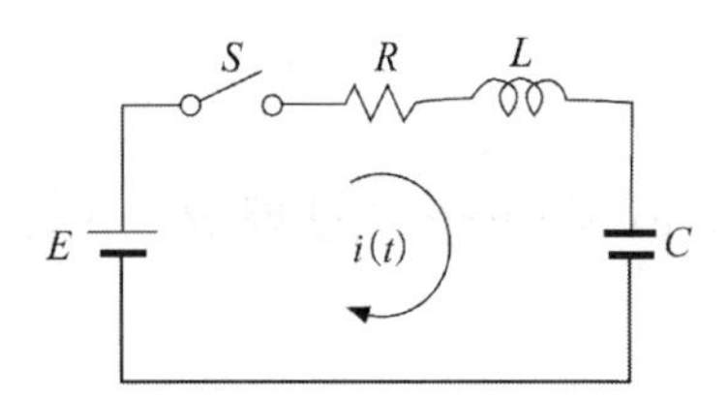

① $\frac{E}{R}e^{-\frac{R}{L}t}$ ② $\frac{E}{R}\left(1-e^{-\frac{R}{L}t}\right)$

③ $\frac{E}{R}e^{-\frac{L}{R}t}$ ④ $\frac{E}{R}\left(1-e^{-\frac{L}{R}t}\right)$

|정|답|및|해|설|

[$R-L$ 직렬 회로의 전류 투입]

$E = Ri(t)+L\cdot\frac{di(t)}{dt}$

$\frac{E}{S} = RI(s)+LSI(s) \rightarrow \frac{E}{S} = (LS+R)I(s)$

$I(s) = \frac{E}{S(LS+R)} = \frac{\frac{E}{L}}{S\left(S+\frac{R}{L}\right)} = \frac{A}{S}+\frac{B}{S+\frac{R}{L}}$

$A = \left.\frac{\frac{E}{L}}{S+\frac{R}{L}}\right|_{S=0} = \frac{\frac{E}{L}}{\frac{R}{L}} = \frac{E}{R}$

$B = \left.\frac{\frac{E}{L}}{S}\right|_{S=-\frac{R}{L}} = \frac{\frac{E}{L}}{-\frac{R}{L}} = -\frac{E}{R}$

$\therefore I(s) = \frac{\frac{E}{R}}{S}-\frac{\frac{E}{R}}{S+\frac{R}{L}}$

$I(s) = \frac{E}{R}\left(\frac{1}{S}-\frac{1}{S+\frac{R}{L}}\right) \xrightarrow{L^{-1}} i(t) = \frac{E}{R}\left(1-e^{-\frac{R}{L}t}\right)$

즉, 과도항이 사라졌을 때 $t = \infty$일 때 정상 전류 $i = \frac{E}{R}$가 된다.

【정답】 ②

2. $i = I_0 + te^{-at}$의 정상값은?

① 부정 ② ∞

③ I_0 ④ te^{-at}

|정|답|및|해|설|

[정상값] $t = \infty$가 되고, 지수항이 "0"으로 되었을 때

즉, $t = \infty \rightarrow I_0+\infty\cdot e^{-\infty} = I_0+0 = I_0$

【정답】 ③

3. $R-L$ 직렬 회로에 V인 직류 전압원을 갑자기 연결하였을 때 $t = 0$인 순간 이 회로에 흐르는 회로 전류에 대하여 바르게 표현된 것은?

① 이 회로에는 전류가 흐르지 않는다.

② 이 회로에는 $\frac{V}{R}$크기의 전류가 흐른다.

③ 이 회로에는 무한대의 전류가 흐른다.

④ 이 회로에는 $\frac{V}{R+jwL}$의 전류가 흐른다.

|정|답|및|해|설|

[$R-L$ 직렬회로]

$R-L$ 직렬의 과도전류 $i(t) = \frac{E}{R}\left(1-e^{-\frac{R}{L}t}\right)$

$t = 0 \rightarrow \frac{E}{R}(1-e^{-0}) = \frac{E}{R}(1-1) = 0$

즉, 회로 전류가 흐르지 않음 ∴ 개방

【정답】 ①

4. $R = 4000[\Omega]$, $L = 5[H]$의 직렬 회로에 직류 전압 200[V]를 가할 때 급히 단자 사이의 스위치를 단락시킬 경우 이로부터 $\frac{1}{800}[s]$ 후 $R-L$중의 전류는 몇 [mA]인가?

① 18.4 ② 1.84
③ 28.4 ④ 31.6

|정|답|및|해|설|

[$R-L$ 직렬회로] 시정수 $\tau = \frac{L}{R}$

$i(t) = \frac{E}{R}\left(1-e^{-\frac{R}{L}t}\right)$에 주어진 조건을 대입할 수 있다.

하지만, 주어진 시간은 시정수일 가능성이 높기 때문에 시정수를 먼저 확인

시정수 $\tau = \frac{L}{R} = \frac{5}{4000} = \frac{1}{800}$[초]

그러므로 문제의 조건은 시정수 일 때, 즉 정상 전류의 63.2[%]의 전류를 적용한다.

정상 전류 $i = \frac{E}{R} = \frac{200}{4000} = \frac{1}{20}$[A]

$\therefore i_T = \frac{1}{20} \times 0.632 = 0.0316[A] = 31.6[mA]$

【정답】 ④

5. 직류 과도현상의 저항 $R[\Omega]$과 인덕턴스 $L[H]$의 직렬 회로에서 옳지 않은 것은?

① 회로의 시정수는 $\tau = \frac{L}{R}$[s]이다.

② $t = 0$에서 직류 전압 E[V]를 가했을 때 t[s]후의 전류는 $i(t) = \frac{E}{R}\left(1-e^{-\frac{R}{L}t}\right)$ [A] 이다.

③ 과도 기간에 있어서의 인덕턴스 L의 단자전압은 $v_L(t) = Ee^{\frac{L}{R}t}$이다.

④ 과도 기간에 있어서의 저항 R의 단자 전압 $v_R(t) = E\left(1-e^{-\frac{R}{L}t}\right)$ 이다.

|정|답|및|해|설|

[$R-L$ 직렬 회로] 단자 전압

① 저항의 단자 전압 : $v_R = E\left(1-e^{-\frac{R}{L}t}\right)$[V]

② 리액턴스의 단자 전압 : $v_L = Ee^{-\frac{R}{L}t}$[V]

【정답】 ③

6. 시정수 τ인 $L-R$ 직렬 회로에 직류 전압을 인가할 때 $t = \tau$의 시간에 회로에 흐르는 전류는 최종값의 약 몇 [%]인가?

① 37 ② 63
③ 73 ④ 86

|정|답|및|해|설|

[시정수] 전류 $i(t)$가 정상값에 63.2[%]까지 도달하는데 걸리는 시간으로 단위는 [sec]이다.

【정답】 ②

7. 전기 회로에서 일어나는 과도 현상은 그 회로의 시정수와 관계가 있다. 이 사이의 관계를 옳게 표현한 것은?

① 회로의 시정수가 클수록 과도현상은 오랫동안 지속된다.

② 시정수는 과도현상의 지속 시간에는 상관되지 않는다.

③ 시정수의 역이 클수록 과도현상은 천천히 사라진다.

④ 시정수가 클수록 과도현상은 빨리 사라진다.

|정|답|및|해|설|

[시정수] 시정수와 과도현상은 비례관계가 있다.

【정답】 ①

8. 그림과 같은 회로에서 스위치 S를 닫았을 때 시정수의 값은? (단, $L = 10$[mH], $R = 20$[Ω]이다.)

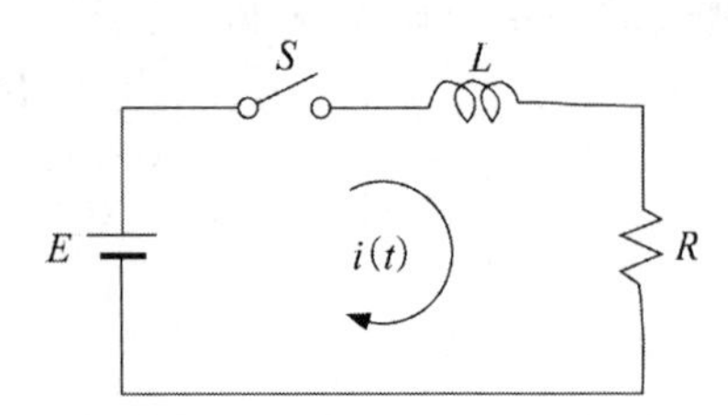

① 2,000[s] ② 5×10^{-4}[s]

③ 200[s] ④ 5×10^{-3}[s]

|정|답|및|해|설|

[$R-L$ 직렬 회로의 시정수] $\tau = \frac{L}{R}[s]$

$\tau = \frac{L}{R} = \frac{10\times10^{-3}}{20} = 0.5\times10^{-3} = 5\times10^{-4}$

【정답】 ②

9. 회로 방정식의 특성근과 회로의 시정수에 대하여 옳게 서술된 것은?

① 특성근과 시정수는 같다.

② 특성근의 역과 회로의 시정수는 같다.

③ 특성근이 절대값의 역과 회로의 시정수는 같다.

④ 특성근과 회로의 시정수는 서로 상관되지 않는다.

|정|답|및|해|설|

[특성근과 시정수] 특성근(S)은 시정수(τ)의 음(-)의 역수 $(-\frac{1}{\tau})$이다.

【정답】 ③

10. $R-L$ 직렬 회로에 계단 응답 $i(t)$의 $\frac{L}{R}$[s]에서의 값은?

① $\frac{1}{R}$ ② $\frac{0.368}{R}$

③ $\frac{0.5}{R}$ ④ $\frac{0.632}{R}$

|정|답|및|해|설|

[$R-L$ 직렬회로의 시정수] $\tau = \frac{L}{R}[s]$

계단응답 1[V]의 주었을 때의 시정수는

$i = \frac{V}{R}\times0.632 = \frac{1}{R}\times0.632[A]$

【정답】 ④

11. 그림과 같은 파형에서 전류 $I = 4$[mA], 위상각 $\theta = 45°$ 일 때 시정수 τ는?

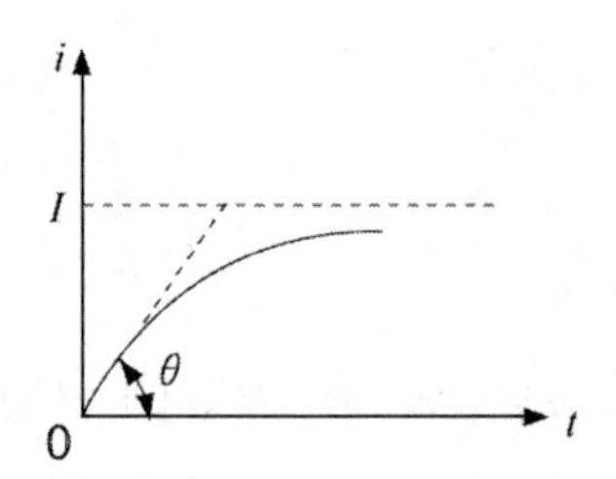

① 0.001[s] ② 0.002[s]

③ 0.003[s] ④ 0.004[s]

|정|답|및|해|설|

[직렬회로의 시정수] $\theta = 45°$ 이므로 시정수가 걸리는 만큼 최종적인 전류값도 같다.

$I = 4[mA]$이므로 $\tau = 4[ms] = 0.004$[s]

【정답】 ④

12. 그림과 같은 회로에서 스위치 S를 닫았을 때 L에 가해지는 전압을 구하면?

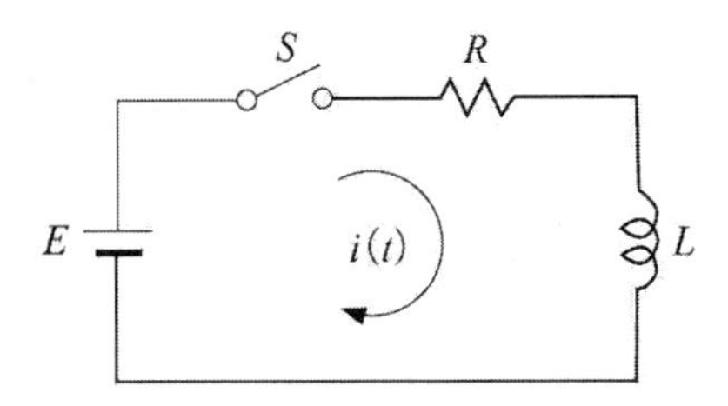

① $\frac{E}{R}e^{-\frac{R}{L}t}$　　② $\frac{E}{R}e^{\frac{R}{L}t}$

③ $Ee^{-\frac{R}{L}t}$　　④ $Ee^{\frac{L}{R}t}$

|정|답|및|해|설|

[$R-L$ 직렬 회로의 전류 방정식]

①, ②, ③, ④ 중에 전압은 ③, ④

지수항은 반드시 e^{-at}의 형태

$i(t) = \frac{E}{R}\left(1-e^{-\frac{R}{L}t}\right)$에서

$$V_L = L\frac{di}{dt} = L\cdot\frac{d}{dt}\cdot\frac{E}{R}\left(1-e^{-\frac{R}{L}t}\right)$$

$$= L\cdot\frac{E}{R}\left(\frac{R}{L}\cdot e^{-e\frac{R}{L}t}\right) = E\cdot e^{-\frac{R}{L}t}$$

【정답】 ③

13. 그림의 회로에서 스위치 S를 $t=0$에서 닫을 때 $V_L|_{t=0} = 50$[V], $\left.\frac{di(t)}{dt}\right|_{t=0} = 100$ [A/S]라면 L의 값은?

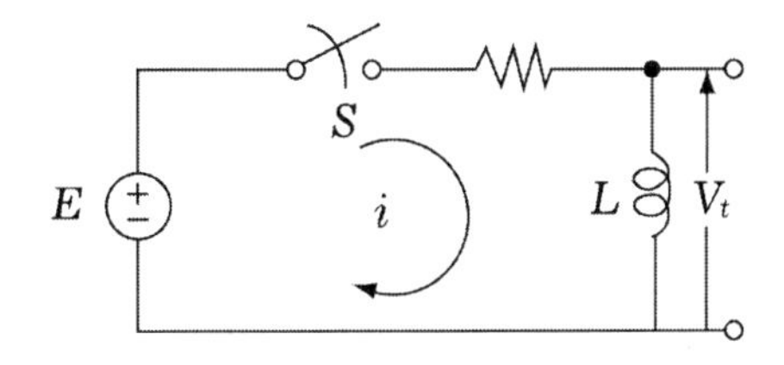

① 0.25[H]　　② 0.5[H]

③ 0.75[H]　　④ 1.0[H]

|정|답|및|해|설|

$V_L = L\cdot\frac{di}{dt}$에서 $50 = L\times 100$

$\therefore L = \frac{50}{100} = 0.5$

【정답】 ②

14. 그림과 같은 회로에서 $t=0$인 순간에 전압 E를 인가한 경우 인덕턴스 L에 걸리는 전압은?

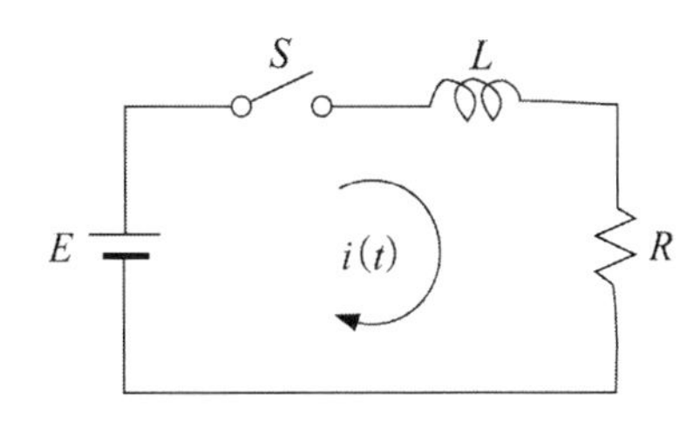

① 0　　② E

③ $\frac{LE}{R}$　　④ $\frac{E}{R}$

|정|답|및|해|설|

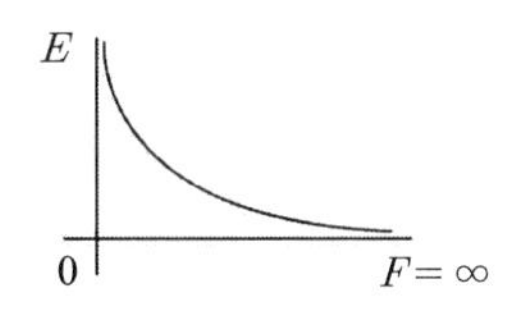

즉, $t=0$일 때 L양단 개방이므로 전원 전압이 걸리게 됨

【정답】 ②

15. 유도 코일의 시정수가 0.04[sec], 저항이 15.8[Ω]일 때 코일의 인덕턴스는?

① 12.6[mH]　　② 632[mH]

③ 2.53[mH]　　④ 395[mH]

|정|답|및|해|설|

[$R-L$ 직렬 회로의 시정수] $\tau = \frac{L}{R}$

$L = \tau\cdot R = 0.04\times 15.8$

【정답】 ②

16. 코일의 권수 $N = 1,000$, 저항 $R = 20[\Omega]$이다. 전류 $I = 10$[A]를 흘릴 때 자속 $\varnothing = 3 \times 10^{-2}$[Wb]이다. 이 회로의 시정수는?

① $0.15[s]$　② $3[s]$
③ $0.4[s]$　④ $4[s]$

|정|답|및|해|설|

[$R-L$ 직렬 회로의 시정수] $\tau = \frac{L}{R}$

$LI = N\varnothing$에서

$L = \frac{N\varnothing}{I} = \frac{1000 \times 3 \times 10^{-2}}{10} = 3[H]$

$\tau = \frac{3}{20} = 0.15[s]$　【정답】①

17. $R-L$ 직렬 회로가 있어서 직류 전압 5[V]를 $t = 0$에서 인가하였더니 $i(t) = 50\left(1-e^{-20 \times 10^{-3} t}\right)$[mA] $(t \geq 0)$이었다. 이 회로의 저항을 처음 값의 2배로 하면 시정수는 얼마가 되겠는가?

① 10[msec]　② 40[msec]
③ 5[sec]　④ 25[sec]

|정|답|및|해|설|

[$R-L$ 직렬 회로의 시정수] $\tau = \frac{L}{R}$

$i(t) = \frac{E}{R}\left(1-e^{-\frac{R}{L}t}\right)$에서 $50\left(1-e^{-20 \times 10^{-3} t}\right)$를 비교

$\tau = \frac{L}{R} = \frac{1}{20 \times 10^{-3}}$[초]

$\tau' = \frac{L}{2R} = \frac{1}{2 \times 20 \times 10^{-3}}[s] = \frac{10^3}{40}[s] = 25[s]$

【정답】④

18. 저항 1[Ω], 자기 인덕턴스 10[H]의 코일에 10[V]의 직류 전압을 인가하는 순간 전류 증가율은?

① $0.1[A/s]$　② $1.0[A/s]$
③ $10[A/s]$　④ $100[A/s]$

|정|답|및|해|설|

직류 전압 인가시 $t = 0 \rightarrow L$ 개방

$V_L = L \cdot \frac{di}{dt} = 10[V]$

$10 \times \frac{di}{dt} = 10 \quad \rightarrow \quad \therefore \frac{di}{dt} = 1[A/s]$　【정답】②

19. 그림의 회로는 스위치를 1의 위치에 정상 상태에 있었다. $t = 0$에서 순간적으로 스위치를 2로 할 때 자연 응답 $i(t)$는?

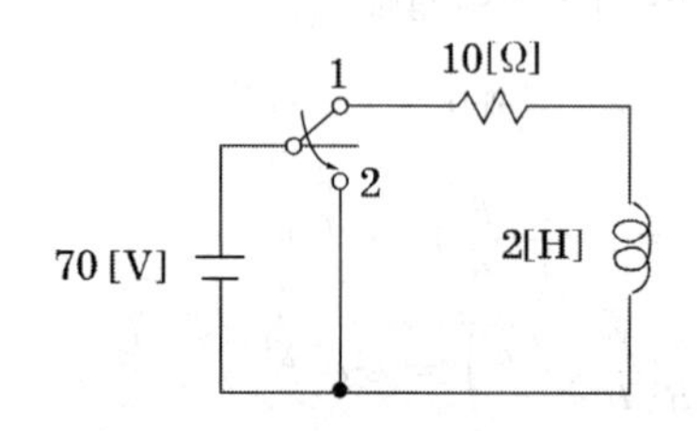

① $7 + e^{-5t}$　② $7e^{-5t}$
③ $-7e^{-5t}$　④ $7(1-e^{-5t})$

|정|답|및|해|설|

① 1번에 있을 때

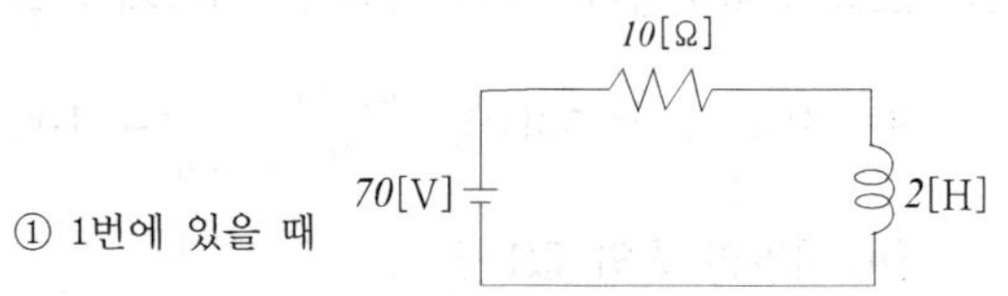

정상 상태일 때는 L이 동작하지 않으므로

$I = \frac{V}{R} = \frac{70}{10} = 7[A]$

② 2번에 있을 때

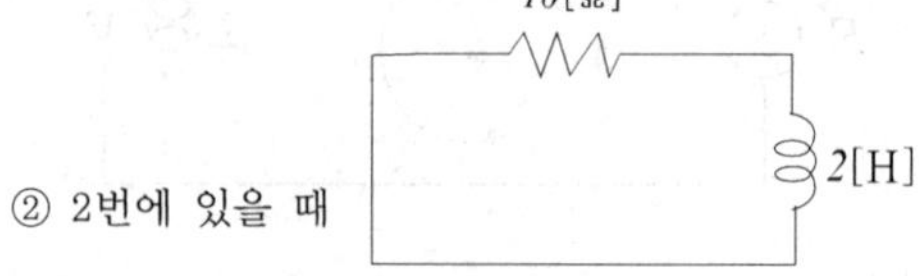

2에 있을 때에는 과도항이므로

$i(t) = 7e^{-\frac{R}{L}t} = 7e^{-\frac{10}{2}t} = 7e^{-5t}$　【정답】②

20. $R-L$직렬 회로에서 그의 양단에 직류전압 E를 연결 후 스위치 S를 개방하면 $\frac{L}{R}$[s] 후의 전류값[A]는?

① $\frac{E}{R}$　② $0.5\frac{E}{R}$

③ $0.368\frac{E}{R}$　④ $0.632\frac{E}{R}$

|정|답|및|해|설|

[$R-L$ 직렬 회로 시정수] 스위치 개방 시 전류 감소

·전류 증가시 : 0.632 → $0.632\frac{E}{R}$

·전류 감소시 : 0.368 → $0.368\frac{E}{R}$

【정답】 ③

21. 저항 R_1, R_2및 인덕턴스 L의 직렬 회로가 있다. 이 회로의 시정수는?

① $-\frac{(R_1+R_2)}{L}$　② $\frac{(R_1+R_2)}{L}$

③ $\frac{-L}{(R_1+R_2)}$　④ $\frac{L}{R_1+R_2}$

|정|답|및|해|설|

[$R-L$ 직렬 회로 시정수] $\tau=\frac{L}{R}$

【정답】 ④

22. 그림의 $R-L$회로에서 L의 초기전류를 그림과 같은 방향으로 I_0라 한다. $t=0$에서 S를 닫을 때, 이 회로에 흐르는 과도전류를 그림의 방향으로 $i(t)$라 할 경우 $\left.\frac{di(t)}{dt}\right|_{t=0}$의 값은?

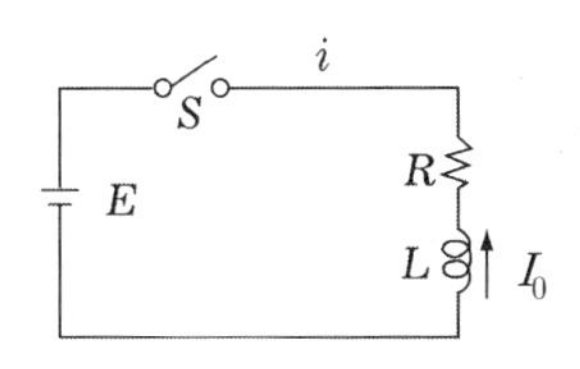

① $\frac{E+RI_0}{L}$　② $\frac{E-RI_0}{L}$

③ $\frac{E^2}{L}+RI_0$　④ $\frac{E^2}{L}-RI_0$

|정|답|및|해|설|

[$R-L$ 직렬 회로]

$E=Ri(t)+L\frac{di}{dt}$에서 $E=-RI_0+L\cdot\frac{di}{dt}$

$L\cdot\frac{di}{dt}=E+RI_0 \rightarrow \frac{di}{dt}=\frac{E+RI_0}{L}$

【정답】 ①

23. 그림과 같이 저항 R_1, R_2 및 인덕턴스 L의 직렬회로가 있다. 이 회로에 대한 서술에서 올바른 것은?

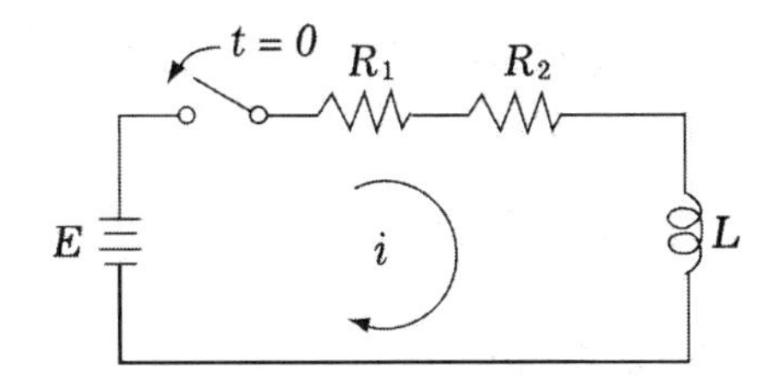

① 이 회로의 시정수는 $\frac{L}{R_1+R_2}$[s]이다.

② 이 회로의 특성근은 $\frac{R_1+R_2}{L}$이다.

③ 정상 전류값은 $\frac{E}{R_2}$이다.

④ 이 회로의 전류값은

$$i(t)=\frac{E}{R_1+R_2}(1-e^{-\frac{L}{R_1+R_2}t})\text{이다.}$$

|정|답|및|해|설|

[$R-L$ 직렬 회로]

① 시정수 $\tau = \dfrac{L}{R_1 + R_2}[s]$

② 특성근 $s = -\dfrac{R_1 + R_2}{L}$

③ 정상 전류 $i = \dfrac{L}{R_a + R_2}$

④ 전류값 $i(t) = \dfrac{E}{R_1 + R_2}\left(1 - e^{-\frac{R_1 + R_2}{L}t}\right)$

【정답】 ①

24. 그림의 회로가 정상상태로 있을 때 S를 닫은 후 인덕턴스 L의 전위차 $v(t)$는 몇 [V]인가?

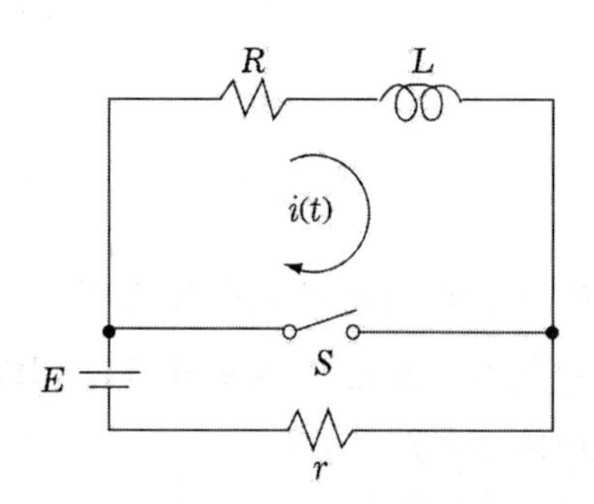

① $\dfrac{(R+r)E}{R}e^{-\frac{R}{L}t}$ ② $\dfrac{RE}{R+r}e^{-\frac{R}{L}t}$

③ $-\dfrac{(R+r)E}{R}e^{-\frac{R}{L}t}$ ④ $-\dfrac{RE}{R+r}e^{-\frac{R}{L}t}$

|정|답|및|해|설|

[$R-L$ 직렬 회로]

$V_L = L\dfrac{di}{dt} = L \cdot \dfrac{E}{R+r}\left(-\dfrac{R}{L}\right)e^{-\frac{R}{L}t} = \dfrac{-RE}{R+r}e^{-\frac{R}{L}t}$

【정답】 ④

25. 다음 회로에서 $t = 0$인 기준시간 K를 닫았다. $t > 0$에서 이 회로에 흐르는 전류는 $i(t) = (1 - e^{-t})$[A]로 변화하면 어떤 시간에 이 회로전류가 0.63[A]임을 알았다. 이때 이 전류의 시간 변화율은?

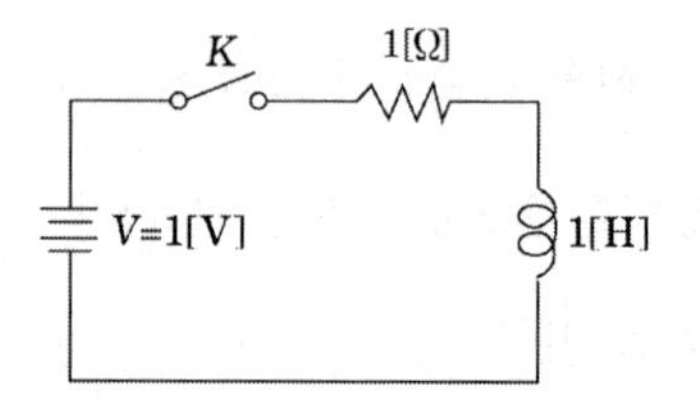

① 약 0.587 ② 약 0.63

③ 약 0.3 ④ 약 1

|정|답|및|해|설|

$i(t) = 1 - e^{-t}$[A], 정상 전류 1[A]

어떤 시간 → 0.63[A], 시정수 $\tau = 1$

전류의 시간 변화율 $\dfrac{di(t)}{dt} = e^{-t}$

$\left.\dfrac{di(t)}{dt}\right|_{t=1} = e^{-1} = 0.368$

【정답】 ③

26. 그림의 회로에서 스위치 S를 닫은 정상 상태이다. $t = 0$에서 스위치를 연 후 저항 R_2에 흐르는 과도전류 $i(t)$는? (단, 초기 조건은 $i(0) = \dfrac{E}{R_1}$이다.)

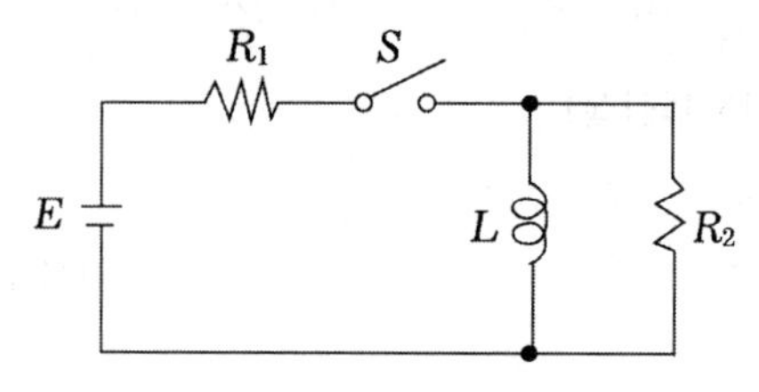

① $\dfrac{E}{R_1}\left(1 - e^{-\frac{R_2}{L}t}\right)$ ② $\dfrac{E}{R_2}\left(1 - e^{-\frac{R_1}{L}t}\right)$

③ $\dfrac{E}{R_1}\left(-e^{-\frac{R_2}{L}t}\right)$ ④ $\dfrac{E}{R_1}e^{-\frac{R_2}{L}t}$

|정|답|및|해|설|

스위치가 닫혀있을 때, $i = \dfrac{E}{R_1}$

스위치가 열면, $i = \dfrac{E}{R_1}e^{-\frac{R_2}{L}t}$가 된다.

【정답】 ④

27. 정상 상태일 때 $t = 0$에서 스위치 S를 열 때 흐르는 전류는?

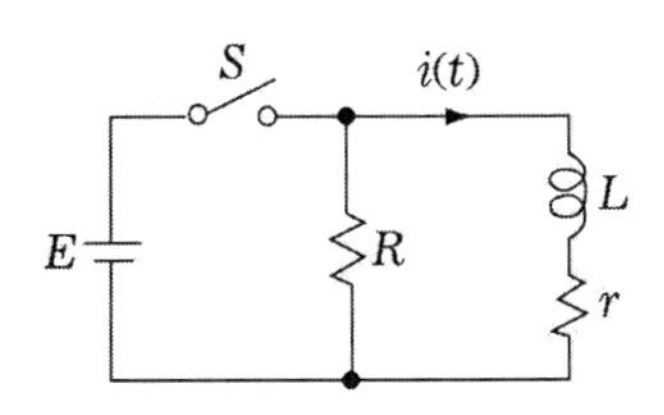

① $\frac{E}{R}e^{-\frac{R+r}{L}t}$　　② $\frac{E}{r}e^{-\frac{R+r}{L}t}$

③ $\frac{E}{r}e^{\frac{L}{R+r}t}$　　④ $\frac{E}{R}e^{\frac{L}{R+r}t}$

|정|답|및|해|설|

스위치를 닫았을 때, $i = \frac{E}{r}$

스위치를 열었을 때, $i = \frac{E}{r}e^{-\frac{R+r}{L}t}$

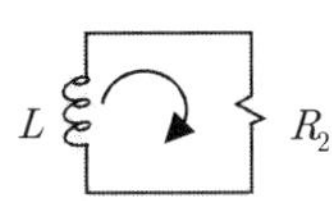

【정답】 ①

28. 그림과 같은 회로에서 $t = 0$에서 S를 닫을 때 과도 전류 $i(t)$는 어떻게 표시되는가?

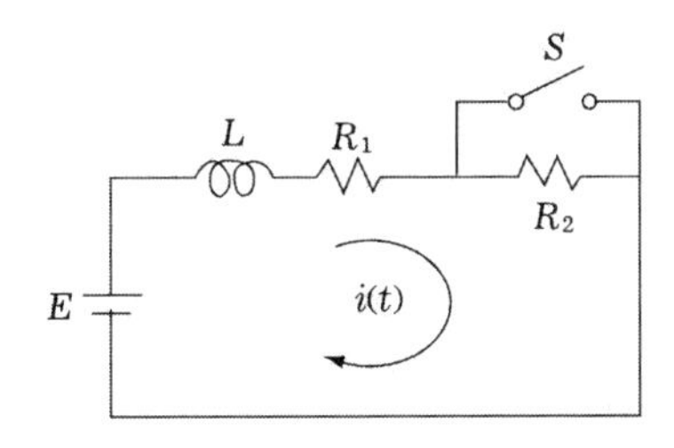

① $\frac{E}{R_1}\left(1-\frac{R_2}{R_1+R_2}e^{-\frac{R_1}{L}t}\right)$

② $\frac{E}{R_1+R_2}\left(1+\frac{R_2}{R_1}e^{-\frac{R_1+R_2}{L}t}\right)$

③ $\frac{E}{R_1}\left(1+\frac{R_2}{R_1}e^{-\frac{R_2}{L}t}\right)$

④ $\frac{R_1 E}{R_1+R_2}\left(1+\frac{R_1}{R_1+R_2}e^{-\frac{R_1+R_2}{L}t}\right)$

|정|답|및|해|설|

·정상전류 $I_s = \frac{V}{R_1}$

·시정수 $\tau = \frac{L}{R_1}$

·초기 전류 $i(0) = \frac{V}{R_1+R_2} = \frac{V}{R_1} + K$

$$K = \frac{-R_2 V}{R_1(R_1+R_2)}$$

·$i(t) = I_s + Ke^{-\frac{1}{\tau}}[A]$

$$i(t) = \frac{V}{R_1} - \frac{R_2 V}{R_1(R_1+R_2)}e^{-\frac{R_1}{L}}$$

$$= \frac{V}{R_1}\left(1-\frac{R_2}{R_1+R_2}e^{-\frac{R_1}{L}t}\right)[A]$$

【정답】 ①

29. $R = 1[\text{M}\Omega]$, $C = 1[\mu\text{F}]$의 직렬 회로에 직류 100[V]를 가했다. 시상수 τ, 전류의 초기값 I를 구하시오.

① 5[sec], 10^{-4}[A]　② 4[sec], 10^{-3}[A]

③ 1[sec], 10^{-4}[A]　④ 2[sec], 10^{-3}[A]

|정|답|및|해|설|

[$R-C$ 직렬 회로의 시정수] $\tau = RC[s]$

$\tau = RC = 10^6 \times 10^{-6} = 1$[초]

$I = \frac{E}{R} = \frac{100}{10^6} = 10^{-4}$[A]

【정답】 ③

30. 그림과 같은 회로에서 스위치 S는 a에서 정상 상태로 있다가 b로 이동된다. 전류 $i(t)$를 구하면? (단, $E = 100$[V], $R_1 = 1[\Omega]$, $R_2 = 2[\Omega]$, $L = 3$[H]이다.)

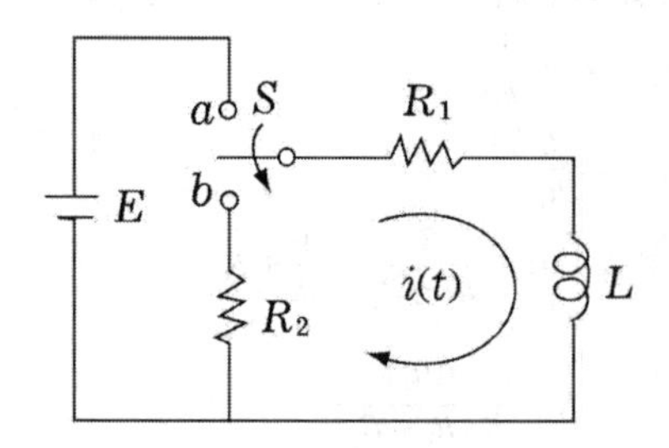

① $100e^{-t}$ ② $100e^{t}$

③ $100e^{-3t}$ ④ $100e^{-\frac{1}{3}t}$

|정|답|및|해|설|

① S는 $a \rightarrow b$로

〈등가회로〉

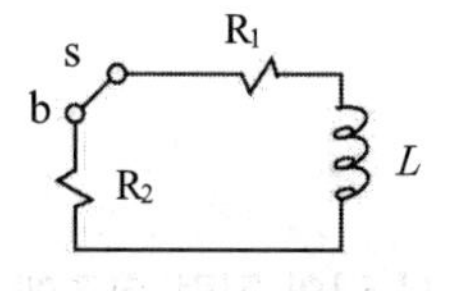

$$i(t) = \frac{E}{R_1} \cdot e^{-\frac{R_1+R_2}{L} \cdot t} = \frac{100}{1} \cdot e^{-\frac{1+2}{3}t} = \frac{100}{1} \cdot e^{-t}$$

② S가 a에 있을 때

〈등가회로〉

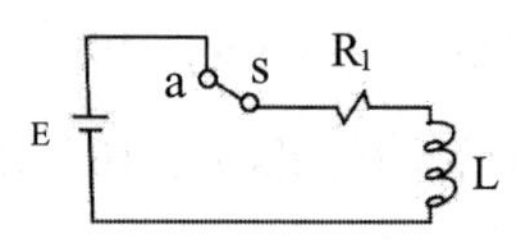

정상전류 $i_1 = \dfrac{E}{R_1} = \dfrac{100}{1} = 100$[A]

【정답】 ①

31. 그림과 같은 $R-C$ 직렬 회로에서 $t = 0$에서 스위치 S를 닫아 직류 전압 100[V]를 회로의 양단에 급격히 인가하면 그 때의 충전 전하는? (단, $R = 10[\Omega]$, $C = 0.1$[F]이다.)

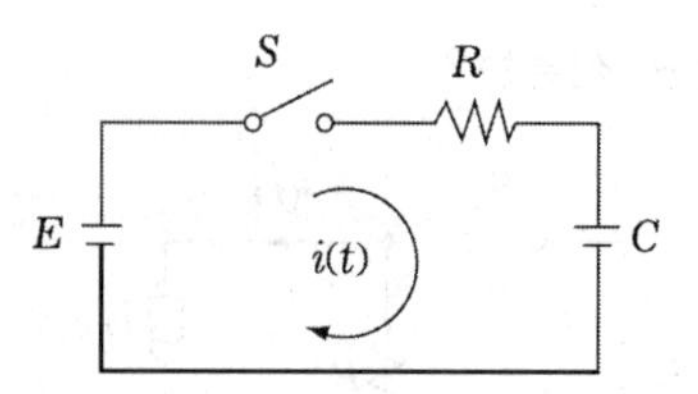

① $10(1-e^{-t})$ ② $-10(1-e^{-t})$

③ $10e^{-t}$ ④ $-10e^{t}$

|정|답|및|해|설|

[충전 전하] $q = CE\left(1-e^{-\frac{1}{RC}t}\right) = 10(1-e^{-t})$

【정답】 ①

32. 그림과 같은 회로에서 저항 $R[\Omega]$과 정전 용량 $C[F]$의 직렬 회로에서 잘못 표현된 것은?

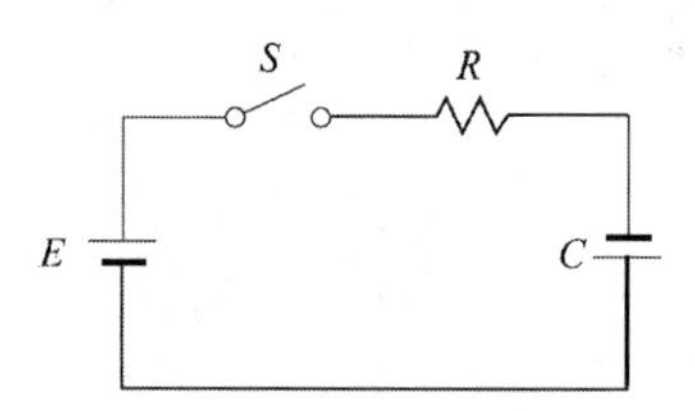

① 회로의 서정수는 $\tau = RC[S]$

② $t=0$에서 직류 전압 $E[V]$를 가했을 때 $t[s]$ 후의 전류 $i(t) = \dfrac{E}{R}e^{-\frac{1}{RC}t}[A]$이다.

③ $t=0$에서 직류 전압 $E[V]$를 가했을 때 $t[s]$ 후의 전류 $i(t) = \dfrac{E}{R}\left(1-e^{-\frac{1}{RC}t}\right)[A]$ 이다.

④ $R-C$ 직렬 회로의 직류 전압 $E[V]$를 충전하는 경우 회로의 전압 방식은 $Ri(t) + \dfrac{1}{C}\displaystyle\int idt = E$이다.

|정|답|및|해|설|

[$R-C$ 직렬 회로]

$R-C$ 회로는 충전 상태, 반전 상태 모두 지수적으로만 감소하는 과도 전류이다. $i(t)=\frac{V}{R}\cdot e^{-\frac{1}{RC}t}$

【정답】 ③

33. 그림과 같은 회로에서 커패시터에 0.5[C]의 전하가 이미 충전되어 있을 때 스위치 S를 $t=0$일 때 닫는다면 $t=0^{+}$일 때 흐르는 전류의 크기는 얼마인가?

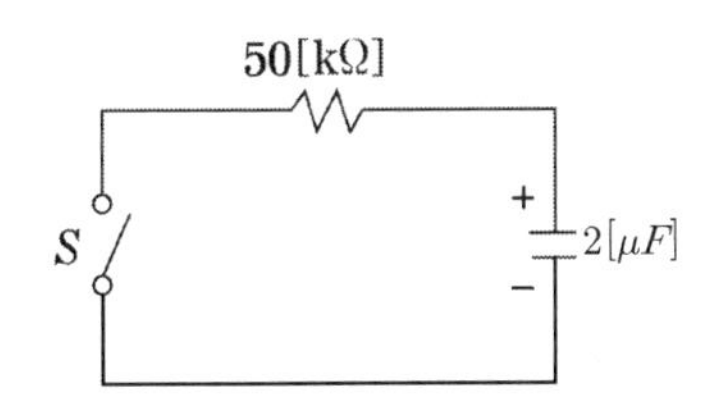

① 20[A] ② 5[A]

③ 50[A] ④ 10[A]

|정|답|및|해|설|

$V=\frac{Q}{C}=\frac{0.5}{2\times10^{-6}}$

$i=\frac{V}{R}=\frac{1}{50\times10^{3}}\times\frac{0.5}{2\times10^{-6}}=5[A]$

【정답】 ③

34. 그림과 같은 회로에서 스위치 S가 1의 위치에 있을 때 C 양단의 전압이 V_c로 충전되었고, $i=0$에서 S를 2로 전환시켰을 때 전류 $i(t)$를 나타내는 식은?

① $\frac{V_c}{R}e^{-\frac{1}{RC}t}$ ② $-\frac{V_c}{R}e^{-\frac{1}{RC}t}$

③ $\frac{V_c}{R}e^{-\frac{1}{RC}t}-1$ ④ $-\frac{V_c}{R}e^{-\frac{1}{RC}t}-1$

|정|답|및|해|설|

[$R-C$ 직렬회로]

① 스위치 S가 1의 위치

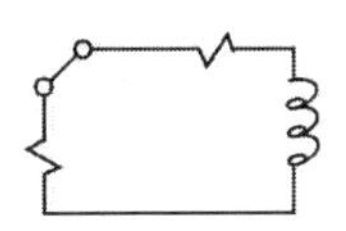

② 스위치 S를 2로 전환

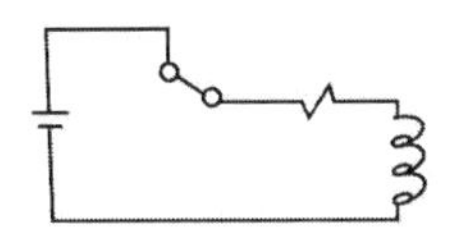

$V_c=\frac{Q}{C}\rightarrow Q=CV_c$

$q(0)=CV_c$

KVL $\rightarrow 0=Ri(t)+\frac{1}{C}\int i\,dt \quad \rightarrow (i=\frac{dq(t)}{dt})$

$0=R\frac{dq}{dt}+\frac{q(t)}{C}$

$0=R(sQ(s)-q(0))+\frac{Q(s)}{C}\rightarrow\left(RS+\frac{1}{C}\right)Q(s)=Rq(0)$

$Q(s)=\frac{R\bullet q(0)}{RS+\frac{1}{C}} \rightarrow Q(s)=\frac{q(0)}{S+\frac{1}{RC}}$

$q(t)=q(0)\cdot e^{-\frac{1}{RC}t}$

$i(t)=\frac{dq(t)}{dt}=\frac{d}{dt}\bullet q(0)\bullet e^{-\frac{1}{RC}t}$

$=q(0)\bullet\left(-\frac{1}{RC}\right)\bullet e^{-\frac{1}{RC}t}$

$\rightarrow q(0)=CV_c$를 대입

$\therefore i(t)=-\frac{V_c}{R}\bullet e^{-\frac{1}{RC}t}$

【정답】 ②

35. 그림의 회로에서 S가 $t=0$인 순간 $2\rightarrow1$로 이동할 때 R의 크기에 따라 a, b간의 순시 전압을 옳게 표시한 그래프는?

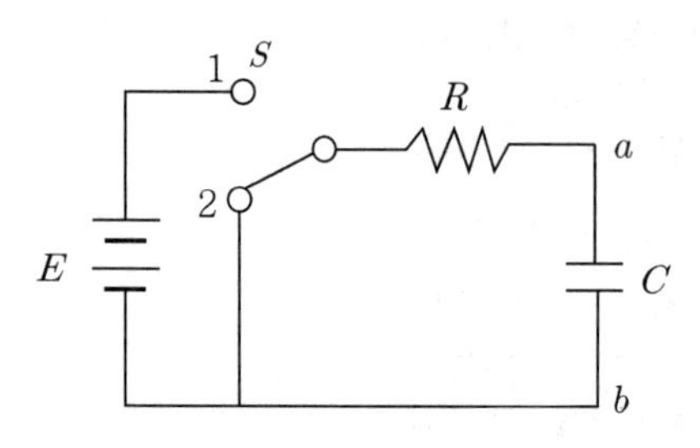

①
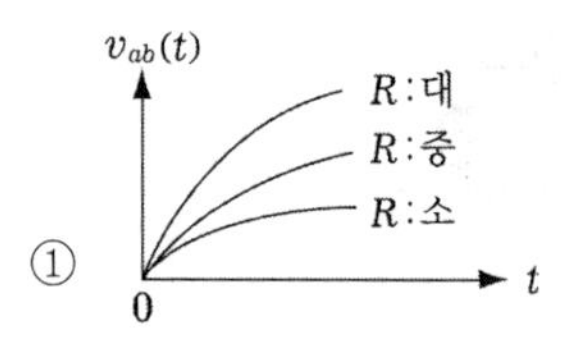

②
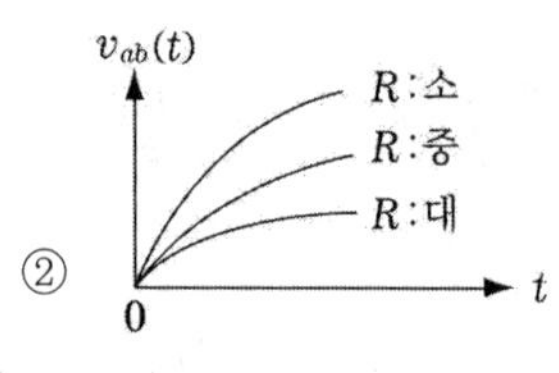

③
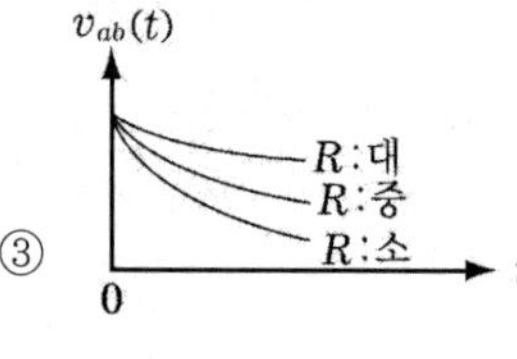

④
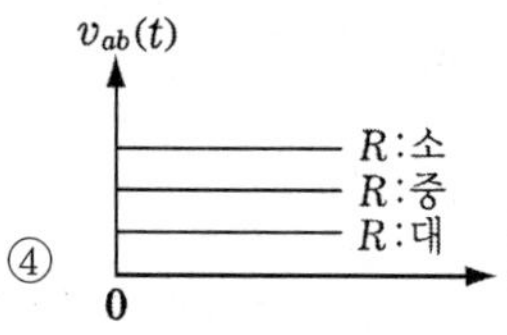

|정|답|및|해|설|

[$R-C$ 직렬 회로의 시정수] $\tau=RC$

시정수가 크면 응답 시간이 늦다.

R이 클수록 늦고, R이 작을수록 빠르다.

【정답】 ②

36. 그림과 같은 회로에서 스위치 S를 닫을 때 방전전류 $i(t)$는?

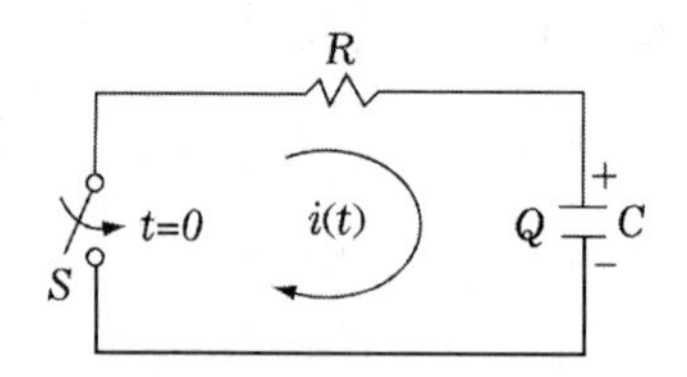

① $-\dfrac{Q}{RC}e^{-\frac{1}{RC}t}$

② $\dfrac{Q}{RC}e^{-\frac{1}{RC}t}$

③ $-\dfrac{Q}{RC}\left(1-e^{-\frac{1}{RC}t}\right)$

④ $\dfrac{Q}{RC}\left(1+e^{-\frac{1}{RC}t}\right)$

|정|답|및|해|설|

[$R-C$ 직렬 회로의 시정수] $\tau=RC$

저항값 R이 클수록 → 시정수가 커질수록 시간적 상승률이 작아져 과도현상이 길어진다. 즉, 정상값에 천천히 도달한다.)

【정답】 ①

37. 그림의 정전용량 C[F]를 충전한 후 스위치 S를 닫아 이것을 방전하는 경우의 과도 전류는? (단, 회로에는 저항이 없다.)

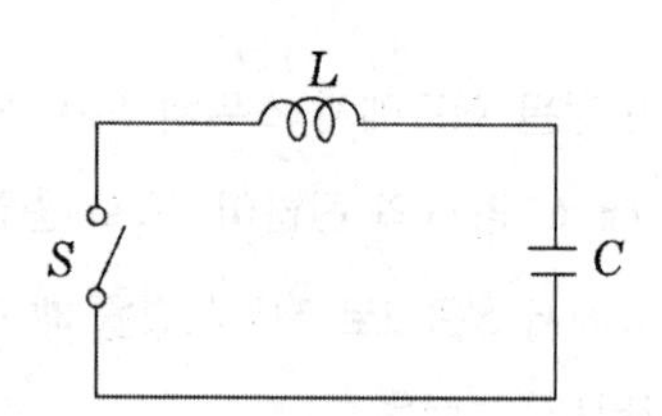

① 불변의 진동 전류

② 감쇠하는 전류

③ 감소하는 진동 전류

④ 일정값까지 증가하여 그 후 감쇠하는 전류

| 정 | 답 | 및 | 해 | 설 |

[$L-C$ 직렬 회로] 저항이 없다. 따라서 계속 진동 전류만 생긴다. 즉, 불변의 진동 전류이다.

【정답】 ①

38. 다음은 과도현상에 관한 기술이다. 틀린 것은?

① $R-L$ 직렬회로의 시정수는 $\frac{L}{R}$이다.

② $R-C$ 직렬회로에서 E_0로 충전된 콘덴서를 방전시킬 경우, $\tau = RC$에서 콘덴서의 단자 전압은 $0.632E_0$이다.

③ 정현파 교류회로에서는 전원을 넣을 때의 위상을 조절함으로써 과도현상의 영향을 제거할 수 있다.

④ 전원이 직류 기전력인 때에도 회로의 전류가 정현파로 될 수도 있다.

| 정 | 답 | 및 | 해 | 설 |

[$R-C$ 직렬회로] 콘덴서를 방전시킬 때 시정수 $\tau = RC$ 시정수에서의 단자 전압은 $0.368E_0$이다.
즉, 충전 시(전류 증가) 시에는 $0.632E_0$이고, 방전 시(전류 감소)에는 $0.368E_0$이다.

【정답】 ②

39. 그림 중에서 $i(t) = e^{-kt}\sin wt$의 파형을 나타내는 것은? (단, $t \geq 0$이다.)

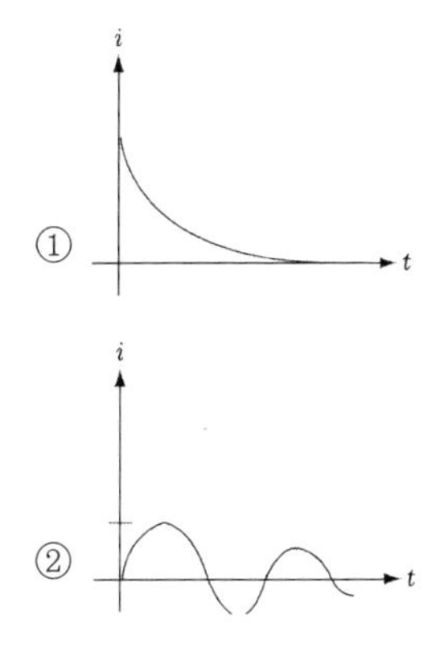

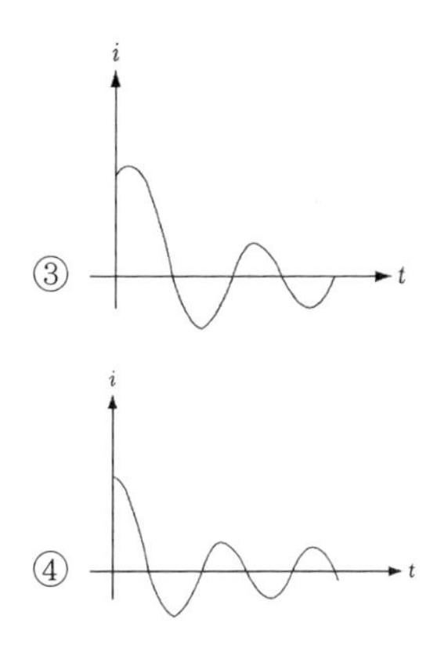

| 정 | 답 | 및 | 해 | 설 |

정현 진동이 있으나 지수 감쇠의 영향으로 감폭 진동한다.

【정답】 ②

40. 그림과 같은 직류 $L-C$ 직렬회로에 대한 설명 중 맞는 것은?

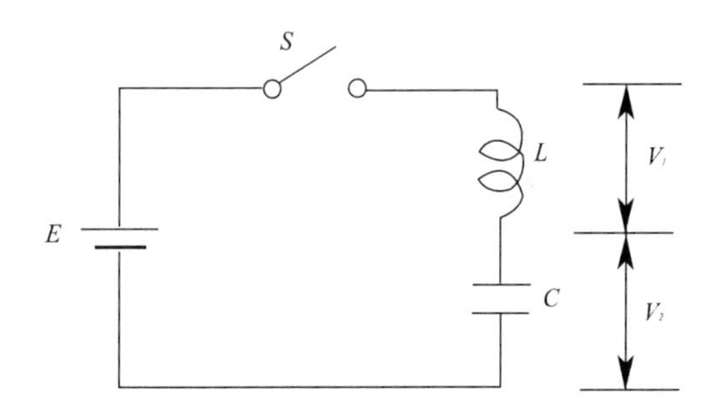

① e_L는 진동함수이니 e_C는 진동하지 않는다.

② e_L의 최대치는 $2E$까지 될 수 있다.

③ e_C의 최대치가 $2E$까지 될 수 있다.

④ C의 충전전하 q는 시간 t에 무관계이다.

| 정 | 답 | 및 | 해 | 설 |

$e_L = E\cos\frac{1}{\sqrt{LC}}t,\ e_c = E\left(1-\cos\frac{1}{\sqrt{LC}}t\right)$이므로

$e_{L\max} = E,\ e_{L\min} = -E$

$e_{c\max} = E[1-(-1)] = 2E$

【정답】 ③

41. $R-L-C$ 직렬 회로에서 직류 전압 인가 시 $R^2 = \frac{4L}{C}$ 일 때 회로전류 $i(t)$를 표시하는 것은? (단, $i(t)$는 임계적이다.)

① $\frac{E}{L}te^{-at}$　　② $\frac{E}{\beta L}te^{-at}\sin\beta t$

③ $\frac{E}{\beta L}te^{-at}\sinh\beta t$　　④ $\frac{E}{\sqrt{\frac{L}{C}}}\sin wt$

|정|답|및|해|설|

[$R-L-C$ 직렬회로] 시정수와 과도현상은 비례

$$\text{KVL} \rightarrow E = Ri(t) + L\frac{di(t)}{dt} + \frac{1}{C}\int i\,dt$$

$$\frac{E}{S} = RI(s) + LSI(s) + \frac{1}{CS}I(s)$$

$$\frac{E}{S} = \left(LS + R + \frac{1}{CS}\right)I(s)$$

$$I(s) = \frac{E}{S\left(LS+R+\frac{1}{CS}\right)} \cdots\cdots ①$$

$$= \frac{E}{LS^2+RS+\frac{1}{C}} \cdots\cdots ②$$

$$= \frac{E/L}{S^2+\frac{R}{L}S+\frac{1}{LC}} \cdots\cdots ③$$

$$= \frac{E/L}{\left(S+\frac{R}{2L}\right)^2 - \left(\frac{R}{2L}\right)^2 + \frac{1}{LC}} \cdots\cdots ④$$

$$= \frac{E/L}{\left(S+\frac{R}{2L}\right)^2 - \sqrt{\left\{\left(\frac{R}{2L}\right)^2 - \frac{1}{LC}\right\}}^2} \cdots ⑤$$

$$\frac{R}{2L} = \alpha,\quad \sqrt{\left\{\left(\frac{R}{2L}\right)^2 - \frac{1}{LC}\right\}}^2 = \beta$$

$$I(s) = \frac{E/L}{(S+\alpha)^2-\beta^2} = \frac{\beta \cdot \frac{E}{\beta L}}{(S+\alpha)^2-\beta^2}$$

$$i(t) = \frac{E}{\beta L}\cdot\sinh\beta t\cdot e^{-\alpha t}$$

$R^2 = \frac{4L}{C}$ 이면 $\left(\frac{R}{2L}\right)^2 - \frac{1}{LC} = 0$이 되므로

⑤번 식에서　$I(s) = \frac{\frac{E}{L}}{(S+\alpha)^2}$

$$i(t) = \frac{E}{L}\cdot t\cdot e^{-\alpha t}$$

【정답】①

42. 다음 중 초[s]의 차원을 갖지 않는 것은 어느 것인가? (단, R은 저항, L은 인덕턴스, C는 커패시턴스이다.)

① RC　　② RL

③ $\frac{L}{R}$　　④ $\sqrt{LC}$

|정|답|및|해|설|

[초차원=시정수] 시상수=시정수 → 초차원

・RL회로 : $\frac{L}{R}$

・RC회로 : RC

・속도 $v = \frac{1}{\sqrt{LC}}[m/s]$이므로 초차원이다.

【정답】②

43. 그림과 같은 $R-L-C$ 직렬 회로에서 발생되는 과도 현상이 진동이 되지 않을 조건은 어느 것인가?

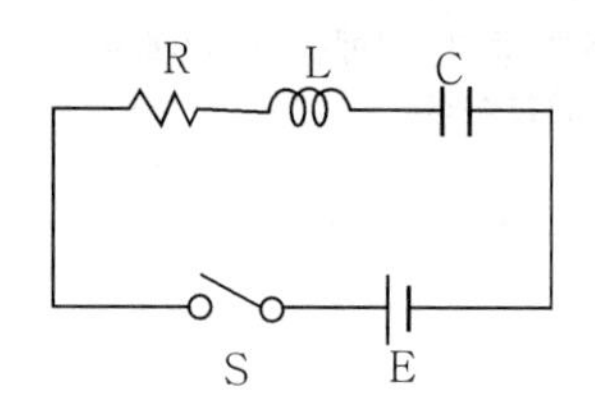

① $\left(\frac{R}{2L}\right)^2 - \frac{1}{LC} < 0$

② $\left(\frac{R}{2L}\right)^2 - \frac{1}{LC} > 0$

③ $\left(\frac{R}{2L}\right)^2 = \frac{1}{LC}$

④ $\frac{R}{2L} = \frac{1}{LC}$

|정|답|및|해|설|

[$R-L-C$ 직렬 회로]

$\left(\frac{R}{2L}\right)^2 - \frac{1}{LC} > 0$: 비진동

$\left(\frac{R}{2L}\right)^2 - \frac{1}{LC} = 0$: 임계

$\left(\frac{R}{2L}\right)^2 - \frac{1}{LC} < 0$: 감쇠 진동

$\left(\frac{R}{2L}\right)^2 > \frac{1}{LC} \rightarrow R^2 > 4 \cdot \frac{L}{C}$

$R > 2 \cdot \sqrt{\frac{L}{C}}$ 로도 적용 가능

【정답】 ②

44. $R-L-C$ 직렬 회로에서 $R = 100[\Omega]$, $L = 0.1 \times 10^{-3}$[H], $C = 0.1 \times 10^{-6}$[F] 일 때 이 회로는?

① 진동적이다.

② 비진동이다.

③ 정현파 진동이다.

④ 진동일 수도 있고 비진동일 수도 있다.

|정|답|및|해|설|

[$R-L-C$ 직렬 회로]

$R^2 = 100^2 = 10000$

$\frac{4L}{C} = \frac{4 \times 0.1 \times 10^{-3}}{0.1 \times 10^{-6}} = 4000$

$\therefore R^2 > \frac{4L}{C} \rightarrow$ 비진동 【정답】 ②

45. 그림의 회로에서 스위치를 닫을 때, 즉 $t = 0_+$ 일 때 $\frac{di_2(t)}{dt}$ 의 값은 얼마인가?

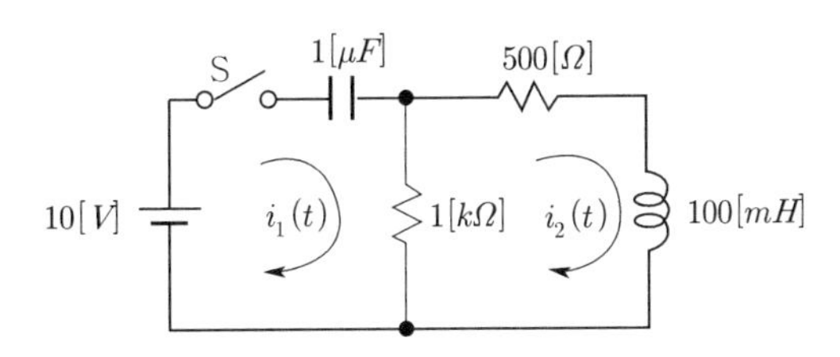

① 1 ② 10

③ 100 ④ 126

|정|답|및|해|설|

$t = 0$일 때 L 개방

$V_L = L \cdot \frac{di}{dt} = 10[\text{V}] \rightarrow \frac{di}{dt} = \frac{10}{L} = \frac{10}{0.1} = 100$

【정답】 ③

46. 그림과 같은 회로에서 스위치 S를 닫았을 때 과도분을 포함하지 않기 위한 R의 값[Ω]은?

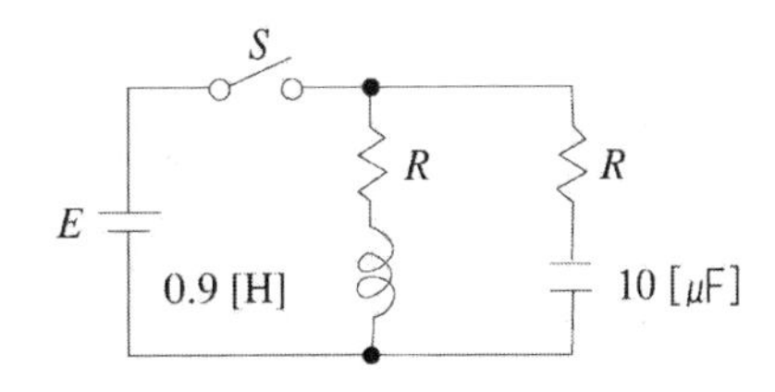

① 100 ② 200

③ 300 ④ 400

|정|답|및|해|설|

[정저항] 과도분을 포함하지 않기 위한 → 정저항 조건으로 푼다.

즉, $R = \sqrt{\frac{L}{C}} = \sqrt{\frac{0.9}{10 \times 10^{-6}}} = \sqrt{90000} = 300$

【정답】 ③

47. 그림의 회로에서 $t = 0$일 때 스위치 S를 닫았다. $i_1(0_+)$, $i_2(0_+)$의 값은? (단, $t < 0$에서 C전압, L전압은 0이다.)

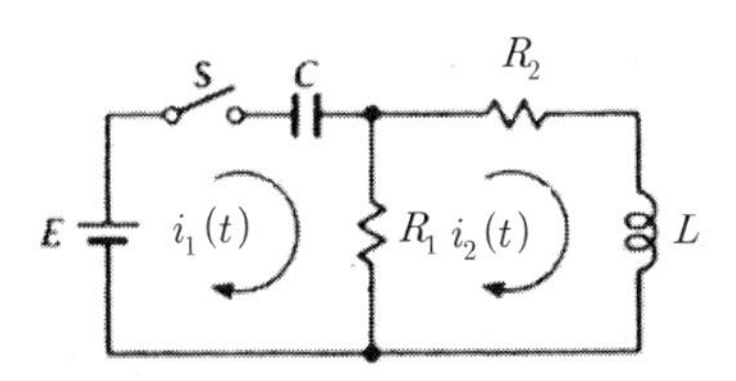

① $\frac{E}{R_1}, 0$ ② $0, \frac{E}{R_2}$

③ $0, 0$ ④ $-\frac{E}{R_1}, 0$

|정|답|및|해|설|

초기에는 단락, 즉 $t = 0 \rightarrow i_1 = \frac{E}{R_1}$, $i_2 = 0$

【정답】 ①

48. 그림의 회로에서 $t = 0$일 때 스위치 S를 닫았다. $t = \infty$에서 $i_1(t)$, $i_2(t)$의 값은?

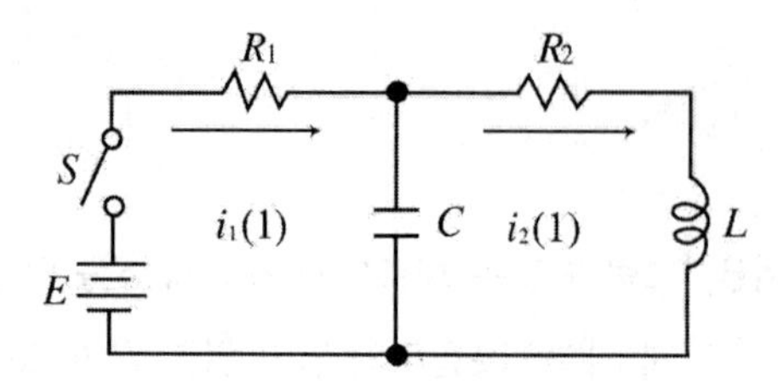

① 0, 0 ② $\frac{E}{R_1}$, 0

③ $\frac{E}{R_1+R_2}$, $\frac{E}{R_1+R_2}$ ④ $\frac{E}{R_1+R_2}$, 0

|정|답|및|해|설|

$t=\infty$, L은 단락, C는 개방이므로 i_1과 i_2는 같다.

$i_1 = i_2 = \frac{E}{R_1+R_2}$ 【정답】 ③

49. 6.28[Ω]의 저항과 1[mH]의 인덕턴스를 직렬로 접속한 회로에 1[kHz]의 전류가 흐를 때 과도전류가 생기지 않으려면 그 전압을 어느 위상에 가하면 되는가?

① $\frac{\pi}{3}$ ② $\frac{\pi}{6}$

③ $\frac{\pi}{12}$ ④ $\frac{\pi}{4}$

|정|답|및|해|설|

[과도 전류가 생기지 않으려면] $\theta = \tan^{-1}\frac{wL}{R}$에 위상을 준다.

$\theta = \tan^{-1}\frac{wL}{R} = \tan^{-1}\frac{2\pi\times 10^3\times 10^{-3}}{6.28} = \tan^{-1}1$

$\therefore \theta = 45° = \frac{\pi}{4}$

【정답】 ④

50. $R = 30$[Ω], $L = 79.6$[mH]의 $R-L$직렬회로에 60[Hz]의 교류를 가할 때 과도현상이 일어나지 않으려면 전압은 어느 위상에서 가해야 하는가?

① 30° ② 45°

③ 60° ④ 70°

|정|답|및|해|설|

[과도 전류가 생기지 않으려면] $\theta = \tan^{-1}\frac{wL}{R}$에 위상을 준다.

$\theta = \tan^{-1}\frac{wL}{R} = \tan^{-1}\frac{2\pi\times 60\times 79.6\times 10^{-3}}{30} = \tan^{-1}1$

$\therefore \theta = 45° = \frac{\pi}{4}$

【정답】 ②

전기기사·산업기사 필기 최근 5년간 기출문제

2020 전기산업기사 기출문제

(통합)

61. $Z=5\sqrt{3}+j5[\Omega]$인 3개의 임피던스를 Y결선하여 250[V]의 대칭 3상 전원에 연결하였다. 이때 소비되는 유효전력[W]은? [04/3]

① 3125 ② 5413
③ 6250 ④ 7120

|정|답|및|해|설|

[유효전력] $P=3V_pI_p\cos\theta=\sqrt{3}\,V_lI_l\cos\theta=3I_p^2R[W]$

임피던스의 크기 $|Z|=\sqrt{(5\sqrt{3})^2+5^2}=10[\Omega]$

$$I=\frac{V_p}{Z}=\frac{V_l}{\sqrt{3}Z}=\frac{250}{\sqrt{3}\times 10}=\frac{25}{\sqrt{3}}[\mathrm{W}]$$

$$P=3I_p^2R=3\times\left(\frac{25}{\sqrt{3}}\right)^2\times 5\sqrt{3}=5413[W]$$

【정답】 ②

62. 그림과 같은 회로에서 스위치 S를 $t=0$에서 닫았을 때$(V_L)_{t=0}=100[V]$, $\left(\frac{di}{dt}\right)_{t=0}=400[A/s]$이다. $L[H]$의 값은? [06/3 08/3 13/3 17/1]

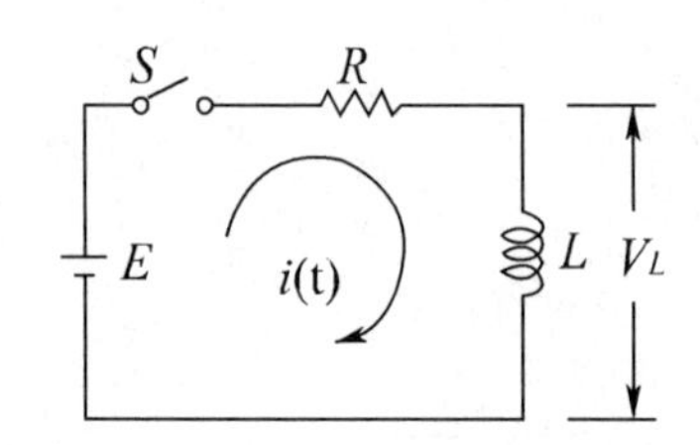

① 0.75 ② 0.5
③ 0.25 ④ 0.1

|정|답|및|해|설|

[패러데이의 법칙] $V_L=L\frac{di}{dt}[V]$

$100=L\times 400 \quad\rightarrow\quad \therefore L=\frac{100}{400}=0.25[\mathrm{H}]$

【정답】 ③

63. $r_1[\Omega]$인 저항에 $r[\Omega]$인 가변저항이 연결된 그림과 같은 회로에서 전류 I를 최소로 하기 위한 저항 $r_2[\Omega]$는? (단, $r[\Omega]$은 가변저항의 최대 크기이다.)

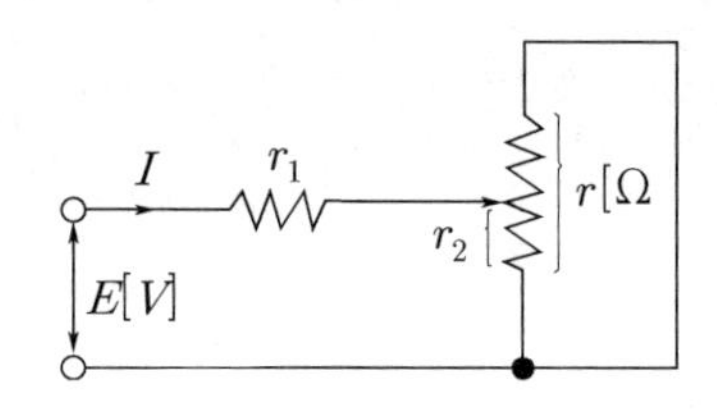

① $\frac{r_1}{2}$ ② $\frac{r}{2}$
③ r_1 ④ r

|정|답|및|해|설|

[전류] 전류 I가 최소가 되기 위해서는 합성저항 R_0가 최대가 되어야 하므로, 병렬에서 합성저항이 최대가 되려면 $\frac{r}{2}$이 되어야 한다.

【정답】 ②

64. 다음과 같은 회로에서 V_a, V_b, $V_c[V]$를 평형 3상 전압이라 할 때 전압 $V_o[V]$은?

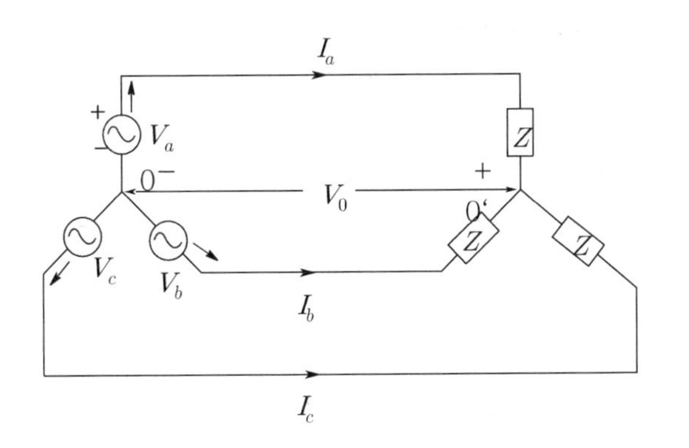

① 0　　② $\frac{V_1}{3}$

③ $\frac{2}{3}V_1$　　④ V_1

|정|답|및|해|설|

[중성점 전압] $V_0 = \frac{1}{3}(V_1 + V_2 + V_3)$

3상 평형인 경우 $V_1 + V_2 + V_3 = 0$이므로 중성선의 전압은 0이 된다. 【정답】 ①

65. $9[\Omega]$과 $3[\Omega]$이 저항 각 6개를 그림과 같이 연결하였을 때 a, b 사이의 합성저항을 몇 $[\Omega]$인가?

[04/2 07/1]

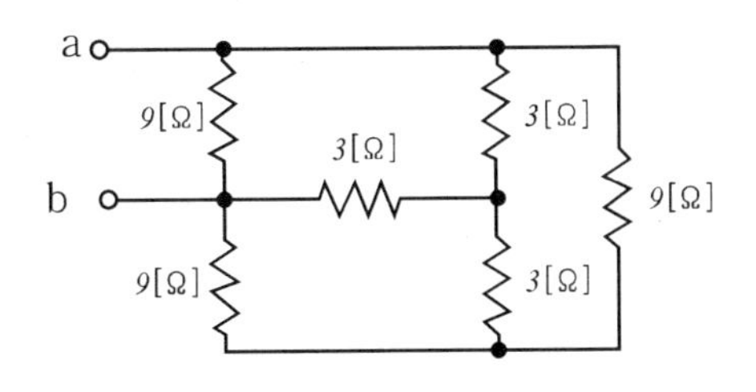

① 9　　② 4

③ 3　　④ 2

|정|답|및|해|설|

[합성저항]

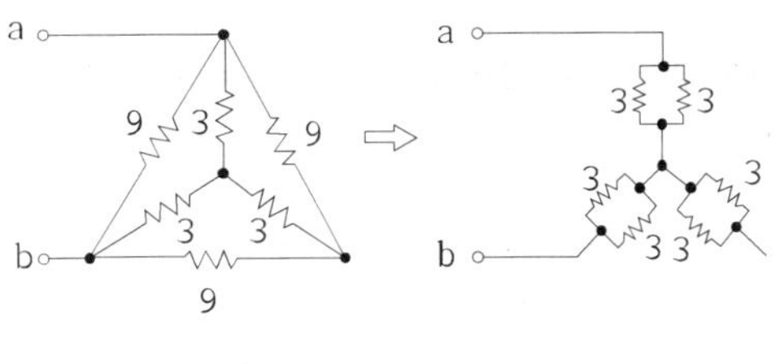

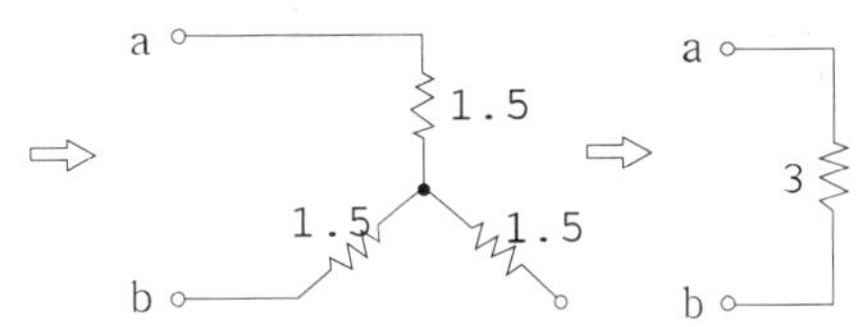

$R_{AB} = \frac{4.5 \times (4.5 + 4.5)}{4.5 + (4.5 + 4.5)} = 3\ [\Omega]$ 【정답】 ③

66. 그림과 같은 회로의 전달함수는? (단, 초기 조건은 0이다.)

[16/2]

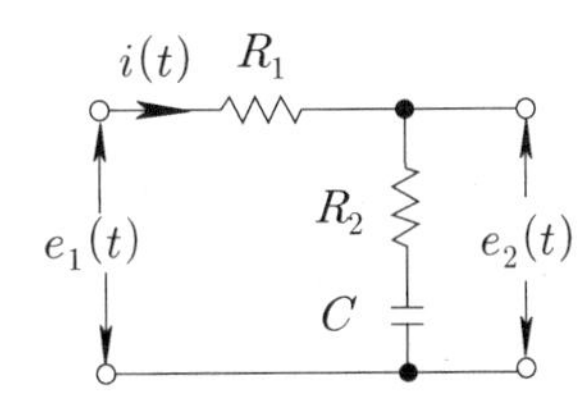

① $\frac{R_2 + Cs}{R_1 + R_2 + Cs}$　　② $\frac{R_1 + R_2 + Cs}{R_1 + Cs}$

③ $\frac{R_2 Cs + 1}{R_2 Cs + R_1 Cs + 1}$　　④ $\frac{R_1 Cs + R_2 Cs + 1}{R_2 Cs + 1}$

|정|답|및|해|설|

[전달 함수] $G(s) = \frac{\text{출력임피던스}}{\text{입력임피던스}}$

$$G(s) = \frac{R_2 + \frac{1}{Cs}}{R_1 + R_2 + \frac{1}{Cs}} = \frac{R_2 Cs + 1}{(R_1 + R_2)Cs + 1}$$

【정답】 ③

67. 그림과 같은 회로에서 5[Ω]에 흐르는 전류 I는 몇 [A]인가?

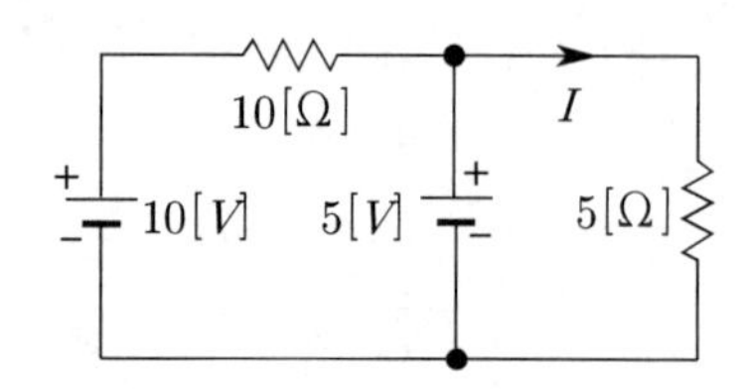

① $\frac{1}{2}$ ② $\frac{2}{3}$

③ 1 ④ $\frac{5}{3}$

|정|답|및|해|설|

[중첩의 원리]

① 전압원 10[V]를 기준으로 전압원 5[V]를 단락하면 $I=0[A]$

② 전압원 5[V]를 기준으로 전압원 10[V]를 단락하면

$I=\frac{10}{10+5}\times\frac{5}{\frac{10\times5}{10+5}}=1[A]$ 【정답】 ③

68. 전류의 대칭분이 $I_0=-2+j4[A]$, $I_1=6-j5[A]$, $I_2=8+j10[A]$일 때 3상전류 중 a상 전류(I_a)의 크기 $|I_a|$는 몇 [A]인가? (단, I_0는 영상분이고, I_1은 정상분이고, I_2는 역상분이다.)

① 9 ② 12

③ 15 ④ 19

|정|답|및|해|설|

[a상의 전류] $I_a=I_0+I_1+I_2$

$I_a=I_0+I_1+I_2=-2+j4+6-j5+8+j10=12+j9$

$|I_a|=\sqrt{12^2+9^2}=15[A]$ 【정답】 ③

69. $V=50\sqrt{3}-j50[V]$, $I=15\sqrt{3}+j15[A]$일 때 유효전력 P[W]와 무효전력 $P_r[Var]$은 각각 얼마인가? [12/2]

① $P=3000,\ P_r=1500$

② $P=1500,\ P_r=1500\sqrt{3}$

③ $P=750,\ P_r=750\sqrt{3}$

④ $P=2250,\ P_r=1500\sqrt{3}$

|정|답|및|해|설|

[복소전력] $P_a=\overline{V}I=P+jP_r$

$P=\overline{V}I=(50\sqrt{3}+j50)\times(15\sqrt{3}+j15)$

$=50\sqrt{3}\times15\sqrt{3}+50\sqrt{3}\times j15+j50\times15\sqrt{3}+j50\times j15$

$=1,500+j1500\sqrt{3}[VA]$ 【정답】 ②

70. 푸리에 급수로 표현된 왜평과 $f(t)$가 반파대칭 및 정현대칭일 때 $f(t)$에 대한 특징으로 옳은 것은?

$$f(t)=a_0+\sum_{n=1}^{\infty}a_n\cos n\omega t+\sum_{n=1}^{\infty}b_n\sin n\omega t$$

① a_n의 우수항만 존재한다.

② a_n의 기수항만 존재한다.

③ b_n의 우수항만 존재한다.

④ b_n의 기수항만 존재한다.

|정|답|및|해|설|

[반파대칭] 반파대칭이면 직류분 $a_n=0$, 고조파는 홀수(기수)항만 존재하고 정현대칭이므로 sin파만 존재한다.

【정답】 ④

71. 그림과 같은 회로에서 L_2에 흐르는 전류 $I_2[A]$가 단자전압 $V[V]$보다 위상 90[°] 뒤지기 위한 조건은? (단, ω는 회로의 각주파수[rad/s]이다.)

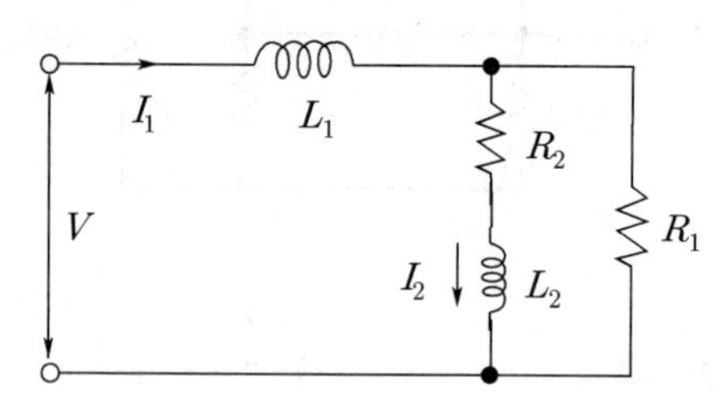

① $\frac{R_2}{R_1}=\frac{L_2}{L_1}$ ② $R_1R_2=L_1L_2$

③ $R_1R_2=\omega L_1L_2$ ④ $R_1R_2=\omega^2L_1L_2$

|정|답|및|해|설|

[L만의 회로] 허수부만 존재

$$I_2=\frac{R_1}{(R_2+j\omega L_2)+R_1}I_1$$

$$=\frac{R_1}{(R_2+j\omega L_2)+R_1}\cdot\frac{V}{j\omega L_1+\frac{(R_2+j\omega L_2)R_1}{(R_2+j\omega L_2)+R_1}}$$

$$=\frac{R_1}{(R_2+j\omega L_2)+R_1}\cdot\frac{V}{\frac{j\omega L_1((R_2+j\omega L_2)+R_1)+(R_2+j\omega L_2)R_1}{(R_2+j\omega L_2)+R_1}}$$

$$=\frac{R_1}{(R_2+j\omega L_2)+R_1}\cdot\frac{((R_2+j\omega L_2)+R_1)V}{j\omega L_1((R_2+j\omega L_2)+R_1)+(R_2+j\omega L_2)R_1}$$

$$=\frac{R_1 V}{j\omega L_1((R_2+j\omega L_2)+R_1)+(R_2+j\omega L_2)R_1}$$

$$=\frac{R_1 V}{j\omega L_1 R_2-\omega^3 L_1 L_2+j\omega L_1 R_1+R_2 R_1+j\omega L_2 R_1}$$

I_2 위상이 90° 뒤지기 위해서는 실수가 0이 되어야 하므로 $R_2R_1-\omega^2 L_1 L_2=0$이 되어야 한다.

【정답】 ④

72. RC 직렬회로의 과도현상에 대하여 옳게 설명한 것은? [11/2 15/3]

① $\frac{1}{RC}$의 값이 클수록 전류값은 천천히 사라진다.

② RC값이 클수록 과도 전류값은 빨리 사라진다.

③ 과도 전류는 RC값에 관계가 없다.

④ RC값이 클수록 과도 전류값은 천천히 사라진다.

|정|답|및|해|설|

[RC 직렬회로 시정수] $\tau=RC$[sec]

RC 직렬회로에서 시정수는 RC[s]

시정수가 크면 응답이 늦다.(과도전류가 천천히 사라진다)

【정답】 ④

73. 용량이 50[kVA]인 단상 변압기 3대를 △결선하여 3상으로 운전하는 중 1대의 고장이 발생하였다. 나머지 2대의 변압기를 이용하여 3상 V결선으로 운전하는 경우 최대 출력은 몇 [kVA]인가?

① $30\sqrt{3}$ ② $50\sqrt{3}$

③ $100\sqrt{3}$ ④ $200\sqrt{3}$

|정|답|및|해|설|

[V결선의 출력] $P_V=\sqrt{3}P[kVA]$

$P_V=50\sqrt{3}[kVA]$

【정답】 ②

74. 각 상의 전류가 $i_a=30\sin\omega t[A]$, $i_b=30\sin(\omega t-90°)$ $i_c=30\sin(\omega t+90°)[A]$일 때, 영상분 전류[A]의 순시치는?

① $10\sin\omega t$ ② $10\sin\frac{\omega t}{3}$

③ $30\sin\omega t$ ④ $\frac{30}{\sqrt{3}}\sin(\omega t+45°)$

|정|답|및|해|설|

[영상분 전류] $I_0=\frac{1}{3}(i_a+i_b+i_c)$

$$I_0=\frac{1}{3}(30\sin\omega t+30\sin(\omega t-90°)+30\sin(\omega t+90°))$$

$$=10\sin\omega t[A]$$

【정답】 ①

75 $f(t)=\sin t+2\cos t$를 라플라스 변환하면? [10/1 기사 10/3]

① $\frac{2s}{s^2+1}$ ② $\frac{2s+1}{(s+1)^2}$

③ $\frac{2s+1}{s^2+1}$ ④ $\frac{2s}{(s+1)^2}$

|정|답|및|해|설|

[라플라스 변환]

$$\mathcal{L}[\sin t]+\mathcal{L}[2\cos t]=\frac{1}{s^2+1}+\frac{2s}{s^2+1}=\frac{2s+1}{s^2+1}$$

【정답】 ③

76. 어떤 회로에 흐르는 전류가 $i = 7 + 14.1\sin\omega t$ [A]인 경우 실효값은 약 몇 [A]인가? [09/3 14/2]

① 11.2[A] ② 12.2[A]
③ 13.2[A] ④ 14.2[A]

|정|답|및|해|설|

[비정현파의 실효값] $I = \sqrt{I_0^2 + I_1^2 + I_2^2 + \cdots + I_n^2}$

$I = \sqrt{I_1^2 + I_2^2} = \sqrt{7^2 + \left(\frac{14.1}{\sqrt{2}}\right)^2} = 12.2[A]$

【정답】 ②

77. 어떤 전지에 연결된 외부 회로의 저항은 5[Ω]이고 전류는 8[A]가 흐른다. 외부 회로에 5[Ω] 대신 15[Ω]의 저항을 접속하면 전류는 4[A]로 떨어진다. 이 전지의 내부 기전력은 몇 [V]인가?

① 15 ② 20
③ 50 ④ 80

|정|답|및|해|설|

[내부 기전력] $E = IR[V]$

$I_1 = \frac{E}{r+5} = 8,\ I_2 = \frac{E}{r+15} = 4$

저항은 전류와 반비례하므로 $2(r+5) = r+15$

이때 $r = 5[\Omega]$이고

$E = 8(r+5) = 80[V]$

【정답】 ④

78. 파형률과 파고율이 모두 1인 파형은?

① 고조파 ② 삼각파
③ 구형파 ④ 사인파

|정|답|및|해|설|

[파형률과 파고율] 파형률 = $\frac{실효치}{평균치}$, 파고율 = $\frac{최대치}{실효치}$

	구형파	삼각파	정현파	정류파(전파)	정류파(반파)
파형률	1.0	1.15	1.11		1.57
파고율		$\sqrt{3} = 1.732$	$\sqrt{2} = 1.414$		2.0

【정답】 ④

79. 회로의 4단자 정수로 틀린 것은?

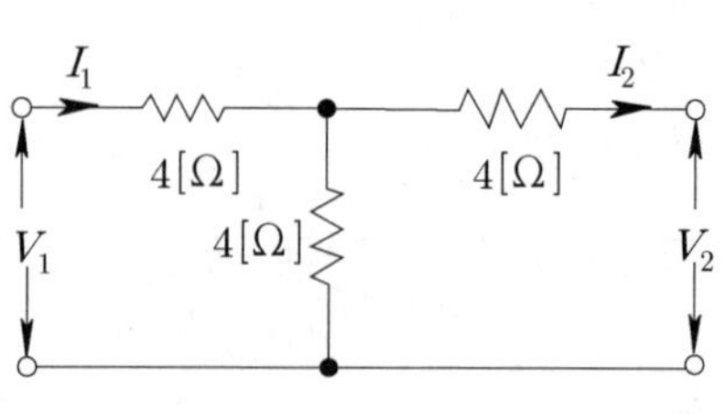

① $A = 2$ ② $B = 12$
③ $C = \frac{1}{4}$ ④ $D = 6$

|정|답|및|해|설|

[T형 4단자 정수]

$A = \left|\frac{V_1}{V_2}\right|_{I_2=0} = \frac{4+4}{4} = 2$

$B = \left|\frac{V_1}{I_2}\right|_{V_2=0} = \frac{I_1\left(4+\frac{4}{2}\right)}{\frac{I_1}{2}} = 12$

$C = \left|\frac{I_1}{V_2}\right|_{I_2=0} = \frac{1}{4}$

$D = \left|\frac{I_1}{I_2}\right|_{V_2=0} = \frac{1}{\frac{1}{2}} = 2$

【정답】 ④

80. 그림과 같은 4단자 회로망에서 출력측을 개방하니 $V_1 = 12[V]$, $I_1 = 2[A]$, $V_2 = 4[V]$이고 출력측을 단락하니 $V_1 = 16[V]$, $I_1 = 4[A]$, $I_2 = 2[A]$이었다. 4단자 정수 A, B, C, D는 얼마인가? [13/1]

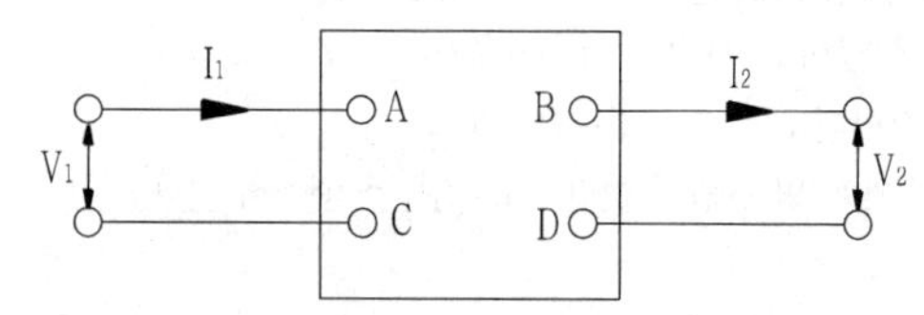

① A=2, B=3, C=8, D=0.5
② A=0.5, B=2, C=3, D=8
③ A=8, B=0.5, C=2, D=3
④ A=3, B=8, C=0.5, D=2

|정|답|및|해|설|

[4단자 정수] $\begin{bmatrix} V_1 \\ I_1 \end{bmatrix} = \begin{bmatrix} A & B \\ C & D \end{bmatrix} \begin{bmatrix} V_2 \\ I_2 \end{bmatrix}$

$V_1 = AV_2 + BI_2, \quad I_1 = CV_2 + DI_2$

$A = \left.\frac{V_1}{V_2}\right|_{I_2=0} = \frac{12}{4} = 3, \quad B = \left.\frac{V_1}{I_2}\right|_{V_2=0} = \frac{16}{2} = 8$

$C = \left.\frac{V_1}{V_2}\right|_{I_2=0} = \frac{2}{4} = 0.5, \quad D = \left.\frac{I_1}{I_2}\right|_{V_2=0} = \frac{4}{2} = 2$

【정답】 ④

61. 그림과 같은 불평형 Y형 회로에 평형 3상 전압을 가할 경우 중성점의 전위 $V_{n'n}[V]$는? (단, Z_1, Z_2, Z_3는 각 상의 임피던스[Ω]이고, Y_1, Y_2, Y_3는 각 상의 임피던스에 대한 어드미턴스[℧]이다.)

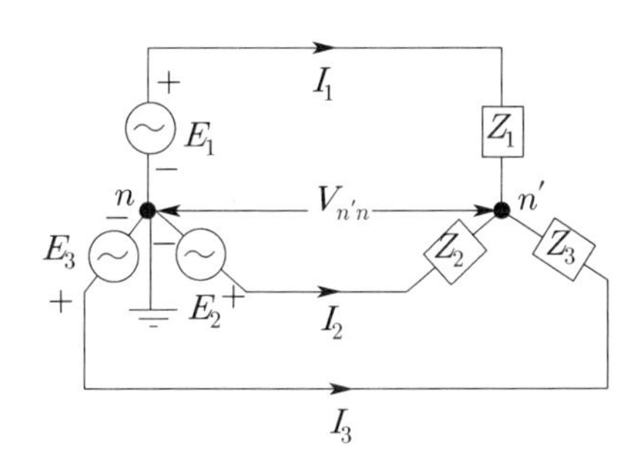

① $\frac{E_1+E_2+E_3}{Z_1+Z_2+Z_3}$ ② $\frac{Z_1E_1+Z_2E_2+Z_3E_3}{Z_1+Z_2+Z_3}$

③ $\frac{E_1+E_2+E_3}{Y_1+Y_2+Y_3}$ ④ $\frac{Y_1E_1+Y_2E_2+Y_3E_3}{Y_1+Y_2+Y_3}$

|정|답|및|해|설|

[평형 3상에서 중성점에 흐르는 전류]

$I_n = I_1 + I_2 + I_3 = 0$ 이므로

$I_1 + I_2 + I_3 = \frac{E_1 - V_n}{Z_1} + \frac{E_2 - V_n}{Z_2} + \frac{E_3 - V_n}{Z_3} = 0$

$\rightarrow \frac{E_1}{Z_1} + \frac{E_2}{Z_2} + \frac{E_3}{Z_3} = V_n\left(\frac{1}{Z_1} + \frac{1}{Z_2} + \frac{1}{Z_3}\right)$

$Z = \frac{1}{Y}$ 이므로

$\rightarrow Y_1E_1 + Y_2E_2 + Y_3E_3 = V_n(Y_1 + Y_2 + Y_3)$

따라서 밀만의 정리로 중성점의 전위를 구하면

$V_{n'n} = V_n = IZ = \frac{I}{Y} = \frac{\frac{V}{Z}}{Y} = \frac{Y_1E_1 + Y_2E_2 + Y_3E_3}{Y_1 + Y_2 + Y_3}[V]$

【정답】 ④

62. 다음 $R-L$ 병렬회로에서 $t=0$ 일 때 스위치 S를 닫을 경우 $R[\Omega]$에 흐르는 전류 $i_R(t)[A]$는?

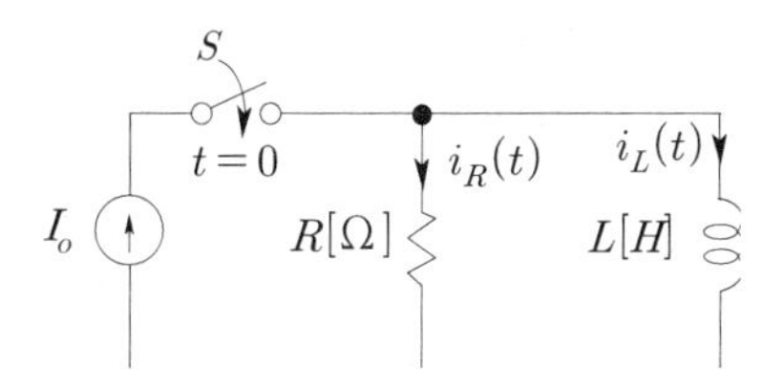

① $I_0\left(1-e^{-\frac{R}{L}t}\right)$ ② $I_0\left(1+e^{-\frac{R}{L}t}\right)$

③ I_0 ④ $I_0e^{-\frac{R}{L}t}$

|정|답|및|해|설|

[RL병렬회로] RL병렬회로에서 R에 흐르는 전류는 감소하므로

$i_R(t) = I_0e^{-\frac{R}{L}t}[A]$

【정답】 ④

63. $i(t) = 3\sqrt{2}\sin(377t - 30°)$[A]의 평균값은 약 몇 [A]인가? [09/3]

① 1.35[A] ② 2.7[A]

③ 4.35[A] ④ 5.4[A]

|정|답|및|해|설|

[평균값] 평균값$= \frac{2}{\pi} \times$ 최대값

평균값 $I_{av} = \frac{2}{\pi}I_m = \frac{2}{\pi} \times 3\sqrt{2} = 2.7[A]$

【정답】 ②

64. $i(t)=100+50\sqrt{2}\sin\omega t+20\sqrt{2}\sin\left(3\omega t+\frac{\pi}{6}\right)[A]$ 로 표현되는 비정현파 전류의 실효값은 약 몇 [A]인가?

① 20 ② 50
③ 114 ④ 150

|정|답|및|해|설|

[전류의 실효값] $|i(t)|=\sqrt{I_0^2+I_1^2+I_3^2+.....}$

$|I|=\sqrt{100^2+50^2+20^2}=114[A]$ 【정답】 ③

65. 2단자 회로망에 단상 100[V]의 전압을 가하면 30[A]의 전류가 흐르고 1.8[kW]의 전력이 소비된다. 이 회로망과 병렬로 커패시터를 접속하여 합성 역률을 100[%]로 하기 위한 용량성 리액턴스는 약 몇 [Ω]인가?

① 2.1 ② 4.2
③ 6.3 ④ 8.4

|정|답|및|해|설|

[용량성 리액턴스] $X_c=\frac{V^2}{\sqrt{P_a^2-P^2}}[\Omega]$

$P_r=\frac{V^2}{X_c}=\sqrt{P_a^2-P^2}$

$X_c=\frac{V^2}{\sqrt{P_a^2-P^2}}=\frac{100^2}{\sqrt{(100\times 30)^2-1800^2}}=4.2[\Omega]$

【정답】 ②

66. 10[Ω]의 저항 5개를 접속하여 얻을 수 있는 합성저항 중 가장 작은 값은 몇 [Ω]인가?

① 10 ② 5
③ 2 ④ 0.5

|정|답|및|해|설|

[합성저항]

- 직렬 합성저항 $R_0=10\times 5=50[\Omega]$
- 병렬 합성저항 $R_0=\frac{10}{5}=2[\Omega]$ 【정답】 ③

67. 1상의 임피던스가 $14+j48[\Omega]$인 평형 △부하에 선간전압이 200[V]인 평형 3상 전압이 인가될 때 이 부하의 피상전력[VA]은?

① 1200 ② 1384
③ 2400 ④ 4157

|정|답|및|해|설|

[피상전력] $P_a=3\times\frac{V_p^2}{Z}[VA]$

1상의 임피던스 $Z=\sqrt{14^2+48^2}=50$

$P_a=3\times\frac{V_p^2}{Z}=3\times\frac{200^2}{50}=2400[VA]$

【정답】 ③

68. 어느 회로에 $V=120+j90[V]$의 전압을 인가하면 $I=3+i4[A]$의 전류가 흐른다. 이 회로의 역률은?

① 0.92 ② 0.94
③ 0.96 ④ 0.98

|정|답|및|해|설|

[역률] $\cos\theta=\frac{R}{Z}$

$Z=\frac{V}{I}=\frac{120+j90}{3+j4}=28.8-j8.4$

$\cos\theta=\frac{R}{Z}=\frac{28.8}{\sqrt{28.8^2+(-8.4)^2}}=0.96$

【정답】 ③

69. 동일한 요량 2대의 단상 변압기를 V결선하여 3상으로 운전하고 있다. 단상 변압기 2대의 용량에 대한 3상 V결선 시 변압기 용량의 비인 변압기 이용률은 약 몇 [%]인가?

① 57.7 ② 70.7
③ 80.1 ④ 86.6

|정|답|및|해|설|

[V결선의 변압기 이용률] V결선에는 변압기 2대를 사용했을 경우 그 정격출력의 합은 $2V_2I_2$이므로 변압기 이용률

$U=\frac{\sqrt{3}\,VI}{2VI}=0.866=86.6[\%]$ 【정답】 ④

70. 20[Ω]과 30[Ω]의 병렬회로에서 20[Ω]에 흐르는 전류가 6[A]라면 전체 전류 $I[A]$는?

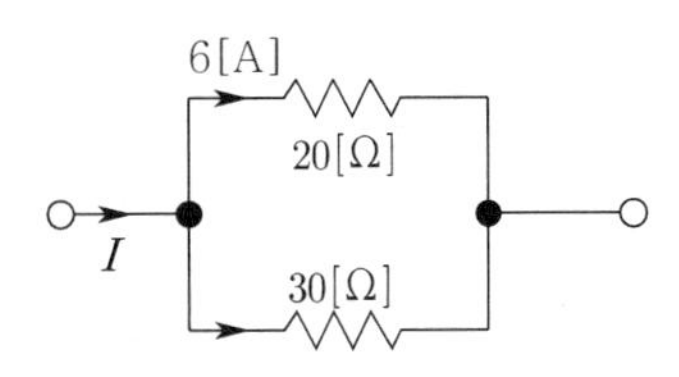

① 3 ② 4
③ 9 ④ 10

|정|답|및|해|설|

[전체전류] $I=\frac{R_1+R_2}{R_2}I_1=\frac{20+30}{30}\times 6=10[A]$

【정답】 ④

71. 기본파의 30[%]인 제3고조파와 기본파의 20[%]인 제5고조파를 포함하는 전압파의 왜형률은?

[09/2 12/3 16/3]

① 0.21 ② 0.31
③ 0.36 ④ 0.42

|정|답|및|해|설|

[왜형률] 왜형률 $=\frac{\text{각고조파의 실효값의 합}}{\text{기본파의 실효값}}$

$=\frac{\sqrt{{V_3}^2+{V_5}^2}}{V_1}=\sqrt{\left(\frac{V_3}{V_1}\right)^2+\left(\frac{V_5}{V_1}\right)^2}$

$=\sqrt{0.3^2+0.2^2}=0.36$

【정답】 ③

72. $e_i(t)=R_i(t)+L\frac{di}{dt}(t)+\frac{1}{C}\int i(t)dt$에서 모든 초기값을 0으로 하고 라플라스 변환 할 때 $I(s)$는? (단, $I(s)$, $E_i(s)$는 $i(t)$, $e_i(t)$의 라플라스 변환이다.)

[15/2]

① $\frac{Cs}{LCs^2+RCs+1}E_i(s)$

② $\frac{1}{R+Ls+\frac{s}{C}}E_i(s)$

③ $\frac{1}{R+Ls+Cs^2}E_i(s)$

④ $(R+Ls+\frac{1}{Cs})E_i(s)$

|정|답|및|해|설|

[라플라스 변환]

$E_i(s)=RI(S)+LsI(s)+\frac{1}{Cs}I(s)=\left(R+Ls+\frac{1}{Cs}\right)I(s)$이므로,

$\therefore I(s)=\frac{1}{R+Ls+\frac{1}{Cs}}E_i(s)=\frac{Cs}{LCs^2+RCs+1}E_i(s)$

【정답】 ①

73. 그림과 같은 4단자 회로망에서 영상 임피던스 [Ω]는?

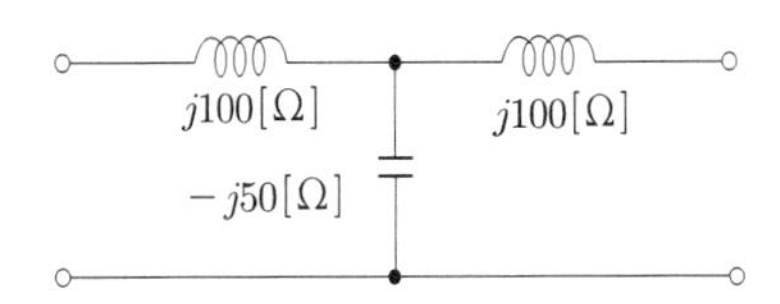

① $j\frac{1}{50}$ ② −1
③ 1 ④ 0

|정|답|및|해|설|

[4단자 회로의 영상 임피던스]

$Z_{01}=\sqrt{\frac{AB}{CD}}$, $Z_{02}=\sqrt{\frac{DB}{CA}}$

대칭이므로 $A=D$

$Z_{01}=\sqrt{\frac{B}{C}}$, $Z_{02}=\sqrt{\frac{B}{C}}$

$B=\frac{j100\times j100+j100\times(-j50)+j100\times(-j50)}{-j50}=0$

$Z_{01}=Z_{02}=\sqrt{\frac{B}{C}}=0$

【정답】 ④

74. 그림에서 10[Ω]의 저항에 흐르는 전류는 몇 [A]인가? [10/3 16/3]

① 13
② 14
③ 15
④ 16

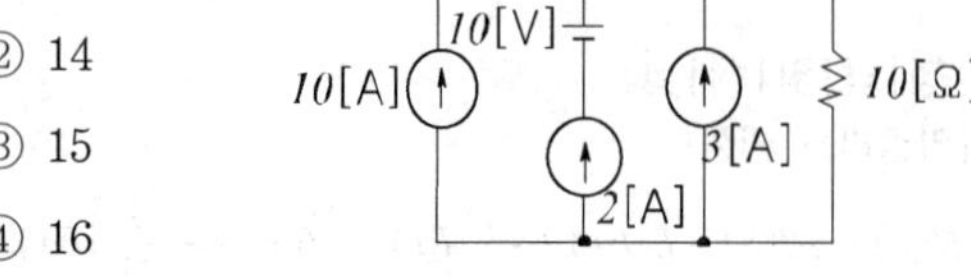

|정|답|및|해|설|

[중첩의 원리] 전류원 기준(전압원 단락) $I_R = 10+2+3 = 15[A]$

전압원 기준(전류원 개방) $I'_R = 0[A]$

$\therefore I = I_R - I'_R = 15 - 0 = 15[A]$ 【정답】 ③

75. 저항만으로 구성된 그림의 회로에 평형 3상 전압을 가했을 때 각 선에 흐르는 선전류가 모두 같게 되기 위한 $R[\Omega]$의 값은?

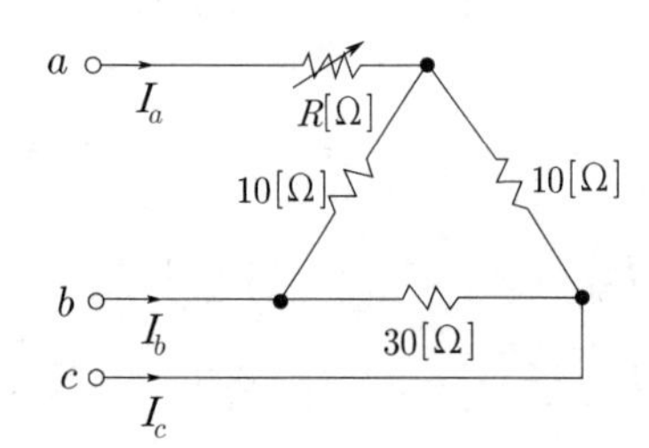

① 2 ② 4
③ 6 ④ 8

|정|답|및|해|설|

[△결선을 Y결선으로 변환]

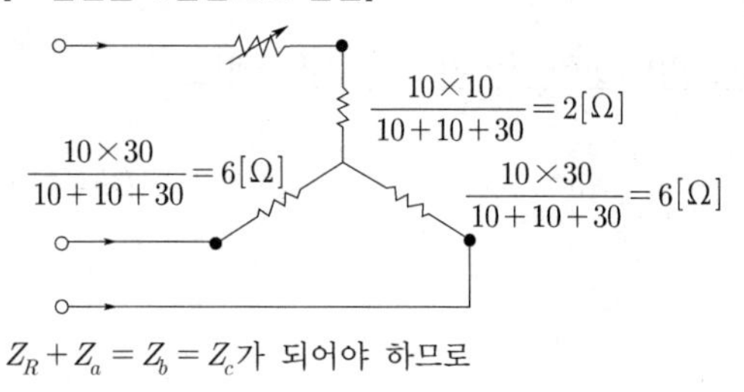

$Z_R + Z_a = Z_b = Z_c$가 되어야 하므로

$Z_R + 2 = 6 \rightarrow Z_R = 4[\Omega]$

【정답】 ②

76. RC 직렬회로의 과도현상에 대하여 옳게 설명한 것은? [15/3]

① $\frac{1}{RC}$의 값이 클수록 전류값은 천천히 사라진다.
② RC값이 클수록 과도 전류값은 빨리 사라진다.
③ 과도 전류는 RC값에 관계가 없다.
④ RC값이 클수록 과도 전류값은 천천히 사라진다.

|정|답|및|해|설|

[RC 직렬회로] RC 직렬회로에서 시정수는 RC[s]

시정수가 크면 응답이 늦다(과도전류가 천천히 사라진다).

【정답】 ④

77. 상순이 abc인 3상 회로에 있어서 대칭분 전압이 $V_0 = -8 + j3[V]$, $V_1 = 6 - j8[V]$, $V_2 =$ 8+j12[V]일 때 a상의 전압 V_a[V]는? [11/2]

① 6+j7 ② 8+j12
③ 6+j14 ④ 16+j4

|정|답|및|해|설|

$V_a = V_0 + V_1 + V_2 = -8 + j3 + 6 - j8 + 8 + j12$

$= 6 + j7[V]$

$V_b = V_0 + a^2 V_1 + a V_2$

$V_c = V_0 + a V_1 + a^2 V_2$ 【정답】 ①

78. 라플라스 함수 $F(s) = \frac{A}{a+s}$이라 하면 이의 라플라스 역변환은? [13/2]

① ae^{At} ② Ae^{at}
③ ae^{-At} ④ Ae^{-at}

|정|답|및|해|설|

[라플라스의 역변환] $\mathcal{L}^{-1}\left[\dfrac{A}{s+a}\right]=A\mathcal{L}^{-1}\left[\dfrac{1}{s+a}\right]=Ae^{-at}$

【정답】 ④

79. 어드미턴스 $Y[\mho]$로 표현된 4단자 회로망에서 4단자 정수 행렬 T는?

(단, $\begin{bmatrix}V_1\\I_1\end{bmatrix}=T\begin{bmatrix}V_2\\I_2\end{bmatrix}$, $T=\begin{bmatrix}A&B\\C&D\end{bmatrix}$)

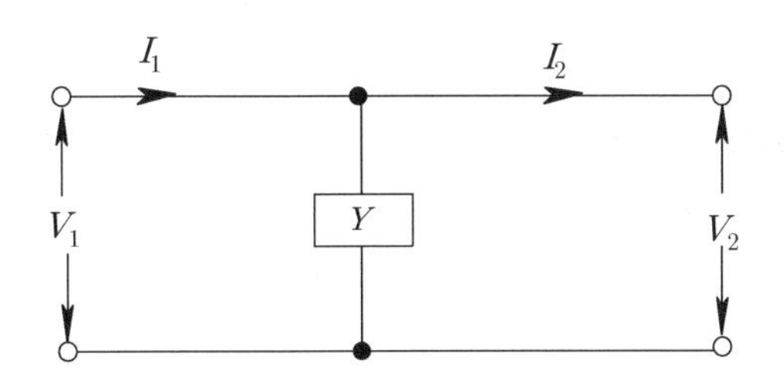

① $\begin{bmatrix}1&0\\Y&1\end{bmatrix}$　　② $\begin{bmatrix}1&Y\\0&1\end{bmatrix}$

③ $\begin{bmatrix}1&0\\\dfrac{1}{Y}&1\end{bmatrix}$　　④ $\begin{bmatrix}Y&1\\1&0\end{bmatrix}$

|정|답|및|해|설|

[4단자 회로망] $\begin{bmatrix}A&B\\C&D\end{bmatrix}=\begin{vmatrix}1&0\\Y&1\end{vmatrix}$

【정답】 ①

80. 22[kVA]의 부하가 0.8의 역률로 운전될 때 이 부하의 무효전력[kVA]은?

① 11.5　　② 12.3

③ 13.2　　④ 14.5

|정|답|및|해|설|

[무효전력] $P_r=P_a\sin\theta[kVA]$

$P_r=P_a\sin\theta=22\times\sqrt{1-0.8^2}=13.2[kVA]$

【정답】 ③

61. 그림과 같은 회로에서 저항 R에 흐르는 전류 I[A]는? [기사 18/3]

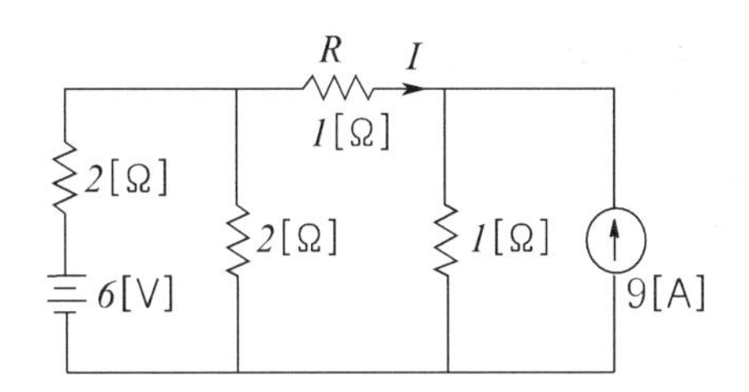

① 2[A]　　② 1[A]

③ −2[A]　　④ −1[A]

|정|답|및|해|설|

[중첩의 원리]

① 전류원 개방

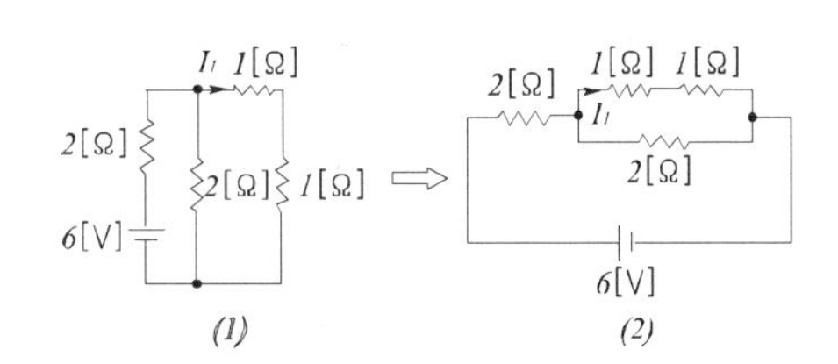

$$I_1=\frac{6}{2+\dfrac{(1+1)\times 2}{(1+1)+2}}\times\frac{2}{(1+1)+2}=1[A]$$

② 전압원 단락

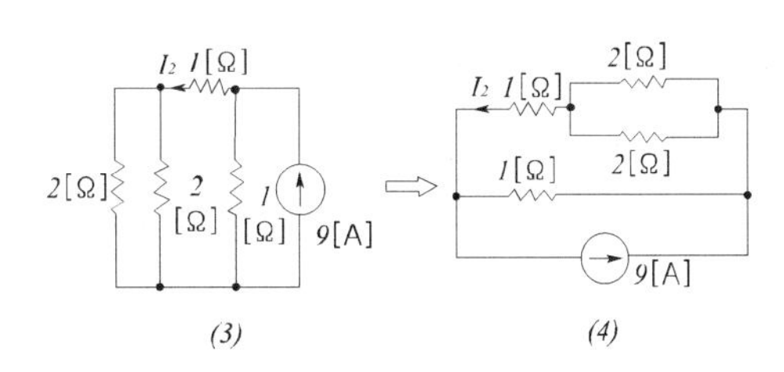

$$I_2=9\times\frac{1}{\left(1+\dfrac{2\times 2}{2+2}\right)+1}=3$$

전류 I는 I_1과 I_2의 방향이 반대이므로

$I=I_1-I_2=1-3=-2[A]$

【정답】 ③

62. 푸리에 급수에서 직류항은? [13/2]

① 우함수이다
② 기함수이다.
③ 우함수+기함수이다.
④ 우함수×기함수이다.

|정|답|및|해|설|
직류항은 주파수 0에서의 값으로서 우함수에서 y축에 걸리는 값이다 기함수는 주파수가 0에서 원점에서 만나게 되므로 직류항은 항상 0이다. 【정답】 ①

63. 그림과 같은 회로에서 5[Ω]에 흐르는 전류는 몇 [A]인가?

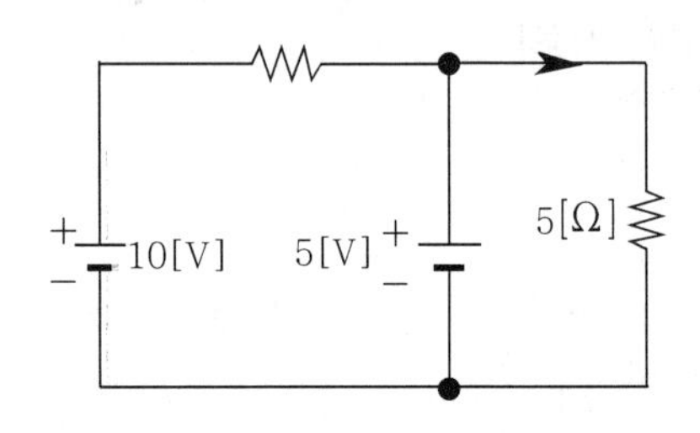

① $\frac{1}{2}[A]$　② $\frac{2}{3}[A]$
③ 1[A]　④ $\frac{5}{3}[A]$

|정|답|및|해|설|
[중첩의 정리]
전압원 5[A] 단락시 5[Ω]에 흐르는 전류 $I_1=0[A]$
전압원 10[A] 단락시 5[Ω]에 흐르는 전류 $I_2=\frac{5}{5}=1[A]$
5[Ω]에 흐르는 전체 전류 $I=I_1+I_2=0+1=1[A]$
【정답】 ③

64. 푸리에 급수로 표현된 왜형파 $f(t)$가 반파대칭 및 정현대칭일 때 $f(t)$에 대한 특징으로 옳은 것은? [15/2]

$$f(t)=a_0+\sum_{n=1}^{\infty}a_n\cos n\omega t+\sum_{n=1}^{\infty}b_n\sin n\omega t$$

① a_n의 우수항만 존재한다.
② a_n의 기수항만 존재한다.
③ b_n의 우수항만 존재한다.
④ b_n의 기수항만 존재한다.

|정|답|및|해|설|
[동축 원통의 정전용량] 우수는 짝수, 기수는 홀수이고 사인파, 즉 정현대칭이므로 기수파만 존재한다. 【정답】 ④

65. 100[kVA] 단상 변압기 3대로 △결선하여 3상 전원을 공급하던 중 1대의 고장으로 V결선하였다면 출력은 약 몇[kVA]인가? [17/1]

① 100　② 173
③ 245　④ 300

|정|답|및|해|설|
[V결선의 출력] $P_v=\sqrt{3}\,V_1[kVA]$
100[kVA] 단상 변압기 2대로 V 운전시의 출력
$P_v=\sqrt{3}\,V_1=\sqrt{3}\times100=173[kVA]$ 【정답】 ②

66. 비접지 3상 Y부하의 각 선에 흐르는 비대칭 각 선전류를 I_a, I_b, I_c라 할 때 선전류의 영상분 I_0는? [06/3 12/1]

① 1　② 0
③ −1　④ $\sqrt{3}$

|정|답|및|해|설|
[영상분 전류] 영상분은 접지선, 중성선에 존재한다. 따라서 비접지 3상 Y부하는 영상분이 존재하지 않는다.
【정답】 ②

67. 상순이 a, b, c인 불평형 3상 전류 I_a, I_b, I_c이 대칭분을 I_0, I_1, I_2라 하면 이때 역상분 전류 I_2는?

① $\frac{1}{3}(I_a+I_b+I_c)$

② $\frac{1}{3}(I_a+I_b\angle 120^\circ+I_c\angle -120^\circ)$

③ $\frac{1}{3}(I_a+I_b\angle -120^\circ+I_c\angle 120^\circ)$

④ $\frac{1}{3}(-I_a-I_b-I_c)$

|정|답|및|해|설|

[대칭분 전압, 전류]

역상분 전류 $I_2=\frac{1}{3}(I_a+a^2I_b+aI_c)$

$=\frac{1}{3}(I_a+I_b\angle -120^\circ+I_c\angle 120^\circ)$

정상분 $I_0=\frac{1}{3}(I_a+I_b+I_c)$

영상분 $I_1=\frac{1}{3}(I_a+aI_b+a^2I_c)$

$=\frac{1}{3}(I_a+I_b\angle 120^\circ+I_c\angle -120^\circ)$

【정답】 ③

68. $R-L-C$ 직렬 회로에서 저항값이 어느 값이어야 임계적으로 제동되는가? [05/2]

① $\sqrt{\frac{L}{C}}$ ② $2\sqrt{\frac{L}{C}}$

③ $\frac{1}{\sqrt{LC}}$ ④ $2\sqrt{\frac{C}{L}}$

|정|답|및|해|설|

[$R-L-C$ 직렬 회로에서의 진동(제동) 조건]

임계조건 $\left(\frac{R}{2L}\right)^2-\frac{1}{LC}=0$에서

$R^2=4\frac{L}{C} \rightarrow R=2\sqrt{\frac{L}{C}}$

【정답】 ②

69. 그림과 같은 회로에서 스위치 S를 닫았을 때 시정수[sec]의 값은? 단, $L=10[mH]$, $R=10[\Omega]$이다.

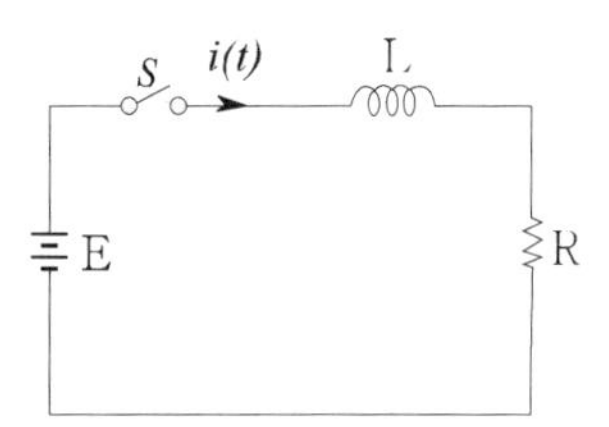

① 10^3[s] ② 10^{-3}[s]

③ 10^2[s] ④ 10^{-2}[s]

|정|답|및|해|설|

[$R-L$ 직렬 회로의 시정수] $\tau=\frac{L}{R}=\frac{L}{R_1+R_2}$

$\tau=\frac{L}{R}=\frac{10\times 10^{-3}}{10}=10^{-3}[\text{sec}]$

【정답】 ②

70. 그림과 같은 회로의 전달함수는? (단, $\frac{L}{R}=T$(시정수이다.)

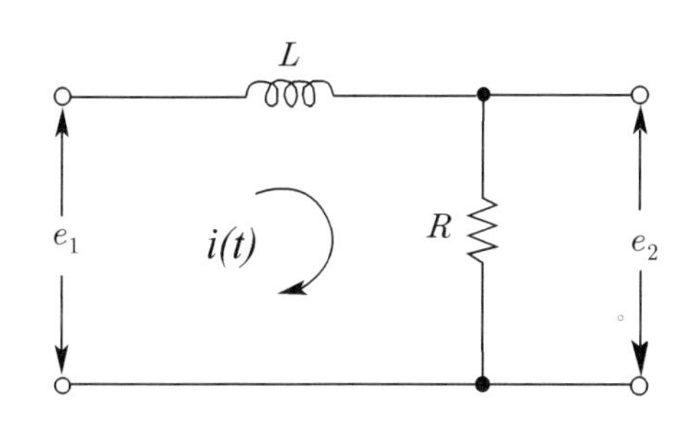

① $\frac{1}{Ts^2+1}$ ② $\frac{1}{Ts+1}$

③ Ts^2+1 ④ $Ts+1$

|정|답|및|해|설|

[직렬 연결 시의 전달함수]

$G(s)=\frac{E_2(s)}{E_1(s)}=\frac{R}{Ls+R}=\frac{1}{\frac{L}{R}s+1}=\frac{1}{Ts+1}$

【정답】 ②

71. 어떤 제어계의 임펄스 응답이 $\sin t$일 때, 이 계의 전달함수를 구하면? [11/2]

① $\dfrac{1}{s+1}$ ② $\dfrac{1}{s^2+1}$

③ $\dfrac{s}{s+1}$ ④ $\dfrac{s}{s^2+1}$

|정|답|및|해|설|

[임펄스 응답] 임펄스 응답은 입력이 $\delta(t)$인 경우 이므로

$\mathcal{L}(\delta t)=1$ $\dfrac{C(s)}{R(s)}=G(s)$에서 $R(s)=1$이므로

임펄스 응답은 $G(s)=C(s)$이다. 즉, 출력의 라플라스 변환값이 전달함수이다.

$\sin t \rightarrow \dfrac{1}{s^2+1}$

【정답】 ②

72. 그림과 같은 T형 회로에서 4단자정수 중 D값은? [기사 14/1]

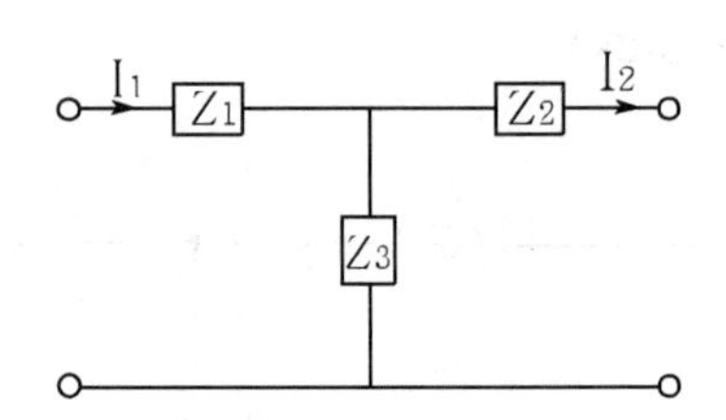

① $1+\dfrac{Z_1}{Z_3}$ ② $\dfrac{Z_1Z_2}{Z_3}+Z_2+Z_1$

③ $\dfrac{1}{Z_3}$ ④ $1+\dfrac{Z_2}{Z_3}$

|정|답|및|해|설|

[4단자 정수] $\begin{bmatrix} A & B \\ C & D \end{bmatrix}=\begin{bmatrix} 1 & Z_1 \\ 0 & 1 \end{bmatrix}\begin{bmatrix} 1 & 0 \\ \dfrac{1}{Z_3} & 1 \end{bmatrix}\begin{bmatrix} 1 & Z_2 \\ 0 & 1 \end{bmatrix}$

$$=\begin{bmatrix} 1+\dfrac{Z_1}{Z_3} & Z_1+Z_2+\dfrac{Z_1Z_3}{Z_3} \\ \dfrac{1}{Z_3} & 1+\dfrac{Z_2}{Z_3} \end{bmatrix}$$

【정답】 ④

73. 다음과 같은 브리지 회로가 평형이 되기 위한 Z_4의 값은?

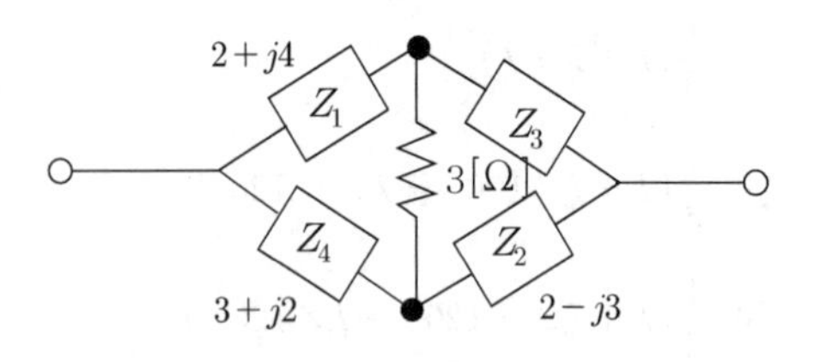

① 2+j4 ② −2+j4

③ 4+j2 ④ 4−j2

|정|답|및|해|설|

[브리즈 회로의 평형 조건] $Z_1Z_2=Z_3Z_4$

브리지 회로가 평형이면 대각선의 저항을 곱한 것이 같으므로

$Z_4(3+j2)=(2+j4)(2-j3)$

$\therefore Z_4=\dfrac{(2+j4)(2-j3)}{3+j2}=\dfrac{(16+j2)(3-j2)}{(3+j2)(3-j2)}=4-j2$

【정답】 ④

74. 최대값이 V_m인 정현파의 실효값은?

① $\dfrac{2V_m}{\pi}$ ② $\sqrt{2}\,V_m$

③ $\dfrac{V_m}{\sqrt{2}}$ ④ $\dfrac{V_m}{2}$

|정|답|및|해|설|

[정현파의 평균값, 실효값, 파형률, 파고율]

명칭	파형	평균값	실효값	파형률	파고율
정현파 (전파)		$\dfrac{2V_m}{\pi}$	$\dfrac{V_m}{\sqrt{2}}$	1.11	$\sqrt{2}$
정현파 (반파)		$\dfrac{V_m}{\pi}$	$\dfrac{V_m}{2}$	$\dfrac{\pi}{2}$	2

여기서, V_m, I_m : 최대값

【정답】 ③

75. 인덕턴스 L인 유도기에 $i=\sqrt{2}\sin\omega t[A]$의 전류가 흐를 때 유도기에 축적되는 에너지[J]는?

① $\dfrac{1}{2}LI^2\sin^2\omega t$ ② $\dfrac{1}{2}LI^2(1-\cos 2\omega t)$

③ $\frac{1}{2}LI^2\cos 2\omega t$　　④ $\frac{1}{2}LI^2\sin 2\omega t$

|정|답|및|해|설|

[인덕턴스(코일) L에 축적되는 에너지[J]]

$$W=\frac{1}{2}LI^2=\frac{1}{2}L(\sqrt{2}\,I\sin\omega t)^2[\text{J}]$$

$$=LI^2\sin^2\omega t=LI^2\frac{1-\cos 2\omega t}{2}=\frac{1}{2}LI^2(1-\cos 2\omega t)[J]$$

【정답】 ②

76. 그림은 평형 3상 회로에서 운전하고 있는 유도전동기의 결선도이다. 각 계기의 지시가 $W_1=2.36[\text{kW}]$, $W_2=5.95[\text{kW}]$, $V=200[\text{V}]$, $I=30[\text{A}]$일 때, 이 유도 전동기의 역률은 약 몇 [%]인가? [16/3]

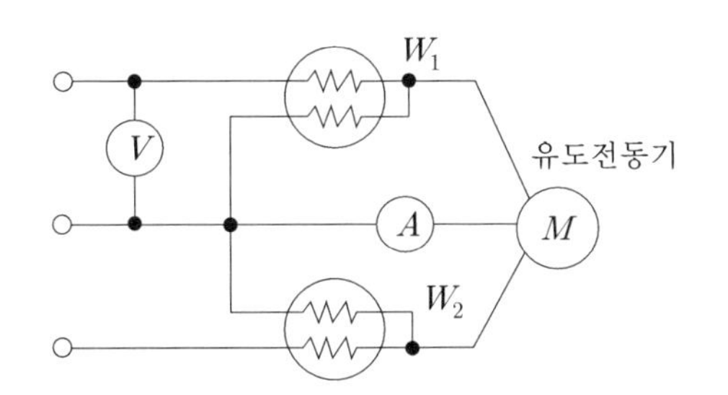

① 80　② 76　③ 70　④ 66

|정|답|및|해|설|

[전동기의 역률] $\cos\theta=\frac{P}{P_a}\times 100[\%]$

유효 전력 $P=W_1+W_2=2360+5950=8310[\text{W}]$

피상 전력 $P_a=\sqrt{3}\,VI=\sqrt{3}\times 200\times 30=10392.3[\text{VA}]$

$\therefore$ 역률 $\cos\theta=\frac{P}{P_a}\times 100=\frac{8310}{10392.3}\times 100 \fallingdotseq 80[\%]$

【정답】 ①

77. 그림과 같은 4단자 회로의 어드미턴스 파라미터 중 $Y_{11}[\mho]$은? [14/3]

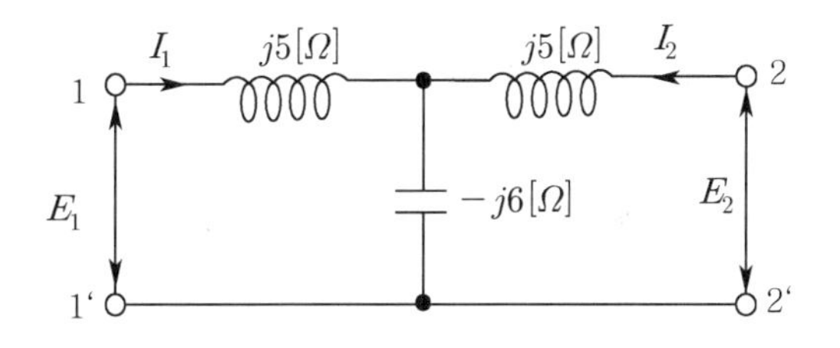

① $-j\frac{1}{35}$　② $j\frac{2}{35}$

③ $-j\frac{1}{33}$　④ $j\frac{2}{33}$

|정|답|및|해|설|

[4단자 회로의 어드미턴스]

$$Y_{11}=\frac{Z_2+Z_3}{Z_1Z_2+Z_2Z_3+Z_3Z_1}$$

$$=\frac{-j6+j5}{j5\times(-j6)+(-j6)\times j5+j5\times j5}=-j\frac{1}{35}$$

【정답】 ①

78. 그림과 같은 회로에서 S를 열었을 때 전류계는 10[A]를 지시하였다. S를 닫을 때 전류계의 지시는 몇 [A] 인가? [15/1]

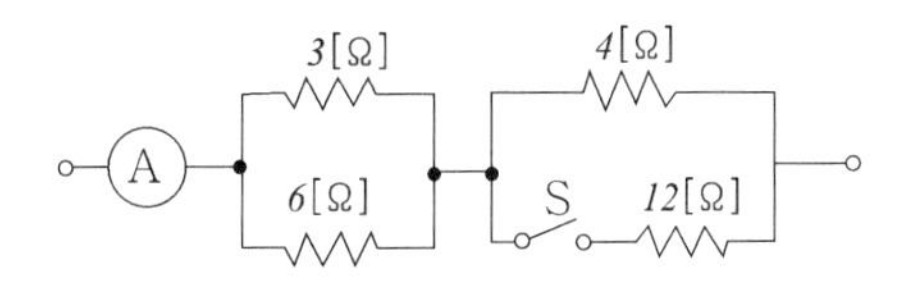

① 10　② 12　③ 14　④ 16

|정|답|및|해|설|

S를 열었을 때 전전압 E는

$$E=IR=10\left(\frac{3\times 6}{3+6}+4\right)=60[V]$$

S를 닫으면 전전류 I'는

$$I'=\frac{E}{R'}=\frac{60}{\frac{3\times 6}{3+6}+\frac{4\times 12}{4+12}}=\frac{60}{2+3}=12[A]$$

【정답】 ②

79. 그림과 같은 회로의 공진 시 조건으로 옳은 것은?

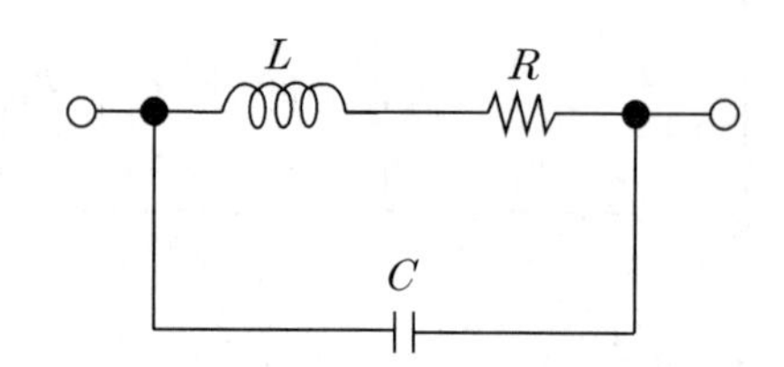

① $\omega = \sqrt{\frac{1}{L} - \frac{R^2}{L^2}}$　　② $\omega = \sqrt{\frac{1}{C} - \frac{R^2}{L^2}}$

③ $\omega = \sqrt{\frac{1}{LC} - \frac{R}{L}}$　　④ $\omega = \sqrt{\frac{1}{LC} - \frac{R^2}{L^2}}$

|정|답|및|해|설|

[합성 어드미턴스]

$$Y = \frac{1}{R + j\omega L} + j\omega C$$

$$= \frac{R}{R^2 + \omega^2 L^2} + j\left(\omega C - \frac{\omega L}{R^2 + \omega^2 L^2}\right)$$

공진 조건 $\omega C = \frac{\omega L}{R^2 + \omega^2 L^2} \rightarrow R^2 + \omega^2 L^2 = \frac{L}{C}$

공진 시 각주파수 $\omega = \sqrt{\frac{1}{LC} - \frac{R^2}{L^2}}\ [rad/\sec]$

【정답】 ④

80. 600[kVA], 역률 0.6(지상)인 부하 A와 800[kVA], 역률0.8(진상)인 부하 B를 연결시 전체 피상전력[kVA]는?

① 640　　② 1000

③ 0　　④ 1400

|정|답|및|해|설|

[피상전력]

· 부하 A의 피상전력

$P_{a1} = 600 \times 0.6 - j600 \times 0.8 = 360 - j480[kVA]$

· 부하 B의 피상전력

$P_{a2} = 800 \times 0.8 + j800 \times 0.6 = 640 + j480[kVA]$

· 전체 피상전력 $P_a = P_{a1} + P_{a2}$

$= 360 - j480 + 640 + j480 = 1000[kVA]$

【정답】 ②

2019 전기산업기사 기출문제

61. 비정현파의 성분을 가장 적합하게 나타낸 것은? [산 04/3, 08/1]

① 직류분 + 고조파

② 교류분 + 고조파

③ 직류분 + 기본파 + 고조파

④ 교류분 + 기본파 + 고조파

|정|답|및|해|설|

[비정현파] 비정현파란 정현파로부터 일그러진 파형을 총칭

- 비정현파 교류=직류분+기본파+고조파
- 푸리에 급수 표현식

$f(t)=a_0+\sum_{n=1}^{\infty}a_m\cos nwt+\sum_{n=1}^{\infty}b_m\sin nwt$

a_0 : 직류분(평균값)

$n=1 \rightarrow \cos\omega t,\ \sin\omega t$: 기본파

$n=2,\ n=3,\ n=4,\ldots$: n고조파

【정답】 ③

62. 다음과 같은 전류의 초기값 $I(0^+)$은? [산 04/3]

$$I(s)=\frac{12(s+8)}{4s(s+6)}$$

① 1 ② 2 ③ 3 ④ 4

|정|답|및|해|설|

[초기값의 정리] $f(0_+)=\lim_{t\rightarrow 0}i(t)=\lim_{s\rightarrow\infty}sI(s)$

초기값정리를 이용하면 s가∞ 이므로

$$\lim_{s\rightarrow\infty}sI(s)=\lim_{s\rightarrow\infty}s\frac{12(s+8)}{4s(s+6)}=\lim_{s\rightarrow\infty}\frac{12\left(1+\frac{8}{s}\right)}{4\left(1+\frac{6}{s}\right)}=3$$

$\rightarrow(\frac{8}{s},\ \frac{6}{s}\ \ s\rightarrow\infty$이므로 $0)$

【정답】 ③

63. 대칭 n상 환상결선에서 선전류와 환상전류 사이의 위상차는 어떻게 되는가? [산 12/2]

① $\frac{\pi}{2}(1-\frac{2}{n})$ ② $2(1-\frac{2}{n})$

③ $\frac{n}{2}(1-\frac{\pi}{2})$ ④ $\frac{\pi}{2}(1-\frac{n}{2})$

|정|답|및|해|설|

[환상결선(델타결선)] 대칭 n상에서 선전류는 상전류보다 $\theta_n=\frac{\pi}{2}\left(1-\frac{2}{n}\right)[rad]$ 만큼 위상이 뒤진다.

※ $V_l=V_p$

【정답】 ①

64. $V_a,\ V_b,\ V_c$를 3상 불평형 전압이라고 하면 정상전압[V]은? (단, $a=-\frac{1}{2}+j\frac{\sqrt{3}}{2}$ 이다.)

① $3(V_a+V_b+V_c)$ ② $\frac{1}{3}(V_a+V_b+V_c)$

③ $\frac{1}{3}(V_a+a^2V_b+aV_c)$ ④ $\frac{1}{3}(V_a+aV_b+a^2V_c)$

|정|답|및|해|설|

[불평형 전압에서의 대칭분 전압]

- 영상분 $V_0=\frac{1}{3}(V_a+V_b+V_c)$
- 정상분 $V_1=\frac{1}{3}(V_a+aV_b+a^2V_c)\ \rightarrow(1\rightarrow a\rightarrow a^2$ 순$)$
- 역상분 $V_2=\frac{1}{3}(V_a+a^2V_b+aV_c)\ \rightarrow(1\rightarrow a^2\rightarrow a$ 순$)$

【정답】 ④

65. 그림에서 4단자 회로 정수 A, B, C, D 중 출력 단자 3, 4가 개방되었을 때의 $\frac{V_1}{V_2}$ 인 A의 값은? [산 11/3]

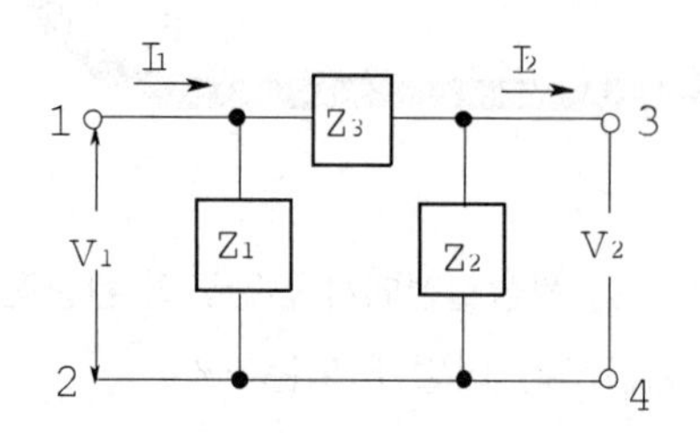

① $1+\frac{Z_2}{Z_1}$　② $\frac{Z_1+Z_2+Z_3}{Z_1 Z_3}$

③ $1+\frac{Z_2}{Z_3}$　④ $1+\frac{Z_3}{Z_2}$

|정|답|및|해|설|

[4단자정수]

$\cdot A = \left.\frac{V_1}{V_2}\right|_{I_2=0}$　$\cdot B = \left.\frac{V_1}{I_2}\right|_{V_2=0}$

$\cdot C = \left.\frac{I_1}{V_2}\right|_{I_2=0}$　$\cdot D = \left.\frac{I_1}{I_2}\right|_{V_2=0}$

A값 자체가 무부하 개방 시의 전압비 값이다.

$$\begin{bmatrix}1 & 0\\ \frac{1}{Z_1} & 1\end{bmatrix}\begin{bmatrix}1 & Z_3\\ 0 & 1\end{bmatrix}\begin{bmatrix}1 & 0\\ \frac{1}{Z_2} & 1\end{bmatrix}=\begin{bmatrix}1 & Z_3\\ \frac{1}{Z_1} & \frac{Z_3}{Z_1}+1\end{bmatrix}\begin{bmatrix}1 & 0\\ \frac{1}{Z_2} & 1\end{bmatrix}$$

$$=\begin{bmatrix}1+\frac{Z_3}{Z_2} & Z_3\\ \frac{1}{Z_1}+\left(\frac{Z_3}{Z_1}+1\right)\frac{1}{Z_2} & \frac{Z_3}{Z_1}+1\end{bmatrix}$$

$\therefore A=1+\frac{Z_3}{Z_2}$ 【정답】 ④

66. $R=1[\mathrm{k}\Omega]$, $C=1[\mu\mathrm{F}]$가 직렬 접속된 회로에 스텝(구형파) 전압 10[V]를 인가하는 순간에 커패시티 C에 걸리는 최대 전압[V]은?

① 0　② 3.72

③ 6.32　④ 10

|정|답|및|해|설|

[커패시터에 걸리는 전압] $E_c=E\left(1-e^{-\frac{1}{RC}t}\right)$에서

[전압 10[V]를 인가하는 순간] → $t=0$이므로

$E_c=E\left(1-e^{-\frac{1}{RC}t}\right)=0$ 【정답】 ①

67. 저항 $R=6[\Omega]$과 유도리액턴스 $X_L=8[\Omega]$이 직렬로 접속된 회로에서 $v=200\sqrt{2}\sin\omega t[V]$인 전압을 인가하였다. 이 회로의 쇠비되는 전력[kW]은?

① 1.2　② 2.2

③ 2.4　④ 3.2

|정|답|및|해|설|

[소비전력(유효전력)] $P=I^2R=\left(\frac{V}{\sqrt{R^2+X^2}}\right)^2R=\frac{V^2R}{R^2+X^2}$ [W]

→ (I^2R : 전류가 주어진 경우, $\frac{V^2R}{R^2+X^2}$: 전압이 주어진 경우)

$v=200\sqrt{2}\sin\omega t[V]$에서 $200\sqrt{2}$가 최대값이므로

실효값 $V=\frac{V_m}{\sqrt{2}}=\frac{200\sqrt{2}}{\sqrt{2}}=200$

$\therefore P=\frac{V^2R}{R^2+X^2}=\frac{200^2\times 6}{6^2+8^2}=2400[W]=2.4[\mathrm{kW}]$

【정답】 ③

68. 어느 소자에 전압 $e=125\sin 377t[V]$를 가했을 때 전류 $i=50\cos 377t[A]$가 흘렀다. 이 회로의 소자는 어떤 종류인가?

① 순저항　② 용량리액턴스

③ 유도리액턴스　④ 저항과 유도리액턴스

|정|답|및|해|설|

[용량성 리액턴스] 전류위상이 전압위상보다 90도 앞섬(진상)

· $e=125\sin 377t[V]$ → 위상 0

· $i=50\cos 377t[A]=50\sin(377t+90)$ → 90도 앞선 전류(진상)

※cos파는 기본적으로 sin파보다 90도 빠르다.

【정답】 ②

69. 기전력 3[V], 내부저항 0.5[Ω]의 전지 9개가 있다. 이것을 3개씩 직렬로 하여 3조 병렬 접속한 것에 부하저항 1.5[Ω]을 접속하면 부하전류[A]는?

① 2.5 ② 3.5
③ 4.5 ④ 5.5

|정|답|및|해|설|

[부하전류]

3[V] 0.5 3[V] 0.5 3[V] 0.5 에서

0.5[Ω] 9[V] 1.5[Ω]

① 전지 3개를 직렬
- $V=nE=3\times3=9$
- 내부저항 $r=nR=3\times0.5=1.5[\Omega]$

② 3조씩 병렬
- $V=nE=3\times3=9$
- 내부저항 $r=\frac{nR}{m}=\frac{3\times0.5}{3}=0.5[\Omega]$

이를 정리하면 전류 $I=\frac{V}{r+R}=\frac{9}{0.5+1.5}=4.5[A]$

【정답】 ③

70. $\frac{E_o(s)}{E_i(s)}=\frac{1}{s^2+3s+1}$ 의 전달함수를 미분방정식으로 표시하면? [산 16/1]

(단, $\mathcal{L}^{-1}[E_o(s)]=e_o(t)$, $\mathcal{L}^{-1}[E_i(s)]=e_i(t)$ 이다.)

① $\frac{d^2}{dt^2}e_0(t)+3\frac{d}{dt}e_o(t)+e_o(t)=e_i(t)$

② $\frac{d^2}{dt^2}e_i(t)+3\frac{d}{dt}e_i(t)+e_i(t)=e_o(t)$

③ $\frac{d^2}{dt^2}e_i(t)+3\frac{d}{dt}e_i(t)+\int e_i(t)dt=e_o(t)$

④ $\frac{d^2}{dt^2}e_o(t)+3\frac{d}{dt}e_o(t)+\int e_o(t)dt=e_i(t)$

|정|답|및|해|설|

[전달함수의 미분방정식]

$\frac{E_o(s)}{E_i(s)}=\frac{1}{s^2+3s+1}$ → $(s^2+3s+1)E_o(s)=E_i(s)$

$\therefore \frac{d^2}{dt^2}e_o(t)+3\frac{d}{dt}e_o(t)+e_o(t)=e_i(t)$

【정답】 ①

71. 정격전압에서 1[kW]의 전력을 소비하는 저항에 정격의 80[%]의 전압을 가할 때의 전력은? [기 10/1]

① 320[W] ② 540[W]
③ 640[W] ④ 860[W]

|정|답|및|해|설|

[소비전력] $P=\frac{V^2}{R}$ 이므로 $P\propto V^2$

따라서 정격전압(100[%])에서 1[kW] 전력을 소비하는 저항에 80% 전압을 가하면 $P=0.8^2\times1[kW]=0.64\times1000=640[W]$의 전력을 소비하게 된다.

【정답】 ③

72. $e=200\sqrt{2}\sin wt+150\sqrt{2}\sin3wt+100\sqrt{2}\sin5wt$[V]인 전압을 RL 직렬회로에 가할 때 제3고조파 전류의 실효치는 몇 [A]인가? (단, R=8[Ω], wL=2[Ω]이다.) [기 10/1]

① 5[A] ② 8[A]
③ 10[A] ④ 15[A]

|정|답|및|해|설|

[3고조파 전류의 실효값] $I_3=\frac{V_3}{Z_3}=\frac{V_3}{R+j3\omega L}[A]$

$I_3=\frac{V_3}{\sqrt{R^2+(3\omega L)^2}}=\frac{150}{\sqrt{8^2+(3\times2)^2}}=15[A]$

→ (3고조파 $150\sqrt{2}$에서 실효값은 150)

【정답】 ④

73. 대칭 3상 Y결선에서 선간전압이 $200\sqrt{3}$ [V]이고 각 상의 임피던스 $Z=30+j40[\Omega]$의 평형부하일 때 선전류는 몇 [A]인가? [산 10/1, 13/3]

① 2 ② $2\sqrt{3}$

② 4 ④ $4\sqrt{3}$

|정|답|및|해|설|

[3상 Y결선시의 선전류] $I=\frac{V_p}{Z}[A]$

$V=\sqrt{3}V_p$, $I=I_p$이므로

$I=\frac{V_p}{Z}=\frac{200\sqrt{3}/\sqrt{3}}{\sqrt{30^2+40^2}}=4[A]$ 【정답】 ③

74. 3상 회로에 △ 결선된 평형 순저항 부하를 사용하는 경우 선간전압 220[V], 상전류가 7.33[A]라면 1상의 부하저항은 약 몇 [Ω]인가? [산 12/2 15/2]

① 80[Ω] ② 60[Ω]

③ 45[Ω] ④ 30[Ω]

|정|답|및|해|설|

[△결선의 특징] 선간전압과 상전압이 동일하다.

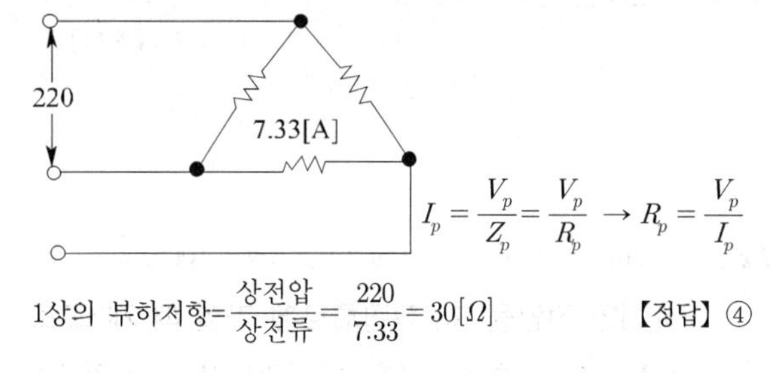

1상의 부하저항= $\frac{상전압}{상전류}=\frac{220}{7.33}=30[\Omega]$ 【정답】 ④

75. 두 대의 전력계를 사용하여 3상 평형 부하의 역률을 측정하려고 한다. 전력계의 지시가 각각 $P_1[W]$, $P_2[W]$라고 할 때 이 회로의 역률은?

① $\frac{\sqrt{P_1+P_2}}{P_1+P_2}$ ② $\frac{P_1+P_2}{P_1^2+P_2^2-2P_1P_2}$

③ $\frac{2(P_1+P_2)}{\sqrt{P_1^2+P_2^2-P_1P_2}}$ ④ $\frac{P_1+P_2}{2\sqrt{P_1^2+P_2^2-P_1P_2}}$

|정|답|및|해|설|

[2전력계법의 역률] $\cos\theta=\frac{P}{P_a}=\frac{P_1+P_2}{2\sqrt{P_1^2+P_2^2-P_1P_2}}$

(P : 유효전력, P_a : 피상전력)

※ · 유효전력 $P=P_1+P_2$

· 무효전력 $P_r=\sqrt{3}(P_1-P_2)$

· 피상전력 $P_a=2\sqrt{P_1^2+P_2^2-P_1P_2}$

【정답】 ④

76. $t=0$에서 스위치 S를 닫았을 때 정상 전류값[A]은? [산 14/1]

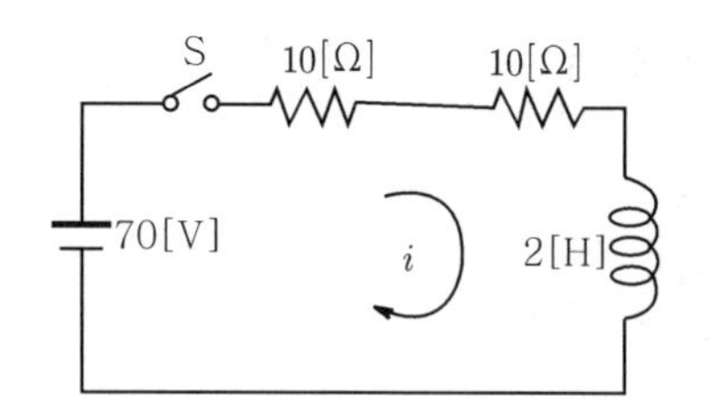

① 1 ② 2.5 ③ 3.5 ④ 7

|정|답|및|해|설|

[R-L 과도현상]

·직류 기전력 인가 시 (S/W on 시)

$i(t)=\frac{E}{R}\left(1-e^{-\frac{R}{L}t}\right)$[A]

·직류 기전력 제거 시 (S/W off 시)

$i(t)=\frac{E}{R}e^{-\frac{R}{L}t}$[A]

따라서 $i_s=\frac{E}{R}\left(1-e^{-\frac{R}{L}t}\right)$에서 $t=\infty$ → (정상전류 $I=\frac{E}{R}$)

∴ 정상전류 $I=\frac{E}{R}=\frac{70}{10+10}=3.5[A]$ 【정답】 ③

77. L형 4단자 회로망에서 4단자 정수가 $B=\frac{5}{3}$, $C=1$이고 영상 임피던스 $Z_{01}=\frac{20}{3}[\Omega]$일 때 영상 임피던스 $Z_{02}[\Omega]$의 값은? [산 08/3]

① $\frac{1}{4}$ ② $\frac{100}{9}$

③ 9 ④ $\frac{9}{100}$

|정|답|및|해|설|

[영상임피던스 Z_{01}, Z_{02}]

$\cdot Z_{01} = \sqrt{\frac{AB}{CD}}[\Omega]$

$\cdot Z_{02} = \sqrt{\frac{BD}{AC}}[\Omega]$

$$Z_{01} = \frac{20}{3} = \sqrt{\frac{AB}{CD}} = \sqrt{\frac{A\times\frac{5}{3}}{1\times D}} = \sqrt{\frac{5}{3}\times\frac{A}{D}}$$

$$= \left(\frac{20}{3}\right)^2 = \frac{5}{3}\times\frac{A}{D} \rightarrow \frac{A}{D} = \frac{\left(\frac{20}{3}\right)^2}{\frac{5}{3}} = \frac{400}{15}$$

$$\frac{Z_{01}}{Z_{02}} = \frac{A}{D} = \frac{400}{15}$$

$$Z_{02} = \frac{15}{400}\times Z_{01} = \frac{15}{400}\times\frac{20}{3} = \frac{300}{1200} = \frac{1}{4}[\Omega]$$

【정답】 ①

78. 다음과 같은 회로에서 a, b 양단의 전압은 몇 [V]인가? [산 09/2]

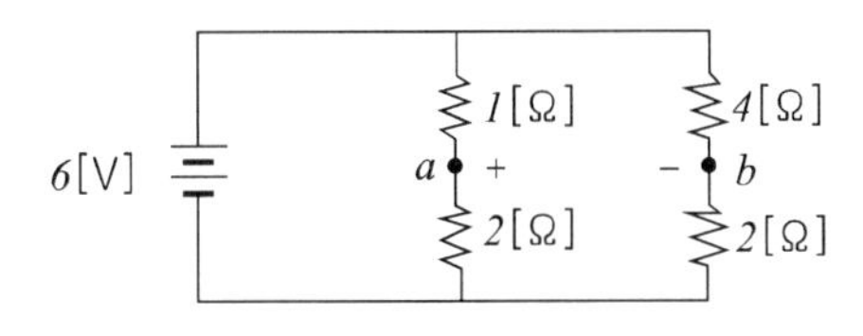

① 1[V] ② 2[V]

③ 2.5[V] ④ 3.5[V]

|정|답|및|해|설|

[a, b사이의 전위차] $V_{ab} = V_b - V_a[V]$

① 전체저항 $R_0 = \frac{(R_1+R_2)\times(R_3+R_4)}{(R_1+R_2)+(R_3+R_4)} = \frac{3\times 6}{3+6} = 2[\Omega]$

② 전류 $I = \frac{E}{R_0} = \frac{6}{2} = 3[A]$ $\rightarrow (I_1 = 2[A],\ I_2 = 1[A])$

③ a점의 전위 $V_a = I_1\times R_1 = 2\times 1 = 2[V]$

b점의 전위 $V_b = I_2\times R_3 = 1\times 4 = 4[V]$

$\therefore V_{ab} = V_b - V_a = 4 - 2 = 2[V]$

【정답】 ②

79. 저항 $R_1[\Omega]$, $R_2[\Omega]$ 및 인덕턴스 $L[H]$이 직렬로 연결되어 있는 회로의 시정수[S]는? [산 09/2]

① $-\frac{R_1+R_2}{L}$ ② $\frac{R_1+R_2}{L}$

③ $-\frac{L}{R_1+R_2}$ ④ $\frac{L}{R_1+R_2}$

|정|답|및|해|설|

[RL 직렬회로의 시정수] $\tau = \frac{L}{R}[s]$

(L : 인덕턴스, R : 저항)

$\therefore \tau = \frac{L}{R} = \frac{L}{R_1+R_2}[s]$

※시정수는 절대값이므로 (−)값 나올 수 없다.

【정답】 ④

80. $F(s) = \frac{s}{s^2+\pi^2}\cdot e^{-2s}$ 함수를 시간추이정리에 의해서 역변환하면? [산 12/1]

① $\sin\pi(t-2)\cdot u(t-2)$

② $\sin\pi(t+a)\cdot u(t+a)$

③ $\cos\pi(t-2)\cdot u(t-2)$

④ $\cos\pi(t+a)\cdot u(t+a)$

|정|답|및|해|설|

[시간추이의 정리] $f(t)$를 시간 t의 양의 방향으로 a만큼 이동한 함수 $f(t-a)$에 대한 라플라스 변환 $\mathcal{L}[f(t-a)] = F(s)e^{-as}$

역변환 $\mathcal{L}^{-1}\left[\frac{s}{s^2+\pi^2}\right] = \cos\pi t$

$\mathcal{L}^{-1}[e^{-as}F(s)] = f(t-a)\cdot u(t-a)$

시간 추이 정리에 의해서 역변환하면

$\mathcal{L}^{-1}[F(s)] = f(t) = \cos\pi(t-2)\cdot u(t-2)$

$\rightarrow$ ($u(t-a)$: 단위함수)

【정답】 ③

61. $f(t)=e^{-t}+3t^2+3\cos 2t+5$의 라플라스 변환식은?

① $\frac{1}{s+1}+\frac{6}{s^2}+\frac{3s}{s^2+5}+\frac{5}{s}$

② $\frac{1}{s+1}+\frac{6}{s^2}+\frac{3s}{s^2+4}+\frac{5}{s}$

③ $\frac{1}{s+1}+\frac{5}{s^2}+\frac{3s}{s^2+5}+\frac{4}{s}$

④ $\frac{1}{s+1}+\frac{5}{s^2}+\frac{2s}{s^2+4}+\frac{4}{s}$

|정|답|및|해|설|

[라플라스변환]

$f(t)=e^{-t}+3t^2+3\cos 2t+5$

$F(s)=\frac{1}{s+1}+3\frac{2!}{s^{2+1}}+3\frac{s}{s^2+2^2}+5\frac{1}{s}$

$=\frac{1}{s+1}+\frac{6}{s^3}+\frac{3s}{s^2+4}+\frac{5}{s}$ 【정답】 ②

62. 그림의 회로에서 전류 I는 약 몇 [A]인가? (단, 저항의 단위는 [Ω]이다.)

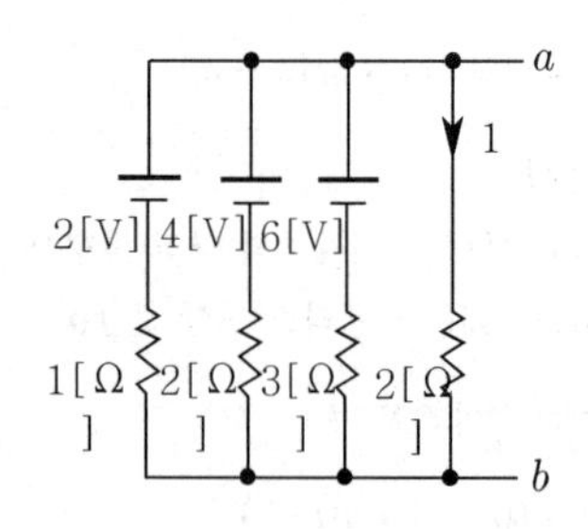

① 1.125 ② 1.29

③ 6 ④ 7

|정|답|및|해|설|

[동일 용량의 콘덴서 연결]

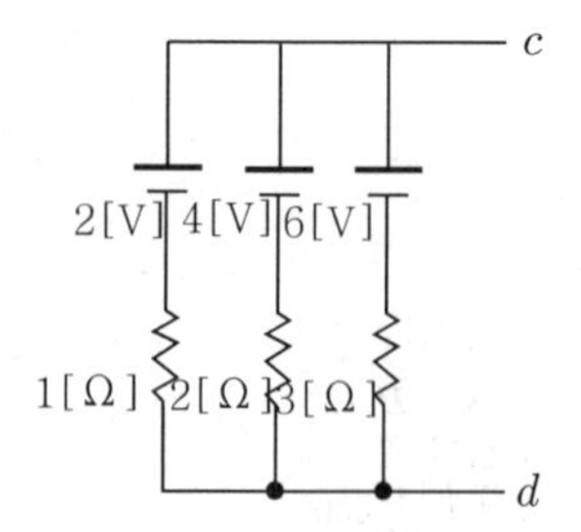

① $V_{cd}=IZ=\frac{\sum_{k=1}^{m} I_k}{\sum_{k=1}^{n} Y_k}=\frac{\frac{2}{1}+\frac{4}{2}+\frac{6}{3}}{\frac{1}{1}+\frac{1}{2}+\frac{1}{3}}=\frac{36}{11}[V]$

→(밀만의 정리)

② $R_{cd}=\frac{1}{\frac{1}{1}+\frac{1}{2}+\frac{1}{3}}=\frac{6}{11}[\Omega]=\frac{\frac{2}{1}+\frac{4}{2}+\frac{6}{3}}{\frac{1}{1}+\frac{1}{2}+\frac{1}{3}}=\frac{36}{11}[V]$

③ 등가회로

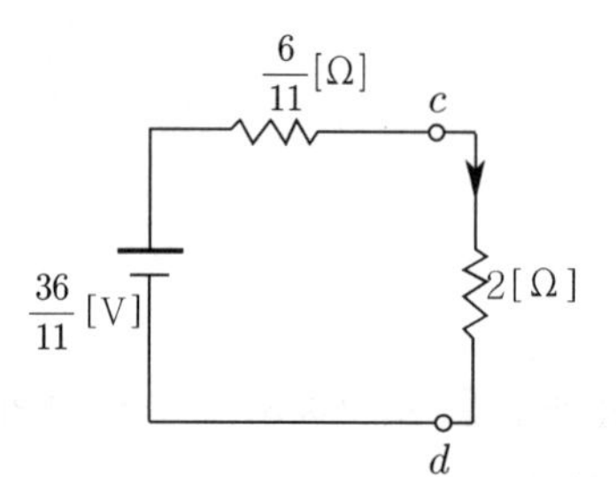

$I=\frac{\frac{36}{11}}{\frac{6}{11}+2}=1.29[A]$ 【정답】 ②

63. 구형파의 파형률(㉠)과 파고율(㉡)은? [산 15/1]

① ㉠ 1, ㉡ 0

② ㉠ 1.11, ㉡ 1.414

③ ㉠ 1, ㉡ 1

④ ㉠ 1.57, ㉡ 2

|정|답|및|해|설|

[파형률 및 파고율]

	구형파	삼각파	정현파	정류파(전파)	정류파(반파)
파형률	1.0	1.15	1.11		1.57
파고율		$\sqrt{3}=1.732$	$\sqrt{2}=1.414$		2.0

【정답】 ③

64. 그림에서 a, b단자의 전압이 $50\angle 0°$ [V], a–b단자에서 본 능동 회로망 N의 임피던스가 $Z=6+j8[\Omega]$일 때, a–b 단자에 임피던스 $Z'=2-j2[\Omega]$을 접속하면 이 임피던스에 흐르는 전류는 몇 [A]인가?

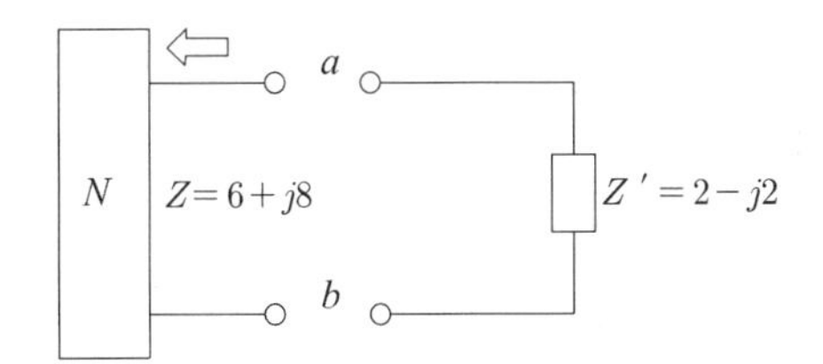

① $3-j4$ ② $3+j4$

③ $4-j3$ ④ $4+j3$

|정|답|및|해|설|

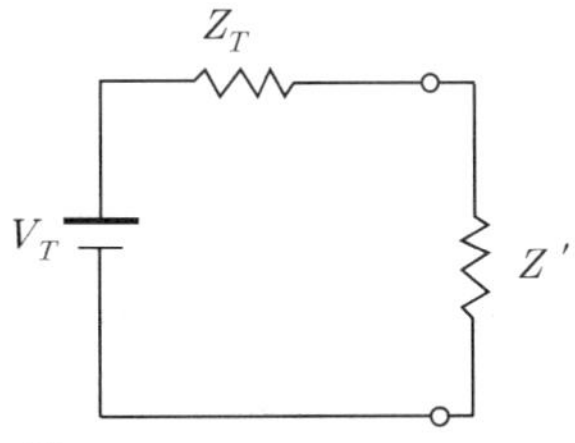

[테브낭의 등가회로]

[테브낭의 정리] $I=\dfrac{V_T}{Z_T+Z'}$

$$I=\frac{50\angle 0°}{6+j8+2-j2}=\frac{50}{8+j6}=\frac{50(8-j6)}{(8+j6)(8-j6)}=4-j3[A]$$

【정답】 ③

65. 3상 평형회로에서 선간전압 200[V], 각 상의 부하 임피던스 $24+j7[\Omega]$인 Y결선 3상 유효전력은 약 몇 [W]인가? [산 10/2]

① 192[W] ② 512[W]

③ 1536[W] ④ 4608[W]

|정|답|및|해|설|

[Y결선상의 3상 유효전력] $P=3V_pI_p\cos\theta$
$=\sqrt{3}\,VI\cos\theta$
$=3I_p^2R$

$$P=3I_p^2R=3\cdot\frac{V_p^2\cdot R}{R^2+X^2}=3\cdot\frac{\left(\dfrac{200}{\sqrt{3}}\right)^2\times 24}{24^2+7^2}=1536[W]$$

【정답】 ③

66. 임피던스가 $Z(s)=\dfrac{2s+3}{s}$로 표시되는 2단자 회로는? (단, $s=jw$이다.)

① $2[\Omega]$ 저항과 $\frac{1}{3}[F]$ 커패시터 직렬

② $2[H]$ 인덕터와 $3[\Omega]$ 저항 직렬

③ $2[\Omega]$ 저항과 $3[H]$ 인덕터 직렬

④ $3[F]$ 커패시터와 $2[\Omega]$ 저항 직렬

|정|답|및|해|설|

[R–C직렬회로]

$$Z(s)=\frac{2s+3}{s}=2+\frac{3}{s}=2+\frac{1}{\frac{1}{3}s}[\Omega]$$

R : $2[\Omega]$, C : $\frac{1}{3}$[F] , 직렬회로 【정답】 ①

67. $F(s)=\dfrac{2}{(s+1)(s+3)}$의 역라플라스 변환은? [산 05/3]

① $e^{-t}-e^{-3t}$ ② $e^{t}-e^{3t}$

③ $e^{-t}-e^{3t}$ ④ $e^{t}-e^{-3t}$

|정|답|및|해|설|

[역라플라스 변환] $\mathcal{L}^{-1}[F(s)]=f(t)$

$$F(s)=\frac{2}{(s+1)(s+3)}=\frac{A}{s+1}+\frac{B}{s+3}$$

$\rightarrow Ae^{-t}+Be^{-3t}$이므로

$$A=\frac{2}{s+3}\bigg|_{s=-1}=\frac{2}{2}=1,\quad B=\frac{2}{s+1}\bigg|_{s=-3}=\frac{2}{-2}=-1$$

$\therefore f(t)=e^{-t}-e^{-3t}$ 【정답】 ①

68. 그림과 같은 회로의 영상 임피던스 Z_{01}, $Z_{02}[\Omega]$는 각각 얼마인가?

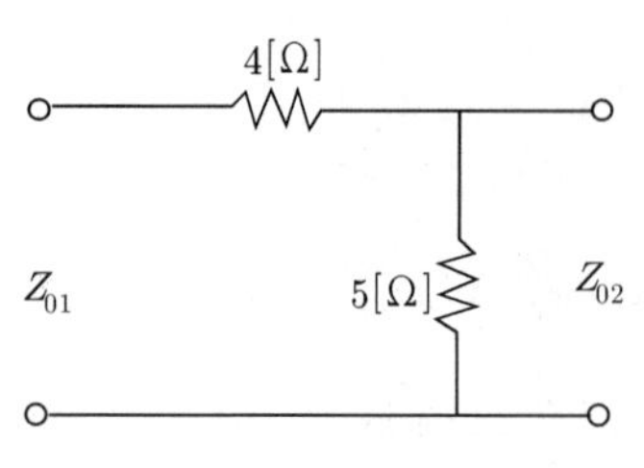

① 9, 5 ② 6, $\frac{10}{3}$

③ 4, 5 ④ 4, $\frac{20}{9}$

|정|답|및|해|설|

[영상 임피던스(Z_{01}, Z_{02})] $Z_{01} = \sqrt{\frac{AB}{CD}}[\Omega]$, $Z_{02} = \sqrt{\frac{BD}{AC}}[\Omega]$

$A = 1 + \frac{4}{5} = \frac{9}{5}$, $D = 1 + \frac{0}{5} = 1$, $B = 4$, $C = \frac{1}{5}$ 이므로

$$Z_{01} = \sqrt{\frac{AB}{CD}} = \sqrt{\frac{\frac{9}{5}\times 4}{\frac{1}{5}\times 1}} = 6[\Omega]$$

$$Z_{02} = \sqrt{\frac{BD}{AC}} = \sqrt{\frac{4\times 1}{\frac{9}{5}\times\frac{1}{5}}} = \frac{10}{3}[\Omega]$$

※ $\begin{vmatrix} A & B \\ C & D \end{vmatrix} = \begin{vmatrix} 1+\frac{4}{5} & 4 \\ \frac{1}{5} & 1 \end{vmatrix} = \begin{vmatrix} \frac{9}{5} & 4 \\ \frac{1}{5} & 1 \end{vmatrix}$

【정답】 ②

69. $e_1 = 6\sqrt{2}\sin\omega[\text{V}]$, $e_2 = 4\sqrt{2}\sin(\omega t - 60°)[\text{V}]$일 때, $e_1 - e_2$의 실효값[V]은? [산 16/3]

① $2\sqrt{2}$ ② 4

③ $2\sqrt{7}$ ④ $2\sqrt{13}$

|정|답|및|해|설|

[실효값]

$e_1 = 6\angle 0°$, $e_2 = 4\angle -60°$

$\therefore e_1 - e_2 = 6 - 4(\cos 60° - j\sin 60°)$

$= 6 - 4\times\left(\frac{1}{2} - j\frac{\sqrt{3}}{2}\right)$

$= 4 + j2\sqrt{3} = \sqrt{4^2 + (2\sqrt{3})^2} = 2\sqrt{7}[\text{V}]$

【정답】 ③

70. 기본파의 60[%]인 제3고조파와 기본파의 80[%]인 제5고조파를 포함하는 전압파의 왜형률은 약 얼마인가? [기 06/2, 07/2, 09/2 산 05/1, 05/2, 09/2, 10/2, 12/3, 16/3]

① 0.3 ② 1

③ 5 ④ 10

|정|답|및|해|설|

[왜형률] $= \frac{\text{전고조파의 실효값}}{\text{기본파의 실효값}}$

$= \frac{\sqrt{V_3^2 + V_5^2}}{V_1} = \sqrt{\left(\frac{V_3}{V_1}\right)^2 + \left(\frac{V_5}{V_1}\right)^2}$

$= \sqrt{0.6^2 + 0.8^2} = \sqrt{\left(\frac{6}{10}\right)^2 + \left(\frac{8}{10}\right)^2} = \sqrt{\frac{100}{100}} = 1$

【정답】 ②

71. 두 코일 A, B의 자기 인덕턴스가 각각 5[H], 3[H]인 두 코일을 모두 dot 방향으로 전류가 흐르게 직렬로 연결하고 인덕턴스를 측정 하였더니 15[H]이었다. 두 코일간의 상호인덕턴스[H]는 얼마인가? [산 17/3]

① 3.5 ② 4.5

③ 7 ④ 9

|정|답|및|해|설|

[코일의 합성 인덕턴스] $L = L_2 + L_2 \pm 2M$

모두 도트 방향이므로 가동접속

$L = L_1 + L_2 + 2M \rightarrow 15 = 3 + 5 + 2M$

$\therefore M = 3.5[\text{H}]$

【정답】 ①

72. 한 상의 직렬임피던스가 R=6[Ω], X_L=8[Ω]인 △결선 평형부하가 있다. 여기에 선간전압 100[V]인 대칭 3상 교류전압을 가하면 선전류는 몇 [A] 인가? [산 11/1]

① $\frac{10\sqrt{3}}{3}$ ② $3\sqrt{3}$

③ 10 ④ $10\sqrt{3}$

|정|답|및|해|설|

[△결선에서 선전류] $I_l = \sqrt{3}\, I_p$

$I_p = \dfrac{V_P}{Z} = \dfrac{100}{6+j8} = \dfrac{100}{\sqrt{6^2+8^2}} = 10[A]$

$\therefore I_l = \sqrt{3}\, I_p = 10\sqrt{3}\,[A]$ 【정답】 ④

73. RL 직렬회로에서 시정수의 값이 클수록 과도현상의 소멸되는 시간에 대한 설명으로 옳은 것은? [산 12/2]

① 짧아진다. ② 과도기가 없어진다.

③ 길어진다. ④ 변화가 없다.

|정|답|및|해|설|

[RL직렬 회로의 시정수] $\tau = \dfrac{L}{R}[\sec]$

시정수가 길면 길수록 정상값의 63.2[%]까지 도달하는데 걸리는 시간이 오래 걸리므로 과도현상은 오래 지속된다.
따라서 시정수가 크면 t가 커지게 된다.

【정답】 ③

74. 대칭 6상 전원이 있다. 환상결선으로 권선에 120[A]의 전류를 흘린다고 하면 선전류는? [산 10/2, 12/3]

① 60[A] ② 90[A]

③ 120[A] ④ 150[A]

|정|답|및|해|설|

[대칭 n상에서의 선전류] $I_l = 2I_p \sin\dfrac{\pi}{n}[A]$

$I_l = 2I_p \sin\dfrac{\pi}{n} = 2\times 120\times \sin\dfrac{\pi}{6} = 120[A]$

【정답】 ③

75. RLC 직렬 회로에서 $R=100[\Omega]$, L=5[mH], $C=2[\mu F]$일 때 이 회로는?

① 과제동이다.

② 무제동이다.

③ 임계제동한다.

④ 부족제동이다.

|정|답|및|해|설|

[회로의 진동관계 조건]

임계조건 $\left(\dfrac{R}{2L}\right)^2 = \dfrac{1}{LC} \rightarrow R = 2\sqrt{\dfrac{L}{C}}$

$\left(\dfrac{R}{2L}\right)^2 - \dfrac{1}{LC} = R^2 - 4\dfrac{L}{C}$

$= 10^4 - 4\times\dfrac{5\times 10^{-3}}{2\times 10^{-6}} = 10^4 - 10\times 10^3 = 0$

$R^2 = 4\dfrac{L}{C}$, 임계제동이다. 【정답】 ③

76. $i = 20\sqrt{2}\,\sin\left(377t - \dfrac{\pi}{6}\right)$의 주파수는 약 몇 [Hz]인가? [산 09/3]

① 50 ② 60

③ 70 ④ 80

|정|답|및|해|설|

[각주파수] $\omega = 2\pi f$

$\omega = 2\pi f = 377 \rightarrow f = \dfrac{377}{2\pi} = 60[Hz]$ 【정답】 ②

77. 그림과 같은 회로망의 전압 전달함수 G(s)는?

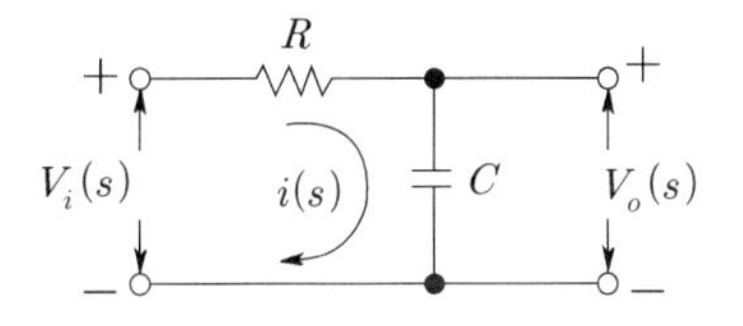

① $\dfrac{1}{1+s}$ ② $\dfrac{CR}{s+CR}$

③ $\dfrac{CR}{RCs+1}$ ④ $\dfrac{1}{RCs+1}$

|정|답|및|해|설|

[라플라스 변환] $V_i(s) = \left(R + \dfrac{1}{Cs}\right) I(s)$

$V_0(s) = \dfrac{1}{Cs} I(s)$

$\therefore G(s) = \dfrac{V_0(s)}{V_i(s)} = \dfrac{\frac{1}{Cs}}{R + \frac{1}{Cs}} = \dfrac{1}{RCs+1}$

【정답】 ④

78. 평형 3상 부하에 전력을 공급할 때 선전류 값이 20[A]이고 부하의 소비전력이 4[kW]이다. 이 부하의 등가 Y회로에 대한 저항은 약 몇 [Ω] 인가? [산 08/2]

① 3.3[Ω]　　② 5.7[Ω]

③ 7.2[Ω]　　④ 10[Ω]

|정|답|및|해|설|

[3상 회로에서의 전력] $P=3I_p^2R[W]$

Y결선에서 상전류와 선전류가 동일, 즉 $I_l=I_p$

$$P=3I_p^2R \rightarrow R=\frac{P}{3I_p^2}=\frac{4000}{3\times 20^2}=\frac{10}{3}\fallingdotseq 3.3[\Omega]$$

【정답】 ①

79. $f(t)=e^{at}$의 라플라스 변환은? [산 12/2]

① $\dfrac{1}{s-a}$　　② $\dfrac{1}{s+a}$

③ $\dfrac{1}{s^2-a^2}$　　④ $\dfrac{1}{s^2+a^2}$

|정|답|및|해|설|

[라플라스 변환]

$$F(s)=\mathcal{L}\left[e^{at}\right]=\frac{1}{s-a}$$

$f(t)$	$F(s)$
$e^{\mp at}$	$\dfrac{1}{s\pm a}$
$te^{\mp at}$	$\dfrac{1}{(s\pm a)^2}$
$t^n e^{-at}$	$\dfrac{n!}{(s\pm a)^{n+1}}$

【정답】 ①

80. 그림과 같은 평형3상 Y형 결선에서 각 상이 8[Ω]의 저항과 6[Ω]의 리액턴스가 직렬로 접속된 부하에 선간전압 $100\sqrt{3}$[V]가 공급되었다. 이때 선전류는 몇 [A]인가? [산 11/2]

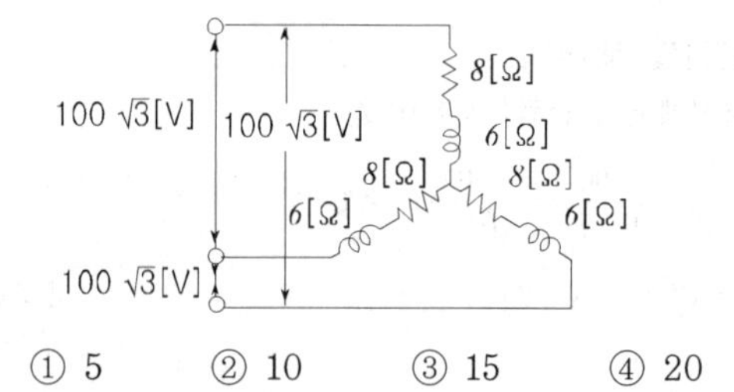

① 5　　② 10　　③ 15　　④ 20

|정|답|및|해|설|

[3상 Y결선에서의 선전류] $I_l=I_p[A]$

$$I_l=I_p=\frac{V_p}{Z}=\frac{\frac{100\sqrt{3}}{\sqrt{3}}}{8+j6}=\frac{100}{\sqrt{8^2+6^2}}=\frac{100}{10}=10[A]$$

【정답】 ②

61. 전달함수 $C(s)=G(s)R(s)$에서 입력함수 $R(s)$를 단위 임펄스, 즉 $\delta(t)$로 가할 때 이 계의 출력은? [산 04/2 08/1 11/3]

① $C(s)=G(s)\delta(s)$　　② $C(s)=\dfrac{G(s)}{\delta(s)}$

③ $C(s)=\dfrac{G(s)}{s}$　　④ $C(s)=G(s)$

|정|답|및|해|설|

[전달함수] 단위 임펄스인 경우 $G(s)$가 된다.

$r(t)=\delta(t)$를 라플라스 변환하면

$R(s)=L(r(t))=L(\delta(t))=1$이다.

그러므로 계의 용량 $C(s)$

$C(s)=G(S)\cdot R(s)=G(S)\cdot 1=G(s)$

【정답】 ④

62. 단자 a와 b사이에 전압 30[V]를 가했을 때 전류 I가 3[A] 흘렀다고 한다. 저항 $r[\Omega]$은 얼마인가?

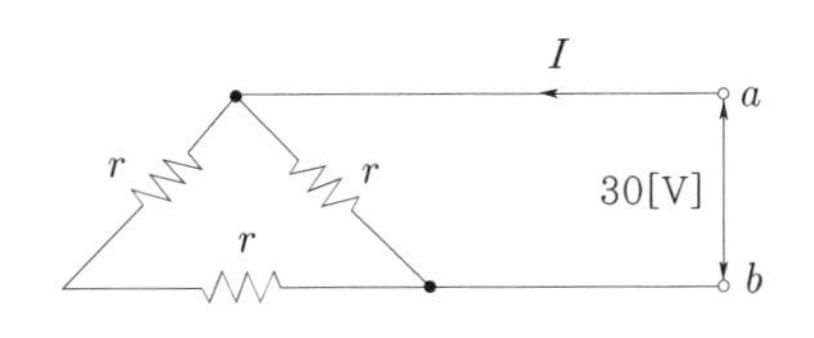

① 5　　② 10
③ 15　　④ 20

|정|답|및|해|설|

[직·병렬 합성저항]

문제의 회로를 등가변환하면

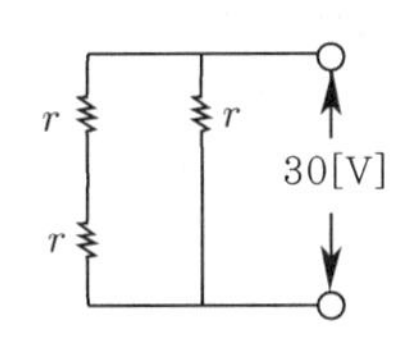

$R = \frac{2r \times r}{2r + r} = \frac{2r}{3} \rightarrow (R = \frac{V}{I})$

$R = \frac{V}{I} \rightarrow \frac{2r}{3} = \frac{V}{I} \rightarrow \frac{2r}{3} = \frac{30}{3} \rightarrow r = 15[\Omega]$

【정답】 ③

63. 3상 불평형 전압에서 불평형률은? [산 16/2]

① $\frac{\text{영상전압}}{\text{정상전압}} \times 100[\%]$

② $\frac{\text{역상전압}}{\text{정상전압}} \times 100[\%]$

③ $\frac{\text{정상전압}}{\text{역상전압}} \times 100[\%]$

④ $\frac{\text{정상전압}}{\text{영상전압}} \times 100[\%]$

|정|답|및|해|설|

[불평형률] 불평형률 $= \frac{\text{역상분}}{\text{정상분}} \times 100[\%]$

【정답】 ②

64. 전압과 전류가 각각 $e = 141.4\sin(377t + \frac{\pi}{3})[V]$, $i = \sqrt{8}\sin(377t + \frac{\pi}{6})[A]$인 회로의 소비(유효)전력은 몇 [W]인가? [산 15/3]

① 100　　② 173
③ 200　　④ 344

|정|답|및|해|설|

[유효전력] $P = VI\cos\theta[W]$

(V, I : 실효값, θ : 전압과 전류의 위상차)

$e = 141.4\sin(377t + \frac{\pi}{3})[V] \rightarrow$ (141.4 : 최대값)

$i = \sqrt{8}\sin(377t + \frac{\pi}{6})[A] \rightarrow$ ($\sqrt{8}$: 최대값)

$P = \frac{141.4}{\sqrt{2}} \times \frac{\sqrt{8}}{\sqrt{2}}\cos\left(\frac{\pi}{3} - \frac{\pi}{6}\right)[W]$

$= 100 \times 2\cos(60 - 30) = 200\cos 30 = 200 \times \frac{\sqrt{3}}{2} \fallingdotseq 173[W]$

【정답】 ②

65. 다음과 같은 4단자 회로에서 영상 임피던스[Ω]는?

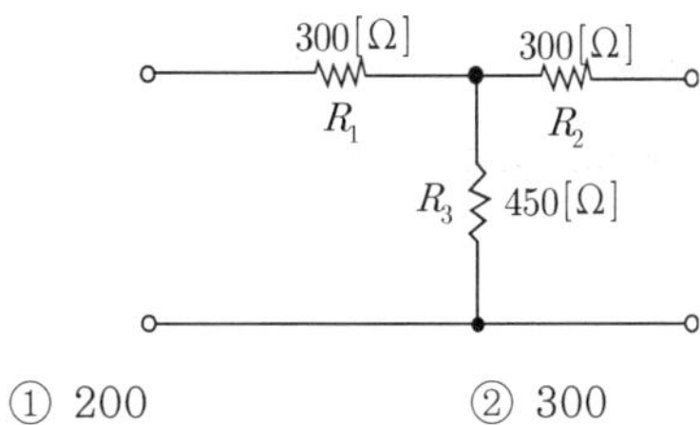

① 200　　② 300
③ 450　　④ 600

|정|답|및|해|설|

[4단자 정수의 영상 임피던스]

$$\begin{vmatrix} A & B \\ C & D \end{vmatrix} = \begin{vmatrix} 1 & 300 \\ 0 & 1 \end{vmatrix} \begin{vmatrix} 1 & 0 \\ \frac{1}{450} & 1 \end{vmatrix} \begin{vmatrix} 1 & 300 \\ 0 & 1 \end{vmatrix} = \begin{vmatrix} \frac{5}{3} & 800 \\ \frac{1}{450} & \frac{5}{3} \end{vmatrix}$$

· $Z_{01} = \sqrt{\frac{AB}{CD}}[\Omega]$　· $Z_{02} = \sqrt{\frac{BD}{AC}}[\Omega]$에서 $A = D$이므로

· $Z_{01} = Z_{02} \rightarrow \sqrt{\frac{B}{C}} = \sqrt{\frac{B}{C}}$

· $A = D = 1 + \frac{300}{450} = \frac{5}{3}$

· $B = \frac{300 \times 300 + 300 \times 450 + 300 \times 450}{450} = 800$

· $C = \frac{1}{450}$

$\therefore Z_{01} = Z_{02} \rightarrow \sqrt{\frac{800}{\frac{1}{450}}} = 600[\Omega]$

【정답】 ④

66. 저항 1[Ω]과 인덕턴스 1[H]를 직렬로 연결한 후 60[Hz], 100[V]의 전압을 인가할 때 흐르는 전류의 위상은 전압의 위상보다 어떻게 되는가?

① 뒤지지만 90[°] 이하이다.
② 90[°] 늦다.
③ 앞서지만 90[°] 이하이다.
④ 90[°] 빠르다.

|정|답|및|해|설|

[직렬회로의 전류] $I=\frac{V}{Z}[A]$

· 직렬 임피던스 $Z=R+jwL=R+j2\pi fL$
$=1+j2\times3.14\times60\times1$
$=1+j377[\Omega]$

· 직렬회로의 전류

$$I=\frac{V}{Z}=\frac{100}{1+j377}=\frac{100}{\sqrt{1^2+377^2}\angle\tan^{-1}\frac{377}{1}}$$

$$=\frac{100}{\sqrt{142130}}\angle-\tan^{-1}377$$

$$≒\frac{100}{119}\angle-89.85[°]≒0.84\angle-89.85≒-90[°]$$

이는 전압(V)기준 전류(I)의 위상은 뒤지지만 90[°] 이하이다.

【정답】 ①

67. 어떤 정현파 교류전압의 실효값이 314[V]일 때 평균값[V]은 약 얼마인가? [산 09/1]

① 142[V] ② 283[V]
③ 365[V] ④ 382[V]

|정|답|및|해|설|

[평균값] $V_{av}=\frac{2\sqrt{2}}{\pi}$ · $V=\frac{2\sqrt{2}}{\pi}\times314≒283[V]$

【정답】 ②

68. 평형 3상 저항 부하가 3상 4선식 회로에 접속하여 있을 때 단상 전력계를 그림과 같이 접속하였더니 그 지시값이 W[W]이었다. 이 부하의 3상 전력[W]은?

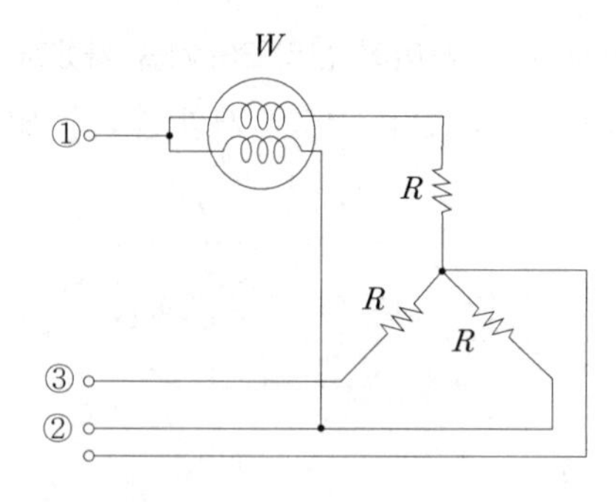

① $\sqrt{2}W$ ② $2W$
③ $\sqrt{3}W$ ④ $3W$

|정|답|및|해|설|

[2전력계법]] 유효전력 $P=|W_1|+|W_2|=2W$

· 부하의 3상 전력 $P=VI\cos\theta[W]$
· 평형 3상 저항 부하이므로 $\theta=0$
· ①, ②단자 연결 시 전력계 지시

$W=VI\cos\theta(30+\theta)=VI\cos30=\frac{\sqrt{3}}{2}V_lI_l[W]$.............①

· ①, ③단자 연결 시 전력계 지시

$W=VI\cos\theta(30-\theta)=VI\cos30[W]$..........................②

∴①과 ②식에서 부하의 3상 전력

$P=W_1+W_2=2W$

$=2VI\cos30=2VI\times\frac{\sqrt{3}}{2}=\sqrt{3}VI[W]=2W$

【정답】 ②

69. 그림과 같은 RC 직렬회로에 $t=0$에서 스위치 S를 닫아 직류 전압 100[V]를 회로의 양단에 인가하면 시간 t에서 충전전하는 얼마인가? (단, $R=10[\Omega]$, $C=0.1[F]$이다.)

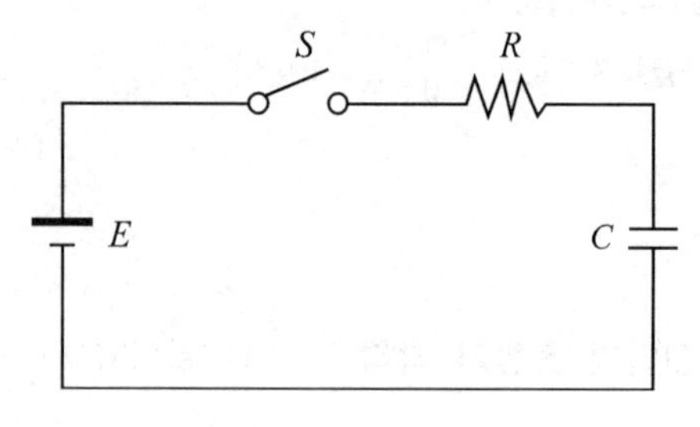

① $10(1-e^{-t})$ ② $-10(1-e^{t})$
③ $10e^{-t}$ ④ $-10e^{t}$

|정|답|및|해|설|

[RC 직렬회로 충전전하] $Q_c = CV = CE_c = CE\left(1-e^{-\frac{1}{CR}t}\right)[C]$

$Q_c = 0.1\times 100\left(1-e^{-\frac{1}{0.1\times 10}t}\right) = 10(1-e^{-t})[C]$

【정답】 ①

70. 다음 두 회로의 4단자 정수 A, B, C, D가 동일한 조건은?

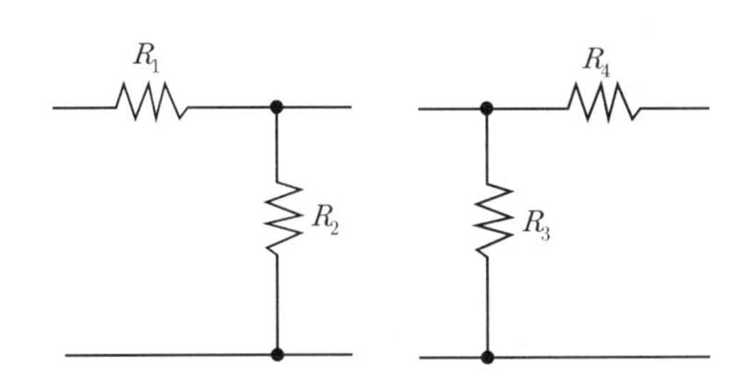

① $R_1 = R_2,\ \ R_3 = R_4$

② $R_1 = R_3,\ \ R_2 = R_4$

③ $R_1 = R_4,\ \ R_2 = R_3 = 0$

④ $R_2 = R_3,\ \ R_1 = R_4 = 0$

|정|답|및|해|설|

[4단자 정수]

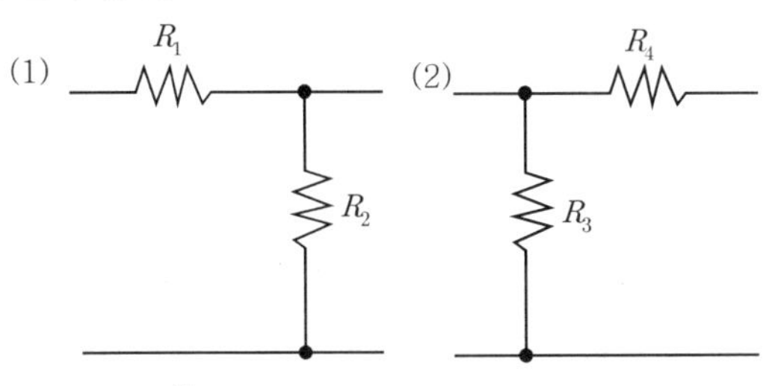

(1) A : $1+\frac{R_1}{R_2}$, B : R_1, C : $\frac{1}{R_2}$, D=1

(2) A : 1, B : R_4, C : $\frac{1}{R_3}$, D : $\frac{R_4}{R_3}$

· A : $1+\frac{R_1}{R_2}=1 \rightarrow R_1 = 0$

· B : $R_1 = R_4 \ \rightarrow R_1 = 0 = R_4$

· C : $\frac{1}{R_2} = \frac{1}{R_3} \rightarrow R_2 = R_3$

· D : $1 = 1+\frac{R_4}{R_3} \rightarrow R_4 = 0$

$\therefore R_1 = R_4 = 0,\ R_2 = R_3$

【정답】 ④

71. Y결선된 대칭 3상 회로에서 전원 한 상의 전압이 $V_a = 220\sqrt{2}\sin\omega t[\mathrm{V}]$일 때 선간전압의 실효값은 약 몇 [V]인가? [산 16/2]

① 220 ② 310

③ 380 ④ 540

|정|답|및|해|설|

[Y결선에서 선간전압의 실효값] $V_l = \sqrt{3}\,V_p[\mathrm{V}],\ I_l = I_p$

Y결선된 대칭 3상 회로에서 전원 1상의 상전압 실효값은 $V_p = 220[V]$이다.

선간전압의 실효값 $V_l = \sqrt{3}\,V_p = \sqrt{3}\times 220 ≒ 380[\mathrm{V}]$

【정답】 ③

72. $a+a^2$의 값은? (단, $a = e^{\frac{j2\pi}{3}} = 1\angle 120[^\circ]$이다)

① 0 ② −1

③ 1 ④ a^3

|정|답|및|해|설|

[연산자 계산] $1+a+a^2 = 0$에서

$a+a^2 = -1$

【정답】 ②

73. 평형 3상 Y결선 회로의 선간전압이 V_l, 상전압이 V_p, 선전류가 I_l, 상전류가 I_p일 때 다음의 수식 중 틀린 것은? (단, P는 3상 부하전력을 의미한다.)

① $V_l = \sqrt{3}\ V_p$ ② $I_l = I_p$

③ $P = \sqrt{3}\ V_l I_l \cos\theta$ ④ $P = \sqrt{3}\ V_p I_p \cos\theta$

|정|답|및|해|설|

[평형 Y결선 회로에서 부하전력] $P = \sqrt{3}\ V_l I_l \cos\theta[W]$

· 선간전압 $V_l = \sqrt{3}\,V_p[V]$, 선전류 $I_l = I_p[A]$

【정답】 ④

74. 전압 $v=10\sin 10t+20\sin 20t[V]$이고, 전류가 $i=20\sin 10t+10\sin 20t[A]$이면 소비(유효)전력[W]은?

① 400　　② 283
③ 200　　④ 141

|정|답|및|해|설|

[소비저력] $P=V_1I_1\cos\theta_1+V_2I_2\cos\theta_2$

$P=\frac{10}{\sqrt{2}}\times\frac{20}{\sqrt{2}}+\frac{20}{\sqrt{2}}\times\frac{10}{\sqrt{2}}$
→ (위상이 없으므로 위상을 고려하지 않는다.)

$=\frac{200}{2}+\frac{200}{2}=\frac{400}{2}=200[W]$

【정답】 ③

75. 코일의 권수 N=100회이고, 코일의 저항 $R=10[\Omega]$이다. 전류 $I=10[A]$를 흘릴 때 코일의 권수 1회에 대한 자속이 $\varnothing=3\times10^{-2}[Wb]$라면 이 회로의 시정수(s)는?

① 0.3　　② 0.4
③ 3.0　　④ 4.0

|정|답|및|해|설|

[RL 직렬회로의 시정수] $\tau=\frac{L}{R}$

렌츠의 법칙 $LI=N\varnothing$에서

인덕턴스 $L=\frac{N\varnothing}{I}=\frac{1000\times3\times10^{-2}}{10}=3[H]$

시정수 $\tau=\frac{L}{R}=\frac{3}{10}=0.3[s]$

【정답】 ①

76. $F(s)=\frac{5s+8}{5s^2+4s}$ 일 때 $f(t)$의 최종값 $f(\infty)$은?

(산 11/2)

① 1　　② 2
③ 3　　④ 4

|정|답|및|해|설|

[최종값 정리] $\lim_{t\to\infty}f(t)=\lim_{s\to0}sF(s)$

$\lim_{s\to0}sF(s)=\lim_{s\to0}s\cdot\frac{5s+8}{s(5s^2+4)}=\frac{8}{4}=2$

【정답】 ②

77. 평형 3상 회로의 결선을 Y결선에서 △ 결선으로 하면 소비전력은 몇 배가 되는가?

① 1.5　　② 1.73
③ 3　　④ 3.46

|정|답|및|해|설|

[소비저력]

$P_\triangle=3I^2R=3\left(\frac{V}{R}\right)^2R=3\cdot\frac{V^2}{R}$

$P_Y=3\cdot\frac{\left(\frac{V}{\sqrt{3}}\right)^2}{R}=\frac{V^2}{R}$　　$\therefore P_Y=\frac{1}{3}P_\triangle$

따라서 △결선이 Y결선에 3배가 된다.

【정답】 ③

78. 정현파 교류 $i=10\sqrt{2}\sin(\omega t+\frac{\pi}{3})[A]$를 복소수의 극좌표 형식으로 표시하면?

(산 08/1)

① $10\sqrt{2}\angle\frac{\pi}{3}$　　② $10\angle0$
③ $10\angle\frac{\pi}{3}$　　④ $10\angle-\frac{\pi}{3}$

|정|답|및|해|설|

[극좌표 형식] 크기와 위상(편각)으로만 표시, $A=|A|\angle\pm\theta$

실효치 전류 $|I|$ → $|I|=10\angle\frac{\pi}{3}[A]$

【정답】 ③

79. $V_1(s)$을 입력, $V_2(s)$를 출력이라 할 때, 다음 회로의 전달함수는? (단, $C_1=1[F]$, $L_1=1[H]$)

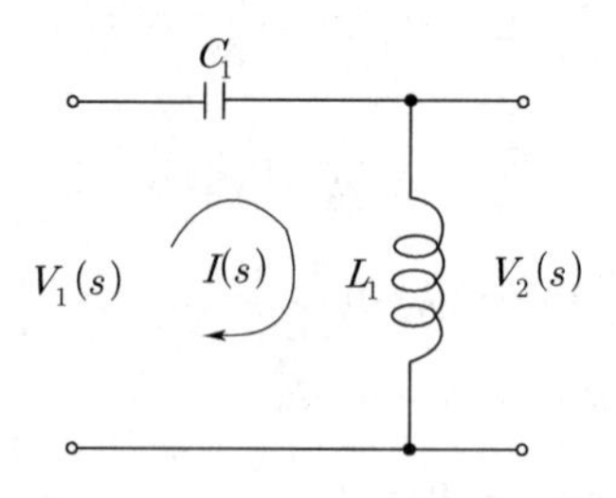

① $\frac{s}{s+1}$　　② $\frac{s^2}{s^2+1}$
③ $\frac{1}{s+1}$　　④ $1+\frac{1}{s}$

|정|답|및|해|설|

[전달함수] $G(s)=\dfrac{출력}{입력}=\dfrac{V_2(s)}{V_1(s)}$

$$G(s)=\frac{sL_1}{\frac{1}{sC_1}+sL_1}=\frac{sL_1}{\frac{s^2L_1C_1+1}{sC_1}}$$

$$=\frac{s^2L_1C_1}{s^2L_1C_1+1}=\frac{s^2}{s^2+1} \rightarrow (L_1=1,\ C_1=1)$$

【정답】 ②

80. $\dfrac{dx(t)}{dt}+3x(t)=5$의 라플라스 변환은?

(단, $x(0)=0$, $X(s)=\mathcal{L}[x(t)]$)

① $X(s)=\dfrac{5}{s+3}$　　② $X(s)=\dfrac{3}{s(s+5)}$

③ $X(s)=\dfrac{3}{s+5}$　　④ $X(s)=\dfrac{5}{s(s+3)}$

|정|답|및|해|설|

[라플라스 변환] $\dfrac{d}{dt}=j\omega=s$이다.

주어진 방정식 양변을 라플라스 변환하면

$sX(s)+3X(s)=\dfrac{5}{s} \rightarrow X(s)(s+3)=\dfrac{5}{s}$　$\therefore X(s)=\dfrac{5}{s(s+3)}$

【정답】 ④

2018 전기산업기사 기출문제

1회

61. $R=50[\Omega]$, $L=200[mH]$의 직렬회로에서 주파수 $f=50[Hz]$의 교류에 대한 역률[%]은?

① 82.3　② 72.3
③ 62.3　④ 52.3

|정|답|및|해|설|

[$R-L$ 직렬회로의 역률] $\cos\theta=\frac{R}{Z}=\frac{R}{\sqrt{R^2+X^2}}\times 100$

임피던스 $Z=R+jwL=R+jX$ 이므로

$$\cos\theta=\frac{R}{\sqrt{R^2+X^2}}=\frac{1}{\sqrt{R^2+(\omega L)^2}}$$

$$=\frac{50}{\sqrt{50^2+(2\times\pi\times 50\times 200\times 10^{-3})^2}}\times 100=62.3[\%]$$

【정답】③

62. 그림과 같은 회로에서 스위치 S를 닫았을 때 시정수[sec]의 값은? 단, $L=10[mH]$, $R=20[\Omega]$이다.

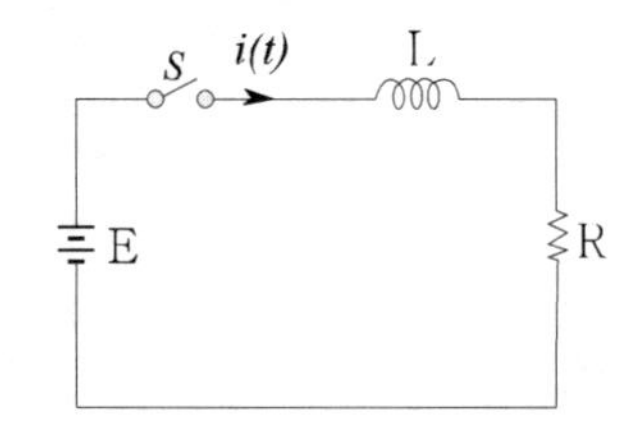

① 200　② 2000
③ 5×10^{-3}　④ 5×10^{-4}

|정|답|및|해|설|

[$R-L$ 직렬 회로의 시정수] $\tau=\frac{L}{R}=\frac{L}{R_1+R_2}$

$\tau=\frac{L}{R}=\frac{10\times 10^{-3}}{20}=5\times 10^{-4}[\sec]$

【정답】④

63. 다음과 같은 회로에서 $t=0$인 순간에 스위치 S를 닫았다. 이 순간에 인덕턴스 L에 걸리는 전압[V]은? 단, L의 초기 전류는 0이다.

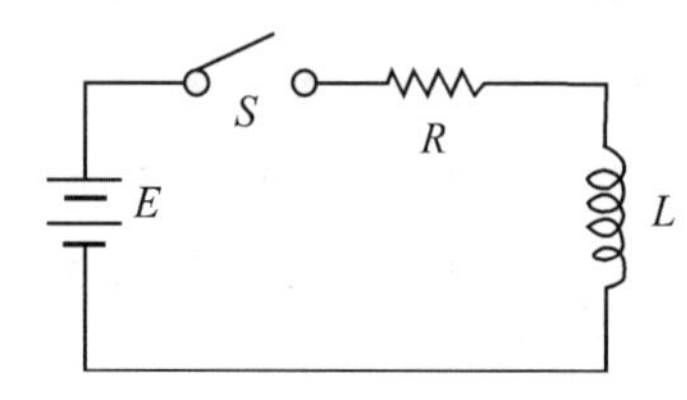

① 0　② $\frac{LE}{R}$
③ E　④ $\frac{E}{R}$

|정|답|및|해|설|

[스위치를 닫는 순간 과도전류] $i(t)=\frac{E}{R}\left(1-e^{-\frac{R}{L}t}\right)[A]$

L에 걸리는 전압 E_L

$E_L=Ee^{-\frac{R}{L}t}=Ee^{-\frac{R}{L}\times 0}=E\rightarrow(e^0=1)$

【정답】③

64. RLC 직렬 회로에서 공진 시의 전류는 공급 전압에 대하여 어떤 위상차를 갖는가?

① 0°　② 90°
③ 180°　④ 270°

|정|답|및|해|설|

[직렬 공진시] $Z=R+jX+=R+j0=R$

직렬공진 시 전압(V)와 전류(I)는 동상이 되어 위상차는 0이다.

【정답】 ①

65. 회로의 전압비 전달함수 $G(s)=\dfrac{V_2(s)}{V_1(s)}$는?

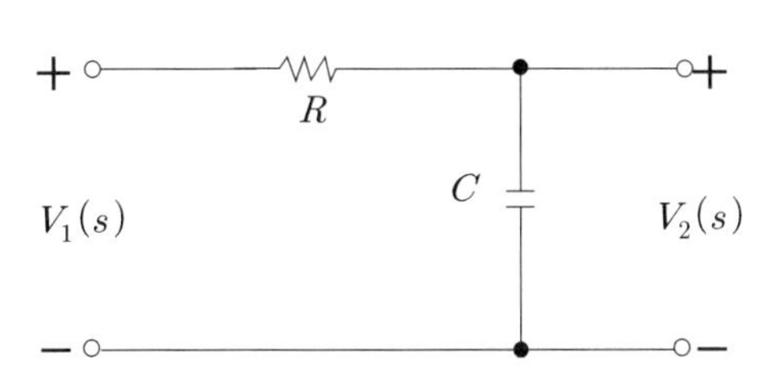

① RC　　② $\dfrac{1}{RC}$

③ $RCs+1$　　④ $\dfrac{1}{RCs+1}$

|정|답|및|해|설|

전압비 전달함수는 임피던스 비이므로

$V_1(s)=\left(R+\dfrac{1}{Cs}\right)I(s)$

$V_2(s)=\dfrac{1}{Cs}I(s)$

전달함수 $G(s)=\dfrac{V_2(s)}{V_1(s)}=\dfrac{\dfrac{1}{Cs}}{R+\dfrac{1}{Cs}}=\dfrac{1}{RCs+1}$

【정답】 ④

66. 대칭 3상 교류 전원에서 각 상의 전압이 $v_a,\ v_b,\ v_c$ 일 때 3상 전압[V]의 합은?

① 0　　② $0.3v_a$

③ $0.5v_a$　　④ $3v_a$

|정|답|및|해|설|

a상을 기준으로 하면

$v_a+v_b+v_c=v_a+a^2v_a+av_a=v(1+a^2+a)=0$

여기서, $1+a^2+a=0$

【정답】 ①

67. 측정하고자 하는 전압이 전압계의 최대 눈금보다 클 때에 전압계에 직렬로 저항을 접속하여 측정 범위를 넓히는 것은?

① 분류기　　② 분광기

③ 배율기　　④ 감쇠기

|정|답|및|해|설|

[배율기]

① 전압계의 측정범위를 넓히기 위한 목적

② 전압계에 직렬로 접속하는 저항기

③ $V_0=V\left(\dfrac{R_m}{r}+1\right)[V]$

여기서, V_0 : 측정할 전압[V], V : 전압계의 눈금[V]

R_m : 배율기의 저항[Ω], r : 전압계의 내부저항[Ω]

④ 배율 $m=\dfrac{V_0}{V}=\left(\dfrac{R_m}{r}+1\right)$

【정답】 ③

68. $F(s)=\dfrac{2(s+1)}{s^2+2s+5}$의 시간함수 $f(t)$는 어느 것인가?

① $2e^t\cos 2t$　　② $2e^t\sin 2t$

③ $2e^{-t}\cos 2t$　　④ $2e^{-t}\sin 2t$

|정|답|및|해|설|

[라플라스 변환] 변환된 함수가 유리수인 경우

·분모가 인수분해 되는 경우 : 부분 분수 전개

·분모가 인수분해 되는 않는 경우 : 완전 제곱형

그러므로 완전제곱형으로 역라플라스 변환하면

$F(s)=\dfrac{2(s+1)}{s^2+2s+5}=2\dfrac{s+1}{(s+1)^2+4}=2\dfrac{s+1}{(s+1)^2+2^2}$

$\therefore f(t)=\mathcal{L}^{-1}[F(s)]=2e^{-t}\cos 2t$

【정답】 ③

69. 어느 회로망의 응답 $h(t)=(e^{-t}+2e^{-2t})u(t)$의 라플라스 변환은?

① $\dfrac{3s+4}{(s+1)(s+2)}$　　② $\dfrac{3s}{(s-1)(s-2)}$

③ $\dfrac{3s+2}{(s+1)(s+2)}$　　④ $\dfrac{-s-4}{(s-1)(s-2)}$

|정|답|및|해|설|

$$H(s) = \mathcal{L}[h(t)] = \frac{1}{s+1} + \frac{2}{s+2}$$
$$= \frac{s+2+2s+2}{(s+1)(s+2)} = \frac{3s+4}{(s+1)(s+2)}$$

【정답】 ①

70. 그림과 같은 $e = E_m \sin\omega t$인 정현파 교류의 반파 정류파형의 실효값은?

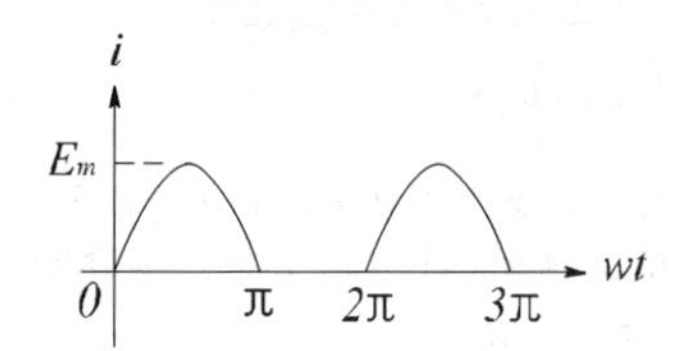

① E_m ② $\frac{E_m}{\sqrt{2}}$

③ $\frac{E_m}{2}$ ④ $\frac{E_m}{\sqrt{3}}$

|정|답|및|해|설|

실효값 $E = \sqrt{\frac{1}{T}\int_0^T e^2 dt} = \sqrt{\frac{1}{2\pi}\int_0^{2\pi} e^2 d(wt)}$

반파 정류파는 $\pi \sim 2\pi$일 때 $e = 0$이므로

$$E = \sqrt{\frac{1}{2\pi}\int_0^{\pi} e^2 d(wt)} = \sqrt{\frac{1}{2\pi}\int_0^{\pi} E_m^2 \sin^2 wt\, d(wt)}$$
$$= \sqrt{\frac{E_m^2}{2\pi}\int_0^{\pi} \frac{1-\cos 2wt}{2} d(wt)} = \frac{E_m}{2}$$

【정답】 ③

71. 전압 $e = 100\sin 10t + 20\sin 20t[V]$이고, $i = 20\sin(10t - 60°) + 10\sin 20t[A]$일 때 소비전력은 몇 [W]인가?

① 500 ② 550

③ 600 ④ 650

|정|답|및|해|설|

[소비전력] 유효전력(평균전력)은 주파수가 같을 때만 발생되므로

$P = V_1 I_1 \cos\theta_1 + V_2 I_2 \cos\theta_2$ 실효값 $= \frac{최대값}{\sqrt{2}}$

$$P = \frac{100}{\sqrt{2}} \times \frac{20}{\sqrt{2}} \cos 60° + \frac{20}{\sqrt{2}} \times \frac{10}{\sqrt{2}} \cos 0° = 600[W]$$

【정답】 ③

72. $r[\Omega]$인 6개의 저항을 그림과 같이 접속하고 평형 3상 전압 E를 가했을 때 전류 I는 몇 [A]인가? 단, $R = 3[\Omega]$, $E = 60[V]$이다.

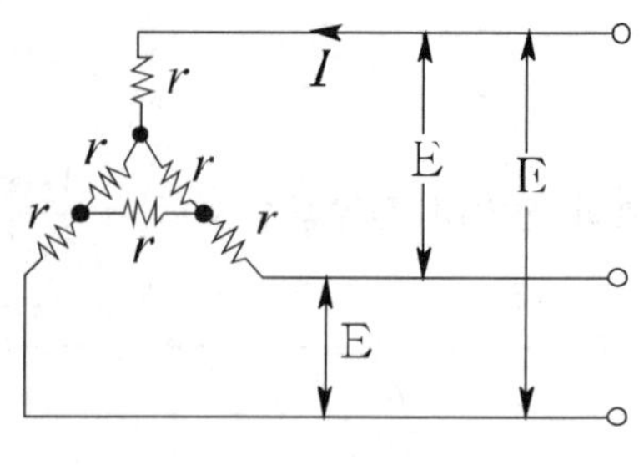

① 8.66 ② 9.56

③ 10.8 ④ 12.6

|정|답|및|해|설|

△결선된 r 3개를 Y로 변환시키면 저항은 $\frac{1}{3}$이 되므로 $\frac{r}{3}$

전체 1상의 저항은 $R = r + \frac{r}{3} = \frac{4}{3}r$

$$I_p = \frac{V_p}{Z} = \frac{\frac{E}{\sqrt{3}}}{\frac{4}{3}r} = \frac{3E}{4\sqrt{3}r} = \frac{\sqrt{3}E}{4r}$$

선전류 $I_l = \frac{\sqrt{3}E}{4r} = \frac{60 \times \sqrt{3}}{4 \times 3} = 8.66[A]$

【정답】 ①

73. 다음과 같은 Y결선 회로와 등가인 △결선 회로의 A, B, C 값은 몇 $[\Omega]$인가?

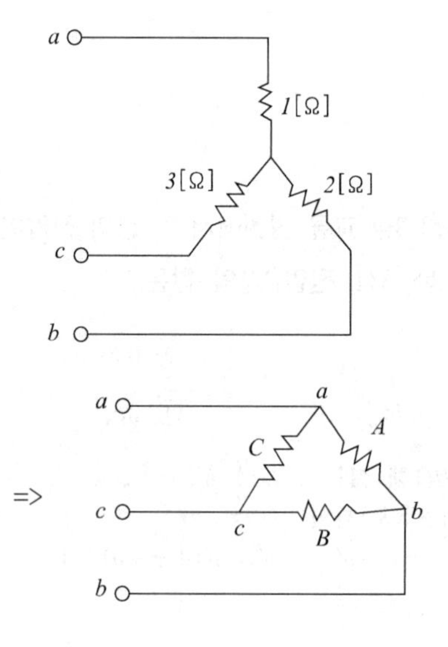

① A=$\frac{7}{3}$, B=7, C=$\frac{7}{2}$

② A=7, B=$\frac{7}{2}$, C=$\frac{7}{3}$

③ A=11, B=$\frac{11}{2}$, C=$\frac{11}{3}$

④ A=$\frac{11}{3}$, B=11, C=$\frac{11}{2}$

|정|답|및|해|설|

[Y−△로 등가변환] $R_{ab} = \frac{R_aR_b + R_bR_c + R_cR_a}{R_c}$

$R_{bc} = \frac{R_aR_b + R_bR_c + R_cR_a}{R_a}$, $R_{ca} = \frac{R_aR_b + R_bR_c + R_cR_a}{R_b}$

$\therefore A = \frac{1\times2+2\times3+3\times1}{3} = \frac{11}{3}$, $B = \frac{1\times2+2\times3+3\times1}{1} = 11$

$C = \frac{1\times2+2\times3+3\times1}{2} = \frac{11}{2}$

【정답】 ④

74. 그림과 같이 주기가 3s인 전압파형의 실효값은 약 몇 [V]인가?

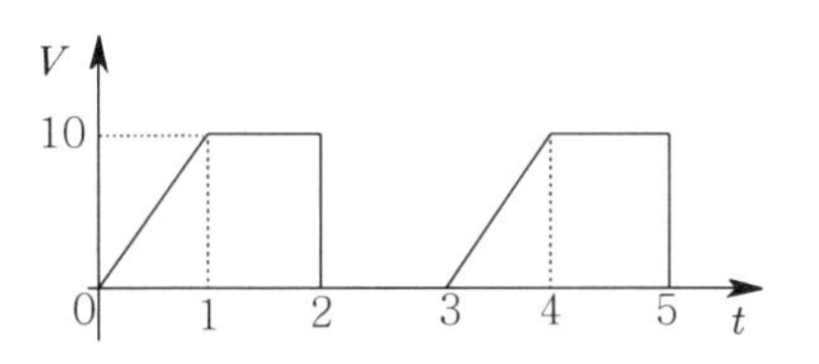

① 5.67 ② 6.67

③ 7.57 ④ 8.5

|정|답|및|해|설|

[실효값]

$V = \sqrt{\frac{1}{T}\int v^2 dt} = \sqrt{v^2\text{의 1주기 간의 평균값}}$

$= \sqrt{\frac{1}{3}\left\{\int_0^1 (10t)^2 dt + \int_1^2 (10)^2 dt\right\}}$

$= \sqrt{\frac{1}{3}\left\{\left[\frac{100t^2}{3}\right]_0^1 + [100]_1^2\right\}} = 6.67[V]$

【정답】 ②

75. 다음 중 정전용량의 단위 F(패럿)과 같은 것은? 단, [C]는 쿨롱, [N]은 뉴턴, [V]는 볼트, [m]은 미터이다.

① $\frac{V}{C}$ ② $\frac{N}{C}$

③ $\frac{C}{m}$ ④ $\frac{C}{V}$

|정|답|및|해|설|

[정전용량] $C = \frac{Q}{V}[C/V]$, $[F]$ 【정답】 ④

76. 비정현파 $f(x)$가 반파 대칭 및 정현 대칭일 때 옳은 식은? 단, 주기는 2π이다.

① $f(-x) = f(x), f(x+\pi) = f(x)$

② $f(-x) = f(x), f(x+2\pi) = f(x)$

③ $f(-x) = -f(x), -f(x+\pi) = f(x)$

④ $f(-x) = -f(x), -f(x+2\pi) = f(x)$

|정|답|및|해|설|

· 정현대칭(기함파)

−조건 : $f(t) = -f(-t)$ → sin항만 존재

−함수식 : $f(t) = \sum_{n=1}^{\infty} b_n \sin nwt$

· 여현대칭(우함수파)

−조건 : $f(t) = f(-t)$ → cos항만 존재

−함수식 : $f(t) = a_0 + \sum_{n=1}^{\infty} a_n \cos nwt$

· 반파대칭

−조건 : $f(t) = -f\left(t + \frac{T}{2}\right)$, 홀수파만 남는다.

−함수식 : $f(t) = \sum_{n=1}^{\infty} a_n \cos nwt + \sum_{n=1}^{\infty} b_n \sin nwt$

여기서, n : 홀수 【정답】 ③

77. 회로에서 단자 1−1'에서 본 구동점 임피던스 Z_{11}은 몇 [Ω]인가?

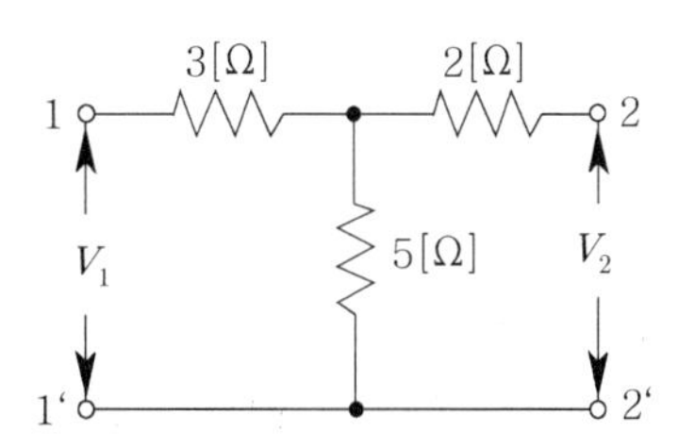

① 5　　② 8
③ 10　　④ 15

|정|답|및|해|설|

[임피던스 파라미터(T형 회로망)]

$$Z_{11} = \frac{V_1}{I_1}\bigg|_{I_2=0} = Z_1 + Z_3 \quad \therefore Z_{11} = 3+5 = 8[\Omega]$$

【정답】 ②

78. 대칭 10상 회로의 선간전압이 100[V]일 때 상전압은 약 몇 [V]인가? 단, $\sin 18° = 0.309$이다.

① 161.8　　② 172
③ 183.1　　④ 193

|정|답|및|해|설|

[대칭 n상 Y결선 전압전류] $V_l = 2\sin\frac{\pi}{n} V_p \angle \frac{\pi}{2}\left(1-\frac{2}{n}\right)$

$I_l = I_p$

10상인 경우

$V_l = 2\sin\frac{\pi}{n} V_p = 2\sin\frac{\pi}{10} V_p \rightarrow 2\times 0.309 V_p = 100$

상전압 $V_p = \frac{100}{2\times 0.309} = 161.8[V]$　　【정답】 ①

79. $f(t) = 3u(t) + 2e^{-t}$인 시간함수를 라플라스 변환한 것은?

① $\frac{3s}{s^2+1}$　　② $\frac{s+3}{s(s+1)}$
③ $\frac{5s+3}{s(s+1)}$　　④ $\frac{5s+1}{(s+1)s^2}$

|정|답|및|해|설|

[라플라스변환의 선형 정리]

$$F(s) = \mathcal{L}[f(t)] = \mathcal{L}[3u(t) + 2e^{-t}] = \frac{3}{s} + \frac{2}{s+1} = \frac{5s+3}{s(s+1)}$$

【정답】 ③

80. 1[mV]의 입력을 가했을 때 100[mV]의 출력이 나오는 4단자 회로의 이득[dB]은?

① 40　　② 30
③ 20　　④ 10

|정|답|및|해|설|

[이득] $G = 20\log\frac{V_2}{V_1} = 20\log\frac{100}{1} = 20\log 10^2 = 40[dB]$

【정답】 ①

61. 부하에 $100\angle 30°[V]$의 전압을 가하였을 때 $10\angle 60°[A]$의 전류가 흘렀다면 부하에서 소비되는 유효전력은 약 몇 [W]인가?

① 400　　② 500
③ 682　　④ 866

|정|답|및|해|설|

[유효전력] $P = VI\cos\theta = 100\times 10\times\cos(60-30)$

$= 100\times 10\times\cos 30 = 866[W]$

【정답】 ④

62. 그림과 같은 회로에서 $G_2[\mho]$ 양단의 전압강하 $E_2[V]$는?

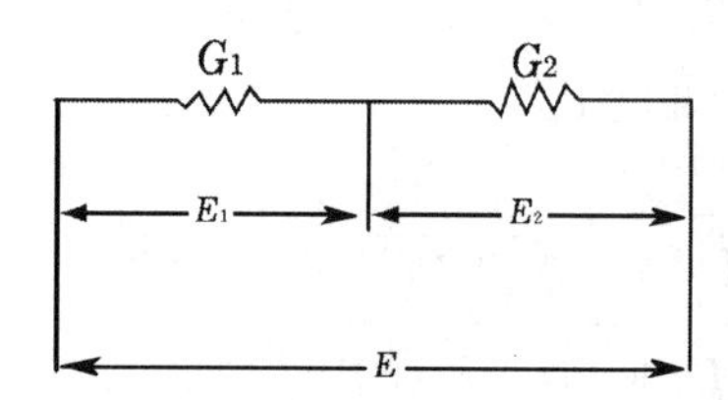

① $\frac{G_2}{G_1+G_2}E$　　② $\frac{G_1}{G_1+G_2}E$
③ $\frac{G_1G_2}{G_1+G_2}E$　　④ $\frac{G_1+G_2}{G_1+G_2}E$

|정|답|및|해|설|

[콘덕턴스 전압 분배] $E_1 = \frac{G_2}{G_1+G_2}E$, $E_2 = \frac{G_1}{G_1+G_2}E$

【정답】 ②

63. $\mathcal{L}[u(t-a)]$는 어느 것인가?

① $\dfrac{e^{as}}{s^2}$　② $\dfrac{e^{-as}}{s^2}$

③ $\dfrac{e^{as}}{s}$　④ $\dfrac{e^{-as}}{s}$

|정|답|및|해|설|

[단위 계단 함수가 시간 이동하는 경우]

$\mathcal{L}[u(t-a)] == \dfrac{1}{s}e^{-as}$ 【정답】 ④

64. 그림과 같은 회로에서 저항 0.2[Ω]에 흐르는 전류는 몇 [A]인가?

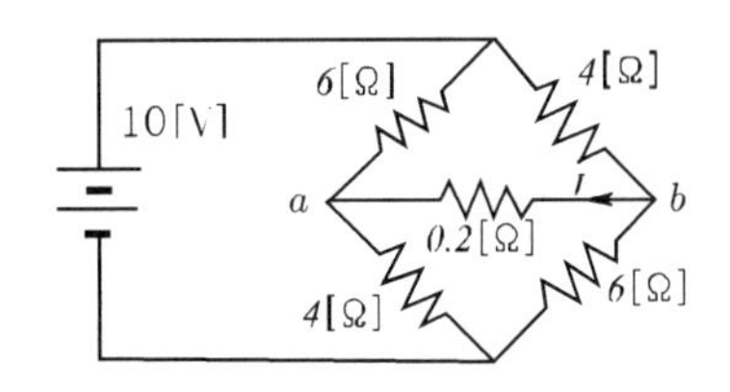

① 0.1　② 0.2

③ 0.3　④ 0.4

|정|답|및|해|설|

· 테브낭의 정리 이용 0.2[Ω] 개방시 양단에 전압 V_{ab}

$V_{ab} = 6-4 = 2[V]$

· 전압원 제거(단락)하고, a, b에서 본 저항 R_t는

$R_t = \dfrac{4\times6}{4+6} + \dfrac{4\times6}{4+6} = 4.8[\Omega]$

· 테브낭의 등가회로

$I = \dfrac{V_{ab}}{R_t + R} = \dfrac{2}{4.8+0.2} = 0.4[A]$ 【정답】 ④

65. 정현파의 파고율은?

① 1.111　② 1.414

③ 1.732　④ 2.356

|정|답|및|해|설|

각종 파형의 평균값, 실효값, 파형률, 파고율

명칭	파형	평균값	실효값	파형률	파고율
정현파 (전파)		$\dfrac{2V_m}{\pi}$	$\dfrac{V_m}{\sqrt{2}}$	1.11	$\sqrt{2}$
정현파 (반파)		$\dfrac{V_m}{\pi}$	$\dfrac{V_m}{2}$	$\dfrac{\pi}{2}$	2
사각파 (전파)		V_m	V_m	1	1
사각파 (반파)		$\dfrac{V_m}{2}$	$\dfrac{V_m}{\sqrt{2}}$	$\sqrt{2}$	$\sqrt{2}$
삼각파		$\dfrac{V_m}{2}$	$\dfrac{V_m}{\sqrt{3}}$	$\dfrac{2}{\sqrt{3}}$	$\sqrt{3}$

[정현파 교류에 대한 파고율]

$파고율 = \dfrac{최대값}{실효값} = \dfrac{V_m}{V} = \dfrac{V_m}{\frac{V_m}{\sqrt{2}}} = \sqrt{2} = 1.414$

【정답】 ②

66. 3상 불평형 전압에서 역상전압이 50[V], 정상전압이 200[V], 영상전압이 10[V]라고 할 때 전압의 불평형률[%]은?

① 1　② 5

③ 25　④ 50

|정|답|및|해|설|

[불평형률] 전압 불평형률 $= \dfrac{역상분}{정상분}\times100 = \dfrac{V_2}{V_1}\times100[\%]$

전압의 불평형률 $= \dfrac{50}{200}\times100 = 25[\%]$ 【정답】 ③

67. 대칭 3상 Y결선 부하에서 각 상의 임피던스가 $Z=16+j12[\Omega]$이고 부하전류가 5[A]일 때, 이 부하의 선간전압[V]은?

① $100\sqrt{2}$　② $100\sqrt{3}$

③ $200\sqrt{2}$　④ $200\sqrt{3}$

|정|답|및|해|설|

Y결선에서 선간 전압= $\sqrt{3}\times$상전압

상전압(V_p) = 부하전류$(I_p)\times$1상 임피던스(Z)

$= 5\times\sqrt{16^2+12^2} = 100[V] \quad \rightarrow (Z=\sqrt{R^2+X^2})$

$\therefore V_l = \sqrt{3}\,V_p = 100\sqrt{3}[V]$ 【정답】 ②

68. 부동작 시간(dead time) 요소의 전달함수는?

① Ks　② $\frac{K}{s}$

③ $K \cdot e^{-Ls}$　④ $\frac{K}{s+1}$

|정|답|및|해|설|

[제어 요소의 전달함수]

비례요소	$G(s)=\frac{Y(s)}{X(s)}=K$ (K : 이득상수)
적분요소	$G(s)=\frac{Y(s)}{X(s)}=\frac{K}{s}$
미분요소	$G(s)=\frac{Y(s)}{X(s)}=Ks$
부동작 시간 요소	$G(s)=\frac{Y(s)}{X(s)}=K \cdot e^{-Ls}$ 여기서, L : 부동작 시간

【정답】③

69. 그림과 같은 T형 회로의 영상 전달정수 [θ]는?

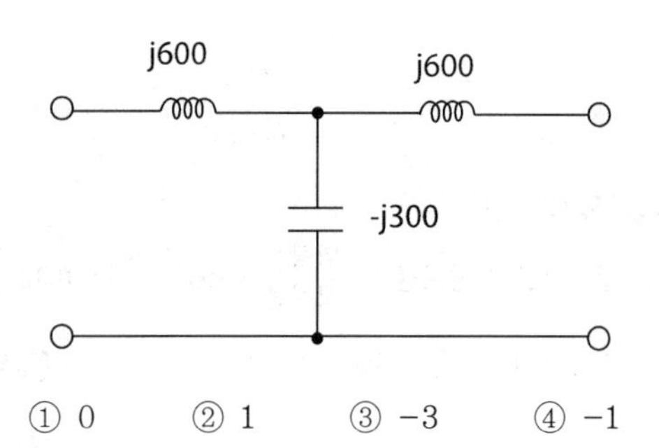

① 0　② 1　③ −3　④ −1

|정|답|및|해|설|

$$\begin{bmatrix} A & B \\ C & D \end{bmatrix}=\begin{bmatrix} 1 & j600 \\ 0 & 1 \end{bmatrix}\begin{bmatrix} 1 & 0 \\ \frac{1}{-j300} & 1 \end{bmatrix}\begin{bmatrix} 1 & j600 \\ 0 & 1 \end{bmatrix}=\begin{bmatrix} -1 & 0 \\ j\frac{1}{300} & -1 \end{bmatrix}$$

$\theta=\cosh^{-1}\sqrt{AD}=\cosh^{-1}1=0$

【정답】①

70. $R-L-C$ 직렬 회로에서 시정수의 값이 작을수록 과도현상이 소멸되는 시간은 어떻게 되는가?

① 짧아진다.　② 관계없다.

③ 길어진다.　④ 일정하다.

|정|답|및|해|설|

[시정수] 전류 $i(t)$가 정상값의 63.2[%]까지 도달하는데 걸리는 시간으로 단위는 [sec], 시정수 $\tau=\frac{L}{R}$[sec]

시정수가 길면 길수록 정상값의 63.2[%]까지 도달하는데 걸리는 시간이 오래 걸리므로 과도현상은 오래 지속되고, 시정수가 작으면 과도현상이 짧아진다.

【정답】①

71. $i(t)=I_o e^{st}[A]$로 주어지는 전류가 콘덴서 $C[F]$에 흐르는 경우의 임피던스[Ω]는?

① C　② sC

③ $\frac{C}{s}$　④ $\frac{1}{sC}$

|정|답|및|해|설|

[콘덴서에서의 전압] $v(t)=\frac{1}{C}\int i(t)dt$

$v(t)=\frac{1}{C}\int I_0 e^{st}dt=\frac{I_0}{sC}e^{st}$

$Z=\frac{v(t)}{i(t)}=\frac{\frac{I_0 e^{st}}{sC}}{I_0 e^{st}}=\frac{1}{sC}$

【정답】④

72. 대칭좌표법에서 사용되는 용어 중 3상에 공통된 성분을 표시하는 것은?

① 공통분　② 정상분

③ 역상분　④ 영상분

|정|답|및|해|설|

[대칭좌표법] 각 상에 공통성분은 영상분이다.

$V_a=V_0+V_1+V_2$, $V_b=V_0+a^2V_1+aV_2$

$V_c=V_0+aV_1+a^2V_2$

【정답】④

73. 전기회로의 입력을 V_1, 출력을 V_2라고 할 때 전달함수는? 단, $s=j\omega$이다.

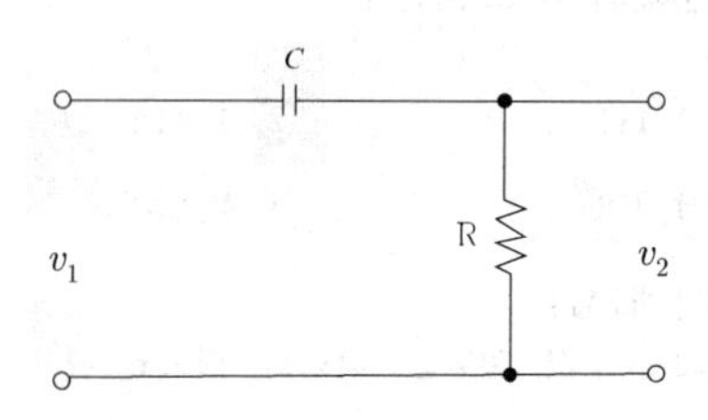

① $\dfrac{1}{R+\dfrac{1}{j\omega C}}$ ② $\dfrac{1}{j\omega+\dfrac{1}{RC}}$

③ $\dfrac{j\omega}{j\omega+\dfrac{1}{RC}}$ ④ $\dfrac{j\omega}{R+\dfrac{1}{j\omega C}}$

|정|답|및|해|설|

[전달함수 $G(s)$]

$$G(s)=\frac{\text{출력전압}}{\text{입력전압}}=\frac{E_o(s)}{E_i(s)}=\frac{R}{R+\dfrac{1}{sC}}$$

$$=\frac{RsC}{RsC+1}=\frac{s}{s+\dfrac{1}{RC}}=\frac{jw}{jw+\dfrac{1}{RC}}$$

【정답】 ③

74. 저항 $\frac{1}{3}[\Omega]$, 유도리액턴스 $\frac{1}{4}[\Omega]$인 $R-L$ 병렬회로의 합성 어드미턴스[℧]는?

① $3+j4$ ② $3-j4$

③ $\frac{1}{3}+j\frac{1}{4}$ ④ $\frac{1}{3}-j\frac{1}{4}$

|정|답|및|해|설|

어드미턴스 $Y=\frac{1}{R}+j\frac{1}{X}$

저항 $R=\frac{1}{3} \rightarrow \frac{1}{R}=3$

유도리액턴스 $X_L=\frac{1}{4}$이므로 $\frac{1}{X_L}=\frac{1}{jX_L}=-j\frac{1}{X_L}=-j4$

$\therefore Y=3-j4[℧]$

【정답】 ②

75. 비정현파 전압

$v=100\sqrt{2}\sin\omega t+50\sqrt{2}\sin2\omega t+30\sqrt{2}\sin3\omega t[V]$

의 왜형률은 약 얼마인가?

① 0.36 ② 0.58

③ 0.87 ④ 1.41

|정|답|및|해|설|

[왜형률] 외형률$(D)=\dfrac{\text{각 고조파의 실효값의 합}}{\text{기본파의 실효값}}$

$$=\frac{\sqrt{V_3^2+V_5^2}}{V_1}=\sqrt{\left(\frac{V_3}{V_1}\right)^2+\left(\frac{V_5}{V_1}\right)^2}$$

$$D=\frac{\sqrt{V_3^2+V_5^2}}{V_1}=\frac{\sqrt{(50)^2+(30)^2}}{100}=0.58$$

【정답】 ②

76. 어떤 회로의 단자전압이 $V=100\sin\omega t+40\sin2\omega t+30\sin(3\omega t+60°)[V]$이고 전압강하의 방향으로 흐르는 전류가 $I=10\sin(\omega t-60°)+2\sin(3\omega t+105°)$[A]일 때 회로에 공급되는 평균전력은 [W]은?

① 271.2 ② 371.2

③ 530.2 ④ 630.2

|정|답|및|해|설|

같은 주파수의 전압과 전류에서만 전력이 발생되므로

$$P=V_1I_1\cos\theta_1+V_3I_3\cos\theta_3$$

$$=\frac{100}{\sqrt{2}}\times\frac{10}{\sqrt{2}}\cos60°+\frac{30}{\sqrt{2}}\times\frac{2}{\sqrt{2}}\cos45°=271.21[W]$$

【정답】 ①

77. 2단자 임피던스 함수 $Z(s)=\dfrac{(s+2)(s+3)}{(s+4)(s+5)}$일 때 극점(pole)은?

① 2, -3 ② -3, -4

③ -2, -4 ④ -4, -5

|정|답|및|해|설|

극점은 $Z(s)=\infty \rightarrow$ (분모가 0인 경우)

$(s+4)(s+5)=0,\ \therefore s=-4,\ -5$

【정답】 ④

78. 3상 대칭분 전류를 I_0, I_1, I_2라 하고 선전류를 I_a, I_b, I_c라고 할 때 I_b는 어떻게 되는가?

① $I_0+I_1+I_2$ ② $I_0+a^2I_1+aI_2$

③ $I_0+aI_1+a^2I_2$ ④ $\frac{1}{3}(I_0+I_1+I_2)$

|정|답|및|해|설|

a상 전류 : $I_a=I_0+I_1+I_2$

b상 전류 : $I_b=I_0+a^2I_1+aI_2$

c상 전류 : $I_c=I_0+aI_1+a^2I_2$

【정답】 ②

79. 다음과 같은 회로의 a–b간 합성 인덕턴스는 몇 [H]인가? 단, $L_1=4$[H], $L_2=4$[H], $L_3=2$[H], $L_4=2$[H]이다.

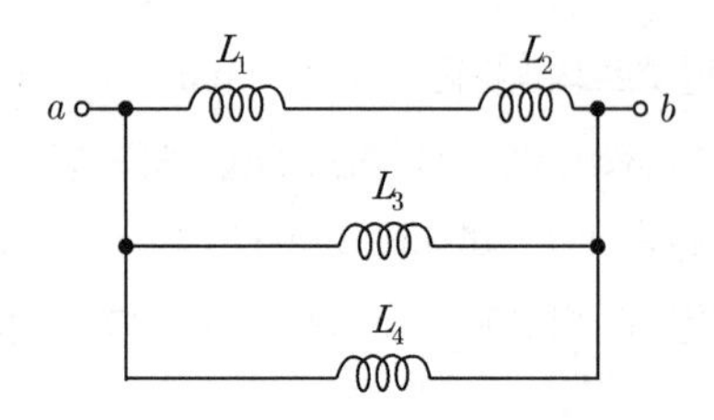

① $\frac{8}{9}$　　② 6

③ 9　　④ 12

|정|답|및|해|설|

[직·병렬 합성인덕턴스] $L_0=\dfrac{1}{\frac{1}{L_1+L_2}+\frac{1}{L_3}+\frac{1}{L_4}}$

$$L_0=\frac{1}{\frac{1}{4+4}+\frac{1}{2}+\frac{1}{2}}=\frac{8}{9}$$

【정답】 ①

80. $\dfrac{1}{s^2+2s+5}$의 라플라스 역변환 값은?

① $e^{-2t}\cos 2t$　　② $\frac{1}{2}e^{-t}\sin t$

③ $\frac{1}{2}e^{-t}\sin 2t$　　④ $\frac{1}{2}e^{-t}\cos 2t$

|정|답|및|해|설|

[라플라스 변환] 변환된 함수가 유리수인 경우

·분모가 인수분해 되는 경우 : 부분 분수 전개

·분모가 인수분해 되는 않는 경우 : 완전 제곱형

그러므로 완전 제곱형

$$F(s)=\frac{1}{s^2+2s+5}=\frac{1}{2}\cdot\frac{2}{(s+1)^2+2^2}$$

역라플라스 변환하면

$$i(t)=\mathcal{L}^{-1}[I(s)]=\frac{1}{2}e^{-t}\sin 2t$$

【정답】 ③

61. $e^{j\frac{2}{3}\pi}$ 와 같은 것은?

① $\frac{1}{2}-j\frac{\sqrt{3}}{2}$　　② $-\frac{1}{2}-j\frac{\sqrt{3}}{2}$

③ $-\frac{1}{2}+j\frac{\sqrt{3}}{2}$　　④ $\cos\frac{2}{3}\pi+\sin\frac{2}{3}\pi$

|정|답|및|해|설|

$$e^{j\frac{2}{3}\pi}=\cos\frac{2}{3}\pi+j\sin\frac{2}{3}\pi=-\frac{1}{2}+j\frac{\sqrt{3}}{2}$$

【정답】 ③

62. 100[V], 800[W], 역률 80[%]인 교류회로의 리액턴스는 몇 [Ω]인가?

① 6　　② 8

③ 10　　④ 12

|정|답|및|해|설|

[리액턴스] $X=\dfrac{P_r}{I^2}$

여기서, P_r : 무효전력

소비전력(유효전력) $P=VI\cos\theta[W]$

피상전력 $P_a=VI=\dfrac{P}{\cos\theta}=\dfrac{800}{0.8}=1000[VA]$

전류 $I=\dfrac{P_a}{V}=\dfrac{1000}{100}=10[A]$

무효전력 $P_r=VI\sin\theta[\text{Var}]=\text{VI}\sqrt{1-\cos\theta^2}=$
$=1000\times\sqrt{1-0.64}=600[\text{Var}]$

$$\therefore X=\frac{P_r}{I^2}=\frac{600}{10^2}=6[\Omega]$$

【정답】 ①

63. 그림과 같은 π형 4단자 회로의 어드미턴스 상수 중 Y_{22}는 몇 [℧]인가?

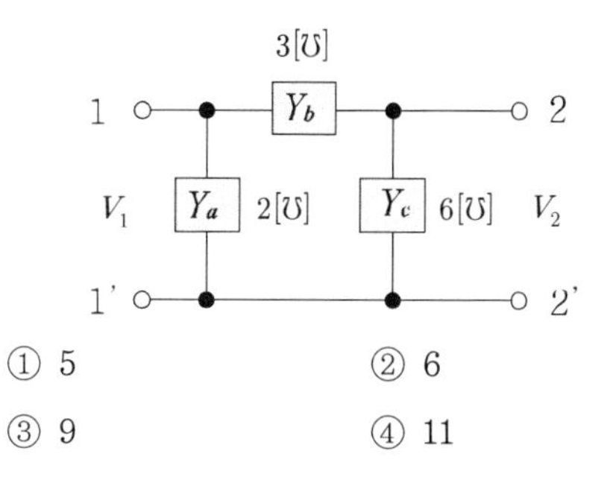

① 5 ② 6

③ 9 ④ 11

|정|답|및|해|설|

[4단자 회로의 어드미턴스]

$Y_{11} = Y_a + Y_b$, $Y_{12} = -Y_b$

$Y_{21} = -Y_b$, $Y_{22} = Y_b + Y_c$

그러므로 $Y_{22} = Y_b + Y_c = 3 + 6 = 9$[℧]

【정답】 ③

64. 불평형 3상 전류 $I_a = 15 + j2$[A], $I_b = -20 - j14$[A], $I_c = -3 + j10$[A]일 때 영상전류 I_0는 약 몇 [A]인가?

① $2.67 + j0.36$ ② $15.7 - j3.25$

③ $-1.91 + j6.24$ ④ $-2.67 - j0.67$

|정|답|및|해|설|

[영상전류] $I_0 = \frac{1}{3}(I_a + I_b + I_c)$

$\therefore I_0 = \frac{1}{3}(15 + j2 - 20 - j14 - 3 + j10)$

$= \frac{1}{3}(-8 - j2) = -2.67 - j0.67[A]$

【정답】 ④

65. 어떤 계에 임펄스 함수(δ함수)가 입력으로 가해졌을 때 시간함수 e^{-2t}가 출력으로 나타났다. 이계의 전달함수는?

① $\frac{1}{s+2}$ ② $\frac{1}{s-2}$

③ $\frac{2}{s+2}$ ④ $\frac{2}{s-2}$

|정|답|및|해|설|

[전달함수]

- 입력신호와 출력신호의 관계를 수직적으로 표현한 것
- 모든 초기값을 0으로 한 상태에서 입력신호의 라플라스변환에 대한 출력신호의 라플라스 변환과의 비

문제에서 임펄스 응답이 e^{-2t}이므로

$\mathcal{L}[e^{-2t1}] = \frac{1}{s+2}$

전달함수 $G(s) = \frac{Y(s)}{X(s)} = \frac{1}{s+2}$

【정답】 ①

66. 0.2[H]의 인덕터와 150[Ω]의 저항을 직렬로 접속하고 220[V] 상용교류를 인가하였다. 1시간 동안 소비된 전력량은 약 몇 [Wh]인가?

① 209.6 ② 226.4

③ 257.6 ④ 286.9

|정|답|및|해|설|

[전력량] $W = Pt = I^2Rt$[Wh]

유도성 리액턴스 $X_L = \omega L = 2\pi fL = 2\pi \times 60 \times 0.2 = 75.4[\Omega]$

임피던스 $Z = R + jX_L$

$= 150 + j75.4 = \sqrt{150^2 + 75.4^2} = 167.88[\Omega]$

전류 $I = \frac{V}{Z} = \frac{220}{167.88} = 1.31[A]$

$\therefore W = I^2Rt = 1.31^2 \times 150 \times 1 = 257.6$[Wh]

【정답】 ③

67. 어떤 제어계의 출력이 $C(s) = \frac{5}{s(s^2+s+2)}$로 주어질 때 출력의 시간함수 $c(t)$의 최종값은?

① 5 ② 2

③ $\frac{2}{5}$ ④ $\frac{5}{2}$

|정|답|및|해|설|

[최종값 정리]

$\lim_{t\to\infty} C(t) = \lim_{s\to 0} sC(s) = \lim_{s\to 0} s\frac{5}{s(s^2+s+2)} = \frac{5}{2}$

【정답】 ④

68. $e = E_m \cos(100\pi t - \frac{\pi}{3})$[V]와 $i = I_m \sin\left(100\pi t + \frac{\pi}{4}\right)$[A]의 위상차를 시간으로 나타내면 약 몇 초인가?

① 3.33×10^{-4}　　② 4.33×10^{-4}

③ 6.33×10^{-4}　　④ 8.33×10^{-4}

|정|답|및|해|설|

$e = E_m \cos(100\pi t - \frac{\pi}{3}) = E_m \sin(100\pi t - \frac{\pi}{3} + \frac{\pi}{2})$

$= E_m \sin(100\pi t + \frac{\pi}{6})$

e과 i의 위상차 $\theta = \frac{\pi}{4} - \frac{\pi}{6} = \frac{\pi}{12}$

$\theta = \omega t$에서 $t = \frac{\theta}{\omega}$

$\therefore t = \frac{\theta}{\omega} = \frac{\pi}{12} \times \frac{1}{100\pi} = 8.33 \times 10^{-4}$[sec]

【정답】 ④

69. 같은 저항 $r[\Omega]$ 6개를 사용하여 그림과 같이 결선하고 대칭 3상 전압 V[V]를 가했을 때 흐르는 전류 I는 몇 [A]인가?

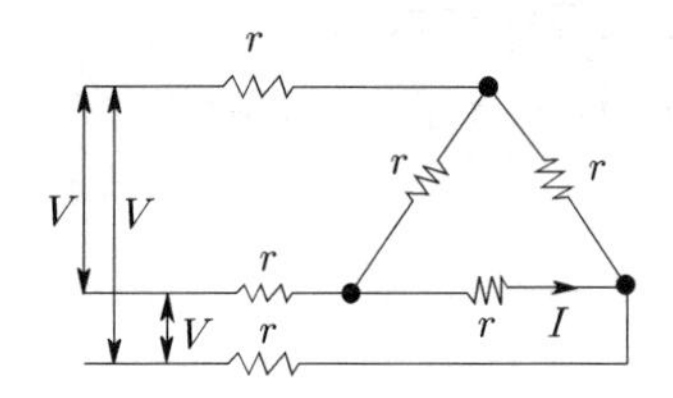

① $\frac{V}{2r}$　　② $\frac{V}{3r}$

③ $\frac{V}{4r}$　　④ $\frac{V}{5r}$

|정|답|및|해|설|

회로를 $\Delta \rightarrow$ Y결선으로 변환하면

저항은 $\frac{1}{3}$이 되므로 $\frac{1}{3}r$

전체 1상의 저항을 구하면 $R = r + \frac{r}{3} = \frac{4}{3}r$

$I_p = \frac{V_p}{Z} = \frac{\frac{V}{\sqrt{3}}}{\frac{4}{3}r} = \frac{3V}{4\sqrt{3}r} = \frac{\sqrt{3}V}{4r}$

△결선의 상전류 $I_p = \frac{I_l}{\sqrt{3}} = \frac{\frac{\sqrt{3}V}{4r}}{\sqrt{3}} = \frac{V}{4r}$

【정답】 ③

70. 어떤 교류전동기의 명판에 역률=0.6, 소비전력=120[kW]로 표기되어 있다. 이 전동기의 무효전력은 몇 [kVar]인가?

① 80　　② 100

③ 140　　④ 160

|정|답|및|해|설|

[무효전력] $P_r = \sqrt{P_a^2 - P^2}$

여기서, P_a : 피상전력, P : 유효전력

피상전력 $P_a = VI = \frac{P}{\cos\theta} = \frac{120}{0.6} = 200[VA]$

무효전력 $P_r = \sqrt{P_a^2 - P^2}$　$\rightarrow (P_a = VI = \sqrt{P^2 + P_r^2})$

$P_r = \sqrt{200^2 - 120^2} = 160$[kVar]

【정답】 ④

71. 대칭 3상 전압이 있을 때 한 상의 Y전압 순시값 $e_p = 1000\sqrt{2}\sin\omega t + 500\sqrt{2}\sin(3\omega t + 20°) + 100\sqrt{2}\sin(5\omega t + 30°)$[V]이면 선간전압 E_l에 대한 상전압 E_p의 실효값 비율 $\left(\frac{E_p}{E_l}\right)$은 약 몇 [%]인가?

① 55　　② 64

③ 85　　④ 95

|정|답|및|해|설|

상전압은 기본파와 제3고조파 전압이 존재한다.

$V_p = \sqrt{V_1^2 + V_3^2 + V_5^2} = \sqrt{1000^2 + 500^2 + 100^2} = 1122.5$

$V_l = \sqrt{3} \cdot \sqrt{V_1^2 + V_5^2} = \sqrt{3} \cdot \sqrt{1000^2 + 100^2} = 1740.7$

$\therefore \frac{V_p}{V_l} = \frac{1122.5}{1740.7} = 0.64 = 64[\%]$

※선간전압(V_l)에는 제3고조파분이 나타나지 않는다.

【정답】 ②

72. 대칭 좌표법에서 사용되는 용어 중 각 상에 공통인 성분을 표시하는 것은?

① 영상분 ② 정상분
③ 역상분 ④ 공통분

|정|답|및|해|설|
[대칭좌표법] 각 상에 공통성분은 영상분이다.
$V_a = V_0 + V_1 + V_2,\quad V_b = V_0 + a^2 V_1 + aV_2$
$V_c = V_0 + aV_1 + a^2 V_2$ 【정답】 ①

73. 어느 저항에 $v_1 = 220\sqrt{2}\sin(2\pi\cdot 60t - 30°)$[V]와 $v_2 = 100\sqrt{2}\sin(3\cdot 2\pi\cdot 60t - 30°)$[V]의 전압이 각각 걸릴 때의 설명으로 옳은 것은?

① v_1이 v_2보다 위상이 15° 앞선다.
② v_1이 v_2보다 위상이 15° 뒤진다.
③ v_1이 v_2보다 위상이 75° 앞선다.
④ v_1과 v_2의 위상관계는 의미가 없다.

|정|답|및|해|설|
v_1은 기본파, v_2는 3고조파 성분으로 위상관계는 의미가 없다.
【정답】 ④

74. RLC 병렬 공진회로에 관한 설명 중 틀린 것은?

① R의 비중이 작을수록 Q가 높다.
② 공진 시 입력 어드미턴스는 매우 작아진다.
③ 공진 주파수 이하에서의 입력전류는 전압보다 위상이 뒤진다.
④ 공진 시 L 또는 C에 흐르는 전류는 입력전류 크기의 Q배가 된다.

|정|답|및|해|설|
RLC 병렬 공진회로의 선택도 Q

$$Q = \frac{I_c}{I_r} = \frac{wCV}{\frac{V}{R}} = RwC,\quad Q' = \frac{I_L}{I_r} = \frac{\frac{V}{wL}}{\frac{V}{R}} = \frac{R}{wL}$$

따라서 R이 클수록 Q도 커진다.
【정답】 ①

75. 대칭 5상 회로의 선간전압과 상전압의 위상차는?

① 27° ② 36°
③ 54° ④ 72°

|정|답|및|해|설|
[n상 교류] 전압차 $V_l = 2\sin\frac{\pi}{n}V_p$, 위상차 $\theta = \frac{\pi}{2}\left(1-\frac{2}{n}\right)$
여기서, n : 상수 → 5상이므로 $n=5$
위상차는 $\theta = \frac{\pi}{2}\left(1-\frac{2}{5}\right) = 54°$
【정답】 ③

76. $\frac{s\sin\theta + \omega\cos\theta}{s^2+\omega^2}$의 역라플라스 변환을 구하면 어떻게 되는가?

① $\sin(\omega t - \theta)$ ② $\sin(\omega t + \theta)$
③ $\cos(\omega t - \theta)$ ④ $\cos(\omega t + \theta)$

|정|답|및|해|설|
$\mathcal{L}^{-1}\left[\frac{w}{s^2+w^2}\right] = \sin wt,\ \mathcal{L}^{-1}\left[\frac{s}{s^2+w^2}\right] = \cos wt$
$F(s) = \frac{s\sin\theta + w\cos\theta}{s^2+w^2} = \frac{w}{s^2+w^2}\cos\theta + \frac{s}{s^2+w^2}\sin\theta$
$\therefore f(t) = \mathcal{L}^{-1}[F(s)] = \sin wt\cdot\cos\theta + \cos wt\cdot\sin\theta = \sin(wt+\theta)$
【정답】 ②

77. 대칭 3상 전압이 a상 V_a[V], b상 $V_b = a^2V_a$[V], c상 $V_c = aV_a$[V]일 때 a상을 기준으로 한 대칭분 전압 중 정상분 V_1[V]은 어떻게 표시되는가? 단, $a = -\frac{1}{2} + j\frac{\sqrt{3}}{2}$이다.

① 0 ② V_a
③ aV_a ④ a^2V_a

|정|답|및|해|설|

대칭분을 각각 V_0, V_1, V_2라 하면

$$V_0 = \frac{1}{3}(V_a + V_b + V_c) = \frac{1}{3}(V_a + a^2 V_a + a^3 V_a)$$
$$= \frac{V_a}{3}(1 + a^2 + a) = 0$$
$$V_1 = \frac{1}{3}(V_a + aV_b + a^2 V_c) = \frac{1}{3}(V_a + a^3 V_a + a^3 V_a)$$
$$= \frac{V_a}{3}(1 + a^3 + a^3) = V_a$$
$$V_2 = \frac{1}{3}(V_a + a^2 V_b + aV_c) = \frac{1}{3}(V_a + a^4 V_b + a^2 V_a)$$
$$= \frac{V_a}{3}(1 + a^4 + a^2) = 0$$

【정답】 ②

78. 그림에서 a, b 단자의 전압이 100[V], a, b에서 본 능동 회로망 N의 임피던스가 $15[\Omega]$일 때 a, b 단자에 $10[\Omega]$의 저항을 접속하면 a, b 사이에 흐르는 전류는 몇 [A]인가?

① 2
② 4
③ 6
④ 8

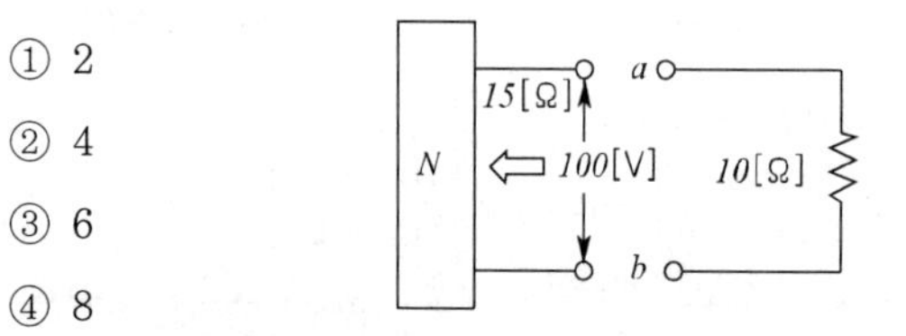

|정|답|및|해|설|

[테브낭의 정리] $I = \frac{V_{ab}}{Z_{ab} + Z}$

Z_{ab} : 단자 a, b에서 전원을 모두 제거한(전압원은 단락, 전류원 개방) 상태에서 단자 a, b 에서 본 합성 임피던스

V_{ab} : 단자 a, b를 개방했을 때 단자 a, b에 나타나는 단자전압

개방 단 전압 : 테브낭 전압 $V = 100[V]$

개방 단 저항 : 테브낭 저항 $R = 15[\Omega]$

테브낭의 정리에 의해 $I = \frac{100}{15+10} = 4[A]$

【정답】 ②

79. 전원이 Y결선, 부하가 △결선된 3상 대칭회로가 있다. 전원의 상전압이 220[V]이고 전원의 상전류가 10[A]일 경우, 부하 한 상의 임피던스$[\Omega]$는?

① $22\sqrt{3}$
② 22
③ $\frac{22}{\sqrt{3}}$
④ 66

|정|답|및|해|설|

Y-△ 이므로 전원의 상전압 220[V]는 부하의 선간전압

$V_p = V_l = 220\sqrt{3}$ [V] → 부하는 △결선이므로

전원의 상전류 10[A]는 부하의 선전류이므로 $I_l = \sqrt{3} I_p$

부하의 상전류는 $\frac{10}{\sqrt{3}}$ [A]

$$\therefore Z = \frac{V_p}{I_p} = \frac{220\sqrt{3}}{\frac{10}{\sqrt{3}}} = 66[\Omega]$$

【정답】 ④

80. $\frac{dx(t)}{dt} + 3x(t) = 5$의 라플라스 변환 $X(s)$는? 단, $x(0^+) = 0$이다.

① $\frac{5}{s+3}$
② $\frac{3s}{s+5}$
③ $\frac{3}{s(s+5)}$
④ $\frac{5}{s(s+3)}$

|정|답|및|해|설|

양변을 라플라스 변환하면

$$sX(s) + 3X(s) = \frac{5}{s} \quad \rightarrow \quad X(s)(s+3) = \frac{5}{s}$$

$$X(s) = \frac{5}{s(s+3)}$$

【정답】 ④

2017 전기산업기사 기출문제

61. 테브난의 정리를 이용하여 (a)회로를 (b)와 같은 등가 회로로 바꾸려고 한다. $V[V]$와 $R[\Omega]$의 값은?

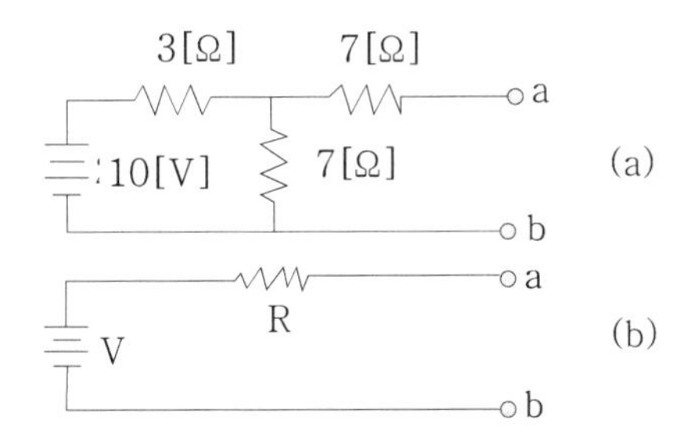

① 7[V], 9.1[Ω] ② 10[V], 9.1[Ω]
③ 7[V], 6.5[Ω] ④ 10[V], 6.5[Ω]

|정|답|및|해|설|

· 단자 a, b 사이의 전압 $V = \frac{7}{3+7} \times 10 = 7[V]$

· 20[V] 전압원을 단락시키고 단자 a, b에서 본 저항 $R = 7 + \frac{3 \times 7}{3+7} = 9.1[\Omega]$

【정답】 ①

62. 임피던스 함수 $Z(s) = \frac{s+50}{s^2+3s+2}[\Omega]$으로 주어지는 2단자 회로망에 100[V]의 직류 전압을 가했다면 회로의 전류는 몇 [A]인가?

① 4 ② 6
③ 8 ④ 10

|정|답|및|해|설|

직류 전압을 인가하므로 $s(j\omega) = 0$이다.

임피던스 $Z(0) = \frac{s+50}{s^2+3s+2} = \frac{50}{2} = 25[\Omega]$

전압 $I = \frac{V}{Z(0)} = \frac{100}{25} = 4[A]$

【정답】 ①

63. 그림과 같은 회로에서 스위치 S를 $t=0$에서 닫았을 때 $(V_L)_{t=0} = 100[V]$, $\left(\frac{di}{dt}\right)_{t=0} = 400[A/s]$이다. $L[H]$의 값은?

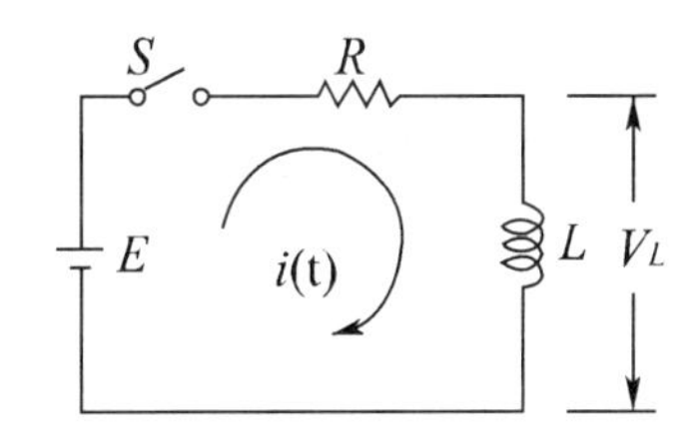

① 0.75 ② 0.5
③ 0.25 ④ 0.1

|정|답|및|해|설|

[패러데이의 법칙] $V_L = L\frac{di}{dt}[V]$

$100 = L \times 400 \rightarrow \therefore L = \frac{100}{400} = 0.25[H]$

【정답】 ③

64. 그림과 같이 π형 회로에서 Z_3를 4단자 정수로 표시한 것은?

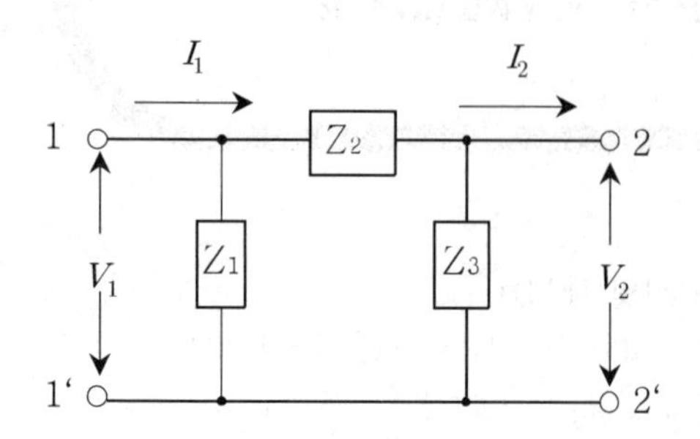

① $\dfrac{A}{1-B}$　② $\dfrac{B}{1-A}$

③ $\dfrac{A}{B-1}$　④ $\dfrac{B}{A-1}$

|정|답|및|해|설|

π형 4단자 정수 중 A와 B는

$$A=\left.\frac{V_1}{V_2}\right|_{I_2=0}=1+\frac{Z_2}{Z_3},\qquad B=Z_2$$

$$A-1=\frac{B}{Z_3},\quad \therefore Z_3=\frac{B}{A-1}$$

【정답】 ④

65. 인덕턴스 $L=20[mH]$인 코일에 실효값 $V=50[V]$, 주파수 $f=60[Hz]$인 정현파 전압을 인가했을 때 코일에 축적되는 평균 자기에너지 W_L은 약 몇 [J]인가?

① 0.22　② 0.33

③ 0.44　④ 0.55

|정|답|및|해|설|

[코일에 축적되는 평균 자기에너지] $W=\frac{1}{2}LI^2[J]$

$$I=\frac{V}{Z}=\frac{V}{wL}=\frac{V}{2\pi fL}=\frac{50}{2\pi\times 60\times 20\times 10^{-3}}=6.63[A]$$

$$W=\frac{1}{2}LI^2=\frac{1}{2}\times 20\times 10^{-3}\times 6.63^2\fallingdotseq 0.44[J]$$

【정답】 ③

66. 그림과 같은 회로에서 $t=0$에서 스위치를 닫으면 전류 $i(t)[A]$는? 단, 콘덴서의 초기 전압은 0[V]이다.

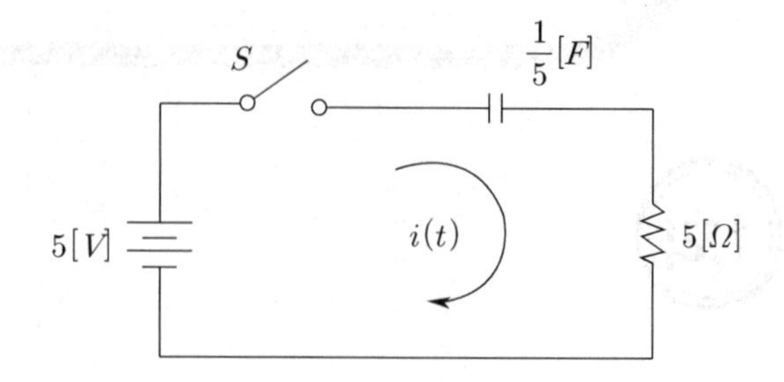

① $5(1-e^{-t})$　② $1-e^{-t}$

③ $5e^{-t}$　④ e^{-t}

|정|답|및|해|설|

$R-C$직렬회로

	$R-C$ 직렬회로	직류 기전력 인가 시 (S/W on)
①	전하 $q(t)$	$q(t)=CE(1-e^{-\frac{1}{RC}t})$
②	전류 $i(t)$	$i=\frac{E}{R}e^{-1\frac{1}{RC}t}[A]$
③	특성근	$P=-\frac{1}{RC}$
④	시정수	$\tau=RC[\sec]$

전류 $i=\frac{E}{R}e^{-\frac{1}{RC}t}=\frac{5}{5}e^{-\frac{1}{5\times\frac{1}{5}}t}=e^{-t}[A]$

【정답】 ④

67. 다음과 같은 회로에서 E_1, E_2, $E_3[V]$를 대칭 3상 전압이라 할 때 전압 $E_o[V]$은?

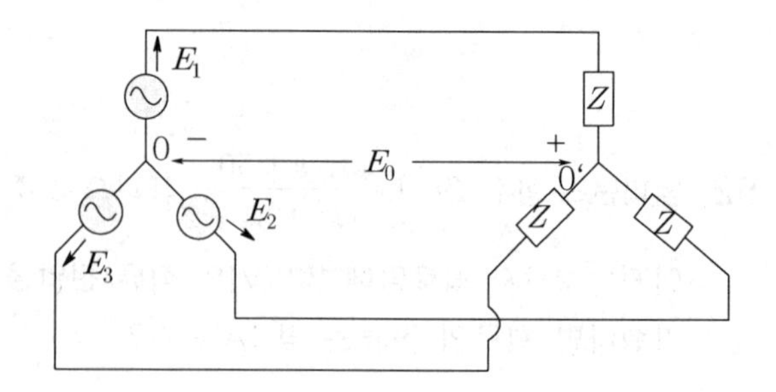

① 0　　② $\frac{E_1}{3}$

③ $\frac{2}{3}E_1$　　④ E_1

|정|답|및|해|설|

[중성점 전압] $E_0 = \frac{1}{3}(E_1 + E_2 + E_3)$

3상 평형인 경우 $E_1 + E_2 + E_3 = 0$이므로 중성선의 전압은 0이 된다.

【정답】 ①

68. 그림과 같은 회로가 있다. $I = 10[A]$, $G = 4[℧]$ $G_L = 6[℧]$일 때 G_L의 소비전력[W]은?

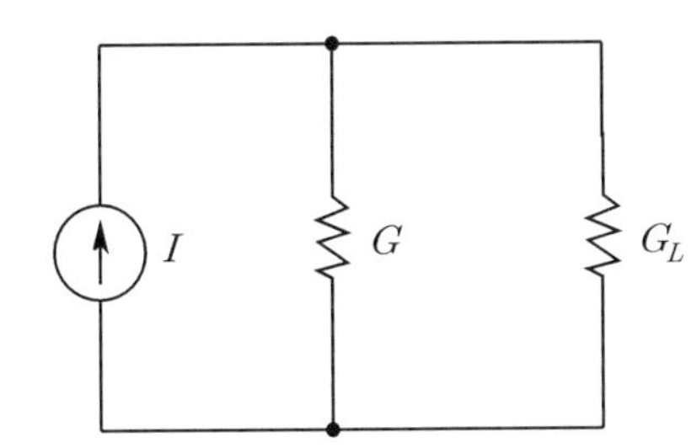

① 100　　② 10

③ 6　　④ 4

|정|답|및|해|설|

G_L에 흐르는 전류 $I_L = \frac{G_L}{G+G_L}I = \frac{6}{4+6} \times 10 = 6[A]$

인덕턴스는 저항의 역수

소비저력 $P_L = I_L^2 R = I_L^2 \frac{1}{G_L} = 6^2 \times \frac{1}{6} = 6[W]$

【정답】 ③

69. $F(s) = \frac{s+1}{s^2+2s}$의 역라플라스 변환은?

① $\frac{1}{2}(1-e^{-t})$　　② $\frac{1}{2}(1-e^{-2t})$

③ $\frac{1}{2}(1+e^{t})$　　④ $\frac{1}{2}(1+e^{-2t})$

|정|답|및|해|설|

분모가 인수분해가 가능하므로 $F(s) = \frac{s+1}{s(s+2)} = \frac{K_1}{s} + \frac{K_2}{s+2}$

$K_1 = \left[\frac{s+1}{s+2}\right]_{s=0} = \frac{1}{2}$

$K_2 = \left[\frac{s+1}{s}\right]_{s=-2} = \frac{-2+1}{-2} = \frac{1}{2}$

$F(s) = \frac{1}{2}\frac{1}{s} + \frac{1}{2}\frac{1}{s+2} = \frac{1}{2}\left(\frac{1}{s} + \frac{1}{s+2}\right)$

$\therefore f(t) = \mathcal{L}^{-1}[F(s)] = \frac{1}{2}(1+e^{-2t})$

【정답】 ④

70. $\mathcal{L}^{-1}\left[\frac{\omega}{s(s^2+\omega^2)}\right]$은?

① $\frac{1}{\omega}(1-\sin\omega t)$　　② $\frac{1}{\omega}(1-\cos\omega t)$

③ $\frac{1}{s}(1-\sin\omega t)$　　④ $\frac{1}{s}(1-\cos\omega t)$

|정|답|및|해|설|

$F(s) = \frac{\omega}{s(s^2+\omega^2)} = \frac{k_1}{s} + \frac{k_2}{s^2+\omega^2}$

$k_1 = \lim_{s\to 0} sF(s) = \left|\frac{\omega}{s^2+\omega^2}\right|_{s=0} = \frac{1}{\omega}$

$k_2 = \lim_{s\to j\omega}(s^2+\omega^2)F(s) = \left|\frac{\omega}{s}\right|_{s=j\omega} = -j$

$F(s) = \frac{\frac{1}{\omega}}{s} + \frac{-j}{s^2+\omega^2}$

$s = j\omega$이므로 $-j = -\frac{s}{\omega}$

$F(s) = \frac{1}{\omega}\left(\frac{1}{s} - \frac{s}{s^2+\omega^2}\right)$

$\therefore \mathcal{L}^{-1}\left[\frac{1}{\omega}\left(\frac{1}{s} - \frac{s}{s^2+\omega^2}\right)\right] = \frac{1}{\omega}(1-\cos\omega t)$

【정답】 ②

71. 불평형 3상 전류가 다음과 같을 때 역상 전류 I_2는 약 몇 [A]인가?

$$I_a = 15 + j2[A],\ I_b = -20 - j14[A]$$
$$I_c = -3 + j10[A]$$

① $1.91 + j6.24$ ② $2.17 + j5.34$
③ $3.38 - j4.26$ ④ $4.27 - j3.68$

|정|답|및|해|설|

영상분 $I_0 = \frac{1}{3}(I_a + I_b + I_c)$

정상분 $I_1 = \frac{1}{3}(I_a + aI_b + a^2 I_c)$

역상분 $I_2 = \frac{1}{3}(I_a + a^2 I_b + aI_c)$

역상분 전류 $I_2 = \frac{1}{3}(I_a + a^2 I_b + aI_c)$

$$= \frac{1}{3}\left(15 + j2 + \left(-\frac{1}{2} - j\frac{\sqrt{3}}{2}\right)(-20 - j14) + \left(-\frac{1}{2} + j\frac{\sqrt{3}}{2}\right)(-3 + j10)\right)$$
$$= 1.91 + j6.24$$

【정답】 ①

72. 전류 $I = 30\sin\omega t + 40\sin(3\omega t + 45°)[A]$의 실효값은 약 몇 [A]인가?

① 25 ② 35.4
③ 50 ④ 70.7

|정|답|및|해|설|

[실효값] $I = \sqrt{I_1^2 + I_2^2 + \cdots + I_n^2} = \sqrt{I_1^2 + I_3^2}$

$$= \sqrt{\left(\frac{30}{\sqrt{2}}\right)^2 + \left(\frac{40}{\sqrt{2}}\right)^2} = \frac{1}{\sqrt{2}}\sqrt{30^2 + 40^2} = 35.4[A]$$

【정답】 ②

73. 100[kVA] 단상 변압기 3대로 △결선하여 3상 전원을 공급하던 중 1대의 고장으로 V결선하였다면 출력은 약 몇[kVA]인가?

① 100 ② 173
③ 245 ④ 300

|정|답|및|해|설|

100[kVA] 단상 변압기 2대로 V 운전시의 출력

$P_v = \sqrt{3}\,V_1 = \sqrt{3} \times 100 = 173[kVA]$ 【정답】 ②

74. 그림과 같은 회로에서 r_1저항에 흐르는 전류를 최소로 하기 위한 저항 $r_2[\Omega]$는?

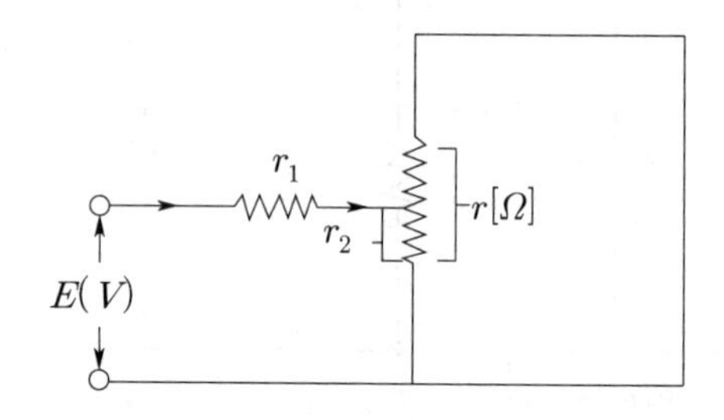

① $\frac{r_1}{2}$ ② $\frac{r}{2}$
③ r_1 ④ r

|정|답|및|해|설|

전류를 최소로 하기 위해서는 저항이 최대이어야 하며 r_1은 일정하므로 $r - r_2$와 r_2가 같아야 한다.

즉, $r - r_2 = r_2$에서 $r = 2r_2$

$\therefore r_2 = \frac{r}{2}[\Omega]$ 【정답】 ②

75. 옴의 법칙은 저항에 흐르는 전류와 전압의 관계를 나타낸 것이다. 회로의 저항이 일정할 때 전류는?

① 전압에 비례한다.
② 전압에 반비례한다.
③ 전압의 제곱에 비례한다.
④ 전압의 제곱에 반비례한다.

|정|답|및|해|설|

오옴의 법칙에서 전류 $I=\frac{V}{R}$

저항이 일정할 때 전류는 전압에 비례 ($I\propto V$)

【정답】 ①

76. 단위 임펄스 $\delta(t)$의 라플라스 변환은?

① e^{-s} ② $\frac{1}{s}$

③ $\frac{1}{s^2}$ ④ 1

|정|답|및|해|설|

[단위 함수의 라플라스 변환]

·단위임펄스함수 $F(s)=\mathcal{L}[\delta(t)]=1$

·단위계단함수 $F(s)=\mathcal{L}[u(t)]=\frac{1}{s}$

·단위램프함수 $F(s)=\mathcal{L}[f(t)]=\frac{1}{s^2}$

【정답】 ④

77. 저항 $R[\Omega]$과 리액턴스 $X[\Omega]$이 직렬로 연결된 회로에서 $\frac{X}{R}=\frac{1}{\sqrt{2}}$ 일 때, 이 회로의 역률은?

① $\frac{1}{\sqrt{2}}$ ② $\frac{1}{\sqrt{3}}$

③ $\sqrt{\frac{2}{3}}$ ④ $\frac{\sqrt{3}}{2}$

|정|답|및|해|설|

$R=\sqrt{2}X$이므로

역률 $\cos\theta=\frac{R}{Z}=\frac{R}{\sqrt{R^2+X^2}}=\frac{\sqrt{2}X}{\sqrt{(\sqrt{2}X)^2+X^2}}=\frac{\sqrt{2}X}{\sqrt{3}X}$

$=\frac{\sqrt{2}}{\sqrt{3}}=\sqrt{\frac{2}{3}}$

【정답】 ③

78. 다음의 4단자 회로에서 단자 ab에서 본 구동점 임피던스 Z_{11}는 몇 $[\Omega]$인가?

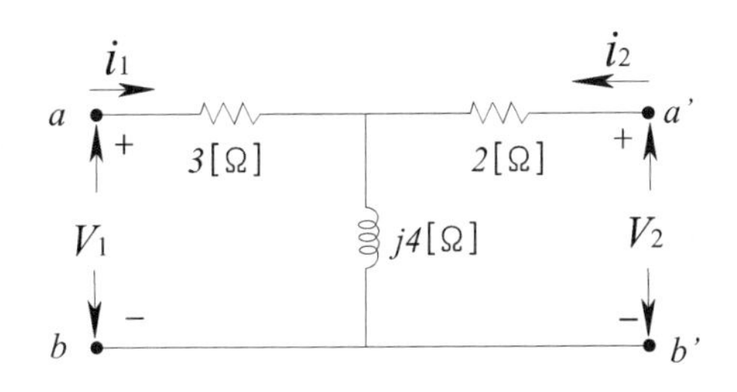

① $2+j4[\Omega]$ ② $2-j4[\Omega]$

③ $3+j4[\Omega]$ ④ $3-j4[\Omega]$

|정|답|및|해|설|

[구동점 임피던스]

$Z_{11}=\left.\frac{V_1}{I_1}\right|_{I_2=0}=\frac{V_1}{\frac{V_1}{3+j4}}=3+j4[\Omega]$

【정답】 ③

79. 어떤 회로의 단자 전압과 전류가 다음과 같을 때, 회로에 공급되는 평균 전력은 약 몇 [W]인가?

$v(t)=100\sin\omega t+70\sin 2\omega t+50\sin(3\omega t-30^\circ)[V]$

$i(t)=20\sin(\omega t-60^\circ)+10\sin(3\omega t+45^\circ)[A]$

① 565 ② 525

③ 495 ④ 465

|정|답|및|해|설|

같은 주파수의 전압과 전류에서만 전력이 발생되므로

$P=V_1I_1\cos\theta_1+V_3I_3\cos\theta_3$

$=\frac{100}{\sqrt{2}}\times\frac{20}{\sqrt{2}}\cos 60^\circ+\frac{50}{\sqrt{2}}\times\frac{10}{\sqrt{2}}\cos 75^\circ=564.7[W]$

【정답】 ①

80. 정현파 교류전압의 파고율은?

① 0.91 ② 1.11

③ 1.41 ④ 1.73

|정|답|및|해|설|

$$파고율 = \frac{최대값}{실효값} = \frac{V_m}{\frac{V_m}{\sqrt{2}}} = \sqrt{2} = 1.414$$

	구형파	3각파	정현파	정류파 (전파)	정류파 (반파)
파형률	1.0	1.15	1.11	1.11	1.57
파고율	1.0	1.732	1.414	1.414	2.0

【정답】 ③

61. 어떤 회로망의 4단자 정수가 $A=8$, $B=j2$ $D=3+j2$이면 이 회로망의 C는 얼마인가?

① $2+j3$　　② $3+j3$
③ $24+j14$　　④ $8-j11.5$

|정|답|및|해|설|

$AD-BC=1$

$$C=\frac{AD-1}{B}=\frac{8(3+j2)-1}{j2}=\frac{23-j6}{j2}=\frac{16-j23}{j2\times(-j)}=8-j11.5$$

【정답】 ④

62. 다음과 같은 회로에서 $i_1 = I_m \sin\omega t[A]$일 때, 개방된 2차 단자에서 나타나는 유기기전력 e_2는 몇 [V]인가?

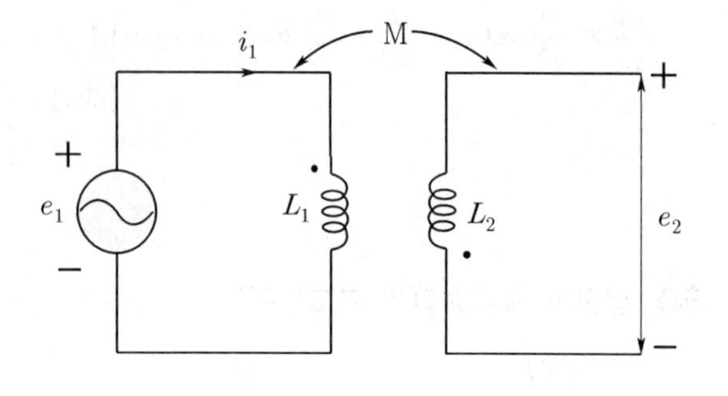

① $\omega MI_m \sin(\omega t - 90°)$
② $\omega MI_m \cos(\omega t - 90°)$
③ $-\omega M \sin\omega t$
④ $\omega M \cos\omega t$

|정|답|및|해|설|

[2차 유기기전력] $e_2 = -L_2\frac{dt_2}{dt} = -M\frac{dt_1}{dt}$

$$e_2 = -M\frac{di_1}{dt} = -\omega MI_m \cos\omega t = -\omega t MI_m \sin(\omega t + 90°)$$
$$= \omega MI_m \sin(\omega t - 90°)[V]$$

【정답】 ①

63. 다음 회로에서 부하 R에 최대 전력이 공급될 때의 전력값이 5[W]라고 할 때 $R_L + R_i$의 값은 몇 [Ω]인가? (단, R_i는 전원의 내부저항이다.)

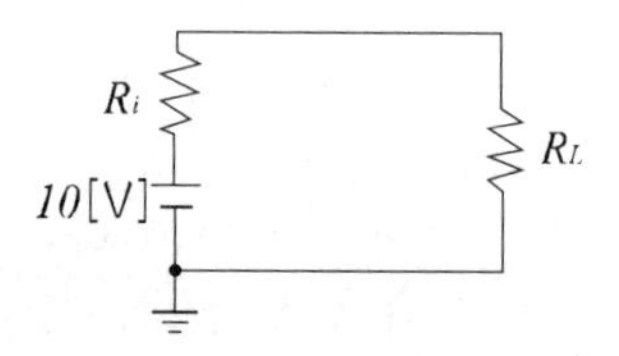

① 5　　② 10
③ 15　　④ 20

|정|답|및|해|설|

[최대 전력 전송 조건] $P_m = I^2R_L = \left(\frac{V}{R_i+R_L}\right)^2 R_L$

$$= \left(\frac{V}{2R_L}\right)^2 \times R_L = \frac{V^2}{4R_L}[W]$$

$5 = \frac{10^2}{4R_L} \rightarrow R_L = \frac{10^2}{4\times5} = 5[\Omega]$

$\therefore R_L + R_i = 5+5 = 10[\Omega]$

【정답】 ②

64. 부동작 시간(dead time) 요소의 전달함수는?

① K　　② $\frac{K}{s}$
③ Ke^{-Ls}　　④ Ks

|정|답|및|해|설|

방정식 : $y(t)=Kx(t-L)$ (L : 부동작시간)

라플라스 변환 : $Y(s)=Ke^{-Ls} \cdot X(s)$

$\therefore G(s)=\frac{Y(s)}{X(s)}=Ke^{-Ls}$

【정답】 ③

65. 회로의 양 단자에서 테브난의 정리에 의한 등가 회로로 변환할 경우 V_{ab} 전압과 테브난 등가저항은?

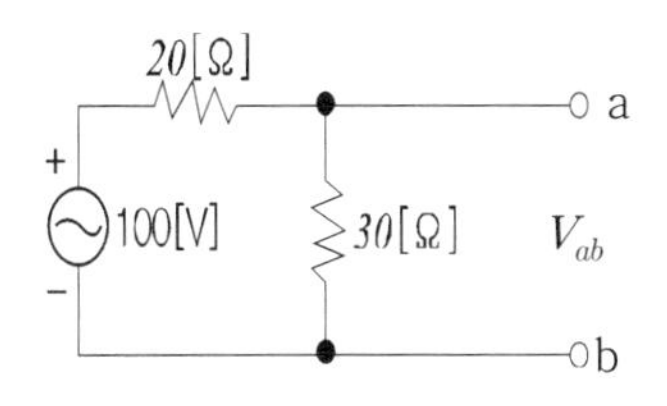

① 60[V], 12[Ω]　② 60[V], 15[Ω]

③ 50[V], 15[Ω]　④ 50[V], 50[Ω]

|정|답|및|해|설|

30[Ω]에 인가되는 전압 $E=100\times\frac{30}{20+30}=60[V]$

양 단자 측에서 본 전체 저항(전압원 단락시킨다)

$R=\frac{20\times 30}{20+30}=12[\Omega]$

【정답】 ①

66. 저항 $R[\Omega]$, 리액턴스 $X[\Omega]$와의 직렬회로에 교류 전압 $V[V]$를 가했을 때 소비되는 전력[W]은?

① $\frac{V^2R}{\sqrt{R^2+X^2}}$　② $\frac{V}{\sqrt{R^2+X^2}}$

③ $\frac{V^2R}{R^2+X^2}$　④ $\frac{X}{R^2+X^2}$

|정|답|및|해|설|

[$R-X$ 직렬 회로의 유효전력]

$P=I^2R=\left(\frac{V}{\sqrt{R^2+X^2}}\right)^2R=\frac{V^2}{R^2+X^2}R$

【정답】 ③

67. 그림과 같은 회로에서 $V_1(s)$를 입력, $V_2(s)$를 출력으로 한 전달함수는?

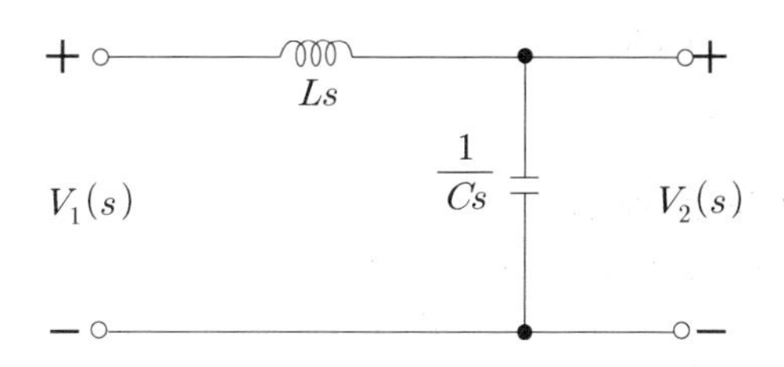

① $\frac{1}{\frac{1}{Ls}+Cs}$　② $\frac{1}{1+s^2LC}$

③ $\frac{1}{LC+Cs}$　④ $\frac{Cs}{s^2(s+LC)}$

|정|답|및|해|설|

전압비 전달함수는 임피던스 비이므로

$V_1(s)=\left(Ls+\frac{1}{Cs}\right)I(s)$

$V_2(s)=\frac{1}{Cs}I(s)$

전달함수 $G(s)=\frac{V_2(s)}{V_1(s)}=\frac{\frac{1}{Cs}}{Ls+\frac{1}{Cs}}=\frac{1}{s^2LC+1}$

【정답】 ②

68. RLC 직렬회로에서 각주파수 ω를 변화시켰을 때 어드미턴스의 궤적은?

① 원점을 지나는 원

② 원점을 지나는 반원

③ 원점을 지나지 않는 원

④ 원점을 지나지 않는 직선

|정|답|및|해|설|

[역궤적 관계]

임피던스 궤적 ↔ 어드미턴스 궤적

(반)직선 ↔ (반)원

1상한 ↔ 4상한

【정답】 ①

69. 대칭 6상 기전력의 선간전압과 상기전력의 위상차는?

① 120° ② 60°
③ 30° ④ 15°

|정|답|및|해|설|

[대칭 n상인 경우 기전력의 위상차]

$\theta = \frac{\pi}{2} - \frac{\pi}{n} = \frac{\pi}{2}\left(1 - \frac{2}{n}\right) = \frac{180}{2}\left(1 - \frac{2}{6}\right) = 90 \times \frac{2}{3} = 60°$

【정답】 ②

70. RL 병렬회로의 양단에 $e = E_m \sin(\omega t + \theta)[V]$의 전압이 가해졌을 때 소비되는 유효전력[W]은?

① $\frac{E_m^2}{2R}$ ② $\frac{E_m^2}{\sqrt{2}R}$
③ $\frac{E_m}{2R}$ ④ $\frac{E_m}{\sqrt{2}R}$

|정|답|및|해|설|

병렬회로이므로

유효전력 $P = I^2 R = \frac{V^2}{R} = \frac{\left(\frac{E_m}{\sqrt{2}}\right)^2}{R} = \frac{E_m^2}{2R}[W]$

【정답】 ①

71. 2단자 회로 소자 중에서 인가한 전류파형과 동위상의 전압파형을 얻을 수 있는 것은?

① 저항 ② 콘덴서
③ 인덕턴스 ④ 저항+콘덴서

|정|답|및|해|설|

·저항 R에 정현파 전류($i = I_m \sin\omega t$)가 흐를 때
전압강하 $V_R = Ri = RI_m \sin\omega t = V_m \sin\omega t$
(전압과 전류가 동위상)

·인덕턴스 L에 정현파 전류가 흐를 때
전압강하 $V_L = L\frac{di}{dt} = V_m \sin(\omega t + 90°)$
(전압이 전류보다 위상이 90° 앞선다(지상, 유도성))

·커페시턴스 C에 정현파 전류가 흐를 때
전압강하 $V_C = V_m \sin(\omega t - 90°)$
(전압은 전류보다 위상이 90° 느리다(진상, 용량성))

【정답】 ①

72. 다음과 같은 교류 브리지 회로에서 Z_0에 흐르는 전류가 0이 되기 위한 각 임피던스의 조건은?

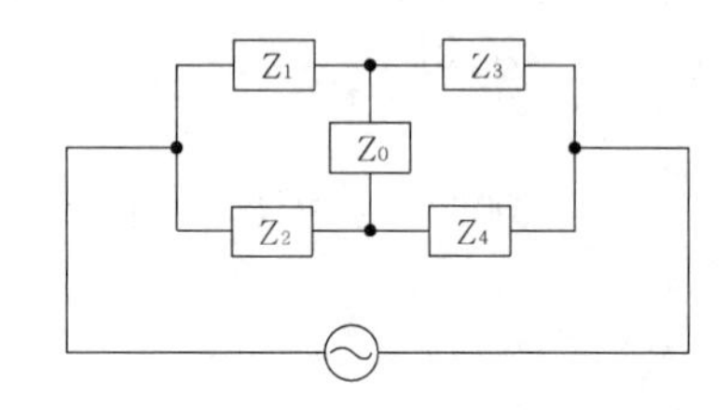

① $Z_1Z_2 = Z_3Z_4$ ② $Z_1Z_2 = Z_3Z_0$
③ $Z_2Z_3 = Z_1Z_0$ ④ $Z_2Z_3 = Z_1Z_4$

|정|답|및|해|설|

브리지 회로의 평형조건 : 서로 마주보는 대각으로의 곱이 같으면 회로가 평형이다. 즉, $Z_2Z_3 = Z_1Z_4$

【정답】 ④

73. 불평형 3상 전류가 $I_a = 15 + j2[A]$ $I_b = -20 - j14[A]$, $I_c = -3 + j10[A]$, 일 때의 영상전류 I_0는?

① $1.57 - j3.25$ ② $2.85 + j0.36$
③ $-2.67 - j0.67$ ④ $12.67 + j2$

|정|답|및|해|설|

[영상전류] $I_0 = \frac{1}{3}(I_a + I_b + I_c)$

$\therefore I_0 = \frac{1}{3}(15 + j2 - 20 - j14 - 3 + j10)$

$= \frac{1}{3}(-8 - j2) = -2.67 - j0.67[A]$

【정답】 ③

74. 회로에서 $L=50[mH]$, $R=20[k\Omega]$인 경우 회로의 시정수는 몇 $[\mu s]$인가?

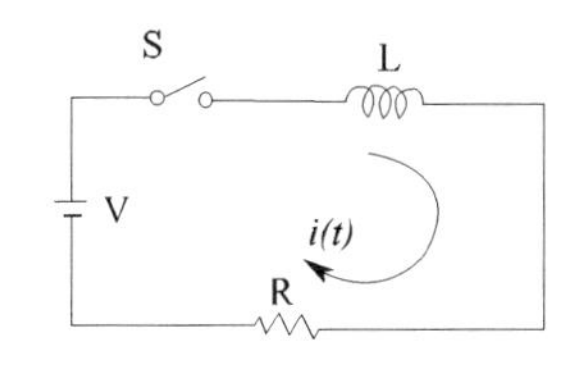

① $4.0[\mu s]$ ② $3.5[\mu s]$
③ $3.0[\mu s]$ ④ $2.5[\mu s]$

|정|답|및|해|설|

시정수 $\tau=\frac{L}{R}=\frac{50\times10^{-3}}{20\times10^{3}}=2.5\times10^{-6}[\sec]=2.5[\mu s]$

【정답】 ④

75. 주기적인 구형파 신호의 구성은?

① 직류성분만으로 구성된다.
② 기본파 성분만으로 구성된다.
③ 고조파 성분만으로 구성된다.
④ 직류 성분, 기본파 성분, 무수히 많은 고조파 성분으로 구성된다.

|정|답|및|해|설|

주기적인 비정현파의 신호는 일반적으로 푸리에 급수에 의해 표시되므로 무수히 많은 홀수 고주파의 합성이다.

【정답】 ④

76. $F(s)=\frac{5s+3}{s(s+1)}$일 때 $f(t)$의 최종값은?

① 3 ② −3
③ 5 ④ −5

|정|답|및|해|설|

[라플라스 변환의 최종값 정리]

$f(\infty)=\lim_{t\to\infty}f(t)=\lim_{s\to0}F(s)$로부터

$\lim_{t\to\infty}f(t)=\lim_{s\to0}s\cdot F(s)=\lim_{s\to0}s\cdot\frac{5s+3}{s(s+1)}$
$=\lim_{s\to0}\frac{5s+3}{s+1}=\frac{3}{1}=3$

【정답】 ①

77. 다음 미분 방정식으로 표시되는 계에 대한 전달함수는? 단, $x(t)$는 입력, $y(t)$는 출력을 나타낸다.

$$\frac{d^2y(t)}{dt^2}+3\frac{dy(t)}{dt}+2y(t)=x(t)+\frac{dx(t)}{dt}$$

① $\frac{s+1}{s^2+3s+2}$ ② $\frac{s-1}{s^2+3s+2}$
③ $\frac{s+1}{s^2-3s+2}$ ④ $\frac{s-1}{s^2-3s+2}$

|정|답|및|해|설|

$[s^2Y(s)-sy(0)-y'(0)]+3[sY(s)-y(0)]+2Y(s)$
$=X(s)+[sX(s)-x(0)]$

모든 초기값을 0으로 보고 정리하면

$(s^2+3s+2)Y(s)=(s+1)X(s)$
$\therefore\frac{Y(s)}{X(s)}=\frac{s+1}{s^2+3s+2}$

【정답】 ①

78. RC회로에 비정현파 전압을 가하여 흐른 전류가 다음과 같을 때 이 회로의 역률은 약 몇 [%]인가?

$v=20+220\sqrt{2}\sin120\pi t+40\sqrt{2}\sin360\pi t[V]$

$i=2.2\sqrt{2}\sin(120\pi t+36.87^\circ)$
$\quad+0.49\sqrt{2}\sin(360\pi t+14.04^\circ)[A]$

① 75.8 ② 80.4
③ 86.3 ④ 89.7

|정|답|및|해|설|

· 유효전력 $P = V_1 I_1 \cos\theta_1 + V_3 I_3 \cos\theta_3$
$= 220\times 2.2\times \cos 36.87° + 40\times 0.49\times \cos 14.04°$
$= 406.21[W]$

· 피상전력 $P_a = V \cdot I$

전압의 실효값 $V = \sqrt{V_0^2 + V_1^2 + V_3^2} = \sqrt{20^2 + 220^2 + 40^2}$
$= 224.5[V]$

전류의 실효값 $I = \sqrt{I_1^2 + I_3^2} = \sqrt{2.2^2 + 0.49^2} = 2.25[A]$

$P_a = V \cdot I = 224.5 \times 2.25 = 505.13[VA]$

· 역률 $\cos\theta = \frac{P}{P_a}\times 100 = \frac{406.21}{505.13}\times 100 = 80.42[\%]$

【정답】 ②

79. 대칭좌표법에 관한 설명이 아닌 것은?

① 대칭좌표법은 일반적인 비대칭 3상 교류회로의 계산에도 이용된다.
② 대칭 3상 전압의 영상분과 역상분은 0이고, 정상분만 남는다.
③ 비대칭 3상 교류회로는 영상분, 역상분 및 정상분의 3성분으로 해석한다.
④ 비대칭 3상 회로의 접지식 회로에는 영상분이 존재하지 않는다.

|정|답|및|해|설|

비대칭 3상 회로의 접지식 회로에서는 영상분이 존재한다.

【정답】 ④

80. 3상 Y결선 전원에서 각 상전압이 100[V]일 때 선간전압[V]은?

① 150　② 170
③ 173　④ 179

|정|답|및|해|설|

[Y결선] $V_p = \frac{V_l}{\sqrt{3}}$, $I_l = I_p$

여기서, V_l : 선간전압, V_p : 상전압, I_l : 선전류
I_p : 상전류

$\therefore$선간전압 $V_l = \sqrt{3}\, V_p = \sqrt{3}\times 100 = 173[V]$

【정답】 ③

61. 코일에 단상 100[V]의 전압을 가하면 30[A]의 전류가 흐르고 1.8[kW]의 전력을 소비한다고 한다. 이 코일과 병렬로 콘덴서를 접속하여 회로의 역률을 100[%]로 하기 위한 용량 리액턴스는 약 몇 [Ω]인가?

① 4.2　② 6.2
③ 8.2　④ 10.2

|정|답|및|해|설|

전압 : 100[V], 전류 : 30[A], 전력 : 1.8[kW]이면

$P_a = VI = 100\times 30 = 3000[VA] = 3[kVA]$

$P = 1.8[kW]$, 역률 $\cos\theta = \frac{1.8}{3} = 0.6 \rightarrow (P = VI\cos\theta)$

무효전력 $P_r = 3\times 0.8 = 2.4[kVar]$

따라서 역률을 100%로 하려면 무효전력을 2.4[kVar] 공급해야 한다.

$Q = WCV^2 = \frac{V^2}{X_c} \rightarrow X_c = \frac{V^2}{Q} = \frac{100^2}{2.4\times 10^3} \fallingdotseq 4.2[\Omega]$

【정답】 ①

62. 그림과 같은 회로에서 저항 r_1, r_2에 흐르는 전류의 크기가 1 : 2의 비율이라면 r_1, r_2는 각각 몇 [Ω]인가?

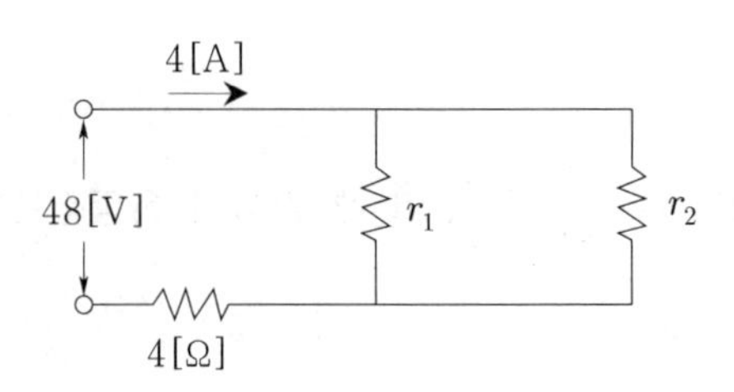

① $r_1 = 6$, $r_2 = 3$　② $r_1 = 8$, $r_2 = 4$
③ $r_1 = 16$, $r_2 = 8$　④ $r_1 = 24$, $r_2 = 12$

|정|답|및|해|설|

$I=\frac{V}{R_t}=\frac{48}{R_t}=4[A] \rightarrow R_t=\frac{V}{I}=\frac{48}{4}=12[\Omega]$

합성저항 $R_t=4+\frac{r_1 r_2}{r_1+r_2}=12[\Omega]$

r_1, r_2에 흐르는 전류비가 1 : 2이므로

저항비 r_1 : $r_2=2$: 1에서 $r_1=2r_2$

$R_t=4+\frac{r_1 r_2}{r_1+r_2}=12[\Omega] \rightarrow \frac{2r_2}{3}=8$

$r_2=12[\Omega]$, $r_1=24[\Omega]$ 【정답】 ④

63. 회로에서 스위치를 닫을 때 콘덴서의 초기 전하를 무시하면 회로에 흐르는 전류 $i(t)$는 어떻게 되는가?

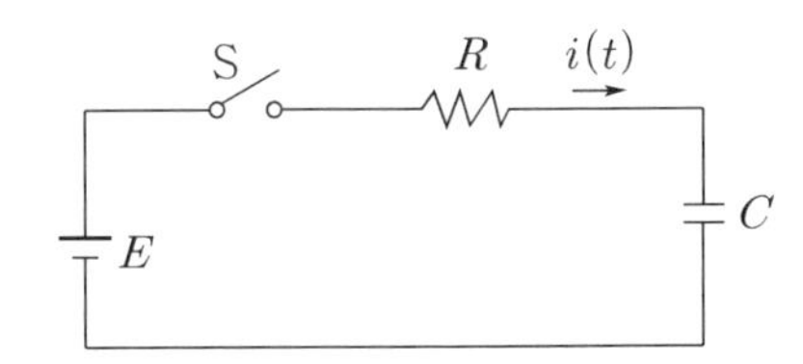

① $\frac{E}{R}e^{\frac{C}{R}t}$ ② $\frac{E}{R}e^{\frac{R}{C}t}$

③ $\frac{E}{R}e^{-\frac{1}{CR}t}$ ④ $\frac{E}{R}e^{\frac{1}{CR}t}$

|정|답|및|해|설|

스위치를 닫았을 때의 평형 방정식은

$$Ri(t)+\frac{1}{C}\int i(t)dt=E$$

$i(t)=\frac{dq(t)}{dt}$ 이므로

$$R\frac{dq(t)}{dt}+\frac{1}{C}q(t)=E$$

초기 전하를 0이라 하면

$q(t)=CE\left(1-e^{-\frac{1}{RC}t}\right)$ 이므로

$i(t)=\frac{dq(t)}{dt}$ 에 대입하면

$$\therefore i(t)=\frac{dq(t)}{dt}=\frac{d}{dt}CE\left(1-e^{-\frac{1}{RC}t}\right)=\frac{E}{R}e^{-\frac{1}{RC}t}$$

【정답】 ③

64. 다음 그림과 같은 전기회로의 입력을 e_i, 출력을 e_0 라고 할 때 전달함수는?

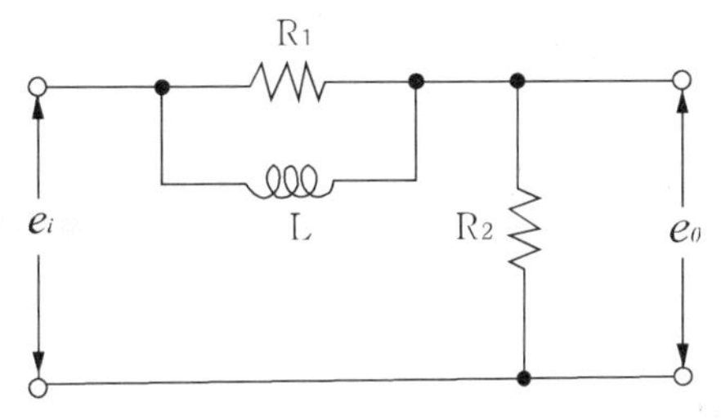

① $\frac{R_2(1+R_1Ls)}{R_1+R_2+R_1R_2Ls}$

② $\frac{1+R_2Ls}{1+(R_1+R_2)Ls}$

③ $\frac{R_2(R_1+Ls)}{R_1R_2+R_1Ls+R_2Ls}$

④ $\frac{R_2+\frac{1}{Ls}}{R_1R_2+\frac{1}{Ls}}$

|정|답|및|해|설|

$$G(s)=\frac{E_0(s)}{E_i(s)}=\frac{R_2}{R_2+\frac{R_1Ls}{R_1+Ls}}=\frac{R_2(R_1+Ls)}{R_1R_2+R_1Ls+R_2Ls}$$

【정답】 ③

65. 3대의 단상변압기를 △ 결선으로 하여 운전하던 중 변압기 1대가 고장으로 제거하여 V결선으로 한 경우 공급할 수 있는 전력은 고장 전 전력의 몇 [%]인가?

① 57.7 ② 50.0

③ 63.3 ④ 67.7

|정|답|및|해|설|

P(변압기 1개의 출력)

출력비 $=\frac{P_V}{P_\triangle}=\frac{\sqrt{3}P}{3P}=\frac{\sqrt{3}}{3}\fallingdotseq 0.577=57.7[\%]$

【정답】 ①

66. 3상 회로의 영상분, 정상분, 역상분을 각각 I_0, I_1, I_2라 하고 선전류를 I_a, I_b, I_c라 할 때 I_b는? (단, $a=-\frac{1}{2}+j\frac{\sqrt{3}}{2}$ 이다.)

① $I_0+I_1+I_2$　　② $I_0+a^2I_1+aI_2$

③ $\frac{1}{3}(I_0+I_1+I_2)$　　④ $\frac{1}{3}(I_0+aI_1+a^2I_2)$

|정|답|및|해|설|

[불평형 3상 전류] $I_a=I_0+I_1+I_2$,　$I_b=I_0+a^2I_1+aI_2$

$I_c=I_0+aI_1+a^2I_2$　　【정답】 ②

67. 전압의 순시값이 $3+10\sqrt{2}\sin\omega t[V]$일 때 실효값은?

① 10.4[V]　　② 11.6[V]

③ 12.5[V]　　④ 16.2[V]

|정|답|및|해|설|

[실효값] $E=\sqrt{E_0^2+E_1^2+E_2^2+\cdots+E_n^2}=\sqrt{3^2+10^2}=10.4[V]$

【정답】 ①

68. 시간지연 요인을 포함한 어떤 특정계가 다음 미분방정식 $\frac{dy(t)}{dt}+y(t)=x(t-T)$로 표현된다. $x(t)$를 입력, $y(t)$를 출력이라 할 때 이 계의 전달함수는?

① $\frac{e^{-sT}}{s+1}$　　② $\frac{s+1}{e^{-sT}}$

③ $\frac{e^{sT}}{s-1}$　　④ $\frac{e^{-2sT}}{s+1}$

|정|답|및|해|설|

미분 방정식을 라플라스 변환하면

$\mathcal{L}\left[\frac{dy(t)}{dt}+y(t)=x(t-T)\right]$

$sY(s)+Y(s)=X(s)e^{-Ts}$

$(s+1)Y(s)=e^{-Ts}X(s)$

그러므로 $G(s)=\frac{Y(s)}{X(s)}=\frac{e^{-Ts}}{s+1}$　　【정답】 ①

69. 다음과 같은 회로에서 단자 a, b 사이의 합성저항[Ω]은?

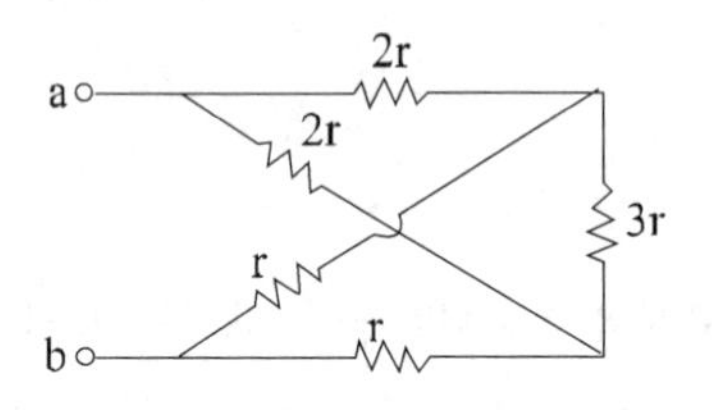

① r　　② $\frac{1}{2}r$

③ $\frac{3}{2}r$　　④ 3r

|정|답|및|해|설|

브리지 회로의 평형상태이므로 $3r$에는 전류가 흐르지 않는다.

$R=\frac{(2r+t)\times(2r+r)}{(2r+r)+(2r+r)}=\frac{9r^2}{6r}=\frac{3}{2}r[\Omega]$

【정답】 ③

70. 4단자 회로망이 가역적이기 위한 조건으로 틀린 것은?

① $Z_{12}=Z_{21}$　　② $Y_{12}=Y_{21}$

③ $H_{12}=-H_{21}$　　④ $AB-CD=1$

|정|답|및|해|설|

4단자 회로망이 가역적이기 위한 조건

$Z_{12}=Z_{21}$, $Y_{12}=Y_{21}$, $H_{12}=-H_{21}$, $AD-BC=1$

【정답】 ④

71. 그림과 같은 회로에서 유도성 리액턴스 X_L의 값[Ω]은?

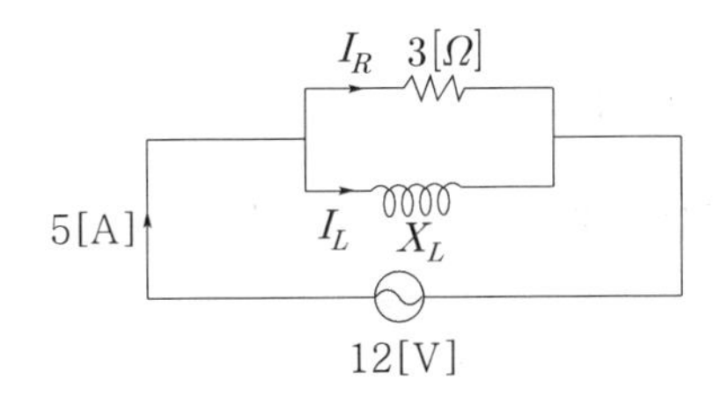

① 8　　② 6

③ 4　　④ 1

|정|답|및|해|설|

$I_R = \frac{V}{R} = \frac{12}{3} = 4[A]$

$I_L = \sqrt{I^2 - I_R^2} = \sqrt{5^2 - 4^2} = 3[A]$

병렬 회로이므로 $V = X_L \cdot I_L = 12[V]$

$X_L = \frac{V}{I_L} = \frac{12}{3} = 4[\Omega]$

【정답】 ③

72. 그림과 같은 단일 임피던스 회로의 4단자 정수는?

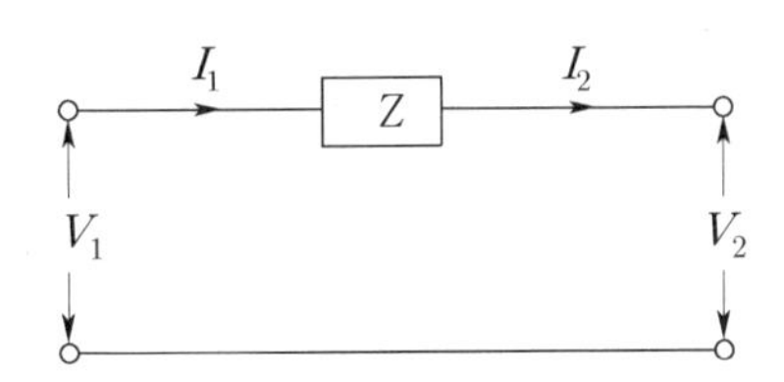

① $A = Z,\ B = 0,\ C = 1,\ D = 0$

② $A = 0,\ B = 1,\ C = Z,\ D = 1$

③ $A = 1,\ B = Z,\ C = 0,\ D = 1$

④ $A = 1,\ B = 0,\ C = 1,\ D = Z$

|정|답|및|해|설|

기본적인 4단자 회로를 기준

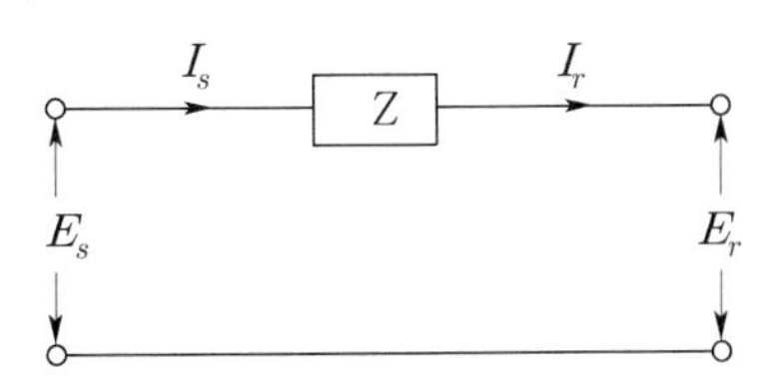

$E_s = E_r + ZI_r,\ I_s = I_r$ 이므로

$E_s = AE_r + BI_r,\ I_s = CE_r + DI_r$ 에서

$A = 1,\ B = Z,\ C = 0,\ D = 1$

【정답】 ③

73. 저항 3개를 Y로 접속하고 이것을 선간전압 200[V]의 평형 3상 교류 전원에 연결할 때 선전류가 20[A] 흘렀다. 이 3개의 저항을 △로 접속하고 동일 전원에 연결하였을 때의 선전류는 약 몇 [A]인가?

① 30　　② 40

③ 50　　④ 60

|정|답|및|해|설|

Y결선 상전류 $I_Y = \frac{200}{\sqrt{3}R}$

Y결선 선전류 $I_{Yl} = \frac{\frac{V}{\sqrt{3}}}{R} = \frac{V}{\sqrt{3}R} = \frac{200}{\sqrt{3}R}$

$R = \frac{V}{\sqrt{3}I_{Yl}} = \frac{200}{\sqrt{3} \times 20} = \frac{10}{\sqrt{3}}$

△결선 상전류 $I_\triangle = \frac{200}{R}$

△결선 선전류 $I_\triangle = \sqrt{3}I_\triangle = \sqrt{3} \times \frac{V}{R} = \frac{200\sqrt{3}}{R}$

$$\frac{I_{\triangle l}}{I_{Yl}} = \frac{\frac{200\sqrt{3}}{R}}{\frac{200}{\sqrt{3}R}} = \frac{\frac{200\sqrt{3}}{\frac{10}{\sqrt{3}}}}{\frac{200}{\sqrt{3}\frac{10}{\sqrt{3}}}} = \frac{3 \times 20}{20} = 3$$

$I_{\triangle l} = 3I_{Yl} = 3 \times 20 = 60[A]$

【정답】 ④

74. $R = 4{,}000[\Omega]$, $L = 5[H]$의 직렬회로에 직류 전압 200[V]를 가할 때 급히 단자 사이의 스위치를 단락시킬 경우 이로부터 1/800초 후 회로의 전류는 몇 [mA]인가?

① 18.4　　② 1.84

③ 28.4　　④ 2.84

|정|답|및|해|설|

$R-L$ 직렬회로

$i(t) = \frac{V}{R}\left(e^{-\frac{R}{L}t}\right)$ 에서

$t = \frac{1}{800}$

$i(t) = \frac{200}{4000}\left(e^{-\frac{4000}{5} \cdot \frac{1}{800}}\right) = 0.05e^{-1} = 0.0184 = 18.4[mA]$

【정답】 ②

75. 다음과 같은 파형을 푸리에 급수로 전개하면?

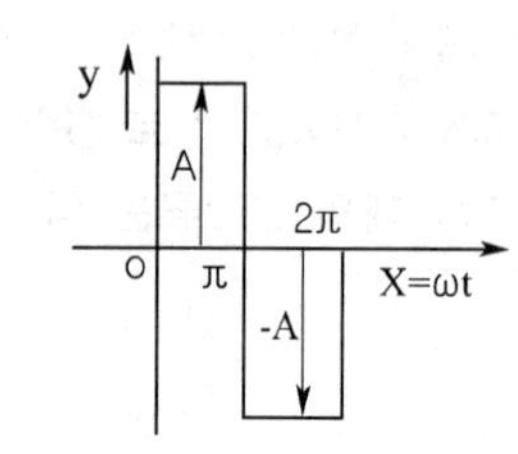

① $y = \frac{4A}{\pi}(\sin a \sin x + \frac{1}{9}\sin 3a \sin 3x + \cdots)$

② $y = \frac{4A}{\pi}(\sin x + \frac{1}{3}\sin 3x + \frac{1}{5}\sin 5x + \cdots)$

③ $y = \frac{A}{\pi}(\frac{\cos 2x}{1.3} + \frac{\cos 4x}{3.5} + \frac{\cos 6x}{5.7} + \cdots)$

④ $y = \frac{A}{\pi} + \frac{\sin 2x}{2} + \frac{\sin 4x}{4} + \cdots)$

|정|답|및|해|설|

정현대칭(원점대칭)이므로 홀수항 사인파를 찾는다.

【정답】 ②

76. $i_1 = I_m \sin\omega t$[A]와 $i_2 = I_m \cos\omega t$[A]인 두 교류 전류의 위상차는 몇 도인가?

① 0° ② 30°

③ 60° ④ 90°

|정|답|및|해|설|

$i_1 = I_m \sin\omega t$

$i_2 = I_m \cos\omega t = I_m \sin(\omega t + 90°)$

그러므로 i_2와 i_1과의 위상차는 90°가 된다.

【정답】 ④

77. $R-L$ 직렬회로에서

$$v = 10 + 100\sqrt{2}\sin\omega t + 50\sqrt{2}\sin(3\omega t + 60°) + 60\sqrt{2}\sin(5\omega t + 30°)[V]$$

인 전압을 가할 때 제3고조파 전류의 실효값은 약 몇 [A]인가? (단, $R = 8[\Omega]$, $wL = 2[\Omega]$이다.)

① 1[A] ② 3[A]

③ 5[A] ④ 7[A]

|정|답|및|해|설|

기본파 $Z_1 = \sqrt{R^2 + \omega L^2}$

3고조파 $Z_3 = \sqrt{R^2 + (3\omega L)^2}$

$$I_3 = \frac{V_3}{Z_3} = \frac{V_3}{\sqrt{R^2 + (3\omega L)^2}} = \frac{50}{\sqrt{8^2 + 6^2}} = 5[A]$$

【정답】 ③

78. 대칭 n상 Y결선에서 선간전압의 크기는 상전압의 몇 배인가?

① $\sin\frac{\pi}{n}$ ② $\cos\frac{\pi}{n}$

③ $2\sin\frac{\pi}{n}$ ④ $2\cos\frac{\pi}{n}$

|정|답|및|해|설|

$V_l = 2V_p \sin\frac{\pi}{n}$이므로 $\frac{V_l}{V_p} = 2\sin\frac{\pi}{n}$

【정답】 ③

79. 다음 함수 F(S)=$\frac{5S+3}{S(S+1)}$의 역라플라스 변환은?

① $2+3e^{-t}$ ② $3+2e^{-t}$

③ $3-2e^{-t}$ ④ $2-3e^{-t}$

|정|답|및|해|설|

$F(s) = \frac{5s+3}{s(s+1)} = \frac{A}{s} + \frac{B}{s+1} \rightarrow A + Be^{-t}$이므로

$A = \frac{5s+3}{s+1}\Big|_{s=0} = \frac{3}{1} = 3$

$B = \frac{5s+3}{s}\Big|_{s=-1} = \frac{-2}{-1} = 2$

$f(t) = 3 + 2e^{-t}$

【정답】 ②

80. 그림과 같은 회로가 공진이 되기 위한 조건을 만족하는 어드미턴스는?

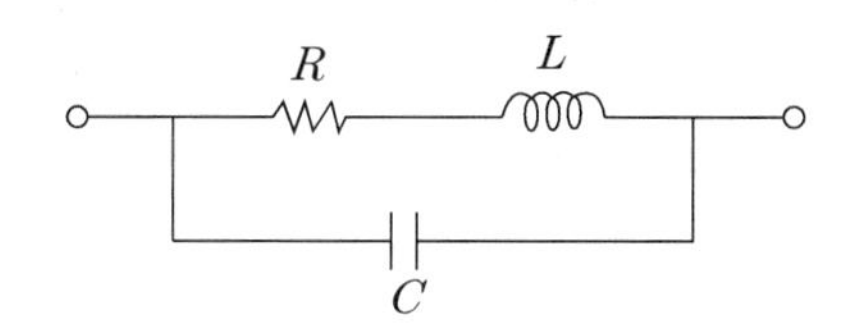

① $\frac{CL}{R}$　　② $\frac{CR}{L}$

③ $\frac{L}{CR}$　　④ $\frac{LR}{C}$

|정|답|및|해|설|

[합성 어드미턴스]

$Y = Y_1 + Y_2 = \frac{1}{R + j\omega L} + j\omega C$

$= \frac{R}{R^2 + (\omega L)^2} + j\left(\omega C - \frac{\omega L}{R^2 + (\omega L)^2}\right)$에서

병렬공진 시 합성 어드미턴스의 허수부는 0이 되어야 하므로

$\omega C - \frac{\omega L}{R^2 + (\omega L)^2} = 0 \rightarrow \omega C = \frac{\omega L}{R^2 + (\omega L)^2}$

그러므로 $R^2 + (\omega L)^2 = \frac{L}{C}$

공진 시 어드미턴스 $Y = \frac{R}{R^2 + (\omega L)^2} = \frac{R}{\frac{L}{C}} = \frac{RC}{L}$

【정답】 ②

2016 전기산업기사 기출문제

61. 아래와 같은 비정현파 전압을 RL 직렬회로에 인가할 때에 제 3고조파 전류의 실효값[A]은? (단, $R=4[\Omega]\ \omega L=1[\Omega]$이다.)

$$e=100\sqrt{2}\sin\omega t+75\sqrt{2}\sin 3\omega t+20\sqrt{2}\sin 5\omega t[V]$$

① 4　② 15
③ 20　④ 75

|정|답|및|해|설|

기본파 $Z_1=\sqrt{R^2+(\omega L)^2}$

3고조파 $Z_3=\sqrt{R^2+(3\omega L)^2}$

$I_3=\dfrac{V_3}{Z_3}=\dfrac{V_3}{\sqrt{R^2+(3\omega L)^2}}=\dfrac{75}{\sqrt{4^2+3^2}}=15[A]$

【정답】 ②

62. 선간전압 220[V], 역률 60[%]인 평형 3상 부하에서 소비전력 $P=10[kW]$일 때 선전류는 약 몇 [A]인가?

① 25.8　② 32.8
③ 43.7　④ 53.6

|정|답|및|해|설|

소비전력 $P=\sqrt{3}\,VI\cos\theta$

$\therefore I=\dfrac{P_0}{\sqrt{3}\,V\cos\theta}=\dfrac{10\times 10^3}{\sqrt{3}\times 220\times 0.8}=43.7[A]$

【정답】 ③

63. $\dfrac{E_o(s)}{E_i(s)}=\dfrac{1}{s^2+3s+1}$ 의 전달함수를 미분방정식으로 표시하면?

(단, $\mathcal{L}^{-1}[E_o(s)]=e_o(t)$, $\mathcal{L}^{-1}[E_i(s)]=e_i(t)$이다.)

① $\dfrac{d^2}{dt^2}e_0(t)+3\dfrac{d}{dt}e_o(t)+e_o(t)=e_i(t)$

② $\dfrac{d^2}{dt^2}e_i(t)+3\dfrac{d}{dt}e_i(t)+e_i(t)=e_o(t)$

③ $\dfrac{d^2}{dt^2}e_i(t)+3\dfrac{d}{dt}e_i(t)+\int e_i(t)dt=e_o(t)$

④ $\dfrac{d^2}{dt^2}e_o(t)+3\dfrac{d}{dt}e_o(t)+\int e_o(t)dt=e_i(t)$

|정|답|및|해|설|

$\dfrac{E_o(s)}{E_i(s)}=\dfrac{1}{s^2+3s+1}\ \rightarrow\ (s^2+3s+1)E_o(s)=E_i(s)$

$\therefore \dfrac{d^2}{dt^2}e_o(t)+3\dfrac{d}{dt}e_o(t)+e_o(t)=e_i(t)$

【정답】 ①

64. $i(t)=\dfrac{4I_m}{\pi}\left(\sin\omega t+\dfrac{1}{3}\sin 3\omega t+\dfrac{1}{5}\sin 5\omega t+\cdots\right)$를 표시하는 파형은?

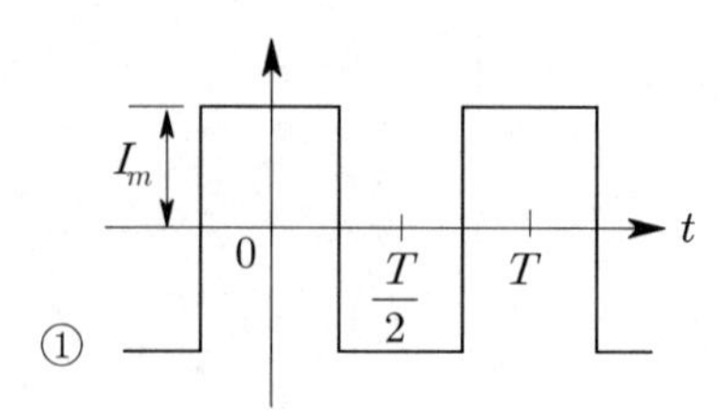

②

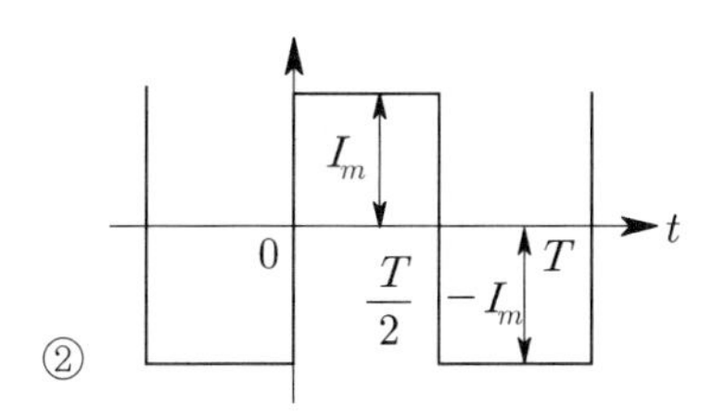

③

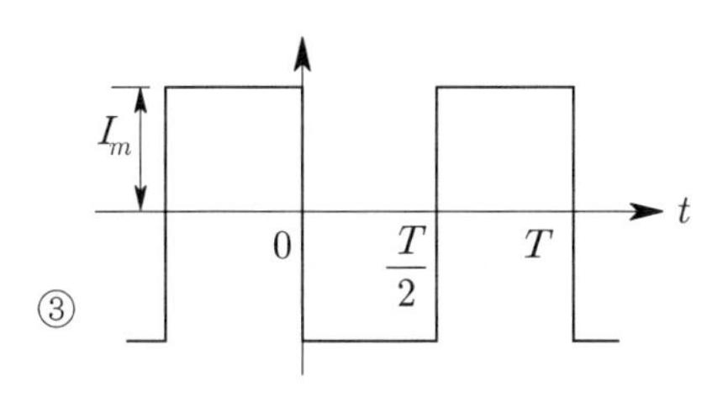

④

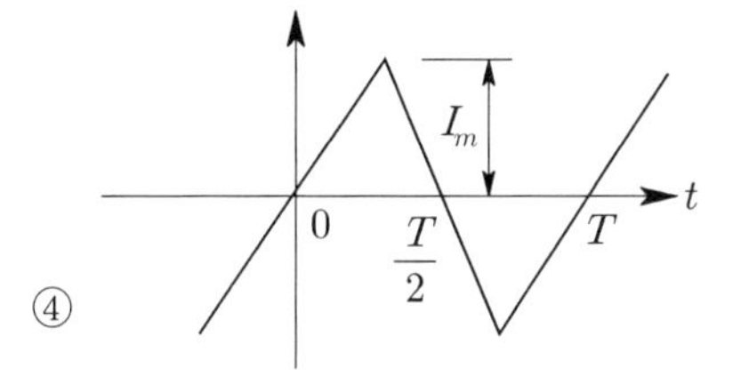

|정|답|및|해|설|

·여현 대칭 : 직류분, cos항 존재

·정현 대칭 : sin항만 존재

·반파 대칭 ; 홀수(기수)차 항만 존재

·반파 및 정현 대칭 : sin항의 홀수(기수)항만 존재

그림은 정현대칭이다.

【정답】 ②

65. 그림과 같은 회로에서 전류 $I[A]$는?

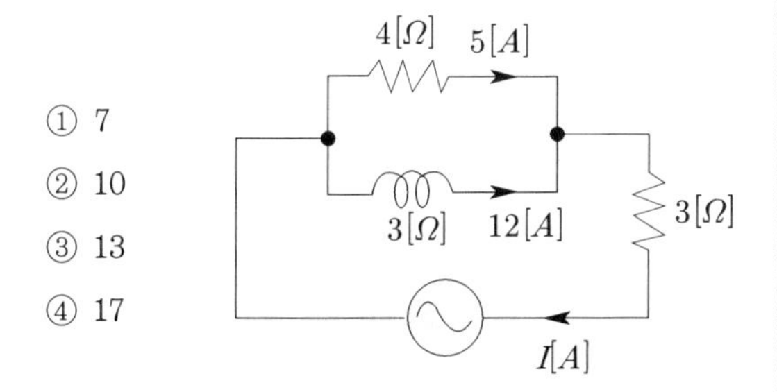

① 7

② 10

③ 13

④ 17

|정|답|및|해|설|

$I=\sqrt{I_R^2+I_L^2}=\sqrt{5^2+12^3}=13[A]$

【정답】 ③

66. $F(s)=\dfrac{3s+10}{s^3+2s^2+5s}$ 일 때 $f(t)$의 최종값은?

① 0 ② 1

③ 2 ④ 3

|정|답|및|해|설|

[최종값 정리]

$\lim_{t\to\infty}f(t)=\lim_{s\to 0}sF(s)=\lim_{s\to 0}s\cdot\dfrac{3s+10}{s(s^2+2s+5)}=\dfrac{10}{5}=2$

【정답】 ③

67. 20[kVA] 변압기 2대로 공급할 수 있는 최대 3상 전력은 약 몇 [kVA]인가?

① 17 ② 25

③ 35 ④ 40

|정|답|및|해|설|

V결선의 출력 $P_v=\sqrt{3}P_1=\sqrt{3}\times 20\fallingdotseq 35[kVA]$

【정답】 ③

68. RLC직렬회로에서 제 n고조파의 공진주파수 $f_n[Hz]$는?

① $\dfrac{1}{2\pi\sqrt{LC}}$ ② $\dfrac{1}{2\pi\sqrt{nLC}}$

③ $\dfrac{1}{2\pi n\sqrt{LC}}$ ④ $\dfrac{1}{2\pi n^2\sqrt{LC}}$

|정|답|및|해|설|

·제 n차 고조파 공진 조건 : $n\omega L=\dfrac{1}{n\omega C}$

·제 n차 고조파 공진주파수 $f_n=\dfrac{1}{2\pi n\sqrt{LC}}$

【정답】 ③

69. $\dfrac{1}{s+3}$ 을 역라플라스 변환하면?

① e^{3t}　　② e^{-3t}

③ $e^{\frac{t}{3}}$　　④ $e^{-\frac{t}{3}}$

|정|답|및|해|설|

$e^{-at} \leftrightarrow \dfrac{1}{s+a}$, $a=3$, 따라서 $f(t)=e^{-3t}$

【정답】 ②

70. 한 상의 임피던스 $Z=6+j8[\Omega]$인 평형 Y부하에 평형 3상 전압 200[V]를 인가할 때 무효전력은 약 몇 [Var]인가?

① 1330　　② 1848

③ 2381　　④ 3200

|정|답|및|해|설|

$$Q=3I^2X=3\left(\frac{V_p}{\sqrt{R^2+X^2}}\right)^2X=3\frac{V_p^2X}{R^2+X^2}$$

$$=\frac{3\times\left(\frac{200}{\sqrt{3}}\right)^2\times 8}{6^2+8^2}=3200[\text{Var}]$$

【정답】 ④

71. T형 4단자 회로의 임피던스 파라미터 중 Z_{22}는?

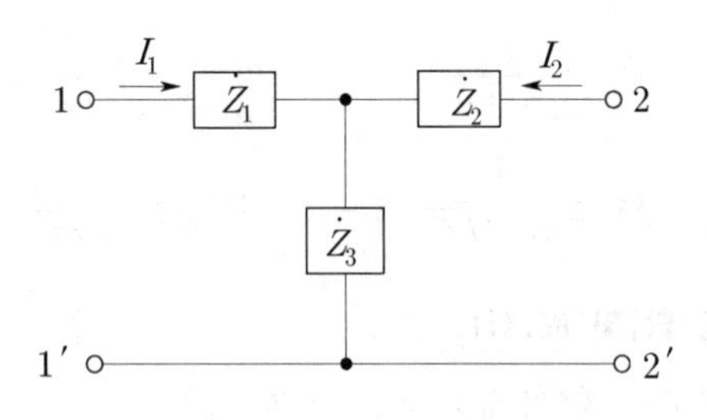

① Z_1+Z_2　　② Z_2+Z_3

③ Z_1+Z_3　　④ $-Z_2$

|정|답|및|해|설|

$$Z_{11}=\left.\frac{V_1}{I_1}\right|_{I_2=0}=Z_1+Z_3,\quad Z_{12}=\left.\frac{V_1}{I_2}\right|_{I_1=0}=Z_3$$

$$Z_{21}=\left.\frac{V_2}{I_1}\right|_{I_2=0}=Z_3,\quad Z_{22}=\left.\frac{V_2}{I_2}\right|_{I_1=0}=Z_2+Z_3$$

【정답】 ②

72. 정전용량 C만의 회로에서 100[V], 60[Hz]의 교류를 가했을 때 60[mA]의 전류가 흐른다면 C는 약 몇 $[\mu F]$인가?

① 5.26　　② 4.32

③ 3.59　　④ 1.59

|정|답|및|해|설|

$$X_C=\frac{V}{I}=\frac{100}{60\times 10^{-3}}=\frac{10}{6}\times 10^3=1.66\times 10^3[\Omega]$$

$X_c=\dfrac{1}{\omega C}$에서 $C=\dfrac{1}{\omega X_c}$이므로,

$$\therefore C=\frac{1}{\omega X_c}=\frac{1}{2\pi f X_c}=\frac{1}{2\pi\times 60\times 1.66\times 10^3}$$
$$=1.59\times 10^{-6}[F]=1.59[\mu F]$$

【정답】 ④

73. △결선된 저항부하를 Y결선으로 바꾸면 소비전력은 어떻게 되겠는가? (단, 선간 전압은 일정하다.)

① 1/3로 된다.　　② 3배로 된다.

③ 1/9로 된다.　　④ 9배로 된다.

|정|답|및|해|설|

·△결선시 소비전력 $P_\triangle=3I^2R=3\left(\dfrac{V}{R}\right)^2R=3\cdot\dfrac{V^2}{R}$

·Y결선시 상전압은 선간 전압의 $\dfrac{1}{\sqrt{3}}$ 이므로

Y결선시 소비전력 $P_Y=3\cdot\dfrac{\left(\frac{V}{\sqrt{3}}\right)^2}{R}=\dfrac{V^2}{R}$

$$\therefore \frac{P_Y}{P_\triangle}=\frac{\frac{V^2}{R}}{\frac{3V^2}{R}}=\frac{1}{3}\ \rightarrow\ P_Y=\frac{1}{3}P_\triangle$$

【정답】 ①

74. 그림과 같은 $R-L-C$ 회로망에서 입력 전압을 $e_i(t)$, 출력량을 전류 $i(t)$로 할 때, 이 요소의 전달 함수는?

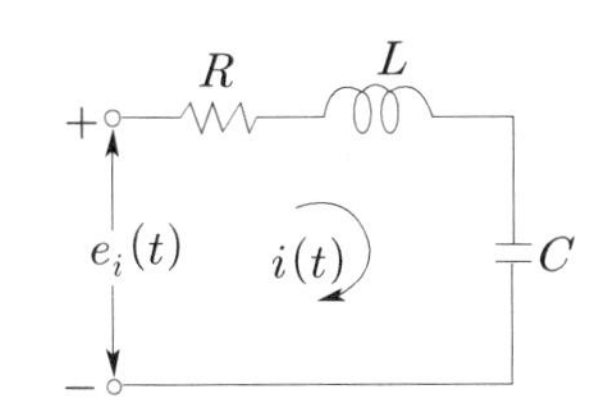

① $\dfrac{Rs}{LCs^2+RCs+1}$ ② $\dfrac{RLs}{LCs^2+RCs+1}$

③ $\dfrac{Ls}{LCs^2+RCs+1}$ ④ $\dfrac{Cs}{LCs^2+RCs+1}$

|정|답|및|해|설|

$e_i(t)=Ri(t)+L\dfrac{d}{dt}i(t)+\dfrac{1}{C}\int i(t)dt$

라플라스 변환하면

$E_i(s)=RI(s)+LsI(s)+\dfrac{1}{Cs}I(s)$

$\therefore \dfrac{I(s)}{E(s)}=\dfrac{Cs}{LCs^2+RCs+1}$

【정답】 ④

75. 그림과 같은 회로를 $t=0$에서 스위치 S를 닫았을 때 $R[\Omega]$에 흐르는 전류 $i_R(t)[A]$는?

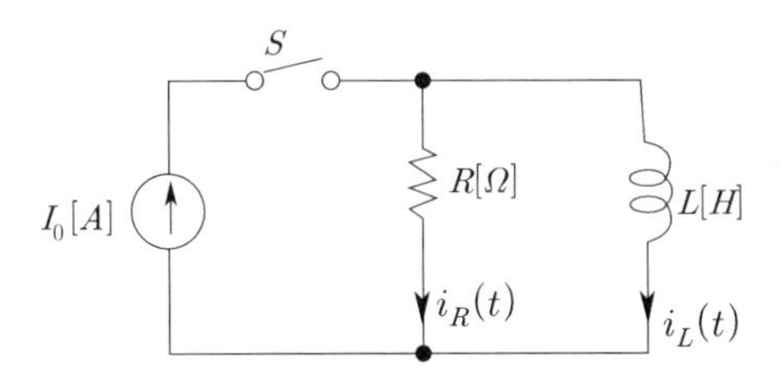

① $I_0(1-e^{-\frac{R}{L}t})$ ② $I_0(1+e^{-\frac{R}{L}t})$

③ I_0 ④ $I_0e^{-\frac{R}{L}t}$

|정|답|및|해|설|

인덕턴스에 흐르는 전류 $i_L(t)=I_0\left(1-e^{-\frac{R}{L}t}\right)$

키르히호프의 전류법칙에 의해 $I_0=i_R(t)+i_L(t)$

$\therefore i_R(t)=I_0-i_L(t)=I_0-I_0\left(1-e^{-\frac{R}{L}t}\right)=I_0e^{-\frac{R}{L}t}$

인덕턴스가 단락으로 가고 있어서 저항의 전류는 감소한다.

【정답】 ④

76. $e=E_m\cos(100\pi t-\dfrac{\pi}{3})[V]$와 $i=I_m\sin(100\pi t+\dfrac{\pi}{4})$의 위상차를 시간으로 나타내면 약 몇 초인가?

① 3.33×10^{-4} ② 4.33×10^{-4}

③ 6.33×10^{-4} ④ 8.33×10^{-4}

|정|답|및|해|설|

· $e=E_m\cos(100\pi t-\dfrac{\pi}{3})=E_m\sin(100\pi t-\dfrac{\pi}{3}+\dfrac{\pi}{2})$

$=E_m\sin(100\pi t+\dfrac{\pi}{6})$

e과 i의 위상차 $\theta=\dfrac{\pi}{4}-\dfrac{\pi}{6}=\dfrac{\pi}{12}$

· $\theta=\omega t$에서 $t=\dfrac{\theta}{\omega}$

$\therefore t=\dfrac{\theta}{\omega}=\dfrac{\pi}{12}\times\dfrac{1}{100\pi}=8.33\times10^{-4}[\sec]$

【정답】 ④

77. 회로의 $3[\Omega]$ 저항 양단에 걸리는 전압[V]은?

① 2

② −2

③ 3

④ −3

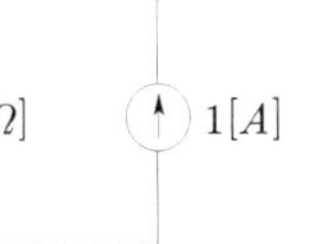

|정|답|및|해|설|

중첩의 원리에 의해서

· 전압원 2[V]에 의해서는 전류원이 개방 상태이므로 +2[V]

· 전류원 1[A]에 의해서는 전압원이 단락 상태이므로 0[V]

그러므로 $3[\Omega]$의 저항에는 전압원의 2[V]가 걸린다.

【정답】 ①

78. 대칭 3상 전압이 a상 $V_a[V]$, b상 $V_b = a^2 V_a[V]$, c상 $V_c = aV_a[V]$일 때 a상을 기준으로 한 대칭분 전압 중 정상분 V_1은 어떻게 표시되는가?
(단, $a = -\frac{1}{2} + j\frac{\sqrt{3}}{2}$ 이다.)

① 0　　② V_a
③ aV_a　　④ $a^2 V_a$

|정|답|및|해|설|

대칭분을 각각 V_0, V_1, V_2라 하면

$$V_0 = \frac{1}{3}(V_a + V_b + V_c) = \frac{1}{3}(V_a + a^2 V_a + a^3 V_a)$$
$$= \frac{V_a}{3}(1 + a^2 + a) = 0$$
$$V_1 = \frac{1}{3}(V_a + aV_b + a^2 V_c) = \frac{1}{3}(V_a + a^3 V_a + a^3 V_a)$$
$$= \frac{V_a}{3}(1 + a^3 + a^3) = V_a$$
$$V_2 = \frac{1}{3}(V_a + a^2 V_b + aV_c) = \frac{1}{3}(V_a + a^4 V_b + a^2 V_a)$$
$$= \frac{V_a}{3}(1 + a^4 + a^2) = \frac{V_a}{3}(1 + a + a^2) = 0$$

【정답】 ②

79. 314[mH]의 자기 인덕턴스에 120[V], 60[Hz]의 교류전압을 가하였을 때 흐르는 전류[A]는?

① 10　　② 8
③ 1　　④ 0.5

|정|답|및|해|설|

$$I = \frac{V}{\omega L} = \frac{V}{2\pi f L} = \frac{120}{2\pi \times 60 \times 314 \times 10^{-2}} = 1[A]$$

【정답】 ③

80. 다음과 같은 회로의 구동점 임피던스?

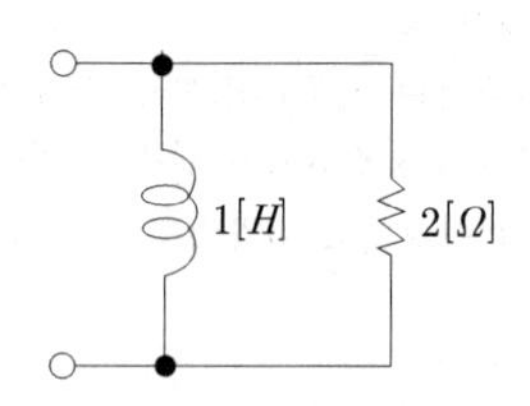

① $2 + j\omega$　　② $\frac{2\omega^2 + j4\omega}{3}$
③ $\frac{\omega^2 + j8\omega}{4 + \omega^2}$　　④ $\frac{2\omega^2 + j4\omega}{4 + \omega^2}$

|정|답|및|해|설|

[구동점 임피던스] 구동점 임피던스 $Z(jw)$를 $Z(s)$로 표시하고, L과 C의 임피던스를 sL, $\frac{1}{sC}$로 표시한다.

즉, $L = sL$, $C = \frac{1}{sC}$

병렬 회로의 구동점 임피던스 $Z(s) = \dfrac{1}{\frac{1}{R} + \frac{1}{L} + \frac{1}{C}}$ 이므로

$$Z(j\omega) = \frac{1}{\frac{1}{j\omega L} + \frac{1}{R}} = \frac{1}{\frac{1}{j\omega} + \frac{1}{2}} = \frac{2j\omega}{2 + j\omega} = \frac{2\omega^2 + j4\omega}{4 + \omega^2}$$

【정답】 ④

61. 다음 방정식에서 $\frac{X_3(s)}{X_1(s)}$를 구하면?

$$x_2(t) = \frac{d}{dt}x_1(t)$$
$$x_3(t) = x_2(t) + 3\int x_3(t)dt + 2\frac{d}{dt}x_2(t) - 2x_1(t)$$

① $\frac{s(2s^2 + s - 2)}{s - 3}$　　② $\frac{s(2s^2 - s - 2)}{s - 3}$
③ $\frac{2(s^2 + s + 2)}{s - 3}$　　④ $\frac{(2s^2 + s + 2)}{s - 3}$

|정|답|및|해|설|

라플라스 변환하면

$$X_2(s) = sX_1(s)$$
$$X_3(s) = X_2(s) + \frac{3}{s}X_3(s) + 2sX_2(s) - 2X_1(s)$$

두 식에서 $X_2(s)$를 소거

$$X_3(s) = sX_1(s) + \frac{3}{s}X_3(s) + 2s^2 X_1(s) - 2X_1(s)$$
$$\left(1 - \frac{3}{s}\right)X_3(s) = (2s^2 + s - 2)X_1(s)$$
$$\therefore \frac{X_3(s)}{X_1(s)} = \frac{2s^2 + s - 2}{1 - \frac{3}{s}} = \frac{s(2s^2 + s - 2)}{s - 3}$$

【정답】 ①

62. 그림과 같은 반파 정현파의 실효값은?

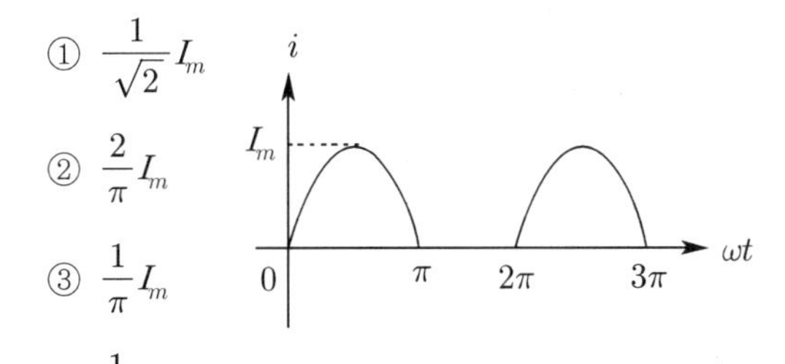

|정|답|및|해|설|

실효값 $I=\sqrt{\frac{1}{T}\int_0^T i^2dt}=\sqrt{\frac{1}{2\pi}\int_0^{2\pi} i^2d(\omega t)}$ 에서

반파 정류파는 $\pi\sim 2\pi$ 일 때 $i=0$

$$I=\sqrt{\frac{1}{2\pi}\int_0^{\pi} i^2d(\omega t)}=\sqrt{\frac{1}{2\pi}\int_0^{\pi} I_m^2\ \sin^2\omega t\, d(\omega t)}$$
$$=\sqrt{\frac{{I_m}^2}{2\pi}\int_0^{\pi}\frac{1-\cos 2\omega t}{2}d(\omega t)}=\frac{I_m}{2}$$

【정답】④

63. 그림과 같이 높이가 1인 펄스의 라플라스 변환은?

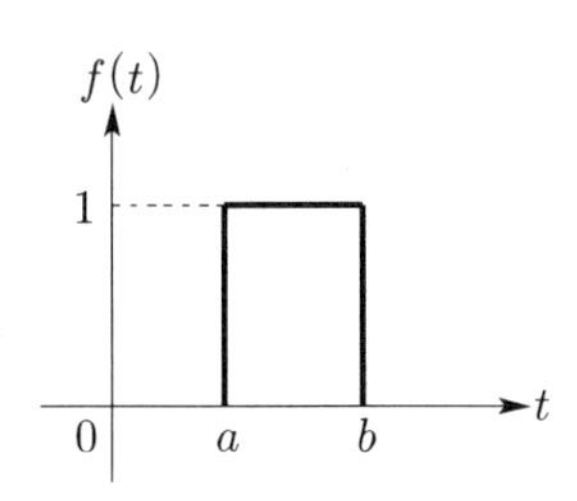

① $\frac{1}{s}(e^{-as}+e^{-bs})$　② $\frac{1}{a-b}\left(\frac{e^{-as}+e^{-bs}}{1}\right)$

③ $\frac{1}{s}(e^{-as}-e^{-bs})$　④ $\frac{1}{a-b}\left(\frac{e^{-as}-e^{-bs}}{s}\right)$

|정|답|및|해|설|

$f(t)=u(t-a)-u(t-b)$

$$\mathcal{L}[f(t)]=\mathcal{L}[u(t-a)]-\mathcal{L}[u(t-b)]$$
$$=\frac{e^{-as}}{s}-\frac{e^{-bs}}{s}=\frac{1}{s}(e^{-as}-e^{-bs})$$

【정답】③

64. 그림과 같은 회로의 전달함수는? (단, 초기 조건은 0이다.)

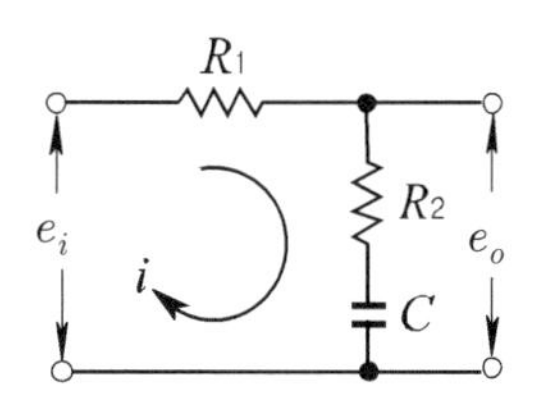

① $\frac{R_2+Cs}{R_1+R_2+Cs}$

② $\frac{R_1+R_2+Cs}{R_1+Cs}$

③ $\frac{R_2Cs+1}{R_2Cs+R_1Cs+1}$

④ $\frac{R_1Cs+R_2Cs+1}{R_2Cs+1}$

|정|답|및|해|설|

$$G(s)=\frac{e_o(s)}{e_i(s)}=\frac{R_2+\frac{1}{Cs}}{R_1+R_2+\frac{1}{Cs}}=\frac{R_2Cs+1}{(R_1+R_2)Cs+1}$$

【정답】③

65. 비대칭 다상 교류가 만드는 회전 자계는?

① 교번자기장

② 타원형 회전자기장

③ 원형 회전자기장

④ 포물선 회전자기장

|정|답|및|해|설|

[회전자계]

·대칭 전류 : 원형 회전자계 형성

·비대칭 전류 : 타원 회전자계 형성

【정답】②

66. 그림과 같은 회로의 전달함수 $\dfrac{E_o(s)}{I(s)}$는?

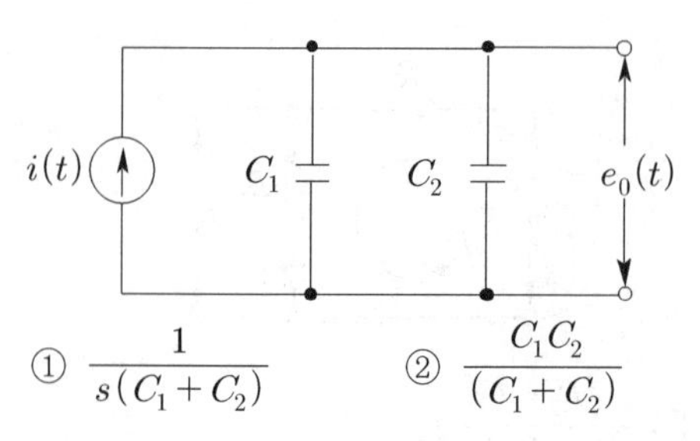

① $\dfrac{1}{s(C_1+C_2)}$　　② $\dfrac{C_1C_2}{(C_1+C_2)}$

③ $\dfrac{C_1}{s(C_1+C_2)}$　　④ $\dfrac{C_2}{s(C_1+C_2)}$

|정|답|및|해|설|

$i(t)=C_1\dfrac{d}{dt}e_0(t)+C_2\dfrac{d}{dt}e_0(t)$

초기값을 0으로 하고 라플라스 변환하면

$I(s)=C_1sE_0(s)+C_2sE_0(s)=(C_1s+C_2s)E_0(s)$

$G(s)=\dfrac{E_0(s)}{I(s)}=\dfrac{1}{C_1s+C_2s}=\dfrac{1}{s(C_1+C_2)}$

【정답】 ①

67. 그림과 같은 L형 회로의 4단자 A, B, C, D 정수 중 A는?

① $1+\dfrac{1}{\omega LC}$

② $1-\dfrac{1}{\omega^2LC}$

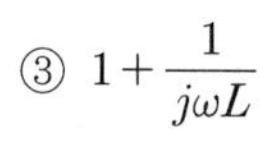

③ $1+\dfrac{1}{j\omega L}$

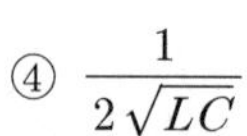

④ $\dfrac{1}{2\sqrt{LC}}$

(그림: I_1, C, I_2, V_1, L, V_2)

|정|답|및|해|설|

$\begin{bmatrix} A & B \\ C & D \end{bmatrix}=\begin{bmatrix} 1 & \dfrac{1}{jwC} \\ 0 & 1 \end{bmatrix}\begin{bmatrix} 1 & 0 \\ \dfrac{1}{jwL} & 1 \end{bmatrix}=\begin{bmatrix} 1-\dfrac{1}{w^2LC} & \dfrac{1}{jwC} \\ \dfrac{1}{jwL} & 1 \end{bmatrix}$

【정답】 ②

68. 인덕턴스 L[H]및 커패시턴스 C[F]를 직렬로 연결한 임피던스가 있다. 정저항 회로를 만들기 위하여 그림과 같이 L 및 C의 각각에 서로 같은 저항 $R[\Omega]$을 병렬로 연결할 때, $R[\Omega]$은 얼마인가? (단, $L=4$[mH], $C=0.1[\mu\text{F}]$이다.)

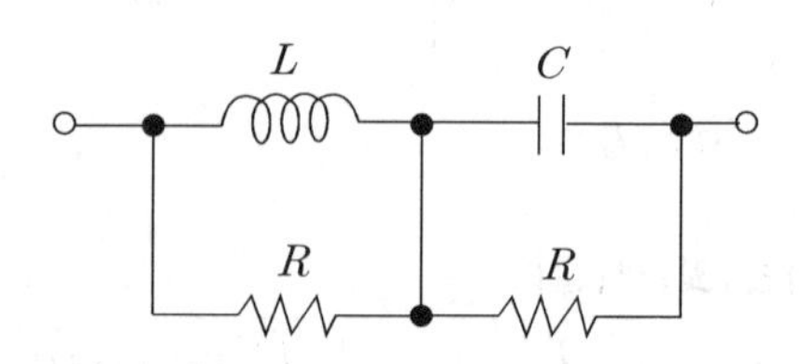

① 100　　② 200

③ 2×10^{-5}　　④ 0.5×10^{-2}

|정|답|및|해|설|

[정저항의 조건] $R^2=\dfrac{L}{C}$, $R=\sqrt{\dfrac{L}{C}}$

$\therefore R=\sqrt{\dfrac{L}{C}}=\sqrt{\dfrac{4\times10^{-3}}{0.1\times10^{-6}}}=200[\Omega]$

【정답】 ②

69. 다음 회로에서 I를 구하면 몇 [A] 인가?

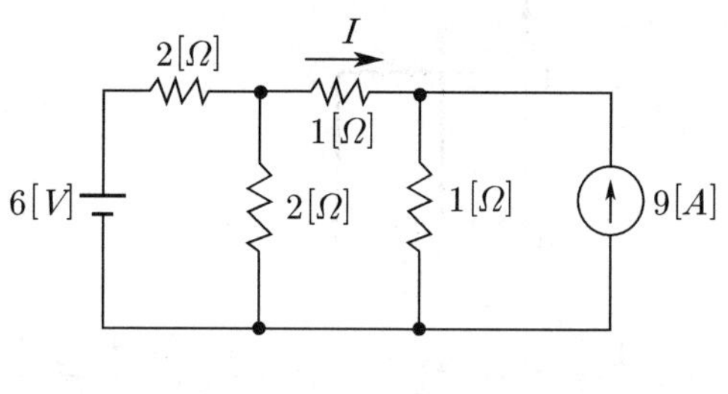

① 2　　② −2

③ −4　　④ 4

|정|답|및|해|설|

① 그림 (a)에서 전류원 개방시 I'는

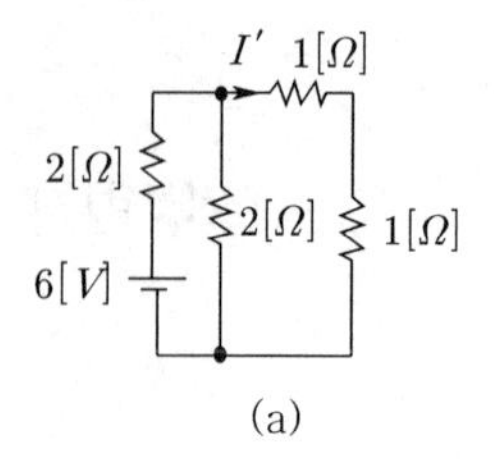

(a)

$$I' = \frac{R_2}{R_1+R_2}\cdot I = \frac{R_2}{R_1+R_2}\cdot\frac{V}{R}$$
$$= \frac{2}{(1+1)+2}\cdot\frac{6}{2+\frac{(1+1)\times 2}{(1+1)+2}} = 1[A]$$

② 그림 (b)에서 전류원 개방시 I'는

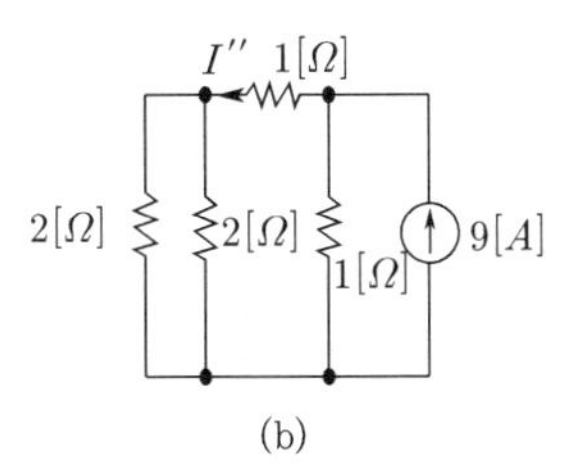

(b)

$$I'' = \frac{R_2}{R_1+R_2}\cdot I = \frac{1}{1+\left(\frac{2\times 2}{2+2}\right)+1}\times 9 = 3[A]$$

I' 과 I'' 의 방향은 반대이고, 그림에서 I를 기준방향으로 하면
$I = I' - I'' = 1 - 3 = -2[A]$

【정답】 ②

70. 두 개의 회로망 N_1과 N_2가 있다. $a-b$단자, $a'-b'$ 단자의 각각의 전압은 50[V], 30[V]이다. 또, 양 단자에서 N_1, N_2를 본 임피던스가 $15[\Omega]$과 $25[\Omega]$이다. $a-a'$, $b-b'$를 연결하면 이때 흐르는 전류는 몇 [A]인가?

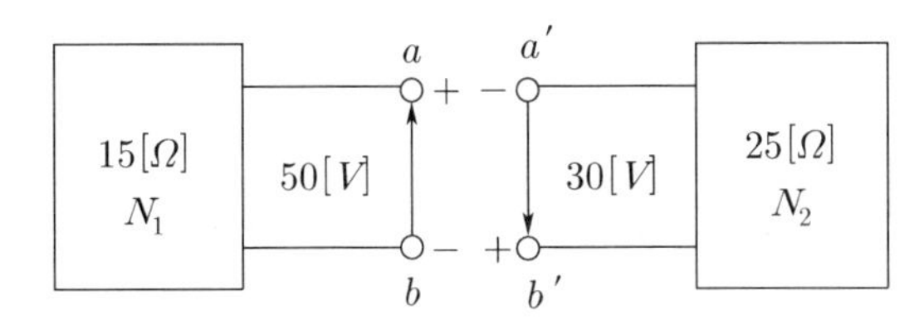

① 0.5 ② 1
③ 2 ④ 4

|정|답|및|해|설|

N_1과 N_2의 전압 방향이 반대

$$\therefore I = \frac{V_1+V_2}{Z_1+Z_2} = \frac{50+30}{15+25} = 2[A]$$

【정답】 ③

71. 다음과 같은 파형 $v(t)$을 단위계단함수로 표시하면 어떻게 되는가?

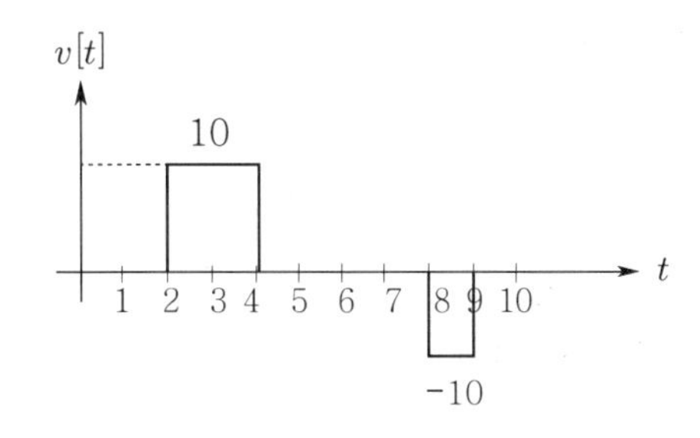

① $10u(t-2)+10u(t-4)+10u(t-8)+10u(t-9)$
② $10u(t-2)-10u(t-4)-10u(t-8)-10u(t-9)$
③ $10u(t-2)-10u(t-4)+10u(t-8)-10u(t-9)$
④ $10u(t-2)-10u(t-4)-10u(t-8)+10u(t-9)$

|정|답|및|해|설|

$f(t) = 10u(t-2)-10u(t-4)-10u(t-8)+10u(t-9)$

【정답】 ④

72. 3상 회로의 선간 전압이 각각 80[V], 50[V], 50[V] 일 때의 전압의 불평형률[%]은?

① 39.6 ② 57.3
③ 73.6 ④ 86.7

|정|답|및|해|설|

$E_a = 80[V]$, $E_b = -40-j30[V]$, $E_c = -40+j30[V]$

$E_1 = \frac{1}{3}(E_a + aE_b + a^2E_c)$: 정상전압

$$= \frac{1}{3}\left\{80+\left(-\frac{1}{2}+j\frac{\sqrt{3}}{2}\right)(-40-j30) + \left(-\frac{1}{2}-j\frac{\sqrt{3}}{2}\right)(-40+j30)\right\}$$

$$= \frac{1}{3}(80+40+30\sqrt{3}) = 57.32[V]$$

$E_2 = \frac{1}{3}(E_a + a^2E_b + aE_c)$: 역상전압

$$= \frac{1}{3}\left\{80+\left(-\frac{1}{2}-j\frac{\sqrt{3}}{2}\right)(-40-j30) + \left(-\frac{1}{2}+j\frac{\sqrt{3}}{2}\right)(-40+j30)\right\}$$

$$= \frac{1}{3}(80+40-30\sqrt{3}) = 22.68[V]$$

불평형률 $= \frac{|E_2|}{|E_1|}\times 100 = \frac{22.68}{57.32}\times 100 \fallingdotseq 39.6[\%]$

【정답】 ①

73. Y결선된 대칭 3상 회로에서 전원 한 상의 전압이 $V_a = 220\sqrt{2}\sin\omega t[\text{V}]$일 때 선간전압의 실효값은 약 몇 [V]인가?

① 220 ② 310

③ 380 ④ 540

|정|답|및|해|설|

$V_l = \sqrt{3}\,V_p = \sqrt{3}\times 220 ≒ 380[\text{V}]$

【정답】 ③

74. 저항 R인 검류계 G에 그림과 같이 r_1인 저항을 병렬로, 또 r_2인 저항을 직렬로 접속하였을 때 A, B단자 사이의 저항을 R과 같게 하고 또한 G에 흐르는 전류를 전 전류의 $1/n$로 하기 위한 $r_1[\Omega]$의 값은?

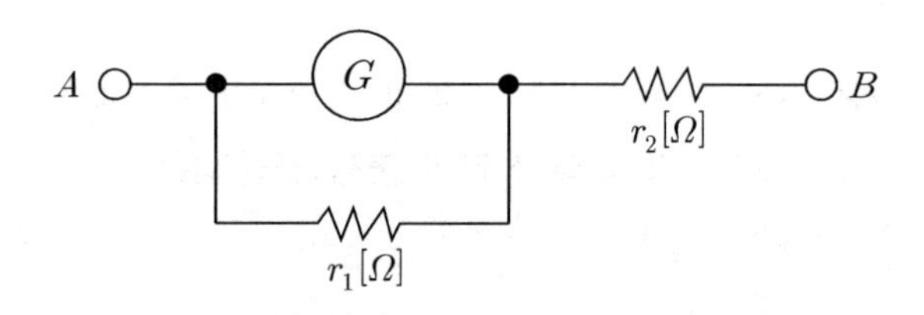

① $\dfrac{n-1}{R}$

② $R\left(1-\dfrac{1}{n}\right)$

③ $\dfrac{R}{n-1}$

④ $R\left(1+\dfrac{1}{n}\right)$

|정|답|및|해|설|

전 전류를 I, 검류계에 흐르는 전류를 I_G라고 하면,

$I_G = \dfrac{1}{n}I = \dfrac{r_1}{R+r_1}\times I \qquad \therefore r_1 = \dfrac{R}{n-1}$

【정답】 ③

75. 저항 $R=5000[\Omega]$, 정전용량 $C=20[\mu\text{F}]$가 직렬로 접속된 회로에 일정전압 $E=100[\text{V}]$를 가하고 $t=0$에서 스위치를 넣을 때 콘덴서 단자전압 $V[\text{V}]$을 구하면? (단, $t=0$에서의 콘덴서 전압은 0[V]이다.)

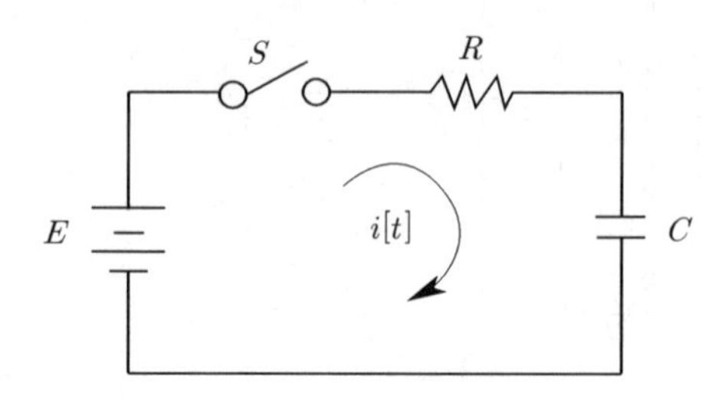

① $100(1-e^{10t})$ ② $100e^{10t}$

③ $100(1-e^{-10t})$ ④ $100e^{-10t}$

|정|답|및|해|설|

직류 전압 인가 시 전류 $i(t) = \dfrac{E}{R}e^{-\frac{1}{RC}t}[\text{A}]$

$v_c(t) = \dfrac{1}{C}\displaystyle\int_0^t i(t)dt = \dfrac{1}{C}\int_0^t \dfrac{E}{R}\cdot e^{-\frac{1}{RC}t}dt$

$= E\left(1-e^{-\frac{1}{RC}t}\right)[\text{V}]$

$\therefore v_e(t) = 100\left(1-e^{-\frac{1}{5000\times 20\times 10^{-6}}t}\right) = 100(1-e^{-10t})[\text{V}]$

【정답】 ③

76. 그림과 같이 T형 4단자 회로망의 A, B, C, D 파라미터 중 B 값은?

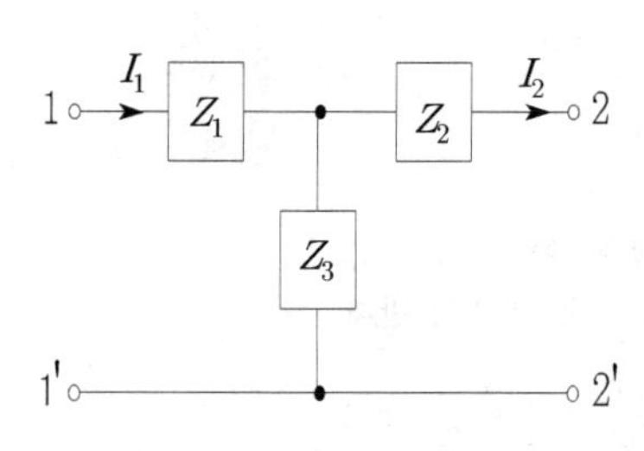

① $\dfrac{1}{Z_3}$ ② $1+\dfrac{Z_1}{Z_3}$

③ $\dfrac{Z_3+Z_2}{Z_3}$ ④ $\dfrac{Z_1Z_2+Z_2Z_3+Z_3Z_1}{Z_3}$

|정|답|및|해|설|

$$\begin{bmatrix} A & B \\ C & D \end{bmatrix} = \begin{bmatrix} 1 & Z_1 \\ 0 & 1 \end{bmatrix} \begin{bmatrix} 1 & 0 \\ \frac{1}{Z_3} & 1 \end{bmatrix} \begin{bmatrix} 1 & Z_2 \\ 0 & 1 \end{bmatrix}$$

$$= \begin{bmatrix} \frac{Z_1 + Z_3}{Z_3} & \frac{Z_1 Z_2 + Z_2 Z_3 + Z_3 Z_1}{Z_3} \\ \frac{1}{Z_3} & \frac{Z_2 + Z_3}{Z_3} \end{bmatrix}$$

【정답】 ④

77. 휘스톤 브리지에서 R_L에 흐르는 전류(I)는 약 몇 [mA]인가?

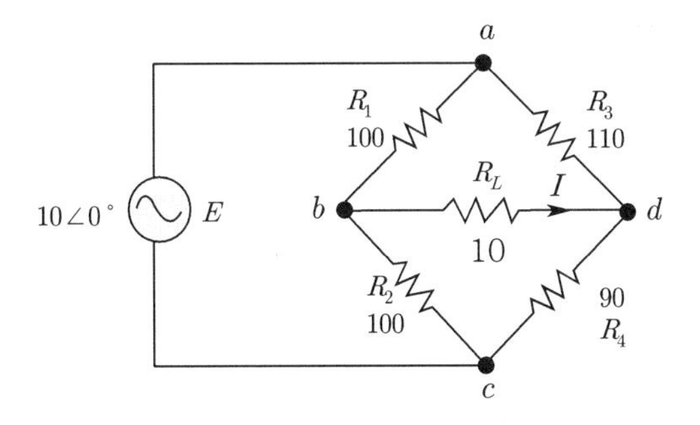

① 2.28　　② 4.57

③ 7.84　　④ 22.8

|정|답|및|해|설|

① R_L을 개방하면 (테브낭 정리 이용)

- b점 전압 $V_b = 5[V]$
- d점 전압 $V_d = 10 \times \frac{90}{200} = 4.5[V]$

$b-d$의 전위차 $V_{bd} = V_b - V_d = 5 - 4.5 = 0.5[V]$

② 전압원 제거, 합성저항을 구한다.

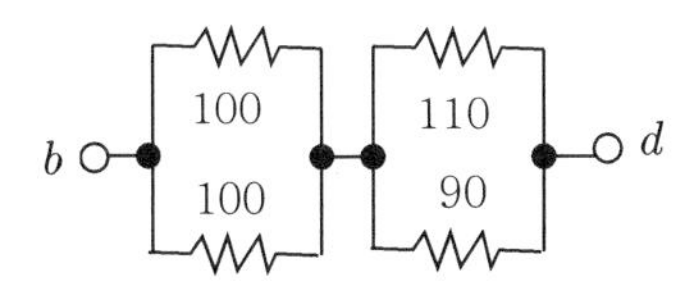

$$R_t = \frac{100 \times 100}{100 + 100} + \frac{110 \times 90}{110 + 90} = 99.5[\Omega]$$

③ R_L을 다시 접속하여 전류를 구한다.

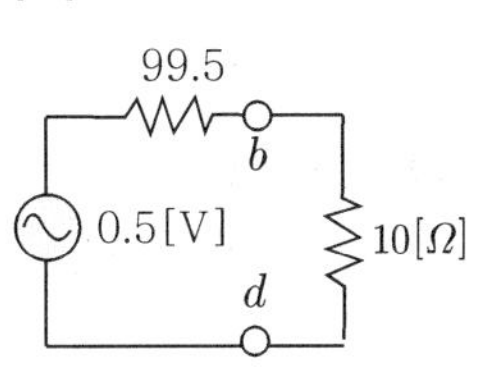

$$I = \frac{0.5}{99.5 + 10} = 4.57 \times 10^{-3}[A]$$
$$= 4.57[mA]$$

【정답】 ②

78. 그림은 상순이 a-b-c인 3상 대칭회로이다. 선간 전압이 220[V]이고 부하 한 상의 임피던스가 $100\angle 60°[\Omega]$일 때 전력계 W_a의 지시값[W]은?

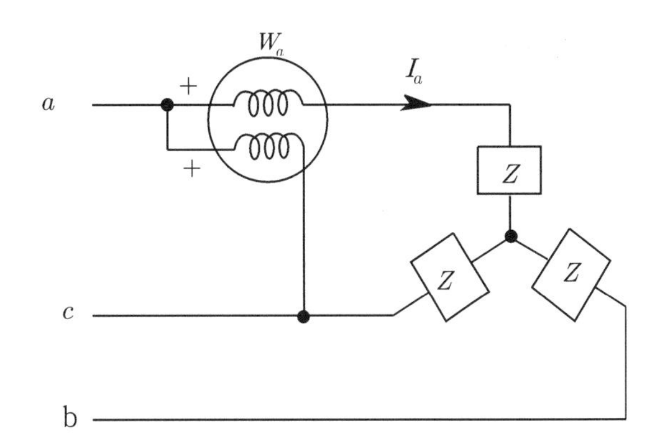

① 242　　② 386

③ 419　　④ 484

|정|답|및|해|설|

[전력계 지시값] $W_a = \frac{\sqrt{3}}{2} VI$

$$\therefore W_a = \frac{\sqrt{3}}{2} \times 220 \times \frac{\frac{220}{\sqrt{3}}}{100} \fallingdotseq 242[W]$$

【정답】 ①

79. C[F]인 콘덴서에 q[C]의 전하를 충전하였더니 C의 양단 전압이 e[V]이었다. C에 저장된 에너지는 몇 [J]인가?

① qe　　② Ce

③ $\frac{1}{2}Cq^2$　　④ $\frac{1}{2}Ce^2$

|정|답|및|해|설|

정전에너지 $W = \frac{1}{2}Ce^2 = \frac{1}{2}Qe = \frac{Q^2}{2C}[J]$

전자에너지 $W = \frac{1}{2}LI^2[J]$

【정답】 ④

80. 비정현파에서 정현 대칭의 조건은 어느 것인가?

① $f(t)=f(-t)$　② $f(t)=-f(t)$
③ $f(t)=-f(t+\pi)$　④ $f(t)=-f(-t)$

|정|답|및|해|설|

정현 대칭 조건은
(f축 대칭 후 다시 t축에 대칭)
$f(t)=-f(-t)$, $f(t)=f(T+t)$

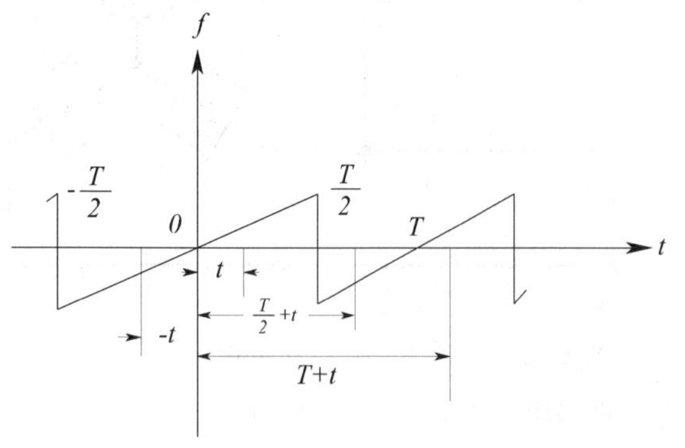

【정답】 ④

61. 자동제어의 각 요소를 블록선도로 표시할 때 각 요소는 전달함수로 표시하고, 신호의 전달경로는 무엇으로 표시하는가?

① 전달함수　② 단자
③ 화살표　④ 출력

|정|답|및|해|설|

자동제어계의 각 요소를 블록 선도로 표시할 때에 각 요소는 전달함수로 표시하고, 신호의 전달경로는 화살표로 표시한다.

【정답】 ③

62. $t=0$에서 스위치 S를 닫을 때의 전류 $i(t)$는?

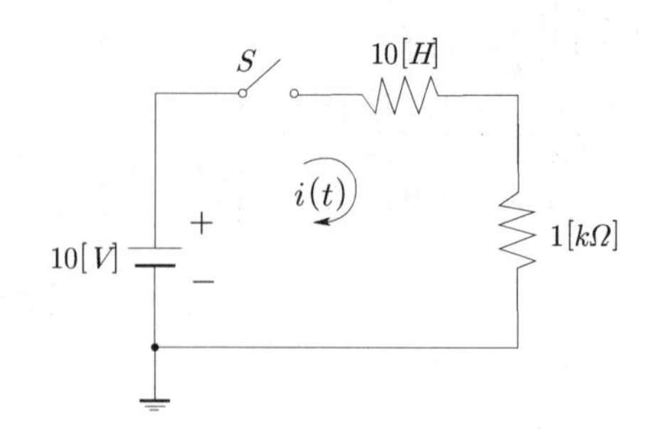

① $0.01(1-e^{-t})$　② $0.01(1+e^{-t})$
③ $0.01(1-e^{-100t})$　④ $0.01(1+e^{-100t})$

|정|답|및|해|설|

RL직렬 회로에서 직류 기전력을 인가 시 흐르는 전류

$$i(t)=\frac{E}{R}\left(1-e^{-\frac{R}{L}t}\right)=\frac{10}{1\times10^3}\left(1-e^{-\frac{1\times10^3}{10}t}\right)=0.01(1-e^{-100t})[A]$$

【정답】 ③

63. Var는 무엇의 단위인가?

① 효율　② 유효전력
③ 피상전력　④ 무효전력

|정|답|및|해|설|

· 피상전력 $P_a=VI=I^2Z[\text{VA}]$
· 유효전력 $P=VI\cos\theta=I^2R[\text{W}]$
· 무효전력 $P_r=VI\sin\theta=I^2X[\text{Var}]$

【정답】 ④

64. 임피던스 $Z=15+j4[\Omega]$의 회로에 $I=5(2+j)[A]$의 전류를 흘리는데 필요한 전압 $V[\text{V}]$는?

① $10(26+j23)$　② $10(34+j23)$
③ $5(26+j23)$　④ $5(34+j23)$

|정|답|및|해|설|

$I=5(2+j)=10+5j[A]$
$\therefore V=IZ=(10+5j)\times(15+j4)=130+j115=5(26+j23)[V]$

【정답】 ③

65. 다음과 같은 4단자망에서 영상 임피던스는 몇[Ω]인가?

① 200
② 300
③ 450
④ 600

|정|답|및|해|설|

영상 임피던스 $Z_{01} = \sqrt{\frac{AB}{CD}}$

대칭 T형 회로에서 $A=D \rightarrow Z_{01} = \sqrt{\frac{B}{C}}$

$C = \frac{1}{450}$

$B = \frac{300 \times 450 + 300 \times 300 + 300 \times 450}{450} = \frac{360000}{450}$

$\therefore Z_{01} = \sqrt{\frac{B}{C}} = \sqrt{\frac{\frac{360000}{450}}{\frac{1}{450}}} = 600[\Omega]$

【정답】 ④

66. 다음 회로에서 4단자 정수 A, B, C, D 중 C의 값은?

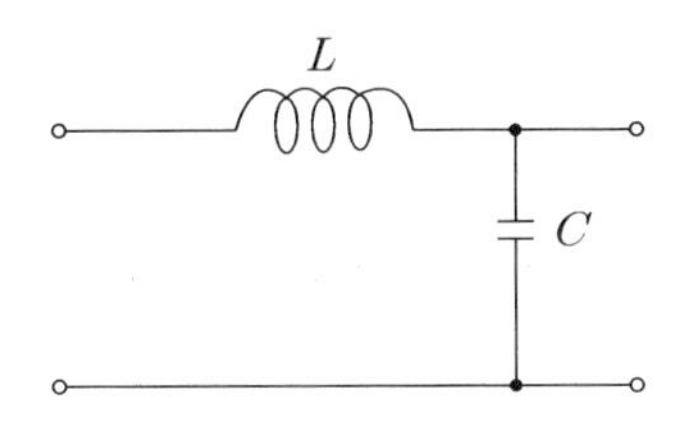

① 1
② $j\omega L$
③ $j\omega C$
④ $1 + j(\omega L + \omega C)$

|정|답|및|해|설|

$C = \left.\frac{I_1}{V_2}\right|_{I_2=0} = \frac{I_1}{\frac{I_1}{j\omega C}} = j\omega C$

【정답】 ③

67. 회로에서 V_{30}과 V_{15}는 각각 몇 [V]인가?

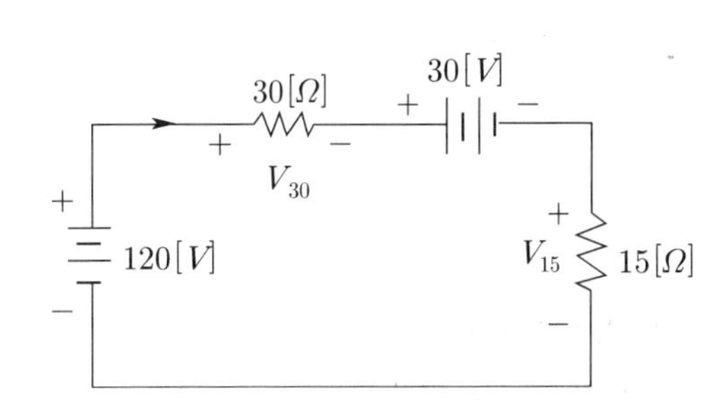

① $V_{30} = 60,\ V_{15} = 30$
② $V_{30} = 80,\ V_{15} = 40$
③ $V_{30} = 90,\ V_{15} = 45$
④ $V_{30} = 120,\ V_{15} = 60$

|정|답|및|해|설|

$R_1 = 30[\Omega],\quad R_2 = 15[\Omega]$라면

$V_{30} = \frac{R_1}{R_1 + R_2} \times V = \frac{30}{30+15} \times (120-30) = 60[\mathrm{V}]$

$V_{15} = \frac{R_2}{R_1 + R_2} \times V = \frac{15}{30+15} \times (120-30) = 30[\mathrm{V}]$

【정답】 ①

68. $e_1 = 6\sqrt{2}\sin\omega[\mathrm{V}]$, $e_2 = 4\sqrt{2}\sin(\omega t - 60^\circ)[\mathrm{V}]$일 때, $e_1 - e_2$의 실효값[V]은?

① $2\sqrt{2}$
② 4
③ $2\sqrt{7}$
④ $2\sqrt{13}$

|정|답|및|해|설|

$e_1 = 6\angle 0^\circ,\quad e_2 = 4\angle -60^\circ$

$\therefore e_1 - e_2 = 6 - 4(\cos 60^\circ - j\sin 60^\circ)$

$= 6 - 4 \times \left(\frac{1}{2} - j\frac{\sqrt{3}}{2}\right) = 4 + j2\sqrt{3}$

$= \sqrt{4^2 + (2\sqrt{3})^2} = 2\sqrt{7}[\mathrm{V}]$

【정답】 ③

69. 그림과 같은 비정현파의 주기함수에 대한 설명으로 틀린 것은?

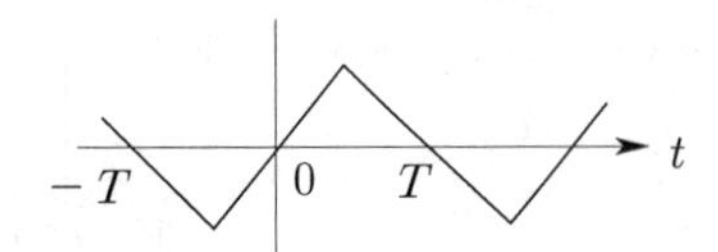

① 기함수파이다.
② 반파 대칭파이다.
③ 직류 성분은 존재하지 않는다.
④ 기수차의 정현항 계수는 0이다.

|정|답|및|해|설|

[반파 정현 대칭 함수] $f(t)=-f(t+\pi)$와 $f(t)=-f(-t)$ 두 조건을 만족하는 기함수파 【정답】 ④

70. 그림에서 $10[\Omega]$의 저항에 흐르는 전류는 몇 [A]인가?

① 13
② 14
③ 15
④ 16

|정|답|및|해|설|

중첩의 정리에 의해

전류원 기준(전압원 단락) $I_R=10+2+3=15[A]$

전압원 기준(전류원 개방) $I'_R=0[A]$

$\therefore I=I_R-I'_R=15-0=15[A]$ 【정답】 ③

71. 3상 불평형 전압에서 불평형률은?

① $\frac{\text{영상전압}}{\text{정상전압}}\times 100[\%]$ ② $\frac{\text{역상전압}}{\text{정상전압}}\times 100[\%]$

③ $\frac{\text{정상전압}}{\text{역상전압}}\times 100[\%]$ ④ $\frac{\text{정상전압}}{\text{영상전압}}\times 100[\%]$

|정|답|및|해|설|

$\text{불평형률}=\frac{\text{역상분}}{\text{정상분}}\times 100[\%]$ 【정답】 ②

72. 그림은 평형 3상 회로에서 운전하고 있는 유도전동기의 결선도이다. 각 계기의 지시가 $W_1=2.36[kW]$, $W_2=5.95[kW]$, $V=200[V]$, $I=30[A]$일 때, 이 유도 전동기의 역률은 약 몇 [%]인가?

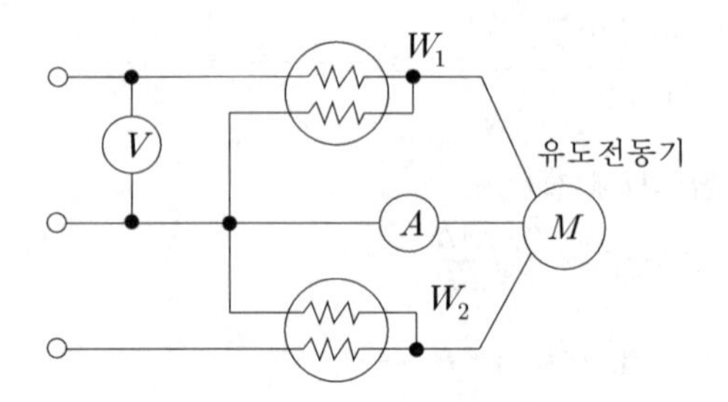

① 80 ② 76
③ 70 ④ 66

|정|답|및|해|설|

[전동기의 역률] $\cos\theta=\frac{P}{P_a}\times 100[\%]$

유효 전력 $P=W_1+W_2=2360+5950=8310[W]$

피상 전력 $P_a=\sqrt{3}VI=\sqrt{3}\times 200\times 30=10392.3[VA]$

$\therefore$ 역률 $\cos\theta=\frac{P}{P_a}\times 100=\frac{8310}{10392.3}\times 100 \fallingdotseq 80[\%]$

【정답】 ①

73. 기본파의 30[%]인 제3고조파와 기본파의 20[%]인 제5고조파를 포함하는 전압파의 왜형률은?

① 0.21 ② 0.31
③ 0.36 ④ 0.42

|정|답|및|해|설|

$$\text{왜형률}=\frac{\text{각 고조파의 실효값의 합}}{\text{기본파의 실효값}}=\frac{\sqrt{V_3^2+V_5^2}}{V_1}=\sqrt{\left(\frac{V_3}{V_1}\right)^2+\left(\frac{V_5}{V_1}\right)^2}=\sqrt{0.3^2+0.2^2}=0.36$$

【정답】 ③

74. 코일의 권수 $N=1000$회, 저항 $R=10[\Omega]$이다. 전류 $I=10[A]$를 흘릴 때 자속 $\phi=3\times10^{-2}[Wb]$이라면 이 회로의 시정수[s]는?

① 0.3　　② 0.4
③ 3.0　　④ 4.0

|정|답|및|해|설|

코일의 인덕턴스 $L=\frac{N\phi}{L}=\frac{1000\times3\times10^{-2}}{10}=3[H]$

저항 $R=10[\Omega]$

시정수 $\tau=\frac{L}{R}=\frac{3}{10}=0.3[s]$　　【정답】 ①

75. 800[kW], 역률 80[%]의 부하가 있다. $\frac{1}{4}$시간 동안 소비되는 전력량[kWh]은?

① 800　　② 600
③ 400　　④ 200

|정|답|및|해|설|

전력량 $W=P\cdot t=800\times\frac{1}{4}=200[kWh]$　　【정답】 ④

76. $f(t)=\frac{d}{dt}\cos\omega t$를 라플라스 변환하면?

① $\frac{\omega^2}{s^2+\omega^2}$　　② $\frac{-s^2}{s^2+\omega^2}$
③ $\frac{s}{s^2+\omega^2}$　　④ $-\frac{\omega^2}{s^2+\omega^2}$

|정|답|및|해|설|

실미분의 정리 $\mathcal{L}[f'(t)]=sF(s)-f(0)$

$\mathcal{L}\left[\frac{d}{dt}\cos wt\right]=s\cdot\frac{s}{s^2+w^2}-1=\frac{-w^2}{s^2+w^2}$

【정답】 ④

77. 3상 불평형 전압을 V_a, V_b, V_c라고 할 때 정상전압은? (단, $a=-\frac{1}{2}+j\frac{\sqrt{3}}{2}$이다.)

① $\frac{1}{3}(V_a+aV_b+a^2V_c)$

② $\frac{1}{3}(V_a+a^2V_b+aV_c)$

③ $\frac{1}{3}(V_a+a^2V_b+V_c)$

④ $\frac{1}{3}(V_a+V_b+V_c)$

|정|답|및|해|설|

영상전압 $V_0=\frac{1}{3}(V_a+V_b+V_c)[V]$

정상전압 $V_1=\frac{1}{3}(V_a+aV_b+a^2V_c)$

$=\frac{1}{3}(V_a+V_b\angle120°+V_c\angle-120°)[V]$

역상전압 $V_2=\frac{1}{3}(V_a+a^2V_b+aV_c)[V]$　　【정답】 ①

78. 그림과 같이 접속된 회로에 평형 3상 전압 $E[V]$를 가할 때의 전류 $I_1[A]$은?

① $\frac{\sqrt{3}}{4E}$

② $\frac{4E}{\sqrt{3}}$

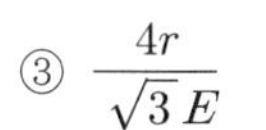

③ $\frac{4r}{\sqrt{3}E}$

④ $\frac{\sqrt{3}E}{4r}$

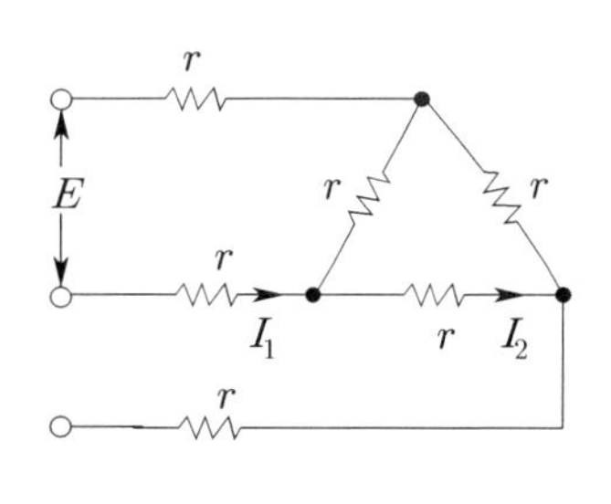

|정|답|및|해|설|

1상의 등가 저항 $R=\frac{r^2}{r+r+r}=\frac{r^2}{3r}=\frac{r}{3}$

선전류 $I_1=\frac{\frac{E}{\sqrt{3}}}{r+\frac{r}{3}}=\frac{\sqrt{3}E}{4r}$

【정답】 ④

79. 평형 3상 Y결선 회로의 선간전압 V_l, 상전압 V_p, 선전류 I_l, 상전류가 I_p일 때 다음의 관련식 중 틀린 것은? (단, P_y는 3상 부하전력을 의미한다.)

① $V_l = \sqrt{3}\, V_p$　　② $I_l = I_p$

③ $P_y = \sqrt{3}\, V_l I_l \cos\theta$　　④ $P_y = \sqrt{3}\, V_p I_p \cos\theta$

|정|답|및|해|설|

결선법	선간전압 V_l	선전류 I_l	출력[W]	
△결선	V_p	$\sqrt{3}\, I_p$	$\sqrt{3}\, V_l I_l \cos\theta$	$3 V_p I_p \cos\theta$
Y결선	$\sqrt{3}\, V_p$	I_p		

여기서, V_l : 선간전압, I_l : 선로전류, V_p : 정격전압

I_p : 상전류　　【정답】 ④

80. 그림과 같은 커패시터 C의 초기 전압이 $V(0)$일 때 라플라스 변환에 의하여 s함수로 표시된 등가 회로로 옳은 것은?

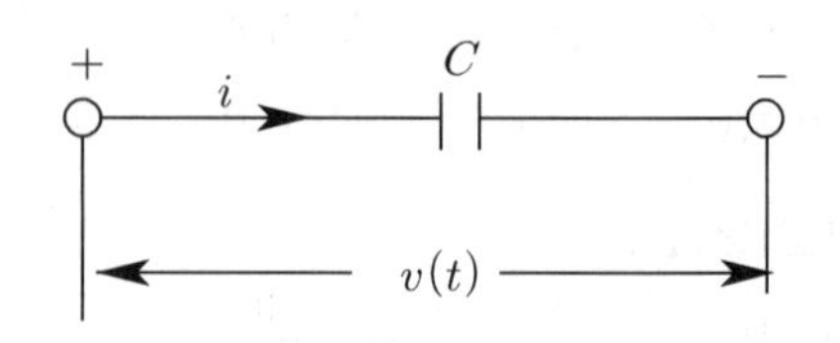

① $\frac{1}{Cs}$　$V(0)$

② $\frac{1}{Cs}$　$\frac{V(0)}{s}$

③
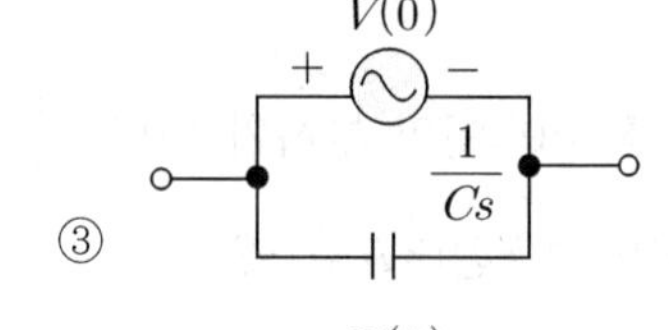

④
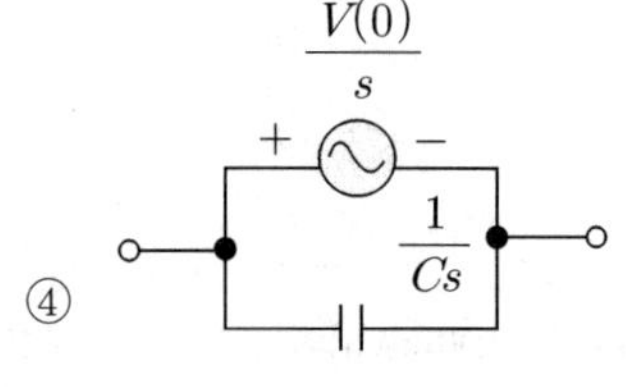

|정|답|및|해|설|

$v(t) = \frac{1}{C}\int i(t)dt$ 라플라스 변환하면

$V(s) = \frac{1}{Cs} I(s) + \frac{1}{Cs} i^{-1}(0)$

$i^{-1}(0)$는 초기 충전 전하이므로 $Q_0 = Cv(0)$

$\therefore V(s) = \frac{1}{Cs} I(s) + \frac{v(0)}{s}$　　【정답】 ②

2020 전기기사 기출문제

(통합)

61. 특성 방정식이 $s^3 + 2s^2 + Ks + 10 = 0$로 주어지는 제어계가 안정하기 위한 K의 값은? [04/1]

① K 〉 0 ② K 〉 5
③ K 〈 0 ④ 0 〈 K 〈 5

|정|답|및|해|설|
[루드의 표]

S^3	1	K	0
S^2	2	2	0
S^1	$A=\frac{2K-10}{2}$	0	0
S^0	$\frac{10A}{A}=10$		

제1열의 부호 변화가 없으므로
$-2K-10>0 \rightarrow \therefore K>\frac{10}{2}=5$ 【정답】 ②

62. 제어 시스템의 개루프 전달함수가 $G(s)H(s) = \frac{K(s+30)}{s^4+s^3+2s^2+s+7}$로 주어질 때, 다음 중 K>0인 경우 근궤적의 점근선이 실수축과 이루는 각[°]은?

① 20[°] ② 60[°]
③ 90[°] ④ 120[°]

|정|답|및|해|설|
[점근선의 각도] $\alpha_k = \frac{2k+1}{p-Z} \times 180°$
여기서, p : 극점의 수, Z : 영점의 수, k : 임의의 양의 정수
① 극점의 수 : 4차 방정식이므로 근이 4개 존재하므로
$p=4$
② 영점의 수 : 1차식이므로 근이 1개
$Z=1$

$\alpha_k = \frac{2k+1}{p-Z} \times 180° = \frac{2k+1}{4-1} \times 180 = \frac{2k+1}{3} \times 180$
· $k=0$일 때 : $\alpha_0 = 60[°]$
· $k=1$일 때 : $\alpha_1 = 180[°]$
· $k=2$일 때 : $\alpha_2 = 300[°]$ 【정답】 ②

63. z 변환된 함수 $F(z) = \frac{3z}{(z-e^{-3T})}$에 대응되는 라플라스 변환 함수는?

① $\frac{1}{(s+3)}$ ② $\frac{3}{(s-3)}$
③ $\frac{1}{(s-3)}$ ④ $\frac{3}{(s+3)}$

|정|답|및|해|설|
[라플라스 함수]
$F(z) = \frac{3z}{(z-e^{-3t})} = 3\frac{Z}{Z-e^{-3t}}$
$f(t) = 3e^{-3t}$
$F(s) = 3\frac{1}{s+3} = \frac{3}{s+3}$ 【정답】 ④

64. 그림과 같은 제어 시스템의 전달함수 $\frac{C(s)}{R(s)}$는?

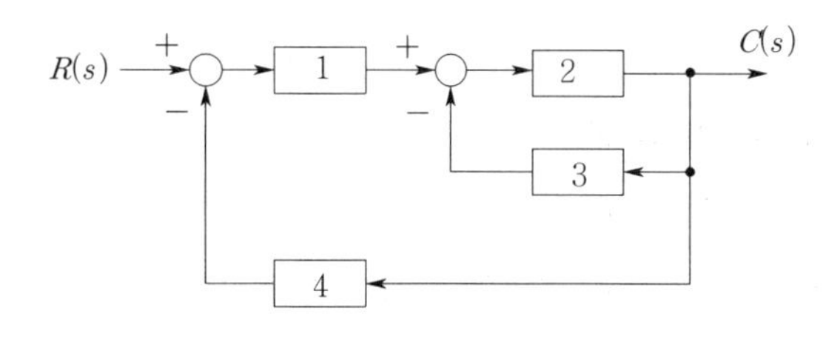

① $\frac{1}{15}$ ② $\frac{2}{15}$
③ $\frac{3}{15}$ ④ $\frac{4}{15}$

|정|답|및|해|설|

[블럭선도에 대한 전달함수] $G(s) = \dfrac{\sum 전향경로\ 이득}{1-\sum 루프\ 이득}$

$$G(s) = \frac{\sum 전향경로\ 이득}{1-\sum 루프\ 이득} = \frac{1\times 2}{1-(-2\times 3)-(-1\times 2\times 4)} = \frac{2}{15}$$

【정답】 ②

65. 전달함수가 $G_C(s) = \dfrac{2s+5}{7s}$인 제어기가 있다. 이 제어기는 어떤 제어기인가?

① 비례 미분 제어기
② 적분 제어기
③ 비례 적분 제어기
④ 비례 적분 미분 제어기

|정|답|및|해|설|

[제어기]

$$G_C(s) = \frac{2s+5}{7s} = \frac{2}{7} + \frac{5}{7s}$$

· s가 없으면 비례 요소
· s가 분모에 한 개만 있으면 적분 요소

【정답】 ③

66. 단위 피드백 제어계에서 전달함수 $G(s)$가 다음과 같이 주어지는 계의 단위 계단 입력에 대한 정상 상태 편차는?

$$G(s) = \frac{5}{s(s+1)(s+2)}$$

① 0　② 1　③ 2　④ 3

|정|답|및|해|설|

[정상 위치 편차] $e_{ssp} = \dfrac{1}{1+K_p}$ → (K_p : 위치편차상수)

※단위 계단 입력일 경우에는 정상 위치 편차를 구한다.

$K_p = \lim_{s=0} G(s) = \infty$

$$e_{ssp} = \frac{1}{1+K_p} = \frac{1}{1+\infty} = 0$$

【정답】 ①

67. 그림과 같은 논리회로에서 출력 F의 값은?

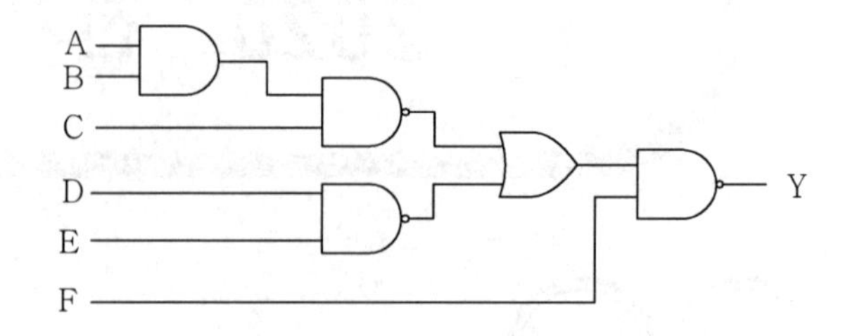

① $ABCDE+\overline{F}$
② $\overline{A}\,\overline{B}\,\overline{C}\,\overline{D}\,\overline{E}+F$
③ $\overline{A}+\overline{B}+\overline{C}+\overline{D}+\overline{E}+F$
④ $A+B+C+D+E+\overline{F}$

|정|답|및|해|설|

논리 기호	논리식
A, B ─ X	$X=AB$
$\overline{B}$, C ─ X	$X=\overline{B}C$
A, B ─ X	$X=A+B$
AB, $\overline{B}$C ─ F	$F=AB+\overline{B}C$
A ─ X	$X=\overline{A}$
B ─ X	$X=\overline{B}$

$$Y = \overline{(\overline{ABC}+\overline{DE})\cdot F} = \overline{\overline{ABC}}+\overline{\overline{DE}}+\overline{F} = ABCDE+\overline{F}$$

【정답】 ①

68. 그림의 신호 흐름 선도에서 전달함수 $\dfrac{C(s)}{R(s)}$는?

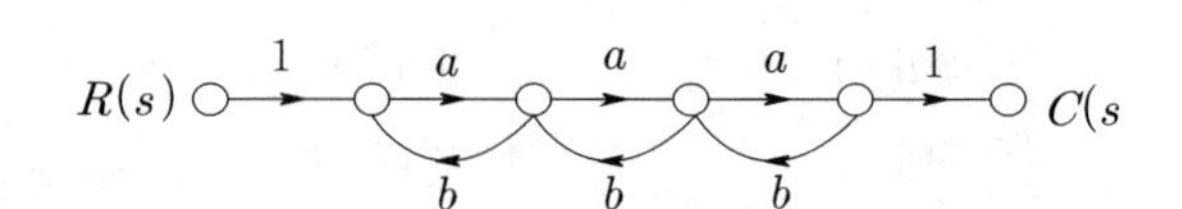

① $\dfrac{a^3}{(1-ab)}$　② $\dfrac{a^3}{(1-3ab+a^2b^2)}$

③ $\dfrac{a^3}{1-3ab}$　④ $\dfrac{a^3}{1-3ab+2a^2b^2}$

|정|답|및|해|설|

[전달함수] $G(s)=\dfrac{\sum G_k\Delta_k}{\Delta}$

$\Delta = 1-(L_{m1}-L_{m2}+....)$

$$G(s)=\frac{\sum G_k\Delta_k}{\Delta}=\frac{1\times a\times a\times a\times 1}{1-(ab+ab+ab-ab\times ab)}$$

$$=\frac{a^3}{1-3ab+a^2b^2}$$

【정답】 ②

69. 다음과 같은 미분방정식으로 표현되는 제어 시스템의 시스템 행렬 A는?

$$\frac{d^2c(t)}{dt^2}+5\frac{dc(t)}{dt}+3c(t)=r(t)$$

① $\begin{bmatrix}-5 & -3\\ 0 & 1\end{bmatrix}$ ② $\begin{bmatrix}-3 & -5\\ 0 & 1\end{bmatrix}$

③ $\begin{bmatrix}0 & 1\\ -3 & -5\end{bmatrix}$ ④ $\begin{bmatrix}0 & 1\\ -5 & -3\end{bmatrix}$

|정|답|및|해|설|

[시스템 계수행렬]

$\dfrac{d^2c(t)}{dt^2}+5\dfrac{dc(t)}{dt}+3c(t)=r(t)$

→ $\ddot{c}(t)+5\dot{c}(t)+3c(t)=r(t)$ → (도트수는 미분 횟수)

계수행렬 $A=\begin{bmatrix}0 & 1\\ -3 & -5\end{bmatrix}$, $B=\begin{bmatrix}0\\ 1\end{bmatrix}$ 【정답】 ③

70. 안정한 제어 시스템의 보드 선도에서 이득 여유에 대한 정보를 얻을 수 있는 것은? [19/2 05/3]

① 위상곡선 0° 에서 이득과 0dB의 사이

② 위상곡선 180° 에서 이득과 0dB의 사이

③ 위상곡선 −90° 에서 이득과 0dB의 사이

④ 위상곡선 −180° 에서 이득과 0dB의 사이

|정|답|및|해|설|

[이득여유(gu)] 위상이 −180° 에서 이득과 0dB의 사이

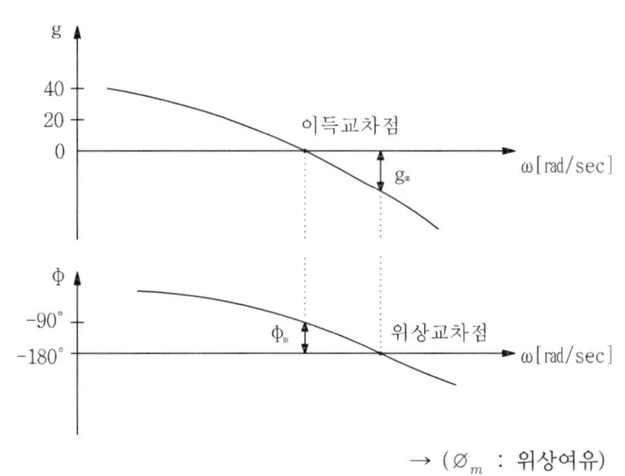

→ ($\varnothing_m$: 위상여유)

【정답】 ④

71. 3상전류가 $I_a=10+j3[A]$, $I_b=-5-j2[A]$, $I_c=-3+j4[A]$ 일 때 정상분 전류의 크기는 약 몇 [A] 인가?

① 5 ② 6.4 ③ 10.5 ④ 13.34

|정|답|및|해|설|

[정상분 전류]

· 영상분 $I_0=\dfrac{1}{3}(I_a+I_b+I_c)$

· 정상분 $I_1=\dfrac{1}{3}(I_a+aI_b+a^2I_c)$

· 역상분 $I_2=\dfrac{1}{3}(I_a+a^2I_b+aI_c)$

$I_1=\dfrac{1}{3}(10+j3+1\angle 130°(-5-j2)+1\angle 240°(-3+j4))$

$=6.34+j0.09=\sqrt{6.34^2+0.09^2}\fallingdotseq 6.4$

【정답】 ②

72. 그림의 회로에서 영상 임피던스 Z_{01}이 6[Ω]일 때, 저항 R의 값은 몇 [Ω]인가?

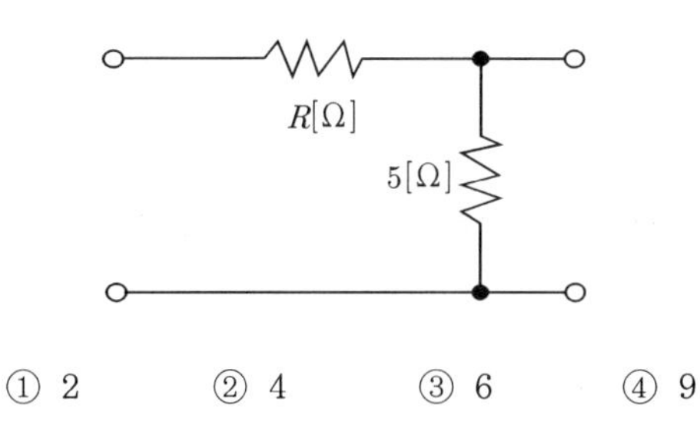

① 2 ② 4 ③ 6 ④ 9

|정|답|및|해|설|

[영상 임피던스] $Z_{01}=\sqrt{\frac{AB}{CD}}$, $Z_{02}=\sqrt{\frac{BD}{AC}}$

· $A=1+\frac{R}{5}=\frac{5+R}{5}$

· $B=R+0+\frac{R\times 0}{5}=R$

· $C=\frac{1}{5}$

· $D=1+\frac{0}{5}=1$

$$Z_{01}=\sqrt{\frac{\frac{5+R}{5}\times R}{\frac{1}{5}\times 1}}=\sqrt{R^2+5R}=6[\Omega]$$

$R^2+5R=36 \rightarrow R^2+5R-36=0 \rightarrow$ 근은 $-4,\ 9$

따라서 $(R-4)(R+9)=0 \rightarrow R=4[\Omega]$

※저항은 −값이 없으므로 −9는 버린다.

【정답】 ②

73. Y결선의 평형 3상 회로에서 선간전압 V_{ab}와 상전압 V_{an}의 관계로 옳은 것은? (단, $V_{bn}=V_{an}e^{-j(2\pi/3)}$, $V_{cn}=V_{bn}e^{-j(2\pi/3)}$)

① $V_{ab}=\frac{1}{\sqrt{3}}e^{j(\pi/6)}V_{an}$

② $V_{ab}=\sqrt{3}e^{j(\pi/6)}V_{an}$

③ $V_{ab}=\frac{1}{\sqrt{3}}e^{-j(\pi/6)}V_{an}$

④ $V_{ab}=\sqrt{3}e^{-j(\pi/6)}V_{an}$

|정|답|및|해|설|

[평형 3상 회로]

$V_{ab}=V_{an}-V_{bn}=V_{an}+(-V_{bn})$

$=V_{an}\cos 30\times 2\angle 30^\circ=V_{an}\times\frac{\sqrt{3}}{2}\times 2\angle\frac{\pi}{6}$

$=\sqrt{3}e^{j\frac{\pi}{6}}V_{an}[V]$

【정답】 ②

74. $f(t)=t^2e^{-at}$를 라플라스 변환하면?

① $\frac{2}{(s+a)^2}$　② $\frac{3}{(s+a)^2}$

③ $\frac{2}{(s+a)^3}$　④ $\frac{3}{(s+a)^3}$

|정|답|및|해|설|

[라플라스 변환] $f(t)=t^2e^{-at}$

$$F(s)=\frac{2!}{S^{2+1}}\Big|_{s=s+a}=\frac{2\times 1}{(s+a)^3}=\frac{2}{(s+a)^3}$$

【정답】 ③

75. 선로의 단위 길이당의 분포 인덕턴스를 L, 저항을 r, 정전용량을 C, 누설 콘덕턴스를 각각 g 라 할 때 전파 정수는 어떻게 표현되는가? [13/2 06/3]

① $\frac{\sqrt{(r+jwL)}}{(g+jwC)}$　② $\sqrt{(r+j\omega L)(g+j\omega C)}$

③ $\sqrt{\frac{(r+jwL)}{(g+jwC)}}$　④ $\sqrt{\frac{(g+jwC)}{(r+jwH)}}$

|정|답|및|해|설|

[전파정수] 전파정수 $r=\sqrt{ZY}$

$Z=r+jwL,\ Y=g+jwC$

전파정수 $r=\sqrt{ZY}=\sqrt{(r+jwL)(g+jwC)}=\alpha+j\beta$

α는 감쇠정수이고 β는 위상정수이다.

【정답】 ②

76. 회로에서 0.5[Ω] 양단 전압 V은 약 몇 [V]인가?

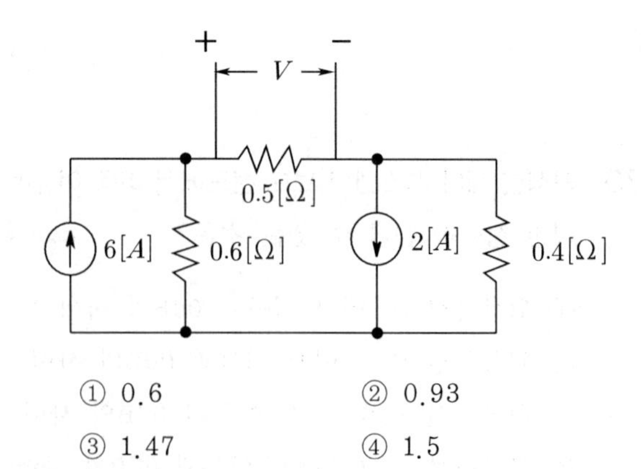

① 0.6　② 0.93

③ 1.47　④ 1.5

|정|답|및|해|설|

[전압] 등가로 변환한 후 계산한다.

a c
0.6[Ω] 0.5[Ω] 0.4[Ω]
3.6[V] 0.8[V]
직렬
b d

$I=\frac{V}{R}=\frac{3.6+0.8}{0.6+0.5+0.4}=\frac{4.4}{1.5}[A]$

$V=IR=\frac{4.4}{1.5}\times 0.5=1.47[V]$ 【정답】 ③

77. $R-L-C$ 직렬 회로의 파라미터가 $R^2=\frac{4L}{C}$의 관계를 가진다면, 이 회로에 직류 전압을 인가하는 경우 과도 응답 특성은?

① 무제동 ② 과제동
③ 부족 제동 ④ 임계 제동

|정|답|및|해|설|
[과도 응답 특성]

① $R>2\sqrt{\frac{L}{C}}$: 비진동 (과제동)

② $R<2\sqrt{\frac{L}{C}}$: 진동 (부족 제동)

③ $R=2\sqrt{\frac{L}{C}}$: 임계 (임계 제동)

따라서 $R=2\sqrt{\frac{L}{C}} \rightarrow R^2=4\frac{L}{C}$ 【정답】 ④

78. $v(t)=3+5\sqrt{2}\sin wt+10\sqrt{2}\sin\left(3wt-\frac{\pi}{3}\right)[V]$의 실효값 크기는 약 몇 [V]인가?

① 9.6 ② 10.6
③ 11.6 ④ 12.6

|정|답|및|해|설|
[실효값] $V=\sqrt{V_0^2+V_1^2+V_3^2}\,[V]$

$V_0=3,\quad V_1=5,\quad V_3=10$

$V=\sqrt{V_0^2+V_1^2+V_3^2}=\sqrt{3^2+5^2+10^2}=11.6[V]$

【정답】 ③

79. 그림과 같이 결선된 회로의 단자 $(a,\ b,\ c)$에 선간전압이 V[V]인 평형 3상 전압을 인가할 때 상전류 $I[A]$의 크기는?

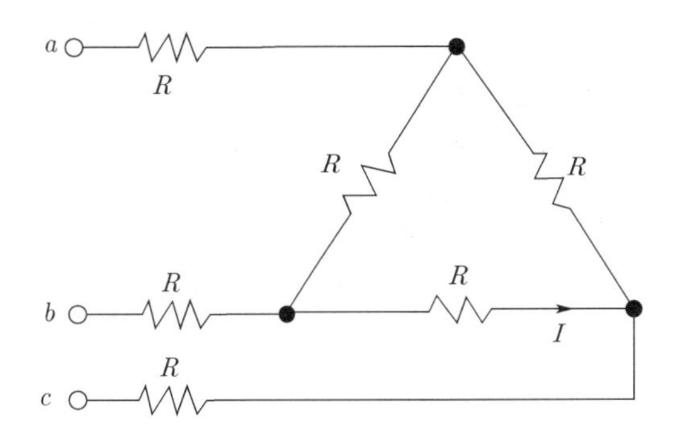

① $\frac{V}{4R}$ ② $\frac{3V}{4R}$
③ $\frac{\sqrt{3}V}{4R}$ ④ $\frac{V}{4\sqrt{3}R}$

|정|답|및|해|설|
[델타(△) 결선의 상전류]

$\triangle \rightarrow Y$변환 (저항이 같은 경우 $\frac{1}{3}$로 감소)

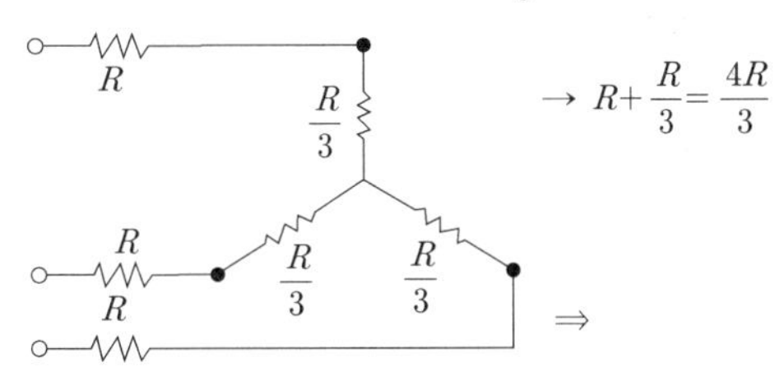

$\rightarrow R+\frac{R}{3}=\frac{4R}{3}$

⇒

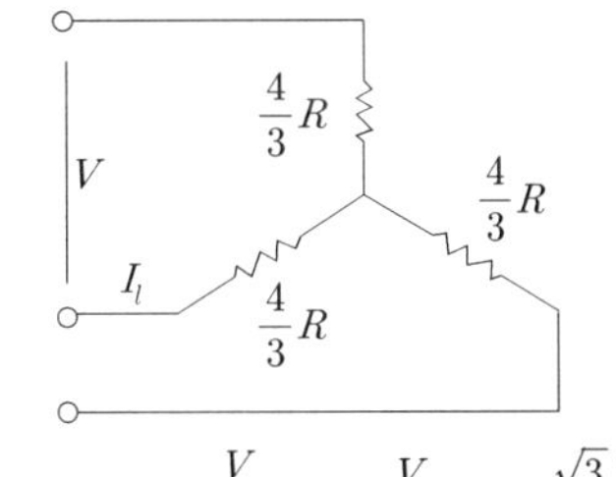

$\rightarrow I_l=I_p=\frac{V_p}{R_0}=\frac{V}{\sqrt{3}\times\frac{4}{3}R}=\frac{\sqrt{3}V}{4R}[A]$

따라서 상전류 $I=\frac{I_l}{\sqrt{3}}=\frac{1}{\sqrt{3}}\times\frac{\sqrt{3}V}{4R}=\frac{V}{4R}$

【정답】 ①

80. $8+j6[\Omega]$인 임피던스에 $13+j20[V]$의 전압을 인가할 때 복소 전력은 약 몇 [VA]인가?

① $12.7+j34.1$ ② $12.7+j55.5$

③ $45.5+j34.1$ ④ $45.5+j55.5$

|정|답|및|해|설|

[복소전력(피상전력)] $P_a = \overline{V}I = V\overline{I}[VA]$

전류 $I = \frac{V}{Z} = \frac{13+j20}{8+j6} = 2.24+j0.82$

$P_a = V\overline{I} = (13+j20)(2.24-j0.82) = 45.5+j34.1$

【정답】 ③

61. 주어진 시간함수 $f(t)=\sin\omega t$의 z변환은?

① $\frac{z\sin\omega T}{z^2+2z\cos\omega T+1}$ ② $\frac{z\sin\omega T}{z^2-2z\cos\omega T+1}$

③ $\frac{z\sin\omega T}{z^2-2z\sin\omega T+1}$ ④ $\frac{z\cos\omega T}{z^2-2z\sin\omega T+1}$

|정|답|및|해|설|

[z변환] $f(t)=\sin\omega t \rightarrow F(z) = \frac{z\sin\omega T}{z^2-2z\cos\omega T+1}$

【정답】 ②

62. 그림과 같은 신호흐름선도에서 $C(s)/R(s)$의 값은?

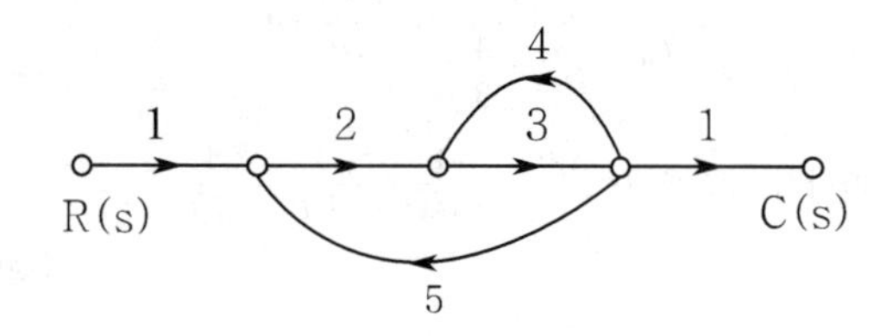

① $-\frac{1}{11}$ ② $-\frac{3}{11}$

③ $-\frac{6}{41}$ ④ $-\frac{8}{11}$

|정|답|및|해|설|

[전달함수] $G(s) = \frac{\sum 전향\ 경로\ 이득}{1-\sum 루프이득}$

전향경로 이득 : 1 2 3 1, 루프이득 : 2 3 5, 3 4

$G(s) = \frac{\sum 전향\ 경로\ 이득}{1-\sum 루프이득} = \frac{1\times2\times3\times1}{1-2\times3\times5-3\times4} = -\frac{6}{41}$

【정답】 ③

63. 다음 논리식 $[(AB+A\overline{B})+AB]+\overline{A}B$를 간단히 하면?

[09/2]

① $A+B$ ② $\overline{A}+B$

③ $A+\overline{B}$ ④ $A+A\cdot B$

|정|답|및|해|설|

[논리식] $[(AB+A\overline{B})+AB]+A\overline{B} = (AB+A\overline{B})+(AB+\overline{A}B)$

$= A(B+\overline{B})+B(A+\overline{A})$

$= A+B$

※부울대수

- $A\cdot\overline{A}=0$ · $A+\overline{A}=1$ · $A+1=1$
- $A\cdot1=A$ · $A\cdot0=0$ · $A+0=A$
- $A\cdot A=A$ · $A+A=A$

【정답】 ①

64. 그림과 같은 피트백 제어 시스템에서 입력이 단위계단함수일 때 정상 상태 오차 상수인 위치 상수 (K_p)는?

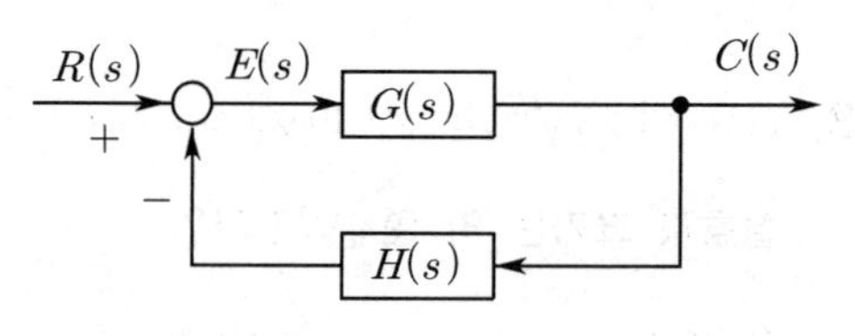

① $K_p = \lim_{a\to0} G(s)H(s)$

② $K_p = \lim_{a\to0} \frac{G(s)}{H(s)}$

③ $K_p = \lim_{a\to\infty} G(s)H(s)$

④ $K_p = \lim_{a\to\infty} \frac{G(s)}{H(s)}$

|정|답|및|해|설|

[정상상태 오차] $e_{ssp} = \dfrac{1}{1+\lim\limits_{s\to 0} G(s)H(s)}$

단위계단함수 $r(t) = u(t)$

위치상수 $K_p = \lim\limits_{s\to 0} G(s)H(s)$

【정답】 ①

65. 특성 방정식이 $s^4 + 2s^3 + s^2 + 4s + 2 = 0$일 때 이 계의 후르비쯔 방법으로 안정도를 판별하면? [05/1]

① 불안정　　② 안정

③ 임계 안정　　④ 조건부 안정

|정|답|및|해|설|

[루드의 표]

$F(s) = a_0 s^4 + a_1 s^3 + a_2 s^2 + a_3 s^1 + a_4 = 0$에서

S^4	1	1
S^3	2	4
S^2	$\dfrac{2-4}{2} = -1$	
S^1		0
S^0		

+, +, −로 부호가 바뀌므로 불안정하다.

【정답】 ①

66. 특성방정식의 모든 근이 s 평면(복소평면)의 $j\omega$축(허수축)에 있으면 이 제어 시스템의 안정도는 어떠한가?

① 임계 안정　　② 안정하다

③ 불안정　　④ 조건부안정

|정|답|및|해|설|

[특성방정식의 근의 위치에 따른 안정도]

① 제어계의 안정조건 : 특성방정식의 근이 모두 s 평면 좌반부에 존재하여야 한다.

② 불안정 상태 : 특성방정식의 근이 모두 s 평면 우반부에 존재하여야 한다.

③ 임계 안정 : 특성근이 허수축

jω=s
안 정 영 역
불안정 영 역
σ

【정답】 ①

67. 그림과 같은 회로에서 입력전압 $v_1(t)$에 대한 출력 전압 $v_2(t)$의 전달함수 $G(s)$는?

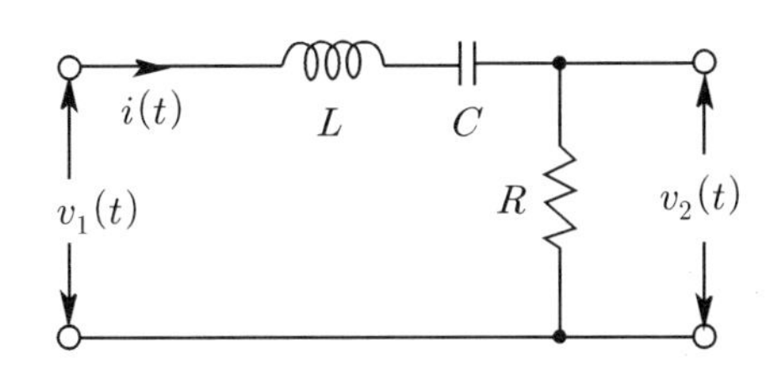

① $\dfrac{RCs}{LCs^2+RCs+1}$　　② $\dfrac{RCs}{LCs^2-RCs-1}$

③ $\dfrac{C_s}{LCs^2+RCs+1}$　　④ $\dfrac{Cs}{LCs^2-RCs-1}$

|정|답|및|해|설|

[전달함수(직렬)] $G(s) = \dfrac{\text{출력임피던스}}{\text{입력임피던스}}$

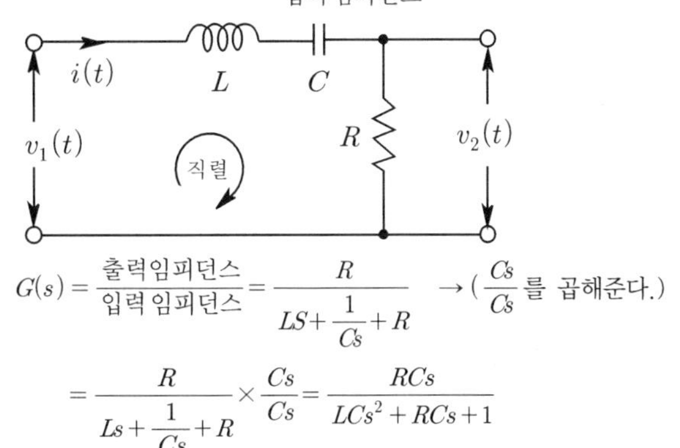

$G(s) = \dfrac{\text{출력임피던스}}{\text{입력임피던스}} = \dfrac{R}{LS+\dfrac{1}{Cs}+R}$ → ($\dfrac{Cs}{Cs}$를 곱해준다.)

$= \dfrac{R}{Ls+\dfrac{1}{Cs}+R} \times \dfrac{Cs}{Cs} = \dfrac{RCs}{LCs^2+RCs+1}$

【정답】 ①

68. 어떤 제어 시스템의 개루프 이득이 $G(s)H(s) = \dfrac{K(s+2)}{s(s+1)(s+3)(s+4)}$ 일 때 이 시스템이 가지는 근궤적의 가지(branch) 수는?

① 1　　② 3

③ 4　　④ 5

|정|답|및|해|설|

[근궤적의 수]

① 근궤적의 수(N)는 극점의 수(p)와 영점의 수(z)에서 큰 것을 선택한다.

② 다항식의 최고차 항의 차수와 같다.

→ s^4이므로 근궤적의 수는 4이다.

【정답】 ③

69. 제어 시스템의 상태 방정식이 $\frac{dx(t)}{dt} = Ax(t) + Bu(t)$, $A = \begin{bmatrix} 0 & 1 \\ -3 & 4 \end{bmatrix}$, $B = \begin{bmatrix} 1 \\ 1 \end{bmatrix}$일 때, 특성방정식을 구하면?

① $s^2 - 4s - 3 = 0$ ② $s^2 - 4s + 3 = 0$
③ $s^2 + 4s + 3 = 0$ ④ $s^2 + 4s - 3 = 0$

|정|답|및|해|설|
[특성 방정식] $|SI - A| = 0$
① $SI - A = S\begin{bmatrix} 1 & 0 \\ 0 & 1 \end{bmatrix} - \begin{bmatrix} 0 & 1 \\ -3 & 4 \end{bmatrix} = \begin{bmatrix} s & 0 \\ 0 & s \end{bmatrix} - \begin{bmatrix} 0 & 1 \\ -3 & 4 \end{bmatrix} = \begin{bmatrix} s & -1 \\ 3 & s-4 \end{bmatrix}$
② $|SI - A| = s^2 - 4s - (-3) = s^2 - 4s + 3 = 0$

【정답】 ②

70. 적분 시간 4[sec], 비례감도가 4인 비례적분 동작을 하는 제어계에 동작신호 $z(t) = 2t$를 주었을 때 이 시스템의 조작량은? (단, 조작량의 초기값은 0이다.) [13/3]

① $t^2 + 8t$ ② $t^2 + 4t$
③ $t^2 - 8t$ ④ $t^2 - 4t$

|정|답|및|해|설|
[비례 적분 동작(PI)의 전달함수]
$\cdot G(s) = \frac{X_0(s)}{X_i(s)} = K_p(z(t) + \frac{1}{T}\int z(t))$
K_p : 비례감도, T : 적분 시간
$G(s) = 4(2t + \frac{1}{4}\int 2tdt) = 8t + 2 \times \frac{1}{2}t^2 = t^2 + 8t$

【정답】 ①

71. 선간전압 100[V], 역률이 0.6인 평형 3상 부하에서 무효전력이 $Q = 10[kVar]$일 때, 선전류의 크기는 약 몇 [A]인가?

① 57.5 ② 72.2
③ 96.2 ④ 125

|정|답|및|해|설|
[3상 무효전력] $Q = \sqrt{3}\, V_l I_l \sin\theta [Var]$

선전류 $I_l = \frac{Q}{\sqrt{3}\, V_l \sin\theta} = \frac{10 \times 10^3}{\sqrt{3} \times 100 \times 0.8} = 72.2$

$\rightarrow (\cos\theta = 0.6,\ \sin\theta = 0.8)$

【정답】 ②

72. 그림과 같이 T형 4단자 회로망에서 4단자 정수 A와 C 값은? (단, $Z_1 = \frac{1}{Y_1}$, $Z_2 = \frac{1}{Y_2}$, $Z_3 = \frac{1}{Y_3}$)

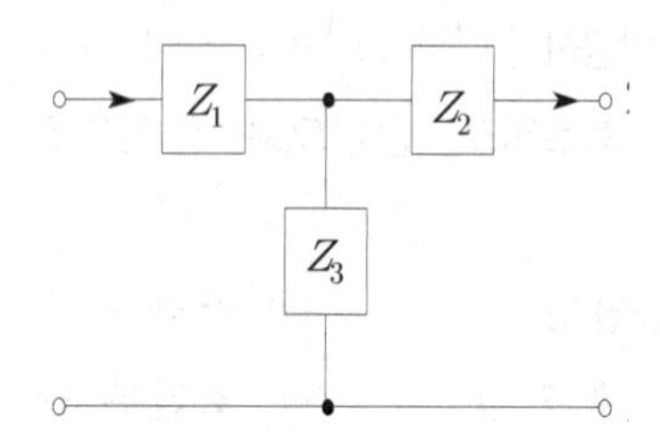

① $A = 1 + \frac{Y_3}{Y_1}$, $C = Y_2$

② $A = 1 + \frac{Y_3}{Y_1}$, $C = \frac{1}{Y_3}$

③ $A = 1 + \frac{Y_3}{Y_1}$, $C = Y_3$

④ $A = 1 + \frac{Y_1}{Y_3}$, $C = \left(1 + \frac{Y_1}{Y_3}\right)\frac{1}{Y_3} + \frac{1}{Y_2}$

|정|답|및|해|설|
[T형 4단자 회로망]

$A = 1 + \frac{Z_1}{Z_3} = 1 + \frac{\frac{1}{Y_1}}{\frac{1}{Y_3}} = 1 + \frac{Y_3}{Y_1}$

$C = \frac{1}{Z_3} = Y_3$

【정답】 ③

73. $t = 0$에서 회로의 스위치를 닫을 때 $t = 0^+$에서의 전류 $i(t)$는 어떻게 되는가? (단, 커패시터에 초기 전하는 없다.)

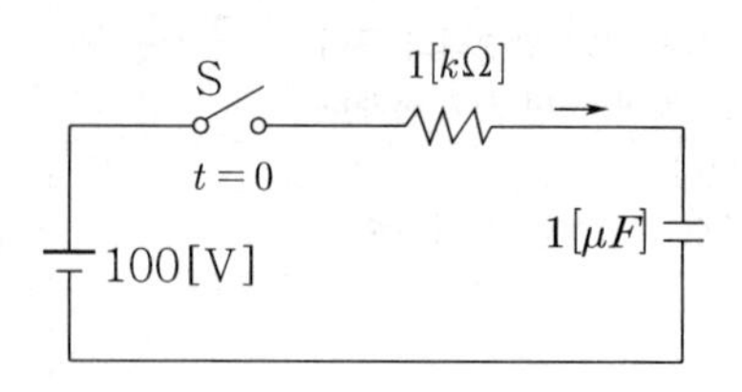

① 0.1　　② 0.2
③ 0.4　　④ 1.0

|정|답|및|해|설|

[$R-C$직렬 회로] $i(t)=\frac{E}{R}\left(e^{-\frac{1}{RC}t}\right)$

$i(t)=\frac{E}{R}\left(e^{-\frac{1}{RC}t}\right)\bigg|_{t=0}$ → $i(0)=\frac{100}{1000}=0.1[A]$

【정답】①

74. 그림의 회로에서 20[Ω]의 저항이 소비하는 전력은 몇 [W]인가?

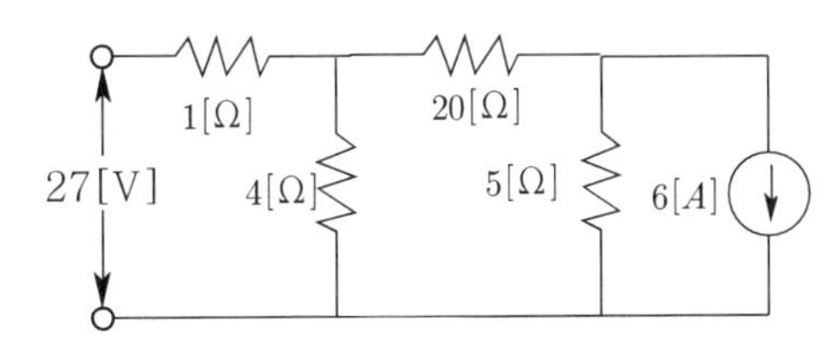

① 14　　② 27
③ 40　　④ 80

|정|답|및|해|설|

[전력] $P=I^2R[W]$

문제의 회로를 테브난의 등가회로 고친다.

① $R_T=\frac{1\times 4}{1+4}=0.8$

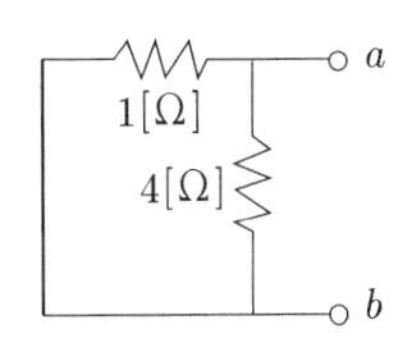

② $V_T=\frac{4}{1+4}\times 27=21.6$ → (전압 분배의 법칙)

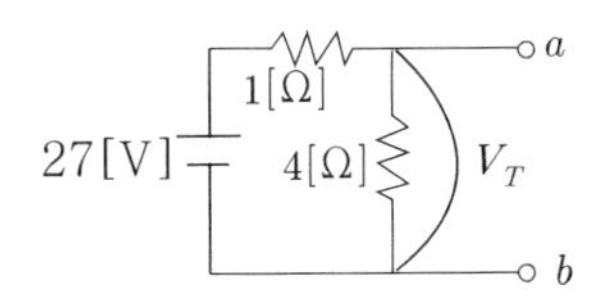

③ 전류 $I=\frac{V}{R}=\frac{21.6+30}{0.8+20+5}=2[A]$

∴ 전력 $P=I^2R=2^2\times 20=80[W]$

【정답】④

75. $R-C$ 직렬 회로에서 직류 전압 $V[V]$가 인가되었을 때, 전류 $i(t)$에 대한 전압 방정식(KVL)이 $V=Ri+\frac{1}{c}\int i(t)dt[V]$이다. 전류 $i(t)$의 라플라스 변환인 $I(s)$는? (단, C에는 초기 전하가 없다.)

① $I(s)=\frac{V}{R}\frac{1}{s-\frac{1}{RC}}$

② $I(s)=\frac{C}{R}\frac{1}{s+\frac{1}{RC}}$

③ $I(s)=\frac{V}{R}\frac{1}{s+\frac{1}{RC}}$

④ $I(s)=\frac{R}{C}\frac{1}{s-\frac{1}{RC}}$

|정|답|및|해|설|

[라플라스 변환] $V=Ri+\frac{1}{c}\int i(t)dt[V]$

$Vu(t)\rightarrow V\frac{1}{s}=RI(s)+\frac{1}{C}\frac{1}{s}I(s)=I(s)(R+\frac{1}{Cs})$

$I(s)=V\frac{1}{s(R+\frac{1}{Cs})}=\frac{V}{Rs+\frac{1}{C}}\times\frac{\frac{1}{R}}{\frac{1}{R}}=\frac{V}{R}\frac{1}{s+\frac{1}{RC}}$

【정답】③

76. 어떤 회로의 유효전력이 300[W], 무효전력이 400[Var]이다. 이회로의 복소전력의 크기[VA]는?

① 350　　② 500
③ 600　　④ 700

|정|답|및|해|설|

[복소전력(피상전력)] $P_a=\sqrt{P^2+P_r^2}[VA]$

$P_a=\sqrt{P^2+P_r^2}=\sqrt{300^2+400^2}=500[VA]$

※유효전력(P)=실수, 무효전력(P_r)=허수　　【정답】②

77. 단위 길이 당 인덕턴스가 $L[H/m]$이고, 단위 길이 당 정전용량이 $C[F/m]$인 무손실 선로에서의 진행파 속도[m/s]는?

① $\sqrt{LC}$
② $\frac{1}{\sqrt{LC}}$
③ $\sqrt{\frac{C}{L}}$
④ $\sqrt{\frac{L}{C}}$

|정|답|및|해|설|

[무손실 선로의 진행파 속도]

$v = \frac{\omega}{\beta} = \frac{\omega}{\omega\sqrt{LC}} = \frac{1}{\sqrt{LC}} = \lambda f[m/s]$

【정답】 ②

78. 선간전압이 $V_{ab}[V]$인 3상 평형 전원에 대칭 부하 $R[\Omega]$이 그림과 같이 접속되어 있을 때, a, b 두 상 간에 접속된 전력계의 지시값이 $W[W]$라면 C상 전류의 크기[A]는?

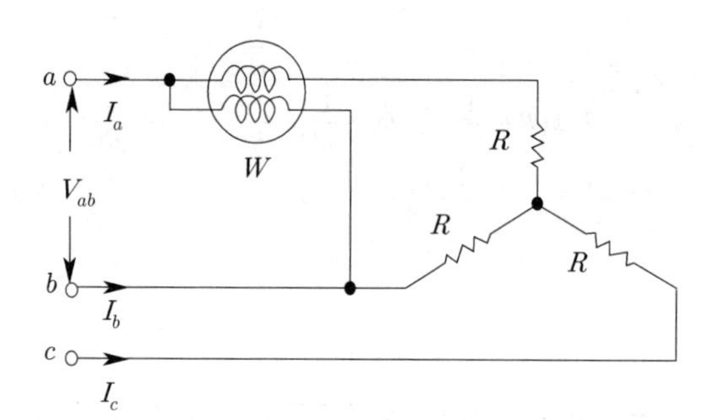

① $\frac{W}{3V_{ab}}$
② $\frac{2W}{3V_{ab}}$
③ $\frac{2W}{\sqrt{3}V_{ab}}$
④ $\frac{\sqrt{3}W}{V_{ab}}$

|정|답|및|해|설|

[1전력계법] $P = 2W = \sqrt{3}V_l I_l \cos\theta[W]$

$I_l = \frac{2W}{\sqrt{3}V_l \cos\theta} = \frac{2W}{\sqrt{3}V_{ab}}[A]$ → (R만의 부하일 때 $\cos\theta = 1$)

【정답】 ③

79. $R = 4[\Omega]$, $wL = 3[\Omega]$의 직렬 회로에 $e = 100\sqrt{2}\sin wt + 50\sqrt{2}\sin 3wt[V]$를 가할 때 이 회로의 소비전력은 약 몇 [W]인가? [산 14/3]

① 1414
② 1514
③ 1703
④ 1903

|정|답|및|해|설|

[소비전력] $P = I^2R = \left(\frac{E}{\sqrt{R^2+X^2}}\right)^2 R = \frac{E^2R}{R^2+X^2}$

・기본파에 의한 전력 $P_1 = \frac{100^2\times 4}{4^2+3^2} = 1600[W]$

・3고조파에 의한 전력 $P_3 = \frac{50^2\times 4}{4^2+(3\times 3)^2} = 103[W]$

소비전력 $P = P_1 + P_3 = 1600 + 103 = 1703[W]$

【정답】 ③

80. 불평형 3상 전류가 다음과 같을 때 역상 전류 I_2는 약 몇 [A]인가? [산 17/1]

$$I_a = 15 + j2[A],\ I_b = -20 - j14[A]$$
$$I_c = -3 + j10[A]$$

① $1.91 + j6.24$
② $2.17 + j5.34$
③ $3.38 - j4.26$
④ $4.27 - j3.68$

|정|답|및|해|설|

영상분 $I_0 = \frac{1}{3}(I_a + I_b + I_c)$

정상분 $I_1 = \frac{1}{3}(I_a + aI_b + a^2I_c)$

역상분 $I_2 = \frac{1}{3}(I_a + a^2I_b + aI_c)$

역상분 전류 $I_2 = \frac{1}{3}(I_a + a^2I_b + aI_c)$

$$= \frac{1}{3}\left(15 + j2 + \left(-\frac{1}{2} - j\frac{\sqrt{3}}{2}\right)(-20 - j14) + \left(-\frac{1}{2} + j\frac{\sqrt{3}}{2}\right)(-3 + j10)\right)$$

$= 1.91 + j6.24$

【정답】 ①

61. 그림과 같은 블록선도의 제어시스템에서 속도 편차 상수 K_v는 얼마인가?

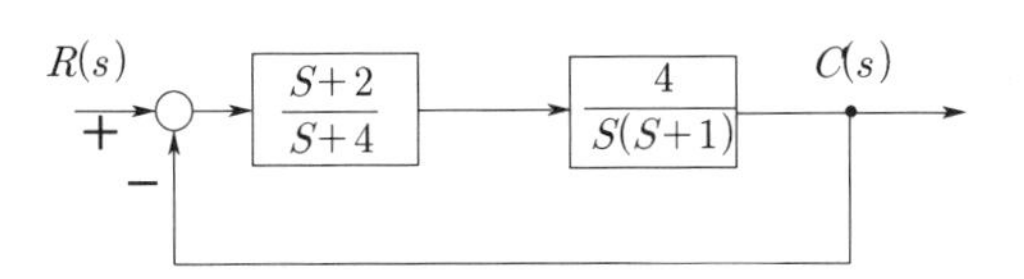

① 0 ② 0.5
③ 2 ④ ∞

|정|답|및|해|설|

[정상 속도 편차 상수] $K_v = \lim_{s=0} sG(s)$

$$GH = \frac{4(s+1)}{s(s+1)(s+4)} = G(s)$$

$$K_v = \frac{4(s+1)}{s(s+1)(s+4)} s = 2$$

【정답】 ③

62. 근궤적에 관한 설명으로 틀린 것은?

① 근궤적은 실수축을 기준으로 대칭이다.
② 점근선은 허수축 상에서 교차한다.
③ 근궤적의 가지 수는 특성방정식의 차수와 같다.
④ 근궤적은 개루프 전달함수의 극점으로부터 출발한다.

|정|답|및|해|설|

[근궤적] 근궤적이란 s평면상에서 개루푸 전달함수의 이득 상수를 0에서 ∞까지 변화 시킬 때 특성 방정식의 근이 그리는 궤적

[근궤적의 작도법]

- 근궤적은 $G(s)H(s)$의 극점으로부터 출발, 근궤적은 $G(s)H(s)$의 영점에서 끝난다.
- 근궤적의 개수는 영점과 극점의 개수 중 큰 것과 일치한다.
- 근궤적의 수 : 근궤적의 수(N)는 극점의 수(p)와 영점의 수(z)에서 z〉p이면 N=z, z〈p이면 N=p
- 근궤적의 대칭성 : 특성 방정식의 근이 실근 또는 공액 복소근을 가지므로 근궤적은 실수축에 대하여 대칭이다.
- 근궤적의 점근선 : 큰 s에 대하여 근궤적은 점근선을 가진다.
- 점근선의 교차점 : 점근선은 실수축 상에만 교차하고 그 수치는 n=p−z이다.

※근궤적이 s평면의 좌반면은 안정, 우반면은 불안정이다.

【정답】 ②

63. Routh-Hurwitz 안정도 판별법을 이용하여 특성 방정식이 $s^3+3s^2+3s+1+K=0$으로 주어진 제어시스템이 안정하기 위한 K의 범위를 구하면?

① $-1 \le K < 8$
② $-1 < K \le 8$
③ $-1 < K < 8$
④ $K < -1$ 또는 $K > 8$

|정|답|및|해|설|

[특성 방정식]

$F(s) = s^3 + 3s^2 + 3s + K = 0$ 루드 표는

S^3	1	3
S^2	3	1+K
S^1	$\frac{9-(1+K)}{3}$	0
S^0	1+K	

제1열의 요소가 모두 양수가 되어야 하므로

- $A = \frac{8-K}{3} > 0 \ \rightarrow \ K < 8$
- $1+K > 0 \ \rightarrow \ K > -1$

그러므로 안정되기 위한 조건은 $-1 < K < 8$이다.

【정답】 ③

64. $e(t)$의 z변환을 $E(z)$라 했을 때, $e(t)$의 초기값은? [15/3]

① $\lim_{z\to 0} zE(z)$ ② $\lim_{z\to 0} E(z)$
③ $\lim_{z\to \infty} zE(z)$ ④ $\lim_{z\to \infty} E(z)$

|정|답|및|해|설|

[초기값] $e(0) = \lim_{z\to\infty} E(z)$

$e(t)$의 초기값은 $e(t)$의 Z 변환을 $E(z)$라 할 때 $\lim_{z\to\infty} E(z)$이다.

【정답】 ④

65. 그림의 신호 흐름 선도에서 $\frac{C(s)}{R(s)}$ 는?

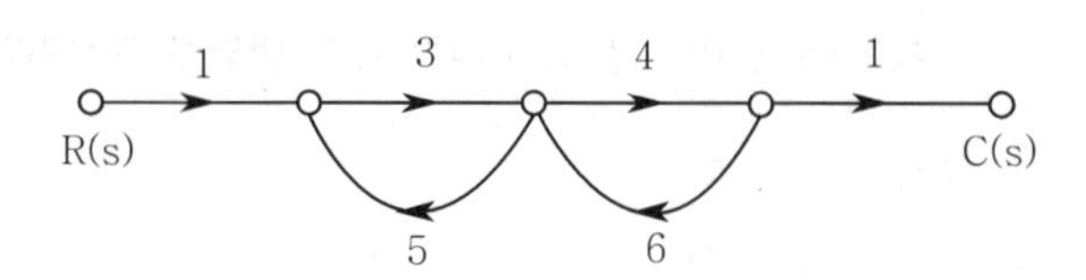

① $-\frac{2}{5}$ ② $-\frac{6}{19}$

③ $-\frac{12}{29}$ ④ $-\frac{12}{37}$

|정|답|및|해|설|

[전달함수] $G(s)=\frac{\sum 전향경로이득}{1-\sum 루프이득}$

$G(s)=\frac{\sum 전향경로이득}{1-\sum 루프이득}=\frac{1\times3\times4\times1}{1-3\times5-4\times6}=\frac{12}{-38}=-\frac{6}{19}$

【정답】 ②

66. 전달 함수 $G(s)=\frac{10}{S^2+3S+2}$ 으로 표시되는 제어 계통에서 직류 이득은 얼마인가? [08/2]

① 1 ② 2 ③ 3 ④ 5

|정|답|및|해|설|

[직류 이득] $G(0)=\lim_{s\to0}G(s)$

직류에서는 $jw=0$, 즉 $s=0$이므로

$G(0)=\lim_{s\to0}G(s)=\lim_{s\to0}\frac{10}{s^2+3s+2}=\frac{10}{2}=5$

【정답】 ④

67. 전달 함수가 $\frac{C(s)}{R(s)}=\frac{25}{s^2+6s+25}$ 인 2차 제어시스템의 감쇠 진동 주파수(ω_d)는 몇 [rad/sec]인가?

① 3 ② 4 ③ 5 ④ 6

|정|답|및|해|설|

[감쇠진동 각주파수] $\omega_d=\omega_n\sqrt{1-\delta^2}$

2차 제어계의 전달함수 $G(s)=\frac{\omega_n^2}{s^2+2\delta\omega_n S+\omega_n^2}$ 에서

$\omega_n^2=25 \rightarrow \omega_n=5$

$2\delta\omega_n=6 \rightarrow$ 제동비 $\delta=\frac{6}{2\times5}=0.6$

$\omega_d=\omega_n\sqrt{1-\delta^2}=5\sqrt{1-0.6^2}=4[rad/sec]$

【정답】 ②

68. 다음 논리식을 간단히 한 것은?

$Y=\overline{A}BC\overline{D}+\overline{A}BCD+\overline{AB}C\overline{D}+\overline{AB}CD$

① $Y=\overline{A}C$ ② $Y=A\overline{C}$

③ $Y=AB$ ④ $Y=BC$

|정|답|및|해|설|

[논리식] $Y=\overline{A}BC\overline{D}+\overline{A}BCD+\overline{AB}C\overline{D}+\overline{AB}CD$

$=\overline{A}BC(\overline{D}+D)+\overline{A}\,\overline{B}C(\overline{D}+D)$ $\rightarrow(\overline{D}+D=1)$

$=\overline{A}BC+\overline{A}\,\overline{B}C$

$=\overline{A}C(B+\overline{B})$ $\rightarrow(B+\overline{B}=1)$

$=\overline{A}C$

【정답】 ①

69. 폐루프 시스템에서 응답의 잔류편차 또는 정상상태 오차를 제거하기 위한 제어 기법은?

① 비례 제어 ② 적분 제어

③ 미분 제어 ④ on-off 제어

|정|답|및|해|설|

[조절부의 동작에 의한 분류]

종류		특 징
P	비례동작	·정상오차를 수반 ·잔류편차 발생
I	적분동작	잔류편차 제거
D	미분동작	오차가 커지는 것을 미리 방지
PI	비례적분동작	·잔류편차 제거 ·제어결과가 진동적으로 될 수 있다.
PD	비례미분동작	응답 속응성의 개선

종류		특 징
PID	비례적분미분동작	·잔류편차 제거 ·정상 특성과 응답 속응성을 동시에 개선 ·오버슈트를 감소시킨다. ·정정시간 적게 하는 효과 ·연속 선형 제어

【정답】 ②

70. 시스템행렬 A가 다음과 같을 때 상태천이행렬을 구하면?

$$A=\begin{bmatrix} 0 & 1 \\ -2 & -3 \end{bmatrix}$$

① $\begin{bmatrix} 2e^{t}-e^{2t} & -e^{t}+e^{2t} \\ 2e^{t}-2e^{2t} & -e^{t}-2e^{2t} \end{bmatrix}$

② $\begin{bmatrix} 2e^{-t}-e^{-2t} & e^{t}-e^{-2t} \\ -2e^{-t}+2e^{-2t} & -e^{-t}-2e^{2t} \end{bmatrix}$

③ $\begin{bmatrix} 2e^{-t}-e^{-2t} & -e^{-t}+e^{-2t} \\ 2e^{-t}-2e^{-2t} & -e^{-t}-2e^{-2t} \end{bmatrix}$

④ $\begin{bmatrix} 2e^{-t}-e^{-2t} & e^{-t}-e^{-2t} \\ -2e^{-t}+2e^{-2t} & -e^{-t}+2e^{-2t} \end{bmatrix}$

|정|답|및|해|설|

[상태천이행렬] $\varnothing(t)=\mathcal{L}^{-1}[sI-A]^{-1}$

· $[sI-A]=\begin{bmatrix} s & 0 \\ 0 & s \end{bmatrix}-\begin{bmatrix} 0 & 1 \\ -2 & -3 \end{bmatrix}=\begin{bmatrix} s & -1 \\ 2 & s+3 \end{bmatrix}$

· $\varnothing(s)=[sI-A]^{-1}=\dfrac{1}{\begin{bmatrix} s & -1 \\ 2s & s+3 \end{bmatrix}}\begin{bmatrix} s+3 & 1 \\ -2 & s \end{bmatrix}$

$$=\frac{1}{s^2+3s+2}\begin{bmatrix} s+3 & 1 \\ -2 & s \end{bmatrix}$$

$$=\begin{bmatrix} \dfrac{s+3}{(s+1)(s+2)} & \dfrac{1}{(s+1)(s+2)} \\ \dfrac{-2}{(s+1)(s+2)} & \dfrac{s}{(s+1)(s+2)} \end{bmatrix}$$

· $\therefore \varnothing(t)=\mathcal{L}^{-1}[sI-A]^{-1}$

$$=\begin{bmatrix} 2e^{-t}-e^{-2t} & e^{-t}-e^{-2t} \\ -2e^{-t}+2e^{-2t} & -e^{-t}+2e^{-2t} \end{bmatrix}$$

【정답】 ④

71. 대칭 3상 전압이 공급되는 3상 유도 전동기에서 각 계기의 지시는 다음과 같다. 유도 전동기의 역률은 역 얼마인가?

· 전력계(W_1) : 2.84[kW]
· 전력계(W_2) : 6.00[kW]
· 전압계[V] : 200[V]
· 전류계[A] : 30[A]

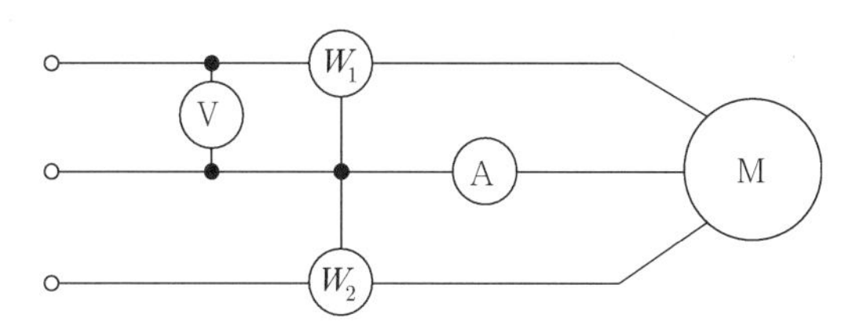

① 0.70　　② 0.75
③ 0.80　　④ 0.85

|정|답|및|해|설|

[2전력계법] 유효전력 $P=W_1+W_2=\sqrt{3}\,V_l I_l\cos\theta[W]$

역률 $\cos\theta=\dfrac{W_1+W_2}{\sqrt{3}\,V_l I_l}=\dfrac{(2.84+6)\times 10^3}{\sqrt{3}\times 200\times 30}=0.85$

【정답】 ④

72. 불평형 3상 전류가 $I_a=15+j4[A]$, $I_b=-18-j16[A]$, $I_c=7+j15[A]$ 일 때의 영상전류 I_0[A]는?

① $2.67+j[A]$　　② $2.67-j2[A]$
③ $4.67+j[A]$　　④ $4.67+j2[A]$

|정|답|및|해|설|

[영상전류] $I_0=\dfrac{1}{3}(I_a+I_b+I_c)$

$I_0=\dfrac{1}{3}[(25+j4)+(-18-j16)+(7+j15)]$

$=\dfrac{1}{3}(14+j3)=4.67+j$

【정답】 ③

73. △결선으로 운전 중인 3상 변압기에서 하나의 변압기 고장에 의해 V결선으로 운전하는 경우, V결선으로 공급할 수 있는 전력은 고장 전 △결선으로 공급할 수 있는 전력에 비해 약 몇 [%]인가?

① 86.6　　② 75.0
③ 66.6　　④ 57.7

|정|답|및|해|설|

[출력비] 출력비=$\frac{\text{고장후의 출력}}{\text{고장전의 출력}}$

출력비=$\frac{\text{고장후의 출력}}{\text{고장전의 출력}} = \frac{\sqrt{3}P}{3P} = 0.577 = 57.7[\%]$

【정답】 ④

74. 분포정수회로에서 직렬임피던스를 Z, 병렬어드미턴스를 Y라 할 때, 선로의 특성임피던스 Z_0는?

[06/2 17/2]

① ZY　　② $\sqrt{ZY}$
③ $\sqrt{\frac{Y}{Z}}$　　④ $\sqrt{\frac{Z}{Y}}$

|정|답|및|해|설|

[특성임피던스] $Z_0 = \sqrt{\frac{Z}{Y}} = \sqrt{\frac{R+j\omega L}{G+j\omega C}}$

【정답】 ④

75. 4단자정수 $A,\ B,\ C,\ D$ 중에서 이득의 차원을 가진 정수는?

① A　　② B
③ C　　④ D

|정|답|및|해|설|

① A : 전압비　　② B : 임피던스
③ C : 어드미턴스　　④ D : 전류비

【정답】 ①

76. 그림과 같은 회로의 구동점 임피던스 Z_{ab}는?

[17/1]

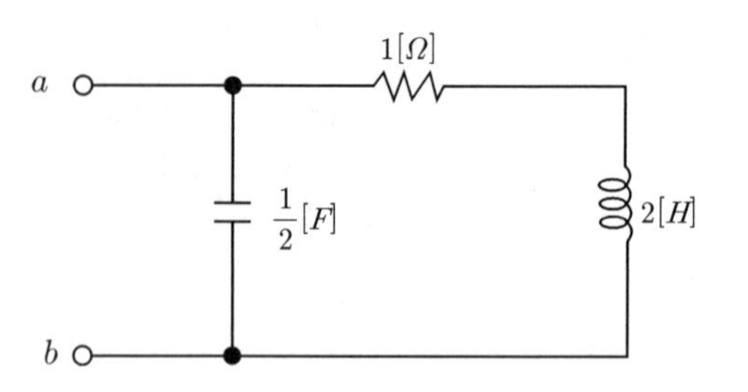

① $\frac{2(2s+1)}{2s^2+s+2}$　　② $\frac{2s+1}{2s^2+s+2}$
③ $\frac{2(2s-1)}{2s^2+s+2}$　　④ $\frac{2s^2+s+2}{2(2s+1)}$

|정|답|및|해|설|

[구동점 임피던스] 구동점 임피던스는 $j\omega$ 또는 s로 치환하여 나타낸다.

· $R \to Z_R(s) = R$
· $L \to Z_L(s) = j\omega L = sL$
· $C \to Z_c(s) = \frac{1}{j\omega C} = \frac{1}{sC}$

$$Z_{ab}(s) = \frac{(1+2s)\cdot\frac{2}{s}}{1+2s+\frac{2}{s}} = \frac{2(2s+1)}{2s^2+s+2}$$

【정답】 ①

77. 회로의 단자 a와 b 사이에 나타나는 전압 V_{ab}는 몇 [V]인가?

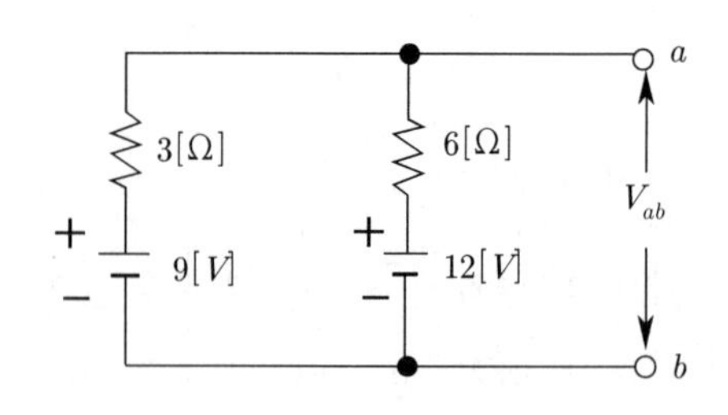

① 3　　② 9
③ 10　　④ 12

|정|답|및|해|설|

[밀만의 정리] $V_{ab} = \frac{\text{합성전류}}{\text{합성어드미턴스}}$

$$V_{ab} = \frac{\text{합성전류}}{\text{합성어드미턴스}} = \frac{\frac{9}{3}+\frac{12}{6}}{\frac{1}{3}+\frac{1}{6}} = 10[V]$$

【정답】 ③

78. RL직렬회로에 순시치 전압 $e = 20 + 100\sin wt + 40\sin(3wt + 60°) + 40\sin 5wt$ [V]인 전압을 가할 때 제5고조파 전류의 실효값은 몇 [A]인가? (단. R=4$[\Omega]$, $wL = 1[\Omega]$이다.)

① 4.4　　② 5.66

③ 6.25　　④ 8.0

|정|답|및|해|설|

[5고조파 전류] $I_5 = \frac{V_5}{Z_5}$

$$I_5 = \frac{V_5}{Z_5} = \frac{V_5}{\sqrt{R^2 + (5wL)^2}}$$

→(5고조파 임피던스 $Z_5 = R + j5\omega L$)

$$= \frac{\frac{40}{\sqrt{2}}}{\sqrt{4^2 + (5\times 1)^2}} ≒ 4.4[A]$$

【정답】 ①

79. 그림의 교류 브리지 회로가 평형이 되는 조건은?

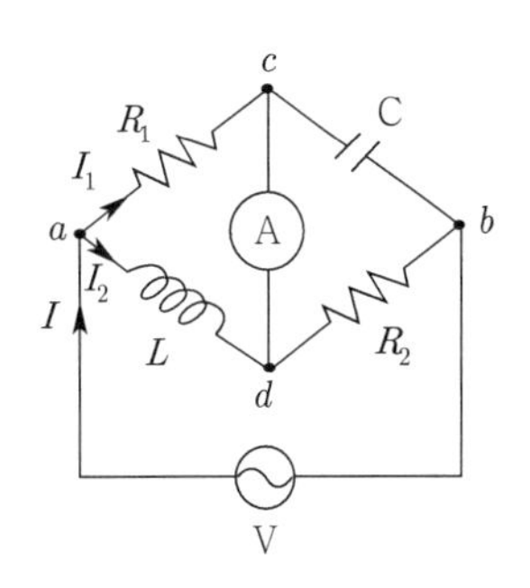

① $L = \frac{R_1R_2}{C}$　　② $L = \frac{C}{R_1R_2}$

③ $L = R_1R_2C$　　④ $L = \frac{R_2}{R_1}C$

|정|답|및|해|설|

[브리지 회로의 평형 조건] $Z_1Z_3 = Z_2Z_4$

$R_1 = Z_1$, $C = Z_2$, $R_2 = Z_3$, $L = Z_4$

$Z_2 = \frac{1}{j\omega C}[\Omega]$, $Z_4 = j\omega L[\Omega]$

$R_1R_2 = \frac{1}{j\omega C} \times j\omega L$

$R_1R_2 = \frac{L}{C}$　→ $L = R_1R_2C$

【정답】 ③

80. $f(t) = t^n$의 라플라스 변환 식은?

① $\frac{n}{s^n}$　　② $\frac{n+1}{s^{n+1}}$

③ $\frac{n!}{s^{n+1}}$　　④ $\frac{n+1}{s^{n!}}$

|정|답|및|해|설|

[n차 램프함수] $F(s) = \frac{n!}{S^{n+1}}$

【정답】 ③

2019 전기기사 필기

1회

61. 다음의 신호선도를 메이슨의 공식을 이용하여 전달함수를 구하고자 한다. 이 신호도에서 루프(Loop)는 몇 개 인가? (기 05/1 12/3)

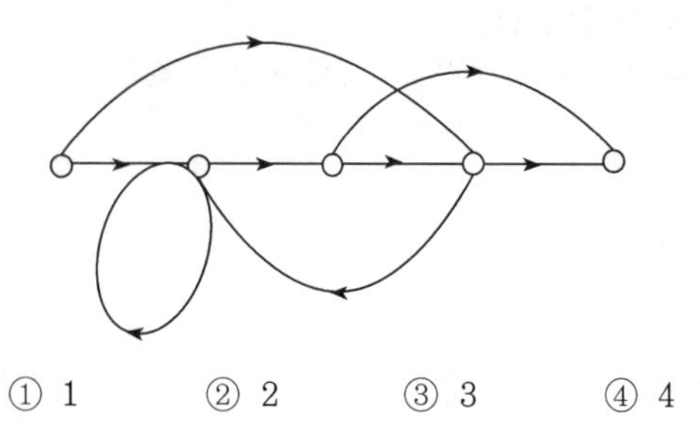

① 1 ② 2 ③ 3 ④ 4

|정|답|및|해|설|

[메이슨 공식] loop란 각각의 순방향 경로의 이득에 접촉하지 않는 이득 (되돌아가는 폐회로)

따라서 루프는 2개(①, ②)가 있다.

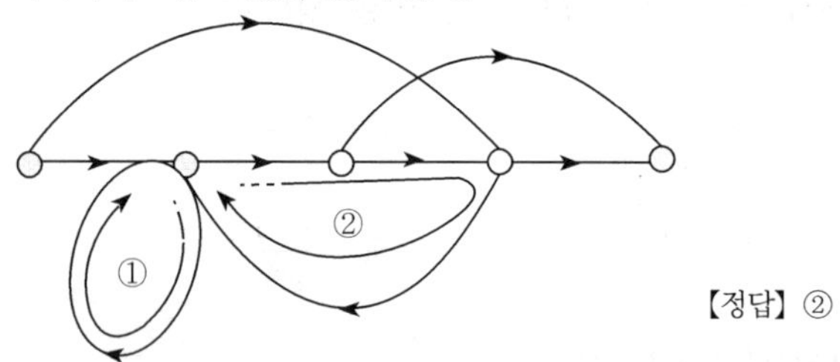

【정답】 ②

62. 다음 특성 방정식 중에서 안정된 시스템인 것은? (기 10/2)

① $s^4+3s^3-s^2+s+10=0$

② $2s^3+3s^2+4s+5=0$

③ $s^4-2s^3-3s^2+4s+5=0$

④ $s^5+s^3+2s^2+4s+3=0$

|정|답|및|해|설|

[특성방정식의 안정 필요조건]

- 특성방정식 중에 부호 변화가 없어야 한다.
- 차수가 빠지면 불안정한 근을 갖는다.

①와 ③는 (+)와 (−)가 섞여 있으므로 불안정

④는 s^4항이 없으므로 불안정 【정답】 ②

63. 타이머에서 입력신호가 주어지면 바로 동작하고, 입력 신호가 차단된 후에는 일정시간이 지난 후에 출력이 소멸되는 동작형태는?

① 한시동작 순시복귀

② 순시동작 순시복귀

③ 한시동작 한시복귀

④ 순시동작 한시복귀

|정|답|및|해|설|

[한시회로] 입력을 인가했을 때보다 일정한 시간만큼 뒤져서 출력 신호가 변화하는 회로

[순시회로] 입력을 인가했을 때 바로 출력 신호가 변화하는 회로

【정답】 ④

64. 단위 궤환 제어시스템의 전향경로 전달함수가 $G(s)=\frac{K}{s(s^2+5s+4)}$ 일 때, 이 시스템이 안정하기 위한 K의 범위는?

① $K<-20$ ② $-20<K<0$

③ $0<K<20$ ④ $20<K$

|정|답|및|해|설|

특성방정식$=s(s^2+5s+4)+K=0$

$=s^3+5s^2+4s+K=0$

루드 표는

S^3	1	4	0
S^2	5	K	0
S^1	$\frac{20-K}{5}=A$	$\frac{0-0}{5}=0$	
S^0	$\frac{AK}{A}=K$		

안정하기 위해서는 제1열의 부호 변화가 없어야 안정하므로

$K>0$...............................①

$A=\frac{20-K}{5}>0 \rightarrow 20>K$.........②

$\therefore 0<K<20$

※전향경로 : 개루프전달함수 【정답】 ③

65. $R(z)=\frac{(1-e^{-aT})z}{(z-1)(z-e^{-aT})}$ 의 역변환은? (기 11/2)

① $1-e^{-aT}$ ② $1+e^{-aT}$

③ te^{-aT} ④ te^{aT}

|정|답|및|해|설|

[역변환]

$G(Z)=\frac{R(Z)}{Z}=\frac{(1-e^{-aT})}{(Z-1)(Z-e^{-aT})}=\frac{1}{Z-1}-\frac{1}{Z-e^{-at}}$

$R(Z)=\frac{Z}{Z-1}-\frac{Z}{Z-e^{-aT}}$ 이므로

$r(t)=1-e^{-aT}$로 역변환 된다. 【정답】 ①

66. 시간영역에서 자동제어계를 해석할 때 기본 시험 입력에 보통 사용되지 않는 입력은?

① 정속도 입력 ② 정현파 입력

③ 단위계단 입력 ④ 정가속도 입력

|정|답|및|해|설|

[시간 함수]

① 정속도 입력 : t^1

③ 단위계단 입력 : $u(t)=1$

④ 정가속도 입력 : t^2

※정현파 입력은 $\sin\omega t$를 입력한 것으로 주파수응답에서 사용됨

【정답】 ②

67. $G(s)H(s)=\frac{K(s-1)}{s(s+1)(s-4)}$ 에서 점근선의 교차점을 구하면?

① -1 ② 0

③ 1 ④ 2

|정|답|및|해|설|

[점근선과 실수축의 교차점]

$\frac{\sum P-\sum Z}{P-Z}=\frac{\text{극점의 합}-\text{영점의 합}}{\text{극점의 개수}-\text{영점의 개수}}$

P(극점의 개수)=3개(0, −1, 4)

→ (극점 : 분모가 0이 되는 S값)

Z(영점의 개수)=1개(1)

→ (영점 : 분자가 0이 되는 S값)

$\frac{\sum P-\sum Z}{P-Z}=\frac{(0-1+4)-(1)}{3-1}=1$

【정답】 ③

68. n차 선형 시불변 시스템의 상태방정식을 $\frac{d}{dt}X(t)=AX(t)+Br(t)$로 표시될 때, 상태천이행렬 $\varnothing(t)(n\times n$행렬$)$에 관하여 틀린 것은

① $\phi(t)=e^{At}$

② $\frac{d\varnothing(t)}{dt}=A\cdot\varnothing(t)$

③ $\varnothing(t)=\mathcal{L}^{-1}[(sI-A)^{-1}]$

④ $\varnothing(t)$는 시스템의 정상상태응답을 나타낸다.

|정|답|및|해|설|

[상태천이행렬의 일반식] $\phi(t)=\mathcal{L}^{-1}[(sI-A)^{-1}]=e^{At}$

$\frac{d\varnothing(t)}{dt}=e^{At}\times A$

$=A\varnothing(t)$

※④ $\varnothing(t)$는 시스템의 과도상태응답을 나타낸다.

【정답】 ④

69. 다음의 신호 흐름 선도에서 C/R는? 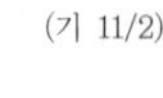

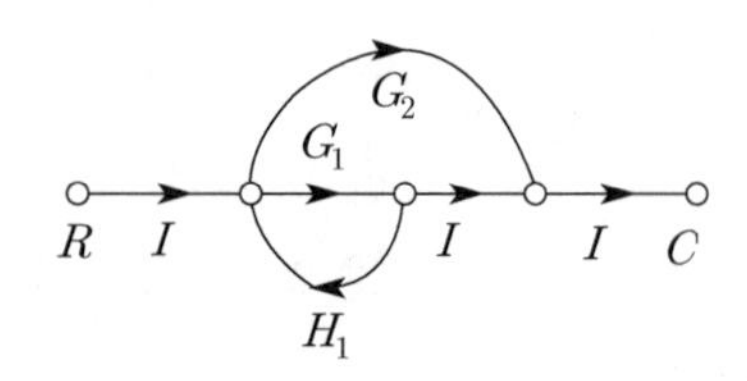

① $\dfrac{G_1+G_2}{1-G_1H_1}$　② $\dfrac{G_1G_2}{1-G_1H_1}$

③ $\dfrac{G_1+G_2}{1+G_1H_1}$　④ $\dfrac{G_1G_2}{1+G_1H_1}$

|정|답|및|해|설|

[메이슨의 식] $G(S)=\dfrac{\sum 전향경로이득}{1-\sum 루프이득}$

→ (루프이득 : 피드백(되돌아가는 부분)

→ (전향경로이득 : 입력(R)에서 출력(C) 가는 길을 찾는 것)

$$G(S)=\frac{(1\times G_1\times 1\times 1)+(1\times G_2\times 1)}{1-G_1H_1}=\frac{G_1+G_2}{1-G_1H_1}$$

【정답】 ①

70. PD 조절기와 전달함수 $G(s)=1.2+0.02s$의 영점은?

① −60　② −50

③ 50　④ 60

|정|답|및|해|설|

[영점] 종합전달함수 $G(s)=0$인 s값을 찾아라.

여기서, Q : 전하, ϵ_0 : 진공중의 유전율, r : 거리

$G(s)=1.2+0.02s=0 \rightarrow 1.2=-0.02s \quad \therefore s=-60$

【정답】 ①

71. $e=100\sqrt{2}\sin wt+75\sqrt{2}\sin 3wt+20\sqrt{2}\sin 5\omega t$ [V]인 전압을 RL 직렬회로에 가할 때 제3고조파 전류의 실효값은 몇 [A]인는? (단, R=4[Ω], ωL=1[Ω]이다.) (기 10/1 13/3 17/2)

① 15[A]　② $15\sqrt{2}$[A]

③ 20[A]　④ $20\sqrt{2}$[A]

|정|답|및|해|설|

[3고조파 전류] $I_3=\dfrac{V_3}{Z_3}=\dfrac{V_3}{\sqrt{R^2+(3\omega L)^2}}[A]$

→ (V_3 : 3고조파 실효전압)

→ ($Z_3=R+j3\omega L$: 3고조파에 대한 임피던스)

$I_3=\dfrac{V_3}{\sqrt{R^2+(3\omega L)^2}}=\dfrac{75}{\sqrt{4^2+3^2}}=15[\text{A}]$　【정답】 ①

72. 전원과 부하가 다같이 △ 결선된 3상 평형회로가 있다. 전원전압이 200[V], 부하 임피던스가 6+$j8$[Ω]인 경우 선전류[A]는? (산 04/2 05/1 07/2 08/3 10/3 14/1)

① 20　② $\dfrac{20}{\sqrt{3}}$

③ $20\sqrt{3}$　④ $10\sqrt{3}$

|정|답|및|해|설|

[△결선의 선전류] $I_l=\sqrt{3}I_p,\ V_l=V_p$

문제에서 1상에 대한 임피던스가 주어졌으므로 상전류를 먼저 구한다.

상전류 $I_p=\dfrac{V_p}{Z}=\dfrac{200}{\sqrt{6^2+8^2}}=20[A]$ →(△결선시 $V_l=V_p$)

$\therefore$선전류 $I_l=\sqrt{3}I_p=20\sqrt{3}[A]$

※전원전압은 선간전압이다.　【정답】 ③

73. 분포정수 선로에서 무왜형 조건이 성립하면 어떻게 되는가? (기 11/3)

① 감쇠량은 주파수에 비례한다.

② 전파속도가 최대로 된다.

③ 감쇠량이 최소로 된다.

④ 위상정수가 주파수에 관계없이 일정하다.

|정|답|및|해|설|

[무왜형 조건] $RC=LG$ → (감쇠정수 $\alpha=\sqrt{RG}$)

감쇠량 α가 최소가 된다.

α는 f와 무관하고, 위상정수 β는 주파수에 비례한다.

【정답】 ③

74. 그림과 같은 회로에서 V=10[V], R=10[Ω], L=1[H], C=10[μF], 그리고 $V_c(0)=0$일 때 스위치 K를 닫은 직 후 전류의 변화율 $\frac{di}{dt}(0^+)$의 값[A/sec]은?

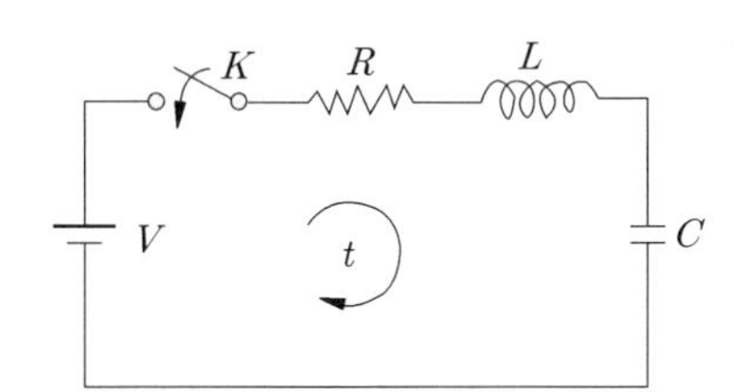

① 0　　　② 1
③ 5　　　④ 10

|정|답|및|해|설|

[LC회로] $V=L\frac{di(0)}{dt}[V]$에서

$\frac{di(0)}{dt}=\frac{V}{L}=\frac{10}{1}=10$

※$t=0$은 초기상태를 말한다.　　　【정답】 ④

75. $F(s)=\frac{2s+15}{s^3+s^2+3s}$일 때 $f(t)$의 최종값은?　(기 15/2)

① 15　　　② 5
③ 3　　　④ 2

|정|답|및|해|설|

[최종값 정리] $\lim_{t\to\infty} f(t)=\lim_{s\to 0} sF(s)$

$\lim_{s\to 0} sF(s)=\lim_{s\to 0} s\cdot\frac{2s+15}{s(s^2+s+3)}=\frac{15}{3}=5$

【정답】 ②

76. 대칭 5상 교류 성형결선에서 선간전압과 상전압 간의 위상차는 몇 도인가?　(기 11/2)

① 27°　　　② 36°
③ 54°　　　④ 72°

|정|답|및|해|설|

[대칭 n상 교류에서의 Y(성형)결선]

선전류 $I_l=I_p$

선간전압 $V_l=2\sin\frac{\pi}{n}V_p$이고, 위상차 $\theta=\frac{\pi}{2}\left(1-\frac{2}{n}\right)$이므로

5상의 경우 위상차 $\theta=\frac{\pi}{2}\left(1-\frac{2}{5}\right)=54°$　　　【정답】 ③

77. 그림과 같은 $V=V_m\sin\omega t\sin\omega t$의 전압을 반파정류하였을 때의 실효값은 몇 [V]인가?　(산 04/3)

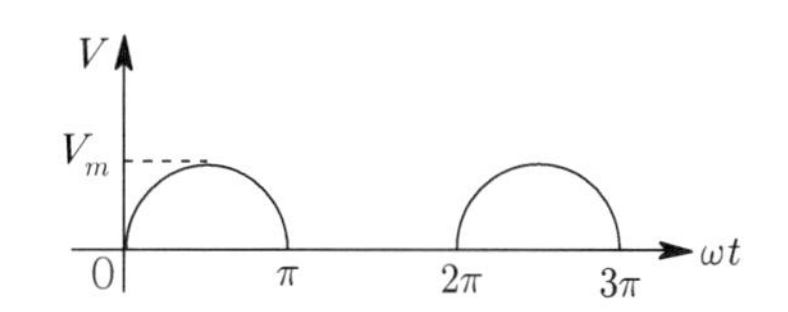

① $\sqrt{2}V_m$　　　② $\frac{V_m}{\sqrt{2}}$
③ $\frac{V_m}{2}$　　　④ $\frac{V_m}{2\sqrt{2}}$

|정|답|및|해|설|

[정현반파 정류의 실효값] $V=\frac{V_m}{\sqrt{2}}\times\frac{1}{\sqrt{2}}=\frac{V_m}{2}$

[각종 파형의 평균값, 실효값, 파형률, 파고율]

명칭	파형	평균값	실효값	파형률	파고율
정현파 (전파)		$\frac{2V_m}{\pi}$	$\frac{V_m}{\sqrt{2}}$	1.11	$\sqrt{2}$
정현파 (반파)		$\frac{V_m}{\pi}$	$\frac{V_m}{2}$	$\frac{\pi}{2}$	2
사각파 (전파)		V_m	V_m	1	1
사각파 (반파)		$\frac{V_m}{2}$	$\frac{V_m}{\sqrt{2}}$	$\sqrt{2}$	$\sqrt{2}$
삼각파		$\frac{V_m}{2}$	$\frac{V_m}{\sqrt{3}}$	$\frac{2}{\sqrt{3}}$	$\sqrt{3}$

【정답】 ③

78. 회로망 출력단자 a-b에서 바라본 등가 임피던스는? (단, $V_1=6[V]$, $V_2=3[V]$, $I_1=10[A]$, $R_1=15[\Omega]$, $R_2=10[\Omega]$, $L=2[H]$, $jw=s$ 이다.) (기 13/1)

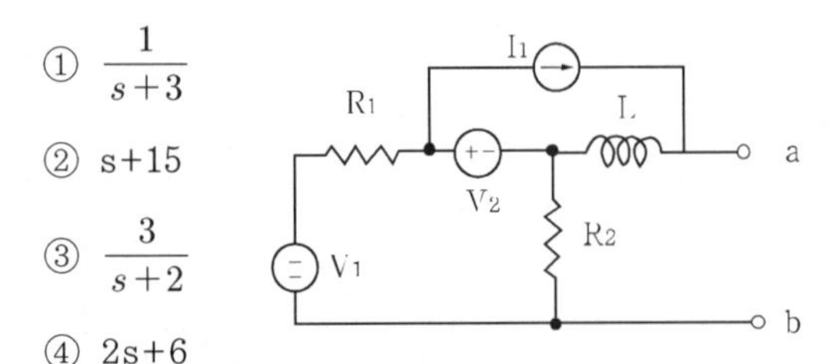

① $\dfrac{1}{s+3}$

② s+15

③ $\dfrac{3}{s+2}$

④ 2s+6

|정|답|및|해|설|

[테브낭의 임피던스 Z_T] 단자 a, b에서 전원을 모두 제거한(전압원은 단락, 전류원 개방) 상태에서 단자 a, b 에서 본 합성 임피던스

$$Z_T=jw\cdot L+\frac{R_1R_2}{R_1+R_2}=2s+\frac{15\times 10}{15+10}=2s+6[\Omega]$$

【정답】 ④

79. 대칭 3상 전압이 a상 V_a[V], b상 $V_b=a^2V_a[V]$, c상 $V_c=aV_a[V]$일 때, a상을 기준으로 한 대칭분 전압 중 V_1[V]은 어떻게 표시되는가? (기 08/2)

① $\frac{1}{3}V_a$　　② V_a

③ aV_a　　④ a^2V_a

|정|답|및|해|설|

대칭분을 각각 V_0, V_1, V_2라 하면

$$V_0=\frac{1}{3}(V_a+V_b+V_c)=\frac{1}{3}(V_a+a^2V_a+a^3V_a)$$
$$=\frac{V_a}{3}(1+a^2+a)=0$$
$$V_1=\frac{1}{3}(V_a+aV_b+a^2V_c)=\frac{1}{3}(V_a+a^3V_a+a^3V_a)$$
$$=\frac{V_a}{3}(1+a^3+a^3)=V_a$$
$$V_2=\frac{1}{3}(V_a+a^2V_b+aV_c)=\frac{1}{3}(V_a+a^4V_b+a^2V_a)$$
$$=\frac{V_a}{3}(1+a^4+a^2)=0$$

【정답】 ②

80. 다음과 같은 비정현파 기전력 및 전류에 의한 평균 전력을 구하면 몇 [W]인가? (단, 전압 및 전류의 순시식은 다음과 같다.)

$$e=100\sin wt-50\sin(3wt+30°)+20\sin(5\omega t+45°)[V]$$
$$I=20\sin wt+10\sin(3wt-30°)+5\sin(5\omega t-45°)[A]$$

① 825　　② 875

③ 925　　④ 1175

|정|답|및|해|설|

[비정현파 유효전력] $P=VI\cos\theta[W]$

유효전력은 1고조파+3고조파+5고조파의 전력을 합한다.

즉, $P=V_1I_1\cos\theta_1+V_3I_3\cos\theta_3+V_5I_5\cos\theta_5[W]$

→ (전압과 전류는 실효값으로 한다.)

$$P=V_1I_1\cos\theta_1+V_3I_3\cos\theta_3+V_5I_5\cos\theta_5$$
$$=(\frac{100}{\sqrt{2}}\times\frac{20}{\sqrt{2}}\cos 0°)+(-\frac{50}{\sqrt{2}}\times\frac{10}{\sqrt{2}}\cos(30-(-30)))$$
$$+(\frac{20}{\sqrt{2}}\times\frac{5}{\sqrt{2}}\cos(45-(-45)))$$
$$=\frac{1}{2}(2000\cos 0-500\cos 60+100\cos 90)=875[W]$$

【정답】 ②

61. 다음과 회로망에서 입력전압을 V_1(t), 출력전압을 $V_2(t)$라 할 때, $\dfrac{V_2(s)}{V_1(s)}$에 대한 고유주파수 ω_n과 제동비 ζ의 값은? (단, R=100[Ω], $L=2[H]$, $C=20[\mu F]$이고, 모든 초기전하는 0이다.)

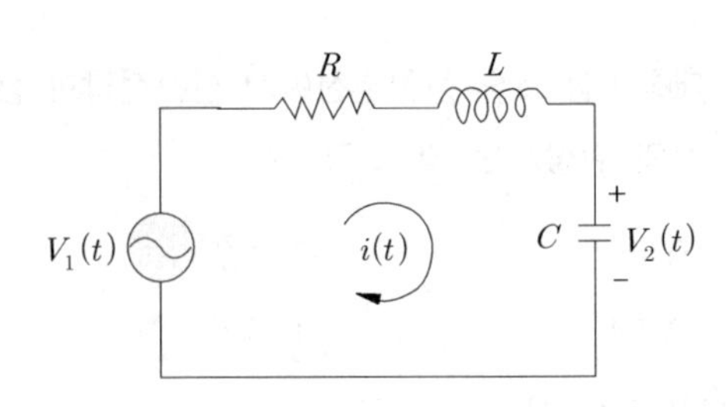

① $\omega_n=50$, $\zeta=0.5$　　② $\omega_n=50$, $\zeta=0.7$

③ $\omega_n=250$, $\zeta=0.5$　　④ $\omega_n=250$, $\zeta=0.7$

|정|답|및|해|설|

[무한 평면에 작용하는 힘(전기영상법 이용)]

전달함수 $G(s)=\frac{\text{출력임피던스}}{\text{입력임피던스}}$

$$=\frac{\frac{1}{Cs}}{R+Ls+\frac{1}{Cs}}=\frac{1}{LCs^2+RCs+1}$$

$$=\frac{\frac{1}{Cs}}{s^2+\frac{R}{L}s+\frac{1}{LC}}\rightarrow\left(\frac{R}{L}=2\zeta\omega_n,\ \frac{1}{LC}=\omega_n^2\right)$$

① $\omega_n^2=\frac{1}{LC}$ 에서

$\omega_n=\sqrt{\frac{1}{LC}}=\sqrt{\frac{1}{2\times 200\times 10^{-6}}}=50$

② $2\zeta\omega_n=\frac{R}{L}$ 에서

$\zeta=\frac{R}{2\omega_n L}=\frac{100}{2\times 50\times 2}=0.5$ 【정답】 ①

62. 다음 신호 흐름 선도에서 일반식은?

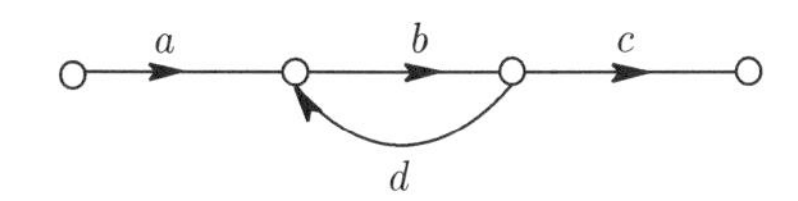

① $G=\frac{1-bd}{abc}$ ② $G=\frac{1+bd}{abc}$

③ $G=\frac{abc}{1+bd}$ ④ $G=\frac{abc}{1-bd}$

|정|답|및|해|설|

[신호 흐름 선도에 대한 전달함수] $G(s)=\frac{\sum\text{전향경로이득}}{1-\sum\text{루프이득}}$

$G(s)=\frac{abc}{1-bd}$

→ (루프이득 : 피드백, 전향경로이득 : 입력에서 출력 가는 길)

【정답】 ④

63. 폐루프 전달함수 $\frac{G(s)}{1+G(s)H(s)}$의 극의 위치를 루프 전달함수 $G(s)H(s)$의 이득 상수 K의 함수로 나타내는 기법은? (기 12/2)

① 근궤적법 ② 주파수 응답법

③ 보드 선도법 ④ Nyguist 판정법

|정|답|및|해|설|

[근궤적법] 근궤적법은 k가 0으로부터 ∞까지 변할 때 특성 방정식 $1+G(s)H(s)=0$의 각 k에 대응하는 근을 s면상에 점철하는 것이다. 【정답】 ①

64. 2차계 과도응답에 대한 특성 방정식의 근은 s_1, $s_2=-\zeta\omega_n\pm j\omega_n\sqrt{1-\zeta^2}$ 이다. 감쇠비 ζ가 $0<\zeta<1$ 사이에 존재할 때 나타나는 현상은?

① 과제동 ② 무제동

③ 부족제동 ④ 임계제동

|정|답|및|해|설|

[감쇠비(δ)]

① $\delta>1$ (과제동) : 서로 다른 2개의 실근을 가지므로 비진동
② $\delta=1$ (임계제동) : 중근(실근) 가지므로 진동에서 비진동으로 옮겨가는 임계상태
③ <u>$0<\delta<1$ (부족제동)</u> : 공액 복소수근을 가지므로 감쇠진동을 한다.
④ $\delta=0$ (무제동) : 무한 진동

【정답】 ③

65. 다음 블록선도에서 특성방정식의 근은?

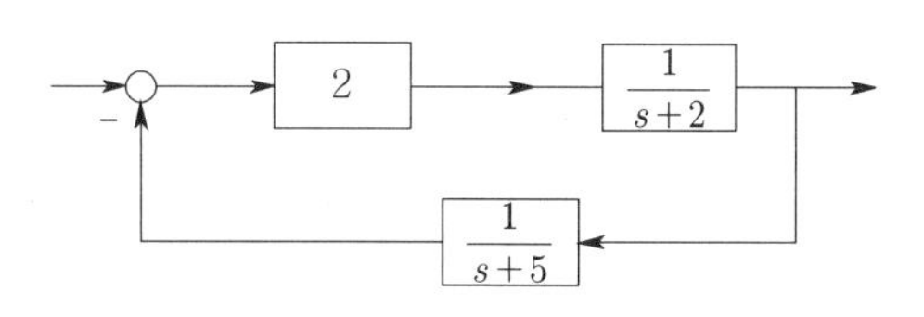

① −2, −5 ② 2, 5

③ −3, −4 ④ 3, 4

|정|답|및|해|설|

[특성 방정식 찾는 방법]

· → : 전향전달함수(G)

· ← : 피드백 전달함수(H)

개루프 전달함수 GH=$\frac{2}{(s+2)(s+5)}$ 에서

특성방정식 $(s+2)(s+5)+2=0\rightarrow s^2+7s+12=0$

$(s+3)(s+4)=0\ \therefore s=-3,\ -4$

【정답】 ③

66. 다음 중 이진 값 신호가 아닌 것은?

① 디지털 신호
② 아날로그 신호
③ 스위치의 On-Off 신호
④ 반도체 소자의 동작, 부동작 상태

|정|답|및|해|설|

[이진 값] 0, 1로 표현되는 불연속계

【정답】 ②

67. 보드 선도에서 이득여유에 대한 정보를 얻을 수 있는 것은? (기 05/3)

① 위상곡선 0°에서 이득과 0dB의 사이
② 위상곡선 180°에서 이득과 0dB의 사이
③ 위상곡선 -90°에서 이득과 0dB의 사이
④ 위상곡선 -180°에서 이득과 0dB의 사이

|정|답|및|해|설|

[이득여유(gu)] 위상이 $-180°$에서 이득과 0dB의 사이

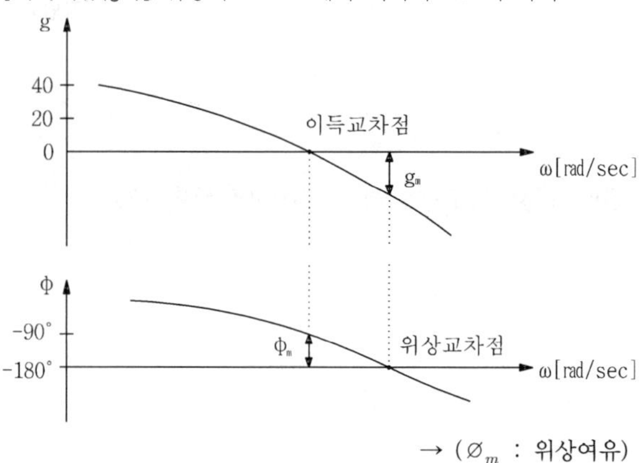

→ ($\varnothing_m$: 위상여유)

【정답】 ④

68. 다음 블록선도 변환이 틀린 것은?

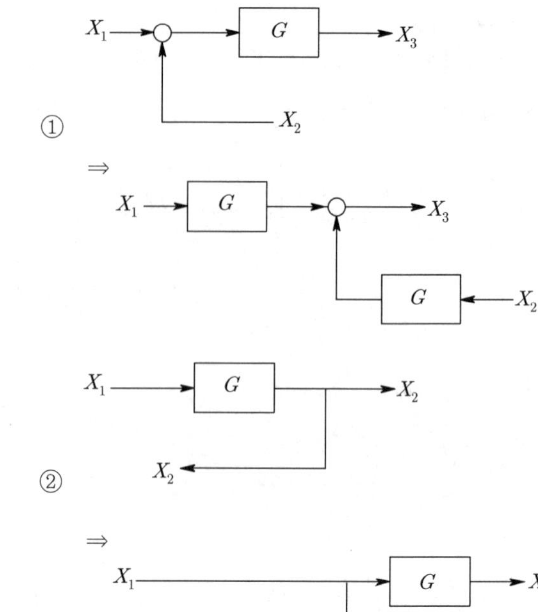

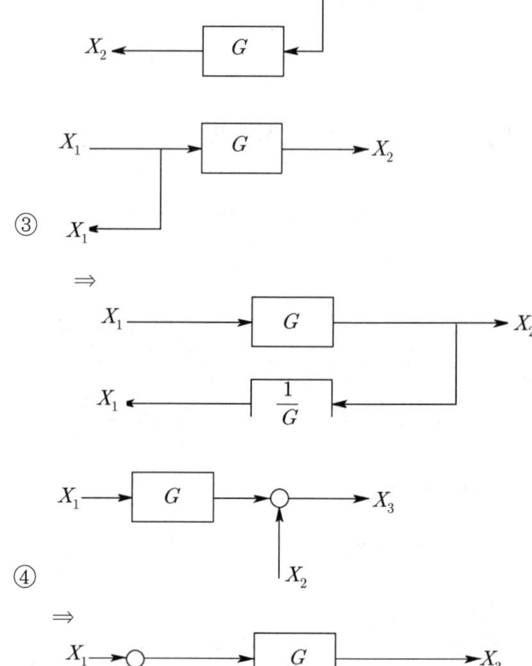

|정|답|및|해|설|

[블록선도 변환]

① $(X_1+X_2)G=X_3 \Rightarrow (X_1+X_2)G=X_3$

② $X_1G=X_2 \Rightarrow X_2=X_1G$

③ $X_1=X_1,\ X_2=X_1G \Rightarrow X_1=X_1,\ X_2=X_1G$

④ $X_1G+X_2=X_3 \Rightarrow (X_1+X_2G)G=X_3$

【정답】 ④

69. 그림의 시퀀스 회로에서 전자접촉기 X에 의한 A접점(Normal open contact)이 사용 목적은?

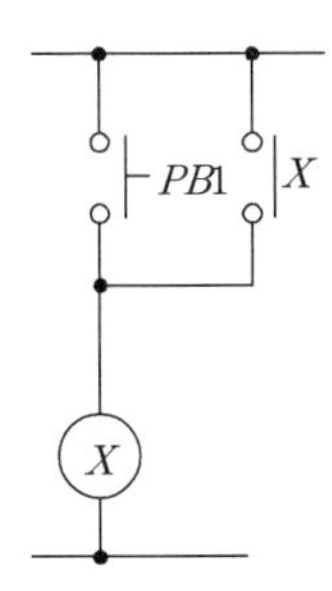

① 자기유지회로 ② 지연회로

③ 우선 선택회로 ④ 인터록(interlock)회로

|정|답|및|해|설|

[자기유지회로] 스위치를 놓았을 때도 계속해서 동작할 수 있도록 하는 회로 【정답】 ①

70. 단위 궤환제어계의 개루프 전달함수가 $G(s)=\dfrac{K}{s(s+2)}$ 일 때, K가 $-\infty$로부터 $+\infty$까지 변하는 경우 특성방정식의 근에 대한 설명으로 틀린 것은?

① $-\infty < K < 0$에 대한 근은 모두 음의 실근이다.

② $0 < K < 1$에 대하여 2개의 근은 모두 음의 실근이다.

③ $K=0$에 대하여 $s_1=0$, $s_2=-2$의 근은 $G(s)$의 극점과 일치한다.

④ $1 < K < \infty$에 대하여 2개의 근은 모두 음의 실수부 중근이다.

|정|답|및|해|설|

개루프 전달함수에 대한 특성방정식 → $s(s+2)+K=0$

$s^2+2s+K=0 \rightarrow s=\dfrac{-b\pm\sqrt{b^2-4ac}}{2a}$ 에서

$=-1\pm\sqrt{1-K}$

④ $1 < K < \infty$에 대하여 2개의 근은 모두 공액 복수근이다.

【정답】 ④

71. 길이에 따라 비례하는 저항 값을 가진 어떤 전열선에 $E_0[V]$의 전압을 인가하면 $P_0[W]$의 전력이 소비된다. 이 전열선을 잘라 원래 길이의 $\dfrac{2}{3}$로 만들고 $E[V]$의 전압을 가한다면 소비전력 $P[W]$는?

① $P=\dfrac{P_0}{2}\left(\dfrac{E}{E_0}\right)^2$ ② $P=\dfrac{3P_0}{2}\left(\dfrac{E}{E_0}\right)^2$

③ $P=\dfrac{2P_0}{3}\left(\dfrac{E}{E_0}\right)^2$ ④ $P=\dfrac{\sqrt{3}P_0}{2}\left(\dfrac{E}{E_0}\right)^2$

|정|답|및|해|설|

[소비전력] $P=\dfrac{E^2}{R}[W]$

도선에서의 저항 $R=\rho\dfrac{l}{S}$에서 저항 R과 길이 l은 비례한다.

$P_0=\dfrac{E^2}{\frac{2}{3}R}=\dfrac{3}{2}\dfrac{E^2}{\frac{E_0^2}{P_0}}=\dfrac{3P_0}{2}\left(\dfrac{E}{E_0}\right)^2[W]$ 【정답】 ②

72. 다음과 같은 회로에서 4단자정수 A, B, C, D의 값은 어떻게 되는가?

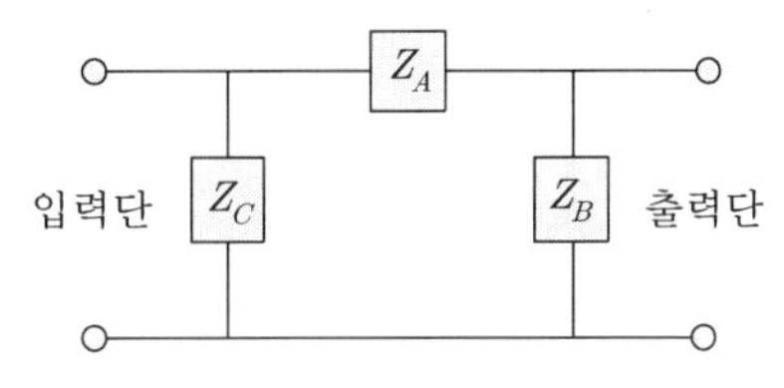

① $A=1+\dfrac{Z_A}{Z_B}$, $B=Z_A$, $C=\dfrac{1}{Z_A}$, $D=1+\dfrac{Z_B}{Z_A}$

② $A=1+\dfrac{Z_A}{Z_B}$, $B=Z_A$, $C=\dfrac{1}{Z_B}$, $D=1+\dfrac{Z_A}{Z_B}$

③ $A=1+\dfrac{Z_A}{Z_B}$, $B=Z_A$, $C=\dfrac{Z_A+Z_B+Z_C}{Z_BZ_C}$

$D=\dfrac{1}{Z_BZ_C}$

④ $A=1+\dfrac{Z_A}{Z_B}$, $B=Z_A$, $C=\dfrac{Z_A+Z_B+Z_C}{Z_BZ_C}$

$D=1+\dfrac{Z_A}{Z_C}$

|정|답|및|해|설|

[π형 회로의 4단자 정수]

$$A=1+\frac{Z_A}{Z_B},\ B=Z_A,\ C=\frac{Z_C+Z_A+Z_B}{Z_BZ_C},\ D=1+\frac{Z_A}{Z_C}$$

【정답】 ④

73. 어떤 콘덴서를 300[V]로 충전하는데 9[J]의 에너지가 필요하였다. 이 콘덴서의 정전용량은 몇 [μF]인가? (기 11/2)

① 100 ② 200

③ 300 ④ 400

|정|답|및|해|설|

[콘덴서의 축적 에너지] $W=\frac{1}{2}CV^2[J]$

$$C=\frac{2W}{V^2}=\frac{2\times 9}{300^2}\times 10^6=200 \qquad \to (\mu=10^{-6})$$

$\therefore C=200[\mu F]$

【정답】 ②

74. 그림과 같은 순저항 회로에서 대칭 3상 전압을 가할 때 각 선에 흐르는 전류가 같으려면 R의 값은? (기 04/3 08/2 산 15/2)

① 4 ② 8

③12 ④ 16

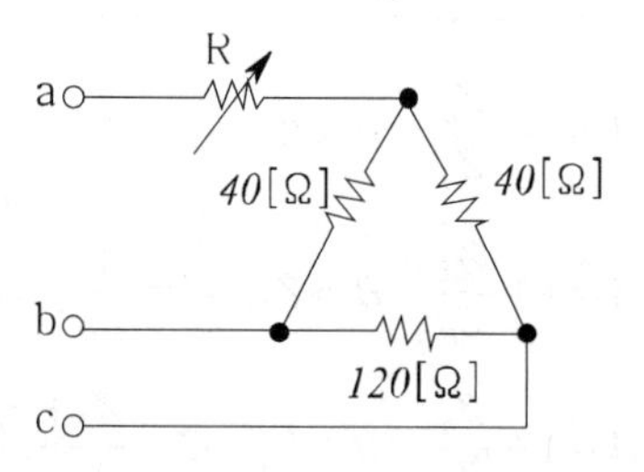

|정|답|및|해|설|

[등가변환] △결선을 Y 결선으로 등가 변환하면

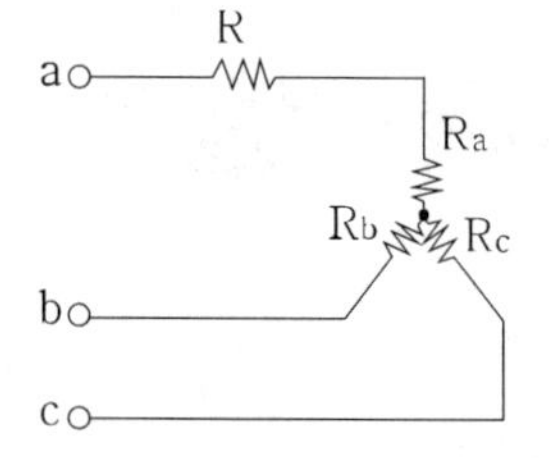

$$R_a=\frac{R_{ca}R_{ab}}{R_{ab}+R_{bc}+R_{ca}}=\frac{R_{ab}R_{ca}}{R_\triangle}=\frac{40\times 40}{40+120+40}=8[\Omega]$$

$$R_b=\frac{R_{ab}R_{bc}}{R_\triangle}=\frac{400\times 120}{200}=24[\Omega]$$

$$R_c=\frac{R_{bc}R_{ca}}{R_\triangle}=\frac{120\times 40}{200}=24[\Omega]$$

각 선의 전류가 같으려면 각 상의 저항이 같아야 하므로

$R=24-R_a=24-8=16[\Omega]$

【정답】 ④

75. 그림과 같은 RC 저역통과 필터회로에 단위 임펄스를 입력으로 가했을 때 응답 $h[t]$는?

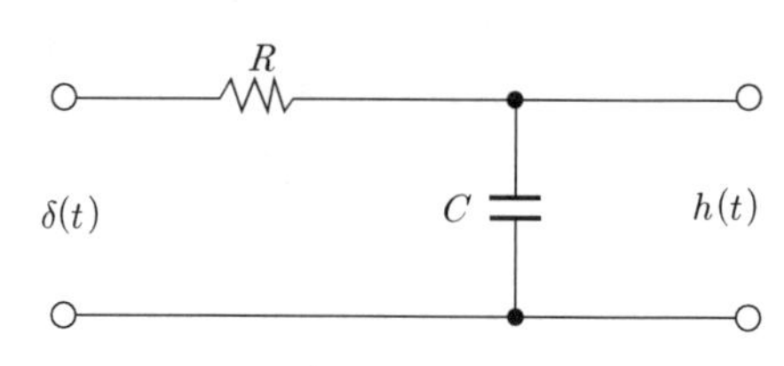

① $h[t]=RCe^{-\frac{t}{RC}}$

② $h[t]=\frac{1}{RC}e^{-\frac{t}{RC}}$

③ $h[t]=\frac{R}{1+j\omega RC}$

④ $h[t]=\frac{1}{RC}e^{-\frac{C}{R}t}$

|정|답|및|해|설|

[전달함수] $G(s)=\frac{H[s]}{R[s]}$

$$G(s)=\frac{H[s]}{R[s]}=\frac{H[s]}{1}=H[s]$$

$$=\frac{\frac{1}{Cs}}{R+\frac{1}{Cs}}=\frac{1}{RCs+1}=\frac{\frac{1}{RC}}{s+\frac{1}{RC}}$$

$$\Delta(s)=\mathcal{L}[\delta(t)]=1$$

$$H(s)=\frac{1}{RCs+1}\Delta(s)=\frac{1}{RCs+1}\cdot 1=\frac{1}{RCs+1}=\frac{1}{RC}\cdot\frac{1}{s+\frac{1}{RC}}$$

$$\therefore h[t]=\mathcal{L}^{-1}[H(s)]=\frac{1}{RC}e^{-\frac{1}{RC}t}$$

【정답】 ②

76. 전류 순시값 $i = 30\sin\omega t + 40\sin(3wt + 60°)$ [A]의 실효값은 약 몇 [A]인가? (산 07/1 08/2 17/1)

① $25\sqrt{2}$ ② $30\sqrt{2}$

③ $40\sqrt{2}$ ④ $50\sqrt{2}$

|정|답|및|해|설|

[비정현파의 실효값] $I = \sqrt{I_1^2 + I_2^2 + \cdots + I_n^2}$

$I = \sqrt{I_1^2 + I_3^2}$ → (문제에서 1고조파와 3고조파가 주어졌으므로)

$= \sqrt{\left(\frac{30}{\sqrt{2}}\right)^2 + \left(\frac{40}{\sqrt{2}}\right)^2} = \frac{1}{\sqrt{2}}\sqrt{30^2 + 40^2} = 25\sqrt{2}[A]$

【정답】 ①

77. 평형 3상 3선식 회로에서 부하는 Y결선이고 선간전압이 $173.2\angle 0°$ [V]일 때 선전류는 $20\angle -120°$ [A]이었다면, Y결선된 부하 한 상의 임피던스는 약 몇 [Ω]인가?

① $5\angle 60°$ ② $5\angle 90°$

③ $5\sqrt{3}\angle 60°$ ④ $5\sqrt{3}\angle 90°$

|정|답|및|해|설|

[한상의 임피던스] $Z_p = \frac{V_p}{I_p} = \frac{\frac{V_l}{\sqrt{3}}\angle -30°}{I_l}$ [Ω]

Y결선에서 $V_l = \sqrt{3}V_p \angle 30°$, $I_l = I_p$

$\therefore Z_p = \frac{\frac{173.2}{\sqrt{3}}\angle -30°}{20\angle -120°} = 5\angle 90°$

【정답】 ②

78. 2전력계법으로 평형 3상 전력을 측정하였더니 한쪽의 지시가 500[W], 다른 한쪽의 지시가 1500[W]이었다. 피상 전력은 약 몇 [VA]인가? (기 15/1)

① 2000 ② 2310

③ 2646 ④ 2771

|정|답|및|해|설|

[2전력계법] 피상전력 $P_a = \sqrt{P^2 + P_r^2} = 2\sqrt{P_1^2 + P_2^2 - P_1P_2}$

$\therefore P_a = 2\sqrt{P_1^2 + P_2^2 - P_1P_2}$
$= 2\sqrt{500^2 + 1500^2 - 500\times 1500} = 2645.75[VA]$

※[2전력계법]

- 유효전력 $P = |P_1| + |P_2|$
- 무효전력 $P_r = \sqrt{3}(|P_1 - P_2|)$
- 역률 $\cos\theta = \frac{P}{P_a} = \frac{P_1 + P_2}{2\sqrt{P_1^2 + P_2^2 - P_1P_2}}$

【정답】 ③

79. 1[km]당 인덕턴스 25[mH], 정전용량 0.005[μF]인 선로가 있다. 무손실 선로라고 가정한 경우 진행파의 위상(전파)속도는 약 몇 [km/s]인가?

① 8.95×10^4 ② 9.95×10^4

③ 89.5×10^4 ④ 99.5×10^4

|정|답|및|해|설|

[전파속도] $v = f\lambda = \frac{1}{\sqrt{LC}} = \sqrt{\frac{1}{\epsilon\mu}}$ [m/s]

(λ[m] : 파장, $f[Hz]$: 주파수, C : 정전용량, L : 인덕턴스)

$v = \frac{1}{\sqrt{LC}} = \frac{1}{\sqrt{25\times 10^{-3}\times 0.005\times 10^{-6}}} = 8.95\times 10^4$[km/s]

【정답】 ①

80. $f(t) = e^{jwt}$의 라플라스 변환은? (기 10/1)

① $\frac{1}{s - jw}$ ② $\frac{1}{s + jw}$

③ $\frac{1}{s^2 + w^2}$ ④ $\frac{w}{s^2 + w^2}$

|정|답|및|해|설|

[지수감쇠함수] $\mathcal{L}[e^{\pm at}] = \frac{1}{s \mp a}$

$\mathcal{L}[e^{\pm at}] = \frac{1}{s \mp a}$에서 $F(s) = \mathcal{L}[e^{jwt}] = \frac{1}{s - jw}$

【정답】 ①

61. 그림과 같은 벡터 궤적을 갖는 계의 주파수 전달함수는? (기 10/1)

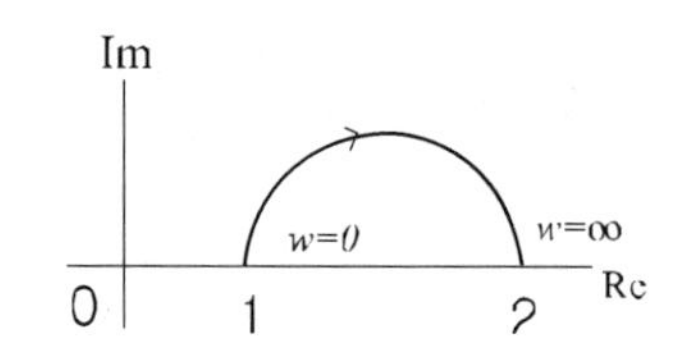

① $\dfrac{1}{jw+1}$ ② $\dfrac{1}{j2w+1}$

③ $\dfrac{jw+1}{j2w+1}$ ④ $\dfrac{j2w+1}{jw+1}$

|정|답|및|해|설|

[전달함수] 각 함수에 값을 대입해 푼다. →$(\omega=0,\ \omega=\infty)$

① $G=\dfrac{j2\omega+1}{j\omega+1}$의 경우

$\omega=0$이면 $G=1$

$\omega=\infty$이면 $G=2$ 이므로

1에서 2로 가는 경로를 가진다.

② $G=\dfrac{j\omega+1}{j2\omega+1}$의 경우

$\omega=0$이면 $G=1$

$\omega=\infty$이면 $G=\dfrac{1}{2}$로 가는 경로를 가진다.

【정답】 ④

62. 근궤적에 관한 설명으로 틀린 것은?

① 근궤적은 실수축에 대하여 상하 대칭으로 나타난다.

② 근궤적의 출발점은 극점이고 근궤적의 도착점은 영점에서 끝남

③ 근궤적의 가지 수는 극점의 수와 영점의 수 중에서 큰 수와 같다.

④ 근궤적이 s평면의 우반면에 위치하는 K의 범위는 시스템이 안정하기 위한 조건이다.

|정|답|및|해|설|

[근궤적] 근궤적이란 s평면상에서 개루프 전달함수의 이득 상수를 0에서 ∞까지 변화 시킬 때 특성 방정식의 근이 그리는 궤적

[근궤적의 작도법]

- 근궤적은 $G(s)H(s)$의 극점으로부터 출발, 근궤적은 $G(s)H(s)$의 영점에서 끝난다.
- 근궤적의 개수는 영점과 극점의 개수 중 큰 것과 일치한다.
- 근궤적의 수 : 근궤적의 수(N)는 극점의 수(p)와 영점의 수(z)에서 $z>p$이면 N=z, $z<p$이면 N=p
- 근궤적의 대칭성 : 특성 방정식의 근이 실근 또는 공액 복소근을 가지므로 근궤적은 실수축에 대하여 대칭이다.
- 근궤적의 점근선 : 큰 s에 대하여 근궤적은 점근선을 가진다.
- 점근선의 교차점 : 점근선은 실수축 상에만 교차하고 그 수치는 n=p−z이다.

※근궤적이 s평면의 좌반면은 안정, 우반면은 불안정이다.

【정답】 ④

63. 제어시스템에서 출력이 얼마나 목표값을 잘 추정하는지를 알아볼 때 시험용으로 많이 사용되는 신호로 다음 식의 조건을 만족하는 것은?

$$u(t-a)=\begin{cases}0, & t<a\\ 1, & t\ge a\end{cases}$$

① 사인함수 ② 임펄스함수

③ 램프함수 ④ 단위계단함수

|정|답|및|해|설|

[단위계단함수]

① 단위계단 함수

- $u(t)=1\rightarrow t\ge 0$
- $u(t)=0\rightarrow t<0$

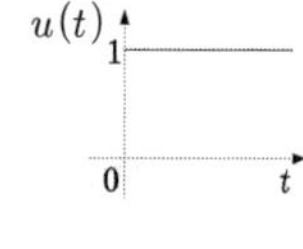

② 단위계단 함수(시간이 a만큼 이동하는 경우)

$u(t-a)=\begin{cases}0, & t<a\\ 1, & t\ge a\end{cases}$

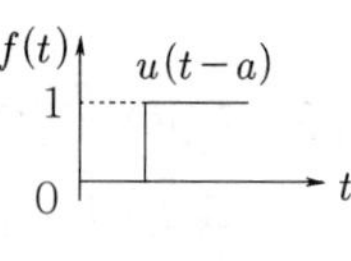

【정답】 ④

64. 특성 방정식이 $s^2+Ks+2K-1=0$인 계가 안정하기 위한 K의 값은?

① K 〉 0　　② K 〉 $\frac{1}{2}$

③ K 〈 $\frac{1}{2}$　　④ 0 〈 K 〈 $\frac{1}{2}$

|정|답|및|해|설|

[안정조건] 계가 안정될 필요조건은 모든 차수항이 존재하고 각 계수의 부호가 모두 같아야 한다.

루드의 표는 다음과 같다.

S^2	1	$2K-1$
S^1	K	
S^0	$2K-1$	

제1열의 부호 변화가 없어야 하므로 K〉0, $2K-1>0$ 이어야 한다.

제1열의 부호 변화가 없어야 하므로 K〉0, 2K-1〉0이어야 한다.

$\therefore K>\frac{1}{2}$　　【정답】②

65. 평상태공간 표현식 $x=Ax+Bu,\ y=Cx$로 표현되는 선형 시스템에서 $A=\begin{vmatrix}0&1&0\\0&0&1\\-2&-9&-8\end{vmatrix}$, $B=\begin{bmatrix}0\\0\\5\end{bmatrix}$, $C=[1,\ 0,\ 0]$, $D=0$, $x=\begin{bmatrix}x_1\\x_2\\x_3\end{bmatrix}$이면 시스템 전달함수 $\frac{Y(s)}{U(s)}$는?

① $\frac{1}{s^3+8s^2+9s+2}$　　② $\frac{1}{s^3+2s^2+9s+8}$

③ $\frac{5}{s^3+8s^2+9s+2}$　　④ $\frac{5}{s^3+2s^2+9s+8}$

|정|답|및|해|설|

① 행렬

$$sI-A=\begin{vmatrix}s&0&0\\0&s&0\\0&0&s\end{vmatrix}-\begin{vmatrix}0&1&0\\0&0&1\\-2&-9&-8\end{vmatrix}=\begin{vmatrix}s&-1&0\\0&s&-1\\2&9&s+8\end{vmatrix}$$

② 수반 행렬 $adj(sI-A)$

$$adj(sI-A)=\begin{vmatrix}\begin{vmatrix}s&-1\\9&s+8\end{vmatrix}&-\begin{vmatrix}-1&0\\9&s+8\end{vmatrix}&\begin{vmatrix}-1&0\\s&-1\end{vmatrix}\\-\begin{vmatrix}0&2\\-1&s+8\end{vmatrix}&\begin{vmatrix}s&0\\2&s+8\end{vmatrix}&-\begin{vmatrix}s&0\\0&-1\end{vmatrix}\\\begin{vmatrix}0&s\\2&9\end{vmatrix}&-\begin{vmatrix}s&-1\\2&9\end{vmatrix}&\begin{vmatrix}s&-1\\0&s\end{vmatrix}\end{vmatrix}$$

$$=\begin{bmatrix}s^2+8s+9&s+8&1\\-2&s(s+8)&s\\2s&-(9s+2)&s^2\end{bmatrix}$$

③ 행렬식 $\det(sI-A)=s^3+8s^2+9s+2$

④ 전달함수

$$G(s)=\frac{Y(s)}{U(s)}=C\frac{adj(sI-A)}{\det(sI-A)}B=\frac{5}{s^3+2s^2+9s+8}$$

【정답】④

66. 그림의 블록선도에 대한 전달함수 $\frac{C}{R}$는?

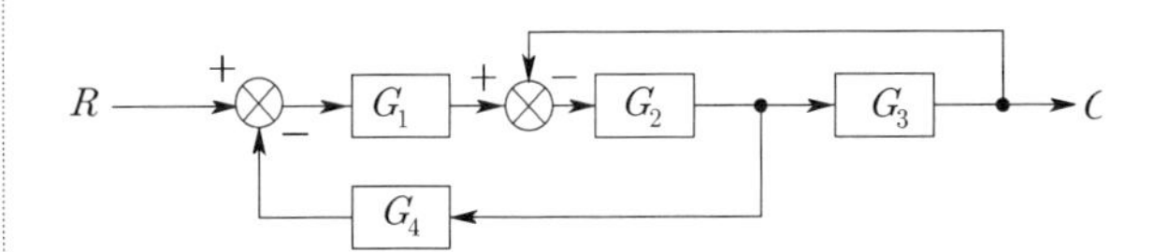

① $\frac{G_1G_2G_3}{1+G_1G_2+G_1G_2G_4}$

② $\frac{G_1G_2G_4}{1+G_1G_2+G_1G_2G_3}$

③ $\frac{G_1G_2G_3}{1+G_2G_3+G_1G_2G_4}$

④ $\frac{G_1G_2G_4}{1+G_2G_3+G_1G_2G_3}$

|정|답|및|해|설|

G_3앞의 인출점을 요소 뒤로 이동하면 그림과 같은 블록 선도로 나타낼 수 있다.

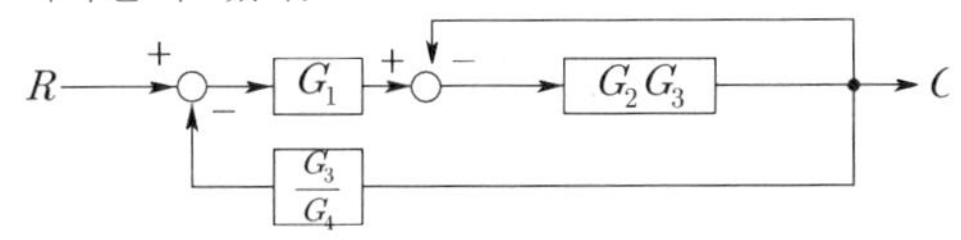

$$\left\{\left(R-C\frac{G_4}{G_3}\right)G_1-C\right\}G_2G_3=C$$

$$RG_1G_2G_3-CG_1G_2G_4-C(G_2G_3)=C$$

$$RG_1G_2G_3=C(1+G_2G_3+G_1G_2G_4)$$

$$\therefore G(s)=\frac{C}{R}=\frac{G_1G_2G_3}{1+G_2G_3+G_1G_2G_4}$$

【정답】③

67. 신호흐름선도의 전달함수 $T(s) = \frac{C(s)}{R(s)}$로 옳은 것은?

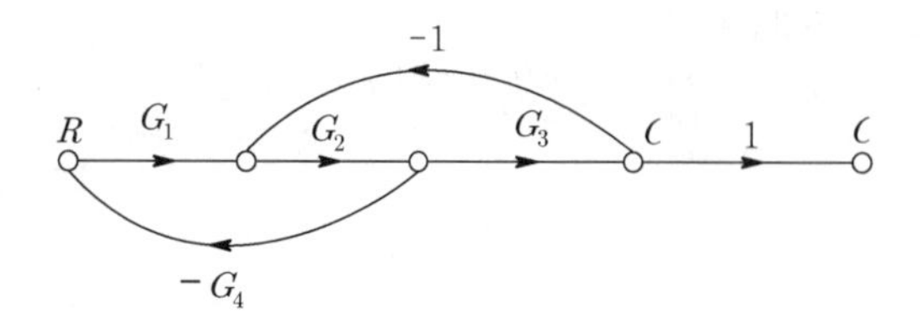

① $\frac{G_1G_2G_3}{1-G_2G_3+G_1G_2G_4}$

② $\frac{G_1G_2G_3}{1+G_1G_2G_4+G_2G_3}$

③ $\frac{G_1G_2G_3}{1+G_1G_3-G_1G_2G_4}$

④ $\frac{G_1G_2G_3}{1-G_1G_3-G_1G_2G_4}$

|정|답|및|해|설|

[전달 함수의 기본식] $G(S) = \frac{\sum 전향경로이득}{1-\sum 루프(피드백)이득}$

- 전향경로이득 : $G_1G_2G_3$
- 루프이득 : $-G_1G_2G_4$, $-G_2G_3$
- 전달함수 : $G(S) = \frac{\sum 전향경로}{1-\sum 루프(피드백)} = \frac{G_1G_2G_3}{1+G_1G_2G_4+G_2G_3}$

【정답】 ②

68. Routh-Hurwitz 표에서 제1열의 부호가 변하는 횟수로부터 알 수 있는 것은?

① s-평면의 좌반면에 존재하는 근의 수

② s-평면의 우반면에 존재하는 근의 수

③ s-평면의 허수축에 존재하는 근의 수

④ s-평면의 원점에 존재하는 근의 수

|정|답|및|해|설|

[루드후르쯔 안정도 판별법] 근이 모두 좌반면에 있어야 만 제어계가 안정하다고 할 수 있다.

- 모든 차수의 계수 부호가 같을 것
- 모든 차수의 계수 $a_0, a_1, a_2, \ldots\ldots, a_n = 0$이 존재할 것
- 루드표의 제1열 모든 요소의 부호가 변하지 않을 것
- 후르비츠 행렬식이 모두 정(正)일 것
- 계수 중 어느 하나라도 0이 되어서는 안 된다.

※제1열의 부호가 변화하는 회수만큼의 특성근이 s평면의 우반부에 존재한다.

【정답】 ②

69. 부울 대수식 중 틀린 것은?

① $A \cdot \overline{A} = 1$ ② $A+1=1$

③ $A+A=1$ ④ $A \cdot A = A$

|정|답|및|해|설|

[부울대수]

- $A \cdot \overline{A} = 0$ · $A+\overline{A}=1$ · $A+1=1$
- $A \cdot 1 = A$ · $A \cdot 0 = 0$ · $A+0=A$
- $A \cdot A = A$ · $A+A=A$

【정답】 ①

70. 함수 e^{-at}의 z변환으로 옳은 것은?

① $\frac{z}{z-e^{-aT}}$ ② $\frac{z}{z-a}$

③ $\frac{1}{z-e^{-aT}}$ ④ $\frac{1}{z-a}$

|정|답|및|해|설|

[라플라스 및 z변환표]

시간함수	라플라스변환	z변환
e^{-at}	$\frac{1}{s+a}$	$\frac{z}{z-e^{-aT}}$

【정답】 ①

71. 4단자 회로망에서 4단자 정수가 A, B, C, D일 때, 영상 임피던스 $\frac{Z_{01}}{Z_{02}}$은?

① $\frac{D}{A}$ ② $\frac{B}{C}$

③ $\frac{C}{B}$ ④ $\frac{A}{D}$

|정|답|및|해|설|

[4단자 정수] $Z_{01} = \sqrt{\frac{AB}{CD}}$, $Z_{02} = \sqrt{\frac{DB}{CA}}$

$\therefore \frac{Z_{01}}{Z_{02}} = \sqrt{\frac{\frac{AB}{CD}}{\frac{BD}{AC}}} = \frac{A}{D}$

【정답】 ④

72. R-L 직렬회로에서 $R=20[\Omega]$, $L=40[mH]$이다. 이 회로의 시정수[sec]는? [기 15/3]

① 2　② 2×10^{-3}

③ $\frac{1}{2}$　④ $\frac{1}{2}\times 10^{-3}$

|정|답|및|해|설|

[R-L 직렬회로의 시정수] $\tau=\frac{L}{R}[s]$

$\tau=\frac{L}{R}=\frac{40\times 10^{-3}}{20}=2\times 10^{-3}[s]$

※ RC회로의 시정수는 $RC[s]$이다. 【정답】 ②

73. 비정현파 전류가 $i(t)=56\sin wt+20\sin 2\omega t+30\sin(3wt+30°)+40\sin(4wt+60°)$로 주어질 때 왜형률은 약 얼마인가?

① 1.0　② 0.96

③ 0.56　④ 0.11

|정|답|및|해|설|

[왜형률] $D=\frac{\text{고조파의 실효값}}{\text{기본파의 실효값}}=\frac{\sqrt{I_2^2+I_3^2+I_4^2}}{I_1}$

$$D=\frac{\sqrt{\left(\frac{20}{\sqrt{2}}\right)^2+\left(\frac{30}{\sqrt{2}}\right)^2+\left(\frac{40}{\sqrt{2}}\right)^2}}{\frac{56}{\sqrt{2}}}=0.96$$

【정답】 ②

74. 대칭 6상 성형(star)결선에서 선간전압 크기와 상전압 크기의 관계가 바르게 나타난 것은? (단, V_l : 선간전압 크기, V_P : 상전압 크 기) [기 11/1]

① $V_l=\sqrt{3}\,V_P$　② $E_l=\frac{1}{\sqrt{3}}V_P$

③ $V_l=\frac{2}{\sqrt{3}}V_P$　④ $V_l=V_P$

|정|답|및|해|설|

[n상 성형 결선의 선간전압] $V_l=2\sin\frac{\pi}{n}V_p[V]$

$n=6$상이면 $V_l=2\sin\frac{\pi}{6}V_p$ $\rightarrow(\sin\frac{\pi}{6}=\frac{1}{2})$

$\therefore V_l=V_p$가 된다. 【정답】 ④

75. 3상 불평형 전압을 V_a, V_b, V_c 라고 할 때 정상 전압은 얼마인가? (단, $a=e^{j\frac{2\pi}{3}}=1\angle 120°$ 이다.)

① $V_a+a^2V_b+aV_c$

② $V_a+aV_b+a^2V_c$

③ $\frac{1}{3}(V_a+a^2V_b+aV_c)$

④ $\frac{1}{3}(V_a+aV_b+a^2V_c)$

|정|답|및|해|설|

[3상 전압]

· 영상전압 $V_0=\frac{1}{3}(V_a+V_b+V_c)$

· 정상전압 $V_1=\frac{1}{3}(V_a+aV_b+a^2V_c)$

· 역상전압 $V_2=\frac{1}{3}(V_a+a^2V_b+aV_c)$

【정답】 ④

76. 송전선로가 무손실 선로일 때 $L=96[mH]$이고, $C=0.6[\mu F]$이면 특성임피던스 $[\Omega]$는? [기 12/1]

① $100[\Omega]$　② $200[\Omega]$

③ $400[\Omega]$　④ $500[\Omega]$

|정|답|및|해|설|

[무손실 선로의 특성임피던스] 조건이 $R=0$, $G=0$인 선로를 무손실 선로하고 한다.

· 특성임피던스 $Z_0=\sqrt{\frac{Z}{Y}}=\sqrt{\frac{R+j\omega L}{G+j\omega C}}=\sqrt{\frac{L}{C}}[\Omega]$

$Z_0=\sqrt{\frac{L}{C}}=\sqrt{\frac{96\times 10^{-3}}{0.6\times 10^{-6}}}=400[\Omega]$ 【정답】 ③

77. 2전력계법을 이용한 평형 3상회로의 전력이 각각 500[W] 및 300[W]로 측정되었을 때, 부하의 역률은 약 [%]인가?

① 70.7　　② 87.7
③ 89.2　　④ 91.8

|정|답|및|해|설|

[2전력계법] 단상 전력계 2대로 3상전력을 계산하는 법

· 유효전력 : $P=|W_1|+|W_2|$

· 무효전력 $P_r = \sqrt{3}(|W_1 - W_2|)$

· 피상전력 $P_a = \sqrt{P^2+P_r^2} = 2\sqrt{W_1^2+W_2^2-W_1W_2}$

· 역률 $\cos\theta = \dfrac{P}{P_a} = \dfrac{W_1+W_2}{2\sqrt{W_1^2+W_2^2-W_1W_2}}$

전력이 각각 500[W], 300[W]이므로
$W_1 = 500[W]$, $W_2 = 300[W]$

역률 $\cos\theta = \dfrac{500+300}{2\sqrt{500^2+300^2-500\times300}} \times 100 = 91.77[\%]$

【정답】 ④

78. 커패시터와 인덕터에서 물리적으로 급격히 변화할 수 없는 것은?

① 커패시터와 인덕터에서 모두 전압
② 커패시터와 인덕터에서 모두 전류
③ 커패시터에서 전류, 인덕터에서 전압
④ 커패시터에서 전압, 인덕터에서 전류

|정|답|및|해|설|

$v_L = L\dfrac{di}{dt}$ 에서 i가 급격히 ($t=0$인 순간) 변화하면 v_L이 ∞가 되는 모순이 생기고, $i_c = C\dfrac{dv}{dt}$ 에서 v가 급격히 변화하면 i_c가 ∞가 되어 모순이 생긴다. 따라서 인덕터에서는 전류, 커패시터에서는 전압이 급격하게 변화하지 않는다. 【정답】 ④

79. 자기 인덕턴스 0.1[H]인 코일에 실효값 100[V], 60[Hz], 위상각 30[°]인 전압을 가했을 때 흐르는 전류의 실효값은 약 몇 [A]인가?

① 1.25　　② 2.24
③ 2.65　　④ 3.41

|정|답|및|해|설|

[전류의 실효값] $I = \dfrac{V}{jX_L} = \dfrac{V}{j\omega L} = \dfrac{V}{2\pi fL}$

$I = \dfrac{V}{2\pi fL} = \dfrac{100}{2\pi\times60\times0.1} = 2.65[A]$

【정답】 ③

80. $f(t)=\delta(t-T)$의 라플라스변환 $F(s)$은?

① e^{Ts}　　② e^{-Ts}
③ $\dfrac{1}{S}e^{Ts}$　　④ $\dfrac{1}{S}e^{-Ts}$

|정|답|및|해|설|

[시간추이정리] $\mathcal{L}[f(t-a)] = F(s)e^{-as}$

$\mathcal{L}[\delta(t-T)] = e^{-Ts}$

【정답】 ②

2018 전기기사 필기

61. 개루프 전달함수 $G(s)$가 다음과 같이 주어지는 단위 부궤환계가 있다. 단위 계단입력이 주어졌을 때, 정상상태 편차가 0.05가 되기 위해서는 K의 값은 얼마인가?

$$G(s)=\frac{6K(s+1)}{(s+2)(s+3)}$$

① 19 ② 20
③ 0.9 ④ 0.05

|정|답|및|해|설|

[단위 계단 입력 시 정상 상태 오차] $e_{ss}=\frac{1}{1+K_p}$

여기서, K_P : 정상위치편차상수

정사위치변차상수 : $K_P=\lim_{s\to 0}G(s)=\lim_{s\to 0}\frac{6K(s+1)}{(s+2)(s+3)}=K$

따라서, 정상상태 오차 $e_{ss}=\frac{1}{1+K_r}=\frac{1}{1+K}=0.05$

$K=19$ 【정답】 ①

62. 제어량의 종류에 의한 분류가 아닌 것은?

① 자동 조정 ② 서보 기구
③ 적응제어 ④ 프로세스 제어

|정|답|및|해|설|

[제어대상(제어량)의 성질에 의한 분류]

① 프로세스 제어(공정 제어)
- 압력, 온도, 유량, 액위, 농도 등의 상태량을 제어량으로 하는 제어계
- 온도제어장치, 압력제어장치, 유량제어 장치

② 서보 제어(추종 제어)
- 물체의 위치, 자세, 방위 등의 기계적 변위를 제어량으로 하는 제어계
- 대공포의 포신제어, 미사일의 유도기구

② 자동 조정 제어(정치 제어)
- 전기적, 기계적 양을 주로 제어하는 시스템
- 자동전압조정기, 발전기의 조속기 제어

【정답】 ③

63. 개루프 전달함수

$G(s)H(s)=\frac{K(s-5)}{s(s-1)^2(s+2)^2}$ 일 때 주어지는 계에서 접근선의 교차은?

① $-\frac{3}{2}$ ② $-\frac{7}{4}$
③ $\frac{5}{3}$ ④ $-\frac{1}{5}$

|정|답|및|해|설|

[근궤적 점근선의 교차점]

$$\delta=\frac{\sum G(s)H(s)\text{의 극}-\sum G(s)H(s)\text{의 영점}}{p-z}$$

여기서, p : 극의 수, z : 영점수

p : 극점의 개수(분모의 차수) 5

z : 영점의 개수(분자의 차수) 1

$$\frac{\sum p-\sum z}{p-z}=\frac{(0+1+1-2-2)-(5)}{5-1}=-\frac{7}{4}$$

【정답】 ②

64. 단위 계단함수의 라플라스 변환과 z변환 함수는?

① $\frac{1}{s}, \frac{z}{z-1}$　　② $s, \frac{z}{z-1}$

③ $\frac{1}{s}, \frac{z-1}{z}$　　④ $s, \frac{z-1}{z}$

|정|답|및|해|설|

[라플라스 변환표]

$f(t)$	$F(s)$	$F(z)$
$\delta(t)$	1	1
$u(t)=1$	$\frac{1}{s}$	$\frac{z}{z-1}$
t	$\frac{1}{s^2}$	$\frac{Tz}{(z-1)^2}$
e^{-at}	$\frac{1}{s+a}$	$\frac{z}{z-e^{-at}}$

【정답】 ①

65. 다음 방정식으로 표시되는 제어계가 있다. 이계를 상태 방정식 $\dot{x}=Ax(t)+Bu(t)$로 나타내면 계수 행렬 A는?

$$\frac{d^3c(t)}{dt^3}+5\frac{d^3c(t)}{dt^3}+\frac{dc(t)}{dt}+2c(t)=r(t)$$

① $\begin{bmatrix} 0 & 1 & 0 \\ 0 & 0 & 1 \\ -2 & -1 & -5 \end{bmatrix}$　　② $\begin{bmatrix} 0 & 1 & 0 \\ 1 & 0 & 0 \\ 5 & 1 & 2 \end{bmatrix}$

③ $\begin{bmatrix} 0 & 0 & 1 \\ 1 & 0 & 0 \\ 0 & 5 & 2 \end{bmatrix}$　　④ $\begin{bmatrix} 0 & 1 & 0 \\ 0 & 0 & 1 \\ -2 & -1 & 0 \end{bmatrix}$

|정|답|및|해|설|

[계수행렬]

$x_1(t)=c(t)$

$x_2(t)=\dot{c}(t)=\dot{x}_1(t)$

$x_3(t)=\dot{c}(t)=\dot{x}_2(t)$라 놓고

$\dot{x}_3(t)=-2x_1(t)-x_2(t)-5x_3(t)+r(t)$

$$\begin{bmatrix} \dot{x}_3(t) \\ \dot{x}_2(t) \\ \dot{x}_3(t) \end{bmatrix} - \begin{bmatrix} 0 & 1 & 1 \\ 0 & 0 & 1 \\ -2 & -1 & -5 \end{bmatrix}\begin{bmatrix} x_1(t) \\ x_2(t) \\ x_3(t) \end{bmatrix}+\begin{bmatrix} 0 \\ 0 \\ 1 \end{bmatrix}r(t)$$

【정답】 ①

66. 안정한 제어계의 임펄스 응답을 가했을 때 제어계의 정상상태 출력은?

① 0

② $+\infty$ 또는 $-\infty$

③ +의 일정한 값

④ −의 일정한 값

|정|답|및|해|설|

[임펄스 응답 시의 안정 조건]

· $t\to\infty$일 때 0으로 수렴하면 안정

· $t\to\infty$일 때 ∞로 발산하면 불안정

· $t\to\infty$일 때 값의 변동이 없거나 일정 값으로 진동하면 임계

【정답】 ①

67. 그림과 같은 블록선도에서 C(s)/R(s)의 값은?

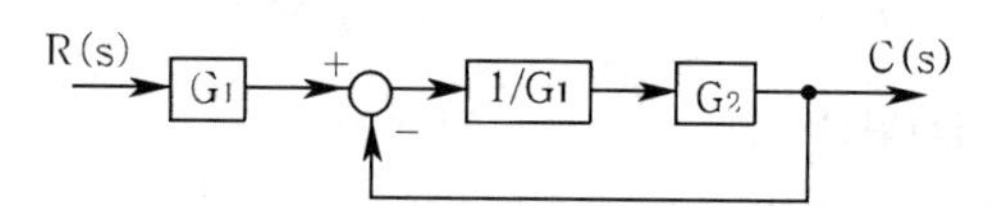

① $\frac{G_1}{G_1-G_2}$　　② $\frac{G_2}{G_1-G_2}$

③ $\frac{G_2}{G_1+G_2}$　　④ $\frac{G_1G_2}{G_1+G_2}$

|정|답|및|해|설|

[블록선도의 전달함수]

$$G(s)=\frac{\sum G}{1-\sum L_1+L_2+....}$$

여기서, L_1 : 각각의 모든 폐루프 이득의 합

L_2 : 서로 접촉하지 않는 2개의 폐루프 이득의 곱의 합

$\sum G$: 각각의 전향 경로의 합

$$G(s)=\frac{G_1\frac{1}{G_1}G_2}{1-\left(-G_2\frac{1}{G_1}\right)}=\frac{G_2}{1+\frac{G_2}{G_1}}=\frac{G_1G_2}{G_1+G_2}$$

【정답】 ④

68. 신호흐름선도에서 전달함수 $\frac{C}{R}$를 구하면?

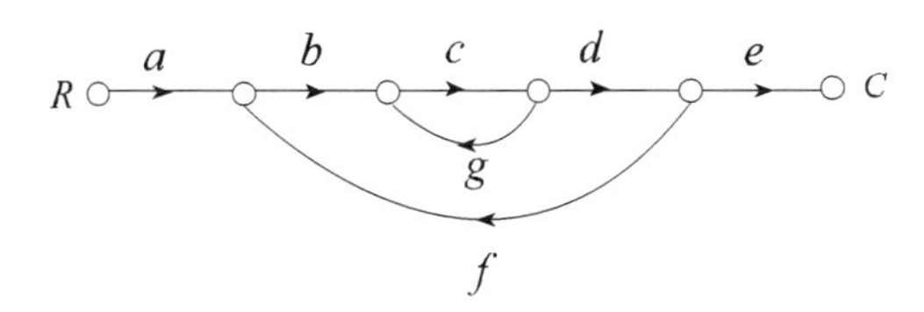

① $\frac{abcdg}{1-abcde}$　　② $\frac{abcde}{1-cg-bcdf}$

③ $\frac{abcde}{1-cg-cgf}$　　④ $\frac{abcde}{c+cg+cgf}$

|정|답|및|해|설|

[메이슨의 이득공식] $G=\frac{\sum G_i \triangle_i}{\triangle}$

여기서, G_i : $abcde$, $\triangle_i$: 1−0=1

$\triangle = 1-(cg+bcdf) = 1-cg-bcdf$

전체 이득 $G=\frac{C}{R}=\frac{abcde}{1-cg-bcdf}$

【정답】 ②

69. 특성방정식이 $s^3+2s^2+Ks+5=0$가 안정하기 위한 K의 값은?

① $K>0$　　② $K<0$

③ $K>\frac{5}{2}$　　④ $K<\frac{5}{2}$

|정|답|및|해|설|

[루드의 표] 1열의 부호가 모두 양수이면 안정하며

S^3	1	K
S^2	2	5
S^1	$\frac{2K-5}{2}$	0
S^0	5	

제1열의 부호 변화가 없으므로 $-2K-5>0$

$\therefore K>\frac{5}{2}$　　【정답】 ③

70. 다음과 같은 진리표를 갖는 회로의 종류는?

입력		출력
A	B	C
0	0	0
0	1	1
1	0	1
1	1	0

① AND　　② NAND

③ NOR　　④ EX−OR

|정|답|및|해|설|

[Ex−OR] 배타적 논리합

$C=\overline{A}B+A\overline{B}=A\oplus B$　　【정답】 ④

71. 대칭 좌표법에서 대칭분을 각 상전압으로 표시한 것 중 틀린 것은?

① $E_0=\frac{1}{3}(E_a+E_b+E_c)$

② $E_1=\frac{1}{3}(E_a+aE_b+a^2E_c)$

③ $E_2=\frac{1}{3}(E_a+a^2E_b+aE_c)$

④ $E_3=\frac{1}{3}(E_a^2+E_b^2+E_c^2)$

|정|답|및|해|설|

[대칭좌표법] $\begin{bmatrix} E(0) \\ E(1) \\ E(2) \end{bmatrix} = \frac{1}{3}\begin{bmatrix} 1 & 1 & 1 \\ 1 & a & a^2 \\ 1 & a^2 & a \end{bmatrix}\begin{bmatrix} E_a \\ E_b \\ E_c \end{bmatrix}$ 에서

$E_0=\frac{1}{3}(E_a+E_b+E_c)$: 영상전압

$E_1=\frac{1}{3}(E_a+aE_b+a^2E_c)$: 정상전압

$E_2=\frac{1}{3}(E_a+a^2E_b+aE_c)$: 역상전압

【정답】 ④

72. $R-L$ 직렬회로에서 스위치 S가 1번 위치에 오랫동안 있다가 $t=0^+$에서 위치 2번으로 옮겨진 후, $\frac{L}{R}(s)$ 후에 L에 흐르는 전류[A]는?

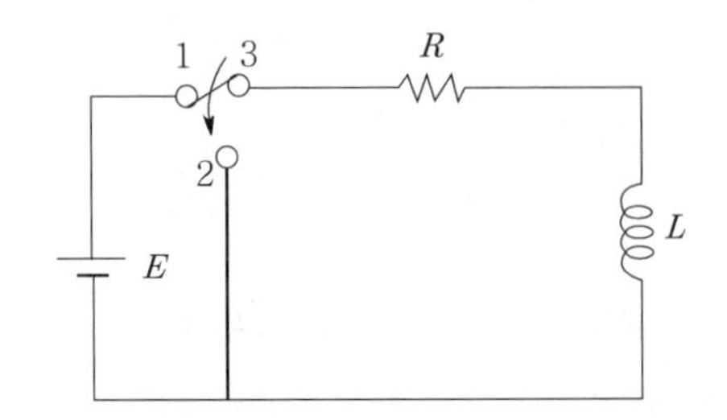

① $\frac{E}{R}$　② $0.5\frac{E}{R}$

③ $0.368\frac{E}{R}$　④ $0.632\frac{E}{R}$

|정|답|및|해|설|

[$R-L$ 직렬 회로] $i(t)=\frac{E}{R}\left(1-e^{-\frac{R}{L}t}\right)[A]$

스위치가 2번으로 되면 기전력 제거

$R-L$ 직렬회로	직류 기전력 제거 시 (S/W off)
전류 $i(t)$	$i(t)=\frac{E}{R}e^{-\frac{R}{L}t}=0.368\frac{E}{R}$
특성근	$P=-\frac{R}{L}$
시정수	$r=\frac{L}{R}$[sec]

【정답】 ③

73. 분포 정수 회로에서 선로 정수가 R, L, C, G 이고 무왜형 조건이 $RC=GL$과 같은 관계가 성립될 때 선로의 특성 임피던스 Z_0는? (단, 선로의 단위 길이당 저항을 R, 인덕턴스를 L, 정전용량을 C, 누설컨덕턴스를 G라 한다.)

① $Z_0=\sqrt{CL}$　② $Z_0=\frac{1}{\sqrt{CL}}$

③ $Z_0=\sqrt{RG}$　④ $Z_0=\sqrt{\frac{L}{C}}$

|정|답|및|해|설|

[무왜형 선로] 파형의 일그러짐이 없는 회로

① 조건 $\frac{R}{L}=\frac{G}{C}\rightarrow LG=RC$

② 특성 임피던스 $Z_0=\sqrt{\frac{Z}{Y}}=\sqrt{\frac{R+jwL}{G+jwC}}=\sqrt{\frac{L}{C}}[\Omega]$

【정답】 ④

74. 그림과 같은 4단자 회로망에서 하이브리드 파라미터 H_{11}은?

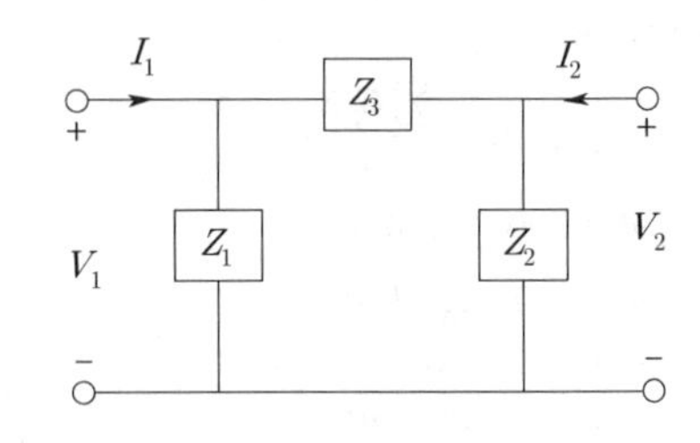

① $\frac{Z_1}{Z_1+Z_3}$　② $\frac{Z_1}{Z_1+Z_2}$

③ $\frac{Z_1Z_3}{Z_1+Z_3}$　④ $\frac{Z_1Z_3}{Z_1+Z_2}$

|정|답|및|해|설|

[하이브리드 파라미터]

$V_1=H_{11}I_1+H_{12}V_2$
$I_2=H_{21}I_1+H_{22}V_2$

$$H_{11}=\frac{V_1}{I_1}\Big|_{V_1=0}=\frac{\frac{Z_1Z_3}{Z_1+Z_3}\cdot I_1}{I_1}=\frac{Z_1Z_3}{Z_1+Z_3}$$

【정답】 ③

75. 내부저항 $0.1[\Omega]$인 건전지 10개를 직렬로 접속하고 이것을 한 조로 하여 5조 병렬로 접속하면 합성 내부저항은 몇 $[\Omega]$인가?

① 5　② 1

③ 0.5　④ 0.2

|정|답|및|해|설|

[전지의 직·병렬 연결 및 내부 저항]

① 전지를 10개 직렬 연결 시 내부저항 $nR=0.1\times10=1[\Omega]$

② 전지를 3개 병렬 연결 시 내부저항 $\frac{nR}{m}=\frac{0.1\times10}{5}=0.2[\Omega]$

【정답】 ④

76. 함수 $f(t)$의 라플라스 변환은 어떤 식으로 정의되는가?

① $\int_{o}^{\infty} f(t)e^{st}dt$　② $\int_{o}^{\infty} f(t)e^{-st}dt$

③ $\int_{o}^{\infty} f(-t)e^{st}dt$　④ $\int_{-\infty}^{\infty} f(-t)e^{-st}dt$

|정|답|및|해|설|

[라플라스 변환 정의식] $\mathcal{L}[f(t)] = \int_{o}^{\infty} f(t)e^{-st}dt$

【정답】 ②

77. 대칭좌표법에서 불평형률을 나타내는 것은?

① $\frac{영상분}{정상분} \times 100$　② $\frac{정상분}{역상분} \times 100$

③ $\frac{정상분}{영상분} \times 100$　④ $\frac{역상분}{정상분} \times 100$

|정|답|및|해|설|

[불평형률] 불평형 회로의 전압과 전류에는 반드시 정상분, 역상분, 영상분이 존재한다.

불평형률 $= \frac{역상분}{정상분} \times 100[\%] = \frac{V_2}{V_1} \times 100 = \frac{I_2}{I_1} \times 100[\%]$

【정답】 ④

78. 그림의 왜형파 푸리에의 급수로 전개할 때, 옳은 것은?

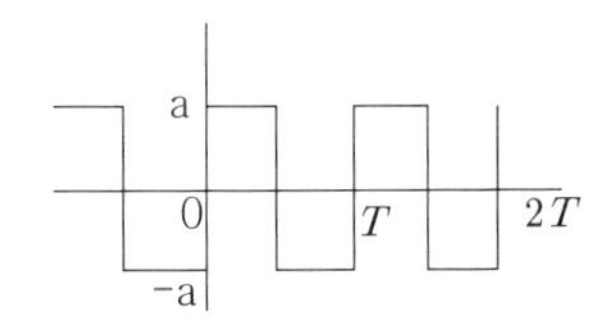

① 우수파만 포함한다.

② 기수파만 포함한다.

③ 우수파, 기수파 모두 포함한다.

④ 푸리에의 급수로 전개할 수 없다.

|정|답|및|해|설|

[반파 및 정현대칭의 왜형파의 푸리에 급수] 우수는 짝수, 기수는 홀수이고 사인파, 즉 정현대칭이므로 기수파만 존재한다.

정현대칭 : $f(t) = -f(-t)$, sin항

반파대칭 : $f(t) = -f(t+\pi)$, 홀수항(기수항)

【정답】 ②

79. 최대값 E_m인 반파 정류 정현파의 실효값은 몇 [V]인가?

① $\frac{2E_m}{\pi}$　② $\sqrt{2}$

③ $\frac{E_m}{\sqrt{2}}$　④ $\frac{E_m}{2}$

|정|답|및|해|설|

[각종 파형의 평균값, 실효값, 파형률, 파고율]

명칭	파형	평균값	실효값	파형률	파고율
정현파 (전파)		$\frac{2E_m}{\pi}$	$\frac{E_m}{\sqrt{2}}$	1.11	$\sqrt{2}$
정현파 (반파)		$\frac{E_m}{\pi}$	$\frac{E_m}{2}$	$\frac{\pi}{2}$	2
사각파 (전파)		E_m	E_m	1	1
사각파 (반파)		$\frac{E_m}{2}$	$\frac{E_m}{\sqrt{2}}$	$\sqrt{2}$	$\sqrt{2}$
삼각파		$\frac{E_m}{2}$	$\frac{E_m}{\sqrt{3}}$	$\frac{2}{\sqrt{3}}$	$\sqrt{3}$

【정답】 ④

80. 그림과 같이 $R[\Omega]$의 저항을 Y결선으로 하여 단자 a, b 및 c에 비대칭 3상 전압을 가할 때 a단자의 중성점 N에 대한 전압은 약 몇 [V]인가? 단, $V_{ab} = 210[V]$, $V_{bc} = -90 - j180[V]$, $V_{ca} = -120 + j180[V]$

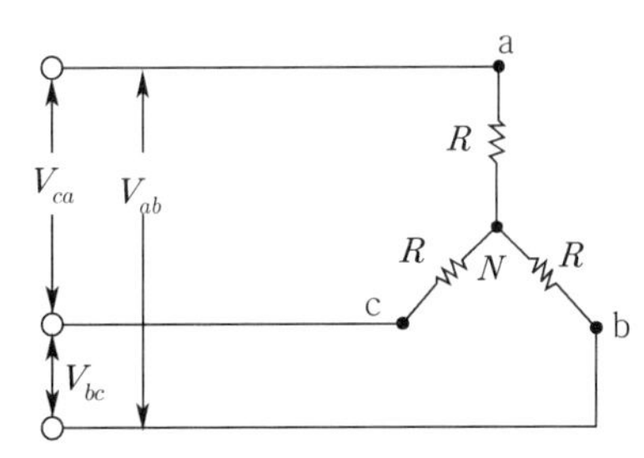

① 100　② 116

③ 121　④ 125

|정|답|및|해|설|

선간전압 $V_{ab} = \sqrt{3}\,V_a \angle 30^\circ$ 에서

상전압 $V_a = \frac{1}{\sqrt{3}} V_{ab} \angle -30^\circ = \frac{1}{\sqrt{3}} \times 210 = 121.24[V]$

【정답】 ③

61. $G(s)=\dfrac{1}{0.005s(0.1s+1)^2}$ 에서 $\omega=10[red/s]$일 때의 이득 및 위상각은?

① 20[dB], -90°　② 20[dB], -180°
③ 40[dB], -90°　④ 40[dB], -180°

|정|답|및|해|설|

[주파수 전달함수] $G(jw)=\dfrac{1}{\frac{5}{1000}jw\left(\frac{1}{10}jw+1\right)^2}$

이득 $g=20\log_{10}|G(jw)|$

$$=20\log_{10}\left|\frac{1}{\frac{5}{1000}jw\left(\frac{1}{10}jw+1\right)^2}\right|$$

$$=20\log_{10}\left|\frac{1}{\frac{5}{1000}\omega(\sqrt{1^2+(0.1\omega)^2})^2}\right|$$

$$=20\log_{10}\left|\frac{1}{\frac{5}{1000}\omega(1+(0.1\omega)^2)}\right|$$ 에서

$\omega=10[rad/\sec]$를 대입

$$=20\log_{10}\left|\frac{1}{\frac{5}{100}(1+1)}\right|$$

$$=20\log_{10}\frac{1}{\frac{1}{10}}=20\log_{10}10=20[\text{dB}]$$

주파수 전달함수의 위상은 1형 시스템은 -90° 에서 궤적이 시작 $\omega=10[rad/\sec]$인 경우 $\theta=\angle G(j\omega)=-180°$ 이다.

【정답】 ②

62. 그림과 같은 논리 회로는?

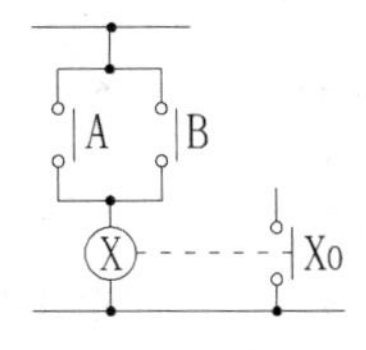

① OR 회로　② AND 회로
③ NOT 회로　④ NOR 회로

|정|답|및|해|설|

[OR(논리합)회로] 입력 A, B 중 한 입력만 있어도 출력 X가 생기는 회로, 즉 $X_0=A+B$이므로 OR회로이다.

【정답】 ①

63. 그림은 제어계와 그 제어계의 근궤적을 작도한 것이다. 이것으로부터 결정된 이득 여유 값은?

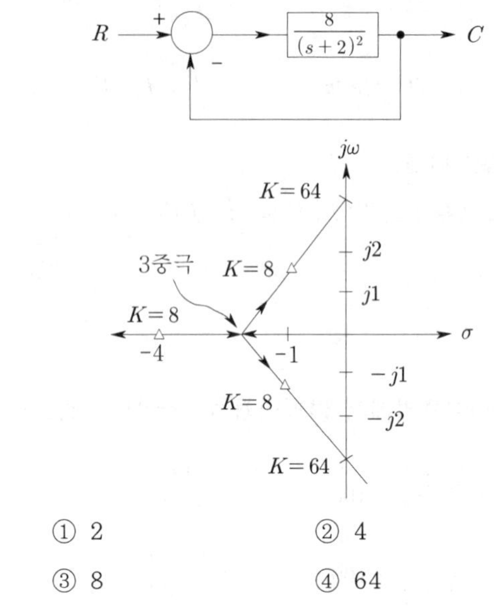

① 2　② 4
③ 8　④ 64

|정|답|및|해|설|

[이득 여유] $g \cdot m=\dfrac{\text{허수축과의 교차점에서 } K\text{의 값}}{K\text{의 설계값}}$

$$=\frac{64}{8}=8$$

【정답】 ③

64. 그림과 같은 스프링 시스템은 전기적 시스템으로 변환했을 때 이에 대응하는 회로는?

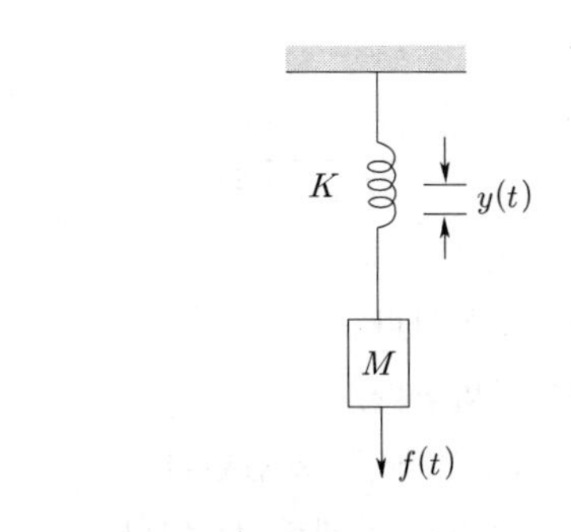

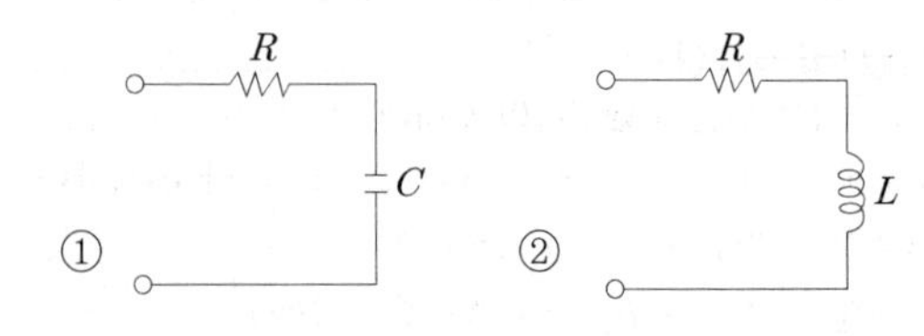

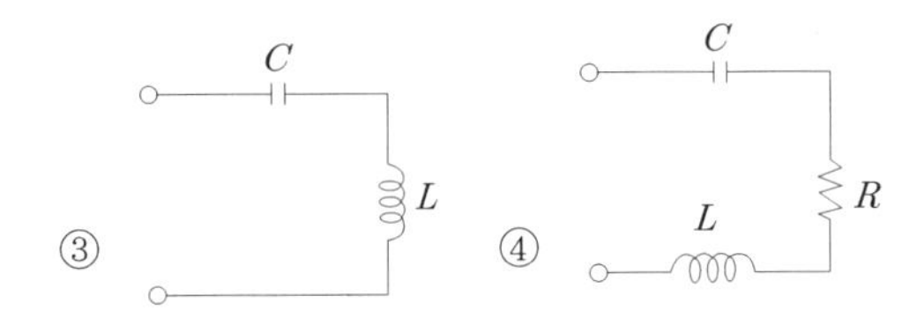

|정|답|및|해|설|

[전기회로의 병진운동]

전기계	직선운동계
전하 : $Q[C]$	위치(변위) : $y[m]$
전류 : $I[A]$	속도 : $v[m/s]$
전압 : $E[V]$	힘 : $F[N]$
저항 : $R[\Omega]$	점성마찰 : $B[N/m/s]$
인덕턴스 : $L[H]$	질량 : $M[kg.s^2/m]$
정전용량 : $C[F]$	탄성 : $K[N/m]$

문제에서는 질량과 탄성계수만 존재하므로 이를 전기계통으로 환산하면 인덕턴스와 캐피시터만 존재하는 회로이다.

【정답】 ③

65. $\frac{d^2}{dt^2}c(t)+5\frac{d}{dt}c(t)+4c(t)=r(t)$와 같은 함수를 상태함수로 변환하였다. 벡터 A, B의 값으로 적당한 것은?

$$\frac{d}{dt}X(t)=AX(t)+Br(t)$$

① $A=\begin{bmatrix}0 & 1\\ -5 & -4\end{bmatrix},\ B=\begin{bmatrix}0\\1\end{bmatrix}$

② $A=\begin{bmatrix}0 & 1\\ 5 & 4\end{bmatrix},\ B=\begin{bmatrix}0\\1\end{bmatrix}$

③ $A=\begin{bmatrix}0 & 1\\ -4 & -5\end{bmatrix},\ B=\begin{bmatrix}0\\1\end{bmatrix}$

④ $A=\begin{bmatrix}0 & 1\\ 4 & 5\end{bmatrix},\ B=\begin{bmatrix}0\\1\end{bmatrix}$

|정|답|및|해|설|

[상태 방정식]

$x(t)=x_1(t)$로 선정

$\dot{x}_1(t)=x_2(t)$

$\dot{x}_2(t)=-4x_1(t)-5x_2(t)+r(t)$

상태방정식으로 계산하면

$$\begin{bmatrix}\dot{x}_1(t)\\ \dot{x}_2(t)\end{bmatrix}=\begin{bmatrix}0 & 1\\ -4 & -5\end{bmatrix}\begin{bmatrix}x_1(t)\\ x_2(t)\end{bmatrix}+\begin{bmatrix}0\\1\end{bmatrix}r(t)$$

【정답】 ③

66. 전달함수 $G(s)=\frac{1}{s+a}$일 때, 이 계의 임펄스 응답 $c(t)$를 나타내는 것은? 단, a는 상수이다.

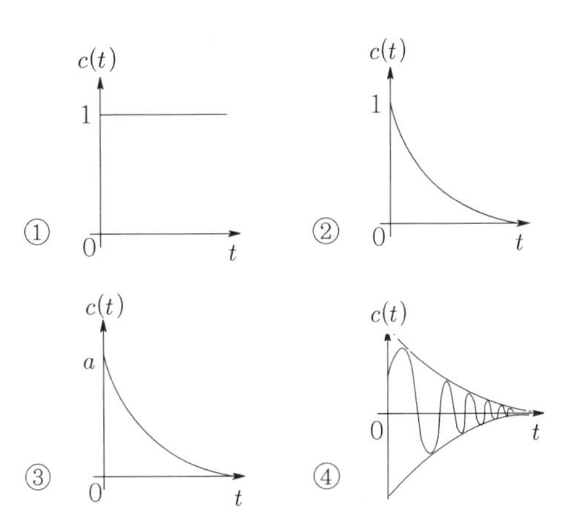

|정|답|및|해|설|

[임펄스 응답에 따른 전달함수]

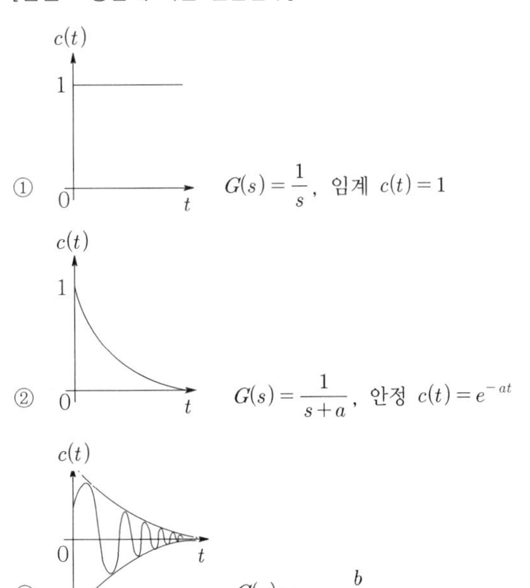

【정답】 ②

67. 궤환(Feed back) 제어계의 특징이 아닌 것은?

① 정확성이 증가한다.
② 구조가 간단하고 설치비가 저렴하다.
③ 대역폭이 증가한다.
④ 계의 특성 변화에 대한 입력 대 출력비의 감도가 감소한다.

|정|답|및|해|설|
[피드백 제어계의 특징]
① 정확성의 증가
② 계의 특성 변화에 대한 입력 대 출력비의 감도 감소
③ 비선형과 왜형에 대한 효과의 감소
④ 대역폭의 증가
⑤ 발진을 일으키고 불안정한 상태로 되어 가는 경향성
⑥ 구조가 복잡하고 설치비가 고가

【정답】 ②

68. 이산 시스템(discrete data system)에서의 안정도 해석에 대한 아래의 설명 중 맞는 것은?

① 특성 방정식의 모든 근이 z 평면의 음의 반평면에 있으면 안정하다.
② 특성 방정식의 모든 근이 z 평면의 양의 반평면에 있으면 안정하다.
③ 특성 방정식의 모든 근이 z 평면의 단위원 내부에 있으면 안정하다.
④ 특성 방정식의 모든 근이 z 평면의 단위원 외부에 있으면 안정하다.

|정|답|및|해|설|
[z평면과 s평면의 관계]
·s평면의 좌반면 : z평면상에서는 단위원의 내부에 사상(안정)
·s평면의 우반면 : z평면상에서는 단위원의 외부에 사상(불안정)
·s평면의 허수축 : z평면상에서는 단위원의 원주상에 사상(임계)

【정답】 ③

69. 노 내 온도를 제어하는 프로세스 제어계에서 검출부에 해당하는 것은?

① 노 ② 밸브
③ 증폭기 ④ 열전대

|정|답|및|해|설|
[변환요소]

변환량	변환요소
압력 → 변위	벨로우즈, 다이어프램, 스프링
변위 → 압력	노즐플래퍼, 유압 분사관, 스프링
변위 → 임피던스	가변저항기, 용량형 변환기
변위 → 전압	포텐셔미터, 차동변압기, 전위차계
전압 → 변위	전자석, 전자코일
광 → 임피던스	광전관, 광전도 셀, 광전 트랜지스터
광 → 전압	광전지, 광전 다이오드
방사선 → 임피던스	GM 관, 전리함
온도 → 임피던스	측온 저항(열선, 서미스터, 백금, 니켈)
온도 → 전압	열전대

【정답】 ④

70. 단위 부궤환 제어 시스템(Unit Negative Feedback Control System)의 개루프(Open Loop) 전달 함수 $G(s)$가 다음과 같이 주어져 있다. 이득여유가 20[dB]이면 이때의 K값은?

$$G(s)H(s) = \frac{K}{(s+1)(s+3)}$$

① $\frac{3}{10}$ ② $\frac{3}{20}$
③ $\frac{1}{20}$ ④ $\frac{1}{40}$

|정|답|및|해|설|
[이득여유] $g \cdot m = 20\log_{10}\left|\frac{1}{GH}\right|[dB]$

$GH(jw) = \frac{K}{(jw+1)(jw+3)}$

$|GH| = \left|\frac{K}{3-w^2+j4w}\right|_{w=0}$

허수부가 0이 되는 주파수는 $\omega = 0$이므로

$|GH| = \frac{K}{3}$

이득여유 $g \cdot m = 20\log_{10}\left|\frac{1}{\frac{K}{3}}\right| = 20[dB]$

그러므로 $\frac{3}{K} = 10 \rightarrow K = \frac{3}{10}$

【정답】 ①

71. $R=100[\Omega]$, $X_L=100[\Omega]$이고 L만을 가변할 수 있는 RLC 직렬회로가 있다. 이때 $f=500[Hz]$, $E=100[V]$를 인가하여 L을 변화시킬 때 L의 단자전압 E_1의 최대값은 몇 [V]인가? 단, 공진회로이다.

① 50 ② 100
③ 150 ④ 200

|정|답|및|해|설|

[RLC 직렬공진 시 전류] $I=\dfrac{V_m}{R}[A]$

$I=\dfrac{V_m}{R}=\dfrac{100}{100}=1[A]$이므로

L의 최고 전압 $V_L=X_L \cdot I=100\times 1=100[V]$

【정답】 ②

72. 어떤 회로에 전압을 115[V] 인가하였더니 유효전력이 230[W], 무효전력이 345[Var]를 지시한다면 회로에 흐르는 전류는 약 몇 [A]인가?

① 2.5 ② 5.6
③ 3.6 ④ 4.5

|정|답|및|해|설|

[피상전력] $P_a=VI=I^2|Z|=\sqrt{P^2+P_r^2}$ [VA]

여기서, P_a : 피상저력, Z : 임피던스, P : 유효전력, P_r : 무효전력

전압 : 115[V], 유효전력 : 230[W], 무효전력 : 345[Var]

· $P_a=\sqrt{P^2+P_r^2}=\sqrt{230^2+345^2}=414.6[VA]$

· $P_a=VI$에서 $I=\dfrac{P_a}{V}=\dfrac{414.6}{115}=3.6[A]$

【정답】 ③

73. 시정수의 의미를 설명한 것 중 틀린 것은?

① 시정수가 작으면 과도현상이 짧다.
② 시정수가 크면 정상 상태에 늦게 도달한다.
③ 시정수는 r로 표시하며 단위는 초[sec]이다.
④ 시정수는 과도 기간 중 변화해야 할 양의 0.632[%]가 변화하는 데 소요된 시간이다.

|정|답|및|해|설|

[시정수 (r)] 전류 $i(t)$가 정상값의 63.2[%]까지 도달하는데 걸리는 시간으로 단위는 [sec]

시정수 $r=\dfrac{L}{R}$[sec]

※ 시정수가 길면 길수록 정상값의 63.2[%]까지 도달하는데 걸리는 시간이 오래 걸리므로 과도현상은 오래 지속된다.

【정답】 ④

74. 무손실 선로에 있어서 감쇠 정수 α, 위상 정수를 β라 하면 α와 β의 값은? (단, R, G, L, C는 선로 단위 길이당의 저항, 콘덕턴스, 인덕턴스, 커패시턴스이다.)

① $\alpha=\sqrt{RG}$, $\beta=0$
② $\alpha=0$, $\beta=\dfrac{1}{\sqrt{LC}}$
③ $\alpha=\sqrt{RG}$, $\beta=w\sqrt{LC}$
④ $\alpha=0$, $\beta=w\sqrt{LC}$

|정|답|및|해|설|

[전파정수] $r=\alpha+j\beta=\sqrt{Z\cdot Y}$

[특성 임피던스] $Z_0=\sqrt{\dfrac{Z}{Y}}=\sqrt{\dfrac{R+j\omega L}{G+j\omega L}}=\sqrt{\dfrac{L}{C}}$

여기서, α : 감쇠정수, β : 위상 정수, Z : 임피던스, Y : 어드미턴스, G : 콘덕턴스, L : 인덕턴스

· 무손실 선로의 조건 $R=0$, $G=0$이므로

· 전파정수 $r=\sqrt{(R+jwL)(G+jwC)}=jw\sqrt{LC}$

따라서, $\alpha=0$, $\beta=w\sqrt{LC}$

【정답】 ④

75. 어떤 소자에 걸리는 전압이 $100\sqrt{2}\cos\left(314t-\dfrac{\pi}{6}\right)[V]$이고, 흐르는 전류가 $3\sqrt{2}\cos\left(314t+\dfrac{\pi}{6}\right)[A]$일 때 소비되는 전력[W]은?

① 100 ② 150
③ 250 ④ 300

|정|답|및|해|설|

[소비전력] $P=VI\cos\theta$

전압(V) : 100[V], 전류(I) : 3[A] $\rightarrow$ (실효값 $=\dfrac{\text{최대값}}{\sqrt{2}}$)

전류와 전압의 위상차 $30-(-30)=60$

$P=VI\cos\theta=100\times3\times\cos60=150[W]$

【정답】 ②

76. 그림 (a)와 그림 (b)가 역회로 관계에 있으려면 L의 값은 몇 [mH]인가?

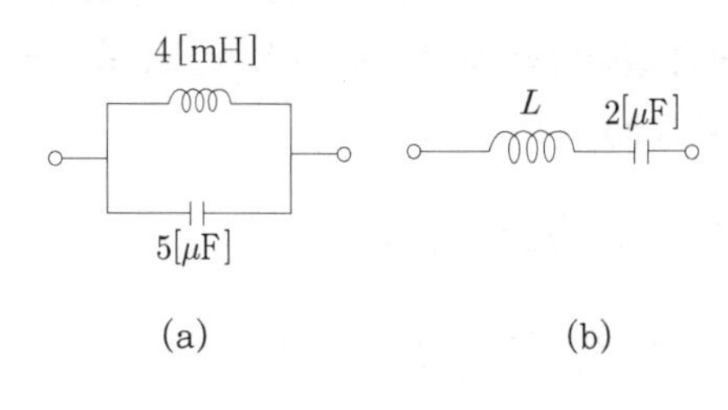

① 1　　② 2

③ 5　　④ 10

|정|답|및|해|설|

[역회로] 구동점 임피던스가 Z_1, Z_2인 2단자 회로망에서 $Z_1Z_2=K^2$의 관계가 성립할 때 Z_1, Z_2는 K에 대해 역회로라고 한다. $Z_1=jwL_1$, $Z_2=\dfrac{1}{jwC_2}$ 라면

$Z_1Z_2=\dfrac{jwL_1}{jwC_2}=\dfrac{L_1}{C_2}=K^2$의 관계가 있을 때 L과 C는 역회로가 된다. 이때는 반드시 쌍대의 관계가 있다.

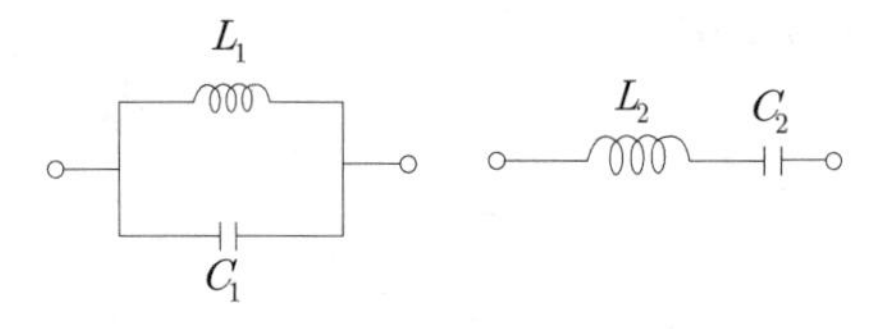

$$K^2=\frac{L_1}{C_2}=\frac{L_2}{C_1}$$

$$K^2=\frac{L_1}{C_2}=\frac{4\times10^{-3}}{2\times10^{-6}}=2000$$

$\mu=10^{-6}$

$[H]=10^3[mH]$

$$L_2=K^2C_1=2000^2\times5\times10^{-6}\times10^3=10[\text{mH}]$$

【정답】 ④

77. 2개의 전력계로 평형 3상 부하의 전력을 측정하였더니 한쪽의 지시가 다른 쪽 전력계 지시의 3배였다면 부하의 역률은 약 얼마인가?

① 0.46　　② 0.55

③ 0.65　　④ 0.76

|정|답|및|해|설|

[2전력계법] 단상 전력계 2대로 3상전력을 계산하는 법

·유효전력 $P=|W_1|+|W_2|$

·무효전력 $P_r=\sqrt{3}(|W_1-W_2|)$

·피상전력 $P_a=\sqrt{P^2+P_r^2}=2\sqrt{W_1^2+W_2^2-W_1W_2}$

·역률 $\cos\theta=\dfrac{P}{P_a}=\dfrac{W_1+W_2}{2\sqrt{W_1^2+W_2^2-W_1W_2}}$

한쪽의 지시가 다른 쪽 전력계 지시의 3배이므로

$W_1=3W_2$

역률 $\cos\theta=\dfrac{3W_2+W_2}{2\sqrt{9W_2^2+W_2^2-3W_2W_2}}=\dfrac{2}{\sqrt{7}}=0.76$

【정답】 ④

78. $F(s)=\dfrac{1}{s(s+a)}$ 의 라플라스 역변환은?

① e^{-at}　　② $1-e^{-at}$

③ $a(1-e^{-at})$　　④ $\dfrac{1}{a}(1-e^{-at})$

|정|답|및|해|설|

[라플라스 변환] 변환된 함수가 유리수인 경우

·분모가 인수분해 되는 경우 : 부분 분수 전개

·분모가 인수분해 되는 않는 경우 : 완전 제곱형

$$F(s)=\frac{1}{s(s+a)}=\frac{k_1}{s}+\frac{k_2}{s+a}$$

$$k_1=\lim_{s\to0}\frac{1}{s+a}=\frac{1}{a},\ k_2=\lim_{s\to-a}\frac{1}{a}=-\frac{1}{a}$$

$$\therefore\mathcal{L}^{-1}\left[\frac{1}{a}\frac{1}{s}-\frac{1}{a}\frac{1}{s+a}\right]=\frac{1}{a}-\frac{1}{a}e^{-at}=\frac{1}{a}(1-e^{-at})$$

【정답】 ④

79. 선간전압이 200[V]인 대칭 3상 전원에 평형 3상 전원에 평형 3상 부하가 접속되어 있다. 부하 1상의 저항은 $10[\Omega]$, 유도리액턴스 $15[\Omega]$, 용량리액턴스 $5[\Omega]$이 직렬로 접속된 것이다. 부하가 △ 결선일 경우, 선로 전류[A]와 3상 전력[W]은 얼마인가?

① $I_l = 10\sqrt{6}$, $P_3 = 6{,}000$

② $I_l = 10\sqrt{6}$, $P_3 = 8{,}000$

③ $I_l = 10\sqrt{3}$, $P_3 = 6{,}000$

④ $I_l = 10\sqrt{3}$, $P_3 = 8{,}000$

|정|답|및|해|설|

[부하 1상의 임피던스] $Z = R + j(X_L - X_c)$

[△결선 시] $I_p = \dfrac{V_p}{Z}$, $I_l = \sqrt{3} I_p$

[3상의 소비전력] $P = 3I_p^2 R$

여기서, Z : 임피던스, R : 저항, X_L : 유도성 리액턴스

X_C : 용량성 리액턴스, I_P : 상전류, V_P : 상전압

I_l : 선전류

선간전압(V_l) : 200[V], 저항 : $10[\Omega]$, 유도리액턴스(X_L) : $15[\Omega]$, 용량리액턴스(X_C) : $5[\Omega]$

① 임피던스 $Z = R + j(X_L - X_c) = 10 + j(15-5) = 10 + j0$

② 상전류 $I_p = \dfrac{V_p}{Z} = \dfrac{V_p}{\sqrt{R^2 + X^2}} = \dfrac{200}{\sqrt{10^2 + 10^2}} = 10\sqrt{2}$

③ 선전류 $I_l = \sqrt{3} I_p = \sqrt{3} \times 10\sqrt{2} = 10\sqrt{6}[A]$

④ 3상의 소비전력 $P = 3I_p^2 R = 3 \times (10\sqrt{2})^2 \times 10 = 6000[W]$

【정답】 ①

80. 공간적으로 서로 $\dfrac{2\pi}{n}[rad]$의 각도를 두고 배치한 n개의 코일에 대칭 n상 교류를 흘리면 그 중심에 생기는 회전자계의 모양은?

① 원형 회전자계 ② 타원형 회전자계

③ 원통형 회전자계 ④ 원추형 회전자계

|정|답|및|해|설|

[회전자계]

·대칭 전류 : 원형회전 자계 형성

·비대칭 전류 : 타원 회전자계 형성

【정답】 ①

61. 다음 회로를 블록선도로 그림 것 중 옳은 것은?

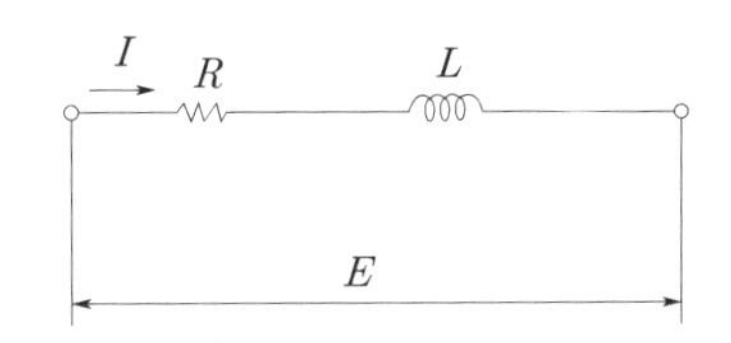

①

②

③ 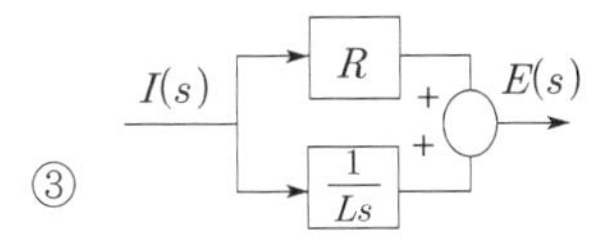

④ 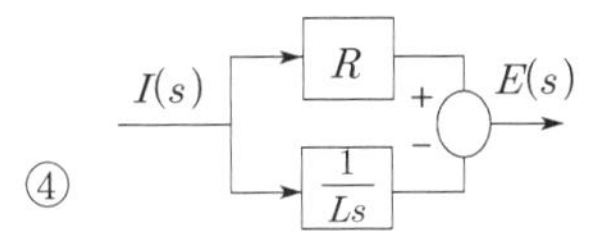

|정|답|및|해|설|

[라플라스 변환] $L\dfrac{di(t)}{dt} + P = e(t)$

$Ls\,I(s) + RI(s) = E(s) \rightarrow I(s)\,(Ls + R) = E(s)$

이를 블록선도로 표현하면

【정답】 ①

62. 특성 방정식 $s^2 + 2\zeta\omega_n s + \omega_n^2 = 0$에서 감쇠 진동을 하는 제동비 ζ의 값에 해당되는 것은?

① $\zeta > 1$ ② $\zeta = 1$

③ $\zeta = 0$ ④ $0 < \zeta < 1$

|정|답|및|해|설|

[폐루프 전달 함수] $G(s)=\dfrac{w_n^2}{s^2+2\zeta w_n s+w_n^2}$

특성 방정식 $s^2+2\zeta w_n s+w_n^2=0$

- $0<\zeta<1$인 경우 : 부족 제동(감쇠 진동)
- $\zeta>1$인 경우 : 과제동(비진동)
- $\zeta=1$인 경우 : 임계 제동(진동에서 비진동으로 옮기는 상태)
- $\zeta=0$인 경우 : 무제동(일정한 진폭으로 진동, 무한진동)

【정답】 ④

63. 다음 그림의 전달함수 $\dfrac{Y(z)}{R(z)}$는 다음 중 어느 것인가?

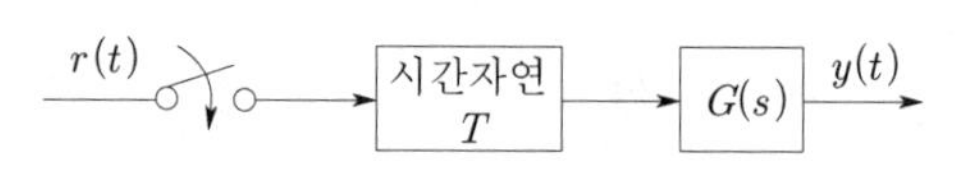

[이상적인 표본기]

① $G(z)z$ ② $G(z)z^{-1}$
③ $G(z)Tz^{-1}$ ④ $G(z)Tz$

|정|답|및|해|설|

[전달함수] 시간지연은 z^{-1}로 표기

따라서, 전달함수는 $\dfrac{Y(z)}{R(z)}=G(z)z^{-1}$ 【정답】 ②

64. 일정 입력에 대해 잔류 편차가 있는 제어계는?

① 비례 제어계
② 적분 제어계
③ 비례 적분 제어계
④ 비례 적분 미분 제어계

|정|답|및|해|설|

[조절부의 동작에 의한 분류]

종류		특 징
P	비례동작	·정상오차를 수반 ·잔류편차 발생
I	적분동작	잔류편차 제거
D	미분동작	오차가 커지는 것을 미리 방지
PI	비례적분동작	·잔류편차 제거 ·제어결과가 진동적으로 될 수 있다.
PD	비례미분동작	응답 속응성의 개선
PID	비례적분미분동작	·잔류편차 제거 ·정상 특성과 응답 속응성을 동시에 개선 ·오버슈트를 감소시킨다. ·정정시간 적게 하는 효과 ·연속 선형 제어

잔류 편차가 발생하는 제어는 비례 제어(P)와 비례 미분 제어(PD)이다. 특히, 비례 제어(P)는 구조가 간단하지만, 잔류 편차가 생기는 결점이 있다. 잔류편차는 적분동작으로 제거가 된다.

【정답】 ①

65. 일반적인 제어시스템에서 안정의 조건은?

① 입력이 있는 경우 초기값에 관계없이 출력이 0으로 간다.
② 입력이 없는 경우 초기값에 관계없이 출력이 무한대로 간다.
③ 시스템이 유한한 입력에 대해서 무한한 출력을 얻는 경우
④ 시스테미 유한한 입력에 대해서 유한한 출력을 얻는 경우

|정|답|및|해|설|

[제어시스템 안정 조건] 유한입력 유한출력(Bounded Input Bouded Output : BIBO) 【정답】 ④

66. 개루프 전달함수 $G(s)H(s)$가 다음과 같이 주어지는 부궤환계에서 근궤적 점근선의 실수축과의 교차점은?

$$G(s)H(s)=\frac{K}{s(s+4)(s+5)}$$

① 0 ② −1
③ −2 ④ −3

|정|답|및|해|설|

[근궤적의 점근선의 교차점]

$$\sigma = \frac{\sum G(s)H(s)\text{극점} - \sum G(s)H(s)\text{영점}}{p-z}$$

$$= \frac{(0-4-5)-0}{3-0} = -3$$

【정답】 ④

67. $S^3+11S^2+2S+40=0$에는 양의 실수부를 갖는 근은 몇 개 있는가?

① 1　　② 2

③ 3　　④ 없다.

|정|답|및|해|설|

[루드의 표]

S^3	1	2
S^2	11	40
S^1	$\frac{2\times 11-1\times 40}{11}=-\frac{18}{11}$	0
S^0	40	

루드표의 1열의 부호가 두 번 바뀌므로 불안정 근이 2개이다.

【정답】 ②

68. 논리식 $L=\bar{x}\cdot\bar{y}+\bar{x}\cdot y+x\cdot y$를 간략화한 것은?

① $x+y$　　② $\bar{x}+y$

③ $x+\bar{y}$　　④ $\bar{x}+\bar{y}$

|정|답|및|해|설|

[부울대수] 부울대수를 이용하면 $A+BC=(A+B)(A+C)$

$L=\bar{x}\cdot\bar{y}+\bar{x}\cdot y+x\cdot y$

$=\bar{x}(\bar{y}+y)+xy=\bar{x}+xy=(\bar{x}+x)(\bar{x}+y)=\bar{x}+y$

【정답】 ②

69. 그림과 같은 블록선도에서 전달함수 $\frac{C(s)}{R(s)}$를 구하면?

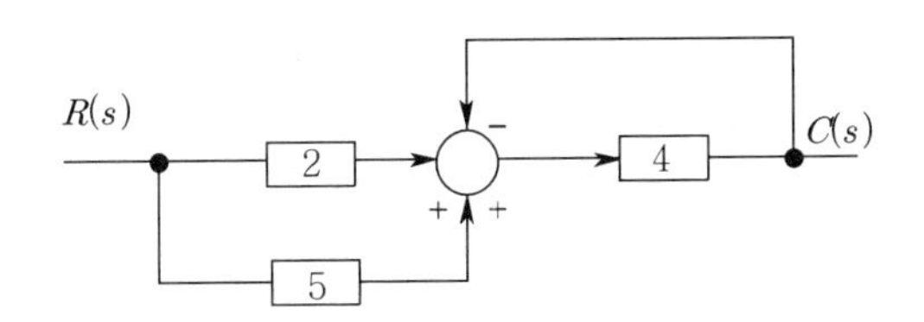

① $\frac{1}{8}$　　② $\frac{5}{28}$

③ $\frac{28}{5}$　　④ 8

|정|답|및|해|설|

[블록선도의 전달함수] $G(s)=\frac{\sum G}{1-\sum L_1+\sum L_2+\cdots}$

여기서, L_1 : 각각의 모든 폐루프 이득의 합

L_2 : 서로 접촉하지 않는 2개의 폐루프 이득의 곱의 합

$\sum G$: 각각의 전향 경로의 합

$G(s)=\frac{2\cdot 4+5\cdot 4}{1-(-4)}=\frac{28}{5}$

【정답】 ③

70. $G(j\omega)=\frac{K}{j\omega(j\omega+1)}$에 있어서 진폭 A 및 위상각 θ은?

$$\lim_{\omega\to\infty} G(j\omega)=A\angle\theta$$

① $A=0,\ \theta=-90^\circ$　　② $A=0,\ \theta=-180^\circ$

③ $A=\infty,\ \theta=-90^\circ$　　④ $A=\infty,\ \theta=-180^\circ$

|정|답|및|해|설|

[전달함수] $G(j\omega)=\frac{K}{j\omega(j\omega+1)}$

크기(진폭) $|G(j\omega)|=\frac{1}{\omega\sqrt{1+\omega^2}}$

위상각은 적분기와 1차 지연요소가 있으므로 $\theta=0^\circ\sim-180^\circ$이며, $\omega\to\infty$라면

크기(진폭) $|G(j\omega)|=\frac{1}{\omega\sqrt{1+\omega^2}}=0$

위상각 $\theta=-180^\circ$

【정답】 ②

71. $R=100[\Omega]$, $C=30[\mu F]$의 직렬회로에 $f=60$[Hz] $V=100[V]$의 교류전압을 인가할 때 전류는 약 몇 [A]인가?

① 0.42　　② 0.64

③ 0.75　　④ 0.87

|정|답|및|해|설|

[용량성 리액턴스] $X_c = \frac{1}{\omega C} = \frac{1}{2\pi f C}[\Omega]$

[임피던스] $Z = R - jX_c = \sqrt{R^2 + X_C^2}\,[\Omega]$

① $X_c = \frac{1}{2\pi f C} = \frac{1}{2\pi \times 60 \times 30 \times 10^{-6}} = 88.46[\Omega]$

② $Z = R - jX_c = 100 - j88.46 = \sqrt{100^2 + 88.46^2} = 133.51[\Omega]$

③ 전류 $I = \frac{V}{Z} = \frac{100}{133.51} = 0.75[A]$

【정답】 ③

72. 무손실 선로의 정상상태에 대한 설명으로 틀린 것은?

① 전파정수 γ은 $j\omega\sqrt{LC}$이다.

② 특성 임피던스 $Z_0 = \sqrt{\frac{C}{L}}$이다.

③ 진행파의 전파속도 $v = \frac{1}{\sqrt{LC}}$이다.

④ 감쇠정수 $\alpha = 0,\ \beta = \omega\sqrt{LC}$이다.

|정|답|및|해|설|

[무손실 회로와 무왜형 회로]

	무손실 선로	무왜형 선로
조건	$R=0,\ G=0$	$\frac{R}{L} = \frac{G}{C}$
특성 임피던스	$Z_0 = \sqrt{\frac{Z}{Y}} = \sqrt{\frac{L}{C}}$	$Z_0 = \sqrt{\frac{Z}{Y}} = \sqrt{\frac{L}{C}}$
전파정수	$\gamma = \sqrt{ZY}$ $\alpha = 0$ $\beta = \omega\sqrt{LC}$	$\gamma\sqrt{ZY}, \alpha = \sqrt{RG}$ $\beta = \omega\sqrt{LC}$
위상속도	$v = \frac{\omega}{\beta} = \frac{\omega}{\omega\sqrt{LC}} = \frac{1}{\sqrt{LC}}$	$v = \frac{\omega}{\beta} = \frac{\omega}{\omega\sqrt{LC}} = \frac{1}{\sqrt{LC}}$

【정답】 ②

73. 그림과 같은 파형의 Laplace 변환은?

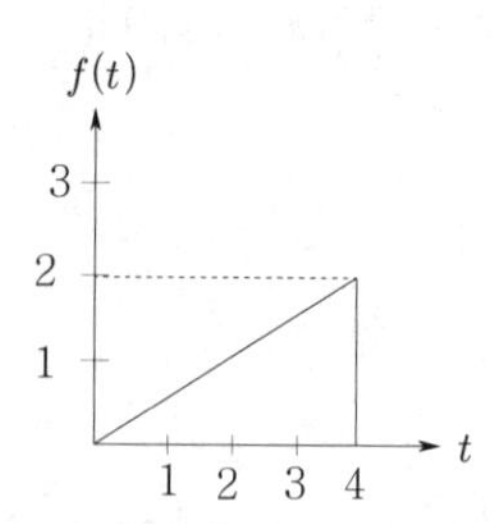

① $\frac{1}{2s^2}(1 - e^{-4s} - se^{-4s})$

② $\frac{1}{2s^2}(1 - e^{-4s} - 4e^{-4s})$

③ $\frac{1}{2s^2}(1 - se^{-4s} - 4e^{-4s})$

④ $\frac{1}{2s^2}(1 - e^{-4s} - 4se^{-4s})$

|정|답|및|해|설|

[라플라스 변환]

함수 $f(t) = \frac{2}{4}yu(t) - \frac{2}{4}(t-4)u(t-4) - 2u(t-4)$

라플라스 변환하면

$F(s) = \mathcal{L}[f(t)] = \frac{1}{2}\cdot\frac{1}{s^2} - \frac{1}{2}\frac{1}{s^2}e^{-4s} - \frac{2}{s}e^{-4s}$

$= \frac{1}{2s^2}(1 - e^{-4s} - 4se^{-4s})$

【정답】 ④

74. 2전력계법으로 평형 3상 전력을 측정하였더니 한쪽의 지시가 700[W], 다른 한쪽의 지시가 1400[W]이었다. 피상 전력은 약 몇 [VA]인가?

① 2,425　　② 2,771

③ 2,873　　④ 2,974

|정|답|및|해|설|

[2전력계법] 단상 전력계 2대로 3상전력을 계산하는 법

·유효전력 $P = |W_1| + |W_2|$

·무효전력 $P_r = \sqrt{3}(|W_1 - W_2|)$

·피상전력 $P_a = \sqrt{P^2 + P_r^2} = 2\sqrt{W_1^2 + W_2^2 - W_1 W_2}$

·역률 $\cos\theta = \frac{P}{P_a} = \frac{W_1 + W_2}{2\sqrt{W_1^2 + W_2^2 - W_1 W_2}}$

한쪽의 지시(W_1)가 700[W]

다른 쪽 전력계 지시(W_2)가 1400[W]

$P_a = 2\sqrt{W_1^2 + W_2^2 - W_1 W_2} = 2\sqrt{700^2 + 1400^2 - 700 \times 1400}$

$= 2425$

【정답】 ①

75. 최대값이 I_m인 정현파 교류의 반파정류 파형의 실효값은?

① $\dfrac{I_m}{2}$　　② $\dfrac{I_m}{\sqrt{2}}$

③ $\dfrac{2I_m}{\pi}$　　④ $\dfrac{\pi I_m}{2}$

|정|답|및|해|설|

[각종 파형의 평균값, 실효값, 파형률, 파고율]

명칭	파형	평균값	실효값	파형률	파고율
정현파 (전파)		$\dfrac{2I_m}{\pi}$	$\dfrac{I_m}{\sqrt{2}}$	1.11	$\sqrt{2}$
정현파 (반파)		$\dfrac{I_m}{\pi}$	$\dfrac{I_m}{2}$	$\dfrac{\pi}{2}$	2
사각파 (전파)		I_m	I_m	1	1
사각파 (반파)		$\dfrac{I_m}{2}$	$\dfrac{I_m}{\sqrt{2}}$	$\sqrt{2}$	$\sqrt{2}$
삼각파		$\dfrac{I_m}{2}$	$\dfrac{I_m}{\sqrt{3}}$	$\dfrac{2}{\sqrt{3}}$	$\sqrt{3}$

여기서, I_m : 최대값

【정답】 ①

76. 그림과 같은 파형의 파고율은?

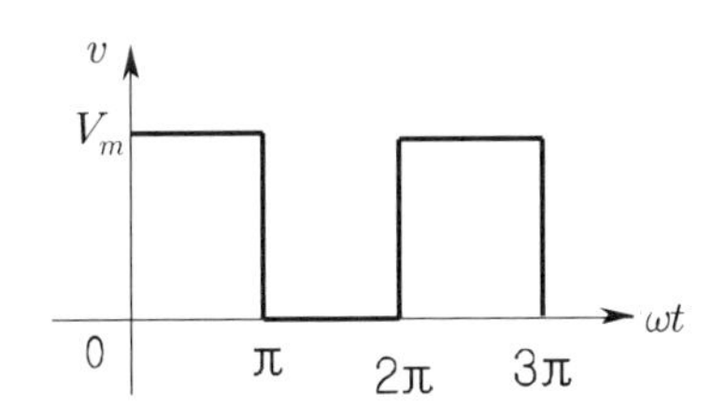

① 1　　② $\dfrac{1}{\sqrt{2}}$

③ $\sqrt{2}$　　④ $\sqrt{3}$

|정|답|및|해|설|

[구형파 반파] 실효값 $\dfrac{V_m}{\sqrt{2}}$, 평균값 $\dfrac{V_m}{2}$

· 파형률 $= \dfrac{\text{실효값}}{\text{평균값}} = \dfrac{\frac{V_m}{\sqrt{2}}}{\frac{V_m}{2}} = \dfrac{2}{\sqrt{2}} = \sqrt{2} = 1.414$

· 파고율 $= \dfrac{\text{최대값}}{\text{실효값}} = \dfrac{V_m}{\frac{V_m}{\sqrt{2}}} = \sqrt{2} = 1.414$

※구형파 전파의 경우는 파형률 파고율이 모두 1이다.

【정답】 ③

77. 그림과 같이 $10[\Omega]$의 저항에 권수비가 10:1의 결합회로를 연결했을 때 4단자정수 A, B, C, D는?

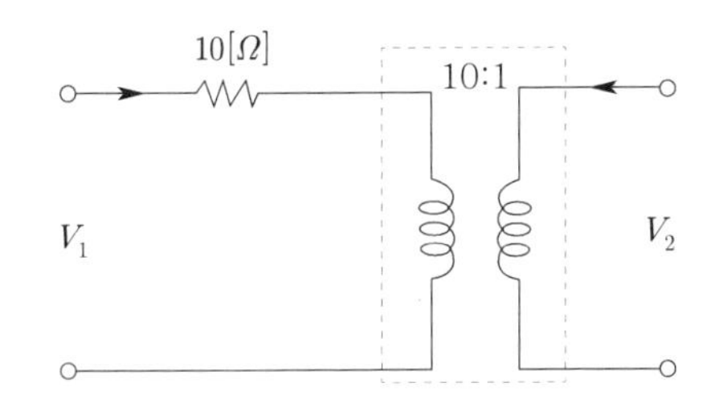

① $A=1,\ B=10,\ C=0,\ D=10$

② $A=10,\ B=1,\ C=0,\ D=10$

③ $A=10,\ B=0,\ C=1,\ D=\dfrac{1}{10}$

④ $A=10,\ B=1,\ C=0,\ D=\dfrac{1}{10}$

|정|답|및|해|설|

$$\begin{bmatrix} A & B \\ C & D \end{bmatrix} = \begin{bmatrix} 1 & 10 \\ 0 & 1 \end{bmatrix} \begin{bmatrix} 10 & 0 \\ 0 & \frac{1}{10} \end{bmatrix} = \begin{bmatrix} 10 & 1 \\ 0 & \frac{1}{10} \end{bmatrix}$$

【정답】 ④

78. 그림과 같은 RC 회로에서 스위치를 넣은 순간 전류는? 단, 초기 조건은 0이다.

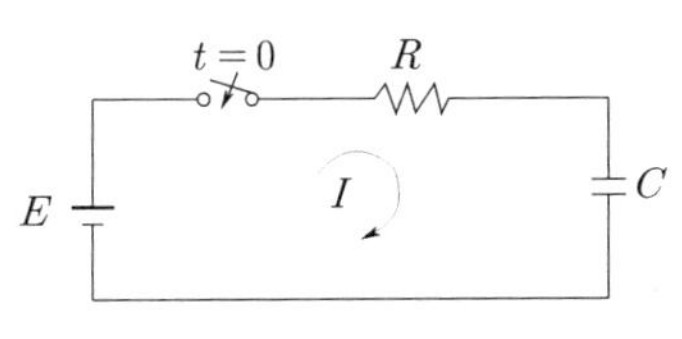

① 불변전류이다.

② 진동전류이다.

③ 증가함수로 나타낸다.

④ 감쇠함수로 나타낸다.

|정|답|및|해|설|

[$R-C$ 직렬회로]

$R-C$ 직렬회로	직류 기전력 인가 시 (S/W on)
전류 $i(t)$	$i=\frac{E}{R}e^{-\frac{1}{RC}t}[A]$
특성근	$P=-\frac{1}{RC}$
시정수	$\tau=RC[\sec]$
V_R	$V_R=Ee^{-\frac{1}{RC}t}[V]$
V_c	$V_c=E\left(1-e^{-\frac{1}{RC}t}\right)[V]$

【정답】 ④

79. 다음 회로에서 저항 R에 흐르는 전류 I는 몇 [A]인가?

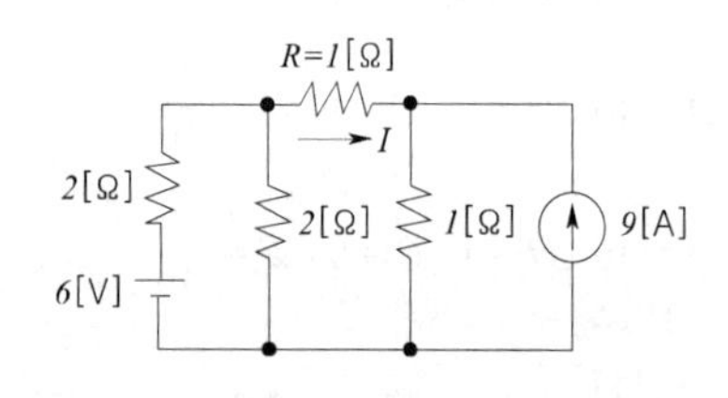

① 2[A] ② 1[A]

③ −2[A] ④ −1[A]

|정|답|및|해|설|

[중첩의 원리]

① 전류원 개방

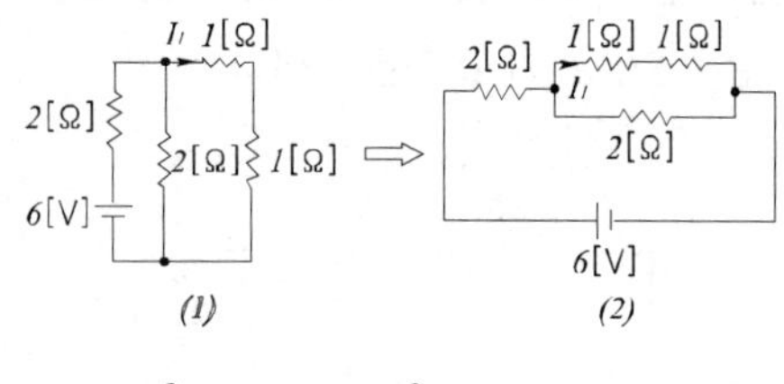

$$I_1=\frac{6}{2+\frac{(1+1)\times 2}{(1+1)+2}}\times\frac{2}{(1+1)+2}=1[A]$$

② 전압원 단락

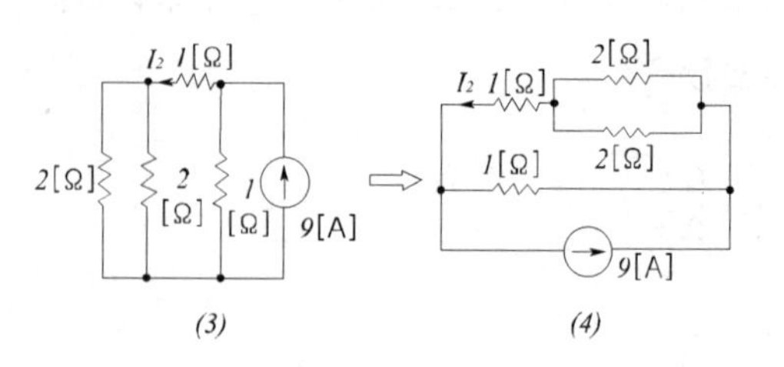

$$I_2=9\times\frac{1}{\left(1+\frac{2\times 2}{2+2}\right)+1}=3$$

전류 I는 I_1과 I_2의 방향이 반대이므로

$I=I_1-I_2=1-3=-2[A]$

【정답】 ③

80. 전류의 대칭분을 I_0, I_1, I_2, 유기기전력 및 단자전압의 대칭분을 E_a, E_b, E_c 및 V_0, V_1, V_2라 할 때 3상 교류 발전기의 기본식 중 정상분 V_1 값은? 단, Z_0, Z_1, Z_2는 영상, 정상, 역상 임피던스이다.

① $-Z_0I_0$ ② $-Z_2I_2$

③ $E_a-Z_1I_1$ ④ $E_b-Z_2I_2$

|정|답|및|해|설|

[발전기의 기본식]

·영상분 $V_0=-Z_0I_0$

·정상분 $V_1=E_a-Z_1I_1$

·역상분 $V_2=-Z_2\cdot I_2$

【정답】 ③

2017 전기기사 필기

61. 다음과 같은 시스템에 단위계단입력 신호가 가해졌을 때 지연시간에 가장 가까운 값(sec)은?

$$\frac{C(s)}{R(s)} = \frac{1}{s+1}$$

① 0.5 ② 0.7
③ 0.9 ④ 1.2

|정|답|및|해|설|

[단위 계단 응답] $C(s) = G(s)R(s) = \frac{1}{s(s+1)} = \frac{1}{s} - \frac{1}{s+1}$

$c(t) = 1 - e^{-t}$이므로

출력의 최종값 $\lim_{t\to\infty} c(t) = \lim_{t\to\infty}(1-e^{-t}) = 1$이 된다.

따라서 지연시간 T_d는 최종값의 50[%]에 도달하는데 소요되는 시간이므로

$0.5 = 1 - e^{-T_d}$, $\frac{1}{e^{T_d}} = 1 - 0.5$, $e^{T_d} = 2$

$\therefore\ T_d = \ln 2 = 0.693 \fallingdotseq 0.7$ 【정답】 ②

62. 그림에서 ①에 알맞은 신호 이름은?

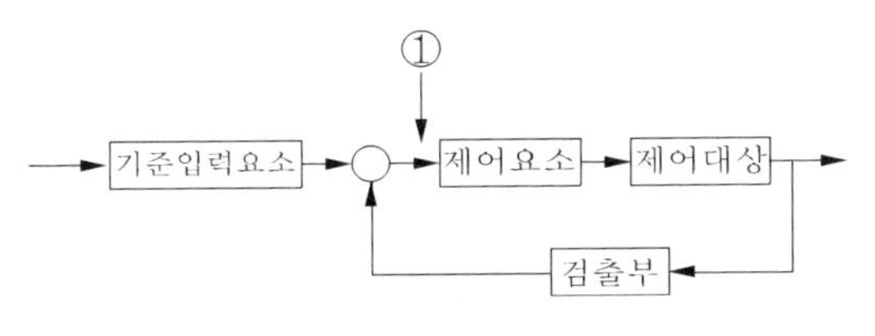

① 조작량 ② 제어량
③ 기준 입력 ④ 동작 신호

|정|답|및|해|설|

[궤환(feedback)] 동작 신호는 기준 입력과 주궤환량과의 차로, 제어동작을 일으키는 신호로 편차라고도 한다. 【정답】 ④

63. 드모르간의 정리를 나타낸 식은?

① $\overline{A+B} = A \cdot B$ ② $\overline{A+B} = \overline{A} + \overline{B}$
③ $\overline{A \cdot B} = \overline{A} \cdot \overline{B}$ ④ $\overline{A+B} = \overline{A} \cdot \overline{B}$

|정|답|및|해|설|

[드모르간의 정리] $\overline{A \cdot B} = \overline{A} + \overline{B}$, $\overline{A+B} = \overline{A} \cdot \overline{B}$

【정답】 ④

64. 다음 단위 궤환 제어계의 미분방정식은?

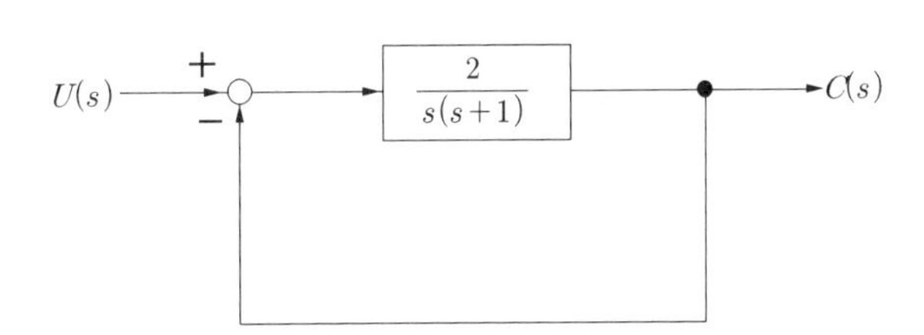

① $\frac{d^2c(t)}{dt^2} + \frac{dc(t)}{dt} + c(t) = 2u(t)$

② $\frac{d^2c(t)}{dt^2} + \frac{dc(t)}{dt} + 2c(t) = u(t)$

③ $\frac{d^2c(t)}{dt^2} + \frac{dc(t)}{dt} + 2c(t) = 5u(t)$

④ $\frac{d^2c(t)}{dt^2} + \frac{dc(t)}{dt} + 2c(t) = 2u(t)$

|정|답|및|해|설|

[전달함수] $G(s) = \frac{C(s)}{U(s)} = \frac{\frac{2}{s(s+1)}}{1 + \frac{2}{s(s+1)}} = \frac{2}{s^2+s+2}$

$(s^2+s+2)C(s) = 2U(s)$

$s^2C(s) + sC(s) + 2C(s) = 2U(s)$

그러므로 $\frac{d^2c(t)}{dt^2} + \frac{dc(t)}{dt} + 2c(t) = 2u(t)$

【정답】 ④

65. 특성방정식이 다음과 같다. 이를 z변환하여 z평면에 도시할 때 단위원 밖에 놓일 근은 몇 개인가?

$$(s+1)(s+2)(s-3)=0$$

① 0 ② 1
③ 2 ④ 3

|정|답|및|해|설|

[특성 방정식] $(S+1)(S+2)(S-3)=0$
특성방정식의 해(극점) $S=-1, -2, 3$
안정 : $S=-1, -2$
불안정 : $S=3$
∴ z평면의 단위원 밖에 놓일 근은 1개이다.$(S=3)$

【정답】 ②

66. 다음 진리표의 논리소자는?

입력		출력
A	B	C
0	0	1
0	1	0
1	0	0
1	1	0

① OR ② NOR
③ NOT ④ NAND

|정|답|및|해|설|

[NOR] 진리표를 보면 OR의 부정이므로 NOR임을 쉽게 알 수 있다.

【정답】 ②

67. 근궤적이 s평면의 jw축과 교차할 때 폐루프의 제어계는?

① 안정하다. ② 알 수 없다.
③ 불안정하다. ④ 임계상태이다.

|정|답|및|해|설|

[폐루프의 제어] 근궤적이 허수축(jw)과 교차할 때는 특성근의 실수부 크기가 0일 때와 같고, 특성근의 실수부가 0이면 임계 안정(임계상태)이다.

【정답】 ④

68. 특성방정식 $s^3+2s^2+(k+3)s+10=0$에서 Routh의 안정도 판별법으로 판별시 안정하기 위한 k의 범위는?

① $k>2$ ② $k<2$
③ $k>1$ ④ $k<1$

|정|답|및|해|설|

[특성 방정식]
$F(s)=s^3+2s^2+(k+3)s+10=0$이므로 루드 표는

S^3	1	k+3
S^2	2	10
S^1	$\frac{2(k+3)-10}{2}$	0
S^0	10	

제1열의 요소가 모두 양수가 되어야 하므로
$\frac{2k-4}{2}>0$
그러므로 안정되기 위한 조건은 $k>2$이다.

【정답】 ①

69. 그림과 같은 신호흐름 선도에서 전달함수 $\frac{Y(s)}{X(s)}$는 무엇인가?

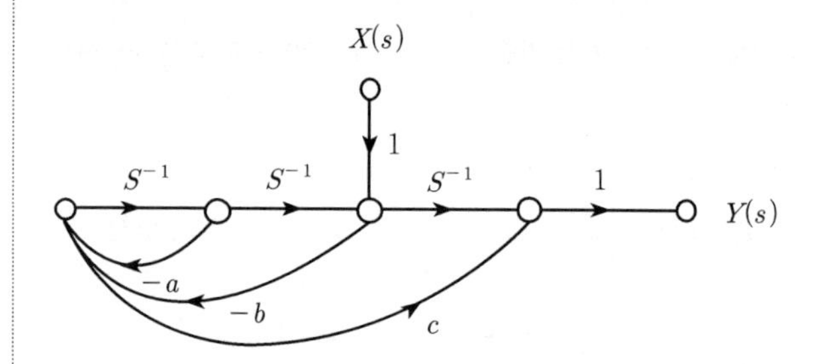

① $\frac{s+a}{s^2+as-b^2}$ ② $\frac{-bcs^2+s}{s^2+as+b}$
③ $\frac{-bcs^2+s+a}{s^2+as}$ ④ $\frac{-bcs^2+s+a}{s^2+as+b}$

|정|답|및|해|설|

[메이슨의 이득공식] $G=\frac{\sum G_i\Delta_i}{\Delta}$

$G=\frac{\sum G_i\Delta_i}{\Delta}$에서

G_i : $s^{-1}=\frac{1}{s}$ Δ_i : $1-\left(-\frac{a}{s}\right)=1+\frac{a}{s}$

$\Delta=1-\left(-\frac{a}{s}-\frac{b}{s^2}\right)=1+\frac{a}{s}+\frac{b}{s^2}$

$$\therefore \frac{X(s)}{Y(s)} = \frac{\frac{1}{s}\left(1+\frac{a}{s}\right)-bc}{1+\frac{a}{s}+\frac{b}{s^2}} = \frac{-bcs^2+s+a}{s^2+as+b}$$

【정답】 ④

70. $G(s)H(s) = \frac{2}{(s+1)(s+2)}$ 의 이득여유[dB]는?

① 20[dB]　② −20[dB]
③ 0[dB]　④ ∞[dB]

|정|답|및|해|설|

[이득여유]

$G(s)H(s) = \frac{2}{(s+1)(s+2)}$ 허수부 $s=0$에서의 크기가 1이므로, 이득 여유는

$G(s)H(s) = 20\log\frac{1}{|G(s)H(s)|} = 20\log1 = 0[dB]$

【정답】 ③

71. $R_1 = R_2 = 100[\Omega]$이며, $L_1 = 5[H]$인 회로에서 시정수는 몇 [sec] 인가?

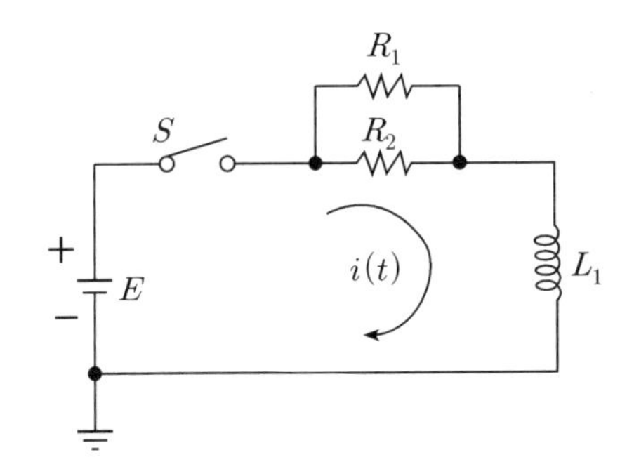

① 0.001　② 0.01
③ 0.1　④ 1

|정|답|및|해|설|

[시정수] $r = \frac{L}{R}$[sec]

여기서, L : 인덕턴스, R : 저항

회로에서 $R = \frac{100 \times 100}{100+100} = 50[\Omega]$

시정수 $r = \frac{L}{R}$　$\therefore r = \frac{5}{50} = 0.1$[sec]

【정답】 ③

72. 최대값이 10[V]인 정현파 전압이 있다. $t=0$에서의 순시값이 5[V]이고 이 순간에 전압이 증가하고 있다. 주파수가 60[Hz]일 때, $t=2[\text{ms}]$에서의 전압의 순시값[V]은?

① 10sin30°　② 10sin43.2°
③ 10sin73.2°　④ 10sin103.2°

|정|답|및|해|설|

[순시값] 순시값 $v(t) = V_m \sin(wt+\theta)$

여기서, V_m : 최대값 또는 진폭

순시값 $v = 10\sin(\omega t + 30°)$

주기 $T = \frac{1}{f} = \frac{1}{60} = 0.0167$[sec]

90도에서 시간은 0.004　180도에서 시간은 0.008

270도에서 시간은 0.012　360도에서 시간은 0.016

$t = 2[\text{ms}] = 0.002$, 약 45도 뒤의 시간

$v = 10\sin(\omega t + 30°) = 10\sin(45° + 30°) = 10\sin75°$

【정답】 ③

73. 비접지 3상 Y회로에서 전류 $I_a = 15 + j2[A]$, $I_b = -20 - j14[A]$일 경우 $I_c[A]$는?

① $5+j12$　② $-5+j12$
③ $5-j12$　④ $-5-j12$

|정|답|및|해|설|

[대칭좌표법] 영상분은 접지선, 중성선에 존재하므로

$I_0 = \frac{1}{3}(I_a + I_b + I_c) = 15 + j2 - 20 - j14 + I_c = 0$

$I_c = 5 + j12[A]$

【정답】 ①

74. 그림과 같은 회로의 구동점 임피던스 Z_{ab}는?

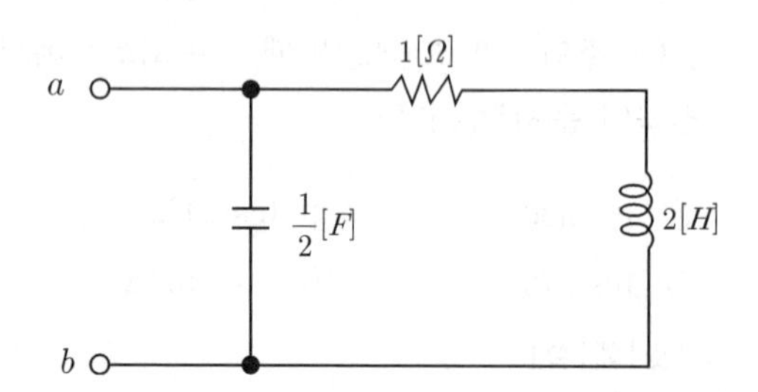

① $\dfrac{2(2s+1)}{2s^2+s+2}$ ② $\dfrac{2s+1}{2s^2+s+2}$

③ $\dfrac{2(2s-1)}{2s^2+s+2}$ ④ $\dfrac{2s^2+s+2}{2(2s+1)}$

|정|답|및|해|설|

[구동점 임피던스] 구동점 임피던스는 $j\omega$ 또는 s로 치환하여 나타낸다.

- $R \to Z_R(s) = R$
- $L \to Z_L(s) = j\omega L = sL$
- $C \to Z_c(s) = \dfrac{1}{j\omega C} = \dfrac{1}{sC}$

$$Z_{ab}(s) = \frac{(1+2s) \cdot \frac{2}{s}}{1+2s+\frac{2}{s}} = \frac{2(2s+1)}{2s^2+s+2}$$

【정답】 ①

75. 콘덴서 $C[F]$에 단위 임펄스의 전류원을 접속하여 동작시키면 콘덴서의 전압 $V_c(t)$는? 단, $u(t)$는 단위계단 함수이다.

① $V_c(t) = C$ ② $V_c(t) = Cu(t)$

③ $V_c(t) = \dfrac{1}{C}$ ④ $V_c(t) = \dfrac{1}{C}u(t)$

|정|답|및|해|설|

콘덴서에서의 전압 $V_c(t) = \dfrac{1}{C}\int i(t)dt$

라플라스 변환하면 $V_c(s) = \dfrac{1}{Cs}I(s)$

임펄스의 전류를 인가하면 $I(s) = 1$

$V_c(s) = \dfrac{1}{Cs}$

라플라스 역변환 $V_c(t) = \dfrac{1}{C}u(t)$

【정답】 ④

76. 그림과 같은 라플라스 변환은?

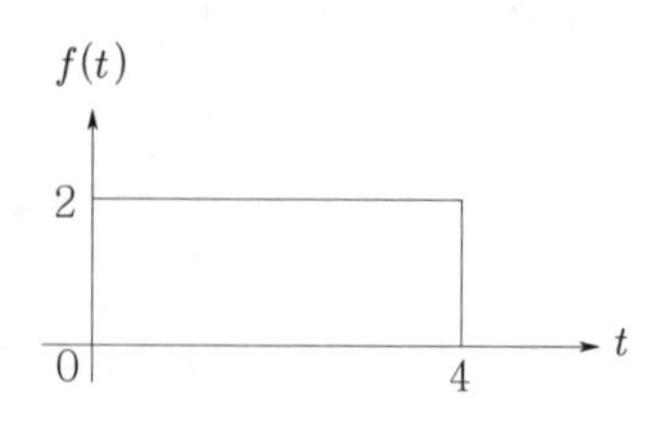

① $\dfrac{2}{S}(1-e^{4S})$ ② $\dfrac{2}{S}(1-e^{-4S})$

③ $\dfrac{4}{S}(1-e^{4S})$ ④ $\dfrac{4}{S}(1-e^{-4S})$

|정|답|및|해|설|

[라플라스 변환의 시간이동정리를 적용]

$f(t) = 2u(t) - 2u(t-4)$

$\mathcal{L}[f(t)] = \mathcal{L}[2u(t) - 2u(t-4)] = \dfrac{2}{S} - \dfrac{2}{S}e^{-4S} = \dfrac{2}{S}(1-e^{-4S})$

【정답】 ②

77. 그림과 같은 회로의 컨덕턴스 G_2에 흐르는 전류는 몇 [A] 인가?

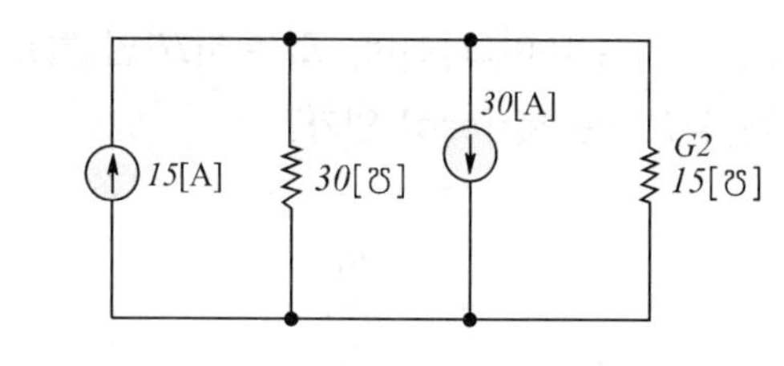

① −5 ② 5 ③ −10 ④ 10

|정|답|및|해|설|

[전류 배분의 법칙] $I_1 = I \times \dfrac{G_1}{G_1+G_2}[A]$, $I_2 = I \times \dfrac{G_2}{G_1+G_2}[A]$

전류원 두 개가 방향이 반대 이므로 컨덕턴스에는 15[A]전류가 흐르고 배분법칙에 따라 작은 컨덕턴스(G)에 작은 전류가 흐른다.

$I_2 = I \times \dfrac{G_2}{G_1+G_2} = -15 \times \dfrac{15}{30+15} = -5[A]$. $\to (G = \dfrac{1}{R})$

【정답】 ①

78. 분포정수 전송회로에 대한 설명이 아닌 것은?

① $\dfrac{R}{L} = \dfrac{G}{C}$인 회로를 무왜형 회로라 한다.

② $R = G = 0$인 회로를 무손실 회로라 한다.

③ 무손실 회로와 무왜형 회로의 감쇠정수는 $\sqrt{RG}$ 이다.

④ 무손실 회로와 무왜형 회로에서의 위상속도는 $\frac{1}{\sqrt{LC}}$ 이다.

|정|답|및|해|설|

[무손실 선로 (손실이 없는 선로)]

· 조건이 $R=0$, $G=0$인 선로

· $\alpha=0$, $\beta=\omega\sqrt{LC}$ → (α : 감쇄정수, β : 위상정수)

· 전파속도 $v=\frac{\omega}{\beta}=\frac{\omega}{\omega\sqrt{LC}}=\frac{1}{\sqrt{LC}}$ [m/sec]

[무왜형 선로(파형의 일그러짐이 없는 회로)]

· 조건 $\frac{R}{L}=\frac{G}{C}$ → $LG=RC$

· $\alpha=\sqrt{RG}$, $\beta=\omega\sqrt{LC}$

· 전파속도 $v=\frac{\omega}{\beta}=\frac{\omega}{w\sqrt{LC}}=\frac{1}{\sqrt{LC}}$ [m/sec]　【정답】 ③

79. 다음 회로에서 절점 a와 절점 b의 전압이 같은 조건은?

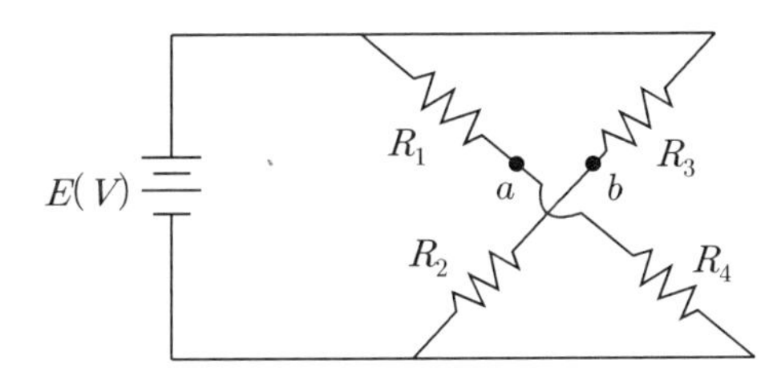

① $R_1R_3=R_2R_4$　② $R_1R_2=R_3R_4$

③ $R_1+R_3=R_2+R_4$　④ $R_1+R_2=R_3+R_4$

|정|답|및|해|설|

[브리지 회로의 평형 조건] 서로 마주보는 대각으로의 곱이 같으면 회로가 평형이다. 즉, $R_1R_2=R_3R_4$　【정답】 ②

80. 그림과 같은 파형의 파고율은?

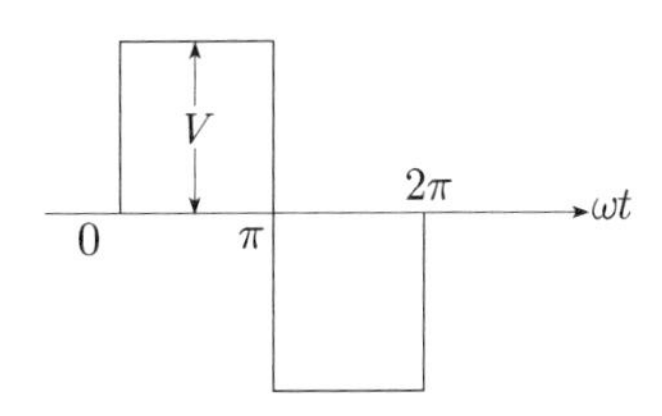

① 1　② 2

③ $\sqrt{2}$　④ $\sqrt{3}$

|정|답|및|해|설|

[구형파 전파의 파고율과 파형률] 구형파 전파의 경우는 파형률 파고율이 모두 1이다.

구형파의 파고율 $=\frac{최대값}{실효값}=\frac{V_m}{V_m}=1$

구형파의 파형율 $=\frac{실효값}{평균값}=\frac{V_m}{V_m}=1$

[구형파 반파의 파고율과 파형률]

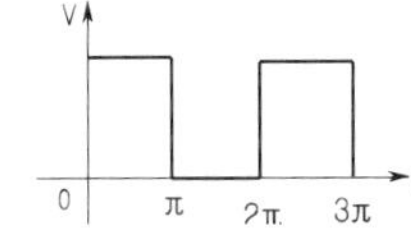

실효값 $\frac{V_m}{\sqrt{2}}$, 평균값 $\frac{V_m}{2}$ 이므로

파형률 $=\frac{실효값}{평균값}=\frac{\frac{V_m}{\sqrt{2}}}{\frac{V_m}{2}}=\frac{2}{\sqrt{2}}=\sqrt{2}=1.414$

파고율 $=\frac{최대값}{실효값}=\frac{V_m}{\frac{V_m}{\sqrt{2}}}=\sqrt{2}=1.414$　【정답】 ①

61. 기준 입력과 주궤환량과의 차로서, 제어계의 동작을 일으키는 원인이 되는 신호는?

① 조작신호　② 동작신호

③ 주궤환 신호　④ 기준입력신호

|정|답|및|해|설|

[동작 신호]

동작 신호는 기준 입력과 주궤환량과의 차로, 제어 동작을 일으키는 신호로 편차라고도 한다.

【정답】 ②

62. 폐루프 전달함수 C(s)/R(s)가 다음과 같은 2차 제어계에 대한 설명 중 잘못된 것은?

$$\frac{C(s)}{R(s)} = \frac{\omega_n^2}{s^2 + 2\delta\omega_n s + \omega_n^2}$$

① 최대 오버슈트는 $e^{-\pi\delta/\sqrt{1-\delta^2}}$ 이다.

② 이 폐루프계의 특성방정식은 $s^2 + 2\omega_n s + \omega_n^2 = 0$ 이다.

③ 이 계는 $\delta = 0.1$일 때 부족 제동된 상태에 있게 된다.

④ δ값을 작게 할수록 제동은 많이 걸리게 되니 비교 안정도는 향상된다.

|정|답|및|해|설|

[제동비(δ)]

$\delta > 1$: 과제동 비진동

$0 < \delta < 1$: 부족제동 감쇠진동

$\delta = 0$: 무제동

δ=1 : 임계제동

δ가 클수록 제동이 크고 안정도가 향상된다.

【정답】 ④

63. 3차인 이산치 시스템의 특성 방정식의 근이 -0.3, -0.2, +0.5로 주어져 있다. 이 시스템의 안정도는?

① 이 시스템은 안정한 시스템이다.

② 이 시스템은 불안정한 시스템이다.

③ 이 시스템은 임계 안정한 시스템이다.

④ 위 정보로서는 이 시스템의 안정도를 알 수 없다.

|정|답|및|해|설|

[z평면의 안정도]

- s평면의 좌반면 : z평면상에서는 단위원의 내부에 사상(안정)
- s평면의 우반면 : z평면상에서는 단위원의 외부에 사상(불안정)
- s평면의 허수축 : z평면상에서는 단위원의 원주상에 사상(임계)

이산치 시스템에서 z 변환 특성 방정식의 근의 위치(−0.3, −0.2, +0.5)는 모두 원점을 중심으로 z 평면의 단위인 내부에 존재하므로 안정한 시스템이다.

【정답】 ①

64. 다음의 특성방정식을 Routh-Hurwitz 방법으로 안정도를 판별하고자 한다. 이때 안정도를 판별하기 위하여 가장 잘 해석한 것은 어느 것인가?

$$q(s) = s^5 + 2s^4 + 2s^3 + 4s^2 + 11s + 10$$

① s평면의 우반면에 근은 없으나 불안정하다.

② s평면의 우반면에 근이 1개 존재하여 불안정하다.

③ s평면의 우반면에 근이 2개 존재하여 불안정하다.

④ s평면의 우반면에 근이 3개 존재하여 불안정하다.

|정|답|및|해|설|

[특정 방정식] $q(s) = s^5 + 2s^4 + 2s^3 + 4s^2 + 11s + 10$

루드 표는 다음과 같다.

s^5	1	2	11
s^4	2	4	10
s^3	ϵ	6	
s^2	$\frac{4\epsilon - 12}{\epsilon}$	10	
s^1	$\frac{24\epsilon - 72 - 10\epsilon^2}{4\epsilon - 12}$		
s^0	10		

ϵ은 양수, $\frac{4\epsilon - 12}{\epsilon}$은 음수, $\frac{24\epsilon - 72 - 10\epsilon^2}{4\epsilon - 12}$은 양수

1열의 부호변화가 2번 있으므로 불안정

우반면의 2개의 극점이 존재

【정답】 ③

65. 전달함수 $G(s)H(s) = \frac{K(s+1)}{s(s+2)(s+3)}$ 에서 근궤적의 수는?

① 1 ② 2

③ 3 ④ 4

|정|답|및|해|설|

[근궤적의 수] $z > p$이면 $N = z$이고, $z < p$이면 $N = p$가 된다.

문제에서 $p = 3$, $z = 1$이므로 $N = p$, $\therefore N = 3$

【정답】 ③

66. 다음의 미분 방정식을 신호 흐름 선도에 바르게 나타낸 것은? (단, c(t)=$X_1(t)$, $X_2(t) = \frac{d}{dt}X_1(t)$로 표시한다)

$$2\frac{dc(t)}{dt} + 5c(t) = r(t)$$

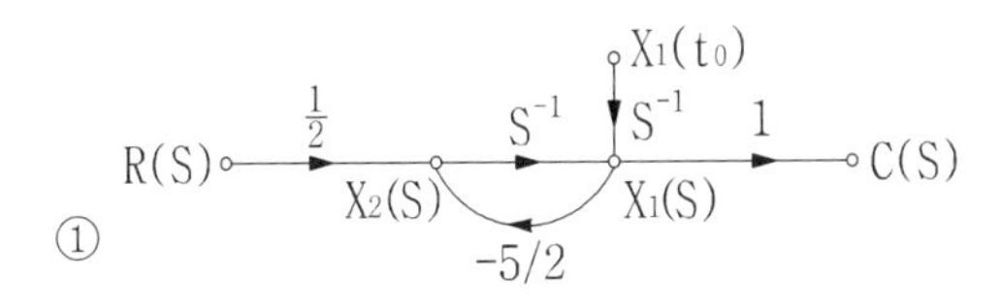

①

②

③

④

|정|답|및|해|설|

[신호 흐름 선도]

$\frac{d}{dt}c(t) = \frac{d}{dt}x_1(t) = x_2(t)$ ....①

방정식을 다음과 같이 변형할수 있다.

$\frac{d}{dt}c(t) = -\frac{5}{2}c(t) + \frac{1}{2}r(t)$

$x_2(t) = -\frac{5}{2}x_1(t) + \frac{1}{2}r(t)$ ....②

식 ①을 적분하면

$x_1(t) = \int_{t_0}^{t} x_2(\tau)d\tau + x_1(t_0)$ ....③

식 ②, ③을 라플라스 변환하면

$X_2(s) = -\frac{5}{2}X_1(s) + \frac{1}{2}R(s)$ ....④

$X_1(s) = -\frac{X_2(s)}{s} + \frac{x_1(t_0)}{s}$ ....⑤

식 ④, ⑤를 신호 흐름 선도로 변환하면 그림 (a), (b)와 같다.
위의 두 선도를 합성하면 그림 (c)가 된다.

(a)

(b)

(c)

【정답】 ①

67. 다음 블록선도의 전제 전달함수가 1이 되기 위한 조건은?

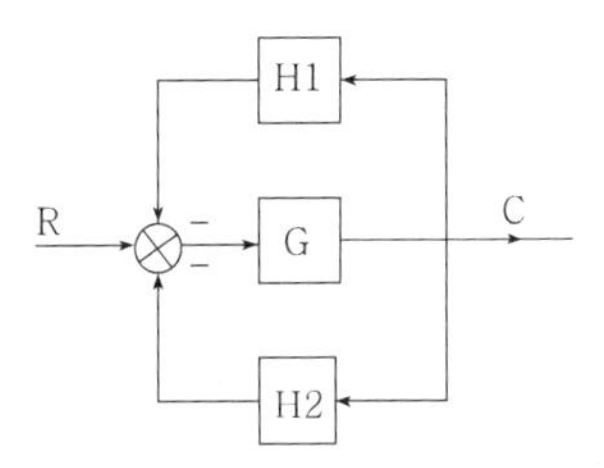

① $G = \frac{1}{1 - H_1 - H_2}$　② $G = \frac{1}{1 + H_1 + H_2}$

③ $G = \frac{-1}{1 - H_1 - H_2}$　④ $G = \frac{-1}{1 + H_1 + H_2}$

|정|답|및|해|설|

[전달함수] $\frac{C(s)}{R(s)} = \frac{G}{1-(-H_1G - H_2G)} = \frac{G}{1 + H_1G + H_2G} = 1$

$G = 1 + H_1G + H_2G,\quad G(1 - H_1 - H_2) = 1$

$\therefore G = \frac{1}{1 - H_1 - H_2}$

【정답】 ①

68. 특성방정식의 모든 근이 s복소평면의 좌반면에 있으면 이 계는 어떠한가?

① 안정　② 준안정

③ 불안정　④ 조건부안정

|정|답|및|해|설|

[특성방정식의 근의 위치에 따른 안정도]

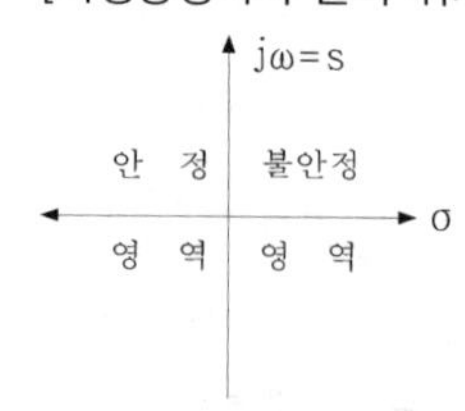

① 제어계의 안정조건 : 특성방정식의 근이 모두 s 평면 좌반부에 존재하여야 한다.

② 불안정 상태 : 특성방정식의 근이 모두 s 평면 우반부에 존재하여야 한다.

③ 임계 상태 : 허수축

【정답】 ①

69. 그림의 회로는 어느 게이트(Gate)에 해당하는가?

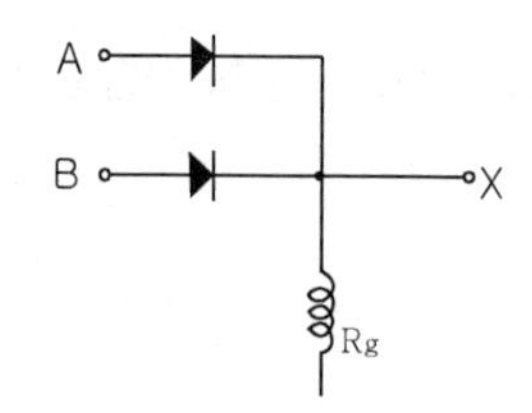

① OR ② AND

③ NOT ④ NOR

|정|답|및|해|설|

[OR gate의 논리 심벌 및 진리표]

OR gate의 논리 심벌 및 진리표는 다음과 같다.

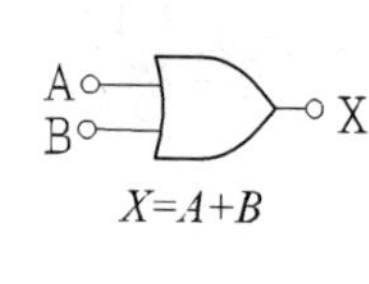

A	B	X
0	0	0
0	1	1
1	0	1
1	1	1

【정답】 ①

70. 전달함수가 $G(s)=\dfrac{Y(s)}{X(s)}=\dfrac{1}{s^2(s+1)}$ 로 주어진 시스템의 단위 임펄스 응답은?

① $y(t)=1-t+e^{-t}$ ② $y(t)=1+t+e^{-t}$

③ $y(t)=t-1+e^{-t}$ ④ $y(t)=t-1-e^{-t}$

|정|답|및|해|설|

[임펄스 응답] $r(t)=\delta(t)$

출력 $C(s)=G(s)R(s)$, $R(s)=1$, $C(s)=G(s)$

$\therefore C(t)=\mathcal{L}^{-1}[C(s)]=\mathcal{L}^{-1}[G(s)]$

$$G(s)=\frac{1}{s^2(s+1)}=\frac{k_1}{s^2}+\frac{k_2}{s}+\frac{k_3}{s+1}$$

$$k_1=\lim_{s\to 0}s^2\cdot F(s)=\left[\frac{1}{s+1}\right]_{s=0}=1$$

$$k_2=\lim_{s\to 0}\frac{d}{ds}\left(\frac{1}{s+1}\right)=\left[\frac{-1}{(s+1)^2}\right]_{s=0}=-1$$

$$k_3=\lim_{s\to -1}(s+1)\cdot F(s)=\left[\frac{1}{s^2}\right]_{s=-1}=1$$

$$G(s)=\frac{1}{s^2}-\frac{1}{s}+\frac{1}{s+1}$$

그러므로 $C(t)=\mathcal{L}^{-1}[G(s)]=t-1+e^{-t}$

【정답】 ③

71. 다음과 같은 회로망에서 영상파라미터(영상전달정수) θ는?

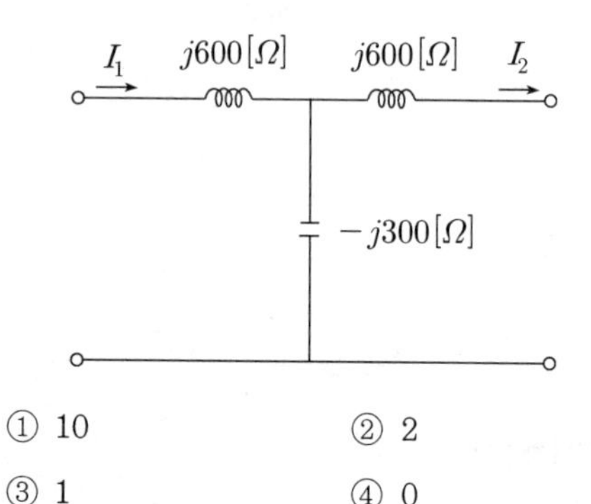

① 10 ② 2

③ 1 ④ 0

|정|답|및|해|설|

[4단자 정수] $\begin{bmatrix}A & B\\ C & D\end{bmatrix}=\begin{bmatrix}1 & j6000\\ 0 & 1\end{bmatrix}\begin{bmatrix}1 & 0\\ -\dfrac{1}{j300} & 1\end{bmatrix}\begin{bmatrix}1 & j600\\ 0 & 1\end{bmatrix}$

$$=\begin{bmatrix}-1 & 0\\ \dfrac{1}{j300} & -1\end{bmatrix}$$

$\therefore \theta=\cosh^{-1}\sqrt{AD}=\cosh^{-1}1=0$

【정답】 ④

72. △결선된 대칭 3상 부하가 있다. 역률이 0.8(지상)이고, 소비전력이 1,800[W]이다. 선로 저항이 0.5[Ω]에서 발생하는 선로손실이 50[W]이면 부하단자전압[V]은?

① 627[V] ② 525[V]

③ 326[V] ④ 225[V]

|정|답|및|해|설|

[전선로 손실] $P_l = 3I^2R = 50[W]$

선로에 흐르는 전류를 구하면

$I = \sqrt{\frac{P_l}{3R}} = \sqrt{\frac{50}{30\times 0.5}} = 5.77[A]$

[소비 전력] $P = \sqrt{3}\ VI\cos\theta$에서

부하 단자전압 $V = \frac{P}{\sqrt{3}\,I\cos\theta} = \frac{1800}{\sqrt{3}\times 5.77\times 0.8} = 225[V]$

【정답】 ④

73. $E = 40 + j30[V]$의 전압을 가하면 $I = 30 + j10[A]$의 전류가 흐르는 회로의 역률은?

① 0.949　　② 0.831

③ 0.764　　④ 0.651

|정|답|및|해|설|

[피상전력] $P_a = VI$

[역률] $\cos\theta = \frac{P}{P_a}$

여기서, P : 유효전력, P_a : 피상전력

$P_a = VI = (40 - j30)(30 + j10) = 1500 - j500$

$\therefore \cos\theta = \frac{P}{P_a} = \frac{1500}{\sqrt{1500^2 + 500^2}} = 0.949$

【정답】 ①

74. 그림과 같은 회로에서 스위치 S를 닫았을 때, 과도분을 포함하지 않기 위한 $R[\Omega]$은?

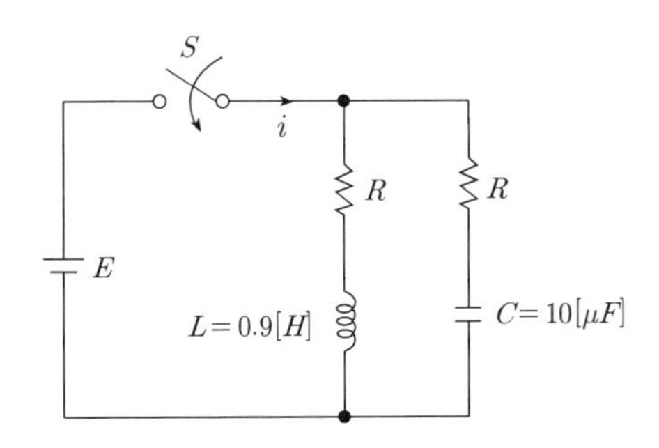

① 100　　② 200

③ 300　　④ 400

|정|답|및|해|설|

과도현상이 발생되지 않기 위한 조건은 정저항 조건을 만족하면 된다. 그러므로 $R^2 = \frac{L}{C}$이다.

$\therefore R = \sqrt{\frac{L}{C}} = \sqrt{\frac{0.9}{10\times 10^{-6}}} = 300[\Omega]$

【정답】 ③

75. 분포정수회로에서 직렬임피던스를 Z, 병렬어드미턴스를 Y라 할 때, 선로의 특성임피던스 Z_0는?

① ZY　　② $\sqrt{ZY}$

③ $\sqrt{\frac{Y}{Z}}$　　④ $\sqrt{\frac{Z}{Y}}$

|정|답|및|해|설|

[특성임피던스] $Z_0 = \sqrt{\frac{Z}{Y}} = \sqrt{\frac{R + j\omega L}{G + j\omega C}}$

【정답】 ④

76. 다음과 같은 회로의 공진 시 어드미턴스는?

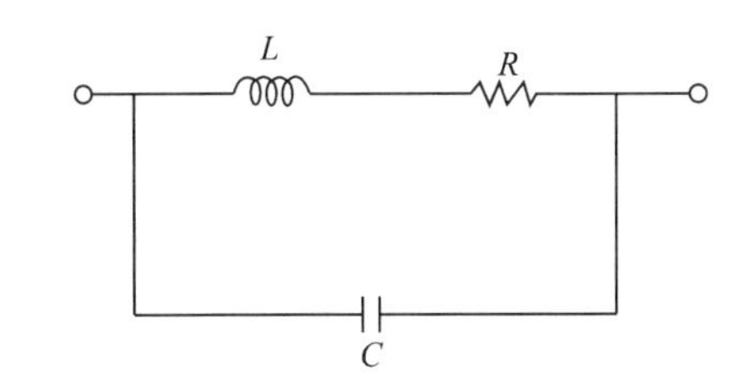

① $\frac{RL}{C}$　　② $\frac{RC}{L}$

③ $\frac{L}{RC}$　　④ $\frac{R}{LC}$

|정|답|및|해|설|

[합성어드미턴스] $Y = Y_1 + Y_2 = \frac{1}{R + j\omega L} + j\omega C$

$= \frac{R}{R^2 + (\omega L)^2} + j\left(\omega C - \frac{\omega L}{R^2 + (\omega L)^2}\right)$

병렬공진 조건인 어드미턴스의 허수부의 값이 0이 되어야 하므로

$\omega C - \frac{\omega L}{R^2 + (\omega L)^2} = 0,\ \omega C = \frac{\omega L}{R^2 + (\omega L)^2}$

따라서 $R^2 + \omega^2 L^2 = \frac{L}{C}$

공진 시 어드미턴스는 $Y = \frac{R}{R^2 + \omega^2 L^2}$

$R^2 + \omega^2 L^2 = \frac{L}{C}$를 대입 $Y_r = \frac{R}{R^2 + \omega^2 L^2} = \frac{R}{\frac{L}{C}} = \frac{RC}{L}$

【정답】 ②

77. 그림과 같은 회로에서 전류 $I[A]$는?

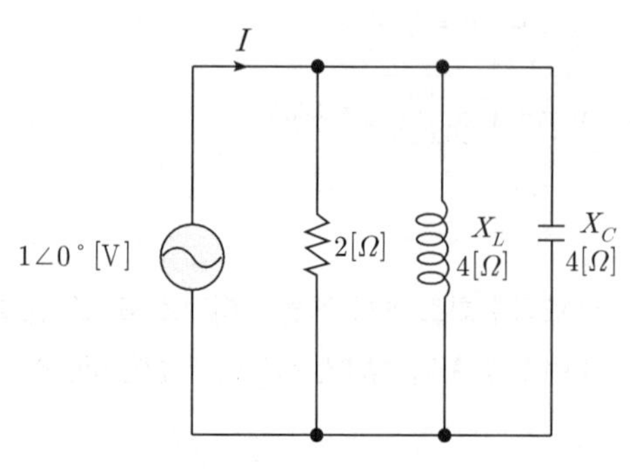

① 0.2 ② 0.5
③ 0.7 ④ 0.9

|정|답|및|해|설|

저항 2[Ω]에 흐르는 전류 $I_R = \frac{1\angle 0^\circ}{2} = 0.5[A]$

인덕턴스 4[Ω]에 흐르는 전류 $I_L = \frac{1\angle 0^\circ}{j4} = -j0.25[A]$

콘덴서 4[Ω]에 흐르는 전류 $I_C = \frac{1\angle 0^\circ}{-j4} = j0.25[A]$

전체 전류 $I = I_R + I_L + I_C = 0.5 - j0.25 + j0.25 = 0.5[A]$

【정답】 ②

78. $F(s) = \frac{s+1}{s^2+2s}$로 주어졌을 때 $F(s)$의 역변환은?

① $\frac{1}{2}(1+e^{t})$ ② $\frac{1}{2}(1+e^{-2t})$
③ $\frac{1}{2}(1-e^{-t})$ ④ $\frac{1}{2}(1-e^{-2t})$

|정|답|및|해|설|

[라플라스 역변환]

$F(s) = \frac{s+1}{s^2+2s}$를 라플라스 역변환하면

$F(s) = \frac{s+1}{s^2+2s} = \frac{s+1}{s(s+2)} = \frac{k_1}{s} + \frac{k_2}{s+2}$

$k_1 = \lim_{s\to 0} s \cdot F(s) = \left[\frac{s+1}{s+2}\right]_{s=0} = \frac{1}{2}$

$k_2 = \lim_{s\to -2} (s+2) \cdot F(s) = \left[\frac{s+1}{s}\right]_{s=-2} = \frac{1}{2}$

$F(s) = \frac{1}{2}\frac{1}{s} + \frac{1}{2}\frac{1}{s+2} = \frac{1}{2}\left(\frac{1}{s} + \frac{1}{s+2}\right)$

라플라스 역변환하면

$\therefore f(t) = \mathcal{L}^{-1}[F(s)] = \frac{1}{2}(1+e^{-2t})$ 【정답】 ②

79. $e(t) = 100\sqrt{2}\sin\omega t + 150\sqrt{2}\sin\omega t + 200\sqrt{2}\sin 5\omega t[V]$인 전압을 $R-L$ 직렬회로에 가할 때에 제5고조파 전류의 실효값은 약 몇 [A]인가? 단, $R = 12[\Omega]$, $\omega L = 1[\Omega]$이다.

① 10 ② 15
③ 20 ④ 25

|정|답|및|해|설|

[제5고조파에 의하여 흐르는 전류의 실효값]

제5고조파에 대한 임피던스 $Z_5 = R + j5\omega L = 12 + j5$

$I_5 = \frac{V_5}{Z_5} = \frac{V_5}{\sqrt{R^2 + (5\omega L)^2}} = \frac{260}{\sqrt{12^2+5^2}} = 20[A]$

【정답】 ③

80. 그림과 같은 파형의 전압 순시값은?

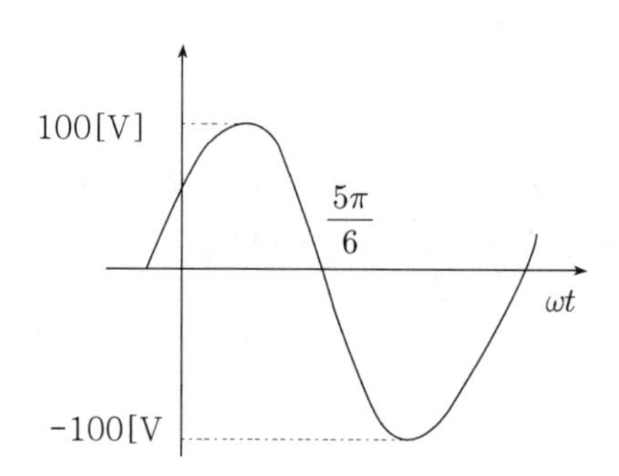

① $100\sin\left(\omega t + \frac{\pi}{6}\right)$

② $100\sqrt{2}\sin\left(\omega t + \frac{\pi}{6}\right)$

③ $100\sin\left(\omega t - \frac{\pi}{6}\right)$

④ $100\sqrt{2}\sin\left(\omega t - \frac{\pi}{6}\right)$

|정|답|및|해|설|

[파형의 전압 순시값] $v = V_m \sin(\omega t + \theta)$

파형을 보면, 최대값 : 100[V]

위상이 앞서는 파형으로 $\theta = \pi - \frac{5\pi}{6} = \frac{\pi}{6}$ 앞선다.

$v = V_m\sin(\omega t + \theta)$에서 $v = 100\sin\left(\omega t + \frac{\pi}{6}\right)$

【정답】 ①

61. 다음 블록선도의 전달함수는?

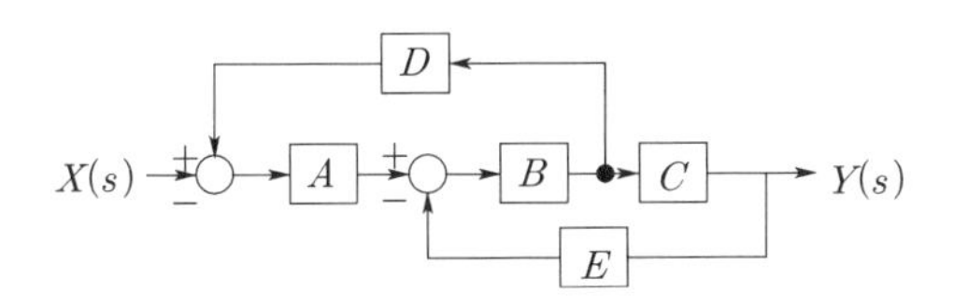

① $\frac{Y(s)}{X(s)} = \frac{ABC}{1+BCD+ABE}$

② $\frac{Y(s)}{X(s)} = \frac{ABC}{1+BCD+ABD}$

③ $\frac{Y(s)}{X(s)} = \frac{ABC}{1+BCE+ABD}$

④ $\frac{Y(s)}{X(s)} = \frac{ABC}{1+BCE+ABE}$

|정|답|및|해|설|

[블록선도의 전달함수] $G(s) = \frac{\sum G}{1-\sum L_1 + \sum L_2 + \cdots}$

L_1 : 각각의 모든 페루프 이득의 합($-ABD$)

L_2 : 서로 접촉하지 않는 2개의 폐루프 이득의 곱의 합($-BCE$)

$\sum G$: 각각의 전향 경로의 합(ABC)

$$G(s) = \frac{\sum G}{1-\sum L_1 + \sum L_2 + \cdots} = \frac{ABC}{1-(-ABD-BCE)} = \frac{ABC}{1+ABD+BCE}$$

【정답】 ③

62. 주파수 특성의 정수 중 대역폭이 좁으면 좁을수록 이때의 응답속도는 어떻게 되는가?

① 빨라진다.

② 늦어진다.

③ 빨라졌다 늦어진다.

④ 늦어졌다 빨라진다.

|정|답|및|해|설|

[대역폭] 대역폭은 크기가 $0.707M_0$ 또는 $(20\log M_0 - 3)$[dB]에서의 주파수로 정의한다(여기서, M_0 : 영 주파수에서의 이득).

·대역폭이 넓으면 넓을수록 응답 속도가 빠르다.

·대역폭이 좁으면 좁을수록 응답 속도가 늦어진다.

【정답】 ②

63. 다음의 논리회로가 나타내는 식은?

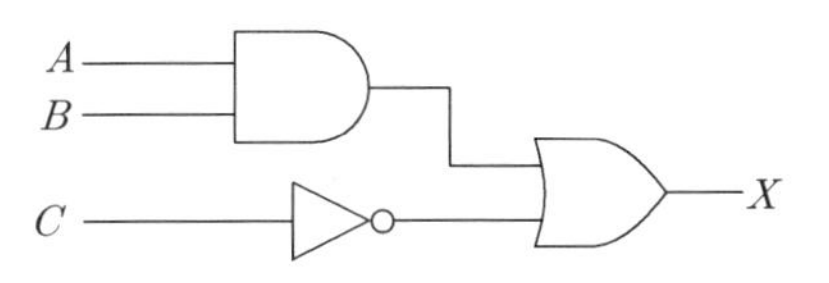

① $X=(A \cdot B)+\overline{C}$ ② $X=\overline{(A \cdot B)}+C$

③ $X=\overline{(A+B)} \cdot C$ ④ $X=(A+B) \cdot \overline{C}$

|정|답|및|해|설|

[논리 게이트]

·AND gate : 직렬회로 논리곱으로 표현하며, $X=AB$

·OR gate : 병렬회로 논리합으로 표현, $X=A+B$

·NOT gate : bar(−)로 표현, $X=\overline{A}$

$X=(AB)+\overline{C}$

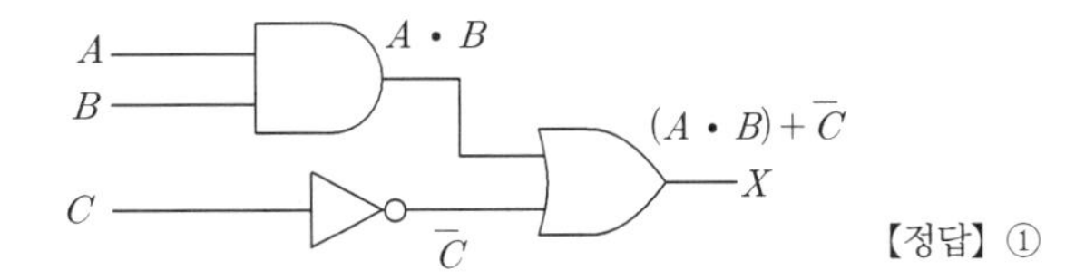

【정답】 ①

64. 그림과 같은 요소는 제어계의 어떤 요소인가?

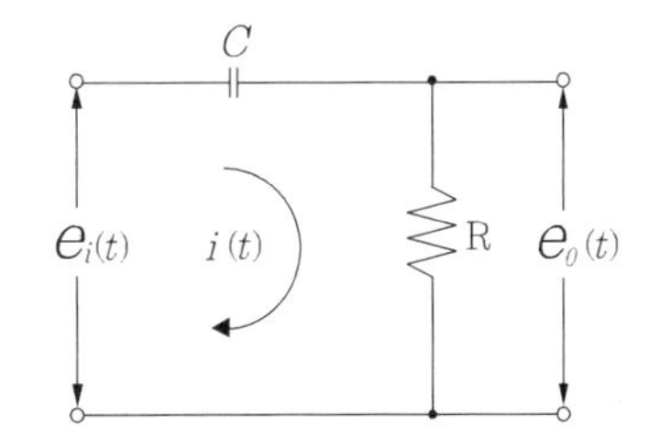

① 적분 요소

② 미분 요소

③ 1차 지연 요소

④ 1차 지연 미분 요소

|정|답|및|해|설|

[전달함수] $G(s) = \frac{E_0(s)}{E_i(s)} = \frac{R}{\frac{1}{Cs}+R} = \frac{RCs}{1+RCs}$

$= \frac{Ts}{1+Ts}$ ($T=RC$이므로)

여기서, K : 비례 요소, Ks : 미분 요소, $\frac{K}{s}$: 적분 요소

$\frac{K}{Ts+1}$: 1차 지연 요소

그러므로 1차 지연 요소를 포함한 미분 요소이다.

【정답】 ④

65. 상태 방정식으로 표시되는 제어계의 천이 행렬 $\varnothing(t)$는?

$$X = \begin{bmatrix} 0 & 1 \\ 0 & 0 \end{bmatrix} X + \begin{bmatrix} 0 \\ 1 \end{bmatrix} u$$

① $\begin{bmatrix} 0 & t \\ 1 & 1 \end{bmatrix}$ ② $\begin{bmatrix} 1 & 1 \\ 0 & t \end{bmatrix}$

③ $\begin{bmatrix} 1 & t \\ 0 & 1 \end{bmatrix}$ ④ $\begin{bmatrix} 0 & t \\ 1 & 0 \end{bmatrix}$

|정|답|및|해|설|

[천이행렬]

$\varnothing(t) = \mathcal{L}^{-1}[(sI-A)^{-1}]$

$[sI-A] = \begin{bmatrix} s & 0 \\ 0 & s \end{bmatrix} - \begin{bmatrix} 0 & 1 \\ 0 & 0 \end{bmatrix} = \begin{bmatrix} s & -1 \\ 0 & s \end{bmatrix}$

$\varnothing(s) = [sI-A]^{-1} = \dfrac{1}{\begin{bmatrix} s & -1 \\ 0 & s \end{bmatrix}} \begin{bmatrix} s & 1 \\ 0 & s \end{bmatrix} = \begin{bmatrix} \frac{1}{s} & \frac{1}{s^2} \\ 0 & \frac{1}{s} \end{bmatrix}$

$\therefore \varnothing(t) = \mathcal{L}^{-1}[sI-A]^{-1} = \mathcal{L}^{-1} \begin{bmatrix} \frac{1}{s} & \frac{1}{s^2} \\ 0 & \frac{1}{s} \end{bmatrix} = \begin{bmatrix} 1 & t \\ 0 & 1 \end{bmatrix}$

【정답】 ③

66. 제어장치가 제어대상에 가하는 제어신호로 제어장치의 출력인 동시에 제어대상의 입력인 신호는?

① 목표값 ② 조작량

③ 제어량 ④ 동작신호

|정|답|및|해|설|

[피드팩 제어 시스템]

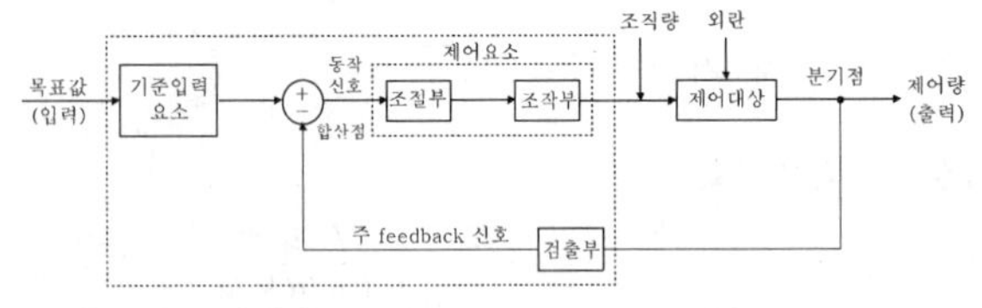

① 목표값 : 입력값

② 기준입력요소(설정부) : 목표값에 비례하는 기준 입력 신호 발생

③ 동작 신호 : 제어 동작을 일으키는 신호, 편차라고도 한다.

④ 제어 요소 : 동작신호를 조작량으로 변환하는 요소, 조절부와 조작부로 구성

⑤ 조작량 : 제어 요소의 출력신호, 제어 대상의 입력신호

⑥ 제어량 : 제어를 받는 제어계의 출력, 제어 대상에 속하는 양

【정답】 ②

67. 제어기에서 적분제어의 영향으로 가장 적합한 것은?

① 대역폭이 증가한다.

② 응답 속응성을 개선시킨다.

③ 작동오차의 변화율에 반응하여 동작한다.

④ 정상상태의 오차를 줄이는 효과를 갖는다.

|정|답|및|해|설|

[연속 제어]

・비례제어 : 사이클링은 없으나 잔류 편차(off set) 발생

・적분제어 : 잔류 편차 제거, 정상상태 개선

【정답】 ④

68. $G(j\omega) = \dfrac{1}{j\omega T + 1}$ 의 크기와 위상각은?

① $G(j\omega) = \sqrt{\omega^2 T^2 + 1} \angle \tan^{-1}\omega T$

② $G(j\omega) = \sqrt{\omega^2 T^2 + 1} \angle -\tan^{-1}\omega T$

③ $G(j\omega) = \dfrac{1}{\sqrt{\omega^2 T^2 + 1}} \angle \tan^{-1}\omega T$

④ $G(j\omega) = \dfrac{1}{\sqrt{\omega^2 T^2 + 1}} \angle -\tan^{-1}\omega T$

|정|답|및|해|설|

$G(j\omega) = \dfrac{1}{1 + j\omega T}$

・크기 : $|G(j\omega)| = \left| \dfrac{1}{1 + j\omega T} \right| = \dfrac{1}{\sqrt{1 + (\omega T)^2}}$

・위상각 : $\theta = -\tan^{-1}\dfrac{\omega T}{1} = -\tan^{-1}\omega T$ 【정답】 ④

69. Routh 안정판별표에서 수열의 제1열이 다음과 같을 때 이 계통의 특성 방정식에 양의 실수부를 갖는 근이 몇 개인가?

1
2
-1
3
1

① 전혀 없다. ② 1개 있다.

③ 2개 있다. ④ 3개 있다.

|정|답|및|해|설|

[Routh 안정판별표] 루드표를 작성할 때 제 1열 요소의 부호 변환은 s평면의 우반면에 존재하는 근의 수를 나타낸다.

제1열의 2에서 -1과 -1에서 3으로 부호변화가 2번 있으므로 양의 실수를 (우반면에) 갖는 근은 2개 이다.

【정답】 ③

70. 특정 방정식 $S^5+2S^4+2S^3+3S^2+4S+1$을 Routh-Hurwitz 판별법으로 분석한 결과이다. 옳은 것은 ?

① s-평면의 우반면에 근이 존재하지 않기 때문에 안정한 시스템이다.

② s-평면의 우반면에 근이 1개 존재하기 때문에 불안정한 시스템이다.

③ s-평면의 우반면에 근이 2개 존재하기 때문에 불안정한 시스템이다.

④ s-평면의 우반면에 근이 3개 존재하기 때문에 불안정한 시스템이다.

|정|답|및|해|설|

[루드 표]

S^5	1	2	4
S^4	2	3	1
S^3	0.5	3.5	
S^2	−11	1	
S^1	3.55	0	
S^0	1		

루드표에서 제1열의 부호가 2번 변하므로(0.5에서 -11로, −11에서 3.55로) s평면의 우반면에 불안정한 근이 2개가 존재하는 불안정 시스템이다.

【정답】 ③

71. 회로에서 전류 방향을 옳게 나타낸 것은?

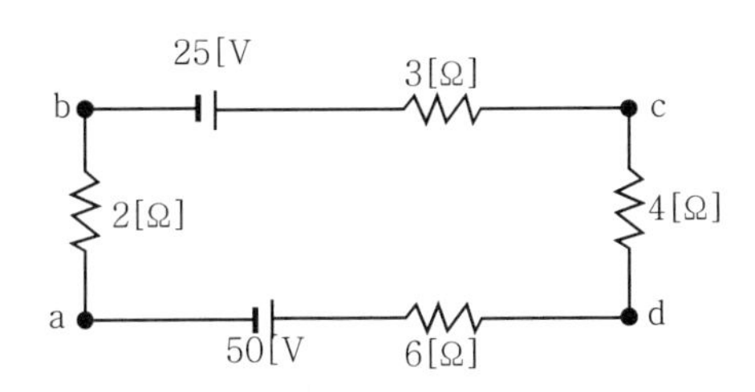

① 알 수 없다. ② 시계방향이다.

③ 흐르지 않는다. ④ 반시계방향이다.

|정|답|및|해|설|

직류 전원이 직렬로 연결되어 있는 경우에는 큰 전원에서 작은 전원 쪽으로 전류가 흐른다.

그러므로 반시계 방향($d \to c \to b \to a$)으로 전류가 흐른다.

【정답】 ④

72. 입력신호 $x(t)$ 출력신호 $y(t)$의 관계가 다음과 같을 때 전달함수는?

$$\frac{d^2y(t)}{dt^2}+5\frac{dy(t)}{dt}+6y(t)=x(t)$$

① $\frac{1}{(s+2)(s+3)}$ ② $\frac{s+1}{(s+2)(s+3)}$

③ $\frac{s+4}{(s+2)(s+3)}$ ④ $\frac{s}{(s+2)(s+3)}$

|정|답|및|해|설|

[전달함수]

$\frac{d^2y(t)}{dt^2}+5\frac{dy(t)}{dt}+6y(t)=x(t)$에서

모든 초기치를 0으로 하고 라플라스 변환하면

$s^2Y(s)+5sY(s)+6Y(s)=X(s)$

$(s^2+5s+6)Y(s)=X(s)$

$G(s)=\frac{Y(s)}{X(s)}=\frac{1}{s^2+5s+6}=\frac{1}{(s+2)(s+3)}$

【정답】 ①

73. 회로에서 10[mH]의 인덕턴스에 흐르는 전류는 일반적으로 $i(t)=A+Be^{-at}$로 표시된다. a의 일반 값은?

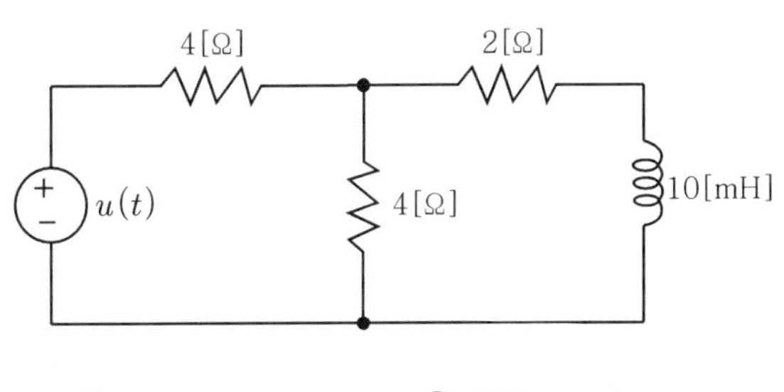

① 100 ② 200

③ 400 ④ 500

|정|답|및|해|설|

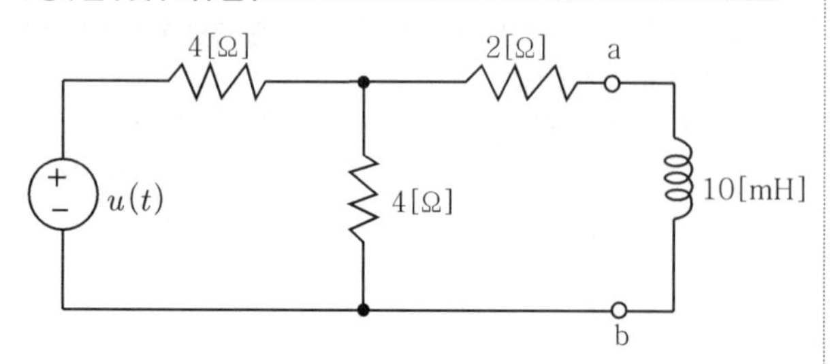

[개방전압] $V_{ab}=\dfrac{u(t)}{4+4}\times 4=0.5u(t)$

[테브난 등가저항] $R=\dfrac{4\times 4}{4+4}+2=4[\Omega]$

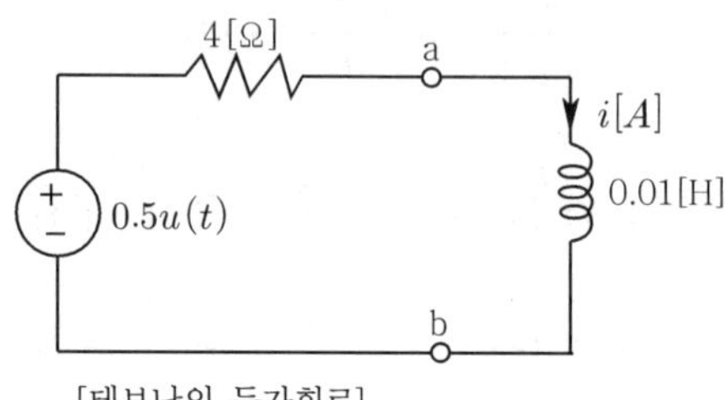

[테브난의 등가회로]

$i(t)=\dfrac{E}{R}\left(1-e^{-\frac{R}{L}t}\right)=\dfrac{0.5}{4}(1-e^{-\frac{4}{0.01}t})=0.125(1-e^{-400t})$

그러므로 $\alpha=\dfrac{R}{L}=400$ 【정답】 ③

74. $R-L$ 직렬 회로에 $e=100\sin(120\pi t)[V]$의 전원을 연결하여 $I=2\sin(120\pi t-45^\circ)[A]$의 전류가 흐르도록 하려면 저항은 몇 $[\Omega]$인가?

① 25.0 ② 35.4

③ 50.0 ④ 70.7

|정|답|및|해|설|

임피던스 $Z=\dfrac{E}{I}=\dfrac{\frac{100}{\sqrt{2}}\angle 0^\circ}{\frac{2}{\sqrt{2}}\angle -45^\circ}=50\angle 45^\circ$

$Z=50(\cos 45^\circ+j\sin 45^\circ)=35.36+j35.36$

임피던스 $Z=R+jX$

$R=35.36[\Omega]$, $X=35.36[\Omega]$ 【정답】 ②

75. 3상 △부하에서 각 선전류를 I_a, I_b, I_c라 하면 전류의 영상분은? (단, 회로 평형 상태임)

① ∞ ② $\dfrac{1}{3}$

③ 1 ④ 0

|정|답|및|해|설|

[전류의 영상분] $I_0=\dfrac{1}{3}(I_a+I_b+I_c)$

$I_a+I_b+I_c=0$이므로 $I_0=0$이다. 【정답】 ④

76. 정현파 교류전원 $e=E_m\sin(\omega t+\theta)$가 인가된 $R-L-C$직렬회로에 있어서 $\omega L>\dfrac{1}{\omega C}$일 경우, 이 회로에 흐르는 전류의 $I[A]$의 위상은 인가전압 $e[V]$의 위상보다 어떻게 되는가?

① $\tan^{-1}\dfrac{\omega L-\frac{1}{\omega C}}{R}$ 앞선다.

② $\tan^{-1}\dfrac{\omega L-\frac{1}{\omega C}}{R}$ 뒤진다.

③ $\tan^{-1}R\left(\dfrac{1}{\omega L}-\omega C\right)$ 앞선다.

④ $\tan^{-1}R\left(\dfrac{1}{\omega L}-\omega C\right)$ 뒤진다.

|정|답|및|해|설|

[$R-L-C$ 직렬회로]

· 임피던스 $Z=R+j(X_L-X_C)=R+j\left(\omega L-\dfrac{1}{\omega C}\right)=Z\angle\theta[\Omega]$

· $\omega L>\dfrac{1}{\omega C}$: 유도성 회로, 지상전류(I_L)

· $\omega L<\dfrac{1}{\omega C}$: 용량성 회로, 진상전류(I_C)

임피던스의 위상 $\theta=\tan^{-1}\dfrac{허수부}{실수부}=\tan^{-1}\dfrac{\left(\omega L-\frac{1}{\omega C}\right)}{R}$ 뒤진다(유도성) 【정답】 ②

77. 그림과 같은 R-C 병렬 회로에서 전원 전압이 $e(t) = 3e^{-5t}$인 경우 이 회로의 임피던스는?

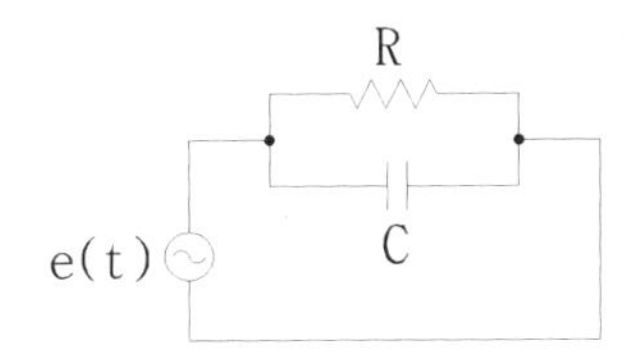

① $\dfrac{j\omega RC}{1+j\omega RC}$　② $\dfrac{R}{1-5RC}$

③ $\dfrac{R}{1+RCs}$　④ $\dfrac{1+j\omega RC}{R}$

|정|답|및|해|설|

[임피던스] $Z=\dfrac{\dfrac{R}{jwC}}{R+\dfrac{1}{jwC}}=\dfrac{R}{1+jwCR}$

$e_s(t)=3e^{-5t}$에서 $jw=-5$이므로

$Z=\dfrac{R}{1+jwCR}=\dfrac{R}{1-5CR}$　【정답】 ②

78. 분포정수 선로에서 위상정수를 $\beta[rad/m]$라 할 때 파장은?

① $2\pi\beta$　② $\dfrac{2\pi}{\beta}$

③ $4\pi\beta$　④ $\dfrac{4\pi}{\beta}$

|정|답|및|해|설|

[전파속도] 전파속도 $v = \dfrac{\omega}{\beta}=\lambda f[\text{m/sec}]$

여기서, ω : 각속도(=$2\pi f$), f: 주파수, β : 위상정수, λ : 파장

$\lambda f=\dfrac{w}{\beta}=\dfrac{2\pi f}{\beta}$　$\therefore \lambda=\dfrac{2\pi}{\beta}[m]$　【정답】 ②

79. 성형(Y)결선의 부하가 있다. 선간전압 300[V]의 3상 교류를 인가했을 때 선전류가 40[A]이고 역률이 0.8이라면 리액턴스는 몇 [Ω]인가?

① 1.66　② 2.60

③ 3.56　④ 4.33

|정|답|및|해|설|

[한 상의 임피던스] $Z=\dfrac{V_p}{I}[\Omega]$

$Z=\dfrac{V_p}{I}=\dfrac{\dfrac{300}{\sqrt{3}}}{40}=\dfrac{30}{4\sqrt{3}}=4.33[\Omega]$

$\sin\theta=\sqrt{1-\cos^2\theta}=\sqrt{1-0.8^2}=0.6$

$\therefore X_L=Z\sin\theta=4.33\times 0.6=2.598[\Omega]$

【정답】 ②

80. 그림의 회로에서 합성 인덕턴스는?

① $\dfrac{L_1L_2-M^2}{L_1+L_2-2M}$　② $\dfrac{L_1L_2+M^2}{L_1+L_2-2M}$

③ $\dfrac{L_1L_2-M^2}{L_1+L_2+2M}$　④ $\dfrac{L_1L_2+M^2}{L_1+L_2+2M}$

|정|답|및|해|설|

[병렬 접속 시 합성 인덕턴스] 병렬 접속형의 동가 회로를 그려 보면 그림과 같다.

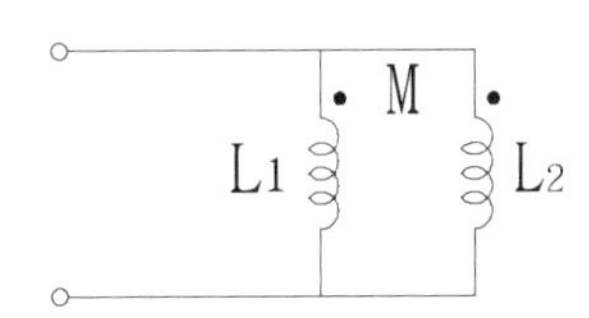

그러므로 합성 인덕턴스 L_0는

$L_0=M+\dfrac{(L_1-M)(L_2-M)}{(L_1-M)+(L_2-M)}=\dfrac{L_1L_2-M^2}{L_1+L_2-2M}$

【정답】 ①

2016 전기기사 필기

61. 제어오차가 검출될 때 오차가 변화하는 속도에 비례하여 조작량을 조절하는 동작으로 오차가 커지는 것을 사전에 방지하는 제어 동작은?

① 미분동작제어
② 비례동작제어
③ 적분동작제어
④ 온-오프(ON-OFF)제어

|정|답|및|해|설|

[미분 동작 제어(D동작)]
제어계 오차가 검출될 때 오차가 변화하는 속도에 비례하여 조작량을 가·감산하도록 하는 동작으로 오차가 커지는 것을 사전에 방지하는 데 있다. 【정답】 ①

62. 다음과 같은 상태방정식으로 표현되는 제어계에 대한 설명으로 틀린 것은?

$$\dot{x} = \begin{bmatrix} 0 & 1 \\ -2 & -3 \end{bmatrix} x + \begin{bmatrix} 1 & 1 \\ 0 & -2 \end{bmatrix} u$$

① 2차 제어계이다.
② x는 (2×1)의 벡터이다.
③ 특성방정식은 $(s+1)(s+2)=0$이다.
④ 제어계는 부족제동(under damped)된 상태에 있다.

|정|답|및|해|설|

특성 방정식은 $s^2+3s+2=0$이므로
$s^2+2\delta\omega_n s+\omega_n^2=0$과 비교하면
$2\delta\omega_n=3,\ \omega_n^2=2 \to \omega_n=\sqrt{2},\ 2\sqrt{2}\delta=3$
$\therefore \delta=\dfrac{3}{2\sqrt{2}}>1$: 과제동 【정답】 ④

63. 벡터 궤적이 그림과 같이 표시되는 요소는?

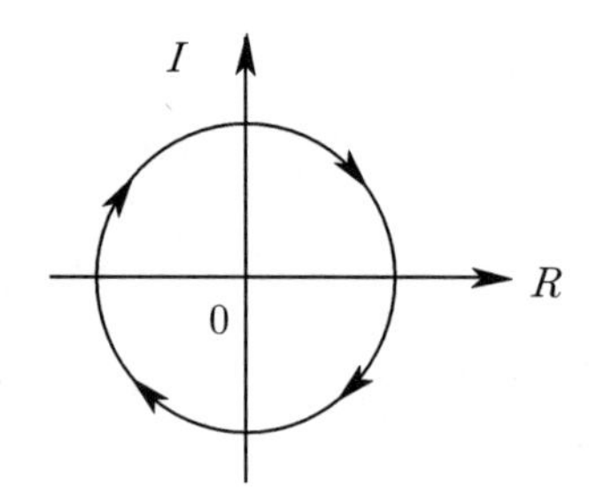

① 비례요소 ② 1차 지연 요소
③ 2차 지연요소 ④ 부동작 시간요소

|정|답|및|해|설|

[부동작 시간 요소]
· $G(s)=e^{-Ls}$
· $G(j\omega)=e^{-j\omega L}=\cos\omega L-j\sin\omega L$
· $G(j\omega)=\sqrt{(\cos\omega L)^2+(\sin\omega L)^2}\angle\tan^{-1}-\dfrac{\sin\omega L}{\cos\omega L}$
$=-\omega L$
즉, 크기는 1이며, ω의 증가에 따라 원주상을 시계 방향으로 회전하는 벡터 궤적 $G(j\omega)$이며 이득은 0[dB]
【정답】 ④

64. 그림과 같은 이산치계의 z변환 전달함수 $\frac{C(z)}{R(z)}$를 구하면? (단, $Z\left[\frac{1}{s+a}\right]=\frac{z}{z-e^{-aT}}$임)

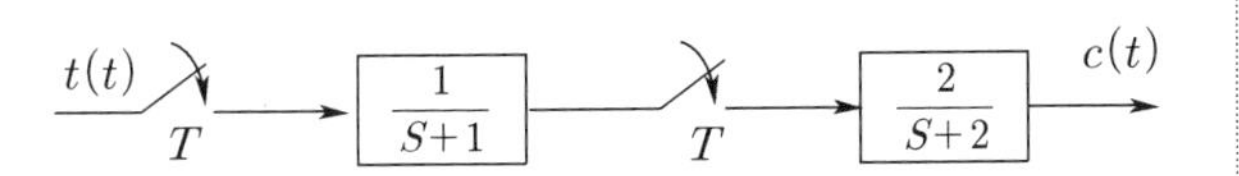

① $\frac{2z}{z-e^{-T}}-\frac{2z}{z-e^{-2T}}$

② $\frac{2z^2}{(z-e^{-T})(z-e^{-2T})}$

③ $\frac{2z}{z-e^{-2T}}-\frac{2z}{z-e^{-T}}$

④ $\frac{2z}{(z-e^{-T})(z-e^{-2T})}$

|정|답|및|해|설|

$C(z)=G_1(z)G_2(z)R(z)$

$\therefore G(z)=\frac{C(z)}{R(z)}=G_1(z)G_2(z)$

$=z\left[\frac{1}{S+1}\right]z\left[\frac{2}{s+2}\right]=\frac{2z^2}{(z-e^{-T})(z-e^{-2T})}$

【정답】 ②

65. 다음의 논리 회로를 간단히 하면?

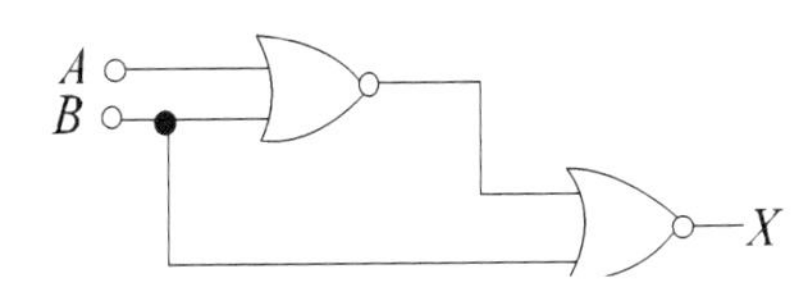

① $X=AB$　② $X=A\overline{B}$

③ $X=\overline{A}B$　④ $X=\overline{AB}$

|정|답|및|해|설|

[논리회로]

A, B → $\overline{A+B}$ 이므로

주어진 그림은 $X=\overline{\overline{A+B}+B}$가 된다.

$X=\overline{\overline{A+B}+B}=\overline{\overline{A+B}}\cdot\overline{B}=(A+B)\overline{B}$

$=A\overline{B}+B\overline{B}=A\overline{B}\quad (B+\overline{B}=1\quad B\overline{B}=0)$

【정답】 ②

66. 그림과 같은 신호 흐름 선도에서 $C(s)/R(s)$의 값은?

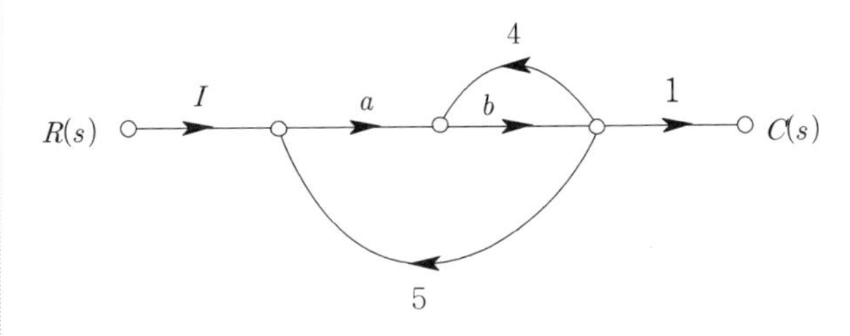

① $\frac{ab}{1-4b-5ab}$　② $\frac{ab}{1+4b-5ab}$

③ $\frac{ab}{1-4b+5ab}$　④ $\frac{ab}{1+4b+5ab}$

|정|답|및|해|설|

[메이슨의 식]

$G_1=ab,\ \triangle_1=1,\ L_{11}=4b,\ L_{21}=5ab$

$\triangle=1-(L_{11}+L_{21})=1-(4b+5ab)=1-4b-5ab$

$\therefore G=\frac{C}{R}=\frac{G_1\triangle_1}{\triangle}=\frac{ab}{1-4b-5ab}$

【정답】 ①

67. 단위계단 입력에 대한 응답특성이 $c(t)=1-e^{-\frac{1}{T}t}$로 나타나는 제어계는?

① 비례제어계　② 적분제어계

③ 1차지연제어계　④ 2차지연제어계

|정|답|및|해|설|

$R(s)=\mathcal{L}[r(t)]=\mathcal{L}[u(t)]=\frac{1}{s}$

$C(s)=\mathcal{L}[c(t)]=\mathcal{L}\left[1-e^{-\frac{1}{T}t}\right]=\frac{1}{s}-\frac{1}{s+\frac{1}{T}}$

$\therefore G(s)=\frac{C(s)}{R(s)}=\frac{\frac{1}{s}-\frac{1}{s+\frac{1}{T}}}{\frac{1}{s}}=1-\frac{s}{s+\frac{1}{T}}=\frac{1}{Ts+1}$

그러므로 1차지연제어계

【정답】 ③

68. $G(s)H(s) = \dfrac{K(s+1)}{s^2(s+2)(s+3)}$ 에서 근궤적의 수는?

① 1 ② 2

③ 3 ④ 4

|정|답|및|해|설|

[근궤적의 수] 근궤적의 수(N)는 극의 수(p)와 영점의 수(z)에서 큰 수와 같다. $z > p$이면 $N = z$이고, $z < p$이면 $N = p$가 된다. 문제에서 $z = 1$, $p = 4$이므로 근궤적의 수 $N = p$, 즉 $N = 4$

【정답】 ④

69. 주파수 응답에 의한 위치제어계의 설계에서 계통의 안정도 척도와 관계가 적은 것은?

① 공진치 ② 위상여유

③ 이득여유 ④ 고유주파수

|정|답|및|해|설|

[주파수 응답] 주파수 응답에서 안정도의 척도는 공진치, 위상 여유, 이득 여유가 된다. 고유 주파수는 안정도와는 무관하다.

【정답】 ④

70. 나이퀴스트 선도에서의 임계점(-1, j0)에 대응하는 보드선도에서의 이득과 위상은?

① 1[dB], 0° ② 0[dB], -90°

③ 0[dB], 90° ④ 0[dB], -180°

|정|답|및|해|설|

[나이퀴스트 곡선의 이득과와 위상]

- 이득 = $20\log|G| = 20\log 1 = 0[dB]$
- 위상 = -180° 또는 180°

【정답】 ④

71. 평형 3상 △ 결선 회로에서 선간전압(E_l)과 상전압(E_p)의 관계로 옳은 것은?

① $E_l = \sqrt{3}E_p$ ② $E_l = 3E_p$

③ $E_l = E_p$ ④ $E_l = \dfrac{1}{\sqrt{3}}E_p$

|정|답|및|해|설|

[3상 교류의 결선]

항목	Y결선	△결선
전압	$E_l = \sqrt{3}E_P\angle 30$	$E_l = E_p$
전류	$I_l = I_p$	$I_l = \sqrt{3}I_P\angle -30$

【정답】 ③

72. 정격전압에서 1[kW]의 전력을 소비하는 저항에 정격의 80[%]의 전압을 가할 때의 전력[W]은?

① 320 ② 540

③ 640 ④ 860

|정|답|및|해|설|

[전력] $P = \dfrac{V^2}{R}$ 이므로 $P \propto V^2$

정격전압에서 1[kW] 전력을 소비하는 저항에 80[%] 전압을 가하면 $P = 0.8^2 \times 1[kW] = 640[W]$ 전력을 소비하게 된다.

【정답】 ③

73. 그림에서 $t=0$에서 스위치 S를 닫았다. 콘덴서에 충전된 초기전압 $V_C(0)$가 1[V]이었다면 전류 $i(t)$를 변환한 값 $I(s)$는?

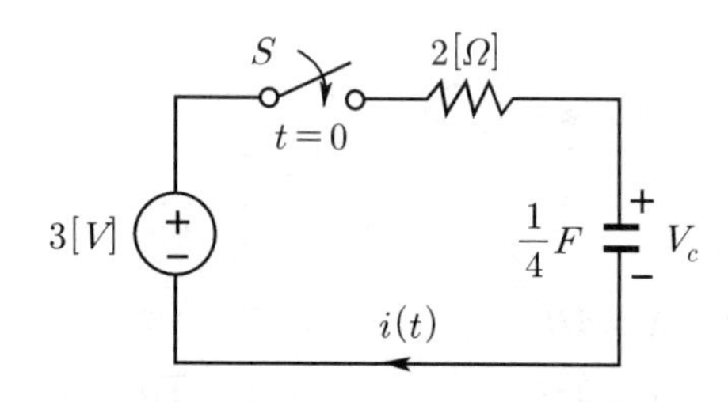

① $\dfrac{3}{2s+4}$ ② $\dfrac{3}{s(2s+4)}$

③ $\dfrac{2}{s(s+2)}$ ④ $\dfrac{1}{s+2}$

|정|답|및|해|설|

$$i(t) = \frac{E}{R}e^{-\frac{1}{RC}t} = \frac{3-1}{2}e^{-\frac{1}{2\times\frac{1}{4}}t} = e^{-2t}$$

$$\therefore I(s) = \mathcal{L}[e^{-2t}] = \frac{1}{s+2}$$

【정답】 ④

74. 그림과 같은 회로에서 i_x는 몇 [A]인가?

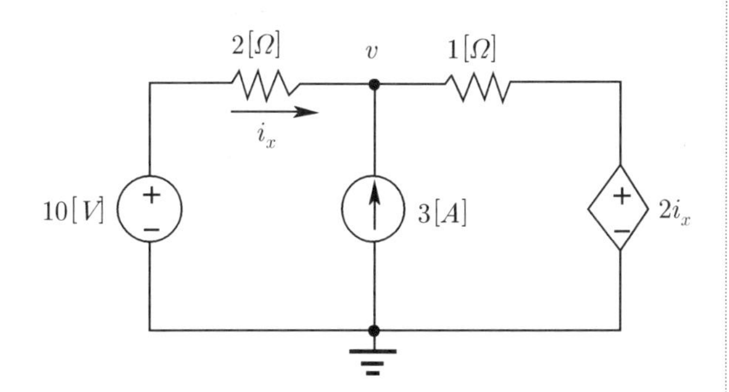

① 3.2 ② 2.6
③ 2.0 ④ 1.4

|정|답|및|해|설|

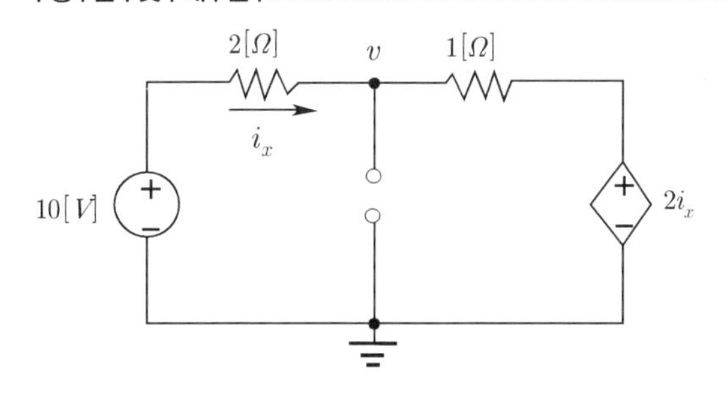

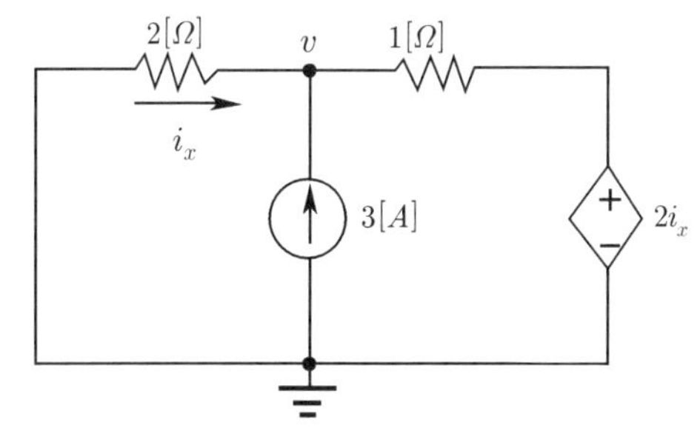

중첩의 원리에 의하여 전류원을 개방, 전류제어 전압원 단락하면

$i_x{}' = \frac{10}{2+1}$ $\therefore i_x{}' = \frac{10}{3}[A]$

다음 10[V]의 전압원을 단락시키고 전류제어 전압원도 단락시키고 전류원만 있다면, $i_x{}' = -\frac{1}{2+1} \times 3 = -1[A]$

전류제어 전압원만 있다면 $i_x{}' = -\frac{2i_x{}'}{3}$

$i_x = \frac{10}{3} - 1 - \frac{2i_x}{3}$ $\frac{5}{3}i_x = \frac{7}{3}$ $i_x = 1.4[A]$

【정답】 ④

75. 그림과 같이 전압 V와 저항 R로 구성되는 회로 단자 A-B간에 적당한 R_L을 접속하여 R_L에서 소비되는 전력을 최대로 하게 했다. 이때 R_L에서 소비되는 전력 P는?

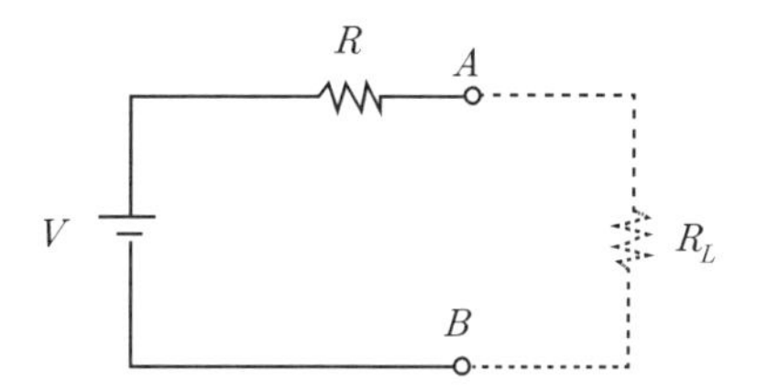

① $\frac{V^2}{4R}$ ② $\frac{V^2}{2R}$
③ R ④ $2R$

|정|답|및|해|설|

[소비전력] $P_L = I^2 R_L = \left(\frac{V}{R+R_L}\right) \cdot R_L$ 에서

최대 전력 전송조건 $R = R_L$ 이므로

$$= \left(\frac{V}{R+R}\right)^2 \times R = \frac{V^2}{4R}[W]$$

【정답】 ①

76. 다음의 T형 4단자망 회로에서 A, B, C, D 파라미터 사이의 성질 중 성립되는 대칭조건은?

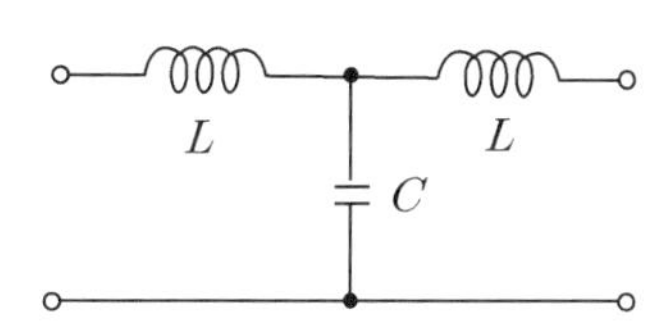

① $A = D$ ② $A = C$
③ $B = C$ ④ $B = A$

|정|답|및|해|설|

$$\begin{bmatrix} 1 & j\omega L \\ 0 & 1 \end{bmatrix}\begin{bmatrix} 1 & 0 \\ j\omega C & 1 \end{bmatrix}\begin{bmatrix} 1 & j\omega L \\ 0 & 1 \end{bmatrix} = \begin{bmatrix} 1-\omega^2 LC & j\omega L(2-\omega^2 LC) \\ j\omega C & 1-\omega^2 LC \end{bmatrix}$$

대칭조건 : $A = D$

【정답】 ①

77. 그림의 RLC 직·병렬회로를 등가 병렬회로로 바꿀 경우, 저항과 리액턴스는 각각 몇 $[\Omega]$인가?

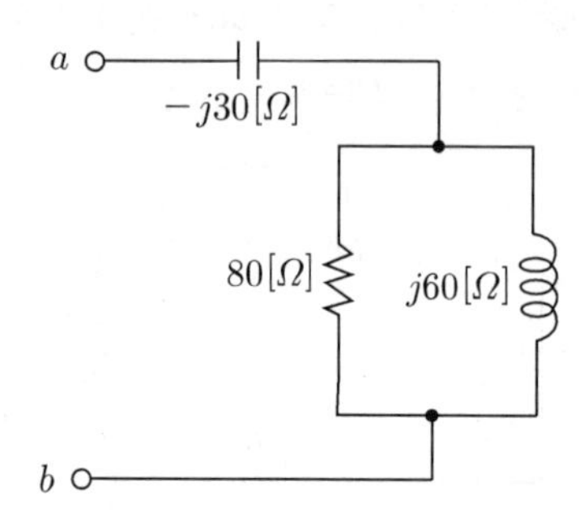

① $46.23,\ j87.67$

② $46.23,\ j107.15$

③ $31.25,\ j87.67$

④ $31,25,\ j107.15$

|정|답|및|해|설|

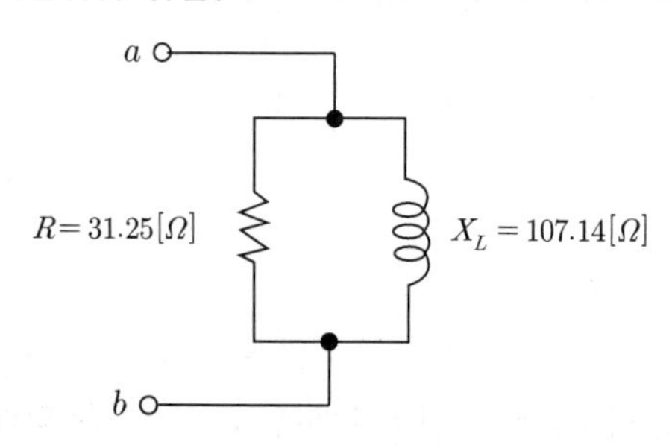

[등가 병렬회로]

$Z=-j30+\dfrac{80\times j60}{80+j60}=28.8+j8.4[\Omega]$

$Y=\dfrac{1}{Z}=\dfrac{1}{28.8+j8.4}=\dfrac{4}{125}-j\dfrac{7}{750}[\Omega]$

허수부가 (-) 이므로 $R-L$ 병렬 회로이다.

저항 $R=\dfrac{1}{G}=\dfrac{1}{\frac{4}{125}}=\dfrac{125}{4}=31.25[\Omega]$

리액턴스 $X_L=j\dfrac{1}{B_L}=j\dfrac{1}{\frac{7}{750}}=j\dfrac{750}{7}=j107.14[\Omega]$

【정답】 ④

78. 분포정수 회로에서 선로의 특성 임피던스를 Z_0, 전파정수를 γ라 할 때 무한장 선로에 있어서 송전단에서 본 직렬임피던스는?

① $\dfrac{Z_0}{\gamma}$　② $\sqrt{\gamma Z_0}$

③ γZ_0　④ $\dfrac{\gamma}{Z_0}$

|정|답|및|해|설|

[특성 임피던스] $Z_0=\sqrt{\dfrac{Z}{Y}}$

여기서, Z : 임피던스, Y : 어드미턴스

[전파정수] $\gamma=\sqrt{ZY}$

[선로의 직렬 임피던스] $Z=\sqrt{ZY}\sqrt{\dfrac{Z}{Y}}=\gamma Z_0$

【정답】 ③

79. $F(s)=\dfrac{5s+3}{s(s+1)}$일 때 $f(t)$의 정상값은?

① 5　② 3

③ 1　④ 0

|정|답|및|해|설|

[최종값 정리]

$\lim_{t\to\infty}f(t)=\lim_{s\to 0}sF(s)=\lim_{s\to 0}s\cdot\dfrac{5s+3}{s(s+1)}=\dfrac{3}{1}=3$

【정답】 ②

80. 선간전압이 200[V], 선전류가 $10\sqrt{3}[A]$, 부하역률이 80[%]인 평형 3상 회로의 무효전력[Var]은?

① 3600　② 3000

③ 2400　④ 1800

|정|답|및|해|설|

[무효전력] $P_r=\sqrt{3}\,VI\sin\theta[Var]$

역률 $\cos\theta=0.8$이면 무효율 $\sin\theta=\sqrt{1-\cos^2\theta}=0.6$

무효전력 $P_r=\sqrt{3}\,VI\sin\theta$

$=\sqrt{3}\times 200\times 10\sqrt{3}\times 0.6=3600[Var]$

【정답】 ①

61. Nyquist 판정법의 설명으로 틀린 것은?

① 안정성을 판정하는 동시에 안정도를 제시해 준다.

② 계의 안정도를 개선하는 방법에 대한 정보를 제시해 준다.

③ Nyquist 선도는 제어계의 오차 응답에 관한 정보를 준다.

④ Routh-Hurwitz 판정법과 같이 계의 안정 여부를 직접 판정해 준다.

|정|답|및|해|설|

[나이퀴스트 판정법] 나이퀴스트 판정법은 안정도와 안정도를 개선하는 방법에 대한 정보를 준다.

【정답】 ③

62. 그림의 신호 흐름 선도에서 $\dfrac{y_2}{y_1}$은?

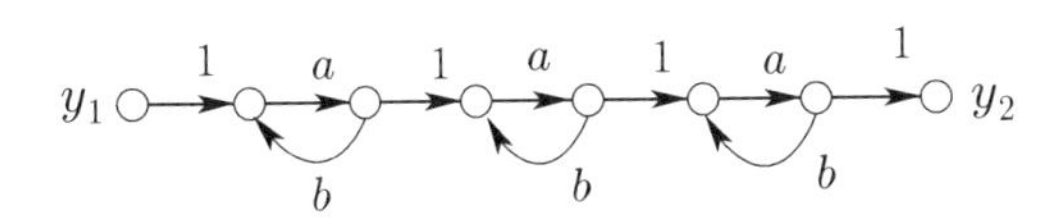

① $\dfrac{a^3}{1-3ab}$ ② $\dfrac{a^3}{(1-ab)^3}$

③ $\dfrac{a^3}{(1-3ab+ab)}$ ④ $\dfrac{a^3}{(1-3ab+2ab)}$

|정|답|및|해|설|

[신호 흐름 선도] 동일한 루프 3개가 종속이므로

$\dfrac{y_2}{y_1}=\left(\dfrac{a}{1-ab}\right)^3$으로 할 수 있다. 【정답】 ②

63. 폐루프 시스템의 특징으로 틀린 것은?

① 정확성이 증가한다.

② 대역폭이 증가한다.

③ 발진을 일으키고 불안정한 상태로 되어갈 가능성이 있다.

④ 계의 특성변화에 대한 입력 대 출력비의 감도가 증가한다.

|정|답|및|해|설|

[폐루프 제어계의 특징]

① 정확성의 증가

② 계의 특성 변화에 대한 입력 대 출력비의 감도 감소

③ 비선형과 왜형에 대한 효과의 감소

④ 대역폭의 증가

⑤ 발진을 일으키고 불안정한 상태로 되어 가는 경향성

⑥ 구조가 복잡하고 설치비가 고가 【정답】 ④

64. 다음과 같은 상태 방정식의 고유값 λ_1과 λ_2는?

$$\begin{bmatrix} x_1 \\ x_2 \end{bmatrix}=\begin{bmatrix} 1 & -2 \\ -3 & 2 \end{bmatrix}\begin{bmatrix} x_1 \\ x_2 \end{bmatrix}+\begin{bmatrix} 2 & -3 \\ -4 & 3 \end{bmatrix}\begin{bmatrix} r_1 \\ r_2 \end{bmatrix}$$

① 4, -1 ② -4, 1

③ 6, -1 ④ -6, 1

|정|답|및|해|설|

$$|\lambda I-A|=\begin{bmatrix} \lambda & 0 \\ 0 & \lambda \end{bmatrix}-\begin{bmatrix} 1 & -2 \\ -3 & 2 \end{bmatrix}=\begin{bmatrix} \lambda-1 & 2 \\ 3 & \lambda-2 \end{bmatrix}$$

$$=(\lambda-1)(\lambda-2)-6=\lambda^2-3\lambda-4$$

$$=(\lambda-4)(\lambda+1)=0$$

$\therefore \lambda=4,\ -1$ 【정답】 ①

65. 2차 제어계 $G(s)H(s)$의 나이퀴스트 선도의 특징이 아닌 것은?

① 이득여유 ∞이다.

② 교차량 $|GH|=0$이다.

③ 모두 불안정한 제어계이다.

④ 부의 실축과 교차하지 않는다.

| 정 | 답 | 및 | 해 | 설 |

[나이퀴스트 선도의 특징]

2차 시스템에서 $G(s)H(s)$의 나이퀴스트 선도

① 음의 실수축과 교차하지 않으므로 교차량 $|GH_c|$는 0이다.

② 이득 여유 $GM = 20\log\frac{1}{|GH_C|} = 20\log\frac{1}{0} = \infty[dB]$이다.

③ 모든 이득 $K(<\infty)$에 대해서 2차 시스템은 안정하다.

안정한계점이 (-1, 0dB)이므로 2차제어계는 안정한계점과 교차할 수가 없어서 모두 안정하다.

【정답】 ③

66. 단위계단 함수 $u(t)$를 z변환하면?

① 1 ② $\frac{1}{z}$

③ 0 ④ $\frac{z}{z-1}$

| 정 | 답 | 및 | 해 | 설 |

[라플라스 변환]

$f(t)$	$F(s)$	$F(z)$
$\delta(t)$	1	1
$u(t)$	$\frac{1}{s}$	$\frac{z}{z-1}$
t	$\frac{1}{s^2}$	$\frac{Tz}{(z-1)^2}$
e^{-at}	$\frac{1}{s+a}$	$\frac{z}{z-e^{-at}}$

【정답】 ④

67. 그림과 같은 블록선도로 표시되는 제어계는 무슨 형인가?

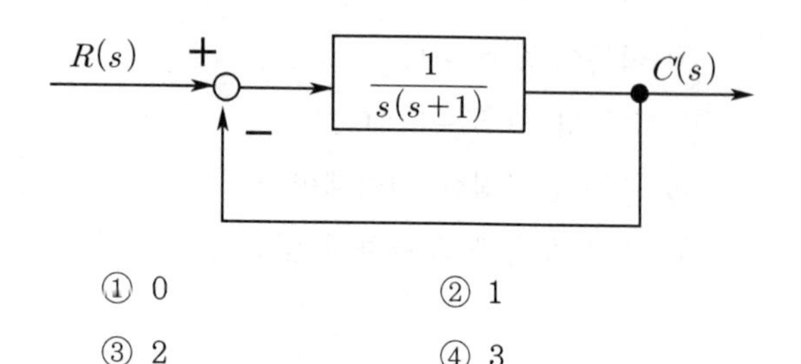

① 0 ② 1

③ 2 ④ 3

| 정 | 답 | 및 | 해 | 설 |

$G(s)H(s) = \frac{1}{s^n(s+1)}$

·n=0이면 0형 ·n=2이면 2형 ·n=1이면 1형

【정답】 ②

68. 제어기에서 미분제어의 특성으로 가장 적합한 것은?

① 대역폭이 감소한다.

② 제동을 감소시킨다.

③ 작동오차의 변화율에 반응하여 동작한다.

④ 정상상태의 오차를 줄이는 효과를 갖는다.

| 정 | 답 | 및 | 해 | 설 |

[미분 동작 제어(D동작)]

제어계 오차가 검출될 때 오차가 변화하는 속도에 비례하여 조작량을 가·감산하도록 하는 동작으로 오차가 커지는 것을 미리 방지하는 데 있다.

【정답】 ③

69. 다음의 설명 중 틀린 것은?

① 최소 위상 함수는 양의 위상 여유이면 안정하다.

② 이득 교차 주파수는 진폭비가 1이 되는 주파수이다.

③ 최소 위상 함수는 위상 여유가 0이면 임계안정하다.

④ 최소 위상 함수의 상대안정도는 위상각의 증가와 함께 작아진다.

| 정 | 답 | 및 | 해 | 설 |

[위상과 안정도] 위상이 증가하면 안정도 증가한다.

【정답】 ④

70. 다음 논리회로의 출력 X는?

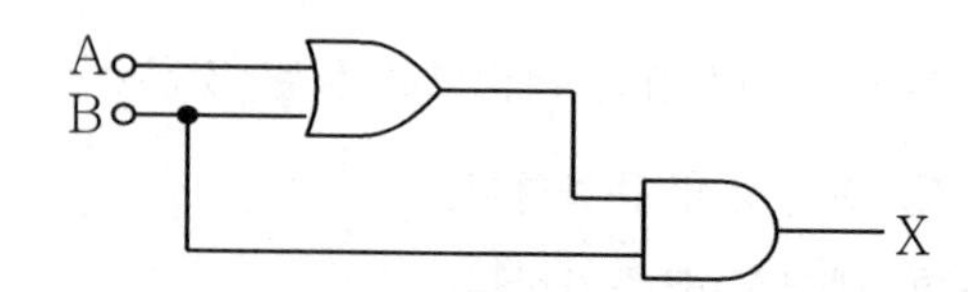

① A　　② B

③ A+B　　④ $A \cdot B$

|정|답|및|해|설|

[논리회로]

$X=(A+B)\cdot B=A\cdot B+B\cdot B=A\cdot B+B=B(A+1)=B$

【정답】 ②

71. $v=100\sqrt{2}\,sin\left(\omega t+\frac{\pi}{3}\right)[V]$를 복소수로 나타내면?

① $25+j25\sqrt{3}$　　② $50+j25\sqrt{3}$

③ $25+j5\sqrt{3}$　　④ $50+j50\sqrt{3}$

|정|답|및|해|설|

$v=100\sqrt{2}\sin\left(\omega t+\frac{\pi}{3}\right)$를 실효값 정지 벡터로 표시하면

$V=100\angle\frac{\pi}{3}=100(\cos 60^\circ+j\sin 60^\circ)=50+j50\sqrt{3}[V]$

【정답】 ④

72. 인덕턴스 0.5[H], 저항 2[Ω]의 직렬회로에 30[V]의 직류전압을 급히 가했을 때 스위치를 닫은 후 0.1초 후의 전류의 순시값 $i[A]$와 회로의 시정수 $\tau[s]$는?

① $i=4.95, \tau=0.25$

② $i=12.75, \tau=0.35$

③ $i=5.95, \tau=0.45$

④ $i=13.95, \tau=0.25$

|정|답|및|해|설|

[RL 직렬 회로]

① 순시값 $i(t)=\frac{E}{R}\left(1-e^{-\frac{R}{L}t}\right)=\frac{30}{2}\left(1-e^{-\frac{2}{0.5}\times 0.1}\right)\fallingdotseq 4.95[A]$

② 시정수 $\tau=\frac{L}{R}=\frac{0.5}{2}=0.25[s]$

【정답】 ①

73. 다음 회로의 4단자 정수는?

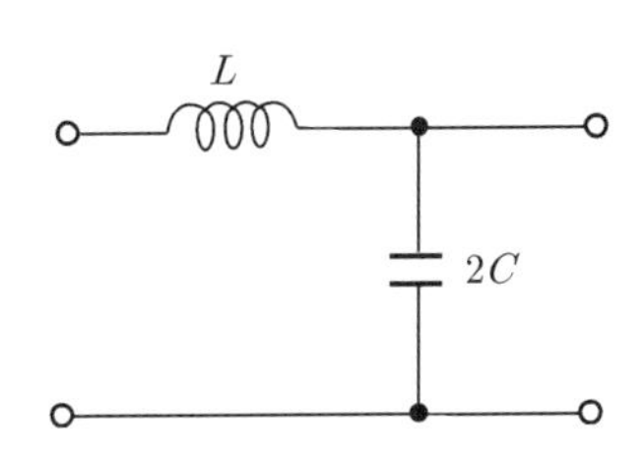

① $A=1+2\omega^2LC,\ B=j2\omega C,\ C=j\omega L,\ D=0$

② $A=1-2\omega^2LC,\ B=j\omega L,\ C=j2\omega C,\ D=1$

③ $A=2\omega^2LC,\ B=j\omega L,\ C=j2\omega C,\ D=1$

④ $A=2\omega^2LC,\ B=j2\omega C,\ C=j\omega L,\ D=0$

|정|답|및|해|설|

$$\begin{bmatrix}A & B\\ C & D\end{bmatrix}=\begin{bmatrix}1 & Z_1\\ 0 & 1\end{bmatrix}\begin{bmatrix}1 & 0\\ \frac{1}{Z_2} & 1\end{bmatrix}$$

$$=\begin{bmatrix}1 & j\omega L\\ 0 & 1\end{bmatrix}\begin{bmatrix}1 & 0\\ j2\omega C & 1\end{bmatrix}=\begin{bmatrix}1-2\omega^2LC & j\omega L\\ j2\omega C & 1\end{bmatrix}$$

【정답】 ②

74. 전압의 순시값이 다음과 같을 때 실효값은 약 몇 [V]인가?

$v=3+10\sqrt{2}\,\sin\omega t+5\sqrt{2}\,\sin(3\omega t-30^\circ)[V]$

① 11.6　　② 13.2

③ 16.4　　④ 20.1

|정|답|및|해|설|

[비정현파의 실효값]

$V=\sqrt{V_0^2+V_1^2+V_3^3}=\sqrt{3^2+10^2+5^2}\fallingdotseq 11.6[V]$

【정답】 ①

75. 한 상의 임피던스가 $6+j8[\Omega]$인 △ 부하에 대칭 선간전압 200[V]를 인가할 때 3상 전력[W]은?

① 2400　　② 4160

③ 7200　　④ 10800

|정|답|및|해|설|

$I=\frac{E}{Z}=\frac{200}{6+j8}=\frac{200}{\sqrt{6^2+8^2}}=20[A]$

$|Z|=\sqrt{R^2+X^2}$

$\therefore P=3I^2R=3\times 20^2\times 6=7200[W]$

【정답】 ③

76. 그림과 같이 $R=1[\Omega]$인 저항을 무한히 연결할 때, a-b에서의 합성저항은?

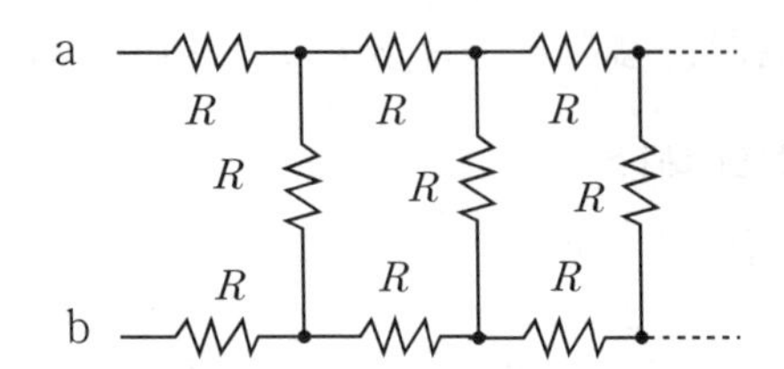

① $1+\sqrt{3}$ ② $\sqrt{3}$

③ $1+\sqrt{2}$ ④ ∞

|정|답|및|해|설|

[등가 회로] $R_{ab}=2R+\frac{R\cdot R_{cd}}{R+R_{cd}}$

$R_{ab}\fallingdotseq R_{cd}$이므로

$R\cdot R_{ab}+R_{ab}^2=2R^2+2R\cdot R_{ab}+R\cdot R_{ab}$

$R=1[\Omega]$ 대입, $R_{ab}^2-2R_{ab}-2=0$

$R_{ab}=\frac{-b\pm\sqrt{b^2-4ac}}{2a}=\frac{2\pm\sqrt{4+4\times 2}}{2}=1\pm\sqrt{3}$

저항값은 음(-)의 값이 될 수 없으므로

$\therefore R_{ab}=1+\sqrt{3}$

【정답】 ①

77. 3상 불평형 전압에서 역상전압이 35[V]이고, 정상전압이 100[V], 영상전압이 10[V]라 할 때, 전압의 불평형률은?

① 0.10 ② 0.25

③ 0.35 ④ 0.45

|정|답|및|해|설|

전압의 불평형률 $=\frac{\text{역상전압}}{\text{정상전압}}=\frac{35}{100}=0.35$

【정답】 ③

78. 분포정수회로에서 선로의 단위길이 당 저항을 $100[\Omega]$, 인덕턴스를 200[mH], 누설 컨덕턴스를 $0.5[\mho]$라 할 때 일그러짐이 없는 조건을 만족하기 위한 정전용량은 몇 $[\mu F]$인가?

① 0.001 ② 0.1

③ 10 ④ 1000

|정|답|및|해|설|

[무왜선로] 일그러짐이 없는 선로(무왜선로)의 조건은 $RC=LG$

$C=\frac{LG}{R}=\frac{200\times 10^{-3}\times 0.5}{100}=1\times 10^{-3}[F]=1000[\mu F]$

【정답】 ④

79. $f(t)=u(t-a)-u(t-b)$의 라플라스 변환 $F(s)$는?

① $\frac{1}{s^2}(e^{-as}-e^{-bs})$ ② $\frac{1}{s}(e^{-as}-e^{-bs})$

③ $\frac{1}{s^2}(e^{as}+e^{bs})$ ④ $\frac{1}{s}(e^{as}+e^{bs})$

|정|답|및|해|설|

$\mathcal{L}[f(t)]=\mathcal{L}[u(t-a)-u(t-b)]$

$=\frac{e^{-as}}{s}-\frac{e^{-bs}}{s}=\frac{1}{s}(e^{-as}-e^{-bs})$

【정답】 ②

80. 4단자 정수 A, B, C, D 중에서 어드미턴스 차원을 가진 정수는?

① A ② B

③ C ④ D

|정|답|및|해|설|

[4단자 기초 방정식]

A : 전압비 B : 임피던스

C : 어드미턴스 D : 전류비

4단자 기초 방정식

$\begin{bmatrix} V_1 \\ I_1 \end{bmatrix}=\begin{bmatrix} A & B \\ C & D \end{bmatrix}\begin{bmatrix} V_2 \\ I_2 \end{bmatrix}$

$V_1=AV_2+BI_2,\quad I_1=CV_2+DI_2$

$A = \frac{V_1}{V_2}\Big|_{I_2=0}$ 전압비, $B = \frac{V_1}{I_2}\Big|_{V_2=0}$ 전달임피던스

$C = \frac{I_1}{V_2}\Big|_{I_2=0}$ 어드미턴스, $D = \frac{I_1}{I_2}\Big|_{V_2=0}$ 전류비

【정답】 ③

61. 단위 피드백 제어계의 개루프 전달함수가 $G(s) = \frac{1}{(s+1)(s+2)}$ 일 때 단위계단 입력에 대한 정상편차는?

① $\frac{1}{3}$ ② $\frac{2}{3}$

③ 1 ④ $\frac{4}{3}$

|정|답|및|해|설|

$e_{ss} = \lim_{x \to 0} \frac{s}{1+G(s)} R(s)$ 에서 $R(s) = \frac{1}{s}$

$e_{ss} = \lim_{s \to 0} \frac{s}{1+G(s)} \cdot \frac{1}{s} = \frac{1}{1+\lim_{s \to 0} G(s)}$

$= \frac{1}{1+\lim_{s \to 0} \frac{1}{(s+1)(s+2)}} = \frac{1}{1+\frac{1}{2}} = \frac{2}{3}$

【정답】 ②

62. $G(s)H(s) = \frac{K(s+1)}{s^2(s+2)(s+3)}$ 에서 점근선의 교차점을 구하면?

① $-\frac{5}{6}$ ② $-\frac{1}{5}$

③ $-\frac{4}{3}$ ④ $-\frac{1}{3}$

|정|답|및|해|설|

[점근선과 실수축의 교차점]

$\frac{\sum P - \sum Z}{P - Z} = \frac{\text{극점의 합} - \text{영점의 합}}{\text{극점의 개수} - \text{영점의 개수}}$

p(극점의 개수)=4개(0, 0, −2. −3)

z(영점의 개수)=1개(−1)

$= \frac{(-2-3)-(-1)}{4-1} = \frac{-4}{3}$

【정답】 ③

63. 그림의 블록선도에서 K에 대한 폐루프 전달함수 $T = \frac{C(s)}{R(s)}$ 의 감도 S_K^T는?

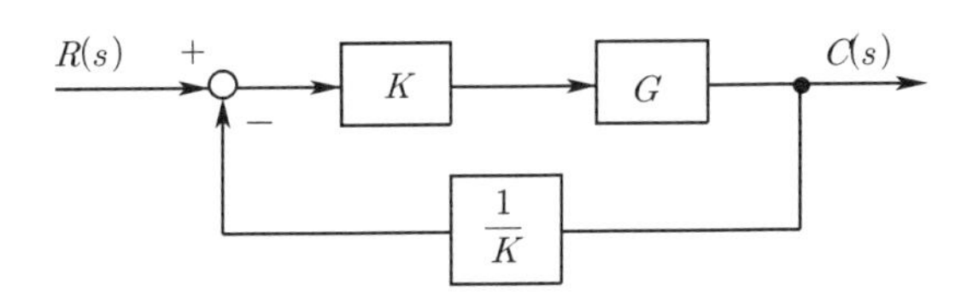

① −1 ② −0.5

③ 0.5 ④ 1

|정|답|및|해|설|

전달함수 $T = \frac{C(s)}{R(s)} = \frac{KG}{1+\frac{1}{K} \cdot KG} = \frac{KG}{1+G}$

감도 $S_K^T = \frac{K}{T} \cdot \frac{dT}{dK} = \frac{K}{\frac{KG}{1+G}} \cdot \frac{d}{dK}\left(\frac{KG}{1+G}\right)$

$= \frac{1+G}{G} \cdot \frac{G(1+G) - kG \cdot 0}{(1+G)^2} = 1$

【정답】 ④

64. 다음의 전달함수 중에서 극점이 $-1 \pm j2$, 영점이 −2인 것은?

① $\frac{s+2}{(s+1)^2+4}$ ② $\frac{s-2}{(s+1)^2+4}$

③ $\frac{s+2}{(s-1)^2+4}$ ④ $\frac{s-2}{(s-1)^2+4}$

|정|답|및|해|설|

영점은 분자가 0이 되는 점, 극점은 분모가 0이 되는 점

·영점 : $s=-2$에서 분자는 $s+2$

·극점 : $s = 1 \pm j2$에서

분모는

$[s-(-1+j2)][s-(-1-j2)] = s^2+2s+5 = (s+1)^2+4$

따라서 $G(s) = \frac{s+2}{(s+1)^2+4}$

【정답】 ①

65. 비례요소를 나타내는 전달함수는?

① $G(s)=K$　　② $G(s)=Ks$

③ $G(s)=\dfrac{K}{s}$　　④ $G(s)=\dfrac{K}{Ts+1}$

|정|답|및|해|설|

· 비례요소의 전달함수는 K

· 미분요소의 전달함수는 Ks

· 적분요소의 전달함수는 $\dfrac{K}{s}$

【정답】 ①

66. 다음의 논리 회로를 간단히 하면?

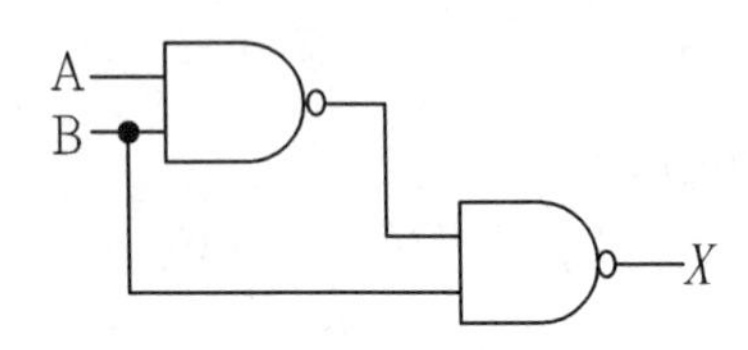

① $\overline{A}+B$　　② $A+\overline{B}$

③ $\overline{A}+\overline{B}$　　④ $A+B$

|정|답|및|해|설|

[논리회로]

$X=\overline{\overline{(A\cdot B)}\cdot B}=\overline{\overline{A\cdot B}}+\overline{B}=A\cdot B+\overline{B}$

$A\cdot B+\overline{B}=(A+\overline{B})\cdot(B+\overline{B})=A+\overline{B}$

$(\because B+\overline{B}=1)$

【정답】 ②

67. 근궤적에 대한 설명 중 옳은 것은?

① 점근선은 허수축에서만 교차한다.

② 근궤적이 허수축을 끊는 K의 값은 일정하다.

③ 근궤적은 절대 안정도 및 상대 안정도와 관계가 없다.

④ 근궤적의 개수는 극점의 수와 영점의 수 중에서 큰 것과 일치한다.

|정|답|및|해|설|

[근궤적의 작도법]

· 극점에서 출발하여 원점에서 끝남

· 근궤적의 개수는 z와 p중 큰 것과 일치한다. 또한 근궤적의 개수는 특정 방정식의 차

· 근궤적의 대칭성 : 특성 방정식의 근이 실근 또는 공액 복소근을 가지므로 근궤적은 실수축에 대하여 대칭이다.

· 근궤적의 점근선 : 큰 s에 대하여 근궤적은 점근선을 가진다.

· 점근선의 교차점 : 점근선은 실수축 상에만 교차하고 그 수치는 $n=p-z$이다.

· 실수축에서 이득 K가 최대가 되게 하는 점이 이탈점이 될 수 있다.

【정답】 ④

68. $F(s)=s^3+4s^2+2s+K=0$에서 시스템이 안정하기 위한 K의 범위는?

① $0<K<8$　　② $-8<K<0$

③ $1<K<8$　　④ $-1<K<8$

|정|답|및|해|설|

[특성 방정식] $F(s)s^3+4s^2+2s+K=0$이므로 루드 표는

S^3	1	2
S^2	4	K
S^1	$\dfrac{8-K}{4}$	0
S^0	K	

제1열의 부호 변화가 없어야 안정하므로

$8-K>0,\ 8>K,\ K>0\quad \therefore 0<K<8$

【정답】 ①

69. 전달함수 $G(s)=\dfrac{C(s)}{R(s)}=\dfrac{1}{(s+a)^2}$ 인 제어계의 임펄스 응답 $c(t)$는?

① e^{-at}　　② $1-e^{-at}$

③ te^{-at}　　④ $\dfrac{1}{2}t^2$

|정|답|및|해|설|

[임펄스 응답] 임펄스 응답은 단위 임펄스 함수를 입력으로 했을 때의 응답이다.

· 임펄스 입력 $R(s)=\mathcal{L}[r(t)=\mathcal{L}[\delta(t)]=1$

· 임펄스 응답

$$c(t)=\mathcal{L}^{-1}[G(s)R(s)]=\mathcal{L}^{-1}[G(s)\cdot 1]=\mathcal{L}^{-1}[G(s)]$$
$$=\mathcal{L}^{-1}\left[\frac{1}{(s+a)^2}\right]=te^{-at}$$

【정답】 ③

70. $\mathcal{L}^{-1}\left[\frac{s}{(s+1)^2}\right]$는?

① $e^{t}-te^{-t}$ ② $e^{-t}-te^{-t}$

③ $e^{-t}+te^{-t}$ ④ $e^{-t}+2te^{-t}$

|정|답|및|해|설|

$F(s)=\frac{s}{(s+1)^2}=\frac{A}{(s+1)^2}+\frac{B}{s+1}$

$A=\lim_{s\to -1}(s+1)^2F(s)=[s]_{s=-1}=-1$

$B=\lim_{s\to -1}\frac{d}{ds}s=[1]_{s=-1}=1$

$F(s)=\frac{-1}{(s+1)^2}+\frac{1}{s+1}=\frac{1}{s+1}-\frac{1}{(s+1)^2}$

$\therefore f(t)=\mathcal{L}^{-1}[F(s)]=e^{-t}-te^{-t}$ 【정답】 ②

71. 전하보존의 법칙(conservation of charge)과 가장 관계가 있는 것은?

① 키르히호프의 전류법칙

② 키르히호프의 전압법칙

③ 옴의 법칙

④ 렌츠의 법칙

|정|답|및|해|설|

[전하 보존의 법칙] 전하는 새로이 생성되거나 소멸하지 않고 항상 처음의 전하량을 유지한다.

[키르히호프의 전류 법칙(KCL)] 전기회로의 한 접속점에서 유입하는 전류는 유출하는 전류와 같으므로 회로에 흐르는 전하량은 항상 일정하다. 【정답】 ①

72. 그림과 같은 직류 전압의 라플라스 변환을 구하면?

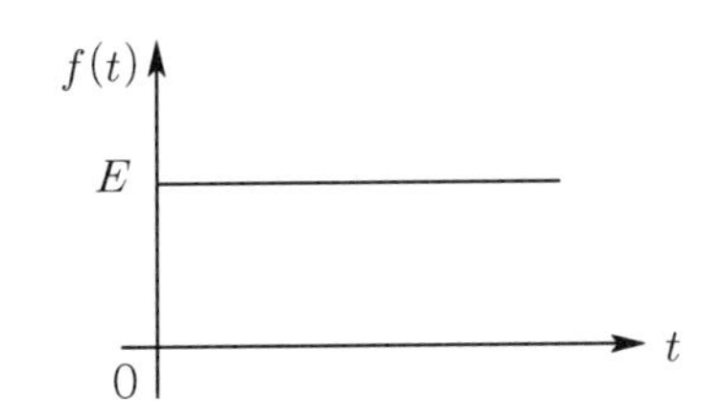

① $\frac{E}{s-1}$ ② $\frac{E}{s+1}$

③ $\frac{E}{s}$ ④ $\frac{E}{s^2}$

|정|답|및|해|설|

[단위 계단 함수] $\mathcal{L}[Eu(t)=\frac{E}{s}$

【정답】 ③

73. 그림의 사다리꼴 회로에서 부하전압 V_L의 크기는 몇 [V]인가?

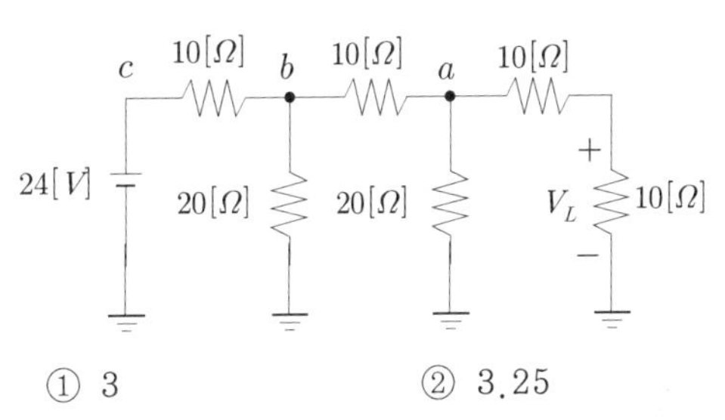

① 3 ② 3.25

③ 4 ④ 4.15

|정|답|및|해|설|

처음 a점 우측의 합성저항은 20[Ω]이며, 아래측의 20[Ω]과 병렬로 되어 a점의 합성 저항은 10[Ω]이 된다.

같은 방법으로 b점의 합성 저항은 10[Ω].

즉, 24[V]는 1/2씩 b점을 중심으로 나누어 걸리게 된다. b점의 전위는 12[V], a점의 전위는 6[V], V_L의 전위는 3[V]가 된다.

【정답】 ①

74. $i=3t^2+2t[A]$의 전류가 도선을 30초간 흘렀을 때 통과한 전체 전기량[Ah]은?

① 4.25 ② 6.75

③ 7.75 ④ 8.25

|정|답|및|해|설|

[전체 전기량]

$Q=\int_0^1 i\,dt=\int_0^{30}(3t^2+2t)dt=[t^3+t^2]_0^{30}$

$=27900[A\cdot \sec]=\frac{27900}{3600}[Ah]=7.75[Ah]$

【정답】 ③

75. 인덕턴스 $L=20[mH]$인 코일에 실효값 $E=50[V]$, 주파수 $f=60[Hz]$인 정현파 전압을 인가했을 때 코일에 축적되는 평균 자기에너지는 약 몇 [J]인가?

① 6.3　② 4.4
③ 0.63　④ 0.44

|정|답|및|해|설|

[평균 자기 에너지] $W=\frac{1}{2}LI^2[J]$

$I=\frac{V}{Z}=\frac{V}{wL}=\frac{V}{2\pi fL}=\frac{50}{2\pi\times60\times20\times10^{-3}}=6.63[A]$

$W=\frac{1}{2}LI^2=\frac{1}{2}\times20\times10^{-3}\times6.63^2\fallingdotseq0.44[J]$

【정답】 ④

76. 전압비 10^6을 데시벨(dB)로 나타내면?

① 2　② 60
③ 100　④ 120

|정|답|및|해|설|

이득$=20\log_{10}10^6=120[dB]$　【정답】 ④

77. 전송선로의 특성 임피던스가 $100[\Omega]$이고, 부하저항이 $400[\Omega]$일 때 전압 정재파비는 얼마인가?

① 0.25　② 0.6
③ 1.67　④ 4.0

|정|답|및|해|설|

반사계수 $\rho=\frac{Z_R-Z_0}{Z_R+Z_0}=\frac{400-100}{400+100}=\frac{3}{5}=0.6$

전압 정재파비 $S=\frac{1+|\rho|}{1-|\rho|}=\frac{1+0.6}{1-0.6}=4$

【정답】 ④

78. 구동점 임피던스 함수에 있어서 극점(pole)은?

① 개방 회로 상태를 의미한다.
② 단락 회로 상태를 의미한다.
③ 아무 상태도 아니다.
④ 전류가 많이 흐르는 상태를 의미한다.

|정|답|및|해|설|

[구동점 임피던스의 영점과 극점]

·영점 : $Z(s)=0$인 경우로 회로를 단락한 상태이다

·극점 : $Z(s)=\infty$인 경우는 회로가 개방 상태이다.

【정답】 ①

79. 상전압이 120[V]인 평형 3상 Y결선의 전원에 Y결선 부하를 도선으로 연결하였다. 도선의 임피던스는 $1+j[\Omega]$이고 부하의 임피던스는 $20+j10[\Omega]$이다. 이 때 부하에 걸리는 전압은 약 몇 [V]인가?

① $67.18\angle-25.4°$　② $101.62\angle0°$
③ $113.14\angle-1.1°$　④ $118.42\angle-30°$

|정|답|및|해|설|

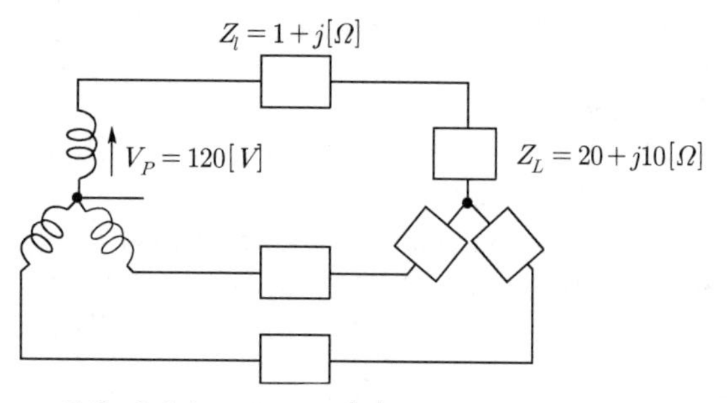

·도선의 임피던스 $Z_l=1+j[\Omega]$

·부하 임피던스 $Z_L=20+j10$

$=\sqrt{20^2+10^2}\angle\tan^{-1}\frac{10}{20}=22.36\angle26.565°$

·합성 임피던스 $Z=Z_l+Z_L=1+j+20+j10=21+j11$

$=\sqrt{21^2+11^2}\angle\tan^{-1}\frac{11}{21}=23.71\angle27.646°$

·부하전압 $V_L=I_PZ_L=\frac{V_P}{Z}\cdot Z_L$

$=\frac{120\angle0°}{23.71\angle27.646°}\times22.36\angle26.565°$

$=113.14\angle-1.1°$

【정답】 ③

80. 그림과 같은 파형의 파고율은 얼마인가?

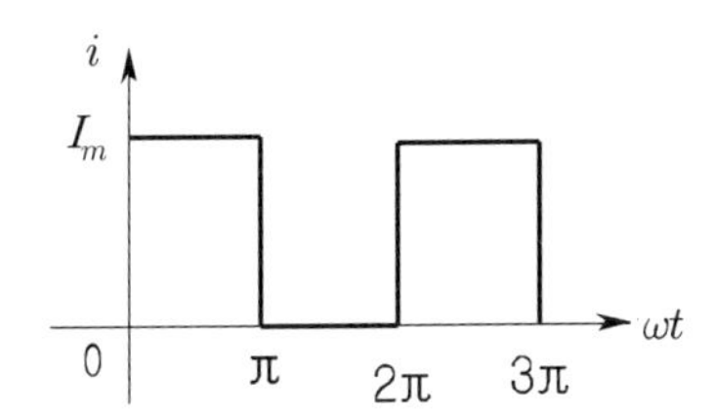

① 0.707　　② 1.414

③ 1.732　　④ 2.000

|정|답|및|해|설|

구형파 반파 실효값 : $\frac{I_m}{\sqrt{2}}$, 평균값 : $\frac{I_m}{2}$

$$파형율 = \frac{실효값}{평균값} = \frac{\frac{I_m}{\sqrt{2}}}{\frac{I_m}{2}} = \frac{2}{\sqrt{2}} = \sqrt{2} = 1.414$$

$$파고율 = \frac{최대값}{실효값} = \frac{I_m}{\frac{I_m}{\sqrt{2}}} = \sqrt{2} = 1.414$$

구형파 전파의 경우는 파형률 파고율이 모두 1이다.

【정답】 ②

Memo